BIM

BUILDING **I**NFORMATION **M**ODELING

Second Edition

건축주 | 건축가 | 엔지니어 그리고 건설인을 위한 **BIM** 가이드

HANDBOOK

CHUCK EASTMAN | PAUL TEICHOLZ | RAFAEL SACKS | KATHLEEN LISTON

이 강 | 문현준 | 권순욱 | 이재민 | 김준하 | 이진국 | 함성일 | 강훈식 | 최명석 | 정지용 | 정호중 공역

WILEY JOHN & SONS | SPACETIME

차례

6장 건설산업을 위한 BIM

7장 협력업체를 위한 BIM

8장 미래: BIM을 이용한 건축

역자서문

거의 600쪽에 달하는 방대한 분량의 BIM 핸드북 2판을 여러 차례에 걸쳐 번역하고, 교정하면서 깨달은 점이 몇 가지 있다.

첫 번째는 2008년 BIM 핸드북 1판이 처음 나오고 3년 뒤 2판이 나왔을 때, 2판에는 1판에 있던 일부 오타를 수정하고, 최신 소프트웨어나 사례 동향 정도가 추가될 줄 알았다. 그래서 2판의 번역을 미루어왔던 부분도 있었다. 그런데 최신 BIM 소프트웨어 기술과 한계, 상용 소프트웨어에 대한 리뷰를 담고 있는 2장, 미래 BIM 기술에 대해 기술하는 8장, 최신 BIM 사례들을 소개하는 9장을 거의 새로 집필한 것은 물론이고, 다른 장들도 반 이상을 새로 집필하였다. 2판이 출간된 지 약 2년이 되어가지만, 지금 봐도 여전히 새롭고 유용한 정보로 가득 차 있다.

두 번째는 원저자들이 얼마나 BIM에 대한 깊은 지식과 이해를 가지고 있는가 하는 점이다. 4장부터 7장까지 각 실무자 유형별로 BIM의 활용방법을 기술한 부분이나 9장의 BIM 사례 소개에서는 어떤 부분들이 실무에서 문제가 되는지 날카롭게 파악하고, 실무에서 유용하게 BIM을 활용할 수 있는 방법을 설명한다. 반면 최신 BIM 소프트웨어의 기술동향이나 한계, 상호호환성 문제를 다루는 2장과 3장은 BIM 소프트웨어의 힘과 한계가 어디서부터 오는지, 정보교환은 왜 어렵고, 이를 해결하기 위한 기술들은 어떤 것들이 있는지, 그 기술적인 구동원리까지 설명하며, 아주 깊이 있게 다룬다. BIM에 대한 이해도나 접근목적이 다른 다양한 독자층을 대상으로 각 독자층에 맞추어 다르게 지식을 전달할 수 있다는 것은 진정으로 그 분야에 대한 깊은 이해가 없이는 어려운 일이다.

세 번째, 번역은 역시 어렵다는 점이다. 이번에도 1판과 마찬가지로 6-7차례의 교정 작업을 거쳤고, 거기에 한 단계 더 추가하여 BIM을 깊이 있게 잘 모르는 학부생들을 통하여 어색한 문장이나 이해가 잘 안 가는 문장들을 선별하고, 이를 다시 수정하는 과정을 거쳤다. 그럼에도 불구하고 읽다 보면 어색한 문장도 있고 오타도 있다. 용어의 선택도 항상 어렵다. 어디까지 국문으로 번역을 해야 하는가, 어떤 단어로 번역해야 하는가, 역자끼리 어떻게 용어의 일관성을 유지할 것인가 등 어려운 문제가 많다. 용어의 일관성을 위해서 역자끼리 번역사전을 만들어 공유했으며, 최종적으로 모든 번역원고를 합친 후 다시 한 번 용어 검토를 하였다. 또한 2판에서는 기존 서적에서 흔히 쓰는 전문용어라도 독자가 더 쉽게 이해할 수 있는 용어가 있다면 그 용어를 사용하여 독자의 이해도를 높이려고 애썼다.

BIM 핸드북 2판 번역 작업은 1판의 번역자로서 또 다른 의미를 갖는다. BIM 핸드북 1판을 보고 BIM 공부를 했던 사람들이 지금은 국내외 BIM 실무에서 큰 역할을 하고 있으며, 이번 2판의 번역에는 그 중 다수가 추가적인 번역자로 참여하였다.

끝으로 BIM 핸드북이 BIM 학습과 실무에 많은 도움이 되길 빌며, 긴 번역 작업에 최선을 다해준 공역자분들과, 낮 시간에는 짬이 없어서 퇴근 후 밤 시간과 주말마다 번역 작업에 매달리는 것을 참고 이해해준 역자들의 가족 전원, 그리고 다소 어려울 수도 있었던 번역원고의 첫 번째 독자가 되어준 이승재, 길대영, 윤상미, 그리고 항상 성원과 독려를 아끼지 않는 독자 여러분들께 진심으로 감사드린다.

2014. 1.

역자 대표 이 강

머리말

건물정보모델(Building Information Model) 또는 BIM이라는 용어가 처음 건설 산업에 소개된 지 7년이 지난 지금, 처음에는 소수의 조기 수용자들만이 알던 유행어에서 현재는 설계, 시공, 운영의 모든 면을 아우르는 건설기술의 중심이 되었다. 현재 많은 세계의 선두 건축, 엔지니어, 시공 회사들이 초기의 도면 기반인 CAD를 버리고 거의 모든 프로젝트에 BIM을 적용하고 있다. 그 외 다수의 회사들도 CAD에서 BIM으로 옮겨가고 있다. BIM 솔루션은 현재 건설관련 소프트웨어 개발회사의 주력 상품이 되었다. 또한, 다양한 방법으로 주요 BIM 소프트웨어의 능력을 확장시킬 수 있는 추가모듈(add-on)을 개발하는 수많은 새로운 공급자가 기하급수적으로 늘고 있다. 요컨대 BIM은 단순히 건설 산업에 등장한 것이 아니라 그야말로 건설 산업을 장악해 가고 있다. 이러한 현상이 특히 전통적으로 변화를 받아들이지 않는 것으로 정평이 나있는 건설 산업에서 벌어지고 있어 매우 놀라운 일이다.

BIM은 단지 기술적 변화뿐만 아니라 프로세스의 변화라는 것을 유념해야 한다. 건물을 상세정보를 가지고 있고 또한 자신과 다른 객체간의 관계를 이해하는 지능형 객체로 표현함으로써, BIM은 단순히 건물의 도면과 시각화의 방법을 변화시키는 것뿐만 아니라 건설과 관련된 모든 주요 프로세서를 극적으로 바꾸고 있다. 즉, 어떻게 고객의 설계요구를 이해하여 공간계획과 초기 단계의 개념을 발전시키는데 사용되는지; 어떻게 설계 대안들을 에너지, 구조, 공간구성, 길 찾기, 공사비, 시공성 등과 같은 측면에서 분석하는지; 어떻게 다수의 팀 구성원이 한 분야뿐만 아니라 여러 분야를 걸쳐 설계를 발전시키는데 협력할 수 있는지; 협력업체들이 부재를 제작하는 것을 포함하여 건물이 실제로 어떻게 시공되는지; 그리고 어떻게 시공 후에 건물시설들을 운영하고 유지하는지 등에 영향을 미쳤다. BIM은 이러한 각각의 프로세스에 지능과 향상된 효율성을 가져옴으로써 각 프로세스를 변화시키고 있다. 또한 시공 전에 간섭을 방지하지 위해 여러 분야의 모델을 검토하고, 설계의 건축법규 충족여부를 자동으로 검토하며, 실시간으로 프로젝트에 작업인력을 배분하고, 모델로부터 직접 건물을 시공을 가능하게 하고 있다. 이 모든 결과로 2D 도면을 건너 뛸 수 있는 완전히 새로운 기술을 가능하게 함으로써 BIM은 기존 프로세스를 향상시키는 것 이상의 발전을 가져오고 있다. 이러한 변화를 봤을 때, BIM이 IPD(Integrated Project Delivery)방식과 같이 프로세스나 계약방식에 중대한 변화를 가져오는 촉매제가 되고 있다는 사실은 그리 놀라운 것이 아니다.

극적인 프로세스 변화의 전조뿐만 아니라 다양한 설계, 분석, 시공, 시설 운영 기술과 같이 BIM이 얼마나 방대한지를 감안해보면 한권의 책에서 그 본질을 뽑아내는 거의 불가능한 것처럼 보인다. 그럼에도 불구하고 BIM 핸드북은 이러한 역할을 해왔다. BIM 핸드북은, BIM 기술과 그 후면의 프로세스, BIM을 구현하기 위한 사업과 조직, 건축가, 엔지니어, 건설업체, 협력업체, 시설물 소유주 및 운영자, BIM 모델에 자신의 생산품이 포함되도록 하려면 자재를 모델링해야 하는 건축자재생산업체 등을 포함한 프로젝트 팀원 전체에게 BIM의 효과적인 활용으로 얻을 수 혜택 등을 깊이 이해할 수 있도록 하고자 해왔다. 이 책은 실무자뿐만 아니라 학생과 연구자를 대상으로 한다. 실무자들에게는 BIM에 대한 깊은 지식뿐만 아니라 이용 가능한 소프트웨어 애플리케이션과 그것들의 상대적인 장점과 제약, 비용, 요구되는 환경, 사례 그리고 성공적인 적용을 위한 지침을 포함하는 실무적인 정보도 제공하고자 하였다. 학생과 연구자에게는 향후 건설 분야의 학습과 연구에서 중요하게 될 BIM의 이론적인 관점에서 폭넓은 정보를 제공하고자 하였다.

2008년 처음 발행된 BIM 핸드북은 척 이스트만(Chuck Eastman), 폴 타이콜(Paul Teicholz), 라파엘 색스(Rafael Sacks), 캐슬린 리스톤(Kathleen Liston)을 포함한 연구자와 학계를 이끄는 팀에 의해 저술되었다. BIM과 관련된 책을 집필하기에 더 이상 적합한 팀을 찾는다는 것은 불가능할 것이다. 특히 척 이스트만은 1970년대 이래 UCLA와 카네기 멜론(Carnegie-Mellon)을 포함한 대학교에서 이 분야를 연구해 왔으며, BIM에 관해서는 세계를 이끄는 권위자로 여겨지고 있다. 내가 UC 버클리에서 BIM으로 박사를 하는 동안 그의 논문과 저서를 광범위하게 참조하였다. 그는 1999년 『빌딩 프로덕트 모델: 설계와 시공을 지원하는 컴퓨터 환경(Building Product Models: Computer Environments Supporting Design and Construction)』이라는 책을 저술하였다. 이 책은 건축 설계, 엔지니어링, 시공의 다양한 분야를 지원하기 위한 컴퓨터 데이터 모델(computational data model)을 정의하는데 발전되어왔던 개념, 기술, 표준, 프로젝트들을 광범위하게 논의하고 집대성한 책으로서는 처음이자 유일한 것이었다. 그는 현재 애틀랜타에 있는 조지아텍 공과대학교의 건축대학과 전산대학의 교수와 디지털 빌딩 랩(Digital

Building Lab)의 소장으로서, 건물제품모델(Building Product Models)과 건축시공의 IT 분야 연구를 지속적으로 이끌고 있다. 척(Chuck)은 그의 연구, 강의와 더불어 AISC, NIBS, FIATECH, AIA TAP와 같은 산업협회에서 활동하고 있으며, 산업계 컨퍼런스에서도 자주 연설한다.

이러한 그의 이력과 공저자들, 즉 스탠포드대학교 CIFE(Center for Integrated Facility Engineering)를 설립하고 10년 동안 운영해온 폴 타이콜(Paul Teicholz), 이스라엘 테크니온공대(Technion, Israel Institute of Technology)에서 시공관리 분야의 부교수인 라파엘 색스(Rafael Sacks), 또 다른 스탠포드 출신인 산업계 실무자인 캐슬린 리스톤(Kathleen Liston)을 보았을 때, BIM 핸드북이 지속적으로 BIM 관련하여 가장 종합적이고 권위 있는 도서 중의 하나로 꼽히는 것은 놀라운 일이 아니다. 첫판이 출간된 지 3년이 지나 출간되는 이번 두 번째 판은 새로운 BIM 도구와 BIM 기반의 협력을 위한 모델서버 시장의 확대, 시설관리를 포함한 전 건설단계에 BIM기술을 확대 적용하는 것에 대한 증가된 관심, 지속가능한 설계와 린(lean) 건설을 지원하기 위한 BIM 사용의 증가, 준공상태를 기록하기 위한 레이저 스캐닝 같은 기술과 BIM기술과의 통합, IPD와 같은 대안적 발주방식을 받아들이려는 움직임의 증가 등 빠르게 변하고 있는 BIM 기술의 모든 면들을 따라 잡고 있다. 또한 이번 판은 기존 BIM의 사용한계를 넘어 이례적인 성과를 낸 일반적인 건물과 상징적인 건물의 새로운 여러 프로젝트들을 조명함으로써 첫판의 사례연구 부분을 크게 확장시켰다.

이 책은 각 장 앞쪽에는 각 장의 주요내용 요약을 두었고, 끝 쪽에는 관련 학생과 교수들을 목표로 토론질문을 두어 구성되어 있다. 실무자들이 몇 달 동안 금방 만든 시장에 나와 있는 대부분의 책들과 달리, 이 책처럼 몇 년 간에 걸쳐 작업을 했다는 증거를 보여주는 방대한 연구와 세세한 작업을 통하여 저술한 책의 혜택을 볼 수 있는 경우는 흔치 않다. 이 뛰어난 저자들이 BIM 핸드북의 저술에 노력을 기울였다는 것은 건설 산업에 있어서 행운이 아닐 수 없다. 저자들 덕분에 BIM에 관해 더 깊은 이해를 구하려는 사람이라면 누구라도 그것을 정확하게 어디서 찾아야 하는지 알게 되었다. 한 곳에서 편하게 BIM의 현재에 대한 대부분의 정보와 역사, 그리고 잠재적 미래에 대해서 알 수 있게 되었다.

저자들의 연구와 학문에 대한 신뢰도를 고려해볼 때, BIM 핸드북은 BIM을 연구하거나 가르치기를 원하는 모든 학문적인 기관을 위한 필독서이다. 거의 10년 동안 건설 기술에 대해 분석하고 저술해오고 있는 나와 같은 사람에게도 빛을 밝히고 통찰력을 주는 많은 구절들이 이 책에 있다. 이것으로 이 책이 BIM을 지원하는 기술을 하루 종일 연구하는 것보다, 건물을 실제로 설계하고, 시공하고, 운영하는 실질적인 프로세스에 관심이 있는 건설 실무자들에게 얼마나 많은 가치를 가져다 줄 지 가늠해볼 수 있다. BIM이 단지 현재에 있는 그대로가 아니라, 향후 더 현명하고 나은 해결책의 토대이기 때문에 BIM 핸드북은, 그 제목처럼, 현재와 미래의 최신 기술 상태를 이해하고자 하는 건설 산업 종사자 누구에게나 유용한 참고도서가 될 것이다.

라크미 켐라니(Lachmi Khemlani), Ph.D.
에이씨바이츠(AECbytes) 창립자, 편집장

서문

이 책은 BIM(building information modeling)이라고 불리는 새로운 설계, 시공, 시설물 관리(FM: facility management)에 관한 것이다. BIM 기술에 대한 깊은 내용(in-depth understanding), BIM을 구현하는 것과 관련된 업무와 조직 문제, 그리고 효과적으로 BIM을 사용함으로써 프로젝트 팀이 얻을 수 있는 효과(profound impact) 등에 대하여 다루고 있다. 또한, 종이 또는 전자도면을 사용하던 기존의 전통적인 작업 방식과 비교하여 BIM을 이용해서 건물을 설계하고, 시공하고, 운영하는 작업방식이 어떻게 다른가를 설명한다.

BIM은 건물의 생김새와, 기능, 그리고 시공방식을 바꾸기 시작했다. 이 책에서 우리는 의도적으로 BIM이라는 용어를 "대상(건축정보모델 building information modeling)"의 의미로 사용하였다. 이는 BIM이 어떤 물건이나 소프트웨어의 한 종류가 아니고, 궁극적으로 건축의 전반적인 프로세스 변화를 포함하는 사람의 행위라는 우리의 믿음을 반영하는 것이다.

아마도 가장 중요한 것은 크게 봤을 때, BIM이 전통적인 방법을 사용했을 때 보다 더 적은 자원과 낮은 위험성을 가지고 더 높은 성능을 가진 시설물과 보다 지속가능한 시공프로세스를 이룰 수 있는 기회를 창출한다는 점이다.

왜 BIM 핸드북인가?

우리가 이 책을 쓰게 된 동기는 이전에 소프트웨어 업체들이 출간했던 BIM 관련 책들이 아무래도 상업성을 띄고 있기 때문에, 이와 별개로 건축 산업 관련자와 학생들이 BIM이라는 매우 흥미로운 새로운 방식에 대해 배울 수 있는 통합된 참고서를 제공하기 위함이다. BIM에 대해 일반적으로 알려진 내용 중에는 제대로 된 부분(truths)도 있고, 과장된 부분(myths)도 있다. 우리는 BIM 핸드북이

BIM에 대한 올바른 사실을 강조하고, 잘못 알려진 부분은 일소시켜, 독자들이 성공적으로 BIM을 구현할 수 있도록 이끌어 주는 역할을 하기 바란다. 건설 산업에서 몇몇 선의의 의사결정자들과 실무자들이 잘못 알려진 사실과 부적절한 계획에 기초하여 BIM을 도입하려다 많은 실망스런 경험을 하였다. 만약 독자들이 이러한 좌절과 비용적 낭비를 피할 수 있다면 우리는 성공하는 것이다.

본 책의 저자들은 각기 BIM의 기반기술과 BIM이 지원하는 프로세스 면에서 BIM에 대한 풍부한 경험을 가지고 있다. 우리는 BIM이 건축시장에서의 패러다임 변화뿐만 아니라 적은 자원, 적은 인력, 적은 비용이 필요하지만 보다 효율적인 운영이 가능한 더 양질의 건물을 지을 수 있게 됨으로써 나타나는 사회 전반적인 패러다임의 변화를 상징하고 있다고 믿는다. 우리는 이 책에 적힌 BIM의 필요성에 대한 우리의 생각이 객관적이라고 주장하지는 않는다. 그러나 우리는 이 책에 정확하고 완벽한 사실과 그림들을 제공하려고 모든 노력을 다 했다고 할 수 있다.

누구를 위하여 BIM 핸드북을 썼고 어떤 내용인가?

BIM 핸드북은 부동산 개발사, 건물소유주, 관리자, 감리자, 건축가, 모든 분야의 엔니지어들, 건설업체, 제작업체들, 그리고 건축설계, 토목, 건축공학 전공 학생들을 대상으로 한다. 이 책은 BIM과 관련된 기술들, 잠재적인 이익, 비용, 그리고 필요한 기반시설에 대하여 다루고 있다. 또, 건축 관련 관공서, 법률 실무자, 제작업체들에 대한 현재와 미래의 영향에 대하여 논한다. 그리고 많은 BIM 사례 분석과 다양한 BIM 도구들과 기술들에 대하여 설명하고 산업과 사회적 기대에 대해서도 논하였다.

본서는 네 개의 부분으로 구성되어 있다.

1장, 2장, 3장은 BIM과 이를 지원하는 기술에 대하여 소개하고 있다. 이 세 장은 건설 산업의 현황과 BIM의 잠재적 이득, 건물의 파라메트릭 모델링과 정보호환성(interoperability)을 포함한 BIM의 기반 기술들의 문제들에 대하여 설명하였다.

4장, 5장, 6장, 7장은 각 분야별로 BIM에 대하여 다루었다. 4장은 건축주, 5장은 설계자, 6장은 건설업체, 그리고 7장은 협력업체와 제작업체를 대상으로 하였다.

8장은 BIM 기반의 건축물 설계, 시공, 운영 방식에 따른 잠재적 영향과 미래의 흐름에 대하여 논하였다. 현재의 흐름에 대하여 설명하고, 2015년까지의 잠재적인 장기 개발방향에 대하여 예측하였으며, 2020년까지 BIM을 지원하기 위해 필요한 연구에 대하여도 다루었다.

9장은 10개의 상세한 BIM 사례 분석을 통하여, 각 프로젝트에서 타당성 분석, 개념설계, 견적, 상세설계, 조율, 시공계획, 물류관리(logistics), 운영과 그 밖에 많은 일반적인 건설업무가 어떻게 이루어졌는지 살펴보았다. 10개의 사례는 상징적인 건축물이나 구조물들(더블린 아비바 운동장, 뉴욕 100 11애비뉴 아파트 건물 외피, 친환경 헬싱키 음악센터)과 다양한 일반건축물들(매리어트 호텔 리노베이션, 병원, 고층 오피스 건물, 상업소매시설, 해안경비시설)을 포함하고 있다. 또한 핀란드 현수교(크루셀 다리)가 있다.

2판에서 새로운 것은 무엇인가.

BIM은 빠르고 발전하고 있다. 기술이나 실무적인 면 모두에서 발전을 따라잡기 어렵다. IPD(Integrated Project Delivery)는 우리가 1판을 완성한지 3년 안에 받아들여지고 발전되어 온 협력적 계약 패러다임이다. BIM 도구의 사용은 지속가능한 설계, 시공, 운영을 지원하기 위해 점점 더 증가되고 있다. 이 책을 통하여 강조된 린(lean) 설계와 시공 방법을 위한 BIM 지원이 증가되고 있다. 우리가 2012년에야 상업적으로 가능할 것으로 예상했던 BIM과 RFID(radio-frequency ID tagging)를 활용한 건축자재 추적 기술과 같은 혁신적인 일들이 벌써 실제로 벌어지고 있다.

이 2판은 단지 이러한 내용을 설명하거나 BIM 소프트웨어와 관련된 내용을 업데이트하지 않고, 레이저 스캐닝, BIM 서버와 같은 새로운 기술을 소개하는 새로운 내용을 추가하였다. 새로운 6개의 사례 연구도 포함되어 있다.

어떻게 BIM 핸드북을 사용할 것인가?

이 책은 독자들이 일을 하거나 공부를 하다가 BIM과 관련한 새로운 용어나 개념에 대한 자료가 필요할 때 유용하게 활용할 수 있을 것이다. BIM이 건축 산업에 일으킬 중대한 변화에 대해 잘 이해하려면, 꼭 그럴 필요는 없지만, 이 책을 처음 읽을 때 정독을 하는 것이 최선의 방법일 것이다.

첫 번째 부분(1장~3장)은 모든 독자가 읽을 것을 권장한다. 상업적 맥락과 기술적 부분에 대한 배경을 제공한다. 1장은 BIM 도입에 따른 많은 기대효과들을 나열한다. 먼저 미국 건축 산업의 실무와 이와 관련한 낮은 생산성, 높은 공사비에서 오는 어려움들에 대해 설명한다. 그리고 BIM을 활용하여 이윤을 창출하기 위하여 택할 수 있는 다양한 발주방식, 즉 전통적인 입찰방식(설계-입찰-시공), 디자인빌드(design-build)방식, 기타 입찰 방식 등의 장단점을 설명한다. BIM이 지원될 때 특히 더 유용한 새로운 IPD 방식을 서술한다. 2장에서는 BIM의 기반기술, 특히 파라메트릭과 객체 기반 모델링에 대하여 설명한다. 이 기술들의 역사와 현재 기술 수준에 대하여 상세히 기술하였다. 그리고 건축정보모델(building information model)을 생성할 수 있는 기능을 가진 대표적인 사용 소프트웨어들을 살펴보았다. 3장에서는 소프트웨어간, 실무자간 건축물 정보가 어떻게 교환되는가 하는 정보교환의 복잡함에 대하여 다룬다. IFC(Industry Foundation Classes)와 미국 국가 BIM 표준(National BIM Standards)과 같은 표준도 상세히 다루었다. 2장과 3장은 또한 파라메트릭 모델링과 상호운용성 기술에 대한 참고자료로 사용될 수 있다.

독자들 중 자신의 회사에 어떻게 BIM을 도입할 것인가에 대한 구체적인 정보를 얻기 원하는 사람은 4장~7장에서 자신의 전문분야에 대한 내용을 찾을 수 있을 것이다. 관련된 장은 자세히 읽고, 다른 장은 요약만 읽으면 된다. 4장~7장에서 나온 내용들 중 여러 분야에 걸쳐 관련된 내용들을 다소 중복적으로 다루어졌다(예로 협력업체들은 6장과 7장에서 관련 정보를 찾을 것이다). 내용 설명에 종종 9장에 소개된 사례들을 들어 설명하였다.

8장은 BIM이 장기적으로 사회, 경제, 조직, 전문직에 미칠 영향에 대해 다루고 있으며 어떻게 여러분의 교육 또는 직장 생활에 영향을 미칠 것인가에 대하여 자세히 다루고 있다.

9장에 소개된 사례들은 BIM을 자신의 프로젝트에 적용한 각기 다른 전문분야 사람들의 경험에 대하여 이야기한다. 어느 사례도 완전하거나 전체 건물 수명주기에 걸쳐 다루지 못하였다. 사례에 대해서 쓸 당시에 많은 경우 건물이 준공 전이었다. 그러나 이러한 사례들을 모아서 보면, 선구자 역할을 한 회사들이 경험했던 다양한 BIM 사용방법, 효과, 문제점들을 하나의 완성된 그림처럼 전 영역에 걸쳐 볼 수 있다. 이 사례들은 21세기가 시작하는 시점에서 현존하는 BIM 기술이 무엇을 이루어 낼 수 있는 지를 보여준다. 그리고 독자들에게 도움을 주고 미래 실무가 나아 갈 방향을 이끌어 줄 수 있는 많은 교훈을 준다.

끝으로 학생과 교수들은 공부하는데 각 장 끝에 제공된 질문과 연습 문제를 활용할 것을 권장한다.

감사의 글

당연히 우리는 우리가 이 책에 많은 시간을 할애한 것을 참아준 가족들에게 가장 먼저 그리고 가장 많은 빚을 졌다. 이 책이 높은 수준의 책이 될 수 있도록 원고를 정리해준 John Wiley and Sons의 편집 프로그램 코디네이터 Lauren Poplawski, 편집자 Kathryn Bourgoine에게 감사드린다.

이 책을 쓰기 위한 조사과정에서 건설업체, 설계자, 건축주, 소프트웨어 회사, 정부기관들의 많은 도움을 받았다. 이 분들에게도 감사드린다. 5개 사례는 조지아 공대(Georgia Tech) 건축대학의 대학원생, 다른 사례들은 샐포드(Salford) 건축환경학과와 톨린(Tallinn) 대학의 응용과학과 학생들이 준비하였다. 모두에게 감사하며, 그들의 대한 감사의 글은 각 관련 장 뒤에 따로 적었다. 이 사례 연구들은 프로젝트 참여자들의 너그러운 배려로 여러 번의 교신을 통해 프로젝트에서 얻은 지식과 식견을 공유해줌으로써 가능했다.

끝으로 2판 머리말을 써주어 많은 것을 배울 수 있도록 해주었을 뿐 아니라 AECbytes의 저술에서 빛나고, 또한 BIM에 중요한 기여를 한 Lachmi Khemlani에게 감사드린다. 마지막으로 이 BIM 핸드북에 대한 아이디어를 제공해 주고 1판 머리말을 써준 Jerry Laiserin에게 감사드린다.

1장

BIM 핸드북 소개
BIM Handbook Introduction

1.0 요약

BIM(Building Information Modeling)은 건축, 엔지니어링, 건설 산업에서 가장 눈에 띄는 진화 중 하나이다. BIM 기술을 활용하면, 한 건축물을 하나 또는 여러 개의 정밀한 디지털 가상모델로 표현하여 만들 수 있다. 이 모델들을 설계 각 단계에 활용하면, 수작업 때보다 분석과 조정을 더 잘 할 수 있다. 설계가 완성되면, 컴퓨터 모델은 건물을 만드는 작업들, 즉 시공, 제작, 주문 작업에 필요한 정확한 기하학 정보와 데이터를 포함하게 된다.

BIM은 또한 건물의 생애주기를 모델링하는데 필요한 많은 기능들을 제공한다. 이것은 새로운 설계, 시공능력, 프로젝트 팀 간의 관계와 역할 변화의 바탕이 된다. 만약 BIM이 제대로 도입이 된다면, 더 짧은 공기(工期) 안에, 더 싼 가격으로, 더 나은 질의 건물을 지을 수 있는, 보다 통합된 설계와 건설 프로세스를 촉진시키는 역할을 하게 될 것이다.

본 장은 현재의 건설실무방식에 대하여 기술하고, 이러한 방식에 배어 있는 비효율성에 대하여 논한다. 그리고 BIM을 지원하는 기술들을 설명하고, 건축물 전체 생애주기 동안 BIM으로 인해 가능해지는 새로운 사업 프로세스로부터 이익을 얻을 수 있는 방법들을 추천한다. 마지막으로 BIM 기술로 전환했을 때 경험할 수 있는 다양한 문제점에 대해 평가하면서 끝을 맺는다.

1.1 소개

BIM이 소개되면서 나타나는 변화의 중요성을 더 잘 이해할 수 있도록 본 장은 먼저 현재의 종이 기반의 설계 및 시공방법과 가장 일반적인 건설사업모델에 대해 설명한다. 다음으로, 현재 실무에서의 문제점들을 설명하고, 무엇이 BIM인지 간단히 설명한다. 그리고 이것이 2D와 3D 캐드(Computer-Aided Design)와 어떻게 다른지 설명한다. 끝으로 현재는 발전정도나 사용정도 면에서 모두 초기 단계인 BIM기술을 사용할 때 나타날 수 있는 주요 문제점들을 설명하는 것으로 결론을 맺는다.

1.2 현재의 설계, 엔지니어링, 건설 사업 모델

현재 건축물이나 시설물의 건설과정은 잘게 쪼개져 있으며, 참여자간의 의사소통은 종이에 기반을 둔 방식에 의존하고 있다. 종이문서에 있는 실수와 누락 부분들은 종종 예상치 않았던 현장 비용 증가, 공기지연, 그리고 궁극적으로 다양한 프로젝트 참여자간에 법정소송을 일으킨다. 이러한 문제점들은 마찰, 재정적 지출, 그리고 공기지연을 초래한다. 이러한 문제를 해결하려는 노력으로 디자인 빌드(design build)와 같은 대안적인 건설사업 조직구조, 도면과 문서 공유를 위한 프로젝트 웹사이트와 같은 실시간 기술(real-time technology)의 사용, 그리고 3차원 캐드 소프트웨어의 사용 등이 있었다. 이러한 방법들은 필요할 때 정보를 교환할 수 있도록 해주었지만, 종이문서나 이에 상응하는 전자문서 때문에 생긴 갈등의 횟수나 심각성은 거의 줄이지 못하였다.

2차원 기반의 의사소통 방식을 사용하여 설계를 진행할 경우, 가장 공통적인 문제점 중의 하나는 제안된 설계를 평가하는데 핵심적인 정보인 견적, 에너지사용량 분석, 구조상세 정보 등을 생성하는데 많은 시간과 비용이 든다는 점이다. 따라서 이러한 분석들이 대부분 맨 마지막에 이루어져, 이미 어떤 중대한 변경사항이 있어도 변경하기에 너무 늦은 경우가 많다.

설계단계에서 분석결과를 반복적이고 순환적으로 설계에 반영하여 설계를 향상시키는 과정이 이루어지지 못하기 때문에, 나중에 설계상의 모순점들을 해결하기 위해서 종종 가치공학(value engineering) 과정을 거쳐 종종 원설계안의 절충안을 내놓게 된다.

계약방식과 관계없이, 대형 프로젝트(미화 천만 불 이상, 譯註: 한화 약 백억 원 이상)에 참여하는 사람의 숫자나 프로젝트에서 생성되는 정보의 양과 같은 통계치는 공통적이다. 다음 자료는 캐나다 퀘벡(Quebec)에 위치한 건설 회사인 탈디프, 머레이 어소시에이츠(Tardif, Murray, & Associates)의 Maged Abdelsayed가 수집한 자료이다(Hendrickson 2003).

- 참여자(회사)의 수: 420개사 (모든 자재공급업체와 협력업체를 포함)
- 참여자(사람)의 수: 850명
- 각기 다른 문서 종류의 수: 50종류

- 문서의 쪽수: 56,000쪽
- 프로젝트 문서를 보관하기 위한 상자의 수: 25상자
- 4단짜리 캐비닛의 수: 6개
- 이 문서들을 만들기 위해 사용한 20년생 50피드 높이, 20인치 지름의 나무의 수: 6그루
- 스캔 했을 때 이 문서들을 전자문서로 보관하기 위해 필요한 메가바이트: 3000MB
- 이를 보관하기 위한 CD의 수: 6장

계약방식과 상관없이 이렇게 많은 수의 사람과 문서를 관리하는 것은 쉬운 일이 아니다. 그림 1-1은 전형적인 프로젝트 팀 참여자와 다양한 조직구성을 보여준다.

미국의 계약방식은 설계시공 분리발주(Design-Bid-Build, DBB)방식과 디자인 빌드(DB)방식, 책임형 건설사업관리(CM at Risk)의 세 가지 방식이 가장 일반적이며, 이 세 방식의 변형된 다른 많은 계약방식들이 있다(Sanvido and Konchar 1999; Warne and Beard 2005). 이 세 방식과는 꽤 다른 방식으로 네 번째 “IPD(Integrated Project Delivery, 통합사업방식)”를 들 수 있다. IPD는 의식 있는 발주처들 사이에서 점차 대중화되고 있다. 다음 절들은 이 네 가지 방식에 대하여 상세히 설명한다.

1.2.1 설계시공 분리발주(DBB, Design-Bid-Build)

대부분의 건물들(2002년에는 약 90%의 공공건물과 약 40%의 민간건물)이 설계시공 분리발주 방식으로 지어지고 있다. 이 방식의 두 가지 큰 장점은 발주처

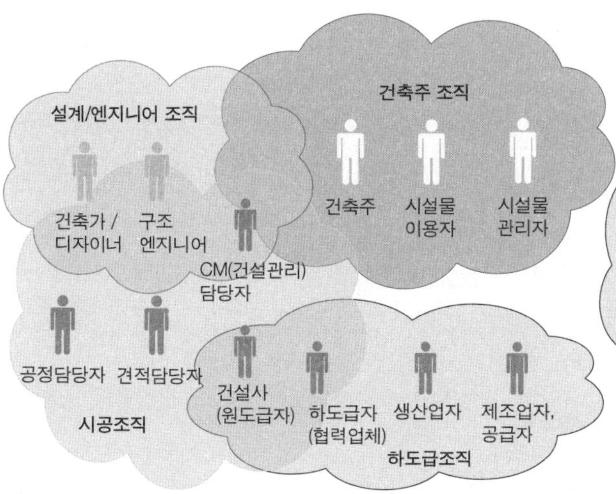

그림 1-1
건설 프로젝트 팀과 전형적인 조직경계를 보여주는 개념도

가 최저가로 공사를 하는 업체를 선정할 수 있는 경쟁 입찰 방식이라는 점과 특정 건설업체를 선택해야 한다는 정치적 압력에서 어느 정도 벗어날 수 있다는 점이다. (특히 후자의 경우, 공공건축에서 매우 중요하다.) 그림 1-2는 전형적인 설계시공 분리발주 입찰과정과 전형적인 책임형 건설사업관리(CM at Risk), DB(Design-Build) 입찰과정(1.2.2절 참조)을 비교하여 개념적으로 표현한 것이다.

설계시공 분리발주 모델은, 발주처(건축주)가 건축가를 고용하고, 건축가는 흔히 "프로그램(program)"이라고 부르는 건축물 요구사항(building requirements)을 작성하고 프로젝트의 설계목표를 설정한다. 건축가는 기획설계(schematic design), 기본설계(design development), 상세설계(contract document)의 여러 단계를 거친다. 마지막에는 이 도서들이 건축 프로그램과 그 지역의 건축법규를 만족시켜야 한다. 건축가는 구조설계, 기계설비 설계를 위하여 직원이나 컨설턴트를 고용한다. 이렇게 설계된 내용은 도면(평면, 입면, 3차원 시각화)으로 표현되는데, 나중 변경사항이 발생하면 모든 도면에 변경사항이 반영될 수 있도록 잘 조율하여야 한다.

최종 도면과 시방서에는 시공입찰이 가능할 정도의 충분한 상세정보가 포함되어 있어야 한다. 그러나 잠재적으로 발생할 수 있는 법정소송문제 때문에, 건축가는 가능하면 적은 디테일을 넣으려고 하고, 도면상 수치들의 정확성에 건축가가 법적 책임이 없음을 나타내는 문구를 넣기도 한다. 이러한 현재의 실무형태는, 실수나 누락으로 인해 법적 책임이나 추가비용이 발생했을 때, 종종 계약자간의 법정 소송으로 이어지는 결과를 초래한다.

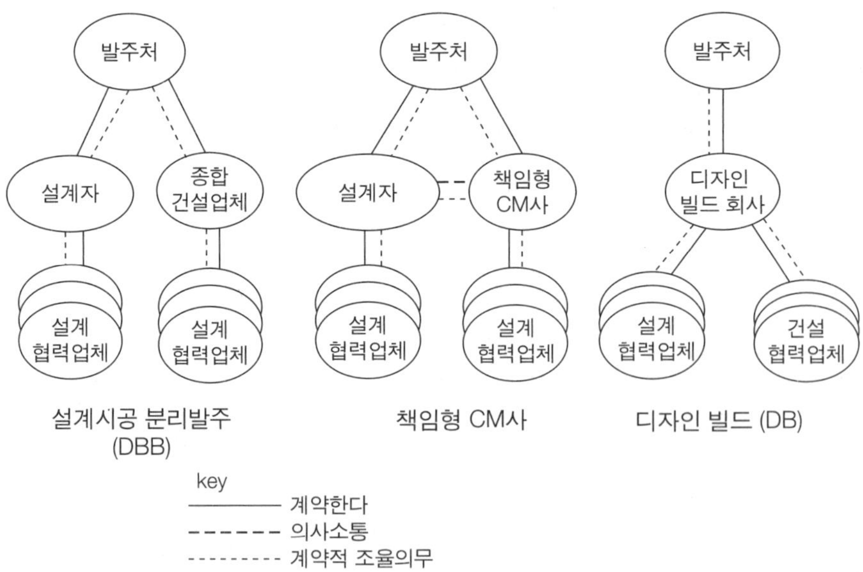

그림 1-2
설계시공 분리발주 (DBB), 디자인 빌드 (DB), 책임형 건설사업관리(CM at Risk) 프로세스의 개념도

설계시공 분리발주 모델 2단계에서 종합건설사가 입찰에 참여한다. 발주처와 건축가는 어떤 건설업체가 입찰에 참여할 지 결정할 수 있다. 각 건설업체는 나중에 **개별 물량산출**(independent quantity survey)에 사용할 도면과 시방서를 받는다. 이 물량들과 협력업체에서 제출한 입찰서류는 나중에 견적가(cost estimate)를 결정하는데 사용이 된다. 건설업체가 선정한 협력업체들도 참여하고 있는 프로젝트에서 똑같은 절차를 밟아야 한다. 이렇게 하기 위해서는 많은 노력이 필요한데, 종합건설업체와 협력업체를 모두 포함하여 입찰 준비를 위해 보통 전체 견적가의 약 1%를 지출한다.[1] 만약 건설업체가 여섯 개나 열 개의 프로젝트 중 한 개의 프로젝트를 수주한다고 하면, 수주에 성공한 입찰 당 소요되는 비용은 전체 프로젝트 비용의 평균 6%에서 10%가 된다. 이 비용은 나중에 종합건설업체나 협력업체의 간접비에 추가된다.

보통 수주는 종합건설사와 협력업체가 담당한 공사의 공사비가 최저가인 팀에게 돌아간다. 작업을 시작하기 전, 건설사는 종종 공정과 단계별 시공계획을 반영하기 위하여 도면을 다시 그려야 한다. 이러한 도면을 **시공도면**(general arrangement drawings)이라고 한다. 협력업체와 생산업자는 프리캐스트 부재나 철골 접합부, 벽체 상세, 파이프와 같은 특정 항목의 정확한 디테일을 반영하기 위하여 반드시 **시공상세도**(shop drawings)을 제공하여야 한다.

시공상세도는 실제 제작에 사용되는 가장 디테일한 표현이기 때문에, 시공상세도도 다른 도면들처럼 정확하고 완전해야 한다. 만약 이러한 시공상세도들이 부정확하거나 불완전하다면, 또는 이미 문제가 있거나, 일관성이 없거나, 빠진 부분이 있는 도면에 근거하여 작성되었다면, 현장에서 문제가 발생하여 시간적, 경제적 손실이 발생할 것이다. 이러한 갈등해결에 필요한 경비는 매우 커질 수 있다.

설계가 일관성이 없고, 부정확하며, 불확실하면 자재를 공장에서 제작하기 어렵다. 따라서 대부분 제작 및 건설작업은 현장에서 이루어지며, 그것도 정확한 상황이 파악되었을 때에만 가능하다. 품질관리가 용이한 공장 환경에서 작업을 하는 것보다 현장제작 방식은 더 비싸고, 더 많은 시간이 소요되며, 하자가 발생할 가능성이 높다.

이전에 몰랐던 문제나 빠진 부분, 예상치 않았던 대지조건, 자재조달가능성의 변화, 설계에 대한 질문들, 새로운 발주처의 요구, 신기술 등으로 인하여 시공단계에서 수많은 설계변경이 발생한다. 이러한 문제점들을 프로젝트팀이 해결해야 한다. 매 설계변경시마다, 그 원인을 규정하고, 책임을 부여하고, 공기와 비용이 얼마나 들지 평가하고, 어떻게 문제를 해결할 지를 논의하는 절차가 필요하다. 이러한 절차는 문서로 또는 웹기반 도구를 사용하여 건축가 또는 다

[1] 이 데이터는 두 명의 저자가 건설 산업에서 일했던 경험에 기초한 것이다. 이 금액은 발주서류 구입비용, 물량산출, 협력업체간의 조율, 견적비용 등을 포함하고 있다.

른 관련 조직에게 **정보요청**(Request for Information: RFI)을 함으로써 시작된다. 그 다음, **설계변경**(Change Order: CO) 사항을 관련자들에게 공지하고 도면을 어떻게 변경하여야 할 지 함께 논의한다. 이러한 변경사항과 해결책은 자주 소송이나 추가비용, 추가시간으로 이어진다. 설계변경 관리기능을 가진 웹사이트 제품을 이용하면 프로젝트 팀이 변경사항 하나하나를 확인할 수 있다. 그러나 이러한 시스템이 문제의 원인까지 알려주진 않기 때문에 한계가 있다.

또 다른 문제는 일반적으로 건설업체가 프로젝트를 수주하기 위하여 예정가(estimated cost)보다 낮게 입찰을 하였을 경우 발생한다. 그리고 나서 입찰가에서 발생하는 손실을 메우기 위해 건설업체는 설계변경을 남용한다. 물론 이 때문에 발주처와 프로젝트 팀 간의 소송이 더 많이 발생하게 된다.

또한 설계시공 분리발주과정은 발주처가 승인하기 전까지는 자재발주를 할 수 없기 때문에, 리드타임이 긴 제품의 경우 공정에 맞추어 미리 발주하기가 어렵다. 이런 이유와 또 아래 적힌 다른 이유들로 설계시공 분리발주방식은 종종 디자인 빌드방식보다 오래 걸린다.

마지막 단계는 건물 완공 후에 하는 건물의 시운전(commissioning 또는 성능확인시험)단계이다. 이 단계에서 건물시스템(냉난방, 전기, 배관, 소방용 스프링클러 등)이 제대로 작동하는지 시험한다. 그 다음, 계약조건에 따라 마지막으로 **준공변경사항**(as-built changes)을 반영하여 계약서와 도면을 작성하여, 설치된 장비의 작동설명서와 함께 발주처에게 전달한다. 이 시점에서 설계시공 분리발주과정은 종료된다.

발주처에게 전달된 모든 정보가 2차원 또는 종이로 되어 있기 때문에, 발주처가 건물의 유지관리를 책임지고 있는 시설관리팀(facility management team)에 관련정보를 찾아 전달하려면 상당히 많은 노력을 기울여야 한다. 그 과정은 시간낭비가 심하고, 실수가 발생하기 쉬우며, 가격이 비싸 중대한 문제로 남아 있다.

이러한 문제점들을 고려해보면, 아마도 설계시공 분리발주방식은 가장 빠르고 비용효과가 좋은 설계 또는 건설방식이 아니고, 이러한 문제점을 해결하기 위하여 다른 방법들이 개발되었다.

1.2.2 디자인 빌드(Design Build, DB)

디자인 빌드(DB)방식은 발주처가 공사 관리를 단순화할 수 있도록 설계와 건설의 책임을 하나의 계약주체가 지게 하기 위하여 개발되었다(Beard 외 2005). 그림 1-3은 그 과정을 보여준다.

디자인 빌드 모델에서는, 발주처는 자신의 요구사항이 잘 반영된 건물 프로그램과 개념설계(schematic design)를 만들기 위하여 디자인 빌드 팀과 직접 계약을 한다.(일반적으로 디자인 빌드 팀은 건축가와 공동으로 일을 하거나, 또는 내부적으로 설계능력을 갖춘 건설 회사이다.) 그 다음, 디자인 빌드 업체가 건

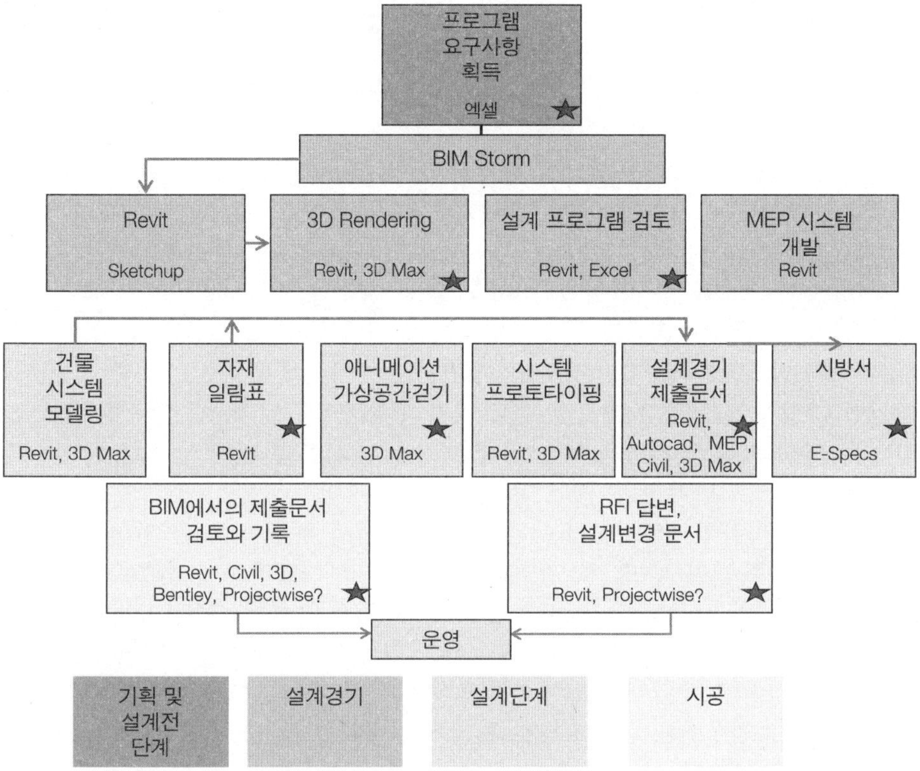

그림 1-3
LACCD BIM 스탠다드의 디자인 빌드 프로젝트의 작업흐름과 결과물에서 인용. (BIM과 관련된 작업흐름만 보여줌.)

축에 필요한 총 공사비용과 기간을 견적한다. 건축주가 요구하는 모든 수정사항을 반영하고 평면을 승인받은 후에, 최종 예산을 결정한다. 디자인 빌드 모델의 경우, 설계에 수정할 부분이 발생하면 수정사항을 초기에 반영할 수 있기 때문에, 이로 인한 금액이나 시간이 줄어든다는 점이 특징이다. 디자인 빌드 업체는 필요에 따라 전문분야 설계자(specialty designers)나 협력업체와 계약한다. 이 시점이 지나면, 시공이 시작되고, 이후 설계변경은 미리 정해진 범위 안에서 디자인 빌드 업체가 책임진다. 실수나 빠진 부분에 대해서도 마찬가지이다. 건물의 기초공사나 초기공사가 시작되기 전에 모든 상세도면이 완성될 필요는 없다. 이러한 설계시공 과정의 단순화로, 보통 소송은 훨씬 줄고, 적은 총공사비로 건물을 더 빨리 완공할 수 있다. 반면, 발주처의 입장에서는 초기설계가 확정되고 계약수량이 확정된 이후 설계를 변경할 수 있는 유연성이 떨어지는 단점이 있다. 디자인 빌드 모델은 미국에서 점차 일반화 되어가고 있고, 해외에서도 널리 사용되고 있다. 현재 미국 정부에서 나온 자료는 없으나, DBIA(Design Build Institute of America, 미국 디자인 빌드 협회)는 2006년 현재 미국 건설 프로젝트의 40% 정도가 디자인 빌드 수주방식(DB procurement approach)의 변형된 방식에 의존하고 있는 것으로 추정하고 있다. 해군, 육군, 공군, GSA(역주: U.S. General

Services Administration, 미국 공공시설물을 관리하는 기관, 흔히 미국 조달청으로 번역)와 같은 정부기관은 이보다 더 높은 약 50-70%의 프로젝트에 디자인 빌드 방식을 적용하는 것으로 추정하고 있다. 디자인 빌드 방식의 사용 증가추세는 점점 강해지고 있다.

디자인 빌드 모델에서 BIM의 활용을 적극 권장한다. LACCD(the Los Angeles Community College District)는 디자인 빌드에서 BIM을 활용하는 방법에 대한 명확한 가이드라인을 제시한다(http://standards.build-laccd.org/projects/dcs/pub/bim%20standards/released/pv-001.pdf).

1.2.3 책임형 건설사업관리(CM at Rist)

책임형 건설사업관리(CM@R)는 발주처가 건축가를 고용하여 설계를 맡기고, 건설사업관리자(construction manager)에게 시공전과 시공 단계 동안 CM 서비스를 맡기는 프로젝트 발주방법이다. CM 서비스에는 입찰을 위한 준비와 조율, 일정관리, 공사비관리, VE, 그리고 감리 등이 포함될 수 있다. 건설사업관리자는 일반적으로 등록된 종합건설업체로서 공사비가 초과하지 않도록(GMP: guaranteed maximum price) 보장한다. 발주처는 상한보증공사비(GMP)가 확정되기 전까지 설계에 대한 책임을 진다. 설계시공 분리발주와 달리, 책임형 건설사업관리는 건설업체를 설계단계에 참여시켜 기여하도록 한다. 책임형 건설사업관리는 건설업체를 프로젝트에 일찍 참여시키고, 공사비 초과에 대한 발주처의 책임을 줄여주는 데에 장점이 있다.

1.2.4 통합사업방식(IPD)

통합사업방식(IPD)은 상대적으로 새로운 발주방식으로, BIM의 활용이 늘어남에 따라 인기가 점점 높아지고 있으며, 건설 산업은 IPD를 활용하여 어떻게 통합된 팀을 지원해야할 지 배워가고 있다. 통합사업방식(IPD)은 여러 가지 방법으로 수행될 수 있다. 미국건축가협회(AIA: the American Institute of Architecture)는 다양한 IPD 방법에 관한 계약양식 견본을 준비했다(AIA 2010). 미국건축가협회는 유용한 IPD 가이드도 출간했다(AIA 2010). 어떤 경우든, 통합사업방식은 발주처, 설계자 또는 설계협력자, 시공자 또는 시공협력자들이 협업하는데 효과적이라는 점에서 다른 방법들과 차별된다. 프로젝트 참여자간 협업은 프로젝트 초기부터 시작되어서 건물양도 시까지 계속된다. 핵심개념은 프로젝트 각 팀이 각자의 재량권 안에서 공기와 공사비를 최대한 줄이며 발주처의 요구사항을 맞출 수 있는 가장 효과적인 협력도구를 사용하여 같이 일을 한다는 점이다. 발주처가 이 과정을 관리하는데 직접 참여하거나, 또는 컨설턴트를 고용하여 발주처의 이익을 대변하거나, 또는 둘 다 참여할 수 있다. 설계과정에서 항상 나타나는 공사비, 에너지, 기능, 미적 요소, 시공성 간의 조율 문제는 BIM을 활용하면 그 타협점을 가장 잘 검토할 수 있다. 그래서 BIM과 통합사업방식(IPD)

은 항상 같이 가며, 현재의 종이로 정보를 교환하는 일직선적인 작업과정(linear process)과 명확히 구분된다. 통합사업관리(IPD) 방식의 수혜자는 분명히 발주처다. 그러나 그러기 위해서는 발주처가 계약과정에 참여하여, 프로젝트 참여자로부터 무엇을 원하고, 그것을 어떻게 얻을 것인지에 대한 내용을 계약에 포함시켜야 한다는 점을 이해하고 있어야 한다. 통합사업관리(IPD)의 법적 문제는 매우 중요하며, 4장과 6장에서 논의한다. 9장에서는 몇 개의 통합사업관리(IPD)의 사례를 소개한다.

1.2.5 BIM이 도입되면 어떤 종류의 조달방식이 최선인가

프로젝트 팀의 조직, 어떻게 팀 구성원에게 돈을 지급할 것인가, 누가 다양한 위험요소를 떠맡을 것인가 등을 포함한 설계에서 시공까지의 사업절차는 많은 변형된 형태가 있다. 정액(또는 총액)계약(lump sum contracts), 원가보상계약(cost plus a fixed or percentage fee), 그리고 다양한 형태의 협상에 따른 계약 방식 등이 있다. 각각의 계약방식과 관련하여 유리한 점, 문제점에 대하여 일일이 열거하는 것은 이 책의 범위를 벗어난다(Sanvido와 Konchar 1999와 Warne과 Beard 2005를 보라).

프로젝트 팀이 디지털 모델을 어떤 단계에서 얼마나 협업에 잘 사용하는가에 따라 BIM이 제공하는 긍정적인 변화를 증진시킬 수도 있고 약화시킬 수도 있다. 모델의 개발과 공유가 초기단계에 이루어질수록 그 유용성은 더 높아질 것이다. 설계시공 분리발주 방식은 시공자가 설계과정에 참여할 수 없고, 설계가 완료된 후 새로운 BIM 모델을 만들어야 하기 때문에, 효과적으로 BIM을 활용하기가 가장 어렵다. 디자인 빌드 방식은, 하나의 주체가 설계와 시공을 책임져 설계자와 시공자가 모두 설계단계에 참여하기 때문에, BIM 기술을 잘 활용할 수 있는 매우 좋은 기회를 제공한다. 책임형 건설사업관리(CM@R)는 시공자가 설계단계 초기에 참여할 수 있으며, BIM과 다른 협력도구의 장점을 높일 수 있다. 다양한 형태의 통합사업관리(IPD) 방식은 BIM과 Lean(낭비가 적은) 작업과정의 장점을 최대화 할 수 있다. 다른 수주방식들도 BIM을 사용함으로써 혜택을 볼 수 있으나, 특히 설계단계에서 협업이 이루어지지 않는다면, BIM이 줄 수 있는 혜택의 일부분 밖에 얻지 못할 것이다.

1.3 보고된 전통적 방식의 비효율성

본 절은 전통적인 실무방식이 얼마나 불필요한 낭비와 실수를 야기하고 있는지 기술한다. 스탠포드대학 CIFE(the Center for Integrated Facility Engineering)에서 개발한 그래프는 건설현장의 낮은 생산성을 보여준다(CIFE 2007). NIST(the National Institute of Standards and Technology)에서 실시한 연구결과는 빈약한 정보흐름과 정보중복의 문제점을 보여준다(Gallaher 외 2004).

1.3.1 CIFE연구와 건설 산업 노동생산성(Construction Industry Labor Productivity)

전통적인 설계와 건설실무와 관련한 추가비용은 다양한 연구를 통해 보고되었다. 그림 1-4는 본 책의 저자 중 한 명이 1964부터 2004년(자료가 있는 마지막 해)까지 40년간의 미국 건설산업과 비농업산업의 생산성을 분석한 것이다. 이 자료들은 계약비용(미국 상공부 자료)을 현장노동시간(미국 노동통계청 자료)으로 나눈 것이다. 이 계약비용에는 설계 및 엔지니어링 비용, 자재비 및 운송비용이 포함되어 있다. 인쇄기나 스탬핑 기계 등과 같은 중장비의 설치비용은 포함되지 않았다.

작업자 노동시간에 철골제작이나 프리캐스트 콘크리트 제작 등과 같은 현장 밖에서 이루어지는 작업은 포함되지 않았고, 자재의 설치비용은 포함이 되었다. 이 44년 동안 (건설업을 포함한)비농업산업의 노동생산성은 2배 이상이 되었다. 한편, 건설 산업의 노동생산성은 1964년에 비하여 거의 변한 게 없고 현재는 1964년보다 노동생산성이 10% 떨어진 것으로 나타나고 있다. 건설 산업에서 노동비용은 시설물구조에 따라 달라지지만, 건설비용의 약 40-60%를 차지한다. 발주처는 같은 건물을 시공하는데 2004년에 1964년보다 약 5%를 더 지불하고 있다. 물론, 지난 40년간 건축자재의 품질과 건축기술에서 큰 향상이 있었다. 거기에는 공장에서의 사전제작이 큰 역할을 하고 있다. 그 결과로 건물의 질이 근본적으로 좋아졌기 때문에, 아마 수치적으로 보이는 것보다 나아진 점이 있을 것이다. 그러나, 제조품들도 전보다 매우 복잡해졌음에도 지금 훨씬 낮은 금액으로 생산이 가능하다. 인력에 의한 노동을 자동화 기계로 대체하여 인건비를 낮추고 품질을 높였기 때문이다. 그러나 건설 산업 전체를 봤을 때, 건설은 그렇게 하지 못하였다.

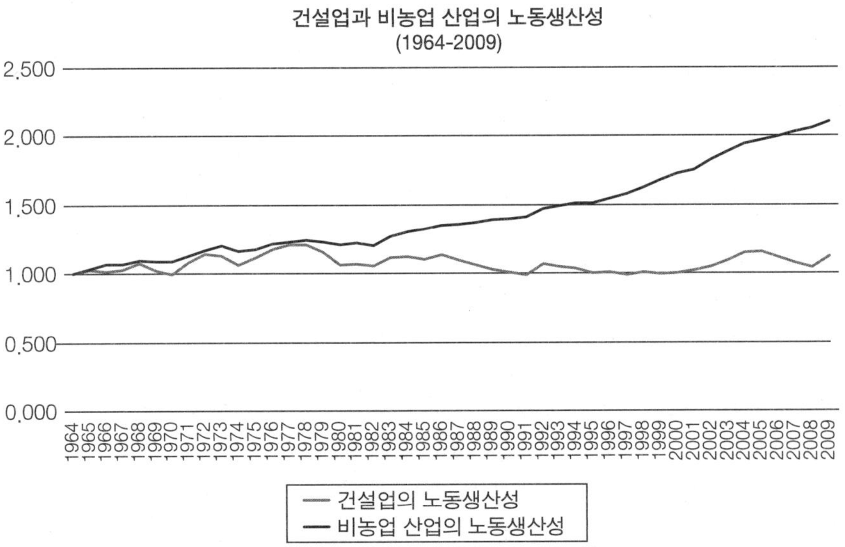

그림 1-4
건설업과 비농업 산업의 노동생산성 지표 (1964-2004)

CIFE의 Paul Teicholz의 연구에서 발췌

건설업체들은 공장의 생산 환경과 특수 장비의 활용이 가능하다는 장점을 가지고 있는 공장생산 방식의 건축부품을 점점 더 많이 사용하고 있다. 이러한 시도는 명백히 현장생산방식에 비하여 건물의 품질을 높이고 가격을 낮추는데 기여하고 있다(Eastman and Sacks 2008). 우리의 건설비용 자료에는 이렇게 생산된 건축부품의 비용은 포함되었지만, 건축부품 생산에 들어간 노동비용은 포함되지 않았다. 따라서 현장시공의 생산성이 실제보다 더 좋게 표현되었다 (譯註: 노동생산성 계산시 노동비용이 분모가 되는데 이러한 분모 값에 건축부품에 필요한 노동비용이 빠지므로 생산성이 실제보다 높게 나온다는 뜻). 여기서 발생하는 오차가 어느 정도인지 알기 어려운데, 그 이유는 이 전체 기간 동안 공장 생산된 건축부품의 생산비용이 얼마나 드는지 잘 기록되어 있지 않기 때문이다.[2] 왜 건설생산성이 줄고 있는지 그 이유가 완전히 이해되진 않았지만, 통계결과는 극적이며, 건설 산업에서 중대한 구조적 결함이 있음을 드러내고 있다. 제조업에서 자동화 및 정보시스템의 사용, 더 나은 공급사슬관리(supply chain management), 향상된 협업도구를 통해 얻은 효과를 건설 산업은 아직까지 얻지 못한 것이 명백하다. 그 이유로 다음과 같은 가능성이 있다:

- 65%의 건설사가 5명 이하의 직원으로 구성되어 있어 새로운 기술에 투자하기가 힘들다. 가장 큰 회사도 전체 건설물량의 0.5% 이하를 차지하고 있어, 리더십을 발휘하지 못하고 있다(6장의 그림 6-1 참조).
- 조사대상이 되는 기간 동안 건설 노무자의 인플레이션이 감안된 실제 월급과 보장제도가 제자리걸음을 하였다. 노동조합 참여자가 줄고, 이민노동자의 사용이 늘어(譯註: 즉, 노동비가 급등할 수 있는 요인들이 억제되었기 때문에) 노동력을 감소시킬 수 있는 혁신적인 방법들에 대한 필요성이 줄었다. 타정기(nail gun), 더 크고 효율적인 토목기계, 더 좋은 크레인과 같은 혁신적인 장비가 소개되었지만, 이로 인한 생산성 향상은 전체 현장 노동생산성을 바꾸기에는 충분치 않았다.
- 증축, 개조, 재건축사업은 약 건설시장의 23%, 보수공사는 건설시장의 10-12%를 차지한다. 이러한 유형의 사업은 자본집약적 방법을 적용하기가 어려워서 노동집약적일 수밖에 없으며, 앞으로도 그럴 것이다. 신축은 64%에 지나지 않는다.
- 설계와 시공 모든 분야에서 새롭고 향상된 사업방식의 도입은 눈에 띄게 느리고 이러한 가능성 또한 큰 회사에 국한되어 있다. 게다가, 새로운 기술의 도입과정도 잘게 끊겨 있다. 따라서 새로운 기술을 도입한 회사가 있다 해도 많은 참여자가 참여하는 큰 프로젝트에 참여하여 참여자간 의

2 1997년부터 2008년까지 공장제작된 목제와 철제 건설자재는 전체 건설의 약 3.3% 또는 시공에 사용된 자재, 공급물품, 연료의 약 9.7%에 해당된다(Economic Census 자료)

사소통을 원활히 하기 위해서는, 종이나 2D 캐드 도면을 쓰는 방식으로 돌아가야 하는 경우가 종종 있다. 지방정부는 거의 대부분 건설허가심의 문서를 종이로 제출할 것을 요구하고 있다. 이 때문에 건설 산업에서 종이문서가 강력한 지배력을 갖고 있다.

- 제조업의 경우, 제조업체들이 장기협약을 맺어 같은 협력업체(partner)끼리 협의된 방식으로 협업을 하는 경우가 종종 있으나, 건설프로젝트의 경우 일반적으로 매번 다른 협력업체들끼리 일정기간 동안만 일하다 해산한다. 그 결과로 시간이 지나도 적용해본 경험을 통해 방법을 향상시켜나갈 가능성이 적거나 아예 없다. 오히려, 각 협력업체들이 기존의 낡고 시간 낭비적인 방식에 의존함으로써 결정을 빠르고 효율적으로 내리지 못하고, 이로 인해 발생할 수 있는 잠재적인 소송사건으로부터 자신을 보호하려는 노력하고만 있다.

건설 산업의 생산성 정체의 또 다른 원인으로 현장시공의 자동화가 이루어지지 못하고 있다는 점을 들 수 있다. 그 결과 현장생산성 향상은 현장노무자의 기술교육과정에 의존하고 있다. 그림 1-5는 1974년 이후, 거의 기술교육을 받지 않은 비노동조합 이민노무자를 고용함으로써 시간당 노무자의 보수가 줄고 있음을 보여준다. 이러한 값싼 노무비용은 현장노무자를 대체할 자동화 장치나 사전제작 생산방식 개발에 장애가 되고 있는 지도 모른다. 한편 제조업의 시급

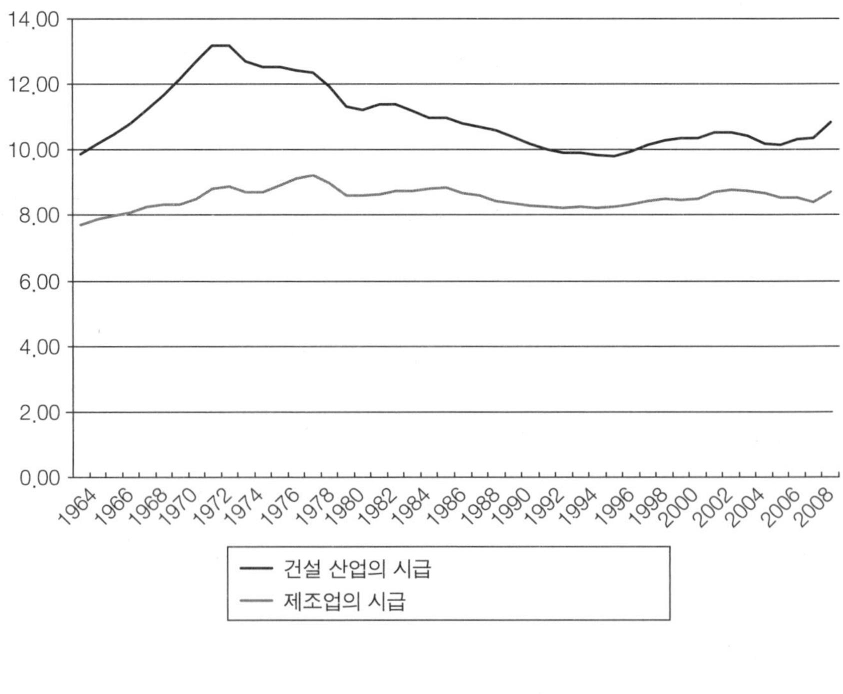

그림 1-5
1990년대 미국 달러 가치로 환산한 제조업과 건설업 작업자들의 실제 급료의 흐름 (1974-2008)

BLS, Series ID: EES00500006

(hourly wage)이 건설업보다 낮다는 사실을 보면, 두 산업에서 자동화가 노동비 보다는 기본적인 생산과정이 자동화가 가능한가의 문제(예를 들면, 공장생산인가 현장생산인가의 문제)가 더 영향을 미친 것일 수도 있다.

1.3.2 NIST의 건설 산업 비효율성으로 인한 비용에 대한 연구

NIST(National Institute of Standards and Technology, 미국국가표준기술원)는 시스템간의 상호운용성(interoperability, 또는 정보호환성)이 좋지 않아서 발생하는 발주처의 추가부담 비용이 얼마나 되는가에 관하여 연구하였다(Gallaher et al. 2004). 이 연구는 각각의 시스템이 다른 시스템으로부터 불러온 정보를 읽지 못하거나 사용하지 못하는 데에서 발생하는 정보의 교환 및 관리에 관한 문제에 대해 다루었다. 건설 산업에서 프로젝트 팀이 시스템들의 비호환성 때문에 빠르고 정확하게 정보를 교환하지 못하는 경우가 종종 있는데, 이것이 추가비용 발생 등을 포함한 많은 문제의 원인이 되고 있다. NIST는 2002년에 시작된 신축공사와 이제 막 시작하려는 공사에 초점을 맞추어 상업용 건물, 산업용 건물, 그리고 공공건물들을 대상으로 조사를 하였다. 분석결과는 비효율적인 정보호환으로 인해 신축공사인 경우 제곱피트당 공사비용이 $6.12(제곱미터당 약 6만6천원, 평당 약 21만원) 증가하고 유지관리 비용은 제곱피트당 $0.23(제곱미터당 약 2천5백원, 평당 약 8천원)가 증가하여, 총 158억 달러(약 15.8조원)의 추가비용이 발생하는 것으로 나타났다. 표 1-1은 공사참여자별 추가되는 비용을 보여준다.

이 연구에서 정보교환의 문제로 발생하는 비용의 산정은, 정보의 재입력도 없으며, 아무 문제없이 정보흐름이 이루어진다는 가상적인 시나리오와 현재의 업무형태와 비용을 비교하여 계산하였다. NIST는 부적절한 정보교환으로 인하여 다음과 같은 비용이 발생한다고 결론지었다.

- 방지(avoidance): 중복 구입한 컴퓨터 시스템들, 비효율적인 업무 프로세스 관리, 중복된 IT 지원팀
- 조정(mitigation): 수작업으로 데이터 재입력, 정보관리의 요청
- 지연(delay): 유휴인력과 다른 유휴자원

이 비용 중 약 68%는 발주처와 운영자에게 부담된다. 정확한 자료를 구하는 게 불가능하기 때문에 이 비용들은 추측적인 면이 있다. 그러나, 이 비용들에 대하여 진지하게 고민해 보고, 가능하면 많이 줄이거나 발생을 미연에 방지하는 노력이 필요하다. BIM의 확산과 건축물 생애주기 동안 많은 정보를 담고 있는 디지털 모델의 사용은 이러한 정보호환성 문제로 발생하는 비용을 없앨 수 있는 올바른 방향으로 나아가는 한 걸음이 될 것이다.

표 1-1 공사 참여자별 추가되는 비용 (2002) ($ millions)

참여자	기획, 엔지니어링, 설계단계	시공단계	운영단계	총추가비용
건축가와 엔지니어	$1,007.2	$147.0	$15.7	$1,169.8
종합건설회사	$485.9	$1,265.3	$50.4	$1,801.6
전문건설업체와 자재공급업체	$442.4	$1,762.2		$2,204.6
건축주와 건물운영자	$722.8	$898.0	$9,027.2	$1,0648.0
계	$2,658.3	$4,072.4	$9,093.3	$15,824.0
2002년 해당 바닥면적(제곱피트)	1.1 billion	1.1 billion	39 billion	n/a
제곱피트당 추가비용	$2.42/sf	$3.70/sf	$0.23/sf	n/a

Source: Table 6-1 NIST study (Gallaher et al. 2004).

1.4 BIM: 새로운 도구와 새로운 프로세스

이 장은 BIM과 관련된 용어와 개념, 그리고 기능에 대하여 전반적으로 설명한다. 그리고 이러한 것들이 어떻게 업무과정을 향상시킬 수 있는가를 설명한다. 구제적인 내용은 괄호 안에 표시된 장에서 더 자세히 다루고 있다.

1.4.1 BIM 모델 생성 도구(2장)

모든 캐드시스템은 디지털 파일을 생성한다. 이전 캐드시스템들은 플롯된 도면 파일들을 생산했다. 이 파일들은 주로 선 종류(line type)와 벡터, 레이어 인식자(layer identifications)로 이루어져 있었다. 점차 시스템이 발달함에 따라 데이터 블록이나 텍스트와 같은 정보들도 추가할 수 있게 되었다. 이후 3차원 모델링이 소개되면서 고급 정의 도구들과 복잡한 표면을 생성할 수 있는 도구들이 추가되었다.

캐드 시스템이 더 지능화되고 사용자들의 데이터 교환에 대한 필요성도 높아지자, 캐드 개발의 초점이 도면과 3차원 이미지에서 점차 데이터 자체로 이동하였다. BIM 도구를 이용하여 생성된 건물모델(building model)은 도면에 포함된 정보를 2차원과 3차원의 다양한 뷰(view)로 보여줄 수 있게 되었다. 건물모델은 그 내용이 무엇인가(어떤 객체로 되어 있는가) 또는 그 능력이 무엇인가(어떤 종류의 정보 요구조건을 지원할 수 있는가)로 정의될 수 있다. 전자는 데이터베이스가 어떻게 구성되어 있는가를 정의하고, 후자는 사용자가 무엇을 할 수 있는가를 정의하기 때문에 후자의 접근방식이 더 선호된다.

이 책에서 우리는 BIM을, 건물모델을 생성하고, 의사소통하고, 분석하는 과정들과 관련된 모델링 기술로 정의한다. 건물모델은 다음과 같은 요소들로 특징지어질 수 있다.

- 소프트웨어나 파라메트릭 규칙에 따라 지능적인 방법으로 활용될 수 있도록, 계산 가능한 그래픽이나 데이터 속성을 가진 디지털(객체)로 표현된 건물 구성요소
- 분석과 업무 프로세스에서 필요한 대로(예, 물량산출, 시방서, 에너지 분석) 자신들이 어떻게 행동하여야 하는지에 대한 데이터를 포함하고 있는 구성요소
- 변경사항이 생겼을 때 모든 뷰에서 구성요소와 조립품 정보의 변경사항을 볼 수 있는 일관성 있고 중복이 없는 데이터
- 모든 모델의 뷰가 조율되어 보이는 조율된 데이터

다음은 미국 NIBS FIC(the National Institute of Building Sciences Facility Information Council)의 국가 BIM 표준(NBIMS: the National Building Information Modeling Standard) 위원회에서 제시하는 BIM 기술에 대한 정의이다. 미국 국가 BIM 표준(NBIMS)의 BIM을 "새로운 또는 기존의 시설물을 표준화되고 기계가 읽을 수 있는 형태로 정의하여, 시설물 생애주기 전체에 걸쳐 사용이 가능하도록 생성되고 수집된 모든 적절한 정보를 포함한 정보 모델을 활용한 개선된 기획, 설계, 시공, 유지관리 과정(NIBS 2008)"이라고 정의한다.

BIM의 범위는 직간접적으로 건설 산업을 지원하는 모든 관련자에 영향을 준다. BIM은 시설물의 생애정보를 만들고, 사용하고, 공유하는 근본적으로 다른 방법이다. Building Information Model 또는 Building Information Modeling이라는 용어는 각각의 의미가 서로 BIM의 핵심적인 내용을 포함할 정도로 성장하면서 자주 상호 호환적으로 쓰인다.

미국 국가 BIM 표준(NBIMS) 노력은 Building Information Model을 세 가지로 정의한다.

1) 생산품
2) IT로 가능하게 된 개방형 표준에 기반을 둔 결과물과 협력적 작업과정
3) 시설물 생애주기 관리 요건

이 분류방식은 BIM이 궁극적으로 진화해야 할 모습인 산업계의 정보가치사슬(information value chain)이 형성될 수 있도록 돕는다. 미국 국가BIM표준(NBIMS)은 건설관련 커뮤니티들의 다양한 BIM 구현활동들을 한 데 모을 수 있는, 산업 전체를 대상으로 한 BIM에 초점을 맞추고 있다.

미국 국가 BIM 표준이 활용하는 방법은 빌딩스마트(buildingSMART, IAI: the International Alliance for Interoperability), IDM(the Information Delivery Manual), MVDs(Model View Definitions), IFD(Industry Foundation Dictionaries), 사용자 요구조건과 북미의 다양한 시설물 생애주기 작업과정을 지원하는 지역화된 북미의 정보교환 방식에 뿌리를 두고 있다.

BIM은 시설물 생애주기의 생성과 관리에 있어서 IT 활용방법을 다시 한 번 고려하게 한다. 관련 영역으로는 부동산, 발주처, 금융, 설계, 엔지니어링, 시공, 제작, 시설물 유지관리, 기획, 규제, 관리, 지속가능성, 생애주기 동안의 매각 등을 포함한다. 사회의 환경, 지속가능성, 보안에 대한 요구가 늘어나면서, 현재 산업계에서 공급되고 있는 정보량을 넘어서는, 개방적이며 재사용이 가능한 형태의 중요시설물 정보에 대한 요구가 커졌다. 비상사태 시 첫 번째 응답자(first responders), 정부 요원, 다른 조직도 이러한 정보가 필요하다.

BIM은 건설 산업이 현재의 작업자동화, 종이중심의 작업절차(3D CAD, 애니메이션, 서로 연결된 데이터베이스들, 스프레드시트, 2D CAD 도면)로부터, 컴퓨터의 계산능력, 웹기반 의사소통, 정보와 지식획득을 극대화하여 기존의 작업들이 합쳐서 조율되고 협력적으로 이루어질 수 있도록 하는 통합되고 호환이 가능한 방식으로 작업이 흐르도록 움직이고 있다. 이 모든 것이 실제상황을 기반으로 모델을 시뮬레이션하고 조작하는데 사용된다. 이는 사실에 기반하며, 반복가능하고, 증명가능한 의사결정 과정 안에서 시설물이 관리될 수 있도록 한다. 이에 따라 결과적으로 산업전체에 걸쳐 위험요소를 줄이고, 작업과 생산물의 품질을 높일 수 있게 된다.

다음 절의 목록은 구체적으로 BIM 소프트웨어 도구를 평가할 수 있는 시작점을 제공하고자 한다. BIM 기술과 현재 BIM 도구들에 대한 분석에 대한 더 자세한 정보는 2장을 봐주기 바란다.

1.4.2 파라메트릭 객체의 정의(2장)

파라메트릭 객체의 개념은 BIM과 전통적인 3차원 객체의 차이를 이해하는데 핵심적이다. 파라메트릭 BIM 객체는 다음과 같이 정의될 수 있다:

- 파라메트릭 BIM 객체는 기하학적인 정의와 **연관된 데이터와 규칙**으로 구성되어 있다.
- 기하학 정보가 **중복되지 않게** 통합되어 있으며, 불일치성을 허용하지 않는다. 객체가 3차원으로 보이면, 그 형태는, 예를 들어 다중 2차원 뷰(view)처럼, 내부적으로 중복되게 표현할 수 없다. 해당 객체의 평면과 입면은 항상 일관성 있어야 한다. 치수를 꾸며서 기입할 수 없다.
- 파라메트릭 객체가 건물모델에 삽입되거나, 연관된 다른 객체가 수정되었을 때, 해당 객체와 관련된 파라메트릭 규칙들에 의해 **연관된 기하학**

정보가 자동으로 수정된다.

- 객체들을 **다른 수준에서 묶어서** 정의할 수 있어서, 예를 들어 우리가 벽을 정의할 수 있고, 또 그와 관련된 구성요소도 같이 정의할 수 있다. 객체들은 여러 수직적 단계(hierarchy level)에서 정의되고 관리될 수 있다. 예를 들어, 만약 벽체의 부속구성 요소의 무게가 바뀌면, 벽체의 무게 또한 따라서 바뀌어야 한다.
- 변경사항이 발생했을 때, 변경사항이 객체의 크기, 생산성 등과 관련하여 **객체의 타당성**(object feasibility)에 위배됐는가를 객체 규칙에 의해 식별할 수 있다.
- 객체들은, 예를 들어 구조 재료, 음향 정보, 에너지 정보 등과 같은 속성들을 다른 시스템이나 모델에 **연결하거나, 받거나, 퍼뜨리고, 내보낼 수 있는** 능력을 가지고 있다.

사용자가 건물 모델들을 파라메트릭 객체들을 이용하여 만들 수 있도록 해주는 도구들을 BIM 저작도구(authoring tools)라고 한다. 2장에서 파라메트릭 기술에 대해 더 상세하게 설명하고, 일관된 도면을 자동으로 생성하고 기하학적 파라미터들에서 보고서를 자동으로 뽑아내는 기능 등을 가지고 있는 BIM 도구들의 일반적인 성능에 대하여 논의한다. 4장에서 7장은 이러한 성능들이 건축, 엔지니어링, 건설 실무자들과 건축주에게 주는 다양한 잠재적인 이익에 대해 논의한다.

1.4.3 프로젝트 팀 협업을 위한 지원(3장)

개방형 인터페이스(open interface)는 (설계를 생성하고 편집하기 위하여) 관련 데이터를 받아들일 수 있고 (다른 응용프로그램들이나 작업흐름을 통합할 수 있도록) 다양한 포맷으로 데이터를 내보낼 수 있어야 한다. 이렇게 통합하기 위하여 크게 2가지 방법이 있다: (1) 하나의 소프트웨어 회사의 제품만 사용하는 방법과 (2) 다양한 소프트웨어 회사에서 개발하는 제품 중 산업표준 데이터 교환방식을 지원하는 제품을 사용하는 것이다. 첫 번째 접근방법은 소프트웨어 제품들을 다양한 방식으로 더 확실하고 쉽게 통합할 수 있다. 예를 들어, 건축모델이 변하면 설비모델도 변할 것이고, 반대의 경우도 마찬가지다. 그러나 이렇게 하기 위해서는 설계팀의 모든 구성원들이 같은 판매회사에서 제공하는 소프트웨어를 이용해야 한다.

두 번째 접근방법은 특정 소스나 공개되어 있는 오픈 소스와, 건물객체를 정의하기 위하여 개발된 지원표준(Industry Foundation Classes 혹은 IFCs)을 이용하는 것이다. 이 표준들은 서로 다른 내부 데이터구조를 가진 응용소프트웨어간의 호환성을 지원하기 위한 장치를 제공한다. 이러한 접근방식은 프로젝트에 사용중인 다양한 소프트웨어 프로그램들이 같은 파일포맷을 지원하지 않거나 또는 약간의 정보 손실과 함께 일부만 지원할 때, 정보호환성 면에서 좀 떨어지긴 하지만, 더 많은 유연성을 제공한다.(譯註: 즉, 표준정보모델을 사용하면 특정 소프트웨어에서만 지원하는 특수한 정보는 호환이 안 될 가능성이 있어서 호환성이 좀 떨어질 수 있으나, 더 많은 소프트웨어간의 정보교환을 가능하게 한다는 면에서 유연성이 높아진다고 할 수 있다.) 이러한 접근방법은 객체들이 하나의 BIM 응용프로그램으로부터 다른 응용프로그램으로 받아들여지거나 내보내지는 것이 가능하게 한다(협업 기술에 대한 포괄적인 논의는 3장 참조).

1.5 무엇이 BIM 기술이 아닌가?

BIM 용어는 소프트웨어 개발자들이 자신들의 제품들이 제공하는 성능을 설명하기 위하여 이용된 대중적인 전문용어이다. 그렇기 때문에 무엇이 BIM 기술을 구성하는가에 대한 정의는 변형되거나 혼동되기 쉽다. 이러한 혼동을 막기 위하여, BIM 기술을 **이용하지 않는** 모델링 솔루션을 설명하는 것이 유용할 것이다. 이것들은 다음 종류의 모델들을 생성하는 도구들을 포함한다.

오직 3D 데이터를 포함하고 객체 속성이 없는 (또는 거의 없는) 모델들. 이것들은 오직 그래픽 시각화를 위해 사용할 수 있고, 객체 수준에서 지능이 없는 모델들이다. 그것들은 시각화를 위해서는 좋지만 데이터 통합과 설계 분석을 위한 지원은 하지 못하거나 거의 하지 않는다. 예를 들면, 빠르게 개념설계를 하는데 뛰어난 Google SketchUp의 경우, 기하학정보나 시각적인 정보는 있지만, 설계객체의 개념이 없어서 분석용으로 사용하기에 제약이 있다.

행위(behavior)를 지원하지 않는 모델들. 이것들은 객체를 정의하기 위한 모델이지만 파라메트릭 정보를 이용할 수 없기 때문에 그것들의 위치지정과 크기비율을 조정할 수 없다. 이것은 수정작업을 극도로 노동 집중적으로 만들고, 불일치하거나 부정확한 모델 뷰들을 생성시키는 것을 막아주지 못한다.

건물을 정의하기 위하여 반드시 다양한 2D 캐드 참고파일들(reference files)을 결합시켜야만 하는 모델들. 결과로서 생긴 3D 모델이 타당하고, 일관성 있고, 셀 수 있고, 모델에 포함된 객체의 지능을 표현할 수 있다고 확신하는 것이 불가능하다.

하나의 뷰 안에서의 치수의 변화가 다른 뷰 안에서 자동적으로 반영되지 않는 모델들. 이것은 감지하기 매우 어려운 오류를 만들어낸다(스프레드시트 안에서 수동 입력 값으로 공식을 덮어 쓰는 것과 비슷함).

1.6 BIM의 장점은 무엇인가? 어떠한 문제들이 있는가?

BIM 기술은 많은 업무 수행을 지원하고 향상시킬 수 있다. 비록 건설과 시설관리(AEC/FM: Architecture, Engineering, Construction and Facility Management)산업에서 BIM의 이용은 아직 초기 단계에 있지만, (전통적인 2D 캐드 혹은 문서기반 실무와 비교하여) BIM은 이미 산업전반의 괄목할 만한 향상을 보여주었다. 아래 논의된 BIM의 장점들 중 현재 적용되고 있지 않은 것들도 있으나, 우리는 BIM 기술을 개발함으로써 기대할 수 있는 전반적인 변화를 보여주기 위하여 모든 장점들을 열거해 보았다. 그림 1-6은 BIM 기술과 프로세스가 점점 강도가 세지는 설계와 시공에 대한 압력, 즉 건물은 더 복잡해졌는데, 공사비와 공기는 줄이고, 지속가능성은 향상시켜 달라는 요구를 어떻게 만족시킬 수 있는지를 보여준다. 전통적인 실무방식은 이러한 요구사항에 대응할 수 없다. 다음 절들은 어떻게 향상된 성능을 얻을 수 있는지 간단히 설명한다. 이 책의 목적은 독자들이 BIM 기저에 깔린 기술과 사업절차를 이해하는데 충분한 지식을 제공하는 것이다.

1.6.1 건축주에게 가는 공사 이전의 이익(4장과 5장)

개념, 타당성, 그리고 설계에서의 이점

발주자들이 건축가를 고용하기 전에, 주어진 규모와 품질수준 그리고 건축 프로그램을 만족하는 건물이 주어진 예산과 시간 내에 지어질 수 있는지를 결정하는 것은 필수적이다. 다시 말해, 주어진 건물이 발주자의 금융 요구조건들을 만족시킬 수 있는가 하는 것이다. 이러한 질문들을 어느 정도 확신을 가지고 답

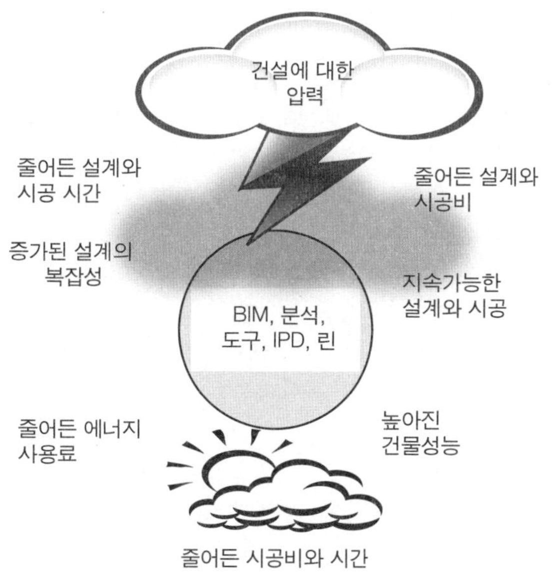

그림 1-6
BIM 기술과 관련 프로세스는 점점 압력이 증가하는 건물의 생애주기 동안 고려해야 하는 요구사항에 대한 답변을 찾는데 도움을 줄 수 있다.

할 수 있다면, 발주처들은 그들의 목적을 성취할 수 있으리라는 기대를 가지고 일을 진행할 수 있다. 어떤 특정 설계에 상당한 기간과 노력을 투입한 후에야 예산이 훨씬 초과한다는 사실을 발견하게 된다면 그것은 낭비다. 따라서 개략적인 건물 모델을 비용 데이터베이스에 연결하여 초기에 개산견적을 할 수 있다면, 발주자에게 가치가 크고 도움이 되는 일일 것이다. 이 내용은 4장에서 더 상세히 설명한다.

증가된 건물 성능과 품질

상세한 건축 모델(detailed building model)을 만들기 전에 개념적인 모델(schematic model)을 만들어 미리 검토를 하게 되면 건물이 요구기능과 지속가능성에 대한 요구사항을 만족시키는지 더 주의 깊게 검토할 수 있을 것이다. 초기단계에 분석/시뮬레이션 도구들을 사용하여 설계 대안들에 대한 평가를 한다면 전체 건물의 품질을 향상시킬 수 있다. 이 기능은 5장에서 검토한다.

통합사업관리(IPD) 방식을 이용한 향상된 협업

발주처가 발주에 통합사업관리(IPD) 방식을 사용하면, 프로젝트 팀이 BIM을 활용하여 설계 초반부터 프로젝트 요구사항을 이해하고, 설계가 발전해감에 따라 정확한 견적을 산출할 수 있다. 이에 따라 설계와 견적을 더 잘 이해하고 종이를 사용한 데이터 호환과 이로 인한 지연을 피할 수 있다. 이 내용은 4장부터 7장에 걸쳐 더 자세히 다루어졌으며, 9장의 셔터의료센터 캐스트로 밸리(Sutter Medical Center Castro Valley) 사례에서 예시하였다.

1.6.2 설계상의 이익(5장)

더 빠르고, 더 정확한 설계의 시각화

BIM 소프트웨어에 의해 생성된 3D 모델은 여러 개의 2D 뷰들로부터 생성하지 않고 직접 설계를 통하여 얻는다. 이렇게 생성된 모델은 설계 어느 단계에서도 시각화가 가능하며, 모든 뷰(도면)들의 치수도 일치한다.

설계변경이 생겼을 때 낮은 수준에서의 자동 수정

만약 설계변경이 발생했을 때 설계에 사용된 객체들이 파라메트릭 규칙에 의해 변경사항이 자동으로 반영되어 갱신된다면, 그 3D 모델은 기하학 형태, 정렬, 공간조율에서의 오류가 없을 것이다. 이러한 기능은 사용자가 설계변경을 관리할 필요성을 덜어준다(파라메트릭 규칙에 대한 부가적인 논의는 2장에 기술되어 있다).

어떤 설계 단계에서도 정확하고 일정한 2D 설계도를 생성

BIM을 사용하여 만들어진 모델은 정확하고 일관성 있는 설계도로 추출될 수 있다. 이러한 기능은 시공도면에서 나타나는 오류의 수와 시간을 상당히 감소시킨다. 설계변경이 필요할 때, 설계가 수정 되자마자 완벽한 도면을 생성할 수 있다.

다양한 설계분야의 조기 협업

BIM 기술은 다양한 설계분야의 동시작업을 가능하게 한다. 도면을 가지고 협업하는 것도 가능하지만, 도면을 가지고 협업을 하는 것은 하나의 3D 모델이나 연결되어 있는 여러 개의 3D 모델을[2] 가지고 작업하는 것보다 근본적으로 더 어렵고 시간 낭비가 많다. BIM은 설계시간을 단축시키고 설계 오류와 누락된 부분들을 상당히 감소시킨다. 또한 설계문제를 더 빨리 파악할 수 있도록 하며, 설계가 계속해서 향상될 수 있도록 한다. 이렇게 하는 것이 설계가 거의 완료되어 주요한 설계결정이 이루어진 후에 가치공학(value engineering)을 적용하는 것보다 훨씬 더 비용 효율적(cost effective)이다.

설계의도의 쉬운 검토

BIM을 이용하면 초기부터 3D 시각화가 가능하며, 공간의 면적과 재료의 수량을 뽑아낼 수 있기 때문에, 더 조기에 더 정확한 비용견적을 낼 수 있다. 전문적인 용도의 건축물들(실험실, 병원 등)의 경우, 설계 의도를 정량적으로 정의하는 경우가 많다. 정량화된 설계의도는 건물모델이 이러한 요구조건을 만족하는지 검토하는데 사용된다. 질적인 요구사항들(이 공간이 다른 공간 근처에 있어야만 하는 등)도 3D 모델을 사용하여 자동적으로 평가할 수 있다.

설계단계 동안 공사비 견적 추출

BIM 기술을 이용하면, 설계 중 어느 단계에서도 공사비 견적에 필요한 정확한 물량과 공간정보를 추출할 수 있다. 설계 초기 단계에서 공사비 견적은 주차대수나 사무실 바닥면적과 같은 프로젝트의 주요 물량을 활용한 공식이나 면적당 단위공사비로 계산한다. 설계가 진행되면서 수량정보가 더 상세해지면 이를 이용하여 더 정확하고 상세한 공사비 견적을 낼 수 있다. 이를 통해 설계가 건설입찰에서 요구하는 상세수준까지 진행되기 전에도 설계와 관련된 참여자들이 해당 설계가 갖는 비용의 함축적 의미를 알 수 있다. 설계의 마지막 단계에서는 BIM 모델 내 각 객체의 수량에 기초하여 견적을 내어 더 정확한 최종 공사비 견적을 얻을 수 있다. 그 결과로 BIM을 사용했을 때 문서기반 시스템보다 공사비와 관련한 더 많은 정보에 기초하여 설계 결정을 내릴 수 있다. BIM을 견적에 활용하려면, 종합건설업체나 구조체를 시공할 주요 협력업체가 프로젝트 팀에 참여하는 게 좋다. 이들의 지식은 설계단계에서 정확한 견적비용과 시공성을 검토하는 데 필요하다. 견적에 BIM을 활용하는 것은 복잡하며, 4장부터 7장, 그리고 9장의 여러 사례에서 논의하였다.

에너지 효율성과 지속 가능성 향상

BIM 모델과 에너지 분석도구들을 연결하면 초기 설계단계에서 에너지 사용성 평가를 할 수 있다. 전통적인 2D설계 도구를 이용하는 것은 입력정보의 준비에 시간이 많이 걸리기 때문에 실용적이지 않다. 만약 한다면, 에너지 분석은 2차원 설계과정 맨 마지막에 검토용이나 의무사항을 만족시키기 위한 것이기 때문에, 설계과정에서 건물의 에너지 효율을 향상시킬 수 있는 수정 기회가 줄어든다. 설계단계에서 BIM 모델과 다양한 유형의 해석도구들을 연결하는 것이 가능해짐으로써 건물품질을 향상시킬 수 있는 많은 기회가 주어진다.

1.6.3 시공과 제조에서의 이익 (6장과 7장)

부품들을 제작하기 위한 기초로서의 설계모델의 사용

설계모델이 제작(fabrication)용 BIM 도구로 넘어가서 제작이 가능한 수준(시공상세도: shop drawing)으로 상세가 더해지면, 설계모델은 제작과 시공에 쓰일 수 있는 정확한 정보를 포함하게 될 것이다. 부품들(건축물 구성요소)이 3D로 정의되기 때문에, 수치제어기기를 이용한 자동생산이 가능하다. 이러한 자동화 방식은 현재 철골제작과 강판(sheet metal)작업에서 이뤄지고, 프리캐스트 제품들과 건축물 창문 및 유리 제작에도 성공적으로 사용되고 있다. 이러한 기술은 모델을 더 섬세하게 다듬고, 제작에 필요한 디테일을 만들고, 설계 의도를 모델 내에 유지시킬 수 있도록 해준다. 또한 현장 밖에서의 사전제작이 가능해져 공사비와 공기를 줄일 수 있다. 기존의 2차원에서 작업하는 사전제작 방식인 경우, 여러 개의 부품으로 구성된 큰 부품을 사전제작하려면 다른 부재들이 현장에서 시공되기 전까지 정확한 치수를 예측하기 어려운 문제와 현장에서 일어나는 설계변경으로 인한 재시공 등의 문제가 있었다. 그러나 BIM을 이용하면 정확성과 설계변경에 대한 대응이 훨씬 용이하기 때문에 더 큰 부재들의 사전제작도 가능해진다. 또한 설치작업자, 설치시간, 현장야적장 공간도 줄어든다.

설계 및 시공상 문제들에 대한 빠른 대응

설계변경 내용이 BIM 모델에 반영되며, 변경된 내용은 다른 객체들에도 자동적으로 반영된다. 변경사항이 생기면 객체들은 미리 정의된 파라메트릭 룰에 의해서 자동으로 갱신된다. 구조체, 설비와 같은 모델은 서로간의 문제점 유무를 시각적 또는 간섭검토를 통해 검토한 후에 업데이트할 수 있다. 변경사항들은 모델과 그에 속한 모든 뷰에 정확히 반영될 수 있다. BIM 시스템을 활용하면, 많은 시간이 요구되는 종이도면을 통한 업무처리 과정 없이 설계변경에 따른 수정사항들을 공유하고, 시각화하고, 평가하며, 해결할 수 있으므로 설계변경이 보다 빠르게 진행될 수 있다. 종이도면 기반의 시스템에서 이렇게 설계를 변경하는 것은 오류를 발생시킬 가능성이 크다.

시공 전 설계 오류 및 누락의 발견용

모든 도면들이 3차원의 가상 건축물모델로부터 일관성 있게 생성되기 때문에 2차원 도면들의 불일치로 인해 발생되는 설계오류를 방지할 수 있다. 또한, 모든 분야의 모델들을 비교할 수 있어서, 여러 시스템끼리 물리적 간섭(hard clashes)과 여유 공간 간섭(soft clashes)이 일어나는지 체계적으로 검토할 수 있으며, 다른 종류의 오류들도 시각적으로 손쉽게 검토할 수 있다. 간섭사항들이 실제 시공현장에서 발견되기 전에 미리 정의될 수 있다. 설계자들과 시공자들 간의 협업이 강화되며 설계누락 등에 따른 설계오류가 감소될 수 있다. 이러한 장점들로 공사가 빠르게 진행되고, 공사비용을 줄이며, 법적 논쟁의 여지를 최소화시켜, 전체 건설 프로젝트 팀들이 공사 진행을 보다 수월하게 할 수 있다.

설계와 시공계획의 일치

4D 캐드를 이용하여 공정을 시뮬레이션하고 원하는 공사시점에서 건물과 대지가 어떻게 보이는지 보려면 설계내의 3D 객체들과 공정계획을 연결해야 한다. 이러한 그래픽 시뮬레이션을 통하여 건물이 매일 어떻게 시공되는지에 대한 감을 얻을 수 있으며, 잠재적인 문제점들을 포함한 여러 부분들(대지, 인력과 장비, 공간, 안전 문제 등)을 향상시킬 수 있다. 이러한 분석방법은 종이로 된 입찰서류에서는 불가능하다. 만약 모델이 버팀대, 비계, 크레인 등의 가설 공사와 관련된 객체 및 다른 주요 건설 장비를 포함하고 있다면, 이러한 객체들을 단위공정작업들과 연결하여 원하는 공사계획에 반영할 수 있는 부가적인 이익을 얻을 수 있다.

향상된 시공기술과 린 건설(Lean Construction) 기술

린 건설(Lean construction)건설 기술을 활용하여 작업을 수행하려면 종합건설업체와 협력 업체들 간의 세심한 조율이 필요하다. 그래야만 헛된 노력(wasted efforts)들을 최소화하고 현장 자재재고를 줄일 수 있다. BIM은 정확한 설계모델과 각 작업단위에서 요구되는 자재 정보를 제공하기 때문에, 필요한 장비, 자재 및 노동력이 제 시간(just-in-time)에 수급될 수 있도록 도와주며, 하도급자들이 공정계획 및 관리를 향상시킬 수 있는 기초를 제공한다. 이는 건설비용을 감소시키고, 보다 나은 현장 협업을 가능하게 한다. BIM 모델과 무선 모바일 컴퓨터를 활용하여 자재추적, 설치진도관리, 현장에서 자동위치추적 등을 할 수 있다. 이러한 적용 예는 9장의 메릴랜드 종합병원(Maryland General Hospital)과 크루셀 다리(Crusell Bridge) 사례에서 소개되어 있다.

설계와 시공의 동시 진행

완성된 건축물 모델은 설계에 포함된 모든 (또는 3D 모델링의 수준에 따라 대부분의) 자재 및 객체들의 물량정보를 제공한다. 이러한 물량, 시방서, 자재 속성 정보들은 (프리캐스트 하도급자와 같은) 하도급자와 생산업자들이 자재생산에 사용할 수 있다. 2010년 현재, 많은 공장 생산 제품들의 객체정의가 상용화 단계 수준까지 완벽하게 개발되지는 못하였다. 그러나 이러한 객체정보를 가진 모델을 활용할 수 있는 분야(철골, 프리캐스트 콘크리트, 몇몇 기계설비와 창호)의 경우, 큰 혜택을 보고 있다.

1.6.4. 시공후 혜택(4장)

향상된 시설물 정보

시공과정 동안 건설사와 기계, 설비, 전기 협력업체는 절치된 자재와 설비의 유지관리 정보를 모은다. 이러한 정보를 BIM 모델의 객체와 연결하여 시설물 양도시 발주처에게 시설물운영관리시스템에 사용이 될 수 있도록 넘겨줄 수 있다. 이 정보는 발주처에게 시설물을 인수하기 전에 모든 설비가 설계된 대로 작동하는지 확인하는데 쓸 수도 있다. 이러한 활용 예는 9장의 메릴랜드 종합병원(Maryland General Hospital)에 예시되어 있다.

더 나은 시설물 유지관리

BIM 모델은 하나의 건축물에서 사용되는 모든 시스템들의 그래픽과 시방서 정보를 가지고 있다. 건물이 사용 중일 때는, 이전의 기계장비, 제어시스템, 기타 구매 등을 결정하기 위하여 수행했던 분석 자료들을 발주처의 의사결정을 검토하는데 사용할 수 있다. 이러한 정보들은 또 건축물이 완공된 이후, 모든 시스템들이 올바르게 작동하고 있는지 확인하는데 이용할 수 있다.

시설물 운영관리시스템과의 통합

시공단계 동안 수정된 변경사항들을 모두 반영한 BIM 모델은, 완공된 상태 그대로의 공간 및 시스템들에 대한 정확한 정보를 제공함으로써 건축물의 운영관리를 위한 유용한 출발점이 된다. BIM 모델은 자연스럽게 실시간 제어시스템의 모니터링 및 시설물의 원격 운영관리와 감지기를 위한 인터페이스 역할을 한다. 이러한 기능들 대부분은 아직 개발되지 않았지만, BIM은 이러한 것을 개발할 수 있는 이상적인 플랫폼을 제공한다. 이에 대한 하나의 예로서, 9장 미국 해안경비대 시설물 계획(Coast Guard Facility Planning)의 사례연구에서 어떻게 건축물 모델이 시설물 데이터를 위한 하나의 데이터베이스로서 활용될 수 있는지 논의하였다. 이 내용은 8장에서 논의되었다.

1.7 어떤 도전 과제들에 당면할 것인가?

설계와 시공 각 단계에서의 향상된 업무처리절차는 전통적인 작업 방식에서 야기되었던 문제점들을 양적인 면에서나 그 심각성 면에서나 모두 줄여줄 것이다. 하지만 BIM의 도입은 프로젝트 참여자들 사이의 일반적 관계뿐만 아니라 그들 사이의 계약적 관계에 중대한 변화를 야기할 것이다. (전통적인 계약 조항들은 문서기반의 작업들에 맞추어져 있다.) 또한, 설계단계에서부터 전문가들의 지식이 더 많이 필요해짐에 따라, 건축가, 시공자, 그리고 기타 설계자들이 더 초기부터 협업을 해야 할 것이다. 건물을 포함한 다양한 구조물의 건설에 통합사업관리(IPD) 방식이 점점 더 많이 사용되는 것은 설계, 시공관리에서 BIM과 린(lean) 기술을 사용하는 것이 장점이 많음을 반증한다.

1.7.1 협업과 팀 작업의 도전과제들

BIM이 협업에 대한 새로운 방법들을 제시하는 반면, 어떻게 효율적인 팀을 구성할 것인가에 대한 여러 가지 질문을 남긴다. 예로 프로젝트 팀원들 사이에 모델정보를 적절히 공유할 수 있도록 하는 방법을 정하는 것은 중요한 문제이다. 만약 건축가가 전통적인 종이도면을 이용한 방식으로 설계를 했다면, 시공자(혹은 제 3의 집단)가 시공계획, 견적, 작업조율 등에 사용할 수 있는 BIM 모델을 만들어야 할 것이다. 설계 후에 건축물 모델을 만들게 되면 부가적인 비용과 시간이 든다. 만약 건축가가 BIM을 이용하여 건물을 설계한다면, BIM 모델은 시공에 필요한 충분한 상세나 물량을 산출하기 위해 필요한 객체정의를 충분히 담고 있지 못할 수도 있다. 이렇게 되면 시공단계에서 사용하기 위해 새로운 모델을 만들어야 할지도 모른다. 따라서 시공단계에서 모델링을 위한 시간, 비용이 늘어날 수 있다. 그러나 이 모델링 비용은 보통 시공계획, 기계설비나 다른 협력업체, 제조업체의 상세설계, 설계변경 결과, 조달 등에서 상쇄된다. 만약 프로젝트 팀원들이 다른 모델링 도구를 사용한다면, 서로의 모델을 적절히 공유하고 조합시킬 수 있는 또 다른 도구들이 필요하게 된다. 이는 프로젝트의 잠재적인 오류 및 복잡성을 증가시킬 수 있다. 이러한 정보교환의 문제들은 IFC 표준을 사용함으로써 감소시킬 수 있다. IFC 혹은 독점적인 표준들(proprietary standards; 譯註: DXF, DWG와 같이 특정업체의 파일포맷이지만 일반적으로 널리 쓰이는 파일포맷을 지칭함)을 이용한 BIM 소프트웨어간의 의사소통을 가능하게 하는 하나의 모델 서버를 사용하는 것도 방법이다. IFC와 모델서버의 기능과 문제는 3장에서 검토하였다. 9장에서 다루어지는 많은 사례들이 이러한 문제점이 왜 발생하는가에 대한 배경을 잘 설명하고 있다.

1.7.2 문서의 소유권과 생산에 대한 법적 변화

BIM의 도입은 누가 설계, 제작, 분석, 및 시공 전반에 걸친 다중의 자료들을 소유할 것인가, 누가 비용을 지불할 것인가, 자료의 정확성에 대한 책임은 누가 질 것인가 등의 법률적 문제를 발생시킨다. 이러한 문제들이 프로젝트에서 BIM을 사용하는 실무자들에 의해 제기되고 있다. 발주처가 BIM의 장점에 대해 더 많이 알아갈수록, 건축물의 유지관리 및 향후 건축물 리노베이션에 필요한 건축물정보도 요구하게 될 것이다. 따라서 AIA(The American Institute of Architects: 미국건축가협회)나 AGC(The Associated General Contractors of America: 미국 건설협회)와 같은 전문 집단들은 BIM 기술의 사용에 의해 야기되는 법률적 문제들을 다루기 위한 가이드라인을 만들고 있다. 이 내용은 4장에서 논의되었다.

1.7.3 정보사용 및 실무의 변화들

BIM의 활용은 설계 초기단계에서부터 건설정보의 통합을 요구한다. 설계의 모든 단계를 조율하고 시공정보를 초기단계부터 통합할 수 있는 능력을 가진 디자인 빌드 회사들이 최대의 효과를 얻을 수 있을 것이다. BIM이 사용되었을 때, 통합사업관리(IPD) 계약내용이 협업을 증진할 수 있도록 구성이 되어 있다면 발주처는 보다 많은 이익을 얻게 될 것이다. BIM 기술을 사용하였을 때 회사들이 당면할 가장 큰 변화는, 설계단계에서는 하나의 공유된 건축물 모델(a shared building model)을, 시공, 제조과정에서 여러 개의 조율된 BIM 모델들(a coordinated set of building models)을 협업과 모든 작업 과정의 기초로서 집중적으로 사용하게 된다는 점이다. 모든 기술과 작업과정에서 중대한 변화가 일어나면 그렇듯이, 이러한 변화에 대처할 수 있도록 시간과 교육이 필요하다.

1.7.4. BIM 도입의 문제

2D 또는 3D 캐드 환경을 BIM 환경으로 바꾸는 것은 소프트웨어를 구입하고, 교육하고, 하드웨어를 업그레이드 하는 것 이상이다. 효과적인 BIM의 활용을 위해서는 (단순히 같은 작업을 하나의 다른 방식으로 실행하는 것이 아니라) 회사경영의 모든 면의 변화가 필요하다. 그렇게 하기 위해서는 BIM 도입을 논하기 전에 이러한 점에 대한 어느 정도 이해와 도입계획이 필요하다. 이 과정에서 BIM 컨설턴트가 계획, 모니터링, 지원하는데 매우 큰 도움을 줄 수 있다. 각 회사들마다 어떠한 변화가 필요한 지는 건설 산업의 어느 분야에 있느냐에 따라 차이가 있겠지만, 고려되어야 할 일반적인 절차들은 유사하며 다음과 같은 내용을 포함한다.

- 회사 최고위 경영자에게 회사경영의 전반에 걸쳐 제안된 변화가 어떻게 회사 내 부서들과 회사외부의 파트너들과 발주자에게 영향을 미칠 것인가 하는 내용을 포함하는 BIM 도입계획을 작성할 책임을 부여하라.
- BIM 도입계획을 수행할 수 있는 핵심관리자로 구성된 내부 팀을 만들고, 시간, 돈, 그리고 성과를 높일 수 있도록 유도할 수 있는 성과주의 예산(performance budgets)을 주어라.
- 하나나 두 개의 (이미 끝난) 작은 프로젝트들을 대상으로 하여 BIM 시스템을 사용함과 동시에 기존 기술(譯註: 예를 들면 2D 기술)을 이용하여 건축물 모델로부터 전통적인 도면을 생성하기 시작하라. 이러한 과정에서 결과

물을 생성하는데 어떠한 문제점이 있는지 알 수 있을 것이다. 또한 회사들에 맞는 모델링 표준과 모델의 품질, 다양한 사용목적에 따른 상세수준 등을 개발하는 데 도움을 줄 것이다. 이러한 과정은 BIM을 이끌어가는 직원들에게도 BIM에 대해 좀 더 배울 수 있는 기회도 줄 것이다.

- 이러한 초기 결과를 다른 직원들을 교육하고 지속적으로 BIM 소프트웨어를 도입하는데 가이드로 사용하라. 고위 간부층이 지속적으로 진행상황, 문제점, 통찰력 등을 알 수 있도록 해라.
- BIM의 적용범위를 새로운 프로젝트로 넓히고, 외부의 팀원들과 프로젝트 초기부터 건축물 모델을 사용하여 지식을 공유하고 통합할 수 있는 새로운 협업방식으로 일하기 시작하라.
- 지속적으로 BIM을 회사의 추가적인 기능들과 통합시키고, 이러한 새로운 사업절차를 경영파트너와 발주처와의 계약문서에 반영하라.
- 지금까지 나타난 BIM 도입의 이점들과 문제점들을 반영할 수 있도록 주기적으로 BIM 도입 프로세스를 수정하고, 성능, 시간, 비용과 관련한 새로운 목표를 설정하라. 지속적으로 회사 내 새로운 장소들과 기능들에 BIM을 활용한 변화를 확대시켜 나가라.

건물의 수명주기 동안 BIM의 구체적인 적용방안에 대하여 논의하고 있는 4장부터 7장에서, 건설 프로젝트의 초기의 추가적인 BIM 도입 가이드라인에 관하여 검토하였다.

1.8 BIM을 활용한 설계와 건설의 미래(8장)

8장은 BIM 기술이 어떻게 진화하고, 사회 전반과 미래 건설 산업에 어떠한 영향을 미칠 것인가에 대한 저자의 시각을 설명한다. 가까운 미래(2015년까지)와 먼 미래(2025년까지)에 대한 설명도 한다. 또한 이러한 경향을 지속시켜줄 연구의 종류들에 대해서도 논한다.

가까운 미래의 영향을 예상하는 것은 상대적으로 수월하다. 그 대부분이 현재의 추세로부터의 추론이기 때문이다. 먼 미래에 대한 예측은, 건설 산업과 BIM 기술에 대한 저자들의 지식을 전제로 어떻게 될 것인가 하는 것이다. 그것을 넘어서는 유용한 예측을 한다는 것은 어렵다.

1.9 사례 연구(9장)

9장에서는 오늘날 BIM 기술과 이와 관련된 업무 프로세스들이 어떻게 활용되고 있는지를 보여주는 열 가지 사례연구를 소개한다. 열 개의 사례들이 (사전제작 방식의 BIM 모델에 대한 광범위한 묘사와 함께)대부분 설계와 건설 단계에 초점이 맞추어져 있긴 하지만, 건물수명주기 동안의 전 범위를 다룬다. "바로 시작하고 싶어" 안달이 나고 BIM이 어떤 것인지 직접 맛보고 싶은 독자가 있다면, 이 사례기록들이 좋은 출발점이 될 것이다.

1장 토론질문

1. BIM은 무엇이고 3D 모델링과 어떻게 다른가?
2. 2D 캐드의 사용과 관련된 중요한 문제는 무엇이며, BIM 프로세스와 비교하여 설계와 시공 두 단계 모두에서 어떻게 자원과 시간이 버려지는가?
3. 왜 건설 산업은 많은 건설기술의 발전에도 불구하고, 현장 노동생산성 부분에서 이러한 문제들의 영향력을 극복할 수 없는가?
4. 설계와 시공 프로세스에서 BIM 기술을 사용함으로써 생산성을 향상시키려면 어떠한 변화가 필요한가?
5. 어떻게 BIM 객체들과 연계된 파라메트릭 규칙들은 설계와 시공 프로세스를 향상시키는가?
6. BIM 시스템과 함께 제공되는 일반화된 객체 라이브러리에서 예상되는 한계점은 무엇인가?
7. 왜 설계시공 분리발주가 설계나 시공과정에서 BIM이 주는 이점들 전체를 성취하기 어렵게 만드는가?
8. 어떻게 통합사업관리(IPD) 방식이 디자인 빌드나 책임형 건설사업관리(CM@R) 발주방식과 다른가?
9. 통합된 프로젝트 팀이 BIM을 사용함으로써 예상되는 법적 문제로는 어떤 것이 있는가?
10. 건축가가 만든 건축물 모델과 설계분석도구(譯註: 예로 구조해석 도구, 에너지 분석도구, 시공시뮬레이션 도구 등)를 통합할 수 있는 기술로는 어떤 것들이 있는가?
11. BIM이 어떻게 지속가능한 건물 설계에 사용될 수 있는가?

2장

BIM 설계도구와 파라메트릭 모델링
BIM Design Tools and Parametric Modeling

2.0 요약

이번 장에서는 BIM 설계 소프트웨어가 초창기 CAD 시스템과 구별되는 주요한 기술을 설명한다. 객체기반 파라메트릭 모델링은 1980년대 제조업으로부터 발전해왔다. 파라메트릭 모델링은 고정된 형태나 속성을 잘 표현하지 못했다. 오히려, 파라미터와 규칙으로 정의되는 형상을 잘 표현했고, 일부 비기하학적인 형상의 속성과 특징도 표현했다. 파라미터와 규칙은 다른 객체와의 관계의 표현이 가능해서, 사용자 조작 또는 관계 변경에 따라 자동적으로 업데이트가 가능하다. 맞춤 적용한 파라메트릭 객체는 이전에 가능하지 않았거나, 또는 그야말로 불가능한 복잡한 형태의 모델링도 가능하게 된다. 다른 산업에서는 기업들은 파라메트릭 모델링을 객체를 더 잘 표현하거나, 기업의 지식이나 모범사례를 반영하기 위해 사용된다. 건축산업에서는, BIM 소프트웨어 회사가 추가, 수정 또는 확장이 가능한 미리 정의된 기본 건물객체를 가지고 있다. 건물객체는 현재 변수와 다른 객체와의 관계에 따라, 얼마든지 다양한 형태의 개체의 생성이 가능하다. 관계 변경에 따라 객체가 스스로 업데이트되는 것을 "행위(Behavior)"라고 한다. 시스템에서 제공되는 객체는 다른 객체와 반응하면서, 벽, 슬래브, 지붕으로 미리 정의된다. 회사는 사용자가 정의한 파라메트릭 객체, 기존의 객체에서 확장되거나 새롭게 만들어진 객체, 맞춤 적용된 기업의 객체 라이브러리, 회사의 모범사례로 만들어진 파라메트릭 객체를 개발할 수 있는 능력을 가져야 한다. 객체 속성들은 분석, 견적, 다른 소프트웨어와 연계하기 위해 필요하다. 그러나, 이러한 속성들은 회사나 사용자에 의해 반드시 미리 정의되어야 한다.

건축 BIM 설계 소프트웨어는 사용자가 2D 단면과 3D 모델 객체를 같이 사용해서, 사용자들은 완전한 도면을 만드는 동안 3D 모델의 모델링 상세범위를 결정할 수 있다. 2D 도면의 객체들은 재료일람, 분석데이터, 다른 BIM 소프트웨어와 연결할 수 있는 정보를 포함하고 있지 않지만, 반면에 제작 수준의 BIM 설계 소프트웨어는 일반적으로 모든 객체를 3D로 표현하고 있다. 3D 모델링의 수준은 BIM 사례에 따라 많은 차이가 있다.

현재 BIM 설계 소프트웨어는 주요한 업무를 수행하기 위한 서비스를 제공하고 있고, 또한, 다양하게 활용하기 위한 모델을 관리할 수 있는 플랫폼도 제공한다. 일부는 다른 BIM 소프트웨어의 모델 데이터를 관리할 수 있는 능력도 포함한다. 어떤 BIM 소프트웨어는 하나 혹은 다른 여러 종의 소프트웨어의 모델을 관리하는데 초점을 맞추고 있다. 도구 수준에서 소프트웨어는 미리 정의된 기본 객체의 정도, 얼마나 쉽게 새 객체 클래스를 만들 수 있는지, 객체를 갱신할 수 있는 방법, 사용의 편의성, 사용할 수 있는 면의 유형, 도면 생성 기능, 얼마나 많은 양의 객체를 다룰 수 있는가에 따라 매우 다양하다. 플랫폼 수준에서 소프트웨어는 크거나 매우 상세한 프로젝트를 관리할 수 있는 능력, 다른 BIM 소프트웨어와 연계성, 다른 소프트웨어와 연계해서 사용 시 일관된 정보를 제공여부, 확장가능성, 관리 가능한 외부의 라이브러리의 사용성, 협업의 지원 능력에 따라 달라진다.

이 단원에서는 주요 BIM 모델 생성방법을 검토하고, 소프트웨어들의 평가와 선택을 위해 기능적인 차별점을 제공한다.

2.1 객체기반 파라메트릭 모델링의 진화

좋은 장인은 그의 도구가 자동화가 가능한지 안 한지 알고 있다. 이번 장에서는 BIM 설계 소프트웨어의 성능에 대해 이해하기 쉽게 기본 개념을 제공하는 것으로 시작한다. 현재의 건물 모델링 소프트웨어는 40년 동안의 연구와 상호작용하는 3D 설계 컴퓨터의 발달과 객체기반 파라메트릭 모델링의 최고의 결과물이다. BIM 설계 프로그램의 현재 능력을 이해하는 한 가지 방법은 역사적으로 점점 발전된 것을 검토하는 것이다. 아래에서 역사에 대해 간단하게 알아보자.

2.1.1 초기 3D 모델링

1960년대 이후, 3D 형상 모델링은 중요한 연구 분야였다. 새로운 3D 표현의 개발은 영화, 건축, 설계, 게임 등에 많은 잠재적인 가능성을 가졌다. 다면체 형태를 표현하는 능력이 1960년대 후반 처음으로 개발되었고, 이후 1987년 최초의 컴퓨터 그래픽 영화인 트론(Tron)으로 발전됐다. 이러한 초기의 다면체의 형태는 제한된 변수와 고정된 이미지 형태의 집합으로 구성되어서, 설계의 복잡한 형태를 쉽게 편집하고 수정할 수 없었다. 1973년, 이러한 부분에서 큰 진전을 이루었다. 임의의 닫힌 3D 입체를 만들고 편집할 수 있는 기능이 캠브리지 대학의 Ian Braid, 스탠포드 대학의 브루스 바움가르트(Bruce Baumgart), 로체스트 대학의 아리 레퀴차(Ari Requicha)와 허브 뵐커(Herb Voelcker)의 3개의 그룹에서 각각 개발되었다(Eastman 1999; Chapter 2). 솔리드 모델링으로 알려진, 이러한 노력은 3D모델링 설계 도구의 첫 세대이다.

초기에는, 두 가지 형태의 솔리드 모델링 방법이 개발되었고, 서로 경쟁하였다. B-rep(boundary representation, 경계표현방식)은 경계되는 면의 집합으로 입체를 표현하는 방법이다. B-rep에서는 3차원 형상을 연결, 방향, 표면 연속성이라는 측면의 조건을 만족하는 닫혀있는 면들의 집합으로 정의한다(Requicha 1980). 그림 2-1의 왼쪽과 같이 다양한 크기의 파라메트릭한 박스, 구, 원뿔, 피라미드 같은 형태를 만들 수 있도록 B-rep 형상을 생성하는 함수가 개발되었다. 또한 그림 2-1의 오른쪽과 같이 직선축과 회전축으로 회전하거나 압출하는 형태도 생성할 수 있다. 각각의 함수는 지정된 크기로 B-rep형상을 만든다. 수정 연산은 형상이 다른 부분과 부분적으로 겹쳐서 표현된다. 겹쳐진 형태는 공간의 더하기, 교차, 빼기(불 연산, Boolean operations)로 두 개 혹은 다면체 형태로 결합할 수 있다. 수정 연산은 그림 2-2의 Braid의 이론이나 Eastman의 초기 오피스 건물처럼 사용자가 인터랙티브하게 복잡한 형태를 생성할 수 있도록 해주었다. 수정 연산은 연산을 단계적으로 실행하여 닫힌 B-rep 형상을 생성하였다. 형상을 생성하고 수정하는 시스템은 프리미티브(primitive) 형상에 불 연산자(면을 더하기, 교차, 빼기)를 적용하여 사용자가 닫혀있는 3차원 형태를 만들 수 있도록 해주었다. 컴퓨터를 이용한 형상 편집이 시작된 것이다.

다른 접근방법으로, CSG(Constructive Solid Geometry, 구조적 입체 기하학)는 그림 2-3의 왼쪽처럼, 기본적으로 B-rep처럼 원시다면체(primitive polyhedra)로 형상을 표현하였다. 그리고 그림 2-3의 오른 쪽처럼 수식과 불(Bool) 연산을 결합해서 사용하고 있다. 그러나, CSG는 수식으로 형상을 만들기 위해 다양한 방법을

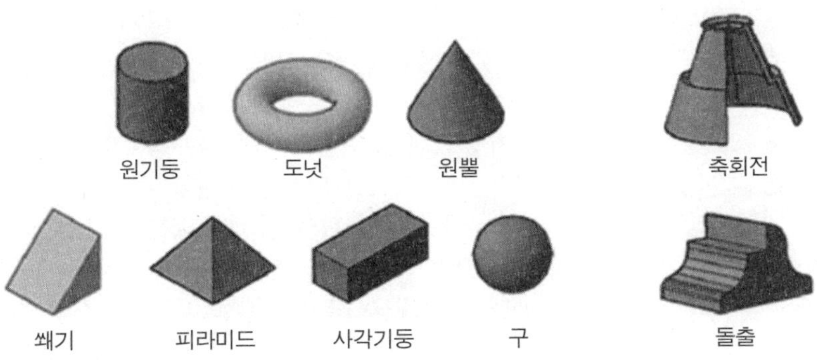

그림 2-1
스윕을 포함한 기본 도형을 만드는 기능들

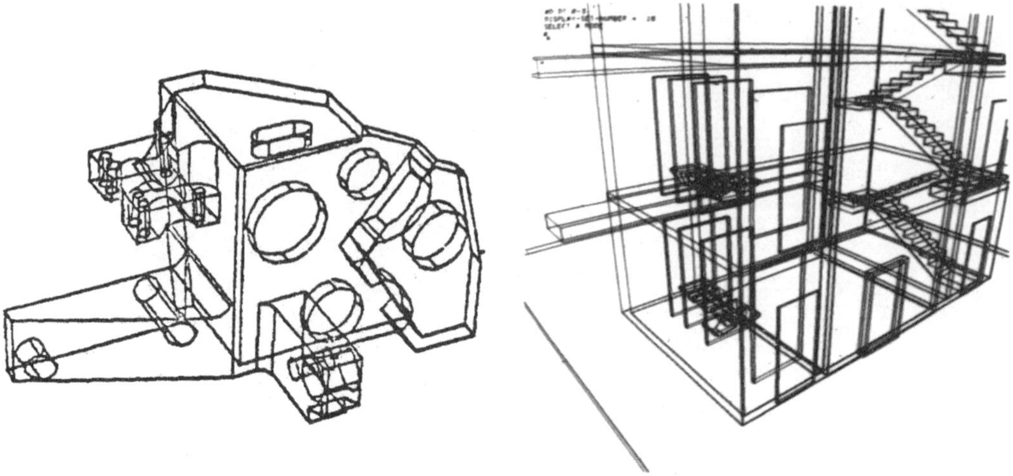

그림 2-2 B-reps과 불(Bool) 연산자를 사용해서, 처음으로 복잡한 기계 부품을 만듦(Braid1973), 초기입면 모델러의 건물의 코어 표현(Eastman 1976)

사용했다. 예를 들면, 그림 2-4와 같이 표현은 되지만, 경계면이 없는 객체로 정의할 수 있다. 간단한 집 형태를 명령어를 이용하여 원시 형상(primitive shape)의 집합으로 정의한 것이다. 그림 위의 마지막 줄은 불 연산자를 이용해서, 형상을 구성한다. 그 결과, 집 형태를 가장 간단한 형태인 빈 바닥공간, 박공지붕, 문으로 나타낼 수 있다. 반면에, 그림 2-4의 오른쪽은 아직 계산이 되지 않은(not evaluated) 원시 형상을 보여준다. CSG와 B-rep방식의 주요 차이점은 CSG는 수식으로 형상을 저장하는 반면, B-rep 방법은 최종 형태를 점, 선, 면과 연산의 집합으로 형상을 저장한다는 점이다. 이 차이는 중요하다. CSG에서는, 필요에 따라 구성요소를 수정하거나 재생할 수 있다. 그림 2-4와 같이, CSG에서는 모든 위치 및 형상에 관한 변수의 수정이 가능하다. 문자행으로 형상을 서술하는 방법은 아주 간략하지만, 당시 데스크톱으로 계산하기 위해서는 몇 초의 시간이 걸렸다. 반면, B-Rep 방법은 다량의 속성, 렌더링, 애니메이션을 처리하거나, 공간간섭 검토와 같은 직접적인 상호작업에 뛰어났다.

초기에는, 이 두 가지 방법 중 어떠한 방법이 더 나은 접근방법인지 경쟁했지만 곧 두 가지 방법을 결합해야 CSG트리(계산되지 않은 형상(unevaluated shape)이라고도 불림)의 수정이 가능하다는 것을 깨달았다. 형태의 수정 및 표현에 B-rep을 이용함으로써, 더욱 더 복잡한 형태를 표현할 수 있었다. B-rep 방법은 계산된 형상(evaluated shape)이라고 불렸었다. 오늘날, 모든 파라메트릭 모델링 소프트웨어와 건물모델은 CSG와 B-rep을 모두 사용하는데, 편집에는 CGS를, 시각화, 측정, 간섭검토, 그리고 편집이 아닌 다른 기능에는 B-rep을 사용하고 있다. 1세대 소프트웨어는 속성을 가진 3D 면과 원통형 객체 모델링

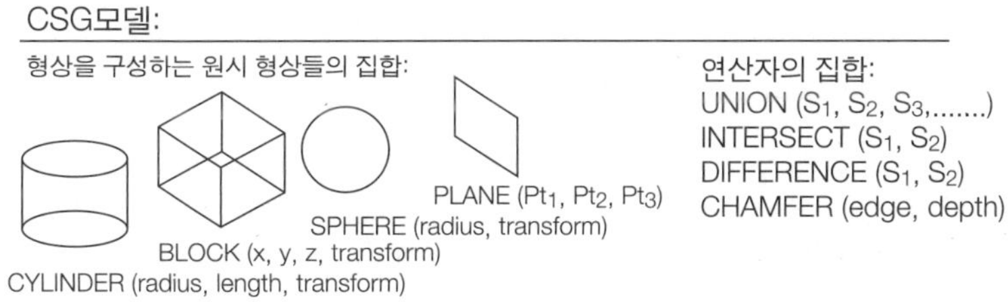

그림 2-3
CSG에서 단위형상과 연산자의 집합. 각 형상의 변수는 형상의 정의와 3D공간에서의 위치 정보로 구성된다.

```
BuildingMass := BLOCK(35.0,20.0,25.0,(0,0,0,0,0,0,));
Space := BLOCK(34.0,19.0,8.0,(0.5,0.5,0,1.0,0,0));
Door := BLOCK(4.0,3.0,7.0,(33.0,6.0,1.0,1.0,0,0));
Roofplane1 := PLANE((0.0,0.0,18.0).(35.0,0.0,18.0),(35.0,10.0,25.0));
Roofplane2 := PLANE((35.0,10.0,25.0),(35.0,20.0,18.0),(0.0,20.0,18.0));
Building := (((BuildingMass - Space) _ Door) - Roofplane1) - Roofplane2;
```

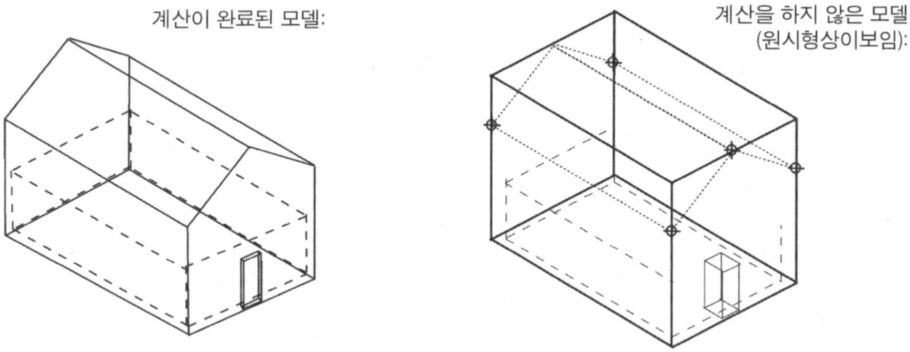


```
Space := BLOCK(34.0,19.0,14.0,(0.5,0.5,0,1.0,0,0));
Door := BLOCK(4.0,3.0,7.0,(33.0,6.0,1.0,1.0,0,0));
```

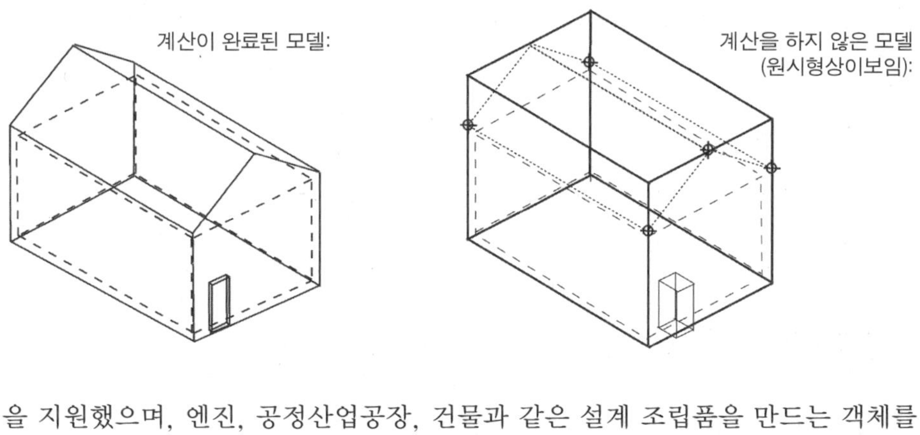

그림 2-4
간단한 건물을 이룬 원시형상들과 구성요소들의 정의들. 이후 건물이 편집된다.

을 지원했으며, 엔진, 공정산업공장, 건물과 같은 설계 조립품을 만드는 객체를 지원했다(Eastman1975; Requicha 1980). 이 통합된 모델링 접근방법은 파라메트릭 모델링의 중요한 선구자적 역할을 하였다.

이 초기 시스템들을 사용할 당시도 형상에 재료와 다른 속성 값을 연계시키는 것이 매우 가치가 크다는 것을 금방 파악하게 되었다. 이 정보들은 구조해석 준비 및 부피, 고정하중, 물량을 결정하는데 활용이 가능하였다. 객체에서 재료 정보의 표현이 가능해짐으로써, 하나의 재료로 된 형상이 불 연산을 통해, 다른 재료의 형상과 결합할 수 있게 되었다. 이러한 상황에 대한 적절한 해석은 무엇일까? 벽에서의 창과 철판의 구멍과 같이 뺄셈의 의미는 분명하고 직관적인 반면, 곱하기와 더하기는 그렇지 못하다.

이러한 접근방식은 개념적으로 문제가 있었다. 왜냐하면, 두 객체가 각각의 별개의 객체로, 동등한 위치에 있다고 생각하였기기 때문이다. 이 난제는 결국 형상을 주요 형상과 "특징형상(feature)"으로 나누어 생각할 수 있고, 대부분의 불 연산은 둘 형상간의 계산(가끔은 더하기도 하고 가끔은 빼기도 하고)에 쓰인다는 것을 인식하게 하였다. "특징형상(feature)"의 예로는 프리캐스트 부재의 접합부, 양각(relief), 콘크리트의 튀어나온 부분(bullnose) 등이 있다. 주요 개체의 특징형상으로 결합하게 될 객체는 주요 객체를 기준으로 상대적 위치에 배치한 후, 특징형상에 이름을 붙이고, 참조하고, 수정할 수 있다. 주요 객체의 재료는 부피의 변경에 영향을 미친다. 이러한 특징형상 기반 설계(feature-based design)는 파라메트릭 모델링의 주요한 하위분야이며(Shah and Mantyla 1995), 현대 파라메트릭 설계 도구의 발전에 중요한 요소이다. 필러가 있는 창문과 문 개구부는 벽 안에 포함된 특징형상의 직관적인 예라 할 수 있다.

3차원 솔리드 모델링에 기반을 둔 건물 모델링은 1970년대 후반기와 1980년대 초반에 처음 개발되었다. 루캡스(RUCAPS: Sonata시스템으로 진화), 트라이캐드(TriCAD), 칼마(Calma), GDS(Day 2002), 그리고 카네기 멜론 대학과 미시간 대학에서 개발된 시스템은 3차원 솔리드 모델링의 기본적인 기능을 발전시켰다(캐드 시스템의 발전에 대한 자세한 역사는 아래의 주소에서 확인할 수 있다. http://mbinfo.mbdesign.net/CAD-History.htm). 3차원 솔리드 모델링 시스템의 개발은 기계, 항공, 건축, 전기제품설계 팀들이 서로 개념, 제품 모델링 기술, 그리고 통합분석 및 시뮬레이션에 대한 기술을 공유하며 동시다발적으로 진행되었다.

솔리드 모델링 CAD시스템은 기능적으로는 강력했지만, 당시 컴퓨터 성능으로는 다소 활용에 한계가 있었다. 건물의 도면과 보고서 생성 같은 일부분은 잘 발전되지 못 하였다. 또한, 3차원 객체 설계는 2D작업에 편한 대부분 설계자에게 개념적으로 이질적이었다. 시스템은 또한 한 카피당 미화 $35,000을 상회할 정도로 비쌌다. 한편 제조 및 항공우주 산업은 통합분석능력, 오류감소, 당시 한참 발전 중이던 공장자동화라는 관점에서 3차원 솔리드 모델링의 거대한 잠재력을 보았다. 제조 및 항공우주 산업은 CAD업체와 협업해서, 솔리드 모델러의 초기 단점을 해결하고, 새로운 기능을 개발하고자 노력하였지만 건설 산업계 대부분은 이러한 장점을 파악하지 못하였다. 대신, 건설 산업에서는 당시의 작업 방식을 보강하고, 전통적인 2D설계와 시공 문서 생성을 지원하는 디지털 세대의 도구로, AutoCAD®, Microstation®, MiniCAD®와 같은 건축 도면 편집기를 도입하였다.

또 다른 CAD에서 파라메트릭 모델로의 진화는, 여러 형상이 변수를 서로 공유할 수 있다는 것을 인지한 것에서 이루어졌다. 예를 들면, 평면도에서 벽의 경계를, 바닥, 벽, 천장의 경계로 정의하면, 어떤 레이아웃에서도 바닥, 벽, 천장이 서로 어떻게 부분적으로 연결되었는가에 따라 형상이 결정되게 된다. 예를 들어, 만약 벽체를 움직이면, 그와 하나의 경계를 공유하며 연결된 모든 인접한 객체가 같이 움직이게 된다. 즉, 한 객체에 변경이 생기면, 객체들 사이의 연결 관계에 따라서, 변경사항이 다른 객체로 전파되면서 전체 모델이 변한다. 또 다른 경우는, 형상이 객체형상간 관계가 아니라, 전체 모델의 한 부분으로 정의되는 경우이다. 예를 들어 그리드는 구조 프레임을 정의하는데 오랜 기간 사용되어 왔다. 그리드의 교차선은 형상을 배치하고 방향을 결정하는데 필요한 치수변수로 활용된다. 하나의 그리드선이 이동하게 되면, 그와 연관된 형상 또한 반드시 갱신되어야 한다. 이러한 전역 변수와 방정식은 또한 지엽적적으로도 사용가능하다. 그림 2-6은 이러한 파라메트릭 규칙의 예를 보여주는 건물 외장의 일부분이다.

초기에는 계단과 벽의 파라메트릭한 기능은 객체생성 기능에 포함되어 개발되었다. 예를 들면, 계단의 위치, 챌판, 디딤판, 폭 변수가 설정되면, 계단이 생성되었다. 이러한 기능으로서 예를 들면, Architectural Desktop에서 계단 레이아웃이나 AutoCAD 3D에서 조립 명령의 발전이 가능하였다. 그러나, 이것은 아직 완전히 파라메트릭한 모델링은 아니었다.

파라메트릭 3D 모델링이 나중에 발전하면서, 형상을 정의하는 파라미터를, 처음에는 사용자의 요구에 의해서, 그리고 나중에는 자동으로 재계산하고 형상을 재생성하는 게 가능하게 되었다. 그러면 소프트웨어는 어떤 부분이 수정되었는지를 표시해서, 변경된 부분만 재생성하였다. 하나의 변경사항이 다른 객체에 전파될 수 있었기 때문에, 복잡한 상호작용에 의한 여러 객체의 조합체를 만들 경우, 변경사항을 분석하고 객체간의 가장 효율적인 갱신 순서를 선택해 줄 "해결자(resolver)"의 개발이 필요하게 되었다. 이러한, 자동 업데이트를 지원하는 기능이 현재 BIM과 파라메트릭 모델링의 최첨단 기술이다.

일반적으로, 파라메트릭 모델링 시스템에서 개체의 내부구조는 방향성이 있는 그래프(directed graph)로 표현된다. 그래프에서 점은 객체를, 연결선은 객체간 관계를 표현하는데, 이 때 객체는 개체를 생성하고 수정하는데 필요한 파라미터와 명령어를 포함한다. 일부 시스템은 그림 2-5와 같이 파라메트릭한 그래프를 수정할 수 있도록 보이게 만드는 기능을 제공한다. 현대의 파라메트릭 객체 모델링 시스템은 갱신절차를 최소화하기 위해, 어디서 수정이 일어났는지 내부적으로 표시를 하여, 그래프 상에서 변경사항에 영향을 받는 부분만 재생성한다.

파라메트릭 그래프를 포함되는 규칙의 범위는 일반적으로 시스템에서 결정한다. 파라메트릭 객체 패밀리는 어디에 부착하는, 또는 어디에 평행한, 또는 어디로부터 얼마만큼 떨어짐과 같은 규칙, 거리, 각도 등을 포함한 변수를 활용해서 정의된다. 대부분 “조건문” 구문을 사용한다. 객체 클래스의 정의는, 객체가 어떤 맥락에서 어떤 행위를 해야 하는지에 대한 지식을 객체 내에 내재시켜야 하는 복잡한 작업이다. 조건문의 실행 결과나 몇몇 다른 조건에 의해서, 하나의 특징형상을 다른 특징형상으로 교체할 수 있다. 그 예로, 서로 연결된 구조부재와 적용 하중에 따라, 자동으로 접합부를 결정해주는 자동구조상세 기능을 들 수 있다. 5장에서 이 예들을 설명한다.

일부 BIM 설계 소프트웨어는 스플라인과 NURBS 같은 복잡한 곡선과 면 간의 파라메트릭 관계를 지원한다. 이 소프트웨어들은 복잡한 곡선 형상이 다른 유형의 형상과 유사하게 정의되고 제어될 수 있게 한다. 소프트웨어 시장에 나와 있는 몇몇 주요 BIM 설계 소프트웨어는 아마도 성능과 신뢰성 이유로 이러한 기능을 지원하고 있지 않다.

파라메트릭 객체의 정의는 또한 추후 도면에서 치수를 표시할 때, 가이드라인으로 쓸 수도 있다. 만약 모델에서 유리창이 벽의 끝선으로부터 창의 중심까지의 거리로 이격되어 배치된다면, 도면에서도 이것을 기본 치수로 표기하면 된다.

요약하면, 일부기능은 모든 BIM 설계 도구에서 지원하지 않지만, 중요하고 다양한 파라메트릭 모델링 기능들이 있다. 그 기능들은 다음과 같다.

- 파라메트릭 관계의 보편성, 이상적으로 수식과 삼각함수를 지원
- 특징형상과 개체를 연계시킬 수 있는 조건과 규칙의 정의 지원
- 객체간 링크 제공. 예를 들어, 벽의 바닥에 슬래브, 경사로, 또는 계단 등

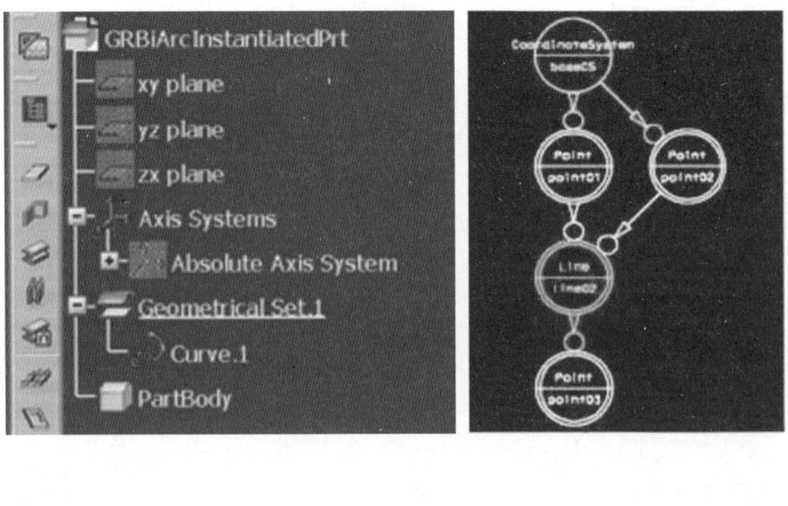

그림 2-5
일부 BIM 소프트웨어에서의 파라메트릭 트리 표현

을 붙이듯 객체에 다른 객체를 자유롭게 붙일 수 있는 기능
- 전역 또는 외부 파라미터를 이용하여 객체의 배치 또는 선택을 조절
- 원래 제공하지 않는 새로운 구조와 동작을 해결할 수 있도록, 기존 파라메트릭 객체 클래스를 확장하는 능력.

파라메트릭 객체 모델링은 형상을 생성하고 편집할 수 있는 강력한 방법을 제공한다. 이러한 기능이 없다면, 솔리드 모델링이 처음 개발된 뒤 기계 엔지니어링 커뮤니티에서 실망한 것처럼 모델 생성 및 설계가 상당히 복잡하고 느리며, 오류가 발생하기 쉬울 것이다. 십만 혹은 그 이상의 객체를 포함하는 건물의 설계를 효과적이고 자동적으로 설계를 편집해줄 수 있는 시스템 없이 한다는 것은 비실용적이다.

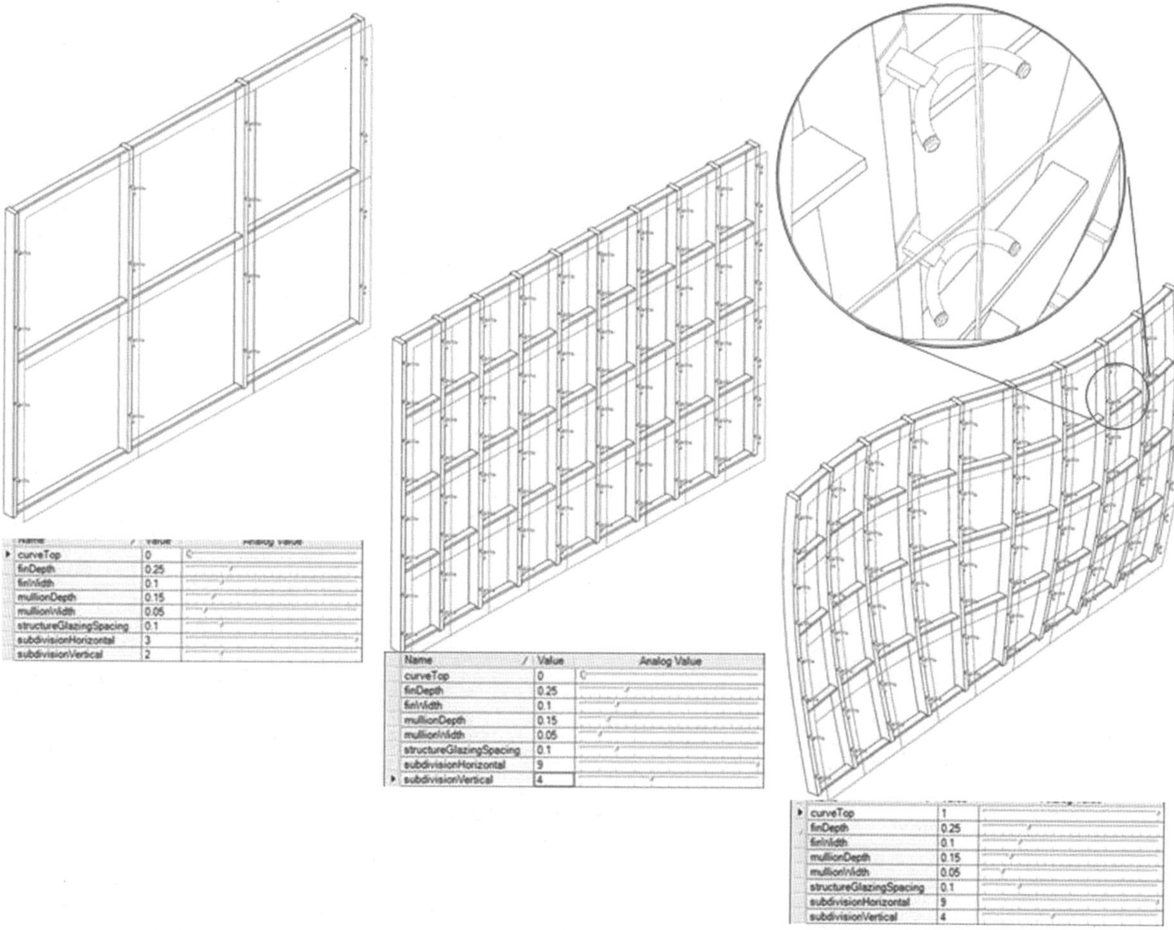

그림 2-6 비정형 외피의 일부분. 멀리언 분할과 치수는 변수표에서 정의된 반면에, 곡률은 뒤에 있는 곡면에 의해 정의된다. 곡면에 따라 멀리언 단면, 유리 패널화, 브래킷 회전각도가 자동 조정된다. 확대화면과 같이 분할된 유리 패널은 브래킷으로 연결된다. 벽 모델과 모델의 변화는 Andres Cavieres가 제너레이티브 컴포넌트로 만들었다.

그림 2-6은 벤틀리의 제너레이티브 컴포넌트(Generative Components)로 개발한 사용자 정의 파라메트릭 객체의 조립품 예를 보여준다. 예제는 주요 형태 속성을 파라메트릭하게 정의하고 제어하는 커튼월 모델을 보여준다. 모델은 구조체의 중심선을 몇 개의 컨트롤 포인트로 조정하는 방식으로 정의되었다. 전체 형태에 변경이 생기거나 커튼월의 일부분에 변경이 생기면 거기에 맞추어, 여러 겹으로 구성된 컴포넌트들이 중심선 위 또는 주변을 따라 변경사항을 전파한다. 레이어 파라메트릭 모델은 파라메트릭 모델을 정의하는 사람에 따라 차이가 나도록 설계되어 있다. 이러한 면은 거의 실시간으로 다른 대안이 생성되는 것이 가능하게 해준다.

2.1.2 건물의 객체기반 파라메트릭 모델링

오늘날 BIM 건축설계 도구는 Autodesk의 Autodesk Revit® Architecture와 Structure, Bentley Architecture, Graphisoft의 ArchiCAD®, Gehry Technologies의 Digital Project™, Nemetschek의 Vectorworks®가 있고, 또한, 생산용 BIM 설계 소프트웨어로는 Tekla Structures, SDS/2, Structureworks가 있다. 이 모든 시스템은 처음 기계 시스템 설계에 개발되고 다듬어져온 객체기반의 파라메트릭 모델링 기능으로부터 발전되었다. 특히 PTC(Parametric Technologies Corporation)에 대한 언급이 필요하겠다. 1980년대, PTC는 조립품 수준 또는 개별적인 객체 수준에서 파라미터들의 위상체계에 따라 형상개체와 속성을 정의하고 조정하려는 노력을 선도해 왔다. 형상은 2D 또는 3D가 될 수 있었다.

파라메트릭 설계에서는, 특정 벽과 문과 같은 건물요소들의 개체(instance) 하나하나를 직접 모델링하는 대신에, 설계자가 맨 먼저 고정된 형상과 파라메트릭 형상을 어느 정도 섞어서 정의하고, 그 파라미터들을 조절하는 관계와 규칙들을 포함하는 객체 클래스나 패밀리를 정의하여, 이로부터 건물요소의 개체를 생성한다. 객체의 맥락에 따라 모델 패밀리에서 가져온 형상들이 달라진다. 객체와 면은 거리, 각도, 그리고, 붙여있고, 평행하고, 이격되는 것과 같은 규칙에 의해 정의될 수 있다. 이러한 관계정의를 통해서, 각 개체가 파라미터 설정과 관련 객체의 맥락(예를 들면, 건물요소와 만나는 벽)에 따라 변하는 것이 가능하게 된다. 또 다른 방법으로, 규칙을 벽이나 콘크리트의 최소피복두께처럼 설계가 충족해야 할 최소 요구조건으로 정의할 수도 있다. 이러한 방식은 설계자가 설계를 변경하면, 규칙에 따라 상세를 검토하여, 규칙이 만족되지 못하면 사용자에게 경고하고, 설계요소가 규칙을 만족하도록 수정할 수 있게 해준다. 객체기반 파라메트릭 모델링은 위의 두 가지 방식을 모두 지원한다.

전통적인 3D CAD의 경우, 형상과 관련한 모든 부분을 사용자가 수동으로 편집해야 했다면, 파라메트릭 모델러는 모양과 형상이 사용자의 조절이나 맥락에 맞추어 자동으로 수정된다. 이러한 관점에서, 파라메트릭 모델은 규칙에 의해 자기 자신을 수정하는 능력이 있다고 할 수 있다. 예를 들면, 그림 2-7의 그림에서 벽 클래스는 모양과 속성의 관계를 포함하고 있다. 화살표는 인접한 객체와의 관계를 나타낸다. 그림 2-7은 다른 위치와 다양한 변수로 벽 클래스의 많은 개체를 만들 수 있기 때문에 벽 패밀리 혹은 클래스로 정의된다. 벽 패밀리는 내부 구성을 봤을 때 지원할 수 있는 기하학적 형태와 어떻게 벽이 건물의 다른 부분들에 연결되었는지에 따라 크게 달라질 수 있다. 이것은 벽 클래스를 만든 사람이 벽의 변수와 벽 개체와 연관된 객체를 어떻게 설정했는가에 따라 결정된다. 일부 BIM 설계 소프트웨어는 이러한 차이점을 인식하고 이를 지원하기 위해 여러 유형의 벽 클래스를 포함한다. (그러나, 하나의 벽 유형을 다른 유형으로 변경하려고 시도하지 말기 바란다. 불가능하다.)

대부분 벽의 두께는, 공종이나 명목상의 벽 두께에 기반을 두어, 벽 조정선에서 2단계만큼 오프셋 시켜 정의한다. 오프셋은 중앙, 단열재, 외장재, 내부마감과 다른 벽 객체의 중요한 속성을 정의하는, 순차적으로 나열된 여러 레이어들로부터 정의된다. 일부 시스템은 단면에서 세로 프로파일을 사용해서 구배된 벽을 그리는 기능을 지원한다. 벽의 입면 형태는 하나 혹은 여러 개의 바닥 평면에 의해 정의된다. 상부면은 그림 2-7처럼 정확한 높이 또는 인접한 면들로 정의된다. 벽 끝은 두 개의 고정된 끝점 또는 다른 벽과의 결합에 의해 생기는 벽의 교차선에 의해 정의된다. 만약 일부 레이어가 바닥 레벨 위로 돌출되어 올라오게 하고 싶다면, 예를 들어 기초를 벽 마감으로 덮게 하려면, 특별한 작업이 필요하다. 아래 그림 2-7의 아래 부분과 같이, 벽의 조절선은 벽처럼 시작과 끝점을 가진다. 벽은 벽을 둘러싼 개체들과, 벽이 나누는 여러 공간에 의해 한정된다.

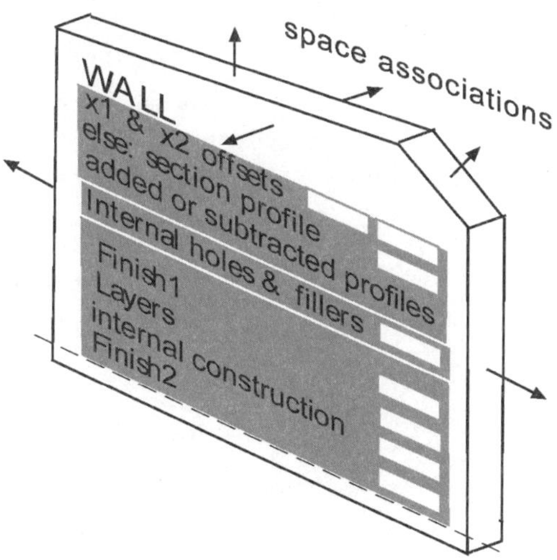

그림 2-7
경계벽과 모서리가 결합된 벽객체 패밀리의 개념적 구조

벽체의 구성은 벽에 샛기둥 레이아웃과 같은 레이어가 하나 혹은 여러 개(방음, 단열 등)레이어 할당될 수 있다. 문과 창 개구부는 벽 길이에서 개구부 중심점 또는 모서리의 끝점으로 설치되는 점으로 정의된다. 벽체의 구성과 개구부 정보는 벽의 좌표계 상에 정의가 되어 있어서, 하나의 집합처럼 움직인다. 벽의 끝점은 평면계획이 수정됨에 따라 이동, 증가, 축소되어 조정되고, 관련된 창과 문 또한 이동되고 업데이트 된다. 하나 또는 여러 개 경계면의 벽이 변경될 때마다, 벽은 레이아웃 레이어와의 관계를 유지하기 위해 자동적으로 업데이트된다. 벽의 구성은 벽의 길이가 변할 때, 업데이트되어야 하지만, 그렇지 않을 때도 있다.

벽은 어디에나 있고, 복잡하다. 잘 만들어진 파라메트릭 벽의 정의는 다음을 포함하는 특별한 조건을 만족해야 한다.

- 문과 창의 위치는 서로 겹쳐지지 않아야 하고, 벽의 경계를 넘으면 안 되며, 벽이 만나는 부분이 개구부를 막아서는 안 된다. 이러한 일이 발생했으면, 경고가 나타난다.
- 벽체 조정선은 직선이거나, 곡선이어야 하고, 평면에서 다양한 형상을 지원해야 한다.
- 벽은 다중 면으로 구성된 바닥, 천장, 다른 벽, 계단, 램프, 기둥, 보, 그리고 다른 건물요소와 교차하여, 더욱 복잡한 벽 모양을 만들 수 있어야 한다.
- 여러 종류의 구조와 마감으로 정의된 벽은 벽체 내에서 수정될 수 있다.

이 조건들을 고려하면, 일반적인 벽을 정의할 때도 상당한 주의가 필요하다. 파라메트릭 건물 객체 클래스를 정의하거나, 속성들을 확장하기 위해서, 보통 100 가지가 넘는 상세한 규칙들이 필요하다. 이러한 조건들은 건축설계에 왜 BIM 객체의 행동을 정의하는 BIM 객체 클래스 모델러와, 건물의 규칙에 따라 설계를 하는 건축가간의 협업이 필요한 지를 보여준다. 이 조건들은 또한 왜 사용자들이 일반적이지 않은 벽의 모델링 시에 문제가 발생하는지도 설명한다. 그 이유는 초기 만들어진 규칙으로는 새로운 요구조건을 만족시키지 못하

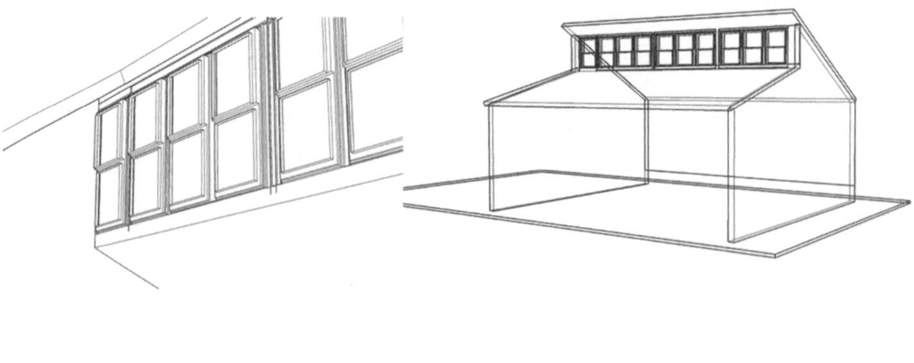

그림 2-8
천장의 채광 벽은 일반적인 벽과는 다른 파라메트릭 모델링이 요구된다.

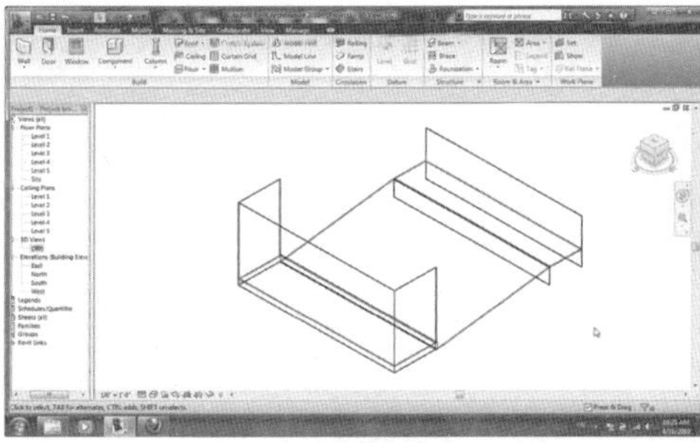

2-9a

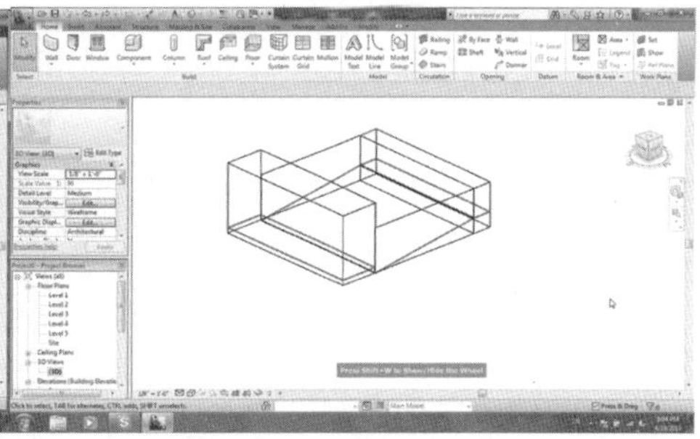

2-9b

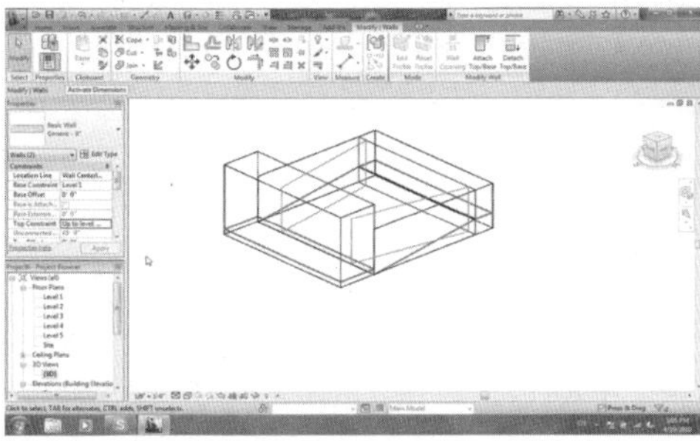

2-9c

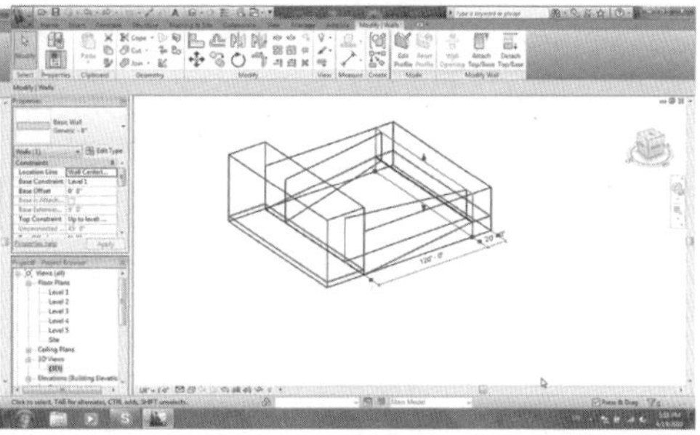

2-9d

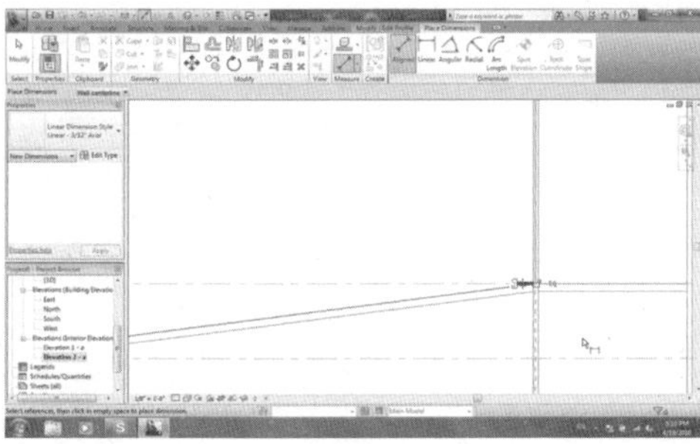

2-9e

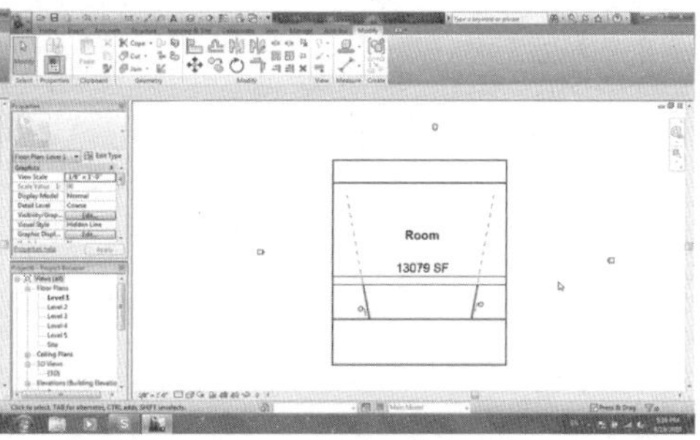

2-9f

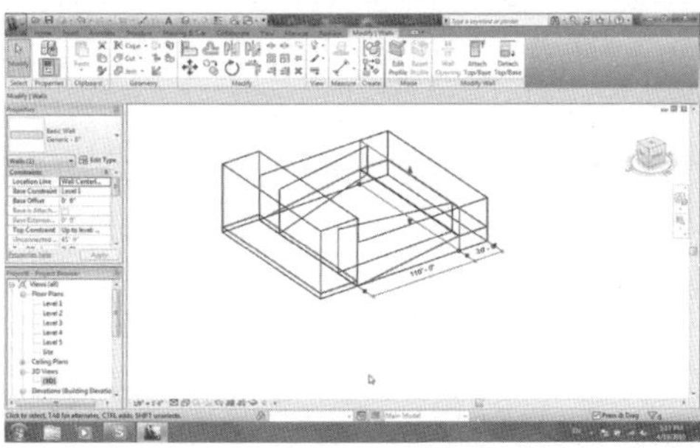

2-9g

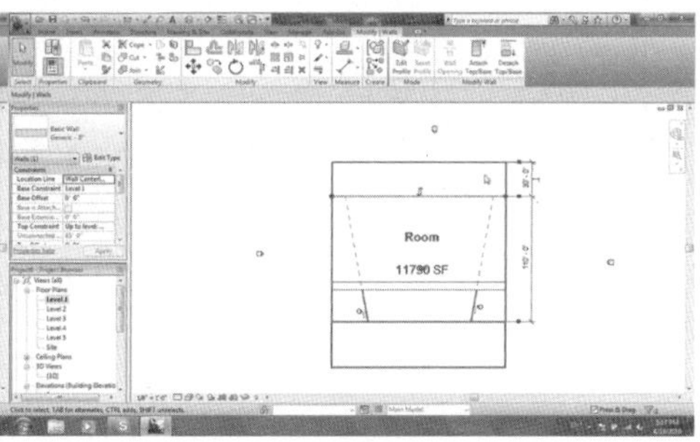

2-9h

그림 2-9 파라메트릭 모델링의 예: 극장은 아래 과정으로 작업된다. (a)뒷부분의 로비는 높임, 경사진 바닥과 무대의 앞부분은 높임. (b)벽으로 둘러싸고, 지붕을 추가. (c)각도를 틀어서 측벽을 추가하지만, 경사진 바닥에 붙이지는 않는다. (d)경사진 바닥 정리 (e)경사벽과 로비 바닥을 정리하는 규칙 추가 (f)빠른 좌석 개산을 위한 공연장 면적 사용 (g)더 많은 로비 공간 제공을 위해 로비의 깊이 늘림, 자동적으로 바닥과 측벽 경사 변화 (h)좌석을 고려해서, 면적 재검토

기 때문이다. 예를 들면, 그림 2-8에서 보이는 창과 채광벽이 있다. 이 경우, 채광벽은 수평적이지 않은 평면에 배치될 것이다. 또한, 채광벽의 끝을 자르는 벽과 벽이 잘려진 부분이 같은 기본 평면에 위치하지 않는다. BIM 모델링 소프트웨어는 이러한 조건을 해결하기 위해서는 어려움이 있다.

그림 2-9는 극장의 개념설계에 대한 수정 작업 순서를 표현한다. 설계자는 쉽게 수정하기 위해서, 벽의 경계 조건, 돌출벽과 평면의 연결 등을 분명하게 정의해야 한다. 설정이 적정하게 됐을 때, 그림 2-9a에서 2-9g와 같은 변경이 간단하고, 빠르게 수정되고 업데이트될 수 있다.이러한 파라메트릭 객체 모델링 기능은 이전에 CSG기반의 CAD시스템을 뛰어넘는 것이다. 파라메트릭 객체 모델링은 사용자가 설정한 레이아웃과 관계를 유지하기 위해서, 그에 따라 자동적으로 모델을 업데이트되는 기능을 지원한다. 이러한 도구는 상당히 생산성이 높다.

2.1.3 파라메트릭 모델링의 등급

BIM에서 건설 산업에 특화된 파라메트릭 모델링 도구와 다른 산업에서 사용하는 모델링과는 많은 세부적인 차이가 있다. 또한, BIM 설계 소프트웨어는 다양한 건물시스템을 다루기 위해 다양한 클래스를 가진 다양한 종류가 있다. 건물은 많은 수의 비교적 간단한 부품으로 구성되어있다. 각 건물시스템은 일반적으로 제조업에서 사용하는 객체보다 건물규칙과 관계가 예측가능하다. 그러나, 시공수준의 상세를 가진 중간크기의 건물의 경우도, 정보의 양이 많아 최고급의 개인용 워크스테이션에서 성능문제가 발생할 수 있다. 또 다른 차이점은 건설에서는 쉽게 적용가능하고 객체행위를 정의하는 광범위한 표준적인 실무방식 및 코드가 있다. 또한, 기계시스템에서는 종종 도면을 지원하지 않거나, 간단한 도면 작성 관례만을 따르는데, BIM 설계 소프트웨어는 건축 관례를 고려한 도면 제작이 요구된다. 이러한 차이는 BIM 모델링에 극소수만의 범용적인 파라메트릭 모델링 도구가 도입되는 결과를 가져왔다. 그러나 건설내 제조업 기반의 사업영역에서는 이러한 범용 파라메트릭 모델링 소프트웨어를 검토해볼만 하다.

역사에 대한 설명에서 기술했던 것처럼, 여러 다른 기술들이 합쳐져서 현대의 파라메트릭 모델링 시스템이 되었다.

1. 가장 단순한 수준은 몇 개의 파라미터로 복잡한 형태나 객체조합을 정의하는 것이다. 이것을 보통 파라메트릭 솔리드 모델링이라고 불린다. 수정은 사용자의 요청에 의해 변수를 수정하고, 사용자가 요청하면 부재나 레이아웃을 재생성한다. 오토캐드는 많은 BIM 도구에서 개발되어온 이러한 CAD 플랫폼의 한 예이다.
2. 점진적인 향상이 이루어진 부분은 형상변수가 수정되었을 때, 전체 레이아웃을 정해진 순서대로 업데이트해서 객체조합들이 자동적으로 업데이

트될 수 있도록 모델링을 지원하는 것이다. 이것을 파라메트릭 객체조합(parametric assembly)이라고 부른다. 이것이 최근까지의 Architectural Desktop의 모습이었다.

3. 크게 향상된 부분은 한 형상을 정의하는 변수가 다른 형상을 정의하는 변수와 규칙을 통해서 연계되는 것이 허용된 것이다. 형상들이 서로 다른 방법으로 관계가 정의되었을 수 있기 때문에, 시스템이 자동으로 업데이트 순서를 정할 수 있어야 한다. 이 방법을 완전한 파라메트릭 모델링 또는, 파라메트릭한 객체 모델링 방법으로 간주한다(Anderl and Mendgen, 1996).

2.2 건물의 파라메트릭 모델링

제조업에서는, 파라메트릭 모델링을 제품의 파라메트릭 모델에 설계, 엔지니어링, 제조규칙을 내재시키려고 하는 회사들에 의해 사용되다. 예를 들면, 보잉 777기를 설계할 때 비행기 인테리어에 대한 형태, 제작, 조립에 대한 규칙을 정의하였다. 기체역학 성능을 위해 CFD(Computational Flow Dynamics)라고 불리는 수백 번의 공기흐름 시뮬레이션에서 다수의 대안형상과 파라메트릭 변수와 연계해서 외부 형태를 미세 조정했다. 보잉은 가상으로 비행기를 선 조립해서, 6000개 이상의 설계변경요구를 없앴고, 형상과 관련된 재작업의 90%를 제거했다. 보잉사는 777제품들의 파라메트릭 모델링의 구축을 위해 10억 달러 이상을 투자한 것으로 추정된다. 보잉사의 노력에 대한 전반적인 사항에 대해서, 참고문헌에 있는 칼텍(CalTech) 웹사이트(1997)에서 강점 및 단점은 확인할 수 있다.

유사한 방법으로, 벨기에의 LMS와 협업하는 존 디어 컴패니(John Deere Company)는 어떻게 그들의 트랙터가 만들어지기를 원하는지 정의하고 싶었다. 다양한 모델이 '존 디어의 제조를 위한 설계(DfM: Design for Manufacturing)를 기반으로 개발되었다(www.lmsintl.com/virtuallab). 회사는 파라메트릭 모델링을 사용해서, 객체 패밀리가 설계되고 구조화되는지 정의해서, 객체패밀리가 기능, 생산, 조립, 다른 표준에 구성요소로 다양하게 연계가 가능했다. 이 경우, 회사는 과거의 매뉴얼을 기반으로 설계, 생산, 조립, 유지에 대한 뭐가 되고, 뭐가 안 되는지에 관한 기업지식을 시스템에 내재화 시키고 있다. 이 예는 기업이 어떻게 전문지식을 축적하고, 재사용하고, 확장할 수 있는가를 보여준다. 이러한 방식은, 거대항공우주, 제조, 전자회사들에서는 이미 표준 업무방식이다.

2.2.1 파라메트릭 설계

개념적으로 BIM 도구는 객체기반 모델링 시스템의 다른 형태이다. BIM 도구는 미리 정의된 객체클래스 집합을 가지고 있고, 각각 다른 프로그래밍된 행위를 하기 때문에 다르다. 표 2-1은 주요 BIM 건축설계 소프트웨어에서 제공하는 미리 정의된 객체 패밀리들의 전체 목록이다(2010년 중반 기준). 미리 정의된 객체 패밀리들은 건물설계 각 단계별로 쉽게 적용이 가능하다.

소프트웨어 판매회사에서 제공하는 객체 패밀리뿐만 아니라, 다수의 웹사이트를 통해서, 추가적인 객체 패밀리를 다운로드해서 사용할 수 있다. 이것은 2D도면시스템을 이용해서, 라이브러리를 생성하는 것과 비슷할 뿐 아니라, 더욱 사용이 편리하고, 강력하다. 예를 들면, 가구, 배관, 전기 장비, 그리고 콘크리트에 쓰이는 고정철물 등이 있다. 이런 객체는 일반적인 객체나 특정제품의 모델을 모두 활용할 수 있다. 이 내용은 5장의 5.4.2절에서 논의할 예정이며, 몇 개 사이트도 나열되어 있다.

BIM 객체는 다른 객체와의 관계가 변경되면, 그에 따라 자신이 어떻게 객체조합에 연결되고, 자동으로 조정해야 하는지를 파악한다. 그 예로 그림 2-9처럼, 다른 벽과 천장이 변경될 때, 벽들이 업데이트되는 것을 들 수 있다. 다른 예는 경계벽이 수정될 때 어떻게 대부분 시스템에서 공간을 업데이트하는가를 들 수 있다. 이 객체 클래스들은 또 어떤 특징형상이 건물객체와 관련될 수 있는지를 정의된다. 접합부는 제조수준의 BIM 소프트웨어에서는 기본적인 특징형상이다. 그렇다면 접합부가 벽면에 만들어지는 것이 가능할까 (프리캐스트 콘크리트에서 종종 이런 경우가 발생한다) BIM 소프트웨어 개발자가 발생 가능한 문제 모두를 예상할 수 없는 근본적인 제약이 있기 때문에, 사용자가 주어진 기본 객체클래스를 확장하거나 새로운 것을 만들 수 있는 기능이 중요하다.

표 2-1은 주요 BIM 설계 소프트웨어에서 제공하는 기본 객체를 보여준다. 시공과 제작을 위한 파라메트릭 객체를 지원하는 소프트웨어는 표 2-2에서 나열되어 있다. 이 표에 나열되어 있는 항목들은 외부로부터 온 객체가 아니고 BIM 소프트웨어에서 만들어진 것들이다. 일부 회사들은 범용적으로 사용 가능한 객체들을 만들려고 노력하였지만, 다른 회사들은 기본객체들이 지정된 시장에서 필요로 하는 특정 행위와 객체들만 제한적으로 지원이 가능하도록 하였다.

각각의 BIM 설계 소프트웨어는 이외의 다른 객체들을 포함하고 있다. 그 예로는 벽과 슬래브의 개구부와 연결부, 지붕창과 천창 개구부, 보, 기둥, 구조객체의 연결부 등이 있다.

객체는 다른 객체와 상호작용을 하는 객체와 파라메트릭 행위가 필요하지 않은 객체로 나눌 수 있다. 다른 객체와 상호 작업하는 객체는 벽, 보, 슬래브, 기둥처럼 BIM 설계 도구의 핵심으로 복잡한 기능을 가지고 다른 객체와 상호반응하는 객체들이 있다. 파라메트릭 행위가 필요 없는 객체들로는 욕실 정착물이나, 고정된 크기의 문이나 창, 그리고 맥락에 따라 변경이 필요 없는 기타 객체들이 포함된다. 주로 건물객체모델(building object model)이라고 불리는 이 두 번째 객체들은 다른 객체의 변수에 크게 연관되지 않기 때문에 더 쉽게 만들어지고, 외부 라이브러리에서 사용이 가능하다. 두 번째 객체는 건물 객체 웹사이트들에서 다양하게 지원되고 있으며, 건축설계용 라이브러리들은 5장에서, 제조 수준의 건물 객체는 7장에서 검토할 것이다. 세 번째 객체는 필요에 따라 주문 제작된 상용제품이다. 커튼월, 복잡한 천장시스템, 캐비닛, 난간 및 건축용 금속자재 등이 포함된다. 이 객체들은 간단할 수도 있고, 복잡할 수도 있지만, 객체를 정의할 때 BIM 설계도구의 기본객체들을 정의하는 것만큼 세심한 주의가 필요하다. 5장의 5.4.2절에서의 세 번째 유형의 객체는 아직 극소수만 개발되었다. 그림 2-6의 예처럼, 건축가와 건축부재 제조업자는 때때로 각자의 객체 클래스를 만들어서 사용할 때도 있고, 사용자의 지속적인 업데이트 및 관리가 필요한 파라메트릭하지 않은 단순한 객체를 사용하기도 한다.

BIM 소프트웨어와 다른 산업군의 소프트웨어간의 기능적인 차이는 건물요소들로 에워싸인 공간에 대해서도 정확한 표현이 요구된다는 것이다. 건물이 최우선적으로 추구해야 하는 기능은 환경적으로 잘 조정된 건축공간을 제공하는 것이다. 건물설계의 평가에 있어서, 건물형태, 부피, 외피, 환경적인 성능,

표 2-1 주요 BIM 건축 설계 소프트웨어의 기본 제공 객체 패밀리

BIM 설계 소프트웨어 / 기본 객체	ArchiCAD v14	Bentley Architecture v8.i	Revit Architecture v2011	Vectorworks 2010	Digital Project V1, R4, SP 7
지형 모델	메쉬 도구, 지형객체	(등고선 모델)	(등고선면)과 지형객체	랜드마크	면 모델
공간정의	■ (수작업)	■ (수작업)	■ (자동)	■ (수작업)	■ (자동)
벽	■	■	■	■	■
기둥	■	■	■	■	■
지붕	■	■	■	■	
계단	■	■	■	■	■
슬래브	■	■	■	■	■
존	Zone	Zone	Area	Area	
보	■	■	■	■	■
특수한 객체	현장콘크리트, 프리캐스트콘크리트, 철골, 벽돌쌓기, 열 및 습도 가구, 장비, 컨베이어 시스템 배관, HVAC, 전기, 대지	커튼월, 트러스, 배관, 화장실 부속자재, 난간, 선반, 샤프트	대지, 컴포넌트, 천장 커튼 시스템, 커튼 그리드, 멀리언, 트러스, 기초 기둥시스템, 램프, 난간	창문 벽, 기계장비, 주방 보관함, 난간, 엘리베이터, 에스컬레이터, 배관, 덕트	배관, 덕트, 기계장비, 난간, 개구부, 개구부 시공 장비

표 2-2 보편적인 시공/제작용 BIM 소프트웨어에서의 기본 객체

BIM 설계 소프트웨어 / 기본 객체	Tekla v16.1	Design Data SDS/2	Revit MEP v9.1 (Objects)	AutoCAD MEP (Objects & Blocks)	Bentley Mechanical and Electrical v8.i
기본 객체	파트 -보 -폴리빔 -콘투어 접시 용접 -로지컬 용접 -다면 용접 하중 -하중 선 -하중 면 -하중 점 볼트 -나사배열 -나사머리 -나사 리스트 보강 -철근 가닥 -철근 메쉬 -철근 하나 -철근 집합 -철근 이음 작업분류	그리드 선 부재 자재 접합부 볼트 구멍 용접 하중 모멘트	공항터미널 소통 장비 케이블 트레이 접합부 관 접합부 덕트 부속품 덕트 부속자재 덕트 접합부 전기 설비 전기 장비 전기 기구 화재경보장비 전선 덕트 전선 파이프 HVAC 존 조명 장비 조명 기구 기계장비 비상호출장비 파이프 부속자재 파이프 접합부 배관 기구 공간 공간	케이블 트레이 케이블 트레이 부속품 관 관 부속품 장비 덕트 덕트 맞춤 부속품 덕트 부속품 덕트 전선 공간 설계 옷걸이 다시점 부품 패널 파이프 파이프 맞춤 부속품 파이프 부속품 배관 라인 배선약도 파이프전선 배관 부속자재 와이어 공간	**기계:** 덕트 파이프 접합부 밸브 환기시스템 댐퍼 필터 소음기 **전기:** 케이블트레이 배전 -조명 -화재경보 -긴급장치 조명 통신 -정보기술 -보안 -방송설비 -피뢰설비 -비디오 -EIB 공간 설계 존
지식기반 기능	☐ 간섭검토 ☐ 간섭검토 ☐ 작업조 관리 ☐ 물량산출 ☐ 자동제작지원 ☐ 다수의 구조 분석 소프트 웨어와 연결	☐ 자동접합 설계 ☐ 수직체크 ☐ 물량산출 ☐ 자동제작지원 ☐ 다수의 구조 분석 소프트 웨어와 연결	☐ 공정 연결 ☐ 덕트와 파이프 크기/압력 계산 ☐ HVAC과 전기시스템 설계 ☐ 관과 케이블트레이 모델링 ☐ (gbxml포맷사용) Autodesk Encotect Analysis, ☐ 웹기반 Autodesk Green Building Studio, IES들과 연결	☐ 공정 연결 ☐ 제작과 연결 ☐ 공간의 요구에 맞게 덕트크기 자동조절 ☐ 전기회로 관리 ☐ 간섭검토 ☐ 라디에이터 규모 ☐ 배관 파이프 크기	☐ EDSL/TAS,ECOTECT, Trace 700, Carrier HAP, Green Building Studio와 같은 에너지 분석 소프트웨어와 데이터 교환 ☐ 간선과 분기회로 ☐ 자동 회로 및 표시 ☐ 온라인으로 회로 부하, 길이, 장치 개수 설계 검토 ☐ 자동 장비 배치 ☐ 조명 분석 프로그램 (Lumen Designer, DIALux, Relux)과 양방향 연결

조명, 실내공간의 속성은 핵심적이다.

최근까지 건축용 CAD시스템은 건물의 공간에 대해서 정확하게 표현하는 것이 불가능해서, 도면작성처럼, 사용자가 정의된 다각형 면에 공간이름을 부여하는 식으로, 개략적으로 표현했다. GSA(General Services Administration)가 2007년부터, 공간의 부피를 자동으로 추출하고 갱신할 수 있는 BIM 설계 소프트웨어를 요구하기 시작하면서부터 공간에 대해 명확한 표현이 가능해졌다. 오늘날, 표 2-1과 같이 많은 BIM 설계 소프트웨어들이 벽과 바닥 슬래브의 교차선들로부터 바닥공간을 표현하는 다각형 면을 자동으로 생성하고, 갱신하여 건물공간을 표현한다. 그 다음, 이 다각형 면을 평균 천장높이까지 뽑아 올리거나, 경사지붕면을 따라 끊어서 3차원 공간을 정의한다. 기존의 수동방식은 수작업으로 도면을 작성할 때의 모든 약점을 그대로 이어 받았다: 사용자가 지루하고, 오류가 발생하기 쉬운 갱신작업을 통해서 벽 경계와 공간 사이의 일관성을 유지해야 했다. 그러나 새로운 방식도 완전하지는 않다: 수직 벽과 평평한 바닥인 경우는 문제가 없지만, 벽면이 수직 방향으로 수정되거나, 천장이 수평이 아닌 경우는 고려하지 않고 있다.

건축가는 초기에 상세가 없는 건물요소들의 형태를 가지고 작업한다. 그러나 엔지니어나 제작자는 반드시 제작 가능한 수준으로 정보와 형상을 만들어야 한다. 또한, 형상은 캠버링(cambering)이나 포쇼트닝(foreshortening)나 같은 프리텐션, 중력으로 인한 비틀림, 온도로 인한 팽창 때문에 변화된다. 건물모델로부터 바로 제작이 가능하도록 하려면, BIM 설계 소프트웨어에서 파라메트릭하게 모델형상의 생성과 수정에 추가적인 기능이 필요하다.

파라메트릭 모델링은 생산성 향상에 핵심적인 기능으로, 변경사항을 자동으로 갱신해준다. 자동으로 파라메트릭하게 갱신해주는 기능이 없었다면, 3차원 모델링을 활용한 건물설계와 제작은 생산성이 낮았을 것이다. 그러나, 여기에는 고려해야 할 숨겨진 영향요인이 있다. 각각의 BIM 도구는 파라메트릭 모델링을 작업하는 수준, 파라메트릭 객체를 제공하는 수준, 설계 작업에 규칙을 포함하는 수준이 다양하다. 따라서 객체 클래스의 행위를 사용자에 맞도록 바꾸기 위해서는, 현재는 건설 산업에서 찾아보기 힘든 새로운 전문능력이 필요하다.

2.2.2 시공을 위한 파라메트릭 모델링

일부 설계에 특화된 BIM 소프트웨어에서는 사용자가 2D 단면의 개념으로 벽 단면을 여러 층으로 나누어 정의하는 것이 가능한 반면, 다른 BIM 건축설계 소프트웨어에서는 예를 들면 벽과 벽의 골조를 구성하는 샛기둥 프레임과 같이 객체 안에 객체조합을 포함하는 파라메트릭 레이아웃을 정의할 수 있다. 이러한 기능은 샛기둥 프레임에 상세를 더하거나, 목재 가공 일정을 생성할 수 있도록 도와주어, 폐기물 감소 및 목재 또는 철재 프레임의 빠른 설치가 가능하다.

스케일이 더 큰 구조물에서는, 이와 같이 프레임이나 구조 배치를 자동화할 수 있는 기능은 제작 작업을 위해 반드시 필요하다. 이 경우, 객체는 구조, 전기, 배관 같은 시스템의 부분으로 구성되고, 규칙은 어떻게 구성요소들이 구성되는가를 결정한다. 구성요소들은 접합부처럼 맞춤 설계 및 제작이 필요한 특징형상들을 가진다. 더 복잡한 경우에는, 각각의 시스템을 이루는 부품들이 다시 더 작은 부품들로 구성된다. 그 예로 콘크리트 안에 포함된 철근 또는 장스팬 철제 구조물의 복잡한 골조 등이 있다.

더욱 상세한 수준의 제조에 필요한 모델링을 할 수 있는 BIM 설계 소프트웨어는 드물게 개발되어 왔다. 이 소프트웨어들은 표 2-2와 같이 다양한 종류의 전문지식이 내재된 다양한 객체 패밀리들을 제공한다. 이러한 도구들은 자재추적과 주문, 플랜트 관리시스템, 자동 제작 소프트웨어처럼 특수한 작업과 관련되어 있다. 이러한 소프트웨어들은 초기에 철골 제작 소프트웨어로 개발되었는데, 예로는 디자인 데이터(Design Data)사의 SDS/2, Tekla Structures, 에이스캐드(AceCad)사의 StruCad가 있다. 이 시스템들은 초기에는, 접합부를 위한 미리 정의된 파라메트릭 객체 패밀리와 철골 접합부를 위해 철골에서 잘라내는 코프(cope)와 같은 기능을 가진 간단한 3차원 철골배치 시스템이었다. 이 기능들은 하중과 부재크기에 따라 자동으로 접합설계가 가능하도록 강화되었다. CNC 절단 및 드릴링 머신을 연계하면서, 이 시스템들은 자동 철골 제작에 필수요소가 되었다. 비슷한 방법으로 프리캐스트 콘크리트, 철근콘크리트, 철제덕트, 배관과 다른 건물 시스템도 지원 가능하도록 발전되었다.

그림 2-10
Tekla Stru ctures 프로그램에서 프리캐스트 콘크리트의 자동 철근 배근과 접합부.

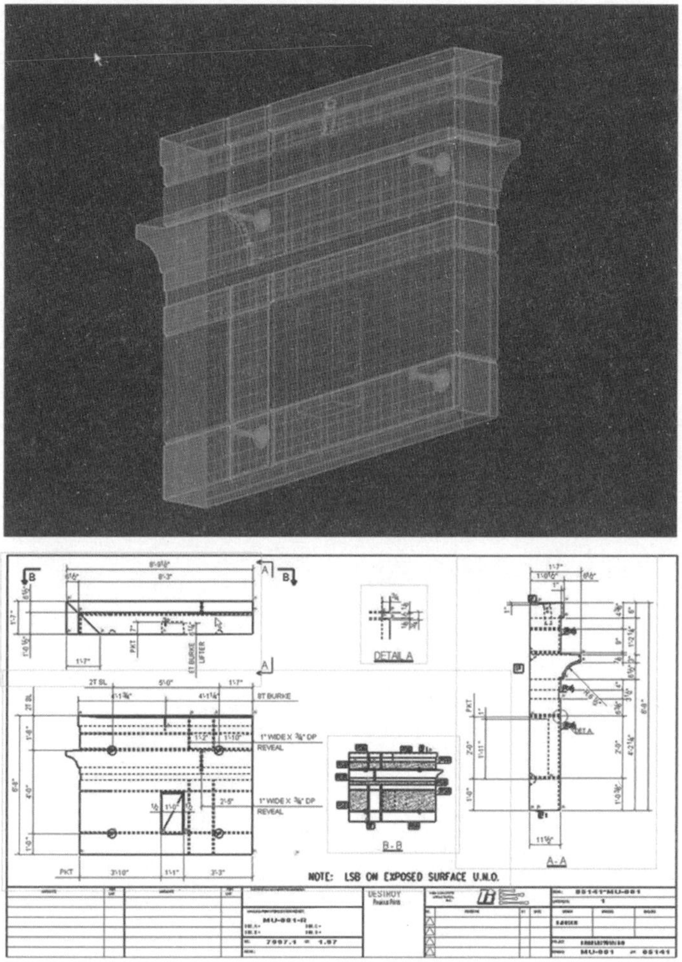

그림 2-11
건축 프리캐스트 패널의 파라메트릭 모델과 모델로부터 추출된 부재 도면.

사진 제공: High Concrete Structures

최근 이 시스템들은 현장치기와 프리캐스트 콘크리트 같은 콘크리트 엔지니어링으로 발전되었다. 그림 2-10은 구조 요구사항에 맞게 설치된 콘크리트 철근을 보여준다. 철근의 배치는 단면크기와 기둥과 보의 배치에 따라 쉽게 조절이 가능하다. 파라메트릭 모델링 작업은 창틀, 벽모서리, 절단과 같이 다른 부분과의 연결부분에 정의되는 형상을 제거하거나 추가하는 작업을 포함한다. 그림 2-11은 제조 수준으로 3차원 모델링 된 프리캐스트 건축 외장 패널과 식별자(mark)의 예이다. (도면은 하나 또는 많은 부분을 같은 방법으로 정의한다). 각각 건물 하위시스템은 파라메트릭 객체 패밀리의 집합과 배치 관리를 위한 규칙을 필요로 한다. 어떤 규칙들은 시스템에서 각각의 기본 동작을 정의하고, 다른 규칙들은 어떻게 단면을 잘라야 하는가와 도면 레이아웃을 정의한다.

이러한 규칙을 정의하려는 노력들이 몇몇 건설자재 협회를 중심으로 이루어지고 있다. 그 예로 현재 21권인 미국철골건설협회(American Institute of Steel Construction)의 철골설계가이드(Steel Design Guide)(AISC 2007)와 미국프리캐스트 콘크리트협회(Precast/Prestressed Concrete Institute, PCI)의 PCI 설계편람(PCI Design Handbook)(PCI 2004) 등이 있다. 이러한 조직의 회원들은 도면 레이아웃을 정의하고, 프리캐스트와 철골 설계객체의 작업에 대한 상세한 내용을 함께 작성한다. 제조업체가 이러한 소프트웨어를 어떻게 사용하는가에 대한 자세한 내용은 7장에서 기술한다. 제조업체가 직접 기본객체 패밀리와 기본 행위를 정의했음에도 불구하고, 소프트웨어가 회사의 특수한 엔지니어링 작업을 반영하려면, 추가적인 맞춤 작업이 필요하다.

표 2-2는 2개의 철골제작 소프트웨어와 3가지 기계/전기 BIM 시스템을 정리해 놓은 것이다. 이 표는 건물시스템 소프트웨어의 관련된 범위와 지식을 설명하고 있다.

제작 모델링에서, 디테일러들은 다음과 같은 잘 알려진 이유 때문에 자신들의 파라메트릭 객체를 다듬는다. 즉, 인력투입을 최소화하고, 원하는 시각적 효과를 얻고, 여러 유형의 작업반이 섞이는 것을 감소시키고, 자재 크기나 종류의 다양화를 최소화하기 위해서다. 표준 설계 가이드를 실제 적용하려면, 여러 수용 가능한 디테일링 방법을 고려한다. 어떤 경우는, 표준상세실무를 따르면 다양한 목표들을 만족시킬 수 있다. 다른 환경에서는, 이러한 디테일링 실무방식을 수정해서 적용해야 한다. 예를 들면, 제조장비와 데이터를 주고받는 한 회사의 표준방법이나 최적실무방식도 상황에 맞춰 바꿀 필요가 있을 수 있다. 앞으로 수십 년 동안, 설계 편람은 이러한 방식으로, 파라메트릭 모델과 규칙들을 활용하여 보완될 것이다.

오늘날 널리 사용되는 몇몇 제조 수준의 CAD시스템은 범용 파라메트릭 객체 모델링 BIM 설계 소프트웨어가 아니다. 오히려, 대부분 전통적인 B-rep방식의 모델러로, CSG 트리와 객체클래스 라이브러리를 지원할 수도 있다. 이 제품들은 대부분 목적에 맞는 좋은 제품이다. AutoCAD Architecture는 CADPipe와 CADDUCT와 같은 시공단계 모델링을 위한 가장 일반적인 플랫폼이다. 하나의 예로 표 2-2와 같이 AutoCAD MEP를 검토해 보았다. 벤트리와 벡터 웍스 제품은 이런 유형의 제품으로, 객체 클래스의 표현방법이 고정되어 있다. 이 분류의 더욱 전통적인 CAD시스템 플랫폼의 사용자들은 선택하고, 파라메트릭하게 크기를 바꾸고, 3D객체와 연관된 속성을 배치할 수 있다. 이 객체 인스턴스와 속성들은 물량, 작업지시, 제작을 위한 다른 소프트웨어로 내보내져서 사용이 가능하다. 이러한 시스템은 고정된 규칙만을 활용하여 구성된 객체클래스만 있으면 잘 작동한다. 적절한 적용 예로는 배관, 덕트공사, 케이블 트레이시스템 등이 있다. Revit을 인수하기 전에, 오토데스크는 Architectural Desktop을 이러한 방식으로 개발하였으며, 점차적으로 객체 클래스를 늘려서 건물에서 흔히 사용하는 대부분의 객체 클래스를 모델링할 수 있게 되었다. 새로운 객체 클래스는 ARX 또는 MDL 프로그래밍 언어를 이용해서 시스템에 추가할 수 있다.

초기의 시스템과 BIM과의 중요한 차이점은 사용자가 객체 패밀리의 보다 복잡한 구조를 정의할 수 있고 프로그래밍 수준의 소프트웨어 개발 없이 3D CAD와 연계할 수 있다는 점이다. BIM에서는 관련 지식이 있는 비프로그래머가 만든 벽체와 바닥 슬래브가 부착된 커튼월시스템에 대한 정의가 가능하다. 기존 3D CAD에서 이렇게 하려면, 중대한 확장기능의 개발이 필요하다. 그림 2-6은 사용자 정의 객체의 예를 보여준다.

2.2.3 사용자 정의된 파라메트릭 객체

각 BIM 설계 소프트웨어는 표 2-1, 2-2와 같이 목표하는 기능을 반영한 많은 수의 파라메트릭 객체 클래스(표 2-1, 2-2)들을 미리 정의하여 가지고 있다. 건축 BIM 설계 소프트웨어의 미리 정의된 객체는 일반적으로 건축설계의 설계 규정을 따라 정의된다. 현재 이 객체들은 시공 조율을 위한 시공관리정보를 획득하는 데 종종 사용된다. 그러나, CM에서 사용되는 객체는 작업, 일정, 자재 추적 및 시공관리를 위한 추가적인 정보를 다룬다. 구조설계와 분석을 위한 다른 객체들을 가진 다른 소프트웨어도 개발되었다. 또 기계, 배관, 전기 같은 건물 시스템의 정보를 표현하기 위한 또 다른 소프트웨어도 개발되었다. 일부 소프트웨어는 설계의도의 표현에 집중하고, 따른 소프트웨어는 제작에 집중한다.

각 BIM 소프트웨어와 그에 포함된 미리 정의된 객체는 적용을 목표로 하는 건축분야의 표준작업방식을 따르려고 한다. 대부분 설계와 엔지니어링 분야는 표준실무방식에 대한 편람을 가지고 있다. 건축에서는, 오랜 기간 동안 램지(Ramsey)와 슬리퍼(Sleeper)의 아키텍츄럴 그래픽 스탠다즈(Architectural Graphic Standards)가 이런 역할을 해왔다. 다른 분야에서도, AISC구조시공상세 편람(AISC2007), PCI설계 편람(PCI 2004)와 같은 편람을 통해서 표준실무방식을 반영하고 있다. 표준실무방식(standard practice)은 어떻게 건물부품과 시스템을 설계하고, 현재 사례를 기초하고, 안전을 고려, 구조성능, 재료속성에 대한 해당 산업의 관례를 표현한다. 반면에 설계 행위는 분류가 제대로 되지 않아서, 각각의 BIM 설계도구마다 객체행위가 다르다. 각기 다른 BIM 설계 도구가 제공하는 기본 객체들은 산업계 실무자나 전문가들의 조언에 따라 소프트웨어 회사의 개발자들의 표준실무방식을 해석하여 재포장한 것이다.

그러나 현실에서는, 아래에 열거한 이유로 미리 정의된 객체와 행위를 설계와 제작 단계에서 제한적으로 사용될 것이다.

- 부재를 다른 방식으로 구성할 수 있는 것은 시공, 데이터 분석, 미적 이유에서 바람직하다. 몇몇 예를 들면, 프랭크 로이드 라이트(Frank Lloyd Wright)의 모서리부분의 연귀맞춤에 영향을 받은 유리창; 열간(thermal break)이 모

델이 된 맞춤 유리 창틀; 유리 또는 플라스틱으로 된 맞춤 접합부; 철골, 프리캐스트, 목구조의 맞춤 접합부의 개발; 스페이스 프레임의 접합부가 있다.

- 기본 부재는 설계상이나 실제 현장에서 특별한 설계 조건을 고려하지 못한다. 예를 들면, 계단 슬래브의 벽, 일정하지 않은 기울기의 나선형 램프, 돔 천장의 방이 있다.
- 건물시스템의 구조와 행위는 소프트웨어나 건물시스템 판매사에서 제공할 수 없다. 커튼월이나 건물 외피시스템; 5장의 건물코어와 같이 배치할 때 전문지식이 필요한 복잡한 공간 유형들; 그리고 실험실이나 병원공간이 그 예들이다.
- 몇몇 객체는 BIM 설계 소프트웨어에서 제공하지 않는다. 예를 들면, 태양광시스템과 축열탱크 같은 재생에너지 객체가 있다.
- 회사의 모범사례를 반영하여 개선된 객체. 기본 객체, 특정 속성, 그리고 관련 상세를 확장할 필요가 있다.

BIM 도구가 파라메트릭 객체의 능력이 없으면, 설계와 엔지니어링 팀은 다음과 같은 선택을 할 수 있다.

1. 다른 시스템에서 객체를 만들어서, 수정 능력과 상관없이 참조 객체로 BIM 도구로 들여와서 사용하는 방법.
2. 개체를 솔리드 모델링 형상을 이용해서 수동으로 배치하고, 속성을 수동으로 입력, 필요에 따라 수작업으로 갱신된 객체상세를 기억
3. 새로운 파라메트릭 객체 패밀리를 정의해서, 다른 객체클래스와 관련해서 갱신하지 않고 적절하게 외부 변수와 동작을 자동적으로 갱신하는 방법
4. 기존 파라메트릭 객체 패밀리의 확장자를 정의해서, 형상, 동작, 변수를 수정한다. 이 결과 기존 객체와 확장된 객체와 완전히 통합될 수 있다.
5. 상황에 맞게 대응하고 통합할 수 있는 새로운 객체 클래스 정의

먼저, 위에 제시된 처음 두 가지 방법은 파라메트릭한 표현 없이는 CAD의 부재 편집 기능을 감소시킨다. 모든 BIM 모델 생성 소프트웨어는 3, 4번과 같이 맞춤 객체 패밀리의 정의를 지원한다. 사용자가 상황에 따라 갱신이 가능한 새로운 객체 클래스를 정의하는 것을 허용한다. 문, 벽, 슬래브, 지붕 같이 BIM 도구에서 제공하는 미리 정의된 객체를 새로운 객체와 통합하는 것은 큰 도전과제이다. 새로운 객체는 BIM 플랫폼에 이미 정의된 갱신 구조에 맞추는 것이 필요하다. 그렇지 않으면, 객체의 인터페이스가 반드시 수작업으로 수정되어야 한다. 이렇게 확장된 객체들은, 예를 들면, 어떻게 법규와 관련된 챌판

과 디딤판의 변수를 유지하면서, 특정 스타일의 계단을 만들 수 있는가의 문제를 포함할 수도 있다. 이렇게 한 번 만들어진 객체와 규칙은 사용하기 원하는 어떤 프로젝트에서도 사용할 수 있다. 객체 패밀리의 변수가 견적과 구조 또는 에너지 평가와 같은 다양한 평가에 필요한 속성을 포함하는 것도 중요하다. 개발자가 BIM 소프트웨어의 갱신 구조에 대해 문서화하는 경우가 거의 없기 때문에, 이 수준의 통합이 어렵다. 단지 소수의 BIM 설계 도구만이 이러한 맞춤형 객체 수준을 지원한다.

만약 회사가 어떤 건물유형이나, 특정한 유형의 객체 패밀리를 포함한 시스템으로 자주 작업을 하는 경우, 맞춤형 객체를 정의하기 위해 소요되는 추가 작업들을 쉽게 정당화할 수 있다. 맞춤형 객체들은 회사의 최적 작업방식을 다양한 프로젝트의 맥락에서 자동으로 적용해주며, 회사 전체로 확대 적용할 수 있다. 이 객체들은 배치, 상세설계와 조립에서는 일반적이다.

이러한 맞춤 파라메트릭 객체의 예로는, 그림 2-12 맞춤 조적벽과 5장에서 기술할 건물코어객체가 있다. 이러한 능력 때문에, 파라메트릭 모델링이 형상설계 도구에서 지식기반 도구로 확장되는 것이다. 건물 설계와 시공에서 이러한 기술이 줄 수 있는 잠재성에 대한 탐험은 아직 걸음마 단계이다. BIM 수행능력이 있다고 생각하는 어떤 회사는 회사의 전문성과, 반복적으로 적용하고 얻어지는 지식을 반영한 맞춤형 파라메트릭 객체 패밀리 라이브러리를 정의할 수 있어야 한다.

다양한 BIM 설계 소프트웨어는 여전히 진화하고 성숙해지고 있다. 많은 노력들이 건축 설계의도 모델링 쪽으로 향하고 있다. 설계에 대한 노력의 다음 단계로 시공과 조립단계의 객체와 행위에 대해 다루어졌다. BIM 구조 설계 도구도 있으며, 이는 5장에서 검토할 예정이다. 다른 세부사항은 5장, 6장, 7장에

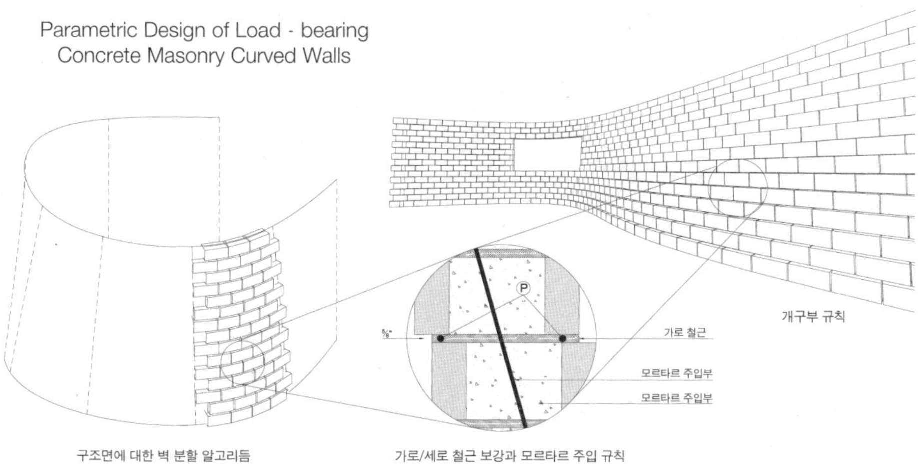

그림 2-12
비정형(두 방향 곡면)면에 벽돌(또는 블록) 쌓기를 한 파라메트릭 모델. 객체는 모서리 관리와 보강이 필요한 부분을 자동적으로 계산(2009년 Carieres)

서 다룬다. 재생가능하고 지속가능한 절차, 제어시스템의 범위에 대한 이슈가 증가함에 따라, 지속가능성 검토를 위한 BIM 설계 도구에 대한 필요성도 늘어날 것이다. 객체규칙과 행위를 정의하는 지적 재산권에 대한 암묵적 의미에 대해서는 아직 검토가 충분치 않다.

2.3 파라메트릭 형상을 넘어

이번 절은 BIM 기반 시스템의 순수한 파라메트릭 기하학 모델링의 범위를 넘어서, 파라메트릭 기반 BIM 시스템들의 특성을 살펴보자.

2.3.1 관계형 구조

우리가 건물의 파라메트릭한 벽을 배치할 때, 우리는 벽을 평면도의 경계, 인접벽, 사이 간벽, 천장표면에 맞춰서 만들 수 있다. 또한 벽의 양쪽 면이 공간을 둘러싸게 된다. 이러한 모든 파라메트릭한 구조적 관계(relation)는 갱신관리 하는데 사용된다. 우리가 벽에 창이나 문을 삽입하면, 창과 벽 사이(또한 벽 양쪽 면의 공간)에 또 하나의 관계를 정의하게 된다. 이와 유사하게, 배관작업에서 접합부가 나사로 연결되었는지, 용접이음인지, 플랜지와 볼트가 연결되었는지 정의하는 것이 중요하다. 수학에서는 기하학과 구분하여 이러한 연결 관계를 위상기하학라고 부르는데, 건물모델을 표현하는데 아주 중요하고 파라메트릭 모델링을 구성하는 핵심적인 정의 중 하나이다.

다른 종류의 관계도 파라메트릭 레이아웃의 기본이다. 철근은 콘크리트의 부분으로 포함된다. 구조들은 벽의 한 부분이다. 가구는 공간객체에 포함된다. 모음(aggregation)은 "부분(part of)" 관계를 표현하는 일반적인 용어이다. 모음은 객체에 접근하기 위한 일반화된 관계이고, BIM 설계 시스템에서는 자동 또는 수동으로 관리한다. 모음은 예를 들면, 공간을 부서(department)로, 부재를 부품주문들로, 부재를 설치순서로 묶어 주는데 사용된다. 또한 규칙도 이러한 모음들과 연결될 수 있다. 예를 들면, 어떻게 조립체의 속성들을 각 구성부품의 속성으로부터 가져오는가에 대한 규칙 등을 들 수 있다.

관계는 세 가지 중요한 정보를 포함한다. 첫째, 무엇이 연결이 가능한지 또는 모음의 구성원이 될 수 있는지, 둘째, 어떤 관계들은 하나 또는 그 이상의 특징형상(features)을 갖는다. 예를 들면, 부재들이 연결되었을 때, 접합부가 어떻게 수정되어야 하는가에 대한 정보를 가지고 있다. 마지막으로 관계 자체에 관한 속성들이다.

관계는 BIM 모델 사양의 중요한 부분으로, 부재 사이에 어떤 종류의 규칙이 정의될 수 있는가를 결정해준다. 관계들은 또한 설계객체로 중요하며, 종종 설명을 만들거나 디테일을 추가해야 할 필요도 있다. 설명서에 보면 일반적이지 않은 방법으로 설명되어 있을 수 있지만, 어떤 BIM 설계도구도 관계가 허용되는지 아닌지 분명하게 정의하지 않는다. 그러므로, 사용자가 이러한 문제를 스스로 해결해야 한다. 건축 BIM 설계 소프트웨어에서는 접합부를 별개의 객체로 거의 정의하지 않는다. 그러나 거의 모든 제작 수준의 BIM 설계 소프트웨어는 접합부를 정의하는 별개의 객체들을 정의하고 있다. 지금까지 BIM 소프트웨어를 지원하기 위한 위상기하학 관계에 관한 깊은 연구는 없었다.

2.3.2 속성 다루기

객체 기반 파라메트릭 모델링은 형상과 위상기하학 정보를 가지고 있지만, 다른 소프트웨어에서 해석되고, 분석되고, 견적에 활용을 하려면, 객체에 많은 속성 정보가 포함되어야 한다. 속성은 건물 생애주기 여러 단계에서 사용될 수 있다. 예를 들면, 설계 속성은 공간과 영역의 명칭, 공간속성(점유율, 작업공간), 에너지 분석에 요구되는 장비성능 정보를 담을 수 있다. 구역(공간의 모음)은 열 제어와 열 하중을 다룰 수 있는 속성과 함께 정의된다. 다른 시스템 요소들은 구조, 열, 기계, 전기, 배관 기능에 대한 속성을 가진다. 추후, 속성은 구매를 위한 재료 및 품질 규격을 정의할 수 있다. 설치 단계에서, 볼트와 용접 그리고 다른 시방서에 따라 재료사양을 재정의할 수 있다. 시공 완료시점에는, 속성을 통해 유지관리에 필요한 정보와 링크가 제공된다.

BIM은 프로젝트 생애주기에서 이러한 속성을 통합하고 관리하기 위한 환경을 제공한다. 그러나, 속성을 만들고 관리하기 위한 소프트웨어는 BIM 환경에서 개발되고, 통합된다.

한 개의 속성만 사용하는 경우는 거의 드물다. 조명 소프트웨어는 자재 색상, 반사 계수, 정반사 지수, 질감과 범프맵(bump map)에 대한 속성이 요구된다. 정확한 에너지 분석을 하려면 벽은 또 다른 속성들의 묶음이 필요하다. 따라서, 속성은 특정기능별로 적절히 묶어서 구성되어 있다. 잘 개발된 BIM 환경에서, 각기 다른 객체와 재료에 대한 속성 라이브러리는 필수적이다. 속성들은 항상 제품 판매자로부터 제공되는 것은 아니고, 종종 사용자, 사용자의 회사, 또는 ASTM(American Society of Testing and Materials data)이 정의한다. CSI(Construction Specification Institute, 시공상세협회)와 같은 단체에서 지적하고는 있지만, 아직 시뮬레이션과 분석 소프트웨어를 지원하기 위한 광범위한 속성들을 표준적인 방법으로 개발되지 못하고 있다(3.4.1절과 3.4.2절 참조). 현재 이런 속성들의 설정은 사용자의 몫으로 남아 있다.

심지어, 겉보기에는 간단한 속성도 복잡할 수 있다. 공간명을 예를 들어보자. 공간명은 공간평가 프로그램, 기능 분석, 때때로 초기 견적, 에너지 부하와, 공간 사용 일정에 사용된다. 공간명은 건물 유형에 따라 달라진다. 일부 조직은 자동화를 위해 공간명 표준을 개발하기 위해 노력했다. GSA의 미국 법원 설계 가이드에는 건물 분류별 공간 평가, 임대율 산정, 또 다른 용도를 위한 세 가지 다른 공간명을 정의하고 있다. 조지아텍은 모든 부서 및 개인적인 공간으로 445개의 유효한 공간명이 있다고 추정했다(Lee 외. 2010).

현재 BIM 플랫폼은 대부분 객체에 대한 최소한의 속성들을 가지고 있으며, 속성집합을 확장 가능할 수 있는 기능을 제공한다. 특정한 시뮬레이션, 견적, 분석을 하려면, 사용자가 또는 소프트웨어가 관련 객체에 반드시 속성을 추가해야 하고, 다양한 작업들에 적합하도록 관리해야 한다. 소프트웨어가 달라지면, 에너지나 조명 분석의 경우, 같은 기능에도 다른 속성과 측정단위를 쓰는 경우가 있어서, 소프트웨어간의 속성 관리가 문제가 되고 있다.

프로그램의 속성을 관리하기 위해 적어도 세 가지 방법이 존재한다.

- 객체 라이브러리에 속성을 미리 정의해서, 개체(instance)를 생성할 때, 속성이 설계모델에 자동으로 추가
- 사용자가 필요할 때마다 속성 라이브러리로부터 속성을 추가
- 분석 또는 시뮬레이션 소프트웨어로 내보낼 때 인덱스나 키(key)를 활용하여 데이터베이스로부터 자동적으로 속성을 할당

첫 번째 방법은 건축유형에 따라 표준적인 형태의 시공 작업에는 좋지만, 사용자 정의 객체를 정의할 때는 주의를 기울여야 한다. 각각의 객체는 모든 용도에 대비하여 방대한 속성데이터를 가지고 있는데, 실제 프로젝트에서 쓰이는 속성은 극히 일부만이 쓰인다. 또한 속성을 추가로 정의하면, 소프트웨어의 성능이 늦어지고, 프로젝트 모델 크기가 늘어난다. 두 번째 방법은 사용자가 비슷한 객체 또는 속성들을 선택하여 다른 소프트웨어로 내보내는 것이 가능하다. 그런데 이렇게 내보내는 과정이 시간이 많이 걸린다. 반복적으로 시뮬레이션 소프트웨어를 사용하게 되면, 매번 프로그램이 실행될 때마다, 추가적인 속성이 요구된다. 에너지 효율 분석을 위한 창과 벽의 대안을 검토를 그 예로 들 수 있다. 세 번째 접근방법은 설계 소프트웨어를 가볍게 유지할 수 있도록 해주지만, 이 방법을 지원하기 위한 포괄적인 재료 태그 시스템을 먼저 개발해야 한다. 저자는 이 세 번째 접근 방법이 속성을 관리하는 장기적으로 바람직한 해결책이 될 것이라고 믿는다. 세 번째 방법을 사용하려면, 반드시 범용적인 객체 분류방법과 객체 태그를 정의하는 방법이 개발되어야 한다. 현재는 각각의 소프트웨어마다 하나씩, 여러 개의 객체 태그를 개발해야만 한다.

현재 CSI를 포함한 분류체계와 관련된 여러 국가조직들은 객체 속성과 다른 유형의 응용프로그램들을 지원하기 위해 적절한 객체 분류 라이브러리 개발에 관하여 논의 중이다. 3.4.1절과 3.4.2절에서 더욱 자세한 내용을 검토할 것이다.

특정 상업건물제품별로 객체와 속성 표현해주는 건물객체모델(BOM: Building Object Model) 라이브러리는 BIM 환경으로 객체의 속성을 관리하려면, 매우 중요한 부분이다. 이 내용은 5장과, 5.4절에서 검토할 것이다.

2.3.3 도면생성

건물모델은 건물과 건물시스템의 기하학적인 전체 배치 정보를 가지고 있으며, 객체는 속성정보와 잠재적으로 시방서 정보를 가지고 있어서, 도면보다 훨씬 많은 정보를 가지고 있음에도 불구하고, 도면은 향후 얼마 동안은 모델의 특정 뷰(view)로부터 추출되는 보고서의 형태로 계속 존재할 것이다. 기존의 계약절차나 문화가 바뀌고 있긴 하지만, 여전히 종이나 전자도면을 중심으로 이루어지고 있다. 만약 BIM 도구가 효과적으로 도면을 추출하지 못한다면, 사용자는 잘라진 면으로부터 수작업으로 각 도면을 편집해야만 하고, 그렇게 되면 BIM의 혜택이 크게 반감될 것이다.

BIM에서는 건물구성요소의 모양, 속성, 건물에서의 위치를 한 번만 표현해주면 된다. 이러한 건물구성요소들의 배치로부터, 모든 도면, 보고서, 데이터 집합을 추출할 수 있다. 건물이 중복적으로 표현되지 않았기 때문에, 만약 같은 버전의 BIM 모델에서 도면, 보고서, 분석 정보들을 추출했다면 모두 일치할 수밖에 없다. 이러한 기능 하나만으로도 오류의 주요원인을 해결할 수 있다. 일반적으로 2D 건축도면에 대한 수정이나 변경이 생기면, 설계자가 반복적인 수작업을 통해 변경사항을 다른 설계도면에도 반영해야 하기 때문에, 모든 도면이 정확하게 갱신되지 않을 수 있는 잠재적인 오류요인을 가지고 있다. 프리캐스트 콘크리트에서, 2D도면 작업은 시공비의 대략 1%의 계산 오류가 발생하는 것으로 알져져있다(Sacks et al. 2003).

건축 도면은 고등학교 제도 수업에서 배운 것처럼 직각투영에 의존하지 않는다. 건물 평면, 단면, 입면은, 종이에 설계정보를 그래픽하게 저장하기 위한, 시스템에 따라 달라지는 복잡한 규약을 포함하고 있다. 이 규약은 주석과 선의 두께 외에도, 물리적인 객체를 표현하는 상징적인 표현들과, 평면도의 절단면 위쪽에 있는 형상을 점선으로 표현하는 것, 평면도의 절단면 아래쪽에 숨겨진 객체를 매우 선택적으로 보여주는 점선들을 포함한다. 기계, 전기, 설비 시스템은 설계의 다른 단계에서 다른 방법으로 표현된다. 이렇게 다른 도면작성관례를 지원하기 위해서는 BIM 설계 소프트웨어는 도면 추출기능에 강력한 포맷 규칙이 필요하다. 추가적으로, 각 회사들의 고유한 도면작성방법을 지원하는 규칙도 내장되어야 한다. 이러한 문제는 모델이 소프트웨어에서 어떻게 정의되어야 하는지, 소프트웨어가 도면추출을 위해 어떻게 설정되어야 하는지에 영향을 미친다.

도면 정의의 일부는 객체 정의에서 파생된다. 객체는 관련된 이름, 주석, 선 두께, 그리고 객체 라이브러리에 대한 포맷을 가지고 있다. 객체의 위치도 영향을 미칠 수 있다. 객체가 그리드 교차선 또는 벽 끝을 기준으로 배치되면, 도면에서 기준선과 객체의 거리가 치수로 표현된다. 만약 객체가 일정하게 배치되어 있는 기둥 사이에 배치된 보처럼 다른 객체와 파라메트릭한 관계로 정의되어 있으면, 도면 생성도구는 도면 생성할 때 자동으로 보의 길이를 바탕으로 치수선을 추가할 수 있다. 일부 시스템은 도면이 잘 구성되도록 종종 주석의 위치를 옮겨 주어야 하긴 하지만, 객체 단면과 주석을 연계시켜 저장할 수 있다. 다른 주석들은 디테일 전체를 하나로 보고 적용한 것들로, 이름, 축척, 기타 일반 설명 등이 그 예이다. 이런 주석은 전체적인 디테일과 연결 되어 있어야 한다. 도면은 대지계획을 포함하는데, 대지계획은 지리 공간적 데이터를 기준으로 건물이 대지에 어떻게 배치되었는지를 보여준다. 일부 BIM 설계 소프트웨어는 대지계획 기능이 잘 개발되어 있고, 일부는 그렇지 못하다. 표 2-1은 어떤 BIM 설계 소프트웨어가 대지 객체를 포함하고 있는지를 보여준다. 현재 BIM 설계 소프트웨어 기능이 자동 도면추출에 근접했지만, 완전히 100% 자동화되기는 어려울 것이다.

대부분 건물은 거더나 기초부터 걸레받이와 못까지 수천 개의 객체를 가지고 있다. 일반적으로 일부 객체유형은 모델링하는 것이 가치가 없는 것도 있지만, 정확한 시공을 위해서는 도면에는 표현되어야 한다. BIM 설계 도구는 3D 모델에서 모델링된 상세수준으로 도면을 추출하는 방법을 제공한다. (도면생성시 특정 객체는 선택적으로 숨길 수 있다.) 그려진 단면의 위치는 참조한 평면 또는 입면에 단면 기호로 자동적으로 저장되고, 필요한 경우 위치의 이동이 가능하다. 그리고 수작업으로 단면에 나무블럭, 압출형상, 실리콘 비드, 웨더스트립(weather strip: 바람, 비 등을 못 들어오게 막아주는 띠 모양의 자재)를 추가해야 하고, 그리고, 완성된 상세 도면에서는 주석이 같이 제공된다. 그림2-13의 예를 들면, 왼쪽 그림은 모델로부터 단면을 추출한 것을 보여주고, 오른쪽 그림은 주석까지 상세하게 그려진 단면을 보여준다. 대부분 시스템에서, 상세도는 단면도를 참조해서 그린다. 3D 요소가 변하면, 2D 도면의 해당 부분이 자동적으로 갱신되지만, 수작업으로 추가한 상세부분은 수동으로 갱신해야 한다.

도면을 생산하기 위해서는, 각 평면, 단면, 입면 도면은 위의 규칙에 따라 3D 절단면과 정렬된 2D단면으로부터 생성된다. 도면 각 장에 도면명과 테두리를 추가하여 묶어서 도면을 만든다. 같은 도면의 레이아웃이 작업 기간 동안 사용되며, 전체 프로젝트 자료의 일부분이 된다.

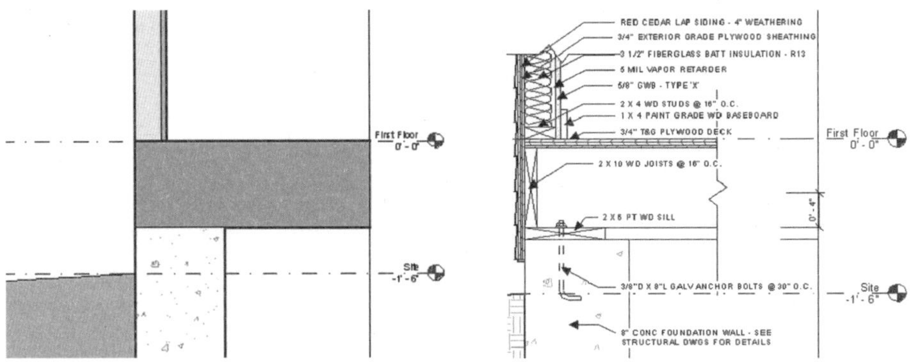

그림 2-13
건물모델로부터 단면 추출(왼쪽 그림), 수작업한 단면 상세도면(오른쪽).

사진 제공: 오토데스크

상세한 3D모델로부터 도면을 생성하는 방법은 여러 차례의 개선과정을 거쳐 효율적이고 쉬워졌다. 아래는 현재 기술적으로 지원이 가능한 도면생성의 품질 수준을 순서대로 나열한 것이다. 아직 대부분 시스템은 최고수준의 도면작성기능을 실현하지 못 하였다. 가장 낮은 단계부터 기술하였다.

1. 낮은 수준의 도면생성 기능은 3D모델로부터 직각투영해서 단면을 만들고, 사용자가 선이나 치수, 상세, 주석 등을 수작업으로 편집한다. 이 상세들은 서로 연계 되어 있다. 즉, 모델에 절단면이 포함되어 있는 동안은 도면 버전과 관계없이 주석 설정이 유지된다. 이러한 연계(association) 기능은 다양한 버전의 설계로부터 도면을 효과적으로 재생산하는데 핵심적이다. 이 경우, 도면은 모델로부터 만들어진 상세한 보고서라고 할 수 있다. 도면생성은 외부 도면생성 시스템을 활용하거나, BIM 소프트웨어 내에서 하거나 모두 가능하다.
2. 보다 개선된 방법은 평면, 단면, 입면과 관련된 도면 템플릿을 사용해서, 자동적으로 부재의 치수를 생성하고, 선 두께를 지정하고, 정의된 속성에 의해서 주석을 생성하는 것이다. 각각 객체 패밀리의 초기 세팅은 지루하지만, 초기 도면 세팅 작업의 속도와 생산성을 높인다. 템플릿 레이아웃의 기본 값을 변경하거나, 사용자 정의 주석을 추가할 수 있다. 도면수정은 모델뷰에서만 가능하고, 모델에서는 가능하지 않는다. 처음 이 두 단계의 경우, 모델이 변경되어도 도면 재생성(regeneration) 명령을 내리기 전에는 변경사항이 자동적으로 도면에 반영되지 못하기 때문에, 모델이 변경이 생기면 사용자에게 변경정보를 알려주는 보고서 관리 기능이 제공되어야 한다.
3. 그러나 현재 최고수준의 도면작성 기능은 모델과 도면의 양방향 수정을 지원한다. 모델의 주석도 양방향으로 수정이 가능하다. 도면뷰에서도 모델 수정이 가능하고, 변경사항이 모델로 전파된다. 화면에 3D모델 뷰와 여러 뷰들이 같이 열려 있을 때, 어떤 뷰에서라도 수정을 하면, 다른 뷰에서도 즉시 갱신된다. 양방향 뷰와 템플릿 생성 기능은 추가적인 시간을 줄이고, 도면 생성에 필요한 노력을 줄일 수 있다.

문, 창, 부속철물의 일람표도 위의 3가지 방법과 유사한 방법으로 정의할 수 있다. 즉, 보고서를 생성한 후, 보고서에서만 부분 수정할 수 있다. 일람표도 모델 뷰로 간주되며, 일부 시스템에서는 건물모델을 수정하면 일람표가 바로 갱신된다. 모델 변경내용이 자동으로 반영이 안 되는 정적인(static) 보고서 생성 방법이 가장 약한 방법이고, 양방향 보고서 생성 방법이 강력한 방법이다. 이러한 양방향성은, 모델 내 문의 부속철물을 일람표에서 추천하는 부속철물로 바꿀 수 있는 기능 등 여러 유용한 장점을 준다. 일람표에서 모델을 수정하였을 때, 일부 모델이 깨지는 경우도 종종 발생하기 때문에 조심해야 한다.

제조 수준의 BIM 모델링 시스템에서, 이러한 개략적인 3D단면 레이아웃과 2D상세도가 혼합된 형태의 시스템은 많이 줄고, 설계는 주로 3D 객체 모델에서 생성되는 것으로 가정된다. 이러한 경우, 그림 2-13과 같이 장선, 샛기둥, 판재, 합판문턱과 기타 부재는 3D로 표현된다.

분명한 현재의 목표는 가능한 많이 도면작성을 자동화하는 것이다. 왜냐하면, 대부분 초기 설계 생산성에서 오는 혜택(그리고 비용)은 자동화되는 정도에 달려있기 때문이다. 미래 어느 시점에는 대부분 설계 및 시공 과정에 BIM 기술을 사용하게 될 것이며, 도면 없이 BIM 모델을 보면서 바로 작업을 할 것이다. 우리는 서서히 문서 없는 세계로 옮겨가고 있다(8장에서 알아보자). 도면은 계속 사용 되겠지만, 건설작업자들과 다른 프로젝트 참여자들이 한 번 쓰고 버리는 메모용 종이로 사용될 것이다. 이러한 변화가 일어나면, 건축도면을 작성하는 관례는 진화되고, 각각의 작업특성에 맞도록 맞춤정의가 가능하게 될 것이다. 이러한 예는 5장에서 다룬다.

BIM 기술은, 일반적으로 설계자가 3D 모델링 수준을 선택하고, 이로 인해 부족한 상세부분은 2D도면으로 채워 나갈 수 있도록 한다. 2D도면만으로 작성된 부분은, 데이터 호환, 재료일람, 상세견적 등과 같은 BIM의 혜택을 볼 수 없다. 완벽한 3D객체 모델이 가능하지 않다고 주장할 수 있지만, BIM의 고급 사용자는 100% 모델링을 지향하고 있다. (예를 들면, 9장의 Sutter Medical Center 사례를 들 수 있다.) 모든 수준에서 BIM을 활용하는 회사는 여러 기술을 섞어 쓰는 게 좋다. 초보자는 단면을 사용하면서 점차 BIM을 프로젝트에 적용할 수 있고, 반면 고급사용자는 단계적으로 새로운 사용방법을 개발하여, 점차 혜택을 늘릴 수 있는 수준으로 상세를 추가해갈 것이다.

2.3.4 규모 확장성(Scalability)

규모 확장성은 많은 사용자가 직면하는 문제다. 프로젝트 모델이 실용적으로 사용하기에는 너무 용량이 클 때, 규모 확장성 문제가 발생한다. 조작이 느려지고 간단한 조작조차도 수고가 많이 든다. 모델을 구축하는 데는 상당한 컴퓨터 메모리 용량이 필요하다. 큰 건물은 각 다른 형태를 지닌 수백만 개의 객체를 포함할 수 있다. 규모 확장성은 바닥면적 등과 같은 건물의 크기, 그리고 모델의 상세한 정도, 이 두 가지에 의해 영향을 받는다. 간단한 건물이라 하더라도, 건물의 모든 못과 나사까지 모델링한다면 규모 확장성 문제가 발생할 수 있다.

파라메트릭 모델링은 한 객체의 여러 변수 및 구조와 다른 객체들의 여러 변수 및 구조를 연관 짓는 설계 규칙이다. 이러한 관계간 위상이 생기는데, 객체 내 파라메트릭한 관계, 하나의 객체가 변경되면 다른 객체의 형태가 바뀌는 동등한 객체 관계, 컨트롤 그리드와 면간의 관계처럼 형태를 결정하는 파라미터나 관련된 객체의 배치를 결정하는 계층적 관계 등이 있다. 객체 내 관계나 동등한 객체간의 관계는 국부적으로만 갱신이 일어나는 반면, 계층적인 규칙은 변경사항이 전체 건물로 전파된다. 파라메트릭 규칙이 모델에 부분적으로 적용되는 경우는 문제가 거의 안 생기지만, 몇몇 시스템은 많은 수의 계층적인 규칙들이 적용되면 변경을 적용, 관리하는 기능에 제약이 생긴다. 또한, 프로젝트를 나누어 개발하기 위해 분리하는 경우도, 많은 수의 계층적인 규칙들을 적용하기 힘들다.

메모리 크기가 문제다. 객체 형상을 처리하는 모든 연산자들이 메모리에서 수행되기 때문이다. 파라메트릭하게 모델을 갱신하기 위한 간단한 방법은 프로젝트를 메모리에서 실행하는 것이다. 이러한 방법은 규모 확장성 문제를 일으키고, 효과적으로 편집할 수 있는 프로젝트 모듈의 크기를 실질적으로 제한한다. 하지만 파일 전범위에 규칙을 전파할 수 있다면, 하나의 파일에서 갱신한 객체는 자동적으로 다른 파일로 변경된 내용이 전파되는 것이 가능하고, 프로젝트 크기 제한은 없어진다. 특히 건축에서 개발된 몇몇의 BIM 설계 소프트웨어는 여러 개 파일에서 파라메트릭한 변화가 일어날 수 있게 관리할 수 있는 수단을 가지고 있다. 우리는 모든 갱신된 객체들이 메모리 내에서 동시에 수행될 때 이를 메모리기반(memory-based)이라고 부른다. 모델이 메모리 내에서 수행하기에는 너무 클 경우, 가상 메모리 교환이 발생하고, 그 결과 상당한 시간이 지체된다. 어떤 시스템들은 파일 전체에 관계 전파와 갱신이 가능하고, 따라서 수정을 하는 동안 여러 개의 파일을 열고, 갱신하고, 닫을 수 있다. 이것을 파일기반(file-based) 시스템이라고 한다. 파일기반 시스템은 일반적으로 작은 프로젝트에서는 느리지만, 프로젝트 크기가 커져도, 속도 감소는 아주 적다.

사용자별로 프로젝트를 모듈화하는 방법은 작업을 시간측면에서 검증된 작업을 공유하는 방법이지만, 자동 갱신의 범위를 제한시킨다. 또한 편집을 제한할 때 종종 참조파일을 활용한다. 이러한 방법은, 프로젝트의 계층적인 관계가 전체 프로젝트의 변경으로 이어지지 않는 경우 효과가 크다. 몇몇의 BIM 소프트웨어는 이러한 제약사항을 강제적으로 적용하고 있다.

컴퓨터가 점점 빨라짐에 따라, 메모리와 처리시간 문제는 자연적으로 감소할 것이다. 64비트 프로세서 및 구동 시스템은 상당한 도움을 준다. 하지만 동시에 더 상세하고 더 큰 파라메트릭 규칙 집합에 대한 욕구도 있을 것이다. 따라서 규모 확장성 문제는 얼마 동안은 우리와 함께할 것이다.

2.3.5 객체관리와 연결

2.3.5.1 객체관리

BIM 모델은 굉장히 크고 복잡해지고 있다. 수 기가바이트 모델이 일반화되고 있다. 이러한 경우 데이터 조율과 관리(3장에서 "동기화(synchronization)"라고 명명)는 큰 정보 관리업무와 관심사가 되었다. 파일을 이용해 프로젝트 버전을 갱신하는 전통적인 접근은 두 가지 문제점을 야기한다.

1. 파일이 커지지 때문에, 설계를 계속 진행하려면 프로젝트를 어떤 방법으로든 분할해야 한다. 파일은 커지고, 느려지고, 다루기 힘들어진다.
2. 제도할 때, 도면에 빨간 펜으로 표시하던 것이 3D PDF나 이와 유사한 검토파일에 노트로 표시하는 것으로 바꾸었지만, 파일 내의 변경사항을 결정하고 관리하는 것은 여전히 수작업으로 이루어진다. 전통적으로, 실시설계 단계에서 주요한 설계변경은 그 대가가 매우 비싸기 때문에 금기시 되었었다. BIM과 모델 관리는 이러한 문제를 상당 부분 줄이거나 없앨 수 있다. 파라메트릭 갱신은 부분적인 변경 문제를 해결하는 반면에, 다른 모델간의 조정과, 일람표, 분석, 보고서를 생성하기 위한 데이터의 도출 문제는 여전히 중요하고 증가되는 문제이다.

오랜 기간 계속 거론 되었으나, 최근에서야 수정되지 않은 객체들의 "찌꺼기"는 제거하고, 새롭게 생성되거나, 변경되거나, 삭제된 객체 인스턴스만을 교체하는 기능이 상용화 되었다. 그 중 눈에 띄는 예로는 아키캐드의 델타 BIM 서버가 있다. (3장과, 3.5.3절에서 더욱 상세하게 알아볼 것이다.) 수정된 객체만을 내보내거나 들여오는 것을 점진적 갱신(incremental update)이라고 부르는데, 교환파일의 사이즈를 크게 줄여줄 수 있으며, 변경된 문제가 무엇인지 즉각적으로 파악하여 집중할 수 있도록 한다. 이 기능은 객체 단위에서 객체 인식과 버전 관리가 필요하다. 객체의 버전관리는 일반적으로 타임스탬프를 통해 이루어진다. 이러한 기능은 BIM 모델이 커질수록 중요성이 커질 것이다. 여러 BIM 소프트웨어간의 조율은 미래에 출시되는 모든 시스템에서 "필수적인" 특징이 될 것이다.

2.3.5.2 외부 변수 관리

스프레드시트에서 생성 정의된 컨트롤변수(종종 3D 그리드)에 기반을 두어 설계의 형상 레이아웃을 관리하는 기능은 이미 몇몇 혁신적 프로젝트에서 검토되었다. 형상의 조율과 관리를 위해 스프레드시트를 사용한 몇몇 소프트웨어의 예는 5장의 건물 코어 모델과 9장 9.1절에서 다루는 아비바 경기장 사례에서 볼 수 있다.

특정 유형의 프로젝트의 경우, 스프레드시트를 읽어 들이고, 쓰는 능력은 서로 다른 설계 소프트웨어간 데이터 호환이 가능하게 한다. 예를 들면, 두 개의 서로 동격인 파라메트릭 모델이 Rhino와 Bentley와 같은 두 가지 다른 모델링 환경에서 같은 변수를 조절하여 만들어질 수 있다. 설계 검토는, 사용이 편리하지만 정보제한적인 설계 소프트웨어인 라이노에서 하는 것이 가능하지만, 그 후 수정사항을 견적 또는 에너지 분석과 같은 기능을 가진 BIM 소프트웨어에 통합 반영하는 것은 벤틀리 아키텍처에서 가능하다.

외부 스프레드시트의 변수 리스트를 사용하는 다른 방법은 데이터를 하나

하나 정의하기보다 참조용 파라메트릭 변수와 교환하는 방법이다. 잘 알려진 예는 철골 구조물을 들 수 있다. 지금은 디지털파일로 되어있는 철골 지침서는 W18X35 또는 L4X4처럼 철골 구조부재에 따라 다른 표준 프로파일을 가진다. 이 프로파일명들은 철골 지침서에서 프로파일, 무게, 특성을 가져오는데 사용된다. 이와 유사하게, 프리캐스트 콘크리트 제품, 철근, 일부 창 제품 카탈로그에 대해 프로파일들이 정의되어 있다. 만약 보내는 사람과 받는 사람이 모두 같은 제품 카탈로그에 접속할 수 있다면, 참조(이름) 정보로 관련 정보를 내보내거나 가져올 수 있고, 적절한 카탈로그 정보를 가져와서 적절한 파라메트릭 모델에 불러들임으로써 교환이 이루어진다. 이 기능은 많은 생산 분야에 있어서 중요한 기능이다.

2.3.5.3 외부 파일과의 연결

외부파일에 링크를 제공하는 것은 또 다른 중요한 기능이다. 현재 이 기능은 주로 향후 건물의 유지보수를 위해, 유지보수와 관련된 매뉴얼을 제품과 연동하는데 활용된다. 일부 BIM 소프트웨어들은 이러한 기능을 제공하고 있으며, 유지보수 단계를 지원하는 소프트웨어로서 그들의 가치를 높이고 있다.

이 절에서 다룬 모든 기능들은 BIM 플랫폼을 선택하고 평가할 때 중요하다. 본 장의 뒷부분에서 주요 BIM 설계 도구를 평가할 때 우리도 이 기능들을 기준으로 사용할 것이다.

2.3.6 자주 묻는 질문 몇 가지

BIM 설계 소프트웨어로 간주되는 BIM과 CAD 시스템들과 관련한 많은 질문들이 있다. 이번 절은 이러한 일반적인 질문들에 대한 답을 제시해보려 한다.

2.3.6.1 객체기반 파라메트릭 모델링의 강점과 제한사항

파라메트릭 모델링의 큰 장점 중 하나는 객체가 설계맥락에 따른 적절한 행위를 한다는 것이다. 자동 상세 편집 기능이 내장되어 있어서, 마치 설계 조수를 둔 것은 역할을 해준다. 그러나 이러한 똑똑한 기능에는 대가가 따른다. 각기 다른 유형의 시스템 객체들은 자신만의 행위와 연결 관계를 갖는다. 그 결과로, BIM 설계 소프트웨어는 본질적으로 복잡하다. 각기 다른 유형의 건물 시스템은 비록 비슷한 사용자 인터페이스를 사용하지만, 이를 구성하는 객체들은 서로 다른 방식으로 생성되고 편집된다. BIM 설계 소프트웨어를 효과적으로 능숙하게 사용하려면 일반적으로 몇 달이라는 기간이 필요하다.

초기 개념설계 단계에서 여러 사용자들이 선호하는 모델링 도구인 스 SketchUp, Rhino, FormZ's Bonzai는 파라메트릭 모델링 기반의 소프트웨어가 아니다. 오히려, 이러한 소프트웨어는 기하학 표면의 종류에 따라 고정된 방법으로만 형태 편집이 가능하다. 이 기능은 모든 객체 유형에 적용되므로 이들을 더 쉽게 사용할 수 있게 해준다. 즉, 벽에 적용된 수정 기능은 슬래브에도 적용된다. 이러한 시스템에서 객체 유형과 기능적 의도를 결정하는 속성들은, 처음 만들어졌을 때가 아니라 사용자가 선택할 때 추가된다. 이러한 시스템들은 표면을 그룹화하는 것이 가능하고, 그룹 이름을 짓고, 속성을 지정할 수 있다. 적절한 인터페이스를 가지고 주의 깊게 한다면, 객체를 내보내거나, 태양열 획득 연구 등과 같은 다른 분야에도 사용할 수 있다. 이것은 3D AutoCAD를 사용하는 사람들의 비법과 비슷하다. 그러나, 이런 모델링 방법을 상세설계 단계에도 적용할 수는 없다. 왜냐하면 하나의 객체가 다른 객체와 연결되지 않아서 각각을 개별적으로 관리해야 하기 때문이다. 그러나 초기 설계단계에서, 객체마다 특수한 행위가 정의된 BIM 기술을 항상 보장할 수 없고, 따라서 그 활용이 적절하지 않다는 논란이 있을 수 있다. 이러한 논쟁은 5장에서 더욱 자세히 다루었다.

2.3.6.2 왜 파라메트릭 모델링 소프트웨어는 그들의 모델을 다른 포맷으로 내보내지 않는가?

왜 회사들은 Revit에서 만들어진 모델을 Bentley Architecture, Archi CAD, Digital project의 포맷으로 바로 교환하지 않는가라는 의문이 종종 제기된다. 앞서 논의한 바와 같이, 호환성이 부족한 명백한 이유는 다른 BIM 설계 소프트웨어가 그들의 기본 객체와 기본 기능을 다르게 정의하기 때문이다. Bentley 제품에서 만들어진 벽체는 Vectorworks 제품이나 Tekla 제품에서 만들어진 벽과 다르게 작동한다. 이것은 BIM 도구들이 규칙의 유형과 특정 객체 패밀리의 정의에 어떤 규칙이 적용되는가에 따라 서로 다른 기능을 제공하기 때문이다. 이 문제는 고정된 형상이 아닌, 파라메트릭 객체에만 적용된다. 만약 형상이 고정된 현재 형태로 받아들여지고, 객체행위에 대한 규칙을 포기한다면, ArchiCAD 객체는 Digital project에서 사용이 가능하고, Bentley 객체는 Revit에서 사용이 가능하다. 교환 문제는 이렇게 해결가능하다. 문제는, 때론 불필요하지만, 객체행위의 교환문제이다. 만약 모든 조직들이, 건물 객체의 형태뿐만 아니라 행위에 대한 표준에 동의한다면, 객체행위의 교환도 가능하다. 그 전까지는 일부 객체의 교환은 제한적이거나, 완전히 불가능할 수도 있다. 이러한 문제 해결을 위한 요구가 가치 있는 결과로 나타나고, 여러 문제들이 해결될수록, 교환문제는 점점 개선될 것이다. 제조업에서도 이와 같은 문제가 있지만, 여전히 해결되지 않았다.

2.3.6.3 시공, 제작, 건축 BIM 설계 소프트웨어의 고유한 차이점은 있는가?

설계와 상세 제작을 위해 같은 BIM 플랫폼을 사용할 수 있는가? 이러한 시스템들의 바탕이 되는 기술은 상당한 공통점이 있어서 건물 설계와 제작용 BIM 설계 소프트웨어가 각각 다른 분야의 제품을 지원하지 못할 기술적인 이유는 없다. 이미 Revit Structures 제품과 Bentley Structures 제품은 이러한 구조로 되어 있다. 이 회사들은 제조단계 BIM 설계 소프트웨어가 제공하는 일부 기능을 개발하고 있다. 한편, 설계를 하고 집을 짓는데 Tekla를 사용하는 경우도 몇 있다. 이렇게 양방향에서 엔지니어링 시장과, 정도는 덜하지만 건설시장에 접근하고 있지만, 건물시스템과 각 시스템들이 생애주기 동안 필요한 것들이 다르고, 그에 따라 요구되는 객체행위가 명확하게 다르기 때문에, 많은 정보가 관련된 전체 생산과정에서 필요한 전문성을 고려할 때, 초기부터 소프트웨어 내장된 객체행위에 의존할 수밖에 없다. 예를 들면, 구조시스템 설계처럼 특정건물시스템의 객체행위에 대한 전문지식이 코드화될 수 있다면, 전문지식을 객체행위에 더욱 쉽게 포함시킬 수 있다. 인터페이스, 보고서 그리고 다른 시스템 상의 문제점이 서로 다르겠지만, 각각의 제품들이 시장점유를 넓히기 위해 싸움으로 인해, 앞으로 이 제품들 간 중간영역에서 작은 경합이 일어나는 것을 볼 수 있을 것이다.

2.3.6.4 제조업 중심의 파라메트릭 모델링 소프트웨어와 BIM 설계 소프트웨어는 크게 다른가?

기계설계를 위한 파라메트릭 모델링 시스템을 BIM에 도입할 수 있는가? 2.1.4절과 2.3.1절에서 건축시스템과의 차별점이 서술되어 있다. 기계 파라메트릭 모델링 소프트웨어는 이미 건설시장에 도입되었다. CATIA에 기반한 Digital project가 대표적인 예이다. 또한 Structure works 제품은 Solidworks를 플랫폼으로 하는, 프리캐스트 콘크리트의 상세와 제작을 위한 제품이다. 이 소프트웨어들은 목표시장에서 요구하는 객체와 객체행위를 개발하여 시장에 맞도록 하였다. 기계분야의 파라메트릭 소프트웨어가 기본적으로 개별 부품부터 조립품으로 만드는 상향식(bottom-up) 방식으로 구성되어지는 반면, 건축 모델러는 큰 부분에서 작은 부분으로 설계를 하는 하향식(top-down) 접근방식으로 구성된다. 왜냐하면, 제조시스템의 구조에서, 하나하나의 부품이 기본적으로 다른 "프로젝트"로 간주된다. 이로 인해 파일 내의 변경이 다른 파일로 전파하는 게 쉽지 않았으나 이 문제를 해결하였으며, 그 결과로 모델의 규모확장성(scalability)이 좋아졌다. 배관작업, 커튼월 제작, 덕트 설계 시장분야에서, 기계분야 파라메트릭 모델링 소프트웨어와 건축과 제작 단계 BIM 설계 소프트웨어가 서로 경쟁할 것으로 예상된다. 각 시장에서 제공되는 기능의 범위는 아직 정해지지 않았으며, 시장은 전쟁터이다.

2.3.7 요약

이 절에서는 우리는 아래의 몇몇 문제를 좀 더 상세히 알아보았다.

- 이전 CAD시스템과 BIM 설계 소프트웨어간의 차이점.

- BIM 설계 소프트웨어와 다른 사업군에서 사용되는 일반적인 객체 기반의 파라메트릭 모델링 시스템과의 유사점과 차이점.
- 건축설계에서 사용되는 BIM 설계 소프트웨어와 제작을 위한 사용되는 BIM 설계 소프트웨어의 차이점.

2.4 BIM 환경, 플랫폼, 소프트웨어

지금까지는 객체기반 파라메트릭 설계도구로서 개발된 BIM 설계 소프트웨어의 기본적인 기능에 대해서 전반적으로 알아보았다. 지금부터는 주요 BIM 설계 소프트웨어에 대해 검토하고, 기능적인 차이점에 대해서 알아볼 것이다. 우리는 주로 설계정보를 생성하는 도구로, 그리고 설계정보를 구조화하고 관리하기 위한 똑같은 방법으로만 파라메트릭 모델링 소프트웨어를 사용해왔다. 더욱 자세하게 파라메트릭 모델링 소프트웨어를 살펴보면, 많은 BIM 설계 소프트웨어가 그냥 설계도구 이상이라는 것을 알게 될 것이다. 대부분 BIM 설계 소프트웨어는 렌더링, 에너지 분석, 견적 등을 위해 다른 소프트웨어와의 인터페이스를 제공한다. 일부 소프트웨어는 다수의 사용자가 동시에 작업하는 것을 지원하기 위해, 멀티유저 기능도 제공한다.

조직에서 BIM을 계획하고 개발하고자 할 때, BIM을 시스템 아키텍처 측면에서 생각해보는 것이 유용하다. BIM을 다양한 용도로 사용하려면, 대부분 조직에서는 여러 개의 소프트웨어를 필요로 하게 될 것이다. 그럼 어떻게 여러 소프트웨어들을 개념화하고 구성해야 할까? 큰 회사는 일반적으로 10개에서 50개의 다른 소프트웨어를 더러는 통합해서 직원들이 사용할 수 있도록 지원한다.

우리는 오랫동안 비공식적으로 사용되어온 BIM 애플리케이션을 지칭하는 몇몇 단어들을 아래와 같은 체계로 명확하게 정의하여 사용하고자 한다.

- **BIM 소프트웨어:** 특정한 결과를 만들어내는데 사용하는 각 작업별 애플리케이션. 예를 들면 모델 생성, 도면 생성, 설명서 작성, 견적, 간섭과 오류 추적, 에너지 분석, 렌더링, 일정관리, 시각화를 위한 도구들이다. 소프트웨어 결과물은 보고서, 도면 등과 같이 주로 독립적이지만, 일부 예에서는 소프트웨어 결과물이 견적을 위한 물량산출, 접합부 상세를 위한 구조검토처럼 다른 소프트웨어로 내보내진다.
- **BIM 플랫폼:** 주로 설계 소프트웨어와 같이 다양한 용도로의 활용이 가능한 데이터를 생성하는 애플리케이션. 플랫폼에서 생성되는 정보를 담을 수 있는 최우선 데이터 모델(primary data model)을 제공한다. 또한 대부분 BIM 플랫폼은 도면생성과 간섭검토 같은 내부기능도 포함한다. BIM 플랫폼은 일반적으로 다양한 다른 도구와의 인터페이스 기능도 제공한다.

몇몇 플랫폼은 사용자 인터페이스와 인터랙션스타일을 공유한다. 디지털 프로젝트는 사용자 인터페이스를 Structure, Imagine, Shape, System Routing라고 불리는 Workbenches들로 구성하고 있다.

- **BIM 환경:** 조직 내에서 애플리케이션(소프트웨어 또는 플랫폼)을 통합하는 하나 또는 다수의 정보흐름 상의 데이터 관리. BIM 환경은 조직 내의 정보에 대한 정책이나 실무를 지원한다. BIM 환경은 종종 회사의 요구사항에 의해 임시적인 방법으로 기능을 추가해간다. BIM 환경의 가장 흔한 활용방법은 여러 BIM 소프트웨어 데이터 집합들의 자동 생성과 관리이다. 또한, 여러 가지 플랫폼을 사용해서 여러 가지 데이터 모델을 사용하게 되면, 또 다른 수준의 데이터 관리 및 조정 작업이 필요하다. BIM 환경은 플랫폼들 간뿐만 아니라, 사람간의 의사소통도 추적하고 조율한다. BIM 환경은 모델 데이터 하나가 보관하고 있는 데이터보다 훨씬 다양한 형태의 정보, 즉 비디오, 이미지, 오디오 기록, 이메일, 프로젝트를 관리하기 위해 사용되는 다른 많은 형태의 정보를 보관할 수 있는 기회를 제공한다. 반면 BIM 플랫폼은 이러한 다양한 정보를 관리하도록 설정되어 있지 않다. 3장과 3.5절에서 BIM 환경을 지원하기 위한 새로운 제품들을 검토한다. 추가적으로 BIM 환경은, 재활용을 위한 객체와 어셈블리 라이브러리, 조직 내에 사용되는 소프트웨어들과의 인터페이스, 기업경영과 회계 시스템과의 링크도 포함한다.

BIM 플랫폼은 객체 생성, 편집, 수정의 설계 기능을 지원하기 위한 충분한 정보가 있다. BIM 플랫폼은 공간상에서 건축모델의 정확성 유지를 위해 중요한 파라메트릭 및 다른 규칙을 가지고 있다. BIM 플랫폼은 3D모델링과, 물량산출, 렌더링, 도면생성을 위해 여러 가지 포함된 소프트웨어를 가지고 있다. 반대로, BIM 소프트웨어는 건물 설계를 정확하게 갱신하는 규칙 및 구조가 부족하다. BIM 소프트웨어는 비용과 일정에 대한 분석, 추적, 패키지 데이터와 상세설명서 생성 또는 렌더링 일부와 애니메이션을 제공한다. BIM 플랫폼은 종종 조직에서 BIM 환경을 대신하여 약식으로 하나의 플랫폼만을 사용하여 모든 서비스를 제공하고, 통합 환경을 제공하기 위해 사용된다. 플랫폼 판매자들은 이것을 잘 알려진 대로, "완벽한 솔루션"으로 홍보하고 있다.

지금까지 우리는 이러한 세 가지 개념의 구분 없이 용어를 사용하여 왔다. 이후 장에서는 여기서 정의한 대로 용어별로 개념을 명확하게 구분하여 사용할 것이다.

2.5 주요 BIM 설계 플랫폼의 개요

본 절에서는 앞선 절에서 소개한 도구와 플랫폼 모두의 기능을 갖는 BIM

플랫폼들을 구별해주는 주요 기능과 성능에 대해 요약하였다. 우리는 또한 그들이 지원하는 BIM 환경과의 관계를 고려하였다. 그 기능들은 설계기반의 시스템뿐만 아니라 제작을 위한 BIM 설계 도구 또한 지원한다. 이러한 특징적인 기능들은 프로젝트, 사무실, 회사 내에서 정보에 기반을 둔 의사결정을 내릴 수 있도록 대안들의 초기단계 검토와 평가를 위해 제안된다. 그 선택은 제조 공정, 호환성, 그리고 특정 프로젝트의 유형을 수행하기 위한 설계 조직의 기능, 능력 수준에 영향을 미친다.

우리는 2.4절에서 정의한 것처럼 소프트웨어의 주요 기능에 따라 적용성을 도구, 플랫폼, 환경 세 가지 단계로 정리할 수 있다. 그 어떤 하나의 소프트웨어도 모든 형태의 프로젝트에 이상적일 수는 없다. 이상적으로는 한 조직이 여러 플랫폼을 사용하여, 특정 프로젝트에 따라 필요한 플랫폼을 사용하는 것일 것이다. 일부 소프트웨어는 독특하게 여러 다른 소프트웨어 간 정보교환을 지원하지만, 나머지는 특정 제조업체 또는 컨설턴트와의 협업을 지원할 수도 있고 못할 수도 있다. 제조업체는 여러 플랫폼이 필요하지 않은 경우가 많다.

하나의 BIM 설계 소프트웨어를 도구나 플랫폼으로 도입하는 것은 중요한 결정이 필요하다. 도입에 대해서는 다음 절에서 논의될 것이다. 특히 사용목적별로 5장에서는 설계나 엔지니어링에 관하여, 6장에서는 시공사와 건설 관리에 대해서, 7장에서는 제작에 대해서 설명한다. 또한 3장에 기술된 것처럼 BIM 환경 안에서 제공되는 지원도 고려하였다. 소프트웨어에 대한 결정은 새로운 기술과 조직에 필요한 기술을 이해하는 것뿐만 아니라, 그런 기술을 학습 관리하는 것을 포함한다. 이런 결정은 학습 효과가 커지고 실무에 BIM이 적용될수록 시간을 절약하게 할 것이다. 설계 소프트웨어의 기능은 빠르게 변하기 때문에 AECBytes, Catalyst, 또는 다른 건축 · 건설 분야 잡지와 LinkedIn 같은 협업 사이트를 통해 최신 정보를 파악하는 것이 중요하다.

객체기반의 파라메트릭 모델링을 지원하는 일반적인 시스템에서, BIM 설계 소프트웨어는 일부는 도구 단계에서, 일부는 플랫폼 단계에서 많은 종류의 기능을 포함한다. 우리는 BIM 시스템 환경 단계에서 그들의 지원을 통해, 그들이 도구로서 사용되는지, 플랫폼으로 사용되는지를 구별하였다.

2.5.1 BIM 설계 도구 측면

아래에 서로 다른 설계 도구 능력들을 우리가 생각하는 대략적인 중요도 순서에 따라 기술하였다. 우리는 파라메트릭 모델을 생성하고 수정하는 것을 가장 기본으로 고려하였다. 우리는 모델을 정의하고 도면을 생성하는 것이 현재 BIM 모델링 시스템에서 주요한 도구단계의 사용이라고 생각한다. 모델 생성과 수정은 사용자 인터페이스, 사용자 객체, 복잡한 외피 모델링과 같은 용어들에서 보이듯이 복잡하고 다면적이다.

사용자 인터페이스: BIM 설계 도구는 기존의 CAD 도구에 비하여 보다 복잡하고 많은 기능을 가지고 있다. 일부 BIM 설계 도구는 기능들이 모듈화된 구조로 되어있어 직관적이고 배우기 쉬운 사용자 인터페이스를 가지고 있는 반면, 다른 일부 도구는 기능을 더 강조하다 보니 그 기능들이 전체 시스템과 잘 조화되지 않는 경우가 있다. 다음은 사용자 인터페이스에 대해 고려되어야 할 사항들이다: 시스템의 기능 전체에 걸쳐 표준적인 메뉴 스타일을 따르는 메뉴의 일관성, 현재의 행동과 관련이 없는 메뉴를 숨기는 기능, 기능별로 모듈화하여 묶은 배치와 실시간으로 지시를 주는 온라인 도움말, 명령어 라인에서 현재 작업 및 입력 데이터의 설명. 비록 사용자 인터페이스는 중요하지 않은 문제인 것처럼 보일 수 있지만, 형편없는 사용자 인터페이스는 오랜 학습시간이 필요하고, 더 많은 오류를 범하게 하며, 때론 소프트웨어가 가진 많은 기능을 모두 활용하지 못하게 한다. 여러 제품군이 통합되어있는 경우의 사용자 인터페이스 문제는 플랫폼으로서 중요한 문제이다. 다음 절에서 이 문제를 다루도록 한다.

도면 생성: 얼마나 쉽게 도면을 생성할 수 있으며 여러 번의 업데이트와 버전을 통해 어떻게 그들을 유지관리 할 것인가? 평가할 때 모델이 변경되면 도면에도 그 변경내용이 즉각적으로 시각화되는지 확인해야 하며, 도면과 모델이 양방향으로 강력하게 연결되어 있어 직접 변화를 반영하는지 확인해야 한다. 또 도면 유형별로 가능한 많이 자동 서식설정이 가능하도록 해주는 효과적인 도면 템플릿 생성방법이 고려되어야 한다. 보다 자세한 기능 분석은 2.3.3절에서 다루고 있다.

사용자 파라메트릭 객체 생성의 용이성: 이는 복잡한 기능으로 아래 세 단계로 정의될 수 있다.

(1) 파라메트릭 객체를 정의하기 위한 스케치 도구의 존재와 사용의 용이성, 시스템의 제약조건 또는 규칙 모음 수준의 결정 (일반적인 제약 조건 규칙은 거리, 직교를 포함한 각도, 인접면과 접선 규칙, 조건문과 일반적인 대수 기능을 포함해야 한다)

(2) 기존 객체 클래스의 속성이 새로운 사용자 객체에 적용될 수 있도록, 새로운 사용자 파라메트릭 객체를 기존의 파라메트릭 클래스 또는 패밀리에 추가할 수 있는 능력

(3) 설계 요구에 따른, 3D 보조선, 또는 객체 삽입, 크기조정, 면 속성들을 관리하는데 사용되는 제어변수를 이용하여, 파라메트릭 객체를 제어하는 능력. 이런 이슈들은 뒤의 2.2.1 절에서 설명하였다.

복잡한 곡면 모델링: 2차 곡면(quadric), 스플라인(spline), 넙스(NURBS, non-uniform B-spline) 기반의 복잡한 곡면 모델을 만들고 수정하는 것을 지원하는 것은 이런 종류의 건물을 지어야 하는 회사에게는 중요한 일이다. 이러한 형

상을 모델링하는 기능은 기본 기술의 하나로 나중에 시스템에 추가될 수 있는 기능이 아니다.

다른 도구 단계 능력들: 간섭 검토, 물량 산출, 문제 추적, 제품의 결합, 그리고 공사시방서들을 포함하는 기본 이상의 도구 능력. 이것들은 또 다른 용도나 작업흐름에 적합한데, 5, 6, 7장에서 더 자세히 다루기도 한다. 또한 웹상의 거대한 사용자 커뮤니티에서 제공받을 수 있는 지원도 고려하였다.

2.5.2 BIM 플랫폼 측면

아래에 설계 플랫폼으로서 사용되는 소프트웨어의 주요 능력을 설명하였다. BIM 설계 소프트웨어의 기본 기능은 도구에서 시작되었으며 BIM 모델 정보의 사용이 알려지면서 플랫폼의 개념이 생겨나기 시작했다. 건물 정보의 사용이 늘어나면서 BIM 플랫폼이 점점 중요해졌다. 대부분의 BIM 플랫폼은 마이크로소프트 윈도우(Microsoft Windows) 플랫폼에서 작동하며 많은 관련 도구들과 연동한다. 일부 BIM 플랫폼은 애플 매킨토시(Apple Macintosh)를 사용하지만 연동되는 소프트웨어는 훨씬 적다. 아래에 BIM 플랫폼들을 우리는 생각하는 대략적인 중요도 순서대로 열거하겠다.

규모 확장성(Scalability): 규모 확장성은 대규모 프로젝트의 크기와 높은 수준의 상세 모델링의 조합을 다루는 능력이다. 이는 프로젝트에서 3D 파라메트릭 객체의 양에 상관없이 시스템이 돌아가게 하는 능력을 말한다. 이 능력은 도구단계에서 중요할 수 있지만, 한 번에 할 수 있는 도구의 범위는 항상 제한적이다. 설계의 규모 확장성은 계층적 변수가 건물 전체의 외피나 외피의 거대한 단면도를 관리할 때 중요해진다. 기본적인 문제는 정보를 관리하는 데 있어 메모리 기반(memory-based)의 시스템이 아니라 디스크 기반(disk-based)의 시스템인 것이다. 디스크 기반의 시스템은 작은 프로젝트의 경우 디스크를 읽고 쓰는 속도 때문에 더 느리지만, 프로젝트의 규모가 커질수록 지연되는 속도의 감소율이 적어진다. 메모리 기반의 시스템은 보통 간단한 작업에 대해서는 더 빠른데, 메모리 용량을 초과하면 성능이 급격히 저하된다. 규모 확장성은 부분적으로 구동하는 시스템에 따라 제한적이다. 특별한 조치가 없는 윈도우 엑스피(Windows XP), 32비트 버전의 경우 2기가바이트까지의 작업만 단일 처리가 가능하다. 윈도우(Windows)와 스노 레오파드(Snow Leopard)의 64비트에서는 메모리 사용의 한계를 제거하여 싸고 일반적으로 사용할 수 있게 되었다. 그래픽 카드 성능 또한 일부 시스템에서는 중요하다. 이 주제는 앞서 2.3.4절에 더 자세히 논의하였다.

도구 인터페이스: 플랫폼으로서, BIM 소프트웨어는 형상, 속성, 그리고 다른 프로그램들 사이의 관계로서의 많은 정보를 가져야 한다. 일반적인 사용으로는 구조, 에너지, 조명, 비용, 그리고 설계단계의 분석들(간섭 검토, 설

계 관리를 위한 문제들 추적, 구매 및 자재 경로 추적, 시공단계의 작업 및 장비 공정계획)이 있다. 도구 인터페이스의 중요성은 작업흐름의 특정 패턴에 의해 정의된 BIM 플랫폼의 사용 목적에 의해 결정된다. 우리는 사용 목적을 다룬 5, 6, 7장에서 도구와 작업흐름의 적합성을 평가할 것이다.

BIM 요소의 라이브러리: 각각의 BIM 플랫폼은 간단히 불러들여와 사용할 수 있게 미리 정의되어 있는 다양한 라이브러리들을 갖고 있다. 이것들은 사용자가 그들을 정의할 필요가 없도록 해준다. 일반적으로 미리 정의된 객체들이 더 많을수록 더 유용하다. 사용목적에 따라 얼마나 좋은 객체가 제공되는지 여부는 상위 단계의 평가척도가 된다. 현재 형상을 넘어 객체정보의 구조를 표준화하려는 노력은 거의 없다. 여기에 우리는 선택을 위한 안내서, 분석에 사용하기 위한 안내서, 서비스 매뉴얼, 렌더링에 사용하기 위한 자재 속성, 그리고 다른 유사한 사용들을 참고한다. 5장에서 다룰, 스마트BIM(smartBIM) 라이브러리만이 이런 문제들을 다루기 시작했다. 다른 플랫폼을 고려할 때, 미리 정의된 건물 객체의 유용성이 그 플랫폼에서 작업을 가능하게 한다.

플랫폼 사용자 인터페이스 일관성: 플랫폼 인터페이스들은 두 가지 사용 시나리오에 따라 다른 기준을 가진다. 한 가지 경우는, 도구들은 거대한 조직 안에서 서로 다른 부서의 전문가들에 의해 작동되거나 혹은 컨설턴트들에 의해 작동된다. 이 경우, 각각의 도구는 그 자신의 논리를 갖고 도구단계에 속하게 된다. 다른 시나리오에서는, 도구는 수많은 플랫폼사용자들에 의해 공유되고 사용된다. 이 경우, 도구들 간의 일관성은 매우 중요하고, 일관성이 있어야 배우고 사용하기 쉽다. 지원되어야 할 기능의 범위가 넓기 때문에 플랫폼 사용자 인터페이스 일관성은 쉽지 않은 과제이다.

확장성(Extensibility): 확장성 능력은 BIM 플랫폼이 스크립팅 지원(scripting support, 오토캐드의 AutoLISP처럼 기능들을 추가하거나 낮은 단계의 작업을 자동화할 수 있는 상호적인 언어)을 제공하는지, 엑셀 형태로 양방향 인터페이스를 지원하는지, 잘 정리된 API(application programming interface)를 제공하는지 여부에 기반을 두어 평가된다. 스크립팅 언어와 엑셀 인터페이스는 일반적으로 최종 사용자(end-user)를 위한 반면에, API는 소프트웨어 개발자들을 위한 것이다. 이런 능력들은 사용자 파라메트릭 객체, 특별화된 기능들 또는 다른 소프트웨어들을 위한 인터페이스들과 같은 능력들을 회사가 얼마나 기대하는지 정도에 따라 필요하다.

호환성(Interoperability): 모델 정보는 프로젝트 초기에 타당성 검토를 위해 다른 소프트웨어들과 공유하거나, 시공단계에서 엔지니어와 다른 컨설턴트들과 협업을 위해 만들어진다. 협업은 BIM 플랫폼이 다른 특정 제품들과의 인터페이스들을 제공하는 정도에 따라, 더 일반적으로는 개방형 정보교환 표준(open data exchange standard)의 가져오기(import)와 내보내기(export) 기능의 수준에 따라 다르게 지원된다. 이 두 가지 유형의 정보교환 인터페이스들에 대해서는 3장에서 자세히 다루고 있다. 개방형 정보교환 기준은 점점 정교해지고 있으며 작업흐름단계 교환을 지원하기 시작했다. 이에 따라 정보를 가져오고 내보내는 기능을 하는 번역기가 다양해져야 한다. 번역기를 쉽게 사용자 요구에 맞게 바꾸는 것이 가능하다면, 그것도 매우 유용하다. 소프트웨어간 인터페이스(정보교환)들뿐만 아니라 더 일반적인 호환성의 측면도 여기에 고려되었다.

다양한 사용자(multiuser) **환경:** 어떤 시스템들은 설계팀 사이의 협업을 지원한다. 그런 소프트웨어들은 여러 사용자들이 단일 프로젝트 파일을 이용해서 모델의 일부분을 생성하고 수정할 수 있게 해주고, 사용자가 여러 가지 정보에 접근할 수 있도록 해준다. 이는 디스크 기반의 플랫폼에서 작업을 가능하게 한다. 여러 사용자가 같은 어드레스 공간과 하드웨어 자원을 사용하게 되면, 메모리 기반 BIM 플랫폼이 더 비합리적이다.

속성 관리를 위한 효과적인 지원: 속성들은 대부분 BIM 지원 도구들을 위한 정보의 필수적인 부분이다. 속성집합들은 쉽게 형성될 수 있어야 하고 그들이 나타내는 객체 사례와 연관이 있어야 한다. 이 능력을 위한 도구들은 다른 플랫폼에서 매우 다양하다.

2.5.3 BIM 환경 측면

BIM이 적용된 초기에는, 한 가지의 소프트웨어가 도구, 플랫폼, 환경, 이 세 가지 단계에서 모든 요구사항을 제공할 수 있을 거라고 생각하였다. 그러한 이상주의적인 생각은 BIM 프로젝트 규모와 그것을 지원하는 시스템들을 이해하면서 천천히 시들어져 갔다. 앞선 BIM 프로젝트를 지원하는데 필요한 중요한 능력은 다양한 플랫폼과 다양한 표현방법에서의 작업환경을 지원하는 것이다. BIM 환경은 서로 다른 도구와 플랫폼에서 객체들을 생성하고 저장하는 능력과 객체 단계에서 설계변경 관리를 포함한 효율적인 데이터 관리 능력을 갖추어야 한다. 3장, 3.5절에서 이 문제를 중점적으로 다루었다. 설계변경 관리는 객체가 수정될 때마다, 플래그(flag)나 타임스탬프를 갱신함으로써 처리할 수 있다. 설계변경 관리의 목표는 파일단위 관리가 아니라 객체단위의 정보교환과 관리이다.

다음 절은 주요 BIM 모델 생성 플랫폼들의 현재 기능들을 개략적으로 설명한다. 검토된 플랫폼 중 일부는 건축설계 기능들만 지원하고, 일부는 제작단계의 건물 시스템들의 다양한 형태만을 지원하고, 또 일부는 이 두 가지 모두를 지원한다. 소프트웨어 시스템의 평가는 특정 버전에 한하여 이루어졌다. 최신 버전들이 더 나은 기능들을 가질 수도 있고, 혹은 더 안 좋은 기능들을 가질 수도 있다. 위에서 설명한 평가기준에 따라 검토하였다.

2.6 BIM 플랫폼

BIM 플랫폼들은 다양한 방법들로 건물을 짓는데 사용된다. 예를 들면, 건축가들은 설계 모델링과 도면생성에, 엔지니어는 구조 데이터 혹은 에너지 데이터 관리에, 시공사는 건설 협업 모델을 발전시키거나, 제작 상세를 위해, 또는 시설관리를 위해서 사용한다. BIM 플랫폼은 이러한 사용방법을 지원하기 위한 다양한 형태의 기능을 가지고 있다. 어떤 BIM 플랫폼들은 다양한 사용자에게 판매된다. 이러한 경우는 사용자에 맞게 여러 기능들을 모아 패키지화하는 차별화된 판매 전략을 사용한다. 본 절에서는 이런 다양한 사용방법 측면을 깊이 있게 다루지는 않았지만, 동일한 플랫폼에서 작동하는 다른 제품을 참고하여 주요 BIM 플랫폼들의 주요특성의 관점에서 검토하였다. BIM 플랫폼의 사용과 한계는 여러 유형의 BIM 사용자들에 대해 설명한, 본 책의 다른 장에서 더 자세히 다룰 것이다. 우리는 2.3절에서 구분한 세 가지 단계(도구측면, 플랫폼측면, 환경측면)에서 각각의 플랫폼 바라볼 것이다.

널리 알려진 대로, 소프트웨어 패키지의 구입은 우리가 일반적으로 하는 구매와는 매우 다르다. 차를 구매하는 것은 아주 특정한 제품과 기능들에 근거하는 반면에 소프트웨어 패키지는 그것이 가진 현재 기능과 정기적으로(적어도 해마다) 출시되는 개발방향을 함께 고려해야 한다. 그 이유는 구매자가 BIM 소프트웨어 패키지를 구입하게 되면, 회사의 프로젝트에 맞는 현재의 제품만을 구매하는 것이 아니라, 향후 회사의 발전방향에 맞는 미래 버전의 소프트웨어도 함께 구매하는 셈이 되기 때문이다. 그 구매자는 또한 소프트웨어 지원 서비스도 같이 구매하게 된다. 지원 서비스는 사용자들이 제공하는 도움말 기능과 BIM 도구에 포함된 온라인 지원 기능들의 확장판이라고 볼 수 있다. 이러한 지원 서비스는 판매자의 지원망과는 별개로, 방대한 사용자 커뮤니티를 통해서도 제공된다. 이러한 서비스는 대부분 사용자간의 도움을 주고받기 위한 블로그 커뮤니티를 제공하며, 객체 패밀리들의 교환을 위한 오픈 포털을 제공한다. 이런 커뮤니티나 오픈 포털들은 무료이거나 적은 비용으로 이용 가능하다. 이러한 지원 서비스도 BIM 플랫폼 구매에서 반드시 고려되어야 한다.

2.6.1 Revit

우리는 여러 Revit 제품군 중 Revit Architecture의 관점에서 Revit을 검토하였다. BIM과 관련하여 Revit은 건축 설계분야에서 가장 잘 알려져 있고, 현재 시장에서 선두주자이다. Revit은 오토데스크사가 신생기업으로 부터 Revit 프로그램을 인수한 이후, 2002년에 오토데스크사에 의해 소개되었다. Revit은 오토캐드와는 전혀 다른 코드기반과 파일 구조로 된 완전히 다른 플랫폼이다. 여기에 소개되는 것은 2011 버전이다. Revit은 현재 Revit Architecture, Revit Structure, 그리고 Revit MEP로 구성된 통합 제품군이다. Revit은 윈도우 OS와 윈도우 부트캠프 플러그인을 사용하는 맥(Mac)에서도 작동된다. 또한 32비트와 64비트 프로세스 환경에서 모두 작동한다.

도구측면: Revit은 각각의 동작에 대한 드래그 오버 힌트와 스마트 커서로 사용하기 쉬운 인터페이스를 제공한다. Revit의 메뉴는 작업흐름에 따라 잘 정리되어 있으며 현재 시스템 맥락에 따라 사용 불가능한 동작을 음영 처리해 준다. Revit의 도면 생성 지원은 매우 훌륭하고, 도면 제작이 강력하게 연관되어 있어 도면출도를 쉽게 관리할 수 있다. 도면에서 혹은 모델에서 양방향 수정을 제공하며, 또한 창호, 철물 같은 것들을 위한 일람표로부터 양방향 수정을 제공한다. Revit은 새로운 사용자 파라메트릭 객체의 개발과 미리 정의된 객체들의 사용자화를 지원한다. Revit의 객체들을 정의하는 규칙 집합은 새로운 버전마다 향상되고 있고 삼각함수 기능들을 포함한다. 또한 거리와 각도, 그리고 배열(array)에서 객체의 개수에 제약조건을 거는 기능도 있다. 파라미터들 간의 계층적 관계들을 정의할 수도 있다. 이러한 기능을 이용하여, 하위객체들 간의 파라메트릭 관계를 정의하여 새로운 객체를 정의할 수 있다. 아직 전역 파라미터(global parameter)를 설정하여, 객체의 배치와 크기의 조합을 제한하는 것은 더 어렵다. 현재 출시된 버전의 API는 외부 소프트웨어 개발을 위한 지원이 충분하다.

Revit은 거대한 제품 라이브러리의 집합으로 구성되어 있다. 특히 시방서와 설계 객체들을 위한 자신만의의 Autodesk SEEK 라이브러리가 있다. 이는 약 850개의 기업들과, 750개 이상의 조명기구들을 포함한 약 13,750개의 제품라인들의 정보를 담고 있다. 이 라이브러리들은 RVA, DWG, DWF, DGN, GSM, SKP, IES, 그리고 TXT를 포함한 여러 파일 형식들의 병합으로 정의되어 있다: 라이브러리 검색은 Masterformat, Uniformat, 그리고 Omniclass Table 23 포맷을 통해 가능하다. 6개 정도의 다른 BIM 제품 사이트가 있는데 레빗 객체들이 대부분이다.

플랫폼측면: Revit은 현재 BIM 시장에서 연계 가능한 소프트웨어가 가장 많다. 어떤 것들은 Revit의 개방형 API(Open API)를 통해 직접 연결되고, 다른 어떤 것들은 IFC나 다른 교환 형태를 통해 연결된다. 아래에 직접연결은 (Dir)로, IFC를 통한 연결방법은 (IFC)로 각각 표시하였다. DWF 포맷을 통한 인터페이스 방법은 (Dwf)로 표시하였다.

- 구조(Revit Structure과 연결)와 Revit Structure(Dir), ROBOT(Dir), RISA structural analyses(IFC), BIM ME S.A.R.I., ETABS Link, SismiCAD for FEA analysis, Graitec's Advance and ARCHE, Fastrack Building Designer, StruSoft FEM-Design, SOFTEK S-Frame, STAAD-PRO via SIXchange, SOFiSTiK
- 설비(Revit MEP와 연결): Revit MEP(Dir), HydraCAD(화재 스프링클

러), MagiCAD(기계 설계), QuantaCAD(레이져 스캐닝), TOKMO (COBie 시설 운영 이양 - 3장 참고)

- 에너지와 환경: Ecotect, EnergyPlus, IES all indirect, Green Building Studio via gbXML
- 시각화: Mental Ray(Dir), 3ds Max(Dir), Paranesi
- 시설물 관리: Autodesk FMDesktop (Dwf), Archibus(IFC)

Revit은 대지 분석을 위해 AutoCAD Civil 3D와, 부품 제작을 위해 Autodesk Inventor, 그리고 대지 계획을 위해 LANDCADD와 연동된다. 견적을 위한 물량산출을 위해서는 유에스 코스트(US Cost), 노미테크 이노바야의 코스트 오에스(Cost OS by Nomitech, Innovaya), 그리고 세이지 팀벌라인(Sage Timberline)과 또한 토코만 아이링크(Tocoman iLink)와 연동된다. 이노바야(Innovaya)는 또한 프리마베라(Primavera)와 엠에스 프로젝트(MS Project) 공정표들과 4D 시뮬레이션 연동을 지원한다. Revit은 또한 DWF를 통한 Autodesk Navisworks와의 연결도 지원한다. VICO Office는 공정과 물량 산출 모두를 지원한다. Revit은 BSD Linkman 매핑도구를 통해 e-SPECS와 BSD SpecLink의 시방서들과의 연결이 가능하다.

Revit은 한 SketchUP, AutoDesSys formZ, McNeel Rhinoceros, Google Earth와 같은 개념설계 도구들과 DXF 파일을 내보낼 수 있는 다른 시스템들의 모델을 불러들여올 수 있다. 이전에는 불러들여온 정보는 시각적이기만 할 뿐 참고할 수는 없었다. 지금 2011 버전에서는 불러들여온 정보의 참고가 가능(referencable)하다. (여기서 "참고가능(referencable)"이라는 의미는 사용자가 객체의 점들을 선택할 수 있고, 시각적 좌표가 아니라 치수를 잴 수 있는 정확한 참고가 가능하다는 것이다).

Revit Architecture는 다음 파일 형태들을 지원한다. DWG, DXF, DGN, SAT, DWF/DWFx, ADSK(건물 구성요소를 위해), html(면적 보고서를 위해), FBX(3D 뷰를 위해), gbXML, IFC, and ODBC(Open DataBase Connectivity). Revit은 특히 지원하는 소프트웨어의 범위가 넓은 강력한 플랫폼이다.

환경측면: Autodesk는 이전에 Buzzsaw와 Constructware와 같은 웹 서버에 투자하였다. 이 시스템들은 1990년대부터 존재하였으나, 다수의 플랫폼 지원에 대한 가시적인 계획 없이, 파일 수준의 프로젝트 관리를 지원하고 있다.

Revit은 객체 고유식별자(ID)를 가지고 있고, ID가 잘 관리되는 것처럼 보인다. 그러나 모델들의 버전과 변경 정보는 각 객체가 아닌 각 파일에 저장된다. 이로 인해, 다른 뷰를 지원하는 다른 파일 내 객체들 간의 동기화가 제약적으로 이루어진다. Revit은 플랫폼이지 BIM 환경은 아니다. 만약 큰 규모의 BIM 환경을 지원한다면, ArchiCAD의 DELTA Server처럼 객체수준에서 관리하는 기능이 필요하다(더 자세한 내용은 3장, 3.5절 참고).

Revit의 장점: 도구로서, Revit 2011은 강력하다. 직관적이고, 도면 생성 기능이 훌륭하다. 그러나 Revit 객체의 한계를 넘어 더 자유로운 형태로 설계하고자 하는 많은 설계자들은 다른 도구들을 사용한다. 그리고 그 결과물을 Revit으로 불러들여와 시공을 위한 모델링을 한다. Revit은 배우기 쉽고 기능들이 잘 설계 및 구축되어 있고 사용자에게 친근한 인터페이스를 가지고 있다. Revit은 그 자체와 써드파티가 개발한 방대한 객체 라이브러리를 가지고 있다. 압도적인 시장 점유율 때문에 다른 BIM 도구들과 직접 연동하기 위한 플랫폼으로 선호되고 있다. 도면과 모델 사이의 양방향 업데이트가 가능하여 공정을 포함한 도면과 모델 뷰로부터 정보 업데이트와 관리가 가능하다. Revit은 한 프로젝트에서 여러 사람이 동시 작업하는 것이 가능하며, 다양한 사용자 환경을 지원하기 위한 다양한 객체 라이브러리(SEEK)를 가지고 있다.

Revit의 단점: Revit은 약 300MB 이상의 프로젝트에 대해 심각하게 속도가 저하되는 메모리 기반 시스템이다. 이것은 파라메트릭 규칙들에 대해 몇 가지 한계점들을 갖고 있다. 또한 복잡한 곡면에 대한 지원에 제약이 있다. Revit은 객체 수준에서의 타임스탬프가 없어서, BIM 환경에서 전체 객체 관리를 위해 필요한 기능을 아직 제공하지 않는다(3장, 3.5절 참고).

2.6.2 벤틀리 시스템(Bentley Systems)

벤틀리 시스템은 건축, 엔지니어링, 사회기반시설, 그리고 건설 등 넓은 범위의 관련 제품들을 지원한다. 2004년에 소개된 건축 BIM 도구, Bentley Architecture는 초기 제품인 Triforma를 개선한 후속 제품이다. 본 검토는 Bentley Architecture의 관점에서 작성되었다. 현재 Bentley Architecture의 버전은 V8i-08.11.07.80로 Microstation V8.i 기반으로 작동된다. 32비트와 64비트 프로세스에서 모두 작동한다. 벤틀리는 토목 엔지니어링과 사회기반시설 시장에서 선두주자이다.

도구측면: BIM 모델링과 도면생성 도구로서, 벤틀리는 미리 정의된 파라메트릭 객체들(표2-1 참고)의 표준 집합을 갖고 있다. 이들은 서로 서로 관계를 갖는다. 미리 정의된 파라메트릭 객체들은 오직 MDL API(MDL Application Programming Interface)를 통해서만 확장할 수 있다. 벤틀리는 또한 Parametric Cell Studio 모듈을 이용하여 사용자 정의 파라메트릭 객체들을 지원한다. Generative Components을 통하여 건물 전체 또는 조립부재의 파라메트릭 모델링을 지원된다. 이런 도구들은 각기 다른 행위를 가진 객체들을 가지고 있어서, 다른 도구에서 생성된 객체들 간의 관계를 지원하지 못한다. 벤틀리는 뛰어난 자유 곡면과 솔리드 모델링 기능을 갖추고 있다. 벤틀리의 통합된 렌더링 엔진, 루솔로지(Luxology)는 빠르고 높은 품질의 렌더링과 애니메이션을 제공한다. 도면 생성 관련 2D 상세와 3D 모델 단면에서 주석 기능을 지원한다. 도면 수정시에는, 미리 정의된 객체들에 대해서 모델과 도면간 양방향 수정이 지원

되지만, 그렇지 않은 객체들은 업데이트될 모델 내에서 수정되어야만 한다. 도면화 기능은 실제 선 굵기와 문자를 보여주어 강력하다. 객체 클래스에 속성들을 추가하는 것도 쉽다. 사용자 인터페이스는 드래그 오버 명령어 힌트, 스마트 커서, 그리고 사용자 지정 메뉴 설정과 같은 좋은 기능들을 갖고 있다. Bentley Architecture는 또한 외부 객체들을 불러들여와 간섭 검토를 할 수 있다.

플랫폼측면: Bentley Microstation 플랫폼 소프트웨어들은 파일 기반의 시스템인데, 이는 모든 동작들이 그 즉시 파일에 쓰여 메모리에 적은 부담을 주게 한다. 이런 방식은 규모 확장성(scalability)이 좋은 편이다. 기본 설계 모델링 도구뿐만 아니라, 벤틀리는 토목 엔지니어링 제품들의 지원에 필요한 많은 추가적인 시스템을 가지고 있다. 아래는 그 예들이다.

- Bentley Speedikon Architectural
- Bentley PowerCivil
- RAM Structural System
- RAM Steel
- RAM Frame
- RAM Connection
- RAM Foundation
- RAM Concrete
- RAM Elements
- RAM Concept
- GEOPAK Civil Engineering Suite
- Bentley Building Electrical System V8i for AutoCAD
- Facility Information Management
- ConstructSim
- Bentley PowerRebar
- Bentley Rebar
- ProConcrete
- STAAD.Foundation
- STAAD.Pro
- Bentley Building Mechanical Systems
- Bentley Tas Simulator
- Hevacomp Dynamic Simulation
- Hevacomp Mechanical Designer

이들 제품들 중 어떤 것들은 작은 제3의 기업을 인수하면서 얻어졌고, 같은 플랫폼 안에서 다른 것들과 제한된 호환성을 가진다. 그러므로 사용자는 하나의 벤틀리 소프트웨어에서 다른 것으로 호환하기 위해 모델 포맷을 변환해야 할 경우도 있다. 사용자 인터페이스 방식도 다양하기 때문에 사용자의 생각하는 방식도 때때로 변해야만 한다.

프리마베라(Primavera)와 다른 공정관리 시스템들은 4D 시뮬레이션을 위해 불러들여와 질 수 있고 벤틀리 객체로 그룹화될 수 있다. Bentley Architecture 인터페이스는 DWG, DXF, PDF, U3D, 3DS, Rhino, 3DM, IGES, Parasolid, ACIS SAT, CGM, STEP AP203/AP214, STL, OBJ, VRML, Google Earth KML, SketchUP, Collada, ESRI SHP와 같은 포맷들을 지원한다. 벤틀리가 지원하는 공공 표준포맷은 IFC, CIS/2, STEP, 그리고 SDNF 등이다. 벤틀리 제품들은 확장성(extensibility)이 있다. 사용자 정의 매크로, 마이크로 소프트(VBA) .NET, C++, C#, 그리고 벤틀리 MDL을 지원한다.

환경측면: 벤틀리는 잘 개발된 유명한 멀티프로젝트 서버인 프로젝트와이즈(ProjectWise)를 제공한다(3장 3.5.3절 참고). 이것은 미리 정해진 영역에 파일을 복제하고, 모든 파일들의 일치성 관리를 지원한다. 이것은 파일 기반이며 객체 기반은 아니다. 또 DGN, DWG, PDF 그리고 마이크로소프트 오피스 문서들 사이의 연동을 지원한다. 벤틀리는 객체 ID와 타임스탬프(timestamps), 그리고 그들의 양방향 관리를 지원한다.

벤틀리 시스템의 장점: 벤틀리는 건설 산업의 거의 모든 측면을 다루는 매우 넓은 범위를 지원하는 BIM 모델링 도구이다. 베지어(Bezier)와 B-스플라인을 포함한 복잡한 곡면의 모델링도 지원한다. Parametric Cell Studio와 Generative Components 같은 다양한 단계에서 사용자 정의 객체를 만들 수 있는 방법을 제공한다. 파라메트릭 모델링 추가모듈인 Generative Components는 복잡한 파라메트릭 기하학 조합을 생성할 수 있도록 해주며, 상을 받은 우수한 많은 건축물의 설계에 사용되었다(9장 참고). 벤틀리는 많은 객체를 가진 큰 프로젝트에 적용 가능하도록 시스템이 설계되어 있다. 또 멀티플랫폼과 서버 기능들을 지원한다.

벤틀리 시스템의 단점: 벤틀리가 제공하는 거대한 제품군은 데이터 일치성과 사용자 인터페이스 수준에서 부분적으로 일부만 통합되어 있다. 이러한 이유로 배우고 이용하는데 시간이 조금 더 소요된다. 이러한 이질적인 기능 모듈들은 각기 다르게 객체 행동을 정의한다. 다양한 프로그램에 대한 부족한 통합성 때문에 시스템의 가치가 저하되고, 개별 시스템이 제공하는 기능의 활용성을 떨어뜨린다.

2.6.3 아키캐드(ArchiCAD)

아키캐드는 건축 설계분야에서 지속적으로 가장 오래 사용된 BIM 소프트웨어이다. 모기업인 그래피소프트(Graphisoft)사는 1980년대 초반 아키캐드 판매를 시작했다. 헝가리 부다페스트에 본사를 둔 그래피소프트는 강력한 토목 엔지니어링 소프트웨어들로 유럽에서 유명한 독일 캐드회사인 네메체크(Nemetschek)에 의해 2007년에 인수되었다. 현재 아키캐드의 버전은 14.0이다. 아키캐드는 맥 플랫폼뿐만 아니라 윈도우도 지원한다. 아키캐드는 윈도우나 맥 스노우 레오파드(Mac Snow Leopard) OS의 32비트와 64비트 모두에서 작동하는 소프트웨어이다.

도구측면: 아키캐드의 사용자 인터페이스는 스마트 커서, 드래그 오버 명령어 힌트, 그리고 맥락기반 명령어 메뉴(context-sensitive operator menu)와 함께 잘 구성되어 있다. 아키캐드의 모델생성과 사용의 편의성은 오래 사용한 사용자들 사이에서 사랑 받는다. 아키캐드에서 도면생성은 시스템에 의해 자동적으로 관리된다. 매번 모델의 수정은 자동적으로 도면의 배치, 상세, 단면에 반영되며, 3D 이미지는 배치에 쉽게 삽입된다. 도면은 보고서처럼 취급되며 모델과 도면으로부터 양방향 수정은 지원되지 않는다. 파라메트릭 모델링 도구로서 아키캐드는 매우 넓은 범위의 미리 정의된 파라메트릭 객체들을 갖고 있다. 이것은 대지 계획, 인테리어를 위한 모델링 기능을 포함하며, 강력한 공간 계획 기능을 제공한다. 게다가 아키캐드를 위한 정적 객체와 파라메트릭 객체들을 모두 정의하는 31개의 외부 웹사이트들이 있다(대다수는 유럽에 있다).

사용자 파라메트릭 객체들의 생성은 GDL(Geometric Description Language)이라는 스크립팅 언어를 통해 지원되는데, 이는 CSG 형식의 구성과 Visual BASIC같은 문법에 의존한다. 사용자들은 시스템에 의해 조직된 확장 가능한 객체 라이브러리를 제공받는다. 프리캐스트 콘크리트, 석재, 철물, 목재, 단열과 방수, 배관, HVAC, 전기 등등이 그것이다. 아키캐드의 사용자 정의 파라메트릭 모델링은 몇 가지 한계점들을 가진다. 그것의 스케치 도구와 파라메트릭 규칙 생성은 대수 표현이나 조건문을 지원하지 않는다는 것이다. 기존 객체 클래스들은 GDL을 통해 확장하거나 사용자화하는 것이 가능하다. 이것은 또한 ODBC(Open Database Connectivity) 인터페이스를 갖는다. 절대 보조선이나 제어는 가능하지만 복잡하다. 아키캐드는 복잡한 곡면으로 만들어진 형태를 불러오고 참조할 수 있지만, 이런 것들은 아키캐드의 방식이 아니어서 수정은 불가능하다. 아키캐드가 네메체크(Nemetschek)에 인수되었을 때, 설계에 초점을 맞춰 개발되어 있었으며, 이후 비코(Vico)와 함께 건설 관리 쪽으로 개발방향이 옮겨갔다.

플랫폼측면: 아키캐드는 다른 여러 가지 도구들에 연결된다. 어떤 것들은 GDL을 통해 직접 연동되고, 다른 어떤 것들은 IFC를 통해 연동된다. 아래 소프트웨어와의 교환포맷을 각기 (GDL)과 (IFC)로 표시하였다.

- 구조: Tekla(IFC), Revit Structure(IFC), Scia Engineer(Dir), SAP & ETABS(IFC), Fem-Design(IFC), AxisVM(IFC)

- 설비: Graphisoft MEP Modeler(IFC), AutoCAD; MEP(IFC), Revit; MEP(IFC)
- 에너지와 환경: Graphisoft EcoDesigner(GDL), ARCHiPHISIK (IFC), RIUSKA(IFC), Green Building Studio, Ecotect, EnergyPlus, IES
- 시각화: 렌더링을 위한 Artlantis와 LightWork Design, 애니메이션과 비정형 모델링을 위한 Maxon Cinema 4D
- 시설물 관리: OneTools and ArchiFM

아캐캐드의 공식 웹사이트에 가면, IFC 교환(이들 인터페이스 중 일부에서 사용되는)을 하기 위한 사용 지침서가 있다. 다른 도구들은 내비게이션 도구인 Virtual Building Explorer 3D를 포함한다. 또한 다음과 같은 몇몇의 외부 도구들로 직접 연동을 지원한다. Google SketchUp과 Tocoman iLink, 그리고 견적과 공정을 위한 물량산출을 위한 Express가 그 예이다.

최근에 아키캐드는 IFC와의 상호작용이 더 강력해졌고 뛰어난 양방향 교환을 제공한다. 이것의 IFC 교환 기능은 객체 형태에 따른 분류, 필터링과 객체 단계 버전관리를 포함한다.

환경측면: 아키캐드는 최근에 아키캐드 플랫폼에 팀웍(Teamwork)/BIM 서버 저장공간(backend repository)을 확장하였다. 아키캐드는 스마트 업데이트 기능 개발로 파일 교환과 설계 조율을 지원한다. 그 기능을 DELTA Server라고 부르는데, BIM 서버 저장소에 읽고 쓰는 것들을 추적하는 역할을 한다. 사용자가 프로젝트의 관심 영역이나 객체들에 접근하려면 체크아웃해야 한다. 그러나 업데이트된 내용은 내보내진 객체들과 비교해서, 오직 수정된 객체(최근에 생성되거나, 수정되거나, 삭제된)만 서버에 저장된다. 이것은 업데이트의 규모를 크게 줄여주고 업데이트하는 데 걸리는 시간을 최소화 해준다. 업데이트 내용은 객체 ID를 이용해 관리되고, 타임스탬프는 변화가 발생했을 때마다 업데이트된다. 이러한 기능은 프로젝트 전체 생애주기에 걸쳐 객체 히스토리를 추적할 수 있도록 해준다. 더 자세한 정보는 3장 3.5.1절에 나와 있다.

아키캐드의 장점: 아키캐드 버전 14는 상대적으로 사용하기 쉬운 직관적인 인터페이스를 가지고 있다. 또 거대한 객체 라이브러리들을 가지며 설계, 건물 시스템, 그리고 시설물관리를 지원하는 다양한 소프트웨어를 갖고 있다. 제작 상세를 제외한 모든 단계에 사용될 수 있다. 이것의 서버 기능들은 다른 시스템 기능에 앞서 효과적인 프로젝트 협업을 가능하게 하고 객체 단계 설계 조율을 지원하기 시작했다. 이것은 또한 맥 플랫폼에서 지원된다.

아키캐드의 단점: 아키캐드는 사용자 파라메트릭 모델링 기능들에서 몇 가지 작은 한계점들을 가진다. 아키캐드가 메모리기반의 시스템이기 때문에 규모가 큰 프로젝트에서 크기문제에 직면할 수 있지만, DELTA Server 기능을 포

함한 대규모 프로젝트를 관리하는 효과적인 방법을 가지고 있다.

2.6.4 디지털 프로젝트(Digital Project)

Geary Technologies에 의해 개발된 디지털 프로젝트(Digital Project, EDP)는 항공과 자동차 산업분야에서 대규모의 시스템을 위한 세계 최고의 파라메트릭 모델링 플랫폼인 다쏘(Dassault) 사의 카티아(CATIA)를 건축 · 건설 분야에 맞추어 개발한 것이다. DP가 원활히 돌아가기 위해 강력한 워크스테이션이 필요하지만 가장 큰 규모의 프로젝트들도 다룰 수 있다. 32비트와 64비트 하드웨어와 윈도우 XP, Vista 그리고 윈도우7 OS에서 작동한다. 대부분의 BIM 도구들처럼 DP도 OpenGL 그래픽카드에 강력하게 의존한다. 현재 버전은 V1, R4, SP 7이다.

도구측면: DP는 간단히 배우기에는 복잡한 도구이다. 이것의 스마트 커서는 현재 옵션 선택을 보여준다. 온라인 문서는 손쉽게 이용가능하다. 메뉴들은 사용자화 가능하다. 파라메트릭 모델러로서 DP는 객체 클래스들과 조합을 정의하는 변수들과 객체들 사이를 유지관리하기 위한 규칙과 관계들을 모두 지원한다. 객체를 정의하기 위한 DP의 규칙들은 완전하고 일반적이다. 그것은 제작단계에서 문제를 다루는 것처럼 복잡한 파라메트릭 조합을 발전시키는 데 훌륭하다. 객체 클래스의 하위형태(subtype)는 생성될 수 있으며 하위형태의 구조와 규칙들은 정교하다. 곡면 모델링은 뛰어나고, 자동차 디자이너들을 포함한 사용자에게 적합한 도구이다. 3번째 버전이 출시될 때까지, DP는 건물을 위한 내장형 객체들을 포함하지 않았다. 사용자들은 다른 사용자들에 의해 개발된 객체들을 재사용할 수는 있었지만, 이런 것들이 DP 자체에서 지원되지는 않았다. 표2-1에서 보이는 현재 제공되는 객체들은 수정도 가능하다. DP는 처음 사용하기에는 복잡하지만 가파른 학습 곡선을 보인다. DP는 객체 정보를 스프레드시트와 XML에 불러들여오거나 내보내는 데 좋은 인터페이스를 가지고 있다. 또한 IFC 지원 기능을 계속적으로 확장하고 있다. 대부분의 소프트웨어들처럼, DP에서 도면의 주석은 도면 뷰와 상호연관성을 갖지만 모델과 양방향 수정이 되지는 않는다. 도면들은 주석이 달린 보고서들처럼 취급된다. DP는 간섭 검토를 지원한다. DP의 지식 전문가(Knowledge Expert)는 형태 정의에 사용된 규칙들을 증가시킬 수 있는 규칙 기반의 검토를 제공하지만, 다른 파라메트릭 트리 안에 있는 객체들 사이에서만 적용 가능하다.

플랫폼측면: 디지털 프로젝트는 파일 기반이지만 규모 확장성이 매우 좋다. 9장에 있는 원 아일랜드이스트(One Island East) 사례연구는 70층 규모의 오피스 타워의 모든 부품을 모델링 할 수 있는 DP의 능력을 잘 보여주는 예이다. 카티아(CATIA)의 논리구조는 워크벤치(Workbenches)라고 불리는 도구 모듈을 가진다. DP는 건축과 구조 워크벤치들뿐만 아니라 다음과 같은 몇몇의 워크벤치들과 함께 한다. Imagine & Shape은 카티아에 기반을 둔 비정형 스케치 설계 도

구이다; Knowledgeware는 설계의 규칙기반 검토를 지원한다. Project Engineering Optimizer는 잘 정의된 객체 기능에 기반을 두어 파라메트릭 설계의 단순 최적화를 가능케 한다. Project Manager는 모델의 부품들을 추적하고 관리할 수 있게 한다. 이런 것들은 주요 잠재 이익을 가져다주는 잘 만들어진 도구들이지만, 효과적인 사용을 위해서는 상당한 전문적 지식을 필요로 한다. 또한 MEP Systems Routing에서 전기, 설비, 배관 배치를 위한 기능도 갖추고 있다. 카티아 워크벤치처럼 구성된 다른 제품들 또한 쉽게 통합될 수 있다. 중요한 것은 델미아(Delmia)인데, 몬테카를로(Monte Carlo) 시뮬레이션 시스템이 조립, 제작 모델링과 평가를 가능하게 한다. 이것의 사용자 인터페이스는 워크벤치를 통한 일관성이 있다. 통합 워크벤치뿐만 아니라, DP는 에너지 분석을 위해 Ecotect와, 문서 생성을 위한 3DVia Composer, 저사양 뷰어인 3DXML과 연동된다. 공정을 위한 Microsoft Project와 Primavera Project Planner, 프로젝트 생애주기 관리를 위한 ENOVIA도 연동된다. DP는 새로운 객체와 패밀리 클래스들을 정의 할 수 있다. 이는 Visual BASIC 스크립팅을 지원하고 애드온(add-on) 개발을 위한 닷넷(.NET)을 사용하는 강력한 API를 갖고 있다. DP는 Uniformat과 Masterformat 분류체계를 가지고 있으며, 이는 시방서와 비용 산출의 통합을 가능케 한다. DP는 다음과 같은 교환 형태를 지원한다. CIS/2, IFC Version2X3, SDNF, STEP AP203과 AP204, DWG, DXFTM, VRML, TP, STL, CGR, 3DMAP, SAT, 3DXML, IGES, STL 그리고 HCG.

환경측면: DP는 제작 제품 설계와 엔지니어링을 통합하는 맞춤 도구의 집합체로, 플랫폼으로 설계되었다. DP는 오픈소스 SVN 버전 컨트롤 매니저를 통해 동시사용자를 지원한다. 환경 단계에서 통합을 지원하는 추가적인 관련 특성을 가지고 있다. Enovia는 주요 Dassault 사의 PLM(Product Lifecycle Management) 제품이다(3장 참고). DP는 객체 단위 버전 관리를 지원하기 위해 객체 단계에서 복수의 타임스탬프와 GUID를 가진다.

디지털 프로젝트의 장점: DP는 매우 강력하고 완전한 파라메트릭 모델링 능력을 제공한다. 이는 곡면, 특성, 그리고 조합체들을 조절할 수 있는 크고 복잡한 조합들을 직접 모델링할 수 있다. 이것은 제작을 위한 지원도 가능하다. 디지털 프로젝트는 대부분 상세를 위해 3D 파라메트릭 모델링을 기반으로 한다. 이는 플랫폼 단계에서 완전한 프로그램이다. 또한 강력한 통합 워크벤치 도구들의 집합을 가진다.

디지털 프로젝트의 단점: DP는 초기에 배우기 어렵고, 복잡한 사용자 인터페이스를 가지며 초기 높은 투자비용이 발생한다. DP에 정의된 건축 객체 라이브러리는 제한적이고, 외부 제3의 개발자들의 객체 라이브러리 또한 제한적이다. 건축분야 용도로 도면화능력은 아직 개발이 덜 된 상태이다.

2.6.5 벡터웍스(Vectorworks)

Vectorworks는 1985년 Diehl Graphsoft가 개발한 MiniCad로 시작되었다. MiniCad는 극장 무대 조명 설계, 전시 설계 등 설계시장의 다양한 분야의 사용자들을 지원한다. Vectorworks는 선박 제조를 위한 CNC 기계 거푸집분야에서 주요한 역할을 하는 해양사업부문을 가지고 있다. 처음에는 애플 컴퓨터 Mac CAD 시스템으로 시작하여 1996년에 윈도우에도 적용되었다. Diehl Graphsoft는 2000년 Graphisoft 사에 의해 인수되었고 곧 이름이 Vectorworks로 변경되었다(비슷한 이름을 피하기 위해). Vectorworks는 항상 강력한 고객 지원과 작은 기업을 대상으로 하는 전 세계적인 사용자 기반을 갖고 있다. 2009년, 핵심 기하학 모델링 플랫폼을 위해 Parasolid 기하학 엔진을 장착하였다. Vectorworks는 이전에는 Architectural Desktop과 유사한 파라메트릭 기능을 가지고 있었다. 그러나 지금의 파라메트릭 모델링 기능은 다른 제품들과 유사한 기능을 지원하면서, 오히려 사용하기 쉽고 사용자가 친근하다고 많이 알려져 있다.

도구측면: Vectorworks는 매우 광범위한 도구들을 제공한다. 이들은 별도의 제품들이지만 함께 묶여서 패키지화 되어있다. 제품들은 아래와 같다.

Architect–건축 BIM 소프트웨어
Designer–제품 설계와 인테리어 모듈
Landmark–2D와 3D 조경 라이브러리가 동시에 가능한 조경 도구
Spotlight–특정 장소와 행사 시뮬레이션을 위한 조명 시뮬레이션
Machine Design–기계 부품, 기어, 캠, 도르래, 등등의 파라메트릭 객체를 사용한 기계 설계를 지원. 또한 수많은 기계 제어능력 제공
Renderworks–Vectorworks의 렌더링 도구

이 다양한 제품들은 광범위한 기능들을 통합된 사용자 인터페이스와 스타일로 지원하는데, 드래그 오버 명령어 힌트, 스마트 커서, 내용 기반 명령어 보이기(content-sensitive operation display), 그리고 사용자화된 메뉴가 그것이다. 이들 제품들의 일부 기능은 중복되기도 한다. Vectorworks의 도면화기능은 모델의 투사도(projections)들에 단면 주석(section annotations)을 연동시킬 수 있도록 해준다. 주석과 치수가 아직 3차원 객체와는 직접 연동되지 않아 모델과 도면의 일치하도록 주의 깊게 검토해야 한다. Vectorworks의 NURBS 면 모델링은 매우 훌륭하다. 이것은 대부분 API나 Vectorscript 스크립팅 언어를 사용하여 객체 클래스를 미리 정의하거나 새로운 객체를 정의하는 것이 가능하다. 또 고차원 형태의 상호작용 관리가 가능한 Siemens PLM의 Design Constraint Manager와 연동된다. 현재 Constraint Manager는 2D 소프트웨어에 국한되지만, 압출 성형과 다른 비슷한 용도로 사용될 수 있다. 속성들은 필요할 때

사용하기 위해 프로젝트 데이터베이스 안에 저장되며 객체들과 연동된다.

플랫폼 측면: Vectorworks는 메모리 기반 시스템이다. 32비트와 64비트 버전 둘 다 지원 가능하며 Mac과 PC 또한 다 지원한다. 다른 많은 시스템처럼 Vectorworks도 모델을 실용적인 크기로 분할하도록 작업그룹을 사용하며, 이는 규모 문제를 해결할 수 있으며 다른 부분에 동시접근이 가능하다. 사용자 인터페이스는 제품들에 따라 잘 통합되어 있다.

일부는 다른 소프트웨어들과 직접 링크로 연동되지만 대부분 IFC를 통해서 연동된다. 아래 소프트웨어들 중 IFC를 교환포맷으로 사용하는 경우 (IFC)로 표시하였다.

- 구조: Revit Structure(IFC), Scia Engineer(IFC), Tekla(IFC), Nemetschek Allplan
- 설비: Vectorworks는 덕트작업, 배관작업, 케이블 트레이 같은 파라메트릭 MEP 레이아웃에 필요한 많은 객체들을 포함한다. 또한 MagiCad(IFC)와 연동된다.
- 에너지와 환경: Vectorworks는 IES와 그것의 다른 도구들과 연동된다. 또 다른 설비 소프트웨어들과 IFC를 통해 연동된다.
- 시각화: 내부 렌더링 엔진인 Renderworks(IFC)와 외부 고성능 엔진인 Artlantis를 사용한다. ESP-vision과 연동한 행사 조명 시뮬레이션을 지원하고, 또한 Maxon Cinema 4D와의 인터페이스를 지원한다.

앞서 언급한 것처럼, Vectorworks의 해양본부는 선박제작에 있어 CNC 절단 거푸집에 주요 역할을 하고 있다. Mac 버전의 Vectorworks는 전개도를 작성하는 도구인 TouchCad와 연동된다. 다른 도구들은 내비게이션 도구인 Virtual Building Explorer 3D를 포함한다. Vectorworks는 물량 산출과 견적을 위해 엑셀 스프레드시트로 내보낸다. 또한 Google SketchUP 데이터를 불러오는 것처럼 몇몇 외부 도구들과 연동되기도 한다. Vectorworks는 스크립팅 언어와 오픈 API처럼 Visual Basic을 이용한다. 지원하는 정보 교환 형태로는 DXF/DWG, IGS, SAT, STL, X_T, 3DS들이 있다. Vectorworks는 IFC와 연동이 우수하며, 양방향 교환이 가능하다. 이것의 IFC기능들은 객체 분류체계, 속성 집합과 작성자/히스토리 정보의 등록을 포함한다. 그것의 IFC (2X3) 정보 교환 기능은 ArchiCAD, Bentley Microstation, AutoCAD Architecture, Revit, Solibri Model ChecherTM, 그리고 Navisworks와 테스트되었다.

환경측면: Vectorworks는 다른 시장에서 특정 설계 작업을 지원하는 데에 초점을 맞추어 왔다. Siemens PLM과 연동하는데 제약이 있지만, BIM 환경

으로서는 큰 문제가 되지 않는다. 객체들은 전역 고유 식별자(GUID)나 버전 정보를 갖거나 관리하지 않는다.

2.6.6 테클라 스트럭쳐스(Tekla Structures)

Tekla Structures는 1966년 설립되었고 전 세계적으로 지점을 가진 핀란드 회사인 테클라 사(Tekla Corp.)에 의해서 시작되었다. Tekla는 건물, 건설, 사회기반시설, 그리고 에너지에 걸친 다양한 분야를 지원한다. Tekla의 초기 건설 관련 프로그램은 1990년대 중반에 개발된 xSteel인데, 전 세계적으로 철골 디테일링을 위해서 사용되는 프로그램으로 성장하였다. 주로 파일기반 시스템이고 확장성이 좋다. 또한 서버에 있는 같은 프로젝트 모델에서 여러 명의 사용자가 작업하는 것을 지원한다. 현재 B-스플라인이나 NURBS 면들을 지원하지 않는다.

도구 측면: 2000년대 초반, Tekla는 구조, 건축 프리캐스트 콘크리트를 위한 설계와 제작 단계 디테일 수준까지 지원할 수 있도록 기능이 추가되었다. 2004년 xSteel은 철골, 프리캐스트 콘크리트, 목재, 철근콘크리트, 구조 엔지니어링으로 확장된 기능을 반영하기 위해 Tekla Structures로 이름을 변경하였다. 최근 건설관리 능력까지 추가 되었다. Tekla는 제품들의 발전 범위를 지원하는 플랫폼이다. 전체적인 상세 수정 기능뿐만 아니라, 또한 엔지니어링, 프로젝트 관리자, 뷰어를 제공한다. 이 도구들 모두는 제작과 자동화 생산에 필요한 기능들을 제공한다. Tekla는 윈도우 7을 지원하고, 드래그 오버 명령어 힌트, 스마트 커서, 그리고 사용자 설정 메뉴와 같은 인터페이스를 제공한다. 또 새로운 파라메트릭 객체를 생성하거나 기존의 것을 수정하는데 훌륭한 기능을 가지고 있다. 그럼에도 불구하고 복잡한 시스템이어서, 배우고 제대로 알기까지 시간이 필요하다.

플랫폼 측면: Tekla는 다음과 같은 광범위한 소프트웨어들을 지원한다(다음장 표 참고). Tekla는 오픈 소프트웨어 프로그래밍 인터페이스(open API)를 가진다. 또한 광범위한 교환 형태를 지원하며, 표 2-3에서 보는 것처럼 일부는 내보내는 파일 그대로 다른 소프트웨어에 전달할 수 있다.

환경측면: Tekla는 같은 프로젝트에 사용자가 동시접속 가능하고, 객체나 상위 집합단계에서 예약(reservation)이 가능하다. Tekla는 객체 ID와 타임스탬프를 가지며 객체단계 관리를 지원한다.

Tekla Structures의 장점: 광범위한 구조 재료와 상세를 포함한 구조를 모델링을 지원하는 다방면의 기능들, 또한 대규모 프로젝트를 지원할 수 있으며, 같은 프로젝트에 동시에 여러 명의 사용자들이 작업하는 것을 지원한다. 본래 제공하는 객체로부터 사용자 정의 객체를 개발하는 기능을 포함하여, 사용자 정의 파라메트릭 컴포넌트 라이브러리 기능을 지원한다.

Tekla Structures의 단점: 강력한 도구인 반면에, 배우고 제대로 활용하기

소프트웨어	회사	기능
AxisVM	Inter-VCAD Kft	CNC 제작
CYPECAD	Cype	철근콘크리트조 구조 설계 및 분석
Diamonds	Buildsoft	구조 설계 및 분석
Fastrak	CSC	구조 설계 및 분석
FEM Design	StruSoft	구조 설계 및 분석
MidasGen	MIDAS	구조 설계 및 분석
ModeSt	Tecnisoft	구조 설계 및 분석
NISA	Cranes Software International Ltd.	구조 해석
PowerFrame	Buildsoft	구조 해석
RFEM	Dlubal	구조 해석
Robot Millenium	Autodesk	구조 해석
RSTAB	Dlubal	구조 설계 및 분석
SAP2000	Computers & Structures, Inc	구조 해석
SCIA	Nemetschek	구조 설계 및 분석
S-Frame	CSC/Softek	구조 해석
STAAD	Bentley	구조 설계 및 분석
STRUDS	SoftTech	구조 설계 및 분석
Trimble LM80	Trimble	현장 배치, 측장 장비
BuildSite	BuildSite	제조사와 유통업자를 위한 제품과 기술 데이터
Meridian Prolog Converge	Meridian	프로젝트 관리

에는 전체 기능이 꽤 복잡하다. 파라메트릭 컴포넌트의 힘은 인상적이고 강력하지만, 지정 사용자가 필요하다. 다른 소프트웨어에서 2방향 이상의 복잡한 곡선으로 이루어진 면을 불러오는 것은 가능하지만, 수정할 수 없고 참고만 가능하다. 또한 상대적으로 가격이 비싸다.

2.6.7 디프로파일러(DProfiler)

디프로파일러는 Beck Technologies사의 제품이다. 디프로파일러는 1990년대 중반, 건축·건설 시장을 포기한 PTC(Parametric Technologies Corporation)로부터 인수한 파라메트릭 모델링 플랫폼을 기반으로 개발 되었다. 디프로파일러는 PTC로부터 사들인 소프트웨어에서부터 진화한 프로그램이자 플랫폼이다.

디프로파일러는 기능 측면에서 독특한데, 공사비와 유지관리 비용이라는

표2-3 Tekla에 의해 지원되는 형식

포맷	가져오기	내보내기
AUTOCAD (.dwg)	X	X
AUTOCAD (.dxf)	X	X
BVBs (.abs)		X
Cadmatic models (.3dd)	X	
Calma plant design system (.calma)	X	X
CIS/2 IpM5/IpM6 analytical, design, manufacturing (.stp,.p21, .step)	X	X
DsTV (.nc, .stp, .mis)	X	X
Elematic Eliplan, Elipos (.eli)	X	X
EpC		X
Fabtrol Kiss file (.kss)		X
Fabtrol Mis Xml (.xml)	X	X
GTsdata priamos		X
High level interface file (.hli)	X	X
HMs (.sot)		X
IFC2x/IFC2x2/IFC2x3 (.IFC)	X	X
IFCXMl2X3 (.xml)	X	X
IGES (.iges, .igs)	X	X
Intergraph parametric modeling language (.pml)		X
Microsoft project (.xml)	X	X
Microstation (.dgn)	X	X
Oracle Primavera p6 (.xml)	X	X
Plant Design Management system (.pdms)		X
SAP, Oracle, oDBC, etc.	X	X
STAAD ASCii file (.std) in out	X	X
Steel Detailing Neutral Format (.sdf, .sdnf)	X	X
Steel12000		X
STEP ap203 (.stp, .step)	X	
STEP ap214 (.stp, .step)	X	X
Trimble IM80 (.txt, .cnx)		X
Unitechnik (.uni)	X	X

측면에서 개념모델을 다룬다. 먼저 공간 특성, 건물 구조, 대지 속성에 기초하여, 주어진 건물 유형에 따라 빠르게 개념설계를 만들 수 있다. 프로젝트의 고차원 컴포넌트들은 대지(토지, 주차장, 저수지)와 매스(건물외장, 특수한 형상, 설비, 바닥, 실)로 구성되어 있다. 고차원 컴포넌트들에 공사비 정보가 연결되어 있다. 개념모델은 직관적인 모델링 기능을 이용해서 쉽게 3D 스케치로 그려질 수 있다. 건물은 공간별, 층별로 구성될 수 있고, 아니면 전체 건물을 한 덩어리로 정의한 후 각 층을 한 공간으로 지정하여 나누거나, 층과 공간이 혼합된 형태로 정의하여 나눌 수 있다. 대지 계획은 지형 모델이나 구글 어스 지형을 불러들일 수 있다. 이들 각각은 기본 설정을 사용하거나, 아니면 필요에 따라 설정을 다시 하여, 아주 상세하거나 또는 거의 상세 없이 표현할 수 있다.

기본 설정은 건물 유형에 따라 설정되는데, 이는 RS Means Master format 16 데이터를 이용하거나, 품목명들을 나열한 상세 분류체계를 이용하거나, 아니면 Timberline의 더 상세한 분류체계를 이용한다. 벽이나 바닥 같은 각각의 객체는 공사비와 연동된다. 객체는 형태를 바꾸지 않고도 해당 공사방법을 바꿀 수 있다. 이는 공사비 견적사가 바닥유형, 외장과 공사 상세를 바꾸어 가면서 프로젝트 비용을 거의 완전히 조절하여 산출할 수 있다는 의미이다. 비용에 대한 변수들은 건물 형태나 위치에 따라 단가가 고정되어 있다. 반면에 다른 변수들은 사용자가 제어할 수 있고(유리의 필름 종류나 화장실의 환풍기 개수 같은), 공간적 속성은 건물의 형상에 따라 결정된다. 그래서 설계 모델은 형태적으로는 단순하여도, 설계 의도가 비용 분류체계에 따라 정의되기 때문에 비용적인 측면으로는 단순할 수도 복잡할 수도 있다. 그러므로 시스템의 강점은 컴포넌트, 컬렉션, 조립품, 품목명들로 계층적으로 구성된 비용 견적측면에서 의도를 표현하는 것이다. 이런 여러 단계는 건설사나 다른 사용자들이 필요시에 자신들의 비용 데이터에 맞추어 계획할 수 있도록 해준다.

현장의 자재물량을 기준으로 산출한 비용 견적 결과는 상세해서, 처음에는 개산견적으로 시작하지만, 프로젝트가 상세해지면서 프로젝트 진행에 따라 견적의 추적이 가능하며, 공사가 끝난 뒤에는 품질확보를 위한 실제 물량과 예상물량의 비교가 가능하다. 뿐만 아니라 건물임대와 유지관리 비용을 포함한 프로젝트에 대한 전체적인 경제적 현금흐름 분석 기능도 제공한다. 디프로파일러가 사용하는 공사비 견적 데이터베이스는 댈러스 사무실에서 수집되고 관리된다.

디프로파일러는 DGN, DXF, PDF, DWF와 같은 포맷으로 프로젝트 형상을 불러올 수 있다. 또한 유지관리 비용을 산출하기 위해 에너지 분석 도구인 eQuest로 내보낼 수도 있고, 엑셀 스프레드쉬트와 다양한 이미지로도 내보낼 수 있다. 2010년 가을 현재, DProfiler 베타 버전에서 Revit 모델을 불러들일 수 있으며, 디프로파일러 엔티티와 레빗 객체 패밀리와 인스턴스를 전체 매핑하는 것도 가능하다. 디프로파일러는 레빗 프로젝트의 공사비 견적 데이터 전체를 Timberline과 매핑시킬 수 있다. 비공식적으로 Innovaya와 짝을 지어,

디프로파일러는 불러들여온 레빗 프로젝트 모델과 Timberline 비용 모델을 연동시킬 수 있어서, 프로젝트가 진행됨에 따라 프로젝트 후반작업에서 공사비의 추적이 가능하다. Hillwood-Beck Multiuse Building 사례 연구에서(9장에서 논의) 디프로파일러 사용의 예를 보여준다.

디프로파일러의 장점: 기능은 개별 항목과 조합 항목의 견적에 근거하여 거의 모든 건물 유형에 쉽게 적용할 수 있다. 레빗과의 연동 인터페이스를 통해 프로젝트 후반작업과 연결해주는 기능이 강력하다. 디프로파일러의 강점은 광범위한 공사 내역서와 관련 공사비 견적에 근거하여 다양한 개념설계들의 가치를 평가할 수 있다는데 있다. 일부 사례 연구는 잘 개발된 디프로파일러 프로젝트는 건설비용의 5% 이내 오차범위를 보였으며, 프로젝트 전체비용의 1% 오차 내에서 프로젝트 모델을 지원하는 것을 보여준다. 개념 수준의 프로젝트에서 상세한 경제적 평가를 생성하는 디프로파일러의 능력은 강력하고 유일하다.

디프로파일러의 단점: 이는 범용 BIM 도구가 아니다. 이것의 주요 목적은 마감 대안이나 시스템 대안별 경제성을 대안별로 모델링하지 않고도 검토가 가능하게 함으로써, 건설 프로젝트의 전체의 경제적 타당성 평가를 가능하게 하는 데에 있다. 일단 모델이 완성되고 나면, 전체 정보호환은 현재는 레빗과만 가능하다.

2.6.8 AutoCAD 기반의 소프트웨어

AutoCAD를 기반을 한 Autodesk사의 건축 프로그램은 Autodesk Architecture이다. 이전에는 Architectural Desktop(이하 ADT)이라고 불렸는데, 이는 Revit을 인수하기 이전에 Autodesk사의 3D BIM 모델링 도구였다. 이후 ADT와 AutoCAD는 통합되었다. AutoCAD 확장으로 서피스와 솔리드 모델링을 모두 지원하며, 2D 도면을 BIM 모델로 전환할 수 있도록 지원한다. 미리 정의된 객체 집합을 포함하며, 이런 객체들에 대한 몇 가지 규칙들을 제공한다. 정의된 객체나 계단이나 지붕 같은 조립객체에 한해 파라메트릭 기능을 지원한다. 또한 상황에 맞게 반응하는 사용자 정의 객체(custom objects)를 만드는 기능 등, 일부 파라메트릭 기능도 지원한다. 외부 참조파일(External Reference Files, XREF)은 대규모 프로젝트를 관리하는데 유용하다. AutoCAD에서 도면공간은 3D 모델에서의 모델공간과 연계되는데, 현 시점에서는 모델로부터 도면으로의 한 방향 링크만 제공한다. 모델 뷰는 단순한 직교투상법(orthographic projection)으로 표현되며, 한정된 뷰 관리기능을 제공한다. 오토데스크 아키텍처는 AutoCAD의 잘 알려진 도면 제작능력을 강점으로 한다. 정보교환 형태는 DGN, DWG, DWF, DXF, 그리고 IFC를 지원한다. 확장기능 개발을 위해 AutoLISP, Visual Basic, VB Script, 그리고 ARX(C++)를 지원한다.

AutoCAD는 사용자에 따라 각기 다른 버전을 지원하는데, Architecture, MEP, Electrical, Civil 3D, P&ID, 그리고 Plant 3D 버전이 있다. 이들은

서로 사용자가 다르기 때문에 각기 다른 객체를 가진다. 예를 들어, AutoCAD Architecture는 벽, 그리드, 기둥, 보, 커튼월, 공간, 지붕, 계단, 멀티뷰 블록, 그리고 매스 요소 객체를 포함한다. AutoCAD MEP 객체는 케이블 선반과 부품, 전선관과 부품, 배관과 부품, 배관 이음, 달대, 멀티뷰 부품, 패널, 파이프와 부품, 파이프 연결재 등이 포함된다.

오토데스크는 써드파티(third party) 개발자들이 AutoCAD를 플랫폼으로 사용하여 건설 산업 내 다양한 분야에서 필요한 다양한 객체들을 개발하도록 장려하고 있다. 이것은 전 세계의 개발자 모임에서 진행되어 왔다. 이러한 개발자 모임에는 많은 구조 설계, 해석 패키지를 제공하고 있는 Computer Services Consultants(CSC)와 CADPIPE를 제공하는 AEC design Group, 파이핑, 플랜트 설계 소프트웨어를 제공하는 COADE Engineering Software, 컨트롤 시스템 소프트웨어를 개발하는 SCADA 소프트웨어, 그리고 기타, 파이핑, 전기 시스템, 철골 구조, 소방 스프링클러 시스템, 덕트 시스템, 목조 프레임 시스템 등을 위한 3D 프로그램 등을 개발하는 그룹 등이 포함된다.

오토캐드 기반 소프트웨어의 장점: 사용자 인터페이스의 일관성으로 AutoCAD 사용자가 쉽게 적응할 수 있다. AutoCAD의 잘 알려진 2D 작업 기능과 인터페이스로 쉽게 사용가능하다. 또한 새로운 소프트웨어 개발을 위해 수많은 프로그래밍 언어를 사용할 수 있는 광범위한 API가 있다. SDK(Software Development Kit) 역시 잘 지원된다.

오토캐드 기반 소프트웨어의 단점: 이 프로그램의 근본적인 한계는 파라메트릭 모델링 프로그램이 아니라는 것인데, 이는 프로그래밍에 대한 지식이 없이는 새로운 객체, 규칙, 제한사항을 정의할 수 없다는 것이다. 다른 프로그램과 제한된 호환성을 가지고 있고, 근본적인 데이터 통합에 제한이 있는 XREF를 이용해 프로젝트를 관리해야 하고, XREF에 의존하지 않으면 안 되는 메모리 기반 프로그램이고, 모델 변경시 관련된 도면을 수작업으로 변경해야 하는 한계가 있다.

2.7 가벼운 모델링 소프트웨어(Lightweight Modeling Applications)

위의 플랫폼들은 각각 BIM 모델과 모델을 생성, 수정, 필요에 따라 변환할 수 있는 하나 이상의 소프트웨어로 이루어져 있다. 거기에 덧붙여, 우리는 여기에 널리 이용되는 두 가지의 가벼운 모델형식과 그것들을 사용하는 소프트웨어들을 소개한다. 그 두 가지는 Adobe사에서 개발한 3D PDF(Portable Document Format)와 Autodesk사에서 개발한 DWF(Design Web Format)이다. 이 두 가지 BIM 모델 형식은 BIM 모델 정보 생성을 위한 것이 아니라 다양한 작업흐름을 지원하기 위해 "공유하기" 위한 정보에 가깝다. 이런 웹 형식들은 설계와 엔지니어링 과정에서 BIM 모델 정보를 패키지화하고 분배하고, 검토하는 작업들을 표시(markup)하고 질의(query)하는 기능을 통해 지원한다. 하지만 모델 정보를 수정하는 것은 불가능하다. 이런 BIM 모델 형식이 널리 이용되는 것이 프로젝트 정보를 교환하고 검토하는 데에 중요한 역할을 하게 될 것이다. 아래는 이런 형식들의 기능 중 일부를 개략적으로 살펴본 것이다.

- **포괄적이고, 영역 구분이 없는 확장 가능한 스키마**(schema): 이런 포맷들은 특정 영역에 해당하는 스키마가 없고, 스키마는 오히려 다각형과 솔리드를 정의하는데 필요한 기하학 객체들로부터 마크업(markup) 객체와 시트(sheet) 객체들까지, 특정영역에 귀속되지 않는 일반적인 객체들로 구성되어 있다. 이런 포맷은 제조업과 건설 산업을 포함한 엔지니어링과 설계 분야의 필요에 의해 만들어졌다. PDF는 원래 문자와 이미지 기반의 문서를 교환하기 위해 생겨났는데, U3D(Universal 3D) 요소를 지원할 수 있도록 확장되었다. DWF 스키마는 특별히 스마트한 설계데이터를 교환하기 위한 목적으로 시작되었고 마이크로소프트의 XML기반의 XPS(XML paper specification)형식과 확장자를 기초로 하였는데, 이로써 누구나 객체, 클래스, 뷰, 행동들을 추가할 수 있게 하였다. PDF는 ISO 표준이지만, DWF와 3D PDF 확장판은 ISO 표준이 아니다.
- **프로젝트 정보의 내재된 뷰**: 두 가지 형식 모두, 모델 정보와 그 정보의 뷰를 정의할 수 있다. 정보 뷰는 2D 도면 뷰와 3D 모델 뷰 또는 래스터 이미지 뷰를 포함한다. 이들 각각은 독립적이며 내부적으로 연결이 되어 있지 않다. 2D 뷰와 3D 모델은 서로 별개로 탐색하거나, 선택이 가능하고 질의도 가능하다. 객체 메타정보를 포함하지만 객체 속성은 수정할 수 없다.
- **널리 이용 가능한 뷰어**: 두 가지 형식 모두 무료로 배포하고 뷰어로 사용 가능하다.
- **높은 품질과 정확도**: 두 형식은 높은 수준의 정확도와 정밀도를 가지고 내보내기가 가능하도록 만들어졌다.
- **높은 압축률**: 두 형식은 휴대성을 위해 최적화되어 있으며 압축률이 좋다.

이 두 가지 형식을 사용하는 세 가지 주요 소프트웨어는 아래와 같다.

Adobe Acrobat 9 Pro Extended는 3D PDF 뷰어이다. 다양한 3D 객체를 지원하며 문서에 애니메이션도 넣을 수 있다. 모델 비교도 지원한다.

Autodesk Design Review는 무료로 다운로드 받을 수 있는 뷰어이고, 검토 및 협업의 다른 양식을 지원한다. DWF로 변환된 2D 도면과 3D 모델을 지원한다. 모델은 고정시점이나, 걷기, 날아가기 같은 시점으로 공간적으로 검토가 가능하며, 뷰는 다양한 면이나 일부 단면에 고정된 직교형태로 나타날 것이다. 객체 표면사이의 거리나 각도를 측정할 수 있다. 객체 이름을 이용한 쿼리 또한 지원하며, 뷰 안에서 객체를 선택했을 때 색이 강조되며 객체 이름을 나타내준다. 2차원 문서를 회전시키기도 하는데, 검토의견을 보존하기 위해서 표시한 것들은 면 위의 어떤 점에 적용된다. 의견 등을 표시한 보고서를 쉽게 생성할 수 있다. 전자 서명 기능도 제공하며, 이는 서명이 적용된 후에 파일에 어떤 수정이 있었는지를 확인하게 해준다.

Steamline은 단일 부품이나 조립체를 위한 제조시장을 지원하기 위해 개발된 웹기반의 검토도구이다. 이것은 가벼운 형상 모델과 DWF로 만들어진 일부 정보를 지원한다. 이것은 발주처와의 안전한 소통 창구가 된다. DWF 파일은 서버에 업로드 되고, 승인된(비밀번호로 보호된) 사용자에 의해 검토될 수 있다. Autodesk가 이 서버를 관리한다.

2.8 결론

객체기반의 파라메트릭 모델링은 건설 산업에서 있어서 중요한 변화이다. 이 변화는 도면기반과 수작업 위주의 기술에서 컴퓨터가 읽을 수 있는 모델을 통해서 도면, 공정, 데이터를 생산해 내는 기술로의 전환을 가져왔다. 또 이는 설계, 시공, 시설 운영 정보들과 관련된 문제들을 연관시켜 주었다. 파라메트릭 모델링 기술은 크고 복잡한 모델을 3차원으로 생성할 수 있도록 한다. 하지만 이런 BIM 모델링 방법이나 계획 방법은 많은 사용자에게 익숙하지 않을 수 있다. CADD처럼 대부분의 파라메트릭 모델링 기술이 설계와는 별도로 문서작성 도구처럼 사용되고 있다. 하지만 관련 회사들의 수가 늘어나면서 직접적으로 설계에 이용하고 재미있는 결과물들을 만들어 내고 있다. 이런 사용의 일부는 5장에서 소개될 것이고, 9장에 있는 사례 연구에서 더 많은 예들을 볼 수 있다.

건물의 설계, 분석, 시공계획, 제조, 운영 등을 위해 건축 모델로부터 형상이나 속성에 관련된 정보를 추출해 내어 활용하는 것은 건축, 건설 산업의 다양한 측면에서 많은 영향을 줄 것이다. 이러한 많은 영향들은 이어질 장에서 논의될 것이다. 이러한 기술의 잠재성과 새로운 사용법들이 계속적으로 알려지고 있기 때문에, 앞으로 10년 안에 가능한 기술의 잠재성을 완전히 알 수는 없을 것이다. 현재까지 우리가 알게 된 것은 객체기반 파라메트릭 모델링이 건축과 건설에 있어서 많은 근본적인 표현 방법의 문제를 해결해 주었다는 점이고, 일부분만 이 기술이 활용되어도 이런 변화에 따른 이익 환수가 가능하다는 것을 보여 주었다는 점이다. 이러한 초기 이익에는 건축모델의 일치성 덕분에 도면 오류가 줄어들고, 엔지니어링 생산성이 향상되며, 공간 간섭으로 인한 설계 오류가 제거되는 것들이 포함된다. 모델이 3차원이고 실제에 훨씬 더 가깝기 때문에, 발주자, 건축가, 컨설턴트, 건설업체, 제조업체, 그리고 잠재적 운영자들이 프로젝트 안에서 의사소통 하는 데 사용된다.

비록 객체기반 파라메트릭 모델링이 BIM 출현과 도입에 중요한 영향을 끼

쳤지만, 그것이 BIM 설계도구나 BIM 모델을 생성한 것과 동일한 뜻은 아니다. 파라메트릭 모델링 외에도 많은 다른 설계, 해석, 검토, 가시화, 보고서 작성 도구들 또한 BIM 절차에서 중요한 역할을 하고 있다. 완전히 건물을 설계하고 시공하기 위해서는 많은 정보 요소들과 정보 형태가 필요하다. 많은 유형의 소프트웨어들은 건물 정보 모델링의 성숙과 발전에 사용될 수 있다. BIM 설계 도구와 플랫폼은 본 장에서 기술하였고 BIM 환경은 다음 장에서 기술할 것이다. 여기에서 고려된 BIM 소프트웨어들은 수 세대의 소프트웨어들 중에서 단지 가장 최근의 것들이지만, 이 도구들이 혁신적인 영향을 준 것은 입증이 되었다.

감사의 글

여러 BIM 도구의 리뷰는 Jaemin Lee, Maher El-Kaldi, Josh Oakley, Hugo Sheward, 그리고 Frank Wang에 의해 이루어졌다. 우리는 위 사람들의 헌신적인 도움에 감사드린다. 모든 오류의 책임은 저자들에게 있다.

2장 토론질문

1. 3차원 CAD 모델링 도구와 구별되는 BIM 설계도구의 주요 기능을 요약 기술하라.
2. 대부분 BIM 설계 도구는 3차원 객체모델뿐만 아니라 2차원 도면을 지원하고 있다. 상세수준을 변경하기로 결정 하였을 때, 3차원 모델링을 멈추고 대신에 2차원 도면 작업으로 마무리하려는 상황이라면 어떤 점들을 고려해야 하는가?
3. 왜 하나의 통합된 시스템에서 건축 시스템 전체의 통합 파라메트릭 모델을 이용하는 것이 어렵다고 생각하는가? 반대로 이것이 가능하다면 어떤 이점이 있는가?
4. 어떤 이유에서 SketchUp, 3D Max Viz, FormZ, Rhino와 같이 현재 유명한 설계 도구들은 BIM 도구가 아닌가?
5. Autodesk Inventor와 같은 제조용 파라메트릭 모델링 도구와 Revit과 같은 BIM 설계 도구와의 근본적인 차이는 무엇인가?
6. BIM 도구를 개발하는 플랫폼처럼 사용되는 추가적인 제조기반 파라메트릭 모델링 도구가 있다고 생각하는가? 시장가격은 어떻게 되며 이점은 무엇인가? 기술적인 문제는 무엇인가?
7. 당신이 중간 정도 규모(직원 25명 미만의) 회사의 최고 정보 관리자라고 가정하자. 이 회사는 학교 건물에 특화된 회사이다. 회사에 필요한 사용자 정의 객체 라이브러리를 위한 기본 구조를 제시하시오.

8. 당신이 친구들과 같이 한 명의 시공기술자와 두 명의 건축가로 구성된 디자인 빌드 회사를 시작하기로 하였다고 가정하자. BIM 도구를 선정하는데 있어서 계획을 세워보고 전체 시스템 환경에 대한 일반적인 평가요소를 정해보시오.

3장

상호운용성
Interoperability

3.0 요약

여러 종류의 소프트웨어들이 서로 공유하고 있는 데이터 요소의 호환을 통하여 설계와 시공 단계의 다양한 작업을 지원한다. 상호운용성은 프로그램 간의 데이터 교환 능력을 말하는 것으로, 작업의 흐름을 원활하게하고 어떤 경우에는 자동화를 가능케 하는 능력을 말한다.

전통적으로 협업은 DXF(Drawing eXchange Format)나 IGES(Initial Graphic Exchange Specification)와 같이 형상 정보에 국한된 파일기반 교환포맷(file-based exchange formats)에 의존했다. 응용 프로그램 인터페이스(Application Programming Interfaces, APIs)는 가장 오래됐으며, 상호운용성으로 가는 길에서 여전히 중요하다. 데이터모델(data models)은 ISO-STEP 국제 표준의 노력으로 서로 다른 산업 간의 제품모델(product model) 및 객체모델(object model) 교환을 지원하기 위하여 1980년대 후반부터 개발되기 시작했다. 데이터모델은 데이터의 구조를 정의하는 스키마(schema)와 데이터를 정의하는 스키마언어(schema language)로 구별된다. IFC에서 XML로 변환하는 것처럼, 번역기(translators)는 어느 한 스키마언어를 다른 언어로 변환한다.

건물계획, 설계, 시공, 그리고 관리를 위한 IFC(Industry Foundation Classes)와 구조용 철골의 엔지니어링이나 제작을 위한 CIS/2(CIMsteel Integration Standard Version 2)는 가장 대표적인 건물을 표현하는 데이터모델(building product data model)이다. 이와 관련하여 모델 중 공정산업설비(process plants)의 전생애주기(lifetime) 모델링을 위해 만들어진 것이 ISO-15926이다. 이 세 모델은 설계와 제작에 필요한 각기 다른 형상, 관계, 프로세스나 재료, 성능, 제작, 그리고 그 외의 속성들을 표현한다.

이러한 제품 모델 스키마(product data schemas)들은 서로 겹치는 부분도 있지만, 또 다양한 방법으로 데이터를 정의하는 방법을 지원하기 때문에, 두 개의 응용 프로그램이 같은 객체를 서로 다른 형태로 정의하여 내보내거나(export) 가져올(import) 수 있다. The NBIMS(National BIM Standard)는 특정 정보교환에 관한 데이터 요구조건을 표준화하기 위한 작업을 착수한 상태이다. 이와 병행한 연구가 유럽에서도 진행되고 있다. 효과적인 정보교환 방법이 개발되고 있는 시점에서, 작업흐름을 원활하게 하는 것이 설계나 시공의 더 나은 관리를 위한 다음 도전과제라는 인식이 공유되고 있다. 정보교환의 자동화는 작업흐름을 원활히 하고 불필요한 작업을 제거한다.

파일이나 XML 기반의 정보교환이 두 개 이상의 프로그램 간의 데이터 교환을 가능케 하는 동안, BIM 모델 저장소를 통해 복수의 프로그램에서 데이터를 조정해야 할 필요성이 커지고 있다. BIM 저장소에서 중요한 것은 이것이 파일 수준이 아닌 건물객체 수준에서 프로젝트 관리를 가능케 하는지 이다. BIM 저장소의 근본적인 목적은 프로젝트에서 사용하고 있는 다양한 모델들의 동기화 관리를 도와주는 것이다. 가까운 미래에 BIM 저장소는 BIM 프로젝트를 관리하는데 있어 보편적인 기술이 될 것이다.

3.1 소개

건물의 설계와 시공은 팀 활동이다. 각각의 활동과 유형별 특수성이 컴퓨터 프로그램으로 지원되고 증강되는 경우가 많아지고 있다. 기하학 정보나 자재 레이아웃을 지원하는 것 외에도, 자체적인 건물의 표현방법을 활용한 구조해석이나 에너지 분석 등도 지원된다. 시공 프로세스의 공정표는 설계와 밀접한 관계가 있지만, 비기하학적 정보로 표현된다; 각각의 하위시스템(철골, 콘크리트, 배관, 전기)에 사용된 제작모델(fabrication model)은 다른 것들에 추가로 특수한 디테일이 포함된 정보의 또 다른 표현 형태이다. 상호운용성은 프로그램간의 데이터 교환 능력이자, 복수의 프로그램이 공동으로 업무처리에 기여하는 것이다. 최소한 상호운용성은 한 프로그램에서 이미 작성된 데이터를 수작업으로 복제해야 할 필요를 없앤다. 구조나 에너지 설계와 같이 복잡한 문제에 대한 최적의 해결책이 요구되는 경우에, 부분적인 프로젝트 데이터의 수작업 복제는 설계 단계에서의 반복 작업(iteration)을 대단히 힘들게 만든다. 또한, 수작업을 통한 복제를 하면, 의도치 않게 데이터 간에 어느 정도 비일관성이 생기고, 이는 오류의 원인이 된다. 이것은 또한 비즈니스 실무(business practice)를 자동화하는데 있어 굉장한 제약이다. 이베이(eBay) 혹은 여타 e-비즈니스가 사용자계정을 활용하지 않고 당신이 웹사이트를 이용할 때마다 개인정보를 입력하도록 요구한다고 가정해보자; 그들이 당신의 주문을 추적하는 일은 결코 현실적이지 않을 것이다. 이 전자상거래 웹사이트는 절대 당신에게 특가판매를 할 수 없을 것이다. 상호운용성은 자동화에서 새로운 지평을 연다.

사람들은 프로그램 간에 DXF, IGES, 혹은 SAT와 같은 번역기를 이용하여 기하학정보를 교환하는데 익숙하다. 이 번역기들은 상당히 탄탄하다; 사람들은 시각적으로 기하학정보의 오류를 검사하고 그것들을 수정할 수 있다. 건물정보 교환은 어째서 이보다 더 어려운 것일까? 우리는 과거에 형태와 기하학을 모델링 하는 것에서 현재 객체를 모델링 하는 것으로 나아가고 있다-먼저 일반적이고 추상적인 것을 시작으로, 실제 제품에 상응하거나 혹은 시공의 지침이 될 수 있는 객체로. 제도나 CAD 시스템에서 기하학정보를 가장 핵심적으로 고민했다면, 2장에서 서술한대로, 우리는 이제 BIM을 통해 다양한 종류의 기하학, 관계, 속성, 그리고 각기 다른 행동방식에 대한 특성을 함께 표현한다. 이 모델은 통합되었을 때, CAD 파일보다 반드시 더 많은 정보를 전달해야 한다. 이것은 큰 변화이며, 이 변화를 이루어내기 위해서 IT 방법론과 표준이 점차 적용되고 있다.

앞장에서 우리는 BIM 프로그램을 소프트웨어(tool), 플랫폼(platform), 그리고 환경(environment), 이 세 가지 유형으로 구분했다. 상호운용성은 이 세 유형 사이에서 서로 간 능력의 차이를 보완하고, 데이터 교환시 발생하는 다양한 문제점들을 다룬다. 가장 일반적이고 중요한 형태의 데이터교환은 BIM 플랫폼과 BIM 플랫폼이 지원하는 소프트웨어들(가장 일반적인 예로 구조나 열을 분석하는 소프트웨어, 혹은 물량산출, 공정계획, 조달과 관련된 프로그램)간의 데이터 교환이다. 이 때, 플랫폼의 데이터모델(native data model: 플랫폼이 내부적으로 사용하는 데이터구조)의 일부분이 정보교환하려는 데이터 형식에 맞게 번역된다. 이러한 번역과정은 필요한 모델 데이터를 정의하고, 소프트웨어가 요구하는 포맷으로 변환한 후, 모델에 포함되어 있지 않은 정보는 채워 넣는 방식으로 이루어진다. 이러한 정보교환과정은 보통 플랫폼에서 소프트웨어로의 일방향으로만 이루어지는데, 그 이유는 데이터를 받는 소프트웨어가 플랫폼의 원래 BIM 모델(native building model)을 오류 없이 업데이트할 수 있는 설계 데이터나 법칙을 포함하고 있지 않기 때문이다. 따라서 BIM 소프트웨어에서 업데이트된 결과를 사용자에게 주면, 사용자가 기존모델을 업데이트하는 방식을 취한다. 아주 드물게, 특정 목표에 가장 잘 부합하도록 만든 설계 대안들 중에서 적절한 설계를 찾아내는 것이나 간섭체크의 결과에 따라 기계 설비의 위치를 자동으로 이동하여 오류를 제거하는 것과 같이, 소프트웨어의 결과가 플랫폼 내에서 자동적으로 설계 변경을 하는데 사용되는 경우도 있다. 검토에 바탕을 둔 이러한 유형의 자동설계 변경들이 점차 증가하는 추세다. 플랫폼과 소프트웨어간의 정보교환은 상호운용성의 가장 기본적인 형태이며, 소프트웨어 프로그램과 프로그램간의 교환이나 IFC와 같은 중립 교환포맷의 공유로 가능해지고 있다.

플랫폼에서 소프트웨어로의 데이터 교환은 이보다 더 복잡하다. 구조 분석을 위해 선과 절점 모델(stick and node model)을 추출하고 적합한 하중을 결정하는 것은 사람의 전문성과 판단을 요구하기 때문에(Emkin 1988), 아직 보편적으로 자동화된 변환이 아니다. 이와 비슷하게, 에너지 분석은 자신들의 입력 값을 위한 BIM 모델을 특별히 개발했지만, 설계자들이 사용하는 모델구조에 이것들이 정의되어 있지 않기 때문에, 에너지 분석을 위해 새롭거나 혹은 많이 수정된 모델의 개발이 요구된다. 이 교환들이 복잡한 이유는 소프트웨어들이 요구하는 특수한 기하학 때문이다. 결국에 우리는 설계중심 모델로부터 탄탄하고 경쟁력 있는 자동화된 변환을 볼 수 있을 것이다; 그 이전에는, 상호작용하는 수작업 변환이 요구될 것이다.

소프트웨어와 소프트웨어 간의 정보교환은 좀 더 간단하다. 소프트웨어 간의 정보교환은, 내보내기 기능으로 보낼 수 있는 정보가 제약적이라, 제약적일 수밖에 없다. 물량산출(QTO) 정보를 비용 산출 프로그램으로 보내는 예를 들어보자. 추후의 구매와 자재추적, 혹은 혹시 모를 작업패키지(work package)나 공정과의 연계를 위해, QTO는 비용 산출에 관해 다양한 활용가능성이 있는 BIM 데이터를 추출한다. 또 다른 소프트웨어와 소프트웨어간의 정보호환방식은, 이 책에서 BIM 소프트웨어라고 보는, Autodesk Design Review(DWF 포맷을 사용)나 Adobe의 3D Viewer(PDF 포맷을 사용)와 같은 가벼운 기하학 뷰어(lightweight geometry viewer)들을 사용하는 방법이다. 이 소프트웨어들은 시각화와 검토의 용도로 만들어졌다. 이 소프트웨어들은 조명 시뮬레이션 혹은 간섭 검토와 같은 다른 소프트웨어들과의 인터페이스를 위해 제한적으로 사용 될 수 있다. 이럴 때에, 설계 플랫폼과 소프트웨어와의 경계는 모호해진다. 핵심은, 가벼운 기하학 뷰어들은 설계변경을 할 수 없으며, 플랫폼의 모델을 업데이트 할 수 없다; 정보의 흐름은 일방향이다.

상호운용성의 주요 과제는 플랫폼과 플랫폼간의 교환이다. 이것은 Archi Cad, Revit, 그리고 Digital Project와 같은 설계 플랫폼, 그리고 Tekla, SDS/2 Structureworks, 그리고 StruCad, CADPipe, CAMduct와 같은 제작모델 플랫폼을 포함한다. 플랫폼들은 넓은 스펙트럼의 데이터만을 포함하는 것이 아니라, 객체들의 무결성을 관리하기 위한 법칙 또한 포함한다. 제5장, 섹션 5.4.1에 서술된 "건물 코어"의 사용자정의 파라메트릭 조합을 예로 보자. 이것의 레이아웃과 업데이트를 위한 법칙은 이것을 만든 건축설계 사무소가 다수의 고층빌딩을 작업하면서 얻게 된 경험을 바탕으로 개발한 것이다. 건물 코어 객체를 수정이 안 되는 정보형태로 다른 프로그램으로 전달하는 것은 간단한 일이지만, 수정 가능한 형태로 모델을 내보내기 위해서는 스프레드시트 등에 어떤 규칙들을 적어 같이 내보내야 한다. 오늘날, 서로 다른 BIM 플랫폼 간에 서로 공유되는 규칙들이 별로 없다(2장 섹션 2.3.6의 자주 묻는 질문에 서술된 대로). 예를 들면, 몇몇 BIM 플랫폼에 벽 조합 객체와 규칙들이 있는데, 이러한 규칙들은 '벽체(framing)'와 같은 종속 객체에 적용될 수 있다. 적용규칙이 다른 경우, 플랫폼과 플랫폼간의 교환은 불가능하다. 그러나 이미 고정된 형상의 객체나 간단한 돌출형상(extrusions) 등은 교환에서 문제가 되지 않는다는 점은 강조되어야 한다. 향후 이러한 파라메트릭 모델들의 플랫폼과 플랫폼간의 교환 문제를 해결할 수 있는 법칙의 표준화된 어휘가 개발되어야 할 것이다.

더 일반적으로 상호운용성에서 대두되고 있는 이슈는 플랫폼과 소프트웨어 수준에서 프로젝트에 대한 다양한 표현을 관리해야 할 필요성이다. 이 필요성은 단순히 BIM 모델을 다른 포맷으로 변환하는 것뿐만 아니라, 모델 정보를 수정하거나 확장하여 설계정보를 다른 용도로 사용하기 위해 BIM 모델을 표현하는 것을 포함한다. 위에서 언급된 철골 설계 사례는 구조설계의 물리적 모델(physical model)을 구조 분석용 모델로 변환하는데 요구되는 지식을 보여준다. 물리적 모델에서 구조 모델을 도출하는 것은 구조 규정에 대한 처리, 경간, 보의 깊이, 접합부의 거동, 그리고 특히 하중 상태 같은 전문적인 고려를 많이 수반한다. 구조 엔지니어링 전문가는 건물의 분석 모델(analytical model)을 건물의 건축적 생애(architectural incantation)(Emkin, 1988)에 따라 정의하도록 요구된다. 또한, 구조 모델은 건물 구조의 거동을 전송하기 위해, 구조의 위상을 개념화한 막대기와 교점으로 표현된 대안적 형태로 표현된다(그림 3-1(왼쪽) 참조). 이 모델은 하중의 조합을 다루기 위해 접합부 거동, 외부 하중, 그리고 규정의 요구 조건을 추상적으로 표현한다. 구조체의 특정 부분은, 그 부분의 기하학적 형태, 하중 복잡도, 혹은 프로젝트에서의 중요도 때문에, 인터페이스에서 다양한 교점과 요소 요구조건을 정의하는 더 상세한 기하학과 함께, 3D 유한요소 모델(FEM) 내의 그물망(mesh)으로 표현되어야 할 수도 있다(그림 3-1 오른쪽). 이 유한요소 모델은 솔리드 모델이 아니며, 자신들의 거동을 다른 셀들의 프레임워크 안에서 묘사할 수 있는 셀들의 집합이다. 유한요소 모델은 일반적으로 솔리드 모델에 사람의 특정한 입력 값을 입력 받아 생성된다. 이 두 유형의 구조 모델 모두 모델을 생성할 때 구조설계 전문가를 필요로 한다. 그리고 우리는 건물의 구조 부재에 대해 두 개, 어떤 경우에는 그 이상의 표현법을 가질 수 있다.

주요 요점은, 하나의 모델이 수정되면 일관성을 위해 다른 모델들도 검토되고, 업데이트되어야 한다는 것이다. 현재는 대부분 이러한 업데이트의 관리가 많은 노동력과 수작업을 통해 처리되고 있다. 변경 내용을 설계의 다른 부분에 반영하는 것이나 변경관리를 하는 것은 설계 조율의 핵심적인 부분이다. 이것들은 상호운용성에 관련된 더 넓은 범위에서의 쟁점사안이다.

어째서 건축가들, 시공자들, 엔지니어들, 그리고 제작자들이 상호운용성과 제품 모델에 관심을 가져야 하는가? 이러한 기술적인 이슈들은 컴퓨터 과학자와 소프트웨어 회사가 풀어야 할 것들 아닌가? 어째서 이 장을 읽고 이해하는 것이 중요한가?

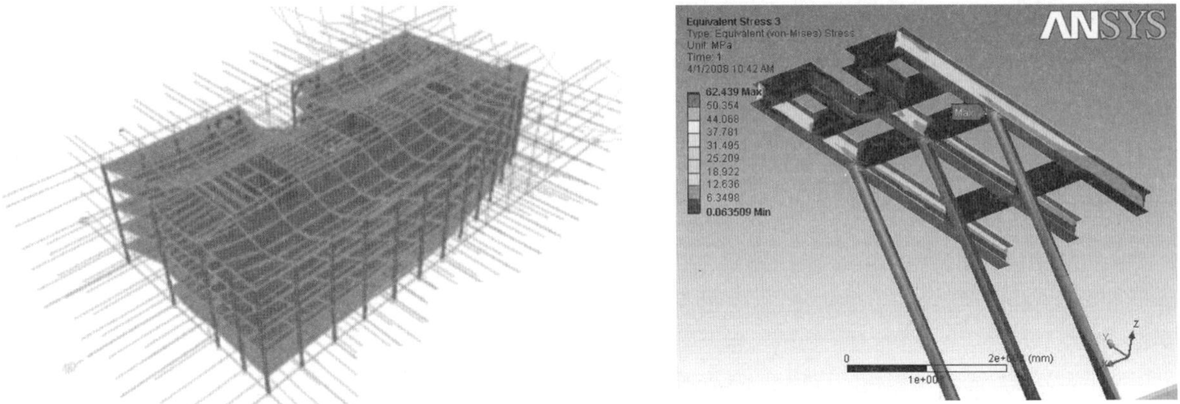

그림 3-1 두 가지 다른 구조 분석 모델들: 어느 한 구조체의 변형된 막대기 모델과 또 다른 구조체의 3D 솔리드 유한요소 모델 (Waller Marine, Inc.)

표준은 지금까지도 그래왔고 앞으로도 건설 비즈니스 실무에서 중요한 역할을 할 것이다-자재성능 표준. 그래픽 표준, 제품정의 표준, 도면 세트 표준, 레이어 표준, 어떤 표준들은 사람들 간에 서로 이해하는 것을 돕기 위해 만들어졌다. 건물정보모델 표준은 디지털이기 때문에, 이 표준의 개발 또한 디지털이다. 컴퓨터 과학자들은 교환 프로토콜을 지원하는 컴퓨터 언어들(EXPRESS, BPMN, XML, 그리고 다른 것들이 계속 탐구되고 있다)을 제안함으로써 기술적인 프레임워크를 상호운용성을 위해 적용할 수 있었다. 하지만 어떠한 정보가 교환되어야 하는지에 대해서는 건축가, 엔지니어, 시공업자, 그리고 제작자가 컴퓨터 과학자들보다 전문가이다. 건설업계에는, 아직까지 그 어떤 조직도 전체 산업계의 효과적인 상호운용성을 정의해 줄 수 있는 경제적 영향력이나 지식을 가지고 있지 않다. 건설업계의 사용자가 정의한 교환 표준이 긴요해 보인다. R값, 루멘스(lumens), 열간(thermal break), 그리고 wythe[1]의 의미에 대해 생각해보라. 건설의 서로 다른 각 분야는 자신들에게 필요한 용어를 정의해왔으며, 위 용어들은 그 중 일부이다. 어떤 의미에서는 건물모델 교환은 각 분야에서 사용하는 다양한 건물정보와 관련되어 있다.

상호운용성은, 어떤 한 프로그램을 위해 정의된 특정 모델 정보를 다른 프로그램에서 사용할 수 있도록, 논리적으로 일관성 있는 다른 정보로 그 모델 정보를 매핑(mapping)하는 것에 관여한다. 간단한 경우는, 구문만 변하고 의미는 변화되지 않는다. 하지만, 교환할 때 많은 경우, 하나의 의미를 지닌 설계 정보를 여러 의미의 다른 정보로 번역하려면 내재된 전문지식이 필요하다. 이와 관련된 흔한 예로 건축가의 BIM 모델을 에너지 분석용으로 변환하는 것을 들 수

1 수직으로 쌓아올린 석조. 한 유닛의 두께

있다. 이러한 변환 과정을 통하여 모든 공간경계의 의미가 극적으로 변한다. 모든 프로젝트는 건물이 다 지어질 때까지 여러 종류의 번역 과정을 거친다. 정보의 의미는 그 정보를 활용하는 분야가 무엇이냐에 따라 정의된다. 이러한 정보 교환 방법이 본 장의 앞부분 중점내용이다. 뒷부분은 건축 프로젝트의 다양한 표현을 동기화하고 관리하는 방법과 논의, 그리고 이러한 이종표현을 관리하는 것에 초점을 맞추었다.

3.2 다양한 종류의 교환 포맷

2D CAD가 아직 초창기 시절이던 1970년대 말과 1980년대 초에도 서로 다른 프로그램간의 데이터 교환에 대한 필요는 분명했다. 그 시절 가장 광범위하게 사용되던 건설 CAD 시스템은 인터그라프(Intergraph)이었다. 이 당시 인터그라프의 프로젝트 파일들을 다른 시스템에서 사용할 수 있도록 변환하는 소프트웨어를 만드는 일련의 비즈니스들이 등장하였는데, 특히 공정산업설비의 설계와 관련된 것이 많았다. 그 예로, 배관 설계 소프트웨어와 물량산출표 혹은 관내 유동분석(pipe flow analysis) 프로그램 간의 데이터 교환을 위한 것을 들 수 있다.

이후, 포스트-스푸트니크 시대에, NASA는 자신들이 고용한 CAD 소프트웨어 회사들 중 번역기 개발회사에 가장 많은 돈을 지불하고 있다는 것을 알게 된다. 그 당시 NASA의 대표였던 로버트 풀톤(Robert Fulton)은 모든 CAD 소프트웨어 회사들을 불러 모아 그들이 공동으로 사용할 수 있는 데이터 형식에 합의하도록 요구하였다. NASA가 재정지원을 하던 회사인 보잉과 제너럴 일렉트릭은 자신들의 회사에서 독자적으로 진행하고 있던 초기 연구성과를 이 공개교환 포맷에 적용하는 것을 제안했다. 이에 따른 교환 표준이 검토되고 확장되어, IGES(Initial Graphics Exchange Specification)라 명명되었다. IGES를 사용하면, 각 소프트웨어 회사들은, 데이터 포맷당 번역기를 양방향으로 두 개씩 개발하는 대신, 자신들의 프로그램에서 공개교환 포맷으로 내보내기와 가져오기를 하는 오직 두 개의 번역기만을 개발하면 되었다(그렇게 하면 된다고 생각하였다). IGES는 아직도 많은 설계와 엔지니어링 커뮤니티에서 광범위하게 사용되고 있는 초창기 성공작이다.

BIM에 관한 맥그로우힐(McGraw-Hill)의 최신 설문은 숙달된 BIM 사용자(advanced BIM users)들에게 있어 가장 큰 쟁점은 상호운용성이라는 것을 보여주었다(McGraw-Hill 2009). 어떻게 하면 상호운용성-즉, 쉽고, 안정적인 프로젝트 데이터의 교환을 할 수 있을까? 일반적으로, 프로그램 간의 데이터 교환은 그림 3-2에 표현된 것처럼 두 가지 수준의 정의에 기반을 둔다. 우리는 교환된 정보의 의미에 대해 정의하는 최상위 수준의 인터페이스인 모델 스키마에 대해 이미 알고 있다. 초기에 파일 포맷은 정보의 구성이 그 정보의 의미와 분리되어 정의되지 않았다. IGES와 DXF가 그 예이다. 스키마와 일반적인 언어 사이의 분리가 유리하다는 인식은 1980년대에 들어와서 이루어졌다. 최근의 모든 데이터 교환 기술은 스키마와 정보의 의미를 구분한다. SQL(Structured Query Language)은 이것의 가장 적절한 예이자, 세계에서 가장 일반적으로 쓰이고 있는, 데이터베이스용 스키마 정의 언어이다. 현재 수 천 개의 SQL 스키마가 존재하는데, 대부분 상표가 등록된 것들이다. ISO-STEP이 개발한 데이터 모델링 언어인 EXPRESS(Schenck and Wilson 1994)는 다양한 제품 모델링 기술(product modeling technologies)과 IFC(Industry Foundation Classes)(IAI 2010)와 CIS/2(CIMsteel Integration Standard, version 2)(CIS/2 2007), 그리고 제조업계, 선박업계, 전자기기 분야의 20여개가 넘는 교환 스키마와 같은 스키마의 근간이라고 할 수 있다.

이 외 많은 정보교환이 XML(eXtensible Markup Language)을 통해 이루어진다. XML은 웹의 기본 언어인 HTML이 확장된 것이다. 이 XML은 다양한 스키마를 다룰 수 있도록 해준다. 어떤 스키마들은 교환하는 데이터에 종속되어 있으며, 외부의 스키마에 의존하는 것도 있다. 또한, 어떤 XML 스키마들은 공공에 공개되었지만, 상표등록이 되어있는 스키마들도 있다. 이 서로 다른 XML 스키마는 프로그램간 다양한 유형의 데이터 교환을 지원한다. XML은 특히 두 프로그램 간에 작은 양의 비즈니스 데이터를 교환할 때 유용하다. 건설업계를 위한 XML 스키마에는 건물 기계 제어를 위한 표준 프로토콜인 BACnet (Building Automation and Control networks) (BACnet 2010); 기계 장비 확인을 위한 AEX(Automating Equipment Information Exchange) (AEX 2010); XML 버전의 IFC 스키마인 aecXML (IAI 2012a); 그리고 도시 계획, 비상 서비스(emergency services), 인프라스트럭처 계획(infrastructure planning)을 위해 건물을 GIS(Geographical Information System) 포맷 속에 표현하는 cityGML(City Geography Markup Language) (CityGML 2010)이 포함된다.

월드 와이드 웹(World Wide Web)의 출현으로 몇 개의 다른 대안적인 스키마언어가 개발되었다. 이것들은 정보 패킷의 스트리밍을 이용했는데, 정보의 전송이 완전히 끝나야 처리가 가능한 파일 교환 방식과는 대조적으로, 정보를 전송

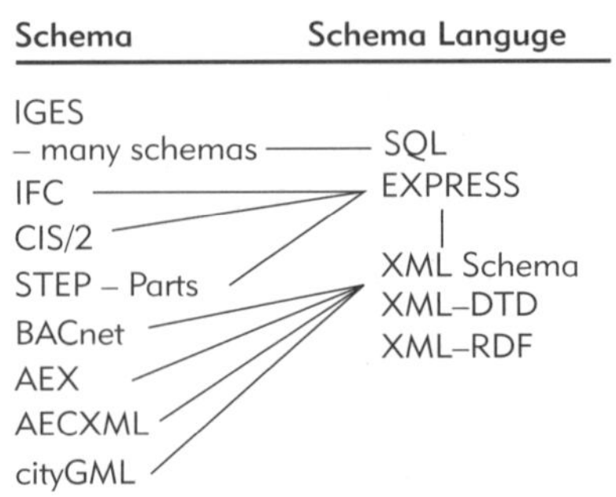

그림 3-2
현대의 모든 교환 포맷은 스키마 언어로 정의된 스키마를 바탕으로 한다. 다른 스키마 언어로 정의된 많은 XML 스키마가 존재한다.

받는 것과 동시에 처리도 할 수 있었다. 파일 기반의 데이터 전송이 여전히 일반적이지만, XML은 다양한 용도로 활용 가능한 스트리밍 데이터 패키징을 제공한다. 이 기능을 이용해 휴대 전화나 다른 장비들, GSM(Group Special Mobile), GPRS(General Packet Radio Service), 그리고 WAP(Wireless Application Protocol)과 같은 전송매체들이 건물 데이터를 활용하는 것을 기대해 볼 수 있다.

이 스키마와 스키마 언어의 크기를 고려했을 때, 교환들은 아래에 열거된 세 가지 방법의 하나로 분류될 수 있다.

직접연결(direct link)을 사용한 교환은 내보내는 쪽 프로그램의 API(Application Programming Interface)를 이용하여 데이터를 추출하고, 가져오는 쪽 프로그램의 API를 이용하여 데이터를 저장한다. 두 개의 독립된 프로그램 사이에서 교환이 일어날 때 임시파일을 저장하는 경우도 있지만, 이 경우를 제외하고는 어느 한 프로그램에서 다른 프로그램을 호출하는 실시간 교환에 의존한다. ArchiCad의 GDL, Revit의 Open API, 혹은 Bentley의 MDL과 같이 독자적인 인터페이스를 제공하는 프로그램도 있다. 직접링크를 사용하는 교환은 일반적으로, C++나 C# 언어에 기반을 둔, 프로그래밍 수준 인터페이스에서 구현된다. 이 프로그래밍 수준의 인터페이스들은 사용자가 프로그램의 BIM 모델 일부에 접근하여 생성, 내보내기, 수정, 검토 혹은 삭제를 할 수 있도록 도와주며, 또 다른 인터페이스는 프로그램의 데이터를 읽어 들이거나 수신 소프트웨어의 데이터에 맞춰줄 수 있는 기능을 제공한다. 이러한 인터페이스들은 보통 한 회사의 제품군 안에 포함되어 있는 경우가 대다수이나, 가끔 둘 혹은 그보다 많은 회사 사이의 사업협약(business arrangement)에 의해 만들어지기도 한다.

소프트웨어 회사들은 보통 직접링크를 통한 교환이나 특정 소프트웨어에서만 적용 가능한 교환방식을 택하는 것을 선호한다. 이러한 교환방식들이 소프트웨어를 더 잘 지원하기 때문이다. 이러한 정보교환 인터페이스들의 예로는 서로 밀접하게 연결되어 설계 프로그램 안에서 실행되는 분석소프트웨어를 들 수 있다. 이 인터페이스들은 현재 공개교환포맷들이 쉽게 제공하지 못하는 기능을 제공한다. 정보교환 기능은 두 회사(혹은 같은 회사의 다른 부서들)가 구체적으로 어떤 상황에서, 설계-시공 생애주기의 어느 시점에서, 그리고 어떤 목적을 위해서 사용할 것인가를 정의함으로써 결정된다. 가끔 교환 기능을 개발하게 된 배경이 문서화될 때도 있지만, 보통은 그렇지 않으며 목표한 기능이 제대로 작동하는지 평가하기 쉽지 않다. 3.3.5절에 서술된 정보 이용사례(use case)를 정의하기 위한 BIM 표준이 생기면서, 모든 BIM 모델 교환이 신뢰를 가지려면, 모든 BIM 모델 교환에 대해 구체적인 이용사례에 대한 정의가 필요하다는 인식이 커지고 있다. 직접 교환 방식은 두 회사가 주도하여 개발하고, 디버깅하고, 유지하기 때문에,

일반적으로 처음 개발할 때 고려했던 소프트웨어의 버전이나, 이용사례의 의도된 기능을 탄탄하게 지원한다. 정보교환시 많은 오류가 나는 이유는 번역기가 다른 이용사례를 염두에 두고 개발되었기 때문이다. 그러나 인터페이스를 사용한 방식은 개발사들의 비즈니스 관계가 변하지 않는 한 계속 유지될 수 있다.

독자적인 교환 포맷은 상업적인 조직이 어떤 회사의 프로그램과 인터페이싱하기 위해 개발한 파일 혹은 스트리밍 인터페이스를 말한다. 스키마의 정의서는 공개되었거나 기밀이다. 건설업계에서 가장 널리 알려진 독자적인 교환포맷은 Autodesk의 DXF(Data eXchange Format)이다. 또 다른 독자적인 교환 포맷으로는 SAT(ACIS 기하학 모델링 소프트웨어 커넬(kernel)을 적용하던 회사인 스페이셜 테크놀로지(Spatial Technology)가 정의함), stereo-lithography용 STL, 3D-Studio용 3DS가 있다. 각각의 포맷은 고유의 목적을 가지고 있으며, 각기 다른 기하학을 다룬다.

공개 제품 데이터 모델 교환포맷(public product data model exchange format)은 XML이나 텍스트 파일로 정의되어, 개방되고 공개적으로 관리되는 스키마와 언어를 사용하는 것이다. 어떤 제품모델은 XML이나 텍스트 파일 교환 모두를 지원한다. (IAI 2010a). IFC, CIS/2, 그리고 ISO 15926은 모두 공공 영역 인터페이스(public domain interfaces)의 예로서, 뒤에서 더 자세히 설명될 것이다.

건설업계에서 가장 많이 쓰이는 교환 포맷들을 표3-1에 각각의 주요 용도에 따라 분류하였다. 이 파일 포맷들은, 픽셀 기반의 이미지를 위한 2D 래스터 이미지 포맷, 선 위주의 그림을 위한 2D 벡터 포맷, 3D 형태를 위한 3D 면과 입체 형상 포맷을 포함한다. BIM을 사용하는데 있어서 특히 중요한 3D 객체 기반 포맷들은 이들이 활용되는 분야에 따라 분류되었다. 3D 객체 기반 포맷들은 3D-형상정보와 함께 접합부 관계 및 속성을 포함하는 ISO-STEP 기반의 포맷을 포함한다. 그 중 IFC가 가장 중요하며 많이 쓰인다. 고정된 기하학, 조명, 질감, 작업자, 역학, 움직이는 기하학을 지원하는 다수의 게임용 포맷과 3D 지형, 토지이용도, 그리고 인프라스트럭쳐를 위한 GIS 공개 교환 포맷들 또한 목록에 포함되었다.

컴퓨터 이용 설계(CAD) 분야는 2D에서 시작하여 더욱 복잡한 형상과 조합의 3D로 발전했고, 이 형상과 조합을 표현하는 데이터 유형의 수도 엄청나게 늘어났다. 그림 3-3은 이러한 현상을 순차적으로 나타낸 것이다. 복잡한 3D 기하학 형태의 조합에 속성, 객체 타입, 그리고 관계를 추가함에 따라 정보를 표현하는 유형의 수가 크게 증가하였다. 그렇게 봤을 때, 숙달된 BIM 사용자들이 가장 관심이 있고 중요한 이슈가 데이터 교환의 목적이라고 인식하는 것은 별로 놀랄만한 일이 아니다(McGraw-Hill 2009). 건물에 관한 데이터가

표 3-1 건설업계에서 흔히 쓰이는 교환 포맷들

이미지(래스터) 포맷	
JPG, GIF, TIF, BMP, PNG, RAW, RLE	래스터 포맷은 압축도, 픽셀당 표현 가능한 색상 수, 투명도, 압축시 데이터 손실의 유무에 따라 달라진다.
2D 벡터 포맷	
DXF, DWG, AI, CGM, EMF, IGS, WMF, DGN, PDF, ODF, SVG, SWF	벡터 포맷은 압축도, 선의 양식, 색, 레이어링 및 지원하는 곡선의 유형에 따라 종류가 다양하다; 파일 기반과 XML 기반 두 종류가 있다.
3D 서페이스 및 형상 포맷	
3DS, WRL, STL, IGS, SAT, DXF, DWG, OBJ, DGN, U3D PDF(3D), PTS, DWF	3D 서페이스 및 형상 포맷은 그것이 서페이스와/나(and/or) 솔리드, 형상의 재료 속성(색, 이미지 비트맵, 그리고 텍스쳐 맵), 혹은 뷰포인트 정보를 표현하는지와 무관하게 서페이스 유형 그리고 윤곽의 표현에 따라 달라진다. 어떤 것들은 ASCII와 바이너리 인코딩을 함께 지니고 있기도 하다. 어떤 것들은 조명, 카메라, 그리고 여타 뷰잉(viewing) 제어를 포함한다; 몇몇은 파일 기반이고 다른 것들은 XML 기반
3D 객체 교환 포맷	
STP, EXP, CIS/2, IFC	제품 데이터 포맷은 2D 혹은 3D의 유형에 따라 기하학을 표현한다. 객체 유형 데이터와 유효한 속성들, 그리고 객체 간의 관계를 전달한다. 이 포맷들이 가장 풍부하게 정보의 내용을 표현할 수 있다.
AecXML, Obix, AEX, bcXML, AGCxml	건물 데이터의 교환을 위해 개발된 XML 스키마; 이들은 교환되는 정보와 지원하는 작업흐름에 따라 달라진다.
V3D, X, U, GOF, FACT, COLLADA	수많은 종류의 게임 파일 포맷들은 서페이스의 유형, 위계 구조를 전달하는지의 여부, 자재 속성의 유형, 텍스쳐 및 범프 맵 매개변수들(bump map parameters), 애니메이션, 그리고 스키닝(skinning)에 따라 달라진다.
SHP, SHX, DBF, TIGER, JSON, GML	지리 정보 시스템(GIS) 포맷들은 2D와 3D 여부, 데이터 간의 링크를 지원하는지 여부, 그리고 파일 포맷과 XML에 따라 달라진다.

풍부해질수록, 관심은 정확하게 정보를 번역하는 것에서, 원하는 정보만 걸러내는 방법과 정보의 품질로 옮아간다. 예를 들면, 데이터가 견적값인가? 공칭모양(nominal shape)인가? 속성정보인가? 특정한 제품의 데이터인가?

하나의 소프트웨어만으로는 제공 받을 수 없는 기능을 구현하기 위하여 여러 소프트웨어를 '섞어서 쓰는 것'은 자연스러운 욕구이다. 이것은 특히 다양한 조직들이 프로젝트에서 한 팀으로 협력하는 경우 효과적이다. 팀 내의 각 회사가 사용하는 이종의 소프트웨어 간에 상호운용성을 확보하는 것이 그 팀의 모든 회사에 하나의 소프트웨어를 쓰도록 강요하는 것보다 쉽다. 공공영역에서

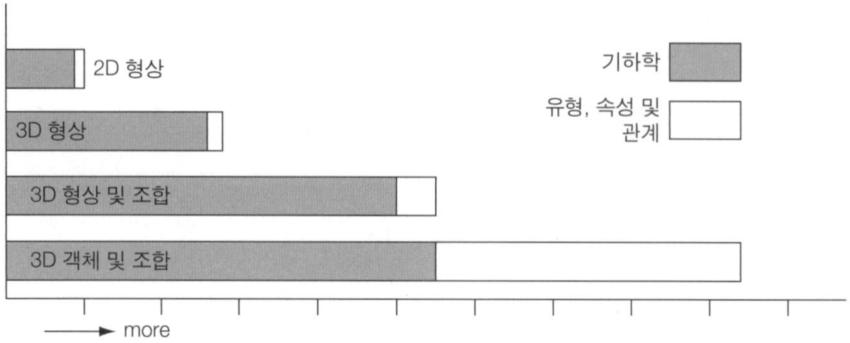

그림 3-3
교환의 유형이 변화함에 따라 증가하는 데이터의 복잡도. 수평축은 스키마 속 객체 클래스의 대략적인 숫자이다.

도 어떤 하나의 소프트웨어 플랫폼이 시장을 독점하도록 하는 독자적인 솔루션의 사용을 기피한다. IFC와 CIS/2(철골을 위한)는 공개되어 있으며, 국제적으로도 잘 알려진 표준이다. 따라서 이들이 데이터 교환과 건설업계의 통합을 위한 국제 표준이 되는 것은 그리 이상한 일이 아니다.

3.3 제품 데이터 모델의 배경

BIM과 더불어, 설계, 제작, 시공, 그리고 건물 운용을 위해 건설 소프트웨어의 개수와 범위가 빠른 속도로 확장되고 있다. 상호운용성에 대한 필요는 줄지 않고, 계속 더 커질 수밖에 없다. 1980년대 중반전까지, 설계와 엔지니어링 분야의 거의 모든 데이터 교환은 수정이 불가능한 다양한 스키마 파일 포맷들에 기반을 두었다. DXF나 IGES가 이 고정 스키마 파일 포맷의 잘 알려진 예이다. 이들은 효과적인 2D와 3D 기하학의 교환 포맷을 제공했다. 하지만 그 당시는 이미 배관, 기계, 전기, 그리고 여타 시스템들을 위한 객체 모델이 개발되어 있던 상태였다. 데이터 교환이 기하학, 속성, 그리고 관계를 포함한 복잡한 객체를 다루고자 할 때면, 수정이 불가능한 파일 교환 포맷은 너무 빨리 무거워졌고 너무 복잡해져 번역할 수 없게 되었다. 거의 같은 시기에 이러한 쟁점들이 미국과 유럽에서 부상하였다. 몇 번의 설왕설래 후에, 스위스 제네바의 ISO(International Standards Organization)에서 이 문제의 해결을 위해 TC184라 불리는 기술 위원회(Technical Committee)를 만들고 그것의 분과위원회(subcommittee)에서 STEP(Standard for the Exchange of Product Model Data)이라는 표준(ISO-10303)을 개발하기 시작하였다. 그들은 진보된 데이터 교환 방법을 다루기 위해 새로운 접근법과 기술을 개발하였다.

ISO-STEP의 주요 성과물 중 하나가 EXPRESS 언어인데, 더글러스 쉔크(Douglas Schenck)가 개발하였고 후에 피터 윌슨(Peter Wilson)이 기여하였다(Schenck and Wilson 1994). EXPRESS 언어는 다양한 산업 간에 제품의 모델링을 지원하기 위한 핵심적 메커니즘이 되었다: 건물이나 교량뿐 아니라,

기계와 전기설비, 공정산업설비, 선박제조, 프로세스 계획, 가구, 유한요소모델. 또한, EXPRESS 언어는 제품 데이터 모델의 토대로 사용하기 위해 수많은 특징, 기하학, 분류, 측정에 대한 라이브러리를 포함하고 있다. 이 언어는 미터법과 야드파운드법(imperial) 측정법 둘 모두를 지원한다. EXPRESS는 기계가 이해할 수 있도록 만들어진 언어였기 때문에 컴퓨터 계산에는 매우 효과적이었지만, 사람들이 사용하기에는 어려움이 많았다; 결과적으로 EXPRESS-G라는, 시각적으로 EXPRESS 언어를 표현한 버전이 개발되면서 이 어려움이 해결되었고, 널리 쓰이게 되었다. 모든 ISO-STEP 정보는 공개되어 있다.

STEP 표준은 EXPRESS 언어를 바탕으로 한 구현 및 검사(testing) 소프트웨어를 위한 개발도구를 제공하는 회사들로 둘러싸여 있다. 모델 뷰어, 내비게이터, 그리고 그 외 구현 소프트웨어(implementation tools)와 함께 텍스트 파일과 XML의 읽기 및 쓰기가 광범위하게 지원되었다. 소수 BIM 소프트웨어만이 IFC를 자신들의 원래 데이터 모델로 사용하였다; 그들은 IFC 데이터를 가지고 직접 작업(읽기와 쓰기)한다.

3.3.1 건물 건설(building construction)에서의 ISO-STEP

건설 관련 조직들은 초창기 ISO-STEP 회의에 참여하여 몇 개의 초기 STEP 교환 모델 개발을 착수하였다. 그러나, STEP 조직 외의 조직들도 STEP 기술을 산업기반의 제품 데이터 모델을 개발하는 데에 사용할 수 있고, 이와 관련된 두 가지 주요 노력이 있어 왔다. 현재 ISO-STEP 기술 기반의 EXPRESS 언어로 아래와 같은 건설 관련 제품모델들이 개발되었다.

- **AP 225**—분명한 형상을 이용한 건물 요소 표현(Building Elements Using Explicit Shape Representation): 유일하게 개발이 완성되고, 승인된, 건물 중심의 제품 데이터 모델. 건물 기하학의 교환을 다룬다. AP 225는 DXF를 대체하는 포맷으로서 유럽, 특히 독일에서 많이 사용되었다. 소수 CAD 소프트웨어에서만 사용할 수 있다.
- **IFC**—Industry Foundation Classes: buildingSMART가 지원하는, 설계와 건물의 전생애주기를 위해 산업계가 개발(industry-developed)한 제품 데이터 모델. 이 포맷은 대부분 소프트웨어 회사들로부터 광범위한 지원을 받는다. 하지만 많은 일관성 없는 구현 때문에 약화되었다. IFC는 뒤에서 다시 다룬다.
- **CIS/2**—CimSteel 통합 표준, 버전 2(CimSteel Integration Standard, Version 2)는 철골 구조설계, 분석, 그리고 제작을 위해 산업계가 개발한(industry-developed) 표준으로, 미국 철강 건설 협회(AISC, American Institute of Steel Construction)와 영국 철강 협회(Steel Institute)의 지원을 받았다. CIS/2는 북미 철골 구조 엔지니어링과 제작 산업계에서 널리 사용되었다.

- AP 241–건설 시설의 생애주기 표준모델(Generic Model of Life Cycle Support of AEC Facilities): 산업시설들을 다루며 IFC와 기능성이 겹친다. 빌딩스마트(buildingSMART)한국 챕터가 개발하였고, 현재 새로운 AP로서 검토되고 있다. AP 241의 목적은, 공장과 그것의 구성요소들을 ISO-STEP과 완전히 호환되는 포맷으로 제품 데이터 모델을 개발하는 것이다.
- ISO 15926–산업 자동화 시스템 및 통합을 위한 STEP 표준: 석유와 가스 생산시설을 포함한 공정산업설비(process plants)의 전생애주기 데이터의 통합. 이 표준은 계획 및 설계부터 유지보수 및 운용까지, 전생애주기를 다룬다. 공정산업설비(process plants)는 꾸준히 유지 보수되어야 하기 때문에, 사용하는 객체는 자연스럽게 4D가 된다. ISO 15926은 초기 유럽의 EPISTLE 프로젝트에서 파생되었고, DNV(www.dnv.com/)로 알려진 Det Norske Veritas로부터 강한 지원을 받았다. 이 표준은 2D 플랜트 배선도(schematics), 플랜트 물리적 배치(physical layout), 그리고 플랜트 프로세스 모델링을 위해 다양한 ISO STEP 파트 모델을 함께 사용하였다. ISO 15926은 FIATECH 산하 회사들의 컨소시엄을 통해 차용되었으며, 북미에서의 사용을 위해 정제되고 차용되었다. 이 스키마는 모델뷰와 비슷한 파사드라는 개념을 지원한다. ISO 15926은 EXPRESS와 여타 ISO-STEP 포맷에 의존한다.

  ISO 15926은 7개의 파트로 구성되어 있다:

  Part 1–소개, 엔지니어링, 시공, 그리고 생산시설의 운용 정보가 시설의 전 생애 기간 동안 다양한 조직으로부터 작성되고, 사용되고, 수정된다. ISO 15926의 목적은 전생애주기 활동들과 생산시설들의 프로세스를 지원하기 위해 데이터의 통합을 쉽게 할 수 있도록 하는 것이다.

  Part 2–데이터 모델. 모든 분야, 공급망 회사 유형, 전생애주기 단계들, 기능적 요구조건에 관련된 정보, 물리적 해결책, 객체 유형, 활동과 같은 독립적 객체를 지원하는 포괄적인 4D 모델.

  Part 3–ISO-STEP의 기하학과 위상학 라이브러리를 정의하는, OWL의 기하학과 위상학

  Part4,5,6–참조 데이터(Reference Data), 공정산업(process industries)을 위한 시설들에서 쓰이는 용어

  Part 7–W3C Recommendations for the Semantic Web에 바탕을 둔 구현아키텍처의 정의를 통한, 분산된 시스템들의 통합을 위한 구현 방법.

  ISO 15926에서 중요한 부분은 유체, 전기, 그리고 기계요소를 포함하는 큰 크기의 라이브러리들이다.

기능성이 겹쳐 있는 여러 건물 제품 데이터 모델이 있는데, 모두 EXPRESS

언어를 사용한다. 이들은 각자가 표현하는 건설 정보와 각 제품 데이터 모델이 만들어질 때 의도되었던 사용법에 따라 다양해지나, 서로 겹치는 부분이 있다. 이렇게 겹치는 예로, IFC는 AP 225나 ISO 15926이 할 수 있는 것처럼 건물 기하학을 표현할 수 있다. CIS/2와 IFC는 철골 구조의 설계에서 서로 겹친다. ISO 15926은 배관과 기계 장비 영역에서 IFC와 겹친다. 이 제품 데이터 모델들에 대한 많은 개별적 노력은 앞으로 조화를 이루어야 한다. 이러한 조화의 시도가 기계 설비 분야의 15926과 IFC 사이에서 논의되었으나, 2010년 이후로 별다른 진전이 이루어지지 않고 있다.

3.3.2 buildingSMART와 IFC

IFC는 긴 역사를 가지고 있다. 늦은 1994년, Autodesk는 회사들에게 통합 소프트웨어 개발을 지원해 줄 C++ 클래스 집합의 개발을 조언하기 위한 산업 컨소시엄을 만든다. 20여개의 미국 회사가 이 컨소시엄에 참여하였다. 처음에 Industry Alliance for Interoperability라고 명명된 이 컨소시엄은, 1995년 9월, 관심을 보이는 모든 당사자에게 멤버십을 공개하였고, 1997년에 IAI(International Alliance for Interoperability)로 이름을 변경하였다. 이 새로운 연합은 IFC를 건물의 전생애주기에 대응하는 중립적인 건설 제품 데이터 모델로 공개하는 것을 목표로 하는 산업 주도의 비영리 국제기구로 재구성되었다. ISO-STEP 기술을 바탕으로 하였지만, ISO행정조직과는 독립적이었다. 2005년, IAI라는 이름이 사람들이 이해하기에 너무 길고 복잡하다는 인식이 생겼다. 노르웨이에서 있었던 IAI 집행위원회 회의에서 IAI는 buildingSMART로 개명되었다. 그 전까지 있던 다양한 챕터는 그 후 buildingSMART 챕터가 되었다. IFC의 역사에 대해 잘 정리해 놓은 개요를 IAI의 웹사이트에서 볼 수 있다: www.iai-international.org/About/History.html. 2009년을 기준으로 buildingSMART는 약 450개의 법인 회원과 함께 전 세계 18개 국가에 13개 챕터를 가지고 있다. 이는 진정한 국제적 노력이라고 할 수 있다.

모든 챕터는 각각 건설의 한 분야를 다루는 분과위원회(Domain Committees)에 참여해야 한다. 현재, 분과(Domains)는 다음과 같다.

- AR–건축
- BS–건물 설비(Building Service)
- CM–시공
- CM1–물류 조달
- CM2–가설물 공사(Temporary Construction)
- CS–규정과 표준
- ES–비용 계산
- PM–프로젝트 관리

- FM－시설 관리
- SI－시뮬레이션
- ST－구조 엔지니어링
- XM－교차분과(Cross Domain)

회원들은 분과위원회(Domain Committee)에 참여함으로써 자신의 관심과 관련 있는 것을 IFC에 기여할 수 있다. 각 국가의 챕터는 각기 다른 분과를 중점적으로 담당한다.

The International Council Executive Committee는 buildingSMART International을 총체적으로 이끄는 조직(lead organization)이다. 북미 빌딩스마트(The North American buildingSMART) 챕터는 워싱턴 DC의 NIBS(National Institute of Building Science)가 운영한다(譯註: 한국 빌딩스마트 챕터(buildingSMART Korea)는 빌딩스마트협회가 운영한다).

3.3.3 IFC는 무엇인가?

IFC(Industry Foundation Class)는 건설 프로그램간의 정보 교환을 위해, 건물정보를 일관된 데이터로 표현하면서 확장 가능한 정의도 할 수 있도록 개발된 스키마이다. IFC는 약간의 제약을 포함하는 ISO-STEP EXPRESS 언어와 그 개념에 의존하여 자신들을 정의한다. 대부분 다른 ISO-STEP의 노력이 특정 엔지니어링 영역에서 상세한 소프트웨어 교환에 초점을 맞출 때, 건설업계는 이것이 단편적인 결과물 및 호환되지 않는 일련의 표준을 만들어낼 것으로 생각하였다. 상세한 소프트웨어 교환에 초점을 맞추는 대신, IFC는 확장 가능한 "프레임워크 모델(framework model)"로 계획되었다. 즉, IFC의 개발자는 특정 교환을 지원하는 상세한 업무중심의 모델이 정의될 수 있는, 넓고 일반적인 정의가 가능한 객체와 데이터의 제공을 의도했다. 이러한 의도 하에, IFC는 타당성 조사 및 계획부터 설계(분석 및 시뮬레이션을 포함한), 시공을 거쳐 입주 및 건물 운용까지, 건물의 전체 생애주기를 포함한 모든 건물 정보를 다루기 위해 계획되었다(Khemlani 2004). Helsinki Music Hall과 Crusell Bridge 같은 사례는 IFC를 다양한 방법으로 사용하는 예를 보여준다(9장을 참고). 건설에서 상호운용성의 중요성이 커지고 있기 때문에 그것에 대해 좀 더 자세히 설명하도록 하겠다.

이와 관련된 간단한 사례를 그림 3-4에서 볼 수 있다.

2010년에 버전 2x4라는 새로운 버전의 IFC가 공개되었다. 공개된 이 IFC는 800여개의 개체(데이터 객체), 358개의 속성집합, 그리고 12개의 데이터 유형을 포함하고 있다. 이 숫자는 IFC의 복잡성과 더불어 IFC가 복수의 다른 시스템이나 서로 다른 소프트웨어에서 사용가능함을 드러내며, 에너지 분석과 비용 계산에서부터 자재 추적과 일정관리와 같은 건물 정보의 의미적 풍부함을

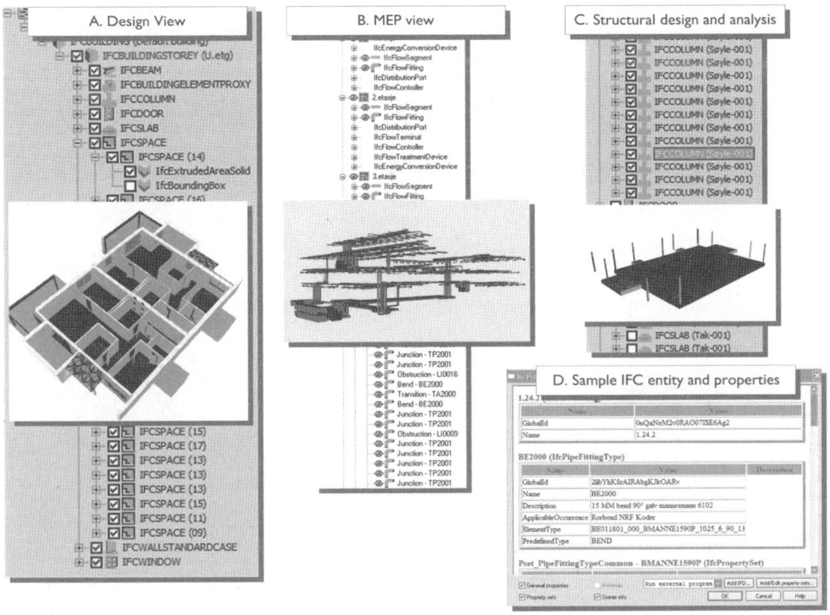

그림 3-4
IFC는 건축 프로젝트를 표현하는데 쓰일 수 있는 객체와 속성 정의에 대한 라이브러리를 포함하고, 특정 목적을 위해 그 건물 정보를 사용하는 것을 지원한다.
이 그림은 하나의 IFC 프로젝트를 예로 들어 특정 영역에 IFC를 사용하는 세 가지 예시를 보여준다. (A) 건축적 관점, (B) 기계 시스템적 관점, 그리고 (C) 구조적 관점. 또한, IFC 객체 혹은 개체의 샘플 그리고 속성 및 특징들의 샘플을 (D)에서 볼 수 있다.

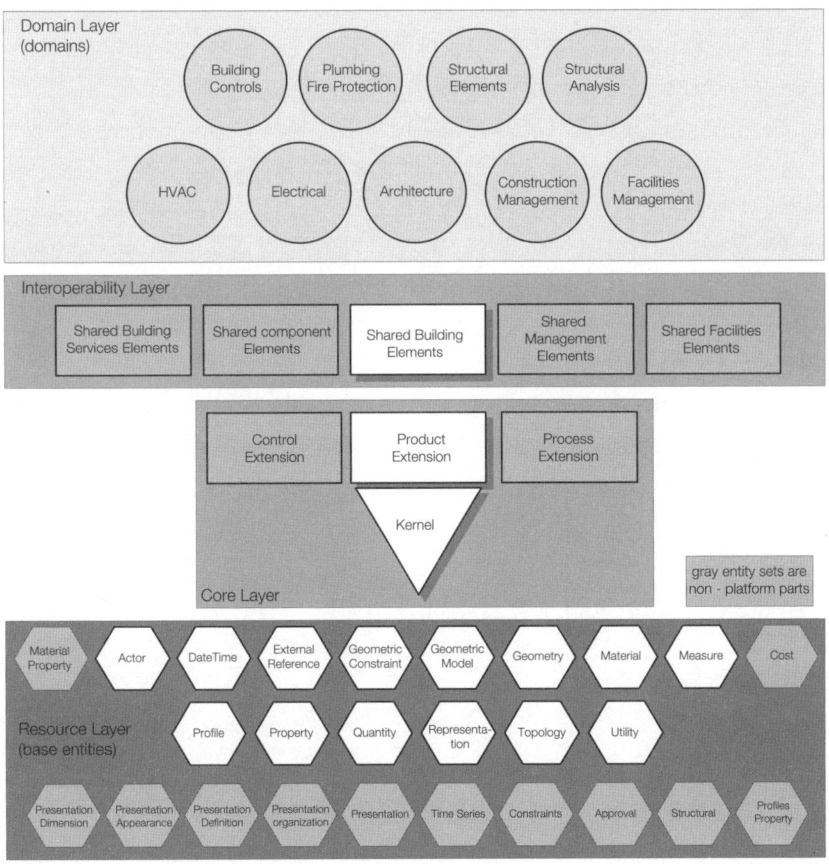

그림 3-5
IFC 서브스키마(sub-schema)의 시스템 아키텍처

각 리소스 및 핵심 서브스키마는 상호운용성 및 영역별 레이어들(domain layers)에서 정의된 모델들을 정의하기 위한 객체들의 구조로 되어 있다.

IFC2x Edition 4를 위한 IAI International IFC/ifcXML 온라인 시방서(www.iai-tech.org/products /ifc_specification/ifc-releases/ifc2x4-release)에서 가져왔다.

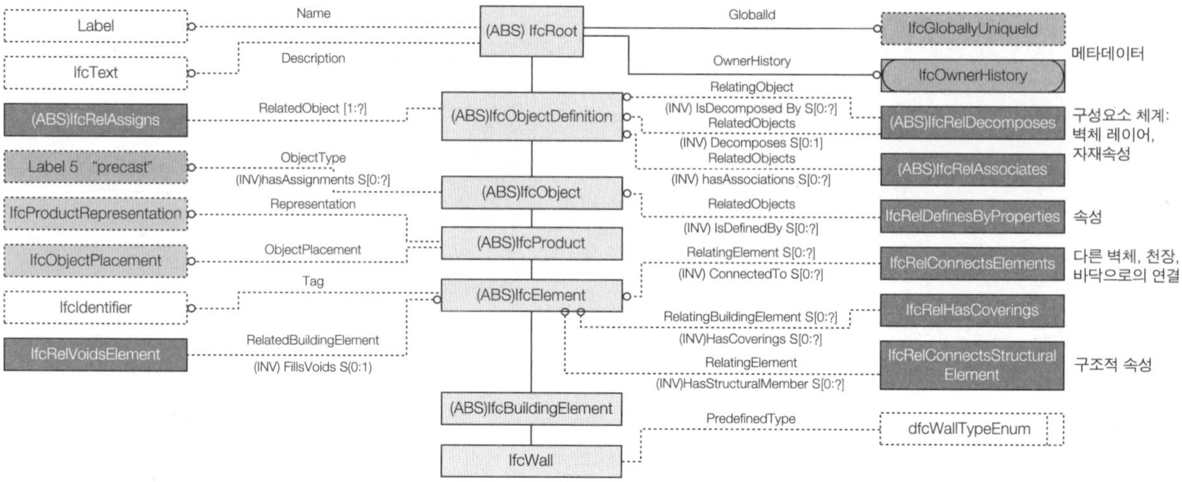

그림 3-6 벽을 정의하기 위한 IFC 구조

지니고 있음을 나타낸다. Version 2x4에 기반을 둔 인터페이스는 현재 낡은 2x3 버전을 대체하며 메이저 BIM 설계 소프트웨어 및 플랫폼 소프트웨어 업체에 의해 구현되고 있다. 다음 주소에서 이들을 리뷰할 수 있다: www.iai-tech.org/products/ifc_specification/ifc-release/summary.

IFC가 어떤 식으로 조직되어 있는지는 개념적으로 몇 가지 관점에서 고려할 수 있다. 그림 3-5는 IFC의 시스템 아키텍처를 도식화 하여 보여준다. 시스템 아키텍처의 가장 하부는 기하학, 위상학, 자재, 치수, 작업자, 역할, 표현방법, 그리고 속성과 같이 재사용이 가능한 기초 구성요소(base constructs)들을 정의하는 26개 집합의 기본 EXPRESS 정의로 구성되어 있다. 모든 유형의 제품 모델도 이러한 시스템 아키텍처를 따르며, 더 나아가서는 ISO-STEP 공개 라이브러리 리소스의 시스템 아키텍처와도 일치한다.

그리고 이 기본개체들은 IFC에서 공용객체(Shared Objects)라고 불리는 – 건설업계에서 흔히 사용하는 객체를 구성하는데 사용된다. 이 기본 개체들은 벽, 바닥, 구조적 요소, 건물 설비 요소, 프로세스 요소, 관리 요소, 그리고 포괄적인 특징과 같은 건물 요소를 포함한다. IFC가 확장 가능한 데이터 모델로 정의되어 있고 객체 지향적이기 때문에 subtyping [2]을 통해 기본 개체를 구체화하고 특수화함으로써 하위 개체를 생성할 수 있다.

2 Subtyping은 "부모" 클래스의 속성을 "상속받는" 건물 객체의 새로운 클래스를 정의할 수 있으며, 부모 혹은 혹시나 있을지도 모르는 "형제" 클래스와 이 새로운 클래스를 구분하는 새 속성을 추가할 수 있도록 해준다. IFC 슈퍼 클래스, 하위 클래스, 그리고 상속 행동양식(inheritance behavior)은 객체 지향 모델링의 허락된 규칙을 따른다. 더 자세한 내용은 Booch 1993을 참조하길 바란다.

IFC 데이터 모델의 최상위 수준은 특정 분과에 초점을 맞춘(domain-specific) 확장판(extensions)이다. 이들은 특정 용도에 필요한 특정 개체를 다룬다. 여기엔 구조적 요소 및 구조적 해석 확장판, 건축, 전기, 공조 설비 및 건물 제어 요소 확장판이 포함된다.

IFC의 위계적인 객체 서브타이핑(subtyping) ([譯註] 상속관계에서 하위객체를 정의하는 것) 구조 때문에, 교환에 사용되는 객체는 다시 그 아래 하위객체에 연결되어 깊은 하위객체 정의구조로 구성되어 서로 그물망처럼 연결되어 있다. 그 예로, 모든 물리적 객체, 프로세스 객체, 작업자, 그리고 다른 기본적인 건물 구성물들이 함축적으로 표현된 벽체 객체만의 트리구조를 그림 3-6에서 볼 수 있다.

그림 3-6에 있는 트리구조의 각 수준은 벽 개체에 관한 각기 다른 속성과 관계를 보여준다. IfcRoot에는 광역 식별자 및 언제, 누가, 어디에서 객체를 생성했는 지와 같은 객체 관리용 정보가 위치한다. IfcObjectDefinition은 벽 모델을 취합하여 건물의 같은 층에 있는 객체를 모은 조합으로 묶는다. 여기에는 창문, 문, 그리고 여타 다른 개구부를 포함한 벽의 요소가 포함된다. IfcObject는 벽의 유형별로 달라지는 속성정보를 연결해 주는 링크를 제공한다. IfcProduct는 벽의 위치 및 그것의 형상을 정의한다. IfcElement는 벽의 결합 관계, 그리고 그 벽들이 구분하는 공간과 같은, 이 요소와 다른 요소와의 관계를 다룬다. 이것은 또한 벽에 포함된 모든 개구부를 다루며, 선택적으로 그 개구부를 채우고 있는 문이나 창문에 대해서도 다룬다. 만약 벽이 구조체라면, 벽을 표현하는 구조적 요소가 결부될 수 있다.

벽체는 다음 중 하나로 정의된다. 표준벽: 고정된 너비로 제어선을 따라 바닥에서 수직으로 세워진 벽; 다각형벽: 횡단면이 변화하며 수직으로 세워진 벽; 전단벽: 수직으로 세워지지 않은 벽; 요소벽: 샛기둥이나 면재와 같은 요소로 이루어진 벽; 배관벽: 배관용 공간이 포함된 벽; 사용자 정의벽; 그 외 모든 타입; 정의되지 않음. 대부분의 IFC 속성과 관계가 선택사항으로 정의되어, 개발자가 원하는 정보만 내보낼 수 있다. 모든 BIM 설계 도구가 다양한 IFC 벽 유형 모두를 생성하거나 표현할 필요는 없다.

선택적으로 속성들은 P-sets로 정의될 수 있다. PsetWallCommon은 식별자, 음향등급, 방화등급, 연소성, 화염이 퍼진 벽(SurfaceSpreadOf Flame), 열관류율, 외부에 면해 있는지 여부, 구조체까지 연장되어 있는지 여부(위의 슬래브까지), 하중, 구획(방화벽) 등을 정의하기 위한 항목들을 제공한다. 더 상세한 다른 P-sets들도 필요에 따라 정의될 수 있다. 개구부, 파낸 부분(notches) 및 가늘고 길게 튀어나온 부분(reveals), 그리고 비정형 천장에 의해 잘려진 벽들을 따라 세워진 벽기둥과 같은 돌출 요소들이 제공된다.

모든 IFC 모델들은 사용자로 하여금 건물요소의 배치 및 접근을 용이하게 하기 위해 일반 건물 공간 구조(common general building spatial structure)를 제공한다. 이 구조는 모든 객체 정보를 *프로젝트 -> 대지 -> 건물 -> 건물 층 ->공간*의 위계 속에 포함시킨다. 보다 상위 수준의 공간 구조는 보다 하위 수준에 있는 것들과 하위 수준 클래스에 걸쳐 있는 요소들을 모두 합한 집합이다. 예를 들어, 계단은 보통 건물의 전층에 걸쳐 있고, 그래서 이것들은 건물 집합체의 일부가 된다. 벽들은 보통 두 개 혹은 더 많은 공간을 한 층 혹은 복수의 층에서 둘러싼다. 만약 이것들이 하나의 층 안에서 조직된 것과 동시에 여러 층에 걸쳐 있는 건물 집합체의 일부라면, 이들은 보통 건물 층의 일부가 된다.

이 벽 예제로부터 우리는 IFC에 있는 건물 요소들이 어떻게 정의되는지 감을 잡을 수 있다. IFC는 구조적, 기계적, 여타 다른 시스템 요소들을 지원할 수 있는 다양한 유형의 조합, P-sets, 그리고 다른 특징들을 지원한다. 또한 모델 분석하기, 데이터 불러오기, 그리고 제품의 성과 매개변수들이 특정 영역에서 표현될 수 있다.

3.3.4 IFC의 범위(IFC Coverage)

IFC는 이미 건물 설계, 엔지니어링, 그리고 제품 정보에 대해 광범위한 표현을 할 수 있지만, 건설업계에서 교환될 수 있는 정보의 범위는 이보다 더 넓다. 사용자와 개발자의 요구에 호응하여, IFC가 다룰 수 있는 범위가 매 릴리즈 마다 늘어나고 있으며, 그 때마다 그 전 릴리즈가 갖고 있던 한계를 해결하고 있다. 여기에서 우리는 2010년 초반을 기점으로 IFC가 주요하게 다루는 영역과 그 한계를 요약한다.

모든 용도가 정의된(application-defined) 객체들은, IFC 모델로 변환되었을 때, 관련된 객체 유형과 이와 연관된 기하학 정보, 관계들, 그리고 속성들로 구성된다. IFC는 또한 건물의 시공 작업들을 표현하기 위한 프로세스 객체와, 일반적으로 건물의 기하학 형태에서 뽑아내는 분석에 필요한 기하학 정보, 그리고 분석 입력 값과 결과값 속성을 포함한다.

기하학 정보(Geometry): IFC는 돌출형상(extrusion), 3차원 형상을 입체를 둘러싼 닫힌 면들의 집합으로 정의된 B-Rep 솔리드, 그리고 형상들의 트리와 합집합-교집합 작업들로 3차원 형태를 정의하는 CSG(Constructive Solid Geometry) 솔리드를 포함하는 광범위한 기하학 정의방법을 표현할 수 있다. 형상을 B-Rep으로 내보내는 것이 가장 기본 설정이다. 버전 2x4부터 IFC는 하나의 곡선을 따라 형성한 면, 베지어(Bezier) 면, 그리고 NURBS(Non-Uniform Rational B-spline) 면을 지원하다. 형상의 특정부분을 형상특징이라고 따로 구분할 수 있다. IFC는 이러한 기하학 표현 능력을 통해 설계와 시공에서 필요로 하는 대부분의 것을 다룰 수 있다. IFC 기하학은, 벽 시스템들과 여타 돌출형상과 같이, 시스템 간에 간단한 파라메트릭 모델을 교환하기 위해 계획되었다. 하지만 필요로 하는 모든 정보가—특히 규칙과 제약요건이 교환되지 못하였고, 이것은 결과적으로 수정 가능한 파라메트릭 모델을 교환하기 위해서는 어느 정도의 추가 작업이 필요했다. 소수 번역기들은 파라메트릭 정의를 지원했지만, 그 기능들은 이제 막

탐색을 시작한 수준에 불과했다. 대부분의 교환은 객체행위가 어떻게 되어야 하는 지까지 요구하지 않는다.

관계(Relations): 관계들은 유형별로 나뉘어 있으며, 한 객체를 다른 것과 연결하는 역할을 한다. 몇몇 BIM 설계 도구에서 정의할 수 있는 객체간의 풍부한 관계를 IFC로 변환할 수 있도록 하기 위하여, IFC 데이터 모델에 각별한 주의를 기울였다. 그림 3-6은 IfcRelations의 예와 그것의 용도를 보여준다. IfcRelations의 하위 클래스가 많아서 필요로 하는 거의 대부분의 관계를 정의할 수 있다. 대신 IfcRelations가 매우 복잡해져서, 매 IFC 릴리즈마다 IfcRelations 객체간의 구조를 정리하였다. 이러한 복잡함 때문에 어떤 IfcRelations을 어떤 용도로 써야 하는지에 대한 질문이 자주 발생한다.

속성(properties): IFC는 P-sets(또는 property sets)를 강조한다. P-sets는 바람, 지형, 혹은 기후 데이터와 같이, 자재, 특정 유형의 성능, 맥락 등과 관련된 속성을 정의하기 위해 함께 사용되는 속성들의 집합이다. 일반적인 지붕, 벽, 창유리, 창, 그리고 보 철근과 같은 다양한 유형의 건물 객체의 P-sets 모음도 있다. 추가적으로, 축열 자재, 연소 생성물, 기계적 속성, 연료, 콘크리트, 보강, 그리고 그 외 다른 것들처럼, 많은 속성들이 서로 다른 자재의 행위(material behavior)와 관련되어 있다.

몇 가지 속성들은 아직 IFC에 포함되어 있지 않다. 가령 측정 객체는 오차값 속성이 없다. 아직까지 오차와 같은 불확실성을 표현할 수 있는 명쾌한 방법이 없기 때문이다. 어떤 경우에는 사용자 정의 속성 집합들을 정의하고 묘사할 수 있는 옵션들이 제공되기도 한다. 이것들은 아직 IFC에 정의된 것이 아니기 때문에, 반드시 사용자 동의에 따라 관리되어야 한다.

다른 속성들은 열거된 값들 중에서 선택하여 사용하는 범주로 간주될 수 있다. 에너지 분석 혹은 건물 적법성 분석 등 많은 분석에서 공간 이름이 필요하지만, 공간이름은 아직 표준화되어 있지 않다. 그 결과로, 공간이름은 보통 추가적인 편집과정이 필요하다. 분석과 제작을 위해 요구되는 다양한 구조적 요소들의 경우, 이에 대한 기능이 IFC에는 없지만 CIS/2에는 잘 정의되어 있다. 이것들은 구속재, 좌굴 가정, 용접 유형, 그리고 규격 정보를 포함한다. 유사한 기능적 제약이 기계 시스템에도 적용된다.

메타데이터(Metadata): IFC 설계자들은 시간의 흐름에 따른 정보의 사용과 정보의 관리를 위한 메타데이터의 필요성을 고려하였다. IFC는 정보의 소유권, 변경의 추적, 제어, 그리고 승인 정보를 다루는데 매우 강력하다. IFC는 또한 의도를 서술하기 위해 필요한 목표와 제약요건을 정의할 수 있다. 하지만, 이러한 능력이 실제로 사용되고 있는지는 확인되지 않았다.

IFC는 건물을 위해 잘 개발된 건축수준의 상세 객체 클래스를 포함하고 있다. 일반적으로, 현재 IFC는 제작과 생산에 필요한 상세를 표현하는데 있어 그다지 강력하지 않다. 이 건축 수준의 상세 객체 클래스는, 예를 들어, 콘크리트의 보강, 금속 용접과 그것의 시방서, 콘크리트 혼합과 마감 정의, 혹은 창 시스템의 제작 상세를 부분적으로 다룰 뿐이다. 이 상세수준은 더 상세한 IFC 제품 스키마에 정의되거나, 혹은 CIS/2와 같이 아예 IFC로부터 분리되어 있는 것에 정의될 수 있다.

이런 다양한 정의방법을 함께 사용하여, 설계 소프트웨어에서 만들어진 정보나 다른 소프트웨어나 데이터베이스로부터 전달받을 정보를 표현할 수 있다. 현재 IFC의 한계가 본질적이진 않지만 사용자들이 현재 가장 필요로 하는 것을 반영한다. 만약 IFC의 한계를 해결하기 위한 IFC의 확장이 필요하다면, 이러한 문제는 정기적으로 계획된 IFC 확장 프로세스를 통해 추가될 수 있다.

3.3.5 사용되고 있는 IFC-BIM 표준

건설 산업이 성숙해짐에 따라, 상호운용성에 대한 논의가 두 BIM 소프트웨어 간의 데이터 교환으로부터, 업무시 발생하는 정보이용 사례들을 어떻게 지원할 것인가로 이동하고 있다. 데이터를 다른 소프트웨어에 복제하는 것은 분명 반복적인 작업이지만, 상호운용성의 더 큰 혜택은 정보교환을 자동화하는 것보다, 업무흐름을 개선하고, 절차를 없애며, 프로세스를 향상시키는 것에 있다. 새로운 표어는 "린(lean) 작업흐름을 보다 잘 관리하는 것"이다.

설계자, 시공자, 건물 자재 공급자, 제작자, 정부 공무원, 그리고 그 외의 각기 다른 필요에 부응하기 위해 개발된 IFC는 풍부한 정보를 정의할 수 있지만, 동시에 중복적인 면이 있다. IFC의 다양한 종류의 기하학 정보의 표현방법, 많은 유형의 속성과 관계정보들은 특정한 정보교환이나 작업에 있어서 필수적이지만, 동시에 매우 중복적이다. 사람들은 작업이나 작업흐름의 정보 요구조건이 성공적인 교환을 위해 결정적이라는 인식을 갖게 되었다. "IFC 내보내기"와 "IFC 가져오기" 사용자 인터페이스 버튼만으로는 교환할 정보유형을 정의하기에 매우 불충분하다. IFC 스키마의 부분집합에 기반을 둔 작업별 교환정보의 정의가 필요하다. 예를 들면 "초기 구조 분석을 위한 건축가의 구조정보 내보내기" 기능이나 "제작 수준조율을 위해 시공 관리자에게 커튼월 제작자 상세 내보내기" 기능과 같이 구체적인 상황에서 교환정보의 정의가 필요하다. 이러한 교환정보를 데이터베이스뷰 개념에서 가져와 모델뷰 라고 부른다. 이 수준의 구체성을 갖기 위해서는, 우선 이것이 지원하는 정보교환 시나리오를 찾아내고, 이러한 교환 시나리오에 필요한 정보들의 IFC 모델뷰를 정의해야 한다.

모델뷰는 IFC 스키마 상위에 있는 또 다른 수준의 시방서이다. 미국에서는 NIBS(National Institute of Building Science)와 미국 buildingSMART 조직이 이러한 상위개념의 시방서를 주도하고 있다. 다른 buildingSMART 챕터들도 비슷한 조직들이 관련된 일을 담당하고 있다(IAI 2010). 그 결과로 미국은 미국 국가 BIM 표준 버전 1 파트 1(U.S. National Building Information Modeling Standard, Version 1,

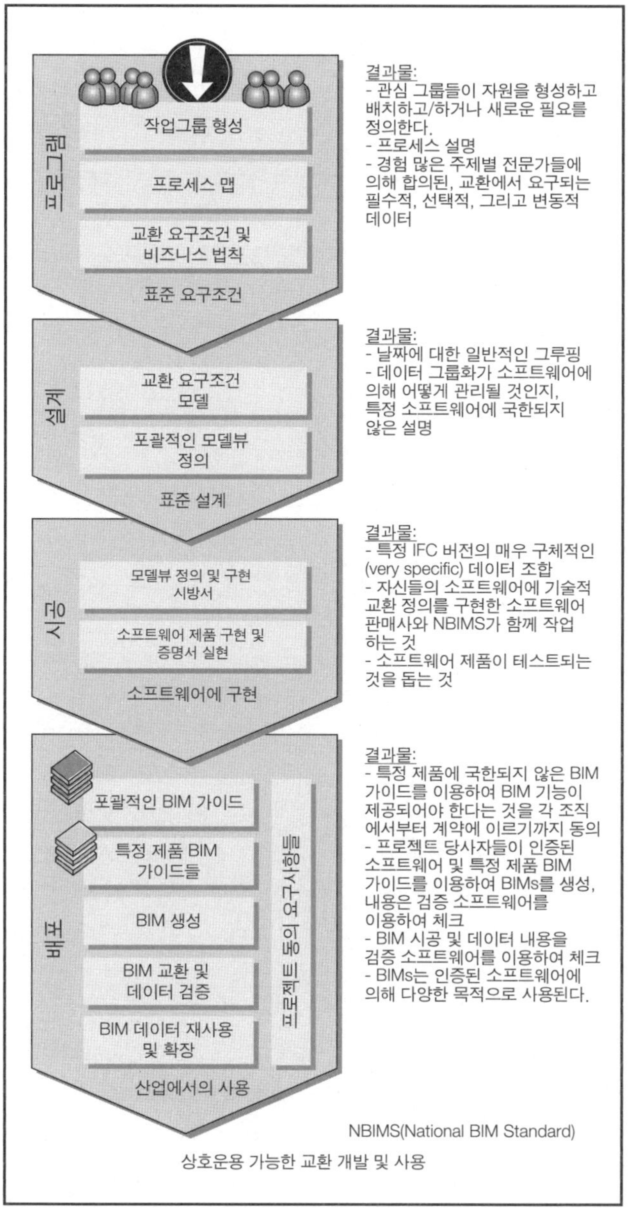

그림 3-7
이 그림은 NBIMS의 프로그램, 설계, 시공, 그리고 배치를 정의하고 구현하기 위한 네 가지 주요 단계들을 보여준다.

Part1)을 2007년 12월에 공개하였다 (NIBS 2008). 이 보고서는 모델뷰를 개발할 때 따라야 할 프로세스를 정의한다(그림 3-7).

모델뷰(Model Views)는 왜 중요한가?

어떠한 정보 교환시에 공개된 교환정보를 사용하던지, 혹은 독자적인 교환정보를 사용하던지 간에, MVD(Model View Definition, 모델뷰 데피니션)는 효과적으로 교환이 이루어지기 위해서 어떤 정보가 교환이 되어야 하는지 정의한다. 이것은 교환 프로세스의 양쪽 끝단에 있는 사용자 모두에게 도움을 준다. 내보내기를 하는 사람은 어떤 정보가 요구되는지 또는 요구되지 않는지를 알 수 있고, 가져오기를 하는 사람은 어떤 정보를 이 교환으로부터 받을 수 있는지 예상할 수 있으며, 그것을 바탕으로 어떤 조치가 취해져야 하는지 미리 알 수 있다. "건축가의 초기 설계모델의 프리캐스트 콘크리트 파사드 패널에 창문 상세를 포함해야 하는가?", "구조기술자 또는 프리캐스트 엔지니어가 파사드 패널 접합부를 정의했다면, 정보 교환시에 어떤 종류의 기하학 형태로 표현해야 하는가?". 이러한 질문들은 현재 시행착오를 거치며 해결해나가고 있다. 가장 중요한 것은, 모델뷰가 개발자들이 무엇을 개발해야 하는지를 명확히 정의해 줌으로써, 각자의 가정에 의해 개발했을 때 발생하는 교환정보 간 불일치를 제거하고, 내보내기와 가져오기 정보가 일치할 수 있다는 것이다. 현재도 이미 MVD가 이렇게 사용되고 있다. 모델뷰의 목표는 작업흐름을 원활하고 신속하게 처리할 수 있는 효과적인 IFC 교환방법을 정의하는 것이다. 이것이 가능해지면, 모델뷰는 더 많은 역할을 할 수 있을 것이다. 프로젝트의 각기 다른 단계 간에 정보교환 – 예를 들면, COBie(Construction Operations Building information exchange)에 정의된 것처럼, 설계에서 시공으로, 시공에서 운용단계로의 정보교환(Section 3.4.3 참조)에 필요한 정보 양도 시방서(hand over specification)를 정의할 필요가 있으며, 지금은 그렇게 할 수 있는 기회이기도 한다. 이런 정보 양도 시방서는 더욱 섬세한 정보교환방법으로 진화할 것이며, 프로젝트 범위에도 포함될 것이다. 계약서상 마일스톤(milestone)때 제출해야 하는 정보목록의 정의로도 사용될 것으로 기대된다. 그러고 나면, 소프트웨어 간의 직접 교환에 필요한 정보와 개방된 데이터 스키마 교환방법에 대해서도 정의되어야 한다. 요약하자면, MVD는 IFC의 상호운용성 문제를 넘어, 프로젝트 수행방식에 있어서 매우 중요한 요구에 부응하고 있다고 하겠다.

북미에서는 IT를 향상시키고 소프트웨어 회사들의 지원을 받았을 때 그 혜택이 건설 산업으로 돌아가기 때문에, 산업계의 노력이 이러한 작업흐름을 정의해 나가는데 견인차가 되어야 한다는 것을 인지하고 있다. 미국 빌딩스마트 챕터는 MVD를 정의하고 개발하는데 필요한 전체 틀과 필요항목들을 파악하기 위하여 NBIMS(The National BIM Standard)(NIBS 2008)를 개발했다. 아래는 NBIMS 프로세스를 요약한 것이다.

1단계: 프로그램 만들기

가장 첫 단계는 산업체 주도의 그룹을 만들고 모델뷰에 필요한 교환방법을 정의하는 것이다. 이 그룹들은 보통 미국건축가협회(AIA), 건설협회(the Association of General Contractors), 미국토목학회(American Society of Civil Engineers), 미국철강건설협회(the American Institute of Steel Construction), 프리캐스트콘크리트협회(the Precast

Concrete Institute), 그리고 그 외 조직 등을 아우르는 큰 조직 밑에 만들어진다. 다음으로 개발하길 원하는 교환정보들의 집합을 파악하고, 교환정보들을 구현 가능한 IFC 구성요소로 변환이 가능하기에 충분하도록 기능적으로 정의한다.

빌딩스마트 조직은 e-비즈니스의 계획 및 구현에 쓰였던 BPMN(Business Process Modeling Notation)이라는 널리 알려진 프로세스 모델링 언어를 모델링 교환을 정의하는데 도입하였다. BPMN(www.bpmn.org)은 작업과 작업들 간의 정보 흐름을 프로세스 맵으로 정의한다. 그림 3-8은 전형적인 정보교환 형태를 표현한 프로세스 맵을 보여준다. 이 프로세스 맵은 IPD형태의 협력방식을 사용하여 건축 프리캐스트 콘크리트 프로젝트를 수행할 때 작업들과 작업들 간의 정보교환을 나타낸 것이다(Eastman et al. 2009). BPMN 프로세스 맵을 읽는 방법은 다음과 같다.

BPMN 다이어그램을 그릴 수 있는 소프트웨어는 많다. 그림 3-8은 BPMN 웹페이지(www.bpmn.org/documents.htm)에 있는 비지오(Visio)에 BPMN 플러그인을 설치하여 만든 프로세스 맵의 예이다. 비지오 대신 사용할 수 있는 프로그램도 열거되어 있다. BPMN 프로세스 맵에 있는 수평 행과 수직 열은 "수영레인(swim lanes)"이라고 불린다. 행은 정보교환에 참여하는 각 "분야(discipline)"를 나타낸다. 분야(discipline)행 사이에 있는 것은 "교환" 행이다. 교환 행은 분야 사이에서 일어나는 정보교환을 구성하거나 묶어준다. 수직 열은 프로젝트 단계를 나타낸다. 수영레인이 안에 있는 모서리가 둥근 하얀색 직사각형은 작업을 나타낸다. 분야 행과 프로젝트 단계 열을 보면 어떤 맥락에서 정보가 교환되는지 알 수 있다. 각 작업은 고유 식별자를 통해 보다 상세한 모델로 연결된다. 작업을 나타내는 직사각형 안 아래쪽에 몇 개의 기호들이 있을 것이다. 방향이 있는 호(arc)는 작업이 반복됨을 나타낸다. 더하기(+) 상자는 이 작업이 여러 개의 하위 작업들로 이루어진 상위 작업임을 나타낸다. BPMN은 상위 작업과 상세 작업 사이에 하이퍼링크를 제공한다 (BPMN 다이어그램의 문법은 www.bpmn.org에서 설명 자료를 볼 수 있다).

교환 레인 안에 있는 모서리가 접힌 네모들은 교환되는 정보(교환정보, information exchanges)를 나타낸다. 회색 네모는 BIM 모델을, 흰색은 텍스트나 육성 지시사항과 같은 보고서들이다. 교환정보들도 서로 상호참조를 할 수 있도록 고유 식별자를 가지고 있다. 우리가 주로 관심을 가지고 있는 것은 회색으로 표현된 교환내용이며, 이것들은 교환모델(Exchange Models, EMs)이라고 불린다[譯註: 교환모델(EM)의 구분은 BPMN이나 MVD, IDM의 고유개념은 아니고 이스트만 교수가 2010년 발표한 논문에서 제안한 개념이다)].

이 프로세스 맵은 몇 가지 다른 유형의 정보교환 방법을 보여준다. 첫 번째 열은 건축가, 엔지니어, 그리고 건축자재생산자(여기에선 프리캐스트 제작자) 사이의 정보교환을 보여준다. 두 경우 모두 건축가는 엔지니어와 자재생산자의 검토를 받기 위해 BIM 모델을 공유한다. 건축가가 되돌려 받는 정보는 검토된

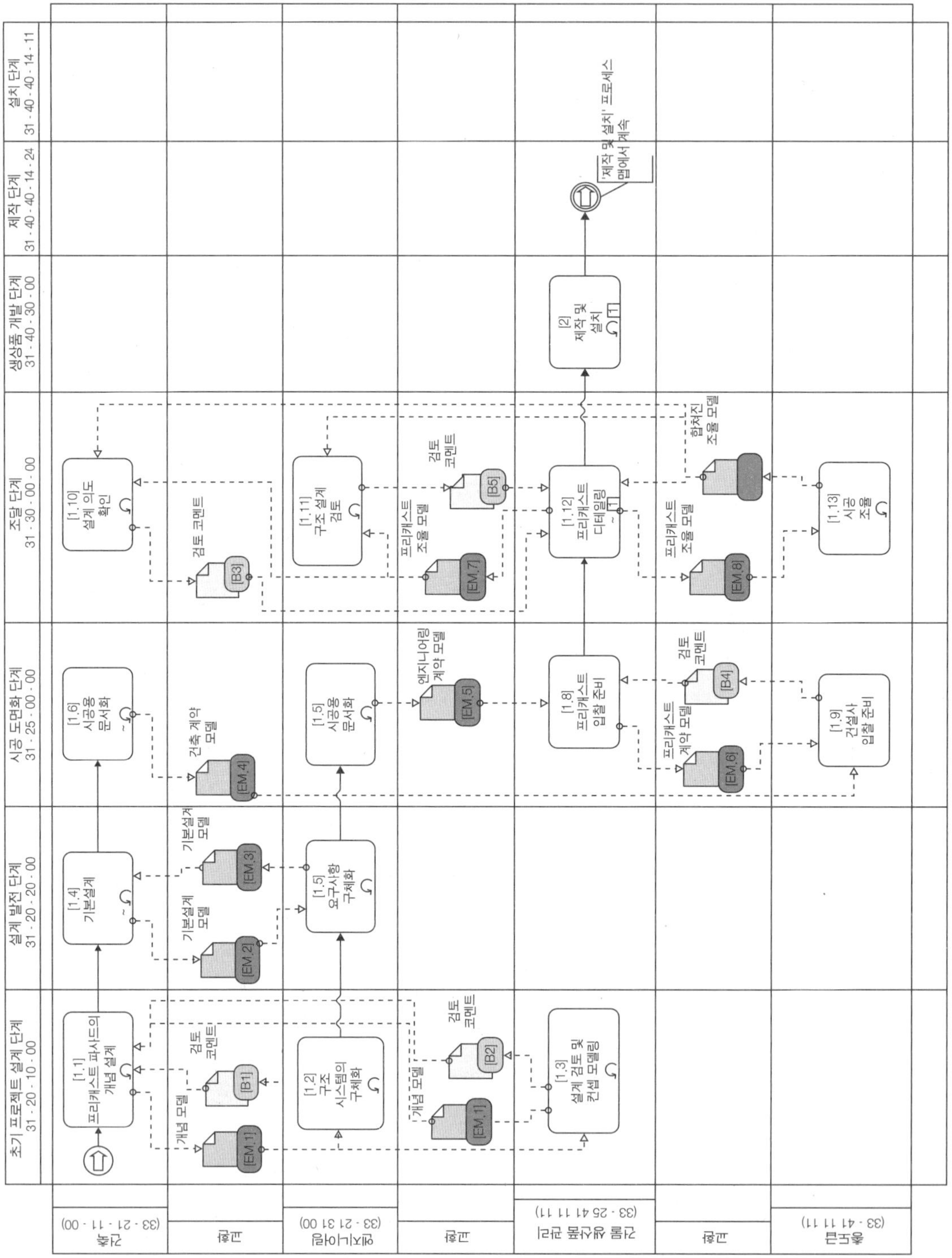

그림 3 - 8 설계 단계에서 건축가, 구조 기술자, 그리고 프리캐스트 제작자 사이의 교환에 관한 프로세스맵 (Eastman et al. 2009a)

모델을 바탕으로 한 엔지니어와 자재생산자의 견해와 제안을 포함한다. 이 방식은 명백히 일방향 정보교환이다.

설계가 발전되는 동안, 우리는 건축가와 엔지니어 사이에 또 다른 방식으로 정보교환이 이루어짐을 볼 수 있다. 이 방법에서는 BIM 모델이 양방향으로 전달된다. 구조 엔지니어는 건축 프리캐스트가 구조체에 의해 제대로 지지될 수 있도록 수령한 BIM 모델을 변경하도록 건축가에게 제안할 수 있다. 양방향 혹은 반복적인 교환이 이루어진다.

MVD 작성자들은 각각의 교환모델(Exchange Model)에 대하여 상세한 정의서를 제공한다. 이러한 기능 정의서(functional specification)에는 반드시 객체의 유형, 기하학정보, 속성, 상세 수준, 자재 혹은 하나의 소프트웨어에서 다른 소프트웨어로 전달될 때 필요한 프로세스들을 결정해 주어야만 한다(Aram et al. 20120). 첫 번째 '프로그램' 단계의 최종 결과물은 교환정보들을 확인하고 그 내용을 사용자의 관점에서 정의한 '정보전달매뉴얼(Information Delivery Manual, 이하 IDM)' 이다. 본 정의서는 분과위원회에 의해 검토되고 승인된다.

2단계: 설계하기

IDM에서 확인된 교환 요구조건들(Exchange Requirements)은 정보교환의 기본단위가 되는 정보모듈들의 집합으로 구성된다. 이 정보모듈들은 가장 일반적으로는 IFC로, 또는 CIS/2나 XML 스키마와 같은 구현단계의 스키마(implementation schema)로 매핑된다. 이러한 작업은 1단계에서 분과전문가와 함께 협력했던 IT 전문가에 의해 수행된다.

모델뷰를 처음 개발하던 초기 그룹들이 예를 들면, 기하학적 표현, 부품과 조합 간의 관계, 그리고 건축부재의 물리적 표현들과 해석적 표현간의 관계를 정의하는데 모델 구성요소(model constructs)를 중복적으로 정의하였었다는 사실이 밝혀졌다. 반복적인 정의서 작업, 구현 작업, 그리고 그러한 구성요소들에 대한 검증은 시간 낭비이다. 구성요소들은 한 번만 정의되고, 구현되고, 시험되어야 하며, 재사용되어야 한다. 중복작업을 피하기 위하여 개념이라고 불리는 구성요소의 형태를 제안하였다. 개념은 모델뷰 방법론의 핵심이다. 개념은 사용자가 정의한 교환모델(EM)을 구현을 위해 더 작은 정보모듈로 매핑해 놓은 위상구조 체계(hierarchical structure)라고 할 수 있다. 그림 3-9는 개념의 정의 예를 보여준다.

다양한 범위의 MVD들에 해당하는 개념 정의는 공개 웹사이트인 IFC Solutions Factory(www.blis-project.org/IAI-MVD/)를 통해 공유되어 있다. 이렇게 함으로써 공개적인 검토가 가능하고, 무엇보다도 재사용이 가능하다. 만약 개념들을 잘 구조화할 수 있다면, 잠재적으로 많은 MVD에서 재사용할 수 있도록 작은 단위 구조로 모듈화할 수 있다(Eastman et al. 2010a).

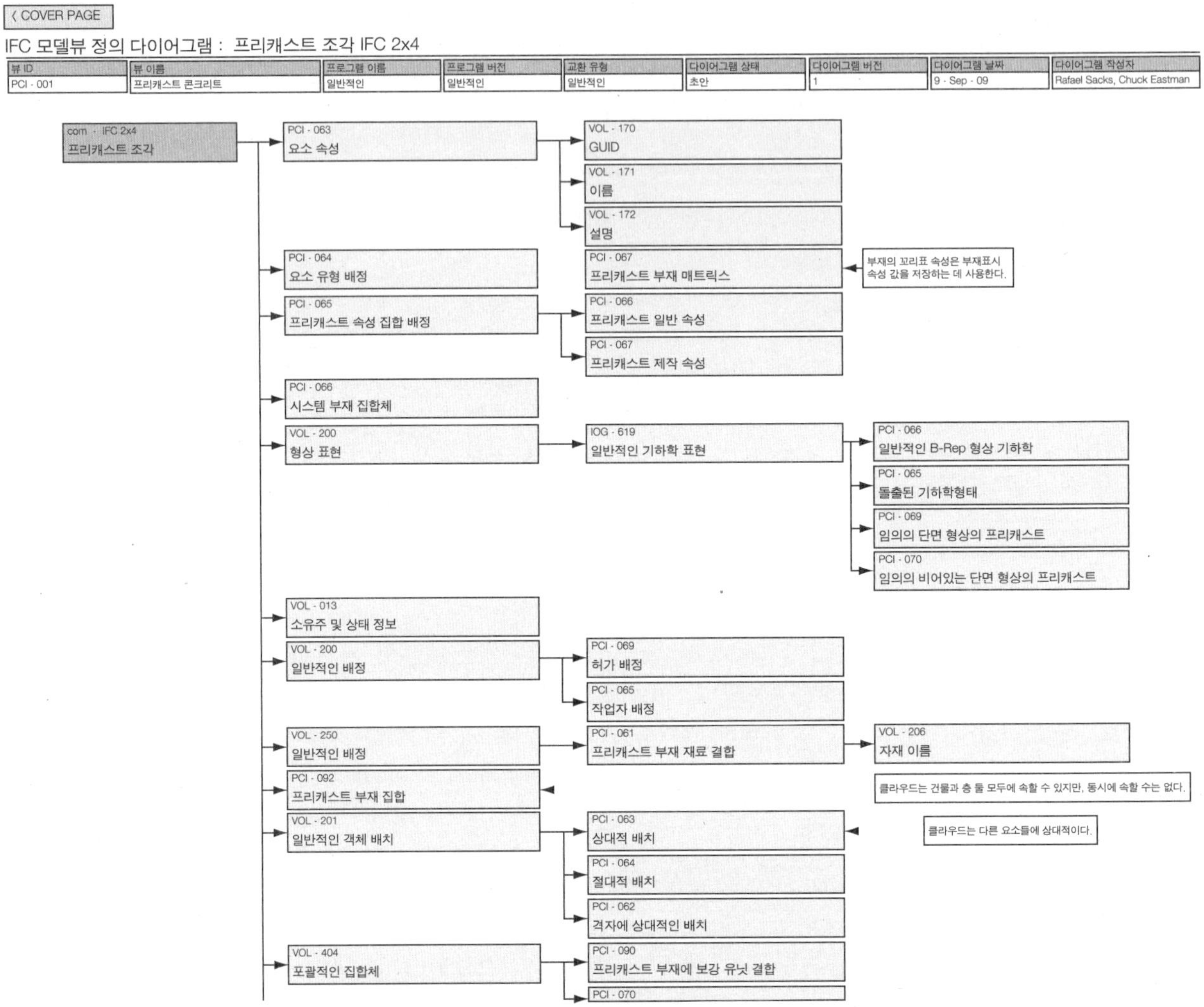

그림 3-9 프리캐스트 부재를 정의해 주는 상위개념들은 더 상세한 개념들로 나누어지고, 최종적으로는 IFC와 연결되는 최하위의 개념(Leaf Concepts)으로 나누어진다(Eastman et al. 2010b).

개념을 정의하고, 이 개념들을 상위개념으로 묶은 후, 이를 다시 하나의 정보교환에 해당하는 모델뷰로 묶어주기 위하여 구조화된 템플릿을 개발하였다. 템플릿들이 다 채워지면, 그 결과로 온라인 문서가 생성되는데, 이 문서는 MVD 정의서로 쓸 수 있다(Eastamn et al. 2010b). MVD는 IDM에 정의된 요구조건을 만족해야 하기 때문에, 이것은 IDM과 개념을 비교 검사하는 것으로 검증되어야 한다. 현재 이 검사는 수작업으로 수행되고 있다. 본 설계단계는 MVD의 소프트웨어 구현정의서를 제공함으로써 구현시 스키마와 어떻게 연결될 지, 모든 속성들이 어떻게 다루어질 것인지 자세히 정의한다.

3단계: 개발하기

세 번째 단계는 소프트웨어 회사(이전 단계들부터 이미 관여하고 있는)가 모델뷰를 개발하는 내용을 다루고 있다. 본 단계에서는 두 번째 단계에서 개발된 MVD 정의서를 구현한다. 이 과정은 번역능력을 시험할 수 있는 작은 IFC 시험 파일에 의해 증강된다. 또한 이 과정은, 검증하고자 하는 모델링소프트웨어에서 만들고 내보내기 할 수 있는, 크기가 작고 쉽게 구현할 수 있는 도면 혹은 3D 모델의 형식으로 된 설계에 의해 증강되어야 한다. 내보내진 파일은 모델링 소프트웨어가 MVD 정의서에 따라 정보를 내보내기 할 수 있는지 판단하기 위해 검사된다. 이 가져오기 및 내보내기 검사를 통해 IDM과 MVD에 기술된 변형사례들도 모두 지원하는지 확인해야 한다.

구현내용은 두 단계로 검사되며, 이러한 검사과정을 일반적으로 모델뷰 검증(Model View Validation)이라고 부른다. 처음 검사는 단위검사라고 하며, MVD에 정의된 구현 개념을 기반으로 한다. 이 검사는 MVD가 지원해야 하는 다양한 모든 상태에서 가져오기와 내보내기가 가능한 지 검사한다. 단위검사가 성공적으로 끝나면, 더 큰 통합검사가 요구된다. 두 소프트웨어 간의 교환모델에 대해 확신을 가지려면, 단위검사와 전체 교환모델 검사에 조심스럽게 접근해야 한다. 인증서는 MVD의 구현이 엄격하게 검사되었고 사용자가 신뢰할 수 있음을 명시하는 공식적인 증서이다.

최근 빌딩스마트 인터내셔널(buildingSMART International)의 ISG(Implementation Support Group, 구현지원그룹)는 모델뷰 검증과 인증서와 관련한 웹사이트 두 개를 개발하였다. 그 중 하나는 뮌헨공대의 IABI(Institute for Advanced Building Informatics)가 호스팅하는 글로벌 검사문서 서버(Global Testing Documentation Server)이다(http://portal.bau.hm.edu/IABI/leistungsprofil/testplattform). 이 웹사이트는 개념들(Concepts)과 완성된 모델뷰의 가져오기와 내보내기 기능 모두 검사가 가능하다. 앞으로 개발자가 검증 및 인증을 위한 검사 사이트로 활용하고, 사용자도 이용이 가능한 웹사이트가 될 것으로 기대된다. 또 다른 하나는 IFC 솔루션즈 팩토리(IFC Solutions Factory)이다(www.blis-project.org/IAI-MVD/). 이 사이트는 내보내기 검사를 주로 지원하며, 내보내기 번역기에 대한 엄격한 검사 기준을 가지고 있다.

4단계: 배포하기

마지막 단계는 MVD의 배포와 현장에서의 사용과 관련 있다. 가이드라인을 통해 모델뷰 내용이 무엇이고, 사용자가 특정 BIM 소프트웨어에서 어떻게 정확하게 건물 구성 요소들을 모델링해야 하는지 설명해 주어야 한다. 이렇게 함으로써 소프트웨어 사용자가 정보교환에서 요구하는 정보를 모델에 포함시키려면 어떻게 모델을 준비해야 하는지 알 수 있다. 이 단계는 또한 실제 상황에서의 검사에 사용될 수 있는 프로젝트 시험모델의 개발도 이루어져야 한다. 비록 아직 어떤 조직이 인증서를 감독할지에 대한 답은 없지만, 개발에 대한 인증도 필요하다.

이러한 특정 작업흐름을 지원하는 번역기가 개발될 때, 모델뷰들은 번역기 내에 P-21 파일, XML, 혹은 데이터베이스 질의와 같이 구체적으로 구현될 것이다. 이 뷰들이 인증되면, IFC 교환이 견고해지는데 크게 기여할 것이며, 현재 하고 있는 사전검사와 시범교환 과정은 없어질 것이다.

IFC 솔루션즈 팩토리는 2010년 4월 현재 개발 중인 23개의 MVD에 대하여 파악하고 있다. 이 23개 MVD는 구조해석, 시설관리 단계로 준공데이터 전달, 대지 계획, 법규검토, 물량 산출 등에서의 정보교환내용을 포함한다. MVD의 개발과 검사는 매우 큰 작업이며, 우리는 이제 겨우 이 노력들의 성과를 보기 시작하는 단계에 와 있다. IFC 솔루션즈 팩토리는 향후 새로운 MVD를 만들 때 이전 MVD의 개념을 점차 더 많이 재사용 할 수 있을 것이라는 점에서 큰 혜택이 있다. 또한, MVD를 모듈화하면 결과적으로 향후에는 MVD를 수월하게 개발할 수 있게 될 것이다. 우리는 미래에 BIM 플랫폼의 선택창 안에서 수십 개의 MVD를 고를 수 있게 되길 기대한다.

요약

지금 이 시점에서(2010년대 중반) 세계의 다양한 곳에서 IFC를 적용하기 위한 두드러지는 노력들이 있다.

- 세계의 다양한 기관에서 자동법규검토 기능을 개발하기 위해 노력하고 있다(Eastman et al. 2009a).
- 노르웨이의 건설 관련 정부 기관인 스타츠비그(Statsbygg)와 노르웨이의 건설업계가 그들의 건설 산업에 대한 변화를 추진하기 위해 함께 작업하고 있다. 이 작업은 건물 제어(자동법규검토), 계획(건축계획에 대한 전자문서 제출, e-submission), 그리고 모든 단계들(설계, 조달, 시공, 그리고 시설관리)을 관통하는 통합을 포함한다. 이 추진계획을 "빌딩스마트(BuildingSmart)"라고 부르는데, 이 계획은 건설 산업의 효율성, 생산성, 그리고 품질에 주목할 만한 영향을 미칠 것으로 기대된다(www.iai-international.org/에서 "Industry Initiatives and Norwegian Solution" 참고).
- 미국 조달청(GSA: General Services Administration)은 주로 IFC 기반의 교환에 의존하여 정보를 교환하는 다양한 MVD 활용방법에 관한 BIM 시범프로젝트 시리즈를 시작했다. 이 프로젝트들은 위의 IAI 웹사이트의 인더스트리 솔루션즈 및 GSA 파일롯츠(Pilots)란에 설명되어 있다. 이 시범프로젝트에 기반을 두어 2007년 이후에 시작하는 모든 GSA 건축 프로젝트들은 BIM 설계 소프트웨어를 활용해야하고, 최종 개념설계가 프로젝트의 공

간요구조건을 만족하는지 검사하기 위해 모델을 IFC 포맷으로 내보내도록 요구하고 있다. GSA는 GSA BIM 가이드라인을 개발하고, 이러한 작업내용을 모든 새로운 GSA 프로젝트들이 따를 수 있도록 그 내용을 명시하였다(GSA 2006a). 스타츠비그와 핀란드의 GSA라고 할 수 있는 세나티(Senatti)가 GSA의 이러한 작업에 협력 하고 있다.

기타 핀란드, 덴마크, 독일, 한국, 일본, 중국, 그리그 그 외 나라에서도 현재 유사한 노력을 진행하고 있다.

3.3.6 IFC 상호운용성의 영향

MVD는 분명히 새로운 수준의 교환 능력을 제공하고 점차 상호운용성 문제를 해소해갈 것으로 보인다. 만약 정보교환이 견고하고 안정적으로 이루어질 수 있다면, 더 많은 혜택들이 파생될 것이다. 정보교환 과정도 자동화될 수 있다. 즉, 사용자가 파일을 내보내고 다른 사용자와 소프트웨어로부터 파일을 가져오도록 명령하는 대신, 다양한 자동화 기능(원가계산, 법규검토, 해석, 또는 간섭검토) 수행 과정에서 자동으로 모델뷰를 내보내거나 불러오고, 결과 값을 받을 수 있는 방법에 대한 검토를 시작해볼 수 있다. MVD는 아직까지 탐색하지 않은 새로운 수준의 설계 향상 방법에 대한 문을 열어 주었다.

MVD는 또한 더 넓은 용도로 사용될 수 있다. 다양한 정부 기관들이 IFC 데이터 모델을 법규검토와 설계검토(GSA, 싱가폴 그리고 위스콘신에서 현재 진행하고 있다)를 위해 받아들이면서, 건축과 시공사 실무의 측면에서 MVD는 갈수록 강한 영향력을 미치고 있다. 동시에 이러한 영향력은 사용자와 BIM 설계 소프트웨어 개발자에게도 영향을 준다. 전통적인 실무에서는 완성된 계약도면에 대해 일정 수준의 엄격함과 규율을 요구하였다. BIM 모델의 생성 및 정의에 있어서도 BIM 모델이 법규검토, 설계검토, 그리고 다양한 유형의 분석을 위한 충분한 데이터를 포함하도록 더 많은 엄격함과 절제가 요구될 것이다. 이런 모델들이 믿을 수 있게 정의될 수 있는 유일한 방법은 모델뷰에 그들의 요구조건을 명시하는 것이다.

회사들은 프로젝트들이 의도된 용도에 맞게 모델링되었는지 확실하게 하기 위해 사전검사(pre-check) 소프트웨어를 통해 그들의 모델을 신중하게 준비하고 사용해야 한다. 사전검사는 요구 객체 클래스 혹은 패밀리들(벽으로서의 벽, 계단으로서의 계단)과 요구 속성에 부합되게 객체가 표현되었는지도 포함된다. 모델링소프트웨어들도 요구된 클래스 구조에 부합되게 사용자정의 객체들이 정의될 수 있도록 기능을 향상시켜야 할 것이다. 이미 GSA의 BIM 사용방법에 맞는지를 검토하는 사전검사 프로그램이 존재한다(Solibri 2010). 예를 들어, 벽으로 둘러싸인 바닥면 전체가 공간으로 정의되도록 제대로 모델링 되었는지, 모든 객체가 요구된 분류체계에 맞도록 이름 또는 의도 기능 등의 속성 값이 정의되었는지 등을 검토할 수 있다.

IFC는 오늘날 유일하게 공공에 공개된, 비상업적이면서 제대로 개발된 데이터 모델이다. 지리정보요소들, 프리캐스트 콘크리트와 배관, 덕트 그리고 전기 요소들을 포함한 확장판이 광범위한 분야에서 꾸준히 개발되고 있다. IFC는 실질적인 전 세계 표준이며, 세계 곳곳에서 각기 다른 정부와 기관들이 정식으로 수용하고 있다. 공공 및 사적영역 모두에서 IFC를 선택해 사용하고 이용하는 사례가 점점 늘어나고 있다. IFC의 상호운용성 표준으로서의 실질적인 검토는 MVD가 구현되고 시험될 때 이루어질 것이다.

3.4 표준화를 지원하는 다른 노력들

IFC는 건설업계의 규약과 표준과 관련한 거대한 퍼즐의 한 조각에 불과하다. IFC가 기하학, 관계, 그리고 속성과 관련된 데이터 구조를 다루는데, 속성들은 어떻게 명명되고 사용되어야 하는가? 로마 알파벳을 사용하지 않는 중국인이나 여타 사람들은 그것을 사용하는 사람들과 어떻게 같이 일할 것인가? 상호운용성은 IFC 혹은 현재의 그 어떤 XML 스키마 문제보다 더 범위가 넓은 문제이다. 지금까지는 건설 산업이 분류체계와 건설자재시험을 거쳐 발전해 왔다면, 이제는 다른 유형의 건설 정보에 대해서도 발전이 필요하다. 본 절은 기타 BIM 관련 표준 노력에 대한 간단한 참고자료와 개요를 소개한다.

3.4.1 사전 작성을 위한 국제 프레임워크(IFD)

유럽 커뮤니티는 속성과 객체 클래스의 작명 문제를 일찍 파악했다. '문(door)'은 불어로는 Porte이고, 독어로는Tür이며, 중국어로는 門이다. 각각의 속성들 또한 서로 다른 이름을 가진다. IFC에 명시된 객체들은 이름과 속성들이 다른 언어들로도 존재할 수 있고, 그것들의 뜻 또한 적절하게 번역되어야 한다. 다행히, IFC는 SI단위와 야드파운드법 단위(Imperial)와 같이 다른 측정단위는 잘 지원한다. 그러나, CIS/2나 IFC와 같이 비록 같은 언어로 되어 있어도 겹치는 객체와 속성들이 다른 방법으로 정의되는 표준들도 있다. 사전의 작성을 위한 국제 프레임워크(The International Framework for Dictionaries, 이하 IFD)는 이러한 쟁점들을 다루기 위해 만들어졌고, 그 내용은 www.ifd-library.org/index.php/Main_Page에서 찾을 수 있다. IFD는 궁극적으로 다른 언어로 된 용어들이 BIM 모델과 인터페이스에서 광범위하게 사용될 수 있도록, 용어간 매핑을 개발하는 것이다. IFD에 의해 진행되고 있는 다른 중요한 노력 중 하나는 건물제품시방서, 그 중에서도 특히 시방서 데이터들이 서로 다른 소프트웨어에서 에너지 분석, 탄소 발자국, 그리고 공사비 계산에 사용될 수 있도록 표준을 개발하는 것이다.

IFD는 미국 시공 시방서 협회(Construction Specifications Institute)와 캐나다 시공

시방서 협회(Construction Specifications Canada), 노르웨이의 빌딩스마트, 그리고 네덜란드의 the STABU 재단에 의해 진행되고 있다.

3.4.2 옴니클래스(OmniClass)

또 다른 관련된 활동으로는 기존의 건설 관련 분류체계를 BIM에 사용할 수 있도록 검토하고 대체하는 작업이다. Masterformat과 Uniformat은 미국 시공 시방서 협회에서 관리하는 시방서와 원가계산에 사용되는 건물구성 요소들의 분류체계이다. 마스터포맷과 유니포맷은 둘 다 프로젝트 도면으로부터 추출한 정보를 종합하여 보여주는 것에 효과적인 온라인 문서구조를 가지고 있지만, 이 정보들이 항상 BIM 모델 안의 개별 객체들과 잘 매핑되는 것은 아니다. 이들의 한계점은 5.3.3.3절에 설명하였다. 그 결과로, 유럽인들과 미국인들은 Omniclass라 불리는, 구조화된 분류체계 표를 새로 만들었다. Omniclass는 1990년대 초반부터 현재까지 ISO(International Organization for Standardization)와 ICIS(International Construction Information Society) 분과위원회와 작업그룹(workgroups)에 의해 개발되고 있다. 현재는 15개의 표로 구성되어 있다.

표 11	기능에 따른 시공 객체	표 32	서비스들
표 12	형태에 따른 시공 객체	표 33	분야들
표 13	기능에 따른 공간	표 34	조직의 역할들
표 14	형태에 따른 공간	표 35	도구들
표 21	요소들	표 36	정보
표 22	작업 결과들	표 41	자재들
표 23	제품들	표 49	속성들
표 31	프로젝트 단계들		

이 용어 분류표들은 산업계의 자원자들에 의해 정의되고 구조화되었다. 이 분류표들은 BIM 소프트웨어와 방법론에 맞게 도입되어 사용될 수 있도록 빠르게 진화하고 있다.

3.4.3 COBie

COBie(Construction Operations Building information exchange)는 시공 팀이 발주처에게 양도해야하는 정보내용에 대해 다룬다. 일반적인 시설물 관리 정보뿐만 아니라 운영관리에 필요한 정보에 대해서도 다룬다. 전통적으로, 운영관리 정보는 시공이 끝나갈 무렵 각자의 틀에 맞추어 제공되었다. COBie는 시운전 및 양도 중 발주처에 제출하는 결과물 패키지의 일부로서, 유지관리에 필요한 정보를 설계와 시공 단계에서 수집하는 표준 방법을 서술한다. 설계를 완료되면 설계자로부터 데이터를 수집하고, 건물이 시공된 후에는 시공자로부터 데이터를 수집한다. 이것은 실질적이고 구현하기 수월한 방식을 통해 정보를 분류하고 구조화한다.

COBie의 구체적인 목표는 다음과 같다(East, 2007):

- 현재 설계와 시공 계약 결과물의 실시간 정보교환을 위한 간단한 포맷을 제공하기
- 비즈니스 프로세스들을 위한 요구조건과 책임들을 분명하게 파악하기
- 미래의 정보의 교환/복구를 위해 정보 저장용 프레임워크를 제공하기
- 운용과 유지보수에 추가 비용을 지출하지 않기
- 발주처의 유지보수 관리 시스템에 직접 COBie를 불러올 수 있도록 하기

COBie는 아래 단계마다의 구체적인 결과물을 포함하는, 설계와 시공의 모든 단계별 결과물들을 정의한다.

- 건축 프로그래밍 단계
- 건축설계 단계
- 설계조율 단계
- 실시설계 단계
- 시공착수 단계
- 시공 60퍼센트 완성 단계
- 시설물 인수인계 단계
- 지불 완료
- 유지보수(corrective maintenance)

COBie는 2010년 초에 업데이트 되었으며, 지금 버전은 COBie2이다. COBie는 컴퓨터가 이해할 수 있는 포맷뿐 아니라 사람이 이해할 수 있는 포맷으로도 정의되었다. 사람이 이해할 수 있는 COBie2 정보의 포맷은 전통적인 스프레드시트 형식으로 되어 있으며, WBDG 웹사이트(www.wbdg.org/resources/cobie.php)에서 마이크로소프트 엑셀 스프레드시트 포맷으로 제공된다. COBie2는 또한 빌딩스마트의 IFC(또는 ifcXML이나 그와 동등한) 공개표준을 사용한 시설물 관리 데이터 교환을 지원한다. IFC-Express와 ifcXML에서 COBie2 스프레트 시트로 변환하거나, 또는 COBie2 스프레드시트에서 IFC-Express나 ifcXML로 변환하기 위한 번역기들이 www.buildingsmartalliance.org/index.php/projects/ifccobie에서 기술지원 없는 무료 버전으로 제공되고 있다.

COBie는 건설 프로젝트가 끝날 때 양도해야 하는 일반 제출물(submittal)에 대해 이야기하고 있으며, 이 제출물들을 컴퓨터 활용하여 쉽게 관리할 수 있도록 구조화된 틀에 담는다. 이 틀은 표3-2에 설명된 내용을 포함한다.

표 3-2 COBie2 데이터 섹션

객체유형	정의
메타 데이터	파일 교환
프로젝트	특성, 단위들, 디컴포지션(Decomposition)
대지	특성, 주소, 분류, 기본 물량, 속성
건물	특성, 주소, 분류, 기본 물량(Base Quantities), 속성
층	특성, 기본 물량(Base Quantities), 분류, 속성
공간 컨테이너	특성, 분류, 물량, 속성, 공간 경계
공간 경계	문, 창문, 닫힌 공간
외피	특성, 유형, 외피 자재, 분류, 기본 물량(Base Quantities)
창	특성, 유형, 분류, 자재, 기본 물량(Base Quantities), 속성
문	특성, 유형, 분류, 자재, 기본 물량, 속성
가구	특성, 유형, 자재, 분류, 속성
MEP 요소들	특성, 유형, 자재, 분류, 속성
가구, 붙박이 세간, 장비, 프록시(proxy)	특성, 유형, 자재, 분류, 속성
구역	특성, 분류, 속성, 공간 배정(assignment)
시스템	특성, 분류, 속성, 요소 배정, 시스템 서비스 건물

노트: 특성, 유형, 분류 특성 유형은 객체 유형에 따라 달라짐

COBie2는 CMMS(Computerized Maintenance and Management System)에 데이터 입력을 지원하기 위해 개발되고 있다. MAXIMO, TOCMO, Onuma, Archibus를 포함한 여타유럽의 FM 및 설계 소프트웨어가 COBie2를 지원한다. COBie2는 미육군공병대(U.S. Army Corps of Engineers), NASA, 그리고 대학시스템들(university systems)에서 필수 제출물로 채택되었다. COBie2는 또한, 노르웨이와 핀란드 정부의 부동산 취득 및 관리 기관인 스타츠비그와 세나티에서도 채택되었다.

3.4.4 XML 기반 스키마

XML(eXtensible Markup Language)은, 특히 웹사용에 적합한, 대안적인 스키마 언어들과 전달 메커니즘들을 제공한다. 어떤 교환 포맷들은 오로지 파일 중심인 것처럼, 새로운 몇몇 교환 포맷들은 오직 XML만을 기반으로 한다. XML은, 웹에서 정보를 보여주기 위한 언어인 HTML의 확장언어이다. HTML은 고정된 숫자의 태그(tag)만을 가지고 정보를 정의하는 원시적인 스키마로, 표현 포맷, 다양한 미디어 데이터 유형, 그리고 기타 고정된 형식의 웹데이터 등을 지원한다. XML은 사용자정의 태그를 제공하여 전달된 데이터의 의도된 의미가 무엇

건설 분야의 XML 스키마들

OpenGIS, 즉 지리 객체 구현방법 정의서(Geographic Objects Implementation Specification)를 OGC(Open Geospatial Consortium)가 개발하고 있다. 이것은 소프트웨어 프로그래밍 환경 내에서 기하학 및 지리적 객체들을 표현하고, 관리하고, 렌더링하고, 조작하기 위해 필요한 추상개념들을 프로그래밍 언어에 독립적이며 공용으로 활용이 가능한 형태의 공개집합으로 정의하고 있다. (OGC 2007).

gbXML(Green Building XML)은 건물 외피, 구역별 예비 에너지 분석, 그리고 기계 장비 시뮬레이션의 정보를 전달하기 위해 개발된 스키마이다 (gbXML n.d.). 다양한 플랫폼들이 인터페이스를 제공한다.

ifcXML은 IAI가 지원하는, XML에 매핑된 IFC 스키마의 부분집합이다. ifcXML의 매핑은 EXPRESS로 정의된 각 버전의 IFC 스키마로부터 도출한 XML 스키마 정의(XSD)에 의존한다. 한 예로, 어떻게 IFC EXPRESS 모델을 ifcXML XSD 모델로 변환하는지에 대한 방법, 즉 언어 바인딩(language binding) 방법은 국제 표준 ISO 10303-28ed2 "EXPRESS 스키마와 데이터의 XML표현(XML representation of EXPRSS schemas and data)" 을 따른다.

aecXML은 건설 연구, 그리고 IAI를 지원하는 주요 건설 산업 컨소시엄인 FIATECH에 의해 관리되고 있다. FIATECH 처음에, 복수의 하위 스키마를 지원하는 전체를 아우르는 상위 스키마로서 ifcXML과 aecXML을 조화시키기 위한 통합 프레임워크를 개발하였다. 이것은 UN/CEFACT(United Nations Centre for Trade Facilitation and Electronic Business)에 의해 개발된 XML 사업 기술(business technology)에 의존했다. 이 통합스키마는 COS(Common Object Schema)라고 불리며, 이름, 주소, 수량, 그리고 기타 기본 정보단위들의 XML 구조로 구성된다. aecXML은 계약과 프로젝트 문서들, 즉 제안요청서(Request for Proposal), 견적요청서(Request for Quotation), 정보요청서(Request for Information), 시방서, 부록, 설계변경, 계약서, 구입주문서들과, 속성들, 자재 및 부품, 제품, 장비 같은 자원들과; 조직, 전문성, 참여자와 같은 메타데이터; 또는 제안서, 프로젝트, 설계, 견적, 공정계획, 그리고 시공과 같은 활동들을 표현하기 위해 시작되었다. aecXML은 건물과 건물요소들에 대한 설명과 내역서를 다루지만, 기하학적 모델이나 해석 모델을 정의하지는 않는다. 벤틀리(Bentley)가 aecXML의 초기 구현자였다. 현재는 활동하고 있지 않다 (FIATECH 2007).

agcXML aecXML의 COS 마스터 스키마에 기반을 두어, 미국 건설인협회(AGC: Associated General Contractors)가 2007년에 건설사업 프로세스의 정의를 지원하는 스키마인 agcXML을 개발하였다. agcXML은 다음의 문서 유형에 공통적으로 포함되는 정보를 담고 있다:

- 정보 요청서(Request for Information)
- 가격/제안 요청서(Request for Pricing/Proposals)
- 발주처/시공사 합의서
- 가치진행율(schedule of value)
- 설계변경 (Change Order)
- 지급 신청서(Application for Payment)
- 추가 지시(Supplemental Instructions)
- 변경 지시사항 (Change Directive)
- 입찰, 지급, 성능, 그리고 품질 보증금
- 제출물(submittals)

agcXML은 무료이며 http://iweb.agc.org/iweb/Purchase/ProductDetail.aspx?Product_code=AGCXML에서 다운로드 받을 수 있다. 이것은 비코(VICO)와 뉴포마(Newforma)를 포함한 소수 회사들에 의해 구현되었다.

BCF(BIM Collaboration Format)는 사람에서 사람으로의 교환을 위한 XML 포맷으로, 다른 형태의 정보 교환 유형들과 함께 사용된다. 이것은 정보 산출(Information Takeoff) 포맷이라고 불린다. 사용자는 설계 검토 단계에서 다양한 실행계획 항목(action items)을 파악한다. 이 실행계획 항목은 그 후에 프로젝트 팀의 다양한 구성원들에 의해 수행된다. 하지만 이러한 실행계획 항목은 각 구성원들에게 어떻게 전달될 수 있을까? 이것의 답은 간섭검토 소프트웨어에서 찾을 수 있다. 먼저 3D 좌표에서 간섭을 찾아내 오프셋된 카메라의 포지션을 통해 간섭의 상태를 보여주고, 관련된 당사자로부터 확인 후, 맡아야 할 실행계획 항목을 명시해준다. 보통 이러한 기능은 내비스웍스(Navisworks)와 같은 간섭검토 소프트웨어에 국한되어 있었다. 하지만, XML로 이실행계획 항목을 전달하게 되면, BIM 플랫폼의 종류에 구애받지 않고 실행계획 항목을 가져와 수행자에게 보여줄 수 있다. BCF의 용도는 간섭검토보다 훨씬 더 광범위할 수 있다. BCF는 솔리브리 모델 체커처럼 자동으로 모델을 검토하거나 아니면 직접 만나거나 웹 컨퍼런스를 통하여 수동으로 모델을 검토하는가에 상관없이 사용될 수 있다. BCF를 통해 얻을 수 있는 혜택은, 관심 구성요소를 생성한 BIM 설계 플랫폼에서 실행계획 항목들을 직접 불러와서 실행시킬 수 있다는 점이다. BCF는 Tekla와 Solibri에 의해 제안되고 정의되었으며, Autodesk, DDS, Eurostep, Gehry Technologies, Kymdata, MAP, Progma, 그리고 QuickPen International에서 이 포맷의 지원을 약속했다.

CityGML은 3D 도시객체의 표현을 위한 공통 정보 모델이다. 이것은 도시와 지역의 객체와 관계들과 이와 관련된 위상기하학적 객체들을, 기하학, 위상학, 의미, 그리고 외관을 나타내는 속성값으로 정의한다. CityGML은 주제 객체 간의 일반화된 위상관계, 집합체, 객체간 관계, 그리고 공간 속성을 포함한다. 이 주제 정보는 그래픽 교환 포맷을 뛰어 넘어서서, 시뮬레이션, 도시 데이터 마이닝, 시설물 관리, 그리고 이 주제와 관련된 질의와 같이 서로 다른 영역의 소프트웨어에서 이루어지는 고급 분석을 하는데 필요한 가상의 3D 도시 모델들을 지원한다. 이 모델들을 상세수준(Level of Detail, LOD)에 따라 다섯 단계로 구별한다. CityGML 파일들은 필요하다면 한 객체를 대상으로 동시에 여러 상세수준(LOD)으로 표현하여 저장할 수 있다. 자세한 내용은 www.citygml.org/1523/을 참조.

인지 구체화할 수 있는 방법으로 HTML을 기반으로 확장되었다. XML은, 전자상거래 거래나 데이터의 수집이 필요한 웹 소프트웨어간의 정보 교환에 매우 보편화되어있다.

사용자정의 태그를 정의하는 방법은 다양하다. 예로, 수학적 공식과 벡터 그래픽, 그리고 비즈니스 프로세스를 정의하기 위해 개발되었던 DTDs(Document Type Declarations)를 들 수 있다. XML 스키마를 정의하는 방법도 다양한데, XML 스키마 (www.w3.org/XML/Schema), RDF(Resource Description Framework)(www.w3.org/RDF/), 그리고 OWL 웹 온톨로지 언어(Web Ontology Language)(www.w3.org/RF/2004/REC-owl-features-20040210/) 등이 있다. 그림 3-2는 스키마와 스키마 정의언어의 관계를 보여준다. 현재의 XML과 연관된 소프트웨어나 XML스키마 보다 더욱 강력한 스키마를 개발하기 위하여 정확한 의미 정의가 가능한 온톨로지를 기반으로 한 연구가 진행되고 있다. 그러나 아직까지는 이러한 진보된 방법들로부터 실용적인 결과가 도출되지는 못하였다.

건설 분야에서 현재 사용 가능한 스키마 정의 언어를 이용하여 몇 가지 효과적인 XML 스키마와 프로세싱 방법이 개발되었다. 앞의 상자는 건설 분야에서 개발된 다섯 가지 XML 스키마를 설명한다.

서로 다른 각각의 XML 스키마는 각기 자신들의 객체, 속성 그리고 관계, 규칙을 정의한다. 이 XML 스키마들은 스키마를 구현하고 프로그램 개발을 위해 협력하는 기업들의 작업에 효과적이다. 하지만, 각각의 XML 스키마는 서로 다르며, 호환이 되지 않는다. ifcXML은 상호참조를 위해 IFC 건물 데이터 모델로의 광역매핑을 제공한다. OpenGIS 스키마를 IFC와 조화시키기 위해 노력하고 있으며, CityGML의 경우, CityGML모델과 IFC 모델을 매핑할 수 있는 번역기가 존재한다. XML 포맷으로 된 파일은 IFC로 된 순수 텍스트 파일보다 2배에서 6배 더 많은 하드디스크 공간을 차지한다. 하지만, 이것은 텍스트 파일보다 상당히 빠르게 처리되기 때문에, 많은 경우 파일 교환 작업에 훨씬 효과적이다. 장기적인 관점에서의 문제는 어떻게 동등하게 다양한 XML 스키마들을, 그리고 데이터 모델들을 조화시키냐는 것이다. 현재 XML 스키마들에 대해 비유를 하자면, 미국 전역에 기차선로를 깔았는데, 각기 다른 표준치수를 써서 급하게 지은 격이다. 이렇게 되면 선로들이 한 지역 내에서는 잘 연결되겠지만 다른 지역의 기차선로와는 연결되지 못할 것이다.

BIM 모델 데이터를 공개하기 위해 중요한 두 가지 XML 포맷이 바로 DWF와 3D PDF이다. 이들은 BIM 모델을 제한된 용도로 사용하기 위한 가벼운 매핑을 제공한다. 이들은 제2장에 리뷰되어 있다.

3.5 파일기반 교환에서 BIM 모델 저장소로의 진화

본 장에서는 하나의 소프트웨어에서 만들어진 정보를 다른 소프트웨어에서 재사용 하는 것을 지원하기 위해 이미 개발되었거나 개발 중인 기술들을 검토한다. 서론에서 건물은 설계, 엔지니어링, 그리고 시공을 위해 다양한 모델들을 필요로 한다고 얘기했었다. 이제 다시 그 내용으로 돌아가 그것의 의미를 검토해보자.

실무에서의 IFC나 XML 파일 교환과 다른 XML 기반 e-비즈니스 교환은 소프트웨어에서 소프트웨어로의 교환에서 시작하였다. 일반적으로, 각 부서나 컨설팅 팀의 사람 한 명이 프로젝트 내 버전에 대한 관리를 책임진다. 건축가나 엔지니어가 갱신된 설계 내용을 내보낼 때, 갱신된 설계는 모델 간의 조화와 동기화를 위해 컨설턴트 조직에게 전달된다. 프로젝트가 커짐에 따라, 그리고 프로젝트 파일 구조가 더 복잡해짐에 따라, 이러한 스타일의 조율은 점차 복잡해진다. 각 회사에서 따로 프로젝트를 관리하는 전통적 프로젝트 관리 방법은 정보교환이 매우 빠르게 진행되어야 하는 경우에 효과적이지 못할 수 있다. 게다가, 이러한 관리 방식에서 관리대상이 파일에서 객체로 바뀌면 업무가 마비될지도 모른다.

이러한 유형의 데이터 관리 문제를 해결할 수 있는 기술은 BIM 모델 저장소(building model repository)이다. BIM 모델 저장소(혹은 BIM 저장소)는 모든 프로젝트 관련 데이터를 한 곳에 모아 관리와 조율을 쉽게 하는 서버나 데이터베이스 시스템이다. 이것은 이미 존재하는 PDM(Project Data Management) 시스템과 웹 기반의 프로젝트 관리 시스템을 적절하게 적용하고 확장한 것이다. PDM 시스템은 전통적으로 프로젝트를 파일단위로 관리해왔는데, CAD 및 분석 패키지 프로젝트 파일들을 보관하였다. BIM 저장소는 객체 기반의 관리 기능을 제공하는지의 여부, 질의, 전달, 갱신, 그리고 잠재적인 이종 소프트웨어들을 지원할 수 있도록 다양한 방법으로 분할되거나 모아진 모델 데이터의 관리가 가능한지의 여부를 기준으로 구별된다. 파일을 관리하는 것에서 정보 객체를 관리하는 것으로 건설업계의 점진적인 변화가 자리를 잡아가고 있다.

BIM 저장소 기술들은 제조업계에서 개발되었던 유사한 시스템들과는 다른 요구조건을 갖는 새로운 기술이다. 그들의 기능적 요구조건은 최근에서야 겨우 해결되기 시작했다. 아래는 지금까지의 이해를 바탕으로, 이상적인 BIM 저장소 기능을 제시하였다. 그리고 이 절의 끝 부분에서는 현재 시장에 출시된 주요 제품에 대해 설명하였다.

3.5.1 프로젝트 트랜잭션(Transaction)과 동기화(Synchronization)

트랜잭션은 데이터베이스의 중요한 개념이다. 트랜잭션은 데이터베이스와 메모리 상주 프로그램이 오염되는 것을 막아준다. 먼저, 소프트웨어 내의 모든 작업들은 현재 데이터집합을 논리적으로 복제해온다. 만약 이 데이터집합이 좋은 상태면, 데이터베이스 용어로는 "무결성(integrity)"을 가지고 있다고 표현하며, 복제된 버전에서 무결성을 확인하기 전까지는 현재 데이터집합을 복제된 버전으로 덮어쓰지 않는다. 사용자가 무결성을 확인하면, 소프트웨어가 수정사항을 저장할 것인지 물어보거나, 사용자가 데이터베이스의 실행을 선택할 수도 있다. 이 두 경우 모두, 우선 정보를 저장소의 새로운 장소에 먼저 써놓았다가(쓰기를 하는 동안 정전될 경우를 대비해서), 그 후에 이전 파일의 디렉토리 참조(directory reference)정보를 새로운 파일로 옮겨준다. 이 트랜잭션 접근법은 정전, 디스크 변형, 프로그램 내의 오류, 그리고 여타 데이터집합을 변형시킬 수 있는 문제(사용자 오류가 아닌)들을 다루기 위해 설계되었다. 오늘날 대부분 소프트웨어가 이 프로토콜에 의존하고 있다.

한 명의 사용자만이 소프트웨어와 파일 전체를 다루는 경우나 전체 파일을 통째로 갱신하는 경우는 트랜잭션이 비교적 쉬운 편이다. 물론 은행의 데이터베이스나 프로젝트의 데이터베이스의 경우, 전체 파일을 교체한다는 개념은 없

BIM 저장소를 위한 기본 요구조건

BIM 저장소를 위한 기본 요구조건은 명료하다. 몇 가지는 대부분의 데이터베이스 관리 시스템에서 흔한 것들이다. 나머지는 건설 산업과 연관된 기본적인 필요사항들이다. 이들은 다음과 같이 요약될 수 있다:

- 사용자 접근 제어는 사용자가 각기 다른 수준으로 모델에 접근/읽기/쓰기/생성이 가능하도록 한다. 모델 접근의 수준에 따라 사용자가 데이터를 수정할 때 어디까지 데이터를 잠가야 하는지 달라지기 때문에 모델 접근의 수준을 결정하는 것이 중요하다.
- 프로젝트와 연관된 사용자를 표현함으로써, 그들의 참여, 접근, 그리고 행동들이 추적되고 작업흐름 상에서 조율된다.
- 모든 플랫폼들의 원본 데이터 모델들과 그 외 다양한 BIM 도구들에서 사용되는 파생된 데이터 모델들을 읽고, 저장하고, 쓴다.
- 상호운용성 작업흐름과 프로젝트 관리를 위해 공개된 표준 모델 데이터 모델들을 읽고, 저장하고 쓴다.
- 업데이트 트랜잭션 프로토콜을 기반으로 객체 인스턴스들을 관리하고 읽고, 쓰고, 삭제한다.
- 설계나 제작상세 생성시에 BIM 모델에 제품 객체를 포함시킬 수 있도록 제품 라이브러리(product libraries)를 지원한다.
- 발주처 양도용 준공모델(as-built model)에 연결할 수 있는 강력한 제품 시방서 및 기타 유지관리와 서비스 정보를 지원한다.
- 원격 사용자를 위해 웹 접근, FTP 파일 교환, PDF, 그리고 XML 같은 모델 교환 능력을 제공한다.
- 이메일, 전화 기록, 회의에서의 노트, 공정, 사진, 팩스, 그리고 비디오와 같이 구조화되지 않은 형태의 의사소통을 관리한다.

위는 BIM 서버의 기본적인 기능만을 설명하며, 복잡한 객체 모델들과 그와 관련된 보조적인 데이터들을 어떻게 관리하여야 하는지는 다루지 않는다.

으며, 프로젝트, 건물, 객체, 혹은 심지어 잠재적인 속성 수준 등 다양한 수준에서 트랜잭션을 하게 된다. 또한, 수십 명의 사용자를 상대해야 할 수도 있다. ATM은 계좌 정보에 순차적인 접근만 허용하는 간단한 잠금 메커니즘을 사용하여 은행 데이터베이스의 트랜잭션을 실행한다. 즉, 당신의 계좌를 다른 누군가와 공유하고 있다면, 둘 중에 한 명씩만 거래를 할 수 있다. 사람들이 이러한 점을 인식하지 못하고 은행거래를 할 수 있는 이유는, 읽기(현재 잔고보기)와 쓰기(출금 혹은 입금)에 필요한 트랜잭션이 불과 몇 초밖에 걸리지 않기 때문이다. 그러나 엔지니어링 데이터는 그 크기가 커서 읽고 쓰는데 몇 시간 혹은 하루도 걸릴 수 있어서 이를 "긴 트랜잭션" 문제라고 한다(Gray and Reuter 1992). 일반적으로, 동시공학 문제와 긴 트랜잭션 문제가 있는 BIM 모델 서버가 설계, 엔지니어링, 그리고 시공 트랜잭션에서 무결성을 보증할 수 있도록 하는 것이 건물 또는 제품모델 서버의 핵심적인 요건이다. 트랜잭션은 핵심능력으로, 서버를 단독으로, 평행하게, 또는 "클라우드" 형태로 구성하여 적용할 수 있다.

트랜잭션은 데이터베이스 변경의 기본단위이자 동시에 일관성 관리(혹은 동기화)에 있어서도 기본단위이기도 하다. 트랜잭션 관리 시스템은 동시에 발생하는 작업이 어떻게 처리되고 관리되었는지를, 예를 들면 서로 다른 정보관리 단위(파일 수준, 층 수준, 혹은 객체의 집합수준)로 BIM 모델을 나누어 관리함으로써 확인된다. 이러한 정보관리 단위(information granule)별로 잠글 수 있는데, 오직 한 명의 사용자에게 쓰기를 허용할 수도 있고, 또는 여러 사용자들에게 공유하여 업데이트나 다른 동시작업 관리정책에 대해 자동으로 알려 주면서 쓰기를 허용할 수도 있다. 잠재적으로 높은 수준의 동시성을 가능케 할 이 기술은 우리가 데이터를 객체 수준으로 관리하고자 할수록 더욱 중요해진다. 오늘날 대부분의 트랜잭션은 사용자들이 직접 실행해야 하며, 오직 파일 시스템 혹은 서버에만 적용되고 있다. 하지만, 앞으로 많은 엔지니어링 데이터베이스의 트랜잭션이 적극적으로 이루어져, 예를 들어, 객체를 다른 사용자가 사용하고 있는 것을 자동으로 알려 준다던가, 혹은 보고서의 기반이 되는 데이터가 업데이트 되면 보고서도 업데이트 된다던가 하는 것들이 자동으로 실행될 것이다.

프로젝트 동기화(synchronization)는 또 다른 BIM 서버가 갖추어야 하는 중요한 목표 기능 중 하나이다. 변경관리(change management)가 수작업 혹은 인터랙티브한 방법으로 파일들이 일관성이 있는지, 다른 변경사항으로 인해 수정할 사항이 있는지를 파악하는 것을 의미한다면, 동기화는 모든 다양한 이종의 프로젝트 파일들을 일관성 있게 유지하는 것을 의미한다. 이것은 모델 무결성의 핵심적인 측면임에도 불구하고 현재 상당 부분 수동으로 관리되고 있다.

하나의 같은 파라메트릭 모델 플랫폼을 사용하고 하나의 모델로부터 복수의 2D 도면 뷰나 일람표를 생성하면 동기화 문제가 해결되지만, 그 플랫폼 모델로부터 파생하여 만든 다른 기능을 가진 모델들 간의 동기화 문제까지 해결되지는 않는다. 게다가 같은 프로젝트지만 서로 다른 제작 프로세스에 사용되는 다수의 플랫폼 모델을 동기화 시키는 것은 더욱 어렵다. 여기서 동기화란 공간적 간섭, 시스템간 접합부, 그리고 시스템들 간의 부하 전달(에너지 부하, 구조적 부하, 전기 혹은 유체 흐름 부하)을 포함한 서로 다른 시스템들 간의 모든 조율 문제들을 말한다. 이종 모델들 간의 동기화는 많은 경우 수작업으로 다루어지지만, 효과적인 BIM 저장소가 있다면 이 문제를 해결에 도움을 줄 수 있다. 지금까지 주로 번거로운 수작업에 의존해서 데이터 일관성 관리를 해왔는데, 하나의 파일에 들어 있는 정보가 다른 파일의 내용과 깊이 연결이 되어 있기 때문에, 수작업은 거의 도움이 안 된다. 차라리 사람들이 머릿속에서 객체들이 어떻게 되나 상상하여 관리하는 게 더 낫다. 그러나 수백만 개의 객체를 동기화해야 한다면, 수작업으로 유지 관리하는 것은 실용적이지 못하며, 자동화

표 3-3 BIM 플랫폼의 객체 메타데이터의 동기화

BIM 플랫폼	GUID 관리	타임스탬프 관리
Revit, Release 2011	태그 객체가 있어 프로젝트 인스턴스 수준에서 고유 식별자를 담음	파일 수준
Bentley	객체 인스턴스 수준에서	수정 마크가 객체 안에 담김
ArchiCad	객체 인스턴스 수준에서	객체 인스턴스 수준에서
Vectorworks	지원하지 않음	지원하지 않음
Digital Project, V1, R4, SP 7	객체 인스턴스 수준에서	객체 인스턴스 수준에서
Tekla	객체 인스턴스 수준에서	객체 인스턴스 수준에서

된 방법이 구현되고 사용되어야 한다. 그렇지만 많은 수정사항들이 동기화 되려면 설계결정이 필요하기 때문에, 변경사항이 완전히 자동으로 동기화되어 업데이트되는 것은 불가능하다는 것을 알아야 한다. 동기화는 어떤 경우 사람 대 사람의 협력을 요구하기도 한다. 따라서, 동기화는 어느 수준까지만 자동화될 수 있다.

서로 다른 제품들에 의해 생성된 이종 프로젝트 모델을 객체 수준에서 조율할 수 있게 하려면 수동이든 자동이든 어느 수준 이상의 동기화가 가능해야 한다. 이러한 프레임워크는 통합된 모델링 소프트웨어들에 시사하는 바가 있다. 모든 객체는 타임스탬프(timestamp)와 GUID(GloballyUnique ID, 전역 고유식별자)를 지녀야 한다. GUID는 사용하는 소프트웨어와 상관없이 객체를 확인할 수 있도록 해주기 때문에, 이종 소프트웨어간 변경내용을 동기화 할 수 있고, 다양한 사용자가 객체의 서로 다른 면, 가끔은 중요한 요구조건들을 업데이트할 수 있다. 함께 일하고 있는 건축가와 에너지 분석가를 생각해보자. 분석가는 건축가가 준비한 모델에 자재 속성을 입력하고자 한다. 분석가는 다른 성능-예를 들면, 음향성능에 영향을 줄 수 있는 모델 데이터를 변경할 수 있다. GUID는 신뢰성 있게 이러한 변경사항을 추적하고 관리할 수 있도록 해준다. 타임스탬프는 파일이 수정될 때마다 갱신되며 가장 최신 버전에 대한 추적을 가능하게 한다. GUID와 타임스탬프는 BIM 모델 안에 담기는 메타데이터의 예이다. 메타데이터는 "데이터에 대한 데이터"를 표현하고 관리하기 위해 만들어진 용어이다.

메타데이터를 지원하려면 설계 혹은 엔지니어링 데이터를 생성하고 수정, 삭제할 수 있는 모든 소프트웨어에서 다음 기능을 반드시 지원해야 한다.

- 새로운 객체가 생성되거나(혹은 저장되거나) 내보내졌을 때 새로운 GUID와 타임스탬프를 생성하기
- 나중에 내보내기에 대비하여, 읽어 들인 객체로부터 GUID와 타임스탬프도 같이 읽어 들이기

• 새롭게 생성되거나 수정된, 혹은 삭제된 객체데이터와 저장해 두었던 타임스탬프와 GUID 데이터를 같이 내보내기

제2장에서 우리는 객체 수준에서 버전 관리, 즉 동기화를 하기 위해 필요한 정보들을 나열하였다. 표3-3에서 우리는 객체 수준에서 변경 관리를 하기 위해 필요한 BIM 모델링 도구의 기능을 정리하였다.

이 요건들은 IFC 사용여부와 상관없이 서버에서 관리되는 모든 데이터에 적용된다. 즉, 이러한 요건이 대부분의 BIM 소프트웨어와 플랫폼에 적용된다는 뜻이다. 만약 물량 산출 소프트웨어가 BIM 모델로부터 물량 데이터를 추출했다면, 그 물량 데이터의 타임스탬프가 그 데이터가 가장 마지막 버전의 데이터라는 유효성을 입증해줄 것이다. 시방서 작성(spec-writing) 소프트웨어에서, 예를 들면 창과 관련된 시방서의 몇몇 항목이 변경되었다면, 창호 유형별 물량, 설치 요구조건, 상세, 그리고 다른 요소들에 영향을 미칠 것이다. 이러한 변경사항은 이 변경에 의해 영향 받는 모든 정보에 반영되어야 한다. 모든 객체 인스턴스의 버전을 추적할 수 있어야만 자동으로 동기화 관리를 하는 게 가능하다.

동기화는 모든 데이터가 최신 타임스탬프까지 일관성이 있음을 확인했다는 것을 보장한다. 동기화는 어떤 사람이 저녁식사 전 임시로 작업 중이던 파일들을 저장하는 것과 같이, 어떤 설계 활동의 중간에 이루어지지 않는다. 동기화는 변경내용을 외부와 공유하는 것이 적절하다고 판단될 때만 이루어진다. 최신이 아닌, 동기화되지 않은 객체는 다른 시스템으로 내보내지 말아야 한다. 이것은 잘못된 데이터를 전파하는 결과를 초래할 수 있다. 오직 완전히 동기화된 객체만이 교환의 기본이 되어야 한다. 임시 업데이트와 완결된 트랜잭션, 그리고 동기화되지 않은 객체를 구별하기 위하여 객체에 종종 상태 표시(status flag)를 한다. 이러한 상태표시에 기반을 두어, 어떤 객체가 생성되었고, 수정 혹은 삭제되었는지 확인하며, 어떤 다른 파일들이 이 객체를 가지고 있는지 확인하는 작업이 이루어진다. 대안적으로, 변경에 의해 영향을 받은 다른 소프트웨어의 데이터에도 상태표시를 해주는 메커니즘을 적용할 수 있다. 잠재적으로 비일관성이 생길만한 부분을 파악하여, 어떤 동기화 트랜잭션은 수동으로 처리하고 어떤 것은 자동으로 처리할지 결정한다.

1. 부분적 자동 업데이트: 대부분 객체 뷰들은 간단하며, 자동으로 업데이트 될 수 있다. 이 동기화 트랜잭션의 방법은 BIM 서버 능력과 일치하지 않는 뷰를 지닌 객체를 자동적으로 업데이트 한다. 예를 들면, B-Rep 형상의 기하학 형태 변경, 물량표의 생성, 그리고 다른 일람표 혹은 속성 변경에 적용된다. 업데이트 된 객체들의 타임스탬프도 업데이트 되며, 이는 추가적인 자동 혹은 수동 업데이트를 필요로 할 가능성이 있다.

2. 업무의 배정: 간섭 검토결과와 같이 변경내용이 확정적이 아닐 경우, 자동 업데이트보다 수동 업데이트 트랜잭션이 요구된다. 여기서 각 사용자는 자신이 담당하고 있는 객체목록을 받아서 간섭검토를 하고 필요하면 업데이트를 한다. 객체 수정이 끝나면, 트랜잭션이 완료된 것으로 간주한다. 이것은 가장 하위 수준의 동기화 방법이다.

초기의 동기화는 대부분 수작업이겠지만, 시간이 지날수록 수정된 객체의 업데이트 된 뷰를 자동으로 찾는 방법들이 개발될 것이다. 동기화는 예를 들면, 간섭이 발생하는 부재 중 어떤 부분이 수정되어야 하는지 명확한 상황에서의 자동간섭검토 기능을 포함하는 방향으로 확장될 것이다. 이것은 자동화된 동기화 트랜잭션의 초기사례가 될 것이다.

3.5.2 BIM 서버의 기능성

모든 BIM 서버는 접근제어와 정보 소유권 관리기능을 제공해야 한다. 각 응용분야별로 요구되는 다양한 정보도 지원해야 한다. 우리는 BIM 서버 시장이 각 제품의 차별화된 기능성을 바탕으로 최소 세 개 이상의 복수 시장으로 구성될 것으로 믿는다.

1. 설계-엔지니어링-시공 프로젝트 위주의 시장; 이것은 핵심 시장이며 이에 대해서는 아래에 더 상세하게 기술되어 있다; 이것은 프로젝트 중심으로 광범위한 소프트웨어를 지원해야 하며, 변경 관리와 동기화를 지원할 수 있어야 한다.
2. 주문제작(made-to-order) 플랜트 관리 시장, 특히 주로 주문 설계 제품(engineered-to-order products) 시장: 예를 들면, 철골 제작, 커튼월, 에스컬레이터, 그리고 그 외 프로젝트를 위한 사전제작 유닛에 적용된다. 하지만, 이 시스템은 반드시 복수의 프로젝트 추적이 가능하고 프로젝트들 간의 생산조율이 가능해야한다. 이 시장은 소규모 비즈니스 PLM(Product Lifecycle Management)시장과 유사하다.
3. 시설물 운영 모니터링이 가능한 시설물 운영 및 관리 제품: 하나 혹은 복수의 시설물에서 센서 데이터를 수집하여, 실시간으로 시설물 운영 및 관리를 모니터링하며 전생애 시운전이 가능하다.

이들 각 시장은 다양한 유형의 데이터의 관리를 담당하게 되고, 여러 용도와 기능성에 대응하며 향후 십 년 내로 성숙해질 것이다.

본 장에서 우리는 위에 열거된 세 가지 사용법 중 첫 번째인, 프로젝트 중심 설계, 엔지니어링 그리고 시공 서버의 필요성에 대해 다루었다. 다양한 소프트웨어를 지원하려면 아마도 가장 도전적인 시스템이 될 수 있다. 그러나 실제로는, 모든 실계 참여자가모든 소프트웨어를 사용하여 건물설계와 시공 전 과정에 참여하는 것은 아니다. 각 참여자들은 오직 BIM 모델의 특정 뷰에 해당하는 BIM 모델의 일부분에만 관심이 있다. 이와 유사하게, 조율도 보편적인 것은 아니다. 오직 소수 사용자만이 콘크리트의 철근배근도나 용접 시방서를 알 필요가 있다. 도면이 자연스럽게 분야별로 나뉘어져 있었던 것처럼, 모델 서버도 이러한 전통에 따라 동기화가 반드시 이루어져야 하는 모델뷰에 따라 영역이 나누어질 것이다.

그림 3-10은 BIM 서버의 일반적인 시스템 아키텍처와 최적화된 정보교환 흐름을 보여 준다. BIM 서버 서비스는 다양한 BIM 모델링 및 사용자 소프트웨어가 요구하는 포맷으로 원본 프로젝트 파일을 보관하고 재생성해야 하는 어려움 때문에 복잡하다. 중립 포맷들은, 일부 극소수의 경우를 제외하고는, 소프트웨어에서 사용되던 원래 데이터 포맷을 재생성하기에 부적당하다. 원본 모델들은 파라메트릭 모델링 설계 소프트웨어에 내재된 기본적인 기능들의 차이 때문에 오직 원본 데이터 집합으로부터만 재생성될 수 있다 (2장 2.2.1절에 설명). 따라서 IFC 모델 데이터와 같은 중립포맷으로 된 교환 정보는 반드시 BIM 모델링 소프트웨어에서 만든 원본 프로젝트 파일들에 의해 보강되거나 연

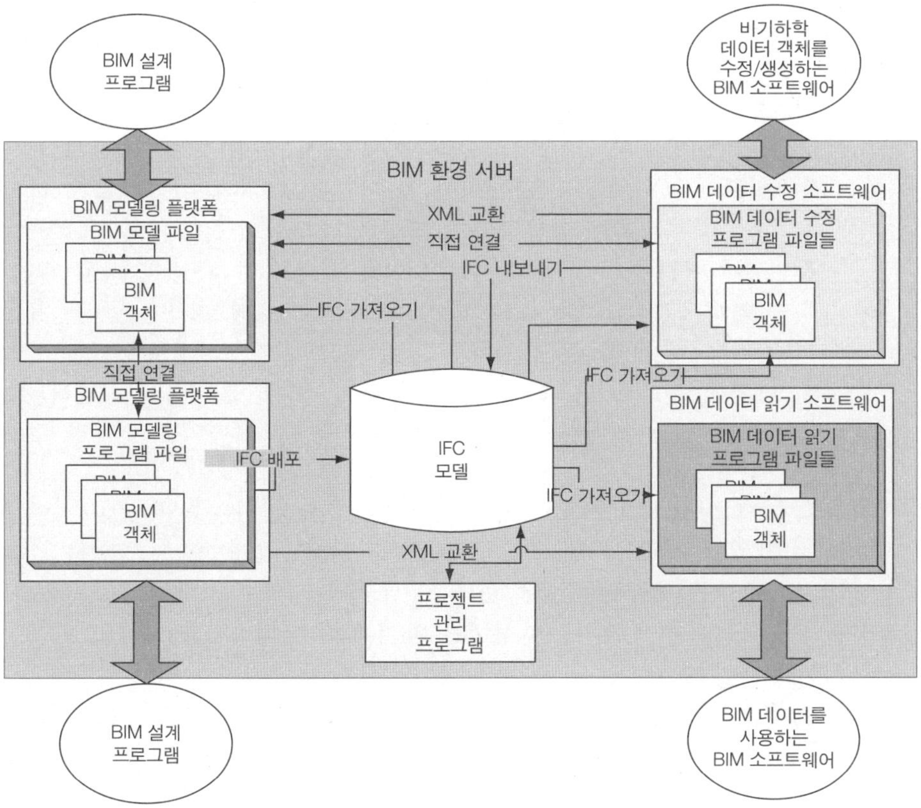

그림 3-10
BIM 서버 내부에서 이루어지는 정보교환 구조의 예. 동기화를 지원하기 위해서는, 서버가 모든 BIM 도구들을 접근하고 검토할 수 있어야 한다. 액티브 트랜잭션은 소프트웨어들 간의 소통을 통해 프로젝트/사용자 실행계획 항목을 도출한다. 어떤 경우에는, 액티브 트랜잭션이 업데이트를 할 수도 있다. 동기화 관리 시스템은 BIM 관리자에 의해 제어된다.

결 관계를 가지고 있어야 한다. 그림 3-10은 관리되어야 하는 혼합된 포맷들의 요구조건과 교환정보를 보여준다.

미래의 저장소들이 제공할 것으로 기대하는 자동동기화 서비스 분야는 건물 외피의 에너지 분석, 내부 에너지 분포와 기계 설비 시뮬레이션 분석과 같은 다양한 유형의 분석을 위한 데이터집합의 준비 및 사전검토; 자재주문서와 조달 추적; 시공관리; 건물 시운전; 그리고 시설물 관리 및 운용 등이다. 또한, 이 서버들은 프로젝트 모델들이 시공입찰모델 혹은 완공시 발주처의 승인과 같이 다양한 마일스톤의 요구조건을 만족하는지 검토할 수 있어야 한다.

검토 대상 후보인 BIM 서버가 위에 명시된 능력들을 기준으로 평가되어야겠지만, 반면 소프트웨어 통합, 훈련, 그리고 필요한 지원 등과 같은 다른 고려사항들은 모두 ROI 계산에 포함되어야 한다.

3.5.3 BIM 서버 검토

몇 가지 BIM 서버 제품들은 시장에 출시된 지 아직 얼마 되지 않았고, 그들의 시스템 아키텍처 및 기능성은 여전히 개발 중이다. 아직 대부분의 제품들이 BIM 서버에 요구되는 객체 수준의 관리를 충족하지 못하고 있다. 다른 서버 제품들은 다른 소프트웨어 영역으로부터 건설 시장에 맞게 개발되어 사용되고 있다. 결과적으로 이들의 기능은 매 릴리즈마다 계속 변하고 있다. 아래는 건설 산업에서 사용하는 대부분의 BIM 서버 제품에 대한 개략적인 설명이다. BIM 설계 소프트웨어 제품부터 설명을 시작하겠다.

Autodesk Collaborative Project Management는 2000년에 개발된, 웹 기반의 프로젝트 관리 시스템인 Buzzsaw와 ContructWare를 합친 것이다. 이들은 프로젝트 관련 문서관리와 계약서의 추적; 버전 제어와 검색 기능; 설계 변경의 자동 알림 기능을 이용한 설계 관리; 참조 파일 관리; 예산에 대한 비용관리, 지출 추적 및 예측; 개별 프로젝트들의 추적을 가능하게 하기 위해 회계 시스템을 이용한 데이터 교환; 정보제공요청서(RFIs), 제출서, 회의록, 설계변경, 그리고 리포팅에 대한 알림을 이용한 시공 관리; 그리고 프로젝트 관리 대시보드(dashboard)를 지원한다. 데이터는 파일 수준에서 관리되며 객체 수준의 관리를 지원하지 않는다.

Bentley ProjectWise Integration Server는 단일 사무실이나 여러 군데 퍼져 있는 기업이나 팀프로젝트 등에서 활용이 가능한 광범위하고 핵심적인 서비스를 제공하는, 잘 개발되고 대중적인 베이스 서버 플랫폼이다. 광범위한 서비스를 위해서, 이 서버는 빠른 로컬 서비스를 제공하기 위하여 프로젝트 파일들을 미리 캐시해 놓은 서버(cached server)에 의지한다. ProjectWise 서버는 참조 파일에 대한 버전 제어를 제공함으로써, 만약 업데이트 되지 않은 XREF 파일이 있다면 표시를 해준다. 웹 버전 또한 제공된다. 관리의 단위는 객체가 아닌 파일이다. 통합 서버는 아래 명시된 추가적인 서비스들을 이용해 보강될 수 있다.

i-Model은 DGN과 기타 Bentley 데이터로 전환이 가능한, 확장 가능한 XML 포맷으로 정의된 자체 스키마를 가지고 있다. Revit에서 i-Model 데이터를 생성해주는 플러그인도 이용가능하다. i-Model 데이터는 DWG나 DGN 파일 포맷에서 뿐만 아니라 CIS/2, IFC, 그리고 ISO 15926을 포함한 STEP 모델들로부터도 뽑아낼 수 있다. i-Model은 검토 및 검토내용 표시 기능과, 벤틀리 제품군과 써드파티 소프트웨어를 위한 벤틀리 SDK(System Development Kit)와의 통합기능을 제공해주는 플랫폼이다. 3D PDF 포맷의 생성도 가능하다.

ProjectWise Navigator는 외부 프로젝트 파일들을 처리하기 위한 오버레이 디스플레이 기능(overlay display capabilities)을 제공하며, DGN, i-Model, PDF, DWG, 그리고 DGN 오버레이를 다룬다. 접근과 보기기능을 위해 핵심 파일들에 대한 색인을 하고, 구매, 검토 등을 위해 제품 데이터 관리의 그룹화를 가능케 하는 복수제품 간섭검토를 위한 내부 프로그램을 포함한다. 또한 ProjectWise Navigator는 4D 시뮬레이션, 렌더링, 검토내용 표시도 지원하지만, 편집기능은 제한적이다. Bentley의 이전 제품들이 객체 수준의 데이터 관리 기능을 가지고 있었음에도 불구하고 ProjectWise 제품들은 아직 객체 수준의 데이터 관리기능을 제공하지 못한다.

BIMserver는 네덜란드 TNO 그리고 TU of Eindoven(아인트호벤)에서 개발한 오픈소스 서버이다(www.bimserver.org). BIMserver는 IFC를 기반으로 하며, IFC의 가져오기/내보내기를 지원한다. BIMserver는 IFC 뷰어 클라이언트(www.ifcbrowser.com)와 쉽게 연결할 수 있는 사용자 인터페이스를 제공한다. IFC 버져닝(versioning) 기능을 지원하며, 시간을 거슬러 올라가 누가 언제 어떤 변경을 했는지도 볼 수 있다. 다이렉트 오브젝트링크(direct Objectlinks)기능을 사용하여 "모델에서 창문만 가져와" 혹은 "특정 벽 하나를 가져와"와 같은 필터링 및 질의기능을 지원한다. 웹에서 BIMserver에 접근할 수 있는 웹 서비스 클라이언트도 가지고 있다. 웹 서비스 인터페이스는 SOAP(Simple Object Access Protocol)와 REST(URL 기반의 객체 접근을 지원하는)에 기반을 둔다. 대부분 자바로 작성되었지만, 최근에는 BerkelyUnix를 사용하여 Oracle에서도 작동한다. 실시간으로 변경사항을 알리기 위해 RSS 피드를 제공하며, IFD 지원기능도 일부 포함한다. 현재 간섭체크 기능이 내장된 소프트웨어를 개발하고 있다. BIM/IFC-Extension(www.citygmlwiki.org/index.php/CityGML_BIM_ADE)을 활용하여, IFC 모델을 CityGML로 내보낼 수도 있다. 현재 간섭체크, 렌더링, gbXML 에너지 인터페이스, KML, 구글어스로 스케치업 내보내기, XML 내보내기, 그리고 시공 운용 양도(construction operation handover)를 위해 COBie 포맷으로 내보내기 등 몇 개의 클라이언트 소프트웨어들이

BIMserver에 기반을 두고 있다. BIMserver는 사용자들이 개발에 참여하고 소스코드도 접근이 가능한 진정한 셰어웨어 시스템이다.

dRofus는 건물 내부 공간 및 공간 내부의 장비들을 다루는, 웹에서 접근 가능한 SQL 데이터베이스이다. 따라서 종합적으로 보았을 때 dRofus는 프로젝트를 다루는 BIM 모델서버는 아니고, 특정 공간과 그 공간의 가구 및 마감을 다루는 모델뷰라고 할 수 있다. 프로그래밍 단계에서 장비와 가구에 대한 요구조건을 정하기 위해 사용될 수 있고, 그 후 설계와 배치에도 이용된다. 또한 IFC를 이용한 BIM 모델링 도구들 간의 양방향 교환을 통해 공간 프로그램 검토도 지원한다. 장비, 마감, 그리고 자재 정의들은 조달, 자동 주문 및 추적 정보에 연결될 수 있다. 결과적으로 이 시스템은 운용과 시설물 관리를 위해서도 사용될 수 있다. dRofus는 객체 고유 식별자를 가지고 있어서, 자신과 BIM 모델간의 동기화를 할 수 있다 (www.drofus.no/). dRofus는 수년간 실무에 적용되어온 상당히 성숙한 제품으로, 특히 병원이나 실험실과 같이 설계 프로그램에서 장비가 핵심적인 부분을 차지하는 건물 유형에 효과적이다.

EuroSTEP Share-A-Space Model Server는 항공우주산업을 위해 처음 개발되었던 모델 서버를 건설용으로 차용한 것이다; 이 서버는 오라클을 호스트 데이터베이스로 사용한다. 곧 윈도우 SQL 서버도 지원할 예정이다. 이것은 객체모델 서버로서 내부 데이터베이스 구조로 IFC를 쓰지만, 원본 모델파일 관리도 지원한다. 변경 관리, 버져닝(versioning), 병합, 요구조건, 상태 등의 관리를 위해 ISO 10303-239 STEP과 OGC PLCS(Product Life Cycle Support) 스키마를 사용한다. 이것은 XML 기반의 커뮤니케이션을 위해 MS 비즈토크(Biztalk)를 사용하며, 웹 클라이언트 포탈도 있다. 이것은 부품(parts)과 제품 객체(product entities), 검사(testing), 요구조건, 상태, 그리고 사람추적(people tracking)을 위한 강력한 비즈니스 프로세스 능력을 지원한다. 이메일 서비스와 흥미 있는 작업흐름 기능을 포함한다. 한 객체 뷰를 다른 것으로 전환시키는 매퍼(Mapper) 기능도 포함되어 있으며 XML과 C#으로 구현되어 있다. 매퍼의 가져오기 기능에는 업데이트를 자동, 부분자동, 수동으로 설정할 수 있는 규칙이 포함되어 있다. 또한 소프트웨어와 요구조건 확인을 위한 Solibri Model Checker도 포함된다. 시각화를 위해 VRML을 사용한다. 이 PLM 유형의 시스템은 이렇게 건설 소프트웨어에 적용되고 있다.

Graphisoft ArchiCad BIM Server는 ArchiCad 버전 13과 14가 포함되어 있다. ArchiCad와 IFC 기반의 프로젝트 관리를 위한 간단한 프로젝트 접근제어, 버전과 변경 관리가 가능한 웹 서버 프로젝트 관리 기능을 제공한다. 주요 BIM 설계 플랫폼 중에서 파일이 아닌 객체 단위로 모델을 관리하는 백엔드(backend) 데이터베이스를 가진 최초의 메이저 BIM 설계 플랫폼이다. 대다수의 BIM 서버가 파일 수준에서 접근과 접근 잠금을 관리하는 것에 그치는데 반해, 아키캐드 BIM 서버는 객체 수준에서 접근 관리를 할 수 있다. 객체와 관련 객체만을 사용하게 되면 대부분의 경우 각 트랜잭션의 작업 범위를 아주 많이 줄여준다. 모든 사용자들은 다른 사용자들이 가지고 있는 권한들을 그래픽적으로 볼 수 있다. 업데이트는 변경되지 않은 객체는 빼고 업데이트하기 때문에, 이것을 델타 업데이트(Delta update)라고 부른다. 동기화는 중요한 문제이다. 예를 들면, 한 객체에 변경이 생겼을 때, 언제 다른 객체에, 만약 잠긴 상태가 아니라면, 그 변경내용을 반영해야 할까? ArchiCad는 세 가지 옵션을 제공한다. 만약 객체를 체크아웃하지 않은(잠그지 않은) 상태로 선택하고 작업한 경우라면 실시간 자동으로 동기화를; 체크아웃 하여 수정한 객체는 요청한 객체에 대해서만 반자동 동기화를; 그리고 사용자요구에 따라 동기화를 하는 경우이다. 아키캐드 BIM 서버는 조율에 2D DXF 파일을 사용할 수 있다.

Horizontal Glue([譯註]오토데스크에서 2011년 인수하여 BIM 360 Glue라는 제품으로 새로 출시함)는 다양한 BIM 플랫폼들(현재는 Revit과 IFC만 지원하지만, 곧 벤틀리도 지원 예정)에서 생성된 객체들을 자동적으로 변환하고 보여줄 수 있는 가벼운 자체 기하학 뷰어를 가진 웹 기반의 서버이다. 이것은 IFC와 원본 파일들의 관리를 지원한다. 호리존탈 글루는 자신과 내비스 ㅇㅝㅋㅅ의 간섭검토를 모두 지원한다. 특별한 강점은 공개된 커뮤니케이션 링크를 제공하고, 변경기록의 추적이 가능하다는 점이다. 전생애 주기관리를 위해 프롤로그(Prolog)와 프롤라이언스(Proliance)를 통해 비용 계산과 프로젝트 추적이 가능하다. 호리존탈 글루는 큰 야망을 가진 젊은 신생 기업이다.

Jotne EDM Model Server는 IFC와 CIS/2나 그 밖의 어떤 EXPRESS 언어 스키마도 완전히 지원한다. 이것은 IFD를 통해 다중언어(구어 포함)를 지원한다. 또한 EXPRESS 스키마 간의 매핑을 가능하게 하는 ISO 모델 매핑 언어인 Express-X도 지원한다. 예를 들어, ISO-15926 혹은 모델뷰들 간의 매핑을 할 수 있다. Express-X는 규칙검사도 지원하며 서버와 소프트웨어의 인터페이스 역할도 한다. 다양한 질의/접근 모드들 중 하나로 MVD를 사용한다. 또 TPC와 HTTP를 통해 다이렉트 인터페이스나 웹 인터페이스를 지원한다. 이밖에 객체 수준에서 객체의 접근과 업데이트가 가능한 제한된 버젼 관리 기능을 가지고 있다. 예를 들면 업데이트는 항상 저장된 버전을 덮어 써버린다. 체크아웃 옵션도 제한적이다(Jørgensen et al. 2008).

Oracle Primavera and AutoView (www.oracle.com/us/products/applications/autovue/index.htm) 프리마베라를 Oracle과 연동함으로써 프리마베라 P6는 Oracle의 프로젝트와 포트폴리오 시스템 그리고 플랜트 유지보수 정보를 활용하여 프리마베라 P6에서 프로젝트 비용, 공정, 그리고 자원 요구사항을 관리할 수 있게 되었다. 또한 원본 플랫폼 파일들을 저장하고, 체크아웃과 체크인도 가능하다. Oracle 프리마베라와 오토뷰는 객체 수준의 BIM 관리 소프트웨어는 아니다. 이 제품은 주문 설계 제작(engineered-to-order) 제품들(철골과 프리캐스트 제작, 커튼월 시스템)을 위한 생산 공장 관리를 포함한 다양한 시장을 대상으로 한다(7장 참조). 3D PDF와 AutoView를 지원하는데, 오토뷰는 검토 및 walkthrough 기능을 지원하는 가벼운 2D 도면 및 3D 모델 뷰어이다. 또한 정확한 공간 측정 및 3차원에서 간섭 식별 기능을 지원한다.

다른 산업군들은 제품 모델 서버의 필요성에 대해 인식해왔다. 전자, 제조, 그리고 우주항공산업과 같은 주요 산업군에서는 모델서버를 개발함으로써, 이 산업군들에서 제품 수명 주기관리(Product Lifecycle Management)가 가능하도록 하였다. 이 시스템들은 일반적으로 한 회사를 위해 주문 개발된 소프트웨어를 활용했으며, 늘 그렇듯이 프로덕트 모델 관리, 재고관리, 자재 및 자원추적, 일정관리에 필요한 소프트웨어들과의 시스템 통합이 필요했다. 이 모델서버들은 대부분 독점 데이터 포맷으로 된 모델 데이터에 의존했고, 간혹 ISO-STEP 기반의 교환포맷을 추가적으로 사용하였다. 이러한 모델서버의 예로는 Dassault V6 2.0 PLM, SAP PLM, 그리고 Technia가 시공에 도입한 SmarTeam이 있다. 이 PLM 시스템들은 현재 비즈니스 모델을 시스템통합 서비스에 두고 있기 때문에(譯註: 시스템 통합서비스는 매우 고가의 서비스임), 큰 비즈니스에서만 사용되었다. 현재 건설 산업의 주요 구성원인 중소규모의 조직에서 이러한 시스템을 사용하려면 '바로 사용이 가능한'(ready-to-use) 제품들이 필요하다. 따라서, 건설업과 제조업의 모든 중소규모의 산업체들은 다양한 용도에 쉽게 맞춤 재단할 수 있는 PLM 시스템이 개발되기를 기다리고 있다.

3.6 요약

건설업계는 서로 다른 작업을 위해 어떤 유형의 정보가 필요하고, 효과적인 작업흐름을 위해 어떤 것이 중요하며, 어떻게 요구된 정보들을 문서화할 것인지를 배워가고 있다. 다음으로, 대부분의 소프트웨어가 편집 불가능한 고정된 기하학에 의존하고 있고 오직 소수의 시스템만 기하학 데이터를 새롭게 생성하거나 편집할 수 있으면 된다는 것을 배웠다. 또한 우리는 많은 경우 상호운용성 문제가 단순해질 수 있다는 것을 배우는 중이다. 다양한 XML 스키마는 점점 많은 비즈니스와 일부 분석정보 교환에 쓰이고 있으며, 점차 설계 정보의 교환으로 확장되고 있다. 우리는 특히 점진적인 설계변경에 이러한 교환기능이 더 많이 활용되기를 기대한다. 명확한 교환표준의 필요성에 대한 인식이 점차 늘고 있으며, 이러한 표준은 앞으로 프로젝트 규모의 사업실무를 정의하는데 사용될 것이다. BIM 플랫폼 개발자는 계속해서 패키지 솔루션을 내놓을 것이며,

그와 동시에 IFC에 대한 의존도도 점점 커져 소프트웨어 개발사들에 의해 지원되지 않는 작업흐름도 IFC가 지원하는 수준에까지 이를 것이다. MVD가 견고하게 정의되어 구현되면 IFC를 사용하고자 하는 경향도 증가할 것이다. 이와 동시에, 복잡한 프로젝트 내에서 다양한 플랫폼에서 생성된 이종 데이터에 대한 관리가 주요 생산성 문제로 대두되고 있다. BIM 서버들은 새로운 시장을 만들어가고 있다. 독점적 방법을 사용하건, 공개표준을 사용하건, 아니면 수작업으로 하건, BIM 서버를 활용한 다양한 정보교환 방법들이 프로젝트의 작업흐름 중 절차로 굳어질 것이다. 정보교환을 지원할 작은 기술들이 많이 개발되어 다양한 정보매핑 방법이 도입되면, 이 모든 교환방법들이 공존하게 될 것으로 기대된다.

3장 토론질문

1. 교환포맷으로서의 DXF와 IFC와 같은 객체기반 스키마간의 주요 차이는 무엇인가?
2. 당신이 사용하는 BIM 설계 소프트웨어와 효과적으로 인터페이스 할 수 없는 설계 혹은 엔지니어링 소프트웨어를 나열하시오. 또한 BIM 설계 소프트웨어가 이 소프트웨어로 전송해야 하는 정보의 유형을 확인해 보시오.
3. 위 2번에서 나열한 소프트웨어들을 작동한 결과로 어떤 정보가 BIM 설계 소프트웨어로 반환되어야 할지 위의 질문의 연장선상에서 생각해보시오.
4. 레고(Lego) 조각과 같이 어떤 간단한 객체와 관련한 간단한 설계를 해보시오. IFC를 사용하여, 이 설계를 표현하기 위한 IFC 개체들을 정의해보시오. 공개 소프트웨어 웹사이트인 소스포지(Sourceforge)에서 구할 수 있는 무료 EXPRESS-O 검사기 같은 EXPRESS 파서(parser)를 사용하여 IFC 정의가 맞는지 검토해보시오.
5. 아래의 조율 활동들 중 하나 혹은 그 이상에 대해서, 양방향으로 정보를 교환하여야 할 필요가 있는 정보를 확인해보시오:
   a. 건물의 외피 에너지 분석 정보를 활용한 건물 설계
   b. 구조 분석 정보를 활용한 건물 설계
   c. 생산일정, 자재 추적 소프트웨어, 생산가능한 수준의 철골모델 간의 조율
   d. 모듈러 거푸집 시스템 정보를 활용한 현장치기 콘크리트 설계
6. 파일 기반 시스템과 구별되는 BIM 모델 저장소와 데이터베이스의 기능은 무엇인가?
7. IFC를 사용하는 설계 시스템간의 파일 교환에 오류가 생길 수 있는 이유를 설명해보시오. 이러한 오류들은 어떻게 찾아낼 수 있나?
8. 당신은 구조 분석 모델과 에너지 분석 모델이 저장된 BIM 저장소의 관리자이다. 당신은 물리적(건축의도가 담긴) 모델의 배치를 바꿨다. BIM 환경 모델이 일관성을 갖기 위해서는 어떻게 프로세스로 모델을 동기화시켜야 할까?

4장

건축주와 시설관리자를 위한 BIM
BIM for Owners and Facility Managers

4.0 요약

건축주는 양질의 고성능 건축물의 시공을 위하여 BIM 프로세스 및 도구를 이용함으로써 큰 이득을 보았다. BIM 기술의 도입은 업무상 발생하는 오류와 수정작업을 최소화하여 프로젝트 수행기간을 단축하고 비용을 절감할 수 있도록 해주며 더욱 효율적이고 신뢰할 수 있는 작업수행과정을 가능하게 함으로써 프로젝트 참가자들 간의 협업을 촉진시키는 역할을 한다. BIM이 유용하게 쓰일 수 있는 여러 잠재적인 분야 중 건축주를 위해 활용될 수 있는 분야는 다음과 같다.

- 건물의 성능향상을 위한 BIM 기반 에너지 및 조명설계와 분석을 통하여 건물의 성능을 향상시킨다.
- 건축초기에 더욱 신뢰할 수 있는 비용 산출 및 프로젝트 팀 간의 원활한 협업을 위해 BIM 모델을 도입한 프로젝트의 재무적인 위험요소를 축소한다.
- 선 제작으로 현장노동시간을 절감시키고 설계를 조율하기 위해 건축모델을 사용하여 승인부터 준공까지 소요되는 프로젝트 일정을 단축한다.
- 의사결정에 따른 파급효과가 가장 큰 프로젝트 초기단계에서 건축모델로부터 자동으로 수량을 산출하여 피드백을 제공함으로써 신뢰할만하고 정확한 비용견적을 획득한다.
- 건축주와 지역법규의 요구조건에 대해 건축모델의 지속적인 분석을 통해 프로그램과의 적합성을 보증한다.

- 건물의 생애주기 전반에 걸쳐 사용될 준공모델 및 관련설비정보를 생성함으로써 시설유지 및 관리(Facility Management: FM) [1]를 최적화 한다.

위에 열거한 이점들은 프로젝트 건축주의 유형이나 프로젝트 종류에 상관없이 모두 적용됨에 따라, 건축주들은 이제부터 BIM과 관련된 모든 이점들을 명확히 이해하고 이 책에서 언급되는 모든 소프트웨어 및 프로세스를 활용할 수 있어야 한다. BIM의 많은 이점들을 극대화하기 위해서는 기존의 공사 프로세스, 협력업체 선정 및 프로젝트에 대한 접근방법 등에 큰 변화가 필요할 것이다. 오늘날 건축주들은 BIM 기반 프로세스 및 기술을 프로젝트에 최대한 활용하기 위해 계약서 용어, 시방서 및 프로젝트 요구사항 등을 수정해나가고 있으며, BIM 기술을 도입한 건축주들은 시설물의 가치 향상 및 운용비용의 절감 등을 통해 많은 혜택을 누리고 있다. 이러한 변화와 더불어 몇몇 건축주들은 BIM 관련 교육과 연구를 장려하는 등 BIM 소프트웨어를 프로젝트에 활용하기 위해 활발하게 노력 중이다.

4.1. 서론: 건축주들이 BIM에 관심을 가져야 하는 이유

린(lean) 프로세스와 디지털 모델링은 제조 및 우주항공산업 분야에 혁명을 가져왔고, 도요타나 보잉은 이러한 생산프로세스 및 기술을 조기에 채택하여 생산성을 높였을 뿐만 아니라 상업적 성공에도 큰 성과를 거두게 되었다(Laurenzo, 2005). 결국 다른 기업들도 경쟁을 위해서는 새로운 생산 공정을 채택할 수밖에 없었으며, 이들은 도요타나 보잉 같은 회사들이 경험했던 기술적인 어려움을 겪지는 않았지만 그래도 여전히 작업공정상의 큰 변화를 요구받고 있다. 건축/엔지니어링/건설 (AEC) 산업에서도 공정 및 패러다임의 변화가 요구되고 있는데, 2차원 기반의 서류작업 및 단계별 발주공정에서 디지털 표준과 협업적 작업방식으로의 변화가 그것이다. BIM의 토대는 가상의 표준, 분석 및 시공을 가능케 하는 다기능의 많은 정보를 가지는 건물모델이다.

BIM 소프트웨어는 설계정보, 견적, 판매예측과 같은 기능을 제공하여 오늘날 캐드(CAD)의 능력을 향상시켜 주었다. BIM 소프트웨어는 분산적이기 보다는 협동적인 방식으로의 건물조달을 지원하며, 이러한 협동은 프로젝트 참여자들이 각자 개인적인 이익을 극대화하려는 경쟁적인 관계보다는 건축주 중심의 신뢰 및 공통된 목표설정을 가능케 한다. 중복되기 쉽고, 지루하며, 쉽게 실수를 유발시킬 수 있는 2차원 도면기반의 작업방식 하에서는 건물 설계 정보가 독립적으로 분석되어야만 하고, 이런 도면기반 공정에서는 여러 단계를 거치면

[1] [譯註] Facility Management (FM): FM이란 토지, 건물, 시설설비 및 환경 등의 고정자산들을 조직체의 사람 및 업무에 최적화 시킴으로써, 핵심사업에 전력할 수 있도록 돕는 경영관리 기법이며, 이를 위해서는 건축공학, 경영학, 산업공학 등에 걸친 통합한 형태로의 응용이 필요하다.

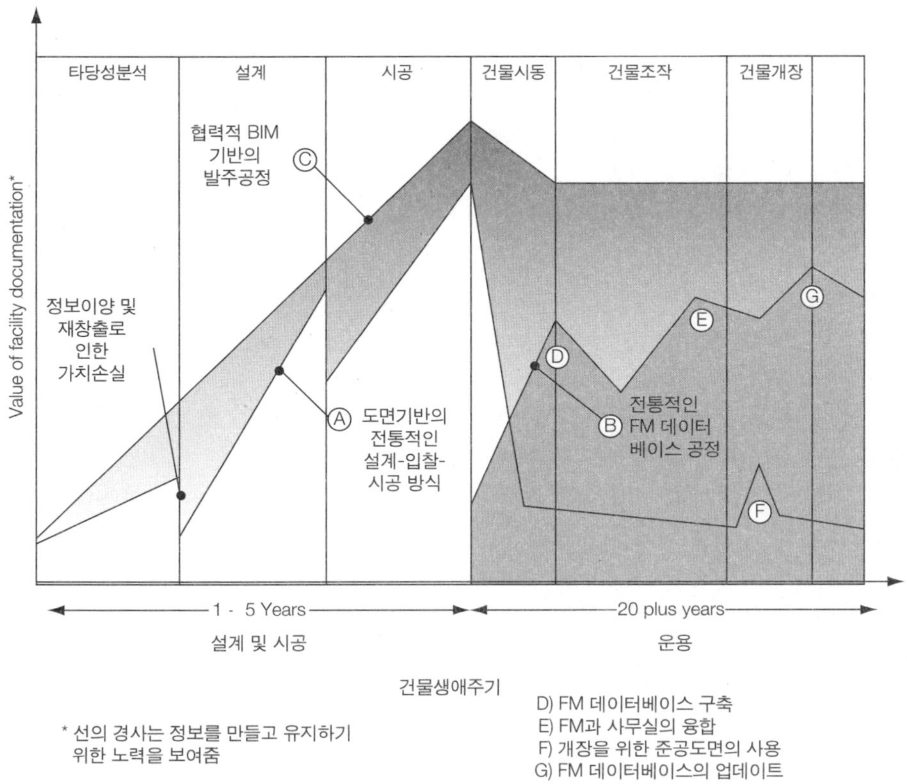

그림 4-1
A) 전통적인 도면기반의 작업방식을 통한 건축 B) FM 데이터베이스 시스템을 사용한 BIM 기반의 건축 C) 시공방식 및 운용프로세스를 활용한 BIM 기반의 건축 D) FM 데어터베이스 구축 E) FM과 사무실의 융합 F) 수선을 위한 준공도면의 활용 및 G) FM 데이터베이스의 업데이트

서 정보자산의 가치가 손실되고, 그림 4-1에서 보이는 것과 같이 정확한 프로젝트 정보를 산출하기 위한 추가적인 노력이 필요하다. 따라서 도면기반 공정에서는 설계정보를 동시에 수정하고 갱신하기가 어렵기 때문에 결과적으로 오류 및 정보누락이 발생하기 쉽다.

건축주는 건물생애주기 각 단계에서 프로젝트 정보의 가치를 향상시키고, 그 정보를 산출하기 위해 요구되는 노력을 절감시켜주며, 최고의 능률을 보장해주는 BIM 기반 공정을 통해 더 많은 잠재적 수익을 거둘 수 있게 됨과 동시에 프로젝트의 품질, 비용, 그리고 개선된 건물로부터 발생하는 이윤 또한 얻을 수 있게 된다.

시공프로젝트 조달을 위해 개발된 새로운 IPD(Integrated project delivery - 1.2.4 절에서 소개됨, 통합사업관리라고 번역될 수 있음)는 프로젝트 팀 구성원간의 친밀한 협업을 위한 방식이며, BIM은 효율적인 IPD를 가능케 해주는 주요한 기술이다. 프로젝트를 IPD방식으로 착수하고 진행해 나가는데 있어서 건축주의 역할이 매우 중요하며, IFOA(Integrated Agreement for Lean Project Delivery)라고 불리는 프로젝트의 첫 계약으로부터 건축주의 역할이 시작된다(Mauck et al. 2009). 또한 미국 건축가협회(AIA)와 설계/시공업계의 계약표준을 만드는 콘센서스독스

(ConsensusDocs)는 IPD방식의 표준을 만들어 발표했다. IPD의 계약상 문제들과 IPD 방식이 어떻게 건축주의 요구를 충족시킬 수 있는가에 대한 심도 있는 토론은 “이런 유형의 발주방식에 경험이 많은 변호사들(A team of lawyers who have considerable experience with this form of project procurement) (Thomsen et al. 2009)”이라는 글을 참조하기 바란다.

IPD 방식 계약서는 다양한 팀 구성원들이 사용하게 될 BIM 소프트웨어 및 전제적인 프로젝트의 이득을 위한 정보공유서버 솔루션 등에 대한 내용을 포함하게 된다.

IPD 방식(IPD) 계약의 경우 건축주는 프로젝트 전체기간에 걸쳐 모든 의사결정에 참여하며 능동적인 역할을 담당하게 되고 건축주가 설계자와 시공자의 의도 및 고려사항들을 이해하는데 있어서 BIM 소프트웨어의 역할은 매우 중요하다. IPD 방식(IPD)에 대해서는 5장(5.2.1), 6장(6.11) 그리고 8장(8.3)에 언급되어 있으며, 9장 셔터의료센터 사례연구에서 심층적으로 다루었다.

본 4장에서는 건축주가 프로젝트의 리스크를 관리하고 프로젝트 품질을 향상시키며, 또한 가치 있는 사업수행을 위해 BIM을 어떻게 사용하는지에 대해서 알아보기로 한다. 또한 FM관리자(Facility Manager)들이 건물 및 시설물을 보다 잘 관리하기 위해서 BIM을 어떻게 사용하는지에 대해서도 알아보자.

건축주는 협력업체의 선정과 사용하는 공사 프로세스의 유형을 통해 전략적인 결정을 내린다. 이러한 결정들은 궁극적으로 프로젝트에 사용될 건축정보모델의 범위와 효율성을 통제하게 된다. 본 4장은 모든 유형의 건물주들과 FM관리자들을 위한 BIM의 활용에 대한 토론에서 시작한다.

오늘날 사용가능한 BIM 소프트웨어들은 건축주를 대상으로 하기보다는 사실상 설계자, 엔지니어, 시공자, 제작업체들을 대상으로 하고 있는바 4장 3절에서는 건축주를 위해 적합한 BIM 소프트웨어에 대해 알아보도록 한다. 5, 6, 7장에서는 다른 BIM 소프트웨어에 대해 다루고 있으며 참조를 제공한다. 4장 4절에서는 건축정보모델과 모델에 대한 건축주의 관점에 대해 다루고 있으며 세부수준 및 범위는 4장 이후에 다루는 내용과 다를 수 있다.

건축주들은 교육 및 리더십 등 건축 산업에서 중요한 역할을 하며 때로는 구매자 혹은 건축, 엔지니어링, 시공산업(AEC industry)의 운영자 역할을 하기도 한다. 4장 5절은 협력업체들의 자격요건, 교육, 훈련, 세미나, 계약상의 요구조건 개발을 위한 지침, 내부공정의 변화 등을 포함하는 프로젝트에 BIM 기술을 적용하는데 있어서 여러 가지 방법들에 대하여 논의하였다. 4장 6절은 BIM의 구현과 관련된 리스크, 프로세스 및 기술적 제약에 관한 내용이며, 끝으로 성공적인 BIM 구현을 위한 소개로 끝을 맺는다.

4.2 건축주들을 위한 BIM의 적용분야

건축주들은 일반적으로 건축 산업의 변화에 신속하게 대응하지 못했다. 그들은 오랫동안 비용초과, 공기연장, 품질문제 등 전형적인 건설프로젝트 관련 문제들에 대해 별다른 대책이 없었다(Jackson 2002). 많은 건축주들은 건물의 생애주기비용이나 시간이 경과함에 따라 계속적으로 생겨나는 다른 운용비용들에 비해 건설에는 비교적 적은 자본이 지출된다고 생각해왔다. 하지만 시장 환경이 변함에 따라, 이들 건축주들은 그들의 기존 관점에 대해 다시금 생각해보게 되었고, 발주과정이 그들 사업에 미치는 영향에 대해 많은 관심을 갖게 되었다(Geertsema et al. 2003; Gaddie 2003). 건축주에게 서비스를 제공하는 회사들은 종종 건축주들의 근시안적 사고를 지적하고, 또한 설계의 품질과 공사비용, 공사기간에 영향을 주는 빈번한 변경요청을 지적하기도 한다. 이런 문제와 관련해서 BIM이 제공할 수 있는 잠재적인 영향력 때문에 BIM의 사용을 통해 가장 많은 이득을 볼 수 있는 측은 건축주라고 하겠다. 따라서 많은 유형의 건축주들이 BIM을 활용함으로써 경쟁에서 우위를 점할 수 있는 방법과 그들의 회사가 시장의 요구에 적절히 대응해서 자본투자 대비 고수익을 올릴 수 있는 방법을 이해하는 것은 매우 중요하다고 하겠다. 건축 산업의 여러 협력업체들이 BIM 도입을 이끌어 나아갈 때, 건축주들은 BIM의 파급 효과를 인지하고, 그들의 전문성과 설계 및 시공 팀의 노하우를 더욱 제대로 활용할 수 있게 될 것이다.

지금부터는 건축주들이 BIM 기술을 채택하게 하는 동기들과 오늘날 여러 가지 BIM 적용분야에 대해서 알아보자. 먼저 동기는 다음과 같다:

- 조기의, 그리고 여러 번의 설계 평가
- 시설의 복잡성
- 준공까지의 시간
- 견적신뢰성 및 관리
- 건물누수, 기능불량, 보증되지 않은 유지관리 측면에서의 품질향상
- 지속가능성
- 자산관리

4-1에서는 건축주 관점에서의 BIM 적용분야와 그것과 관련된 각각의 장점에 대해서 정리하였다. 4장에서 언급된 많은 BIM의 활용 및 적용분야에 대해서는 5장, 6장, 7장 그리고 사례연구는 9장에 상세하게 설명되어 있다.

4.2.1 설계평가

건축주들은 프로젝트의 각 단계에서 자신들의 요구조건을 고려하여 설계의 범

표 4-1 BIM의 적용 분야 및 모든 건축주, 운용 건축주, 개발 건축주들을 위한 잠재적인 이익 요약; 9장의 사례연구 상호참조.

본서 섹션	건축주를 위한 BIM 적용분야	적용이유 (시장 주도 요인)	건축주에게 주는 이익	관련 사례연구 및 참고문헌
5장	공간계획 및 프로그램	비용관리 및 시장복합성	프로그램 요구조건부합 보증	헬싱키 음악센터
	에너지(환경분석)	지속가능성(sustainability)	지속성 및 에너지효율향상	매리어트호텔 레노베이션, 헬싱키 음악센터
	설계구성 / 시나리오계획	비용관리 및 시장복합성	설계품질 / 의사소통 향상	아비바 스타디움, 해안경비대 시설계획
	건물시스템분석 / 시뮬레이션	지속가능성(sustainability)	건물성능 및 품질 향상	매리어트호텔 레노베이션, 헬싱키 음악센터, 뉴욕 11번가 콘도미니엄
	설계커뮤니케이션 / 검토	시장복합성 및 언어장벽	의사소통 향상	모든 사례 연구
5장 및 6장	수량산출 및 비용견적	비용관리	더욱 정확하고 신뢰성있는 견적	힐우드상업프로젝트, 달라스 셔터의료센터
	설계조율(clash detection: 간섭확인)	비용관리 및 인프라스트럭쳐 복잡성(infrastructure complexity)	현장오류 및 건설비용 절감	셔터의료센터, 원 아일랜드 이스트 프로젝트, 홍콩
6장 및 7장	일정 시뮬레이션 / 4차원	준공까지의 시간, 인력난 및 언어장벽	시각적인 의사소통	원 아일랜드 이스트 프로젝트, 핀란드 더블린 크루셀 다리
	프로젝트 관리	준공까지의 시간	프로젝트 활동상황 확인	셔터의료센터
	선제작	시장출시	현장노동인원 감소 및 설계품질 향상	셔터의료센터, 뉴욕 11번가 콘도미니엄, 아비바스타디움, 핀란드 더블린 크루셀 다리
4장	프로포마 분석(pro-forma analysis)	비용관리	비용신뢰성 향상	힐우드 상업 프로젝트
	운용시뮬레이션	지속성, 비용관리	건물성능 및 유지관리성 향상	셔터의료센터, 헬싱키 음악센터
	자산관리	자산관리	건물, 시설, 서비스 및 자산관리	해안경비대 시설계획, 메릴랜드 종합병원

위(scope of design)를 관리하고 평가할 수 있어야만 한다. 개념적 설계단계에서는 대개 공간분석을 수행하고 그 이후에는 설계가 기능적 필요성을 충족시키는지 아닌지에 대한 평가 및 분석을 하게 된다. 오늘날 설계의 범위를 관리하는 것은 수동적인 공정이며 건축주는 도면, 영상 혹은 투시된 애니메이션을 통해 프로젝트를 살펴보는데 있어 건축가들에게 많이 의존한다. 설계상의 요구사항들은 종종 바뀌기도 하지만 명확한 요구사항일지라도 모든 요구사항들이 정확하게 설계에 반영되었는지를 건축주가 직접 확인하는 것은 어려울 수 있다. 추가적으로, 많은 시설물이나 건물의 개축과 관련해 끊임없이 프로젝트들이 증가하고 있고, 이러한 프로젝트들은 대개 주변 지역사회나 시설물 사용자들에게 영향을 준다. 그러나 모든 프로젝트의 이해관계자들이 적절하게 프로젝트 도면과 일정

을 해석하고 이해하지 못할 때, 이들 모두로부터 의견을 수렴하는 것은 어렵다. 건축주들이 설계팀과 논의해서 건축정보모델을 사용하는 이유는 다음과 같다.

건축프로그램 요구사항 개발의 통합

건축계획 및 타당성검토 단계 동안, 건축주는 컨설턴트와 더불어 프로젝트의 프로그램 및 요구사항을 개발하는데 이때 건축주는 타당성 검토, 다양한 프로그램 특색별 비용 혹은 프로그램 요구사항들에 대해 별다른 정보 없이 프로세스를 수행한다. 이때 이 프로세스의 진행을 원활하게 해주기 위한 것이 바로 오누마 시스템즈(Onuma Systems)가 개발한 BIMStorm이라는 도구이다. BIMStorm은 건축주, 다수의 프로젝트 참가자들 그리고 이행당사자들이 프로젝트를 개념화하고, 다양한 루트로부터의 유용한 정보취득뿐만 아니라 비용, 공기, 지속가능성 측면으로부터의 다양한 설계 대안들에 대해 실시간으로 평가할 수 있도록 도와준다. 그림 4-2는 프로젝트 참가자들이 개념적인 건축모델을 개발하는데 있어 BIMStorm을 활용하는 예를 보여준다.

BIM 공간 분석을 통한 프로그램 적합성 향상

미국 해안경비대와 같은 건축주들은 BIM 설계프로그램을 사용해서 빠른 공간 분석을 해낼 수 있다(9장 10절 사례연구 참조). 9장 10절 사례연구는 프로그램 적합성 여부를 확인하기 위해 건축모델이 어떻게 실시간으로 공간 및 데이터 형식의 의사소통을 할 수 있는지를 보여주는 그림을 포함하고 있다. 여러 가지 다른 색채들은 각방의 크기와 기능에 기초하여 자동적

그림 4-2
하나의 팀이 웹을 통해 원격으로 다른 팀들과 함께 BIM Storm을 활용해 설계대안들을 신속하게 개발하고 평가하고 있다.
BIMStorm은 프로젝트 참가자들이 정보를 제공하고, 대안을 개발하고, 건축주의 예산과 전체적인 프로젝트 요구사항들에 부합한 보다 현실적 사항들을 다각도로 분석한 후 제안된 설계의 효율적인 평가를 가능케 해준다.(Onuma System과 펜실베니아주립대학교의 Computer Integrated Construction Research Program의 동의를 얻어 실린 이미지)

그림 4-3
가상현실CAVE (Virtual Reality CAVE) 환경에서 대화형으로 설계를 검토하는 건축주인 GSA (General Services Adminis tration)와 판사들의 스냅사진.

Walt Disney 사의 동의를 얻어 실린 이미지

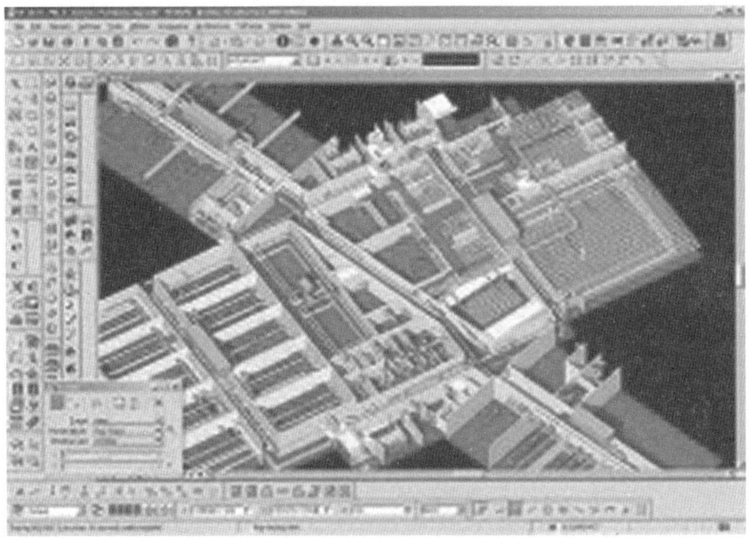

그림 4-4
개념적 설계단계 동안 프로그램의 요구사항에 대해 설계를 확인하고, 자연채광 및 에너지 효율성을 평가하기 위해 공간정보를 이용한 Jacobs 사의 BIM 공간 모델의 예.

Jacobs사의 동의를 얻어 실린 이미지

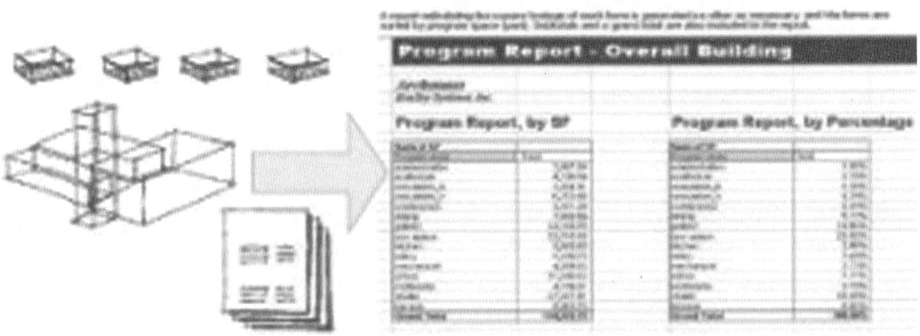

으로 할당되었고, 어떤 경우에는, 색채 부호화(color-coding)가 건축가나 건축주들에게 어떠한 방들이 요구조건을 과다하게 충족시키는지 혹은 충족시키지 못하는지를 경고하도록 되어 있다. 이러한 시각적 피드백은 개념적 설계와 도식적 설계단계(conceptual design and schematic design)에서 매우 중요하다. 따라서 건축주는 그들 회사의 요구조건들이 충족되었는지 그리고 프로그램의 운용상의 효율이 이루어지고 있는지 보다 확실하게 알 수 있다.

시각적 시뮬레이션을 통한 프로젝트 이해 관계자들로부터 소중한 의견 수렴

건축주들은 프로젝트에 대해 제공된 정보를 이해하고 싶어 하는 여러 이해 관계자들로부터 적절한 피드백을 필요로 한다. 그림 4-3은 법정설계를 검토하는 판사들의 스냅사진이다. 그림 4-7은 각 부서별로 건축결과에 대해 의견을 주고받고 이 건축이 어떻게 병원의 운용에 영향을 주게 될 것인가에 대한 피드백을 얻기 위한 병원 모든 층의 4차원 스냅사진이다. 이 두 가지 프로젝트에서, BIM과 시나리오들 의 신속한 비교는 검토공정의 효율을 크게 향상시켰다. 실시간으로 자세하게 투시된 전통적인 워크스루(walk-through) 기술의 사용은 단발성 이벤트인데 반해서 BIM과 4차원 방법들은 혹시 모를 설계에서의 실수에 대한 검토를 훨씬 용이하고 또한 경제적으로도 실행이 가능하게 만들어주었다.

설계 시나리오의 신속한 재구성과 검토

설계의 실시간 구성은 모델생성도구(model generation tool)나 전문화된 구성도구(specialized configuration tool)에서 모두 가능하다. 그림 4-4는 Jacobs사가 시나리오들을 신속하게 검토하고 요구사항들, 필요한 것들, 예산, 그리고 건축주의 반응을 분석하는데 BIM을 사용한 프로젝트의 예를 보여준다(McDuffie 2007).

벡 테크놀로지(Beck Technology)사의 디프로파일러 시스템은 특히 건축주가 설계대안의 타당성을 신속하게 평가할 수 있도록 역점을 두고 개발되었으며, 개념설계에 기반을 둔 비용, 사업성검토를 위한 견적 및 에너지 분석을 가능케 한다. 이것에 대해서는 2.6.7절에서 자세하게 다루고 있으며 본 4장에서도 예를 들고 있다.

시설물 운용 시뮬레이션

건축주들은 워크스루(walkthrough)나 시각적 시뮬레이션을 넘어서 설계의 질을 평가하기 위한 추가적인 시뮬레이션의 유형이 필요할 것이다. 이것은 아마도 군중행동(crowd behavior)이나 긴급대피 시나리오를 포함하게 될 것이다. 그림 4-8은 관련된 분석과 함께 전철역의 일반적인 하루를 보여주는 군중시뮬레이션의 예를 보여준다. 이 시뮬레이션에는 시나리오들을 만들기 위한 시작점으로서 BIM이 사용되었으며, 전문화된 도구 및 서비스도 사용되었다. 이렇듯 요구사항들이 많은 시설물을 다루는 프로젝트의 경우, 전문화된 도구에 의해 더욱 정확한 3차원 정보를 얻을 수 있기 때문에 BIM에 대한 초기투자에 비해 더욱 큰 효과를 기대할 수 있다.

4.2.2 건물의 인프라와 건물환경의 복잡성

현대의 건물 및 시설물의 시공은 물리적 인프라, 조직적, 재무적, 그리고 법률적인 구조들 때문에 무척 복잡하다. 많은 건물법규, 법적인 문제 및 채무 문제들은 모든 건설시장에서 흔히 볼 수 있는 일반적인 문제들이지만 프로젝트팀들에게는 상당한 장애물이다. 따라서 건축주들은 설계를 통합하려는 노력을 긍정적으로 받아들여야 한다. 한편 시설물 기반은 무척 복잡해졌는데, 전형적인 기계설비/전기/상하수 시스템(MEP systems)은 데이터/텔레콤, 건물 센서 또는 미터, 그리고 어떤 경우에는 복잡한 제조 또는 전기 장비들과 통합되고 있다. 건축주들은 점점 더 복잡해지는 건물의 기반과 규제단계를 조율하려고 노력 하고 있고, BIM 기술은 건축주들을 위해 다음과 같은 기능을 지원한다.

기계설비, 전기, 배관, 건축, 구조 시스템이 완전 통합된 3차원 모델을 통한 기반(Infrastructure) 조율.

건축정보 모델을 사용함으로써 모든 분야에 걸쳐 건물 기반의 가상적 조율이 가능하다. 건축주는 모델의 정보입력 및 검토를 위해 그들의 유지관리 직원들 중 대리인을 선정할 수 있다. 크루셀 다리, 셔터의료센터, 그리고 헬싱키 음악센터 프로젝트는 디지털 3차원모델을 사용하여 건축주가 복잡한 콘크리트와 기계, 전기, 상하수설비(MEP)를 효과적으로 조화시키기 위해 어떻게 시공 팀과 협업하는지를 보여준다.

조율된 모델의 활발한 검토를 통한 고품질의 기반 제공.

건축주는 기계설비, 전기, 배관 시스템, 데이터/텔레콤, 그리고 시설에 대한 용이한 접근과 유지관리를 위해 전형적인 시스템 조율방식을 탈피할 필요가 있다. 이런 점은 1년 365일 신뢰할 수 있는 서비스가 요구되는 생명공학과 테크놀로지 기업들과 같이 시스템에 크게 의존하는 회사들에게 특히 중요하다. 건축주는 이렇듯 활발한 모델의 검토를 통해 가상으로 유지보수의 과정을 시뮬레이션 해볼 수 있다.

건축정보모델 승인(sign-off)을 통한 소송 예방

오늘날 많은 프로젝트들은 여러 변경사항으로 인해 파생된 비용지급 문제를 둘러싼 소송에 연루되어 있다. 이런 소송들은 건축주로부터 시작된 변경에 대한 건축가의 소송, 계약상의 요구사항을 준수하지 않은 건축가에 대한 건축주의 소송, 그리고 공사의 범위와 정보의 부족 혹은 프로젝트 문서의 부정확성에 대한 건설업자의 소송 등이다. BIM 기반의 프로젝트에서는 단순히 모델의 정확성 및 해상도 문제로 야기되는 소송들을 줄일 수 있으며 모델의 제작에 다수가 함께 참여함으로써 프로젝트 참가자들 사이에 더 많은 책임감이 생기게 되는 이점이 있다.

4.2.3. 지속가능성

그린 빌딩의 중요성이 강조되는 현 추세는 많은 건축주로 하여금 그들 시설물의 에너지 효율과 프로젝트의 전제적인 환경적 영향을 고려하도록 이끌고 있다. 지속 가능한 건물의 시공은 좋은 비즈니스 관행이며 더 큰 시장화를 이끌 수 있다. BIM은 기존의 2차원 모델에 비해 에너지나 다른 환경적 분석을 하기 위해 필요한 풍요로운 객체 정보를 제공하는 등 몇 가지의 이점들을 제공 하는데, 이런 분석 관련 BIM 소프트웨어들은 2장에 자세하게 설명되어 있다. 건축주의 관점에서 볼 때 BIM 프로세스는 아래의 두 가지 면에서 도움이 된다.

에너지 분석을 통한 에너지 소비절감

평균적으로 단위 제곱미터당 에너지 비용은 대략 일만오천원에서 이만원이다(US$ 1 = 1000원 기준)(Hodges and Elvey 2005). 그렇다면, 약 4,645 제곱미터 크기 건물의 에너지 비용은 약 칠천만원에서 구천만원에 이르게 된다. 강화된 단열재를 사용하는 에너지 절감형 건축시스템 구축을 위해 투자하면, 10%의 에너지 소비 절감 효과가 있고, 이것은 일년에 약 칠백만원에서 구백만원의 절감을 의미한다. 선행 투자된 오천만 원의 손익분기점은 대략 건물 운용 6년째에 나타나게 된다. 이러한 분석을 하는데 있어서의 어려움은 특정한 설계를 함으로써 얻을 수 있는 실제 에너지소비 절감을 계산하는 일이다. 5장에는 생애주기비용 분석과 같이 에너지 절감에 따른 투자수익을 측정할 수 있는 많은 방법들이 설명되어 있다. 이런 분석을 하는데 있어서 꼭 BIM을 사용할 필요는 없지만, BIM의 사용으로 인해 분석이 수월해진다. 9장 8절 헬싱키 음악센터 사례연구는 BIM 소프트웨어의 사용으로 통합될 수 있는 에너지 보존 분석방법들의 종류에 대해 설명한다.

모델제작과 시뮬레이션 방법을 활용한 운용상의 생산력향상

지속 가능한 설계(sustainable design)는 전체적인 작업장의 생산력에 큰 영향을 줄 수 있으며 92%의 운용비용은 건물 내에서 일하는 사람들에 의해 소비된다(Romm 1994). 많은 연구들은 상점과 사무실에서의 일광(日光)으로 인해 생산력이 향상되고 장기결근도 줄일 수 있다고 밝히고 있다(Roodman and Lenssen 1995). BIM 기술은 건축주들에게 프로젝트 비용과 요구사항들을 고려하고, 일광의 사용 및 휘도(glare)의 완화 그리고 태양열 취득을 고려했을 때의 적절한 교환조건을 평가하기 위해 필요한 방법들을 제공한다. 헬싱키 음악센터 사례연구에서는 일광의 잠재적인 이점을 최대화하기 위한 여러 가지 다른 시나리오의 분석을 보여준다.

건물이 완공되면 건축주는 건물모델 및 설계데이터를 이용해 건물의 에너지 소비를 모니터하고 실시간 사용을 비교해볼 수 있다.

4.2.4. 견적 신뢰성 및 관리

건축주들은 종종 비용초과나 예기치 못한 비용들로 인해서 프로젝트가 취소되는 상황을 맞게 된다. 건축주들의 설문 조사에 따르면 건설고객의 최대 3분의2 정도가 비용 초과의 경험을 가지고 있다고 보고되었다(Construction Clients Forum 1997; FMI/CMAA 2005, 2006). 건축주와 협력업체들은 비용 초과 등의 위험부담을 줄이기 위해 견적에 예비비(contingency)를 추가하거나 공사기간 중에 벌어질 수 있는 예기치 못한 상황에 대처하기 위한 예산을 책정해 놓기도 한다(Touran 2003). 그림 4-5는 프로젝트 단계에 따라 50%에서 5%까지 변동하는 임시비용의 전형적인 범위에 대해 보여주고 있는데, 건축주들과 협력업체들은 이런 범위 내에서 임시비용을 견적에 반영하게 된다. 부정확한 견적은 건축주를 위험에 빠뜨리고 결국 프로젝트 전체비용을 상승시키게 된다.

비용 견적은 시간이 경과함에 따라 바뀌는 시장 상황, 견적시와 실행시의 시차, 설계변경, 그리고 품질문제를 포함하는 여러 요소들에 영향을 받게 된다(Jackson 2002). 건축주들은 BIM을 이용하여 설계변경에 따른 비용을 계산하고 견적시 신뢰할 수 있는 수량을 산출해낼 수 있다. 이러한 이점이 중요한 이유는 대략적인 프로젝트 전체비용이 결정되는 시기가 그림 4-6에서 나타난 바와 같이 프로젝트 초기의 타당성분석 단계이기 때문이다. 견적가들은 견적의 부정확성에 대한 원인으로 부족한 시간, 허술한 문서, 프로젝트 참가자들 중 특히 건축주와 견적가 사이의 원활하지 않은 의사소통에 대해 지적한다(Akintoye and Fitzgerald 2000).

오늘날 BIM의 활용은 설계후반이나 시공의 초반에 제한되어 있는 것이 사실이다. 설계초기의 BIM의 활용은 건축비용에 큰 영향을 줄 것이며, 전체적인 견적 신뢰성의 향상은 BIM 기반 견적산출방식을 채택하게 되는 주요한 요인이 될 것이다.

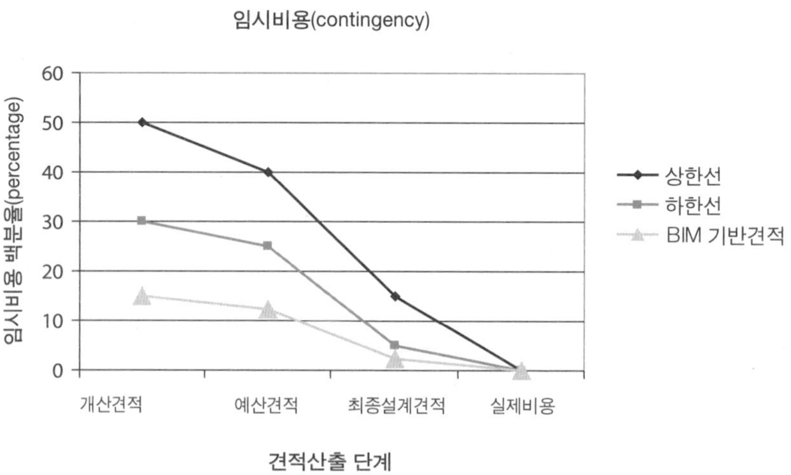

그림 4-5
프로젝트의 여러 단계에 걸쳐 건축주가 일반적으로 추가하는 임시비용의 상한선 및 하한선 (United States 1997; Munroe 2007; Oberlander and Trost 2001)과 BIM 기반견적에 의한 신뢰성 향상

건축주들은 BIM을 활용함으로써 다음과 같이 비용을 관리할 수 있다:

개념적 BIM(conceptual BIM)을 사용한 프로젝트 초기 단계에서의 더욱 신뢰할 수 있는 견적

개념적 BIM을 사용한 견적은 건축주에게 다양한 설계 시나리오에 대한 빠른 피드백을 제공해줄 수 있는 비용실적 정보, 생산성 정보, 그리고 기타 견적관련 정보와 같은 요소로 구성되어 있다. 정확한 견적은 특히 프로젝트의 현금 흐름예측 및 자금조달을 평가함에 있어서 프로젝트 초기에 무척 유용하다. 9장 9절에서 소개하는 힐우드 상업시설 프로젝트 사례연구는 건축주가 디프로파일러라는 개념적 BIM 기반 견적 소프트웨어를 사용한 협력업체들과 작업하면서 전체적인 임시비용을 어떻게 줄일 수 있었는지, 대출을 적게 함으로써 결과적으로 비용을 절감할 수 있었는지에 대해서 보여준다.

BIM 수량산출 소프트웨어를 이용한 신속, 정확하고 더욱 상세한 견적

건축주들과 견적가들 모두는 설계와 요구조건 변경에 적절히 대응하고 그런 변경사항들이 전체적인 프로젝트 예산과 견적에 미치는 영향을 이해하기 위해 노력한다. 프로젝트 팀은 견적 프로세스와 설계모델을 연계함으로써 수량산출과 전체 견적프로세스에 소요되는 시간을 단축하고 제안된 설계 변경에 대한 피드백을 신속하게 얻어낼 수 있다(5장, 6장 참조).

예를 들어 건축주는 정확한 수량정보를 산출하여 공정을 간소화할 수 있고 또한 설계자와 하청업체들의 견적을 확인할 수 있다(Rundell 2006).

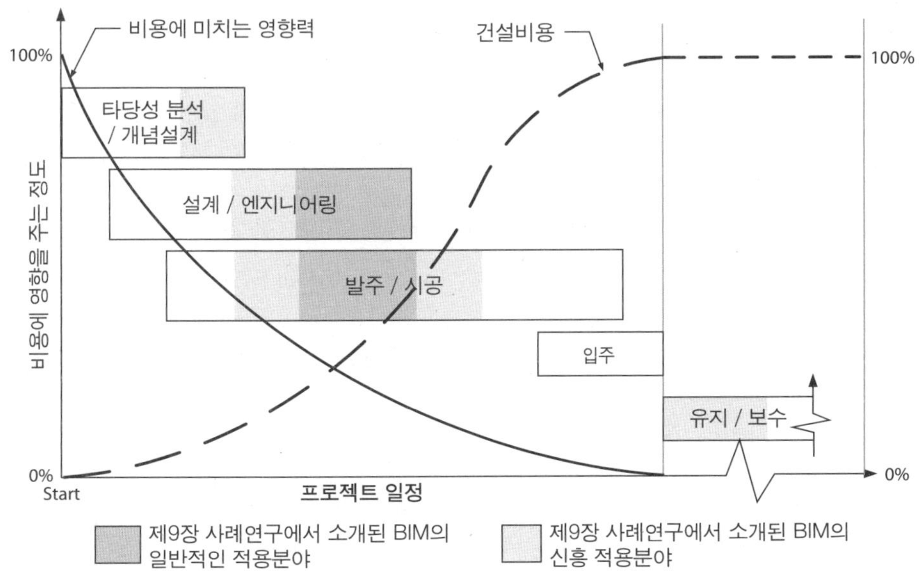

그림 4-6
프로젝트 생애주기에 걸친 전체 프로젝트 비용의 영향

9장 9절에서 소개하는 힐우드 상업시설 프로젝트 사례연구는 설계 초기단계에서 BIM을 이용하여 견적을 하면 기존의 수작업으로 견적을 내던 것과 비교하여 단지 1% 정도의 차이를 보이면서도 92%의 시간절감을 가져올 수 있음을 보여준다. 9장 7절의 원 아일랜드 이스트 프로젝트 사례연구에서, 건축주는 BIM 기반 견적의 신뢰성과 정확성으로 인해 예비비를 낮게 책정할 수 있었다.

셔터의료센터 사례연구에서 소개하듯, 프로젝트 팀은 설계기간 중 설계가 예산에 맞추어 진행되고 있는지를 확인하기 위해 2~3주마다 BIM 기반의 견적산출 작업을 행하였다.

하지만 건축주는 BIM 기반 수량산출과 견적이 전체 견적공정에서 단지 첫 번째 단계이며, 누락된 문제들을 충분하게 설명하지는 못한다는 것과 특정한 현장 조건들이나 시설물의 복잡성 등 추가적으로 BIM이 제공하는 요소들은 수량을 산출하는데 있어 견적가의 견해에 따라 다르게 해석될 수 있다는 점을 이해해야 하며, BIM 기반의 견적산출은 경험 많은 견적가를 전략적으로 도울 수는 있으나 그들을 대신할 수는 없다는 것을 알아야 할 것이다.

4.2.5 시장출시: 일정관리

시장출시는 모든 산업에 영향을 끼치며 시설물 건설에도 아주 중요하다. 제조업체들은 명확한 시장출시 요구사항을 가지고 있어야 하며 시설물 건설을 더욱 빠르고, 훌륭하고 저렴하게 해줄 수 있는 방법이나 기술들을 찾아봐야만 한다. BIM 기술은 건축주와 프로젝트팀들에게 부분적으로 자동화된 설계, 운용시뮬레이션 또한 선제작방식(off-site fabrication)을 가능하게 해준다. 이런 혁신적 방식은 오늘날 일반 상업 시설물 산업에까지 전파되어 그 협력업체들까지도 사용할 수 있게 되었다. 이런 혁신으로 인해 건축주들은 다양한 BIM 프로그램들을 제공받을 수 있었고 다음과 같은 시장출시요구에 적절하게 대응할 수 있었다.

파라메트릭 모델(parametric model)의 사용을 통한 신속한 시장출시

긴 건물생애주기는 시장위험을 증가시킨다. 경기가 좋을 때 융자를 받은 프로젝트는 투자이익에 크게 영향을 미치는 시장침제기를 맞이할 수 있다. BIM 기반 설계 및 선제작(pre-fabrication)과 같은 공정으로 인해 시공 승인부터 건물완성까지의 프로젝트 기간은 현저하게 줄어들 수 있다. BIM 모델의 파라메트릭 특성은 설계 변경을 용이하게 해주고 문서의 업데이트를 자동화해준다. Flint Global V6 Engine Plant Expansion 프로젝트는 건설초기에 신속한 시나리오기법(scenario planning)의 도입을 지원하기 위해 사용되는 파라메트릭 기반 설계의 좋은 본보기이다(본 프로젝트는 BIM Handbook 초판 9장 1절에 소개되어 있다). 이 거대하고 복잡한 프로젝트는 설계 및 시공을 하는데 35주 밖에 소요되지 않았는데 이것은 전통적인 디자인 빌드(DB)방식으로 지어졌을 경우 소요될 시간의 대략 절반에 해당할 정도로 빠른 것이다.

3차원 조율(3D coordination)과 선 제작(prefabrication)을 통한 일정 단축

모든 건축주는 시공이 지연되거나 혹은 장기간의 프로젝트에 대해 대출금의 이자, 지연된 임대소득 혹은 또 다른 비용을 지불해야 하는 부담이 있다. 9장 3절의 셔터의료센터 사례연구에서 건축주는 내진설계기준(earthquake standard)을 준수하는 새로운 병원을 2012년도 말까지 완공해야 하는 법률적인 책임을 지고 있었다.

건축주는 프로젝트 조율과 선제작, 시공성 분석을 위해 BIM을 활용한 결과 향상된 현장 생산력, 절감된 현장노력, 전체적 공사일정의 절감 등을 경험하였으며 공사가 마감 전에 끝날 수 있다는 것을 자신 있게 예상하게 되었다.

BIM기반 계획을 통한 일정관련 위험절감

프로젝트 일정은 위험성, 상호의존도, 참여하는 회사들의 수, 또는 복잡한 일련의 활동들에 종종 영향을 받는다. 기존 시설물의 리노베이션과 같은 경우 프로젝트가 현업의 지속된 운용과 함께 조화를 이루며 진행이 되어야 한다. 예를 들어, 건축주를 대신하는 CM 관리자는 4차원 모델(6장과 그림

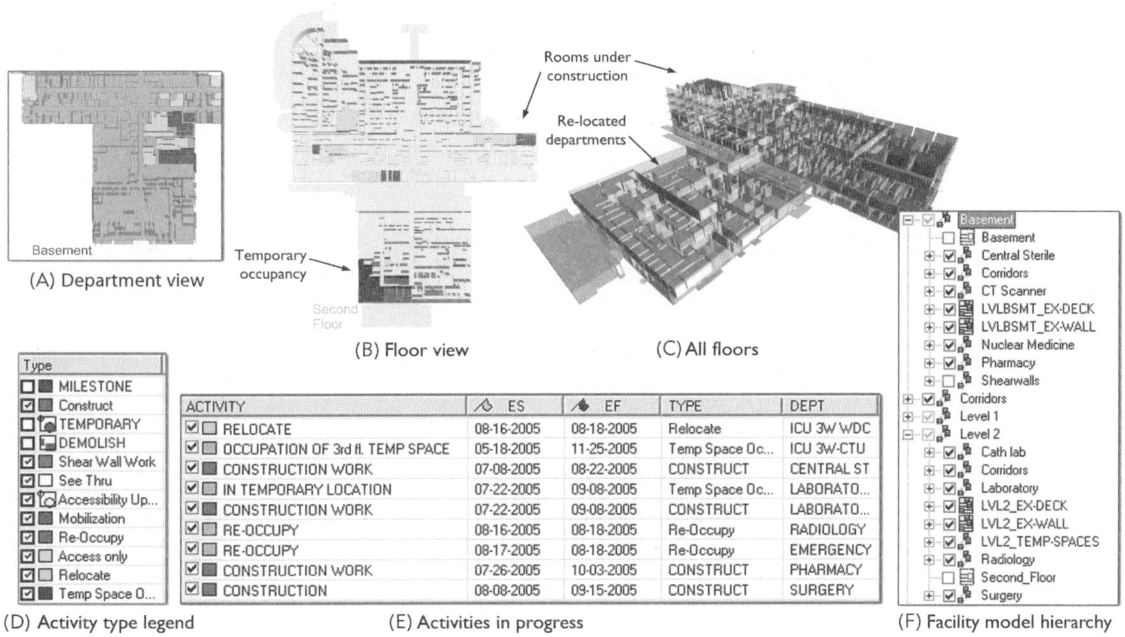

그림 4-7 A) 9층 병원시설의 4차원모델: a)부서의 4차원 뷰(4D view) b)한 개층의 4차원 뷰 c) 모든 층들의 4차원 뷰 d)CM팀과 건축주의 4차원모델상에서의 의사소통을 보여주는 활동유형 기호설명 표(activity type legend) e) 진행중인 활동 f) 층 및 부서를 보여주는 4차원 위계(4D hierarchy). URS의 동의를 얻어 실린 이미지

4-7 참조)을 사용하여 병원 직원들과 프로젝트 일정에 관한 의사소통을 하며 프로젝트의 여러 작업들이 병원 직원들의 현업에 끼치는 영향을 경감시킨다(Roe 2002).

4차원 BIM 모델을 이용한 예기치 못한 현장 상황들에 대한 신속한 대응

건축주들과 협력업체들은 최고의 디지털 모델을 보유할 시에도 예상치 못하는 의외의 상황에 종종 직면하기도 하지만 디지털 모델을 사용하는 팀은 예기치 못한 상황에 대응하는데 있어서 유리하다고 할 수 있다. 예를 들어, 추수감사절전 공휴일 쇼핑시즌에 맞춰 개장 예정이었던 프로젝트가 있었다. 3개월의 공사 후, 예기치 못한 상황으로 인해 3개월간 프로젝트가 중지되었지만, 건설업자는 복구계획을 세우기 위해 4차원 모델(6장 참조)을 사용하였고 결국 예정대로 개장할 수 있었다(Roe 2002).

4.2.6 FM 및 정보자산관리

이제 모든 산업에서 정보를 자산으로서 어떻게 활용하여야 하는가가 무척 중요하며, 건물주들에게도 예외는 아니다. 오늘날 정보는 그림 4-1에서 보듯 프로젝트 각 단계에서 생성된다. 각 단계에서 다른 회사로 정보가 전달되는 과정에서 종종 정보를 재입력하거나 재생산해야 한다. 대부분 프로젝트의 최종단계에서 정보의 가치가 급격히 떨어지는데 그 이유는 정보가 제대로 업데이트되지 못하기 때문에 발생한다. 이로 인해, 준공조건(as-built conditions)의 반영이 어렵고 관리하기도 힘들다. 그림 4-1은 협력적 창출과 건축모델의 업데이트가 요구되는 프로젝트에서는 중복된 정보의 기입이나 정보손실이 적게 나타남을 보여준다. 프로젝트의 전체생애주기 소유권에 대해 검토하고 있는 건축주들은 다음과 같이 전략적이고 효과적으로 건축 모델을 사용할 수 있다.

보다 효율적인 빌딩커미셔닝

빌딩커미셔닝협회(www.bcxa.org/ 참조)에 따르면 "빌딩커미셔닝은 건축시스템이 프로젝트 문서에 명시한 건축주의 건축물 운영 요구사항에 맞추어 기능한다는 것을 문서로 확정해주는 것"이라고 되어 있다. 9장 4절의 메릴렌드 종합병원 사례연구는 프로젝트팀이 어떻게 건물모델, 태블릿 PC, 맞춤형 소프트웨어를 사용하여 설비데이터를 기록하며 커미셔닝 활동을 수행했는지를 보여준다.

신속한 FM 데이터베이스의 구축

미국 해안경비대 사례연구(United States Coast Guard: 9장 2절)에서, 팀은 FM 데이터베이스를 구축하고 수정하는데 BIM을 사용함으로써 98%의 시간절감 효과를 보았다. 이러한 절감효과는 공간정보를 입력하기 위해 필요한 노동력의 절감에 기인한다.

BIM 자산관리 소프트웨어를 사용한 시설자산관리

미국 해안경비대는 시설물 계획사례연구에서 논의된 대로, BIM을 그들

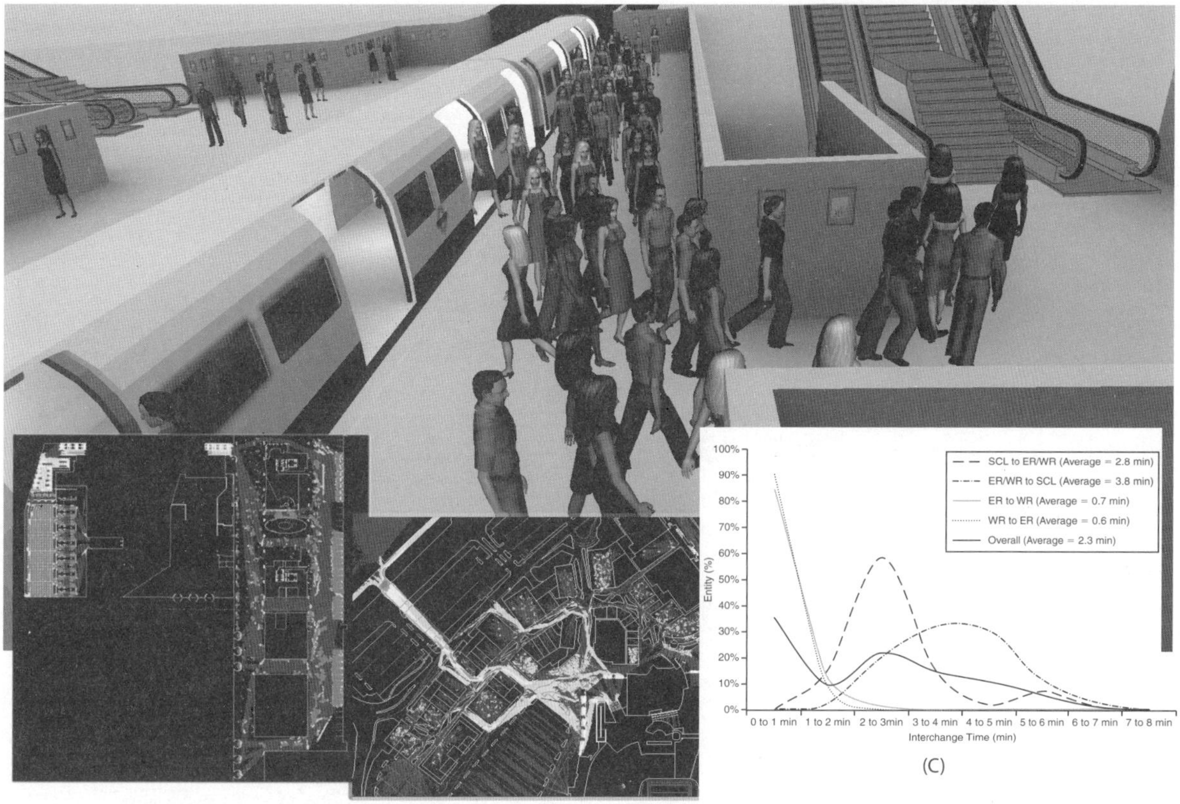

(A) (B)

그림 4-8 Legion Studio로 작업한 2차원/3차원 건축정보데이터 기반의 시각 및 분석 결과의 예(삽입 컬러면 참고)
주요 3차원 투시도는 아침 출근시간 동안의 전철역의 시뮬레이션을 보여준다.
(A) 공항사용자들의 평균이동 속도를 나타내는 색채 지도; 빨간색은 더딘 움직임; 파란색은 자유로운 사용자들의 움직임을 각각 나타냄.
(B) 스타디움의 접근경로 지도와 평균밀도를 보여주는 근접한 상점시설들; 빨간색과 노란색은 최고밀도 지역을 나타냄.
(C) 몇몇의 출발지-행선지 사이의 승객 환승시간을 비교하는 그래프.
Legion Limited사의 동의를 얻어 실린 이미지

의 포트폴리오와 자산관리에 통합시키고 있다. Blach 건설은 학교 고객이 캠퍼스 건물의 기계, 전기, 상하수설비를 관리하고 유지보수 할 수 있는 BIM 모델을 개발했다(그림 4-9).

또 다른 예는 그림 4-10에서 보여주는 바와 같은 4차원 재무모델이다. 이 모델은 각 건물의 객체 혹은 시간경과에 따른 상태평가를 수행하게 되는 객체들과 관련된다. 건축주는 상태평가를 적절히 수행하기 위해 시설물을 정기적으로 점검할 필요가 있다.

개장이나 유지보수 작업이 시설물에 끼치는 영향에 대한 신속한 평가

또 다른 예는 FM 관리자가 시설물의 개장이나 유지 보수 작업의 영향을 평가하는데 도움을 주는 시각적이고 지능적인 모델의 사용이다. 예를 들어

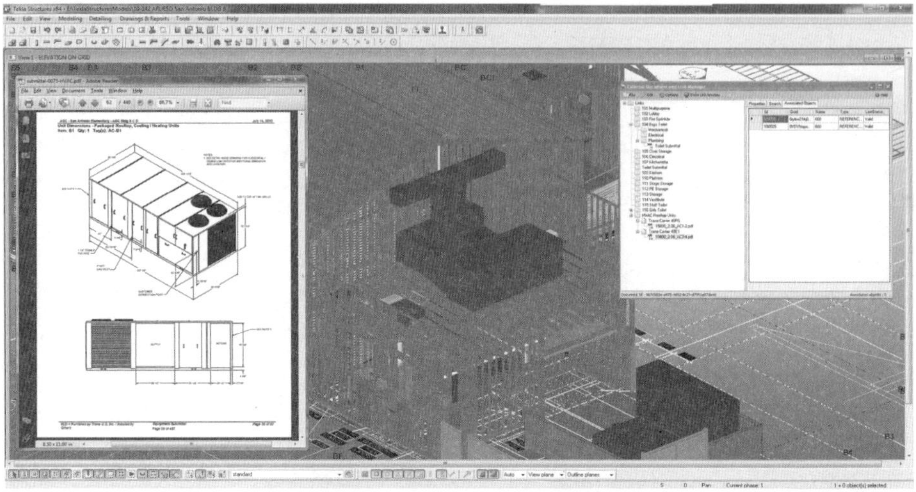

그림 4-9 기계, 전기, 상하수설비(MEP system)와 같은 시설자산을 관리하기 위해 건물모델을 사용하는 예. Blach Construction은 현존하는 학교를 시공부분(construction part) 수준-모든 스터드, 블락, 볼트-을 모두 보여줄 수 있게 모델링하였다. 프로젝트의 FM 관련 결과물은 기계, 전기, 상하수설비(MEP system)를 위한 모든 데이터뿐만 아니라 2차원 평면을 연결시킨 모델이 포함되었다. 최종 사용자는 정보가 필요한 설비를 간단하게 선택함으로써 유지관리메뉴얼과 같은 문서에 신속하게 접근할 수 있다. 문서들은 인쇄되고, 이메일로 보내지고, 수정되어지고 또한 데이터베이스에 다시 저장될 수 있도록 원래의 포멧(native format)으로 열린다.

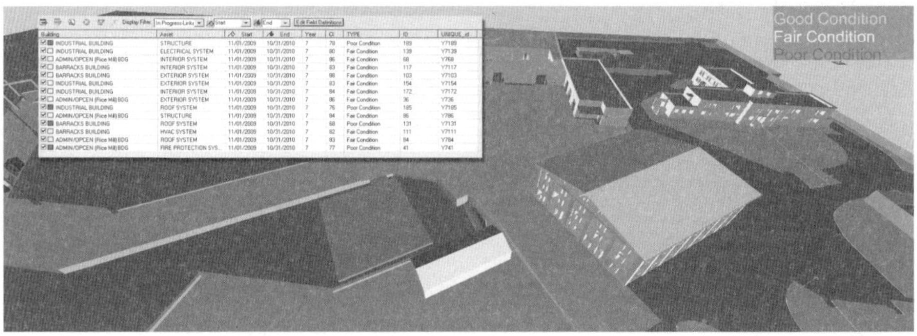

그림 4-10
녹색(양호)이나 빨강(열악) 과 같은 색채로서, 시간이 흐름에 따라 시설물의 평가상태가 어떻게 변하는지를 보여주는 4차원 재무모델(삽입 컬러면 참고)

PBS & J, Common Point, Inc., AEC Info systems, Inc., and MACTEC, Inc.사들의 동의를 얻어 실린 이미지

시드니오페라 하우스의 유지 보수 작업 기간에 BIM 기반의 FM 시스템이 사용되었다(Mitchell and Schevers 2005). 유지보수 팀은 어떤 특정한 방에 전력이 공급되지 않을 때, 건물 내 어떤 장소들이 이에 따른 영향을 받을 지를 시각적으로 평가하기 위해 이 FM 시스템을 사용하였다.

4.3. 건축주를 위한 BIM 도구 지침

앞 절에서 건축주들과 그들 협력업체들이 사용하고 있는 몇몇 BIM 기술에 대해 참조사항을 실었다. 이번 절에서는 BIM 도구들과 건축주들의 요구를 충족시키기 위한 BIM 도구들의 특징들에 대해서 알아본다. 3장은 모델서버에 대해 설명하고 5장부터 7장까지는 모델생성도구, 에너지 분석, 4D, 그리고 설계조율과 같은 특정한 BIM 설계 및 시공기술에 대해 언급하고 있다. 여기서는 건축주를 대상으로 하는 특정한 도구들에 대해 알아보자.

4.3.1 BIM 견적도구

건축주들은 프로젝트 비용의 기준을 잡고 금전적인 예측이나 분석을 위해서 견적서를 사용한다. 견적은 제곱미터나 단위원가방식(Unit cost methods)을 통해 건축주의 대리인이나 견적 컨설턴트에 의해 작성된다. 9장 9절 힐우드 상업시설 프로젝트는 개념적인 그리고 사업성검토를 위한 견적을 내기 위해 건물모델을 사용하는 디프로파일러의 사용을 보여준다.

U.S. Cost사의 Success Estimator와 같은 견적소프트웨어 패키지는 건축주들을 위해 개발되었지만 그래도 마이크로소프트사의 엑셀이 견적을 위해 가장 일반적으로 사용된다. 2007년 U.S. Cost사는 그들의 고객들이 Autodesk사의 Revit으로 생성한 건물모델로부터 물량산출 정보를 얻을 수 있도록 하는 기능을 추가하였다. 건축주를 대상으로 하는 또 다른 제품은 건물모델을 불러오고 사용자가 자동 및 수동으로 물량산출을 할 수 있도록 해주는 Exactal사의 CostX이다. 6장은 BIM 기반 견적도구들에 대해 더욱 자세하게 소개하고 있다.

4.3.2 시설물 관리(FM)와 자산관리도구

현재 FM 도구들은 대부분 공간이나 스프레드시트에 입력된 다각형 2차원 정보에 의해 구동된다. 대부분의 FM 관리자 입장에서 보면, 공간의 관리 및 관련된 시설 및 시설물 자산관리를 위해서 3차원 정보가 꼭 필요하지는 않지만, 3차원의 컴포넌트 기반 모델들은 FM 기능에 가치를 부여한다. 건축 정보모델은 시설물 정보 입력의 초기 단계에서 중요한 이점을 제공한다. 예전의 방법들은 프로젝트가 끝나야 수동식으로 공간정보를 만들었지만, BIM을 사용함으로써, 건축주들은 3차원상의 공간경계를 정의하는 공간요소를 활용할 수 있으며, 시설물의 DB를 구축하는데 필요한 시간을 크게 절감할 수 있다. BIM을 활용한 미국 해안경비대 시설물 계획사례(9장)는 FM DB를 구축하고 업데이트하는데 드는 시간과 노력을 98%나 절감했다고 전하고 있다. 오늘날 BIM 공간 컴포넌트의 입력이나 고정자산을 의미하는 시설물 컴포넌트의 입력이 가능한 도구들은 많지 않다. 현재 사용 가능한 프로그램들은 다음과 같다.

- ActiveFacility (www.activefacility.com)
- ArchiFM (www.graphisoft.co.uk/products/archifm)

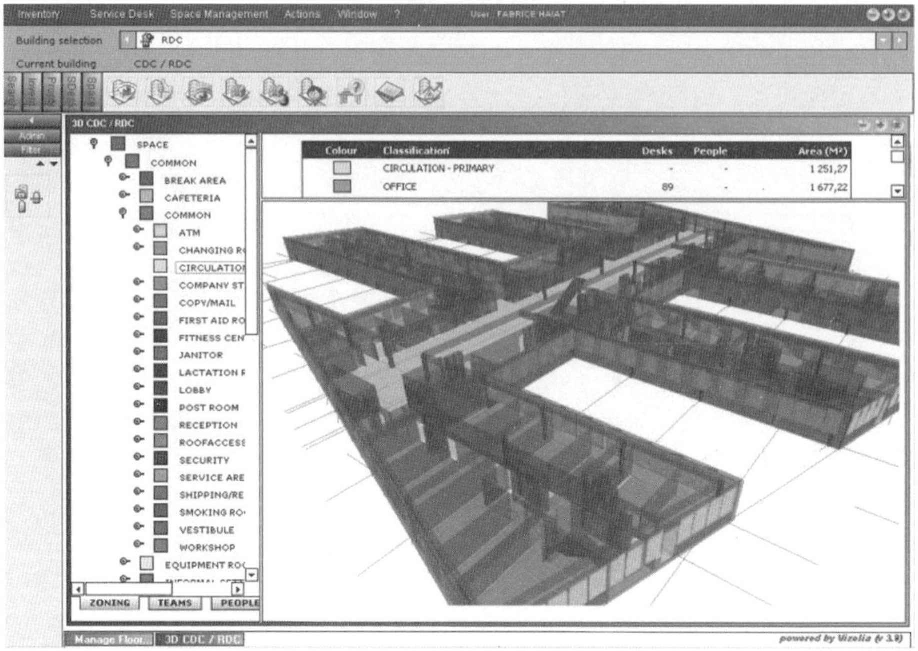

그림 4-11
3차원 및 공간의 색채의 부호화(color coded)를 보여주는 Vizelia사의 FACI LITY space

화면캡쳐. Vizelia사의 동의를 얻어 실린 이미지

- ONUMA Planning System(www.onuma.com/products/OnumaPlanningSystem.php)
- Vizelia suite of FACILITY management products (www.vizelia.com)

FM 시스템이 지원해야 하는 일반적인 기능들에 추가적으로, 건축주들은 건축모델과 FM 도구들을 함께 사용할 때 다음과 같은 문제들을 고려해야 한다.

- **공간객체지원.** FM 도구들이 BIM 관리도구로부터, IFC를 통하거나 근본적으로 공간객체를 들여올 수 있는가? 만약 그렇다면, 어떤 속성들을 들여오는가?
- **통합기능.** 데이터가 업데이트되거나 다수의 정보로부터 통합될 수 있는가? 예를 들어, 한 가지 시스템으로부터 기계설비/전기/상하수 시스템으로, 또한 다른 시스템으로부터 공간정보로 통합될 수 있는가?
- **업데이트.** 만약 시설물의 수선 또는 재구성이 이루어진다면, 시스템이 시설물 모델을 쉽게 업데이트 할 수 있는가? 변경사항들을 추적해낼 수 있는가?
- **센서 및 제어시스템.** 센서와 제어시스템은 FM 시스템의 일부인가? 그것들은 FM 시스템 안에서 감시되고 관리될 수 있는가?

9장 4절에 메릴렌드 종합병원 사례연구에서 나와 있듯이 BIM 기능이 추가되어 특별히 제작된 도구들을 통해 FM을 위해 BIM을 활용할 수 있다. 메릴렌드 종합병원 사례연구에서는 어떻게 유지보수 팀이 시공 팀과 건축모델을 양도받고, BIM 도구, Tekla 시공관리팀을 그들의 CMMS(Computerized maintenance Management System)과 통합하여 빌딩커미셔닝과 유지보수를 지원할 수 있는지 보여준다. BIM에서 CMMS(Computerized Maintenance Management System)으로의 양도과정 중 가장 어려운 점 가운데 하나는 BIM 도구들에서의 표준 및 공통된 파일형식을 CMMS 도구들에서는 쉽게 불러들이지 못한다는 것이다.

따라서 건물유지 보수관리 정보의 원활한 교환을 위해서 COBie2(Construction Operations Building Information Exchange)라는 도구가 개발되었다(3장 참조).

FM을 지원하기 위한 BIM의 사용은 아직 초기단계이며, 관련 도구들이 최근에야 시판되었다. 건축주들은 현재 FM 도구들이 BIM의 공간정보를 지원할 수 있는지 또한 FM을 지원할 수 있는 BIM 도구개발을 위해 FM 조직들과 함께 협업해야 한다.

4.3.3 운용 시뮬레이션 도구

운용 시뮬레이션 도구는 건축정보모델로부터 데이터를 사용하는 건축주들을 위해 개발된 또 다른 종류의 새로운 소프트웨어이다. 군중행동(Crowd behavior)관련 도구로는 Legion Studio, ViCrowd eRena 그리고 Crowd Behavior가 있고 병원업무절차 시뮬레이션 그리고 비상대피 혹은 반응시뮬레이션 관련 도구로는 IES Simulex나 Building Exodus가 있다. 시뮬레이션을 수행하는 서비스를 제공하고 필요한 정보를 제공하는 회사들이 대부분의 운용 시뮬레이션 도구를 제공한다. 항상 시뮬레이션을 위해서는 정보의 추가적인 입력이 필요하고 어떤 경우에는, 건축정보모델로부터 기하학적 속성들만을 추출하기도 한다.

일반적인 운용 시뮬레이션 도구들은 특화된 시뮬레이션이 필요하지는 않지만 실시간 시각화나 건축정보모델을 입력하는 렌더링 도구를 필요로 한다. 예를 들어, 어떤 이는 Disney California Adventure의 3차원/4차원 모델개발에 참여했는데, 특화된 도구들 및 서비스를 이용하여 디즈니 모델로 에너지 및 롤러코스터 탑승을 위한 시뮬레이션을 시행하였다(Schwegler et al. 2000). Letterman Lucas Digital Arts Center 팀도 마찬가지로 그들의 모델을 사용하여 응급대피 및 대처상황을 평가하였다(Boryslawski 2006; Sullivan 2007).

4.4 건축주와 FM 관리자의 건축 모델

건축주들은 사용가능한 BIM 도구들의 종류에 대해서도 능통해야할 뿐만

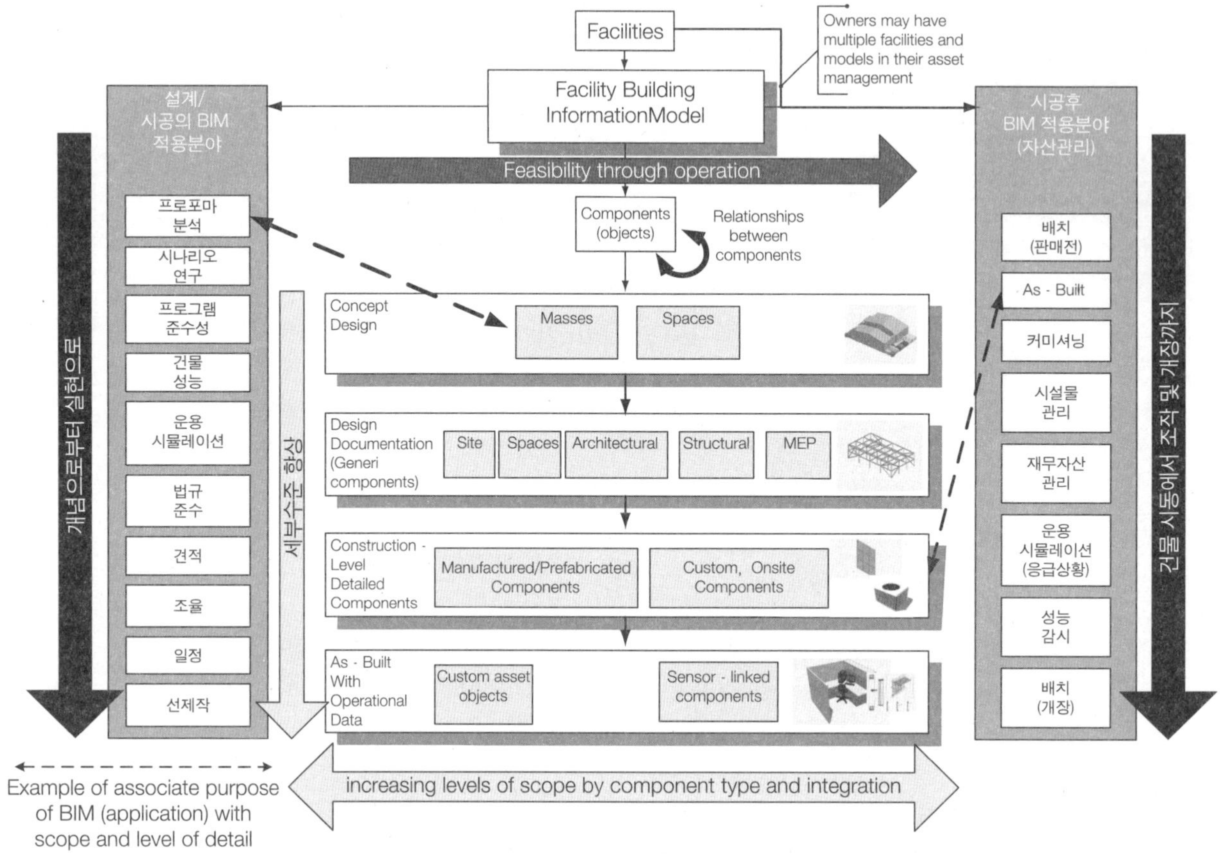

그림 4-12 시공 후 단계를 포함한 전체 시설물 공사 프로세스 동안 BIM의 적용분야들 사이의 관계를 보여주고 또한 그들의 관계가 모델의 범위 및 상세수준에 미치는 영향을 보여주는 개념적 다이어그램

아니라 그들이 원하는 프로젝트 건축모델의 상세범위 및 수준에 대해서도 깊게 이해해야 한다. 5, 6, 7장에서는 BIM 기반 프로젝트에서 건축가, 엔지니어, 시공자, 그리고 제조업자들이 건축 모델에 추가하는 정보의 유형에 대해서 설명한다. 4장 2절과 그림 4-12에서 논의한대로 시공 후 BIM의 적용분야를 제대로 이해하고 BIM을 적절하게 활용하기 위해서는 건축주들은 건축 모델이 적절한 상세범위와 수준, 그리고 의도한대로 정보를 제공하는 지의 여부를 확인하기 위해 협력업체들과 더욱 친밀하게 작업할 필요가 있다. 그림 4-12의 개념적 다이어그램은 건축주들이 부피, 공간, 그리고 시공을 위한 세부사항들(세로방향 참조)과 같은 모델상세정도와, 기본골격, 공간, 건축 그리고 세부 기계설비/전기/상하수(MEP)와 같은 공간 또는 특정 영역을 표현하는 모델의 범위 사이의 관계에 대해 이해하는데 도움을 주기 위해 작성하였다.

종종 협력업체들이 그들의 작업의 필요에 따라 상세 범위와 수준을 정하기

표 4-2 건축주의 건축정보 모델

목 적	모델정보유형
FM과 건축 프로그램 만족 여부 지원, 일반적인 설계 절차에서 공간정보는 건축 프로그램을 만족하고 법규 검토분석을 지원하도록 정의된다. 이 기능들은 건축 프로그램 만족여부 확인과 BIM을 FM에 사용하는데 필수적이다.	공간과 기능
성능내역서와 같은 커미셔닝의 지원	냉난방, 환기 및 다른 시설들의 성능내역서
시공후 분석, 확인 및 미래예측을 위한 데이터 확보	준공일정과 비용정보
예산할당 및 유지보수 일정수립	제품정보
대체비용, 기간 및 평가정보 확보	재무자산관리 데이터
긴급사태에 대한 대피계획수립	긴급사태정보
설계, 시공, 유지보수 활동의 진척사항 관찰 및 기록	활동상태
건물 센서 관찰 및 실시간 빌딩 시스템 제어	센서 데이터

도 하지만 건축주는 모델의 시공 후 사용을 위해 요구되는 상세 범위와 수준을 직접 요구할 수 있다. 예를 들어, 타당성 분석단계에서는 부피 및 공간정보가 개념 설계에 필요한 대부분의 BIM 프로그램을 지원하기에 충분하다. 하지만 만약 건축주가 더욱 통합된 형태의 건축정보모델을 요구한다면, 제작 시 모델의 통합 정도(가로)와 상세의 정도(세로)가 높아지게 된다. 표 4-2는 시공 후 건축모델을 사용할 경우의 주요 정보유형 목록을 보여준다. 이런 정보들의 일부는 3장에서 설명한 대로, IFC 스키마로 표현되었고, IAI 안에는 FM의 이사관리, 작업순서흐름, 비용, 계산서, 그리고 재무적 요소들과 같이 FM에 관련된 시나리오를 설명하는 "Facility Management Domain" (www.buildingsmart.com/content/fm_handbover_view_aquarium)과 같은 실무그룹들이 있다. 이렇듯 IAI는 건축모델 안에서의 이런 정보들의 표현을 중요하게 여긴다. 건축주들이 건축정보 요구사항들을 이해하고 정의하는데 유용한 자료들은 다음과 같다.

- **OSCRE**(Open Standards Consortium for Real Estate, www.oscre.org) 이 비영리단체는 건물정보 요구사항, 감정, 상업부동산 정보교환 그리고 FM 작업지시를 포함하는 업무기반 시나리오들의 정보요구사항과 표준을 정의하고 있다.
- **Capital Facilities Information Handover Guide** (NIST and FIATECH 2006). 이 문서에는 건물 시공 및 생애주기의각 단계별 정보 이양 지침을 정의하고 이번 절에서 논의된 정보에 관련된 많은 문제들이 자세하게 설명되어 있다.

- OGC(Open Geospatial Consortium, www.opengeospatial.org). 이 비영리 기관은 지리 데이터에 대한 표준을 개발하고 지리정보시스템(GIS)과 건축 모델데이터의 통합을 위해 일하는 실무그룹을 두고 있다.
- COBie2(Construction Operations Building Information Exchange, www.wdbg.org/resources/cobie.php). COBie2는 프로젝트에서 이양하는 데이터를 캡쳐하고 기록하는데 필요한 업무를 단순화해준다. COBie2 방식은 설계, 시공 및 커미셔닝 단계에서 생성되는 데이터를 그 단계에서 생성되는 정보 그대로 입력하는 것이다. 설계자는 바닥, 공간 및 설비배치 정보를 제공하고, 시공자는 설치된 설비의 제조업체, 모델, 일련번호를 제공한다. 시공자가 제공되는 대부분의 정보는 장비 제조업체들로부터 직접 제공된다. 장비업체들도 COBie2에 참여할 수 있다(http://wbdg.org/ resources/cobie.php).

4.5 프로젝트에 BIM 구현을 선도

건축주들은 설계협력업체들의 선정, 조달유형 및 공사 프로세스 방법 결정, 그리고 전체적인 시설물의 시방서 및 요구조건들을 관리한다. 불행히도 많은 건축주들은 현재의 건축업계 상황을 그대로 받아들이고, 그들이 이런 상황들을 변화시킬 수 있는 능력과 건물이 지어지는 방식을 관리할 수 있는 능력이 있는 것을 인지하지 못하고 있는 것 같다. 건축주들은 미국건축가협회(AIA)나 미국건설인협회(AGC)와 같은 기관들에 의해 제시되는 표준설계나 시공 계약의 변경의 어려움을 토로한다. 예를 들어, 미국 연방정부가 계약서를 변경하려면 정부기관 및 입법부에 의해 통제되기 때문에 계약서 변경에 어려움을 겪고 있다. 이러한 난관들이 현실이며 AIA, AGC, 그리고 GSA와 미 공병대(Army Corps of Engineers)와 같은 연방기관들은 더욱 협동적이고 통합된 조달방식을 지원하기 위해 필요한 계약방식의 제정에 힘쓰고 있다(이러한 노력들에 대해서는 5장과 6장 참조). 하지만, 사례 연구들과 이 책에서 인용한 다양한 프로젝트들은 현재의 계약제도상에서 건축주들이 취할 수 있는 행동들이나, 또한 4장 6절에 소개된 것과 같은 장벽을 뛰어넘는 여러 가지 방법들에 대해 설명하고 있다. 건축주의 리더십과 참여는 프로젝트에 BIM을 최적화된 상태로 사용하기 위한 선행조건이다. 건축주는 BIM에 관한 지침을 검토하고 개발함으로써, BIM 프로젝트 경험과 노하우를 가지고 협력업체를 선정하고, 협력업체들과의 네트워크를 형성하며, 그리고 계약상의 요구조건 변경함으로써, 성공적인 조직경영을 할 수 있다.

4.5.1 프로젝트를 위한 BIM 관련 지침개발

많은 조직들, 특히 다수의 시설물을 건설하고 관리하는 건축주들은 BIM 관련 지침을 개발해왔다. 이런 조직들은 GSA(General Services Administration), U.S. Coast Guard, U.S. Army Corps of Engineers, 그리고 텍사스 주, 위스콘신 주와 같은 정부기관 및 LA 커뮤니티컬리지(LACCD), 인디애나 대학교 등과 같은 학교를 포함한다. 부동산 소유주들과 핀란드의 세니트 프로퍼티스(Senate Properties, [譯註] 핀란드의 부동산을 관리하는 공기업)는 아래와 같은 주요 구성요소를 포함하는 BIM 관련 지침을 가지고 있다.

- BIM을 사용하는 목표 파악 및 BIM 사용목표와 조직의 목표를 부합시킴
- 프로젝트 전 단계에 걸친 BIM 사용 및 범위 설정 (예를 들면, 에너지 분석이나 간섭확인을 위한 BIM 사용과 같은 BIM 적용에 대한 체크리스트 작성)
- BIM과 BIM 정보교환과 관련된 표준이나 형식의 범위
- BIM 프로세스에서 참가자들의 역할과 참가자들 사이에 이양해 줄 정보 정의

건축주들은 가장 먼저 위의 지침들을 검토해야 하며 시간이 지남에 따라 본인들의 프로젝트 목표에 부합하는 지침을 개발해야 한다.

4.5.2 내부 리더십 및 지식 형성

9장 3절에서 나와 있듯, 건축주가 이끄는 BIM의 사용을 위한 노력들은(, 원 아일랜드 이스트 오피스, 그리고 미국 해안경비대 시설물계획) 두 가지 주요 프로세스들을 공통적으로 보여주는데 그것들은 다음과 같다: (1) 건축주가 먼저 BIM 기술에 관한 내부적 지식을 습득했다. 그리고 (2) 건축주는 주요 직원들이 그 노력을 주도하게끔 했다. 예를 들어 셔터의료센터 프로젝트에서 건축주는 내부 작업 프로세스들을 철저하게 검토하고 시설물을 더욱 효율적으로 건축할 수 있는 수단 및 린(Lean) 방식을 찾아냈다. 위의 사례들에서, 건축주들은 다양한 BIM 소프트웨어를 구현할 수 있는 완전한 지식을 개발하지는 못했지만, 협력 업체들이 적절하게 BIM 프로그램을 발전적으로 적용할 수 있는 프로젝트 환경을 만들어 주었다.

원 아일랜드 이스트 오피스 사례연구는 약간 다른 접근방법을 보여준다. 건축주인 스와이어 프로퍼티스(Swire Properties Inc.)는 그들의 시설물을 잘 건설하고 소유지를 제대로 관리하기 위한 회사의 능력을 향상시키기 위해 상세한 조사를 했고 그 결과 2차원 정보 및 프로젝트정보의 다양성을 관리하는데 있어서의 어려움을 밝혀내고 이해했다. 그 후 건축정보 모델의 개념이 소개되었을 때, 그들은 이미 BIM 기술을 어디에 사용하고 어떻게 활용하는지에 대한 내부적 지식을 가지고 있었다. 미국 해안 경비대는 사례연구(Bruckeretal. 2006)에서 논의된 대로, 그들만의 내부적 지식을 만들었고 BIM 구현을 위한 로드맵의 윤곽

을 잡고 있었다. 이런 로드맵은 그들 기관 전체와 다양한 시설물 프로젝트에 걸쳐 BIM을 구현하는 단계별 접근 방식이었고, 그런 로드맵 확립에 필요한 지식은 파일럿 프로젝트, 폭넓은 조사, 그리고 미국 해안경비대 내 다수의 집단에 의해 주도된 연구의 결과였다. 이 로드맵에는 프로젝트 정보와 시설물 자산을 관리하기 위한 BIM 기술과 관련된 이정표와 또한 다양한 BIM 소프트웨어를 활용해 프로젝트를 조달하고 시설물을 건설한 이정표가 포함된다. 이런 모든 사례들은 건축주들에게 내부적 비즈니스 모델과 시설물의 건설 및 운용과 관련된 작업 프로세스의 연구를 통해 개발된 지식에 관해 보여준다. 그들은 작업공정의 비효율성이 어떻게 프로젝트 결과에 영향을 미치는지에 대해서 이해하고 있었으며, 결국 주요 직원들은 BIM 프로그램 도입을 위한 노력을 이끌 수 있는 지식과 기술을 갖출 수 있게 되었다.

4.5.3 협력업체의 선정

자동차나 반도체 같은 글로벌 제조 산업의 사례와는 다르게, 단일건축주 조직(single owner organization)이 건설시장 전체를 지배하기는 어렵다. 보통 정부기관들인 큰 규모의 건축주 회사들조차도 국내 및 글로벌 시장의 작은 부분만을 점유한다. 결과적으로, 프로세스, 기술, 그리고 산업표준들을 표준화하기 위한 건설 산업의 노력이 결실을 맺는 데는, 명확한 시장 선도자가 있는 다른 산업들에 비해 많은 어려움이 따른다. 시장 선도자들이 없는 경우, 건축주들은 종종 그들의 경쟁자들이 어떻게 하고 있는지를 살펴보기도 하고 최적의 실무 방식이나 최신 기술동향을 찾기 위하여 산업기관들을 살펴보기도 한다. 추가적으로, 건축주들이 단지 한 두 가지 프로젝트를 경험한 후 선도적 위치를 점하기에는 전문성이 결여되어 있다. 모든 건축주들이 공유하고 있는 것은 그들이 어떻게 협력업체를 선정하며, 프로젝트 결과물의 형식을 통제하는가 하는 것이다. 프로젝트에 참여하고 있는 협력업체들이 BIM과 그 관련된 프로세스들에 대해 어느 정도 친숙해 있는가를 확인하는데 있어서 건축주들이 사용할 수 있는 방법들은 다음과 같다.

BIM과 관련된 기술과 전문성을 포함시키기 위한 직업기술 요구사항의 변경

내부채용의 경우 건축주들이 유망한 직원들로 하여금 3차원과 BIM의 지식 또는 컴포넌트 기반 설계와 같은 특정한 기술의 습득을 요구할 수 있다. 많은 회사들은 지금 BIM 전문가, BIM 챔피언, BIM 관리자, 4차원 전문가 및 관리자, 가상디자이너와 같은 직함으로 특정하게 BIM과 관련된 직원들을 고용하고 있다. 건축주들은 이러한 직함들로 직원을 고용하거나 유사한 직종을 가진 협력 업체들을 찾고 있다. 업무에 필요한 기술에 대한 보기들은 "업무 요구기술의 예(Examples of Job Skill Requirements)(J.E. Dunn

업무 요구기술의 예

- 최소 3-4년의 상업건물의 설계 및 시공경험
- CM(건설경영), 건축, 혹은 공학 분야에서의 대학교 학사학위
- 증명된 BIM 관련 지식
- 주요 BIM 프로그램 및 검토도구에 대해 증명된 숙련도
- 작업지식 및 다음 소프트웨어들에 대한 숙련도: Revit, ArchiCAD, Navisworks, SetchUp, Autodesk Architectural Desktop, 그리고 Building Systems (혹은 당신의 회사가 사용하는 특정한 BIM 소프트웨어)
- 설계, 문서, 그리고 건설프로세스에 대한 명확한 이해와 현장인력들과의 의사소통능력

2007)"라는 책의 표 안에 자세하게 나와 있다.

구체적인 BIM의 예비심사기준(pre-qualification criteria)의 포함

건축주에 의한 제안서요청(Requests for Proposals: RFPs)은 미래 입찰자들의 예비 심사기준을 포함하는데, 공공작업 프로젝트에서의 RFPs는 모든 입찰자들이 작성해야만 하는 표준이 되는 양식이다. 상업적인 건축주들은 그들만의 예비심사기준을 만들 수 있다. 병원건축주인 셔터 헬스(9장 3절)에 의해 만들어진 자격요구 조건들이 최고의 보기인데, 이것은 3차원 모델링 기술을 사용하는 경험과 능력에 대한 명백한 요구 조건들을 포함시켰다.

장래의 하청업체와의 인터뷰

어떤 하청업체는 심사양식에 BIM과 관련한 특정한 프로젝트 경험이 없음에도 불구하고 있다고 기입할 수도 있기 때문에 건축주들은 예비심사과정에서 시간을 할애해 건축가들을 직접 만나봐야 할 필요가 있다. 어떤 건축주는 작업환경과 도구의 종류 그리고 작업장에서 할 수 있는 공정을 직접 보기 위해 건축가의 사무실에서 만나기를 선호하기도 한다. 인터뷰 시 질문의 예는 다음과 같다.

- 당신의 회사는 어떤 BIM 기술을 사용하고 있고 이전 프로젝트에는 어떻게 적용했습니까? (건축주는 질문시 표 4-1, BIM 적용분야 참조).
- 건축모델의 제작, 수정, 그리고 업데이트에, 어떤 회사들이 당신 회사와 협력했습니까? (만약 건축가에게 질문을 했다면, 구조엔지니어, 시공자, 혹은 선 제작업체들이 모델제작에 기여했는가의 여부와 어떻게 다른 회사들이 함께 작업할 수 있었는지를 알아내야 한다).
- BIM을 프로젝트에 이용해 본 후 얻은 교훈들은 무엇이고 프로젝트 상에 모델 및 BIM 도구 사용의 영향을 측정한 기준은 무엇인가? 이런 질문은 BIM 도입과 관련된 회사 내의 학습 및 변화의 증거를 밝혀내는 데 도움이 된다.

- 당신의 회사에 얼마나 많은 사람들이 BIM 도구를 친숙하게 다룰 수 있으며, 어떻게 당신 직원들을 교육하고 훈련시켰는가?
- 당신의 회사에 BIM과 관련된 특정한 직책이나 기능들이 있는가(앞서 열거한 것들과 같은)? 이 질문은 그들이 회사 내에서 BIM을 사용하고 있다는 것에 대한 확실한 서약 및 인식을 나타낸다.
- 당신은 어떻게 프로젝트에 사용된 BIM 모델을 건네줄 것이며, 어떻게 FM 시스템에 필요한 정보로 변환시킬 수 있습니까?

4.5.4 BIM 협력업체 네트워크 개발 및 교육

건축주들이 겪는 어려움 중 하나는 그들의 현존하는 네트워크 안에서 BIM 기술에 숙달된 협력업체를 찾아내는 일이다. 따라서 몇몇 건축주들이 워크숍, 컨퍼런스 그리고 세미나 등을 통해 내부 및 외부의 잠재적인 협력업체들을 교육시키는 적극적인 노력을 하게 되었으며, 이와 관련된 세 가지의 예는 다음과 같다.

공식적인 교육: GSA는 국립 3D/4D BIM 프로그램(General Services Administration 2006)을 설립하였다. 이 프로그램은 공공 협력업체 및 잠재적 협력업체들의 교육과 그들이 프로젝트를 조달하는 방식의 변화에 대한 교육을 포함한다(4장 5절 5항). BIM 교육에 관한 노력의 일환으로 BIM 소프트웨어 회사나, AIA나 AGC와 같은 전문가 집단, 그리고 표준기관들(standards organizations) 및 대학교들을 위한 BIM 세미나와 워크숍을 주관한다. 열 곳의 GSA 관할 구역에 BIM "챔피언"을 파견하여 그들의 모든 관할구역별 프로젝트에 BIM 기술을 채택하고 적용하도록 강요하고 있다. 예를 들어 이 책의 저자들도 각각 미국과 세계 여러 지역의 많은 건축주 그룹에게 BIM의 개념 강연을 위한 초대를 받아왔다. 상업적인 조직들과는 다르게, GSA는 그들의 BIM에 관한 전문성과 지식을 소유물로 보지 않고 모든 조달청 관련 프로젝트 참여자들이 BIM 기술과 프로세스에 대해 정통할 수 있도록 교육하고 있다.

비공식적인 교육: 셔터 헬스사는 그들의 프로젝트에 린(Lean) 프로세스와 BIM 기술을 도입하기 위한 교육에 많은 노력을 기울였다(Sutter Health et al. 2006). 셔터 헬스는 협력업체들을 초대하여 비공식 워크숍을 열고 3차원, 4차원 건축정보모델과 린의 개념에 대해 교육했다. 이 회사는 또한 BIM 기술을 활용하는 프로젝트팀을 지원해주고 워크숍을 개최해 건축 산업의 많은 전문가들에게 BIM에 대한 교육을 해주었다. 이런 비공식 워크숍은 전문가들이 경험을 공유하고 서로에게 배우며, 결과적으로는 향후 이 회사의 프로젝트에 입찰할 수 있는 협력업체들의 참여를 넓힐 수 있는 기회를 제공해주었다.

훈련지원: BIM의 개념 및 프로젝트에의 적용방법과 더불어 교육시 중요한 부분은 BIM 도구를 기술적으로 잘 다룰 수 있도록 훈련시키는 것이다. BIM 교육은 대개 2차원에서 3차원 파라메트릭 모델링으로의 변화를 위한 BIM 개념 및 특징의 기술적인 교육과 BIM 도구의 특별한 기능을 연마하는 소프트웨어 훈련이 포함된다. 많은 협력업체들은 이런 변화를 위해서 많은 비용을 소비해야 하기 때문에, 스와이어 프로퍼티스(Swire Properties)는 이런 문제점을 정확하게 인식하고 설계 팀이 특정한 BIM 도구의 사용에 친숙해지기 위한 훈련비용을 지불해 주었다(9장 7절-원 아일랜드 이스트 프로젝트 사례연구).

4.5.5 결과물 요구조건 변경: 계약서 및 계약용어 수정

건축주들은 BIM과 관련된 계약상의 요구 조건이나 혹은 RFP 상의 요구조건들을 통해 프로젝트에 어떻게 BIM을 활용할지를 결정할 수 있다. 공사프로세스 방식의 변경은 대개 요구조건의 변경에 비해 더욱 어렵다. 변경사항이 있을 경우, 많은 건축주들은 RFP와 계약서상에서 다음 세 가지 부분의 변경을 먼저 시작한다.

1. **모델 정보의 범위와 상세정도**

   모델 정보의 범위와 상세정도에 관한 변경은 프로젝트 문서의 형식변경 및 2차원 도면에서 3차원 디지털 모델로의 변경을 포함한다. 건축주들은 3차원 모델형식과 협력업체들이 모델에 포함시킨 정보의 유형에 관련된 특정 요구조건의 선행을 요구하거나(그림 4-12과 4장 4절 참조), 그런 조건들을 상세하게 요청할 수 있다(9장 3절 셔터의료센터 사례연구 참조). 건축주가 원하는 BIM 프로그램 종류와 정보유형과 같은 요구조건들은 공사 프로세스 및 뒤이은 시설물의 운용을 통해 더욱 잘 반영될 수 있다. 표 4-3은 건축주가 원하는 BIM의 적용분야와 관련해서 고려해야만 하는 정보의 종류이다.

2. **모델정보의 이용**

   모델정보의 이용은 3차원 조율, 설계의 실시간 검토, 비용견적 소프트웨어를 이용한 가치공학 혹은 에너지 분석과 같이 BIM 도구들과 쉽게 연동되는 서비스들을 포함한다. 이런 서비스들은 비단 3차원 기술에서뿐만 아니라 전통적인 2차원 상에서도 연동될 수 있지만, BIM 기능을 사용하는 협력업체들이 보다 경쟁력 있고 쉽게 제공한다. 예를 들어, 3차원 조율은 BIM 기능을 통해 수월하게 할 수 있다. 표 4-1, 4-2, 그리고 4-3에서는 건축주가 프로젝트에 관련된 서비스들을 이해하는 데 도움을 주기 위해 BIM 적용분야를 요약하였다.

표 4-3 BIM 적용분야와 건축모델상에서 요구되는 범위 및 상세수준의 관계

	BIM 범위									구성요소 속성종류					
	개념적 단계			기원적 단계				시공단계							
BIM 적용범위	크기	공간	대지	건축	구조	기계설비 / 상하수	전기 / 가스 / 수도	선제작된 구성요소	사용자지정 구성요소	형상 속성	재료 속성	기능	비용	시공성	제조업체
설계 / 시공															
사업성 (proforma)분석	■	■	■							■		■	■		
시나리오 연구	■	■	■	■						■					
프로그램 준수		■		■						■		■			
건물 성능				■	■	■				■	■	■			■
운용시뮬레이션				■	■	■				■		■			■
법규준수				■	■	■				■					
비용				■	■	■		■	■	■	■		■	■	■
조율				■	■	■		■	■	■					
일정				■	■	■				■	■			■	■
선제작				■	■	■		■	■	■	■				
시공 후 / 운용															
배치				■	■			■	■	■		■		■	■
커미셔닝				■	■	■		■	■	■					■
FM		■								■		■			
재무자산관리		■		■	■	■				■			■		
운용시뮬레이션				■	■	■				■		■			
성능관찰				■	■	■				■		■			
건설				■	■	■		■	■	■	■			■	■
배치(개선)				■	■	■	■	■	■	■	■	■		■	■

3. 모델정보의 구성

모델정보의 구성은 4장 3절 1항에서 설명한 프로젝트 WBS(Work Breakdown Structure: 업무분할구조)를 포함하는데, 많은 건축주들은 이런 종류의 요구사항을 간과한다. 오늘날 건축가가 프로젝트 문서와 건축정보를 구성하는 방식을 위해 참고할 수 있는 보기로는 캐드레이어 표준(CAD layer standards)이나 Primavera 단위공정 항목이 있다. 또한 건축주 혹은 프로젝트 팀은 초기 정보구성구조를 확립해야 하는데 이것은 프로젝트 현장의 기하학정보나 건물구조에 기초한다. 원 아일랜드 이스트 사례연구는 팀들이 BIM 정보와 프로젝트 문서 교환을 촉진시키기 위해 도입한 프로젝트 WBS(Work Breakdown Structure)에 대해 보여준다. 국립 BIM 표준(National Building Information Model Standard: NBIMS)과 같은 건축모델의 표준을 설립하기 위한 노력들은 현재도 계속되고 있는데, 이 기준은 여러 가지 상황을 명확하게 정의하는데 도움을 줘야 하고 또한 건축주들이 프로젝트 WBS를 정의하기 위한 유용한 수단들도 제공해 주어야 한다. 미국 해안경비대 시설물 계획 사례에서 보

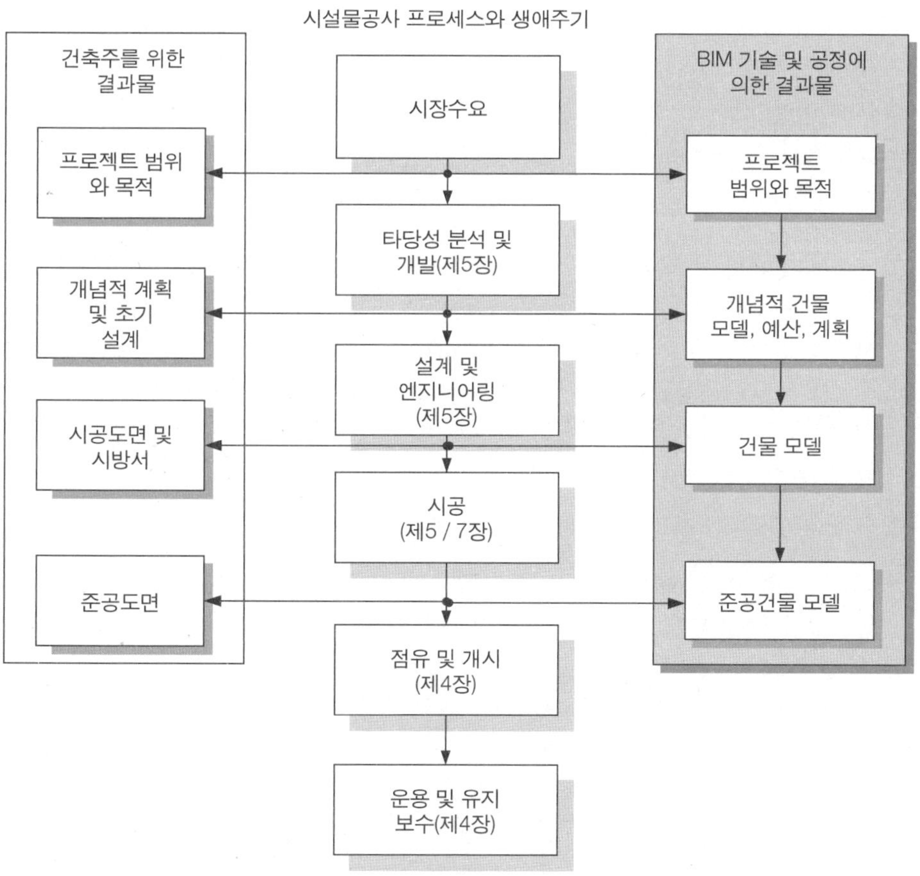

그림 4-13
설계-입찰-시공(DBB) 방식의 일반적인 결과물과 협력적 방식의 결과물의 비교. 건축주는 BIM의 사용을 촉진하기 위해 계약서 및 계약용어를 변경할 필요가 있을 것이다.

듯, 건축주의 모든 요구사항들은 수수료 구조, 프로젝트 참여자들 사이의 관계, 그리고 작업흐름의 변화 및 인센티브의 도입 없이는 관철되기가 어렵다.

일반적으로 이런 요구사항들은 파일 및 서면에 중점을 두는 것과는 반대로 디지털 모델에 중점을 두는 작업흐름 상에서는 정의하기가 더욱 어렵게 된다. 또한 승인기관들은 대부분의 계약에서 그렇듯 여전히 2차원 프로젝트 문서를 요구한다. 이런 문제로 인해, 많은 건축주들은 전통적인 문서 및 파일기반의 결과물을 유지(그림 4-13 참조)한 상태에서 동시에 같은 프로세스에 디지털 3차원 작업흐름 및 결과물을 사용한다. 이것은 각 분야가 그들의 범위 안에서 독립적으로 BIM 소프트웨어에 작업을 하고 특정한 시기가 오면 3차원 디지털모델 작업을 그만 둔다는 얘기이다. 이것은 BIM의 사용으로 얻을 수 있는 최상의 이득을 얻기 위한 방식이 절대로 아니다.

수정된 디자인 빌드(DB) 공정. GM 생산 공장 프로젝트(BIM Handbook 초판 9장 1절 참조)는 DB 공정을 수정해서 이룩한 협업과정에 대해 설명한다. GM은 DB 팀을 채용하고 하청업체 및 추가적인 설계 컨설턴트의 선정에 들어갔다. 목적은 가능한 빨리 팀을 구성하고 처음부터 그들을 프로젝트에 관여시키는 것이었다.

성과기반계약. 성과기반계약 혹은 성과기반수주(performance-based acquisition: PBA)는 결과에 초점을 두고 있으며, 일반적으로 고정공사비로 협력업체들이 그들만의 최적의 실무방식을 활용하여 시설물을 시공하거나 서비스를 제공하도록 한다(Department of Defense 2000). 본 계약은 중간의 사건이나 결과물보다는 건축주가 명시한 대로의 최종결과에 중점을 둔다. 많은 정부기관들은 새로운 공사의 40-50%가 이 방식을 쓰는 것을 목표로 노력하고 있다(General Services Administration 2007). 성과기반계약을 위해서는 건축주가 시설물 요구사항들을 규정하고, 본 방식을 수용하기 위한 계약의 토대를 만들기 위해 프로젝트 초기에 더 많은 시간을 할애해야 한다. 본 계약방식이 이전에 권장되었던 방식들과 대조가 되는 것처럼 보일 수 있지만, 성과기반계약상에서 BIM을 활용하는 협력업체들은 더욱 경쟁력이 생길 수 있고, 요구사항들이 BIM 기반으로 만들어질 수 있다.

공유된 인센티브 계획(shared incentive plans). 성과기반계약은 일반적으로 인센티브 공유계획과 함께 실행된다. 모든 팀원들이 프로젝트 대부분의 단계에서 협력할 때, 기여에 대한 분명한 경계는 없어진다. 이것이 IPD 방식의 도입목적이며, 4장 1절에 소개한 셔터의료센터 사례연구는 비용의 절감을 프로젝트 팀에게 재분배하기 위해 만들어진 인센티브 공유계획의 예를 보여준다. 이 계획은 개인적인 성과가 아닌, 전체적인 프로젝트 성과에 기초한 금전적인 인센티브를 제공하는데, 이런 계획은 대개, 사례연구들에서도 볼 수 있듯이 명시하고 실행하기가 어렵다. 그럼에도 불구하고, 인센티브 공유 계획은 분야별 성과의 최적화 보다는 협력적 성과에 대해 팀에게 보답을 하는 계획이다.

이런 성과기반 계약방식은 건축주가 설계, 엔지니어링, 시공의 전부 혹은 일부를 수행하는 경우에는 채택하기 어렵다. 많은 건축주들은 아웃소싱을 택하고 있으며 이것이 일반적인 추세이다(Geertsema et al. 2003.). 발주자 조직 중에는 시공관리자들(construction manager and superintendent)을 자체인력으로 보유하고 있는 경우가 있는데, 4장 7절에 나와 있듯 이러한 경우 건축주들은 먼저 그들의 내부역량과 업무프로세스를 평가해야만 한다. 결과물을 내는데 있어서의 "장애(wall)"는 내부적으로 존재할 수 있으며, 내부 그룹 간에 건축모델 이양에 대한 요구조건을 결정하는 것이 매우 중요하다. 건축주는 건축모델을 개발하고 수정 및 검토하는데 있어서, 내부 외부에 상관없이 모든 프로젝트 참가자들이 기여할 수 있도록 해주어야 하며, 이를 위해 건축주는 원활한 데이터교환을 위해 특정한 소프트웨어나 데이터형식의 사용을 요구할 수도 있다.

하지만 아웃소싱은 전체적인 BIM 노력에 영향을 줄 수 있고, 협력업체의 내외부 팀으로부터 독립적인 건물모델을 제작하기 위해 타사를 고용하는 건축주들은 모델제작을 위해 전체 아웃소싱을 고려해야 한다. 일반적으로 아웃소싱을 통해 제작을 할 경우, 건물모델은 충분히 활용되지 못하거나, 진부하거나, 품질이 떨어지게 되는데 여기에는 몇 가지 이유가 있다. 첫째, 내부 혹은 외부팀은 기존의 문서(traditional documentation)를 이양해야 하는 명시된 시점에 도달하게 된다. 둘째, 아웃소싱 팀은 다음에 제출해야 하는 결과물을 만들기 위해 바쁘게 일하며 서로 접촉도 별로 없기 때문에, 건축모델을 이해하고 구현하는데 오랜 시간을 보내게 된다. 마지막으로 아웃소싱 팀에는 일반적으로 건물정보와 관련하여 고도로 숙련되고 경험이 풍부한 인력이 없다. 따라서 아웃소싱을 하기 위해서는 상당한 주위와 관리감독이 요구되며, 아웃소싱 자체는 BIM 노력을 지원하기 위한 것이지 BIM 노력을 대체할 수 있는 것은 아니다. 원 아일랜드 이스트 오피스 타워 사례연구는 물리적으로나 실질적으로 모든 자원을 프로젝트 팀으로 통합시키면서 외부자원들과 건축모델을 개발하기 위해 협업을 했던 아주 좋은 예이다. 또 다른 예는 건축주가 건축모델을 개발하고 유지관리하기 위해 외부업체를 고용한 샌프란시스코의 Letterman Digital Arts Center 프로젝트이다(Sullivan 2007). 두 가지 사례 모두 핵심성공요인은 모든 프로젝트 참가자들을 현장으로 데려왔고 참여를 의무화했기 때문이다.

4.6 BIM의 구현에 따른 장애: 위험 요소와 일반적 통념

업무 프로세스의 변경에는 항상 위험이 따른다. BIM 기술의 사용에 따른 실질적 또한 예측되는 장애 및 변경사항들도 예외는 아니다. 이런 장애들은 두 가지 범주로 나누어진다. 그것은 BIM의 구현을 가로막는 법률 및 조직적 문제를 포함하는 업무절차 상의 장애와 준비 및 구현에 관계되는 기술적인 장애이다. 이 두 가지에 관해서 아래에 설명하였다.

4.6.1 프로세스상의 장애

시장이 아직 준비가 되어 있지 않은 상태. 여전히 도입단계에 있는 경우: 많은 건축주들은 만약 새로운 종류의 BIM 결과물을 요구하기 위해 계약을 바꾼다면, 스스로 잠재적인 입찰자들을 제한하여 결국 프로젝트 비용이 올라감으로써, 경쟁력 있는 입찰을 하지 못할 것이라고 생각한다. 그러나, 최근 조사에 따르면 대부분의 협력업체들은 BIM 기술을 프로젝트의 다양한 범위에 걸쳐 사용하고 있는 것으로 나타났으며, 사용정도는 단순히 도면을 생성하는 것부터 IPD 전반에 걸쳐 사용하는 것까지 다양하다.

- **건축가, 엔지니어, 시공자들도 BIM을 채택하는데 있어 조기수용자**(early adopter) **수준을 넘어 많이 변화하고 있다.** 2000년에는 지능형 모델링(intelligent modeling)의 사용은 드물었고, 2007년에는 34%의 건축가들만이 지능형 모델링을 위해 3차원/BIM 도구를 사용(단순히 2차원 모델 생성이나 시각화를 위한 것이 아닌)한다고 했지만(Gonchar 2007), 2009년에는 프로젝트 참가자 그룹들의 50% 이상이 중간수준이나 그 이상으로(moderate level or higher) BIM을 사용하게 되었다(Young et al. 2009).
- 새로운 건물이나 현존하는 건물의 개조에 대한 설계검토를 위한 규제기관(regulatory agencies)에 의한 BIM 채택의 의무화는 미국 내에서는 무시할 만한 수준이지만, 코어넷(CORENET, 2010)의 예와 같이 다른 나라들에서는 일부 진전이 있었다.

사례연구들과 이 책에 나와 있는 많은 추가적 참고문헌들은 도입자 단계로부터 설계 관련 BIM 소프트웨어의 조기수용자(early adopter) 단계로의 변화를 말해주고 있다. BIM의 사용이 증가함에 따라 건축주는 BIM을 활용할 수 있는 더 많은 수의 협력업체들을 찾을 수 있게 될 것이다.

프로젝트의 자금이 이미 조달되었고 설계도 끝난 프로젝트에서의 BIM의 구현
시공이 가까워옴에 따라 건축주와 프로젝트 팀은 개산 견적과 건축 프로그램의 만족여부와 같이 BIM의 활용을 통해 얻을 수 있는 소중한 기회를 놓치게 되는 것이 사실이다. 설계후반 단계나 시공의 초기단계에서도 얼마든지 BIM을 구현할 수 있다. 예를 들어, 원 아일랜드 이스트 프로젝트 사례에서 보면 시공문서가 만들어진 후에 BIM의 구현이 시작되었다. 건축주에 의해 주도된, Letterman Digital Arts Center를 위한 BIM의 구현은 설계 후에 시작되었지만 설계의 큰 불일치를 밝혀내었고 약 1백억 원 정도로 추정되는 비용을 절감할 수 있었다(Boryslawski 2006). 프로젝트 팀은 이른 BIM의 구현으로 인해 더욱 비용이 절감되고 큰 이익을 창출해 낼 수 있다는 것을 알게 되었다.

높은 훈련비용 및 학습 곡선

BIM 기술과 같은 새로운 기술의 구현은 훈련비용, 작업 프로세스 및 작업흐름에 대한 변화 때문에 비용이 많이 든다. 소프트웨어와 하드웨어에 대한 비용투자는 훈련비용과 초기 생산력 손실 때문에 생각보다 더 많은 비용이 소요된다. 이런 점은 7장의 현금흐름(cash flow) 보기에서 잘 나타나 있다. 많은 협력업체들은 그들의 회사가 장기이익에 대해 정확하게 인지하고 있거나 혹은 건축주가 훈련비용을 지원해주지 않는 한 소프트웨어와 하드웨어에 대한 비용투자를 꺼리게 된다. 원 아일랜드 이스트 프로젝트 사례연구에서 건축주는 생산력, 품질, 자산관리에서의 잠재적 이득이 초기비용과 훈련비용보다 더 크다는 점을 배우게 되었다.

BIM의 구현 노력을 의미 있게 하기 위해서는 모든 사람들이 함께 참여해야만 한다.

모든 프로젝트 참가자들이 BIM을 만들고 사용하는데 동참하도록 동기를 부여하기는 쉽지 않다. 9장의 많은 사례연구에서 참가자들의 완전한 참여가 이루어지지 않은 상태에서 BIM을 구현할 때에도 많은 장점이 있다는 것을 보여주지만, 모델링 작업에 참여하지 않은 회사들로부터 정보를 다시 만들어야 하는 어려움에 대해서도 함께 보여주고 있다. Letterman Digital Arts Center (Boryslawski 2006) 프로젝트를 통해 참가자들의 완전한 참여가 이루어지지 않을 시에 건축주의 우려를 완화시킬 수 있는 방법에 대해 알 수 있다. 건축주는 BIM 구현에 관한 노력을 관리하고 요구되는 정보를 다시 만들기 위해서 제3자를 고용했다. 프로젝트가 진행됨에 따라, 고용된 직원은 BIM 모델링 능력을 갖추고 있는 회사들을 식별해낼 수 있었고 그들을 프로세스에 참여시켰다. 건축주는 많은 참가자들이 동참하기를 바랐지만, BIM 구현에 대한 노력에 모두 동참을 하라고 강요하지는 않았다.

많은 법적인 장벽과 극복하기 위해 소요되는 높은 비용

BIM의 사용을 촉진하고 더욱 협동적인 프로젝트 팀을 만들기 위해서는 계약 및 법률상의 변화가 요구된다. 오늘날 가끔은 프로젝트의 디지털정보 교환조차도 어려우며, 가끔은 종이도면만으로 정보를 교환하거나 구시대 방식의 계약을 강요당하기도 한다. 공공기관들은 더욱 큰 어려움에 직면해 있음에도 불구하고 몇몇 정부기관 및 민간 기업들은 이런 장벽을 극복해 왔으며 프로젝트팀 내에서의 정보교환 방식의 본질뿐만 아니라 협동적인 작업에서 파생되는 책임 및 위험까지 변화시킬 수 있는 계약서상의 용어를 만들기 위해 노력하고 있으며, 셔터의료센터 사례가 이것에 대한 좋은 예이다.

가장 큰 문제는 책임과 위험을 부여하는 것이다. BIM은 지속적인 업데이트 여부에 따라 광범위하게 사용될 수 있고, 정보를 중앙으로 집중시키기 때문에 건축가에게 더 많은 책임감을 부과한(Ashcraft 2006) 법조계 인사들도 이런 장애 및 위험할당과 관련된 변화들을 인식하고 있다. 이런 장애들로 인해 AIA와 AGC와 같은 전문기관들은 계약서 표준을 수정해야할 것이며, 건축주들 또한 계약용어를 수정하는데 있어 많은 영향을 받게 될 것이다.

모델의 소유권 및 관리에 관한 문제점

BIM의 성공적 도입을 위해서는 전체 프로젝트 및 여러 협력업체들의 작업에 대한 통찰력이 필요하다. 일반적으로 CM 관리자는 의사소통 문제를 관리하고 문서를 검토함으로써 프로젝트를 감독한다. CM 관리자는 모든 프로세스가 프로젝트의 일정에 부합하고 결과물을 도출해내는데 있어서 적합한지도 감독한다. BIM을 사용함으로써, 여러 가지 문제점이 프로젝트 초기에 발견되기 때문에 조기에 문제를 해결할 수 있는 장점이 있지만 이로 인해 건축주의 참여 또한 요구된다. 더 많은 건축주의 직접적인 참여가 요구되면서 최근에는 공사프로세스의 지연이 눈에 띄게 감소했고, 프로세스가 더욱 유동적이고 협동적으로 이루어지게 되었다. 이런 프로세스 및 모델의 관리는 프로젝트의 성공에 아주 중요하다. 건축주들은 명확한 역할과 책임을 할당하고 프로젝트 팀과 원활한 의사소통을 하기 위한 방법을 만들어야하며 필요에 따라서는 건축주 대변인을 두어야 한다.

4.6.2 기술적 위험과 장애

기술은 단일 설계에는 적합하지만 통합 설계에는 아직 적합하지 않다. 2~5년 전까지만 해도 통합된 모델을 개발하기 위해서 프로젝트 팀원들의 큰 노력이 필요했고, 통합을 이루기 위한 기술적 전문성이 요구되었다. 2장에서 살펴본 대로, 오늘날 많은 BIM 설계 도구들은 일반적인 객체수준에서 여러 분야 간 통합이 가능한 성숙된 기능을 제공하고 있다(그림 4-13 참조). 모델의 범위가 확대되고 건물 구성요소의 종류가 증가함에 따라 성능의 문제는 더욱 부각된다. 대부분의 프로젝트 팀은 조율, 일정 시뮬레이션 및 운영시뮬레이션과 같은 통합작업을 돕기 위해 모델검토 도구를 사용하게 된다. 예를 들어, 셔터의료센터 카스트로 밸리와 크루셀 다리 프로젝트는 간섭파악과 설계조율을 위해 Navisworks라는 모델 검토소프트웨어를 사용하였다. 요즘 BIM 설계환경은 일반적으로 한 가지나 두 가지 정도 분야의 통합을 위해서 적합하다고 하겠다. 시공단계에서 상세 정보의 통합은 아주 어려우며 모델 검토소프트웨어가 이런 통합을 위한 최선의 해결책이다. 더욱 큰 어려움은 작업 프로세스 및 모델관리이다. 여러 분야의 통합을 위해서는 다수의 사용자가 모델정보를 이용할 수 있어야 하는데, 이를 위해서는 모델의 수정을 관리하기 위한 프로토콜의 개발 및 모델을 저장하고 이용할 수 있는 서버의 개발 등 기술적 전문성이 필요하다. 건축주는 가능한 통합의 종류를 알아보고 분석기능을 결정하며 그에 따라 우선순위를 정할 수 있도록 프로젝트 팀과 더불어 협력해야만 한다. 아직 완전통합이 가능하기는 하지만 이를 위해서는 전문성, 기획력, 그리고 BIM 소프트웨어의 적절한 선택이 필요하다.

표준이 아직 만들어지지 않았고 널리 채택되지 않았기 때문에 더 기다려야 한다. 3장은 BIM의 상호운용성을 현저하게 향상시키고 구현을 널리 보급시킬, IFC 그리고 국립 BIM 표준(National BIM Standards)과 같은 다양한 BIM 표준화를 위한 노력에 대해서 설명하고 있다. 핀란드에 있는 크루셀 다리와 헬싱키 음악센터(9장 사례연구참조)은 IFC 기반 모델 교환의 효과적인 사용을 보여준다. 소프트웨어 업체들이 IFC 들여오기 및 내보내기 기능을 개선했음에도, 설계자들은 어떻게 교환표준(exchange standards)을 적절하게 사용하는지 배운 적이 없고 많은 업체들은 모델교환을 위해 그냥 독점적인 형식을 사용한다. 이런 점은 건축주가 건축정보모델링 사용을 위해 투자하는데 있어 단기 및 장기적인 위험부담을 초래할 수 있다. 앞부분에 설명한대로 건축주는 부동산 거래 및 FM과 관련된 표준화를 위해 노력하지만, 본서 9장의 사례 연구에서도 볼 수 있듯이 표준에 의존하지 않고도 성공적으로 BIM을 구현할 수 있다. 즉, 표준화와 관련된 문제들은 BIM 구현에 장벽이 되지 않는다.

4.7 건축주가 BIM 채택을 고려할 때의 지침 및 문제들

BIM을 채택한다고 해서 모든 프로젝트의 성공이 보증되는 것은 아니다. BIM은 기술과 팀, 경영진, 그리고 협력적인 건축주에 의해 전체적으로 지지되며 진화하는 작업프로세스의 집합이라고 할 수 있다. BIM이 최고의 경영진, 프로젝트팀, 혹은 생산적인 작업문화를 대신할 수는 없다. 건축주가 BIM을 채택할 시에 고려해야만 하는 중요요소들은 다음과 같다.

단기간 내 작은 규모의 공인된 팀과 명확한 목표를 가진 파일럿 프로젝트 수행

초기에는 내부자원 혹은 신뢰할 수 있는 협력업체를 찾아야 한다. 건축주가

BIM의 구현과 적용에 관해 많은 지식을 가지고 있고 또한 협력업체를 선정하고 협동적인 팀을 구성하기 위해 필요한 핵심적인 역량을 갖출 때 프로젝트가 성공할 확률은 높아진다.

프로토타입 예행연습(dry run):

파일럿 프로젝트를 수행할 때, 예행연습을 해보고, 소프트웨어 및 프로세스가 제대로 준비되어 있는지 확인하는 것은 언제나 필요한 과정이다. 예를 들어, 건축주가 예산 및 에너지 소비에 대한 구체적인 계획을 가지고 20명 규모의 회의실 설계를 설계팀에게 요구한다고 하자. 설계 결과물은 건축정보모델(혹은 2-3가지 선택사항을 반영하는 모델) 및 에너지 분석과 비용분석을 포함해야 한다고 하자. 이것은 하루나 이틀 사이에 끝낼 수 있는 설계 작업의 예다. 건축가는 모델 작업을 하면서 기계, 전기, 배관 엔지니어 및 견적가와 함께 프로토타입을 만들어내기 위해 협업해야 한다. 이것을 위해서는 프로젝트 참여자들이 여러 가지 문제점들을 함께 해결해 나가야 하며 건축주는 정보의 유형 및 명확하고 빠른 피드백을 제공하는 표현의 방식에 대한 결정을 내려주어야 한다.

명확한 사업목표에 집중

4장에서 BIM의 많은 이득에 대해서 언급하였지만, 지금까지 어떠한 단일 프로젝트도 이 책에서 소개된 많은 이득을 모두 성취한 경우는 없다. 건축주가 명확한 문제의식이나 목표를 가지고 프로젝트를 시작할 경우 대부분 성공하였다. GSA의 파일럿 프로젝트(Dakan 2006)를 예로 들면, 아홉 개의 다른 프로젝트에서 각각 한 가지 유형의 BIM 적용분야를 보여준다. 이런 적용분야에는 에너지 분석, 공간계획, 정확한 준공데이터를 수집하기 위한 레이저 스캐닝, 그리고 4차원 시뮬레이션 등이 있다. 크루셀 다리 사례(9장 5절)에 진화된 BIM을 사용했듯, 달성 가능한 목표를 세우고 함께 힘을 모은 결과 여러 부분에 걸쳐 BIM을 성공적으로 활용할 수 있었다.

진행사항을 평가하기 위한 측정기준의 설립

측정기준은 새로운 프로세스와 기술의 도입을 평가하는데 아주 중요하다. 다수의 사례연구에서 우리는 감소된 변경요청이나 재작업, 기본일정이나 기본비용의 변동, 제곱미터당 일반비용의 절감등과 같은 측정 기준들을 볼 수 있다. 프로젝트 성과측정 기준과 관련된 기관 혹은 프로젝트의 목표와 관련된 유용한 정보들은 다음과 같다.

- Construction Users Roundtable(CURT): 건축주가 이끄는 이 집단은 워크숍과 컨퍼런스를 개최하며, 주요한 프로젝트 및 성과측정 기준에 대한 출판물을 그들의 웹사이트(www.curt.org)에 발표한다.
- CIFE Working Paper on Virtual Design and Construction (Kunz and Fischer, 2007): 측정기준의 특정한 유형과 목적을 사례 연구의 예들과 함께 보여주는 논문.

또 5장 5절 1항은 설계를 평가하기 위한 측정기준의 개발에 대해 논의한다.

BIM 작업에의 참여

건축주는 BIM의 이점을 최대한 활용하는 방식으로 프로젝트 팀이 협력할 수 있도록 이끌 수 있는 최고의 위치에 있기 때문에, 건축주의 참여는 프로젝트 성공의 주요한 요소이다. GM 생산 공장, 연방법원, 까미노그룹 병원, 원 아일랜드 오피스, 그리고 미국 해안경비대 시설물 계획 같이 건축주가 통솔의 역할을 수행한 모든 사례연구를 통해 적극적으로 BIM의 구현을 이끈 건축주의 지속적인 참여가 얼마나 중요하며 그런 지속적인 참여로 인해 파생되는 많은 이점에 대해서도 알 수 있다. BIM을 통해 설계검토를 할 경우 건축주가 더욱 적극적으로 참여할 수 있으며 쉽게 필요한 피드백도 해줄 수 있게 된다. 건축주의 참여와 통솔은 BIM을 활용하는 협력적인 프로젝트 팀들이 성공을 거두는데 아주 중요하다.

4장 토론질문

1. 입찰방식의 세 가지 유형은 무엇이며, 어떻게 이런 방식들이 BIM 기술과 공정의 활용에 도움을 주는지, 혹은 도움을 주지 못하는 지에 대해서 생각해보자.
2. 당신이 새로운 프로젝트를 시작하는 건축주이며 BIM의 이점에 관해 토론하는 몇몇의 워크숍에 참석해왔다고 가정해보라. 당신의 프로젝트에 BIM의 사용을 장려하고 지지해야 할지 말아야 할지를 결정하기 위해 어떤 점들을 고려할 것인가?
3. 만약 건축주가 BIM을 채택하기로 결정했다면, 건물 생애주기의 각 단계에서 프로젝트 팀이 BIM을 성공적으로 이용하도록 하기 위해 어떤 종류의 결정이 필요한가?
4. BIM 기술과 공정의 적용 및 이점을 고려했을 때, 건물을 팔기 위해 지은 건축주와 운용하기 위해 지은 건축주 사이에 주요한 차이점은 무엇인가?
5. 당신이 BIM의 활용을 통한 협력적 접근방식을 사용하는 프로젝트에 입찰하기 위해 계약서를 만들고 있다고 가정해보자. 팀 간의 협동, BIM의 사용과 프로젝트 성공을 장려하기 위해 계약서에 포함되어야 하는 주요한 조항들은 어떠한 것이 있나?
6. BIM의 사용과 관련한 세 가지 우려는 무엇이며 어떻게 완화시킬 수 있는가?
7. BIM의 성공적 구현에 영향을 주는 프로젝트 요소들 혹은 프로세스는 무엇인가?
8. 당신이 당신의 첫 번째 프로젝트를 하고 있는 건축주이고 향후 15~20년간 건물을 소유하고 점유하려고 계획하고 있으며 또 다른 건물을 지을 계획은 없으며 설계와 시공은 아웃소싱을 하려고 한다고 가정해보자. 당신은 BIM의 사용을 고려해야 합니까? 만약 그렇다면, 당신의 회사에 어떻게 BIM이 이득을 가져다 줄 수 있으며, 그런 이득을 얻기 위해 밟아야 하는 절차들은 무엇인가? 만약 BIM이 당신의 프로젝트에 이득을 가져다 줄 수 없다고 생각한다면, 그 이유에 대해서 설명하시오.
9. BIM의 채택 및 사용에 영향을 주는 세 가지 시장동향은 무엇이며, BIM이 어떻게 건축주들을 그런 시장동향에 부합할 수 있도록 해주는가?

5장

건축가와 엔지니어를 위한 BIM
BIM for Architects and Engineers

5.0 개요

건물정보모델링(BIM)은 설계 실무에 있어서 시대적인 전환이라고 여겨질 수 있다. 전통적인 도면의 생성을 자동화하는 CADD(Computer-Aided Design and Drafting)와는 달리, BIM은 패러다임의 변화이다. 시공수준의 건축 모델 디테일을 부분적으로 자동화함으로써, BIM은 개념설계에 더욱 치중할 수 있도록 노력을 재분배한다. 기타 직접적인 이점으로는 모든 도면과 보고서의 일관성을 보장할 수 있는 용이한 방법 제공, 공간적인 간섭 체크의 자동화, 강력한 분석/시뮬레이션/견적 애플리케이션의 인터페이스 제공, 그리고 프로젝트의 모든 스케일과 단계에 있어 강력한 시각화 기반/통신의 제공 등이 있다.

본 장에서는 다음과 같은 세 가지 관점에서 설계에 미치는 BIM의 영향을 살펴보도록 한다.

- 개념 설계는 개념적이고 공간적인 프로젝트의 구성을 말하고, 건축 디자인의 기본 설계를 결정한다. BIM은 잠재적으로 복합 건물 외피의 구성을 쉽게 만들고, 초기 디자인에 대한 광범위한 조사와 평가를 할 수 있도록 한다. 그러나 이러한 작업흐름은 단지 부분적으로만 준비되어 있을 뿐이다.
- 엔지니어링 서비스의 통합 BIM은 새로운 정보 흐름을 지원하고 컨설턴트가 사용하는 기존의 시뮬레이션과 분석 도구를 더욱 밀접하게 통합한다.
- 시공 수준의 모델링에서는 디테일, 시방, 견적을 포함한다. 이것은 BIM

의 기초적인 강점이다. 이러한 점은 디자인 빌드나 IPD(Integrated Project Delivery)와 같은 통합적인 설계-시공 과정을 통하여 잠재적으로 무엇을 성취할 수 있는지를 말하고 있다.

제공되는 설계 서비스의 내용에 대한 계약 사항이 바뀌고 있다. 디자인 빌드나 IPD와 같은 새로운 방법은 소통 및 협조 방법에 영향을 미치며 설계 과정을 바꿀 수 있다. 다양한 설계 프로젝트는 현실화하는데 요구되는 정보개발의 수준에 따라 프랜차이즈 형태의 건물에서부터 실험적인 건축까지 분류될 수 있다. 정보개발 개념은 여러 형태의 건물을 설계하고 시공하는데 요구되는 다양한 절차와 도구를 선별할 수 있도록 도움을 준다.

또한 본 장은 BIM을 실무에 적용할 때 나타나는 이슈들도 다룬다. 예를 들면, 2D 도면을 3D 디지털 모델로 대치하기 위한 혁신전인 변환 단계; 자동 도면 생산 및 문서 생산; 건물 모델에 대한 디테일 수준의 관리; 컴포넌트 및 제품에 대한 라이브러리의 개발과 관리; 시방과 견적의 통합을 위한 새로운 방법 등을 포함한다. 본 장은 설계사무소에서 BIM을 적용하려고 할 때 부딪히는 문제들에 대한 논의와 함께 결론을 맺으며, BIM 관리도구의 선택과 평가; 교육; 사무실 준비; BIM 프로젝트 개시 그리고 BIM에 기반을 둔 설계사무소로 변화함에 따른 새로운 역할 및 서비스를 위한 준비계획 등을 다룬다.

5.1 서론

1452년에, 초기 르네상스 건축가인 레온 바티스타 알베르티(Leon Battista Alberti)는 그의 책 『De re aedificatoria, (1987, The Ten Books of Architecture』에서 설계의 본질은 종이 위에 선들을 표현하는 것으로 연관된 생각의 전개과정에 있음을 제시하며 건축설계를 시공과 분리하였다. 그의 목표는 시공 기술에서 설계의 지적인 업무를 분화하기 위한 것이었다. 알베르티 이전인 기원전 1세기경에 비트루비우스(Vitruvius)는 『건축십서(Ten Books of Architecture)』에서 설계의도를 전달하기 위하여 평면, 입면 및 투시도를 이용하는 고유한 가치에 대하여 논의하였다.

건축의 역사에 있어서 도면은 가장 많이 사용되는 표현 기법이며 가장 기초적인 방법이다. 지금까지도 많은 저자들은 여러 건축가들이 그들의 생각과 창조적인 작업을 강화하기 위하여 도면과 스케치를 어떻게 이용하는지 논하고 있다(Robbins 1994). 이러한 오랜 시간에 걸친 전통은 컴퓨터 기반 설계 CADD(Computer-Aided Design and Drafting)과 같은 컴퓨터를 최초로 이용하게 되면서 더욱 뚜렷해졌다.

이러한 역사 때문에, 건축 정보 모델링은 기존의 도면을 통한 건축적인 사고방식을 3D 디지털 모델로 대체하여 변환시킨 혁신적인 방법이 된다. 이는 기존의 선과 선의 배치에 따른 표현의 구성을 근본적으로 바꾸게 되고 이에 따른 생각의 전개절차도 변화시킨다. BIM의 도구를 배우는 것은 단지 첫 번째 단계로서 설계 개념을 구상하고, 수정하고, 평가하도록 이끌게 된다. 이러한 변화는 설계가 건축가의 머릿속에서 개념적으로 구상되고 외적으로 표현되는 것인지, 또는 건축가와 외적인 표현사이의 내부적인 대화에 의하여 생성되는지, 또는 다른 전문가의 생각 프로세스에 비계를 제공하는 공동의 시방서를 통해 생성되는지, 또는 3가지 모두인지에 대한 다시 생각해보도록 제안한다. 주요한 점은 최근의 지능적인 업무는 표현 방식과 함께 변화되고 있다는 것이다. 2장은 이러한 절차를 지원하기 위한 기술과 기능에 대한 기본적인 개요를 제공한다.

표현 방식의 변화는 결국 목적을 성취하기 위한 수단일 뿐이고, 설계 프로젝트의 개발과 구현이 우리의 목적이다. BIM은 지속가능한 설계를 할 수 있도록 하는가? 보다 효율적인 시공 방법을 제공하는가? 보다 고품질의 설계를 지원하는가? 이러한 질문들이 이번 장에서 논의하고자 하는 내용이다. 설계는 발주자/건축주, 건축가 그리고 전문 컨설턴트와 엔지니어, 때로는 조립 및 시공자를 포함하는 여러 구성원의 팀 노력이다. 하나의 프로젝트를 구현하는 것은 엄청난 수준의 조율과 협력을 요구하고 있다.

조율과 협력은 복합적인 소통의 단계가 필요하다. 어떤 단계에서는 가치, 의도, 맥락 그리고 절차에 대한 사람들 간의 소통이 요구된다. 또 어떤 단계는 다른 표현 도구와 도구들 간의 정보 교환을 요구한다. 다양한 프로젝트 구성원들은 그들 개개인의 일을 지원하는 다양한 디지털 도구를 사용한다. BIM은 이 두 단계 모두에 대해 상당한 도움을 준다. BIM을 기초로 한 3D 모델은 사람을 위한 공간 배치에 대한 소통에 있어 많은 개선사항을 제공하고 있다. 직각이 아닌 공간 형태인 경우에는 2D 평면을 기초로 한 투영방법으로는 3D 형태를 추정할 수밖에 없다. 현재 실무 작업에서는 복잡한 건물의 경우에 현장에서 수정해야만 하지만 종이기반의 도면 표현 방식으로는 부적절하기 때문이다.

이러한 이슈들은 프로젝트 시스템의 배치에 대한 가상 3D 모델링을 이용하면 사라지게 된다. 모든 사람들이 그들의 업무가 어떻게 다른 일들과 연관되어 있는지 쉽게 볼 수 있다. 데이터 교환 수준에서는 기계가독성과 명확한(explicit) 코딩덕분에 건축 모델 데이터의 자동화 상호호환성을 지원하며 설계와 이후 시공 과정에서 설계 정보를 다른 용도로 사용할 수 있도록 한다. 현재까지 이러한 목표가 완벽히 실현되지는 않았지만, 3장에서 논의된 것과 같이, 그 목표는 BIM 모델뷰를 사용함으로써 구현될 것이다.

이 새로운 소통 능력은 설계자들의 창작을 향상시킬 수 있는 새로운 기회를 제공한다. 그것은 잠재적으로 설계 개발 절차의 피드백을 제공하는 분석과 시뮬레이션 프로그램과의 자동화된 인터페이스를 지원한다. 일찍이 건축모델을 통한 건축 사전제작업체들과의 협력은 시공단계로 확장되고 있다. 이 변화들은 건축가가 사고하고 수행하는 절차에 순차적으로 영향을 미치게 된다. 이러한

전통적인 건축 서비스의 개요

타당성 검토(Feasibility Study)

비공간적인 정량적 혹은 문맥상의 프로젝트 시방으로 주로 현금 흐름 분석, 기능 또는 수익 창출; 필요면적 및 필요 장비의 검토; 초기 견적을 포함하며 기획설계와 중첩되거나 반복; 가능 생산 계획 또는 경제성 계획과 중첩되거나 반복되기도 함

기획설계(Pre-design)

공간과 요구 기능의 결정, 단계 설정 및 향후 증축 요구사항, 부지와 주변 이슈, 건축 법규와 도시계획 규제, 추가 정보에 따른 수정된 견적

계획 설계(Schematic Design, SD)

건축 평면에 따른 전반적인 프로젝트 설계로서 기획설계가 어떻게 구체화되었는지를 표현; 건물 형태에 대한 매스 모델과 개념의 초기 표현; 건축 재료와 마감재 후보 선정, 시스템의 형식 선정을 통한 모든 건축물 하부시스템 결정

기본설계(Design Development, DD)

모든 주요 건축 시스템(벽체, 외피, 바닥과 모든 시스템들 구조, 기초, 조명, 기계, 전기, 통신과 방재, 음향 등)의 일반적인 세부 디테일을 포함한 평면 건축 재료와 마감재, 부지 배수, 부지 시스템과 조경

실시설계(Construction Detailing, CD)

철거, 부지준비, 지반, 시스템과 건축 재료의 사양 등에 대한 상세 계획 다양한 시스템에 대한 부재 및 구성요소의 크기와 연결 사양 주요시스템에 대한 시험방법과 허용 규정 모든 쉐즈(chaises), 블록아웃(block-outs), 시스템 간 통합을 위한 연결 요구사항

감리(Construction Review)

디테일의 조정, 레이아웃 검토, 자재선정 및 검토, 시공조건의 변화 또는 오류에 따른 변경

변화들은 이제 막 시작되었다. 하지만 초기단계임에도 불구하고, BIM은 건축가들이 각각의 설계 단계에서 쓰는 시간과 노력을 재분배할 수 있도록 한다.

본 장에서는 BIM이 프로젝트 개발 초기 단계에서부터, 타당성과 개념설계, 상세설계와 시공의 세부적인 것에 이르는 설계 활동 전반에 걸친 범위에 미치는 영향에 대하여 기술한다. 다시 말해서 건축 설계 서비스에서 어떻게 구현되는지: 소규모 건축설계 사무소 또는 엔지니어링 회사에 의해 어떻게 수행되는지, 대형 건축 설계 및 엔지니어링(AE) 통합 회사의 일부로서 또는 내부 설계 조직을 갖춘 개발회사에서의 구현되는 것들을 다룬다. 이러한 다양한 조직 구조 내에서 여러 가지 계약상 또는 조직상의 구성이 가능하다. 본 장에서는 또한

이 기술로 인한 몇 가지 새로운 역할을 소개하고 BIM이 지원하는 새로운 요구사항과 실무에 대하여 생각해 보도록 한다.

5.2 설계서비스의 범위

설계는 프로젝트에 관한 정보의 대부분이 최초로 정의되는 활동이다. 전통적인 설계 단계 안에서 제공되는 서비스의 개요를 그림 5-1에 나타내고 있다. 건축 서비스를 위한 전통적인 계약에서는 계획 설계에서 15%, 기본 설계 30%, 시공 도면작성과 감리에 55%의 지불 조건(이에 따른 노력의 분배)을 추천하고 있다(AIA 1994). 이러한 분배는 전통적으로 요구되는 건축 시공도면의 생산이 중요하다는 것을 반영한다.

표준화된 디테일의 형태를 자동화할 수 있는 기능 때문에, BIM은 시공 도면의 생산에 요구되는 소요 시간을 많이 감소시킬 수 있다. 그림 5-1은 설계에 투입되는 시간과의 관계를 설명하고 있으며, 전통적인 방식에서 어떻게 소요시간이 분포되고 있는지(선 3)와 BIM의 결과로 그것들이 어떻게 재분배될 수 있는지를 보여주고 있다(선 4). 이런 변화는 설계와 시공단계에서 의사결정이 미치는 영향과(선 1) 프로젝트 생애주기 내에서 수정에 따른 비용의 증가(선 2)와 밀접한 관계를 고려하여 조정된다. 아래 그림은 초기 단계에서의 설계 결정에

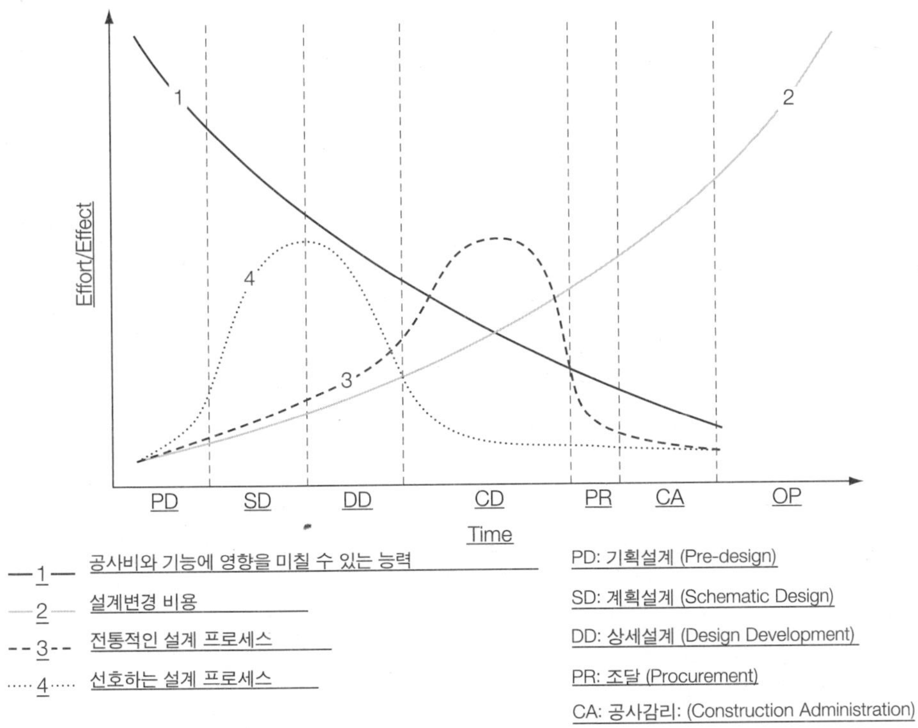

그림 5-1
설계 서비스에서 부가가치, 설계변경 비용, 현재의 보상에 대한 분포(CURT 2007)

따른 전반적인 기능, 건축 프로젝트의 비용과 이점들에 대한 영향을 강조하고 있다. 몇몇 프로젝트에서는 계획 설계 단계에서 결정되는 가치와 시공도면 생산에 요구되는 노력의 절감을 반영하기 위하여 이미 비용 구조를 바꾸고 있다. 노력 분배에 대한 변화는 수행 및 계약 방법과 계약에 대한 가정을 생각해보게 한다. 여기서 우리는 이들의 함축적 의미를 찾아 볼 수 있다.

5.2.1 프로젝트 수행 협력 형태

전통적인 계약 형태는 설계시공분리발주라 불리는 조달 절차의 2가지 주요한 내용에 근거한다. 일반적으로 프로젝트에 대한 설계와 입찰에 의하여 가장 낮은 비용의 조달 계약자를 선정하는 과정으로 나뉜다. 더 자세한 내용은 1, 4, 6장에 기술하고 있다.

설계 관점에서 설계시공분리발주 과정은 아래 가정을 바탕으로 하고 있다.

- 건물은 건축가와 시공자가 모두 잘 인지하고 있는 표준적인 시공방법에 기초하여 건설된다. 시공방법은 비용과 시공기간을 최적화할 수 있는 건축가와 엔지니어에 의해 충분히 예측될 수 있다.
- 시공은 설계 디테일에 영향을 받지 않는 경영 실무에 의존한다.
- 시공 중의 설계 변경은 잘 정립되어 있고, 시공과정에 미치는 영향을 측정할 수 있다.
- 설계시공 분리발주와 최소 책임 입찰은 최소비용의 프로젝트를 제공한다.

최종 시방서에 건축 및 엔지니어링 설계분야와 시공분야를 통합하려는 본질적인 필요성은 제공하는 서비스의 잘못을 야기할 수 있다. 현재의 실무분야에서는 건축가의 설계는 설계의도를 표현하는 것으로 한정하며, 시공의 모든 디테일 측면과 빌딩 시스템 조합을 위한 실시도면, 실제 건축구성재에 대한 제작 도면을 포함하지 않는다. 설계 의도가 담긴 도면은 건축가와 엔지니어의 지적인 기여 내용을 제작 및 시공자로부터 분리시키고 있으며 설계 협력 및 기타 문제에 대한 책임으로부터 보호한다.

이러한 구분과 반복적인 절차는 시간과 비용측면에서 비효율적이다. 이는 시공프로젝트에 있어서 큰 소송을 야기하고 있다. 소송으로 인하여 건축가는 건축가의 책임을 벗어난 부분에 대하여 시공자에게 유용한 정보를 공유하지 않고 소통 및 협력에 제한적이 된다. 또한 시공자는 설계 및 시방서의 오류에 의한 설계 변경을 요청하면서 이익을 얻으려 한다. 결과적으로 프로세스는 제대로 운영되지 않으며 건축주의 의도와 동떨어지고 성공적인 프로젝트 구현에 기여하지 못하게 된다.

디자인 빌드 계약방식은 건축주/발주처와 프로젝트 수행을 위한 설계와 시공을 포함하는 단일 법적 개체와의 상업적 관계를 구축한다. 이러한 방법의 문제점은 항상 자본규모가 상대적으로 작은 설계사무소가 자본능력이 큰 대형 사무소에 비하여 불리하다는 것이다. 이에 따라 AECOM, URS, HDR, Gensler, HOK와 같은 설계회사들이 모여 대형 규모가 되는 현상을 볼 수 있다. 이러한 변화가 일어나는 원인중의 하나는 자본제한에 대한 논의와 함께 대형 통합 프로젝트를 이끌어 낼 수 있기 때문이다.

통합사업관리(IPD)는 설계시공 분리발주나 디자인 빌드와는 전혀 다른 새로운 옵션이다. IPD 프로젝트에서는 건축주, 건축가, 그리고 대표 시공사와 공급자가 하나의 협력적인 계약 주체가 된다. IPD의 주요 목표는 협력적인 팀을 만드는 것으로 이를 위하여 공통적이고 상호의존적인 상업적 관심사와 기술적이고 사회적인 소통방법과 협력방법을 주의 깊게 정의하여야 한다. IPD의 또 다른 주요 측면은 위험도, 시간, 비용을 어떻게 규정하는 것이냐 이다(9장의 Sutter Medical Center 참조). IPD계약에서 건축가와 엔지니어는 프로젝트 내에서 비용과 이익을 나누는 완벽한 협력자가 된다. 이는 중요한 변화로서 설계자가 시공성능에 설계 성능을 기여함으로써 이익을 볼 수 있는 비용구조를 제공한다. 프로젝트가 초기에 완성되거나 보다 낮은 비용으로 완료된다면 건축가는 다른 협력 팀의 구성원과 함께 이익을 나눌 수 있다. 이러한 시공성능 측면은 설계 성능의 에너지소비, 시설 내 운영 성능, 지속가능성능과 같은 다른 형태의 측정을 가능하게 한다. 이는 미래에 설계 서비스 개발의 중심이 될 것이다.

프로젝트의 협력적인 단일 계약 주체는 건축가에 의한 서비스 계약에 새로운 기초를 제공한다. 이러한 설계 실무, 프로젝트 계약, 수행방법, 역할 등의 변화는 건축을 근본적으로 바꾼다. 설계 서비스가 없어지지는 않겠지만, 보다 명확해지고 확실해 질 것이다.

5.2.2 정보 개발의 개념

다양한 건축 프로젝트는 건물의 기능, 스타일 및 건설 방법의 정의를 포함하여, 각기 다른 정보 개발의 수준에서 시작된다. 정보 개발의 가장 낮은 측에는 창고와 가로변 주유소와 같은 "큰 상자"라고 불리는 프랜차이즈 건물들과 명확한 기능적인 속성과 일관된 건물 특성을 가진 건물들을 포함한다. 때로 이러한 건물들은 미리 설계되고, 특정 사이트에 대한 적용만이 필요하다. 이러한 건물들은 최소의 정보 개발이 요구되고, 건축주는 무엇이 인도될지 사전에 알고 있는 경우도 있다. 예상되는 결과에 관한 지식은 설계 디테일, 시공 방법, 그리고 환경 성능 분석 등을 포함하여 사전에 규정된다.

정보개발의 최고 수준의 측면에서는 건축주가 새로운 사회적인 기능을 위한 시설이나 항구와 연계된 공항, 바다속 호텔, 또는 실험적인 다중 공연 극장과 같은 기존 기능을 재고하기 위한 시도 등과 관련이 있다. 높은 수준의 정보

개발과 관련한 다른 예로는 비표준적인 재료, 구조 체계 또는 환경 제어의 적용을 위한 건축주와 설계자 사이의 협의가 있다. 9장에서 다루는 아비바 경기장은 최고수준의 정보 개발 프로젝트의 예가 된다. 이들의 기능은 물리법칙에 의하여 생성된 새롭고 시도되지 않은 시스템의 개발을 이끌었다. 진보적인 건축설계 회사 및 학생들은 한때 프랭크 게리(Frank Gehry), 노만 포스터 경(Sir Norman Foster) 등에게 영감을 받아 비표준 재료 및 비정형 형태를 사용하여 건축물을 구축하는 것에 관심을 가졌었다. 이러한 프로젝트들은 외장 또는 시공기술이 표준화되고 일상적인 실무 기술로 자리 잡을 때까지 보다 높은 수준의 정보 개발을 요구하게 된다. 체인점 같은 지점 건물들과 같이 똑같이 복제된 프로젝트의 초기 마스터 설계 개발은 또한 종종 높은 수준의 정보 내용을 포함한다.

실무적인 측면에서 보면 디테일과 절차, 형태와 이미지의 일부 변형이 있지만 대부분의 건물은 기능적, 형태적으로 잘 알려진 사회적인 기능의 조합이다. 시공 측면에서는 자재, 제작 및 현장 조립에 있어서 가끔 혁신적인 것이 있지만 대부분의 건축물은 이미 구축된 방법을 따른다. 즉, 대부분은 때로 부지의 조건을 반영하는 일부 새로운 정보개발이 필요한 기존프로젝트와 같다. 건축주들은 건축 서비스 계약에 관한 정보 개발 수준의 이슈를 이해하기 시작하였다. 기능

설계에서 사용되는 기술 업무의 범위

- 경제성 및 현금흐름 분석
- 병원, 휴양 건물, 공항, 식당, 컨벤션센터, 주차장, 복합극장 등에서의 서비스를 포함한 주요 기능 분석
- 주차, 배수, 도로를 포함한 부지계획
- 모든 건물 시스템의 설계와 분석/시뮬레이션
  * 구조
  * 설비와 공기조화 시스템
  * 응급 경보/제어 시스템
  * 조명
  * 음향
  * 커튼월 시스템
  * 에너지 절감 및 공기질
  * 수직 동선
  * 방재
- 견적
- 접근성 분석
- 조경, 분수와 식재
- 건물 외관 청소와 유지관리
- 외부 조명과 안내판

과 시공에 관한 명확한 데이터를 가진 프로젝트에서는 초기 설계 단계는 줄어들거나 생략할 수 있으며 기본설계(DD)와 실시설계(CD)가 주요 업무가 된다. 이외의 경우에서는, 주요 경비와 기능적인 이점이 결정되는 타당성 검토, 기획설계, 계획 설계(SD)가 매우 중요하다. 정보개발의 다양한 수준이 다양한 비용수준을 제시할 수 있다.

정보 개발의 수준을 고려한다면 설계 업무의 범위는 건축주의 필요성과 의지 그리고 위에서 언급한 프로젝트 수행 팀의 수준에 따라 단순 또는 정교한 것으로 구분할 수 있다. 일반적으로, 정보 개발의 수준은 건축 서비스를 정의하는 계약의 범위에 표현된다. 이는 다음 페이지 상단에 있는 "주로 사용되는 기술업무의 범위"와 특별한 서비스 범위 목록에서 볼 수 있다. 위의 목록 중에 일부는 주관 설계회사에서 수행되지만 일부는 외부 컨설턴트에 의해 수행된다.

애틀랜타에 있는 존 포트만 설계사무소(John Portman and Associates)과 함께 수행한 건축 업무의 협력에 관한 연구에 따르면 상해에 있는 대형 건축 프로젝트는 28명 이상의 다양한 외부 전문가들이 참여하였음을 알 수 있다(Eastman et. a1. 1998).

이러한 점에서 우리는 건축 설계가 기술적인 디테일과 특별한 전문기술을 요구하는 광범위한 문제들과 연관된 폭넓은 협력을 요구하고 있다는 것을 알 수 있다. 따라서 넓은 의미에서 BIM은 인간과 사회적인 스케일 그리고 계산과 모델 수준 모두에서 운영되고 협력을 지원할 수 있어야 한다. 우리는 또한 BIM 기술을 적용하는데 있어 중요한 도전은 모든 설계 프로젝트의 관련 주체들이 새로운 방법으로 작업하고, 새로운 표현방법으로 문서화하고 의사소통하는 것임을 알 수 있다. 결국, 모든 사람이 사업 수행의 새로운 방식과 관련된 실무에 적응되어야 하며 이는 새로운 실무방식이 될 것이다. 이러한 점은 9장의 사례 연구에서 잠재적으로 또는 명백하게 강조되고 있다.

5.3 설계 단계에서의 BIM 사용

2장과 3장에서 논의된 BIM의 2가지 기초 기술인 파라메트릭 설계와 상호운용성은 특정기능에 대한 BIM 도구의 개발과 더불어 전통적인 설계 실무에서의 많은 공정 개선과 정보 개선을 제공한다. 이러한 이점은 설계의 모든 단계에 반영된다. 아직 BIM의 잠재적인 용도와 이점 중에 파악되지 않은 것들이 있지만, 몇몇 개발 예에서 BIM의 이점을 충분히 볼 수 있을 만큼 진화하였다. 여기에서, 우리는 프로젝트의 정보개발 수준에 따라 다양한 프로젝트에 다양한 수준으로 적용하는 몇 가지 관점에서 설계의 역할과 절차를 고려해 보도록 한다.

첫 번째 관점은 잘 알고 있는 개념 설계에 대한 것이다. 개념 설계에 대한 중요성은 그림 5-1에 표현된 맥리미 곡선(MacLeamy curves)로 분명하게 나타난다. 개념 설계는 규모, 건물 구조, 일반적인 공간 배치, 환경 조건, 대지 및 지역 조건에 대한 준비에 있어서 향후 단계로 발전되는 건물설계의 기본적인 틀을 결정한다. 이는 설계 작업 중에 가장 창의적인 부분이다. 이는 기능, 비용, 시공방법, 재료, 환경적 측면, 실무, 문화 및 미적 고려 등 프로젝트의 모든 측면을 다룬다. 이 단계에서 설계팀의 모든 전문 기술을 고려하게 된다.

두 번째 관점은 건물 시스템의 설계와 분석을 위한 BIM의 사용을 다룬다. 분석은 실제 건물에서 예상할 수 있는 물리적인 매개변수의 변화를 측정하기 위한 작업이라고 생각할 수 있다. 분석은 구조 성능, 온도 제어, 환기, 조명, 동선, 음향, 에너지 공급 및 소비, 급수 및 폐기물처리, 건물 이용과 외부의 조건에 따라 변하는 모든 것 등을 포함하여 건축물 성능에 있어 많은 기능적인 측면을 다룬다. 이러한 시뮬레이션과 평가는 기술적인 입력 요구사항을 가진 세부적인 분석 모델을 사용함으로써 설계팀의 전문가에 의해 수행된다. 이러한 관점은 전문가들이 사용하는 분석 소프트웨어의 통합을 지원함으로써 다양한 전문가들의 협력을 다룬다. 이를 이용하여 각종 시스템을 계획하고 조화시킬 수 있는 평면과 레이아웃을 만들어 낸다. 그 협력들은 개념설계에서부터 시공 수준의 모델링 단계까지 다루어진다.

높은 수준의 정보 개발과 관련된 특별한 경우에서는 초기 설계 과정에서 구조, 환경 제어, 시공 방법, 신소재 또는 새로운 시스템의 적용, 건물 운용 과정의 상세한 분석, 또는 건축 프로젝트의 기술적 측면에 대한 실험적인 분석을 포함할 수 있다. 이러한 경우, 분석에 필요한 설계 자체가 제공되는 것이 아니라 새롭고 보다 정교한 기능적 요구사항들에 대하여 대처할 수 있는 새로운 시스템 구성요소에 대한 디자인 문제들로 정의된다.

전통적인 BIM의 세 번째 관점은 시공단계의 정보를 개발하는데 이용하는 것이다. 건축 모델링 소프트웨어는 표준화 또는 미리 규정된 건축 도서의 생산을 촉진할 수 있는 배치와 구성 규칙을 포함한다. 이를 통하여 절차를 가속화하거나 품질을 높일 수 있다. 시공 모델링은 현재 BIM 도구의 기본적인 강점이다. 오늘날 이 단계의 주된 제품은 시공 도면이다. 그러나 이것은 변화하고 있다. 앞으로는 건축 모델 자체가 시공도면의 법적 기초로서 역할을 할 것이다. 마지막 관점은 설계와 시공의 통합이다. 보다 명백한 수준에서, 이 관점은 전통적인 시공에서 설계 진행 이후 또는 설계와 병행하여 빠르고 효율적인 시공을 하는 제대로 통합된 디자인 빌드 과정에 적용될 수 있다. 이러한 단계는 또한 제조 단계의 모델을 위한 초기 입력 값을 다루게 된다. 이 관점은 기계설계에서 말하는 '제조를 위한 설계'를 지원하며 제조를 위해 주의 깊게 개발된 상세 설계 모델 작업을 통하여 비표준적 제조 과정을 수행하는 것과 관련이 있다.

다음 절에서는 이러한 관점들이 보다 세밀하게 논할 것이다. 전통적인 설계 계약에 있어서의 주요 공정을 대신하여, 우리는 현재의 설계 단계에 내포된 변화의 유동성에 대한 이해를 갖고 이 3가지 광의의 관점을 살펴본다. 또한, 모델 기반 도면과 문서, 라이브러리의 개발과 관리, 시방과 견적의 통합 등 다수의 실무적인 이슈도 다룬다. 본 장은 BIM 관리 도구의 선택, 교육 및 프로젝트 적용, 직원구성관련 이슈 등과 같은 설계 실무 관련 문제들을 다루고 결론을 도출한다.

5.3.1 BIM 기반 개념 설계

개념적 설계는 일반적으로 프로젝트의 공간 면적, 기능, 건축구조, 그리고 기능적이고 경제적 특성의 기본적 평가 등의 프로젝트 명세서와 같은 건물 프로그램의 개발 및 개선을 포함한다. 건축가는 건물 프로그램의 개발을 수행하고, 초기의 것은 향후 정교한 수정이 필요하게 된다. 건물 프로그램이 정교하게 수정되면, 개념적 설계의 핵심인 평면계획, 매스 및 형태, 건물의 배치와 향, 구조 및 실내 환경의 질, 어떻게 프로젝트가 사회, 이웃, 부지의 조건을 고려하여 기본 건축프로그램을 수행할 것인지, 등 프로젝트의 기본 레이아웃이 만들어진다.

그림 5-1에서 보는 것과 같이, 이들 프로그램과 개념에 대한 초기 결정은 전체 프로젝트에 많은 영향을 준다. 그것들은 비용, 이용, 시공의 복잡성, 공사기간 및 다른 중요한 측면들을 주로 결정한다. 그들은 이제 기본적인 것으로 인식되고 있으며, 개념설계에 대한 전통적인 프로세스에 대한 직접적인 과제가 되고 있다.

기존의 개념 설계는 설계팀장의 지식과 통찰력, 다른 설계팀의 다른 구성원들로부터의 피드백과 같은 과거 경험과 전문지식에 전반적으로 의존하였다. 이 단계에서, 신속한 대안의 생성과 평가를 요구하기 때문에 주로 직관에 의하여 평가가 수행되어져 왔다. 탐구의 신속함과 도구의 손쉬운 사용 방법으로 연필(또는 필기도구)이 개념설계의 주요 도구가 되어왔다. 기록과 내부 의견교환을 위하여 프리핸드 스케치가 주요 문서의 역할을 하고 있다. 같은 맥락에서 몇몇 건축가들은 BIM의 복잡성과 인지 부하 때문에 BIM은 개념 설계에 적합하지 않는다고 주장한다. 우리는 일부 이런 비판을 수용한다. 대부분의 최신 BIM 설계 프로그램은 학습하는데 많은 노력이 필요하고, 많은 단계별 조작을 거쳐야 하며, 객체 기반의 행동에 주의를 요구한다. 그들을 사용하기 위해 요구되는 교육노력과 사용자 인터페이스는 "창조적인 탐구"를 거의 할 수 없도록 한다.

그러나 SketchUp, Rhino, 그리고 Bonzai3d와 같은 가벼운 도구들은 개념 설계 도구들로서 받아들여진다. 이 도구들은 빠른 3D 스케치와 형상의 생성에 초점을 맞추고 있다. 그것들은 설계 팀의 공간적이고 시각적인 소통을 용이하게 한다. 이러한 도구들은 건물 객체의 유형을 가지지 않고, 객체 유형기반의 행동이 없어 형태생성 작업은 사용자들에게 복잡성을 줄여주며 모든 형상을 지원한다. 일부 프로그램은 생성할 수 있는 표면을 NURBS(Non-Uniform Rational B-Splines), 매우 광범위한 것을 표현할 수 있는 자유로운 표면 유형, 단순 평면 및 구형의 표면 등으로 한정한다. 이 도구들은 합리적인 객체의 복잡성과 직관적이며 시각적 평가를 허용하는 신속한 피드백을 지원한다. 반복적으로 사용하면 설계자의 사고하는 과정에서 "보이지 않게" 운영될 수 있다. 독립적인 도구로서, 그것들은 단지 의사 결정의 수준을 높이고 개념 설계에 대한 문제를 부분적으로 해결하고 있다. 그러나 이러한 제약들은 변화하고 있다. 이 책의 이전 버전을 출시한 이후에도 이러한 도구들은 상당히 발전했고 제품 특성과 기능이 강화되고 있다.

다른 소프트웨어 도구들은 공간 프로그래밍 또는 에너지 사용, 재무의 타당성과 같은 특정한 개발에 초점을 맞추어 개념 설계를 지원한다. BIM 플랫폼들을 만드는 회사들은 그들의 도구들에 대한 제약사항을 알고 있고, 시장 영역에서 스케치 단계 도구들 간에 경쟁할 수 있는 개념 설계의 가능을 포함하고 있다. 본 절에서는 개념 설계에서 사용되는 도구들의 역할을 각각 알아보도록 한다.

3D 스케치 도구들

여기서 우리는 BIM 기능을 수행하기 위하여 개발되는 워크플로우에 특별한 주의를 기울이며 SketchUp, Rhinoceros, 그리고 BonZai에 대한 간단한 개요를 제공한다.

SketchUp

구글 SketchUp은 많은 건축가들이 사용하는 스케치 및 탐구 도구이다. SketchUp은 1999년에 시작되었고 2006년 구글에 의해 인수되기 전에 이미 명성을 날렸다. 이것은 매우 직관적인 사용자 인터페이스로서 표면 모델도구로 시작했다. 이것의 기본시스템은 무료이지만 전문적인 상용버전은 상당히 강력한 기능을 가지고 있다. 이 프로그램은 윈도우와 맥에서 모두 작동된다. 최근에 버전 8이 출시되었다. 우리는 프로 버전에 대하여 살펴본다.

SketchUp의 기본 능력은 3D선을 정의하고, 이 선을 다른 공간의 지점들과 일직선으로 맞춘 표면까지 그리는 것을 아주 쉽게 직접적인 조작할 수 있도록 한다. 선들은 구명을 뚫거나 새로운 모양을 정의하기 위해 표면의 안쪽 또는 위쪽으로 압출하여 표면의 다각형을 정의하는데 사용될 수 있다. 치수기입 피드백은 사용자가 보다 세밀하거나 확대할 수 있도록 한다. SketchUp은 3D 형태와 건물들을 실제로 최소한의 훈련 없이도 간단하게 정의할 수 있도록 한다(그림 5-2 참조). 구글 3D Warehouse 및 Form Fonts에는 다양한 모양의 형태를 규정한 대규모 라이브러리가 있다. 무료 SketchUp 뷰어는 SketchUp 모델들을 볼 수 있게 한다. 또 SketchUp은 플러그인을 만들 수 있도록 Ruby Script과 SketchUp System Development Kit(SDK)을 지원한다. SketchUp의 기초 버전과 프로 버전에서 운영할 수 있는 SketchUp 기능을 훨씬 확장한 100개 이상의 플러그인이 개발되어 있다. Building Maker는 구

그림 5-2
SketchUp 레이아웃, 스타일 그리고 편집한 예시(삽입 컬러면 참고)

글 Earth에서 3D 사진 건물 모델들의 질감을 정의하고 업로드하기 위한 무료 프로그램이다.

SketchUp Pro는 모델의 2D 도면 생성과 다양한 파일 포맷들을 통해 다른 응용프로그램과의 인터페이스를 제공한다. 무료인 Layout3 플러그인은 3D SketchUp 모델에서의 치수가 입력된 도면 생성을 지원하는 반면에, StyleBuilder는 도면 종류에 따라 렌더링한 모델을 양식화하는 필터들을 제공한다. 이는 객체의 속성을 연관시킬 수 있는 동적 구성요소를 지원한다. 면들의 집합체는 "객체들"로 정의될 수 있다. 버전 8에서처럼, 잘 구성된 표면들은 솔리드 입체로 바꿀 수 있고, 속성을 줄 수 있다. 이러한 솔리드 객체들의 사용과 다른 도구들로의 export는 계속적으로 증가될 것이다.

중요한 플러그인중의 하나는 IES VE다. 이는 에너지 분석 및 탄소 방출량 평가에 사용되며 슬래브 위에 단선이나 이중선으로 간단한 건물(실제로는 열적인 존)을 만들 수 있다. 그들의 열적 변화, 지역 및 방위에 따라 다른 속성들을 할당하고 있으며, IES는 난방과 냉방에 대한 에너지 성능을 빠르게 "표시하기" 위해 APACHE-Sim을 사용한다. 다른 IES의 또 다른 도구들은 열 취득, 태양 음영, 물, 그리고 탄소 방출을 다룬다. 또 다른 비슷한 응용 프로그램인 OpenStudio는 IDF 입력파일을 만들어서 EnergyPlus를 사용할 수 있게 해주는 인터페이스이다. 새로운 OpenStudio 버전 1.0.5는 존의 인터페이스들의 자동 조합을 지원하고 내부 공간 부하의 할당, 그리고 다른 향상된 기능들을 지원한다. 세 번째로 설명할 것은 Greenspace Research's Demeter 플러그인이다. 그것은 영국의 gEnergyEPC 요구를 만족시킬 수 있다. 그것은 Revit, ArchiCAD 그리고 Microstation을 위해 개발된 것과 유사하게 gbXML 입력 인터페이스를 제공한다. 세 개의 모든 플러그인은 에너지 인터페이스를 지원하기 위해 사용자가 만든 SketchUp 모델과 시뮬레이션을 수행하기 위한 추가적인 속성들의 할당이 필요하다.

SketchUp 프로는 DXF, DWG, 그리고 IGES를 읽을 수 있다. 또한 몇몇 종류에 대한 IFC 형태를 가지고 올 수도 있다. SketchUp Pro는 또한 3DS, AutoCAD DWG, AutoCAD DXF, FBX, OBJ, XSI, 그리고 VRML의 파일

로 내보낼 수 있다(이 파일 포맷의 기능은 3장에서 설명하고 있다). 일부는 BIM 플랫폼에서 불러올 수 있으며, 가져온 배경 정보들로부터 건물형상을 재구성할 수 있다.

SketchUp을 이용한 작업 흐름은 아직 완벽하지 않으며 사용이 쉽지 않아 에너지 분석을 위한 형태 구성을 어렵게 한다. 각 단계는 데이터 기입과 수동적인 조작이 필요하다. 그러나 이러한 점진적 개선은 건물 모델구성의 만드는데 기여하고 있다.

Rhinoceros

Rhinoceros는 많이 사용되고 있는 직원자체소유의 NURBS 기하학형태의 표면모델링 도구이다(www.en.na.mcneel.com/default.htm). Rhinoceros는 건축가, 산업 디자이너, 애니메이터, 보석 제작자, 그리도 3D 자유 모델링에 관심이 있는 사람들에게 매우 매력적인 시스템이다. Rhino는 생성, 편집, 보기, 결합, 그리고 단순하거나 복잡한 표면 형태의 분석에 대한 많은 표면 모델링의 가능성들을 지원한다. 그림 5.3을 참고하기 바란다. 이것은 표면들을 만들고, 곡선들을 편집하고 조합하는 작업들을 지원한다.

이는 건물 외피, 콘크리트 형상 및 다양한 인테리어와 시설물들을 포함한 복잡한 형태의 여러 유형을 디자인하는데 사용된다. Rhinoceros는 원시형상들을 생성하고 표면들을 결합하여 솔리드로 만들 수 있도록 한다. 솔리드는 불리언(Boolean) 작업을 적용할 수 있으며, 표면들의 추출 등의 편집을 할 수 있다. 표면들은 메시로 변환될 수 있다. 표면과 형태들은 분석되고, 치수를 달 수 있다. Rhinoceros는 기본적인 형태의 투영을 통해 평면을 생성하고 주석을 추가할 수 있다. 사용자들은 크고 복합한 건물 형태들을 세심하게 정의할 수 있다.

Rhinoceros는 매우 개방적인 시스템이고, Visual Basic으로 쓰인 Rhinoceros script와 그 언어에 맞게 만들어진 Grasshopper를 이용하여 컴퓨터 배경 지식이 거의 없는 사람도 수정 작업을 할 수 있도록 한다. 기록되어 있는 조작들을 보고 자동적으로 반복되도록 하는 것은 쉬운 예가 될 것이다. 자기 자신의 스크립트를 만드는 것 외에도, 많은 건축적인 사용을 지원하는 수백의 플러그인들의 대규모 라이브러리가 있다. 이중에는 매개 변수에 의해 객체들의 배열을 관리하기 위한 Paracloud Modeler와 Paracloud Gem을 포함한다(www.paraclouding.com). Savannah 3D는 건축 내부 객체들의 라이브러리를 제공한다. Rhinoceros는 V-ray, Lightworks, Maxwell과 같은 많은 렌더링 엔진들을 지원한다. Geometry Gym http://ssi.wikidot.com/examples은 구조 모델링 응용프로그램과의 인터페이스들을 제공한다. 이용이 가능한 분석 모델 플랫폼들은 OasysGSA, Robot, SAP2000, Sofi stik, SpaceGASS, 그리고 Strand7을 포함한다. 디테일링의 중립포맷인 SDNF은 CIS/2 및 IFC의 개발과 함께 이용이 가능하다(이 파일 플랫폼들의 기능성은 3

그림 5-3
Rhinoceros를 사용해서 자유로운 형태 및 구조로 설계할 수 있다. 중동 현대 미술관, Abu Dabi, UAE 프로젝트의 외피와 실내 이미지, UNStudio, 암스테르담, 네덜란드; 이미지 렌더링, Renderta xi, 아헨, 독일

장에 설명되어 있다.). Revit과 같은 포맷도 진행되고 있다.

Visual ARQ는 특히 흥미로운 도구이다. 이것은 벽, 슬래브, 지붕, 기둥, 문, 창문 그리고 공간의 종류를 Rhino 객체들에서 BIM 객체들로 바꾸는 것을 지원한다. 공간은 공간 프로그램 검증을 위해 하나의 목록으로 보고할 수 있다. VisualARQ 또한 기본적인 파라미터 객체 클래스를 제공한다. 현재 IFC Export Module이 개발되고 있다. 이는 BIM 생성 도구들로 가져오거나 또는

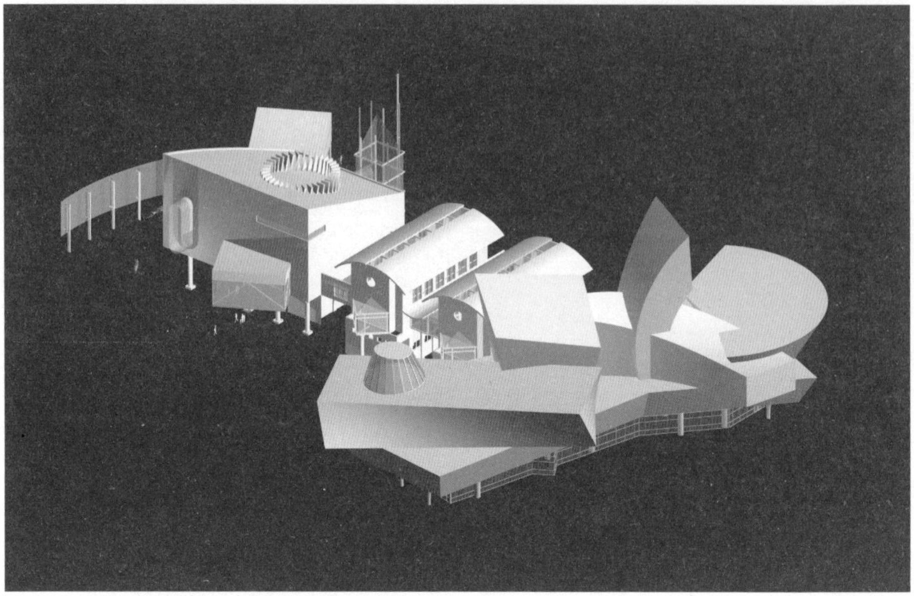

그림 5-4
Vector works는 다양한 형태와 표면을 지원한다. (위 이미지), Bon Zai를 사용한 설계는 자유 형태 또는 평면으로 표현이 가능하다. (아래 이미지)

IFC 입력을 받아 응용 프로그램들의 분석을 하기 위해 Visual ARQ에 있는 6개 객체 종류들을 IFC 모델들로 변환하는 것을 지원한다.

플러그인들과 함께 Rhino는 실험적인 건축설계의 기능을 제공하고 Rhino 표면을 솔리드로 변환하고 Visual ARQ의 건물 요소들과 Geometry Gym의 구조 요소들로 변화시킬 수 있다. 이것들은 IFC로 내보내져 생산 작업으로 내보낼 수 있다. 이것은 잠재적으로 매우 매력적인 일의 흐름을 제공한다.

IFC 인터페이스들은 다음과 같은 개념 설계 단계의 응용 프로그램들을 지원한다. 비용 추정의 경우: Timberline, U.S. Costs, Innovaya; 공간 프로그램 검증의 경우: Solibri Model Checker 와 Trelligence. 이러한 인터페이스들에 대한 웹 목록이 있지만, 현재 계속 지원하는지는 확실하지 않다.

BonZai 3d

BonZai 3d는 formZ를 개발한 AutoDesSys가 만든 새로운 생성 NURBS로서 faceted 스케치 모델링 도구이다. 2009년 6월에 처음으로 출시했고 최근 두 번째 버전을 출시하였다. BonZai 3d는 Sketchup처럼 사용자가 직접 매우 쉽게 작업들을 편집하고 조작할 수 있는 솔리드 모델링 스케치 도구이다. 실제

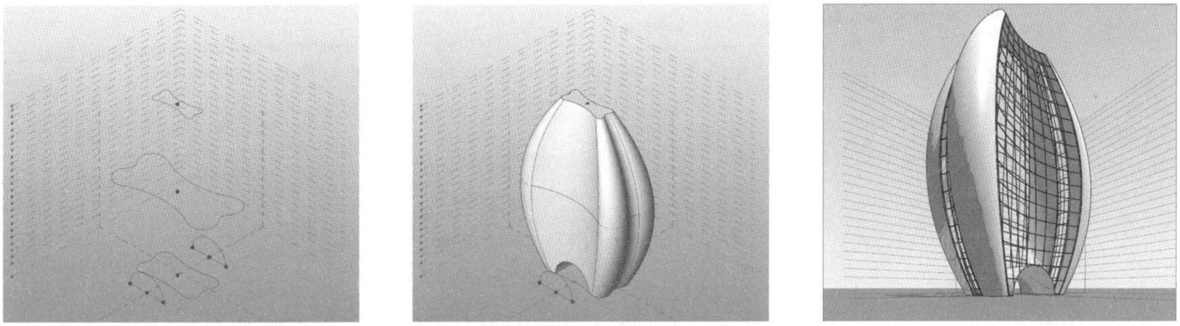

그림 5-5 Revit mass 객체들은 자유 형태의 모양이고, 추가적인 객체 유형과 함께 더 세밀화된다. 모델이미지 David Light-Revit 전문가, HOK London

고, BonZai 3d에 대한 많은 정보는 Sketchup과 같이 작업 스타일에 대한 설명을 제공한다. 그러나, 솔리드 모델링 도구로서, 예를 들면 모든 면들이 닫혀진 두꺼운 벽들을 만들 때 이것은 자동으로 관리되는 것을 포함하여 많은 작업들이 손쉽게 될 수 있다. 이는 기본적으로 NURBS 기반으로 그 운영은 다르지만 Rhinoceros와 유사한 많은 작업들이 지원한다. 또한 BonZai 3d는 그림 5-4의 예처럼 표면 모델링을 지원한다. 건축가들을 위해서 층, 창문, 문 그리고 지붕과 같은 몇몇 매개 변수들의 모임들을 정의 한다. BonZai 3d는 빠른 렌더링을 위해 Renderzone을 이용할 수 있으며, 외부 파일 포맷들을 통하여 Lightworks, Maxwell 그리고 다른 프로그램들과 연계하여 사용할 수 있다.

이 포맷들은 DWG, DXF, FACT, 그리고 OBJ, SAT, STL, 3DS 그리고 COLLADA를 포함한다. 현재까지는 BonZai를 위한 스크립트 언어는 출시되지 않았다.

BIM 응용 프로그램들로 스케치하기

BIM 응용 프로그램들의 한계는 이들의 개발자들에 의해 인지되고 있다. 이들의 몇몇은 개념 설계 단계에서의 탐구 도구들을 "매스(mass)"또는 "프록시(proxy)"로 불리는 일반적인 유형의 객체들을 사용하여 개발하였다. 이들은 형상의 패밀리를 정의하기 위한 매개 변수로 정의될 수 있다. 그것들은 자유 형태를 지원하지 못하는 BIM의 약점을 채우고 특히 설계가 진행되면서 정제될 수 있는 건물 외피의 기초 또는 그릴 같은 스크린들의 유형들을 생성하기 위한 기반을 제공한다. 또한 이들 자유 형태 도구들은 모양들을 층 레벨과 건물외피를 만들기 위해 패널들로 분할하는 것을 지원한다. 예를 들어, Revit 2011는 프리폼 편집 기능을 강화하였고 표면에 격자를 넣는 방법을 제공하고 그리드에 매개 파라미터로 나타낸 객체를 넣을 수 있게 하였다(그림 5-5 참고). ArchiCAD와 Vetorworks는 모두 Cinema3D를 사용하여 비슷한 기능을 제공한다. Vectorworks의 예는 그림 5-4에 나와 있다. Bentley Architecture의

표 5-1 환경분석 스케치 모델 플랫폼이 지원하는 해석 분야

ECOTECT ANALYSIS—own building model plus direct link with Autodesk Revit®	
DAYSIM	Lighting simulator
Radiance	Lighting simulator
CIBSE	Energy analysis
Energy+	Energy analysis
	Solar radiation analysis
	Reverberation time acoustic analysis
NIST-FDS, Fluent, and WinAir4	General interface for multiple computational fluid dynamic analyses
IES—own building model plus direct link with Autodesk Revit®	
ApacheCalc	Heat loss and gain
ApacheLoads	Heating and cooling loads
ApacheSim	Dynamic thermal simulation
ApacheHVAC	HVAC plant simulation
SunCast	Sun shading
MacroFlo	Simulates natural ventilation and mixed-mode systems
MicroFlo	Interior computational fluid dynamics application
Deft	Value engineering
CostPlan	Capital cost estimates
LifeCycle	Estimates lifetime operating costs
IndusPro	Ductwork layout and sizing
PiscesPro	Pipework systems
Simulex	Building evacuation
Lisi	Elevator simulation
gbXML—XML link from Autodesk Revit®, Bentley Architecture, and ArchiCAD®	
DOE-2	Energy simulation
Energy+	Energy simulation
Trane2000	Equipment simulation
	Building product information

Generative Components는 또 하나의 좋은 예를 제공한다. 9장에 있는 아비바 경기장에 대한 연구는 뛰어난 예이다.

또한 이 스케치 도구들은 에너지 분석을 위한 잠재적인 인터페이스들을 가지고 있다. 예를 들면, Revit의 Sketch Design은 Ecotect Analysis와 Green Building Studio와 인터페이스 될 수 있다. 유사하게, ArchiCAD는

개념 설계 단계에서 EcoDesigner를 이용하여 에너지 분석과 탄소 방출량 계신을 할 수 있다. Bentley는 또한 온라인 에너지 평가를 위해 gbXML를 지원한다. 이 환경 스케치 모델의 기능들은 표 5-1에 설명되어 있다.

특정 프로그램들로 스케치하기

다른 초기 설계 도구들은 특정한 기능적 일의 흐름들을 강조한다. Trelligence 2010는 목표에 대한 공간 프로그래밍의 피드백을 기반으로 공간 계획 레이아웃을 제공한다.

Trelligence는 Revit과 ArchiCAD에 대해서 모두 내보기 기능과 양방향 링크를 지원하고, SketchUp에서 불러올 수 있다. Vectorworks은 Revit과 같이 자체 공간 플래닝 도구를 가지고 있다. Visio는 Space Planner 프로그램에서 공간 플래닝을 지원한다. Ecotect Analysis와 IES는 독립된 기본적 건물모델을 갖고 있어서 에너지, 태양 취득열 분석, 조명 및 개념 설계와 관련된 평가를 신속하게 할 수 있다. gbXML은 에너지 평가에 대한 또 다른 정보의 흐름을 제공한다. 개념 설계를 위한 또 다른 중요한 영역은 디프로파일러에서 제공되는 비용 평가이다(Beck Technology 2007, 2장 참고).

하지만 이러한 프로그램들 중 어떤 것도 일반적인 개념 설계에 필요한 모든 기능을 제공하지 않으며 현재까지는 작업의 흐름도 매끄럽지 않아서 기존의 모델링 규칙을 엄격히 따라야 하거나 아니면 모델의 구조를 재구성하여야 한다. 이들의 도구들을 사용한 부드러운 일의 흐름은 아직 현실적이지 않다. 실제로, 대부분의 사용자는 앞에서 말한 소프트웨어 도구들 중 하나를 사용하고 있다 물론, 몇 명은 BIM 저작 도구들을 이용하여 쉽고 효과적으로 작업을 할 수 있다.

환경 분석 도구들은 또한 특정 프로젝트에 특성이 아닌 공통적인 사항들, 일사에 영향을 주는 디테일들, 지리적 위치, 기후 조건, 구조 또는 지형과 같은 햇빛을 차단하는 객체들 또는 현재 구조물의 조망을 제한하거나 효과들에 영향을 미칠 수 있는 세부 사항들에 대한 상당한 양의 정보를 요구한다. 이러한 정보는 일반적으로 BIM 설계 도구가 아닌 2차적인 분석 도구들에서 다루어진다. 이러한 분산 데이터들은 종종 어떤 분석 실행에 의해서 어떤 결과를 얻었는지, 어떤 설계 버전인지 등과 같은 관리 단계에서의 문제들을 야기할 수 있다. 이러한 측면에서, BIM 서버 보관소는 중요한 역할을 할 수 있다(3장 참고).

통합된 개념 설계의 예

전반적인 개념설계를 다양한 통합 평가를 통하여 수행한 예로는 미국 연방 정부의 조달청(General Service Administration, GSA)와 미국 조지아텍 건축 대학과 협력을 통해 개발한 사례를 들 수 있다. GSA의 주요 건물 유형 책임들 중 하나는 미국 법원의 건설이다. 조지아텍 팀에서 수행한 법원 프로젝트를 소개하도록

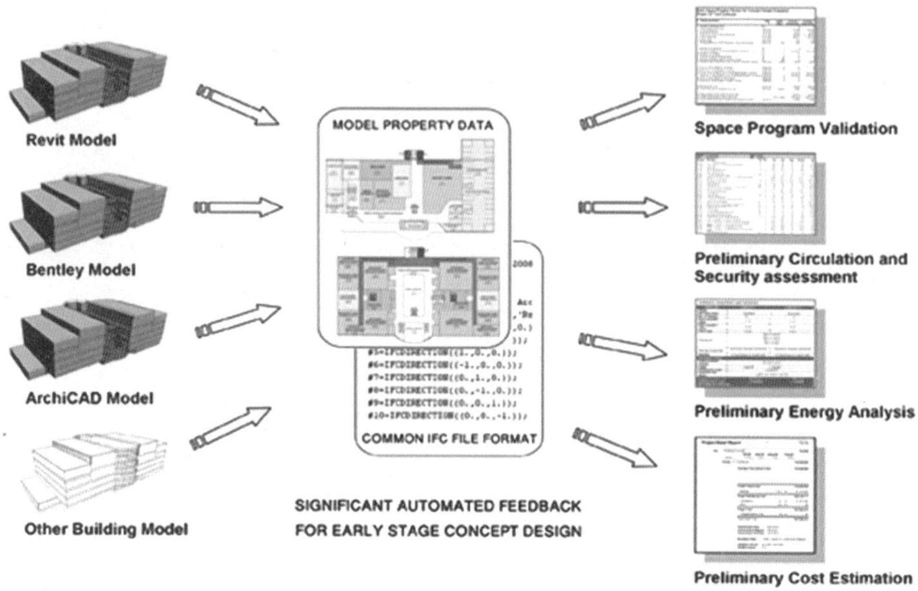

그림 5-6
GSA 예비 개념 설계 평가 도구의 일반적인 구성

한다.

GSA는 P-100 PBS Facilities Standards(P100 2005) 라는 잘 정의된 설계 프로세스를 갖고 있다. GSA 설계 가이드는 건축 설계 사무소를 선정하기 전에 사전 계획 및 타당성 검토 단계들을 진행한다. 또한 Anycourt라고 불리는 건물 공간 프로그램을 제공한다. 이것은 계획된 건물과 부지내의 공간들에 대한 숫자와 면적들을 규정한다. 특히 중요한 정보의 모음으로 미국 법원설계 가이드(U.S. Courts Design Guide)라는 400페이지에 달하는 문서(U.S. Courts Design Guide., 2007)는 공간적 요구 사항들, 동선, 보안, 환경적 요구들, 통신, 그리고 법원에서 요구하는 사항들에 대한 내용을 잘 정리하고 있다.

건축가-엔지니어가 GSA의 검토를 위해 제출하는 첫 번째 설계안은 예비 개념 설계이다. 건축가는 적어도 세 가지 이상의 설계 공간 개념에 대한 안을 제시하여야 한다. 이러한 과정은 보완되고 반복된다. BIM을 사용하기 전에는 여러 개념 설계안과 하나 또는 그 이상의 설명들이 종이 위에 그림과 렌더링으로 제시되었었다. 건축가 또는 GSA는 예비 개념 설계들을 각각 분석하게 되는데, 공간 프로그램, 법규, 표준, 방재 및 안전규정, 미국 법원 설계 가이드(이 단계에서 평가할 수 있는 문제에 대한)의 검토, 그리고 전반적인 비용과 에너지 사용 평가들을 포함한 검토를 하게 된다. 이들의 검토는 GSA 직원 또는 전문가들에 의해 수동으로 완료된다(그림 5-6 참고).

최근에는, 건축가들이 3D 건물 모델들로 예비 개념 설계를 제출하기 시작했다. 따라서 부분적으로 검토를 자동화할 수 있게 되었다. 예비 개념 설계는 Revit, Bently Architecture, ArchiCAD, Digital Project 그리고

그림 5-7
2층 법원에 대한 초기 개념 설계의 BIM 모델 예시 (Hugo Sheward 제공)

Vectorworks 등과 같이 BIM 설계 도구로 GSA에서 승인한 프로그램을 사용할 수 있다. BIM 예비 개념 설계를 위한 모델의 요구사항들은 다음과 같은 모델 구성이다.

- 규정된 바닥 슬래브의 두께와 층과 층의 사이의 거리
- 건물 방향에 대한 북측 화살표
- 각 층 슬래브 위의 3D 공간 객체들의 집합, 개인 공간 없는 부서단위의 공간, 개별 공간 및 부서단위의 이름, 천정까지의 높이, 공간 구획 벽

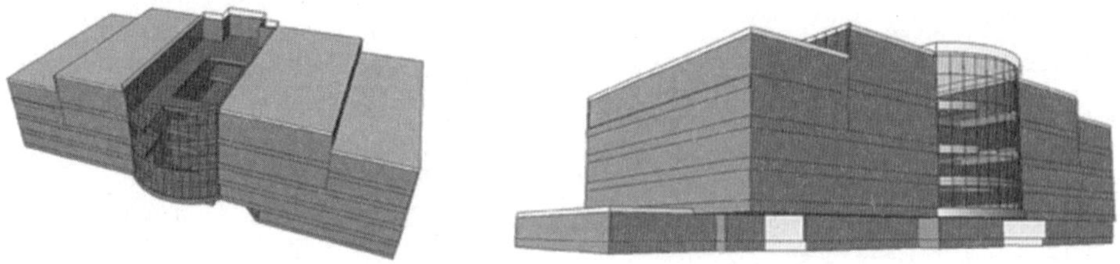

그림 5-8
예비 개념 설계 모델로서의 매스 스터디

- 동선과 보안 수준
- 공간별로 정의된 계단, 승강기 그리고 경사로
- 유리 면적 비율을 포함한 외벽; 부피와 R-값을 고려하기 위한 벽두께
- 출입문의 위치

예비 개념 설계의 예제로 그림 5-7과 5-8을 보시오.

위의 정보는 "예비 설계 개념"를 정의하기 위하여 요구되는 최소한의 건물 모델 정보를 제공하지만 그럼에도 불구하고 의미 있는 성능 예측 결과를 도출하기에 충분하다. 모델 정보 요구사항들은 유연하면서 쉽게 생성할 수 있도록 정의된다. GSA에서 인증 받은 BIM 설계 도구들은 누구나 읽을 수 있는 데이터 모델의 내보내기 기능을 IFC 데이터 포맷을 이용하여 제공하고 있다(IAI 2003). IFC 형식으로 출력되는 것을 기반으로 자동화된 인터페이스들(그림 5-6)은 다음과 같은 자동화된 평가를 위해 개발되고 있다.

- 레이아웃의 공간적 검증, 목표로 하는 Anycourt 공간의 수와 면적을 개념 대안과의 비교
- 미국 법원 설계 가이드에서 추출한 규칙을 기본으로 한 건물 배치의 동선 분석
- EnergyPlus를 사용한 사전 에너지 분석
- PACES 비용 평가 시스템을 이용한 사전 비용 평가

이 4가지 평가들은 Solibri IFC 플랫폼을 위해 만들어진 플러그인을 이용하여 IFC 모델과 연계된다. 4가지 평가들은 설계 작업에 대하여 신뢰할 수 있는 수준의 피드백을 얻는데 필요한 시간을 줄일 수 있으며, 몇 분 이내로 수행할 수 있다.

예비 개념 설계 평가를 위한 공간 명칭
개념 설계는 명칭으로 식별되는 건물 공간들을 다룬다. 공간 배치는 개념 설계 단계에서 기본적인 결정사항이다. 그러나 공간의 명칭은 복잡하고, 적용 분야

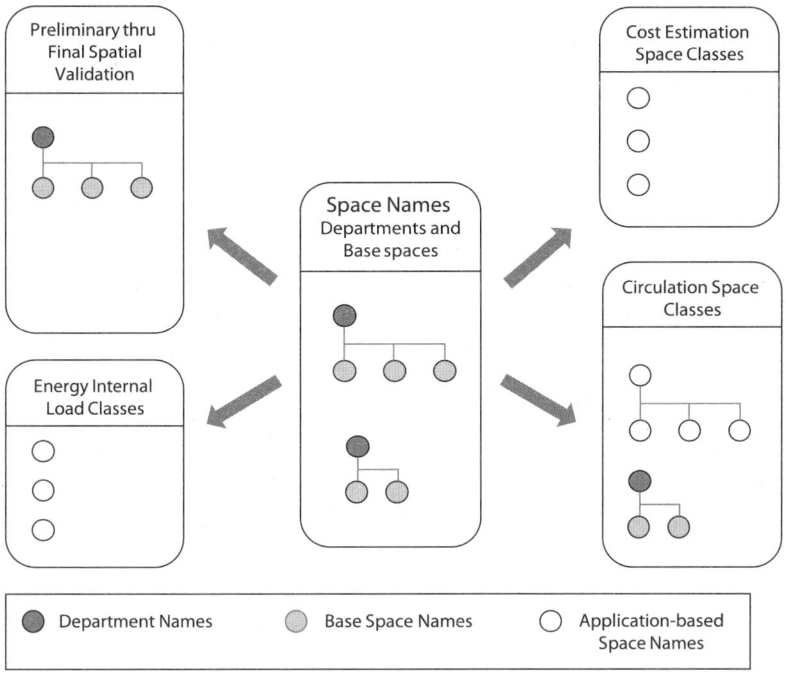

그림 5-9
공간 이름들의 매핑 관계

와 수명주기 단계에 따라 명칭이 달라진다. 이것들은 공간 프로그래밍에서 사용되는 특정 이름들을 갖지만, 사업 임대 평가를 위한 이름, 비용 견적할 때의 이름, 내부 에너지 부하를 위한 이름 등 다른 이름들을 갖게 된다. 이러한 사용의 범위를 다루기 위해, 대표 공간 이름의 집합을 법원 설계 가이드에 근거하여 통합하여 정의하고 있다. 그 대표 공간 이름의 집합은 그림 5-9에서 보는 것과 같이 기초요소와 통합 공간 이름으로 분류된다.

설계팀이 공간들에 있어 모든 다른 이름을 할당하게 하는 대신에, 대표 이름 리스트가 모든 공간기반의 공간명칭을 그들의 임대 종류, 에너지부하 등에 따라 연관지어준다. 이것들은 인터페이스 내보내기에 따라 매핑된다. 이것은 사람에 의한 많은 오류를 제거하고 프로젝트 기간 동안 사전에 할당을 할 수 있다(Lee et al. 2010).

싱글 모델을 통한 다양한 평가

일반적인 문법과 내용을 사전 체크하는 응용 프로그램은 건물 모델 안이 올바른 객체들 갖고, 명칭 규정, 물성과 구조들을 가지고 있는지를 검증한다. 이 사전검사는 잘못된 건물 모델이 무의미한 분석으로 이어지지 않도록 한다.

공간 프로그램 검증: 공간 검증 응용 프로그램은 면적 계산에 대하여 GSA가 제시한 특정 규칙을 체크하고 공인된 Anycourt 공간 프로그램과 비교 및 조정한다. 그것은 대안 배치들과 공간 프로그램의 목표 공간 요구사항들을 비

그림 5-10
기존 공간 프로그램에 대해 대안 설계를 평가한 공간 프로그램 유효성 보고서의 일부

Early Space Program Review for Concept Design Evalution					
Project: GT Test Courthouse					
#	Design parameter	Type	Target Value	Concept 1 Actual Value	Concept 2 Actual Value
1	Number of Building Floors	EA		6	6
2	Total building gross area	Area (nsf)		197,269	201,005
3	Inside parking area	Area (nsf)		10,319	10,380
4	Total gross minus inside parking area	Area (nsf)		186,950	190,625
5	Total usable area	Area (usf)		159,317	161,100
6	Atrium area	Area (nsf)		622	622
7	Building Effeciency (USF/Total gross minus parking area)	Ratio (%)	67%	85%	82%
8	Number of Courtrooms	EA	9	9	9
9	Number of Special Proceedings/Appeals Courtrooms	EA	0	Not found	Not found
10	Number of Chambers	EA	11	11	11
11	Number of Inside Parking Spaces	EA	24	22	24
12	Number of Elevator Spaces on the 1st Floor	EA	TBD	6	6
13	Elevator Ratio (Total Gross Area / Number of Elevator Spaces)	Area (nsf)	25,000	32,878	32,878
14	Floor to Floor Height for Court room	Height (ft)	20	20	20
15	Maximum Ceiling Height of Courtroom	Height (ft)	16	14	16
16	Floor to Floor Height for Sp. Proceedings/Appeals Courtroom	Height (ft)	–	Not found	Not Found
17	Maximum Ceiling Height for Sp. Proceedings/Appeals Courtroom	Height (ft)	16	Not found	Not found
18	Floor to Floor Height for Office Space	Height (ft)	14	14	14
19	Maximum Ceiling Height Judges Chamber	Height (ft)	10	10	10
20	Building Skin Area	Area (nsf)		99,579	100,422
21	Total Gross Area to Building Skin Area	Ratio (%)	45–55%	50%	49%
22	Main Entrance's floor level (Ground Level)			Level 02	Level 02
23	USMS Administrative Office's floor level		2nd or upper	Not found	Not found
24	Gross Area of Prisoner Circulation and Holding Cell Area	Area (nsf)		14,902	14,902

교한다. 그것은 또한 대안들과 비교하기 위해 전통적으로 GSA에 의해 사용되는 매개변수들의 효율성과 타당성을 포함한다. 응용 프로그램은 7가지 보고서를 생성한다. Anycourt와 실제와의 비교 요약, 임대기관별 면적 요약, 층별 ANSI/BOMA 면적(ANSI-BOMA 공간 계산 방법에 대한 기술은 5.3.2절을 참고), GSA 공간 계산(그림 5-10), 그리고 임대자별 면적.

사전 동선과 보안 평가: 법원에는 세 가지 동선 시스템이 있다. 하나는 공적인 것(공적인 영역), 다른 하나는 판사, 배심원, 그리고 법원 직원(영역 제한 영역), 그리고 세 번째는 피고인과 미국 연방경찰(보안 영역)을 위한 것이다. 그 세 가지 영역은 별개로 나뉘며, 법정과 다른 몇몇 지정된 공간에서만 만나게 된다. 동선 요구사항들은 법원 형태를 결정하는 주요 요소이다.

법원설계가이드는 많은 동선과 관련된 규정을 제공하고 동일한 보안구역에서 두 개 공간 사이의 접근성을 요구한다. 예를 들면, "판사는 보안동선을 이용하여 법정에 들어갈 수 있어야 한다."와 같은 규정이 있다. 이 규정은 판사의 방과 법정이 동일한 보안 구역에 있어야 한다는 것을 의미한다. 법원설계가이드의 동선 규정 중에 142개의 항목이 동일 제한 구역에 두 개의 공간 사이의 접근성에 대한 것이다. 존에 있는 공간의 제한사항을 체크하기 위하여 인접해 있으며 동일한 제한레벨을 갖는 공간들이 그래프로 표현된다. 존 사이의 수평 연결선은 승강기와 계단에 의한 수직적인 인접성과 구분된다(그림 5-11 참조).

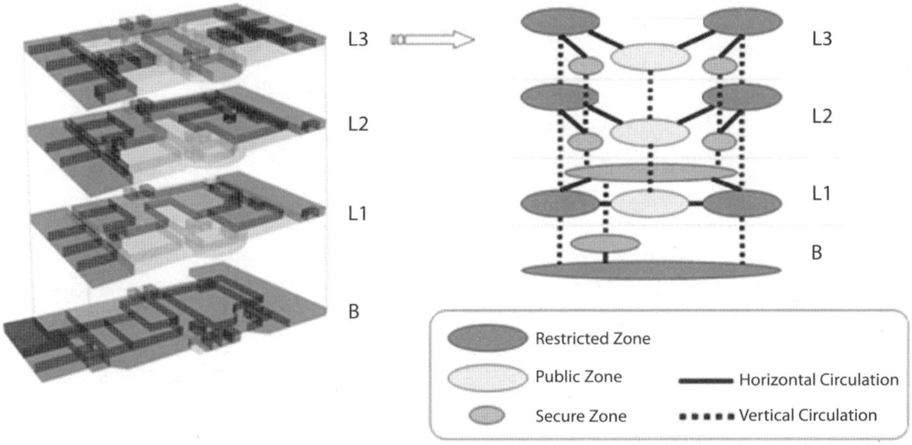

그림 5-11
개념 설계 동선 분석을 위해 사용된 추상적 개념

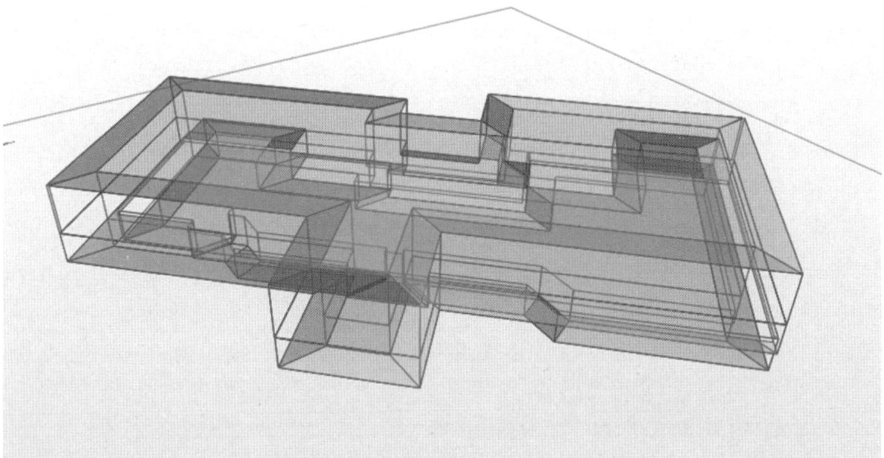

그림 5-12
파라미터 및 코어에 대한 열해석존 모델링의 예시

이러한 분석에는 시간이 거의 소요되지 않는다.

사전 에너지 분석: 초기 개념설계는 에너지 소비에 많은 영향을 준다. 이는 건물의 향; 건물외피의 재료 및 형태, 단열재의 종류; 아트리움, 중정, 스카이라이트 등의 여부에 따라 달라진다. 이 단계에서 설계자는 연간 냉방과 난방 부하를 살펴보고, 이에 따른 재실자의 쾌적도를 유지할 수 있는 HVAC를 찾는다. 평가의 목적은 에너지 사용에 많은 영향을 미치고 에너지 성능을 향상시킬 수 있는 특성과 설계 방법을 찾는 것이다.

주어진 제한된 정보를 가지고 EnergyPlus와 같은 정밀 시뮬레이션을 수행하기 위해서 표준 법원건물에 기초한 기본 값들이 제공된다. 건물 존들은 에너지 모델에서 중요한 요소이다. 사전 에너지 분석을 위하여 파라미터와 코어 구역으로 구분되는 열 구역과 모델이 만들어 진다(그림 5-12). 인체, 조명, 장비 부하와 같은 내부 열 취득 값은 건물의 열 구역에 따른 공간구분(예를 들면 법정, 판사 집무실, 일반 사무실 등)에 따라 달라진다.

사용자는 이러한 기본 값에 대하여 제한적으로 수정하여 개별 벽체에서의 창호 비율에 따른 변화, 건물의 향에 대한 변화 등을 검토할 수 있다. 또한, 건물 모델 자체가 최소한의 디테일을 갖고 있지만, 여러 가지 의도로 사전 검토를 수행할 수 있다. 즉, 건물의 여러 측면에서의 차양 장치, 여러 향을 평가하기 위한 건물의 자동 회전, 외부 벽체 종류, 창의 종류 등을 포함한다.

연간 에너지 사용, 월별 냉방 및 난방, 에너지 부하의 분포 등을 결과로 얻을 수 있다. 일부 결과는 외부 존 경계와 연결하여 시각적으로 표현하기 위하여 칼라로 표현될 수 있다.

사전 비용 분석: 에너지 분석과 유사하게 사전 개념설계의 의도는 설계특징에 대한 영향을 결정하고, 특정설계 개념의 가치와 잠재적 비용에 대한 통찰을 갖고자 한다. 초기 설계 단계의 건물 모델에서 가용한 최소한의 정보로 사전 비용 추정을 하기 위한 비용추정모듈을 이용한다.

비용추정모듈은 두 가지 구성요소가 있다: 건물 모델 기반의 데이터와 비용에 따른 텍스트기반 데이터. 건물 모델로부터의 데이터는 공간의 명칭과 할당된 특성, 바닥면적, 지붕과 외벽, 계단과 승강기의 수와 같은 모든 IFC 관련 정보를 포함한다. 비용관련 데이터의 자동 추출은 건물 모델에서의 입력 값에 기초한 조지아텍 소프트웨어에서 수행할 수 있다.

조지아텍은 EarthTech사의 Parametric Cost Engineering System (PACES) 소프트웨어에서 개발한 데이터베이스를 사용한다. 가격은 UniFormat 카테고리의 레벨3 형태로 수량과 비용과 함께 제공된다. 결과물의 예를 그림 5-13에 보여준다. 이는 설계진행에 따른 추적 방안을 제시하며, 초기 개념설계 단계에서 추정된 공사방법과 재료들은 설계가 디테일해지면서 달라지는 수량과 비용의 변화를 추적할 수 있다.

모든 공간 명칭 데이터베이스에 기반을 둔다. 이러한 평가방법은 Toledo, Jefferson City, Bakersfield를 포함한 많은 미국 법원 프로젝트에 사용되어 왔다. 검토에 소요되는 시간은 사용자가 선택하는 에너지 분석방법에 따라 달라진다. 다양한 프로젝트에서 보다 개선된 운영을 원하는 발주자나 설계회사에서는 새로 개발되는 기술을 사용하여 유사한 테스트를 수행할 수 있을 것이다

여기 기술된 초기디자인 자동 검토 시스템은 척 이스트만 교수를 리더로 한 조지아텍 건축대학 박사과정- Sherif Abdelmohsen, Jaemin Lee, Jin-kook Lee, Paola Sanguinetti, Hugo Sheward의 팀 작업 결과물이다.

개념 설계의 기타 이슈들

기존의 계획 설계를 완성하기 위해서는 설계의 2가지 측면이 정의되어야 하는데 이는 부지 개발(현 상태의 조건을 포함)과 모든 건물 시스템의 유형적인 파악이다. 몇몇 BIM 설계 도구는 표 2-1의 목록에 정리된 것과 같이 부지 계획을 지원하고, 일부 환경 분석 도구들은 외부 태양과 바람에 대한 분석을 지원한

United States Courts–Gt test courthouse					
Cost Report by UniFormat™ Level 3 Category*					
UniFormat™ Level 1	UniFormat™ Level 2	UniFormat™ Level 3	Quantity	Unit Cost**	Cost
A SUBSTRUCTURE					
	A10 Foundations				
		A1010 Standard Foundations			$190,480
		A1020 Special Foundations			$0
		A1030 Slab On Grade			$5,639,813
	A10 TOTAL		218583	$26.67	$5,830,293
	A20 Besement Construction				
		A2010 Besement Excavation			$337,523
		A2020 Besement Walls			$1,711,276
	A20 TOTAL		218583	$9.37	$2,048,799
A TOTAL			218583	$36.05	$7,879,092
B SHELL					
	B10 Superstructure				
		B1010 Floor Construction			$2,894,639
		B1020 Roof Construction			$1,286,159
	B10 TOTAL		218583	$19.13	$4,180,798
	B20 Exterior Enclosure				
		B2010 Exterior Walls			$4,133,056
		B2020 Exterior Windows			$345,127
		B2030 Exterior Doors			$36,341
	B20 TOTAL		218583	$20.65	$4,514,524
	B20 Roofing				
		B3010 Roof Coverings			$416,234
		B3020 Roof Openings			$116,578
	B30 TOTAL		218583	$1.9	$532,812
B TOTAL			218583	$40.11	$9,228,134
C INTERIORS					
	C10 Interior Construction				
		C1010 Partitions			$3,087,582
		C1020 Interior Doors			$1,136,998
		C1030 Specialties			$934,193
	C10 TOTAL		218583	$23.6	$5,158,774

그림 5-13 비용 추정에 대한 결과 예시

다. 개념 설계는 보통 건축구조, 건물외피, 에너지 및 HVAC, 조명, 수직 동선을 포함한 각각의 건물 시스템의 "유형"을 설정하는 것을 포함한다.

모든 건물의 시스템을 표현하고 계획단계에서의 견적을 지원하는 유일한 소프트웨어로는 디프로파일러가 있으며, 신속한 개념 모델의 구성 및 견적계산을 가능하게 한다. 이 소프트웨어는 시스템에 사전에 규정되어 있는 건축 유형별 비용 데이터를 사용한다. 디프로파일러는 Revit 객체 파일들로 직접 변환할 수 있도록 개발되었다(2장, 2.6.7절 참조).

건축의 문맥을 이해하는데 있어 또 다른 측면은 건물이 지어진 상태의 조건을 파악하는 것이다. 이는 건축물 개축과 리모델링에 있어서 중요한 이슈이다. 포인트 클라우드와 레이저 스캐닝에 기반을 둔 측량 기술은 지어진 상태를 파악하는데 주요한 새로운 기술을 제공한다. 이 내용은 8장에서 다루어진다.

개념설계의 요약

개념 설계 도구는 유용한 정보가 담긴 설계를 가능토록 하기 위하여 직관적이고 창조적인 생각의 전개 과정을 지원을 지원하면서 다양한 시뮬레이션과 분석도구를 사용한 신속한 평가와 피드백을 제공할 수 있어야 한다. 하지만, 상업용 프로그램들은 전반적인 업무 중의 단지 일부만을 수행하며, 2장에서 논의된 주요 BIM 도구들과의 변환을 요구한다.

현재까지 설계자 탐구와 개발을 위한 것 또는 계획 설계 단계 서비스에서 사용하기 위한 모든 범위를 지원하는 개념설계 도구는 없다. 반면에 우리는 평가의 새로운 시대를 시작하고 있다. 에너지, 비용 그리고 기능의 일부 측면을 위한 스케치 단계에서 설계 개념에 대한 기술적 평가를 얻을 수 있게 된다면, 설계 및 평가 사이의 상호 작용은 더욱더 유기적이게 될 것이다. 거의 실시간의 피드백을 통해, 현재는 기억과 직관에 의지하고 있는 인식 자원간의 이동은 컴퓨터를 이용한 평가 및 해석을 포함하도록 확장될 것이다. 이러한 변화는 개념 전개의 방향 및 품질 그리고 그것을 지원하는 인지 과정에 모두 영향을 미칠 것이다. 소수의 건축가만이 실시간 피드백을 이용하고 있다.

5.3.2 건물 시스템 설계, 분석, 시뮬레이션 및 확인

설계가 개념 단계를 지나게 되면, 시스템은 상세한 시방서가 필요하다. 기계 시스템은 용량계산이 필요하고 구조 시스템은 구조설계가 필요하다. 이러한 일들은 보통 설계팀 내부 혹은 외부의 설계 전문가와의 협력을 통해 수행된다. 이런 활동들 사이의 효과적인 협력은 시장의 파급 효과를 제공한다.

본 절에서는 분석과 시뮬레이션 방법을 설계에 적용하는 것과 관련되는 일반적인 이슈에 대해 기술한다. 첫 번째로 설계 후반부에 건물 시스템 상세화 과정에서 일반적 성능평가 과정의 한 부분으로서 분석 프로그램을 사용하는 것에 초점을 맞춘다. 이전의 프로그램과는 대조적으로, 이번 단계의 프로그램은 복잡하고 주로 분야별 전문가들에 의해 운영된다.

그들은 대부분 2장에서 정의된 플랫폼들이 아닌 도구들이다. 우리는 적용 분야와 현존하는 소프트웨어 도구에 대하여 생각해볼 것이며, 이들의 사용 및 도구간의 건물 모델 데이터 교환에 대한 몇 가지 문제점들과 협력에 관한 일반적 고려사항을 다룰 것이다. 건물에 신기술, 건축재료, 제어 또 다른 시스템들의 혁신적 적용을 검토하는 특별한 분석과 시뮬레이션의 사용을 검토하면서 결론을 도출한다. 일반적으로 실험적 건축에는 특별한 도구와 구성이 요구된다.

분석/시뮬레이션 소프트웨어

기본 설계 단계에서는 이전단계에서 수행된 견적의 확인과 입찰, 제작 그리고 설치를 위해 건물의 다양한 시스템에 대한 세부 고려사항이 결정되어야 한다. 이러한 상세화는 광범위한 기술정보를 포함한다.

모든 건물들은 구조적, 환경적 조건, 급수와 배수, 방재, 전기 또는 전원의 분배, 통신과 기타 기본적 기능들을 만족시켜야 한다. 각각의 이러한 기능과 이들을 지원하는데 필요한 시스템들이 전 단계에서 선정될 수 있으나, 법규 만족을 위한 검토, 인증, 그리고, 발주자의 목적 등은 보다 상세하게 정의되어야 한다.

더욱이, 건물의 공간들은 동선과 접근 시스템, 공간 배치에 의한 조직적 기능의 시스템들이다. 이러한 시스템 분석을 위한 도구들이 조만간 활용될 것이다.

간단한 프로젝트에서는 이러한 시스템들과 관계되는 전문지식의 필요성이 설계팀의 리더에 의해 처리될 수 있으나, 보다 복잡한 시설물에서는 주로 프로젝트별로 회사 내 또는 컨설턴트로써 고용된 전문가에 의해 다루어진다.

지난 30년간, BIM의 출현 이전부터 매우 많은 컴퓨터 분석기술들과 소프트웨어들이 개발되었다. 이러한 분석기술들은 정역학과 동역학, 유체 흐름, 열역학 그리고 음향을 포함한 건축 물리학에 기초한다. 대부분의 이러한 도구들은 건물의 3D 모델링을 요구한다. 예를 들면, 1975년에 이미 GT-STRUDL과 같은 구조 분석 소프트웨어는 구조 기술자가 3차원의 프레임 모델을 만들고 분석할 수 있게 하였다. 비록 초기 사용자들은 좌표, 교점목록의 입력에 의해 텍스트로 3D 형상을 정의했지만, 컴퓨터 하드웨어의 발전에 따라 그래픽과 매개변수 처리장치 기능이 추가되었다. 따라서 구조 기술자들은 파라메트릭 단면도를 참조하여 부재를 정의하고 파라메트릭 제약을 주는 것을 포함하여 오랜 시간동안 3D 파라메트릭에 모델링 익숙해져 왔다.

이러한 면에서, 그들에게는 BIM의 3D 파라메트릭 모델링은 새로운 것이 아니며, BIM 도구의 채택은 자연스럽고 신속해질 것으로 기대할 수 있다.

그러나 관련 분야와 비교해보면 구조분야에서의 채택 비율이 느리다는 것을 알 수 있다(Young et al. 2008; Young et al. 2009). 이에 대한 설명은 직접적으로 실제 세상을 다루는 건설 기술자 및 시공전문가들로부터 건물 물리학에 중점을 두고 있는 설계 기술자들과 분석자들로 나누어진 철학적이고 상업적인 분리에 뿌리를 두고 있는 것으로 보인다. 그 철학적인 차이는 이상적인 분석 모델과 실제 물리적인 형태 사이의 이분법을 반영한다. 일반적으로, 구조 설계자들은 분석을 위한 구조물 모델을 만들지만 개념적인 차이 때문에 이 모델은 실제 시공을 위한 건물모델로 직접적으로 변환될 수 없다. 이러한 개념적 차이가 존재하기 때문에 미국과 같은 경우 제작을 위한 구조물 상세 설계를 시공자에게 맡기고 있다. 전문적인 기관들은 전문적 업무에 대한 규정에서 명확히 이러한 일들을 정하려는 추세이다.

모든 설계절차를 통하여 분야를 통섭하는 협력이 가능하다는 BIM의 이점과 더불어, BIM은 재작업을 없애고 더욱더 생산적으로 설계안을 만듦으로써 기술자들에게 직접적인 경제적 이익을 제공할 수 있다. 분석을 수행하기 위해 필요한 데이터들을 준비하는 것은 많은 노력을 요구한다. 적절한 BIM 인터페이스를 사용하면, 실제 형태를 나타내는 모델을 이용하여 분석용 모델과 도면 세트를 모두 산출할 수 있고, 이에 따라 분석을 위한 입력 데이터의 준비를 하지 않거나 매우 간단하게 할 수 있다.

BIM 관리 도구와 분석 프로그램 사이의 효과적인 인터페이스를 위해 적어도 3가지 관점을 포함하여야 한다.

(1) 분석을 위해 요구되는 특정 속성의 할당과 BIM 관리 도구와의 연계
(2) 특정 분석 소프트웨어를 위한 유효하고 정확하게 표현하여 분석할 수 있도록 건물 모델을 적절하게 단순화하고 분석데이터 모델로 편집하는 방법. 이러한 물리적 BIM 모델로부터의 단순화되는 분석모델은 각각의 분석 항목에 따라 달라진다.
(3) 상호적으로 지원되는 데이터 전송 호환 포맷. 이러한 데이터 호환은 단순화된 분석 모델과 물리적 BIM 모델 사이 관계를 유지하고 양측에서 순차적인 업데이트를 유지하기 위한 ID정보를 포함한다.

이러한 관점들은 건물 모델이 매우 짧은 순환주기 내에서 직접적으로 분석되는 것을 허용하고 여러 분석 프로그램들을 위한 반복적인 데이터 입력의 필요성을 제거한다고 하는 BIM의 기본적인 원칙의 중심에 있다. 기존의 거의 모든 건물 분석 소프트웨어들은 모델의 형상, 재료의 물성치 정의, 부하의 적용에 있어 많은 사전 처리과정을 필요로 한다. BIM 도구는 이러한 3가지 기능을 구체화한 것으로 건물 형상은 공용 모델로부터 직접적으로 추출되고; 재료 물성값은 각각의 분석에서 자동적으로 정의되며; 부하 조건은 분석을 위해 저장되고 편집되고 적용될 수 있다.

구조 분석과정은 이러한 특징이 잘 나타난다. 건축 설계 프로그램들은 구조분석을 수행하기 위한 구조적 부재를 생성하거나 표현하지 못하기 때문에 일부 소프트웨어 회사들은 그들의 BIM 소프트웨어와 별도의 버전으로 이러한 기능들을 제공한다. Revit Structures와 Bentley Structures는 구조 기술자들이 일반적으로 사용하는 기둥이나 보, 벽, 슬래브 등과 같은 기본적인 객체와 관계를 제공하고 이들 회사의 건축 BIM 프로그램과 동일 객체 간의 완벽한 호환운용이 가능하도록 하는 BIM 도구의 두 가지 예이다. 그러나, 그것들은 구조적으로 이상화된 선과 절점(stick-and-node)으로 추가함으로써 두 가지의 표현방법을 제공한다는 것을 알 수 있다. 이들은 또한 건축 법규 승인을 얻기 위해 사용되는 분석들의 필요에 따라 구조적 하중과 하중조합, 그리고 연결 해제에 따른 연결부의 추상적 거동 등을 나타낼 수 있다. 이러한 기능들은 기술자들에게 직접적인 구조분석 프로그램을 제공한다. 그림 5-14는 BIM 도구로 나타낸 전단벽과 그 벽의 평면상의 수평 하중 분석결과를 보여준다.

에너지 분석에는 별도의 특정 조건이 필요하다; 첫 번째 태양 복사를 위한 건물 외피의 구성을 나타내는 데이터세트; 두 번째는 내부 존과 발열 사용량을 표현하기 위한 세트; 세 번째는 HVAC 기계 설비를 나타내는 세트. 주로 에너지 전문가인 사용자에 의한 부가적인 데이터의 준비가 필요하다. 일반적인 BIM 설계 도구는 첫 번째 세트만을 기본적으로 표현한다.

컴퓨터를 사용한 기류 시뮬레이션(CFD), 조명 시뮬레이션, 음향 분석 각각 별도의 데이터가 필요하다. 구조 분석을 위한 입력 데이터 세트 제작과 관련된

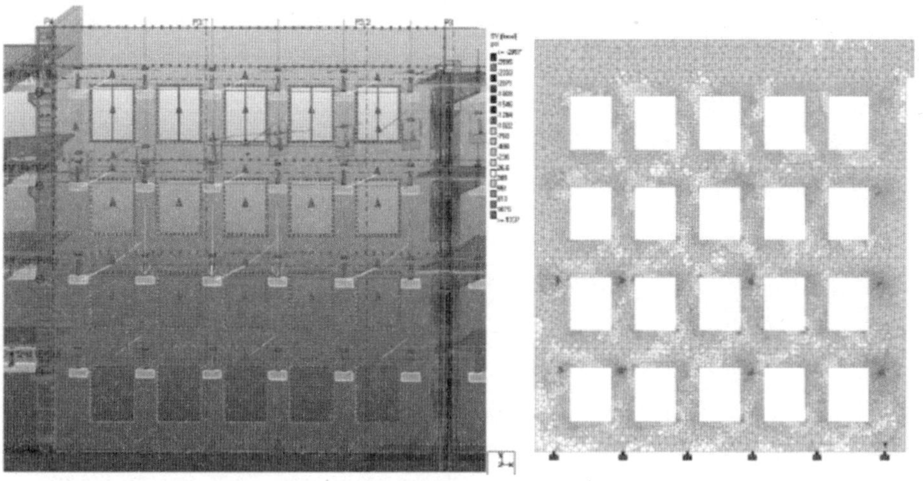

(A) (B)

그림 5-14
(A) 부하를 포함한 Tekla Structures 모델에서의 프리캐스트 구성재 조합, (B) 유한요소분석 패키지인 STAAD PRO에서의 동일한 단면

이슈들은 잘 알려져 있고 대부분의 건축가들이 렌더링 도구의 이용을 통하여 조명 시뮬레이션에 경험이 있지만, 그 외 다른 분석항목을 수행하기 위한 입력조건들은 설계자들에 의해 잘 이해되고 있지 않고 많은 사전준비와 전문지식을 요구한다.

이와 같이 특성화된 데이터세트의 준비를 위한 인터페이스를 제공하는 것은 5.3.1절에서 검토한 특수 목적의 환경 분석 건물 모델들의 중요한 역할이다. 세부 분석을 수행하기 위한 일련의 준비 도구들은 향후 버전의 주요 BIM 설계 도구로 통합될 것으로 생각된다. 이러한 추가된 인터페이스들은 초기 설계에서 수행되었던 것처럼 개개의 프로그램을 위한 체크와 데이터 준비를 용이하게 할 것이다. 적절한 분석필터를 사용하여 (1) BIM 모델로부터 최소한의 형태 데이터를 가져올 수 있는지 확인 (2) 모델로부터 필요한 기하학 형상을 단순화하고 (3) 필요한 재료 및 객체 속성을 할당 (4) 사용자가 분석에 필요한 매개변수들의 변경할 수 있다.

상세설계시 일반적으로 사용되는 분석/시뮬레이션 프로그램을 표 5-2에서 보여주고 있다. 일반적인 데이터 변환 포맷과 특정 BIM 설계 도구와의 직접적, 상업적 연결을 보여주고 있다. 직접적인 링크는 ODBC나 COM과 같은 공용 미들웨어 소프트웨어 인터페이스 규격이나 ArchiCAD의 GDL, Bentley의 MDL 같은 상업적인 인터페이스들로 구성된다. 이러한 변환들은 건물 모델의 일부분에 접근하여 프로그램의 개발을 가능하게 한다. 그 공공 데이터 변환 포맷은 3장에서 자세히 설명된 IFC와 CIS/2를 포함한다.

분석항목에 따라 각기 다른 물성치가 필요하고 물리적 모델로부터 각기 다른 수준으로 단순화된 모델이 필요하기 때문에 모든 분석 유형을 지원하는 통합된 직접 하나의 변환 포맷은 개발될 수 없을 것으로 보인다. 대부분의 분석들

표 5-2 분석/시뮬레이션 응용 프로그램과상호운용 기능

		Import Formats					Export Formats					
	Application	CIS/2	IFC	DXF	SDNF	SAT	GBXML	CIS/2	IFC	DXF	SDNF	Direct Links
Structural Analysis	SAP200, ETABS	•	•					•	•			Revit® Structures,
	STAAD-Pro	•						•				Bentley® Structures
	RISA			•						•	•	Revit® Structures
	GT-STRUDL	•			•			•				
	RAM							•		•	•	Bentley® Structures
	Robobat	•	•									Revit® Structures,
Energy Analysis	DOE-2						•					
	EnergyPlus		•				•					Ecotect Analysis.
	Apache			•								IES
	ESP-r			•						•		Ecotect
Mechanical Equipment Simulation	TRNSYS											
	Carrier E20-II											
Lighting Simulation	Radiance			•			•					ArchiCAD®
Acoustic Analysis	Ease			•								
	Odeon			•								
Air Flow/CFD	Flovent			•		•						
	Fluent							•	•			
	MicroFlo											IES
Building Functional Analysis	EDM Model Checker		•									
	Solibri		•									

은 모델을 준비하는 설계자나 기술자에 의한 신중한 입력 데이터의 구성이 요구된다.

건물 법규 요구사항들과 규정에 대한 적합성 분석

위에 논의한 내용은 건물의 물리적 거동을 다루고 있는 정량적인 분석에 초점이 맞추어져 있다. 화재 안전이나 장애인의 접근 그리고 건물 법규 요구사항들과 같은 덜 복합적이지만 일정수준 복잡한 분석항목 또한 평가되어야 한다.

최근 건물 모델의 중립 포맷(IFC)을 바탕으로 규칙에 기초한 모델 체크를 지원하는 두 가지 제품의 사용이 확산되었다. Solibri Model Checker는 건물 모델에 대한 일종의 철자와 문법 체크 도구이다. EDM ModelChecker는 건물의 코드 검사와 복잡한 형태의 구성을 평가하는 플랫폼을 제공한다. EDM은 싱가포르의 자동화된 건축 법규 검토인 CORENET에 사용된 플랫폼이다(CORENET 2007). 이와 유사한 건축 법규 검토 노력이 호주와(Ding et al. 2006) 미국에서 수행되고 있다(ICC n.d.). 법규 검토와 관련된 문헌도 찾아볼 수 있다(Eastman et al. 2009).

솔리브리(Solibri 2007)는 GSA(GSA 2006)를 위한 Space Program Validation 프로그램을 구현했다. 하나의 공간에서 면적을 도출하는 Space Program Validation의 특징을 그림 5-15에서 보여주고 있다. 이 프로그램은 space program의 준수 여부를 파악하기 위하여 벽의 baseline이 아닌 벽

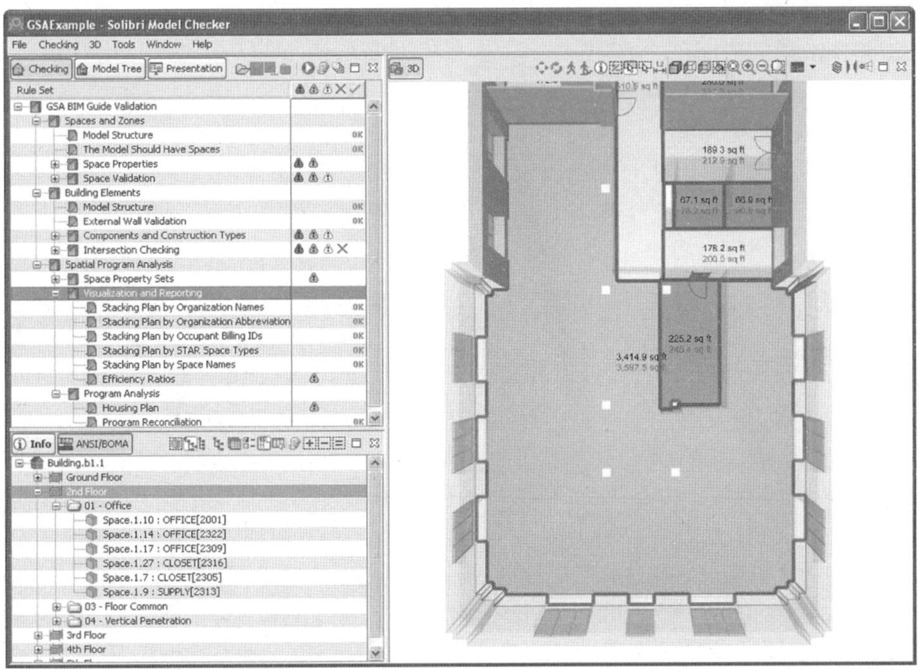

그림 5-6
규정된 프로그램 면적과의 비교를 위한 ANSI-BOMA 공간 면적 산출의 예

이미지 제공: the Office of the Chief Architect, Public Buildings Service, U.S. General Services Administration.

의 표면까지 측정하는 ANSI-BOMA 면적 계산 방법에 기초하여 프로그램의 면적과 레이아웃에 있는 면적을 비교한다. 분리된 공간의 종류에 따라 벽의 경계가 달라진다. 정성적, 정량적 평가를 둘 다 다루는 이러한 프로그램은 표준 표현방법의 사용이 증가함에 따라 점차 폭넓게 사용될 것이다.

비용견적

분석과 시뮬레이션 프로그램들이 다양한 종류의 건물 거동을 예측하지만, 비용견적은 다른 측면의 분석과 예측을 다룬다. 다른 분석처럼 설계 개발의 여러 수준에서 적용이 가능하여야 하며, 이용 가능한 정보를 사용하고 결여된 정보에 대해서는 규범적인 가정을 설정하여야 한다. 비용 견적은 건축주와 건설사, 협력업체와 관계가 있으므로, 이에 따른 개별적 전망을 4장, 6장 그리고 7장에서 다룬다.

현재까지, 프로젝트에 사용되는 제품이나 건축 재료의 수량은 수견적과 면적 계산을 통해 산출되었다. 모든 인간의 활동처럼 이것들은 많은 시간이 소요되고 실수가 많았다. 그러나, 건축정보모델들은 간단하게 수량을 파악하고 재료의 부피와 넓이를 산출하는 개체를 이용하여 거의 실시간으로 자동적으로 계산할 수 있다. BIM 도구로부터 추출한 특정 데이터를 이용하여 비용 견적에 필요한 제품과 단위 재료의 정확한 산출결과를 제공할 수 있다. 2장에서 설명한 디프로파일러 시스템은 BIM 응용 프로그램을 이용한 재료 수량파악과 비용견적 시스템을 연동하는 좋은 예를 제공한다. Castro Valley에 위치한 Sutter Medical Center(9장 참조) 같은 IPD 프로젝트들에 적용된 짧은 사이클 시간을 가지는 원가 계획은 비용 견적을 가능하게 할 수 있는 더욱더 강력한 BIM의 사용법이다. 이것은 설계 단계 전체에 걸쳐 설계자들을 위한 효과적인 가이드가 된다.

대부분의 BIM 플랫폼이 즉각적으로 항목의 수들 그리고, 그들의 많은 구성요소 또는 재료들에 대한 공간과 부피의 계산을 할 수 있지만, 모델에 대한 더욱더 정교한 건축 적산을 위해서는 Autodesk's QTO 또는 Vico Takeoff Manager와 같은 전문적인 소프트웨어를 사용한다. 비용 견적을 위해, 몇몇 중요한 소프트웨어 프로그램들은 플러그인을 다양한 BIM 플랫폼에 제공한다. 다음과 같은 것들을 포함한다.: Sage Timberline via Innovaya (Innovaya 2010), U.S. Cost (Success Estimator 2010); Nomitech(CostOS v3.6 BIM Estimating 2010) 그리고 Vico Estimator(Vico 2010). 이러한 도구들은 건물 모델의 객체들을 직접적으로 견적 패키지내의 조립, 방법, 항목들에 할당할 수 있으며, R.S. Means와 같은 외부 비용 데이터베이스와 연계된다. 비용 견적 시스템의 보다 전반적인 내용은 6.6절에서 다루어진다.

설계자들에게 비용 견적은 그들이 설계하는 동안에, 건축주의 자원들을 최대한으로 사용한 그들의 설계 대안을 고려함으로써 그들이 가치 공학 기술

(VE)을 수행할 수 있도록 한다. 프로젝트의 마지막에 비용 항목들을 제거하는 것은 BIM과 견적의 주요 이점이다. 프로젝트가 개발되는 동안에 점진적인 가치 공학 기술의 접목은 설계 전반에 걸쳐 실질적인 평가를 할 수 있게 한다.

시설물 내에서의 조직 성능의 시뮬레이션

건물들은 의료, 사업, 운송 또는 교육과 같은 다양한 기능을 위해 지어진다. 건물 외피의 물리학적인 성능이 요구되는 기능을 수행하는데 있어서 매우 중요하지만, 컴퓨터 시뮬레이션 프로그램들은 또한 건설된 공간들이 건물 내에서 수행된 작업들을 효율적으로 지원할 것인지에 대한 예측을 하는데도 적용될 수 있다. 운영의 레이아웃이 효율적인 생산에 영향을 미치는 것으로 알려진 제조 공장에서 보다 명백해 진다(Francis 1992). 같은 논리가 의사와 간호사가 매일 걷는데 상당한 시간을 쓰는 병원에 적용된다(Yeh 2006). 최근에는 중환자실에서의 다양한 응급 절차를 지원할 수 있는 공간 배치에 대한 연구도 수행되고 있다.

공항에서의 수속시간은 모든 여행자들이 직면하는 문제이고, 공항의 계획에 의해 영향을 받을 수 있다. 시설을 통한 사람의 흐름을 시뮬레이션하기 위한 소프트웨어는 Legion Studio, Simwalk, 그리고 Quadstone Parametrics의 Pedestrian Simulations 같은 것들이 있다. 점차 창조적인 생산 방식을 지향함에 따라 실리콘 밸리와 같이 오픈되고 친숙한 업무 환경은 보다 일반화될 것이다. GDP 중 의료에 대한 비율 증가는 새로운 절차와 연관된 개선된 설계를 통하여 나타날 수 있는 영역에 집중적인 분석과 연구할 가치가 있음을 나타낸다. 건축가들이 그와 같은 분석기능을 사용하든 안 하든, 건축설계와 조직의 프로세스, 인간의 행태 그리고 다른 관련된 현상과의 통합은 설계 분석에 있어 점차 중요해질 것이다.

이러한 이슈들은 일반적으로 건축주의 필요성 인식에 의해 나타나며, 4.5.3절에서 다루어진다. 특별 설계 서비스로서 수행되는 이러한 연구에 대한 동기는 5.4.1절에서 다루어진다.

5.3.3 시공 단계 건물 모델

설계자는 적어도 세 가지 다른 방법으로 시공단계 모델의 개발에 접근 할 수 있다.

1. 전통적으로 생각하는 것처럼, 설계자의 건물 모델은 설계자와 발주자의 의도를 표현하는 상세 설계이다. 이러한 관점에서 시공자들은 처음부터 그들의 독립된 시공 모델과 문서를 개발한다.
2. 아니면, 부분적 상세 모델로서 건물 모델을 시공, 계획, 제작의 모든 면에서 사용할 수 있도록 상세화하는 것이다. 이러한 관점에서, 설계 모델

은 시공 팀에 의해 정밀화되는 출발점이다.

3. 설계팀은 모델의 제작상 문제에 대한 정보를 들으면서, 시작단계부터 도급업체 및 제작업체와 함께 상호협업을 할 수 있다. 그들은 후에 설계 의도와 제작 지식을 포함하는 모델을 제공한다.

첫 번째 접근방법이 건축가와 엔지니어에 의해 전통적으로 채택되었던 주된 원인은 그들이 설계 의도만 전달하고 시공정보를 제공하지 않음으로써 시공과 관련된 책임을 면하기 위해서이다. 이는 시공자에게 치수의 정밀성과 정확성에 대한 책임을 전가하는 내용이 일반적으로 설계 도면에 명백히 기술되어 있는 것으로 알 수 있다. 물론 기술적으로 이것은 도급업체 또는 협력업체가 처음부터 그들의 모델을 만들어야 하고, 설계자의 의도를 반영시켜야 하며 반복적인 제출, 설계검토, 수정을 하여야 한다는 것을 의미한다.

저자는 설계 의도에만 기초한 관행은 원칙적으로 비능률적이고 건축주에게 무책임한 것이라고 생각한다. 우리는 설계자가 두 번째나 세 번째 관점 취하여 협력업체와 디테일 담당자들에게 모델 정보를 제공하고, 그들이 설계의도를 유지하면서 제작을 위한 설계를 상세화할 수 있게 허용할 것을 권장한다.

설계자와 시공자간 모델을 공유하고, 긴밀한 협업을 통해 발전시킴으로서 얻어지는 이점은 통합사업관리(IPD Chapters 1과 6 그리고 더 상세정보를 위해 본 장의 5.2절을 참조)과 같은 새로운 조달방식의 개발을 위한 주된 동력이 된다. BIM은 IPD의 주요 활성요소이다.

남가주대학 영화예술대학(USC School of Cinematic Arts)의 구조 기술자의 모델은 이 같은 접근방식에 있어 아주 좋은 예이다. 그림 5-16에서 볼 수 있는 것처럼 구조 기술자는 현장배합 콘크리트의 보강용 강철(rebar)의 구조 형상과 철골 연결 상세에 관한 모든 것을 제공하였다. 다른 협력업체들은 같은 모델을 이용하여 그들의 세부사항들을 상세화하였다. 이를 통해 다른 시스템들 간의 조율이 보장되었다. Crusell Bridge(Chapter 9의 case study 참조)는 설계 모델이 상세설계, 제작, 현장 설치에 직접적으로 어떻게 이행되었는지를 명확히 보여준다.

건축정보모델을 만드는 거의 모든 도구들은 완전한 3D 구성요소 표현, 주요 2D 단면 이외에 중심선과 같은 가상 2D 또는 3D 도식표현을 지원한다. 파이프 레이아웃은 물리적 배치에 의하여 또는 파이프 지름을 옆에 주석으로 붙여 중앙선 논리 다이어그램으로 나타낼 수 있다. 이와 유사하게 전기선은 3D로 표현되거나 점선을 이용하여 논리적으로 정의될 수 있다.

2장에서 다룬 것처럼 이런 혼합된 방법을 이용한 건물 모델은 단지 부분적으로만 기계에 의해 읽힐 수 있다. 모델 내에서의 상세화 수준은 어느 정도 기계로 읽을 수 있는 지와 그것이 이룰 수 있는 기능성을 결정한다. 자동화된 간섭 체크는 오직 3D 솔리드 형상에만 적용될 수 있다. 시공 단계 모델링이 진행

그림 5-16
남가주대학 영화예술대학의 Tekla Structure 설계 엔지니어의 뷰. 이 모델은 세 협력업체-구조용 강재, 콘크리트 보강용 강철봉, 현장치기 콘크리트 협력관련-를 위한 세부사항이 포함되어 있고 기술자가 이 시스템들(삽입 컬러면 참고) 사이의 설계 조정을 확인할 수 있게 한다.

이미지 제공: Gregory P. Luth & Associates, Inc.

됨에 따라 모델과 구성 요소들의 3D 형상에 관해 요구되는 상세화 수준이 결정되어야 한다.

오늘날, 프로그램 제품 판매자들로부터 추천되는 시공 디테일들은 아직 일반적인 형식으로 정의하여 파라메트릭 3D 모델에 삽입하는 것을 허용하지 않는다. 다양한 파라메트릭 모델러 내에 들어가는 여러 종류의 기반 규정 시스템 때문이다 (2.2절에서 설명한 것과 같이). 시공 상세는 여전히 가장 쉽게 제공되는 기존방식인 단면도로 공급된다. 파라메트릭 3D 디테일을 제공하는 것은 의무와 보증에 있어 커다란 영향을 미칠 수 있으며, 판매사들이 어떻게 그들의 제품이 설치되고 상세화되는 지와 같은 관리를 강화하게 된다. 이 문제는 8장에서 다루어질 것이다. 그러나 설계자의 측면에서 보면, 아직까지2D 단면에 의존하는 것은 3D 모델링이 상세단계까지 가지 못하기 때문이며, 품질관리측면이 아직 부족하기 때문이다.

건물 시스템 배치

각각의 공법 및 건물 시스템들은 상세화와 배치를 위해서 각기 다른 전문 지식

표 5-3 건물 시스템 배치 애플리케이션

건물시스템	소프트웨어
기계 & HVAC	Carrier E20-II HVAC System Design Bentley Building Mechanical Systems Vectorworks Architect ADT Building Systems Autodesk Revit Systems
전기	Bentley Building Electrical Vectorworks Architect Autodesk Revit Systems
파이프	Vectorworks Architect ProCAD 3D Smart Quickpen Pipedesigner 3D Autodesk Revit Systems
엘리베이터/에스컬레이터	Elevate 6.0
대지 계획	Autodesk Civil 3D Bentley PowerCivil Eagle Pointís Landscape & Irrigation Design
구조	Tekla Structures Autodesk Revit Structures Bentley Structural

을 필요로 한다(표 5-3을 참조). 특히, 주문 설계 시스템인 커튼월은 전문적인 배치와 엔지니어링을 포함한다. 프리캐스트 콘크리트, 철골구조도 특성화된 설계와 엔지니어링, 그리고 사전제작에 대한 전문지식을 요구하는 분야이다. 기계, 전기, 그리고 배관 시스템은 보통 한정된 공간 내에서의 용량결정과 배치를 하여야 한다. 이러한 경우에서, 설계에 관여하는 전문가들은 별도의 설계 조건과 시스템을 배치하고 크기를 결정하고 기술하기 위한 파라메트릭 모델링을 요구한다.

그러나, 효율적인 시공을 위해 전문화된 신중한 통합으로의 접근이 요구된다. 각 시스템에 있어서 설계자와 제작업체/시공자는 일반적으로 분리된 별개의 조직이다. 설계 단계에서의 3D 레이아웃이 많은 이점을 갖고 있지만, 만약 그것이 너무 일찍 수행된다면 반복 작업으로 인한 낭비를 초래할 수 있다. 제작업체를 선정하기 전에, 건축가와 MEP 엔지니어들은 "설계 지원"의 역할 안에서 제작자와 이상적인 협의를 통해, "제안된 배치안"을 만들어내야 한다.

제작업체가 선정된 이후에 생산 목표가 상세화되고 실행될 것이다; 그리고 배치 안은 제작업체마다의 생산 선호도 또는 특성들 때문에 초기의 것과 달라진다. 따라서 각 시스템에서 추구되는 세부 사항의 수준은 계약 조건에 따라 달라진다. 설계자와 시공자는 건물 모델링을 위하여 상세 수준(Level of Detail, LOD)대한 논의를 시작할 것이고, 몇몇은 "모델 진행 시방서(Model Progression Specifications)"를 작성하는데 설계자와 협력업체로부터 서로 다른 프로젝트 단계에서 각각의 목표 유형에 요구되는 LOD를 명확하게 정의하는 것이다(Bedrick 2008). 이러한 시방서가 프로젝트 계약의 한 부분이 될 것이다.

BIM 도구는 모든 시스템 설계자와 협력업체에 의해서 동시에 사용될 때(가능한 한 매끄럽게 사용될 때) 매우 효과적 일 것이다. BIM 도구는 디자인 빌드와 IDP 계약에 있어 큰 이점을 제공한다. 시공 상세 수준모델의 사용은–설계모델이 제작 상세설계를 위해 직접적으로 사용되는 곳에–비용과 시간의 절약의 이점으로 좀 더 많이 사용될 것이다.

주요 BIM 설계 도구들 내에서 또는 조화를 이루어 업무를 촉진하기 위하여 A/E 회사 또는 컨설턴트는 다양한 프로그램을 사용하고 있다. 기계와 HVAC, 전기, 배관, 엘리베이터, 그리고 부지계획 프로그램을 포함한 대표적인 예들을 표 5-3에 나타내고 있다. 이들은 전문 건물 시스템 소프트웨어 개발자들에 의한 빠르게 개발되고 있다. 개발 중인 소프트웨어 역시 주요 BIM 설계 도구로 통합되거나 BIM 벤더들에게 수용된다. 그 결과로 BIM 벤더들은 더욱 완벽한 건물 시스템 설계 패키지를 제공할 수 있다.

7장에서는 시공을 위한 제작과 관련한 BIM 역할에 대해 중점적으로 초점을 맞추어 언급한다.

도면과 문서의 생성

도면의 생성은 중요한 BIM의 생산 기능으로서 수십 년간 지속될 것이다. 어떤 시점이 되면 설계 정보 기록으로서의 도면 기능은 없어질 것이며 대신에 모델이 건물 정보의 법적, 계약적 자원이 될 것이다. 미국 철강시공협회(American Institute of Steel Construction)의 실무표준코드에서는 만일 프로젝트의 구조강재가 모델과 도면 두 가지로 표현될 경우 설계계약으로 모델을 채택하도록 해오고 있다. 이러한 변화가 널리 보급되어도 설계회사 계약서류로 여전히 다양한 도면을 제공해야 할 것이다: 계약 요건을 이행하기 위해서; 계약자와 협력업체를 위한 건축법 요건을 만족하기 위해서; 그리고 설계자와 시공자 사이에서 서류의 역할을 하기 위해서. 도면은 시공시 배치와 작업을 안내하기 위해서 사용된다.

BIM 도구로부터 일반적인 도면 생성의 요건은 2장, 2.2.3절에 나타나 있다.

BIM이 발전하면서 보고서 생성능력이 우수해지고, 도면 형식의 법적인 제한이 제거된다면, 설계와 시공의 생산성을 증진시킬 수 있는 더 많은 옵션들이 나타날 수 있다. 이미 BIM 도구를 채택한 협력업체들은 특정 목적에 맞는 새로운 도면과 보고서 생성 형식을 개발하고 있다. 이러한 것들은 콘크리트 보강

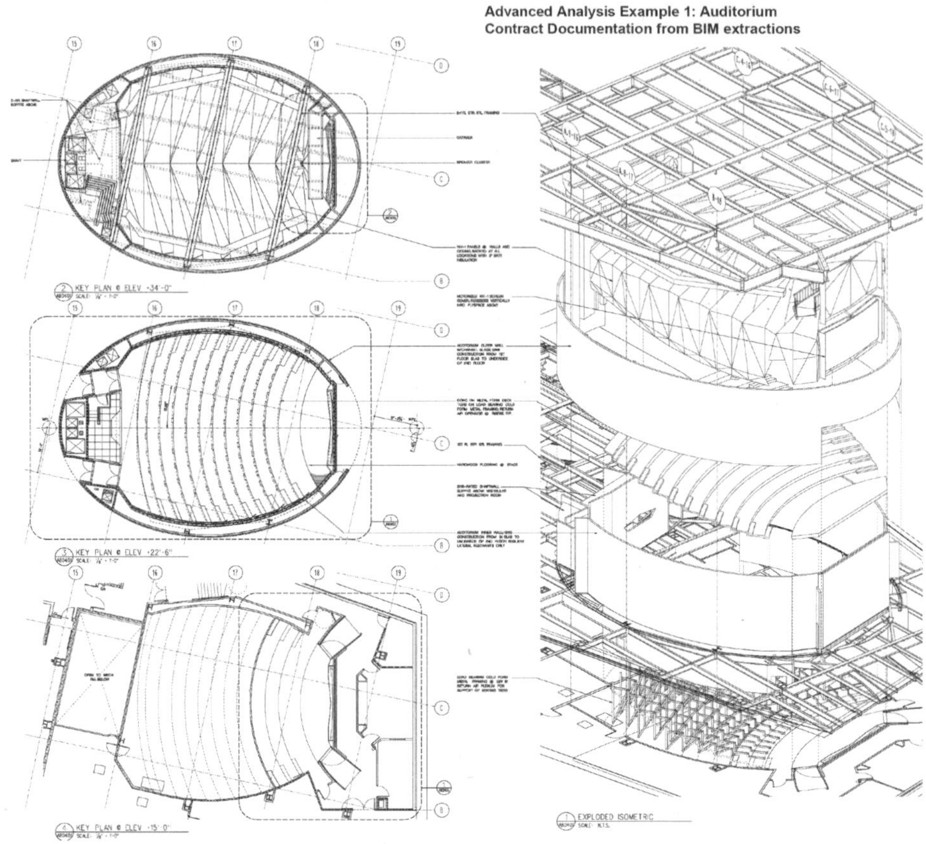

그림 5-17 보스톤 Merck Research Laboratories 강당의 상세도 패널 제작배치와 연관된 도면을 포함하고 있다. 휘어진 격자구조 때문에 설계가 매우 복잡하다.

이미지 제공: courtesy of Kling Stubbins.

용 강철봉(rebar)의 구부림과 재료 계산서뿐만 아니라 BIM 도구의 3D 모델링을 활용한 배치도면에도 적용된다. BIM 연구의 관점 중의 하나는 여러 협력업체와 설치 업체들을 위한 특성화된 도면의 개발이다. 그림 5-17에서 아주 좋은 예를 보여주고 있다. 설계기간 동안의 연구결과를 용이하게 변환하도록 촉진하는 새로운 표현방법은 BIM의 기능을 강화하는 또 다른 연구 영역이다.

현재 목표는 도면 배치를 위해 미리 정의된 템플릿을 적용하여 모델로부터 도면의 생성을 완전히 자동화하는 것이다. 그러나 대부분의 프로젝트 조건을 자세히 보면, 각 프로젝트 자체가 매우 드물어 이를 위해 계획하고 템플릿 규칙을 준비할 필요가 없으며 프로젝트 마다 특별 조건들이 발생하는 것을 명확히 파악할 수 있다. 따라서 도면의 완벽함과 보고서들의 배치를 검토하는 것은 당분간 필요한 업무로 유지될 것이다.

시방서

상세한 3D 모델 또는 건물 모델도 아직은 건물의 시공을 위한 충분하고 명확한 정보를 제공하지 못하고 있다. 건물 모델(또는 이전의 도면 세트)은 재료, 마감, 품질, 시공절차, 그리고 최종 건물성능의 구현을 관리하기 위한 정보들에 대한 기술적인 시방을 생략한다. 이러한 추가적인 정보는 프로젝트 시방으로 패키지화된다. 시방서는 프로젝트 내에서 재료의 종류에 따라, 작업의 분류에 따라 구성된다. 표준 시방의 분류에는 Uniformat(약간 다른 2개의 버전이 있음)과 Masterformat이 있다. 각각의 재료, 제품의 종류 또는 업무의 유형에 있어서 시방서는 제품이나 재료들의 품질을 정의하고, 따라야 하는 특별 업무 프로세스를 규정한다.

다양한 IT 프로그램들은 주어진 프로젝트와 관련된 시방서의 선택과 편집을 가능하게 하고, 모델내의 관련된 구성요소들과 상호 연결할 수 있도록 한다. 상호참조에 있어 최초의 BIM 설계 모델은 Revit내 객체를 링크할 수 있는 e-Specs이다. e-Specs은 참조 개체와 시방서 사이 일관성을 유지시켜 준다. 만일 참조 개체가 바뀌게 된다면, 관련 시방서가 업데이트되어야 한다는 것을 사용자에게 알려준다. 시방서는 라이브러리 개체와 연관될 수 있어 라이브러리 개체가 설계에 사용되면 시방이 자동으로 적용된다. 또 다른 애플리케이션 Linkman-E(BSD 2010)은 오토데스크 Revit) 모델과 Speclinke 도구를 사용하여 편집된 시방서를 조율한다.

Uniformat은 시공도면 세트의 문서 구조를 규정한다. 이 프로그램의 한 가지 제약은 시방구조가 주어진 건축 프로젝트 내에서 다수의 적용 가능한 프로그램들을 포함한 포괄적인 범위를 다루어야 하는 것이 이다. 논리적으로, 하나의 시방서 조항은 설계내의 다수지만 조금씩 다른 개체에 적용되기 때문에, 이러한 한계는 일 방향 기능으로 한정된다. 또한, 시방 조항이 적용되는 개체에 직접적으로 접근할 수는 없다. 이러한 한계는 시방 품질 관리를 제한한다. 건설시방협회(Construction Specification Institute; Uniformat의 소유자)는 건물 개체와 시방서 사이의 양방향 관계를 지원하기 위한 Uniformat의 구조를 해체하고 있다. Omniclass라 불리는 새로운 분류체계가 모델 객체의 시방 정보를 더 쉽게 관리 할 수 있도록 할 것이다(OmniClass 2007).

5.3.4 설계-시공 통합

역사적으로 시공에서 설계를 분리한 것은 중세시대에는 존재하지 않았고, 르네상스 기간에만 나타났었다. 역사적으로 오랜 기간에 걸쳐, 이러한 분리는 시공 기술자 사이의 밀접한 업무 관계가 발달함에 따라 축소되었으며, 나중에는 건축가의 사무소에서 제도사로서 “화이트칼라 직종”으로 일하게 되었다(Johnston 2006). 그러나 최근에 이러한 관계가 약해지고 있다. 제도사는 대개 초년 건축가이고 현장의 시공기술자와 설계사무소 사이의 의사소통 역할은 쇠퇴하였다. 대신하여, 심각한 문제가 발생하였을 경우 책임과 관련된 리스크로 인해, 적대적인 관계가 발생하게 되었다.

더욱이, 현대 건축물의 복잡성은 많은 도면을 필요로 하게 되고, 심지어 컴퓨터를 이용한 도면들과 문서 관리 시스템을 이용하여도 일관성을 유지하는 일이 매우 어렵게 되었다. 보다 상세한 정보가 제공됨에 따라 설계의도와 일관성에서의 오류 가능성이 급격히 높아진다. 품질제어 절차로 모든 오류를 찾아내기 어렵고, 결국 모든 오류는 시공단계에서 드러나게 된다.

건축 프로젝트는 지어진 건물에 대한 설계뿐 아니라 시공 과정의 설계도 필요하다. 이러한 인식은 설계-시공의 통합을 위한 핵심사항이다. 이것은 어떻게 건축물과 시스템들을 통합하고 최종 결과물의 미적, 기능적 품질을 동시에 만족시킬 수 있을 지와 연관된 기술적이고 조직적인 영향을 인식하는 설계 과정을 내포하고 있다. 실무적으로 건축 프로젝트는 건축 시공 전반에 걸친 전문가들 사이의 긴밀한 협력뿐만 아니라 설계 팀, 시공사, 그리고 협력업체 사이의 긴밀한 협조에 의존하게 된다. 의도된 결과는 일관성 있고 관련된 지식들을 통합하여 만들어지는 계획된 제품과 절차이다.

다양한 조달과 계약 형태에 대하여 1장과 4장에서 살펴보았다. 시공자의 관점은 6장에서 다루고, 본 장에서는 설계자의 관점에서의 팀 구성에 대하여 고려한다. 다음은 통합의 이점에 대한 목록을 아래에 기술한다.

- 초기에 리드시간(lead-time)이 긴 품목을 파악하고 조달 스케줄을 단축(9장의 Sutter Medical Center의 사례연구 참조)
- 지속적인 비용 산출과 스케줄을 통하여 설계 과정에서의 가치공학을 수행하며, 트레이드오프(tradeoffs)가 설계 과정에 완전히 통합되도록 함
- 시공 이슈와 관련된 설계 제약 조건을 초기에 파악하고 세팅함. 시공사와 협력업체로부터 통찰력을 얻어 설계가 시공성을 향상시키고 최고의 기술을 반영하게 하여, 추후에 추가 비용을 들여 변경하거나 저 품질의 디테일을 수용하지 않도록 한다. 초기부터 협력업체의 기술을 고려하여 설계함으로써, 전체적인 시공 주기가 단축됨
- 조립 순서와 설계 상세 사이의 상호 연관성을 조기에 파악하여 조립상의 문제점을 초기에 감소
- 설계자가 개발한 시공 모델과 협력업체에 의한 제조 모델 사이의 차이를 감소시켜 불필요한 단계를 없애고 전반적인 설계/시공 과정을 단축
- 현저히 절감된 주기로 제작 상세에 대하여 설계 목적 검토와 일관성 오류에 요구되는 노력을 절감
- 시공 과정에서 시스템 사이의 간섭 오류를 크게 절감

설계-시공의 상호 협력은 언제 시공 인원을 투입할지 결정하는 것을 포함한다. 시공관련 인원의 참여는 프로젝트를 착수할 때부터 시작될 수 있는데, 프로젝트에 영향을 미칠 수 있는 시공 사항을 초기에 고려할 수 있게 된다. 시공 관련자가 나중에 참여하는 것은 프로젝트가 보편적인 시공 기술을 이용하거나

프로그램적인 이슈가 중요할 때, 그리고 전문적인 시공 기술이나 제작 기술이 요구되지 않을 때 합당하다. 점차적으로, 시공자와 협력업체를 프로세스의 초기에 참여시키는 것이 일반적인 경향이며, 전통적인 설계시공 분리발주와 달리, 효율을 높이는 결과를 가져온다.

5.3.5 설계 검토

설계의 처음부터 끝까지, 설계팀, 기술자 그리고 기술적 전문 컨설턴트들의 협력 작업이 수행된다. 이러한 협업은 전문가의 검토를 통해 파악된 해당분야의 프로젝트 정보를 제공하고, 피드백/조언/변경 등을 습득하는 것을 포함한다. 이러한 협력 작업은 때로 문제의 일부만을 이해하고 있는 각각의 전문가들이 모여 팀으로 문제를 해결하기도 한다.

전통적으로 이러한 협력 작업은 도면, 팩스, 무선전화 그리고 회의로 진행되어 왔다. 전자 도면과 모델로의 변화는 모델과 도면 검토에 온라인을 이용하여 온라인 매체, 이메일 교환 그리고 화상 회의 등의 새로운 선택사항을 제공한다. 설계 또는 시공을 포함한 전반에 걸친 정기적인 검토는 Webex, GoToMeeting, Microsoft's Live Meeting 등을 이용하여 3D BIM 모델을 활용한 작업으로 진행될 수 있다. 회의 참가자는 전 세계에 분포되어 있으며, 오직 작업/수면 패턴과 시간대의 차이로 인한 한계만이 존재하게 된다. Bluebeam's Studio의 PDF Revu software(Bluebeam 2010)와 같은 새로운 도구는 비동기(asynchronous) 여부검토를 지원하고 설계 도서에 정보를 추가하는 것이 온라인으로 가능하며, 이는 다른 시간대에 분포해있는 다른 곳에 있는 팀이 특정한 용도로 사용할 수 있도록 한다.

음성과 컴퓨터 이미지를 공유할 수 있어 건물 모델에 적용할 수 있는 추가적인 기능을 활용하여 조정 및 협업의 많은 문제들을 해결할 수 있다.

전체 프로젝트를 위해서 전문적인 설계자와 상세설계자를 모두 같은 오피스에 배치하는 것은 크고 복합적인 프로젝트를 위한 일반적인 협동작업의 새로운 형태이다. 이것은 IPD가 사용되고 있는 프로젝트의 일반적 특징이다. 프로젝트 팀의 오피스 공간은 보통 아이룸(I-Room)을 포함하는데, 이곳은 서로 다른 그룹의 사람들이 대형 화면을 통해 진행중인 설계상의 문제들에 대해 검토 및 논의하고, 계획적으로 또는 즉각적으로 만나서 협업할 수 있는 공간이다.

대부분의 주요 BIM 시스템은 모델과 도면 검토 그리고 온라인 마크업을 지원한다. 드래프트 시스템에서 사용되는 단순한 뷰기능을 가진 애플리케이션은 외부참조 파일과 비슷한 포맷에 의지하지만 빠르게 강력해 지고 있다. 중립포맷 형태로 공유할 수 있는 VRML, IFC, DWF, Adobe 3D 같은 건물 모델은 손쉬운 생성과 압축, 마크업, 수정을 허용하고 웹상의 회의를 통해 협력 작업이 가능하도록 한다. 이러한 모델뷰어의 일부는 객체를 가시화할 수 있고, 객체의 속성을 검토할 수 있는 컨트롤을 포함한다. Navisworks와 Solibri와 같은 몇

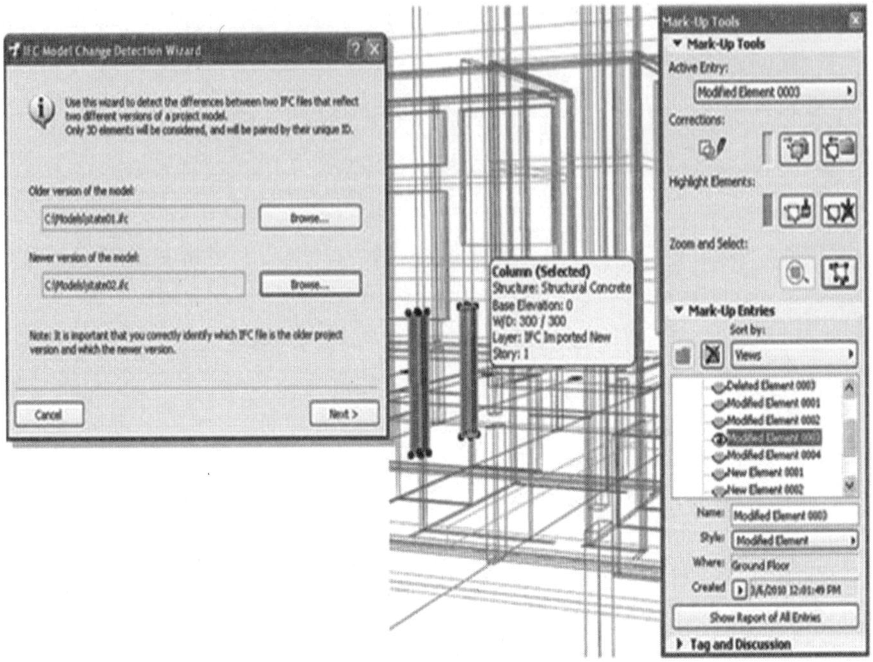

그림 5-18
구조 분석 과정에서 수정, 첨가, 삭제된 ArchiCAD14 객체의 디스플레이. 이러한 변환은 IFC 파일을 사용하여 내력자재를 걸러내어 만들어졌다.

이미지 제공: AECbytes와 Graphisoft.

몇 도구들은 다양한 저작도구들을 통해 생성한 복합 모델을 겹쳐서 볼 수 있으며, 간섭 체크 및 버전 비교를 할 수 있는 특징을 가진다. 이 같은 몇몇의 애플리케이션은 2장에서 검토된다.

상호협력은 두 단계로 나뉠 수 있다: 위에서 설명한 것과 같이 웹 기반 회의와 컴퓨터 디스플레이를 이용한 방법. 다른 하나는 프로젝트 정보를 공유하는 것이다. 사람의 상호작용 수준은 다음의 검토 기능이 필요하다.

1. 공간에 설치된 카메라가 문제를 찾는 것처럼, 설계와 관련된 문제들을 확인
2. 문제점을 찾게 된 이슈와 관련된 기록 또는 데이터
3. 설계 응용프로그램으로 보낼 수 있는 문제에 대한 쉬운 보고 방법과 건물의 특정 문제를 다룰 수 있는 책임감 있는 사용자
4. 문제점이 해결될 때까지 문제점을 추적하는 능력

Navisworks와 같은 도구는 이 기능의 한 단계를 제공해 왔으며, Solibri Model Checker도 마찬가지다. 3장에서 설명한 BIM 협업양식(BIM Collaboration Format)은 또 다른 연결 고리를 풀어준다. 이 상호협력 서비스는 BIM 서버가 작업환경이 된다면 새로운 포맷으로 채택될 것이다.

모델 단계에서 양방향 기능은 몇몇 구조 분석과 함께 인터페이스 안에서 실

현되어 왔다. IFC와 CIS/2 건물 데이터 모델 둘 다 유일한 ID(GUID)의 정의를 지원한다.

ArchiCAD와 같은 BIM 플랫폼은 사용자가 IFC를 사용하여 내력자재를 선택하고 필터링하는 것을 허용하고 그림 5-18에서 보이는 것처럼 구조분석 후에 객체가 건물 모델로 돌아와 업데이트 된 객체로 나타내는 기능을 지원한다.

양방향 작업흐름을 이용한 효과적인 상호협력은 일반적으로 BIM 설계 애플리케이션과 구조분석 사이에서 구현되어진다. 많은 다른 분석 영역간의 양방향 교환이 효과적으로 이루어지기 위해서는 여전히 많은 노력이 필요하다. 모델 변환, 상호 운용과 모델 동기화에 대한 보다 자세한 내용은 3장을 참고하라.

설계자와 컨설턴트 사이의 더 빠른 의견교환은 린(lean) 설계 철학의 일부이다. 오랜 반복은 양측의 여러 프로젝트에 있어서 멀티태스킹을 야기한다. 멀티태스크는 프로젝트에 대한 주요 이슈를 잊게 하고 설계 맥락에서 벗어나게 하며 실수를 유발하게 한다. 장시간의 반복은 높은 수준의 멀티태스킹을 유발하지만, 짧은 반복은 프로젝트를 지속하게 한다. 이에 따라 시간의 낭비가 적어지고 각각의 설계 작업에 보다 나은 진전을 이루게 된다.

5.4 건물 요소 모델과 라이브러리

BIM은 객체의 구성으로서 건물을 정의한다. BIM 설계 도구는 정해진 형태와 파라메트릭 객체에 대하여 사전 정의된 여러 라이브러리를 제공한다.

이들은 표준 현장 시공 실무에 기초하여 초기 설계 단계에 적합한 전형적이며 보편적 객체들이다(표 2-1 참조). 설계가 진행되면서 객체에 대한 정의는 에너지, 소음, 비용 등과 같은 기대 혹은 목표 성능에 따라 점점 구체화되고 상세화된다. 시각적인 특성도 렌더링을 지원하기 위해 추가된다. 기술적이고 성능 요구사항들을 정리하여 객체 정의(object definitions)가 최종 시공된 것이나 구입한 제품이 갖추어야 하는 것을 규정하게 된다. 이러한 제품 시방은 최종 개체를 선정하거나 시공하는 가이드가 된다.

이전에는, 다른 모델이나 데이터세트들은 이러한 각각의 용도에 따라 손으로 작성되었고, 통합하지 않았다. 지금은 객체를 한번 정의하고 여러 용도로 사용하는 것이 가능하게 되었다. 이것은 새로운 것이다.

- 일반적이고 부분적으로 명시되거나 특정적으로 명시할 수 있는 제품의 객체 모델
- 사내의 작업에서 재사용하기 위해 가치가 있는 건물 조립재들

문제는 현재 설계단계에 적합한 개체의 인스턴스를 정의할 수 있고 현 단계에서 다양하게 시용할 수 있는 사용하기 쉽고 일관성 있는 방법을 개발 하는 것

이다. 향후에 시방은 선정된 제품으로 대체된다. 따라서 다양한 수준의 객체 정의와 시방이 필요하다. 이를 통하여, 객체는 분석, 시뮬레이션, 비용 견적, 기타 용도를 지원하기 위한 형태, 재료 물성치의 개선과정을 거치게 된다. 객체의 속성을 다루는 몇몇 문제는 2.3.2절에서 다루어진다. 시간에 따라 이러한 과정은 SD, DD, CD와는 별도로 단계적으로 더 잘 정의되고, 보다 구조적이며 정상적인 실무의 일부가 될 것으로 기대한다. 상세시방서의 모델 수준의 제안이 한 예이다(Bedrick 2008). 시공의 마지막 단계에서, 건물 모델은 수백 또는 수천 개의 건물 객체들로 구성될 것이다. 이러한 객체의 상당부분은 시설 관리 및 운영을 지원하는 설비 관리 업체로 이전될 수 있다(4장 참조).

5.4.1 건물 구성 요소에 전문 기술 삽입[1]

설계사의 지적 자산 개발의 일부분은 프로젝트를 수행하면서 얻어지는 지식이다. 때로 이러한 전문 지식은 한사람의 소유가 되기도 한다.

전문기술이 적용된 파라메트릭 어셈블리의 개발은 개인으로부터 조직으로 전문기술을 이전하고, 개개인에게 지속적으로 요구하지 않고 좀 더 광범위하게 사용될 수 있도록 하는 데에 중요한 의미를 갖는다.

초고층 건물 코어 설계에서는 많은 복합적인 프로그래밍, 건물 시스템 그리고 법규 준수 사항이 다루어진다. 프로젝트에서 추구하는 운영 및 재정적인 효용성을 위해서는 코어 구성에 있어 공간적 효율성이 필요하다. 코어 설계는 현재 건축적인 실무의 특성상 상당한 전문 기술을 가지고 있는 상위 건축가와 엔지니어의 참여가 필요하다.

코어 설계의 문제는 프로젝트에서 프로젝트로 반복되는 기본 배치 분류체계를 적용함으로써 해결된다. 이것에 대한 하나의 예를 그림 5-20에서 보여준다.이 기본 유형분류체계들은 특정 타워 바닥 슬래브의 구체적인 하중 및 치수 특성을 적절히 고려하기 위하여 비형식적이지만 복잡한 설계 규칙에 의해 일부 수정된다. 도면 배치의 상세한 예는 그림 5-21에서 보여준다.

Gehry Technologies, GT와 SOM은 타워 코어의 자동 설계와 배치를 위한 파라메트리 도구 개발의 가능성에 대한 공동 연구를 수행했다.

이 작업의 목적은 아래와 같다

- 문제에 접근하는데 있어 상위 설계자가 사용했던 전략을 문서화하고, 코어 설계 문제에 대한기본 분석을 수행
- 위 절차에 기초하여, 작업의 자동화를 위해 파라메트릭 BIM 처리 절차 개발

[1] 이 부분은 Gehry Technologies의 지원과 함께 Skidmore, Owings & Merrill LLP, New York에 의해 고안되고 수행된 작업과 Dennis Sheldon가 쓴 작업을 채택한 것이다. 이 부분의 작업과 기술들은 특허출원 중이다.

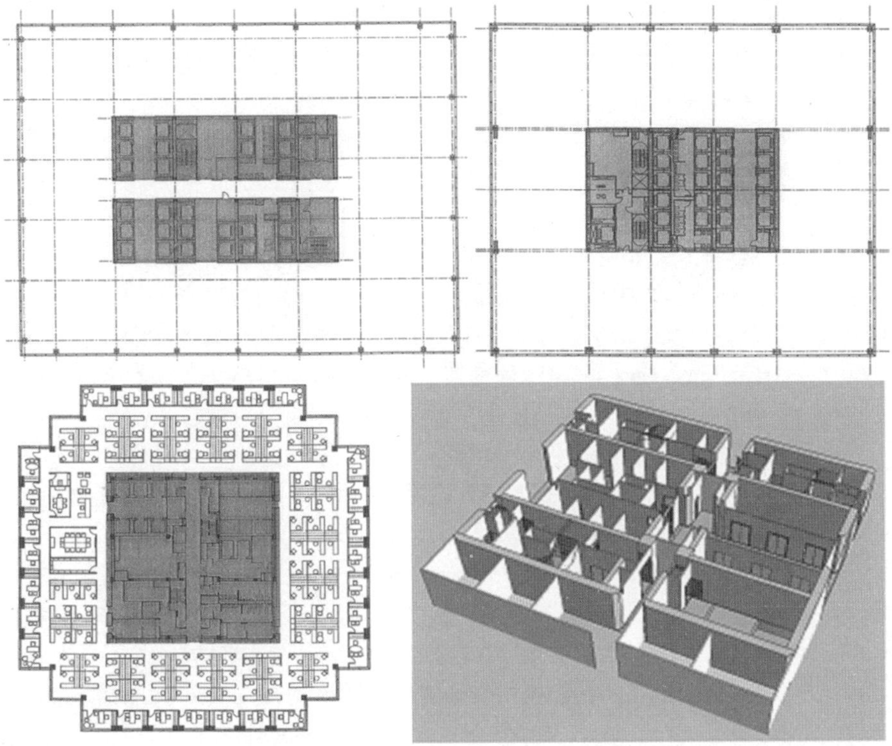

그림 5-19
고층부에서 사용되는 건물 고층 코어의 다른 형태 샘플 세트

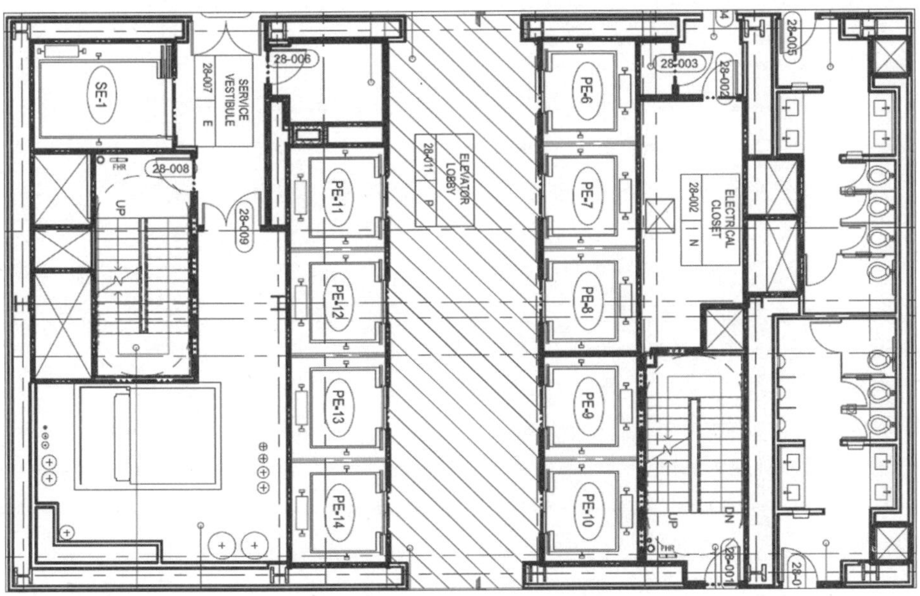

그림5-20
건물 코어 상세 배치의 예

- 확인된 문제 해결을 위한 프로토타입 개발
- 타워코어 설계자가 사용하거나 타워 설계 패키지의 최종 서류로서 만들어지는 2D와 3D 문서 생성 자동화
- 특정 프로젝트를 위해 건물 코어 모델러를 최적화 할 수 있는 확장된 방법 제시

이 작업 전에, SOM은 기본 코어 조직 유형 분류 체계, 설계 방식, 배치의 모듈러 측면을 포함하며, 코어 설계 방법에 대한 분석을 수행해왔다. SOM은 스프레드시트 형식으로 많은 코어 프로그램 요건을 문서화할 수 있는 엑셀 기반의 planning matrix을 개발하였다. 코드와 성능 필요 요건을 포함하는 많은 다른 문제들은 기술된 규칙과 산업계 방법으로 정의된다.

코어 자동화 프로그램의 초기 과제는 "골든 코어"로 일컬어지는 단일 코어 배치 유형 분류 체계에서 그들의 애플리케이션에 초점을 맞추어, SOM의 축적된 업무적 지식을 구현하는 것이었다.

골든 코어배치를 적용한, 최근에 완료된 프로젝트의 계약 문서를 분석하였다. 이 분석을 통해서 GT는 기술적 접근, 설계 방식, 그리고 관리되는 파라미터를 포함하여 코어 설계 자동화 파라메트릭 방법을 정의하였다.

이 분석은 층별로 규칙에 따라 SOM의 계획 매트릭스를 포함하는 모듈러 배치가 개체화할 수 있음을 확인하였다. 골든 코어에서 각층은 코어의 중심선을 따라 연속적으로 위치한 주어진 폭의 모듈러 시리즈로 구성되어 있다. 코어 모듈들은 모듈러 디멘젼의 작은 세트들을 그룹지어 건물 전체에 적용함으로써 정의된다.

스프레드시트 기반 해석프로그램은 각각의 층 또는 건물전체를 구성하도록 개발되었다. 이 프로그램에서 사용자는 그림 5-21에서 보이는 것처럼 건물 형 건물 형상(층별로 폭과 높이, 층수 등)의 기본 파라미터를 구성한다. 건물 치수와 층수는 건물 전체 높이와 각층의 면적을 결정하는데 사용되었고, 필요 인원과 업무용 승강기의 수를 결정하는데도 사용되었다. 비상구의 필요 출구 폭과 욕실 기구의 수는 임대 가능한 층 면적에 의해 얻어진다. 적절한 코어 폭은 구획된 스팬의 치수와 바닥 폭에 의해 결정된 승강기 베이의 수에 기초해서 결정된다. 승강기 일정표는 급행 승강기와 승하차 층을 고려해서 개발되며, 타워 배치를 위해 개발한 계획 매트릭스에도 포함된다. 사용자가 여러 승하차 층을 승강기 뱅킹(elevator banking: [譯註] 특히 초고층 건물에서, 승강기 운영 효율성을 높이기 위해 고층, 중층, 저층부를 운행하는 승강기들을 묶어 주는 것)으로 묶어주는 것과 같이, 많은 계산된 파라미터를 바꿀 수 있다. 이러한 내용은 그림 5-22에 나타나 있다.

이 계산은 코어 모듈의 파라메트릭 모델을 운영하기 위해 순차적으로 사용된다. 골든 코어 모듈 배치에 기초하여 미리 구성된 파라메트릭모듈이 개발되었다. 승강기 베이의 수, 설비기구의 수와 개구부 거리 등에 따라 이러한 모듈

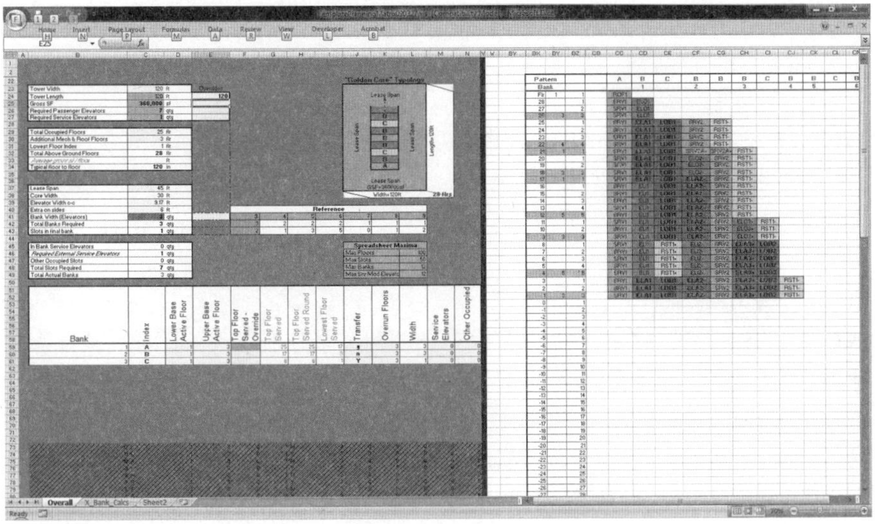

그림 5-21
대부분의 파라미터를 세팅하기 위한 입력 패널이 왼쪽에 위치되어 있다.

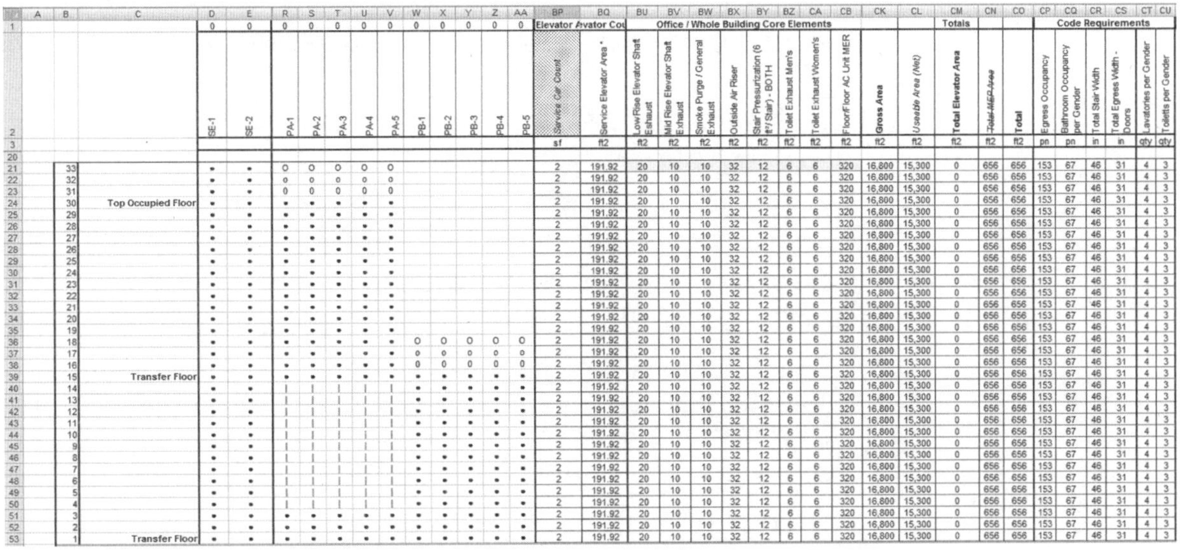

	A	B	C	D	E	R	S	T	U	V	W	X	Y	Z	AA
1				0	0	0	0	0	0	0	0	0	0	0	0
2				SE-1	SE-2	PA-1	PA-2	PA-3	PA-4	PA-5	PB-1	PB-2	PB-3	PB-4	PB-5
3															
20															
21		33		•	•	O	O	O	O	O					
22		32		•	•	o	o	o	o	o					
23		31		•	•	0	0	0	0	0					
24		30	Top Occupied Floor	•	•	•	•	•	•	•					
25		29		•	•	•	•	•	•	•					
26		28		•	•	•	•	•	•	•					
27		27		•	•	•	•	•	•	•					
28		26		•	•	•	•	•	•	•					
29		25		•	•	•	•	•	•	•					
30		24		•	•	•	•	•	•	•					
31		23		•	•	•	•	•	•	•					
32		22		•	•	•	•	•	•	•					
33		21		•	•	•	•	•	•	•					
34		20		•	•	•	•	•	•	•					
35		19		•	•	•	•	•	•	•					
36		18		•	•	•	•	•	•	•	O	O	O	O	O
37		17		•	•	•	•	•	•	•	o	o	o	o	o
38		16		•	•	•	•	•	•	•	0	0	0	0	0
39		15	Transfer Floor	•	•	•	•	•	•	•	•	•	•	•	•
40		14		•	•	|	|	|	|	|	•	•	•	•	•
41		13		•	•	|	|	|	|	|	•	•	•	•	•
42		12		•	•	|	|	|	|	|	•	•	•	•	•
43		11		•	•	|	|	|	|	|	•	•	•	•	•
44		10		•	•	|	|	|	|	|	•	•	•	•	•
45		9		•	•	|	|	|	|	|	•	•	•	•	•
46		8		•	•	|	|	|	|	|	•	•	•	•	•
47		7		•	•	|	|	|	|	|	•	•	•	•	•
48		6		•	•	|	|	|	|	|	•	•	•	•	•
49		5		•	•	|	|	|	|	|	•	•	•	•	•
50		4		•	•	|	|	|	|	|	•	•	•	•	•
51		3		•	•	•	•	•	•	•	•	•	•	•	•
52		2		•	•	•	•	•	•	•	•	•	•	•	•
53		1	Transfer Floor	•	•	•	•	•	•	•	•	•	•	•	•

	BP	BQ	BU	BV	BW	BX	BY	BZ	CA	CB	CK	CL	CM	CN	CO	CP	CQ	CR	CS	CT	CU
1	Elevator Avator Cou		Office / Whole Building Core Elements										Totals			Code Requirements					
2	Service Car Count	Service Elevator Area *	LowRise Elevator Shaft Exhaust	Mid Rise Elevator Shaft Exhaust	Smoke Purge / General Exhaust	Outside Air Riser	Stair Pressurization (6 ft²/ Stair) - BOTH	Toilet Exhaust Men's	Toilet Exhaust Women's	Floor/Floor AC Unit MER	Gross Area	Useable Area (Net)	Total Elevator Area	Total MEP Area	Total	Egress Occupancy	Bathroom Occupancy per Gender	Total Stair Width	Total Egress Width - Doors	Lavatories per Gender	Toiletts per Gender
3	sf	ft2	ft2	ft2	ft2	ft2	ft2	ft2	ft2	ft2	ft2	ft2	ft2	ft2	ft2	pn	pn	in	in	qty	qty
20																					
21	2	191.92	20	10	10	32	12	6	6	320	16,800	15,300	0	656	656	153	67	46	31	4	3
22	2	191.92	20	10	10	32	12	6	6	320	16,800	15,300	0	656	656	153	67	46	31	4	3
23	2	191.92	20	10	10	32	12	6	6	320	16,800	15,300	0	656	656	153	67	46	31	4	3
24	2	191.92	20	10	10	32	12	6	6	320	16,800	15,300	0	656	656	153	67	46	31	4	3
25	2	191.92	20	10	10	32	12	6	6	320	16,800	15,300	0	656	656	153	67	46	31	4	3
26	2	191.92	20	10	10	32	12	6	6	320	16,800	15,300	0	656	656	153	67	46	31	4	3
27	2	191.92	20	10	10	32	12	6	6	320	16,800	15,300	0	656	656	153	67	46	31	4	3
28	2	191.92	20	10	10	32	12	6	6	320	16,800	15,300	0	656	656	153	67	46	31	4	3
29	2	191.92	20	10	10	32	12	6	6	320	16,800	15,300	0	656	656	153	67	46	31	4	3
30	2	191.92	20	10	10	32	12	6	6	320	16,800	15,300	0	656	656	153	67	46	31	4	3
31	2	191.92	20	10	10	32	12	6	6	320	16,800	15,300	0	656	656	153	67	46	31	4	3
32	2	191.92	20	10	10	32	12	6	6	320	16,800	15,300	0	656	656	153	67	46	31	4	3
33	2	191.92	20	10	10	32	12	6	6	320	16,800	15,300	0	656	656	153	67	46	31	4	3
34	2	191.92	20	10	10	32	12	6	6	320	16,800	15,300	0	656	656	153	67	46	31	4	3
35	2	191.92	20	10	10	32	12	6	6	320	16,800	15,300	0	656	656	153	67	46	31	4	3
36	2	191.92	20	10	10	32	12	6	6	320	16,800	15,300	0	656	656	153	67	46	31	4	3
37	2	191.92	20	10	10	32	12	6	6	320	16,800	15,300	0	656	656	153	67	46	31	4	3
38	2	191.92	20	10	10	32	12	6	6	320	16,800	15,300	0	656	656	153	67	46	31	4	3
39	2	191.92	20	10	10	32	12	6	6	320	16,800	15,300	0	656	656	153	67	46	31	4	3
40	2	191.92	20	10	10	32	12	6	6	320	16,800	15,300	0	656	656	153	67	46	31	4	3
41	2	191.92	20	10	10	32	12	6	6	320	16,800	15,300	0	656	656	153	67	46	31	4	3
42	2	191.92	20	10	10	32	12	6	6	320	16,800	15,300	0	656	656	153	67	46	31	4	3
43	2	191.92	20	10	10	32	12	6	6	320	16,800	15,300	0	656	656	153	67	46	31	4	3
44	2	191.92	20	10	10	32	12	6	6	320	16,800	15,300	0	656	656	153	67	46	31	4	3
45	2	191.92	20	10	10	32	12	6	6	320	16,800	15,300	0	656	656	153	67	46	31	4	3
46	2	191.92	20	10	10	32	12	6	6	320	16,800	15,300	0	656	656	153	67	46	31	4	3
47	2	191.92	20	10	10	32	12	6	6	320	16,800	15,300	0	656	656	153	67	46	31	4	3
48	2	191.92	20	10	10	32	12	6	6	320	16,800	15,300	0	656	656	153	67	46	31	4	3
49	2	191.92	20	10	10	32	12	6	6	320	16,800	15,300	0	656	656	153	67	46	31	4	3
50	2	191.92	20	10	10	32	12	6	6	320	16,800	15,300	0	656	656	153	67	46	31	4	3
51	2	191.92	20	10	10	32	12	6	6	320	16,800	15,300	0	656	656	153	67	46	31	4	3
52	2	191.92	20	10	10	32	12	6	6	320	16,800	15,300	0	656	656	153	67	46	31	4	3
53	2	191.92	20	10	10	32	12	6	6	320	16,800	15,300	0	656	656	153	67	46	31	4	3

그림 5-22 수치계산을 이용한 승강기 승하차 일정, 파라메트릭 변수, 출구와 설비기구의 계획 매트릭스

의 파라메트릭 구성을 할 수 있으며, 사용자가 다시 설정할 수도 있다. 계단의 개수와 면적은 주어진 층과 층사이의 높이에 따라 결정되고 법규에 따르는 계단에 기초하여 3D에서 배치된다. 계단 발판, 설비와 문은 자동 도면 추출을 통해 2차원의 기호로 표현된다. 기본 렌더링을 수행할 수 있도록 재구성이 가능한 코어 요소에 텍스쳐 맵을 미리 적용할 수 있다. 배치를 나타내는 예는 그림 5-23에서 보여준다.

이렇게 파라메트릭으로 구성된 고층 타워는 건물외피를 설치하고 바닥판에 구축으로 정의 할 수 있다. 현재까지의 모델은 사각형의 바닥판을 가지고 있는 타워형태를 지원한다.

이러한 전문기술이 요구되는 특화된 파라메트릭 모델은 프로젝트 진행에 있어 며칠에서 몇 주의 시간을 절약할 수 있으며, 세부 실행 계획을 수립하기 위한 발주자와의 토론이 가능하며, 한 번의 미팅에서 결과를 평가 할 수 있다.

5.4.2 객체 라이브러리

북미에는 10,000개가 넘는 건축 자재 제조업체가 있다. 각각의 제조업체들은 수십에서 수만 개의 제품을 생산하고 있어, 전체적으로 수십만 개의 제품을 제공하고 있고 광범위한 건축적 표현을 실현시키기 위한 응용제품도 생산한다.[2]

건물 객체 모델(Building Object Models, BOM)은 제품 상세도를 포함하여, 문, 창문, 장비, 가구, 설비와 같은 물리적 제품과 벽, 지붕, 천정, 바닥 등 다양한 수준의 상세로 표현되는 높은 수준의 조립재를 2D와 3D의 형태로 표현한다. 특정 건물 타입과 관련된 설계 회사에서는 병원 수술실과 방사선 실과 같은 공간 형태의 파라메트릭 모델은 여러 프로젝트에서 재사용할 수 있도록 라이브러리로 표현된다.

이러한 공간의 시공조합은 건물객체모델로 생각될 수 있다. 시간이 지남에 따라 이러한 모델 라이브러리에 스며든 지식은 전략적 자산이 될 것이다. 설계 회사나 엔지니어 회사가 프로젝트 사용과 경험에 기초한 정보를 가지고 점진적으로 향상시키고 주석을 달 때 그들은 최고의 실무기술이 될 것이다. 건물주는 협력업체가 그들의 시설에 설치한 제품과 조립품에 대한 회사의 표준을 보여주는 객체 라이브러리를 개발할 것이다. 그들은 이 라이브러리를 프로젝트 개발을 수행하는 건축/엔지니어 회사를 컨설팅하기 위해서 배포할 것이다. 그리고 건축 엔지니어 회사로부터 받은 BIM 설계를 확인하고 검증하기 위하여 그것들을 사용할 것이다. 이 객체 라이브러리를 포함하는 작업흐름은 실수와 누락에 대한 위험을 줄여줄 것이다. 특히 회사가 이전 프로젝트로부터 높은 질의 객체 모델을 개발하고 사용하는 것에서 성공을 실현하였을 때 그 위험성이 더욱 줄어 들 것이다.

건물객체 모델라이브러리는 시설물의 생애주기 동안의 유지관리와 프로젝트를 수행하는 동안의 다양한 맥락과 적용을 위한 유용한 정보들을 참조할 것이다. 건물객체 모델을 개발하고 관리하는 것은 건설 회사들에 있어 새로운 도전이다. 그 이유는 많은 수의 객체, 조립체, 객체 패밀리들을 사무실이 여러 곳에 흩어져 있더라도 그 회사 자체적으로 조직하고 분배해야 하기 때문이다.

---

2 이 절은 James Andrew Arnold에 의해 제공된 정보에 의해 채용되었다.SMARTBIM LLC 제공

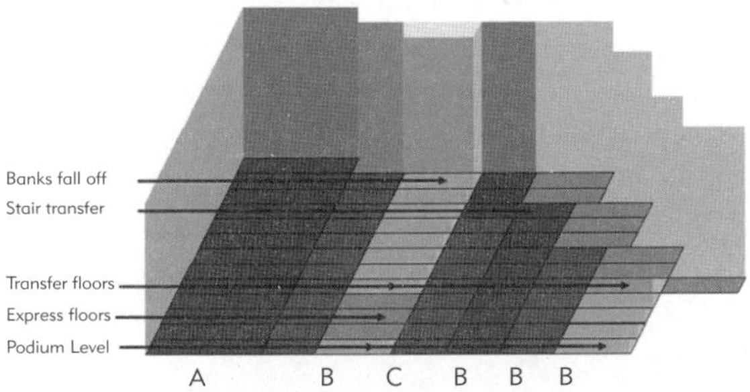

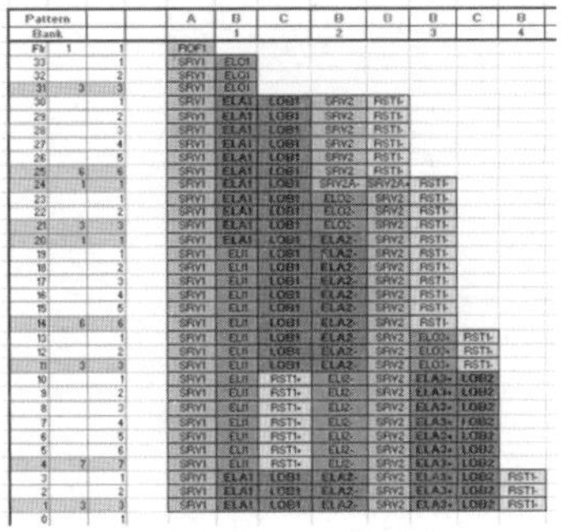

그림 5-23
기본 모델 패턴과 수직 논리. 급행 승강기와 비정차 로비는 화장실 위치와 전반적 코어의 배치를 결정한다. 특별 층은 입구 층과 사용자 컨트롤이 되는 승강기 환승 층이다. 텍스쳐 맵핑이 된 외피를 가진 건물과 코어를 예로 나타냄.

객체 정의

여기서 우리는 진보된 객체 사양에 필요한 기본 적인 정보를 다룬다.

- 2D와 3D의 기하학적 구조(카펫과 필름 형상의 마감재를 위한 2D)
- 명칭과 마감 재질을 표현한 건축재료
- 고정되지 않은 파라메트릭 형태
- 전기, 수도, 통신, 구조, 공기흐름과 같은 각기 다른 시스템의 필요사항과 연결 위치

- 성능 규정, 운전 수명, 유지보수 주기, 빛 투과율 그리고 기타 사양
- 광도 분포 곡선(조명 설비 관련)
- 제품유통 경로

이 특성은 객체가 진보된 BIM 모델과 애플리케이션에 완벽히 수용되도록 한다. 이에 대한 훌륭한 초기의 도면 시방서는 Revit식 메타데이터 스타일 가이드(Revit SEEK MetadataStyle Guide) (Autodesk 2009)이다.

구성과 접근

현재의 BIM 설계 도구를 고찰해보면 그들이 별도의 객체 패밀리를 사용하여 복합적인 객체 타입을 정의하고 수행해오고 있음을 보여준다(표 2-1 참조). 라이브러리 객체는 적절한 해석을 위해 BIM 기반 내 규격화된 용어 체계를 사용하여 프로젝트로 통합되고 사용될 수 있어야 한다. 완전한 통합은 객체 분류, 명명 규칙, 속성 체계 그리고 규칙 안에서 다른 객체들이 반영된 위상적 인터페이스의 규약 등을 포함한다. 이는 불어온 객체가 비용 산출, 시스템 분석, 건물 법규, 건물 프로그램 평가 애플리케이션과 같은 도구와 상호운용성을 확보할 수 있게 한다. 이는 객체를 일반적인 구조로 전환하거나 그것들의 "본래의(native)" 용어를 유지하면서 그것을 유의어와 하의어 관계로 번역할 수 있게 하는 동적 매핑 기능을 규정하는 것과 관련되어 있다.

건물객체 모델(BOM)콘텐츠를 개발하기 위한 기업의 투자와 복잡성은 사전 계획의 필요성을 강조하고 사용자가 구성, 관리 검색, 시각화, 건물객체 모델(BOM)콘텐츠의 사용 등을 할 수 있도록 라이브러리를 관리하고 배포하여야 한다.

CSI Masterformat과 Uniformat과 같은 분류 체계는 건물객체 모델(BOM)들을 프로젝트 모델로 조직화하고 그룹화하기 위한 유용한 색인이다. 예를 들어 프로젝트에 포함된 건물객체 모델(BOM)들을 CSI Masterformat의 코드로 지정하는 것은 프로젝트 시방서를 위한 건물객체 모델(BOM)들의 체계화를 가능하게 한다. 유사하게 Uniformat과 Work Breakdown Structures, WBS를 건물객체 모델(BOM)에 할당하는 것은 물량산출, 비용산출과 시공 계획을 위한 건물객체 모델(BOM)들의 체계화를 가능하게 한다. 하지만 이러한 분류 체계는 종종 구성이나 제품의 애플리케이션 또는 특정 프로젝트에 대한 어셈블리를 표현하는 것에 불충분하다.

CSI가 개발한 OmniClass 분류는 좀 더 상세하고 구체적인 객체 분류와 특성 정의 체계를 제공할 것이다(OmniClass 2007). CSI는 Construction Specifications Canada, Building SMART Norway, STABU Foundation(Dutch)과 협력하여 International Framework for Dictionaries(IFD) 프로젝트에서 컴퓨터가 해석할 수 있는 OmniClass 제품

과 프로젝트 내에서 객체 레퍼런스 및 BIM 객체에 대한 검증 도구를 위한 특성 정의의 표현을 설정하기 위한 OmniClass 용어 정의를 수행하고 있다. 객체 이름과 특성에 대한 표준화를 위한 새로운 색인과 분류 도구를 고려해볼 때 접근과 프로젝트 사용을 위해 국제적 기준에서 객체를 구성하는 것이 가능해질 것이다.

잘 설계된 라이브러리 관리 시스템은 객체 모델과 건물객체 모델(BOM) 라이브러리를 관리하는 기능성과 특정 프로젝트 또는 건물 유형에 대해 Library views에서 객체의 목록을 생성할 수 있는 기능을 포함하여 객체의 전반적 목록에서 객체이름과 물성 사이에 차이를 해결하기 위한 기능을 찾을 수 있는 복합적인 분류를 지원해야 한다.

5.4.3 건물객체 모델(BOM)포털

건물객체 모델(BOM)포털은 건물 객체를 위한 웹 액세스 포인트 역할을 하며, 공공 또는 민간의 포털 모두 시장에서 부상하고 있다. 공공의 포털은 콘텐츠를 제공하고 포럼과 블로그 등을 통해 커뮤니티를 촉진시킨다. 콘텐츠 도구는 주로 계층에 따른 체계화, 검색, 건물객체 모델(BOM)파일의 업로드 및 다운로드를 지원한다. 주요 포털의 비교를 표 5-4에서 나타내고 있다. 민간 포털은 회사와 서버의 접근 및 관리 통제 하에 공유를 동의하고 가입한 주체들과의 객체 공유를 허용한다. 건물객체 모델(BOM) 콘텐츠와 다른 애플리케이션 영역의 가치를 이해하는 회사 또는 회사의 그룹들은 건물객체 모델(BOM)들을 공유 또는 공동 개발할 수 있다. 민간 포털은 회사가 일반 콘텐츠를 공유하도록 하며, 특정, 소유권이 있는 설계 지식 부분은 암호화하여 콘텐츠를 보호할 수 있다.

Autodesk Seek은 Reed Construction Data, McGraw-Hill, ArCAT, CADdetails.com과 같은 파트너 및 최종 사용자로부터 다양한 형식의 콘텐츠를 수집한다. 또한 Autodesk Seek은 Revit과 ADT를 위한 위상학적 연결 및 SketchUp을 위한 좀 더 낮은 단계의 위상학적 연결에 대해 파라메트릭 객체를 제공하며; 이 데이터는 Autodesk Seek Metadata Style Guide를 충족할 수 있도록 포맷된다. Seek의 제품은 웹기반의 설계 프로그램인 Autodesk Dragonfly를 포함한 Revit 모델에 업로드 되거나 통합될 수 있으며 OmniClass Table 23 및 49 Parts and Properties와 부분적인 일관성을 갖는다.

Form Fonts EdgeServer의 제품은 공유 주체간 제어된 공유를 지원하는 서버 기술의 한 예 이며 SketchUp 객체를 지원한다. ArchiBase Net은 수천 개의 ArchiCAD 객체를 포함하는 ArchiCAD 웹 사이트이다. 대부분은 제품의 정보 또는 품질관리 없이 시각화를 위한 것이다. CadCells은 Microstation과 Bentley Architectural의 셀 사이트이며, 셀은 사이트의 소유주에 의해서 개발되고 환불이 보장된 상태로 거래된다. 셀은 재료나 물성정보 없이 오직 기하학 형상 정보만을 담고 있다.

표 5-4 공공의 건물객체모델(BOM)제품 포털 비교

Firm developed BOM	Public, Private, or Peer to Peer	Version Management	Navigation, Filters	Selection	BIM Authoring Tool Integration	BOM Modeling Guidelines	Ranking/ Annotation	Content Format	Web Site
Syndication from contributors (RCD, McGraw-Hill, others) and user uploads	Public	No	By Revit® categories, by attribute	Yes	Query directly from Autodesk portfolio products (AutoCAD, Revit, Inventor). Supports I-drop interface for insertion from Seek to CAD system if data package published to Seek includes it.	Yes	No	Revit, AutoCAD,®	http://seek.autodesk.com/
No	Public	By Revit® software release	By CSI MasterFormat® 04, Revit city organization, keyword	Yes	No	No	Rating	Revit®	www.revitcity.com/downloads.php
No	Public, Peer to peer	No	Furnishings, equipment & appliances, doors & windows, structures, site improvement, people, kitchen, company lines	Yes	No	No	No	ArchiCAD®	www.archibase.net/
No	Public	by Revit® software release	By Revit® category, Revit® release, unit of measure, manufacturer, author	Yes	No	No	No	Revit®	www.augi.com/revit.exchange/rpcviewer.asp
Yes	Private	No	By model application: architectural piping, HVAC, electrical	Yes	Microstation cell libraries come with a comprehensive pull-down menu to help locate and place a cell fast. AutoCAD block libraries are organized into logical folder structure for easy insertion.	No	No	Bentley cells, AutoCad 3D	www.cadcells.com/index.htm

No	Public	No	By ObjectsOnline category Collections by product and room type	Yes	No	No	No	ArchiCAD®, Auto-CAD®, and SketchUp, Vectorworks, Numerous rendering formats	www.objectsonline.com/customer/home.php
Yes	Public	No	Ability to create classification schema and add search tags	Yes	No	No	Rating	SketchUp	http://sketchup.google.com/3dwarehouse/
Yes	Public, peer to peer	No	By CSI MasterFormat®, by keyword, platform, manufacturer	Yes	No	No	No	SketchUp, also AutoCAD®, Revit®, ArchiCAD®, 3DMax, Lightwave, Collada, Alias wavefront	www.formfonts.com
Yes	Private	No	By Revit® category, folder, project, CSI MasterFormat®, UniFormat™, keyword, manufacturer	Yes	No	No	Yes	AutoCAD®, Revit®	www.digitalbuilding-solutions.com/
Yes	Private	No	By Revit® category, MasterFormat®, user-defined tags, shared parameter properties	Yes	Launch from Revit. Drag-n-drop insert into Revit.	Yes	No	Revit®	http://smartbim.reedconstructiondata.com/
No	Public	No	By Revit category and subcategory, and by building type and space type	Yes	No	No	No	Revit®	www.smartbim.com

Google 3D Warehouse는 건물의 제품과 건물들을 나타내는 SketchUp 콘텐츠를 위한 공공의 저장소이다. Google 3D Warehouse는 어느 누구나 Warehouse의 분할된 부분을 만들 수 있으며 스키마와 라이브러리 검색을 위한 분류 체계를 만들 수 있다. Google 3D Warehouse는 무료의 저장소를 제공하고 개발자를 위해 웹페이지와 3D Warehouse의 모델을 연결하는 기능의 백 엔드 서비스와 이를 이용한 스토어프론트를 제공한다.

또한 3D Warehouse는 Google Earth와의 통합을 제공하며 Google Earth는 웨어하우스로 업로드 된 건물 모델을 위한 위치 기반 검색 도구 역할을 한다. 이러한 기능들을 기반으로 새로운 사업 기회를 만들 수 있다. 예를 들어 McGraw Hill Sweets는 McGraw Hill Sweets' Group을 만들어 SketchUp 포맷으로 Sweets인증 제조업자 건물객체 모델(BOM)를 warehouse에 넣는 실험을 시작하였다. Google에서 제공하는 서비스, 검색, 모델링, 저장 기술과 건설 산업에 구체화된 기술을 갖고 있는 회사와의 결합은 강력한 잠재성을 보여주지만 아직 구체화되지는 않았다.

5.4.4 데스크톱/LAN 라이브러리

민간의 라이브러리는 건물 객체 콘텐츠를 분배하고 관리하기 위해 설계된 데스크톱 소프트웨어로, 사용자의 파일 관리 시스템과 밀접하게 연계된다. 그것들은 Revit과 같은 BIM 도구로부터 또는 사용자 파일 시스템, 통합된 네트워크로부터 건물객체 모델(BOM)를 자동으로 로딩하여 라이브러리 관리 시스템의 독립된 목록으로 만든다. 이들은 객체들을 분류하고 물성을 규정하는 스키마를

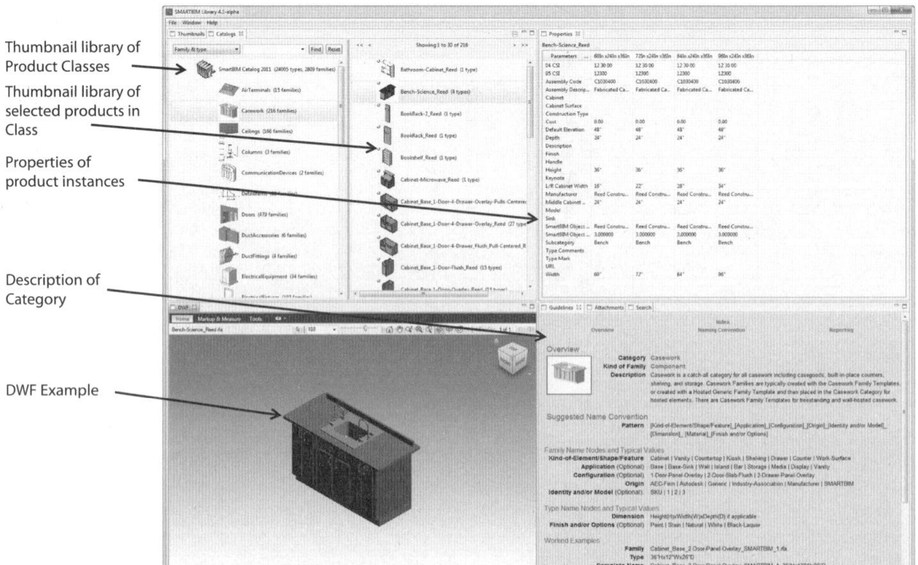

그림 5-24
SmartBIM Library의 다단계 구조

SMARTBIM LLC 제공

제공하고 추후 검색과 추출을 할 수 있도록 한다. CAD 시스템 이외에 객체의 3D 시각화의 예와 같이 카테고리, 타입, 그리고 속성에 대한 검토와 검색을 도와준다. 이러한 회사들은 프로그램을 제공하면서 동시에 회사들 간의 건물객체 모델(BOM)를 공유(파일 업로드, 다운로드, 커뮤니티 도구 등)하고 건축 제품의 제조업자별 건물객체 모델(BOM)를 배포하기 위한 공공의 포탈을 계획하고 있다.

이런 제품의 한 예는 그림 5-24에서 보여지는 것처럼 SmartBIM Library (SBL)이다. 다양한 Revit Families를 위한 제품 목록이 있어 사용자가 파일 시스템 또는 Revit 프로젝트로부터 만들 수 있다.

SBL은 복합적 객체 카탈로그를 표시하고 객체 이름, 속성, 사용자 정의 표시어, CSI Masterformat, Uniformat, OmniClass 코드에 의한 목록 전체에서 필터링을 지원하며 사용자가 사용자 정의 목록에서 객체를 복사하고 이동하는 것을 지원한다. 이는 Revit 플랫폼에서의 건물객체 모델(BOM) 모델링을 위한 최적 실무 가이드라인을 포함하고 있다. 유사한 제품으로 CAD Enhancement 회사의 FAR Manager와 BIM Manager가 있다. 이 회사들은 이런 라이브러리 기능에 기초한 추가 제품을 개발 중이다.

5.5 설계 실무에 적용할 때 고려사항

건물 설계의 기초적 표지를 일련의 도면들(디지털화된 경우에도)로부터 건물 모델로 전환하는 것은 많은 잠재적, 직접적 이점을 가지고 있다; 자동적으로 일관된 도면, 3D 공간의 간섭의 파악과 제거, 자동적이고 정확한 재료비용 산정, 분석, 비용과 스케줄 및 기타 프로그램의 향상된 지원. 설계 프로세스 전반에 걸친 삼차원 모델링은 협업과 설계 검토를 용이하게 한다. 설계 전 과정에서의 3차원 모델링은 보다 정확한 설계도면 작성, 더 빠르고 더 생산적인 도면 생성, 향상된 설계 품질을 가능하게 한다.

5.5.1 BIM의 타당성

BIM이 잠재적인 새로운 이점들을 제공하지만, 이는 무료가 아니다. 3D모델의 개발, 특히 분석을 지원하고 제작을 용이하게 하는 것을 포함한 개발은 현재의 시공 도면들보다 더 많은 의사결정과 더 많은 노력을 필요로 한다. 새로운 시스템을 채용하고, 직원을 재교육하고, 새로운 절차를 개발하는 데 필연적으로 발생하는 추가 비용을 고려하면, 이러한 이점들은 가치가 없어 보이기 쉽다. 그러나, 이러한 과정을 밟아가는 대부분의 회사들은 전환과 관련한 상당한 초기 비용이 결과적으로 시공도면 수준에서 생산성이 있음을 인지하였다. 모델로부터 일관성 있는 도면을 생성하는 초기 변환 또한 가치가 있는 일이다.

현재의 건설업 사업 구조에서, 설계자들은 보통 시공비용의 일부를 퍼센티지로 계산하여 보수를 받아왔다. 프로젝트의 성공은 설계 의도를 좀 더 잘 파악하고, 문제점이 없는 순조로운 진행을 포함하여 수익을 내는 것과 같은 많은 무형의 것을 포함한다. BIM 기술과 실무에 의해 제공되는 기능들에 대한 인식이 제고됨에 따라, 건축 발주자와 시공자는 새로운 사업 기회의 가능성을 탐색하고 있다(4장과 6장 참조).

설계자들은 보수 체계에 추가될 수 있는 새로운 서비스를 공급할 수 있다. 이러한 서비스들은 광범위하게 두 가지 부분으로 나뉠 수 있다.

1. 개념 설계 개발, 분석 및 시뮬레이션 프로그램을 사용하는 성능기반 설계:
   - 지속가능성과 에너지 효율
   - 설계 수행 중의 비용과 가치 분석
   - 의료 시설에서와 같이 운영 시뮬레이션을 이용한 프로그램적인 평가
2. 설계와 시공의 통합, 프로젝트 조달 계약의 형태
   - 프로젝트 팀과의 협력 증진: 구조, 기계, 전기기술자, 철강, MEP, 프리캐스트와 커튼월 제작업체. BIM의 사용은 설계 검토 피드백의 증진, 오류 감소, 일관성 문제 감소, 그리고 더 빠른 시공을 가능하게 한다.
   - 신속한 시공, 현장 외부에서의 부재 조립의 용이, 현장 작업의 감소
   - 조달, 제작, 조립의 자동화와 오랜 시간이 소요되는 요소들의 조기 발주

초기 비용과 운영비용을 비교하는 것은 할인율과 유지관리 스케줄의 지속적인 변화, 비용 추적의 어려움 등으로 인해 상당히 까다롭다. 그러나 Veterans Administration hospitals에 대한 연구는 VA 병원 시설의 18개월 운영비용이 시공비용과 같다는 것을 밝혀내어, 초기비용이 높더라도 병원 운영비의 절감에 상당이 큰 이점이 될 수 있다는 것을 알아냈다(그림 5-25 참조). 또한 VA 연구는 생애주기 동안 에너지비용에 대한 분할상환 지불금이 건설비용의 1/8에 해당되며, 이러한 비율은 증가할 것이라는 것을 발견하였다. 더욱이 상당히 할인된 플랜트 운영비용이(에너지 비용과 보안 비용 포함) 대략적으로 건설비용과 같다는 사실을 보여준다. 기타 많은 이용 가능한 비용 요소들 있다(Department of Veteran Affairs, http://www.cfm.va.gov/cost/참조).이러한 예는 운영비용의 절감과 건물 소유주/운영자가 추구하는 성능의 향상을 나타내는 지표를 제시한다.

BIM 설계와 시공을 통합하는 것의 이점에 대해서는 이미 5.3.4절에서 설명하였다.

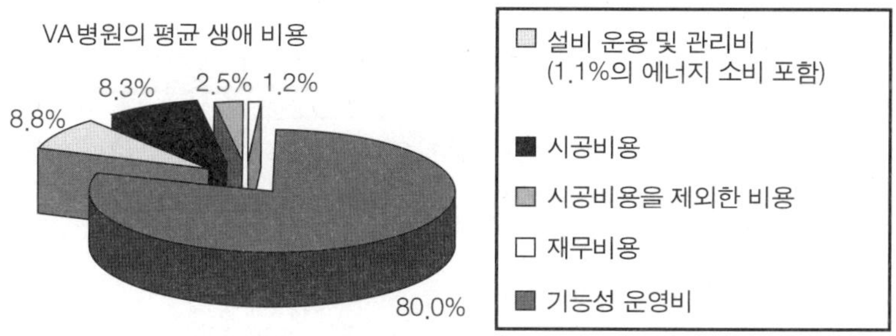

그림 5-16
Veteran 병원의 생애 비용과 운영비용의 제공

Veteran's Administration(Smoot 2007) 제공

BIM 설계의 생산성 이점

BIM과 같은 기술의 생산성 이점을 간접적으로 평가하는 방법 중의 하나는 오류 절감을 살펴보는 것이다. 이는 하나의 프로젝트에서 정보 요청(Requests for Information, RFIs) 건수와 설계변경(Change Orders, COs) 건수를 통해 쉽게 추정할 수 있다. 이들은 건축주의 관심 변화 혹은 외부 조건의 변화 등의 요소들을 포함한다. 그러나 내부의 일관성과 정확성에 의한 변경은 구별될 수 있으며, 다른 프로젝트에서의 수치를 수집할 수 있다. 이들은 BIM의 중요한 이점을 나타내며, 9장의 사례 연구에서 보고되고 있다.

설계 회사는 생산성 평가 방법에 대해 잘 알지 못하는 경우가 있다. 그러한 평가를 하기 위한 첫 번째 단계는 비교를 위한 기준선을 정하는 것이다. 설계 개발과 시공 상세도면 작성과 연관하여 건물 바닥면적, 외피 면적 또는 프로젝트 유형 등에 기반을 둔 단위 비용을 기록 및 관리하는 회사는 거의 없다. 이러한 것들이 새로운 설계 기술로의 전환에 따른 이익과 비용을 측정하는 기준 척도를 제공할 수 있다(Thomas et al. 1999).

두 번째 단계는 BIM의 경우처럼 새로운 기술로부터 획득할 수 있는 생산성을 측정하는 것이다. 다양한 BIM 벤더에 의해 제공되는 생산성의 향상 수치들과는 별개로(Autodesk 2004), 이미 BIM을 채택한 설계 회사 내에서의 나온 유용한 데이터 또는 연구 문헌은 많지 않다. 리바(rebar) 상세에 대한 구조 도면을 생성하는 것에 관한 생산성 향상 조사 결과에 있어서, 구조물의 크기, 복잡성, 그리고 반복성에 따라 21%에서 59%의 생산성이 증가하는 것으로 보고한 사례가 있다(Sacks and Barak 2006). 9장의 사례연구에서 몇 가지의 값을 제공하고 있다. 물론 특정 설계 회사에서의 이점은 실제 프로젝트들이 수행될 때까지 확실한 것은 아니다. 평가를 할 때 작업을 수행하는 사람의 평균 월급에 가중하여 절감된 시간과 회사 내의 연 인건비의 비율을 구분하여야 한다. 이는 가중 생산성 증진 효과를 제공한다. 결과로 나온 퍼센트에 설계 활동에 대한 연 직접 인건비를 곱하여 연간 이익을 산출할 수 있다.

세 번째 단계는 회사의 BIM 능력 마케팅을 통해서 산업의 증대를 측정하는 것이다. 시장에 따라 다르겠지만, 일부 지역에서는 중요할 수 있다.

마지막 단계는 채용에 따른 투자비용을 산정하는 것 이다. 가장 많은 비중을 차지하는 비용은 교육비용인데, 이는 시간 소비에 따른 직접 비용과 사람들이 새로운 도구를 배움으로써 초기 절감된 생산성을 나타내는데 따른 '학습효과 비용(learning curve cost)' 을 포함한다. 하드웨어와 소프트웨어 비용은 BIM 벤더를 통해 산출할 수 있다. 생산성의 이점은 시간이 흐르면서 급격히 증가할 것이다. 마지막으로 총 비용에 따른 총 연간 이익은 연간 투자 회수 비용과 비용 보상 소요 시간에 대한 간략한 측정 지표를 제공한다.

2.3.1에서는 BIM 도구를 선택하기 위한 가이드라인을 제공하고 있다. 모델링 도구는 단지 내부에서만 사용하기 위한 것은 아니다. 다른 고려 사항은 주 설계 파트너 회사들의 요구이다. 만일 중요한 업무 관계가 있다면, 이상적으로 적정 수준에서의 협의를 통하여 결정되어야 할 것이다.

반드시 하나의 BIM 프로그램만을 쓰는 것이 이상적인 것은 아니다. 몇몇 회사들은 그들 스스로 하나의 모델 생성 프로그램만을 쓴다는 제한을 두지 않고, 몇몇 프로그램이 중복되지 않는 이점을 가지고 있는 것을 인지하여 다수의 BIM 제품을 지원한다.

5.5.2 교육과 인력배치

BIM은 물론 새로운 IT 환경으로서, 교육, 시스템 구성, 라이브러리와 문서의 템플릿 세트, 그리고 설계 검토와 인증 절차의 변경 등이 새로운 사업 수행과 연결되어야 한다. 이들은 점진적으로 기존의 생산 방식과 병행하여 개발되어야 하며, 교육 문제가 현재 진행 중인 프로젝트의 완성을 어렵게 해서는 안 될 것이다.

우리는 BIM으로의 변화를 고려하는 회사들이 상세한 인력 배치 계획을 준비하기를 권한다. BIM의 적용은 일시적인 활동으로 다뤄지지 않아야 한다. 회사의 전략적 목표와 연계된 계획일수록 더욱 성공적인 적용이 될 것이다. 다음 절에서 인력 배치 계획 시 고려해야 할 사항들을 다룬다.

교육은 시스템 구성 계획과 교육 프로그램을 다른 회사 사람들에게 소개하기 위해 보통 1인 또는 소규모 집단의 IT 전문가와 함께 시작한다. 시스템 구성은 하드웨어 선정(BIM 프로그램은 강력한 워크스테이션을 필요로 한다), 서버 설치, 플로팅과 인쇄 구성, 네트워크 접근, 보고서 및 프로젝트 회계의 통합, 라이브러리의 구성(5.4.1절 설명 참고), 그리고 회사별 특정 시스템 문제 등을 포함한다.

초기의 프로젝트는 진보된 통합 노력을 하기에 앞서 건물의 모델링과 객체 라이브러리에 대한 정의를 포함한 기본에 충실한 도면 생성을 위해 필요한 기본적 기술들에 초점을 맞춰야 한다.

프로젝트 관리의 기본을 실현하면, BIM이 제공하는 복합적인 통합과 호환성의 이점을 활용할 수 있는 수많은 확장가능성이 열리게 된다.

BIM 적용의 초기 단계에 있어 중요한 주의 사항은 너무 많은 모델의 상세사항을 너무 빨리 제공하는 것을 피하는 것이다. 왜냐하면 프로젝트 정의 방법과 디테일링은 BIM에서 부분적으로 자동화되기 때문에, 만일 디테일이 너무 빨리 정의 되면 설계 콘셉트를 잘못 이해할 가능성이 있다. 상세 모델은 개념설계 단계에서도 쉽게 만들 수 있지만, 오류를 발생시키고 의도하지 않은 지나친 결정 또는 번복하기 어려운 결정으로 인해 건축주의 오해를 유발할 수 있다. BIM 사용자들이 이러한 문제를 이해하고 수작업 할 때보다 디테일의 수준을 명확하게 관리하는 것은 중요한 일이다. 이들의 역할에 따라 초기에 혹은 나중에 협의를 요청할 수 있다. 많은 수정 사항을 예방하기 위하여 상세한 MEP 3D 레이아웃은 적절한 시점까지 수행되지 않아야 한다. 반면에, 커튼월 컨설턴트나 제작업체들은 구조적인 연결과 디테일 계획에 도움을 받기 위해 좀 더 일찍 참여하여야 한다.

큰 프로젝트에서 건축가는 모든 설계 팀 중 단지 하나의 구성원이다. 협력을 위해 많은 수의 엔지니어링, 기계 혹은 다른 특정 분야의 컨설턴트들이 필요하다. 하지만 도면 생성에 요구되는 몇몇 추가적인 과정 후에 모델기반호환의 필요성이 나타난다. 모델 검토를 통한 협력 과정과 데이터 호환 방법에 대한 지원은 회사별로 수행되어야 한다. 웹 컨퍼런스를 통한 모델기반 협력은 프로젝트 관리에 있어 간단하고 매우 효과적이며(5.3.2절 참조), 9장의 사례 조사를 참조하라.

5.5.3 단계적 이용

앞에서 논의되었던 외부 서비스 외에 다른 서비스는 거의 모든 상황에서 수행될 수 있다. 이러한 것들 중에 몇 가지는:

- 프로젝트 개발의 전 과정을 추적할 수 있는 비용 견적의 통합
- 정보 관리 향상을 위한 시방서의 통합
- 지금까지 직관적으로 설명되었던 문제들인 에너지, 기류, 조명 등의 성능 분석이 포함된 설계수준 통합
- 전문 직원의 지식을 회사의 지식으로 이전시키기 용이하도록 상세, 실 구성, 다른 설계 정보 등의 사내 라이브러리의 개발

여러 통합 형태들은 각각, 작업 흐름과 방법에 대한 계획과 개발을 포함한다. 단계적으로 접근하는 것은 점진적인 교육과 향상된 서비스의 적용을 과도한 위험없이 가능하게 할 것이며, 이를 통하여 설계 회사 전반에 급진적인 새로운 능력이 생길 것이다.

5.6 설계 회사 내의 새롭고 변화된 업무

새로운 설계 기술을 적용하는데 있어서 가장 큰 과제는 선임 설계팀 리더를 새로운 업무에 적응하게 하는 지적인 전환이다. 이러한 선임 직원 혹은 파트너들은 성공적인 어떤 회사에서라도 중심 지적 재산이 되는 건축주, 설계 개발 절차, 설계와 시공 계획과 일정계획, 프로젝트 관리 등의 것들에 대한 수십 년의 경험을 가지고 있다. 문제는 바로 이러한 선임자들이 그들 자신만의 전문성과 BIM이 제공하는 새로운 기술 모두를 실현케 하는 방법으로 변화하도록 하는 것이다.

이러한 문제에 효과적일 수 있는 몇 가지를 보면:

- 파트너의 지식과 새로운 기술을 접목시킬 수 있는 BIM에 능숙한 젊은 직원과 파트너를 함께 편성한다.
- 일주일에 한 번쯤 또는 비슷한 스케줄에 일대일 트레이닝을 제공한다.
- 한적한 휴가지 같은 곳에서 파트너를 위한 교육과 설계 팀을 위한 자리를 주최한다.
- BIM으로 전환한 회사를 방문하고 오프라인 세미나와 웹기반 세미나에 참석한다.

유사한 전환 과정의 문제가 프로젝트 관리자와 같은 선임자에게도 나타나며 위에 제시된 방법들로 그들의 전환을 촉진할 수 있다. 그러나 어떠한 방법도 확실한 것은 아니다. 설계 조직의 전환 과정은 주로 문화적인 것이다. 그들의 행동, 지원, 그리고 가치를 표현함으로써 선임자들은 조직 내의 후임자들에게 새로운 기술에 대한 그들의 입장을 전달한다.

두 번째 주요 과제는, 어느 회사에서라도 기술면에서의 직원 구성 변화일 것이다. BIM은 설계 문서작업을 분명히 생산적으로 만들기 때문에 시공도면 작업에 들이는 시간의 비율이 프로젝트 내에서 현저히 줄어들 것이다. 보통의 경우, BIM에 능숙한 설계자는 기존 보다 훨씬 적은 외부 설계 또는 모델링 지원을 갖고도 프로젝트 의도와 디테일을 실현할 수 있다. 디테일, 자재 선택, 그리고 배치는 한 번만 명확히 정의하면 되고, 이것들은 모든 설계 도면에 보이도록 전파될 수 있다.

그 결과로 시공 도면작업을 하는 초급 직원들의 수가 줄게 될 것이다. BIM이 이미 적용된 건축사무소에서의 프로젝트 작업량 변화를 보여주는 좋은 예들을 표 5-5에 나타내고 있다. 이러한 데이터들은 대규모의 설계회사의 소장들에 의해 보고된 것이다(Birx 2005). 전체 노동 시간은 줄어든 반면 더 경험이 있는 직원으로 전환에 따라 전체 비용은 크게 변하지 않았다.

비록 초급 건축가의 수요가 줄어들고 있지만, 도면 정리, 모델 디테일링, 다

표 5-5 일반적인 프로젝트에 있어서 요구되는 설계 능력의 변화

직급	프로젝트 참여시간		변화
	BIM 이전	BIM 이후	
본부장급(principal)	32	32	0%
소장급(project manager)	128	192	33%
실장급(project architect)	192	320	40%
대리급(architect 1)	320	192	- 67%
사원급(intern architect)	320	96	- 233%
총계	992	832	- 19%

수의 건물 하위시스템의 통합과 조정은 여전히 중요하고 가치 있는 일로 남을 것이다.

BIM 기술에는 소프트웨어에 대한 투자 이외에 새로운 관련 간접비용이 있다. 회사들이 이미 숙지하듯이, 종종 CIO(Chief Information Officer)의 관리 하에 있는 시스템 관리는 대부분의 회사에서 아주 중요한 지원 기능이 되고 있다. 거의 모든 일에 전기가 필요하듯이 IT가 생산성에 크게 기여함에 따라 이에 대한 의존도도 커져간다. BIM의 의존도도 불가피하게 해진다.

설계 회사가 BIM을 적용할수록 성공에 있어 매우 중요해진 두 역할에 대하여 책임을 부여할 필요가 있다.

1. **시스템 통합자** – 이 기능은 회사 내외부의 컨설턴트들과의 BIM 데이터 교환 방법을 설치하는 책임이 있다. 법인 또는 기업 수준의 책임이 있다. 또한 (2.2.4절에서 기술되었듯이)회사를 위한 라이브러리와 템플릿의 설치 역시 관련이 있다. 애플리케이션은 모든 프로젝트에서 동일하게 사용될 단 하나의 세트로 제한될 수도 있으며, 프로젝트 유형과 관련 컨설턴트에 따라 다수의 세트가 될 수도 있다.
2. **모델 관리자** – 버전 제어와 릴리스(releases) 관리 프로토콜은 도서에 기반을 둔 시스템에서도(문서상이던 컴퓨터기반이던) 정의되고 잘 이해된 반면, BIM에 있어서는 선택 가능한 옵션들이 달라지고 조정 가능해진다. 하나의 마스터 모델이거나 여러 개가 통합된 연합체가 있을 수도 있다. 이 모델들은 항상 접속이 가능하기 때문에 하루에도 수차례 릴리스 될 수도 있다. 그 결과 모델오류가 발생할 가능성도 있다. 프로젝트 모델은 회사의 소중한 제품이기 때문에 그것의 데이터 상태를 제대로 유지할 수 있는 별도의 관리를 필요로 한다. 모델 관리자는 읽고-수정할 수 있는 권한, 컨설턴트의 작업의 병합, 프로젝트 기초수준에서 작업 흐름의 조정, 버전에 따른 일관성 유지 등을 수립하기 위한 규정을 결정한다.

모델의 검토와 릴리즈를 다루고 모델의 일관성을 유지하는 일은 관례화되어 표준이 만들어지기 전까지는 특별한 관심을 필요로 한다. 모델 관리자의 역할은 각각의 프로젝트마다 정해져야 한다.

5장 토론질문

1. 비용견적, 계획, 구매단계에 필요한 정보 수준에 대해 생각해보고, 설계 개발 초기단계에서 설계모델에 정의되어야 하는 상세 정도에 관한 당신의 의견을 기술하시오. 개념설계와 어떻게 다른가? 이러한 활동을 지원하기 위한 설계자의 역할을 생각해보고 제안하시오.
2. 건축가와 기술자의 역할이 나타난 모든 사례 연구 9-1, 9-6, 9-7, 9-8을 생각해 보시오. 그 후 BIM이 광범위하게 사용되어 설계된 건물을 파악하고 이를 사례 연구 결과와 비교하시오. 어떻게 설계가 수행되는지, 어떻게 정보가 설계자 사이에서 그리고 설계와 분석 애플리케이션사이에서 공유되는지, 어떤 정보가 제작과 시공을 위해서 이동되는지 검토하고 정리하시오. BIM으로 지어진 많은 건물의 사례는 BIM 애플리케이션 회사나 많은 설계회사의 웹사이트를 통해 찾아볼 수 있다.
3. 천장시스템 또는 기성 커튼월 시스템과 같은 특정 건물 시스템을 선택하시오. 선정된 시스템이 특정 프로젝트에 적용되기 위하여 자동화 도구를 어떻게 사용할 수 있는지 파악하시오. 어떻게 제작을 촉진할 수 있는가? 현 단계에서 실용적인 자동화 수준과 그렇지 않은 수준을 파악하고 각각 설명하시오.
4. 문, 창문, 채광창을 설치하기 위한 상세도 세트를 구하시오. 종이와 펜을 사용하여 상세도에 적용할 수 있는 변수들을 파악하고 확인하시오. 자동화된 파라메트릭 상세설계사가 필요한 것에 대한 시방으로서 변수들을 나열하고 제품의 환경설정을 위한 그래픽 사용자 인터페이스를 설계하시오.
5. BIM의 기능에 기초하여 설계회사의 새로운 서비스를 제안하시오. 그 서비스가 건축주에게 어떤 가치 있는지를 기술하시오. 비용지불 구조를 제시하고 이유를 설명하시오.
6. 개념 설계는 form-Z 또는 Maya와 같은 BIM 기반이 아닌 소프트웨어를 이용하여 진행되기도 한다. 이러한 소프트웨어를 사용하는 것과 새로운 BIM 도구를 사용한 경우를 비교하여 설계개발과정을 설명하시오. 두 가지 개발 과정의 비용과 이점을 평가하시오.

6장

건설산업을 위한 BIM
BIM for Contractors

6.0 요약

BIM 기술의 사용은 시간과 원가를 줄여준다는 측면에서 건설 산업에 큰 이득이 된다. 정확한 건축물 모델은 그 프로젝트 팀원 모두에게 이익이 될 수 있다. 시간을 절약하고 원가를 줄여주며 잠재적으로 발생할 수 있는 실수와 분쟁을 줄여줌으로써 건설 프로젝트가 더 원활하고 잘 계획될 수 있도록 한다. 본장에서는 어떻게 건설업체(contractors)가 이러한 이점들을 얻을 수 있는가와 더불어 건설 프로세스가 어떻게 변하는 것이 바람직한지에 대해서 설명한다. 아마 가장 중요한 점은 건설업체들이 건설 프로젝트 초기부터 참여할 수 있도록 강력히 요구하거나 조기참여(early participation)를 요구하는 발주자를 찾아내는 일일 것이다. 또한 BIM 도입을 위하여 건설업체들과 발주자들은 협력업체, 제작업체(fabricators)들과 함께 노력해야 할 것이다. 만약, 전통적인 설계시공 분리발주(design-bid-build) 방식을 사용하면, 설계단계에서 건설업체들이 프로젝트에 중요한 가치를 더할 수 있음에도 불구하고 설계 단계 동안 프로젝트에 그들의 지식을 기여할 수 있는 기회가 제한된다. 건축가, 설계자, 건설사 및 주요 하청업체들 간의 공동계약이 필요한 통합발주체계(IPD)는 프로젝트 초기부터 협력하게 되고, BIM을 협업의 도구로 최대한 활용하게 된다. 설계단계가 완료되고 나면 건설업체들이 설계에 기여할 수 있는 기회는 줄지만, 다양한 건설업무프로세스를 지원할 수 있는 건축물 모델을 사용함으로써 건설업체와 프로젝트 팀에게 큰 이익을 줄 수 있다. 이러한 이점을 얻기 위한 이상적인 방법으로는 도급업자가 협력업체들과 제작업체들과 협동하여 회사 내에서 모델을 만드는 것이다. 컨설턴트가 모델을 만들게 하는 것도 가능하다. 건축물 모델의 상세수준은 어떤 목적으로 사용될 것인가에 의해 좌우된다. 예를 들어, 정확한 공사비 견적을 위해서는 공사비 평가에 필요한 자재물량을 뽑을 수 있을 정도의 충분한 디테일이 필요하다. 4D CAD 공정분석을 위해서라면, 상대적으로 덜 상세한 모델도 적당하지만, 가설공사(비계, 굴착 등)와 건설작업이 어떻게 단계별로 이루어지는지(어떻게 바닥치기 및 벽 세우기 등이 이루어지는지 등)를 보여줄 수 있는 정보가 포함되어야 한다. 가장 큰 장점은 주요 협력업체들이 각 담당업무의 상세작업시 건축물 모델을 이용하여 진행하고, 이 때 가능해지는 건설업자의 면밀한 조율 속에서 얻어진다. 이렇게 하면 정확한 간섭 확인이 가능하고 현장에서 문제가 되기 전에 간섭을 조율하여 수정할 수 있다. 이와 같은 검토를 통해서 건설과정에서 발생할 수 있는 문제를 가장 효과적으로 발견하고 해결할 수 있다. 또 현장비용과 시간을 절감하고 정밀도를 향상시킬 수 있는 현장 밖에서 선조립이 가능해진다. 이러한 건축물 모델 사용방법 각각에 대해서는 9장의 사례연구에서 상세히 다루고 있으며 사례들도 제시되어 있다.

BIM 기술의 사용을 신중히 고려하고 있는 모든 건설업자들은 BIM 도입시 무시할 수 없는 학습곡선(learning curve, [譯註] 새로운 것을 도입하고 학습하는데 소요되는 시간과 비용)이 존재됨을 인지하여야 한다. BIM이 주는 모든 기회를 최대한 활용하기 위해서 거의 모든 프로세스와 업무관계가 변해야 하기 때문에, 설계도면에서부터 건축물 정보모델로 전환하는 것은 결코 쉬운 일이 아니다. 분명히 이러한 변화에 대응하여 조심스럽게 계획하여야 하고, 이러한 작업을 도와줄 수 있는 컨설턴트의 도움을 받는 것이 중요하다. 본 장의 마지막 부분에 이러한 전환에 대한 우리의 제안을 말하고, 이 과정에서 예상될 수 있는 문제점들을 설명한다. 설계자나 발주자가 BIM 프로세스에 참여하지 않는 경우, 자신들의 조직이 이득을 얻기 위해서나 산업 전체의 BIM도입으로부터 이득을 얻기 위해서 건설업자가 BIM 프로세스에서 리더십을 발휘하는 것이 매우 중요하다.

6.1 소개

본 장은 다양한 형태의 건설업체와 그들의 특별한 필요를 위해 BIM이 어떻게 이익을 제공하는지에 대해서 먼저 논의한다. 그리고, 대부분 건설업체들에게 적용되는 중요한 응용분야에 대하여 심도있게 다룬다. 본 장은 다음의 내용을 포함한다.

- 간섭 탐지(clash detection)
- 건축물량산출과 비용견적
- 시공분석과 계획
- 비용 및 공정관리 그리고 다른 관리기능들의 통합
- 현장 밖에서의 생산방법

• 건설 활동의 확인, 지도, 추적
• 건물 인도 및 시운전

다음으로 BIM이 제공하는 이점들을 최대한 활용하기 위해 필요한 계약적인 측면과 조직적인 측면의 변화에 대하여 논하였다. 끝으로, 건설회사에서 어떻게 BIM을 구현할 수 있는지에 대한 몇 가지 생각으로 결론지었다.

6.2 건설회사의 종류

시공회사는, 여러 나라에서 프로젝트를 수행하는 큰 규모의 회사에서부터 특화된 서비스를 제공하면서 한 번에 하나의 프로젝트를 수행하는 작은 규모의 회사에 이르기까지 적용범위가 매우 넓다. 작은 규모의 시공회사의 수는 큰 규모의 시공회사보다 훨씬 많고, 전체 건설물량에서 이들이 담당하는 물량은 놀랄 만큼 크다. 그림 6-1은 2004년도의 데이터이다. 이것은 1명에서 19명으로 구성된 작은 회사가 매우 많은 부분을 차지하고 있다는 것을 보여준다(91.6%). 하지만 대부분의 건설업 고용자들(construction employee)은 직원 수가 19명(61.6%)을 초과하는 시공회사에서 일하고 있으며, 500명(0.12%)이 넘는 규모의 회사는 매우 낮은 비율을 차지하고, 전체 노동력의 13.6%를 고용하고 있다. 평균 시공회사의 규모는 직원 9명이다.

건축 산업의 도급업자들도 제공하는 서비스에 따라 그 범위가 매우 넓다. 어떤 도급자들은 입찰을 하고 나서, 일부는 직접 공사를 하고, 나머지는 전문

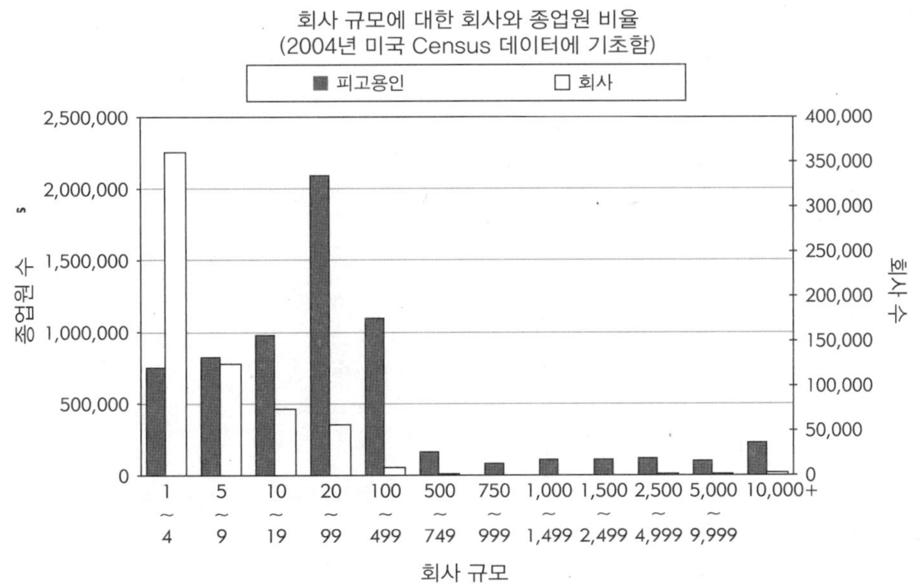

그림 6-1
2004년 751,098개 시공 회사와 전체 인력의 분포.

US Census Bureau, NAICS 23 – Construction

그림 6-2
주요 건설 분야의 회사 비율, 2004.

US Census Bureau, NAICS 23-Construction

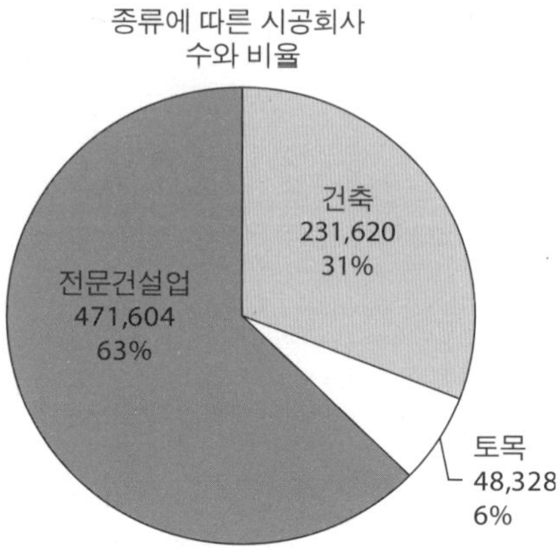

업체에 하도급을 준다. 어떤 도급자들은 자신들이 제공하는 서비스를 건설관리 서비스로 한정하기도 한다. 어떤 도급자들은 전체 프로젝트를 하도급하기도 한다. 그 반대쪽에는 설계와 시공과정을 모두 책임지면서 시공작업은 모두 하도급하는 디자인 빌드 회사들도 있다. 거의 모든 건설업자들은 시공이 끝나면 그들의 책임을 다하지만 시공이 끝난 후에도 건축물을 운영하고 관리하는 회사들이 있다(build-operate-maintain이라고 한다). 그림 6-2는 2004년 건설산업의 각 분야별 회사비율을 보여준다. 다수의 회사들(주로 작은 협력업체(subcontractors/인)는 전문건설업체(specialty trade)의 범주에 속한다.

주택공급업자들(home builders)은 개발자의 역할을 한다는 면에서 대부분의 다른 시공회사와 다르다: 대지를 사고, 용도변경을 하며, 기반을 계획하고 구축하여 분양하기 위한 주택을 설계하고 시공한다. 주택공급업자들은 매년 수천 세대를 공급하는 큰 공기업에서부터 한 번에 한 세대를 공급하는 개인업자까지 다양하다.

건설부품 선제작업체는 자재생산자와 건설업자가 혼합된 역할을 한다. 프리캐스트 콘크리트 제조업자와 같은 몇몇 선제작업자들은 주어진 프로젝트에 맞춰진 주문생산품목과 표준규격의 자재를 생산한다. 철강 자재업자들도 같은 범주에 들어간다. 제 삼 집단은 특수 철강, 유리, 나무 및 기타 자재로부터 구조 부재나 장식자재를 생산하는 전문 패브리케이터들을 포함한다.

마지막으로 전기나 배관 및 설비 디테일과 같은 하나의 분야나 업무에 특화된 많은 종류의 하도급업자들이 있다. 일반적인 건축업자는 이러한 하도급업자들을 경쟁입찰을 통해 선택하거나 효과적으로 협업했던 이전 사업관계에 입각하여 미리 선택한다. 이러한 하도급업자들의 특화된 시공지식은 설계에서 매우 가치있으며 이들 중 많은 수는 시공뿐만 아니라 설계서비스를 제공한다. 하도급자의 업무 비율은 업무의 종류나 계약관계에 따라 크게 변한다.

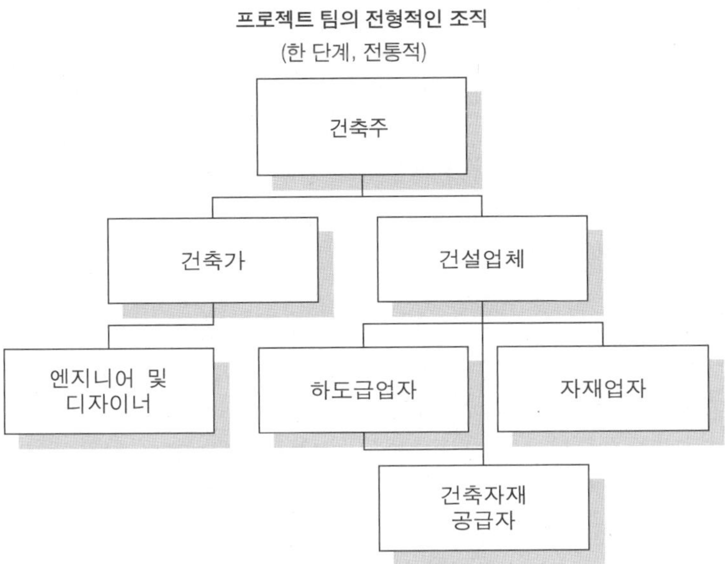

그림 6-3
건축 프로젝트에서 전형적인 프로젝트 팀 조직

전형적인 프로젝트 팀조직은 그림 6-3에 나와 있는데 프로젝트 팀을 조직하는 데는 많은 옵션이 있다. 한 가지 방법으로 건축주가 건축주나 건축가에게 프로젝트의 시공에 관한 조언을 하는 시공관리자(CM)를 고용하는 것이 있는데, 리스크에 의한 초과비용은 거의 가정하지 않는다.

디자인 빌드(DB) 회사는 앞에서 보여준 "전형적인" 조직의 중요한 변종(variation)이다 (DB에 대한 추가적인 설명은 1장 Section 1.1.2절을 참고). DB조직은 설계와 시공 모두에 대한 책임을 진다. 전체 프로젝트 범위나 예산 및 공기가 정해진 뒤부터는 DB조직이 프로젝트에 관한 거의 모든 문제에 대한 책임을 진다. DB모델은 누가 설계오류와 시공문제에 책임이 있는지에 대한 분쟁을 줄여주기 때문에 클라이언트가 떠안는 리스크를 감소시킨다. DB회사의 경우 BIM을 사용하면, 초기에 프로젝트 팀의 통합이 가능하고, BIM모델을 만들고 그 모델을 모든 팀 구성원들이 공유할 수 있도록 하는 전문성이 있기 때문에 많은 장점이 있다. 하지만 DB 회사가 전통적인 원리에 따라 조직되고, 건축가가 2D나 3D 도구를 단지 설계가 끝났을 때 도면이나 문서들을 만들어 시공으로 넘겨주는 역할로 사용한다면 이러한 중요한 장점을 가질 수 없다. 이러한 경우 건축물 모델은 설계가 끝난 다음에 생성되기 때문에 BIM이 줄 수 있는 가치의 많은 부분을 잃는다 하더라도 여전히 가치는 있다(다음에 이어지는 설명 참조). BIM을 도입함으로써 건설조직(construction organization)이 얻을 수 있는 가장 큰 장점 중 하나 즉, 설계와 시공간의 진정한 통합을 놓칠 수 있다. 이러한 통합의 부족은 많은 프로젝트에서 아킬레스건이다.

6.3 공사계약자들(contractor)이 BIM으로부터 원하는 정보

위에서 살펴본 바와 같이 건설업자가 매우 다양하기 때문에, 건설산업 전반에 다양한 작업방식들과 소프트웨어 도구들이 사용되고 있다는 것은 그리 놀라운 일이 아니다. 큰 회사들은 전형적으로 중요한 업무 프로세스–견적, 시공계획, 공정, 비용관리, 회계, 조달, 공급자와 벤더(vendor)들의 관리, 마케팅, 기타를 포함한 거의 모든 업무에 컴퓨터 기반의 시스템을 사용한다. 건축가가 설계에 2D를 사용하거나 3D CAD 시스템을 사용하거나, 견적이나 업무조율(coordination), 그리고 공정계획 등과 같이 설계와 관련된 업무는 평면도면과 시방서가 전형적인 시작점이다. 이러한 상황에서 건설업체들이 정확한 견적이나 공정을 만들려면 시간이 소모적이고, 지루하고, 오류를 범하기 쉬우며, 비싼 수작업으로 물량을 산출해야 하는 이유로 견적이나 도면 간의 조정, 세부공정계획은 종종 설계프로세스 후반까지 이루어지지 않을 수 있다. 더욱 중요한 점은, 건설업자(contractor)들이 설계과정에 참여할 수 없게 되어, 건물의 품질과 지속가능성(sustainablity)을 생각하지 못하고 비용을 줄일 수 있는 방법에 대한 조언할 기회를 놓칠 수 있다는 점이다. 다행히도 이러한 방법은 건설업체들이 프로젝트 팀 간의 협업과 건설관리에 BIM을 적용하는 방법을 이해하면서 바뀌기 시작하였다. 건축가는 BIM 도구를 이용하여 건설업체들이 잠재적으로 견적, 작업조율(coordination), 시공계획, 부재 및 자재제작, 조달 그리고 다른 기능들로 사용할 수 있는 BIM 모델을 자재조달작업 초기단계에 만들어서 건설업체에 제공할 수 있다.

최소한 건설업체들은 이 모델을 이용하여 빠르게 상세정보를 추가할 수 있다. 이러한 것이 가능하게 하기 위해서는 건축물 모델이 아래와 같은 정보를 건설업자에게 제공되어야 한다.

- **건축물 세부정보:** 물량과 구성요소 속성정보를 추출할 수 있고, 일반적인 시공도면에서 보여주는 것과 같이 건축물 구성요소를 보여줄 수 있는 정확한 3D 모델에 포함된 건축물 세부 정보.
- **가설공사 구성요소들:** 프로젝트를 계획하고 진행하는데 중요한 장비, 거푸집 공사 및 그 밖의 가설공사를 표현할 수 있는 가설공사 구성요소들.
- **각각의 건축물 구성요소와 관련된 명세서 정보:** 건설 회사들이 구매하고 시공해야 하는 모든 구성요소 각각에 대한 명세서 정보와 이와 연결된 문서화된 명세서 및 시방서. 이러한 정보들은 자재조달, 설치 그리고 시운전에 필요하다.
- **(건축물)성능수준과 프로젝트 요구사항에 대한 분석데이터:** 구조하중, 접합부 반력, 최대 예상 모멘트와 전단력, HVAC 시스템의 용량계산을 위한 냉방 및 난방 부하, 목표로 하는 휘도 수준, 기타와 같은 (건축물)성능

수준과 프로젝트 요구사항에 대한 분석데이터. 이 데이터는 자재조달, 자재제작과 MEP 상세에 사용된다.

- **설계 및 시공 상태정보:** 설계, 조달, 시공 및 시험(만약 관련 있다면)과 관련된 구성요소들의 진도를 추적하고 확인하기 위한 각 구성요소의 설계 및 시공 상태정보. 이 데이터들은 건설업체에서 모델에 첨가한다.

현재 위의 요구사항들을 만족하는 BIM 도구는 없지만 이 요구사항들은 향후 BIM 구현에 필요한 정보요구사항 목록을 작성하는데 도움이 된다. 현재 대부분의 BIM 도구는 위의 목록에서 첫 번째, 두 번째 항목의 정보를 생성할 수 있다. 비록 프로젝트팀이 프로젝트 초기부터 만들어지지만, 각각의 참여자들은 그들의 BIM 모델을 만들기 위해서 다른 도구를 사용할 수 있다. 그래픽 모델 검토를 위한 그래픽 모델정보 외에 이러한 모델 상세정보를 통합하는 것은 어려운 일이다. 동시에 모든 기능을 포함한 하나의 모델을 만드는 것 또한 불가능한 일이다. 3장에서는 9장의 케이스 스터디에 많이 사용된 소프트웨어를 사용한 상호호환성(interoperablity)의 필요성에 대해서 기술해 놓았다. 견적, 세부공종(trades)과 건물 시스템간의 조율, 부재의 제작, 공사계획을 위한 중요 건설프로세스를 지원하기 위해서는 위의 필요한 정보를 포함하는 정확하고, 계산 가능한, 상대적으로 완성된 건축물 모델이 요구된다. 전통적으로 건축가나 엔지니어는 견적, 공정, 조달에 있어서 핵심적인 장비와 장비효율 등과 같은 수단과 방법에 대한 정보를 모델에 포함시키지 않기 때문에 건설업체는 각각의 새로운 공정마다 이러한 정보를 모델에 추가해 주어야 한다는 것을 잊지 말아야 한다. 건설업체는 정보를 추출하기 위한 기본구조로서 건축물 모델을 이용하여, 다양한 시공공정을 지원할 때마다 시공관련 정보를 모델에 추가한다. 부가적으로 건설업체의 업무범위가 양도(turnover)나 시설운영까지 포함하게 된다면, BIM 구성부재들 간의 연결정보와 건축주가 시설물을 유지관리하는데 필요한 시스템들(owner control systems)은 프로젝트가 종료될 때 건축주가 건설업체로부터 건물의 시운전과 양도받는 과정을 수월하게 한다. 건축물 모델은 이러한 모든 공정과 관련된 정보의 표현을 지원해 주어야 한다.

6.4 건설업체의 건축물 정보모델을 개발하기 위한 프로세스

BIM 기술의 사용은 빠르게 증가하고 있지만, 구현은 시작하는 단계이며, 건설업체는 현재 새로운 기술들의 장단점을 저울질해보기 위하여 다양한 많은 접근방법들을 시도하고 있다. 때때로 설계팀이 프로젝트를 위한 모델을 만들지 않을 경우, 건설업체가 모델링을 주도적으로 하게 된다.

건축설계단계에서 BIM 사용이 일반화되어도, 그 건축물 모델이 건설업체에게 유용하도록 만들려면 건설업체는 추가적인 구성요소들을 모델링하고 시

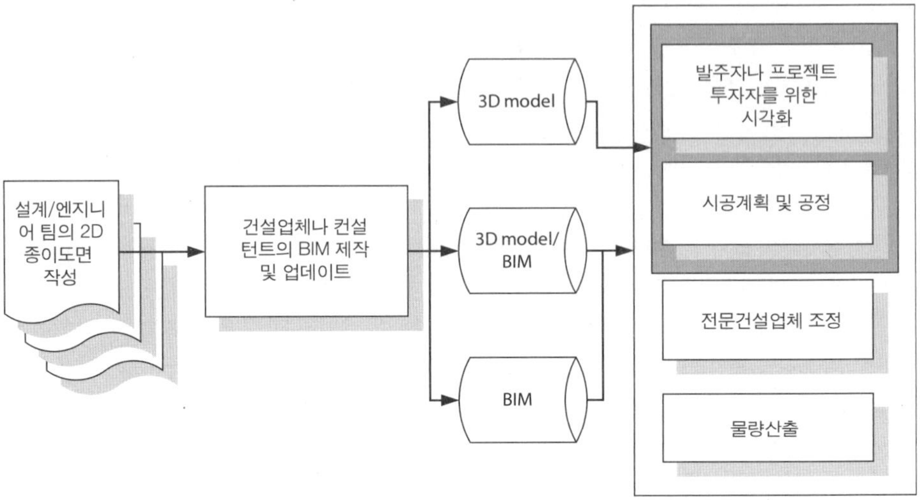

그림 6-4
건설업체가 물량산출, 시공계획, 간섭확인을 위하여 2D 도면으로부터 시공 모델을 만드는 BIM 프로세스 흐름

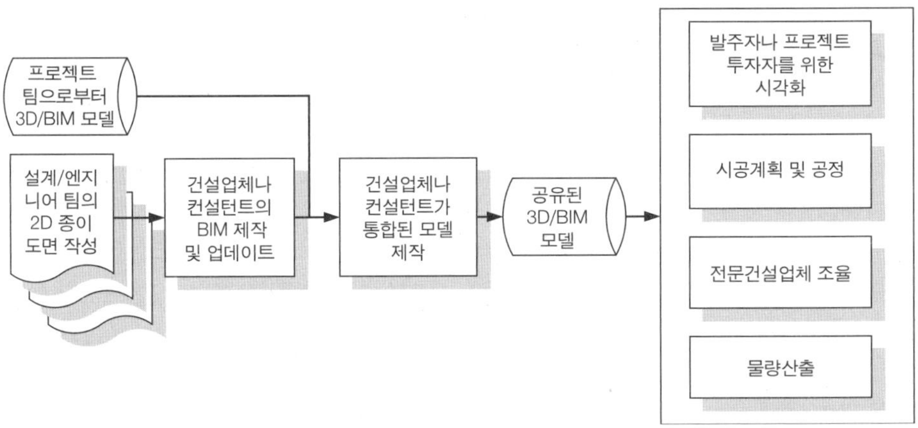

그림 6-5
건축가와 다른 디자이너, 하도급업체가 3D 모델링 도구를 사용하고 (또는 컨설턴트가 2D모델에서 3D 모델을 만들고) 공유된 3D 모델로 정보를 추가하는 프로세스 흐름

공관련 정보들을 추가해야 한다. 결과적으로 많은 선도적인 건설업체들은 견적, 4D CAD, 자재조달 등을 지원하기 위하여 아무 것도 없는 상태에서 독자적으로 건축물 모델을 만들고 있다. 그림 6-4는 건설업체가 2D 도면에서부터 건축물 정보모델을 만드는 일반적인 작업흐름을 보여준다.

어떤 경우는 건설업체가 프로젝트의 시각적인 표현만을 위해서 3D 모델을 만든다는 점을 주지할 필요가 있다. 이 모델은 파라메트릭한 부재나 부재들 간의 관계를 포함하지 않는다. 이러한 경우, 3D 모델이 물량산출이나 세부공종별 조율에 필요한 각 구성요소들의 정량화된 속성을 포함하고 있지 않기 때문에 이 3D 모델은 간섭확인, 시각화, 그리고 4D와 같은 시각화된 공정계획 등에만 제한적으로 사용될 수 있다. 또다른 경우에는 건설업체가 업무조율과 물량산출에 사용할 수 있는 약간의 BIM 구성요소를 포함한 3차원과 파라메트릭 모델의 하이브리드 모델을 만들기도 한다. 건설업체가 완전한 건축물모델을 만들면, 여러 가지 목적을 위해서 모델을 사용할 수 있다. BIM을 구현하는 또다른 접근방법이 그림 6-5에 나타나 있다. 이 경우, 프로젝트팀은 팀의 실무방식에 적합한 환경에서 모델(3D, BIM, 또는 하이브리드 모델)을 이용하여 협업을 한다. 이와 달리 2D로 작업하는 특정조직이 있는 경우, 건설업체나 컨설턴트는 2D를 3D/BIM으로 변환하여 참여자들이 작업한 내용이 공유된 모델에 포함될 수 있도록 한다. 보통 건설업체나 컨설턴트들이 프로젝트팀의 서로 다른 참여자들에 의해 독립적으로 만들어진 다양한 모델들을 하나의 협업모델로 합쳐 통합하고 관리한다. 공유된 모델은 프로젝트 참여자들이 업무조율, 공정계획, 물량산출, 그 외의 다른 기능들을 위해서 사용할 수 있다. 이 방식이라 해서 모든 기능을 갖춘 건축물 정보모델이 지원하는 혜택을 누릴 수 있는 것은 아니지만, 전통적인 수행방법과 비교해보면 비용과 시간을 절약될 수 있다. 공유된 3D 모델은 모든 시공작업의 기준이 되고 2D 도면에 비하여 훨씬 높은 정확성을 제공하지만, 이러한 방법은 공유하는 모델이 2D 또는 3D의 독립된 외부 모델에서 발생된 최근의 변경을 포함하지 않아 위험을 초래할 수 있다. 따라서 하자, 누락 또는 재작업을 피하기 위한 세심한 검토가 필요하다.

BIM의 사용과 구현이 증가함에 따라 새로운 작업방식도 진화할 것이다. 9장의 사례연구에서 건설업체들이 BIM을 수용하는 다양한 방식을 보여준다. 다음 절에서 구체적인 모델링 프로세스에 대하여 살펴보겠다. IPD의 사용은 BIM 기술이 적절히 사용됐을 때 많은 혜택을 줄 수 있는 비즈니스 프로세스의 좋은 예이다. 주택건설업체는 디자인 빌드방식에서 BIM 기술을 사용하여 얼마만큼의 이익을 얻을 수 있는지를 보여주는 좋은 예이다. 견본주택의 설계를 발전시키는 과정에서 건축물 정보모델은 설계변경에 따른 물량과 비용변화에 대한 빠른 피드백을 제공한다. 이같은 기능은 구매자가 견본주택의 설계변경을 요구했을 때(譯註: 미국의 경우 구매자가 견본주택을 보고 수정하여 자신의 주택을 지어달라고 함), 시각적이고 비용적인 측면에서 피드백을 빠르게 제공하고 잠재적인 구매자와 시공자가 빨리 합의점에 도달할 수 있도록 도와준다. 체계적인 시공방법에 기반을 두어 주문형으로 건물옵션을 선택하여 지을 수 있도록 하는 시공회사의 경우, 고객의 요구에 대한 이런 종류의 빠른 대응방법에서는 그 가치가 크다.

6.5 간섭확인을 이용한 설계오류 감소

건설업체에게 중요한 업무 프로세스는 각 건설공종과 설비시설과의 조율이다. 오늘날 대부분의 간섭확인은 시스템 도면을 라이트테이블 위에 겹쳐 놓아서 간섭 가능성이 있는 부분을 수작업으로 찾아내고 있다. 이와 비슷하게 건설업체는 전통적인 2D CAD 도구를 이용하고 있으며, CAD 레이어에 도면들을 겹쳐서 충돌이 발생할 만한 부분을 수동적으로 찾아내고 있다. 이런 수동적인 방법은 느리고, 비싸며, 오류가 발생할 수 있어서 최신 도면을 이용하는 것이 바람직하다. 이러한 문제를 해결하기 위해서 몇몇 조직들은 다른 레이어에 있는 도면 객체들 사이에 발생하는 간섭을 자동으로 체크하는 맞춤제작 소프트웨어를 이용한다. 자동 간섭확인은 객체들끼리 서로 같은 공간에서 겹쳐지거나(물리적 간섭(hard clash)이라고 한다), 부재들이 너무 근접하여 접근, 단열, 안전 등을 위한 공간이 나오지 않는 설계 오류(여유공간 간섭(soft crash)이라고 한다)를 발견하기 위한 효과적인 방법이다. 몇몇 논문에서는 'soft crash'라는 표현대신에 'clearance clash'라고도 한다(譯註: 우리말로 독자들이 그 뜻을 더 잘 이해할 수 있도록 soft clash라는 표현대신 clearance clash의 직역한 "여유공간 간섭"이라고 번역).

BIM 기반의 간섭확인방법은 라이트테이블 위에 도면을 겹쳐놓는 것과 같은 2D 조율방식이나 자동화된 3D 간섭확인방법과 비교하여 많은 이점을 제공한다. 라이트테이블을 이용하면, 시간이 많이 들고 오류가 발생할 수 있으며, 모든 도면이 최신 도면이어야 한다. 3D 간섭확인방법은 객체를 구분하기 위하여 3D 기하학 모델에 의존하는데 이 때문에 수많은 의미없는 간섭들도 간섭으로 겹쳐 보여진다(譯註: 객체 기반 시스템과 달리 순수한 3D 모델링 시스템은 객체정보가 없기 때문에 벽과 벽이 만나는 것과 같이 간섭이 아닌 경우도 간섭으로 인식한다). 두 번째로, 3D 기하학 정보가 솔리드 정보가 아니면 간섭확인도구가 객체 안에 존재하는 객체의 간섭을 구분하지 못한다(譯註: 솔리드 모델링 기법에 의하여 정의된 3차원 객체는 객체의 안과 밖이라는 개념이 있지만, 서피스 모델링 기법에 의한 3차원 객체는 객체의 안과 밖이라는 개념을 표현하기 어렵다). 표면 간의 간섭만을 확인할 수 있다. 또한 3D 기하학 모델은 의미정보(semantic information)가 부족하기 때문에 건설업체가 간섭내용을 의미있는 분류체계로 나뉘는데 한계가 있다. 표면 간의 간섭은 벽끼리 서로 만나는 경우일 수도 있고(譯註: 간섭이 아닌 경우), 파이프가 벽을 지나가는 것(譯註: 간섭인 경우)일 수도 있다. 건설업체들은 이러한 각각의 간섭들을 하나하나 확인, 검토해야 한다.

이와는 대조적으로 BIM 기반 간섭확인 도구는 의미와 규칙에 기반을 둔 간섭분석방법을 사용한 기하학에 기반을 둔 자동 간섭확인방법을 통해서 적합하고 체계적인 간섭들을 찾아낸다. 그리고 BIM 기반 간섭확인 도구는 모델을 구성하는 각각의 부재들이 구체적인 하나의 시스템과 연결되어 있기 때문에 건설업체가 기계시스템과 구조시스템과 같이 특정 시스템을 선택하여 그들 간 간섭확인을 할 수 있다. 결과적으로 BIM 기반 간섭확인 프로세스는 어떠한 디테일 수준에서나 건물시스템과 공종의 수에 관계없이 적용 가능하다. BIM 기반 간섭확인방법은 또한 부재 분류체계를 이용하면 더 쉽게 여유공간 간섭(soft clash) 분석을 수행할 수 있다. 예를 들어, 건설사들이 기계설비와 바닥밑 부분 간격이나 공간이 2피트(약 60cm) 이하가 되는 부분을 찾는 것이 가능하다. 이런 종류의 간섭확인방법은 잘 정의되고, 잘 구성된 건축물 모델에서만 가능하다.

모델의 정확성에 관계없이 시공자는 반드시 건물이 적정수준으로 상세하도록 보장되어야 한다. 간섭을 정확하게 체크하기 위해서는 파이프와 덕트, 강구조와 부착물 그리고 기타 부재들이 반드시 충분한 디테일을 가지고 있어야 한다. 실제 시공에서는 문제가 되지 않는 사소한 모델링 하자로 인한 간섭이 많이 발견되기도 한다. 이런 경우는 쉽게 확인되고 무시할 수 있지만 만약 디테일이 정확하지 않다면 건물이 완공될 때까지 중대한 문제점들을 찾지 못하게 될 것이다. 이러한 문제를 해결하기 위해서 많은 비용과 시간을 소비하게 될 것이다. 각 시스템을 책임지고 있는 협력업체 또는 프로젝트 팀원들이 모델이 적절한 수준으로 디테일하도록 해야 한다. 협력업체는 가능한 빨리 모델 개발 단계에서부터 참여해야 한다. 이상적으로 일반적인 현장사무실에서 각각 문제가 되는 부분을 큰 모니터를 사용해서 보여주고 참여자가 문제와 관련한 전문지식을 제공하여 해결책을 끌어낸다. 그리고 나서 동의한 변경사항을 다음 간섭확인을 하기 전에 설계모델에 반영한다. 실제로 해보면 사소한 변경이라도 간섭확인이 필요하다. 공간 간의 간섭은 건설현장에서 발생하는 문제의 주요한 원인이고, 정확하고 상세한 모델을 이용한 간섭확인을 통해서 상당부분 제거될 수 있기 때문이다.

그림 6-6은 시공자와 협력자 두 명이 건설정보모델을 사용하여 전기기계설비(MEP)를 조율하는 것을 보여준다. 이 작업은 트레일러로 된 현장사무실에서 이루어졌다. 9장의 캘리포니아 카스트로 밸리(Castro Valley)에 있는 Sutter

그림 6-6
협업을 위해 건축정보모델을 이용하는 시공사와 협력업체의 스냅샷

Medical Center와 핀란드에 있는 Crusell Bridge 사례연구는 협력업체가 프로젝트 초기에 간섭확인과 기타 기능들을 위하여 3D모델 상세작업에 참여한 좋은 예이다. 현재 상업적으로 시장에 나와있는 주요 간섭확인 기술로는 1) BIM 설계 도구를 이용하여 간섭확인하는 방법과 2) 통합 BIM 도구를 이용하여 간섭확인하는 방법, 2가지가 있다. 모든 주요 BIM 설계 도구들이 설계단계에서 간섭을 체크하기 위한 몇 가지 간섭확인 기능을 가지고 있다. 그러나 건설사가 이러한 모델들을 통합했을 때, 호환성 문제나 객체 수가 너무 많아져 복잡해지는 문제로 간섭확인이 잘 안 될 수도 있다.

BIM 통합도구에서 두 번째 종류의 간섭확인기술을 볼 수 있다. 이 도구들은 다양한 3D 모델링 도구로부터 3D 모델을 가져올 수 있고, 통합모델을 시각화할 수 있다. 이러한 도구의 예로는 Autodesk사의 Navisworks Manager 패키지(Navisworks 2008)와 Solibri Model Checker v6(Solibr 2010)가 있다.

이러한 도구들이 제공하는 간섭확인 기능은 다른 도구보다 그 기능이 더 섬세해서 더 많은 종류의 "여유공간"과 "물리적 간섭"을 파악할 수 있다. 단점은 통합된 모델이 본 모델과 바로 연결되어 있지 않아 파악된 간섭문제를 바로 고칠 수 없다는 점이다. 다시 말하면 모델의 정보흐름이 양 방향이 아니라 한 방향이다. 여러 소프트웨어 중 Solibri Model Checker와 Issue Locator는 예외다. Issue Locator는 성능이 확장되었으며 개방형 BIM(Open BIM) 협업 포맷으로 공개되었다. 이 XML 포맷(개방형 BIM 협업 포맷)은 Architectural Desktop(오토데스크), Tekla, ArchiCAD(GrpahiSoft)와 데이터 교환을 통해 원본 BIM 모델에서 발견된 간섭체크 또는 다른 문제들의 피드백을 가능하게 하며, 특정 뷰를 보도록 카메라 위치를 지정할 수도 있게 한다. Revit과 Digitial Project 그리고 Bentley는 이 기종 간 정보교환(cross-platform communication) 포맷을 지원하기로 하였다. 이러한 기능은 원본 모델링 시스템(the originating system) 또는 선행 모델링 도구(Upstream modeling tools), 후행 모델링(downstream modeling) 도구, 검토 도구에도 포함되어야 한다. 이 새로운 기능은 설계도구나 독립된 모델 검토 소프트웨어의 한 부분이 되어서, 간섭검토 또는 법규검토가 양 방향으로 가능하도록 사용될 것이다.

6.6 물량산출과 견적

설계과정 동안 많은 종류의 견적이 만들어진다. 초기 설계단계에서의 개략적인 견적부터 설계 완성된 후의 보다 정확한 견적 등이 포함된다. 분명히 정확한 견적을 위해 설계가 완료될 때까지 기다리는 것은 바람직하지 못하다. 만약 설계가 완성된 뒤 프로젝트가 예산초과가 된다면 두 가지 옵션밖에 없다: 프로젝트를 취소하거나 아니면 가치공학(Value Engineering) 기법을 적용하여 가격을 낮추고 필요하다면 질도 저하시키는 방법이다. 설계가 발전되는 과정에서, 중간견적은 문제를 빨리 파악하고 다른 대안을 조기에 고려할 수 있도록 해준다. 이러한 작업방식은 설계자와 건축주가 정보에 기초해 의사결정을 내려서, 제한된 예산을 만족하면서도 양질의 결과를 가져올 수 있도록 해준다. 이와 동시에 중요한 점은 BIM을 이용하면 설계와 건설 협업 및 정확성을 높여줌으로써 양질의 건축물을 얻는 데 드는 시간을 줄여준다는 점뿐만 아니라 BIM은 임시견적(interim estimate)을 쉽게 낼 수 있도록 해준다.

초기 설계단계에서 견적에 필요한 정보 중 얻을 수 있는 정량적 정보는 공간의 종류, 경계선 길이 등과 같은 면과 부피와 관련된 정보뿐이다. 이러한 물량은 주요한 건물 변수에 기반을 둔 "파라메트릭 비용견적(parametric cost estimate)"이라 불리는 방법에 적절할 것이다. 그 변수들은 건물의 종류에 따라 다르다. 예로 주차장을 위해서는 주차 대수와 주차면적이 필요하고, 상업건물은 각 상업공간별 수와 면적, 자재의 질, 그리고 건물의 위치, 승강기 수, 외벽면적, 지붕면적 등을 들 수 있다.

불행히도 이러한 값들을 초기개념 설계 도구에서는 얻을 수 없다. 왜냐하면 BIM 설계 시스템으로 만들어지는 객체유형을 초기 개념 설계 도구에서는 정의하고 있지 않기 때문이다. 따라서, 개산견적과 양을 추출하기 위해서는 초기 단계부터 BIM 소프트웨어를 사용하는 것이 중요하다. 이러한 도구의 예로서 Beck Technology사의 디프로파일러 모델링과 견적 시스템이 있다(이 도구에 대한 자세한 내용은 4장과 9장의 힐우드 상업시설 프로젝트 사례에서 볼 수 있다).

설계가 완성되어감에 따라, 건물모델에서 보다 상세한 공간과 자재 물량을 신속하게 직접 뽑아낼 수 있다. 모든 BIM 도구들은 구성요소의 개수, 공간의 면적과 부피 및 자재의 양을 뽑아내고 이것들을 다양한 수량표로 리포트 하는 기능을 제공한다. 이 물량은 개산견적에 필요한 정보보다 더 많은 정보를 제공한다. 시공자가 더 정확한 견적을 산출하려고 할 때 발생할 수 있는 문제로는 구성요소를 정의할 때 명확하게 정의해 놓지 않으면(일반적으로 여러 부재의 조합(assembly)인 경우) 필요한 물량을 추출해낼 수 없는 경우가 있다. 예를 들면, BIM 소프트웨어가 콘크리트 기초물량산출시 콘크리트 기초의 길이에 대한 정보는 제공하지만 콘크리트 안의 철근개수는 제공하지 않을 수 있다. 또는 인테리어 벽체의 면적은 제공하지만 벽안의 스터드 개수는 제공하지 않을 수 있다. 이와 같은 문제에 대해 논의될 수 있지만, 그 접근방법은 구체적으로 어떤 BIM 도구를 사용하고 관련하여 어떤 견적시스템을 사용하느냐에 따라 다르다. 종합건설회사(general contractor)와 도급회사(trade contractor)가 설계단계에 참여하는 것을 가능하게 하는 IPD를 사용하게 되면 보다 정확한 견적이 설계 초기단계에서도 가능하다. 추가로 시공사의 건설지식이 설계과정에 활용되어 모델의 변경을 줄여 주고, 그 결과로 공사비와 공사기간을 줄일 수 있다. BIM 모델이 적절한 물량산출방법을 제공하지만, 견적을 대체하는 것이 아니라는 사실을 주지해야 한다. 견적전문가는 건설과정에서 물량을 산출하고 길이를 재는 것 이상의 훨씬 중요한 역할을 한다. 견적과정은 일반적이지 않은 벽의 상태나 독특한 조합이나 접근에 문제가 있는 상황 등 비용에 영향을 미칠 수 있는 조건들을 평가하는 것을 포함하고 있다. 이러한 상태를 자동인식하는 기능이 있는 BIM 도구는 아직 없다. 견적전문가들은 BIM 기술을 이용하여 고된 물량산출 작업을 손쉽게 하고, 상황들을 빠르게 시각화하고, 인식하여 평가하고, 시공성을 검토하여 협력업체나 자재공급업체로부터 받은 가격을 최적화하는 데 더 많은 시간을 활용할 수 있다. 상세한 건축물 모델은 자재량과 관련된 불확실성을 줄여주기 때문에 견적담당자에게 위험요소를 저하시켜줄 수 있는 도구이다. 9장의 원 아일랜드 이스트 프로젝트 사례와 셔터의료센터 사례는 이러한 좋은 예이다. 견적담당자는 물량산출을 위해 BIM을 이용하고 견적과정을 지원하기 위하여 다양한 옵션을 활용한다. 어떠한 BIM 도구도 모든 기능의 스프레드시트 또는 견적패키지를 제공하지는 않는다. 따라서 견적전문가는 자신들의 견적과정과 가장 잘 맞는 견적방법을 알아내는데 주로 세 가지 옵션이 있다.

1. 건물 객체를 견적 소프트웨어로 내보내기
2. BIM 도구를 직접 견적 소프트웨어와 연결하기
3. 물량산출용 BIM 도구를 이용하기

이 각각 옵션의 내용을 다음에 논의하였다.

6.6.1. 물량을 견적 소프트웨어로 내보내기

앞에서도 언급한 바와 같이 소프트웨어 회사들이 제공하는 대부분 BIM 도구들은 BIM의 구성 요소속성을 추출하고 정량화할 수 있는 기능을 가지고 있다. 이 기능들은 물량을 스프레드시트 혹은 외부의 데이터베이스로 내보낼 수 있는 기능을 포함한다. 미국에서만도 100개가 넘는 상업용 견적패키지가 있고, 그 중 많은 수가 공종에 따라 세분화되어 있다. 그런데 조사결과를 보면 현재 가장 많이 쓰는 견적 도구는 MS Excel이다(Sawyer and Grogan 2002). 많은 견적담당자들의 경우, 특별제작된 Excel 스프레드시트를 이용하여 물량을 뽑아내고 연결하는 기능 만으로도 충분하다. 그러나 이 접근방법은 표준화된 모델링 절차를 설정하고 수용하는 중요한 과정이 필요할 수 있다. 엑셀을 사용하는 수준을 뛰어넘기 위해서는 다음의 과정이 필요하다.

6.6.2. BIM 구성요소를 견적 소프트웨어로 직접 연결하기

두 번째 방법은 BIM 도구에 견적패키지를 플러그인이나 써드파티를 통해 직접 연결하는 방법이다. 큰 견적패키지는 다양한 BIM 도구와 연결할 수 있는 플러그인을 제공한다. 이러한 예로는 Innovaya(Innovaya 2010)를 통한 Sage Timberline과 Design Exchange 2010, Success Estimator 2010의 후속작인 U.S. Cost, Nomitech(CostOS v3.6 BIM Estimating 2010) 그리고 Vico Estimator(Vico 2010)가 있다.

이러한 도구들은 견적담당자가 건물 모델의 구성요소를 견적패키지 내의 조합물이나 계산식, 아이템 또는 R.S. Mean과 같은 외부 데이터베이스와 직접 연결할 수 있게 한다. 이러한 조합물이나 계산식은 건물 구성요소가 주어지거나 선 조립된 구성요소의 현장조립에 필요한 절차나 자원을 정의한다. 조합물이나 계산식은 종종 거푸집, 철근 설치하기, 콘크리트 붓기, 양생, 거푸집 제거하기 등과 같이 건설에 필요한 공종과 연결되어 있다. 견적담당자는 구성요소의 속성에 기반을 두거나 건축물 정보모델에서 추출되지 않는 정보는 수동입력하여 물량을 산출해주는 규칙을 만들어 쓸 수 있다. 또한 조합물은 노동력, 장비, 물량 등과 같은 필요자원들과 이와 관련한 시간, 비용 등의 항목을 포함할 수 있다. 그 결과로, 완전한 공사비 견적과 기본작업의 상세 리스트를 만들기 위해 필요한 모든 정보는 공사계획에 사용될 수 있다. 만약 이러한 정보가 BIM 구성요소들과 관련이 있다면, 그것은 4D모델에 생성하는데 사용될 수 있다. 또한 그래픽 모델은 견적서와 연결시켜서 견적서 각 줄의 항목에 대응되는 모델 객체가 무엇인지 보여줄 수 있다. 이렇게 하면 비용견적에서 누락된 객체가 무엇인지 알아내는데 큰 도움이 된다.

이러한 접근방법은 특정 견적패키지나 BIM 도구를 사용하여 표준화를 한 회사에 좋지만 만약 하도급자들과 다양한 참여자들이 다른 BIM 도구를 사용하면, BIM 구성요소 정보를 통합하여 관리하는 게 어려울 것이다. 이런 고차원의 통합된 접근방식은 확실히 이익이 있지만, 하나의 잠재적 결점은 참여자들이 별개의 모델을 만들어야 할 필요가 있다는 것이다. 물론 건축가가 BIM을 사용하지 않는다면, 건설사가 모델을 만들어야만 한다. 그런 경우가 아니라면, 일단 팀이 구성요소 정의에 동의하면, 건축가의 모델이 더 효과적인 건설 모델의 시작점이 되는 것이다. 만약 프로젝트 팀이 한 소프트웨어 회사의 제품으로 표준화를 하였다면, 이러한 방법은 적절할 것이고, 이렇게 하려면, 프로젝트 시작할 때부터 주요 프로젝트 참가자들을 통합, 계약하는 방식 혹은 설계 빌드식의 접근이 필요하다(통합발주체계, IPD). 다시 한 번 말하면, 조기통합과 협업은 BIM 기술의 효과적인 사용에 키가 된다. AGC의 "계약자를 위한 BIM 가이드라인"은 이런 관점을 강조했다.

6.6.3 물량산출 도구

세 번째 방법은, 그림 6-7에 일반화되어 표현된 것처럼, 하나의 특정 견적 도구를 사용하고 다양한 BIM 도구들로부터 정보를 불러와 사용하는 것이다. 이렇게 하면 견적담당자들이 하나의 정해진 BIM 도구에 포함되어 있는 모든 기

그림 6-7
BIM 기반의 견적 프로세스

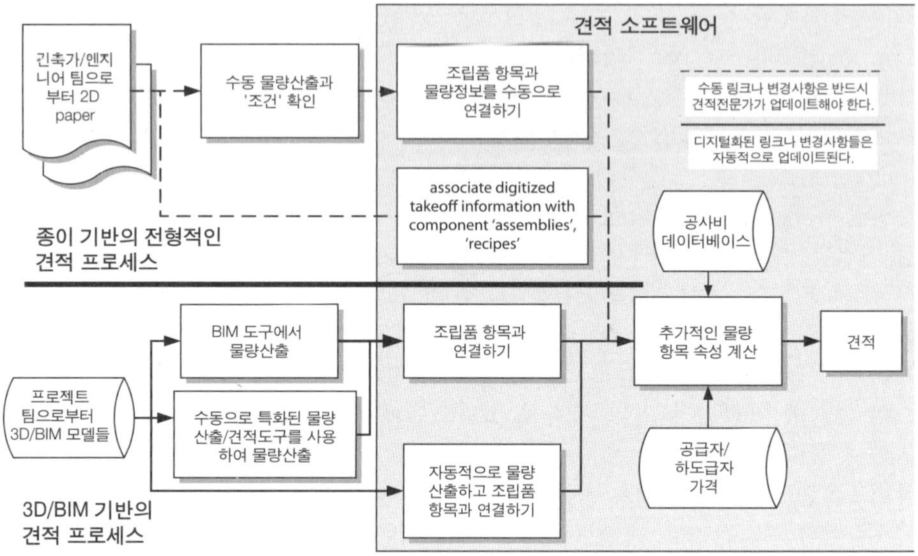

능을 배우지 않고서도 자신들의 필요에 맞게 만들어진 물량산출도구를 사용할 수 있다. 그 예로는 Autodesk QTO(QTO 2010), Exactal CostX Version 3.01(Exactal 2009), Innovaya(Innovaya 2010) 그리고 Vico Takeoff Manager(Vico 2010) 등이 있다.

이러한 도구들은 일반적으로 각각의 견적 항목이나 조립물을 직접 연결하는 기능이나 모델의 '조건'을 기입하는 기능, 시각적인 물량 다이어그램을 생성하는 기능 등을 포함한다. 이러한 도구들은 다양한 수준의 자동과 수동물량 추출 기능을 제공한다. 견적담당자들이 넓은 영역의 물량산출과 조건확인 업무를 수행하기 위해서는 이러한 자동과 수동기능을 모두 사용하여야 할 것이다.

건축물 모델에서 정확한 견적을 얻으려면, 건축물 모델에 추가적인 변경사항이 생기면 새로운 객체는 기존 모델의 상세수준과 정확성에 따라 적절한 견적업무와 연결이 되어야 한다. Innovaya 시스템은 BIM 모델로부터 넘어온 모든 객체 중에 빌딩이 견적된 이후로 변화가 발생한 객체를 다른 색으로 강조해서 가시화 해준다.

6.6.4 물량산출과 견적을 위한 가이드라인들과 BIM 구현상의 이슈들

견적담당자들과 건설사들은 어떻게 BIM이 구체적인 견적업무에서 오류를 줄이고, 정확성과 신뢰도를 높일 수 있는지 이해할 필요가 있다. 더욱 중요하게는, 많은 견적담당자들이 매일 부딪히는 도전과제인 '프로젝트의 중요단계에서 어떻게 설계변경에 빨리 대응할 수 있을까' 하는 문제이다. 9장에는 Sutter Medical Center에 활용된 모델 기반 견적에 관한 좋은 논의가 이루어졌다.

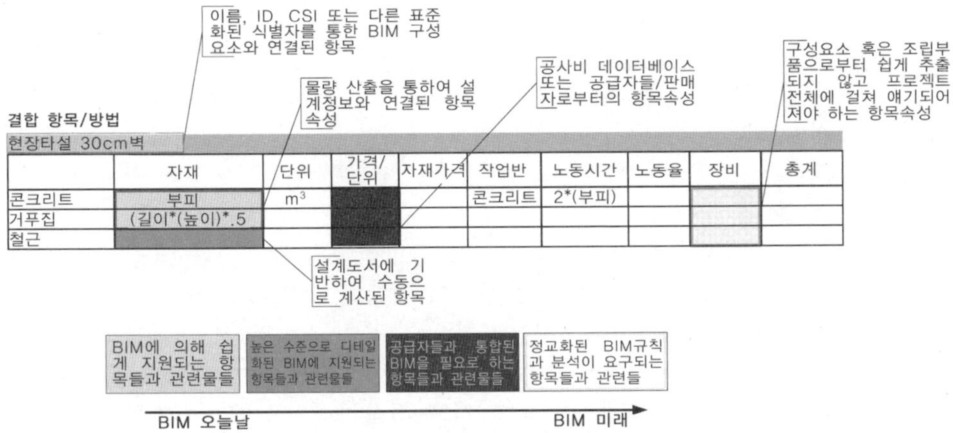

그림 6-8 어떻게 BIM 구성요소 정의들과 견적 조합항목 및 방법들과 연결되어 있는가의 예
BIM이 견적하는 사람들이 견적에 필요한 정보 중 일부만을 제공한다는 것을 아는 것이 중요하다. BIM 구성요소들이 견적정보를 제공하긴 하지만, 종종 노동력, (비영구적인) 작업 자재나 장비비용을 자동으로 계산할 수 있는 상세 기능은 부족하다.

이 장에는 다양한 모델로부터 물량을 산출하기 위한 과정과 그 물량으로 비용을 계산한 과정에 관해서 기술하고 있다. 극복해야 할 많은 어려움이 있었고, 이것을 가능하게 하기 위해 전문가의 조언이 필요했다. 여기 몇 가지 고려할 가이드라인이 있다.

- BIM은 견적을 위한 유일한 시작점이다. 어떤 도구도 건축물 모델로부터 완전자동으로 전체 견적을 주지 못한다. 만약 판매자가 이렇게 광고한다면, 그들은 견적 프로세스를 이해하지 못하는 것이다. 그림 6-8은 건축물 모델이 비용견적의 작은 부분(자재의 물량과 조립체의 이름들)만을 제공하는 것을 보여준다. 나머지 데이터는 비용 견적담당자가 제공하는 규칙 또는 수동입력으로부터 나온다.
- 간단하게 시작해라. 만약 당신이 전통적이고 수동적인 방법으로 견적하고 있다면, 디지털화된 물량산출방식에 익숙해지기 위해 먼저 디지타이저나 스크린 상에서 물량산출하는 방식을 행하라. 견적담당자가 디지털 견적에 자신감을 얻고 편안해지면, BIM 기반의 견적으로 이동하라.
- 세는 것부터 시작하라. BIM 기반의 견적을 시작하기 가장 쉬운 항목들은 문, 창문, 배관 설치물과 같이 셀 수 있는 항목들이다. 많은 BIM 도구들은 스케줄 기능들과 구성요소, 블록, 기타 객체들을 질의하거나 셀 수 있는 간단한 기능들을 가지고 있다. 이러한 정보는 또 유효한지 확인이 가능하다.
- 하나의 도구에서 시작하라. 그리고 나서 통합 프로세스로 움직여라. BIM

소프트웨어나 특화된 물량산출 소프트웨어로 시작하는 것이 가장 쉽다. 이렇게 하면 데이터를 번역하거나 모델을 하나의 소프트웨어에서 다른 것까지 옮기면서 발생하는 잠재적 오류나 이슈들을 제한할 수 있다. 일단 견적담당자가 하나의 소프트웨어 패키지에서 나오는 데이터가 정확하고 유효하다는 확신이 서면, 그 다음 다른 소프트웨어로 옮겨서 유효성을 검토해 볼 수 있다.

- 명시적인 기대수준을 정하라. BIM 물량산출의 상세수준은 건축물 모델 전부의 상세수준의 반영이다. 철근이 건축물 모델에 포함되어 있지 않으면, 이것들의 값은 자동으로 계산될 수 없을 것이다. 견적담당자는 모델 정보의 범위와 무엇이 표현되어야 할 지 이해하는 것이 필요하다.
- 하나의 공종 또는 구성요소를 가지고 시작하라. 그리고 결함들을 해결해라.
- 자동화는 표준화에서 시작한다. 완전하게 BIM을 사용하기 위해서는, 건축가와 견적담당자는 물량산출에 필요한 건물 구성요소들과 이와 관련된 속성들을 표준화할 방법들을 조율하여야 한다. 추가로 벽 속의 스터드와 같은 하부 구성요소들과 조립체의 정확한 물량을 산출하기 위해서는, 이러한 조립체의 표준화도 개발해야 한다. 비용계산을 위한 정확한 물량 산출을 위해서 사용하고 있는 BIM 시스템의 객체 정의를 수정해야 할 필요가 생길 수 있다. 예를 들어 석고보드를 설치하기 위해 필요한 테이프의 길이는 객체 정의에 없을 수 있다.

6.7 시공분석과 계획

시공계획 및 공정계획은 시공간에서 작업의 배열과 프로세스에서 조달, 자원, 공간적 제약, 그리고 기타 사항에 대한 고려를 포함한다. 전통적으로 막대그래프는 프로젝트를 계획하는데 사용되었지만 주어진 순서에서 어떤 활동을 어떻게, 왜 주어진 순서대로 연결되는지를 보여줄 수 없었고, 공사가 완료될 때까지의 가장 긴 시간(주공정, critical path)도 계산하지 못하였다. 오늘날 공정계획을 하는 사람들은 다양한 형태의 보고서와 전시물을 만드는데 주로 Microsoft Project, Primavera Sure Track 또는 P3 같은 CPM(Critical Path Method) 소프트웨어를 사용하여 공정을 만들고, 갱신하고, 의사소통한다. 이런 시스템들은 작업들이 어떻게 연결되어 있는지를 보여주고, 주공정과 여유값(float value)을 계산하여 프로젝트 기간 동안 공정을 향상시킬 수 있도록 한다. Vico Control과 같은 건축물의 건설에 특화된 소프트웨어 패키지들은 공정관리자들이 LOB(line-of-balance) 공정계획을 할 수 있도록 해준다. 일부 소프트웨어 패키지들은 자원평준화(resource leveling) 기법과 불확실성을 고려한 몬테카를로 시뮬레이션과 같은 자원에 기반을 둔 공정분석방법을 지원한다. 다른 소프트웨어 도구들은 개별적인 협력업체나 자재의 유효여부 등을 고려해야 하는 1-2주 정도의 짧은 기간 동안의 세분화된 공정계획을 지원한다.

반면 전통적인 공정계획 방법들은 작업들과 공간의 구성요소들을 적절하게 연결시키지 못하며 설계나 건축물 모델과도 연결하지 못한다. 따라서 공정계획은 수작업의 어려운 업무가 되며, 종종 설계와 연동되지 않아 프로젝트 참여자가 쉽게 공정계획과 자재 수급계획을 이해하지 못하는 어려움이 생긴다. 그리고 이것들은 현장물류관리(site logistic)에 영향을 준다. 그림 6-9는 간트 차트와 같은 전통적인 표현방식이 얼마나 건설공사의 잠재적 문제점 등을 보여주기 어려운가를 나타낸다. 오직 프로젝트에 완전히 친숙한 사람만이 어떻게 건물이 지어지고 공정이 적절한가를 평가할 수 있다. 이러한 단점을 보완하기 위하여 두 종류의 기술이 발달하였다.

첫 번째는 3D 모델에 시간을 결합한 4D CAD이다. 건설일정은 3D 모델과 연결되어 있어서, 건물의 건설순서를 가시화할 수 있다. 4D CAD 도구들은 공정관리자들이 시간과 공간의 맥락에서 작업내용을 의논하고 시각적으로 계획해가는 것을 가능하게 한다. 4D 애니메이션은 영화 또는 공정의 가상시뮬레이션이라고 할 수 있다.

두 번째 접근방법은 BIM 구성요소와 시공방법정보를 가지고 있어서 작업의 순서를 최적화할 수 있는 분석도구를 사용하는 것이다. 이러한 도구들은 공간과 자원의 사용정도, 생산성 정보를 포함한다. 이 두 가지 접근방법에 대해서

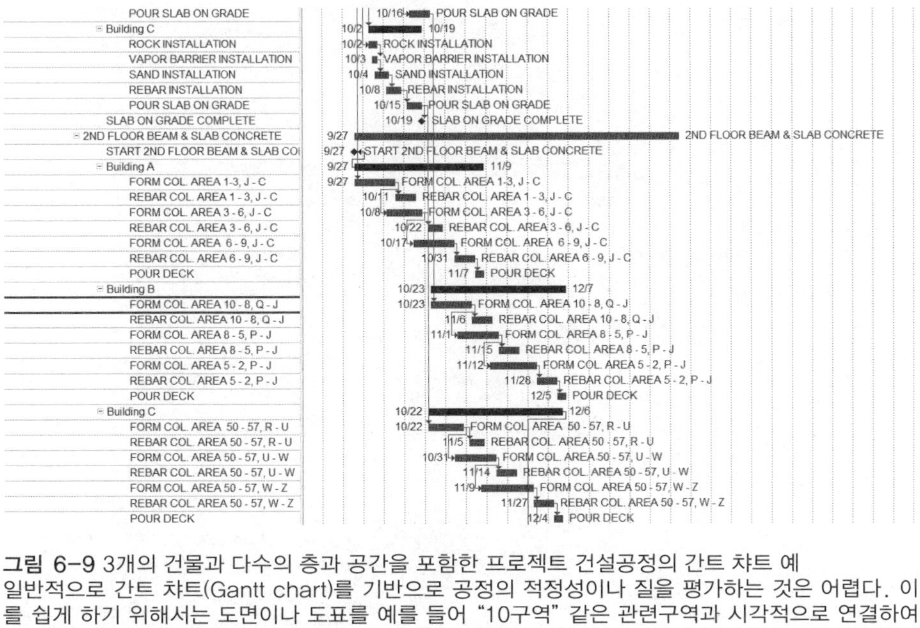

그림 6-9 3개의 건물과 다수의 층과 공간을 포함한 프로젝트 건설공정의 간트 챠트 예
일반적으로 간트 챠트(Gantt chart)를 기반으로 공정의 적정성이나 질을 평가하는 것은 어렵다. 이를 쉽게 하기 위해서는 도면이나 도표를 예를 들어 "10구역" 같은 관련구역과 시각적으로 연결하여 보여주어야 하는데 그럴 수 없으므로, 각 작업과 관련한 구역 또는 구성요소를 수작업으로 연결하며 검토해 가야 한다.

는 다음 절들에서 토론한다.

세 번째 방식은 린(Lean) 건설실무 중의 한 부분으로 더 인기를 끌고 있다. 이 방식은 "당기기 방식의 공정계획(Pull driven scheduling)"이라 명명되어있고, 이것의 핵심원리는 작업가능한 일의 목록을 준비하고 그 일의 실행여건이 성숙되었을 때 작업팀에 실행을 위한 일들을 선택하는 것을 포함하고 있다.

실무에서 모든 여건이 준비되어야 작업한다는 것은 종종 "최후의 순간(last responsible moment)"까지 일이 미뤄지는 것을 뜻하기도 한다. 실무에서 이러한 방식을 생산관리에 도입하여 상세한 수준의 공정계획(1주에서 3주정도 단위)을 하는 것을 라스트 플래너 시스템(Ballard 2000))이라고 부른다. BIM은 다양한 방식으로, 특히 건설 과정의 가시화를 통해서 이를 지원할 수 있다.

6.7.1 시공계획을 지원하기 위한 4D 모델들

4D 모델들과 도구들은 1980년대말 공사지연이나 오류가 비용에 영향을 미치는 복잡한 기간시설, 발전소, 처리시설들의 공사에 참여했던 큰 회사들이 처음 개발하였다. 건설산업이 3D 도구를 받아들이면서, 건설사들은 수작업으로 4D 모델을 만들고 각 단계별 또는 프로젝트의 각 기간별로 스냅샷을 모아 애니메이션처럼 보이게 하였다. 1990년 중후반 제작되거나 상용화된 4D 도구들은 수

그림 6-10
밴쿠버 컨벤션 센터 기초와 철골부재 조립의 4D 뷰 크레인이 미치는 범위와 여유공간(clearances), 부재와의 충돌(conflicts)을 보여주기 위해 타워크레인이 모델에 포함되었다(삽입 컬러면 참고).

사진 제공: Pacific Project systems Inc., MTC Design/3D (4D 모델링); Musson Cattell Mackey Partnership, Downs/Archambault & Partners, LMN Architects(설계); Glotman Simpson Consulting Engineers (구조 엔지니어); PCL Constructors Westcoast Inc(CM)

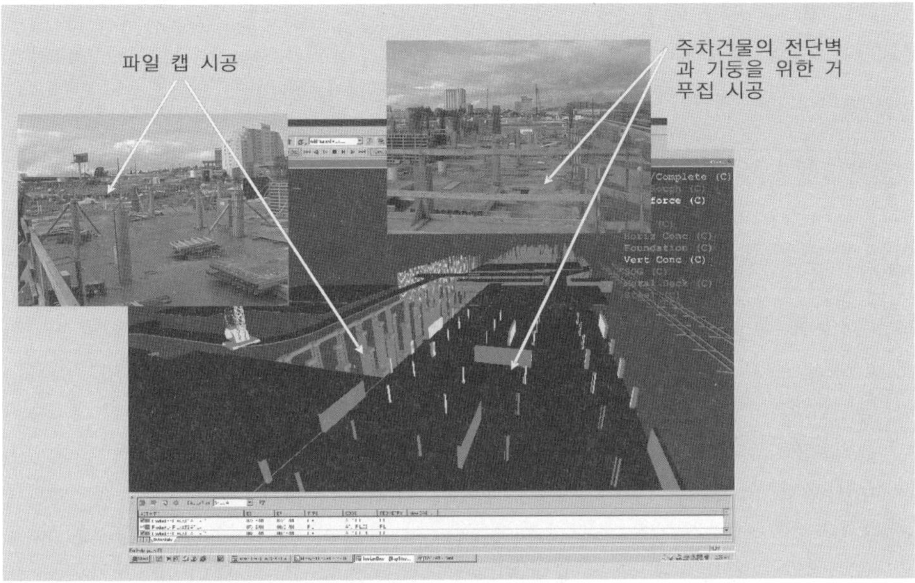

그림 6-11 4D 모델의 스냅샷과 프로젝트 현장의 사진들
프로젝트 팀은 구역관리의 지원과 동시에 진행되는 기초와 콘크리트 작업의 시공계획을 위하여 4D 모델을 이용하였다. 본 프로젝트에 사용된 4D 모델이 이러한 작업순서 결정과 관련한 의사소통에 이용된 반면, 현장에 영향을 주는 거푸집과 다른 가설공사는 포함하지 않았다.
자료제공: DPR Construction
(사진설명 1. 파일캡의 시공 / 2. 주차장 건물에서 전단벽과 기둥의 거푸집 설치)

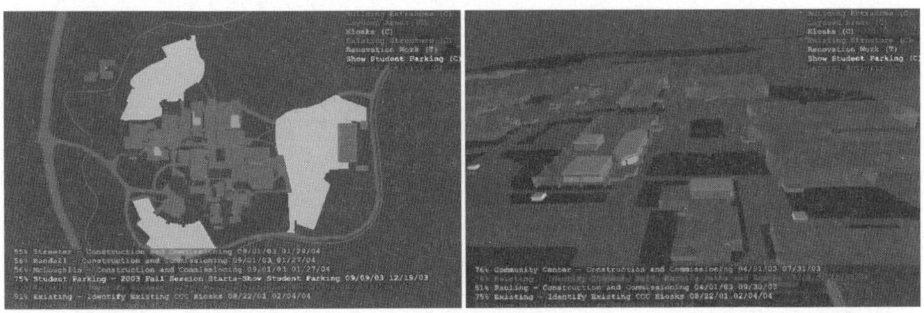

그림 6-12 캠퍼스 곳곳의 조경, 도로, 시설물에서 발생하는 다양한 건설활동을 보여주는 캠퍼스 전체 프로젝트의 4D 스냅샷
이러한 이미지들은 건설사가 건축주와 대학내 단체들에게 주차장, 도로, 특정 건물로의 접근로 등이 미치는 영향에 대해 의사소통을 하는 데 도움이 된다.
자료 제공: DPR Construction

작업으로 만든 4D 모델을 시공작업에 해당하는 3차원 기하학, 객체 또는 객체 그룹과 자동으로 연결하는 기능을 추가하면서 진화하였다(그림 6-10, 6-11, 6-12 참조). BIM은 공정관리자들이 4D 모델을 좀 더 자주 만들고, 재검토하고, 편집할 수 있도록 해준다. 이는 공정을 더 좋고 좀 더 믿을 수 있도록 향상시킨다. 다음 절들에서는 4D 모델의 장점과 공정관리자들이 4D 모델을 생성함으로써 얻게 되는 다양한 옵션에 대해 얘기하고자 한다.

6.7.2 4D 모델의 장점

4D CAD는 건설사가 예상 건설순서의 시뮬레이션 및 평가를 가능하도록 하고, 이를 다른 프로젝트 팀과 공유할 수 있게 한다. BIM 모델의 객체들은 건설단계에 따라 묶어져야 하고 프로젝트 스케줄상의 적합한 작업과 연결되어 있어야 한다. 만약, 콘크리트가 세 부분에 걸쳐 부어져야 한다면 그 콘크리트를 부어야 하는 바닥 역시 세 부분으로 나뉘어 있어야 작업순서가 계획되고 설명될 수 있다. 콘크리트, 철근, 철물 등도 역시 세 부분으로 나누어져 있어야 한다. 추가로 굴착지역, 비계와 같은 가설물, 야적 장소 등도 모델에 포함되어야 한다. 이것이 BIM 모델을 정의할 때, 시공지식이 필요한 중요한 이유이다. 만약 건물이 설계되는 동안 건축가나 건설사에 의해서 모델이 만들어지면 건설사는 시공성, 시공순서, 건설비용 견적에 관한 빠른 검토를 해줄 수 있다. 이러한 정보의 설계 초기단계의 통합은 건축가와 건물주에게 많은 혜택을 준다.

4D 시뮬레이션은 주로 잠재적 병목현상을 알아내는 의사소통 도구와 협업을 증진시키는 수단으로 기능한다. 도급자들은 공사계획이 실행가능하고 가능한 한 효율적일 수 있도록 4D 시뮬레이션을 검토한다. 4D 모델의 장점은 다음과 같다.

- **의사소통**: 4D모델을 사용하면 시공계획자가 모든 프로젝트 참여자들에게 계획된 공사의 진행내용을 시각적으로 보여줄 수 있다. 4D 모델은 시간적, 공간적 측면을 모두 포착하여 전통적인 간트 차트 보다 더 효과적으로 공정을 전달할 수 있다.
- **여러 이해관계자들로부터의 의견수렴**: 4D 모델은 종종 어떻게 프로젝트가 교통, 병원으로의 진입, 또는 다른 주요 지역공동체의 고려사항에 영향을 미칠지에 대하여 비전문가들에게 설명하기 위한 공청회에 사용된다.
- **현장물류관리**: 시공계획자들은 자재를 내려놓는 장소, 현장으로의 또는 현장에서의 접근, 큰 장비나 트레일러 등의 위치 등을 조율할 수 있다.
- **공종간 조율**: 시공계획자들은 협소한 공간에서 작업뿐만 아니라 공사현장에서 각 공종의 예상 공사시간과 공간의 흐름 등을 조율할 수 있다.
- **공정 비교 및 공사 진행상황 추적**: 프로젝트 관리자들은 서로 다른 공정들을 쉽게 비교할 수 있고, 그 프로젝트가 제대로 진행되고 있는지 늦어지고 있는지 빨리 인식할 수 있다.

무엇보다도 4D CAD는 각 객체의 공사시작일과 종료일, 여유시간 등을 알 수 있도록 프로젝트의 공정과 연계된 적절한 3D 건축물 모델이 필요하다. 요즘 많은 시스템들이 이러한 연계기능을 제공한다.

위와 같은 고려사항들 때문에 프로젝트 중간에 4D CAD를 설치하고 관리하는 것은 상대적으로 많은 투자가 필요하다. 이러한 도구들의 장점을 최대한 살리기 위해서는 디테일을 어느 정도 수준으로 해야 공정과 정확하게 연결되는지에 대한 선행 경험과 지식이 필요하지만 적절하게 사용되면, 관련 비용과 공사기간에서 얻게 되는 이익은 초기 구현 비용을 훨씬 뛰어 넘는 것으로 알려지고 있다.

9장의 원 아일랜드 이스트(One Island East) 프로젝트는 좋은 예이다. 이 프로젝트에서는 잠재적 문제를 찾기 위해서 각 층별 건설과정에 대한 4D CAD 분석이 시행되었다. 이것은 건설사가 각 층당 4일의 건설주기가 안전하게 관리될 수 있다는 것을 확인하게 하였다.

6.7.3 4D 모델링 절차

견적담당자들이 다양한 옵션이 있는 것처럼, 공정담당자들도 4D 모델을 만드는 다양한 도구들과 절차 중 하나를 선택할 수 있다.

1. 3D 또는 2D 도구를 이용한 수작업 방법
2. 3D 또는 BIM 도구에 내장된 4D 기능
3. 3D/BIM을 4D도구에서 내보내고 공정을 가져오는 방법

수작업, CAD 기반방법

공정계획 담당자는 수십 년 동안 유색펜과 도면을 이용하여 수작업으로 4D 모델들을 만들어 왔다. 작업의 진척상황을 보여주기 위해 서로 다른 순서를 다른 색으로 표현했다. CAD가 출현하면서 공정계획자들은 이 과정을 색채움, 그림자, 그리고 CAD 객체를 켜고 끌 수 있는 기능을 활용하여 CAD 도면으로 대체했다. 공정과 관련된 작명규칙이나 구성요소 속성들을 포함한 일부 모델의 경우, 이러한 과정을 자동화할 수 있었다. 그러나 대부분의 경우 공정계획자들은 공정을 시각적으로 설명하기 위한 고품질의 영화나 렌더링된 애니메이션을 만들기 위하여 써드파티와 함께 작업했다. 이 애니메이션들은 시각적으로 시선을 끌고 훌륭한 마케팅 도구로 사용할 수 있다. 하지만 계획이나 공정을 짜는 수단으로는 적합하지 않다. 이것들은 여전히 수작업으로 제작되기 때문에, 바꾸거나 갱신하거나 신속하게 실시간으로 시나리오를 계획하는 것이 어렵다. 세부공정이 바꾸면, 공정계획자들은 4D 이미지를 수작업으로 공정과 동기화시켜서 새로운 애니메이션이나 스냅샷들을 생성시켜야 한다. 이러한 수작업을 통한 갱신때문에 이러한 방식은 일반적으로 발주자나 일부 외부기관에게 초기 설계단

계에서 공사과정을 시각화하여 보여줄 필요가 있을 때루 사용이 제한된다.

4D 성능을 가진 BIM 도구

4D 스냅샷을 만드는 방법 중 하나는 객체의 속성이나 변수를 이용하여 뷰에 있는 객체를 자동적으로 필터링하는 기능을 이용하는 것이다. 예를 들어, Revit에서는 각각의 객체에 "6월 7일"이나 "존재함"과 같이 각 "단계"를 텍스트로 지정하고 그 단계들을 원하는 순서대로 배열할 수 있다. 그 후에 사용자들은 특정한 단계 혹은 이전단계에서 속한 모든 객체를 보여주도록 필터를 설정할 수 있다. 이러한 종류의 4D 기능은 기본적인 공사단계별 나누기 작업(phasing)이나 4D 스냅샷의 생성에 적절하지만 공정데이터와 직접 통합된 기능은 아니다. 더욱이 일반적인 4D 전용도구에서 제공하는, 4D 모델을 상호작용을 통해 재생시킬 수 있는 기능은 제공되지 않는다.

다른 한편으로 Tekla Structures는 모델 내의 물리적 객체들과 다중연결을 지원하는 공정계획기능이 내장되어 있다. 모델은 임시시설의 설치와 해체를 포함한 건설 순서의 4D 평가에 활용된다. 모델 객체는 시간의 의존속성에 따른 색상코드를 가질 수 있다. 9장의 크루셀 다리는 이 기능을 이용한 사례이다

대부분 BIM 도구들은 내장된 '날짜' 나 '시간' 개념의 기능을 갖지 않기 때문에, 공정데이터를 직접연결하기 위해서는 특정 4D 모듈이나 추가도구(add-on tools)를 필요로 한다. 표 6-1은 널리 알려진 BIM 도구들을 위한 내장된 4D 기능과 추가 4D 기능 두 가지의 개략적 내용을 보여준다.

수동 그리고 CAD/BIM 기반의 4D 모델링 도구에 내재된 단점들 때문에, 몇몇 소프트웨어 업체들은 3D 모델과 공정으로부터 4D 모델을 생성하는 특화된 4D 도구들을 제공하기 시작하였다. 이러한 도구들은 4D 모델의 생산과 편집을 빠르게 할 수 있도록 해주고 공정담당자들이 4D 모델을 취향에 맞게 바꾸거나 자동화할 수 있는 수많은 기능을 제공한다. 일반적으로, 이런 도구들은 3D 모델 데이터를 CAD나 BIM 소프트웨어로부터 불러온다. 추출된 정보는 대부분의 경우 기하학 정보나 "이름", "색"과 같은 구성요소 속성이나 객체의 최소집합, 그리고 그룹 또는 분류체계 정보 등에 제한된다. 공정담당자는 관련 데이터를 4D 도구로 불러와서 이런 구성요소들을 시공작업에 "연결"하고, 작업 종류와 시각적 행위(visual behavior, 譯註: 예로 "공사전", "공사 중", "공사완료", "해체" 등을 들 수 있다)를 설정한다. 그림 6-13은 4D 모델을 만드는 두 가지 접근방법을 나타낸다. 위 부분은 어떻게 도면으로부터 건설과정을 연속된 스냅샷 형태로 만들 수 있는가를 보여준다. 아래 부분은 어떻게 특화된 4D 도구를 이용하여 건설공정과 연결된 3D 모델로부터 진정한 4D 모델을 만들 수 있는가를 보여준다. 그림 6-14는 4D 모델을 만들기 위해 필요한 4D 소프트웨어에서 사용되는 데이터의 종류를 보여준다.

표 6-1 4D 기능이 있는 BIM 프로그램

회사명	제품명	비교
오토데스크(Autodesk)	Revit Architecture	모든 레빗 객체들은 모델링 단계(Phasing) 을 나타내는 파라메터를 갖고 있고, 이를 이용해 사용자는 각 객체별로 모델링 단계를 설정할 수 있다. 레빗의 뷰속성을 이용하여 각각의 단계별로 모델을 볼 수 있고, 4D 스넵샷(snapshot)을 만들 수 있다. 모델 돌려보기(play back)는 지원되지 않는다. 하지만 API 를 통해서 스케쥴링 프로그램과 연결할 수 있고 4D 정보 자동화를 위해 MS Project 같은 프로그램과 데이터를 교환할 수 있다.
테클라(Tekla)	Tekla Structure	갠차트(Gantt chart) 스케쥴링 인터페이스는 작업을 정의하는 것과 객체와 작업들간에 연결을 가능하게 한다. 모델은 데이터들과 연동 될 수 있으며, 객체들은 시간 속성에 따라 다른 색상 코드로 표현 될 수 있다.
게리 테크놀로지 (Gehry Technologies)	Digital Project	디지털 프로젝트에 추가 모듈로서, 건설 계획 및 코디네이션 모듈은 3차원 요소들을 Primavera 또는 MS Project 의 Activity 들과 연동 하여 4D 시뮬레이션 분석을 한다. 건설과 관련된 객체들은 디지털 프로젝트에 추가적으로 설치 되어야 한다. Primavera 와 MS Project 스케쥴 변동은 자동으로 디지털 프로젝트 모델에 적용된다.
벤틀리(Bentley)	ProjectWise Navigator V8i	이것은 다음과 같은 기능을 지원하는 독립적인 프로그램이다. DWG, DGN, DWF 와 같은 다양한 2D, 3D 포멧을 입출력 할 수 있고, 2D 도면과 3D 모델을 동시에 검토 할수 있고, 파일과 요소들간의 관계를 추적 가능하며 객체들간의 간섭과 스케쥴 시뮬레이션이 가능하다.
이노바야(Innovaya)	Visual Simulation	DWG 에 있는 3D 데이터와 MS Project, Primavera 의 스케쥴링 객체를 연결하여 4D 건설 시뮬레이션을 보여준다. 스케쥴과 모델간의 변화를 실시간으로 연동한다. 한 객체가 두 작업에 동시에 연결되거나, 아무 작업이 연결되지 않는것 같은 잠재적 스케쥴링의 문제를 발견하여 색상 코드를 이용하여 가시화 한다.
오토데스크(Autodesk)	Navisworks Simulate	시뮬레이션 모듈은 Naviswork 의 모든 가시화 기능을 포함하고 있고, 가장 많은 BIM 포멧을 지원하고, 전체적으로 최고의 가시화 능력을 가지고 있다. 시뮬레이션 모듈은 다양한 스케쥴링 프로그램으로 부터 스케쥴 데이터를 가져올 수 있으며, BIM 객체와 자동 또는 메뉴얼 방식으로 연결된다. 메뉴얼 연결은 많은 시간을 필요로하고, 사용하기 힘들며, 적은 수의 사용자 정의 4D 기능을 가지고 있다.
씽크로(synchro)	Synchro Professional Pi	4D를 위한 가장 정밀한 스케쥴링 기능을 가지고 있는 강력한 프로그램이다. 리스크 및 자원 분석기능을 잘 활용하기 위해서는 프로젝트 관리 및 스케쥴링에 대한 깊은 지식을 필요로 한다. 4D 가시화 기능 이외에 위험성, 여유율, 자원 활용도 가시화 기능을 가지고 있다. 다양한 소스로 부터 빌딩 객체, 스케쥴링 정보를 읽어 올 수 있다. 이 객체들은 가시화 인터페이스를 이용하여 연결되고, 개별 컴퓨터나 많은 사용자를 위한 서버를 통해서 관리 될 수 있다. 이 프로그램은 또한 씽크로(Synchro) 와 연결된 다른 스케쥴 프로그램 사이의 두방향 자료 변경(Update)를 지원한다.
비코 소프트웨어 (Vico Software	Virtual Construction	건설, 견적, 컨트롤 및 5D 프리젠터 모듈로 이루어진, 가상 5D 건설 계획 시스템이다. 객체정보는 다른 BIM 저작 툴을 통해서 읽어오며, BIM 객체를 건설및 제작하기 위한 작업과 자원 정보 정의, 추가한다. 물량과 비용은 에스티메이터를 통해서 계산하고, 스케쥴 작업은 컨트롤 모듈의 LOB 기능 (Line of balance) 를 이용하여 정의 및 계획한다. 프리젠터는 4D 건설 시뮬레이션을 지원한다. Primavera 와 MS project 를 통해서 스케쥴링 정보를 가져올 수도 있다. 스케쥴 변동과 4D 가시화는 연동 된다.

그림 6-13
두 가지 다른 4D 모델링 과정을 보여주는 도표

수동적인 방법은 보통 하나의 CAD, BIM, 또는 시각화 소프트웨어 안에서 이루어진다. 특화된 4D 소프트웨어는 일부 단계를 제거하고, 공정과 건축물 모델을 직접 연결하여 이 과정을 더 빠르고 신뢰성 있게 만든다.

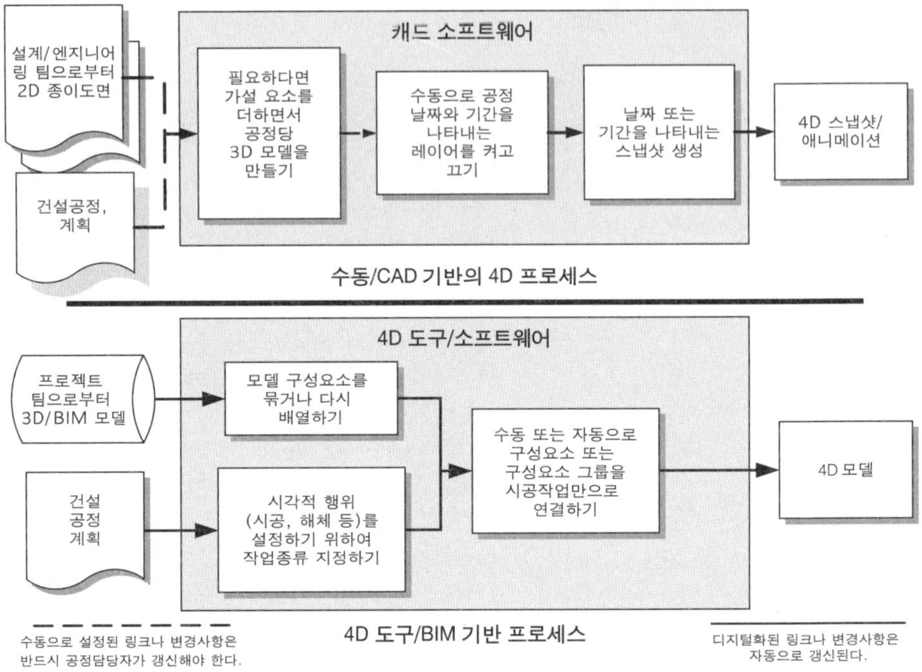

그림 6-14
4D 모델의 중요 데이터 인터페이스를 보여주는 도표

A) 공정표내의 작업과 관련된 구성요소들의 4D 분류체계 또는 그룹화, B) 설계와 엔지니어링 조직이 제공한 CAD 데이터의 구성, C) 공정 데이터는 계층적으로 표현될 수도 있지만, 일반적으로 시작일과 종료일과 같은 속성을 갖는 작업들의 집합으로 표현된다. D) 4D 모델의 시각적 행위를 정의하는 작업종류

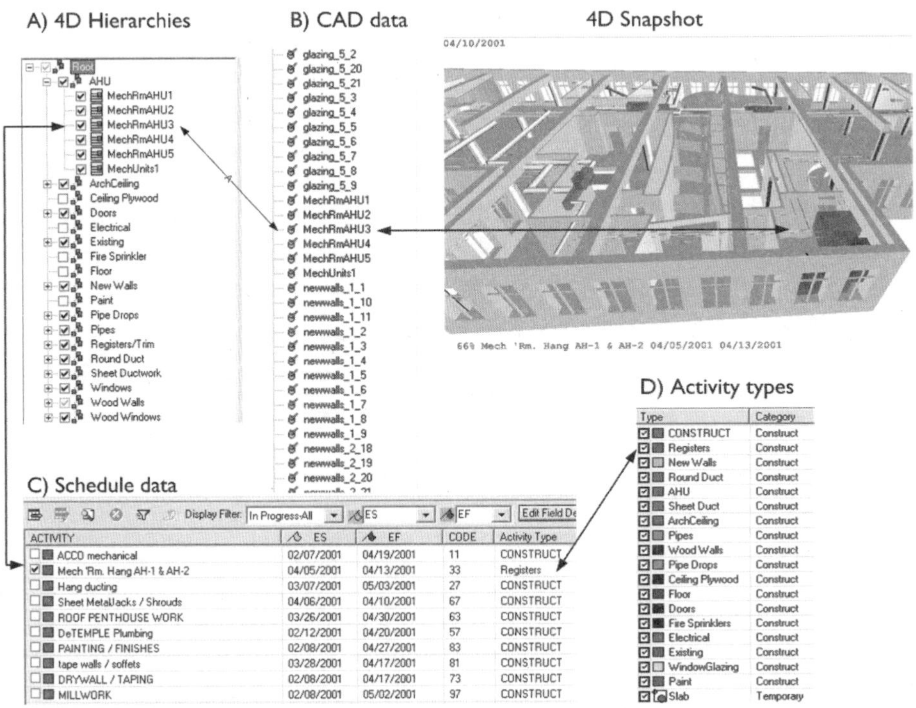

- **BIM 불러오기 성능:** 어떤 기하학 정보나 BIM 파일 포맷들을 불러올 수 있으며 어떤 종류의 객체 데이터(예를 들어, 기하학적 형태, 명칭들, 식별자(unique identifiers 등)를 불러올 수 있는가? 어떤 경우는 오직 기하학 정보, 기하학 요소의 명칭들, 분류체계만 불러온다. 이것은 아마 기본적 4D 모델링을 위해선 충분하겠지만 사용자들이 객체 속성을 보거나, 필터링하거나, 질의하려면 다른 데이터가 필요할 것이다.
- **공정 불러오기 성능:** 어떤 공정 포맷을 지원하며 그 포맷은 본래 파일인가, 문서 파일인가? Primavera 같은 어떤 공정 소프트웨어는 데이터베이스와 연동되어 작동한다. 그렇다면, 고려하는 도구는 데이터베이스와의 연결이 가능하고 공정데이터의 추출이 가능해야 한다.
- **3D/BIM 건축물 모델의 병합/갱신:** 사용자는 여러 개의 파일을 하나의 모델로 합치고 모델 일부 또는 전체를 갱신할 수 있는가? 만약 프로젝트에서 여러 개의 BIM 도구에서 생성된 모델을 사용되고 있다면, 4D 모델링 과정은 이런 모델들을 하나의 도구로 불러와서 병합하는 과정이 필요할 것이다. 그러므로, 4D 도구는 반드시 이런 능력을 제공해야 한다.
- **재정렬:** 불러들인 정보를 다시 재정렬할 수 있는가? (다음 절의 토론을 보라.) 모델 구성요소들을 재정렬할 수 있는 기능을 가진 도구는 모델링 과정을 크게 촉진시킬 수 있다.
- **가설요소:** 사용자가 비계, 굴착 공간, 야적 공간, 크레인 등의 가설구성요소들을 4D 모델에 추가(그리고 후에 제거)할 수 있는가? 많은 경우에 사용자는 이런 구성요소들을 다른 도구에서 만든 후에 기하학 정보를 불러들여온다. 이상적으로, 4D 도구가 이러한 구성요소들을 빨리 추가할 수 있도록 라이브러리로 가지고 있으면 좋을 것이다.
- **애니메이션:** 상세한 크레인 시뮬레이션이나 다른 설치순서를 시뮬레이션할 수 있는가? 어떤 4D 도구들은 사용자가 장비의 이동을 시각화할 수 있도록 객체가 특정기간에 걸쳐 "이동"하는 것을 보여줄 수 있다.
- **분석:** 도구가 (Common Point에 있는 기능과 같은) 시간-공간 간섭분석과 같은, 같은 공간에서 일어나는 작업을 파악할 수 있는 특화된 분석기능을 제공하는가?
- **결과물:** 사용자가 특정기간 동안의 공사내용을 여러 장의 스냅샷으로 내보내거나 미리 정의된 뷰에 따라 특정기간 동안의 공사내용을 동영상으로 쉽게 제작할 수 있는가? 사용자 정의 결과물 생성기능은 프로젝트 팀과의 모델공유를 촉진시킬 것이다.
- **자동적 연결:** 사용자가 건물 구성요소를 속성이나 규칙을 이용하여 공정항목과 자동적으로 연결시킬 수 있는가? 이런 기능은 표준작명규칙(standard naming convention)이 있는 프로젝트에 유용하다.

6.7.4 BIM이 지원하는 공정계획의 문제와 지침들

공정계획 과정은 공정계획 도구에 따라 다를 수 있지만, 모든 공정담당자와 4D 모델링 팀이 4D 모델을 준비하거나 개발할 때 반드시 고려해야 하는 몇 가지 이슈가 있다.

모델 범위(Model Scope)

모델이 마케팅이나 설계경기를 위한 것이라면, 모델의 수명은 상대적으로 짧다. 적절한 세부묘사의 수준은 고객이 무엇을 원하는가에 달려 있다. 만약, 모델을 프로젝트 기간 동안 계속 사용할 것이라면, 계획은 언제, 예를 들어, 100-300개 정도의 단위작업을 포함하는 90일 계획 또는 더 상위수준의 공정계획에서 수천 개의 단위작업을 포함하는 1주에서 3주 정도의 선행공정계획으로 옮겨갈 것인가에 대한 윤곽을 포함하고 있어야 한다. 보통 건물을 "껍질(shell)" 형태로 개략적으로 만들고, 나중에 껍질처럼 된 건물형태를 점차 상세한 인테리어 항목들로 대체해간다.

상세수준(Level of Detail)

상세수준은 모델의 크기, 그것을 짓기 위해 할당된 시간, 의사소통에 중요한 항목들이 무엇인가에 영향을 받는다. 건축가들은 렌더링을 통하여 자재들을 비교하기 위하여 벽 시스템을 매우 상세하게 표현할 수 있다. 반면 건설사는 벽 부재들 하나하나의 상세한 설치순서보다 바닥 또는 벽을 어떤 순서로 시공할 것인가가 더 중요한 문제이기 때문에 벽 전체를 하나의 구성요소로 표현할 수 있다. 또 다른 예로, 정교한 지진 시스템과 같이 상세한 구성요소들은 각각의 설치순서를 보여주기 위하여 더 상세한 모델이 필요할 수도 있다. 또, 주어진 객체를 시공하는데 여러 작업이 필요한 경우도 있을 것이다. 예를 들어, 기초공사는 굴착, 거푸집 설치, 철근 배근, 콘크리트 치기, 콘크리트 양생, 거푸집 해체 작업이 필요하다.

공정담당자들은 하나의 구성요소를 이용하여 여러 개의 단위작업들을 표현할 수 있다. 하나의 벽 단면은 거푸집 공사, 철근 콘크리트 치기, 콘크리트 마감, 그리고 벽 마감공사를 보여주는데 이용될 수 있다. 다양한 단위작업들과 작업의 종류를 단 하나의 구성요소에 적용할 수 있다.

재정렬(Re-organization)

보통 공정담당자들은 4D 도구를 이용하여 구성요소나 기하학 객체를 재정렬하거나 사용자정의 그룹을 만들 수가 있다. 이러한 기능은 설계자나 엔지니어가 모델을 정렬하는 방식이 일반적으로 구성요소와 단위작업들을 연계시키기에 적절하지 않기 때문에 중요한 기능이다. 예를 들어, 설계자들은 모델을 만들 때 기둥이나 기초 등을 복사하기 편하게 그룹화할 지 모른다. 하지만, 공정담당자

그림 6-15
비계를 보여주는 4D 모델 사진

때때로 스케줄의 타당성을 결정하는데 가설장비의 추가는 중요하다. 그러한 가설장비 디테일은 하도급자나 공정담당자가 안전성과 시공성을 시각적으로 검토할 수 있도록 해준다(삽입 컬러면 참고).

이미지 제공: M.A. Mortenson, Inc.

는 이러한 구성요소들을 바닥판이나 기초로 나누어 구역별로 정리할 것이다. 그림 6-14는 설계 분류체계와 4D 모델 분류체계의 두 가지 다른 조직 분류체계를 보여주고 있다. 이렇게 나누어 정렬(tore-organize)할 수 있는 기능은 가변적이고 정확한 4D 모델을 만들기 위해 중요하다.

가설요소(Temporary components)

건축물 모델은 전 시공과정을 반영해야 한다. 그래서 가설구조, 굴착공사의 세부사항, 그 밖에 시공기간 동안 존재하는 기타 사항들을 4D 시뮬레이션에서 보여줄 수 있어야 한다. 그림 6-15는 시공계획자들이 안전성과 시공성을 평가할 수 있도록 비계가 포함되어 있는 4D 모델을 보여준다. 비계를 보여주는 것은 사람과 장비의 공간적 제약에 영향을 미칠 수 있기 때문에 중요하다.

나누기와 합치기(Decomposition and Aggregation)

바닥판과 같이 하나의 객체로 표현되는 객체의 경우, 어떻게 시공되는지를 보여주기 위해서 부분으로 나눠질 필요가 있다. 또다른 문제는 벽이나 지붕과 같이 건축가나 엔지니어가 하나의 구성요소로 만들었지만 공정계획시에는 구역별로 분류하여야 하는 이러한 객체를 어떻게 나눌 것인가 하는 것이다. 대부분의 특화된 4D 도구들도 이러한 기능을 제공하지 않는다. 따라서 공정담당자들은 이러한 "나누기" 작업을 3D/BIM 도구 내에서 수행해야만 한다.

공정계획 속성(Schedule Properties)

조기착수일과 준공일은 4D 시뮬레이션에서 자주 쓰인다. 그러나 공정시뮬레이션에서 대안 공정의 영향을 보기 위해서는 만기착수일, 만기종료일, 단계별 착수 및 종료시점과 같이 나른 종류의 날짜들도 검토하는 것이 바람직하다. 또한, 특정 프로젝트에만 해당되는 다른 공종계획 속성들도 4D 모델링 과정에서 가치가 있다. 예를 들어, 병원 침대가 사용중인지 아닌지를 보여줄 수 있도록 병원 침대숫자와 특정 단위작업을 연결시킨 사례가 있다. 이 프로젝트 팀은 그렇게 하여 사용이 가능한 병원의 침대개수를 언제나 시각화할 수 있도록 하였고, 필요한 최소숫자의 침대가 항상 남아 있도록 하였다. 또 "영역" 또는 "책임"이라는 속성을 만들어 각 단위작업을 코드화할 수 있다. 이렇게 하여 누가 어떤 작업에 책임이 있고, 근접하여 작업하고 있는 작업자를 빠르게 파악하여 작업자간의 관계를 보다 더 잘 조율할 수 있다.

6.8 비용과 공정관리, 그리고 다른 관리기능의 통합

시공하는 동안에 회사들은 프로젝트의 진행상황을 관리하고 보고하기 위하여 다양한 도구와 프로세스를 사용한다. 이러한 도구들은 공정 및 비용 관리시스템에서부터 회계, 조달, 급여, 안전 등의 시스템까지 포함한다. 이러한 많은 시스템들은 설계와 건물 구성요소 정보에 의존한다. 하지만 보통 이런 시스템들은 설계도면 또는 BIM과 연결되어 있지 않다. 이러한 이유로 수작업으로 설계정보를 재입력하거나 다양한 시스템과 프로세스를 동기화하는 것과 관련한 문제점들을 파악하는 데 이중적인 노력이 필요하다. BIM 소프트웨어는 이러한 작업에 큰 도움이 된다. 왜냐하면 BIM 소프트웨어는 다른 소프트웨어와 연결될 수 있는 상세한 물량정보와 다른 구성요소 정보를 가지고 있기 때문이다. 거기에 건설사나 프로젝트 참여자들이 프로젝트 진행상황을 시각적으로 분석하고 잠재적이나 현존하는 문제들을 강조하는 수단으로 그래픽 모델을 활용함으로써 새로운 통찰력을 얻을 수 있다. 회사들이 3D/BIM을 어떻게 사용하는지에 관한 몇 가지 예들은 다음과 같다:

- 예산과 실제 비용차이 추적:비코 코스트 익스플로러(Vico Cost Explorer, Vico 2010)를 사용하여 사용자는 실제 비용을 비코 모델에 불러들이고, 3차원 모델에서 실제 비용과 예산과의 차이를 가시화할 수 있다. 이것은 어떻게 예산관점에서 프로젝트를 추적하고 어디에 문제가 있는 지에 대해 보다 나은 이해를 가능하게 해준다.
- 프로젝트 현황: 각각의 구성요소들은 "현황"이라는 속성을 가질 수 있다. 프로젝트에 따라 "설계 중", "시공심의 통과", "제작 중"과 같이 그 값을 달리 표현할 수 있다. 이러한 속성들을 색으로 연결시켜 프로젝트 팀이 빠르게 시설물의 상태를 판단하고 공정이 지연되는 병목구간이나 영역을 파악할 수 있도록 해준다.

- 조달구매: BIM 객체들은 무엇을 구매하여야 하는가에 대한 정보를 포함하기 때문에, BIM 도구를 사용하여 직접 구매하는 것이 가능하다. 이 책이 쓰였을 때(2007년 초기), 이러한 기능은 아주 개발 초기에 있었다. 이러한 기능은 제조사가 자사의 제품을 인터넷 서버에 저장하고 검색엔진을 통하여 검색할 수 있는 모델의 형태로 개발함으로써 당연히 향상될 것이다. 1st Pricing(1st Pricing 2010)에서 BIM 조달 소프트웨어의 좋은 예를 개발하였다. 다운로드 가능한 플러그인을 사용하여, AutoCAD, Archi CAD, Architectural Desktop, TurboCAD 그리고 곧 Revit 내에서 구매가 가능하다. 이 제품은 우편번호를 기반으로 하여 건설현장에 배달될 문과 창문의 실시간 견적을 제공한다. 다른 종류의 구성요소들도 시스템에 추가되고 있다. 최근에 주어진 재료에 LEED 등급을 정하는 LEED 평가기능이 시스템에 추가되었다. Autodesk Seek(Autodesk Seek 2010)는 AutoCAD와 Revit 사용자가 다양한 종류의 제품을 미국 생산자로부터 찾아서 그 제품과 제품상세를 모델에 추가해주는 또다른 시스템이다. 이것은 물량산출, 일람표를 자동으로 포함하고, 2D 및 3D로 적절하게 가시화 해준다.
- 조달추적: 또 다른 중요한 쟁점은 서비스와 자재조달현황이다. 종종 공정계획에 포함된 시공작업의 수가 많아서 설계와 조달 관련한 작업을 연결시키는게 어렵다. 이러한 단위작업들의 현황을 추적함으로써 공정담당자들은 질의를 실행하여 쉽게 조달 프로세스에서의 문제점을 파악할 수 있다. 또 공정계획을 건축물 모델에 연결함으로써 건축물의 어느 부분에 조달지연으로 문제가 생길 지를 눈으로 확인하는 것도 가능하다. 예를 들어 주문에서 배달까지 오랜 기간이 필요한 물건이 2달 안에 설치되어야 한다고 계획되어 있는데 주문과정은 아직 완료가 되지 않았다면, 프로젝트 팀은 그 이후 공사들의 지연을 막기 위하여 그 상황을 빠르게 대처할 수 있다. 건축물 모델로의 시각적인 연결고리는 조달지연이 건설에 미치는 영향을 쉽게 예측할 수 있도록 도와준다.
- 안전관리: 안전은 모든 건설조직에 중요한 이슈이다. 안전교육과 교육을 지원하거나 안전하지 않은 상황을 알려주는 어떠한 도구도 건설팀에게 중요하다. 시각적 모델은 건설팀이 현장여건을 평가하여, 팀이 현장에 가기 전까지 깨닫지 못할 수도 있는 안전하지 않은 지역을 파악할 수 있도록 해준다. 예를 들어, 테마파크 건설 프로젝트에서 한 건설팀이 시승기간 동안 어떠한 작업도 시승구간 안에서 하지 못하도록 하기 위하여 시승구간을 모델링하였다. 4D 시뮬레이션을 사용하여 시승기간 동안 이 시승구간에서 일어나는 작업을 미리 찾아내어 문제를 사전에 해결할 수 있었다. 아부다비(Abu Dhabi)에 있는 Yas Island 프로젝트의 두 건물을 덮는 대형 철제프레임 시공할 때, 용접공들의 작업공간 모델링을 위하여, 작업공간

을 원기둥형태로 모델링하였다. 이 원기둥 간의 간섭검토를 통해 시간이 변함에 따라 작업자가 노출될 수 있는 위험에 대한 가능성을 검토하였다.

6.9 선 조립방식의 사용

선 조립방식(offsite fabrication, 譯註: 직역은 "현장밖 조립"이지만 prefabrication과 같은 뜻이다)을 도입하려면 상당한 계획과 정확한 설계정보가 필요하다. 선 조립방식은 현장작업과 연관되는 리스크와 인건비를 줄이려는 도급자들에게 점점 일반적으로 되어가고 있다. 오늘날 많은 종류의 건물 구성요소들이 공장에서 생산되거나 조립된 후 현장에 운송되어 설치된다. BIM을 사용하여 도급업체들이 생산과정 중이나 전에, 3차원 기하학 정보, 자재정보, 마감 요구사항, 운송순서 및 시간 등을 포함한 BIM 구성요소의 상세를 직접 입력할 수 있다. 이 절에서는 건설사들의 관점에서 장점에 대하여 논하였다. 제작자들의 관점에서 본 장점은 7장에서 자세히 설명하였다.

건설업체가 협력업체들의 작업과 설계를 조율하여 얻을 수 있는 부가가치는 전체 프로젝트에서 얻을 수 있는 부가가치의 큰 부분을 차지한다. 협력업체와 BIM 정보를 교환할 수 있는 능력을 가진 건설업체들은 모델을 검증하고 확인함으로써 시간을 절약할 수 있다. 이렇게 함으로써 하자를 줄일 수 있고, 협력업체들을 사전계획단계이나 건설과정초기에 참여시킬 수 있다.

철강업체와 판금업체간 작업을 조율하고 모델을 교환한 매우 좋은 사례가 있다. 7장에서 논의될 내용과 같이, 많은 철강업체들이 철강생산과정을 관리하고 자동화하기 위하여 3차원 기술을 사용하고 있다. CIS/2포맷(자세한 설명은 3장에 있다./CIS/2, 2007)과 같은 프로덕트 모델교환 포맷의 도입이 설계, 엔지니어링, 건설업체들, 협력업체간의 정보교환을 촉진시켰다. 이러한 요건들로 인해 프로젝트 팀의 철강 또는 판금순서를 조정하고 최적화할 수 있었다. 9장에서 7개의 사례를 통하여 본 건설업체와 협력업체간의 디지털 협업을 통한 이익에 대하여 다루었다.

AISC(미국건설철강협회/AISC 2007)과 CIS/2포맷 (CIS/2 2007; http://cic.nist.gov/vrml/cis2.html)의 개발덕택에 강구조산업은 BIM 도입여건을 잘 갖추게 되었다. 프리캐스트 콘크리트를 위하여 다른 표준들이 개발되었지만 아직 상업적으로는 사용되지 않고 있다. NIBS(the National BIM Standards, 미국 BIM 표준/NIBS 2007)를 개발하려는 노력은 협력업체에게 어떻게 건축물 정보모델을 제공할 것인가를 고려하고 있다.

구조상 철강산업은 AISC(AISC 2007)에 대한 노력과 CIS/2(CIS/2 2007)의 발전덕택에 BIM에 영향력을 미치기에 적절한 시기에 있다. 다른 기준들은 프리캐스트 콘크리트를 위해 점차적으로 발전을 거듭하고 있지만, 아직 상업적인 사용에 있어서는 미숙하다. NBIMS(The National BIM Standards,

NIBS 2007)는 제조자에게 정보를 제공하기 위해서 어떻게 건축물 정보모델을 사용할 수 있는지에 대해 노력한다. NBIMS는 3장에서 소개되었다. BIM 기술 요건과 사용 가능한 소프트웨어들 등의 세부사항은 7장에서 다루었다.

6.10 건설현장에서 BIM의 사용: 건설작업의 검증, 안내, 그리고 추적

건설업체는 건축물 구성요소들의 치수와 성능이 시방서와 맞도록 현장검증을 해야만 한다. 하자가 발생하면 건설업체는 그것을 수정하는데 더 많은 시간이 든다. 건축물 모델은 실제 시공상황이 모델에서의 상황과 일치하는지 검증하는데 쓰일 수 있다. 프로젝트 팀이 모델을 정확하게 만들었다 해도 사람이 하는 일이다보니 설치단계에서 오류가 발생할 수 있다는 점을 주목해야 한다. 그리고 이러한 오류는 가능하면 빨리 찾아내는 것이 중요하다. 예로 샌프란시스코의 the Letterman Digital Arts Center(LDAC)가 있다. 프로젝트 팀이 프로젝트 설계가 끝난 후 전체 모델을 만들었고 보고서에 현장하자를 다음 발췌문과 같이 기록했다.

> "평상시와 같이 현장사진을 촬영하던 도중, 우리는 콘크리트 거푸집의 위치와 관련한 치명적인 결함을 발견하였고, BIM을 참조하여 그것이 하자임을 바로 확인하였다. 이 하자는 거푸집을 배치하는 사람이 표준 그리드에서 벗어난 기둥에서부터 콘크리트 바닥판 모서리까지의 길이를 잿기 때문에 발생하였다. 위에 세 개층이 더 있었기 때문에 이 복합 포스트텐션 바닥판에 콘크리트를 더 부었더라면 협력업체뿐만 아니라 전체 프로젝트에 치명적인 결과를 초래할 뻔했다. 이 문제는 콘크리트가 치기되는 동안 해결되었고, 큰 비용이 절감이 되었다.

이 건의 경우, 가상으로 건물을 지으면서 얻은 상세한 지식덕분에 이러한 현장상의 하자를 발견할 수 있었다. 이 팀은 매일 현장을 돌아다니면서 검증하는 전통적인 방식과 모델 검토를 병합함으로써 잠재적인 현장하자를 발견하였다.

더 섬세한 기술들이 현장검증을 지원하고, 현장배치를 돕고, 설치상황을 추적하기 위하여 개발되고 있는 몇 가지 예는 다음과 같다:

- 레이저 스캐닝 기술들(laser scanning technologies): 건설업체들은 측량자료를 직접 BIM 도구에 보내 콘크리트가 제 위치에 타설되었는지의 검토나 기둥이 제 위치에 있는가 등을 검토할 수 있는 레이저 측량기술과 같은 레이저 기술을 사용할 수 있다. 레이저 스캐닝은 재건축 작업이나 준공시의 건설상세를 포착하는 데도 쓰일 수 있다. 레이저 스캐닝 서비스는 많이

활용되고 있다. 빌딩이 스캔되고, 운영자가 스캔된 요소가 나타내는 BIM 모델 객체를 생성한다. 그 결과물은 BIM 시스템에 보내질 수 있다. 9장의 포틀랜드 매리어트 호텔 사례는 레이저 스캐너를 활용한 좋은 사례이다.

- 기계유도 기술들(machine-guidance technologies): 토공사업체들은 3D/BIM 모델에서 추출된 치수를 따라 기계유도로 작동하는 장비(machine-guided equipment)를 사용하여 정지나 굴착작업을 할 수 있다. 이들은 레이저와 GPS같은 다양한 기술을 필요로 한다.
- GPS 기술들: GPS(Global Positioning System)의 빠른 발전과 모바일 GPS 기구들의 상용화로 건설업체들은 건축물 모델을 GPS와 연결하여 위치를 검증할 수 있게 되었다. 카아네기 멜론대학교에서 개발하고 교통부에서 도로와 다리공사에서의 정보전달을 촉진시키기 위하여 도입한 시스템은 GPS와 2D/BIM의 연결하여, 현장작업반의 위치에 따라 관련정보를 빠르게 전달할 수 있다.
- RFID 태그: RFID(Radio Frequency Identifier) 태그는 건축자재운송 추적과 현장설치를 지원할 수 있다. RFID 태그로의 참조정보를 가지고 있는 BIM 구성요소를 이용하여 현장 스캐닝 장치와 연결고리를 자동으로 업데이트 할 수 있고 현장 진행상황과 설치내용에 대한 빠른 피드백을 할 수 있다. 메릴랜드 종합병원(Maryland General Hospital) 건설에 사용된 이러한 기능의 대규모 사용 예제가 9장에서 논의되고 있다. 벨라 시스템즈(Vela Systems) 웹사이트 www.velasystems.com/products/field-BIM에서 기술하고 있다.

현장에서 BIM을 사용하는 것은 휴대용 무선기기나 BIM 정보를 현장작업자에게 제공하는 일이 일반화됐을 때 놀랄 만큼 증가할 것이다. 이러한 장비를 위한 소프트웨어들이 급격하게 증가하고 있다(Vela 2010).

6.11 린(Lean) 건설과 BIM의 시너지

린 건설할 때, 낭비되는 요소를 줄이고 지속적인 프로세스 개선을 통해 최적화를 하면, 건축주에게 돌아가는 가치가 극대화된다. 이러한 핵심원칙은 린 제품생산(lean manufacturing)과 도입이다 생산 시스템(TPS: Toyota Production System)으로부터 가져왔다. 당연히 이러한 아이디어와 도구가 건설에 활용되기 위해서는 많은 도입과정이 필요하다. 도입은 실용적이고 이론적이어야 하고, 이 과정은 코스켈라(Koskela-1992,2000)가 정의한 TFV(the Transformation-Flow-Value)같은 건설에서 제품에 대한 사고의 전환을 유발해야 한다.

Last PlannerSystem (Ballard 2000)같은 몇몇 린 건설도구와 기술은 적

극적 참여와 교육이 필요하고, 일반적으로 소프트웨어의 지원이 적거나 거의 없이도 구현이 가능하다. BIM이 몇몇 린 건설의 원칙을 용이하게 할 수 있다는 점에서 린 건설과 BIM은 강력한 시너지가 있다. 건설에서 정보가 생성되어 관리되고, 도면을 통한 의사소통의 진행과정에서 초래되는 많은 낭비요소들이 있다. 설계 문서간의 불일치, 설계정보의 제한된 흐름 그리고 정보를 얻어내는 데 많은 시간이 소비되는 것 같은 낭비요소들 중 많은 부분이 이 책의 앞부분에서 논의되었다. BIM은 이런 낭비요소를 제거하기 위해서는 더 많은 길을 가야 하지만, 비록 작업자가 BIM을 직접적으로 사용하지 않더라도 건설 프로세스에 있어서 많은 참여자들 간의 작업흐름을 향상시켜줄 것이다. 이와 관련된 연구로 Sacks et al. (2010)은 테이블 6-2에 린의 24 핵심원칙과 18가지 BIM의 기능 간에 56가지의 명시적 상호작용 항목과 52가지 가능한 상호작용 항목을 기술하고 있다.

BIM을 사용해서 얻는 첫 번째 시너지는 변경을 줄이는 것이다. 형상을 가시화하고 기능을 평가하고 설계대안을 빨리 만들어내는 능력, 정보 및 설계 모델의 일관성(단일 정보자료에 의존하는 것 및 간섭확인 포함)을 관리하는 것, 그리고 보고서의 자동생산은 제작업과 정보를 기다리느라 낭비되는 요소를 획기적으로 줄여서, 보다 일관성있고 신뢰도 높은 결과를 만들어낸다. 이것은 건축설계 팀의 모든 멤버에 영향을 주지만, 건설에 직접 참여한 이들에 대한 경제적 영향은 더 크다.

두 번째 시너지는 BIM이 순환주기(cycle time)를 줄여 준다는 것이다. 모든 제품생산 시스템에서 중요한 목적은 제품제작 초기부터 완성까지 제품을 위해서 요구되는 전체 시간을 줄이는 것이다. 이렇게 되면 프로세스, 재고 축적, 낭비를 최소화하면서 변경에 대응하는 데 필요한 전체 작업량을 줄일 수 있다. 9장에 있는 셔터의료센터 사례 연구는 어떻게 BIM이 프로젝트 팀의 수 개월을 통해 걸리던 비용산출주기를 2주나 3주로 줄였는지 보여주고 있다. BIM은 목표비용(target costing) 방식을 가능하게 한 가장 중요한 요소이다. BIM은 건설 과정 간의 간섭을 찾아내어 건설작업의 순환주기 단축에 기여하는 건설작업 및 건설과정 시뮬레이션, 4D 건설일정 가시화에 사용된다.

셋째로, BIM은 건설제품과 과정 모두를 가시화할 수 있다. 9장의 크루셀 다리 사례는 현장에서 건설사에 관리되고 설계자, 철골생산자와 공유된 BIM 모델이 어떻게 콘크리트 보강 철물 설치를 위한 제품상세와, 다른 제품의 생산성을 높이고, 라스트플래너 시스템(Last Planner System) 회의 전 및 진행과정 동안의 공정계획을 위해 4D 시뮬레이션 어떻게 사용되었는지 보여주고 있다.

BIM 시스템이 파트너 사의 제품공급망 데이터베이스와 통합되어 있어서, 그들은 제품 및 자재, 제품 설계정보를 교환하기 위한 강력한 메커니즘을 제공했다. 메도우랜드 경기장 프로젝트(Meadowlands Stadium project)는 수천 개의 프리캐스트 콘크리트 설치대의 제작, 배달, 설치단계를 추적하고 BIM 모델에 색상

표 6-2 린 원칙(Sacks et al. 2010)

원칙 분야	원칙
작업 흐름 과정	**변경 감소** 초기부터 올바른 품질확보(제품변경 감소) 정보흐름의 상류에서 변경감소(제품변경 감소) **순환시간 감소** 제품순환주기 감소 재고감소 **정보흐름의 복잡성 감소 (단일 정보흐름 추구)** **유연성 증가** 변경시간 감소 다기술 팀 사용 **적합한 제품 및 조절방식 선택** 당김 시스템 활용 생산을 단계화 **표준화** **계속적인 개선제도화** **가시화된 관리법 사용** 생산도구 가시화 생산과정 가시화 **흐름 및 가치를 위한 생산시스템 설계** 단순화 동시처리 사용 신뢰성 있는 기술만 사용 생산 시스템의 능력 확인
가치 생성과정	**세밀한 요구사항 확인** **개념 선택에 집중** **요구사항 하부 흐름 확인** **확인 및 평가**
문제해결	**직접 방문 및 확인** **상식적 결정 및 모든 옵션 고려**
동반관계 개발	**네트워크 배양 및 확장**

코드로 표현한 예이다. 아마도 가장 확실하게, 설계단계의 많은 린 건설원칙을 가장 효과적으로 지원한 사례일 것이다. 건축주는 설계 의도가 모델에 표현되었을 때 그 의도를 더 잘 이해할 수 있었고 설계자도 성능 검토를 더 잘할 수 있었다. 이를 통해 요구사항 확인과 정보의 흐름이 나아졌다.

도면생산을 위한 순환주기를 줄일 수 있다는 것은 개념설계 단계에 투자되는 시간을 늘릴 수 있다는 것을 의미한다. 결정을 위한 최후 대응가능순간(last responsible moment)을 더 길게 늘일 수 있으며, 보다 더 심도있게 대안을 검토할 수 있다. 9장에 기술된 100 11th Avenue NYC에 사용된 선 조립생산 방식과 조립품은 위에서 기술한 린 건설주도의 선 조립건축을 위해서 BIM이 어떻게 지원하는지 보여주었다. 선 조립은 제품품질 및 공정시간 편차를 줄여주고, 제작 및 설치를 위한 순환주기를 감소시키고, 프로세스 가시화를 도와주는 추적기술 사용을 지원한다. 더 자세한 내용은 7장에서 다루고 있다. 이러한 시너지를 고려해서, 왜 미국건축가협회에서 분명히 린 접근방법(Eckblad et al. 2007)인IPD를 "연구결과, 비록 BIM 없이 IPD를 달성하는 것이 가능하지만, IPD를 위한 효과적인 통합을 달성하기 위해서는 BIM이 필수적이다"라고 서술했는지 명확해진다.

6.12 계약과 조직의 변화

위에서 언급한 건설업체와 협력사들의 BIM을 활용한 작업프로세스에 대한 설명은 프로젝트팀이 초기부터 지속적으로 협업함으로써 얻게 되는 장점을 강조한다. 이는 주요 프로젝트 참여자들이 가상모델의 발달에 참여하도록 장려하기 위한 것이다. 2D CAD 반대개념으로 BIM을 중심으로 실무를 통합하는 모든 종류의 업체들은 최대의 이익을 거둬들일 것이다. 건설사와 협력업체뿐만 아니라 설계자를 통합하여 진행하는 프로젝트들은 시공성, 공사비, 시공계획지식을 건설초기부터 포함시킬 수 있고, 따라서 프로젝트 전반에 걸쳐 모든 프로젝트 팀원들에게 이득을 줄 것이다. 통합될 수 있고, 협업에 기반하며, BIM이 지원하는 이러한 작업방식이 주는 혜택때문에 앞으로 이러한 방식은 선호되고 널리 사용되게 될 것이다.

이러한 조직적인 시도는 물론 그 기술에서 얻게 되는 이득을 나누는 것뿐만 아니라, 서로 밀접하게 협업하고 정보를 공유하는 것을 장려하는 새로운 계약서들을 요구할 것이다. 초기 협업을 강조함으로써 팀원들이 들여야 할 노력과 이득이 달라지기 때문에 리스크와 초기비용을 나누기 위한 새로운 방식이 필요할 지도 모른다. 앞선 건축주들은 이미 BIM이 주도하는 프로세스에 어떻게 업체들이 더 잘 참여할 수 있도록 할 것인가에 대한 여러 가지 새로운 아이디어를 실험하고 있다. 9장에서 이러한 몇 가지 사례에 대하여 논하였다.

AGC(the Associated General Contractors, 미국건설인협회)는 BIM이 회원사들에게 미칠 영향에 대해 가까이서 주시, 관찰하고 있다. 2006년 10월, AGC는 "건설인을 위한 BIM 지침(The Contractor' s Guide to BIM)"이란 제목의 48쪽 분량의 문서를 발간하였다. 이 문서는 AGC 웹사이트에서 회원들은 무료로, 비회원은 유료로 다운받을 수 있다. 보고서는 이미 BIM을 사용해본 도급업체들이 제공한 직접적인 경험에 기초한다. 이 지침은 설계팀이 만든 2D 도면을 이용한 BIM의 구현방식과, 이와 대조적으로 설계팀이 생성한 3D/BIM 모델로부터 시작한 빠르고 보다 더 정확한 작업방식을 비교한다. 이 지침은 숙련된 디지털 모델러가 전체 공사비의 0.1%에서 0.5%의 비용으로, 일,이주일 안에 2D 도면에서 건축물 모델을 만들 수 있다고 한다. 이전 장에서 논의한 것처럼 도급업체들은 BIM의 많은 잠재적인 이익과 이러한 투자비용들의 균형을 맞추어야 한다.

경영자의 책임과 관련하여, "건설인을 위한 BIM지침"에서 다음과 같이 얘기한다.(AGC 2006):

> "설계가 2차원의 인쇄된 문서의 형태로 되어있건 3차원의 전자매체 또는 그 둘의 혼합형태로 되어있건, 프로젝트 팀구성원의 책임은 변하지 않는다. 중요한 문제는 프로젝트 팀구성원이 전달된 정보의 본질과 정확성을 완전히 이해하고 있다는 것을 확실하게 하는 것"이다.

추가로 다음과 같이 말한다.

> "도급업체들과 CM 관리자는 BIM 기술을 사용하거나 라이트 테이블을 사용하거나 조율업무는 추가 서비스가 아니라 핵심 서비스임을 인식할 필요가 있다. 조율업무의 상당 부분을 촉진시킬 수 있는 BIM 도구가 많이 나와 있다. 이들을 적절히 적용하면 건설비용과 시간을 줄일 수 있다. 문제는 BIM이 프로젝트에 사용될 것인가가 아니라 어디까지 사용될 것인가이다. BIM 조율작업은 소통을 향상시켜 건설비용과 시간을 절감하고 궁극적으로 리스크를 줄이는 것으로 알려져 있다. 도급업체들과 CM 관리자는 다양한 구현과정의 비용을 평가하고 건축주와 설계팀에게 평가결과를 정량적인 형태로 제공할 책임이 있다.
> 건설공사 조율의 지휘자로서, 도급자와 CM 관리자는 BIM 기술을 프로젝트에 공유하고 배포하는 것을 장려하고 촉진시킬 책임이 있다. 그들은 또 공유되는 정보의 본질을 이해하고 전달해야만 한다. BIM 정보가 개방적으로 공유될 수 있도록 적절한 계약문구가 개발되어야 한다. 계약내용은 프로젝트 구성원간의 관계를 바꾸거나 그들의 능력 밖의 책임을 물을 수 없다. 예로 설계자는 딜러가 준비한 전자파일을 승인하였는데 파일에 부정확한 치수가 들어 있었다면, 설계자는 인쇄된 도면을 승인하였을 때 보호받을 수 있었던 그 범위까지 똑같이 보호받아야 한다."

마지막으로, 지침이 BIM을 수용하기 위해 구체적으로 계약이 어떻게 변경되어야 한다고 추천하지는 않지만, 모든 참여자들이(표현 내용이 일치하지 않는 2D 도면의 반대 개념으로) 모델을 의지하여 작업하는 것에 동의할 것을 제안한다. 이 내용은 모든 팀구성원들이 모델에서 자기가 맡은 부분에 접근가능하며 책임을 져야 하는 것을 제안하다. 그리고 모델에 발생하는 모든 변경사항을 추적할 것을 권장한다. 명백히 이러한 분야는 BIM 도구의 사용으로 급속하게 진화하고 있는 분야이다.

6.13 BIM 구현

설계단계에서 프로젝트 팀과 밀접하게 협업하는 건설업체들은 설계-수주-건설환경에서 일하는 건설업체와 비교하여 BIM 도입의 장애가 훨씬 적을 것이다. 후자의 경우, 저가입찰자에게 공사를 시작하기 전까지는 협업이 시작되지 않는다. 전자의 경우, 건설업체가 설계 의사결정에 참여할 수 있으며 설계에 건설지식을 반영할 수 있다. 프로젝트에 참여하는 협력업체의 경우도 마찬가지다.

이것은 IPD 계약의 중요한 혜택이다. 두 경우 모두, 건설업체는 어떻게 2D 도면보다 3D/BIM이 조율, 견적, 공정계획, 그리고 프로젝트 관리를 잘 지원할 수 있는가를 이해할 필요가 있다. 좋은 BIM 구현계획은 경영진과 기타 주요 참모진이 어떻게 BIM이 특정작업 프로세스를 지원할 것인가를 완전히 이해할 수 있도록 만들어야 한다. 이러한 작업은 하나의 프로젝트를 시발점으로 삼아 시작할 수도 있지만, 회사 전체 차원에서 이루어져야 한다. 만약 프로젝트에 참여하는 건축가나 기타 설계자가 모두 BIM 기술을 사용하지 않는다면, 건설업체는 위의 기능들에 적합한 모델을 만드는 것이 필요하다. 이러한 과정은 건설업체들이 모델을 만드는 과정과 모델에 들어가야 할 색상, 객체, 시공지식 등에 관련 요구되는 표준에 대해서도 더 깊이 이해해야 될 것이다.

교육은 BIM 소프트웨어 회사나 특화된 컨설턴트에게서 받을 수 있다. 모델을 만드는 데 필요한 비용은 건설비용의 약 0.1%이다(모델 비용과 관련한 논의는 9장의 카미노그룹 병원건물(Camino Group Medical Building 사례 연구). 이 비용은 하자의 감소, 공사기간 단축, 선조립 옵션 사용, 적은 현장작업자들, 팀 간 향상된 협업에서 오는 궁극적인 절감비용과 비교하면 매우 적을 것이다. 이러한 주제는 7장에서 협력업체와 협력업체에 대한 논의에서 보다 자세히 논의된다.

6장 토론질문

1. 건설회사는 크기와 종류에 따라 차이가 크다. 2004년, 몇 퍼센트의 회사가 1-9명의 사람으로 구성되었는가? 이러한 회사는 주로 어떤 분야에 속하는가?
2. 설계-수주-시공 계약과 비교하여 디자인 빌드계약의 주요 장점은 무엇인가? BIM을 사용할 때 디자인 빌드방식을 선호하는가? 공공프로젝트의 경우, 왜 설계-수주-시공 계약방식이 더 선호되는가?
3. 조달방식에 있어서 무엇이 IPD 계약의 핵심적인 혁신 부분인가? 이러한 혁신이 어떻게 건설 프로젝트에서 건설사들의 상업적 이윤에 대한 인식을 바꾸었는가? IPD 계약으로 BIM의 어떠한 부분이 사용가능해졌고, 설계 시공분리 발주방식과 디자인 빌드계약 방식과 어떻게 다른가?
4. 건설업체의 관점에서, 어떤 종류의 정보가 건물 모델에 포함되어야 하는가? 건축가가 건물을 설계하기 위해 BIM을 사용한다면, 건설업체에서 필요한 정보 중 빠진 것은 무엇일까?
5. 건설업체에서 사용할 건물 모델을 개발하기 위한 방법으로는 어떤 것이 있을까, 각 방법의 한계와 장점은 무엇인가?
6. 효과적인 간섭확인을 위해서는 건물 모델의 상세 수준은 어느 정도 되어야 하는가? 왜 물리적 간섭에 대비하여 여유공간 간섭을 확인하여야 하는가? 간섭확인에서 협력업체는 어떤 역할을 하는가?
7. 비용견적을 준비하는 데 BIM을 사용하는 주요 장점과 한계는 무엇인가? 견적담당자는 어떻게 건물모델을 견적시스템과 연결하는가?
8. 건설공정의 4D 분석을 실행하기 위해 기본적인 필요사항은 무엇인가? 이러한 분석을 수행하기 위해 필요한 정보를 얻기 위한 건설업체의 옵션은 무엇인가? 이러한 분석으로 함으로써 얻을 수 있는 주요 이득은 무엇인가?
9. 어떻게 BIM이 비용과 공정관리 시스템과 연결될 수 있는가? 이것이 제공하는 장점은 무엇인가?
10. 조달을 위해 BIM을 사용할 때 주요 장점은 무엇인가? 이것이 왜 여전히 어려운가?
11. 선조립 생산방식에 건물 모델을 사용하기 위해 필요한 사항은 무엇인가? 강구조물을 생산하기 위해서는 어떤 종류의 교환표준(exchange standards)이 필요한가?
12. 9장의 크루셀 다리 사례를 참고했을 때, BIM을 어떻게 사용하는 것이 프로젝트의 진행을 보다 린(Lean) 건설로 만들 수 있었겠는가? 어떤 부분에 있어서 건설사가 BIM을 린(Lean) 건설에 적용하는 데 실패하였는가?
13. 효과적으로 BIM을 사용하기 위해서 어떤 종류의 조직과 계약상 변화가 필요한가?

7장

협력업체를 위한 BIM
BIM for Subcontractors and Fabricators

7.0 요약

현대 건축물의 형태가 점점 복잡해지고 있다. 이처럼 복잡한 구조물을 만들어 내려면 다양한 분야의 관련 기술이 필요하다. 건설 산업이 다양한 전문분야로 세분화 되고 선 제작(prefabrication)의 경제적 이점이 부각되면서 건물의 구조물들과 설비를 외부 공장에서 미리 가공, 조립하여 현장에 반입하는 것이 일반화되고 있다. 대량생산되는 공산품과 달리 건축물의 구성부재를 제작하는 데에는 해당 건물의 특성에 맞도록 '주문 후 설계제작(engineered-to-order, ETO)' 을 하는 방식을 사용한다. 철골, PC 구조물, 건물의 외벽, 다양한 형태의 커튼월, 기계설비, 전기설비 시스템, 목재 지붕 트러스 구조물, RC 콘크리트 패널들이 이에 해당한다.

ETO 방식으로 건물부재를 설계할 때는 설계오차나 주변 부재와의 간섭으로 인해 현장 설치가 불가능해지는 일을 막고 다른 시스템과 정확하게 상호 연결되기 위해 고도의 기술이 필요하며 동시에 설계자 사이의 긴밀한 협력이 이뤄져야 한다. 기존 2차원 CAD 시스템을 이용한 설계방식은 오류가 발생하기 쉽고 노동 집약적이며 작업에 오랜 시간이 걸리기 때문에 이 같은 ETO 방식의 부재 설계에는 적합하지 않다. 반면 BIM 시스템을 적용할 경우 모델링된 부재의 '가상시공' 을 통해 문제점을 사전에 찾아낼 수 있으며 이를 이용해 시공 전 구조, 설비, 전기 등 건물을 구성하는 각종 시스템의 설계를 조율할 수 있다.

정확하고, 신뢰할 수 있는 풍부한 정보를 획득하는 것은 협력업체로부터의 원활한 자재 수급을 위해 매우 중요하다. BIM 시스템은 협력업체 전체 혹은 다수의 프로젝트 참여 조직들 간의 유기적인 연결을 통하여 물류 관련 비용을 보다 효과적으로 절감할 수 있게 해준다. 이러한 프로세스 변화의 범위와 수준은 참여 조식간 모델 정보 통합 정도와 밀접한 연관을 가진다.

협력업체에서의 부재 제작을 위해 BIM 소프트웨어는 적어도 파라메트릭 모델에 기반을 둔 맞춤형 부재의 설계와 제작을 지원해야 하고, 설계자의 BIM 시스템으로부터 건물 모델을 받을 수 있어야 하며, 이들 모델이 전사적 자원관리 시스템(ERP)과 연계될 수 있어야 한다. 덧붙여 건물 모델로부터 부재조립 자동화에 필요한 정보 및 미려한 시각적 표현을 끌어낼 수 있으면 이상적일 것이다.

이 장에서는 협력업체들의 중요한 이슈들과 특수한 요구사항들에 대해서 논의할 것이다. 협력업체의 종류에 따라서 적절한 BIM 소프트웨어 플랫폼과 도구들을 열거하고 있으며, 가장 많이 사용되고 있는 소프트웨어들을 조사하였다.

또한 이 장에서는 BIM 도입 전략 수립을 위한 지침을 제시한다. 사내 엔지니어링 부서가 있는 협력업체 또는 엔지니어링 용역업체들이 BIM을 성공적으로 도입하기 위해 체계적이고 명확하며 달성 가능한 목표를 세우는 것이 가장 중요하다. 인력관리의 측면 역시 중요하다. 관련 하드웨어와 소프트웨어의 비용보다도 현장에서의 소프트웨어 설치 및 교육과 관련된 비용이 더 크며 BIM 기술을 이용하여 업무를 수행하는 사람들의 의지와 기술이 BIM 도입의 성패를 좌우하기 때문이다.

7.1 소개

서양의 경우 르네상스 시기부터 벌어진 건축가와 시공자 사이의 직업적 간극은 건축물이 과거에 비해 시스템적으로 복잡하고 기술적으로 진보되어감에 따라 점차 확대되었다. 종이에 작성된 도면과 시방서는 설계자의 의사를 시공자에게 전달함으로써 이러한 간극을 해소하기 위한 필수적인 매개체였다.

오랜 세월에 걸쳐 시공업이 전문 분야 별로 분화됨에 따라 시공 부재가 현장 외부에서 만들어지기 시작했다. 처음에는 소규모 공방에서 제작되던 것이 이후 산업화되어 공장에서 전문적으로 생산된 건물 부재가 현장에서 사용되게 되었다. 결과적으로 건축가는 프로젝트에 더 이상 절대적인 영향력을 행사할 수 없게 되었다. 부재 생산과 관련된 전문지식은 이제 전문화된 협력업체의 손아래 놓이게 되었다. 각종 도면과 시방서는 의사소통을 위한 필수 매개체가 되었다. 설계자는 설계 도면을 통해 시공 기술자에게 설계자의 의도를 알리고 시공 기술자는 '시공상세도'이라 불리는 상세 도면을 통해 그들이 생각하는 기술적 해결책을 표현한다. 시공상세도에는 두 가지 목적이 있다. 협력업체에서 제작을 하는 데 필요한 설계 도면을 상세화하는 것과 시공의도와 기술적인 부분에 대해 설계자와 조율하고 승인을 받기 위해 의사소통을 하는 것이다.

이렇게 양방향으로 이루어지는 의사소통은 단순한 검토를 넘어 건물 설계에 매우 중요한 부분을 차지하고 있다. 이 점은 특히 다양한 설비 시스템을 한 곳으로 통합 배치해야 하는 경우 잘 드러난다. 아직까지는 건물의 설비 시스템 내 다양한 부속물의 기능과 위치를 조정하는 데 도면이 사용된다. 매우 간단한 경우를 제외하면 모든 건물이 지어지는 데 이 같은 의사소통 과정을 요한다.

전통적으로 협력업체에서 건축가에게 제공하는 도면과 시방서는 중요한 역할을 담당한다. 이들 문서는 구매 조달계약을 맺을 때 반드시 필요하다. 또한 이러한 도면들은 설치와 시공에 직접적으로 이용될 뿐 아니라 설계와 시공 프로세스를 통하여 생성되는 정보를 저장하기 위한 중요한 수단이 된다.

BIM은 협력업체 및 협력업체의 부재 설계, 엔지니어링 및 상세, 건물 설계와의 통합을 위한 협업 프로세스를 지원한다. 여러 적용 사례에서 BIM은 통합적인 설계를 실제로 가능케 하고 공정의 소요시간을 단축시킴으로써 자동화된 사전제작의 비율을 높일 수 있게 하였음을 보여주고 있다. 2장에서 언급된 바와 같이, BIM 기반의 설계 시스템이 사용되기 전부터 객체 기반의 파라메트릭 설계 플랫폼이 이미 개발되어 철골조립과 같은 여러 건설 관련 공정에서 이용되어 왔다.

이러한 생산성과 품질 측면에서의 단기간의 효과 이외에도 BIM의 도입을 통해 기존 부재생산 프로세스를 획기적으로 개선할 수 있게 되었다. BIM을 통해 린 생산기법(lean production, 물류체계 및 생산 공정을 최적화함으로써 재고를 최소화하고 공정을 단축하는 생산기법)의 기본전제인 '대량 맞춤 생산(mass customization)'에 필수적인 방대한 정보를 효율적으로 관리하는 능력을 제공할 수 있다(Womack and Jones 2003).

시공현장 및 협력업체에서의 린 시공기법(Howell 1999)이 점차 확대 적용되어감에 따라 협력업체는 맞춤형으로 제작된 건물 부재를 대량생산할 때와 마찬가지로 저가로 납품하도록 요구받게 될 것이다. 제조업에서는 이를 "대량 맞춤 생산(mass customization)"이라 한다.

이 장에서는 7.2절에서 논의의 배경을 언급한 후 협력업체에서의 부재 제작 프로세스를 개선하는데 있어 BIM의 이점에 대해서 다룬다. 이러한 논의에는 하도급자와 협력업체의 관점(7.3절)과 이를 통해 기대되는 작업 프로세스의 근본적 변화를 포함한다(7.4절). 7.5절에서는 협력업체에서 BIM 시스템을 효율적으로 이용하기 위한 조건들이 언급되고, 7.6절에서는 몇몇 특정 업종에 대한 상세한 정보를 제공하고 있다. 7.7절에서는 협력업체를 위한 주요 소프트웨어들을 열거하고 있다. 또한 BIM 시스템의 도입과 실무적용에 관련된 이슈들이 논의될 것이다.

7.2 협력업체의 종류

건설업에서 하도급자와 협력업체는 다양한 분야의 전문화된 업무를 담당한다. 이들은 대개 담당업무 또는 제작하는 부재의 종류에 따라 구분된다. 논의의 편의를 위해 주문제품의 제작방식에 따라 이들을 분류하는 것이 유용하다. 원자재를 직접 이용하는 것을 제외하면 건물자재의 제작방식은 다음 세 가지 유형으로 분류될 수 있다.

1. **규격제품 제작**(Made-to-stock): 표준 수도 및 배관 부품, 석고 보드 패널 및 스터드, 파이프 섹션 등이 여기에 해당
2. **주문 제작**(Made-to-order): 경량 콘크리트 패널(표준규격으로 생산되나 주문에 맞춰 재단되어 공급), 창호와 문 등
3. **주문 설계 제작**(Engineered-to-order, ETO): 철골 부재, PC 부재, 다양한 종류의 건물 외장재, 주문형 주방 가구, 기타 특정 위치나 형태에 맞게 주문 제작된 부재들

첫 번째와 두 번째 유형은 일반적인 용도의 범용 자재(부재)의 설계 제작에 사용되는 것이다. 이러한 부재는 제작사의 제품 안내서를 통해서 그 사양을 알 수 있다. 대부분의 BIM 시스템은 제작사에서 그들의 제품을 전자 카탈로그 형태로 제공할 수 있도록 해 설계자가 시스템 내에서 이를 건물 정보모델의 일부로 사용할 수 있도록 하고 있다. 이들 규격제품의 제작자는 현장에서의 조립과 설치에는 거의 관여하고 있지 않다. 결과적으로 이들은 건물의 설계와 시공 프로세스에 직접적으로 참여하지 않는다. 이 때문에 이 장에서는 세 번째 분류인 주문 설계 제작(Engineered-To-Order, ETO) 방식의 부재 설계자, 공장 제작자와 제작된 부재의 현장 설치자의 요구와 관련된 내용을 중점적으로 다룬다.

7.2.1 주문 설계제작(ETO) 부재의 제작자

ETO 생산자는 실제 생산에 앞서 설계와 엔지니어링이 필요한 자재를 생산하는 공장을 운영한다. 대부분의 경우 그들은 건물을 시공하는 원-도급자로부터 하청을 받는다. 전문 건설관리업체에 의해 수행되고 있는 프로젝트의 경우에는 건물의 발주자와 계약하게 된다. 협력업체 계약은 일반적으로 상세설계, 엔지니어링, 조립, 그리고 설치를 포괄한다.

일부 부재 제작업체의 경우 대규모의 엔지니어링 부서를 가지고 있다. 그렇지 않은 업체의 경우 설계 및 엔지니어링 업무의 일부 또는 전부를 전문 컨설팅 업체에 외주를 주고 있다. 그들은 다른 회사들에게 설치와 시공에 관련된 업무를 하청을 주기도 한다. 또한 만들어진 부재의 현장 설치에 대해 제작사에서 외부에 하청을 주기도 한다.

표 7-1 미국 내 주문 설계 제작(ETO) 건물 부재의 연간 시작 규모

ETO 제작/설계/관리업체	2002년 출하 또는 서비스 가격 (단위: 100만달러)	2007년 출하 또는 서비스 가격 (단위: 100만달러)
철골 건물	$5,047	$7,788
프리캐스트 콘크리트	$1,892	$1,173
커튼월	$1,707*	자료없음
목재 트러스 (바닥과 천장 트러스)	$4,487	$5,383
콘크리트 보강용 철근	$1,782	$3,415

*새로 지어진 사무용 및 상업건물에 근거하여 추정
출처 : 2002, 2007 Economic Census, U.S Census Bureau, U.S. Department of Commerce. (U.S. 2004, 2010)

표 7-1에서는 미국 내에서의 2002, 2007 미국 경제조사에 따른 ETO 생산자들의 시장 규모에 대한 추정치를 보여주고 있다. 이 외에도 일부 규격제품 생산업체 또는 사전 주문제작 업체 중에도 ETO 방식의 주문을 수용하는 곳이 있다. 이러한 업체의 예로는 하수관, 난방, 공기순환, 냉방, 엘리베이터, 에스컬레이터, 목조마감 업체 등이 있다.

7.2.2 전문 설계업체

전문 설계업체는 ETO 업체에 필요한 설계 및 엔지니어링 서비스를 제공한다. 일반적으로 이들은 업무 당 요금을 받는 방식으로 계약을 맺으며 실제 제작이나 현장설치에 관여하지 않는다. 이러한 서비스 회사로는 다음과 같다. 철골 구조 상세 설계, PC 설계 및 상세 엔지니어링, 커튼월 및 특수 외벽 설계 등.

틸트업 방식의 콘크리트 패널(tilt-up concrete construction panels) 전문 설계업체는 이러한 전문 설계업체들의 좋은 예가 된다. 이들이 전문적인 엔지니어링, 설계, 시공상세도 등의 작업을 대행하면, 현장의 시공자 또는 전문 작업자들은 이를 바탕으로 시공현장에서 대형 콘크리트 벽체 패널을 직접 제작하여 설치하게 된다. 이러한 설계 서비스 제공자들 덕분에 상대적으로 소규모 업체에서도 대형 구조물을 시공할 수 있다.

7.2.3 전문 대행업체

전문 대행업체는 설계자, 자재 공급자 및 조립자를 모아 가상의 협력업체를 구성하여 포괄적인 ETO 서비스를 제공한다. 이러한 사업모델의 장점은 생산설비를 자체적으로 보유하지 않기 때문에 특정 제품이나 기술에 구애받지 않고 융통성 있는 해결안을 제시할 수 있다는 것이다. 이러한 형태의 서비스는 커튼월과 다른 건물 외벽의 제작에 일반적으로 활용되고 있다.

뉴욕 11번가 콘도미니엄 사례는 이러한 관리방법의 좋은 예를 보여주고 있다. 이 건물 외벽 시스템의 설계사는 자재 업자, 조립자, 설치자, 그리고 건설관리 회사로 구성된 가상의 협력업체를 만들었다.

7.3 협력업체를 위한 BIM 프로세스의 장점

그림 7-1은 일반적인 건물 시공에서 ETO 방식의 부재 생산 체계 내부의 정보 및 제품 생산의 흐름을 보여주고 있다. 이 프로세스는 프로젝트 수주(사전설계 및 입찰), 상세설계(엔지니어링 및 의사조율), 조립(운송과 설치를 포함)의 세 개의 주요 부분으로 구성되어 있다. 프로세스는 필요하다면 초기 설계안을 변경, 개선할 수 있는 반복주기를 포함한다. 이러한 설계변경은 일반적으로 상세설계 시점에서 발생한다. 상세설계 과정에서 부재의 설계자는 설계안에 대해 건축가의 검토 및 승인을 받아야 한다. 이를 통해 설계안의 검토는 물론 설계된 부재가 건물 내의 다른 구성요소들과 문제를 일으키지 않는지 확인하게 된다.

이에 대한 기존의 프로세스에는 많은 문제점이 있다. 관련 문서를 만들고 변경시키는 데 많은 노력이 들어감에 따른 인력 소모가 많다. 많은 양의 도면과 문서들은 일부 부정확하거나 일관되지 않을 수 있으며, 이런 오류들은 현장에서 설치가 이뤄지기 전까지 발견되지 못하는 경우도 있다. 같은 정보들이 다른 용도의 소프트웨어에 여러 번 중복 입력되어야 한다. 기존 업무 흐름에서는 많은 지점에서 설계안의 중간 검토가 이뤄져야 하며 이에 따라 설계오류의 발견에 따른 재작업이 일반적이며 업무에 소요되는 시간은 길어지고 있다.

BIM의 도입은 여러 방면에서 이 같은 프로세스를 개선할 수 있다. 첫 번째, BIM은 설계업무의 생산성 향상과 도면 내 정보의 오류 방지를 통해 2D CAD 프로세스의 비효율을 개선할 수 있다. 또한 BIM의 구현이 지금보다 심화되면 기존 시스템에서는 업무조율의 문제로 인해 구현하기 불가능하던 고차원의 시공 전 제작(prefabrication)이 가능해짐으로써 프로세스 자체를 획기적으로 바꿀 수 있다. 당김 작업 방식(pull flow) [1]과 같은 린 생산기법을 접목하여 BIM을 구현할 경우 부재 납품에 따른 대기 시간을 줄이고 시공 프로세스의 유동성을 높이면서 동시에 시공 과정에서의 낭비를 줄이는 등의 이득을 취할 수 있을 것이다.

이 절에서는 그림 7-1의 프로세스 지도를 참고로 BIM의 도입에 의한 단기적인 장점들을 개략적인 작업순서에 따라 설명한다. 7.4절에서는 좀 더 심층적인 프로세스의 변화를 다룬다.

1 당김 작업 방식은 제품 생산과정에서의 작업 흐름을 제어하는 방식 중 하나로 조립 단계의 작업 담당자가 해당 부품의 생산 주문을 하는 것이다. 기존 방식에서는 중앙 감독부서에서 생산주문을 하는 방식(push)이다. 당김 작업 방식을 따르는 경우 건물부재의 상세설계와 제작은 현장 설치가 이뤄지기 직전에 시작된다.

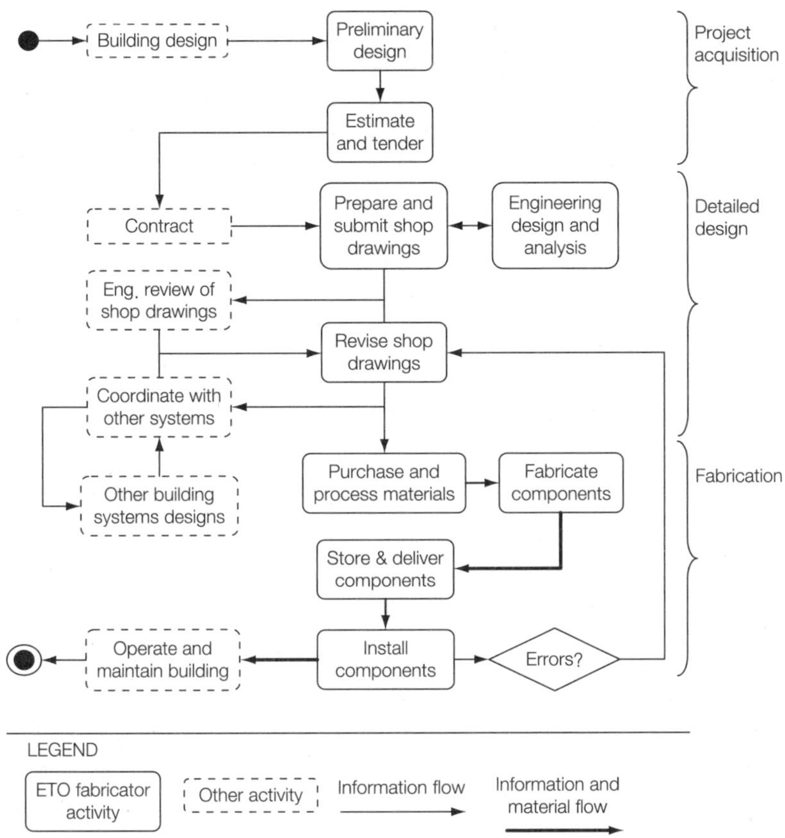

그림 7-1
주문 설계 제작 (ETO) 부재 산업의 일반적 정보 및 제품의 흐름

7.3.1 마케팅과 입찰

기본설계와 견적은 대부분의 협력업체에서 프로젝트를 수주하는데 있어서 가장 기본적인 과정이다. 프로젝트를 수주하여 이익을 내려면 정확한 물량 산출과 세부사항에 대한 검토, 그리고 경쟁력이 있는 기술적 해결 방안을 제시할 수 있는 능력이 필요하며, 이를 위해 그 업체의 가장 유능한 엔지니어의 노력과 시간 투자가 있어야 한다. 일반적으로 모든 프로젝트 입찰이 성공할 수는 없기 때문에 이들 업체는 실제 수주하는 물량보다 더 많은 수의 프로젝트를 견적해야 하며 이에 따르는 비용이 무시할 수 없는 수준이 되기도 한다.

BIM 기술은 다음 세 가지 분야에서 도움을 준다. 다양한 대안들의 개발, 합리적인 범위 내에서의 해결 방안의 구체화, 물량 산출.

마케팅 측면에서 미래의 고객 확보를 위한 건물 정보 모델의 잠재력은 건물 설계안의 사실적인 3차원 이미지를 제공할 수 있다는 것에 국한되지 않는다. 이것의 진정한 강점은 이미 완성된 설계안을 설계 파라미터의 변경만으로 손쉽게 수정할 수 있는 것, 모델에 내재되어 있는 공학적 지식을 보다 손쉽게 활용하는 것, 발주자의 요구에 부응하여 설계를 최대한 빨리 완성할 수 있는 것에 있다. 아래는 주차장 건물의 설계에 BIM 소프트웨어를 이용하였던 프리캐스트 콘크리트 견적 전문가의 경험을 기술하고 있다.

> "이 프로젝트의 배경에 대해 설명하자면, 이 프로젝트는 디자인 빌드 방식으로 한 사람의 영업 담당자와 함께 시작하게 되었다. 설계 담당자는 폭 75m, 길이 180m, 5층 규모의 주차장 건물을 접합 부위와 철근 상세를 제외하고 8시간 만에 모델링 했다. 모델은 1,250개의 프리캐스트 부재로 구성되어 있었다. 우리는 PDF 파일 이미지를 발주자와 건축가, 구조엔지니어에게 보냈다.
> 다음날 아침, 우리는 발주자와 전화회의를 가졌고 그로부터 몇 가지 변경사항을 전달받았다. 우리 설계자는 그 모델의 수정을 1시 30분까지 마칠 수 있었다. 그 후 나는 평면, 입면을 인쇄하고 인터넷으로 볼 수 있는 모델을 만들었다. 나는 이것을 1시 50분까지 발주자에게 e메일로 보냈다. 그리고 오후 2시에 다른 전화회의를 가졌다. 이틀 후 우리는 프로젝트를 수주하였다. 발주자는 주차장 모델을 보고 만족해했다. 흥미롭게도 그 주차장 건물은 우리의 경쟁사로부터 50km 떨어진 곳에 위치하고 있었다. 사실 우리와 계약을 하게 될 시공사는 바로 그 경쟁사의 계열사였다.
> 우리는 동일한 작업을 2D로 했을 경우 2주 정도가 걸릴 것으로 파악하고 있었다. 우리가 견적에서 엔지니어링과 생산으로 업무를 전환하기 위한 업무전환회의(turnover meeting)를 실시할 때 모델을 스크린에 투영하여 업무 범위 검토가 가능했다. 그 회의는 우리가 처음 구상했던 그대로 진행되었다. 이를 지켜보는 것은 매우 흥분되는 일이었다. 우리가 실제로 그렇게 할 수 있었다는 것 자체가 매우 기쁘고 보람된 일이었다."

이러한 사례는 BIM 이용을 통해서 발주자의 의사결정에 대응하는 시간을 어떻게 단축할 수 있는지 잘 보여주고 있다. 본 장에 소개된 펜 내셔널 주차건물 프로젝트는 이 책의 초판(Eastman et al. 2008)에서 보다 구체적으로 기술되어 있다. 구조 배치에 대한 여러 대안에 대해 제작자는 프리캐스트 부품의 수량을 자동으로 산출할 수 있었다. 이렇게 산출된 수량 및 이를 통해 계산된 견적 금액은 발주자와 시공자의 의사결정을 효과적으로 할 수 있도록 도움을 주었다.

7.3.2 생산 시간 절감

BIM의 이용을 통해 구매를 위한 자재의 물량산출과 시공상세도를 그리는 데 필요한 시간을 대폭 줄일 수 있다. 이것은 다음의 세 가지 방법을 통해 가능하다.

- 설계 변경이 빈번한 발주자에게 기존 2D CAD를 이용한 설계에서는 불가능했던 프로젝트 후반의 설계 변경을 가능하게 함으로써 보다 나은 서비스를 제공할 수 있다. 건물 설계에 있어서 곧 제작에 들어갈 부재의 설계를 변경하는 것은 기존 업무방식으로는 매우 어려운 일이다. 각각의 변경들은 다른 구성요소의 설계에 영향을 미치게 되며, 이에 따라 설계의 변경 시 해당 부재 및 이와 연관된 인접 부재의 도면을 전부 수정해야만 한다. 만일 설계변경 사항이 다른 협력업체가 담당하는 구성요소에 영향을 준다면 이를 조율하기는 더욱 힘들어질 것이며 이를 협의하는 데에만 해도 오랜 시간이 걸릴 것이다. BIM 시스템을 이용하게 되면 변경사항이 모델에 입력되는 것과 동시에 관련 도면이 자동적으로 갱신되게 된다. 이렇게 설계 변경에 필요한 시간과 노력을 절약함으로써 얻어지는 이익은 매우 크다.
- 생산 공정의 진도에 의해 시공상세도 납기가 조정되는 식의 현장 조절(제어, 관리) 생산 시스템(pull production system)을 적용할 수 있다. 이를 통해 해당 부재가 상세 설계되어 생산되기까지 걸리는 시간을 단축함으로써 제작 환경의 변화로 인해 설계변경 상황이 발생할 경우 이전에 설계한 내용을 다시 고치는데 발생하는 문제를 최소화할 수 있다. 이렇게 되면 설계 변경이 완료된 이후에 시공상세도를 (자동으로) 작성하기 때문에 이에 대한 추가변경 가능성을 최소화할 수 있다. 이러한 린 방식의 체계에서는 시공상세도를 생산 직전 최종단계에 작성할 수 있다.
- 계약 시점으로부터 현장 시공의 개시 일까지의 시간이 빠듯한 경우에도 부재의 선 제작을 가능하게 하기 위한 해결 방안을 제시한다. 일반적으로 원도급자는 2D 설계를 이용하면 도면을 생성하기 위해서 필요한 시간이 오래 걸리기 때문에 선 제작 방식으로 전환하기에는 여유시간이 모자라기 마련이다. 예를 들면, 현장치기 구조물로 설계된 건물을 선 제작 방식으로 변경하는 경우 공장에서 부재가 처음 출하되는 데까지 일반적으로 2개월 내지 3개월이 소요된다. 하지만 BIM 시스템은 이러한 건물의 부재를 설계하는데 소요되는 시간을 단축하여 인도에 시간이 오래 걸리는 다량의 부재를 먼저 제작할 수 있도록 해준다.

이러한 장점들은 상세한 부재 제작 및 시공 관련 정보를 작성, 교환 시 BIM 시스템의 탁월한 자동화 수준에 기인한다. 건물 정보모델의 구성요소 개체 사이의 설계지식을 구현하는 파라미터에 의한 연관관계, 그리고 BIM 시스템에서 정보 모델을 이용해 제품 생산에 필요한 정보를 계산 및 출력할 수 있도록 해주는 개체의 자료 속성은 이러한 장점을 실현케 하는 BIM의 양대 요소이다. 이러한 기술들은 2장에 상세하게 설명되어 있다.

시공상세도의 작성을 자동화함으로써 전체 프로세스 소요 시간을 줄일 수 있다. 몇몇 연구에서 이를 통해 얻을 수 있는 이익의 폭에 대해 다루고 있다. 철골 부재 제작의 경우 제작업체에서의 상세 설계 및 엔지니어링 소요 시간의 50%를 줄일 수 있었다고 보고되고 있다(Crowley 2003). 초판에서 제시된 제너럴 모터스 공장 신축의 사례연구에서는 BIM의 도입 등을 통해 기존 방식 대비 설계와 시공 시간의 50%를 줄일 수 있었던 것으로 나와 있다(3차원 모델 기반의 BIM 이외에 린 경영과 다른 기술도 이러한 공기 단축에 기여했을 수도 있다).

프리캐스트 콘크리트 외벽 패널의 시공 전 준비시간의 단축에 대한 분석이 관련업체 주도의 연구-프로젝트의 일부로서 수행되었다(Sacks 2004). 그림 7-2의 첫 번째 도표는 오피스 건물 외벽 패널 엔지니어링 설계의 기본적인 프로세스를 보여주고 있다. 이 비교분석에서는 해당 작업이 중도 지연 없이 지속적으로 수행되었다는 것을 가정하여 2D CAD 이용시의 이론적인 최단 소요시

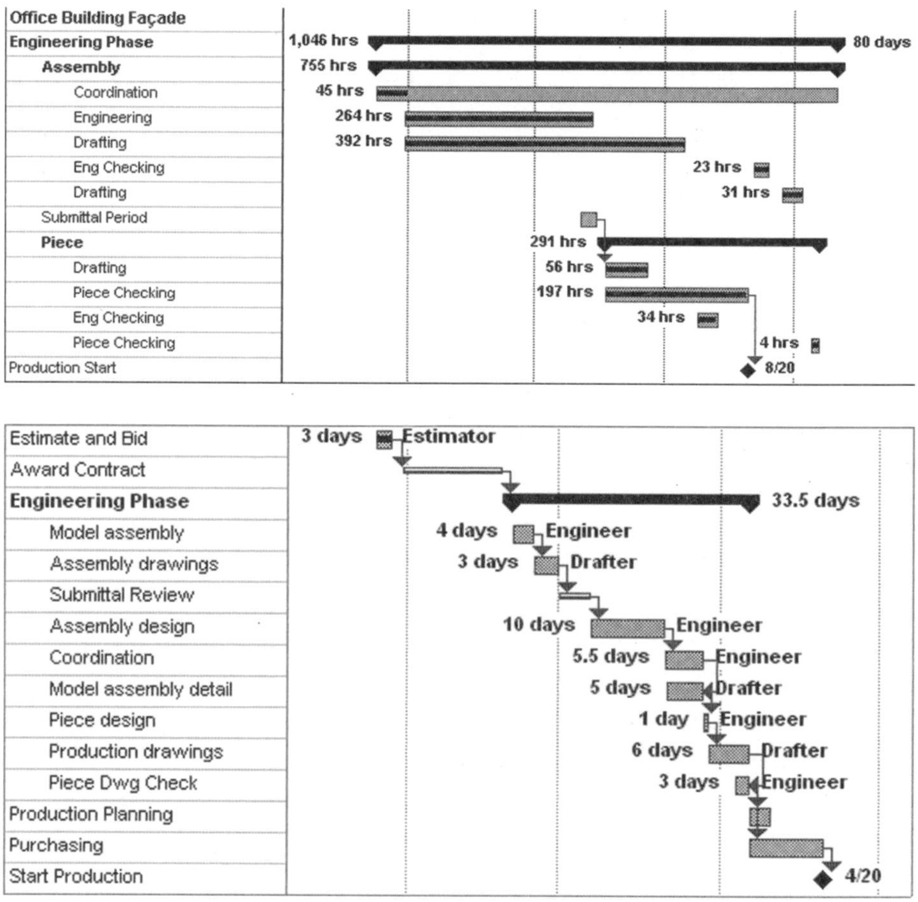

그림 7-2
(a) 2차원 CAD 사용시 엔지니어링 및 상세 작업에 소요되는 시간 (b) 3D 시스템 사용시 해당 작업의 소요시간 (Sacks 2004).

Journal of Computing in Civil Engineering 18(4)에서 인용.

간을 보여주고 있다. 여기에 나타난 소요 시간은 프로젝트 참여원의 실제 작업 시간만을 추출하여 표기한 것이다. 반면 두 번째 도표는 3차원 파라메트릭 모델링 시스템을 이용했을 경우의 같은 프로젝트에서의 소요 시간을 보여주는데, 이 경우에는 기본적으로 80일부터 34일의 공기 소요시간을 줄일 수 있다는 것을 보여주고 있다.

7.3.3 의견조율의 문제로 인한 설계오류 감소

이 장의 소개 부분에서, 우리는 제작자 또는 협력업체의 의도를 건축가 또는 설계자와 논의할 필요가 있음을 지적했다. 그 이유 중 하나는 상세 설계의 제출과 승인과정을 통해 습득되는 정보는 설계자에게 있어서도 전반적으로 중요하기 때문이다. 그것은 설계자에게 현재의 설계안에 있을지도 모르는 오류를 찾아낼 수 있도록 해준다. 두 부재간의 물리적인 간섭(두 개체가 동일한 공간을 차지하는 것)은 이 같은 오류의 단적인 예이다. 이러한 간섭을 물리적 간섭(hard clash)이라 한다. 반면 여유 공간 간섭(soft clash)은 비록 물리적인 간섭은 없더라도 한 부재가 다른 부재와 지나치게 가까이 근접해 있을 때 일어난다. 예를 들면 철근 사이의 간격이 콘크리트를 치기에 지나치게 조밀하거나 파이프 사이의 간격이 너무 좁아서 단열재를 설치하기에 충분한 공간이 나오지 않는 경우 등이다. 시공성 문제는 세 번째에 해당한다. 이것은 어떤 부재가 다른 부재를 시공하거나 설치하기 위해 필요한 공간을 가로막는 것을 의미한다. 논리적 충돌(Logical clash-es)은 세 번째에 해당한다. 이것은 어떤 부재가 다른 부재를 시공하거나 설치하는 것을 방해하는 시공성 문제와, 장비의 운영 및 하역에 필요한 공간을 가로막는 접근성과 관련된 문제가 있다.

설계시의 의견 조율이 불완전할 경우 어떤 상황에서건 의견충돌에 의한 설계오류는 두 번째 부재의 설치시 발견되게 된다. 재작업과 공기연장에 대한 법적이고 재정적인 책임소재에 상관없이 제작사나 협력업체는 필연적으로 어려움을 겪게 될 것이다. 시공은 모든 공정들이 예측 가능하고 방해받지 않을 때만 잘 수행될 수 있다.

BIM은 설계의 모든 단계에서 참여자간 의견조율을 향상시키는 다양한 기술적인 이점을 제공한다. 협력업체에 있어 특별한 관심 영역은 의견조율 실패로 인한 설계오류가 일어날 수 있는 부분에 대한 통합모델을 실제 부재제작에 쓰일 수 있을 정도로 세부적으로 만들 수 있다는 것이다. 건축설계 내부의 부재간섭을 탐지할 수 있는 범용 소프트웨어로 오토데스크 내비스 웍스 매니지먼트가 있다(Navisworks 2010). 이 소프트웨어는 다양한 설계 정보모델을 읽어들여 이들의 설계오류를 검토할 수 있다. 발견된 설계오류는 사용자들에게 자동으로 보고된다(이 소프트웨어에 대하여 6장에서 논의하였음. 또한 9장 셔터 의료 센터 사례에도 역시 언급되어 있음).

현재의 기술 한계로 인해 이렇게 발견된 오류를 시스템 내부에서 바로 시정하지는 못한다. 제트스트림과 같이 현재 나와 있는 통합 환경에서 오류를 수정하고 그것을 원래의 모델링 환경으로 다시 보내는 것은 불가능하다. 찾아낸 오류에 대한 해결책이 결정되면 이는 설계에 참여한 각각의 BIM 소프트웨어에 개별 적용되어야만 한다. 셔터 의료 센터 사례에서 논의된 바와 같이 관련 협력업체가 건축사무소와 같은 장소에 있다면, 분석소프트웨어로 모델을 분석하는 작업을 반복 실시함으로써 참여자간 실시간 협력에 근접한 효과를 낼 것이다. 미래의 시스템에서는 각 부재의 고유 식별자를 이용함으로써 해결된 내용을 원래 BIM 시스템에 반영할 수 있어야만 할 것이다(3장 참조).

설계시 의견 조율의 문제로 인한 충돌을 회피하기 위하여 가장 좋은 것은 모든 협력업체의 상세설계가 동시에 이뤄지면서 이들의 업무환경에 협업기능이 도입되는 것이다. 이를 통해 오류로 인한 상세설계의 잦은 변경을 대부분 방지할 수 있으며, 심지어는 완성된 설계안의 오류를 발견하고 해결할 수 있도록 해준다. 이러한 프로세스는 셔터 의료 센터 사례에서 원청업자인 DPR 건설과 협력업체 간에 실제로 적용되었다(9장). 설비 배관, HVAC, 소화시스템, 전기 배선 그리고 그밖에 모든 시스템과 관련된 협력업체의 담당자들이 현장 사무실에 모여 상세 설계를 수행하였다. 이들은 상대방의 상세 설계에 대해 즉석에서 검토 및 협의할 수 있었으며 현장내의 조립과 설치에 관한 진도상황에 바로 대응할 수 있었다. 이에 따라 현장 내에서는 의견 조율에 관한 문제가 거의 발생하지 않았다.

또 다른 심각한 문제점은 협력업체 내부에서 작성된 도면들 사이의 비일관성이다. 전통적으로 도면은 수작업이던 CAD로 작성되던 간에 동일한 대상을 다수의 도면에 표현하게 된다. 설계자 또는 제도사는 설계 과정 전체에 걸쳐 이들 도면 사이의 일관성을 유지해야 하며 이는 설계를 변경할 때 역시 해당된다. 다양한 종류의 품질관리시스템이 존재함에도 불구하고, 오류가 전혀 발생하지 않은 도면들은 거의 없다. 프리캐스트 산업에서 수집한 37,500건의 도면 오류 사례를 조사한 연구에서는 전체 프로젝트 비용의 0.46%가 이 같은 문제로 인해 발생하는 것으로 분석하였다(Sacks 2004).

그림 7-3에서는 프리캐스트 콘크리트 보와 관련된 다른 두 가지 도면을 보여준다. 이 사례는 도면의 모순이 어떻게 발생하는 가를 잘 보여주고 있다. 그림 7-3(상)는 건물 외부 시점에서의 콘크리트 보의 입면도를 보여주고 있다. 한편 7-3(중)는 동일한 보의 시공상세도를 보여주고 있다. 이 프리캐스트 부재의 외부 면은 벽돌로 마감하도록 되어있는데 이를 제작하려면 벽돌 마감면이 거푸집의 바닥에 위치하여야 한다. 이를 나타내려면 시공상세도에서는 보의 뒷부분이 정면이 되도록, 다시 말해 벽돌 마감이 없는 면(건물의 내부를 향하는 면)이 정면이 되도록 좌우를 뒤집어 그렸어야만 했다. 작성 시의 부주의로 인해 시공상세도에서는 좌우반전을 감안하지 않고 마감면이 정면이 되도록 그려지

는 바람에 모두 8개의 보가 그림 7-3(하)에서처럼 원래 의도한 형태와 다르게 잘못 만들어지게 되었다. 결국 이러한 문제 때문에 재작업과 품질저하, 그리고 공기연장이라는 심각한 사태가 현장에서 발생했다.

7.3.4 엔지니어링과 상세설계에서 소요되는 비용절감

BIM은 다음 세 가지 방식을 통해 엔지니어링 비용을 절감할 수 있다.

- 자동화된 설계 및 분석 소프트웨어의 이용
- 자동화된 도면 생성과 물량산출
- 개선된 품질 관리와 설계 조율을 통한 재작업의 감소

BIM과 CAD의 가장 중요한 차이점은 건물 정보 객체가 프로그램화되어 '지능을 가진 것처럼' 행동하도록 보이게 할 수 있냐는 것이다. 이것은 설비설계를 위한 부하계산으로부터 동역학적인 구조해석에 이르기까지 다양한 분석 소프트웨어로의 데이터 입력이 BIM 데이터로부터, 또는 BIM 시스템 내에서 직접적으로 수행될 수 있다는 것을 의미한다. 예를 들면, 대부분의 BIM 소프트웨어는 구조해석에 필요한 하중 정의 및 하중의 종류와 부재의 상태, 자재 특성 등을 내부에서 정의하여 내보낼 수 있다.

또한 BIM 시스템이 설계자로 하여금 탑다운(Top-down) 방식으로 접근할 수 있도록 한다. 이 경우 상위 구성 요소의 설계 변경은 하위 요소의 속성에 자동으로 파급된다. 예를 들면, 부재 간 연결부위의 상세는 치수와 같은 부재의 속성이 변경될 경우 자동으로 재설계 될 수 있다. 부재 생산을 위한 상세 설계업무는 상당 부분 자동화될 수 있다. 이를 통해 상세도면 자동작성은 ETO 부재들의 상세화와 시공상세도 작성에 필요한 시간을 절약할 수 있는 것 외에 많은 장점을 얻을 수 있다.

대부분의 BIM 시스템들은 상위 레벨의 자동화기능으로 인하여 도면과 수량산출을 포함하는 다양한 문서를 생성할 수 있다. 일부 시스템에서는 모델과 사용자의 개입 없이도 모델과 도면들 간의 일관성을 자동 유지할 수 있다. 이 같은 도면 및 관련문서 작성의 자동화는 기존 협력회사에서 도면 작성에 소모하는 시간과 비용을 줄일 수 있게 한다. 다양한 BIM 소프트웨어의 이용에 따른 엔지니어링과 도면작성에 있어서의 직접적인 생산성 향상에 관한 연구가 일부 알려져 있다(Autodesk 2004, Sacks 2004). 다만 실제 적용사례를 조사분석한 연구는 아직 드물다. 이에 대해 BIM 소프트웨어를 이용한 파라메트릭 모델링과 자동-상세생성, 자동도면 생성을 이용한 현장치기 콘크리트의 시공도면과 배근 상세에 대한 방대한 사례조사가 진행되었다(Sacks and Barak 2007). 이들 건물은 사전에 2D CAD를 이용하여 작업되었던 것으로 도면작성 소요시간에 대한 기록이 존재하고 있었다. 표 7-2에서 보듯이 이들 세 개의 프

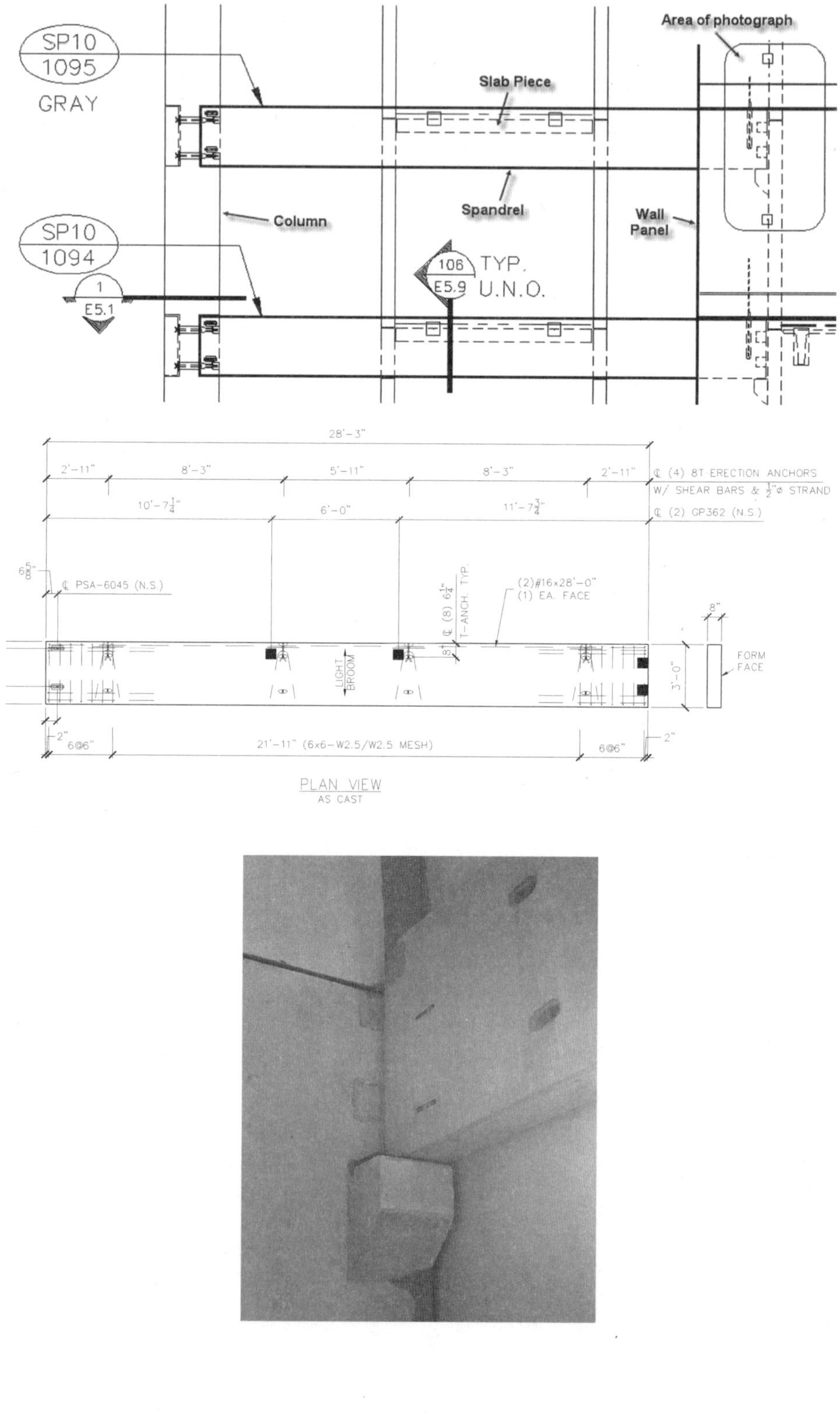

그림 7-3
프리캐스트 콘크리트 빔의 도면상 불일치의 예. (위) 입면, (중간) 실수로 좌우가 뒤바뀐 샵드로잉, (아래) 시공과정에서 드러난 접합부의 오류.

(Sacks et al. 2003). Journal of Precast/Prestressed Concrete Institute 48(3) 에서 인용.

표 7-2 세 개의 콘크리트 건물 프로젝트의 작업 소요시간 데이터

작업 시간	프로젝트 A	프로젝트 B	프로젝트 C
모델링	131	191	140
reinforcement detailing	444	440	333
drawing production	89	181	126
총 3D 작업시간	664	875	599
상대적인 2D 작업시간	1,704	1,950	760
감소율	61%	55%	21%

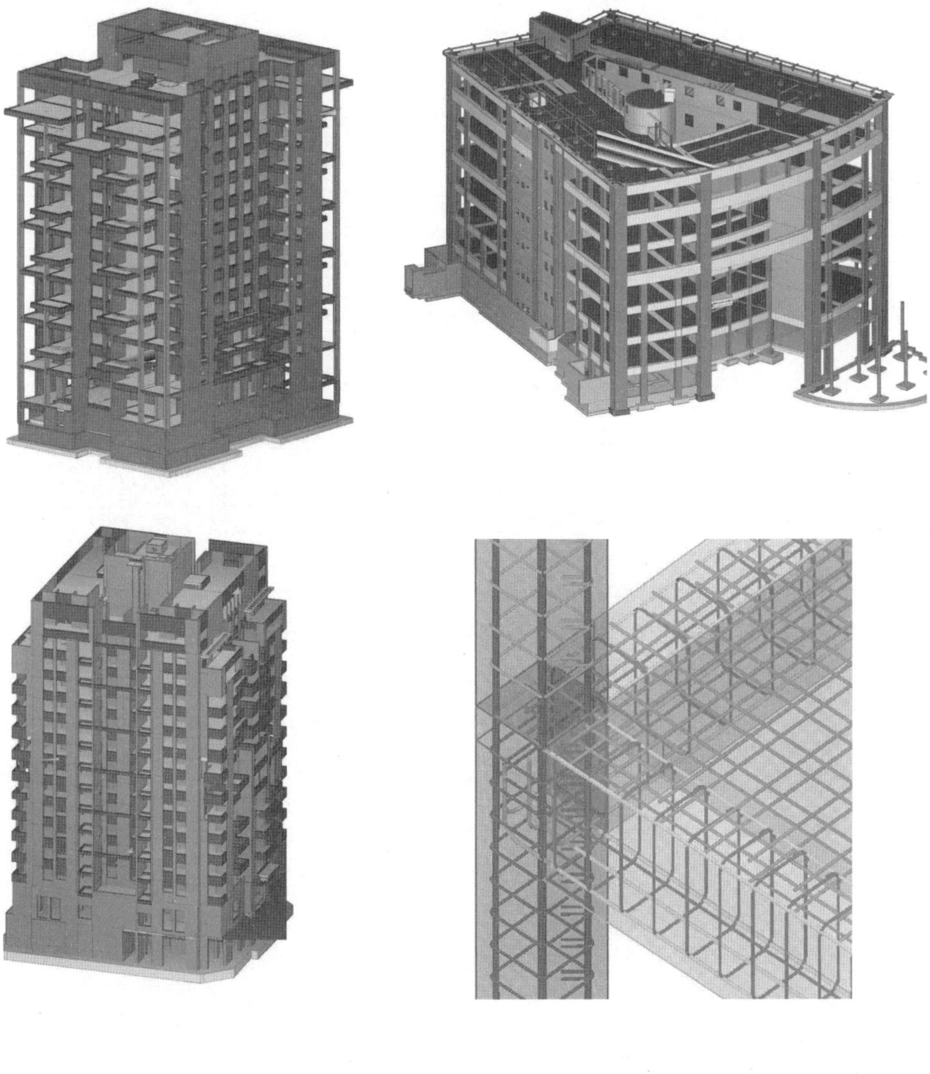

그림 7-4
프로젝트 A, B, C의 액소노메트릭 그림.

이들 모델은 3차원 모델링의 생산성을 평가하기 위한 목적으로 작성되었다. 이들 모델은 필요한 배근 상세를 전부 포함하고 있다. 확대도에서 발코니 슬래브와 이를 지지하는 보의 배근 상세를 보여주고 있다.

로젝트 사례에서 엔지니어링과 도면 작성시간이 21%에서 61%까지 절감된 것을 볼 수 있다(그림 7-4는 이 연구에서 조사된 현장지기 콘크리트 구조물의 3차원 모델을 보여주고 있다).

7.3.5 자동생산기술의 이용증대

컴퓨터 수치제어(CNC)에 의해서 조정되는 ETO 부재 조립과 관련된 다양한 기계장치들이 오랫동안 이용되어 왔다. 예를 들면 레이저 절단기, 철골조립을 위한 천공기, 콘크리트 구조물에 사용되는 철근조립을 위한 절곡 및 절단기계, 목재, 구조물 생성을 위한 천공, 투영기, 워터젯과 레이저를 활용한 덕트 조립에 쓰이는 금속관 절단기계, 상하수도 배관의 파이프 절단기와 천공기 등이다. 그러나 이러한 기계가 업무를 수행하려면 사람이 지시사항을 컴퓨터에 일일이 입력하여야 하는데 이에 따라서 인건비로 인한 경제적 부담이 상당히 커지게 되었다.

2D CAD 기술을 이용해 사용자들이 문자 또는 숫자로 된 코드를 입력하는 것 대신 CAD로 설계된 형태를 입력코드로 변환해주는 인터페이스가 개발됨으로써 이러한 데이터 입력의 문제점을 극복할 수 있었다. 소프트웨어 개발자들은 가공될 부재의 형태정보에 더해 추가적인 정보가 필요함을 깨닫게 되었고 이를 해결하기 위해 건물 구성요소에 대응하면서 컴퓨터에서 처리할 수 있는 정보 개체를 만들어냈다. 이를 통해 부속의 설계와 물량 산출을 자동화할 수 있게 되었으며, 그 결과로 '건물 부재정보 모델링 소프트웨어' 라고 부를 수 있는 제품이 개발되었다.

그러나 그 부재들은 각각의 협력업체에서 별도로 모델링되었다. 건물 시스템상의 변경이 필요할 때, 일관성을 유지하기 위하여 작업자는 수작업으로 부재모델을 수정하거나 재작성해야 했다. 수작업에 의한 수정은 시간낭비 외에도 일관성 문제로 인한 모델의 오류가 발생할 수 있는 단점이 있었다. 철골산업과 같은 일부 부문에서는 탑다운 방식의 모델링 시스템 개발로 이러한 문제를 해결하려 하였다. 탑다운 방식의 모델링 시스템에서는 부재의 설계가 변경될 경우 이의 영향을 받는 다른 구성부품에도 변경사항이 자동으로 반영된다. 이러한 개발은 철골산업과 같이 시장규모와 경제적으로 이익이 커서 소프트웨어 개발을 위해 자금이 투입될 수 있는 환경에서만 투자가 제한적으로 이루어졌다. 이러한 소프트웨어들은 완벽하게 객체 기반 3차원 파라메트릭 시스템으로 개발되었다.

BIM 플랫폼은 지능적인 정보 객체를 이용하여 건물의 모든 구성요소를 모델링하고 이를 기반으로 부재 생산에 필요한 기계장치를 제어하기 위한 데이터를 손쉽게 추출해 제공하고 있다. 2차원 기반의 기존 시스템들과 달리, 이들 3차원 파라메트릭 객체 기반의 시스템은 시공공정과 생산 공정 그리고 제품추적 시스템과 연결되어 조립프로세스의 관리가 가능한 현장정보를 제공하고 있다.

7.3.6 사전조립 및 선 제작의 증가

시공상세도 작성에 드는 노력들을 절감함으로써 BIM 시스템은 다양한 구성부재의 선 제작에 의한 경제성을 가져다준다. 기하학적 형태 정보의 자동 관리는 표준화된 부재의 설계 변경 및 이에 따르는 시공상세도 및 공작 기계의 CNC 명령코드 수정을 손쉽게 해준다. 예를 들면 미국 로스앤젤레스의 월트 디즈니 콘서트 홀(Post 2002)과 더블린 아비바 스타디움(9장 참조)과 같이 구조적으로 다양한 특성을 갖는 건물의 건설이 가능해졌으며 건물을 구성하는 주요 요소 중 많은 부분에 표준화된 선 제작 방식을 적용하여 경제성을 제고할 수 있게 되었다.

선 제작의 확대라는 현재의 추세는 선 제작된 부재의 제작 오차로 인해 발생할 수 있는 시공 시 위험요소를 줄일 수 있게 됨으로써 가능해졌다. 선 제작에 관련해 협력업체에서 느끼는 리스크 발생 가능성과 전체 설계의 신뢰성에 관한 우려는 프로젝트에 같이 참여하는 타 협력업체에서도 3차원적으로 정의된 모델을 공유할 수 있고 이를 같이 검토할 수 있다는 확신을 가짐에 따라 감소될 수 있다. 이는 선 제작으로 규격화된 건물 시스템뿐만 아니라 일반 건물 시스템에서도 마찬가지이다. 비용의 세세함과 조정 때문에 2D 드로잉을 활용한 배선 시스템의 배치가 금지되고 있기 때문에 현장에 바로 배치되는 경우가 종종 있다. 이러한 경우 각 후속 시공자들은 천장 공간에서 라우팅 해야 하는 어려움을 갖게 된다. 그러나 3D 파라메트릭 모델링을 통한 빌딩 시스템의 구축은 공간의 충돌을 방지하고 각각의 시스템들의 공간을 확보하고 할당할 수 있게 된다.

몇 가지 예외를 제외하면 2D CAD는 새로운 선 제작 방식 개발에 기여하지 못했다. 또한 2차원적 정보는 시공현장 외부의 선 제작 공정을 관리하는데 거의 도움이 되지 못했다. 반면 BIM 시스템은 선 제작의 비율을 확대할 수 있을 뿐 아니라 과거 현장에서만 조립될 수 있었던 건물의 구성요소를 공장에서 사전 조립할 수 있도록 해준다. BIM 시스템이 건물을 구성하는 다양한 구성요소의 설계 및 설치 시 발생하는 여러 문제를 사전조율 및 해결할 수 있게 됨으로써 각 구성요소를 통합적으로 모듈화하여 선 제작하는 것이 가능해졌다. 예를 들어 영국 MEP 업체인 크라운 하우스 테크놀로지는 병원 프로젝트에서 상하수도 배관을 구성하는 파이프 및 연결 부품들을 선 제작 된 벽체 프레임에 사전 설치된 상태로 현장에 운반하여 바로 설치하였다. 영국의 스타포드셔 병원(Staffordshire Hospital)의 시공사례가 좋은 예이다(Court et al. 2006, Pasquire et al.2006). 그림 7-5에서는 어떻게 HVAC, 상하수도 배관, 소화시설, 전기, 통신시스템 요소들이 모듈화되어 현장에서 바로 설치할 수 있도록 선 제작될 수 있는 지를 보여준다. 이 정도의 시스템 모듈화를 위한 협력업체간 의사조율은 BIM 시스템에서 제공하는 정보의 상세함과 신뢰도를 통해서만 가능하다.

7.3.7 사전조립 및 선 제작의 증가

건설 산업에 있어서 추적관리와 모니터링을 가능하게 한 여러 가지 방법들이 다양한 연구 프로젝트에서 발표되었다.

이들 연구에는 다음과 같은 것이 있다. 건설물류 관리에서의 RFID 활용, 레이저 측정 기술을 이용한 시공모델과 디자인 모델의 비교(LADAR), 영상처리 기술을 이용한 품질관리, 자재관리와 거동을 체크하기 위한 블랙박스 형태의 계측정보의 관리 및 통신기법 등. 그 밖에도 다양한 연구내용들은 피아텍(FIATECH consortium)의 '주요 프로젝트 기술 로드맵(Capital Projects Technology Roadmap)' 에 기술되어 있다(FIATECH 2010).

ETO 방식의 부재에 RFID의 활용은 수많은 성공사례에서 볼 수 있듯이 연구에서 실무단계까지 발전하였다. 대표적 사례로 스칸스카에서 시공한 뉴저지의 매도우경기장이 있다(Sawyer 2008). 3,200개의 PC 부재들에 RFID 태그를 부착하여 조립, 설치, 적재, 품질관리 등에 관한 부재의 정보를 현장직원들이 태블릿 PC를 이용하여 알 수 있었다. 동시에 가상의 빌딩 모델 부재와 태그 인식을 같게 하여 모든 부재의 상태를 알 수 있고, 시각화도 가능하게 하였다. 그림 7-7(B)는 벨라 시스템의 소프트웨어와 하드웨어를 사용하여 부재들의 컬러코딩을 웹상에 표시된 테클라 모델의 화면을 나타낸 것이다. 이 기술의 주요 이점은 매일매일 운영상의 결정을 통해서 명확하고, 정확하며, 최신의 정보를 업데이트함으로써 비용을 절약할 수 있다는 데에 있다.

메릴랜드 종합병원 프로젝트는(9장 참조) 공사기간동안 바코드 태그의 사용은 주요 기계 및 전기 장비의 수명주기 관리를 위한 중요한 자산임을 보여준다. DPR 시공사의 UCSC Porter B 대학 프로젝트에서 문과 틀에 동일한 기술을 성공적으로 활용한 예이다.

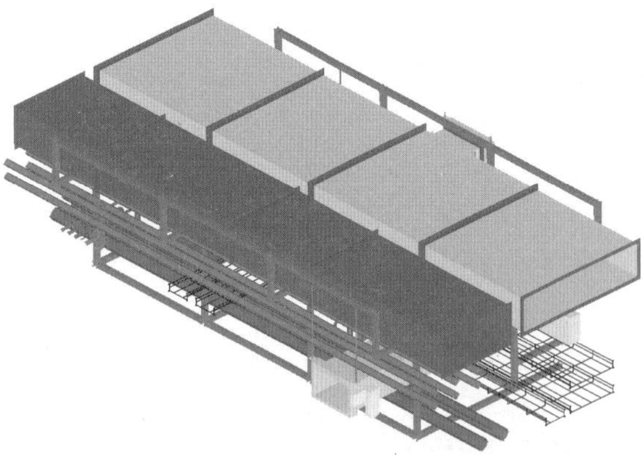

그림 7-5 선제작된 천장 서비스 모듈. 공조 및 전기, 배관 시스템이 포함되어 있음.
(왼쪽) 3차원 모델 (Court et al. 2006), (오른쪽) 공장에서 제작한 프로토타입 (Pasquire et al. 2006)
Crown House Technologies 제공 (영국 Laing O' Rourke 소재)

건설 산업에 있어서 ETO 제품 생산자들을 위한 세 가지의 중요한 적용 영역들은 다음과 같다.

- GPS(Global Positioning System, 위성 위치 계측 시스템)와 RFID 기술(Radio Frequency Identification, 무선 식별 기술)을 이용한 자재의 생산, 적재 및 조달, 설치, 및 품질 관리 모니터링
- 레이더(LADAR, Laser Detection and Ranging, 레이저 측정 기술) 및 그 밖의 측량기술을 활용한 부재의 설치 및 시공 그리고 품질관리의 지원
- RFID 태그와 센서를 이용한 생애주기 부재의 거동 정보 제공

이같이 제안된 시스템에서 볼 수 있는 공통적인 특징은 건물의 설계 정보와 모니터링되는 데이터를 비교하기 위한 정보 모델의 필요성이다. 모니터링 기술에 의해 습득된 데이터의 양은 그것을 해석할 수 있는 소프트웨어가 필요하다. 이러한 해석이 의미를 갖기 위해서는 기하학적인 형태뿐만 아니라 기타 속성 및 공정 정보가 포함된 건물의 설계정보와 실제 지어진 건물의 정보가 컴퓨터에서 읽어 들일 수 있는 포맷으로 존재하여야 한다.

7.4 BIM을 통해 가능한 시공 프로세스 변화

이전 장에서 설명한 바와 같이, 원청업자와 하청업자 및 협력업체를 위한 BIM의 중요한 기여는 건설의 가상화(Virtual Construction)를 가능하게 했다는 것이다. 건물의 시공 현장, 또는 제작공장의 책임자의 시각에서 볼 때 이것은 기존 프로세스의 단순한 개선을 떠나 새로운 업무수행 방법이다. 역사상 처음으로 건설관리자와 감독관들은 실제로 건물을 짓기 전에 건물에 관련된 부재들을 컴퓨터 화면에서 가상으로 사전 조립할 수 있게 되었다. 그들은 각 부재와 제작공정에 관련된 대안을 고려할 수 있고, 부재설계의 변경과 이로 인한 제작 공정의 변화를 가상으로 미리 적용해 볼 수 있게 되었다. 그리고 설계자와 발주자에 의해서 발생할 수 있는 새로운 설계변경이나 그 밖의 예측 불가능한 상황이 발생하더라도 업무 프로세스 내에서 효율적으로 처리할 수 있으며, 업체 간 협력을 통해서 원활하게 수행할 수 있게 되었다.

아직까지는 BIM 소프트웨어들이 건설의 가상화를 간단하고 일반적으로 수행할 수 있을 정도로 성숙하지는 않았지만, 이미 몇몇 선도적인 업체에서 이같이 혁신적인 프로세스를 성공적으로 구현하고 있다. 일부 건설업체들은 이미 여러 실무 프로젝트에서 납품 및 시공업체와의 고차원의 협업을 성공적으로 이뤄내고 있다. 셔터 의료 센터와 크루셀 다리 프로젝트(9장), 혹은 제너럴모너스 공장 건설(Eastman 2008 참조)에 참여했던 업체들은 BIM 기술을 활용한 프로젝트의 발전을 선도하고 있다. 그들은 성공적으로 프로젝트를 수행했으며,

이러한 성공은 단순히 하나 또는 여러 개의 소프트웨어를 다룰 수 있기 때문이라기보다는 BIM 기술을 프로젝트 초기단계에서부터 가상적인 시공과 협업적인 업무 진행을 위한 도구로서 잘 활용했기 때문이다.

7.4.1 린 방식의 도입을 통한 건설 산업의 최적화

제조업 세계에서 린 생산방식(lean production methods)은 개별적인 고객의 요구사항을 만족시키기 위한 고도의 주문형 제품을 기존 대량생산 체계에서 생산할 때 필연적으로 발생하는 낭비요소를 줄이기 위해 고안되었다(Womack and Jones 2003). 린 방식은 원칙적으로 모든 제조업 시스템에 적용될 수 있도록 되어 있다. 그러나 공장에서의 제품 생산과 공사현장에서의 건물시공에 존재하는 차이점 때문에 이를 적용하는 방법에 대한 이해와 적응이 필요하였다.

린 건설은 프로세스 개선과 연관되어 있으며 이에 따라서 건물과 시설물은 최소의 자원을 소모하며 시공되어야 한다. 이를 위해서는 어떻게 공정프로세스가 흘러가야 하는지, 공정 효율을 저하하는 프로세스 상의 병목이나 장애는 없는지 숙고할 것을 요구한다. 린 건설에서는 업무흐름의 안정성에 특히 주의를 기울이고 있다. 공사기간이 장기화되는 경우의 일반적인 특징은 예측하기 어려운 업무를 처리하기 위해 협력업체에서 필요로 하는 완충시간(buffer time)이 길다는 것이다. 이것은 협력업체의 입장에서 다른 업체의 사전작업이 지연되거나 자재가 제시간에 도착하지 않는 경우, 설계정보나 의사결정이 지연되는 경우에 시간과 인력을 놀려야 하는 상황을 꺼리기 때문이다.

낭비요소를 찾아내고 공정프로세스를 개선하기 위한 우선적인 방법은 해당 공정에 대해 하위 공정으로부터 명시적으로 요구받을 때에만 이를 수행하게 하는, 최종적으로는 발주자의 요구에 의해 전체 공정이 작동되는 현장 공정 관리(pull flow control)를 적용하는 것이다. 업무 흐름 측정에는 계획 대비 실행된 공정의 비율 또는 진행 중인 공정의 자재 수급상황과 같은 각 제품 또는 건물 일부의 전체적인 사이클 타임 등의 지표를 이용한다. 낭비에는 자재 낭비뿐만 아니라, 프로세스 낭비 대기시간, 투입대기시간, 재작업 등을 포함한다.[2]

BIM은 다음에 소개되는 4가지 방법을 통해 건설 산업 내 협력업체와 부재제작사에서 린 방식의 프로세스를 도입하는데 도움을 준다.

1. 가상 건설을 통하여 사전에 설계상의 오류를 찾아내어 수정함으로써 수준 높은 사전조립 및 선 제작이 가능하게 된다(7.3.5에서 설명된 방법). 이를 통해 현장시공 기간을 단축시키고 발주자 관점에서의 **제품 주기를**

[2] 린 방식의 사고의 개념적인 내용에 관심이 있는 독자는 (Womack and Jones 2003)에 소개된 내용을 참조하기 바란다. 건설현장의 린 방식에 대한 다양한 연구에 대한 문헌과 링크는 국제 린 건설 그룹(International Group for Lean Construction)의 웹사이트에서 찾을 수 있다 (www.iglc.net).

단축할 수 있도록 한다. 선 제작의 증가로 현장에서의 업무가 공장으로 이동하게 되어 안전성 또한 증가한다.

2. 정보 모델의 공유는 물리적 또는 그 외 설계 오류를 찾아내는 데 유용할 뿐만 아니라 공유된 모델은 4D CAD 기술을 이용하여 공정계획 데이터와 연결되며, 이것은 시공과정 및 각 공정 간의 상호의존 관계를 사전에 검토할 수 있게 해준다. 주의 깊게 고려된 공정계획은 린 건설에서 가장 중요한 핵심사항이다. 일반적으로 이것은 Last Planner라는 시스템을 이용하여 구현되고 있다(Ballard 2000). 이 시스템은 계획된 공정 중 제대로 실행될 수 없는 단위공정을 찾아내 조치할 수 있도록 해준다. BIM을 이용한 가상건설을 통하여 계획된 공정의 공간적, 논리적, 조직적인 오류를 발견함으로써 업무흐름의 안정성을 개선할 것이다.
3. **팀 단위 작업효율의 향상:** 시공현장에서의 협력업체별 단위업무를 세밀한 단계까지 조율할 수 있게 됨으로써 작업팀 사이의 업무 및 작업공간의 인수인계와 같은 상황에서 발생할 수 있는 시간배정 상 문제를 줄일 수가 있다. 여러 작업팀들의 통합관리가 가능할 경우 그렇지 않은 경우에 비해 팀들 사이의 대기시간을 줄일 수 있다.
4. 시공상세도 작성에 소요되는 시간이 단축됨으로 인해 부재의 제작과 운송을 위해 필요한 전체 시간들이 줄어들게 됨으로써 부재 제작업체의 주문 후 납품소요시간을 줄일 수 있다. 만약 제작업체들이 이러한 소요시간을 충분히 줄일 수 있게 된다면 이들 업체는 현장 제어(pull flow) 방식에 적합하게 납품구조를 개선할 수 있을 것이다. 이러한 것은 적시운송의 개념을 뛰어넘어 적시생산 개념으로 확대될 것이다. 이를 통해 ETO 자재의 재고를 줄일 수 있고 이와 연계된 야적비용, 자재관리 비용, 자재의 손실 및 유실, 선적관리 등의 낭비요소들을 줄일 수 있게 될 것이다. 또한 BIM 시스템이 신뢰성 있고 정확한 시공상세도를 작성할 수 있기 때문에, 최종 순간(마지막 순간)에 설계변경이 일어나더라도, 책임시공이 가능하다. 그 이유는 부속품이 사전에 미리 생산될 필요가 없기 때문이다.

7.4.2 건설 산업에서의 종이사용 감소

CAD 시스템 적용 초기단계에는 전자도면이 종이도면을 이용한 의사소통을 부분적으로 대신하였다. BIM을 사용하게 됨에 따른 좀 더 근본적인 변화는 도면이 정보를 저장하는 수단에서 단지 의사소통의 수단으로 그 역할이 줄어들었다는 것이다. BIM이 건물의 정보를 신뢰할 수 있게 저장하는 유일한 수단일 경우에는, 도면, 시방서, 수량산출서와 그 밖의 다른 보고서들을 종이에 출력하는 것의 일차적 목적은 해당 정보에 쉽게 접근할 수 있게 하는 것이 되었다.

7.3.5에서 설명한 바와 같이, 부재 제작업체에서 자동화된 생산 장비를 활

용하게 됨에 따라 종이도면에 대한 필요성은 점차 사라지게 되었다. 예를 들면, CNC 기계를 이용하여 절단하고 천공된 목재트러스의 부재는 레이저 기술을 이용하여 투영된 기하학적인 형상 위에서 조립될 것이다. 프리캐스트 콘크리트 부재 제작을 위한 복잡한 형상의 철근을 조립하는 작업의 생산성은 도면에서 보이는 전통적인 형상을 해석하는 대신에 커다란 스크린에서 색깔로 구분된 3차원 모델을 투영해 줌으로써 향상될 것이다. 3차원 가상현실 기술을 이용한 철골구조의 3차원 모델을 현장 작업자의 PDA로 전송하는 것은 이것과 유사한 예가 될 것이다(Lipman 2004).

BIM 부재상세 모델이 물류, 회계, 기타 경영 관련 정보를 다루기 시작하고 여기에 자동 정보 수집기술의 도움을 받음으로써 종이에 출력된 문서의 필요성은 상당부분 감소하였다. 다만 이 절의 제목을 '종이사용 중단'이라 붙이지 못하는 이유는 법적, 그리고 상업적인 부분에서 아직 변화의 속도가 더디기 때문이다.

7.4.3 업무 집중의 완화

전자화된 건물정보 모델의 이용은 멀리 떨어진 지역에 있는 사람들과 업무를 분담하여 처리하는 것을 용이하게 해준다. BIM은 이전에는 근접한 곳에 존재하는 협력업체와 조립회사에만 치중하였던 협업의 영역을 확대하여 아웃소싱의 확대 및 세계화를 지향하는 쪽으로 발전되고 있다.

첫 번째로, 지역적으로나 조직적으로 멀리 떨어져 있고 분산되어 있는 조직에서 설계, 해석, 엔지니어링 같은 업무들을 담당할 수 있도록 한다. 철골산업에서는 3차원 파라메트릭 상세설계 소프트웨어를 다루는 프리랜서 컨설턴트들이 조립회사에 조언해 줌으로써 제작업체 내의 엔지니어링 조직의 업무시간을 줄일 수 있게 되었다. 이러한 컨설팅은 업계에서 보편적인 일이 되었다. 3D 모델링과 엔지니어링 업무를 부분적으로 인도에 있는 회사에 외주를 주는 것은 항공, 자동차, 플랜트 분야에서 일반적인 일이 되고 있다.

두 번째로 설계자간 의사소통 및 의견조율의 향상은 외부에서 제작되어 선적되는 부재들을 좀 더 신뢰성 있게 활용할 수 있게 됨을 의미한다. 뉴욕 11번가 콘도미니엄 건물 사례(9장)가 보여 주듯이, 정확한 BIM 정보는 중국에서 생산된 건물 외벽을 뉴욕에서 설치하는 데 아무 문제가 없게 한다.

7.5 부재 제작업체를 위한 BIM 시스템의 요구사항

본 절과 다음 절에서는 ETO 부재제작 업체와 설계서비스 제공자들과 컨설턴트들이 사용하려는 소프트웨어에 필요한 시스템 요구사항을 정의하려 한다. 먼저 이 절에서는 제작업체가 협업 팀의 일부로서 종합적인 건물정보모델을 사용하는 데 필요한 기본적이고 일반적인 요구사항들을 정의한다.

다음 절(7.6)에서는 부재 제작업체 고유의 특수 영역에서의 요구사항을 열거하고 있다. 솔리드 모델링과 같은 BIM 시스템의 일반적 기능은 이제 필수기능으로서 보편화되었기 때문에 여기에 열거되지 않았다. 예를 들면, 부재 제작회사에서의 물량산출과 부품 간 간섭여부를 확인하기 위하여 솔리드 모델링 시스템을 필요로 하는데 이는 모든 BIM 시스템에서 제공하고 있다. 단면도는 솔리드 모델 없이는 자동적으로 생성될 수 없기 때문이다.

7.5.1 맞춤형 파라메트릭 부재와 상호관계

건물 정보모델이 적용되더라도 그 모델이 일관되고 정확한 데이터를 유지하는 것은 상위레벨의 설계와 상세업무를 자동화하기 위한 가장 중요한 조건이 되며, 이것은 조립회사들이 BIM을 활용하는 가장 핵심적인 장점이라 할 수 있다. 만약에 사용자가 각각의 모델 개체를 전부 손으로 모델링해야 한다면, 지나치게 시간이 오래 걸리고 실용성도 떨어진다고 할 수 있다. 사용자가 설계 변경으로 인한 해당 부재의 부속품 및 주변 부재로의 변경사항 파급을 직접 관리해야만 한다면, 이것은 시간을 낭비하는 것일 뿐만 아니라 오류 발생확률을 매우 높이는 일이 될 것이다.

이러한 이유로 부재 제작업체는 모든 레벨(파라메트릭 개체와 개체 간 관계는 2장에 정의)에서의 개체간의 관계와 파라메트릭한 개체를 지원하는 BIM 소프트웨어를 구해야만 한다. 그림 7-6은 철골부재의 연결부재와 관련된 요구사항을 보여주고 있다. 이 소프트웨어는 사전에 정의된 규칙에 따라서 적절한 연결부재를 선택하고 적용할 수 있게 해준다. 프로젝트를 위한 규칙과 법칙을 선정하고 만드는 작업은 적용분야에 따라 다르지만 공인된 엔지니어에 의해 또는 제작업체에 의해 자체적으로 수행되며 적용된 하중 변화에 대응하기 위한 규칙은 포함되거나 그렇지 않을 수도 있다. 연결부재의 단면 속성 또는 파라미터 값이 차후에 변경된다면 접합부의 형태 및 접합방식에 대한 정보는 자동적으로 갱신된다.

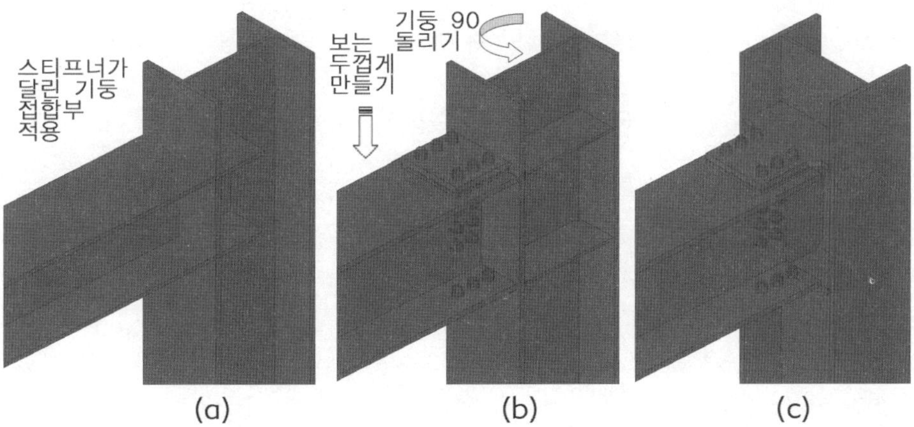

그림 7-6
테클라 스트럭처에서의 철골 접합부 상세.

이 소프트웨어에서는 작업자가 선택한 부재를 이용하여 (a에서 b) 접합부 상세를 자동 생성한다. 또한 설계가 변경되었을 경우에도 이에 대응하여 접합부 상세를 자동 갱신한다(b에서 c).

소프트웨어 평가를 위한 중요한 요소의 하나는 맞춤형 부재, 상세, 접합부가 대상 시스템에 어느 정도까지 추가될 수 있는가 하는 것이다. 효과적인 시스템은 다음과 같은 기능을 지원해야 한다. 파라메트릭 부재를 구성하는 요소간의 중첩정의, 기하학적인 제약조건—예를 들어, '무엇과 평행이 되어야 한다' 또는 '무엇으로부터 일정한 거리를 유지하여야 한다' —, 그리고 주어진 맥락에서 부재가 생성될지를 결정하기 위한 생성규칙 적용 등의 기능을 지원해야 한다.

7.5.2 부재제작을 위한 작업지시 문서화

ETO 부재의 생산을 위한 작업지시 문서를 자동으로 생성할 수 있는 능력은 모든 종류의 부재 제작업체에게 반드시 필요한 것이다. 작업지시 문서는 다음과 같은 내용을 포함한다. 시공상세도의 준비, CNC 기계의 작업 프로그램, 조달을 위한 소요 자재 및 부속의 목록, 자재의 특별한 표면처리 및 재질과 관련된 내용, 현장에서의 설치를 위하여 필요한 장비의 목록 등.

어떤 종류의 ETO 부재를 생산하건 공장에서의 생산관리를 위해 그 부재들을 다양한 방법으로 구분할 수 있는 것은 중요하다(예: 부재의 조달, 부재설치를 위한 장비의 준비, 적재, 선적과 설치). 프리캐스트 부재의 일부분 또는 현장치기를 위해 외부 제작된 거푸집은 일반적으로 거푸집의 모양에 따라서 구분될 수 있다. 이에 따라서 하나의 거푸집은 각각의 사용용도에 따라 적은 변경만을 거쳐 다양한 부재 제작에 재사용될 수 있다. 콘크리트용 철근은 건물부재와의 연관성에 따라 구분되어 생산되어야 한다.

이를 위해 BIM 시스템은 기하학적인 정보와 생산, 공급업체 및 기타 분류순서 그리고 메타데이터(출처, 데이터 소유권자, 상태 및 ID)를 기반으로 사용자에 의해서 정의된 기준에 따라 부재를 분류할 수 있어야 한다. 기하학적인 형상의 경우, 그 소프트웨어는 세부형태의 유사성의 정도를 바탕으로 부재의 종류를 구분할 수 있어야 한다. 예를 들면, 목재 트러스는 전체적인 형태를 기준으로 1차적으로 분류할 수 있으며, 단면의 속성과 같은 2차 분류기준을 써서 이들을 다시 하위그룹으로 나눌 수 있다. 만약에 1차 분류기준에 101이라는 숫자가 부여되었다면, 이들의 하위분류는 101-A와 같은 명칭을 통해 식별될 수 있다.

어떤 경우 선 제작된 ETO 부재들이 현장에서 설치될 때 철근콘크리트에 삽입할 철골 접합부의 용접판과 같이 현장에 별도 운반되는 부품을 필요로 하는 경우도 있다. 이러한 것들이 적재적소에 운반되어 설치될 수 있도록 이들 부품을 분류하여 종류별로 라벨을 붙여줄 필요가 있다. 만일 어떤 부품이 외주되어 선 제작 구조체에 볼트 또는 콘크리트 치기를 통해 직접 부착되어야 하는 경우 이들 부품이 미리 제작되어 다른 하청업체 또는 다른 제작업체로 납품되어야 할 수도 있다. 이러한 모든 정보들이 BIM 시스템에 의해 생성되어 정보모델 개체에 적용되어야 한다.

7.5.3 경영정보시스템과의 연계성

이 장의 앞부분에서 상세하게 설명된 BIM과 린 생산 방식의 장점을 실제 구현하려면 조달, 생산관리, 선적 그리고 회계정보 시스템과 상호 소통할 수 있는 양방향 인터페이스가 필수적이다. 이것은 ERP(Enterprise Resource Planning, 기업 자원 관리)의 일부분으로서 혹은 독립적으로 존재하는 소프트웨어 형태로 이루어질 수 있다. 정보의 비일관성을 피하기 위해서는 건물정보 모델이 부재목록과 관련된 그리고 전체 공정과 관련된 부재생산 상세의 단일 정보원이 되어야 한다. 부재 제작은 건물의 설계가 계속 변경되는 동안에도 동시 진행될 수 있다. 다양하게 발생하는 오류를 피하려면, 제작중인 부재와 관련된 설계변경이 일어난 즉시 제작 업체 내 모든 부서에서 이를 알 수 있어야 한다. 이것은 단순한 파일 교환을 통해서는 실현되기 어려우며 온라인상에서의 모델 데이터베이스의 연결을 통하는 것이 이상적이다. 이러한 능력을 구현하기 위해 BIM 소프트웨어는 내부 기능에 접근할 수 있는 프로그래밍 인터페이스를 제공하여 소프트웨어 개발 능력이 있는 부재 제작업체에서 기존에 회사의 업무시스템 요구사항과 데이터 호환에 맞게 프로그램을 변경할 수 있도록 해야 한다.

건물정보 모델이 다른 경영정보시스템과 통합된다면 생산으로부터 야적, 운송, 설치를 통하여 ETO 부재에 대한 자재 추적시스템이 가능해질 것이다. 이러한 시스템은 바코드 방식을 활용하는 것이 일반화되어 있으나, 향후에는 좀 더 효과적인 RFID 기술이 ETO 부재의 종류에 따라서 일부 활용될 수 있을 것으로 보인다(Ergen et al. 2007). 이 기술이 성공적으로 적용된 사례는 7.3.7에서 논의된 메도우랜드 경기장 등의 사례가 있다.

7.5.4 정보호환성

협력업체와 부재 제작업체들은 건물시스템을 구성하는 일부 부재에 관한 정보만을 제공한다. 그들의 BIM 시스템과 설계자와 원도급자 그리고 다른 협력업체 간의 정보를 교류하는 것은 필수적이다. 설령 하나의 통합 모델 데이터베이스가 존재하지 않더라도 다양한 분야의 협력업체가 소유한 복수의 BIM 시스템에 존재하는 정보모델의 총합을 포괄적인 건물 정보모델로 간주할 수 있을 것이다. 현재 존재하는 어떤 단일 제조 플랫폼으로도 건물 시공에 필요한 모든 제조 공정을 감당할 수 없다. 이는 미래에도 계속될 것이다.

정보호환성에 대한 기술적인 특징들은 3장에서 이에 대한 장점과 한계점을 포함해 자세히 논의되었다. 협력업체와 부재 제작업체에서 BIM 시스템을 선정할 때에는 고려 대상인 시스템이 적절한 산업호환표준을 이용하여 정보 모델을 받고 보낼 수 있는지에 대해서 반드시 검토하여야 한다. 도입을 검토 중인 시스템이 어떠한 표준을 지원해야 하는지는 산업의 종류에 따라 달라진다. 철골구조의 엔지니어링 및 제작을 위해서는 CIS/2 포맷의 지원이 필수적이다. 그 밖의 영역에서 사용하기 위해서는 현재로는 IFC 포맷이 가장 유용하다고 할 수

그림7-7
(상단 그림)현장 관리자는 태플릿 PC를 활용하여 프리캐스트 부품에 대한 정보를 요청하고 스타디움의 색깔 코드가 기입된 모델로부터 그것들의 생산, 조달, 설치 그리고 상태에 대한 승인을 실시. (하단 그림)PC들은 프리캐스트 콘크리트 부품에 부착된 RFID 태그로부터 정보를 가져올 수 있는 RFID 리더 장치가 되어 있다(삽입 컬러면 참고).

사진은 Vela Systems, Inc로부터 허가 승인을 받음.

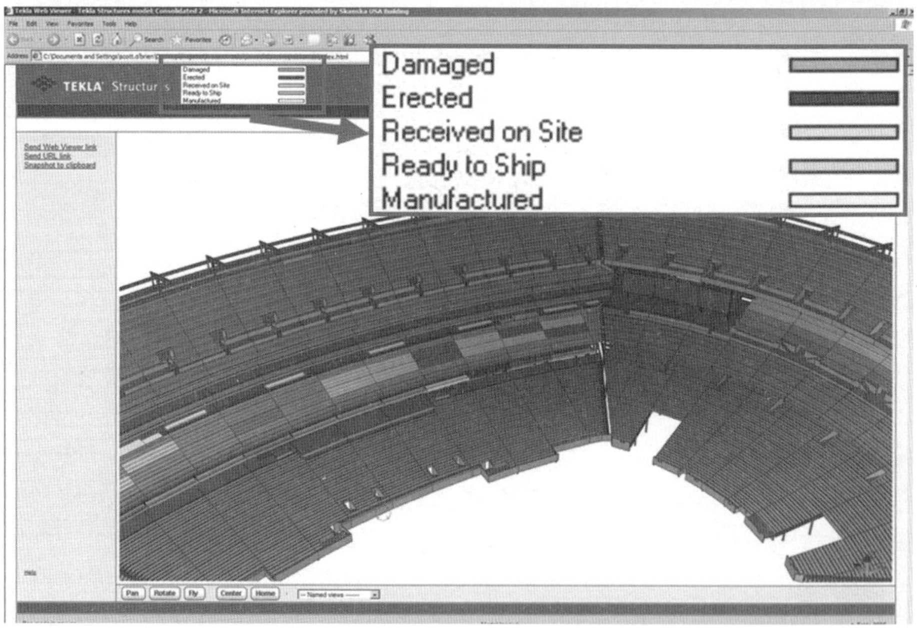

있을 것이다.

7.5.5 정보의 시각화

3차원 건물모델은 부재 제작업체 외부의 기술자와 현장 설치자, 원도급자를 위하여 관리정보를 시각화하고 표현하기 위한 효과적인 형태가 될 것이다. 이를 위해 건물 모델 데이터를 다양한 공정 현황에 따라 다양한 색깔로 표시할 수 있도록 해주는 맞춤 기능을 제공하는 것이 필수적이다.

4D CAD 기술을 활용한 시공현황의 상세계획과 적시관리를 위한 사전 조립된 자재의 현장운송을 관리하는 모델 인터페이스를 이용하는 것은 가장 좋은 두 가지의 예들이다. 첫 번째는, 골조부재들과 그 자원들(크레인), 그리고 각각의 공정 활동을 포함하는 건물모델이 영국 런던의 한 지하철 역사의 지붕부분을 구성하는 철골 PC부재들을 설치하는 계획 시뮬레이션(Koerckel and Ballard 2005)에 이용되었다. 그 프로젝트 팀은 48시간이라는 제한된 시간 안에 철도의 운행을 중단하고 설치를 완료해야 했기 때문에, 공정의 철저한 계획이 무엇보다 중요하였다. 4D CAD 기술에 대한 상세한 내용과 장점은 7장 6절에 기술되었다.

두 번째 예는 그림 7-7(위)에서 보여주고 있다. 그림에서는 7.3.7에서 설명한 Meadowlands Stadium의 건축모델에 대해 현장직원들이 상의하고 있다. 이는 프로젝트 매니저가 제조와 운송을 위한 부재선택을 위하여 도면과 부재목록을 펼쳐서 상의하는 낡은 방식보다 작업 계획에 높은 신뢰성을 부여하게 된다. 여러 종류의 다양한 도면과 부재 목록을 검토하면서 생길 수 있는 오류를 줄일 수 있다. 그림 7-7(아래)에서 보듯이 이러한 정보의 시각화를 통해서 현장기사가 단순하게 색깔별로 구분된 모델을 선택해서 운송정보를 확인하는 것은 린 건설에서 주장하는 흐름제어 패러다임을 확실하게 앞당길 수 있다.

7.5.6 부재제작 공정의 자동화

BIM 소프트웨어 시스템의 선정은 부재 제작 작업의 자동화 계획 및 가능성을 고려해야만 한다. 이것들은 개별 건물의 시스템에 따라서 다양화될 수 있다. 어떤 회사들은 이미 여러 종류의 CNC 장비들을 보유하고 있다. 예를 들면, 철근 절곡과 절단장비, 철골부재와 철골판재를 위한 레이저 절단장비 또는 PC 부재를 위한 컨베이어 시스템과 자동화된 치기 시스템 등이 있다. 어떤 업체에 있어서 이러한 기술은 BIM을 적용하기 위한 동기부여가 될 수 있을 것이다. 다른 업체에게는 이것이 매우 새로운 것이고, BIM은 이러한 신기술의 도입을 가능케 할 것이다. 어느 경우이든지 간에 BIM 소프트웨어의 인터페이스와 정보의 요구사항을 고려하는 것은 매우 중요한 일이 될 것이다.

7.6 제작업체의 종류 및 요구사항

이 장에서는 다양한 종류의 부재 제작업체의 고유한 요구사항 등에 대해 알아본다. 또한 업체의 종류에 따라서 사용 가능한 소프트웨어 패키지들을 열거하고자 한다. 소프트웨어 패키지들은 표 7-3에서 열거되어 있으며, 추가정보를 얻기 위한 관련 홈페이지와 각각의 기능과 관련된 설명이 포함되어 있다.

7.6.1 철골

철공공사를 채택함으로써, 전체 구조는 최소한의 자재와 노동력을 활용할 수 있도록 하면서 쉽게 공장생산을 하고, 현장으로 운송시켜서, 세우고, 조립하는 일련의 과정을 가능케 하는 개별 부재로 나뉘게 된다. 이 모든 부재들은 구조 엔지니어들에 의해 정의된 필요강도를 만족한다.

단순하게 볼트, 너트, 용접부위, 연결부재를 포함하는 상세를 3차원으로 구조 모델화시키는 것으로는 충분하지 않다. 다음은 철골 상세 소프트웨어가 갖추어야 할 추가적인 요구사항들이다.

- **사용자가 제어할 수 있는 철골 접합부위의 자동 상세 생성.** 이 특징은 구조물의 특수한 사항에 적용될 수 있도록 연결부재를 선택하고 파라메트릭하게 생성할 수 있는 방법에 관련된 규칙들을 정의할 수 있는 능력이 충족되어야 한다는 것을 의미한다.
- **유한요소법을 포함하는 내장 구조해석 기능.** 그 소프트웨어는 외부 구조해석 소프트웨어에서 읽혀질 수 있는 포맷으로 하중 정의를 포함하는 구조모델을 내보낼 수 있어야 한다. 이러한 경우에는 3차원 모델로 하중에 대한 정의를 다시 받을 수 있어야만 한다.
- **CNC**(Computer Numerically Controlled, 컴퓨터로 제어되는 공작기계) **기계에 직접적으로 절단, 용접, 천공지시를 할 수 있는 기능.** 이 기능은 용접과 조립을 포함하도록 확장되고 있다. 조립은 더욱 광범위한 기하학 및 프로세스 정보를 필요로 한다.

해당 소프트웨어: Tekla Structures, SDS/2 Design Data, StruCAD, 3d+ (표 7-3 참조)

7.6.2 프리캐스트 콘크리트

프리캐스트 콘크리트의 정보 모델링은 철골보다 복잡하다. 그 이유는 프리캐스트 콘크리트 부재들은 내부 배근을 갖고 있으며 이들의 형태와 표면 마감이 다양하기 때문이다.(예: 철근, 프리스트레스 요소, 철골부재 등). 이로 인해 프리캐스트 콘크리트의 요구사항을 만족하는 BIM 소프트웨어들이 철골구조용 소프트웨어보다 나중에 나오게 되었다.

프리캐스트 콘크리트 조립을 위한 특별한 필요성들이 PCSC(Precast Concrete Software Consortium)에 의해 연구되어 그 결과에 대한 보고서가 발간되었다(Eastman et al. 2001).

표 7-3 협력업체와 부재 제작자를 위한 BIM 소프트웨어 일람

BIM 소프트웨어	건물시스템 호환성	기능성	출처
Tekla Structures	구조용 강재, PC, 현장타설 콘크리트 기계, 전기, 배관, 커튼월	모델링, 사전프로세스 분석, 조립, 상세 코디네이션	www.tekla.com
SDS/2 Design Data	구조용 강재	상세 조립	www.dsndata.com
StruCAD	구조용 강재	상세 조립	www.acecad.co.uk
Revit Structures	구조용 강재, 현장타설 콘크리트	모델링, 사전프로세스 분석	www.autodesk.com/revit
Revit Systems	기계, 전기, 배관	모델링	www.autodesk.com/revit
3d+	구조용 강재		3dplus.cscworld.com/
Structureworks	PC	모델링, 상세 조립	www.structureworks.org
Revit Building	커튼월	모델링	www.autodesk.com/revit
aSa Rebar Software	현장타설 콘크리트	견적, 상세, 생산, 자재 추적, 회계	ww.asarebar.com
Allplan Engineering	구조용 강재, 현장타설 콘크리트, PC	모델링, 상세 철근	www.nemetschek.com
Allplan Building Services	난방, 환기, 냉방, 기계, 전기, 배관	모델링	www.nemetschek.com
Catia (Digital Project)	커튼월	모델링, FEM 분석, CNC 생산 데이터 파싱	www.3ds.com
Graphisoft ArchiGlazing	커튼월	모델링	www.graphisoft.com
SoftTech V6 Manufacturer	커튼월	상세 모델링과 조립	www.softtechnz.com
CADPIPE Commercial Pipe	배관	상세 모델링과 조립	www.cadpipe.com
CADPIPE HVAC and Hanger	HVAC 덕트	상세 모델링과 조립	www.cadpipe.com
CADPIPE Electrical and Hanger	전선관, 케이블 트레이	모델링, 상세	www.cadpipe.com
Quickpen PipeDesigner	배관	모델링, 상세 조립	www.quickpen.com
Quickpen DuctDedesigner	HVAC	상세 모델링과 조립	www.quickpen.com
Bentley Building Mechanical Systems	HVAC 덕트, 배관	모델링	www.bentley.com
Graphisoft Ductwork	HVAC 덕트	모델링	www.graphisoft.com
CAD-Duct	HVAC 덕트, 배관, 전기 부속물	상세 모델링과 설계	www.cadduct.com
SprinkCAD	스프링클러 시스템	모델링, 상세	www.spinkcad.com

7.6.1항에서 언급된 철골구조물과 관련된 구조해석 기능의 내장과 사용자 요구에 맞게 변경할 수 있는 자동화된 연결부재의 상세 작성기능과 같은 특징들은 프리캐스트 콘크리트에도 똑같이 적용될 수 있다. 덧붙여서 다음과 같은 사항들이 추가적으로 요구될 수 있다.

• 시공상세도에서와는 다른 부재의 최종 형태를 모델링할 수 있는 능력이

필요할 수 있다. 모든 프리캐스트 부재들은 재료의 특성상 거푸집에 부어질 때와는 다른 형태로 최종형태가 이루어진다. 원래의 프리스트레스의 특성을 갖는 프리캐스트 부재들은 프리스트레스 케이블이 양생 이후에 풀어질 때 위로 휘는 특성을 갖고 있다. 가장 복잡한 변화는 긴 프리캐스트 부재를 의도적으로 휘어지거나 뒤틀리게 만들었을 때 발생하게 된다. 이는 부재 제작시 양단을 지지하는 부분에 각도를 줌으로써 만들어 지는데 주로 주차장에 사용되는 기다란 더블 T자형 부재에서 우천시 배수를 쉽게 하기 위해 사용된다. 이러한 부재들은 모델상에서는 비뚤어진 기하학적인 형태로 표현되지만 실제 제작시에는 곧은 모양의 프리스트레스 거푸집에서 생산되어야만 한다. 그러므로 시공상세도에서는 이들이 비뚤어지지 않은 곧은 모양으로 표현되어야만 한다. 의도적으로 변형된 부재 표현에 있어서 조립도와 시공상세도 사이의 복잡한 기하학적 변형을 필요로 한다.

- 표면의 마감과 처리는 부재의 표면에만 간단하게 적용되는 게 아니라 대신 자체의 형태를 가지는 경우가 많아서 콘크리트의 두께를 일부 차지하는 경우가 있다. 석조외벽, 벽돌 문양, 단열 레이어들이 이런 것의 일반적인 예이다. 착색 또는 표면질감을 위해 특수한 배합물은 콘크리트 전체에 적용하기는 일반적으로 너무 비싸기 때문에 부재의 일부에만 사용된다. 이러한 경우 제작되는 부재는 두 종류 이상의 콘크리트로 구성될 수 있으며, 소프트웨어는 각각의 유형에 따라 체적을 구하고 그 값을 보고하는 기능을 지원해야만 한다.
- 개별 부재마다 특수한 구조해석이 필요할 수 있다. 탈형, 양중, 적재, 운송, 설치를 하는 중에 각 부재의 서비스 수명에 따라 다르게 적용될 수 있는 힘에 대한 저항을 검토하는 것이 요구된다. 이러한 기능에 대한 요구로 개방형 프로그래밍 인터페이스와 외부 분석소프트웨어 패키지들의 통합이 요구된다.
- 프리캐스트 부재를 구성하는 세부 부속물들은 그 부속물들이 언제 부재에 삽입되는가에 따라 분류되어야 한다. 예로서 조립시에 부재에 치기하는 것, 건물의 기초 또는 구조체에 치거나 용접되는 것, 또는 현장 설치 시 부재와 같이 묶어서 제공되는 부속물로 구분할 수 있다.
- 조립관리 소프트웨어와 자동 절곡 및 절단 기계들과 호환되는 포맷으로 철근의 형태를 저장할 수 있어야 한다.

해당 소프트웨어(표 7-3 참조): Tekla Structure, Structureworks

7.6.3 현장치기 철근콘크리트

이 장에서 검토한 대부분의 시스템과는 달리, CIP는 본질적으로 시공 현장에서 부재가 만들어진다. 그러나, 다른 시스템에 적용되는 동일한 기능과 접근 방식은 CIP에도 적용할 수 있다. 프리캐스트 콘크리트와 같이 현장치기 철근 콘크리트의 내부 부재들은 상세하게 모델링되어야만 한다. 구조해석 생산과 설치를 위한 철근 형상 및 일람표 생성, 그리고 콘크리트 체적 산출을 위해 필요한 모든 요구조건들은 현장치기 철근콘크리트에서도 똑같이 중요한 요소들이다.

그러나 CIP 철근콘크리트는 프리캐스트 콘크리트와 철골과는 매우 다르다. 왜냐하면 현장치기 철근콘크리트 구조는 일체형의 부재로 구성되어 있기 때문이다. 예를 들면 기둥, 보, 슬래브와 같은 부재들 간의 물리적인 영역에 대한 구분이 명확하지 않다. 심지어는 콘크리트 부재의 중첩되는 부위가 보고하려는 내용에 따라 한 부재의 일부로 간주되기도 하고 다른 부재의 일부로 간주되기도 한다. Revit Structure는 다른 요소에 우선순위를 주고 문제를 자동 설정할 수 있는 표준 매개변수에 대한 요구를 충족시키기 시작하였다(기둥이 교차하는 빔의 위치를 단축하는 빔 설정 등).

이와 유사하게 하나의 철근이 부재와 접합부에서 다른 기능을 수행하는 경우가 있다. 예를 들면, 연속보에서의 상부 철근의 경우 기둥 사이에서는 균열을 방지하고 전단력을 지지하기 위한 역할을 하지만 절점상에서는 모멘트에 대해 저항하는 역할을 한다.

현장치기 콘크리트의 또 다른 차이점은 다양한 두께와 하나 또는 다른 축 방향을 가지고 있는 곡면을 가진 복잡한 기하학적 형태로 현장에서 칠 수 있다는 것이다. 비정형의 자유 곡면은 현장치기 콘크리트 구조물에서는 드물지만 돔(둥근 천장)과 같은 형태는 자주 쓰인다. 콘크리트 곡면을 시공하는 회사는 복잡한 기하학적 형태를 모델링할 수 있는 소프트웨어가 필요하다.

세 번째 차이는 철골과 프리캐스트 부재와 달리 현장치기 콘크리트 구조물은 시공할 때 구조를 설계할 때와는 다르게 구획될 수 있다는 점이다. 콘크리트를 어디까지 쳐야 될 지는 일반적으로 현장에서 결정되며 이것은 설계자들이 애초 생각한 구조물의 구획과 다르다. 그렇지만 부재가 설계와 시공관리에 모두 사용이 되려면 이들 두 방식 모두 시스템에 의해 지원되어야 한다(Barak et al. 2009).

이들 시나리오는 다양한 멀티 뷰 방식의 접근(multi-view approach)을 필요로 하고 이러한 기능은 현장치기 콘크리트 구조를 지원하는 대부분의 BIM 소프트웨어에서 지원하고 있다. Revit Structure처럼 다양한 형태의 표현을 지원하면서도 내부적으로는 일관된 3차원 콘크리트 형상을 유지하고 구조해석에 이상적인 형태를 지원하는 것은 중요한 기능이다.

마지막으로 현장치기 콘크리트는 그것이 주문 설계된 것이든 표준 모듈에 따른 것이든 거푸집의 설계를 필요로 한다. 일부 모듈화된 거푸집을 생산하는 회사들은 거푸집의 구성과 상세를 지원하는 소프트웨어를 제공한다. 그것은 사용자로 하여금 표준화된 거푸집을 설계된 부재에 적용할 수 있게 한다. 또한 이들 소프트웨어는 모듈화된 거푸집을 설치하기 위한 인원을 산출하기 위한 도면과 자재 내역서를 생성할 수 있다. 독일 PERI사(社)의 'ELPOS'와 'PERI CAD'는 이러한 소프트웨어의 예이다(http://www.peri.co.kr.de/ww/en/pub/company/software/elpos.cfm). 불행하게도 현존하는 소프트웨어는 2차원적인 표현에 주로 의존하는 기존 CAD 소프트웨어를 기반으로 한다. 거푸집 생산업체에서는 수요 증가에 따라 BIM에 통합된 솔루션을 제공하기 위해 준비 중이다.

해당 소프트웨어 (표 7-3 참조): Tekla Structures, Revit Structures, aSaRebar Software integrated with Microstation, Nemetschek Allplan Engineering

7.6.4 커튼월과 외부 창호

커튼월은 구조적인 하중을 지탱하지 않는 외벽 마감 시스템을 통칭한다(다시 말해 건물의 기초에 하중을 전달하지 않는다). ETO 부재의 적용이 필수적이라 할 수 있는 주문제작 커튼월 가운데 일반적으로 쓰이는 것은 알루미늄과 유리 소재를 사용한 것이다. 이들은 유닛 시스템(unit system), 스틱 시스템(stick system), 조합 시스템(composite system)으로 구분된다. 이 장에서 창호(fenestration)는 주문에 의해 특정 건물에 조립, 설치될 수 있도록 설계된 창호 유닛을 통칭한다. 창호의 소재에는 철, 알루미늄, 목재, PVC 등이 쓰인다.

스틱 시스템은 건물 골조에 부착되는 금속 재질의 프레임을 사용해(주로 알루미늄) 현장에서 직접 조립하는 방식을 의미한다. 이 시스템은 철골구조의 프레임과 유사한 특징을 가지고 있으며, 수직방향으로는 멀리언(Mullion), 수평 방향으로는 트랜섬(transom)이라는 기다란 형태의 부재와 이들 사이의 연결부로 구성되어 있다. 프리캐스트 외벽 패널에서와 마찬가지로 커튼월 부재와 건물 골조와의 연결 부위는 모든 설치조건에 있어서 반드시 명료하고 상세하게 정의되어야 한다. 커튼월 설계 및 상세를 위한 모델링 소프트웨어는 독특한 요구조건을 만족시켜야 한다. 커튼월은 온도에 민감하게 반응하기 때문에 부재의 수축과 확장이 일어날 수 있으며 단열과 외적인 기능을 손상시키지 않는 범위에서 이를 받아들일 수 있도록 접합부가 조금씩 움직일 수 있게 상세 설계되어야만 한다. 이를 해결하기 위해 적당한 자유도를 가진 조인트와 수평적인 움직임을 허용하면서 이를 숨길 수 있는 슬리브(sleeve)를 사용하는 것이 보편적이다. 스틱 시스템은 개별 부재의 상세도면을 필요로 하지 않으며, 최소한의 개별부재 상세도면(절단에 필요한 정확한 길이)과 조립체의 모델링만 있으면 된다. 조립 시 발생하는 허용오차를 제어하기 위해 설치 순서에 대한 계획을 주의 깊게 수립하는 것이 결정적으로 중요하다.

유닛 시스템은 건물 구조물에 직접 설치될 수 있도록 사전에 제작된 벽체유닛으로 구성되어 있다. 이를 모델링할 때의 주요 특징은 시공 시 필요한 정확성을 확보하는 것이다. 그것은 건물 구조체의 시공 시 허용 오차가 정보 모델에 명시적으로 정의되어 있어야만 한다는 것을 의미한다.

조합 시스템은 유닛과 멀리언 시스템, 칼럼 커버, 스팬드럴 시스템(spandrel system, 커튼월의 한 종류로 창호를 포함하지 않는 벽체 패널. 여기에 창호 프레임을 부착), 패널 시스템을 포함하고 있다. 이러한 것들은 상세한 조립뿐만 아니라, 각 세부 부재의 상세를 건물의 다른 부재들과 밀접하게 조율할 것을 요구한다.

커튼월은 건물의 정보모델에 있어 매우 중요한 부분이다. 그 이유는 벽체의 성능은 구조해석을 제외하면 건물의 성능을 평가하는 모든 분석의 중심에 서있기 때문이다(온도, 음향, 빛). 모델을 통해서 수행되는 어떠한 컴퓨터 시뮬레이션도 커튼월 시스템과 구성 부재의 명확한 물리적 속성을 필요로 할 것이다. 또한 정보 모델은 커튼월의 구성 부재에 대한 고정하중 및 풍하중에 관한 구조해석을 지원해야 한다.

대부분 건축 BIM 소프트웨어는 기본설계 단계에서만 커튼월 모델링을 지원하고 있으며 상세와 설치, 조립을 위한 기능을 지원하지 않고 있다. 뉴욕 11번가 콘도미니엄 사례(9장)에서는 BIM 소프트웨어를 이용해서 복잡하게 설계된 커튼월의 설계를 수행하는 것을 보여주고 있다. 반면 소프트웨어 응용 프로그램은 커튼월과 수많은 외부 창호 제조사의 시스템을 자세히 설명하고 예측이 가능하다. 드미셸 그룹과 페네소프트 패키지와 같은 커튼월과 창호 제작 및 상세설계를 위한 전용 소프트웨어는 개별 커튼월 섹션의 모델링만을 지원하기 때문에 이를 전체 건물모델에 통합 적용하지 못한다. 대부분의 커튼월에서 이용되고 있는 알루미늄과 금속부재의 형태를 다루는 데에는 기계 설계용 파라메트릭 모델링 소프트웨어가 오히려 적합할 수 있다. 실제로 일부 업체는 솔리드웍스나 오토데스크 인벤터 등의 기계 설계용 파라메트릭 모델링 소프트웨어를 커튼월 설계에 사용하고 있다.

해당 소프트웨어: Digital Project(CATIA), Tekla Structures, Revit Building, Allplan Architect, Graphisoft ArchiGlazing, SoftTech V6 Manufacturer

7.6.5 기계, 전기, 배관(Mechanical, Electrical, and Plumbing)

ETO 부재시스템 중 상이한 세 가지 종류의 시스템이 여기에 포함된다. HVAC 시스템을 위한 덕트, 물과 가스 및 음식물 쓰레기와 관련된 파이프, 전기와 통신시스템을 위한 트레이와 제어 박스들. 이러한 세 가지 시스템들은 건물 내 유사한 공간에 설치되며 본질적으로는 비슷한 특징을 가지고 있다. 그러나 이들의 상세와 제작에 관련된 소프트웨어의 관점에서는 각기 특유의 요구조건을 필요로 하고 있다.

HVAC 시스템을 위한 덕트는 강판을 재단하여 만들어 지며, 필요한 위치에 적절하게 운반되고, 설치될 수 있도록 유닛형태로 구성된다. 또한 덕트는 현장에서 설치되고 조립되어야 한다. 덕트 유닛은 설계시 부피를 가지는 3차원적인 구성요소로 간주되며 종종 복잡한 형태를 갖는다. 냉각기, 펌프, 디퓨져, 기타 기계는 전기 및 배관시스템 전체에서 그들의 위치와 방향이 신중하게 고려되어야 하기 때문에 엄격한 공간과 명확한 조건 그리고 인터페이스를 요구한다.

다양한 종류의 유체와 기체를 공급하는 파이프는 밸브, 밴드, 다른 기구들과 연결된 확장된 형태를 갖는다. 모든 파이프가 ETO 방식으로 납품되는 것은 아니지만 현장에 운반되기 전에 공장에서 절단, 절곡 그리고 다른 조치들이 취해져야 하는 경우 이를 ETO 부재로 볼 수 있다. 다수의 파이프가 유닛형태로 사전 제작되어 현장에 공급되는 경우 비록 대량 생산된 부품을 이용했더라도 ETO 방식으로 납품된다고 볼 수 있다.

전기통신 케이블들은 융통성을 가지고 있으나, 트레이와 전선관은 그렇지 않을 수 있으며, 그것은 이들의 배치가 건물 내 다른 시스템과 서로 조율되어야 함을 의미한다.

첫 번째로 BIM이 이러한 시스템들을 지원하기 위하여 필요한 가장 일반적이면서도 중요한 요건은 이 시스템들의 건물 내 배치경로가 신중하게 조율될 수 있는 기능을 지원하여야 한다는 것이다. 이를 위하여 컬러 코딩(color coding)을 하거나 한 눈에 들어올 수 있는 시각화 방식을 제공해야 하며 시스템 사이의 충돌을 찾아내는 기능을 필요로 한다. 그림 7-8은 원도급자인 모텐슨 사(The Mortenson Company)에서 MEP 시스템의 설계조율을 목적으로 만든 것이며, 이것은 어떻게 건물의 MEP 시스템을 모델링하고 분석하고 조립과 생산과 설치를 준비할 수 있는지를 보여주는 훌륭한 예이다.

대부분의 파이프와 덕트 소프트웨어에 의해서 물리적인 충돌 체크 기능이 지원됨에도 불구하고 많은 사례에서 여유 공간 간섭(soft clash, 7.3.3절 참조)에 대한 분석이 요구되고 있다. 여유 공간 간섭에 대한 분석은 각종 파이프들과 전기 케이블 등의 설치 및 제 기능을 발휘하는 데 필요한 최소한의 공간을

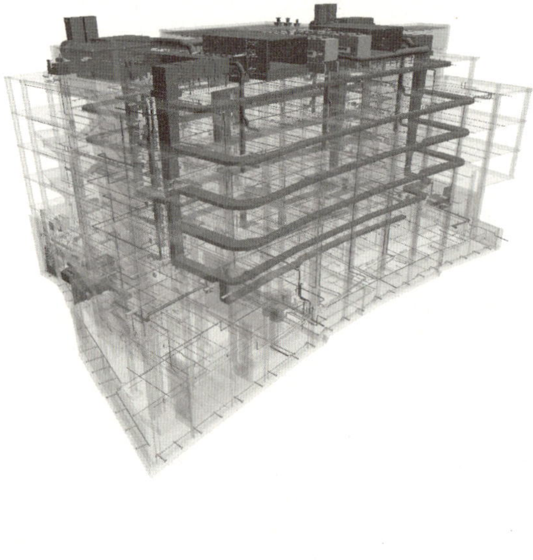

그림 7-8
건물내 설비 시스템과 반투명하게 표시된 구조물을 나타내고 있는 3차원 모델(삽입 컬러면 참고)

건설업체인 모텐슨(Mortenson)사에서 작성

확보하고 있는지 확인하는 것이다. 마찬가지로, 개별 장비의 점검과 수리 및 제거를 위한 접근경로는 간섭에 영향을 받지 않아야 한다. 여기에 사용되는 소프트웨어는 간섭에 대한 분석이 수행될 때 필요한 공간상의 제약조건 규칙을 사용자가 설정할 수 있도록 해주어야 한다.

두 번째의 기본 요구사항은 현장조립과 제작을 위한 객체의 그룹화이다. 부재의 번호와 라벨을 붙이는 것은 세 가지 차원에서 수행되어야 한다. 각 부재고유의 부재 ID, 특정 스풀(일렬로 연결된 파이프 집합)을 찾기 위한 그룹 ID, 비슷한 시스템이 규정하고 조립과 조달을 위해 비슷한 부품의 조합에 따라서 시스템이 규정한 생산 그룹 ID가 그것이다. 파이프 스풀과 덕트에 소속된 세부 부재들을 모아서 현장에 운송하기 위하여 부재를 그룹화하는 것은 실무적인 측면에서 매우 중요하다.

만약에 치수의 변화에 따라 또는 조립오류에 따라서 원래 위치에 설치될 수 없을 경우에는 생산성이 저하됨은 물론 전체 공정을 혼란스럽게 할 것이다. 이러한 것을 피하기 위해 BIM 시스템은 자재 내역서를 산출할 수 있도록 지원하고 적시에 현장에 부재들이 도착하도록, 그리고 정확한 부재의 분류가 가능하도록 라벨링을 지원하는 조달 소프트웨어와의 통합기능이 제공되어야 할 것이다. 이러한 것을 지원하기 위한 하나의 기술은 덕트 부재와 파이프 스풀을 추적하기 위하여 바코드를 이용하는 것이다. 조금 더 개발의 여지가 필요하지만 RFID 태그를 이용하는 것도 이러한 방법 중의 하나이다.

각각의 시스템에서 필요로 하는 BIM의 기능은 다음과 같다.

- 대부분의 덕트 부재들은 평평한 철판으로부터 조립된다. 소프트웨어는 3차원 기하학적인 형태를 펼침으로써 절단 패턴을 생성할 수 있어야 한다. 그 데이터를 해석해서 다른 기계와 플라즈마 커팅 테이블에 적절한 포맷으로 변환되어야만 한다. 소프트웨어는 절단패턴의 최적화와 절단의 효율화를 통한 장비를 지원하여야만 한다.
- BIM 소프트웨어는 파이프 스풀의 다양한 표현방식을 지원할 수 있어야 한다. 여기에는 완벽한 3차원 표현 및 선에 의한 표현, 기호에 의한 형태, 2차원 평면뿐만 아니라 단면과 아이소메트릭(isometric)이 포함된다. 또한 자재수량 산출서를 포함하는 스풀 조립도면을 자동적으로 생성할 수 있어야 한다.

MEP 시스템을 위한 조립 정보와 상세 모델을 생성해낼 수 있는 소프트웨어들은 다른 건축 시스템보다 먼저 개발되었다. 이는 덕트와 파이프처럼 소수의 단순한 형태가 연속되어 있을뿐더러 각 부분들 간의 연결부의 형태가 표준화되어 있기 때문이다. 따라서 이러한 시스템의 설계에 솔리드 모델링이나 불리언 연산(Boolean operations) 등은 필요하지 않았다. 또한 이러한 단순성 탓에 파라메트릭 설계 시스템의 구현도 용이한 편이었다. 이에 따라 고도의 파라메트릭 기능이나 제약조건 기반의 모델링 등을 지원하지 않는 기초적인 CAD 소프트웨어를 이용해도 MEP 시스템 제작에 필요한 상세 설계가 가능하다.

이들 CAD 기반의 소프트웨어들의 문제점은 BIM 기반의 소프트웨어들과 달리 설계 변경이 발생했을 때, 해당 모델의 논리적인 무결성이 보장되지 않는다는 것이다. 덕트 부재 주위에 존재하는 부재들은 덕트 전체적인 측면에서 또는 각각의 개별 부속별로 변화했을 때 변경이 이루어져야만 한다. 슬래브나 벽을 뚫고 있는 덕트나 파이프가 이동될 때는, 슬래브 또는 벽 안의 전체적인 면이 옮겨져야만 하거나 또는 덕트나 파이프가 쓰이지 않으면 기존 슬래브와 벽에 있는 구멍을 다시 자동 복구하여야 한다. 많은 MEP 소프트웨어들은 정보호환성에 대한 요구를 충족하는 IFC 모델과 같은 것을 받아들이거나 내보내는 기능이 부족하다.

협력업체들과 조립회사들은 아래에 열거된 것과 같은 CAD 기반의 플랫폼들을 계속해서 이용하고 있다. 왜냐하면 레빗과 벤틀리 건축 기계시스템(Bentley Building Mechanical System)과 같은 MEP 기능을 제공하는 BIM 소프트웨어 패키지들은 상세 제작의 생성과 같은 도면을 아직 지원하지 않기 때문이다. 이러한 "혼용"은 셔터 의료 센터 사례 연구에서 분명하게 나타난다(9장). 이러한 이유 때문에 어떤 CAD 기반의 소프트웨어든 오토데스크 내비스 웍스 매니저와 같은 설계조율 프로그램에 파일을 업로딩하는 기능을 지원하고 있는데 이러한 사실은 매우 중요하다(Navisworks 2010).

해당 소프트웨어(표 7-3 참조): Quickpen(PipeDesigner and DuctDesigner), CADPIPE(HVAC, Commercial Pipe, Electrical, Hanger), CAD-Duct, SprinkCAD, Revit MEP, Bentley Building Mechanical Systems, Graphisoft MEP modeler.

7.7 부재 제작 업무에서의 BIM의 도입

BIM을 도입하기 위한 경영전략을 수립할 때에는 소프트웨어, 하드웨어, 그리고 엔지니어의 교육과 같은 중요한 측면들을 고려해야 한다. 왜냐하면 BIM의 도입이 업무 프로세스와 사람들에게 미칠 파급효과 때문이다.

BIM 시스템은 마케팅과 엔지니어링을 통한 견적, 자재의 구매조달, 조립, 선적에서 현장설치, 그리고 유지관리로부터 조립협력 업체들의 모든 기능들에 영향을 미칠 수 있는 중요한 기술이다. BIM은 이전에 수작업을 통하거나 원시적인 소프트웨어를 써서 처리되었던 기존의 업무들을 단순하게 자동화하는 것을 의미하는 것은 아니다. BIM은 업무 프로세스의 다른 패턴일 뿐 아니라 기존생산 프로세스에 다르게 접근할 수 있도록 해준다.

BIM 시스템은 엔지니어링과 설계의 속도를 직접적으로 개선할 수 있도록 해준다. 한 회사가 도입단계를 통하여 매출 규모가 일관되게 증가하는 경험을 하지 않는다면, 이러한 활동을 필요로 하는 많은 사람들이 줄어들게 될 것이다. 업무의 프로세스를 변화시키는 데 있어서 고용인의 에너지와 열정이 중요한데, 업무 인원이 절감된다는 것은 고용인들을 위협할 수 있다. 전체적인 계획에는 교육을 받기 위해 선정된 사람이나 다른 업무를 하도록 지정된 사람 모두를 위하여 사전 검토 및 심사숙고를 통해서 이것이 가져올 파급효과를 예측해야만 한다. 이러한 계획에는 초기 단계에서의 확고한 참여를 위한 뚜렷한 목표가 있어야 한다.

7.7.1 적절한 목표 설정

다음의 질문들은 효율적인 적용계획을 위한 목표를 설정하는 것과 그 계획을 수립하는 부서에 있어야만 하는 회사 내부, 혹은 외부의 참여자를 결정하기 위한 목표를 수립하는데 도움을 줄 수 있을 것이다. 그들은 엔지니어링 상세를 서비스하는 특수한 목적의 회사들과 사내에서 상세 도면을 작성하는 조립회사들에 동등하게 적용될 수 있다.

- BIM 소프트웨어를 사용해서 제작회사들의 효율성의 향상을 통하여 발주자(건물주, 설계자, 엔지니어링 컨설턴트, 원도급자)에게 어떠한 이익이 생길 수 있을 것인가? 현재에는 제공되고 있지 않는 어떤 새로운 서비스를 제공할 수 있는가? 어떤 서비스가 생산성을 좀 더 향상시킬 수 있으며, 어떻게 소요 시간들을 줄일 수 있는가?
- 설계자 또는 다른 관련 디자이너들로부터 어느 정도 수준의 건축 모델 데이터를 받을 수 있는가?
- 프로세스 단계에서 얼마나 일찍 모델들이 만들어질 수 있고, 모델 세부사항의 수준은 어느 정도가 적절한가? 몇몇 제조사들은 일반설계 해석제안을 요청받게 되는데 입찰단계와 초기단계의 상세 모델은 회사의 독특한 접근방식을 소통할 수 있는 훌륭한 수단이 될 수 있다. 그 외에 설계자의 해석만으로 입찰을 제한하게 되면 입찰수주 단계에서만 상세 모델이 시작된다.
- 입찰 단계 인가, 입찰 수주 단계인가? 입찰 단계의 모델이 가질 수 있는 상세 수준은 어느 정도인가?
- 만약에 입찰 모델이 준비되었다면, 엔지니어링과 상세도면 작성 단계의 이용될 수 있는 정보를 얼마만큼 요구해야할 것인가?
- 소프트웨어에 어떻게, 혹은 누가 회사의 엔지니어링 상세와 도면 템플릿을 회사에 맞게 설계된 사용자 정의의 부재 라이브러리를 집어넣을 것인가? 적용될 때 요구해야 하는지, 혹은 처음 모델 이후에 요구가 있을 때마다 증가시켜서 요구해야 하는 것인지?

- BIM은 회사들 간의 정보를 교환할 수 있는 선택적인 방식을 제공할 수 있는가? 이것은 다른 부서에서 구성원들 간에 논의가 필요한 사항이다. 생산부서의 최고책임자에게 "당신은 시공상세도를 어떻게 보기를 원하는가?"라고 물어보는 것은, BIM을 적용하기 위한 중요한 포인트를 잃어버릴 수 있는 질문이 될 수 있다. 정보를 표현할 수 있는 다른 다양한 방법이 있을 수 있기 때문이다. 스크린에서 모델을 보고, 수정하고, 질의할 수 있는 기능은 전통적인 도면에 추가될 수 있는 기능이다. 사람들에게 이러한 새로운 가능성에 대해 알려야 한다.
- 제출 단계에서 컨설턴트들은 어떻게 정보를 교환할 것인가? BIM을 활용할 수 있는 설계자와 엔지니어링 컨설턴트들은 도면보다 모델을 갖기를 선호한다. 어떻게 검토한 의견을 소통하고 회사로 보낼 것인가?
- 회사와 생산 부서와 현장 부서들 간에 만들어진 정보들을 어떻게 소통할 것인가? 경영 정보를 보여주거나 생성하는데 이용될 수 있는 건물 정보 모델은 어느 정도가 되어야 하나? 현재 존재하거나 향후에 도입될 경영정보 시스템과 BIM 시스템을 통합시키기 위해서는 무엇이 필요한가? (소프트웨어, 하드웨어, 프로그래밍) 대부분의 BIM 소프트웨어 개발 회사들은 전체적으로 기능을 관리할 수 있는 버전뿐만 아니라 풀 패키지보다 싼 가격으로 제한적인 기능을 지원하는 버전을 제공하고 있다. 이러한 버전들은 개인이나 생산부서나 현장 부서의 이용되기에 충분하다.
- 관리정보를 생성하거나 표시하는데 빌딩모델이 어느 정도 쓰이는가? BIM시스템과 기존의 정보 관리시스템을 통합하거나 새로운 관리시스템이 동시에 도입되기 위해 무엇(소프트웨어, 하드웨어, 프로그래밍)이 필요한가? 대부분의 BIM 소프트웨어 플랫폼은 완전한 저작 기능 버전뿐만 아니라 전체 패키지보다 낮은 가격으로 보거나 보고하는 제한적인 기능 버전도 제공한다. 이러한 버전은 생산이나 물류부서 직원이 쓰기에 적절할 것이다.
- 어느 것이 적절한 변화의 단계인가? 그 회사에 BIM을 적용하기 위한 도입에 참여하는 개개인들의 시간을 얼마나 쏟을 수 있게 하는가에 달려있다.
- 현존하는 CAD 소프트웨어는 어떻게, 그리고 어느 정도 사라질 것인가? 도입 단계에서 완충적인 기능들은 어떻게 유지되고 있는가? BIM으로 움직이지 않고 있는 기존의 고객과 자재 공급자들은 기존의 제한적인 CAD의 기능을 변경시킬 것을 요구하는 있는가?
- 자재공급자들이 엔지니어링 업무를 아웃소싱한 회사들에게 요구할 수 있는 것과 그들이 할 수 있는 것은 무엇인가? 엔지니어링적인 업무를 아웃소싱 받은 회사들이 필요로 하는 것과 그들이 할 수 있는 것은 무엇인가? 그들이 BIM에 적응할 것을 기대하는가? 그 회사가 그들에게 BIM으로

변화하는 것을 지원할 것인가, 또는 그들이 BIM을 사용하는 엔지니어링 서비스 회사로 교체될 것인가?

7.7.2 도입방안

소프트웨어와 하드웨어의 구성이 선정된다면, 첫 번째 단계는 목표를 정의하고 관리자와 첫 번째 교육생을 포함하는 적절한 담당자를 선택하여 철저한 도입계획을 수립하는 것이다. 이상적인 도입방안은 회사전체의 생산부서와 현장부서로부터 선정된 중요한 사람들에게 컨설팅을 받아서 선정된 리더들과 함께, 혹은 그들에 의해서 실행되어야 할 것이다. 그 계획은 다음과 같은 수행방법에 따라서 구체적인 시간소요와 소요인원을 계획하여야 할 것이다.

- **소프트웨어로 이용할 수 있도록 엔지니어링 구성원들을 교육함.** 주의사항: BIM 소프트웨어의 객체 모델링 방식은 기존 CAD 방식과는 개념상 판이하게 다르다. 기존 CAD에 익숙한 작업자에게 있어 기존 작업관련 사고방식에서 탈피하는 것은 결코 쉽지 않은 일로 BIM의 활용에 심각한 장애가 될 것이다. 최신 소프트웨어를 사용하는 데 따른 효율성은 이를 오랜 시간 사용함으로써 얻어질 수 있는 것이다. 회사에서 그 소프트웨어를 교육 후에도 계속해서 이용할 것이라는 확신을 직원에게 주기 이전에 이들에게 새로운 소프트웨어를 교육시키는 것은 부질없는 일이다.
- **사용자 정의의 부재 라이브러리, 표준 연결 부위, 설계 규칙들의 준비 등.** 대부분의 시스템과 회사들에 있어서 이것은 매우 중요한 일이며, 주요 부서에서 반드시 이루어야만 하는 중요한 생산성의 요소이다. 여기에는 다양한 전략들이 고려될 수 있다. 사용자 맞춤 부재들은 필요할 때마다 점차적으로 정의될 수 있다. 라이브러리의 많은 부분이 생각보다 실제 사용되기 전에 사전 구축될 수 있다. 또는 이들 두 가지 방법을 혼용할 수 있다. 거대한 회사들은 부재 라이브러리를 보완하고 관리하는데 특별히 교육된 구성원을 선발하여 활용할 것이다. 왜냐하면 파라메트릭 라이브러리는 2D CAD의 이용보다 좀 더 복잡하고, 정교하기 때문이다.
- **회사에 필요한 보고서 템플릿과 도면을 제공할 수 있는 맞춤형 소프트웨어.**
- 트레이닝이 있은 이후에 첫 번째 교육생들은 **'복제 프로젝트'** 에 투입된다. 이것은 표준 CAD 소프트웨어를 이용하는 것과 동시에 동일한 프로젝트를 BIM을 이용하여 모델링하는 것이다. 복제 모델링 프로젝트는 실제프로젝트의 전반적인 측면을 돌아볼 수 있는 기회를 제공한다. 반면에 제작 스케줄에 따른 결과물의 책임은 지지 않는다. 이것은 트레이닝의 한계점과 사용자에 맞게 정의된 소프트웨어의 문제점을 드러나게 해주고 발견할 수 있도록 도와준다.

- **직접적인 사용자는 아니지만 영향력 있는 사람들의 세미나와 워크샵** - 회사 내에서의 다른 부서들, 자재와 자재 공급자들, 아웃소싱 서비스를 제공하는 회사들, 그리고 발주자들에게 BIM의 가능성에 대해서 정보를 줄 수 있고, 그들의 지원 가능한 업무를 찾아낼 수 있고, 개선 가능한 정보의 흐름에 대한 아이디어를 얻을 수 있는 세미나와 워크샵. 한 프리캐스트 회사에서는 이러한 세미나에서 철근 조립을 담당한 관리자가 시공상세도의 치수 포맷에 대한 다양한 옵션에 대한 의견을 요청받았다. 대신 그는 현재 그들이 2차원 도면을 재해석하는 시간이 턱없이 부족하다는 것을 느끼고 있었으며, 철근의 지름에 따라서 색깔별로 코드화된 철근 꾸러미를 3차원으로 볼 수 있는 컴퓨터를 가지고 있었으면 좋겠다고 답변했다.

7.7.3 변화의 단계별 계획

새로운 BIM의 시스템을 소개하는 것은 단계적으로 수행되어야 한다. 트레이닝을 받는 사람들은 그들이 트레이닝을 받는 동안 CAD 소프트웨어를 사용할 때보다 생산적이지 않은 상태로 남아 있는 경우가 많다. 왜냐하면 그들의 프로세스는 학습 곡선의 영향을 받기 때문이다. 첫 번째로 교육을 받는 사람들은 그 어떤 사람들보다도 생산성이 떨어진다. 왜냐하면 그들은 소프트웨어를 회사의 특수한 제품과 제작 단계에 맞추어 프로그램을 재 설치해야 하기 때문이다. 다시 말해 도입 초기 단계에는 추가적인 인원을 필요로 한다. 표 7-4의 마지막 줄에서는 필요한 전체 인원을 보여 준다.

표 7-4는 회사의 18대의 CAD 장비들을 13개의 BIM 시스템으로 대치하는

표 7-4 부재 제작업체 내 엔지니어링 부서의 BIM 작업 스테이션의 단계별 도입 예

선정 시기	시작	P1	P2	P3	P4
작업량의 증가를 무시한 계획					
동등하게 요구된 CAD 워크스테이션	18	18	18	18	18
작동하는 CAD 워크스테이션	18	18	13	3	
저장된 CAD 워크스테이션			5	15	18
추가된 BIM 워크스테이션		3	6	2	
작동하는 BIM 워크스테이션		3	9	11	11
총 워크스테이션	18	21	22	14	11
작업 증가와 성장을 고려한 계획					
동등하게 요구된 CAD 워크스테이션	18	18	19	20	21
작동하는 CAD 워크스테이션	18	18	14	5	
저장된 CAD 워크스테이션			5	15	21
추가된 BIM 워크스테이션		3	6	3	1
작동하는 BIM 워크스테이션		3	9	12	13
총 워크스테이션	18	21	23	17	13

단계적인 계획을 보여주고 있다. 그것은 BIM 소프트웨어가 소개된 이후에 4단계의 각각의 경우에 필요한 CAD와 BIM 시스템의 숫자를 보여주고 있다. 이것은 두 가지의 불확실한 변수를 토대로 추정되었다. 기대할 수 있는 생산성 획득의 정도, 기대할 수 있는 회사의 성장규모. 규모적인 성장은 그 성장 규모에 대처하기 위하여 필요한 CAD 시스템의 숫자들을 보여주고 있다(그 표는 회사의 성장을 무시하거나 고려했을 때의 두 가지 경우를 보여주고 있다). 이 표에서 얻을 수 있는 생산성의 효율은 40%이다. 이것은 CAD를 이용했을 때 제작할 수 있는 같은 양의 결과물을 BIM으로 생산했을 때 요구되는 시간에 기초한 것이다. 도면 생산에 있어서는 CAD를 사용해도 60%의 시간을 사용하는 것으로 나타났다. 이것은 7.4.4항에서 상세하게 기술되어 있는 연구의 결과이며 거기에서는 매우 보수적인 기준으로 측정하였다.

표 7-4는 도입 초기에 생산성의 저하와 교육에 의한 시간소모를 어떻게 반영해야 하는지 보여주고 있다. BIM 시스템들을 도입하는 각각의 단계에서 다음 단계로 진입했을 때, 비로소 생산성을 습득하는 것으로 가정하였다. 그러므로 3대의 BIM 시스템이 증가함에도 불구하고 초기 도입 단계에서는 CAD 시스템의 숫자가 줄어들지 않는다. 두 번째 단계에서는 CAD 시스템의 감소는 5대가 된다. 생산성 효율에 의해서 얻어진 생산성을 갖춘 BIM 시스템과 일치하게 된다.

첫 번째 도입 단계에서 인원의 증가는 초과 근무와 아웃소싱에 의해서 개선될 수 있다. 그러나 그것은 BIM을 도입하는 자금 흐름에 있어서 주요 항목이 되며, 이 항목들은 항상 소프트웨어에 대한 투자와 하드웨어, 그리고 직접적인 교육비용보다도 많은 비용을 소비하게 된다. 회사들은 BIM 효과가 점차적으로 줄어든다면 그 도입을 주저할 수 있다. 사실 계획단계에서 잡은 이 기간은 BIM 소프트웨어가 일상 업무에 깊게 통합되고 더 많은 동료들이 BIM을 사용하여 새로운 사용자를 늘리는 것이 쉬워짐에 따라 줄어들 것이다. 어떤 단계에서든지, 경영적인 관점에서는 변화의 단계에서 필요한 자원들이 있음을 인식하고 지원 가능하도록 하는 것이 중요하다.

7.7.4 인사 측면에서의 고려 사항들

장기적인 측면에서 부재 제작 회사들이 BIM을 도입하는 것은 개인적인 측면과 사업 프로세스 측면에서 큰 효과를 거둘 수 있을 것이다. BIM을 통해서 최대한의 효과를 얻기 위해서는 회사 내에서 가장 경험이 많은 엔지니어 중에서 선발된 견적 전문가가 첫 번째로 새로운 프로젝트의 모델을 검토해볼 필요가 있다. 왜냐하면 그것은 개념설계와 제작 방법에 관련된 의사결정과 관련되어 있기 때문이다. 이것은 단순 제도 담당자를 대신할 수 있는 업무가 아니다. 프로젝트가 상세설계와 제작단계로 옮겨왔을 때, 그 모델을 정확하게 해석할 수 있는 능력이 있는 엔지니어가 필요하고, 기술자들은 상세에 대한 의사결정을 해야 할 것이다. 전기, HVAC, 파이핑, 통신과 같은 업무 단계들은 그 업무 영역을 이해하고 광범위한 지식을 요구하는 각 업무 단위의 프로세스를 조정하고 시공성을 검토할 수 있는 다른 참여회사, 원도급자와 협업이 반드시 필요하다. 5장에서 소개된 바와 같이 BIM 이용자를 위해 요구되는 기술사항은 필연적으로 제도의 고전적 역할의 감소를 보여주고 있다. 회사들은 BIM을 도입하려는 계획을 세울 때 이점을 주의 깊게 검토해야만 한다. 왜냐하면 그와 관련된 사람들에 의해서뿐만 아니라 여기에 적합하지 않은 인물에 의해 도입 자체가 어려움을 겪을 수 있기 때문이다.

7.8 결론

경제학적인 관점에서 ETO 방식에 의해서 부재를 제작하는 협력업체들은 건물 시공 프로세스에 참여하는 그 누구보다도 BIM으로부터 얻는 것이 많을 것이다. BIM은 직접적으로 그들의 핵심 사업영역을 지원한다. 그리고 그들이 자동차 산업과 같은 다른 산업 분야에서 제조회사들이 제조업을 위한 컴퓨터기반의 모델링 소프트웨어를 통해서 얻었던 효율성들을 답습하고 받아들일 수 있다.

부재 제작회사들을 위한 여러 가지 장점들이 있다. 장점들은 다음과 같다. 마케팅과 수주의 활성화, 정확한 견적과 시각화를 통한 생산성의 증대, 린 방식의 도입을 통한 생애주기 동안의 시간 절감 및 설계 변경에 대한 발 빠른 대처, 설계시 의견조율 실패로 인한 오류의 감소, 엔지니어링과 상세도면 작성 비용 절감, 자동 제작 기술 적용의 증대, 선 제작 및 사전조립의 증가, BIM 시스템과 ERP 시스템의 통합을 통한 공급사슬과 품질 관리의 향상, 생애주기 동안에 생산 정보와 설계 정보의 향상이 그것이다.

대부분의 제작업체들과 협력업체들은 업무 영역 및 동료 간의 향상된 의견조율을 통하여 얻을 수 있는 많은 장점들이 있으며, 각각의 업무 단계에서는 그들의 고유 업무 특성에 맞는 상세한 영역에 있어서 장점들이 있다. 이 장에서는 건설업의 일부 분야에서 BIM을 활용한 사례들을 상세하게 묘사하였다. 예컨대 철골, 프리캐스트 콘크리트, 현장치기 콘크리트, 커튼월 조립, MEP 업무영역 등을 다뤘다. 이것이 다른 분야에서는 BIM이 효과적으로 적용될 수 없다는 의미는 결코 아니다. 우리는 건설업의 다른 모든 영역에서도—업계차원의 노력이던 개별 회사에서의 시행착오를 통해서건 BIM이 제공하는 기회에 대해 숙고하고 이를 실제 도입하여 그 기회를 발전시킬 것을 권장한다.

7장 토론질문

1. 건물 부재중 공학적인 요구조건에 의해서 생산된 사례를 들어라. 왜 주문후 제작(ETO) 부재들의 조립회사들은 샵 드로잉을 준비해야 하는가?
2. 규격제품제작(made-to-stock)과 주문제작(made-to-order)의 차이점은 무엇인가? 건설 영역에서 이 두 가지 예를 제시하라.
3. 어떻게 BIM이 건설 산업에 있어서 주문후 제작(ETO) 부재들의 설치와 조립과 상세 설계와 마케팅을 위한 소요공기를 줄일 수 있는가? 하나의 자재 유형을 선정하고 이 프로세스를 활용하여 답을 설명하시오.
4. 7.3.6항에서 설명된 사전 조립 통합 시스템 모듈이 전통적인 CAD 시스템을 이용한다면 지원하기 왜 어려운가? BIM 시스템이 어떻게 그 문제들을 풀 수 있는가?
5. BIM이 린 건설을 활성화시킬 수 있는 방법들은 무엇이 있는가?
6. 7.6에서 보여주는 것과 같은 '버튼만 누루면 되는' 기능의 변화를 가능하게 하는 BIM 시스템의 특징은 무엇인가?
7. 당신은 공공 그리고 민간 건물의 HVAC의 덕트를 설치하고 조립하는 한 회사에 BIM을 도입하기 위한 책임자이다. 회사는 2D CAD를 활용할 수 있는 여섯 명의 상세 설계자를 고용하였다. 중요한 목표와 일정에 따른 일관된 적용계획을 수립하고 적용하기 위한 주요 고려사항들을 논의하라.
8. 건물 정보 모델의 특징들은 무엇이며, 그들이 가져오는 2D 도면 작업과 대치되고 ETO 부재들의 국제적이고 경제적인 구매조달을 가능하게 하는 프로세스 상의 장점들은 무엇인가?

8장

미래: BIM을 이용한 건축
The Future: Building with BIM

8.0 요약

BIM은 단순한 하나의 소프트웨어 중의 하나가 아니라 건설프로세스에 폭넓은 변화를 일으킬 수 있는 인간의 활동이다.

다양한 분야의 발주자들은 BIM을 활용할 것을 요구하고 있다. 대형기관의 많은 발주자들이 설계와 건설서비스를 제공하는 업체들에게 계약조건과 상세한 가이드라인을 제시해왔다. 이에 대응하여 새로운 기술과 역할들이 개발되고 있다. 건축 설계사무소와 건설 회사로부터 그들의 BIM에 대한 초기투자 대비 실질적인 수익이 당초의 기대치를 넘어선다는 보고서들이 발표되고 있으며 이는 대부분의 프로젝트가 BIM을 도입했을 때 투자대비 수익이 향상되었다는 것을 의미한다. 2007년 실시된 설문에 따르면, 미국 건설프로젝트의 28%에서 BIM 소프트웨어를 사용했으며 2009년에는 49%까지 증가하였다. 2007년에는 사용자들의 14%가 본인들을 BIM 전문가라고 생각하였으나, 2009년에는 사용자 중에서 42%가 본인이 전문가라고 생각하고 있었다.[1] 2007년에서 2010년 사이 건설 회사들이 BIM을 가장 빠르게 도입하고 있었다.

미국의 BIM 표준과 같은 BIM 표준화에 대한 연구가 점차 활력을 얻어가고 있고, 그린빌딩에 대한 요구가 점차 증가하고 있다. BIM 소프트웨어는 점차 건설현장 사무소에서 보편적으로 쓰이고 있다. BIM의 기술 자체보다도 교육을

[1] BIM의 채택과 관련된 이러한 수치는 상세하게 해석하기 어렵다. 왜냐하면 상이한 질문들이 오랫동안 제기되어 왔고, 전문활용자(expert users)와 같은 용어를 해석 하는데 있어 정확하지 않기 때문이다.

잘 받고 경험 많은 전문가가 부족하다는 것이 대부분의 회사가 직면한 현재의 문제점이다. 가장 수요가 많은 인재상은 모델링과 건설에 모두 경험이 있는 사람들이다. 선도적인 대학들에서는 건축가와 엔지니어를 양성하기 위해서 제도수업을 BIM 교육으로 대체하고 있지만, BIM에 익숙한 학생이 건설실무에 경험이 없을 수도 있기 때문이다.

현재 기술의 추세는 건축 정보모델을 이용하여 법규체크를 자동화하고 시공성을 높이는 데 있다. 몇몇 BIM 소프트웨어는 보다 특정작업을 위한 기능을 개발하고 있다. 예를 들면 어떤 회사들은 건설관리기능과 같이 좀 더 작업중심의 기능을 제공하는 반면, 몇몇 소프트웨어회사는 BIM 소프트웨어의 범주 자체를 확장시키고 있다. 3차원카탈로그를 제공하는 기능은 건축 자재 제조회사에게 점차 일반적인 일이 되어가고 있으며, 또한 BIM은 전 세계적으로 경제성 있는 복잡한 건축자재 제품생산을 도와주고 있다.

BIM은 현재 지속적으로 진보하고 있다. BIM이 개발되고, 점점 확산될수록 건설과정에 있어서 BIM의 영향력 확대는 좀 더 명확해질 것이다. 이 장에서는 가까운 미래에서 일어날 변화를 설명할 것이다. 향후 5년 후에 기본적인 BIM 소프트웨어의 보다 폭넓은 적용을 보게 될 것이다. BIM은 사전제작(prefabrication)에 보다 많은 기여를 할 것이고, 보다 많은 유연성과 다양한 시공방법 및 건물종류의 다양성, 도면의 감소, 오류의 감소, 낭비의 감소 그리고 생산성 제고 등에 기여할 것이다. 보다 나은 분석과 보다 많은 선택기회, 클레임의 감소, 예산초과방지, 일정초과의 감소를 통해서 건설프로젝트는 더 향상될 것이다. 이러한 모든 것들이 현재 건설과정에서 개선되고 있는 것들이다.

사회적, 기술적 그리고 경제적인 분야의 다양한 인자들이 향후 10년 동안 BIM의 발전을 결정하는 요인들이 될 것이다. 이 장의 마지막 부분에서는 2020년까지의 변화를 이끄는 요인들과 장애요소들에 대해서 설명할 것이다. 우리는 BIM 기술에 대한 변화요인과 설계실무, 시공계약의 특성, BIM과 린 건설 시공과의 시너지, 그리고 법규적 절차들에 대해서도 고려할 것이다.

BIM에 관한 큰 그림을 그리기 위해서는 BIM이 초기단계에서부터 프로젝트 설계와 시공의 통합을 위해 보다 밀접한 협력을 가능하게 한다는 점을 인식할 필요가 있다. BIM은 전반적인 건설 절차를 적은 비용으로, 보다 빠르게, 보다 안전하게, 그리고 보다 신뢰성 있게 만들 것이다. 지금이 바로 건축가와 엔지니어 그리고 다른 건설 분야(AEC, 즉 Architecture, Engineering and Construction) 산업분야 종사자에게 있어서 흥미로운 시간이 될 것이다.

8.1 개론

BIM은 건물의 외관, 기능 그리고 시공방법을 변화시키기 시작했다. 이 책 전반에 걸쳐, 우리는 의도적이고 일관되게 BIM이란 용어를 건축 정보 모델

(Building Information Model)이라는 하나의 객체가 아니라 건축정보와 관련된 일련의 활동(Building Information Modeling)으로 기술할 것이다. 이것은 BIM이 하나의 제품이나 소프트웨어가 아니고, 건설에 있어서 전반적인 변화를 가져올 인간의 활동이라는 것을 말한다. 이 장에서는 BIM을 사용하는 미래의 건축에 대한 두 가지 관점을 제공한다. 그것은 바로 BIM이 건설산업을 어디로 이끌어갈 것인가와 건설 산업이 BIM을 어디로 이끌 것인가에 관한 것이다.

우리는 현재(2010년)까지 개발된 BIM의 개념과 발전에 관한 설명으로 시작하려고 한다. 그리고 나서 미래의 전망에 대해서 이야기하고자 한다. 전망은 두개의 시간관점으로 나뉘어져 있다. 향후 5년간(2015)의 비교적 확실한 단기 전망과 약 2020년까지의 비교적 긴 장기 전망에 관한 것이다. 단기전망은 현재의 시장 상황과 현재의 연구동향을 반영하고 있다(이 책의 앞장에도 설명되어 있다). 장기전망은 일어날 만한 변화인자들과 직관에 치중한 분석에 바탕을 두고 있다. 2020년 이후에는 하드웨어 및 소프트웨어 기술의 발전과 비즈니스의 발전이 있을 것이기 때문에 어떤 것이라도 신뢰성 있게 전망하고 예측하는 것이 불가능하다. 따라서 전망의 범위에서 제외하였다.

2020년 이후의 건설산업 분석은 2020년까지 일어날 프로세스의 변화를 바탕으로 내릴 것이다. BIM, 린 건설 시공 그리고 성능 기반 설계의 영향을 명확하게 구분하는 것이 어려워질 것이다. 이론적으로는 다른 기술들의 영향 없이도, 각각의 자체 기술들은 많은 발전을 이룰 수 있을 것이다. 하지만 이들의 영향은 상호보완적이기 때문에 그래서 동시에 채택되어야 한다. 이들의 시너지 효과에 대한 실제 사례들이 다음 장에서 제시할 몇몇 사례를 통해서 소개할 것이다(즉, 셔터의료센터(Sutter Medical Center)와 크루셀 다리 건설 프로젝트(the Crusell Bridge project)). 몇 명의 연구자들은 BIM과 린 건설 사이에서 일어나는 55개의 긍정적인 상호영향에 관해 정리하였다(Sacks et al. 2010). 8장의 2절과 3절에서 이들 시너지 효과에 대해 언급할 것이다.

8.2 2010년까지의 BIM의 개발

BIM 기술은 지난 10년의 초기 몇 년 동안은 연구적인 측면과 실질적으로 활용하는 상업적인 도구라는 두 가지 측면의 사이에 따로 존재하다가 그 경계가 허물어지기 시작했으며, 이제는 T자, 망치와 못처럼 건물 설계와 건설에 있어서 아주 중요한 것으로 잘 자리 잡아 가고 있다. BIM으로의 전이는 CAD (computer-aided drafting)로부터의 자연스러운 발전과정이 아니다. 이것은 도면에서 모델로의 일종의 패러다임 전환을 뜻한다. 모델링은 다른 유형의 추상화 과정과 모델 발전 프로세스를 가능하게 해서 새로운 유형의 설계작업을 가능하게 한다. 이것들은 여전히 발전 중에 있다. BIM은 또한 설계와 건설 측면에서 전통적인 경쟁적 건설발주 모델로부터 더 상호 협력적인 설계 및 건설방식으로의 동시다발적인 변화를 일으키고 있으며 또한 이러한 변화에 의해서 BIM이 더욱 활성화되고 있다.

건물을 위한 컴퓨터 모델에 대한 개념은 건물이 컴퓨터를 활용하여 설계되기 시작하면서 생겨나기 시작했다(Bijl and Shawcross 1975, Eastman 1975, Yaski 1981). 초기에는 BIM으로의 변화가 고가의 컴퓨터 때문에 제한적이었고, 후에는 2D CAD의 비약적 보급 때문에 오히려 장애가 되었다. 그러나 CAD의 이상적 발전을 위한 학계의 노력과 건설 소프트웨어 분야의 노력으로 BIM을 보다 실용적으로 발전시키게 되었다. 1990년대 전반에 걸쳐서 객체중심 건축모델링에 대한 토대가 마련되었다(Gieling 1988, Kalay 1989, Eastman 1992). 파라메트릭 3차원 모델은 연구 분야와 산업의 특수한 영역, 예를 들어 철골구조 부분에서 개발되었다. 따라서 현재 BIM의 역할은 이미 최소 30년 전부터 많은 이들에 의해 예견되어 왔음을 알 수 있다.

BIM 기술은 빠른 속도로 발전할 것이다. BIM 소프트웨어는 어떠해야 하는가에 대한 개념이 BIM의 기술 발전을 이끌어왔다. 따라서 작업흐름, 건설실무에 초점을 맞추어, BIM을 이용한 건물에 대한 새로운 비전이 요구된다. BIM을 자신들의 작업에 도입하고자 하는 독자나, 미래의 건축가를 가르치는 교육자, 엔지니어, 건설인, 건축주들 모두 현재의 BIM 기술뿐만 아니라, 앞으로의 동향과 그리고 건축분야에서의 잠재성을 이해해야 한다.

8.3 현재의 동향

시장과 기술의 동향은 가까운 미래를 예측하는 좋은 척도가 된다. BIM 역시 예외가 아니다. 동향에 대한 분석결과, 가까운 미래의 변화는 시공분야에서 먼저 일어날 것이다. 다음은 우리의 전망에 영향을 주는 동향들에 관한 설명이다. 이에 대한 설명은 "BIM 프로세스와 기술 트랜드" 부분에 요약되어 있다.

선도적인 건축주는 BIM을 요구하고, BIM이 가능하도록 계약조항과 사용자 지침서를 개발할 것이다. 이들 건축주를 대변하는 미연방정부의 GSA는 건물이 자신들의 설계요구사항을 만족시키는지 체크할 수 있도록 하기 위해 BIM의 사용을 요구하기 시작했다. 재향군인 관리국 BIM 가이드(Veterans Administration BIM Guide)에서는 BIM 활용을 위한 상세한 기술적 요구조건들을 제시할 뿐만 아니라, 역할들과 책임들, 모델공유와 협업 절차들을 포함하는 BIM 관리계획의 관점에서 프로세스를 정의하고 있다. 수십억 달러의 건설프로그램에 대한 캘리포니아 의료서비스 공급처인 셔터의료센터는 린 건설과 통합되도록 그들의 공급자에게 BIM의 사용을 적극적으로 추천하고 있다. 9장에 있는 사례(Swire Properties One Island East)는 시대에 앞선 고층건물의 건축주가 BIM의 사용을 요구한 예이다(9장의 셔터의료센터의 사례 연구를 참조). 메릴랜드 병원(Maryland General Hospital)과 같은 건축주들은 BIM의 활용을 통하여 건설

회사에 의한 건설 및 운용기간 동안 시설관리를 위한 상세한 데이터베이스를 수집하는 장점을 갖고 있다. 미국 주정부의 건물조달청과 지방청의 공무원들, 교육기관들과 회사들은 BIM 가이드라인을 이용하고 있거나 이를 준비하고 있다. 이들 건축주 모두는 BIM을 이용한 건설이 가져다 주는 경제적 이득에 동기부여가 되었다.

새로운 기술능력을 가진 사람들(건설경험을 가진 모델러들)을 필요로 하고 있다. 프리캐스트 콘크리트와 캐스트-인-플레이스 콘크리트 구조에 대한 문서화 단계에서의 BIM의 사용으로 얻어지는 생산성 효과는 다양한 사례조사를 통해 연구되었고, 30-40%정도 효과가 있는 것으로 나타났다. 건축설계에 있어서는 아직 믿을 만한 수치적 데이터가 없지만, 유사한 경향을 보이며, 건축설계 모든 영역의 도면작업 인력의 감축이 가능할 것으로 예상된다. 반면에 많은 건축가들, 엔지니어들과 시공 전문가들은 건축정보 모델링 역할을 요구하고 있다. 건축 설계자들은 에너지, 단가와 가치를 다양한 측면에서 반영할 수 있는 잘 정의된 모델을 효과적으로 생성할 수 있어야 한다. 분석모델을 도출해낼 수 있는 엔지니어들은 구조나 에너지 분석을 수행할 수 있는 능력이 요구되며, 특히 필요할 때 건축 모델디자인에 대한 개선사항을 제시할 수 있는 능력이 요구된다.

또한 새로운 관리역할이 요구되고 있다. 2010년 여름, 침체된 건설경기에서도 건축/엔지니어링 BIM 매니저, BIM 소프트웨어 지원엔지니어, BIM 전문가(AE BIM Manager, BIM Applications Support Engineer, BIM Specialist)라는 직함의 직원채용을 위한 수백 건의 광고가 직원채용에 관한 무작위 인터넷 검색을 통해 확인하였다. 모델 매니저는 2가지 기본적인 역할을 충족시킬 수 있어야 한다. 회사 측면에서는, 그들은 소프트웨어 지원 서비스를 할 수 있어야 한다. 프로젝트 측면에서는, 프로젝트 팀원들과 일하면서 건축모델을 발전시키고, 기준위치, 방위, 명칭, 포맷의 일관성을 유지해야 하며, 회사 내부의 디자인 그룹과 회사 외부의 디자이너와 엔지니어들 사이의 모델 컴포넌트의 교환을 조정, 관리해야 한다.

건축가들, 엔지니어들, 건설 회사들은 BIM의 초기 도입단계를 잘 극복하고 있다. 2009년까지 이들 중 50% 이상이 BIM을 평균 이상으로 활용하고 있다고 보고하고 있다(Young et al. 2009). 2007년에는 오직 34%의 건축가들이 본인들이 3D/BIM 도구들을 "지능적인 모델링"에 이용했다고 언급했다(이는 단순한 2D 기반설계와 시각화 도구로 사용하는 것이 아님/Gonchar 2007). 2000년도만 하더라도 BIM 도구가 지능적인 모델링에 이용되는 사례는 드물었다.

건설에 있어서 BIM의 성공적인 적용을 통해서 건설사는 회사 차원에서 그들이 파악한 BIM의 혜택을 다양하게 활용할 수 있게 되었다. BIM의 적용을 통해 건설 회사 업무 프로세스의 리엔지니어링(reengineering)을 가능하게 했다. 아직까지 BIM 소프트웨어의 불완전성에도 불구하고, 초기에 BIM을 집중적으로 사용하는 파일롯 프로젝트는 엄청난 성공을 가져왔으며, 이는 건설에 가져

BIM의 프로세스 및 기술 동향

프로세스 동향

- 건축주가 BIM을 요구하고 있고, 이것을 사용할 수 있도록 계약을 바꾸고 있다.
- 새로운 기술과 역할이 개발 되고 있다.
- 최근 조사에서 25%의 미국 건축 사무소가 BIM을 지능적 모델링 도구로 사용하고 있다는 것으로 파악되었다.
- 성공적인 시범 프로젝트의 결과로 선도적인 건설 회사들이 전체 회사 차원에서의 BIM 도입을 이끌고 있다.
- 통합된 작업의 잇점에 대한 이해가 점차 확산 되고 있다.
- 건설사들은 보다 발전된 ERP 시스템을 만들고 있다.
- 표준화의 노력이 점점 박차를 가하고 있다.
- 건축주들이 그린빌딩을 점차 요구하고 있다.
- BIM과 4D CAD가 건설 회사들에서 점차 일반적인 도구가 되어 가고 있다.

기술적 동향

- BIM을 이용한 법규 자동 검토와 시공성 검토가 가능해 졌다.
- 주요 BIM 소프트웨어가 점점 많은 기능을 추가 하고 있고, 사용자들에게 더 많은 플랫폼을 제공하기 위해 다른 프로그램과 기능을 통합하고 있다.
- 건축 관련 제품 생산자들은 3차원 카탈로그를 공급하기 시작했다.
- 건설 관리 기능을 가진 BIM 소프트웨어들이 점차 나오고 있다.
- BIM은 복잡한 하부 조립품의 전 세계적 생산이 가능하도록 하고 있다.

다 줄 상당한 기술적 충격을 의미한다. 9장의 사례연구들 중에서, 셔터의료센터 프로젝트는 현장 밖에서 상위수준의 사전조립이 가능토록 하는 린 건설의 MEP 시스템들에 대한 상세도면 작업을 포함하는 통합 사업관리(IPD) 프로젝트에서 필요로 하는 밀접한 협업이 BIM을 통하여 어떻게 가능하게 되는지를 보여주고 있다. 그리고 크루셀 다리 구조의 사례는 하자가 거의 없는 완벽한 사전제작이 어떻게 가능할 수 있는지를 보여준다. 또한 건설 회사들은 자체적으로 BIM을 교육할 수 있는 프로그램을 만들었다. 예를 들면 터너 건설 회사의 "터너 BIM 대학(Turner BIM University)"이라고 명명된 8주 단기과정의 가상설계 및 시공(VDC, 즉 Virtual Design & Construction) 교육프로그램이 있는데, 이 과정은 대학을 바로 졸업한 신입사원들에게 장래의 프로젝트 참여시, BIM을 활용할 수 있는 방법을 회사측에서 교육하는 것이다(Krause 2010).

통합된 업무협조의 이점에 대한 이해가 점차 확산되고 있다. 어느 특정 프로젝트에서 활용될 수 있는 통합사업관리(IPD)에 대한 폭넓은 경험이 축적되고 있다. 선도적인 건축, 시공, 엔지니어링 회사들은 미래의 건축프로세스에서 BIM을 이용해서 모든 관련 건설 팀의 통합이 쉽게 될 것이라고 차차 이해하기 시작했다. 건설 프로젝트의 팀, 엔지니어링 컨설턴트뿐만 아니라, 시공사, 제조업체들은 통합을 통해 가치 있는 설계를 할 수 있다는 것을 이해하기 시작했다. 이러한 이해를 바탕으로, 더 많은 디자인 빌드(design-build) 프로젝트를 통해서, 자신의 설계팀과 보다 협력하는 건설 회사, 보다 혁신적이고 집중적인 팀들과의 작업과 같은, 새로운 파트너 관계를 선도하게 되었다. 미국건축가협회(AIA)는 IPD(Integrated Project Delivery)의 가이드라인과 성공적으로 IPD가 적용된 다양한 사례 보고서를 제공한다(AIA 2007; Cohen 2010).

이 책의 전판에서는 프로젝트 발주방식에 있어서 협업적인 측면의 혁신은 중간시점(2012년과 2020년 사이)에서 올 것이라고 예상했었다. "유한책임회사(LLCs, Limited Liability Corporation)"와 호주 스타일의 "관계적 계약방식(relational contracting)"을 기반으로 하는 새로운 계약방식들이 시도될 것이다. 사실, 협업의 혁신은 미국에서 개발된 통합사업관리(IPD) 방식을 통해서 예상보다 빨리 이루어졌다. 규제와 이익의 분배에 관하여 명백하게 설명된 계약방식을 통해서 리스크와 인센티브 간의 균형을 잡는 것은 발주자와의 동등한 관계를 형성하기 위한 중요한 부분이 되고 있다, 9장의 셔터의료센터 사례연구에서는 보여준 것처럼, 셔터의료통합 규약 협약서(IFAO)는 규제와 이익분배에 관한 사전계약조건의 좋은 사례라 할 수 있다.

표준화를 위한 노력은 계속되고 있다. 2006년에 미국철강건설협회(American Institute of Steel Construction)에서는 설계정보를 표현하고 기록하는 수단으로 3차원 모델을 요구할 목적으로 표준실무규정을 개정하였다. 미국의 국립건축과학협회(NIBS)가 건설작업과정에서 BIM 데이터교환을 정확하게 규정하는 것을 목적으로 하는 국립 BIM 표준(National BIM Standards)이라는 산업표준을 보급시키고 있다. 다양한 산업의 전문가 회의에서 이러한 노력의 일부로 "모델 뷰 정의(Model View Definitions)"를 준비하고 있으며, 다수의 주요 BIM 소프트웨어 회사들이 정도의 차이는 있지만 다양한 형태로 IFC 표준교환형식을 지원하고 있다.[2] 새로운 IFC 2x4 버전이 발표되었다. 이관될 장비리스트, 제품데이터 폼, 보증 및 그 외 준공정보들을 다루기 위한 COBie(Construction Operations Building information exchange) 교환표준이 도입되었다.

기후변화에 따른 위협에 대처하기 위한 공공의 요구에 발맞추어 그린 빌딩의 보급이 점차 확대되고 있다. BIM은 환경영향이 적은 재료와 빌딩 프로덕트들에 쉽게 접근하고 정의하기 위해 필요하며, 또한 에너지 수요분석을 위해 필요한 소프트웨어들을 제공함으로써 건축 설계자들이 친환경적인 건설을 할 수 있도록 도와준다. BIM 소프트웨어들은 또한 LEED 인증을 위한 프로젝트의 평가업무를 지원할 수 있다. 이러한 요구들에 부응하기 위하여, BIM 소프트웨

2 몇몇 MVD(Model View Definition)는 "IFC 솔루션 팩토리(IFC Solutions Factory)" 웹 사이트에서 조직되고 있다(참조: www.blis-project.org/IAI-MVD/).

그림 8-1
프로젝트 모델과 관련된 뷰를 제공하는 멀티디스플레이 작업환경 사례: 프로젝트 4D 뷰(왼쪽 스크린), 일정(가운데 스크린), 부재 속성 리스트와 시방서 정보(오른쪽 스크린) – 스탠포드대학교 CIFE에 의해 제공된 사진임

어 회사들은 에너지 사용량 분석에 대한 정확도에 대한 문제에도 불구하고, BIM 플랫폼에 에너지 분석도구들을 포함시키고 있다. 미연방에너지청(U.S. Federal Department of Energy)은 빌딩에너지 시뮬레이션 소프트웨어를 개선하기 위한 새로운 연구 프로젝트를 지원하고 있다.

BIM이 통합된 4D CAD 소프트웨어가 건설 회사에서 더 일반화되고 있다. 지난 10년 동안, 4D 소프트웨어는 대학연구실(McKinney et al. 1996, McKinney and Fischer1998)에서부터 점차적으로 건설 회사와 현장(Haymaker and Fischer 2001; Schwegler et al. 2000; Koo and Fischer 2000)으로 전파되었다. BIM은 또한 9장에서 설명하는 대부분의 프로젝트들에서와 같이 현장에서 잘 활용되고 있다. 오늘날 주요 BIM 소프트웨어 회사는 4D 기능을 지원하고 있고, 4D 소프트웨어만을 판매하는 소규모 회사들도 있다.

전자파일 형태로 이용 가능한 정보의 양이 많아지고, 건축정보모델이 더 많은 프로세스 정보를 통합해감에 따라 정보 가시화는 전반적인 업무 프로세스의 핵심이 되고 있다. 멀티 디스플레이 환경 또는 **인터랙티브 정보 작업환경**을 많은 사무실과 건설현장(Liston et al. 2000; Liston et al. 2001)에서 목격할 수 있다. 그림 8-1과 같이 iRoom과 같은 새로운 환경을 통해서, 프로젝트 팀은 건축정보모델 그리고 전체 정보들과 상호작용할 수 있게 되었다. 팀원들은 모델, 공정, 시방서, 작업 및 이러한 뷰들 간의 관계를 동시에 볼 수 있다.

건축정보모델을 활용하여 프로그램의 충족여부 및 시공가능성을 확인할 수 있는 모델 자동검증 소프트웨어들이 활용되고 있다. 싱가포르에서는 빌딩 인허가과정 중에 디자인 일부에 대해 법적으로 검토하는 프로세스가 이미 자동화되었다. 혁신적인 회사들, 예를 들어 Solibri나 EPM은 IFC 데이터로 만들어진 모델체킹 프로그램(Jotne 2007, Solibri 2007)을 출시하였고, 기존 기능들을 확장시키고 있다. 복잡한 건축시스템을 3차원 모델에 중첩시켜 관리하는 기술은 이미 일반적인 기술이 되었다. 3D 모델은 보편화되어, 물리적인 충돌을 확인하는 단계를 초월한 단계로 발전하고 있다.

BIM 관련 회사들은 자신들의 영역을 점차 확장시켜, 확장된 영역에 적합한 특정 소프트웨어를 제공한다. 또 주요 BIM 회사들은 특정분야에 맞는 인터페이스, 건물요소, 디자인 규칙 및 작동방법 등을 동일 기반의 파라메트릭 모델링 엔진에 통합(예를 들어, XXX building/architect, XXX structure, XXX MEP이라 불리는 소프트웨어들)하고 있다. 이들 소프트웨어 회사들은 구조해석 소프트웨어 매입을 통해서 자사 소프트웨어의 기능을 확대하고 있다. 이러한 회사 중 한 곳은 빌딩시스템 코디네이션 프로그램을 매입하였고, 또 다른 회사는 정밀한 현장관리프로그램을 매입하였다. 이전에는 소프트웨어별로 독립적이었던 에너지 분석도구(Ecotect과 Green Building Studio)들은 오토데스크 사에 흡수 통합되었다. 다른 소프트웨어 회사들은 자체 플랫폼들을 확장하고 있다.

건축 관련 제품생산자들은 3차원 카탈로그를 공급하기 시작했다. 제이브이아이(JVI) 기계 리바 접합(splice)이나, 엔더슨 윈도우(Andersen windows), 그리고 기타 다양한 제품들을 3차원 모델형태로 웹을 통해 다운로드 받을 수 있고, 파라메트릭하게 모델에 추가할 수 있다. 리드(REED) 건설 데이터(Reed Construction Data)의 스마트빔(SmartBIM) 라이브러리, Autodesk Seek과 그 이외의 유사도구들과 같은 콘텐츠 라이브러리들은 BIM의 건축생산과 관련된 내용들의 대형저장소(repositories)를 제공하고 있다. BIM 콘텐츠를 검색엔진을 통해 점차 접근할 수 있게 되었다. 제품 라이브러리들은 레빗(RVT)의 파일 타입 패밀리(family)같이 대부분의 BIM 소프트웨어에서 개발되었으나 서로 다른 차원에서 지원하기도 한다.

건설관리기능이 BIM 소프트웨어들에 통합되고 있다. 4D CAD에 비용이 추가된 CAD를 5D CAD라고 하는데, 다른 관리기능이 추가된 nD CAD는 이미 많은 회사들에 의해 다양한 솔루션의 형태로 출시되었다. 이 소프트웨어들은 프로젝트를 보다 타당성 있고, 신뢰성 있게 시공할 수 있는 더 나은 통찰력을 제공한다. 가상건설이란 개념은 이제 더 이상 연구커뮤니티에게만 친숙한 개념이 아니다. 이 기술은 점차 많이 사용되고 있고, 가상설계 및 건설조사보고서(Virtual Design and Construction Survey, 즉 VDC)에서 기술한 것처럼, 실무에서 효과를 거두고 있다(CIFE 2007). Vico Office 2010(VicoSoftware 2010)이 이러한 트랜드의 하나인 예이다; Innovaya(Innovaya 2010)는 또 다른 예이다.

BIM은 점차 복잡해지는 하부조립(subassemblies)을 경제적이면서 전 세계적 생산이 가능하도록 하고 있다. 비용과 품질적인 측면에서 모두 만족시킬 수 없기 때문에, 중국에서 이미 대형 커튼월 시스템 모듈이 제작되어 왔다(9장의 뉴욕 11번가 콘도미니엄 사례 연구를 참조). 하지만, 이들 제품의 허용 운송시간 때문에 설계를 위한 시간을 줄여야 하고, 따라서 모듈들을 처음부터 정확하게 제작되어야 한다는 것을 의미한다. BIM은 신뢰성 있고, 오차 없는 정보를 생산할 수 있기 때문에, 이를 통해 시간을 절약할 수 있다. BIM의 사용을 통하여 건설 프로젝트의 많은 부분이 사전조립이 가능하게 되었으며, 이는 건설 프로세스를 단순화하고, 비용을 줄이고 품질을 향상시키는 계기가 되었다. 9장의

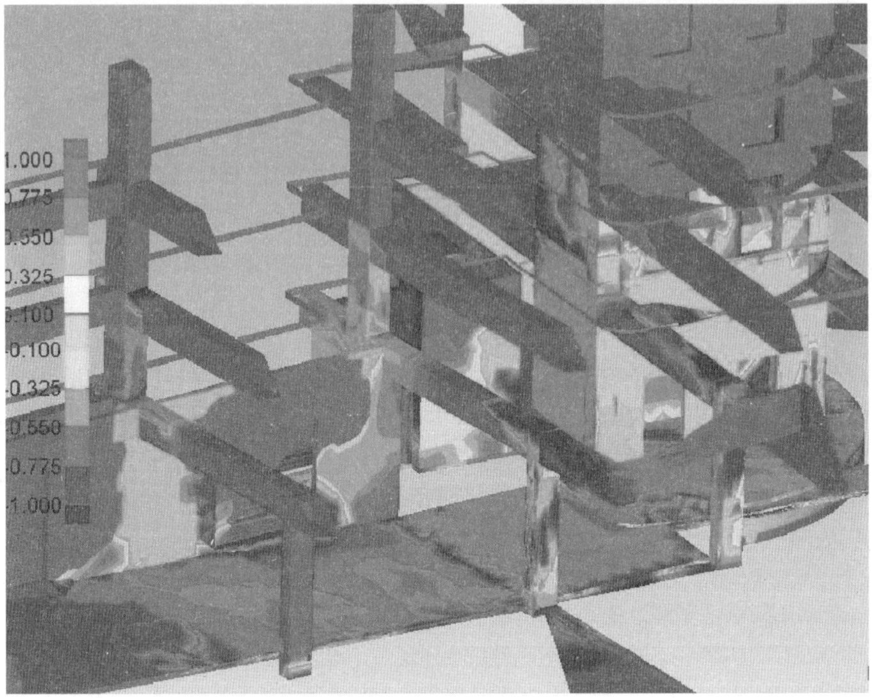

그림 8-2
레이저 스캔 포인트 클라우드 데이터를 BIM 객체에 매핑하여 원래 디자인과 실제 지어진 형상 사이의 오차를 보여줄 수 있다. 색상은 이미지 왼쪽의 색상도에 따라, 원래 계획된 표면(회색)으로부터의 오차 정도를 보여준다(삽입 컬러면 참고)

이미지 제공: Elsevier 출판사, Akinci et al. 2006

아비바 경기장(Aviva Stadium)은 "사전조립을 위한 설계"의 훌륭한 사례이다.

BIM의 주변 기술 중 하드웨어 기술의 발전은 BIM의 가상환경과 실질적인 건설환경의 연결을 실현시켰다. 레이저 스캐닝 기술, RFID 기술, 휴대용 컴퓨터의 발전은 BIM과 건설 현장 간에 직접적인 데이터 전달을 가능하게 하고 있다. 레이저 스캐닝 기술은 건물의 부위나 건물의 형상정보와 같이 디자인변경이나 작업 변경하는 경우 사용할 수 있는데, 이미 존재하는 물리적인 기하학 정보를 포인트 클라우드 정보로 생성할 수 있다. 그림 8-2에서와 같이 3D 모델과의 비교를 통하여, 포인트 클라우드 데이터는 설계형상 정보와 준공된 형상정보와의 차이를 확인하는 데에 이용할 수 있다(Akinci et al. 2006). 물리적인 형태를 매우 정확하게 측정하여 건설 시공공정 모니터링시 활용할 수 있다. 9장의 크루셀 다리 사례연구와 포틀랜드 매리어트호텔(Portland Marriott Hotel) 사례연구는 스캐닝 기술이 현장콘크리트 타설에서 관련 부재들을 정확하게 조립하는 프로세스에서 어떻게 활용될 수 있는지를 보여주고 있다.

뉴저지 주의 미도우랜드 경기장(Meadowlands Stadium) 프로젝트에서는 전체 현장의 공급체인 측면에서 3,000개의 프리캐스트 콘크리트 부재들을 모니터링하는 데에 RFID 기술이 사용되었다(Sawyer 2008). 애플의 아이패드와 같은 휴대용 컴퓨터의 활용성이 엄청난 속도로 확대됨에 따라, 건설현장에서 데이터를 수집하고 활용하는 과정에서 휴대형 컴퓨터를 통해 건축모델을 이용하는 것이 일반화(Vela Systems 2010)되고 있다. 앞서 언급한 프로세스와 기술의 발전 추이는 이 장의 다음 절에서 "BIM과 건축의 미래"라는 주제로 좀 더 미래 지향적인 우리의 관점을 명확하게 보여주도록 하겠지만, BIM이 진공상태에서 발전하지는 않았다. 이것은 컴퓨터가 가능하게 한 패러다임의 혁신이며, 그래서 BIM의 미래는 인터넷 문화와 다소 예측하기 어려운 다른 여러 인자들의 발전에 의해서 영향을 받을 것이다.

8.4 2015의 전망

최근 수년 동안 많은 BIM의 아이디어들이 실현되는 것을 목격하였다. 앞으로 5년 동안, 우리는 보다 많은 성공적인 구현사례, 건축 산업의 변화, BIM을 통해 실현한 것의 확장 등, 현재 사용되는 것을 뛰어넘는 많은 성과를 BIM으로부터 얻게 됨을 목격하게 될 것이다. 이 변화가 모든 건설 분야 영역과 참여자에게 영향을 끼치는 것을 보게 될 것이다. 그러나 가장 큰 영향은 BIM을 기반으로 작업하고, 설계하고, 엔지니어링하기 위해 학습해야 하는 개별 사용자에게 있을 것이다. 관리, 건설, 엔지니어링, 설계에 활용할 사람들은 BIM을 배울 필요가 있을 것이다.

8.4.1 건축주에 대한 영향: 많은 선택, 높은 신뢰

건축주는 전체적으로 보다 정확한 프로젝트 예산, 프로그램과의 일치성 그리고 공사기간 중의 신뢰성 향상 등을 경험하게 될 것이다. 많은 건축주들이 이미 이런 경험을 하고 있다. 앞서가는 발주자들은 그들의 프로젝트 팀이 BIM을 활용하고, 이와 관련된 서비스를 만들어낼 수 있도록 요구하고 있다. 4장의 많은 사례들은 새로운 절차를 경험한 건축주들에 대해 소개하고 있다. 5년 안에 건축주들은 디자인 회사들의 변화(건물정보와 분석가시화, 건물 관리정보를 제공하는 향상된 서비스)를 경험하게 될 것이다.

프로젝트 초기단계에서 건축주는 프로그램이 분석을 통해 만들어진 개념적 건축정보모델과 가시화된 3차원 모델을 예상하게 될 것이다. 건축정보모델로부터 만들어진 3차원 모델과 4D 시뮬레이션은 도면(technical drawings)에 비해, 보다 이해하기 쉽고 많은 정보를 가지고 있다. 보다 향상된 어스 뷰어(earth viewer)나 가상도시 같은 3차원 기반 인터넷기술을 활용하여 건축주가 프로젝트 모델을 볼 수 있는 방법이 많아졌고, 이 기술을 마케팅이나, 판매, 그리고 설계평가에 사용할 기회가 증가하였다. 건축정보모델은 CAD에 의해서 생성된 컴퓨터 렌더링모델에 비해, 보다 활용성이 높고, 즉각적이고, 또한 더 풍부한 정보를 제공한다. BIM은 건축주와 설계자가 건축비용에 있어서 가장 큰 영향을 끼치는 설계초기단계에 있어서 보다 많은 대안을 생성할 수 있고, 또한 이들을 비교할 수 있도록 해준다.

이러한 기술적 발전은 건축주에 따라 다른 영향을 줄 것이다. 분양을 목적으로 건물을 짓는 건축주는 개념도면에서 시공도면까지 가능한 시간 단축을 바랄 것이다. 반면에 건물생애주기 동안에 에너지 효율 같은 운영비용에 관심이 있는 건축주는 여러 설계안들 중에서 어떤 것이 가장 적합한 설계인지를 검토하기를 원할 것이다. BIM 기술에 대해 잘 알고 있는 건축주(개념단계의 모델이 빨리 만들어지고 평가될 수 있음을 인지하고 있는)는 설계품질에 대하여 더 많은 요구를 할 것이다. 최적화된 설계에 대한 필요충분조건으로써, 건설비용, 지속가능성, 에너지소비, 빛, 음향, 유지관리, 운용 등에 대한 관점에서 보다 많은 선택의 기회를 요구하게 될 것이다.

이 기간 동안, 보다 향상된 분석 및 시뮬레이션 소프트웨어가 특정유형의 건물(병원, 공공건물, 스타디움, 교통시설, 시민센터, 교육시설)에 적합하게 개발될 것이다. 그림 8-3은 병원 건축주와 설계자가 서로 다른 설비를 가진 병실을 비교해볼 수 있는 시스템의 예를 보여주고 있다. 실제 거주자나 사용자가 어떤 설계과정에 있어서도 가장 중요한 평가자이므로, BIM과 통합되는 지능형 배치시스템을 점차 많이 사용하게 될 것이다.

비슷한 방법으로, 앞선 시공 클라이언트들은 각각 다른 건물에 대한 자동설계 평가시스템을 요구하게 될 것이다. 이것은 현재의 건축설계를 각각의 설계가이드에 맞춰서 개발단계별로 평가할 것이다. 예를 들어서, GSA는 이미 이들의 설계검토 시스템을 각기 다른 기능의 건물에, 각기 다른 개발단계에 맞춰서 평가하려고 하고 있다. 개념설계 단계에서 건물 내에서의 동선 검토를 위한 프로그램은 이미 개발되었다. 이것은 각기 다른 보안구역에서 동선을 중요시하는 법원을 대상으로 하고 있다. 그림 8-4는 초기테스트의 예이다. 다른 공공, 또는 민간기관들, 즉, 예를 들어 병원과 학교에서도 이와 유사한 동선 기준을 개발할 것이라고 예상할 수 있다.

사업을 처음 시도하는 건축주에게 여러 가지 바람직하지 않은 일이 생길 수도 있다. 그들은 BIM과 친숙하지도 않고 BIM의 잠재성에 대해서 잘 모를 수 있다. 건축주가 잠재적으로 민감한 문제인 프로젝트의 기능, 비용, 공기에 대한 평가과정에 부적절하게 개입할 수 있는 여지가 있다. 만약 설계자가 잘 훈련된 사람이 아니라면, 외적으로 완성도가 높고, 매력적인 것으로 보이기만 하는 디테일한 설계와 모델을 빨리 생산할 수 있을 것이다. 하지만 이렇게 검증없이 생산된 도면은 오히려 실제 작업에 있어서 추후 많은 재작업을 유발할 수도 있다. 최악의 경우, 건축주의 요구사항들을 만족시키지 못하는 건물이 지어질수도 있다. 다른 어떤 강력한 기술과 마찬가지로, BIM 또한 너무 오용되어 사용된다. BIM 기술에 대해서 잘 알고 있지 못하는 건축주는 스스로의 이해를 위한 노력이 필요함과 동시에 프로젝트의 목적을 달성하기 위해서 전문적인 설계서비스를 제공받기 위하여, 유능한 설계 컨설턴트를 선택할 필요도 있다.

반면에 스마트한 건축주들은 그들의 설계, 그리고 건설 팀에게 보다 빠르

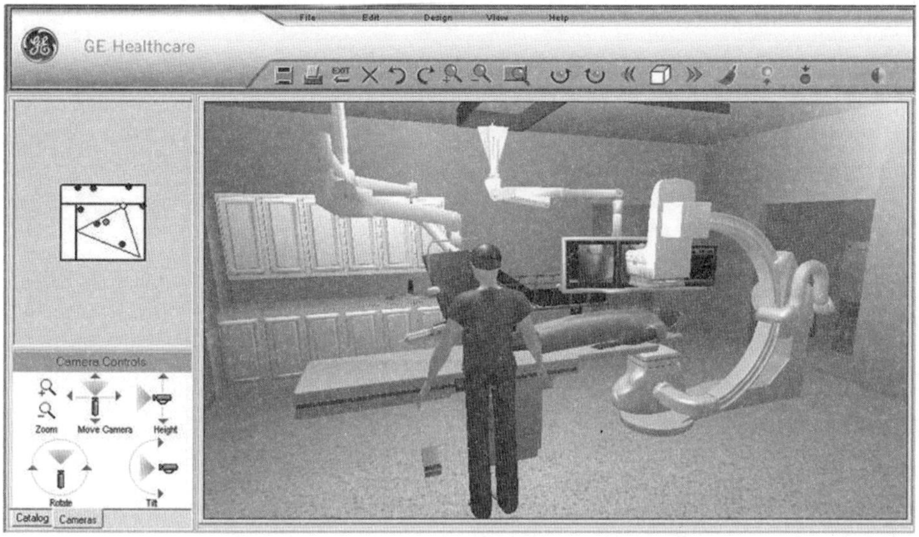

그림 8-3
건축주와 디자이너가 각기 다른 의료 기기를 비교 해 볼 수 있도록 해주는 병실의 설비 기반 시뮬레이션의 예.
병실의 설비들은 이들을 조절 할 수 있는 파라메터와 움직임이 정의되어 있고, 이를 이용해서, 의료 기기의 작업공간과 각각의 거리들이 관리될 수 있다.

이미지 제공: View22 및 GE health care

고, 신뢰성 있는 건설프로세스를 요구할 수 있을 것이다. 민간건설(Private construction)에 있어서 설계시공분리발주(design-bid-build) 방식은 계속 줄어들 것이고, 건축주들은 BIM의 가치를 높이기 위해서는 통합된 팀이 최선의 선택이라는 것을 깨닫게 될 것이다. 건축주들은 이전 프로젝트에 비해 얼마나 많은 공기지연와 디자인변경이 있는 지를 검토함으로써 BIM 팀을 평가할 것이다. 설계와 시공프로세스가 더 효율적으로 진행되면, 클레임의 발생빈도는 감소할 것이다. 건축주를 위한 법률가와 전문가 증인(expert witness: [譯註] 법정에서 전문분야에 대해 전문가 의견을 제시하는 사람)의 역할은 점차 줄어들게 될 것이다. BIM을 사용하게 되면, 시간과 비용의 상관관계는 감소할 것이다. 건물을 자주 짓는 건축주는 BIM 경험을 축적한 디자인 분야와 건설 분야로 이루어진 팀이 어떻게 보다 효과적으로 프로세스를 앞당기게 되는지 알게 될 것이다.

이와 비슷하게, BIM을 통해 건설프로세스 자체에 가져온 발전은 향후 비용절감과 생산성 향상을 통하여 더욱 명백해질 것이다. 카미노의료센터(Camino Medical Center, 이 책의 첫 번째 판에서 설명된 사례연구)와 카스트로 지역의 셔터의료센터(9장 참조) 및 다른 사례연구에서처럼 BIM과 린 건설 방법론을 효과적으로 이용한 프로젝트들은 주어진 예산과 공정보다 적은 시간과 비용을 가지고 프로젝트를 수행하고 있으며 이러한 사례를 통해서 발주자들은 향후 건설 산업 전체에서의 BIM의 성공적인 이용을 통해 보다 나은 생산성을 기대하게 될 것이다.

건설에서 4D와 BIM의 사용은 점점 일반화될 것이고, 건축주는 전반적인 프로젝트 품질 향상과 예산, 그리고 공기의 신뢰성 증가로 BIM 사용에 대해 만족하게 될 것이다. 그들은 진도보고서, 공정, 그리고 가시화된 준공모델을 BIM 포맷형태로 요구하기 시작할 것이다. 좀 더 많은 발주자들이 모델 관리자

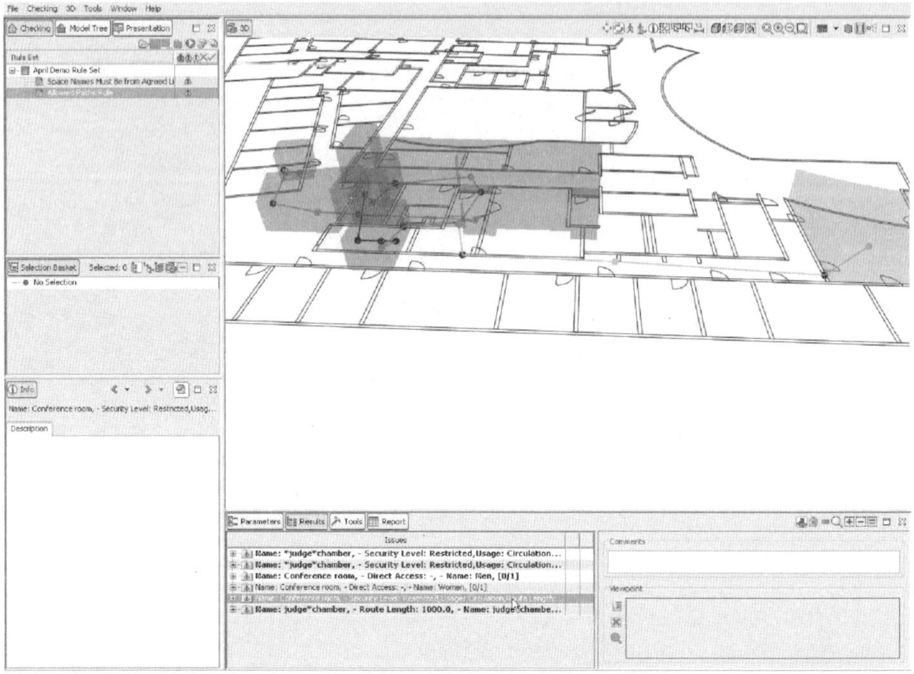

그림 8-4
법원 건물에서 동선 체크의 예 (배심원실과 화장실간의 통로들이 적절한 보안 구역안에 있는지를 체크하고 있다.)
이 시스템은 두 공간간의 같은 층 또는 다른 층으로 연결된 모든 통로를 확인하고 기준에 맞도록 설계 되었는지 확인한다. 조지아 공대 건축 대학

이미지 제공: 솔리브리 (Solibri 2010)

들을 찾게 되거나 건설관리자에게 활용도가 높아지고 있는 BIM 웹 서버에서 모델관리 네트워크 기능을 향상시키는 일이나 모델관리를 할 것을 요구하게 될 것이다. 그들은 또한 협력팀의 개별멤버가 소유권이 있는 정보에 기여한 경우 발생할 수 있는 지적재산권 문제(Thomson and Miner 2006)를 다뤄야 할 것이다.

건설이 완료된 후에 건축주는 4장에서 기술한 것처럼, 정보모델을 시설관리에 사용할 지를 고려하게 된다. 메릴랜드 종합병원 사례연구(9장 참조)에서 강조된 것처럼, 커미셔닝 과정으로부터 BIM 데이터ㅈ 셋으로, 효율적인 준공자료 데이터를 전달하는 경향은, 향후 발주자들이 BIM 기반의 시설관리시스템을 채택하는 데 기여할 것이다. 만약 이를 사용하게 된다면, 건축주들은 정보를 어떻게 갱신하고 관리하는지 알아야 한다. 이 기간에는, BIM 기반 시설관리 프로그램들이 완성되고 보다 많이 사용되게 될 것이다. 우리는 이때쯤, 빌딩성능을 관리하기 위한 모니터링 시스템과 결합된 첫 번째 케이스의 건축정보모델을 보게 될 것이고, 이는 건축주와 운영자에게 보다 효과적인 건물관리 도구가 될 것이다.

8.4.2 건축가에 미치는 영향: 진화하는 서비스와 역할들

설계자들은 시공단계에서의 생산성 향상을 경험할 것이고 고품질의 설계 서비

스를 제공할 수 있을 것이다. 향후 5년 내에, 건축가와 설계자들이 계속해서 BIM을 채택해 나가서, 2007년에 25%의 회사들이 (Gonchar 2007), 그리고 2009년 현재 49%의 회사들이 BIM을 채택하는 것(Young et al. 2009)과 비교했을 때, 앞으로 10년이 지나면 80%에서 90%의 회사들이 프로젝트를 진행해나가는 데 있어 BIM을 전 과정에서 활용할 것이다. 회사들이 BIM을 광범위하게 적용하는 데 견인차 역할을 하는 3가지 주요요인이 있다. 첫 번째로 발주자의 향상된 서비스 품질에 대한 요구가 있고, 두 번째로 문서준비 과정에서의 생산성 향상이 있으며, 그리고 마지막으로는 가상건설을 지원하기 위한 건설업체의 요구가 있다. 경쟁력 있는 BIM의 장점들로 인해 동기를 부여받은 개별 회사들은 단지 회사 내부의 개선을 위해서뿐만 아니라 시장에서의 경쟁력 우위를 확보하기 위해 BIM을 채택할 것이다.

설계사들에 있어 가장 중요한 전환은 품질과 본연의 설계 서비스에서 일어난다. 현재, 설계자들은 설계안의 비용, 기능적 성능, 그리고 에너지 및 환경적 영향과 관련하여 대부분 경험에 의존하거나 혹은 주먹구구식 판단에 의존하고 있다. 그리고 설계자들은 대부분의 시간과 노력을 프로젝트 문서를 준비하고, 발주자의 분명한 요구사항들을 충족시키는 데에 허비한다.

본 저서에서 제시한 몇몇 사례연구들은 이른 시기에 BIM을 채택함으로써, 즉 설계자의 의사결정을 돕는 소프트웨어들을 사용함으로써 성능기반설계로 어떻게 진화했는지를 보여준다. 고객들의 요구(압력)에 의해서 설계사들은 상세 에너지 분석 및 환경 분석을 포함한 서비스 영역으로의 확장을 시작하여, 헬스케어와 같은 설비의 운용분석, 디자인과정 동안의 BIM에 의한 비용예측에 기반을 둔 가치공학 분석, 그리고 LEED증서 획득에 필요한 요구조건을 충족하기 위한 설계대안 평가방법 등의 영역으로 넓혀 나갈 것이다.

그리고 이러한 것들은 단지 몇몇 가능성에 불과하다. 처음에 이러한 서비스들은 시장 차별화 요인이 될 것이다. 추후, 대부분의 분야에서 이 서비스들은 더 광범위하게 채택될 것이다. 또한 이 회사들은 BIM을 활용한 그들만의 신기술 환경과 전문지식을 개발할 것이고, 후발주자들 또는 BIM을 채택하지 않은 설계회사들은 점점 경쟁하기 어려운 환경에 놓일 것이다.

설계사와 엔지니어링 회사들은 이미 변화된 역할과 직무에 직면해 있다. 마치 1990년대에 컴퓨터를 활용한 제도와 설계(CADD: Computer-Aided Design and Drafting) 능력을 요구받았던 것처럼, 초급설계자들은 그들이 고용되는 조건으로써 숙달된 BIM 활용능력을 보여줘야 한다. 도면작성 일만하던 직원들의 규모가 축소될 것이다. 설계와 기술지식을 가진 빌딩 모델러 혹은 모델 관리자와 같은 직함을 가진 새로운 역할이 생겨날 것이다. 이전 장에서 소개한 IPD가 많은 설계자들의 작업환경에 가져다준 근본적인 변화는 하나의 주요 사업에 매달려야 하는 단일 사무실에 모든 영역의 설계자들을 병치시킬 수 있었다는 점이다. 이런 변화는 설계자가 자신의 사무실에서 작업했던 종전의 환경과 비교했을 때, 즉 통합된 빌딩 모델표현에 집중하여 종종 조정회의를 위한 큰 방을 가진 공용 사무실에서의 작업은 비교적 상이한 작업방식을 보여준다.

엔지니어링의 많은 영역에서 상세설계 그리고 문서 생산단계가 점차 자동화되어감에 따라 처리를 위한 순환주기가 비약적으로 감소했다. 이러한 경향은 헬싱키 크루셀 다리와 뉴욕 11번가 콘도미니엄 사례연구에서 이미 목격한 바 있다(9장 참조). 작업 사이클 시간과 일의 진척 정도와의 관계를 설명하였던 리틀(Little)의 법칙(Hoppand Spearman 1996)에 따르면, 어떤 주어진 작업량에 있어서 잦은 작업내용변경은 작업진행률의 감소를 가져온다고 설명하고 있다. 이것은 회사가 한 작업자가 담당하고 있는 프로젝트의 숫자를 줄일 수 있어야 한다는 것을 의미한다. 그러므로 작업자가 한 프로젝트에서 또 다른 프로젝트로 이동하는 데서 발생하는 어느 정도의 낭비요소를 줄일 수 있다.

BIM 소프트웨어와 프로세스는 즉, 서비스를 양도하거나 외부조달하기 위해서 인터넷에 의해 가능했던 방식을 활용함으로써, 고도의 기술과 BIM으로 숙달된 직원들을 고용한 소규모 회사에 점차 힘을 실어줄 것이다. 점차 많은 기회가 프리랜서들에게 주어질 것으로 예상이 되는데, 이는 빌딩 시스템과 재료가 점차적으로 복잡해지는 것에 대응하여 기술적인 혹은 매우 세부적인 설계서비스가 요구되기 때문이다. 9장에 나와 있는 사례들 중 3개의 사례는 외부의 BIM 전문가의 도움으로 가능해졌다(셔터의료센터, 뉴욕 11번가 콘도미니엄, 그리고 홍콩 원 아일랜드 프로젝트). 전문 설계사들로 구성된 컨소시엄은 공통의 건물모델을 가지고 협업함으로써 이전의 도면 기반의 작업보다 시간을 훨씬 단축시키면서 월등히 좋은 결과를 자주 얻을 수 있을 것이다.

이를 통해 이러한 회사들은 효율성과 실용성을 동시에 추구할 수 있는데 이는, 규모의 대형, 소형과 관계없이, 높은 설계기술과 조율기술을 가진 주관설계사가 리더십을 발휘하여 새로운 설계와 성능분석 및 생산에 관해서 조언을 할 수 있기 때문이다. 몇몇 방식에서, 우리는 5.3절에서 설명한 경향의 가속을 목격하거나 계약서비스에서도 지난 40년 동안 목격했던 디자인서비스와 유사한 진화를 보게 될 것이다. 계약 디자인 회사는 작업량을 줄이는 대신에 다수의 전문가 집단의 작업을 조율하고 통합할 것이다. 이러한 변화는 오늘날 명확하며, 점차 복잡해지는 디자인서비스에 대응하기 위해 점차적으로 증가할 것이다.

비록 많은 것들이 변할 지라도, 건물설계의 많은 부분들은 현재 관습대로 유지될 것이다. 앞으로도, 대부분의 발주자와 지방정부 관리들, 그리고 건설업체들이 프로젝트와 관련된 도면과 종이문서들(혹은 동등한 2D 전자문서)을 계속해서 요구할 것이다. 선두권에 없는 많은 설계 실무에서는 팀원들 간 의사소통과 건설업체에 납품을 위한 일관된 도면을 생산하기 위해서만 오로지 BIM을 활용할 것이다. 오직 소수의 회사들이 건물 성능분석 능력을 표준화된 일반적인 설계기능과 통합하여 앞서 나갈 것이다.

8.4.3 건설 회사에 대한 영향: 건설현장에서의 BIM

경쟁력 확보를 위해서 건설 회사들은 건설현장과 사무실에서 BIM의 가능성들을 개발하기 위해 노력할 것이다. 건설 회사들은 BIM을 4D CAD와 협업, 간섭체크, 발주자 검토, 제품 관리, 조달에 활용할 것이다. 여러 방면에서, 건설 회사들은 산재한 정확한 정보를 활용할 때 얻을 수 있는 단기적인 경제적 이점을 발판 삼아서 건설공급과정에서 대부분의 다른 참여자들보다 우위를 점유하게 될 것이다.

6장과 7장에서는 더 나은 품질디자인(즉, 하자가 적은 설계)과 고도의 사전제작을 통해 어떻게 BIM이 건설비용과 공기를 줄였는지를 설명하였다. 프로세스 상에서 설계초기에 설계상세를 발전시킬 수 있는 BIM의 이점은, 주로 해결되지 않은 상세설계와 일관되지 않은 문서화 작업으로부터 기인하는 대부분의 반복 작업을 없앨 수 있다는 점이다. 이러한 효과는 9장에서 상세히 설명할 크루셀 다리와 뉴욕 11번가 콘도미니엄, 그리고 덴버미술관(Denver Art Museum) 확장공사와 같은 선도적인 프로젝트에서처럼 이미 많은 사례가 보고되었다.

건축모델에서의 정보의 풍부함과 상시 이용가능성으로 인하여 비용관리나 일정관리 이외에도 현장계획시 여러 방면에서 참신하게 활용할 수 있다. 시공안전은 중요 관심사이다. 그리고 BIM은 안전문제를 해결하기 위한 작업을 계획하는데 활용될 수 있다. 정보모델과 안전지식 데이터베이스를 활용한 생산계획의 위험 수준평가방법은 로젠펠드(Rozenfeld) 등의 연구자들에 의해 이미 제시되었다(Rozenfeld et al. 2009). 실무에서, 디지털 프로젝트(Digital Project)의 간

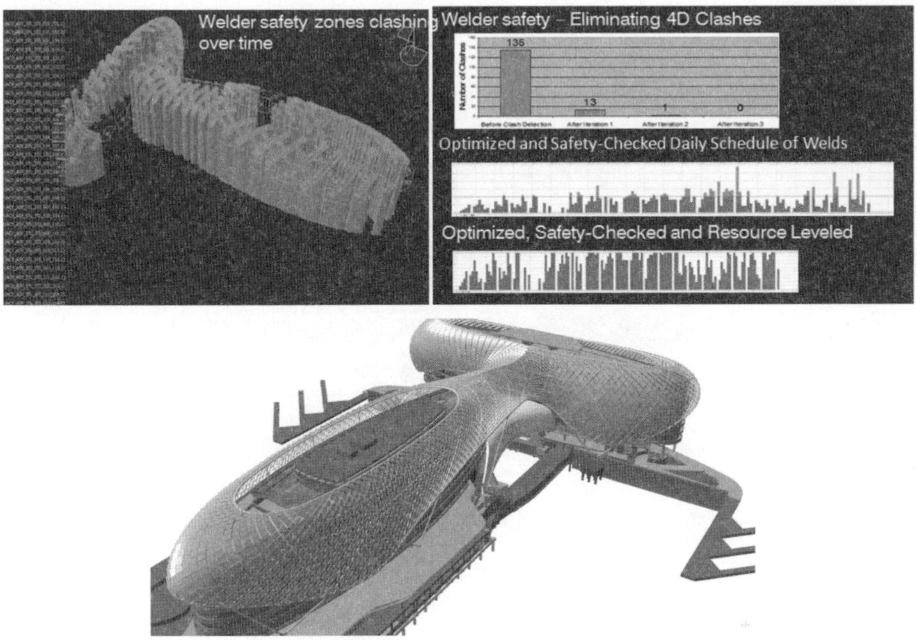

그림 8-5
아부다비의 야스 아일랜드 포뮬러 원 프로젝트. 위쪽 이미지는 안전하지 않은 방해요소를 찾아내기 위해 용접인부의 작업공간을 모델링한 물리적 공간을 나타낸다. 아래 이미지는 전체 구조 프레임을 보여준다(삽입 컬러면 참고).

건축가: Asymptote
이미지: Gehry Technologies 제공

섭체크 기능은 그림 8-5와 같이 아부다비의 야스 아일랜드 포뮬러 원(Yas Island Formula One) 프로젝트에서 용접공들의 작업공간 사이의 간섭을 검토하기 위한 혁신적인 방법으로 활용되었다.

기계설계용 파라메트릭 모델링 소프트웨어 회사들은 NC 생산설비를 설계 혹은 이들과 통합되는 여러 종류의 건설제작을 위한 소프트웨어들을 개발하였다. 이를 통해 주문 제작된 플라스틱 패널, 파사드 패널, 새로운 종류의 배관장치 등을 포함한 새로운 유형의 주문자 제작방식의 제품들이 점차 건설의 일부분이 되고 있다. 상급 직원의 혼재된 역할과 몇몇 상세 시스템의 복잡성으로 인해 빌딩 모델러의 역할은 건설 회사와 제작사 사이에서 논쟁거리가 될 것이다. 프리캐스트 철근 콘크리트와 여러 시스템을 관리하는 제3의 엔지니어링 서비스 대리인이 BIM을 활용하여 이득을 창출하듯이, 이 대리인들은 철강생산 사업에서와 유사한 방식으로 사실상의 빌딩 모델러가 될 것이다.

이 시기에 설계모델에서 시공모델로의 변화가 무리 없이 진행될 것이다. 소프트웨어 내부에 시공방법을 내장한 작업패키지의 파라메트릭 템플릿을 활용하는 일종의 소프트웨어 마법사(Wizards)를 활용하면 설계모델로부터 시공모델로 신속하게 변환할 수 있다. 비코 오피스 슈트(Vico Office suite) (Visio Software 2010)에 있는 레시피(recipes)와 같은 기능이 이런 아이디어를 구현한 초기 제품이라고 할 수 있다. 예를 들어, 포스트텐션 플랫 슬래브용 파라메트릭 템플레이트는 거푸집 설계를 배치하고, 설계모델의 일반적인 슬래브 객체에 기반을 두어 투입되는 인력, 장비, 자재수량, 그리고 납품일정 등을 결정한다. 건설모델 결과물은 비용, 장비, 그리고 운송계약사항과 일정요구사항에 따라 분석될 수 있고 대안들도 유사하게 비교할 수 있다. 그러므로 건설계획은 크게 향상될 수 있다. 파라메트릭 템플레이트는 또한 기업지식을 위한 저장소가 될 수 있다. 이는 개별기업의 작업방식을 그 소프트웨어 애플리케이션에 통합하는 방식으로 진행될 것이다.

건설현장 사무실에서 BIM과 4D CAD의 활용경향은 심화되어, 현장사무실에서 작업현장 자체로 확장될 것이다. 건축정보모델은 건설현장에서 완전히 새로운 생산관리 정보시스템의 핵심으로 기능할 것이다. 테크니온(Technion) 대학에 의해 주도된 컨소시엄에 의해 연구 개발된 프로토타입인 KanBIM과 같은 시스템은 총책임자들에게 제품정보뿐만 아니라 프로세스 정보도 함께 제공한다(Sacks et al. 2010). 프로세스 정보를 통해서 총책임자들은 공유된 장비의 상태, 다른 팀들의 작업, 공급과정에서 자재들의 위치, 작업을 위해 이용 가능한 공간 등의 다양한 정보들을 활용하여 작업진행에 필요한 지능적인 판단을 내릴 수 있다. KanBIM은 라스트 플래너 시스템의 린 건설 작업계획 및 제어 시스템 기능을 탑재하여, 정보취득과 조달시스템에 건축모델을 지원함과 동시에 대형포맷을 사용한 정보가시화를 지원하고, 사계절 터치스크린을 현장에 배치하고 있다.

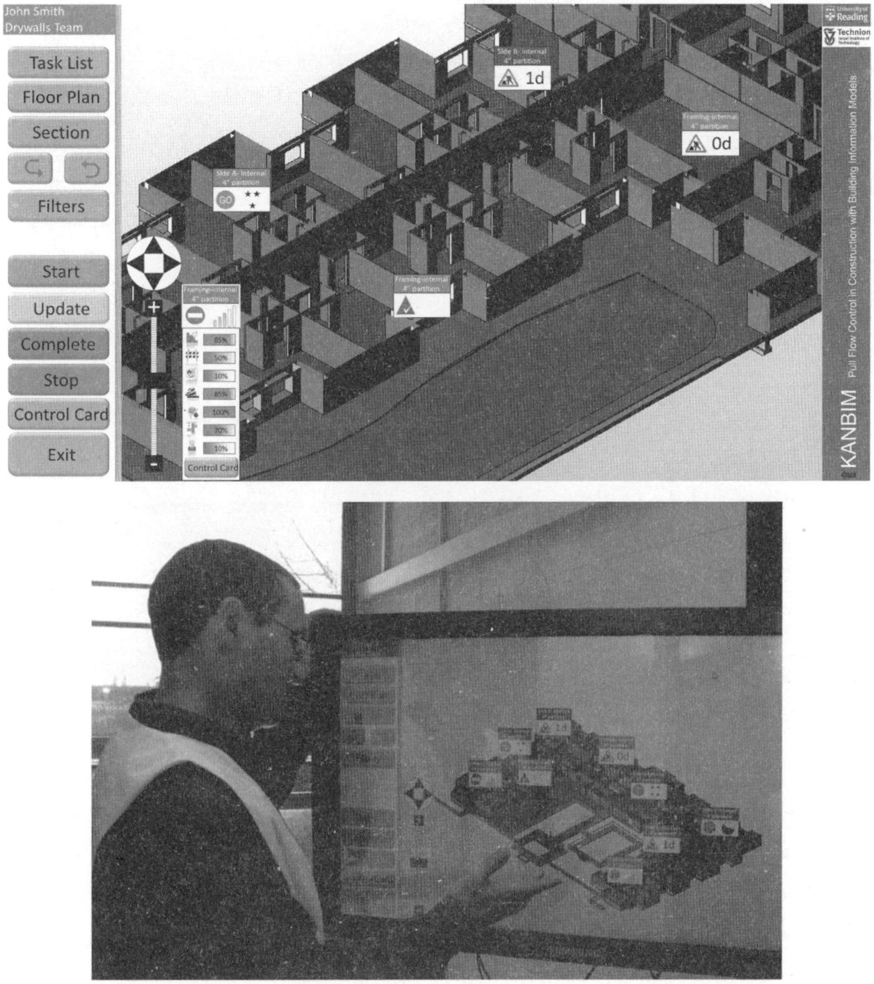

그림 8-6
KanBIM 사용자 인터페이스(위), 시공현장에서 활용할 수 있는 대형 터치스크린(아래)
(Sacks et al. 2010).

8.4.4 건설계약에 있어서의 영향: 설계자와 시공자의 긴밀한 협업

6장에서 기술한 바와 같이, BIM은 설계시공 일괄방식 그리고 통합 프로젝트 공급유형의 조달계획시 더 많은 이점을 상당하게 제공한다. 설계사와 시공사가 BIM에 대한 경험을 축척하게 됨에 따라, 달성 가능한 부가가치에 대한 인식제고를 통해서 빌딩계약방식을 설계시공분리(Design-bid-build) 발주방식에서 수의계약(negotiated contracts), 실비 정산계약(cost-plus), 디자인 빌드(design-build), 책임형 건설 사업관리(CM@Risk), 그리고 IPD 방식의 계약으로 바꿀 것이다.

몇몇 건설사들은 모델개발 및 관리의 영역으로 그들의 서비스 영역을 확장할 것이다. 다른 건설사들은 BIM 기술의 지능적인 활용을 통해서 전체 건설공급을 대상으로 한 총괄 서비스를 제공할 지도 모른다.

인터넷과 BIM 도구 둘 다 설계와 제품조달뿐만 아니라 점차 복잡해지는

"주문 후 설계제작 방식(ETO)"의 부품들의 생산에서도 건설국제화 수준의 정도를 끌어올릴 것이다. 뉴욕 11번가 콘도미니엄 사례의 커튼월 시스템의 철골과 유리 패널의 생산은 이런 방식을 사용한 초기 사례이다. BIM을 활용하여 만들어진 생산데이터의 정확성과 신뢰성을 바탕으로 하여, 전통적으로 지역에 국한되어 생산되었던 건설제품들을 세계 어느 곳에서도 생산할 수 있게 되었다. 이들 중 커튼월이나 패널이 한 예이고, 대형 사전조립모듈 유틸리티 시스템과, 완성된 화장실 등은 또 다른 예이다. 건설제조분야의 경쟁은 전 세계적으로 확산될 것이다.

7장에서 논의하였듯이, BIM은 공장제작과 선 조립을 촉진하여, 엔지니어링 조율과정에서 필연적으로 발생하는 하자를 미연에 방지하여, 이전방식보다 더 경제성이 있다. 더 품질 좋고, 신속하게 시공할 수 있으며, 비용을 절감할 수 있는 건물에 대한 요구로 인해, 더 크고 복잡한 맞춤형 건물부재의 모듈러 설계 및 생산이 점차 널리 보급될 것이다. 모듈러 건축은 개념적으로 프리패브 컴포넌트와 유사하지만, 크기가 더 크고, 더 복잡하며, 종종 복제품을 만들지 않는다는 특징이 있다. 제조 산업에서는 이를 대량주문생산 방식으로 부른다. 대부분의 작업이 작업장에서 떨어진 모듈을 제작하는 회사들에 의해 진행되고 그 모듈들이 작업장으로 옮겨져 조립되어 마무리되는 과정을 거치게 되는 것처럼 건설업은 제조업처럼 점차 변화되어 갈 것이다.

8.4.5 시공교육에의 영향: 통합교육

일류 건축학교와 토목 엔지니어링 학교들은 이미 학부 1년 과정에서 BIM을 가르치기 시작했는데, 이러한 움직임은 동시에 실무현장에서도 BIM을 채택할 것이다. 현재까지 BIM을 가르치는 교수의 경험에 따르면, 기존 CAD 도구들을 사용할 때보다 BIM 도구를 사용하면 학생들은 훨씬 신속하게 개념을 생성하고, 생산성을 높일 수 있다(Sacks and Barak 2010)고 한다.

훈련된 직원이 부족하게 되면, BIM을 채택하는 데 심각한 장애가 되고, 결국 많은 회사들이 새로운 소프트웨어 환경에 적응할 수 있도록 경험 많은 CAD 작업자들을 재교육해야만 한다. 왜냐하면 BIM은 어떻게 디자인을 발전시키고, 어떻게 시공을 관리하는지에 대한 다른 종류의 사고방식을 필요로 하기 때문이다. 갓 졸업한 학생들, 즉 학부과정 전체에 걸쳐 BIM에 친숙하고, 설계과정 전반에 걸쳐 BIM을 활용했던 그들은 모든 종류의 회사들이 BIM을 보급하는 방식에 지대한 영향을 줄 것이다. BIM은 결국 건축 실무에서 지대한 혁신을 가져올 것으로 예상한다.

8.4.6 승인기관에 대한 영향: 온라인 접속과 검토를 위한 준비

인터넷의 영향력 중 하나는 대규모의 일반 대중이 건축계획의 승인과 거부와 같은 검토 절차에 참여할 수 있도록 할 수 있다는 점에 있다. 물론, 건축설계를 일반인들에게 검토시키는 일은 매우 드문 일이다. 그 이유 중의 하나는 통용되는 도면형식이 일반인들이 이해하기 힘들기 때문이다. 만약 내비게이션이 가능하고, 건물정보를 사실적으로 보여줄 수 있는 3차원건축모델이 온라인으로 제공된다면, 보다 민주적인 공공의 평가가 가능해질 것이다.

시각적 검토는 구글 어스를 활용하면 이미 기술적으로 가능하지만, 아이디어에 대한 검토는, BIM을 기반으로 설계와 승인이 일어나는 가상환경을 생성하고, 다중의 정보들의 병합을 통해서 보여줘야 한다. 지리정보시스템(GIS)은 많은 지방자치단체나 공공서비스 영역에서 사용하고 있다. 이 데이터는 지형조건, 기반시설, 현재의 구조물, 환경 및 기후적 조건, 그리고 법률적 요구조건까지 포함하고 있다. 이런 GIS 정보의 호환은 지능적 건축물 정보모델을 교환하는 것만큼 복잡하지는 않다. 관할기관에 개별 프로젝트의 대지환경을 위한 모델패키지를 제공하는 것은 가능하고, 이는 경제성 측면에서 실행가능한 일이 될 것이다. 이 정보는 BIM 소프트웨어에서 직접입력이 가능하도록 설계자에게 제공될 것이다.

그린 또는 지속가능한 건설은 BIM에 의해서 더욱 더 촉진될 것이다. 왜냐하면, BIM은 건물이 에너지소비 표준에 부합하는 지를 확인하는 데 활용될 수 있고, 환경 친화적 건축 재료를 이용했는지, 혹은 LEED같은 기관의 인증을 받은 부재를 사용했는지 확인하는 데 사용될 수 있기 때문이다. 건물모델을 자동적으로 평가할 수 있는 능력은 새로운 규정을 더 실무적으로 강화시킬 것이다. 이런 기능은 gbXML을 통해서 이미 구현되고 있다. 몇몇 건축규정은 이미 건물들이 표준에너지소비량을 준수시키기 위해, 에너지 분석을 요구하고 있다. 점차 규정기반표준(prescriptive standards)과 반대되는 개념인 성능기반 표준(performance-based standards)을 따르고 있다. 이러한 모든 경향은 에너지와 지속가능한 모델 분석에서의 정확도를 높이기 위한 진화된 계산법을 더욱 필요로 할 것이다. BIM과 통합된 에너지 계산시스템은 이미 나와 있다. 이는 BIM이 환경친화적 건물의 구축을 가속화하고 있다는 의미이다.

8.4.7 프로젝트 문서에 끼치는 영향

도면의 중요성은 BIM이 건설현장 어디서든 사용 가능하게 되면 점차 줄어들게 될 것이지만 도면은 디지털디스플레이기술이 어디서든 사용할 수 있도록 유연해지고, 편리해지지 않는 한 사라지지는 않을 것이다(이에 관해서는 다음에 기술할 중장기 전망 부분에 논의된다). 오늘날의 건설 산업에서 도면의 기능은 건설계약에 첨부되는 형식으로 업무처리를 기록하는 데 있다. 하지만 이미 BIM이 이러한 서비스를 더 잘 할 수 있도록 활용될 수 있다는 지표들이 있고, 이것의 부분적인 이유 중 하나는 BIM이 비전문가들도 잘 이해할 수 있다는 점에 있다.

도면은 사용자 정의된 형식에 따라 모델로부터 요구가 있을 때마다 생산될 수 있기 때문에, 현장작업자를 위한 현장도면 생산의 발전은 작업자에게 여러 면에서 도움이 될 수 있다. 예를 들어 부품의 조합을 단계별로 보여 주는 아이소메트릭 뷰의 도면과 재료명세서는 작업자의 작업을 도와줄 수 있다. 그림 5-18은 이런 기술의 초기 예를 보여주고 있다.

반드시 극복해야하는 법률적, 기술적 장애는, 디지털 모델이나 개별부품에 대한 서명을 부여하는 문제이다. 또 다른 문제는 미래에, 프로그램이 발전해서 더 이상 이전 버전의 파일을 지원하지 않을 때, 모델을 읽을 수 있느냐에 있지만, 이 두 가지 문제는 이미 다른 분야에서 해결되어왔고, 따라서 경제적 촉진인자들이 충분히 강하기 때문에 BIM 분야에 있어서도 이런 문제들을 해결해나갈 것이다. 해결방법은 발전된 암호화기술을 이용하는 것과 원본파일을 제3의 파일로 저장하는 방법, 읽기전용 중립 파일포맷(neutral view only format) 등의 기술을 활용하는 것이다. 현업에서 점점 많은 프로젝트 참여자들이 도면보다 모델을 기준으로 건물을 짓고 있으며 법적인 문제와 경제적인 문제는 함께 해결해야 할 것이다.

8.4.8 BIM 소프트웨어에 관한 영향: 통합화, 전문화, 그리고 정보화

건축정보모델을 생성하는 소프트웨어는 여전히 많은 개선과 발전의 여지를 가지고 있다. 예를 들어 건설 분야의 다양한 영역에서의 관점에서는 그렇다. 이들은 보다 다양한 유형의 파라메트릭 관계(parametric relationships)와 이들의 제한조건(constraints)들에 대한 영역을 포함하도록 소프트웨어를 개발할 수 있다. 이 소프트웨어들은 점차 광범위하게 더욱 복잡한 건축부품과 제품들을 통합할 것이다.

현재 개발된 BIM 플랫폼은 향후 5년간 더 많은 플러그인을 개발하게 되는 밑거름이 될 것이다. 몇몇 새로운 소프트웨어 개발이 있을 것이고, 그 중의 하나는 초기 건물디자인을 위한 도구가 될 것이다. 이는 5장에서 언급된 것처럼 디프로파일러(Beck Technology 2010), Trelligence Affinity(Trelligence 2010) 그리고 Ecotect(Ecotect 2010)같은 프로그램들의 많은 기능을 통합한 건축개념설계를 위한 더 나은 소프트웨어의 개발도 있을 수 있다. 또 다른 한 가지는 신소재와 건물외관을 목적으로 하는 배치와 생산 소프트웨어 영역이다. 그리고 다른 프로그램들은 매장배치, 고정물 설치, 사무실 내부배치, 건축주를 보조하는 여러 설계관련 작업에 의한 디테일링 프로그램들이 될 것이다.

설계모델링 프로그램과 분석 프로그램과의 보다 향상된 통합은 기술적으로 가능하며, 또한 바람직한 일이기도 하다. 상호운용성이 충분히 해결되지 않은 상태이기 때문에, 통합된 소프트웨어 패키지를 제공하는데 역량을 집중하고 있는 일류 BIM 플랫폼 회사들 사이의 경쟁은 이미 치열하다. BIM 소프트웨어회사들은 분석프로그램 회사를 매입하던가, 분석전처리기(analysis preprocessor)가 자신들의 프로그램과 연동될 수 있도록 연합을 맺는 방법을 택하고 있다. 이러한 통합은 임베디드 구조분석 프로그램의 통합이 발단이 되어, 에너지, 음향, 건설 비용, 법규, 계획검토 등의 영역으로까지 확대되고 있다. 다양한 소프트웨어를 지원할 수 있는 건축모델을 개발하는 문제는 빠르게 주요 논제가 될 것이다. 설계 라이프 사이클에 걸쳐서 작업흐름을 원활하게 하고, 이러한 한계를 극복할 수 있는 전략이 주요 연구 관심사가 되었다.

작업진행과정에서 점점 규모가 커지게 되는 BIM 프로젝트 파일과 모델데이터의 교환을 관리하는 문제 때문에, 결국에는 파일단위가 아니라 객체 단위에서 프로젝트를 관리할 수 있는 프로젝트 모델 서버가 필요하게 될 것이다. 3장(3.5절)에서 자세히 언급하였듯이, 이와 관련되어 이미 판매중인 초기 BIM 서버들이 있다. ArchiCAD는 오브젝트 수준의 기능들을 제공하는 최초의 BIM 플랫폼을 개발하였는데 자체 DELTA-server 기술로 설계되었으며 2010년에 시판될 예정이었다. 현재의 BIM 소프트웨어회사나 협업관련 웹서비스 회사들, 그리고 벤처 회사들이 이런 BIM 서버를 제공하게 될 것이다. 이 서버는 개별 설계사 내부에서 혹은 프로젝트 단위로 설치되어 사용되거나 클라우드 컴퓨팅 서비스의 형태로 제공될 것이다. 현재 이러한 BIM 시스템에서의 정보교환방식은 개별 객체를 잠금(locking)하는 방식을 채택하여, 여러 사람이 동시에 하나의 모델에서 작업할 수 있는 기능이 있다. 이런 시스템은 보다 규모가 크고 기능적으로 완성된 데이터베이스 시스템으로 발전되어야 한다. 이 시스템에서는 데이터를 변경시킬 때, 객체의 데이터 중에서 바뀔 필요가 있는 데이터와 파라미터만을 주로 치환함으로써(전체 모델을 교환하는 방식과 반대 방식) 교환해야 하는 데이터의 양을 상당히 줄일 수 있다. 프로젝트 모델서버를 이용하게 되면, 분명히 같은 정보의 CAD 파일보다 적은 데이터를 이용하여 모델을 관리할 수 있다. 그러나 3.5절에서 언급한 바와 같이, 결국 BIM 서버는 상이한 목적으로 여러 소프트웨어에서 생성된 오브젝트들을 통합하여 관리해야만 함을 명심해야 한다. 이 기능은 2015년이 지나면 개발되어 성숙단계로 진입할 것이다.

DWF 뷰어, Tekla and Bentley의 웹 뷰어, 3D PDF같은 **모델뷰어 프로그램**은 이들의 간결성때문에 보다 중요한 소프트웨어가 되어가고 있다. 이들은 단순히 형상정보, 객체 ID 그리고 속성 이상의 점점 더 많은 정보를 지원하기 시작할 것 같다. 물량산출, 간섭체크, 조달 계획 같은 다양한 종류의 기능들을 포함하는 다양한 소프트웨어들은 정보의 소비자로서만 사용될 수 있다. 왜냐하면 이 소프트웨어들은 이들이 생성한 정보를 다시 원래의 BIM에 갱신할 필요가 없기 때문이다. 그렇기 때문에, 이런 소프트웨어들은 DWF같은 형식의 파일을 읽어서 바로 실행할 수 있다. 이러한 단순화된 파일형식은 웹 인터페이스를 지원하는 다양한 종류의 제3의 단순결과물 출력용 플러그인에 의해 주로 활용될 수 있다.

건물프로덕트 또는 이들의 조합모델(Building Element Models, 즉 BEMs)을 읽어 들이거나 삽입시키는 새로운 소프트웨어가 개발 중에 있다(Arnold 2007). 이런 프로그램의 개발에 있어서 두 가지 쟁점 중 한 가지는 의미적 사료탐색(semantic searching)이며, 다른 한 가지는 **다양한 BIM 플랫폼과 BEMs를 호환시키는 일이다.** 오늘날, 우리는 인터넷을 통해서 제품명이나 재료명을 알고 있을 때, 사용자 정의기준에 의거하여 건축제품을 찾을 수 있다. 의미적 자료탐색은 동의어를 포함한 탐색(객체, 상속관계, 속성의 조합)을 가능하게 한다. 의미적 표현에 관한 문제는 모든 산업에서 나타난다. 건설 분야의 실무자들은 BIM의 의미들을 다양한 방법으로 구성하고, 사용자정의에 따른 의미탐색이 가능한 소프트웨어를 기대할 수 있을 것이다. 예들 들어 다음과 같은 질의가 가능할 것이다:

• 멀리언의 간격이 6피트인 채광 자동조절 시스템을 찾아라.
• 다양한 프로젝트에 걸쳐 사용할 수 있으며, 특정조건을 만족하는 모든 제품을 찾아라.

이런 탐색능력은 점차 가능해질 것이다. 더 강력한 탐색과 선택기능은 다양한 상업 e-business 분야에서 경쟁력을 확보하는 요소가 될 것이다. 이런 기능을 탑재한 초기프로그램은 2015년까지는 출현할 것이다. 하지만 완전한 구현은 더 많은 시간을 필요로 할 것이다.

2장에서 기술한 것처럼, 건축모델링 소프트웨어는 개별프로그램 고유의 파라메트릭 모델링 기능을 포함하고 있다. 그 결과, 한 가지 시스템으로 만들어진 파라메트릭 모델의 파라메트릭 기능은 다른 프로그램과 호환되지 않는다. 이는 다른 BIM 소프트웨어 간의 효과적인 BEM을 개발하는 것을 막는 요소이다. 이러한 제한은 점차적으로 보다 발전된 데이터 호환기술이 개발됨에 따라 사라질 것이다. 5장에서 언급했듯이, 고정된 형상정보에 의존하는 BEM, 예들 들어, 화장실 설치물, 문 철물들의 BEM은 이미 존재한다. 앞으로는 파라메트릭한 기능을 가진 아래와 같은 BEM이 만들어지게 될 것이다.

• 예를 들어, 와플슬래브, 음향천장시스템과 같이 다양한 배치와 주변조건에 기반을 둔 파라메트릭 형상의 조합
• 예를 들어 계단, 레일과 같이 위상적으로 변하는 형상

결국, **3차원 디테일을 자동생성하기 위한 스마트 루틴**(smart routine)이 제공되어 컴포넌트 시스템(예를 들어, 외벽, 지붕 시스템, 기계설비, 전기설비, 배관, HVAC, 방화설비 등)뿐만 아니라 컴포넌트 시스템 사이의 인터페이스를 생성할 수 있을 것이다. 특정건물의 맥락에서 상업용 건물제품에 적용하기 위한 디테일을 정의하는 것은 공급자가 만든 제품을 보증하기 위해 필수적이다. 예를 들어, 지붕 시스템과 다른 시스템에 의해 정의된 다양한 모서리 조건 사이를 고

려한 자동 상세도면 생성을, 만일 지붕 시스템을 다양하고 복잡한 조건을 포함하여 확장시키면, 자동화할 수 있다.

많은 상세도면 생성은 다양한 시스템들 사이의 인터페이스를 설계하는 일이다. 예를 들면 지붕 시스템과 벽, 문, 다른 종류의 벽 시스템에 부착된 창호, 건물입면 요소에서 재료의 변화 등의 모든 것이 정의하기 어렵게 한다. 이러한 종류의 상세도면 생성은 단일 시스템에서의 파라메트릭 모델링과는 다르다. 왜냐하면 상세도면 생성은 두 가지 혹은 그 이상의 상이한 시스템의 관계를 정의내리는 일이고, 각 시스템은 각 시스템 고유의 파라메트릭 규칙에 의해 생성되기 때문이다. 이를 위한 방법이 현재 개발 중에 있고, 개발된 기능들이 모델 디자인 소프트웨어에 탑재될 것이다. 조정, 모델링, 시공하는데 있어 엔지니어 측면(trade engineer)에서 상당한 노력과 시간이 오늘날 요구되는데, 개발된 기술은 많은 반복적인 디자인작업을 자동화할 것이다.

8.4.9 연구에 미치는 영향: 모델분석, 시뮬레이션, 그리고 작업 프로세스

8.1절에서는 앞으로의 BIM의 추세를 프로세스와 기술 분야를 대략적으로 묶어서 설명하였다. 앞으로 BIM에 필요한 연구 분야는 설계와 건설 프로세스, 그리고 BIM이 의존하는 상호 연관기술에 관한 것들이다. 새로운 기술은 프로세스의 변화를 이끈다. 프로세스의 변화는 새로운 소프트웨어를 만들어낸다.

BIM과 인터넷은 개별프로젝트 단계나, 전체 산업에 있어 건축정보를 용이하게 사용할 수 있게 하였다. 정보의 흐름은 즉각적이고, 프로젝트와 관련된 사람들과의 협력 이동시에 가능하도록 하였다. 이것은 과거의 순차적인 작업 패러다임으로부터의 변화를 의미한다. 전통적인 작업흐름인 순차적인 도면의 생산, 제출, 검토(재작업 때문에 반복적이고, 낭비가 있을 수 있다)는 더 이상 적합한 방식이 아니다. 이러한 작업순서와 관련되어 진화해온 실무와 법적 절차는 단축된 작업시간과 긴밀하게 통합된 정보흐름을 요구하는 협업 설계와 시공 프로세스에는 적합하지 않다.

학문적 연구는 새로운 개념을 정의하고, 정보의 통합과 가치를 향상하기 위해 정보의 흐름을 분석하는 것이지만, 실무적인 오류에 의한 산업 선도자들의 시행착오(driven by practical imperative)조차도 새로운 BIM 정보흐름을 이해하는데 중요한 자원이 된다. 새로운 계약형태와 직업, 상업적 제휴, 조달계획들은 통합되고, 검증되며, 보다 정교하게 발전될 것이다. 이러한 절차들을 채택해서 지방조례, 협업, 그리고 서로 다른 통제환경에 맞게 재정의될 필요가 때로는 있다. 이러한 노력들은 학계와 산업계에서 새로운 소프트웨어를 개발을 위한 버팀목이자 자극이 될 것이다. 산업계에서의 몇몇 변화는 아래에 기술한 바와 같다.

건축, 구조, 시공분야의 서로 다른 설계 모델에 관한 관리통합은 필수적이다. 왜냐하면 변화는 각각의 영역에서 쓰이는 각각의 모델에서 일어나기 때문이다. 불행하게도 단기간에는 IFC같은 상호호환을 위한 정보모델은 시각적 검수나 형상의 물리적 충돌을 확인하는 것 이상은 지원하기 힘들 것이다. 구조 및 열부하 혹은 다른 성능과 관련 있는 여러 시스템을 관장하는 관리혁신은 중요하면서도 한계가 있는 것으로 점차 인식될 것이다. 3.5.2에서 정의된 BIM 서버 위에서 구현된 스마트 자동거래(Smart automated transactions)는 강화될 것이고 점차 동기화(synchronization)를 위해 필요한 특정목적의 모델 뷰를 수동으로 업그레이드하는 과정을 대체할 것이다. 이 과정은 자동화되거나 혹은 분석가가 해결할 것이다. 서로 다른 전문시스템 영역에서 구현된 건물 객체 간의 관계를 정의하기 위한 연구가 필요하다.

건축법규 체크시스템과 사용자 임의대로 정의할 수 있는 종류의 설계평가 소프트웨어를 개발하면서, 이러한 법규를 시스템에 내장되는 방식으로 법규를 정의하고 구현하는 데 좋은 방법이 아니라는 것을 깨닫게 되었다. 다른 소프트웨어들처럼 하드코딩(hard-coding)으로 만들어지는 법규표현은, 정의하고 디버깅하기 어렵고, 법규내용의 변화시 적응시키기 어렵다. 이러한 방법 대신, 상위단계의 법규 정의 언어(rule definition languages)가 나타날 것이고, 이는 건축법규 검토시스템의 구현을 손쉽게 해줄 것이다(Eastman et al. 2009). 처음에는 법규검토는 동선과 공간검토 같은 더 단순한 응용영역을 지원할 것이다(Lee 2010). 추후에, 테스트한 조건에 대한 표준을 IFC 혹은 관련 건축모델에서 정의함으로써, 다른 건축영역에 대한 점진적 평가도 이루어질 것이다. 이렇게 개발된 법규정의 언어를 활용하여 프로그래밍 전문가가 아니더라도 보다 직접적으로 법규를 쓰고 편집할 수 있을 것이다. 컴퓨터에서 동일한 언어를 해석하고 실행시키기 위해서 두 가지 방식의 백-엔드(back-end) 프로그램을 구현해야 한다. (1) 독립적인 검토 프로그램으로써, 웹 서버에서 작동하는 프로그램과 (2) BIM 프로그램에 포함되어 설계하는 동안 검토가 가능한 검토 프로그램이 그것이다. 이러한 언어의 개발은 다양한 분야(다른 건축물 유형, 다른 건축주, 다양한 건축법규기관)에서의 설계평가 소프트웨어의 개발을 촉진시킬 것이다.

여러 종류의 분석에 필요한 다양한 유형의 모델 지오메트리를 연구할 필요가 있다. 많은 사람들이 구조분석에 필요한 막대모델의 필요성을 알고 있는 반면에, 건물 안에서 별도로 운영되는 에너지 구형을 표현하기 위해서 단일 경계면을 표현하는 삼각분할(tessellation)된 구조가 필요하다고 아는 이는 드물다. 삼각분할을 자동화하는 방법이 에너지 분석을 위한 전처리 모델로서 필요하다. 또 다른 유형의 지오메트릭 추상화가 전산유체해석(Computational Fluid Dynamics, CFD)을 위한 닫힌 공간체적(enclosing spatial volumes)을 표현하는 데 필요하다. 많은 사람들이 구조해석을 위한 절점모델에 친숙하지만, 에너지 분석을 위해서 하나의 외벽면이 여러 개의 구획으로 나뉘어 표현되어야 한다는 것을 아는 사람은 드물다. 또, 다른 예는 전산유체해석(CFD)을 위해 닫힌 공간볼륨을 추상화하는 것이다. 이러한 모델을 활용할 때는 어떠한 기하 특징이 필수적인 기류를 계산하기 위해 필요한 지를 결정하기 위해 일종의 휴리스틱스(경험)를 활용한다.

이러한 분석을 손쉽게 하기 위해서는 더 상위 레벨의 지오메트리 추상화 방법의 개발이 필요하다. 다양한 종류의 분석법의 통합뿐만 아니라, 새로운 유형의 에너지 시스템의 개발, 그리고 그 시스템들에 대한 분석의 필요성 등의 이들 모든 연구는 에너지 시뮬레이션 소프트웨어의 개발로 귀결되었다. 예를 들어, 자연 대류 열 흐름의 상호작용을 보여주기 위해서는, 공간 내의 내부재료로 이동하는 에너지 복사 시뮬레이션의 결과를 전산유체해석(CFD)의 입력데이터로 사용해야 한다. 장비 측면에서 살펴보면, 스마트 전력을 태양광 발전기와 같은 지역 재생에너지 시스템과 통합하기 위해서는(유틸리티 회사는 건물로 들어오는 전력수준을 관리한다) 그것들의 동작을 모델링하기 위한 모델링 소프트웨어의 개발이 필요하다. 개발된 소프트웨어는 모듈화되어 다양한 종류의 에너지생산과 소비시스템이 혼재할 때도 모델링할 수 있도록 지원한다. 다양한 종류의 유전 알고리즘(Genetic Algorithm)처럼 다중조건 최적화수법을 활용할 수 있지만 건물의 다양한 기능에 비추어 볼때 건물의 통합된 성능을 표현할 수 있는 유틸리티 함수가 필요할 것이다. 이렇게 개발된 관계함수는 파라메트릭 모델이 자동적으로 파라미터의 중요도(weight), 일사획득(solar gain), 에너지소비(energy use) 등과 같은 성능지표를 자동적으로 바꿀 수 있도록 할 것이다. 예를 들어, 오늘날에는 불가능하지만 이 방법을 활용하면 기계설비 수준에서나 건물 외피 수준에의 포괄적인 성능기반 설계를 가능하게 할 것이다.

반도체를 생산하는 반도체공장처럼 시공을 위해 만든 선 제조공장(prefabrication plants)에서는 프리캐스트 콘크리트나 철골용접시스템, 그리고 몇몇 외장탄소 강화플라스틱을 생산하기 위해서 CNC 기계를 이용하여 최소한의 수작업만을 활용하여 생산할 수 있을 것이다. 선 제조공장(prefabrication plants)에서는 디자이너에 의해 만들어진 모델데이터에 기반을 두는데, 생성된 CNC 지시사항을 참고하여 부품생산자는 오직 최소한의 검수만을 수행하게 된다. 이는 주문제작과 관련된 비용을 줄일 수 있고, 이는 표준화된 건설과 많은 다른 프로젝트에 자본투자를 확장시킬 수 있다. 건물부재를 생산하기 위해 신속조형기술을 활용하는 "윤곽 조형기술(Contour crafting)"과 "콘크리트 프린팅(concrete printing)" 기술은 특별한 부재를 주어진 시간 내에 생산할 수 있을 정도로 성숙화단계에 진입할 것이다. 콘크리트 프린팅 방법은 진보된 콘크리트 재료를 이용해서 그림 8-7과 같이 2m×2.5 m×5m 크기의 제한 내에서 부재를 생산할 수 있다(Buswell et al. 2007).

흥미로운 연구 분야로 이미 발전한 또 다른 연구는 건설현장에서 어떻게 모델데이터를 활용할 수 있도록 하느냐와 관련이 있다. 이 연구는 하드웨어, 소프트웨어, 데이터베이스 아키텍처, 그리고 사람과 기계간의 인터페이스(Interface)에 관한 연구를 포함하고 있다. 비록 PDA, 테블렛 컴퓨터(tablet PC) 그리고 모바일 폰이 광범위하게 사용되고 있고, 이것들은 BIM 정보를 현장에서 사용할 수 있도록 해주는 좋은 도구이지만, 현재까지는 여전히 종이도면이 가장 많이 현

그림 8-7
러프버러대학교(Loughborough대학)(www.buildfreeform.com 참조)에서 수행한 프리폼 콘크리트 시공연구는 1:1 축적의 건축요소 생산에 앞서 큰 스케일의 첨삭가공(additive manufacturing)의 가능성을 조사하고 있다.
(Buswell et al. 2007)

장에서 사용되고 있다.

이전 장에서 언급한 것처럼 디자인에서의 활용을 목적으로 지오메트리를 얻기 위한 레이저 스캐닝 기술 활용에 대한 연구는 포인트 클라우드를 해석하는 과정의 비효율성과 건축정보 모델과 같이 사용될 수 있도록 의미 있는 건축 오브젝트를 생성하는 데에서 어려움에 직면하여 아직 활용되지 못하고 있다(Brilakis et al. 2010). 최근까지 계속되는 BIM 연구를 통해서 많은 BIM의 활용방안이 연구되어 왔지만 BIM 소프트웨어가 아직도 발전단계에 있어서 모든 활용방안들이 실용화되지는 못했다. 예를 들어 크레인, 로봇에 의한 포장(pave), 콘크리트 표면마감기계 등과 같은 건설장비 자동화와 건물성능 모니터링을 위한 자동데이터 수집, 건설 안전계획, 전자구매 및 물류처리 등과 같은 분야가 아직 BIM이 실용화되지 못한 분야이다. 비록, 다양한 BIM 환경에서 건물제품과 서비스들을 어떻게 표준화해야 하는지와 현장치기 콘크리트 모델 같은 복잡한 빌딩모델을 어떻게 개발할 것인가와 같은 이슈들을 BIM이 해결해야 할 문제로 남아있지만 건설관리를 위한 BIM의 활용이 보다 보편화되면, 이러한 활용방안들 중 일부가 상업적으로 활용될 것이다.

8.4.10 비전 2015: 제한사항

기존 건설 산업의 타성과 고도로 분절되어 있는 건설 산업의 구조(1장 참조)때문에 BIM의 전반적 활용은 2015년 말경에나 실현될 것이다. 종이도면, 또는 전자적으로 공유될 수 있는 적어도 2차원 도면파일은 여전히 건설도면의 일반적인 형태로 남아있을 것이다. 이 기간까지는 건설비용 측면에 있어서 BIM의 활용은 일부분에 국한될 것이다. 건설 회사가 BIM을 전면적으로 활용하여 그 효과를 보기까지는 2~3년의 시간이 요구될 것이고 따라서, 2015년까지 건설 산업 전반에 걸친 괄목할 만한 생산성 증가는 이루어지지 않을 지라도 시공비용에서 주목할 만한 절감이 예상될 수 있다. 국부적인 효과가 극적일 것이다. 왜냐하면 기술적 혹은 예산제약 때문에 사업성이 없다고 간주되던 복잡한 건물 형태들이 일반적으로 건축될 것이기 때문이다. 미래를 내다보는 설계와 시공에 있어서는 BIM을 선도적이면서, 성공적으로 활용하는 기업들은 후발기업들이 따라잡기 전까지 이익을 창출할 수 있을 것이다.

8.5 2020까지 변화요인과 BIM의 영향

5년 후를 예상하는데 있어서 우리는 건설에 관련된 인력과 조직을 변화시킬 변화요인과 이러한 요인들이 직면하게 될 장애요소를 찾아보는 것으로 시작하였다. 이를 바탕으로 다양한 BIM의 기술 분야, 예를 들어 BIM 기술이 발전할 방향, 설계서비스, 건축제품 명세서, 법규검토, 건설관리, 고용, 전문 직업군의 역할, 그리고 BIM의 비즈니스 시스템과의 통합에 있어서의 발전을 평가하려 시도해 보았다.

8.5.1 경제적, 기술적, 그리고 사회적 요인들

미래에 BIM 소프트웨어와 작업흐름의 개발을 촉진할 수 있는 경제적, 기술적, 사회적 요소들은 많이 있다. 여기에는 세계화, 전문화, 지속가능성을 위한 국제적 노력, 그리고 엔지니어링과 건축서비스의 상품화가 있으며, 또한 디자인 빌드와 IPD의 점진적 보편화, 그리고 시설관리 정보화 요구를 포함한다.

세계화는 세계무역장벽을 제거하려는 노력의 결과이다. 보다 적은 비용으로 생산하기 위해, 건축제품 생산지를 이전하기 위한 전제조건은 보다 정확하고, 신뢰성 있는 설계정보를 활용할 수 있어야 한다는 점에 있다. 그러면 신뢰성 높은 제품을 먼 거리로 운송하여, 정확하게 시공할 수 있다.

전문화와 설계서비스의 상품화는 BIM을 선호하게 하는 또 다른 경제적 촉진요인이다. BIM을 이용하여 먼 거리에서, 보다 잘 개발된 특별한 서비스들(예를 들어 건물렌더링, 구조 분석 같은 틈새기술들)을 조달하는 것이 가능해질 것이다.

지속가능성은 건축과 시공비용과 가치에 대해서 새로운 차원에서 고민하게 만들었다. 전 세계적인 지속가능성 측면에서 바라봤을 때, 건축과 시설활용에서의 진정한 비용은 아직까지 시장에서 고려되고 있지 않다. 제로 에너지 사용 준수에 대한 압력, 그리고 에너지 소비자보다는 대규모 시설에너지 생산자를 조성하려는 압력은 점차 커질 것이다. 이러한 압력은 재료비, 운송비, 건물운용 방식에 영향을 미칠 것이다. 건축가와 엔지니어들은 재활용 자재를 사용하는 훨씬 고효율에너지 건물을 제공해야 하는 새로운 임무를 부여받은 셈이다. 이는 더 정확하고 포괄적인 분석이 필요하다는 것을 의미한다. 이러한 요구를 지원하기 위해서 BIM 소프트웨어가 당연히 필요하다.

디자인 빌드의 프로젝트와 IPD 계약에 의한 프로젝트들은 설계와 시공 사이의 긴밀한 협력을 요구한다. 이러한 협력은 BIM의 개발과 도입을 촉진시킬 것이다. 결과적으로 소프트웨어 회사의 상업적 이익과 그들 간의 경쟁이 BIM 소프트웨어를 강화하고 발전시키는 근본적인 요인이 될 것이다.

아마도 BIM 소프트웨어들과 이들의 채택을 위한 가장 중요한 경제적 촉진제는 고품질의 BIM 정보가 건축주에게 제공될 때의 잠재적 가치가 될 것이고, 향상된 정보품질, 건축제품, 가시화도구, 비용예측, 그리고 분석도구들은 설계하는 동안 보다 나은 결정을 할 수 있도록 해줄 것이다. 그러면 시공과정에서의 낭비를 최소화할 수 있고, 시공 및 생애주기 동안에 요구되는 최초비용을 줄일 수 있다. 이는 눈덩이 같은 효과 같은 것인데, 유지관리를 위한 건물모델의 가치를 알기에, 건축주들은 프로젝트에 BIM을 활용하는 것을 요구하게 될 것이다.

컴퓨팅 능력에서의 기술적 진보, 원거리 센싱기술, 컴퓨터제어 생산기계, 분산 컴퓨팅, 정보교환기술 및 기타 기술들이 새로운 가능성을 열었기에 소프트웨어 회사는 경쟁력 확보를 위해 이것들을 활용할 것이다. BIM을 발전시킬 또 다른 기술적 분야는 인공지능분야이다. BIM 시스템은 전문가시스템, 예를 들어 법규검토, 품질평가, 버전관리 기능 등을 추가하기에 좋은 플랫폼이다. 이런 노력들은 이미 많이 진행되어 왔지만, 표준적인 방법이 나오기까지는 앞으로 10년 이상의 시간이 걸릴 지도 모르는 것이다.

정보 표준화는 발전의 또 다른 촉진요소이다. 건물종류, 공간종류, 건물요소 및 다른 용어의 일관성 있는 정의를 통해서 전자상거래나 복잡하고 자동화된 작업을 수월하게 할 것이다. 또한 공공, 또는 민간 부분에서 파라메트릭 건물요소 라이브러리를 사용하기 위한 요소의 생성과 관리를 촉진시켜 줄 것이다. 정보 및 건물요소 라이브러리에 대한 유비쿼터스적 접근이 가능하게 되어 계산 가능한 모델(computable models)을 보다 다양한 목적에서 사용할 수 있게 될 것이다.

모바일 컴퓨팅, 위치, 식별, 원거리 센싱기술의 비약적 진보로 인해 현장에서 건축정보모델을 더 폭넓게 활용할 것이다(GPS, RFID, laser scanner). 이로 인해 빠르고 정확한 시공을 가능하게 할 것이다. GPS는 이미 자동 지하공사 장비를 이용하여 지하공사를 하는데 있어서 중요한 역할을 하고 있고, 이 비슷한 기술이 건설공사에 이용될 것이다.

8.5.2 변화의 장애요소

위에 언급된 촉진요소와 반대로, BIM이 직면하는 많은 장애요소가 있다. 장애요소들은 기술적, 법적, 신뢰도, 규제, 부적절한 비즈니스 모델, 작업관행에 따른 저항, 많은 전문가를 교육해야 하는 문제 등을 포함하고 있다.

건설은 협력을 필요로 하는 작업이고, BIM은 CAD보다 이런 협력을 원활하게 할 수 있지만 이것은 신뢰성과 일에 대한 보상을 공유해야하는 작업흐름과 상업적 관계지원을 요구한다. BIM 소프트웨어와 IFC 파일포맷에는 모델의 변경을 추적하고 관리할 수 있는 기능에 대해 아직 적절하게 개발되어있지 않고, 이런 협력적인 작업을 지원하기 위한 계약용어 또한 아직 개발되어있지 않다.

설계자와 시공자 간의 분리된 경제적 이익 또한 장애요소이다. 현재의 건설비즈니스 모델에서는 BIM의 매우 적은 이익만이 설계자에게 돌아간다. 대부분의 이익은 건설사와 건축주에게 돌아갈 것이다. 보다 많은 정보를 제공한 설계자에게 그 이익이 돌아가게 하는 체계는 아직 개발되어있지 않다(비록 9장의 셔터의료센터의 경우에는 이러한 현상이 간접적으로 일어나는 것을 볼 수 있다). 이와 유사하게, 구체적인 커미션과 연계하여, 성능기반 설계를 위해 필요한 사업 및 계약 계획 또한 개발되지 않았다. BIM 개발자들은 특히 다수의 설계자들을 만족시키는 방향으로 개발하고 있다.

그러나 BIM의 도전은 점차 특화된 소프트웨어들, 즉 디프로파일러와 같은 사업성 검토 소프트웨어에서부터 개념설계, 특히 다른 계약과 생산시스템을 지원하는 소프트웨어에 이르기까지 특별한 기능을 수행하기 위해 필요로 하는 영역으로 확장되고 있다. BIM 소프트웨어의 개발이 자본집중적인 일이라서 건설부분을 위한 BIM 소프트웨어의 개발은 많은 상업적 위험성을 감수해야 한다. 프리캐스트 콘크리트 소프트웨어 컨소시엄(Precast Concrete Software Consortium) (Eastman 2003)과 같이 특정영역의 시장을 보는 컨소시엄들이 투자를 이끌 목적으로, 필요한 구매력과 자본의 집중을 이끌기 위해 형성됐다.

주요 기술적 문제는 완성도 높은 정보호환 소프트웨어가 없다는 데 있다. 실제 비록 무어의 법칙(Moore' s law)처럼 하드웨어는 발전 속도가 빨라서 문제가 되지 않겠지, 실제로는 다른 문제들이 있다. 들어내는 일은 예상보다 더디게 진행되고 있다. 왜냐하면 대개의 경우, 자본 경제에서 투자를 이끌어낼 만한 사업모델이 없기 때문이다. AISC, PCI, AGC와 같은 산업협회가 이의 필요성을 느리게 인식하고 있고, 다른 산업조직이 이러한 도전을 하는 것을 보는 것은 흥미로운 일일 것이다. 반면, 비효율적인 정보호환은 협업에 있어서 계속해서 심각한 장애요소가 될 것이다.

8.5.3 BIM 소프트웨어의 개발

지금의 BIM에 대한 추세는 미래의 BIM 소프트웨어 개발에 있어서 어떠한 결과를 가져올 것인가? 모든 프로그램에서 예상되는 인간과 기계의 인터페이스 향상과 별도로 BIM 소프트웨어는 다음과 같은 영역에서 큰 발전을 기대할 것이다.

- IFC같은 표준 프로토콜을 이용한 데이터의 입력, 출력기능향상. 시장은 표준 프로토콜을 요구할 것이고, 소프트웨어 판매사는 이를 따를 것이지

만 그들의 상업적 이해관계에 따라 다음의 두 번째 방법을 선택하게 될 것이다. 각 BIM 플랫폼은 애플리케이션의 레퍼토리를 확장해서 데이터의 변환과 교환 없이도 동일 플랫폼에서 구성된 관련 소프트웨어 군들을 사용하여 점차 복잡한 건물의 설계와 건설이 가능하게 할 것이다. 이는 여러 BIM 플랫폼의 기반 품질이 중요함을 의미하고, 이미 나타나고 있는 플랫폼의 시스템상의 약점을 강조한다.

- 단일 가족을 위한 주거 건물과 같은 특정건물 유형에 맞고 간편한 BIM 소프트웨어가 어느 시점에 이용 가능할 것이다. 여기서 생성된 데이터를 전문가용 BIM 소프트웨어로 불러 올 수 있다면, 전문가용 소프트웨어들은 건축주가 그들이 꿈에 그리는 건물과 아파트를 가상으로 건설할 수 있고, 이를 다시 실제 설계와 시공을 위한 전문가들에게 전달할 수 있을 것이다.
- 데스크톱 애플리케이션에서부터 씬클라이언트(thin-client: (譯註) 모바일 기기와 같이 상대적으로 저사양의 단말기) 포맷에서 운용되는 인터넷 기반 애플리케이션으로의 전이가 있을 것이다. 이러한 애플리케이션 소프트웨어는 백-엔드 BIM 모델 서버를 위한 프론트-엔드 방식의 서비스를 제공할 것이다. 이 기술을 위한 소프트웨어용 지오메트릭 모델링 라이브러리가 이미 출현하고 있다. 다음 세대의 BIM 소프트웨어는 테블릿 PC와 스마트폰 소프트웨어 인터페이스를 포함하여, "어디서나 설계(design anywhere)"를 지원할 것이다.
- HVAC 장비 회사들이 1980년대에 시스템 컴포넌트(즉, Carrier, Trane)을 선택할 목적으로 소프트웨어를 개발한 사례와 비슷한 방식으로 복잡한 배치와 상세설계에 관여하는 제품을 지원하는 BIM 소프트웨어들이 시장에 등장할 것으로 기대한다. 이러한 특화된 소프트웨어는 광범위하게 사용될 것이다. 그 이유는 이 소프트웨어를 활용해서 상세 도면이 만들어질 때만 제품과 함께 특별 제품보증서가 발급될 수 있기 때문이다. 이러한 소프트웨어가 어느 정도 성공할 지 혹은 얼마나 영향을 미치게 될지에 관해서는 아직 분명하지 않다.
- 4D 공정계획 소프트웨어는 상세한 조립, 설치, 혹은 세우기 공사를 해결하기 위한 시뮬레이션 기능을 지원하게 될 것이다. 델미아(Delmia/Huang et al. 2009)와 같은 가상계획 소프트웨어는 항공분야와 제조업에서 가상의 "첫 시험운행 연구(first-run studies)"를 수행하기 위해서 이미 사용되어 왔다. 이는 몇몇 맞춤형 상세도면 작업에 따른 비용을 줄일 수 있다.

8.5.4 도면의 역할

도면은 근본적으로 종이를 바탕으로 하고 있다. 도면기호나 포맷양식은 도면이 2차원 매체이기 때문에 발전한 것이다. 평행투사법은 도면에서 거리를 측정할 수 있도록 하기 위한 방법이다. 디지털 디스플레이 기술이 현장에서 사용될 수 있을 정도로 값이 저렴하고 유연해진다면, 종이로 출력된 도면은 아마도 사라질 것이다. 도면이 더 이상 사용되지 않으면, 이런 도면기호를 사용할 이유 또한 없어진다. 3차원정보모델이 보다 뛰어난 매체이기 때문에, 결국 종이 기반 도면은 사라질 것이다. 분해된 아이소메트릭 도면과 같이 특수 투시도면을 제공하면서, 작업을 더욱 효과적으로 지시하기 위해 활용되었던 도면 또한 사라질 것이다.

설계영역에 있어서 시각적 포맷이 각각의 사용자(건축주, 컨설턴트, 은행, 투자자, 잠재적 수요자)의 관점에 맞추어 만들어진 도면포맷을 대신할 것이다. 이 포맷은 비주얼 콘텐츠에 대한 여러 관련 정보와 음향까지 포함한 표준화된 걷기 뷰(walkthrough view)를 제공할 것이다. 사용자 정의걷기(walkthrough) 기능은 모델에 대한 추가질의를 가능하게 할 것이다. 예를 들어, 클라이언트는 공간에 대한 더 자세한 정보를 질의할 수 있고, 개발자는 임대면적비율에 대한 질문을 할 수 있을 것이다. 비용을 지불받고 이런 서비스를 추가시키는 일은 건축서비스의 가치 또한 높일 것이다.

8.5.5 설계실무: 새로운 서비스의 공급

점진적으로, 다중의 기관들은 시공을 위한 협업과 계획공간을 제공할 수 있는 정보가 풍부한 i-Room에 대한 요구가 있을 것이다. 건축가, 시공자, 그리고 참여하는 제3그룹은 현대적 실무를 위해 필요한 통합 환경을 제공할 것이다. 이 통합 환경은 여러 개의 스크린을 가진 컨퍼런스룸, 여러 디자인, 스케줄, 구매일정관리, 건물계획의 다른 측면을, 보여주기 위한 프로젝터들을 필요로 할 것이다. 미래에 설계 경기는 이러한 서비스를 어느 회사가 제공하는 지를 결정할 것이다. 저비용 "CAVE(Computer-Assisted Virtual Environment)" 시스템과 부가적인 피델리티(fidelity: 전자시스템이 입력신호로부터 음향과 이미지를 재생산하는 과정의 정확성)가 하드웨어 시장을 계속해서 확장해나갈 것이다.

대부분의 프로젝트는 BIM 서버를 이용한 연합 관리하는 방식이 될 것이고, BIM 서버는 각각의 전문영역을 담고 있는 분리된 모델로 다루어질 것이다. 보다 향상된 모델관리자 프로그램이 연합된 모델조합의 일관성을 유지하기 위해 만들어질 것이고, 모델관리자의 역할은 어떤 전문분야에서든 꼭 필요한 역할이 될 것이다. 모델은 에너지, 구조, 환경, 빛, 환경영향, 제조분야의 분석을 위해서 사용될 것이다. 이들은 또한 건축법규 검토, 재료핸드북, 제품의 보증서, 기관에서의 성능평가서, 운영관리절차 등에 맞추어 건물을 평가하는 데 사용될 것이다.

8.5.6 통합된 설계/시공서비스 및 계약

혁신이 일어날 수 있는 또 다른 영역은 프로젝트의 진행과 완공을 지원하기 위한 작업흐름에 대한 보다 분명한 정의를 내리는 일일 것이다. 작업진행계획은 대부분의 대규모 계약의 일부분이다. 내용 명세서와 디테일 수준에 의해서 일을 순조롭게 진행하는 것이 새로운 이정표가 될 것이기 때문이다. 국제 BIM 표준(National BIM standard)에 정의된 작업진행 간의 정보교환은 계약서에 기재되어야 하고, 그 계약서는 어떤 단계에, 어떤 당사자 간에, 어떤 정보의 흐름이 사용될 것인가에 대해서 기술하여야 한다. 이런 일에 대한 계획은 협력 모델을 보다 명확히 표현할 것이다. 그리고, 엔지니어링 컨설턴트, 제조자, 그리고 다른 사람들이 언제 참여할지에 대해서도 분명하게 할 것이다. 이러한 합의는 다시, 프로젝트 기간 동안 각 팀의 팀원구성에 영향을 줄 것이고, 프로젝트 작업흐름을 추적 가능하게 하고, 결과적으로 추가적인 자동화를 가능하게 할 것이다.

성능기반 설계계약은 더욱 보편화될 것이다. 크고 작은 건축주들이 성능지표로서 첫해 에너지 및 다른 생애주기 비용을 명시하기 시작할 것이다. 하지만 이것들은 아직 여전히 예외적이고 새로운 비즈니스 컨소시엄이 새로운 도전에 대응하기 위해 출현될 것이다.

8.6.7 건축제품생산자: 지능화된 제품명세

BIM이 편재하게 됨에 따라, 설계자는 제품공급자의 카탈로그, 가격표 등을 참조하는 하이퍼링크를 포함하는 전자형태의 모델에 직접적으로 삽입될 수 있는 정보를 제공하는 건축모델을 사용하는 것을 선호하게 될 것이다. 오늘날 접할 수 있는 기본적인 건축제품 전자 카탈로그는, 정교하고 지능적인 명세로 발전해서 구조, 열, 빛, LEED 부합여부 및 제품을 기술하고 조달하기 위해 현재 사용되는 다른 상세정보를 포함하게 될 것이다. 시뮬레이션 소프트웨어들 특히, 일조와 에너지 분석을 위한 소프트웨어를 직접 활용할 수 있도록 지원하는 몇몇 소프트웨어의 기능은 현재의 지오메트리 정보통합에서의 중요한 확장부분이 되고 있다. 에너지 분석 모듈의 시뮬레이션 기능을 인증하는 흥미로운 법률적 문제는 새로운 쟁점이 될 것이다.

보다 편리한 의미수준의 검색기능이 만들어지게 되면, 색상, 재질, 그리고 형상에 따라 제품을 검색하는 일이 가능해질 것이다. 그러면 파라메트릭 객체의 호환은 낡은 이슈가 될 것이고, 보다 세밀한 정보호환을 위한 노력이 계속될 것이다.

8.5.8 건설규제: 자동법규체크

법규제한사항 및 계획제한 사항의 일치여부를 자동으로 체크하는 것은 앞으로 10년간 계속 연구되어야 할 분야이다. 이 기능은 아래 두 가지 방법 중의 하나로 공급될 것이다.

- 프로그램 서비스 공급자는 BIM 소프트웨어에 플러그인이 가능한 검토모듈을 팔거나 임대해 줄 것이다. 플러그인은 서비스 공급자가 관리하는 온

라인 데이터베이스로부터 관할 지역 규정에 맞는 법규를 내려 받아서 검토할 것이다. 설계자는 설계를 진행하면서 동시에 법규검토를 하게 된다.

- 외부 프로그램이 법규 검토를 위해 중립모델파일(예를 들어 IFC)을 직접 검토한다. 설계자는 BIM 소프트웨어로부터 중립 파일을 내보내고, 웹 서버 상에서 IFC 모델에 대한 법규 검토를 진행한다.

위 두 가지 방법은 모두 가능한 방법이지만, 처음에 기술한 방법은 설계자가 설계안을 직접 검토하고, 그 내용을 바탕으로 설계를 바로 바꾸어 다시 검토해볼 수 있다는 점에서 설계자에게 편리한 방법이다. 두 번째 방법의 경우 수정하기 전에 외부 보고서에 대한 별도의 해석을 요구한다는 점에서 불편하다. 설계는 본질적으로 피드백을 받고, 변경하고, 다시 검토하는 일련의 반복적인 작업이기 때문에 설계자는 첫 번째 방법을 선호한다.

두 번째 방법은 마지막 단계에서 모델을 검토하는 단계에서 사용될 수 있다. XML 연결을 이용하여 외부의 체크프로그램은 BIM 소프트웨어로부터 정보를 입력받고 에러를 확인하고 수정사항을 제시할 수 있다. 이 두 가지 모두, 계획안이나 법규를 포함하고 있는 파일이 작고, 관리가 용이한 일반적인 형태의 포맷이 되어야 한다.

8.5.9 린 건설 및 BIM

린 건축(Koskela 1992; LCI 2004)과 BIM은 여러 가지 관점에서 일치하는 부분이 많아 함께 발전해나갈 것이다. 건축 설계에 린의 의미(건축주에게 영향을 주지 않는 불필요한 작업 단계를 줄여서 낭비를 막는 것, 예를 들자면, 도면생산에 있어서 협력적인 설계 작업을 통해서 하자나 재작업을 줄이는 것)는 BIM의 기능과 일치한다. BIM은 린 건축이 필요로 하는 모든 것을 실현할 수 있다.

사용자에게 맞춰진 주문생산품을 높은 효율로 생산해내는 것이 린 생산의 핵심 개념이다(Womack and Jones 2003). 핵심요소는 개별제품에 대해서 생산소요시간을 줄이는 것인데, 왜냐하면 BIM은 설계자와 생산자를 도와 건축주의 요구(종종 바뀌는)에 더 잘 대응할 수 있도록 하기 때문이다. 하지만 BIM의 주 효과는 설계단계의 시간이 효과적으로 줄어들게 되었을 때 나타날 수 있다. 개념설계를 빨리 생산해내는 것과 비용정보가 포함된 가시화된 정보로 클라이언트와 효과적으로 대화하는 것, 동시 설계 작업을 진행하는 것, 엔지니어와 효율적으로 조율하는 것, 생산도면작업을 하자 없이 자동으로 하는 것, 선제조 작업(prefabrication)을 원활하게 하는 것 등 모두가 BIM 설계단계에서 나타내는 효과들이다. 따라서 BIM은 린 설계와 시공을 지원한다는 점에서 건설에 있어서 필수불가결한 것이 될 것이다.

명확하게 정의된 관리 및 작업절차는 린 건설의 또 다른 면모이다. 왜냐하면 이것들이 시스템 수준에서의 개선을 위해 필요한 구조화된 실험을 가능하게 하기 때문이다. 몰튼슨(Mortenson), 발튼 맬로우(Barton Malow), DPR과 같은 미국 건설사들은 이미 프로젝트에서 BIM 활용에 관한 표준화된 절차를 정의함으로써 시장을 이끌고 있다. "토요타 방식(Toyota Way)"에서 영감을 얻은 "회사 방식(Company Way)"을 정의하는 것은 건설 회사가 성공적으로 확장하는데 있어서 필수요소가 될 것이다.

8.5.10 건설 회사: 정보의 통합

시공의 다음 단계작업은 전사적 자원관리시스템(ERP)과 건설 BIM과의 통합이다. BIM 모델은 물량, 재료, 공법, 그리고 자료를 관리하는 데 있어서 핵심요소가 될 것이다. 또한 건설관리를 위한 데이터를 자동으로 추출하는 데 있어서 핵심적 역할을 한다. 이러한 초기버전의 통합 시스템은 BIM 디자인 플랫폼에 부착되는 플러그인 소프트웨어의 형태로 2015년 이전에 나타날 것이다. 이런 방식으로 건축 소프트웨어 플랫폼에 부착되는 건설관리 애플리케이션은 기능면에서 제한적이기 쉽다. 왜냐하면 건설에 쓰이는 객체 클래스, 관계, 집합(object classes, relationships, and aggregations)은 근본적인 차이가 있기 때문이다. 시공지향의 BIM 플랫폼들은 건축설계와 상세수준에 있어 보완해야 할 한계가 있다.

후에 전적으로 BIM과 ERP 시스템과의 통합을 목적으로 개발된 프로그램이 나오게 될 것이다. 이들은 아래의 세 가지 방법을 혼합해서 개발될 수도 있다.

- 상세부품을 만드는 회사는 자동으로 디테일링이 되는 파라메트릭 기능이 있는 제품을 BIM 모델에 추가할 것이다. 이런 시스템은 건설계획을 위한 프로그램(일정관리, 견적, 예산 및 자재 구매) 그리고 건설관리(구매, 공정계획 및 관리, 품질관리)를 위한 것들이 될 것이다. 결과적으로 이런 시스템을 통해서 건설 관리를 위한 매우 자세한 모델이 만들어 지게 된다. 여러 프로젝트가 회사 수준에서 여러 개의 모델로 관리될 것이다.
- ERP 시스템의 확장형으로, 특정한 동적 링크가 BIM 모델과 연결될 것이다. 이런 프로그램은 BIM과 명확한 연결을 갖지만, BIM은 외부 시스템으로 남게 된다.
- 완전히 새로운 ERP 시스템이 건설을 위해서 만들어질 것이다. 이는 건설관련 건축모델 기능과 비즈니스, 그리고 제품관리기능(예를 들어 회계, 견적, 주문)들이 긴밀하게 연결된 시스템이 될 것이다.

방법에 상관없이, 훨씬 진보되고 회사 내의 분산된 모든 프로젝트를 통합할 수 있는 건설 관리관련 프로그램이 생겨날 것이다. 이런 시스템은 여러 프로젝트를 위한 작업과 장비분배, 소규모 작업일괄처리(small-batch deliveries) 등의 균형을 맞추는 일들을 해결할 것이다.

일단 ERP 시스템과 통합된 BIM이 일반화되면 자동데이터 추출기술, 예를 들어 레이저스캐닝 LADAR(laser scanning), GPS 위치추적(positioning), 그리고 RFID 태그들은 건설현장관리 및 자재관리를 위한 일반적인 기술이 될 것이다. 이들은 현재의 현장측정 및 관리기술들을 대체할 것이고, BIM은 이를 위한 일반화된 기술이 될 것이다.

BIM을 이용한 디자인과 상업제품정보와의 통합은 건설제품의 사전제작과 사전조립을 활용할 것이고, 이는 건설업과 제조업을 더욱 가깝게 연결함과 동시에 현장에서의 작업량을 줄이게 될 것이다. 이것은 제품의 대량생산을 의미하는 것이 아니라 주문화된 제품의 린 건설을 의미한다. 각각의 건물은 지속적으로 고유한 형태의 설계 작품이 될 것이고, BIM은 신뢰성 있는 사전제작 부품이 보다 많이 사용되도록 할 것이다. 그 결과 기초 작업이 현장에서 시행되는 가장 중요한 일을 하게 될 것이다.

8.5.11 BIM 기술과 고용: 새로운 역할

BIM은 도면작업으로부터의 혁명적인 전환이기 때문에, 요구되는 기술도 많이 다르다. 도면작업이 건축과 건설의 기호에 대한 지식을 요구했다면, BIM은 건물이 실제로 어떻게 지어질 것인가에 대한 지식을 필요로 한다. 도면작업은 2차원 미디어를 이용하여 생각을 표현하는 노동집약적 일이라면, 모델링은 빌딩을 실제로 짓는 것에 가깝다. 따라서 경험 있는 건축가와 엔지니어가 서로에게 단순히 기록으로 작업내용을 기록하는 일보다, 직접 같이 모델링하는 것이 보다 타당한 방법이다. 만약에 BIM을 단순히 CAD의 발전된 버전 정도로 이해하고 활용한다면, 이는 BIM의 빠른 모델생성과 디자인 평가기능 등 BIM의 기능을 간과한 것이다.

건축학교에서 이전에는 물리적 모델로부터 근사해왔던 건물의 디테일들은 BIM 소프트웨어가 제공하는 가상의 모델에 의해 개념적으로 쉽게 대체될 것이다. 그러나 건축교육과 사고 과정에서 BIM 소프트웨어는 새로운 유형의 사고방식과 관련성이 있으며 추상화에 대한 새로운 접근법과 관련이 있다. 건축학교는 이 문제에 대해 연구하고 있지만, 중요 결과는 아직 파악되지 않고 있다.

BIM을 토목학과 학부생들에게 가르친 결과, 학생들이 CAD를 다루는 것보다 BIM을 아주 쉽게 배웠고, 엔지니어링 도면을 생산해내기 위한 복합적 기능을 쉽게 익혔다. BIM은 학생들에게 훨씬 직관적으로 이해할 수 있는 프로그램이고, 그들이 세상을 인지하는 방식과 유사한 프로그램이다. 만약 공학 및 건축학부 과정에서 1학년에 BIM을 가르치면, 그들 스스로 BIM 모델을 만들어내는 것은 단순히 시간의 문제일 뿐이다. 이런 교육이 현재 시작된다면(물론 이미 시작한 학교도 있다), 설계사무소나 건설 회사 인력들이 일하게 되는 시점은 5

년에서 10년 후의 일이 될 것이다.

그 전까지는, BIM 인력의 단계는 도면작업자, 상세도면 설계사 그리고 개념설계 작업이 가능한 설계자로 구분될 것이다. 하위 직급의 작업자가 이런 변화를 보다 쉽게 할 것이며, 결과적으로 설계회사는 설계자와 BIM을 이용한 문서작업자로 나뉘게 될 것이다. 설계자가 모델을 직접 다룰 수 있게 되었을 때, 비로소 전통적인 구분은 흐릿해질 것이다. 대부분의 새로운 기술이 그렇듯이, BIM 기술을 가지고 있는 인력은 공급과 수요의 시장법칙에서 공급이 적은 이점을 갖게 될 것이고 높은 임금을 받게 될 것이다. 이런 효과는 시간이 지남에 따라 점점 줄어들게 되겠지만, BIM을 이용한 생산성의 향상은 건축설계자의 임금상승 효과를 만들어내게 될 것이다.

시간이 지남에 따라 프로그램의 인터페이스는 자연스럽게 보다 직관적으로 발전할 것이고, 심시티(SimCity)나 다른 게임과 함께 자라난 건설 전문가들은 보다 더 쉽게 BIM을 다룰 것이다. 이 시점에선 직접 모델링을 하는 설계자들을 많이 보게 될 것이다.

이런 역할들은 현재의 BIM 기술을 기반으로 한 것이지만, 친환경건축, 견적, 제조, 그리고 BIM의 기타 다른 기술을 잘 다루기 위한 작업환경은 다른 종류의 직업군을 만들어낼 것이다. 이미, 에너지관련 설계 이슈들이 설계팀 내의 전문가에 의해 다뤄지고 있다. 새로운 재료를 이용한 가치공학(Value Engineering)은 또 다른 전문적 분야이다. 우리는 설계와 제조업에서 많은 새로운 직업들을 만나게 될 것이다. 그들은 일반적인 설계자, 시공자가 다룰 수 없어서 점차 증가되는 다양한 전문적인 이슈로 다루게 될 것이고, 이들은 더 복잡한 하청구조를 만들어낼 것이다.

9장

BIM의 사례연구
BIM Case Studies

9.0 BIM 사례연구 소개

본 장에서는 BIM이 중요한 역할을 한 프로젝트 사례 10건을 소개한다. 사례 프로젝트는 BIM의 개척자라 칭할 수 있는 여러 사람들–건축주, 건축가, 엔지니어, 계약사, 시공사, 그리고 현장 작업자들–의 다양한 경험을 담고 있다. 이 중 6건은 본서 초판에 없던 새로운 사례연구이다. 표 9–1에 정리된 10건의 사례는 각각 의료시설, 주거, 오피스, 소매, 음악, 상업공간 등 다양한 기능을 가진 건물들이며, 스포츠 경기장과 다리를 포함하고 있다.

본 사례연구에 소개된 BIM 적용 예 전체를 합쳐서 보면, 광범위한 참여자들(표 9–2)에 의해 이루어진 시설물 설계 및 공사 전 과정(그림 9–1)을 다루고 있다. 각 사례들은 BIM 도구와 프로세스를 사용함으로써 얻어지는 다양한 조직의 여러 혜택을 보여준다. 표 9–3은 1장 1.5절에 이미 소개된 BIM을 통해 얻을 수 있는 구체적인 장점들을 사례 프로젝트별로 정리하고 있다. 표 9–4는 사례 프로젝트들에서 사용된 구체적인 소프트웨어 목록이다. 그림 9–1 및 이러한 표들을 통하여 독자들로 하여금 열거된 사례들을 비교하거나 구체적인 관심 사례별로 선별 선택하여 읽을 수 있도록 하였다.

표 9-1 사례 프로젝트에 대한 기본정보

No.	프로젝트 명, 소재지	개요
1	아비바 경기장, 아일랜드 더블린	독창적인 스타디움 외피 디자인과 제작을 위한 파라메트릭 모델링
2	매리어트호텔 리노베이션 미국 오레곤주 포틀랜드	LEED 승인을 위해 BIM이 적용된 리모델링 사례
3	셔터의료센터 미국 캘리포니아주 캐스트로 밸리	프로젝트 목표와 린 방식, 그리고 팀원들 간 일치된 목표의식 등이 명시된 혁신적인 IPD에 적용된 BIM
4	매릴랜드 종합병원 미국 매릴랜드주 발티모어	시공과 그 이후 효과적인 시설물 관리(FM)를 위한 BIM
5	크루셀 다리, 핀란드 헬싱키	제작부터 현장 시공까지 광범위하게 사용된 BIM을 통한 독창적인 교량
6	뉴욕 11번가 콘도미니엄 미국 뉴욕 맨하탄	복잡한 커튼월 시스템의 설계, 분석 및 선 제작에 적용된 BIM 사례
7	원 아일랜드 이스트 프로젝트 중국 홍콩	설계관리, 입찰, 협업 및 시공계획을 위한 건축주/개발사를 위한 BIM 응용
8	헬싱키 음악당, 핀란드 헬싱키	진일보된 환경평가 및 친환경 디자인을 위한 BIM
9	힐우드 상업시설 프로젝트 미국 텍사스주 댈러스	초기 타당성 분석 및 비용견적 산출에 사용된 BIM
10	미국 해안경비대 시설계획 미국 각 지역	시나리오 계획 및 시설물 평가를 위한 BIM

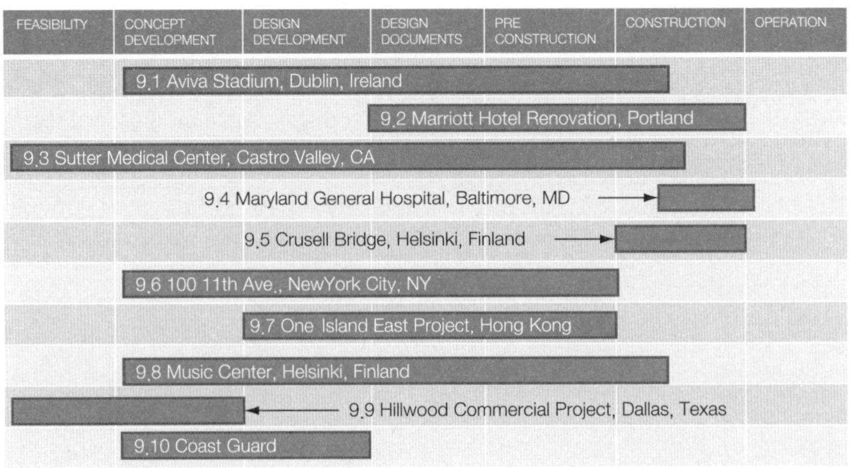

그림 9-1 건물 생애주기 공정관점으로 바라본 프로젝트별 사례연구 범위 표

표 9-2 사례 프로젝트에 관여한 관계자 목록

Participants	9.1 Aviva Stadium	9.2 Marriott Hotel Renovation	9.3 Sutter Medical Center	9.4 Maryland General Hospital	9.5 Crusell Bridge	9.6 100 11th Avenue NYC	9.7 One Island East Office Tower	9.8 Music Center	9.9 Hillwood Commercial Project	9.10 Coast Guard
Owner/Developer	•		•	•	•		•	•	•	•
Architect	•	•	•		•	•	•	•		•
Engineer	•	•	•		•		•	•		
Contractor	•	•	•	•	•		•	•	•	
Subcontractor/Fabricator	•	•	•	•	•	•	•	•		
Facility Operations/End users				•				•		•

표 9-3 1장 1.5절에서 다룬 BIM을 통한 장점의 관점에서 나열한 프로젝트

Project Phase	Benetfis	9.1 Aviva Stadium	9.2 Marriott Hotel Renovation	9.3 Sutter Medical Center	9.4 Maryland General Hospital	9.5 Crusell Bridge	9.6 100 11th Avenue NYC	9.7 One Island East Office Tower	9.8 Music Center	9.9 Hillwood Commercial Project	9.10 Coast Guard
Feasibility study (Chapter 4)	Support for project scoping, cost estimation	•		•						•	•
Concept design (Chapters 4 and 5)	Scenario planning	•		•					•	•	•
	Early and accurate visualizations	•	•	•			•		•		
	Optimize energy efficiency and sustainability										
Integrated Design/ construction (Chapter 5)	Automatic maintenance of consistency in design	•	•	•		•	•	•	•		•

(이어짐)

표 9-3 이어짐

Project Phase	Benefits	9.1 Aviva Stadium	9.2 Marriott Hotel Renovation	9.3 Sutter Medical Center	9.4 Maryland General Hospital	9.5 Crusell Bridge	9.6 100 11th Avenue NYC	9.7 One Island East Office Tower	9.8 Music Center	9.9 Hillwood Commercial Project	9.10 Coast Guard
	Enhanced building performance and quality	•	•	•	•	•	•	•	•	•	•
	Checks against design intent			•		•			•	•	•
	Accurate and consistent drawing sets	•	•	•		•	•	•	•	•	•
Construction execution/ coordination (Chapters 6 and 7)	Earlier collaboration of multiple design disciplines		•	•		•	•		•	•	•
	Synchronize design and construction planning	•	•	•		•	•	•	•		
	Discover errors before construction (clash detection)		•	•		•		•	•		
	Drive fabrication and greater use of prefabricated components	•	•	•		•	•				
	Support lean construction techniques		•	•	•	•					
	Coordinate/ synchronize procurement		•	•	•	•	•				
Facility operation (Chapter 4)	Lifecycle benefits regarding operating costs		•		•				•		
	Lifecycle benefits regarding maintenance				•						•

표 9-4 사례 프로젝트에서 사용된 소프트웨어 체크리스트

Application Area	Software Tool	9.1 Aviva Stadium	9.2 Marriott Hotel Renovation	9.3 Sutter Medical Center	9.4 Maryland General Hospital	9.5 Crusell Bridge	9.6 100 11th Avenue NYC	9.7 One Island East Office Tower	9.8 Music Center	9.9 Hillwood Commercial Project	9.10 Coast Guard
BIM Model Generation Tools											
Architecture	ArchiCAD										•
	Bentley Architecture*	•									
	Digital Project						•	•			
	ONUMA Planning System										•
	Revit Architecture		•	•							
	Bentley Generative Components	•									
	DProfiler									•	
Structural	Revit Structures			•							•
	Tekla Structures			•	•	•			•		
MEP	CAD Duct			•	•						
	CAD MEP			•	•						
	Revit MEP										•
	MagicCAD								•		
BIM-Related Tools											
2D	AutoCAD	•	•	•		•	•	•	•		•
	SprinkCAD			•							
3D	Autodesk Architecture								•		
	StrucSoft Metal Wood Designer			•							
	ProSteel		•								
	Rhino	•					•				
Fabrication	CATIA						•				
	SolidWorks						•				

(이어짐)

표 9-4 이어짐

Application Area	Software Tool	9.1 Aviva Stadium	9.2 Marriott Hotel Renovation	9.3 Sutter Medical Center	9.4 Maryland General Hospital	9.5 Crusell Bridge	9.6 100 11th Avenue NYC	9.7 One Island East Office Tower	9.8 Music Center	9.9 Hillwood Commercial Project	9.10 Coast Guard
Database	Excel	•				•					
	ProjectWise			•							
	Vela Installed Equipment data				•						
Analysis Tools											
Structural	RAM										
	Robot Millenium	•					•				
	Strand						•				
	ETABS			•							
Estimating	DProfiler									•	
	Sage Timberline			•							•
	Innovaya			•							
	Vico Cost Est.								•		
Scheduling	Strategic Project Solutions			•							
	Vico Control					•					
Coordination	Navisworks	•	•	•		•					•
	Newforma		•								
Rule-Checking	Solibri								•		
Survey Control	Trimble RealWorks					•					
Laser Scanning	Cloudworx		•								
Energy	TraneTrace		•			•					

*Bentley Architecture and Bentley Structures are based on the Microstation Triforma platform.

아직 어느 사례도 BIM을 통해 얻을 수 있는 모든 또는 대부분의 혜택을 누리지 못하였다. 사실 BIM 기술을 통해 얻을 수 있는 모든 혜택들을 파악하였을 지도 의문이다. 각 사례연구는 BIM 프로세스를 통해 최대한 이익을 창출하기 위해 각 작업팀이 어떻게 BIM 도구들을 사용하였는지에 초점을 맞추어 BIM 적용 프로세스 중 눈에 띄는 면을 소개한다. 또한 프로젝트 수행 작업 팀들이 새로운 프로세스나 기술의 도입 과정에서 맞닥뜨렸던 여러 문제들을 통해 얻은 다양한 교훈을 집중 조명한다.

대부분의 사례 프로젝트들이 연구 당시 진행 중이었던 관계로 BIM을 통해 얻은 이익에 대해 완전한 평가는 할 수 없었다. 또한 수많은 관계자들이 그들이 진행 중인 프로젝트 정보를 완전히 공개할 수는 없기 때문에 본 사례연구는 다소 제한적일 수밖에 없다. 건축설계, 엔지니어링, 시공, 제작 그리고 부동산개발 분야는 상당히 경쟁이 치열한 분야로서 해당 관계자들이 그들만의 노하우 공개에 미온적일 수밖에 없기 때문이다. 그럼에도 불구하고, 본 사례연구를 위해 대부분의 관계자들은 그들만의 이야기와 사진, 정보, 중요한 식견들을 공유하는데 도움을 아끼지 않았다. 저자들은 각 사례들의 단순한 성공신화뿐만이 아닌, 문제를 해결하고 그 과정에서 배우게 된 교훈과 같은 핵심 사안들을 파악하는데 노력하였다.

9.1 아비바 경기장

독창적인 경기장 외피 디자인과 제작을 위한 파라메트릭 모델링

9.1.1 서론

아일랜드에 위치한 랜즈다운로드(Lansdowne Road) 경기장의 역사는 1872년으로 거슬러 올라간다. 이는 다양한 스포츠 이벤트들을 전문으로 개최하는 공간을 꿈꾸던 한 아일랜드의 젊은 체육인 헨리 월리스 도브톤 던롭(Henry Wallace Doveton Dunlop)의 노력의 산물이다. 1876년에 이곳은 세계 최초로 럭비경기장이 되었고 이후로도 꾸준히 럭비경기에 사용되었다. 1970년대 들어서 경기장은 축구경기도 유치하게 되었다. 원래 랜즈다운로드 경기장은 49,000여 럭비관중 또는 36,000여 축구관중을 수용하였는데, 오랜 시간이 흐르면서 경기장을 둘러싼 더블린의 인구는 늘어갔고, 국제 럭비 및 축구경기를 위한 새로운 요구사항이 커져만 갔다.

새로운 아비바 경기장은 기존의 구조를 완전히 대체하여 50,000명의 관중을 수용할 수 있도록 설계되었다(아비바 경기장의 이름은, 아비바 그룹(Aviva Group) 보험사가 경기장의 명칭 사용권을 10년간 계약했기 때문이다). 세계적 명성의 스포츠시설 전문 건축설계업체 파퓰러스(Populous)가 스캇 탤런 워커(Scott Tallon Walker)와 함께 설계를 맡았다. 구경기장과 마찬가지로, 아비바 경기장 역시 럭비경기와 축구경기 모두를 수용하였다. 새로운 경기장의 경기장 축(main pitch playing field)은 남과 북을 잇고 있는데, 이는 현존 경기장들과 다를 바 없다. 새로운 경기장의 가장 현격한 차이점은 경기장 전체 구조를 덮고 있는, 유기물 스킨의 반투명 지붕이다. 지붕을 이루고 있는 스킨은 모든 관중석을 덮고 있으면서도 동시에 최적의 태양광을 내부 경기영역 및 외부 인접영역에 비출 수 있

도록 한다.

본 경기장은 2007년 5월에 착공하여 2010년에 완공되었다. 본 사례 연구는 BIM을 이용한 혁신적인 비정형 설계(freeform design)에 관한 것이다. 본 연구의 주안점은 경기장의 스킨과 구조를 정의하고, 선 제작 및 시공에 이용될 수 있도록 한 파라메트릭 모델의 개발에 맞추어져 있다.

9.1.2 프로젝트 개요

새로운 아비바 경기장의 디자인은 전체 경기장 구조와 지붕을 감싸는 연속된 곡선들로 이루어져 있다. 경기장은 4단으로 이뤄진 남측, 동측 및 서측 관중석 스탠드를 포함하여 높이가 50미터에 육박한다. 북측 관중석만이 높이가 낮게 설계되었는데, 이는 북측에 면한 주거지역에 끼치는 영향을 최소화하기 위함이다.

프로젝트 총 비용은 약 4억 1천만 유로이다(미화 약 5억 3천만 달러, 한화 약 5,600억 원). 본 프로젝트의 클라이언트는 랜즈다운로드 경기장 개발회사(Lansdowne Road Stadium Development Company: LRSDC)이며, 이 회사는 새로운 경기장의 건설과 운영을 위한 아일랜드 정부와의 합의를 이행하기 위해 2004년에 아이리시 럭비풋볼 유니온(Irish Rugby Football Union)과 아일랜드 풋볼 어소시에이션(Football Association of Ireland)에 의해 설립되었다.

프로젝트 팀은 표 9-1-1과 같이 설계팀, 프로젝트 운영팀, 그리고 자문위원팀(컨설팅팀) 이렇게 세 전문가 집단으로 구성되어 있다. 2005년 4월 25일 LRSDC는 파퓰러스(Populous Architecture: 구(舊) HOK Sport Venue Event)를 주 설계업체로, 프로젝트 매니지먼트(Project Management Limited)를 프로젝트 관리담당으로 지정하였다. 자문위원팀은 그와 별개로 파퓰러스와 프로젝트 매니지먼트에게 프로젝트의 또 다른 부분에 대한 지원업무를 지정하였다. 자문위원팀은 그 지역 건축사무소인 스캇 탤런 워커(Scott Tallon Walker)를 설계팀에 포함시켰다. 구조와 토목, 입면 엔지니어링은 뷰로 해폴드(Buro Happold)가 담당하였으며, 기계는 ME 엔지니어스(ME Engineers Limited)가 맡았다. 프로젝트 관리차원에서, 견적과 비용관리, 조달은 키오 맥코넬 스펜스(Keogh McConnell Spence: KMCS)와 프랭클린 스포츠(Franklin Sports Limited)가 맡았다.

파퓰러스와 프로젝트 매니지먼트는 진행상황을 LRSDC에게 보고하였고, LRSDC는 설계 및 계획, 시공 전반에 대한 관련 내용을 프로젝트 모니터링 위원회(Project Monitoring Committee: PMC)에 제출하고 평가 및 승인을 받았다. 해당 위원회는 더블린시 공무원 및 의회, 그리고 지역 대표들로 이루어져 있으며, 여전히 활동 중이다. LRSDC는 과정평가, 특히 초기설계 안들에 대한 환경영향 평가를 위해 아일랜드 인바이런멘틀 리소스 매니지먼트(Environmental Resources Management Ireland Ltd.: ERM)를 지정하였다.

표 9-1-1 참여 업체 목록

프로젝트 팀	
클라이언트:	Aviva Stadium (Previously (LRSDC)
프로젝트 디렉터:	Michael Greene
스타디움 디렉터:	Michael Murphy
프로젝트 관리:	Project Management Ltd.
수량 관리자:	Keogh McConnell Spence / Franklin Sports Ltd.
설계 및 계획	
설계:	Populous and Scott Tallon Walker
구조 및 토목, 입면 엔지니어링:	Buro Happold
서비스 엔지니어링:	M-E Engineers Ltd.
조경 설계:	Gross Max
케이터링 설계:	Smart Design Group & QA Design
경기장 설계:	The Sports Turf Research Institute (STRI)
계획 컨설턴트:	Tom Philips Associates
방화 컨설턴트:	Michael Slattery Associates
통신:	WHPR
시공	
주 협력업체:	John Sisk and Son Ltd.
철거 및 Rail Corridor:	McNamara Construction
부구조 협력업체:	BAM
철구조 협력업체:	SIAC/Cimolai JV
기계 협력업체:	Mercury
전기 협력업체:	Kentz
지붕 및 외피:	Williaam Cox

최적의 설계 배치 안을 도출한 후, LRSDC는 주 시공업체를 선정하기 위해 국제 공모전을 펼쳐 아일랜드 업체인 존 시스크 앤 선(John Sisk and Son)이 낙찰되었다. 시스크(Sisk)는 특화된 작업을 위해 수많은 협력업체에 대한 책임이 있었다. 철제 지붕구조 시공을 위한 협력업체는 SIAC와 시몰라이(Cimolai)이며, 피복과 지붕공사를 위한 협력업체는 윌리엄 콕스(Williaam Cox)이다.

9.1.3 설계 요구사항 및 콘셉트 전개

랜즈다운로드에 위치한 새로운 아비바 경기장의 디자인 요구사항은 한정된 영역 안에서 5만 명의 관중을 수용할 수 있는 것이었다. 주목표는 이러한 요구사항을 만족하면서 국제경기들을 수용할 수 있는 도시의 랜드마크를 만드는 것이었다. 동시에 시공 과정과 건물 생애주기를 위한 환경적 고려사항들과 함께 복잡하고 다양한 제약사항들을 해결해야 한다. 이러한 일련의 요구사항들과 제약들은 건축적 형태와 구조적 레이아웃을 위해 매우 획기적인 해결방안들을 개발하도록 만들었다.

건축적 형태

개념설계 단계에서 서로 다른 경기장 형태들이 분석되었으며 기본적인 배치안이 도출되었다. 주 안은 경기장을 부드러운 유기물 스킨으로 덮되, 이는 지붕널부터 입면까지 연속적으로 이어지는 것이었다. 설계팀은 다목적 3차원 모델링 소프트웨어인 라이노(Rhinoceros)를 이용하여 이러한 개념을 입체적으로 형상화하였으며, 최적의 배치안을 도출하고자 하였다. 이 과정에서 다양한 개념설계안들에 대한 네 가지의 기준이 적용되었다.

1. 요구된 수용규모를 충족함과 동시에 관중석에서 최적의 시야와 경기장으로의 접근성을 보장하는지 여부
2. 천연잔디가 잘 자라기 위한 최대한의 태양광이 경기장에 투사되는지 여부
3. 인접한 주택들에 최대한의 일조권을 보장하는지 여부
4. 대지의 동쪽 영역에 연습경기장 및 부대시설을 위한 여유 공간을 제공하는지 여부

설계팀은 빛 반사 및 교통, 접근성, 비상대피 등을 포함하여 설계안들에 대해 다각적 분석을 하였다. 그림 9-1-1과 같이 광범위한 일조분석 연구가 남-북 축 및 동-서 축을 기반으로 선행되었다.

신중한 검토를 거쳐, 건축주는 최대한의 요구사항은 충족하면서도 반대급부는 최소화한 계획안인 설계안 A(서쪽에 기댄 남-북 축)를 채택하였다. 설계팀은 동, 서, 남측에 4단의 관중석 스탠드를 둔 반면 북측에는 하나의 단만을 설계하여 높이를 제한하였는데, 이는 북측에 면한 주민들에게 최대한의 일조권을 보장하기 위함이다. 이러한 배치형태는 경기장에 매우 독특한 형태를 만들어냈고, 해당지역에 새로운 스카이라인을 제공하였다. 이는 또한 남측 스탠드에 앉은 관중들에게는 인상적인 더블린시 다운타운의 조망을 볼 수 있는 부수적인 효과도 가져다주었다. (그림 9-1-2)

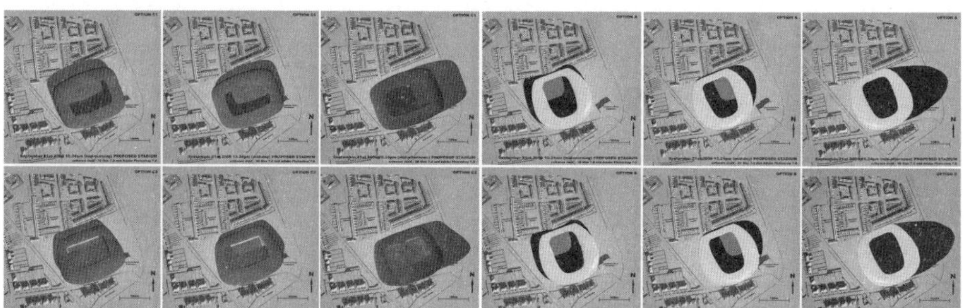

그림 9-1-1
서로 다른 경기장 형태와 배치안들을 평가하기 위한 일련의 일조분석

그림 9-1-2 (좌) 완공된 경기장 전경. (우) 더블린시의 스카이라인을 배경으로 관중석에서 바라본 승인된 안의 조감도(삽입 컬러면 참고)
사진 제공: 크리스 개스코인(Chris Gascoigne).

구조적 레이아웃

본 프로젝트의 가장 혁신적인 부분은 뷰로 해폴드(Buro Happold)에 의해 개발된 지붕구조 설계이다. 지붕은 복잡한 위계 시스템을 가지는 트러스 구조로써, 기본적으로 말발굽 편자모양의 트러스가 동, 서, 남측 경기장 전체에 걸쳐있는 형태이다. 본 말발굽 편자 트러스는 경기장 북측에 위치한 한 쌍의 콘크리트 슈퍼 칼럼과, 경기장을 둘러싼 원형 트러스 및 주 트러스에 연결된 일련의 2차 돌출 트러스들에 의해 지지된다. 원형 트러스는 스탠드 뒤쪽의 기둥들이 받치고 있다. 주 트러스와 원형 트러스 사이로 3차 트러스들이 방사형으로 걸쳐있으며, 주 트러스를 넘어 안쪽으로 최장 15미터의 캔틸레버 형태의 지붕라인이 형성된다.

구조체의 형태 및 깊이, 수량 등은 하중을 지탱하기 위한 목적뿐만 아니라 기능적인 제약사항을 위반하지 않기 위한 조정과정을 거쳐야만 했다. 예를 들어, 만약 주 트러스의 높이가 더 낮았다면 관중석 스탠드 꼭대기에서의 시야는 가려질 수도 있었다. 바닥 현(弦)에 해당하는 트러스의 형태는 건축가들의 미학적 요구사항을 충족시키기 위해 원형 형태를 갖추어야 했고, 동시에 선 제작공장에서 시공현장까지 운송이 가능하도록 깊이는 4.4미터 미만이어야 했다(그림 9-1-3).

모든 이러한 기능적인 고려사항들은 구조체의 성능문제에 잠재적으로 영향을 줄 수 있다는 전제로 파라메트릭 모델에 "설계규칙"으로 포함시킴으로써, 위에서 설명한 여러 제약사항들을 만족하는 개별 구조체 트러스들의 최적의 크기들이 정해졌다. 이러한 파라메트릭 모델을 개발하는 이론적 근거 및 협업 과정은 다음 단원에서 설명한다.

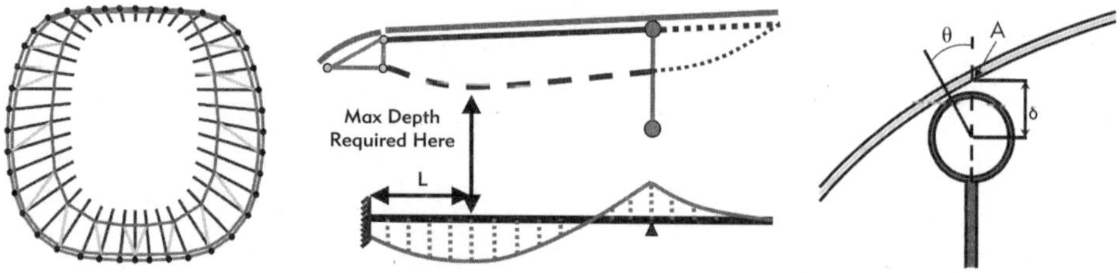

그림 9-1-3 구조적 레이아웃 다이어그램. 주 말발굽 편자 트러스는 지붕의 안쪽의 순환이다. 두 번째 원형 트러스들은 바깥쪽 순환이다. 평 트러스들은 사선으로 말발굽 트러스와 원형 트러스들에 걸쳐있다. 3차 트러스들은 원형 트러스에서 경기장 상단까지 돌출되어 캔틸레버를 형성한다. 파라메트릭 규칙들은 피복 구조와 트러스 사이의 최대 깊이와 간격으로 정의되었다.

9.1.4 파라메트릭 모델링과 협업

프로젝트의 상세설계과정은 두 가지 트랙으로 병행되었다. 첫 번째는 경기장의 "코어"에 해당되는 부분으로, 사발 형태의 경기장과 경기장 영역, 그리고 전체 내부공간과 시설물을 아우르는 경기장의 주 구조체를 위한 것이다. 두 번째는 경기장의 외피를 위한 것이었다.

외피 디자인의 복잡함과 끊임없는 제한사항의 갱신으로 인해, 설계팀은 벤틀리 제너레이티브 컴포넌트(Bentley' s Generative Components 이하 GC)를 이용한 파라메트릭 모델을 기반으로 한 협업체계를 구축하였다. 파라메트릭 모델을 이용한 접근법은 다시 말해, 경기장의 기하학적인 형상정보가 산술적인 계산으로 통제된다는 것을 의미하며, 변경작업을 위한 수작업 편집이나 아예 새로 만드는 일 등이 더 이상 불가능하다는 것을 의미한다.

추후 파라메트릭 모델에 이식된 일련의 디자인 및 모델링 규칙들에 대한 동의가 곧 이 협업 정책의 시작점이었다. 엔지니어들이 경기장 외피를 지지하는 구조물을 설계하는 동안에도, 건축 설계자들은 그 외피의 기하학적 형상에 대한 디자인을 계속하고자 하였다. 책임소재에 대해서 엔지니어들의 부분과 건축 설계자들의 부분을 나누기 위한 가상의 경계선이 논의되었다. 본 인터페이스 레이어의 형상은 건축 설계자들에 의해 통제되고 엔지니어들에게 넘겨졌다. 이는 구조설계 및 관련 자동화된 구조분석이 이루어지는 동안에도 기하학적 형상에 대한 디자인을 가능하도록 하였다. 이러한 규칙을 기반으로, 건축표면의 일정부분에 대한 곡률변화가 발생되더라도 하부의 구조적인 시스템에 대한 자동화된 갱신 및 평가가 이루어질 수 있었다. 다른 한편으로, 엔지니어들이 트러스의 크기나 간격을 조정할 경우에도, 피복 패널이나 브래킷 등과 같은 건축표면에 대한 요소들도 동시에 자동으로 처리되었다. 설계 팀은 이러한 파라메트릭 모델링 기반 협업의 이익에 대해 다음의 네 가지를 예측하였다:

1. 설계 변경에 대해 자동으로 대응함으로써 서로 다른 모델에 대한 일관성

증대 : 모든 설계 및 엔지니어링 모델들은 공통의 파라미터 및 규칙을 기반으로 동일한 환경설정대로 움직이게 된다. 이 방법은 쉽게 다른 안들에 대한 생성을 가능하게 한다.

2. 빠른 피드백: 구조분석이나 분석시간 단축, 응답시간의 단축 등을 위한 데이터처리를 능률화한다.
3. 피복 시스템의 다른 안들에 대한 정의와 처리를 용이케 함: 엑셀 스프레드시트와 제너레이티브 컴포넌트(GC)를 연동함으로써 지붕살구조 패턴을 손쉬운 인터페이스로 처리함. 해당 패턴들은 강렬한 심미성을 부여함과 동시에 공조요구사항을 만족해야만 한다.
4. 와이어프레임처럼 단순화된 모델들과 파라메트릭 모델로부터 생성된 공정을 기반으로 커튼월 및 지붕 협력업체와의 의사소통을 용이하게 함.

9.1.5 파라메트릭 모델링에 대한 기술적인 구현

경기장 외피 형상에 대한 3D 파라메트릭 모델링을 위해 세 종류의 모델링 요소들이 사용되었는데, 이는 (1) 산술 파라미터, (2) 고정된 기하학 형상, 그리고 (3) 제너레이티브 컴포넌트(GC) 스크립트 파일이다. 표면의 컨트롤 포인트들에 대한 위치와 관계된 파라미터, 또는 산술 데이터는 애초에 라이노모델에서 추출되었으며, 엑셀 스프레드시트에 저장되었다. 해당 산술 데이터는 스크립트 코드 형태로 GC로 불러들여졌는데, 이는 애초의 라이노모델을 그대로 재현하면서 동시에 원래의 데이터 포인트들에 대한 수정이 가해질시 어떠한 수정에 대해서든 자동으로 갱신이 되는 것을 가능하게 했다.

경기장의 전체적 기하학 형상을 손쉽게 제어하기 위하여, 그림 9-1-4와 같이 컨트롤 곡선(control curves)을 기반으로 한 그래픽 제어시스템이 구성되었다. 이러한 방법을 통해, 원 모델의 전체 형상을 결정하는 규칙들이 심도 있게 재정의 될 수 있었다. 제어시스템은 경기장 표피의 최종 형상을 결정하는 추가적인 전체 규칙들과 통합되었으며, 추후 경기장 코어시스템과의 충돌문제를 해결하는데도 적용되었다. 본 형상 제어시스템은 또한 파퓰러스(Populous)와 많은 전문가 집단 간의 의사소통을 원활히 할 수 있도록 하였다. 이렇게 컨트롤 곡선을 제어하는 방법으로, 잠재적인 관중석에서의 시야확보 문제 또한 신속하게 분석되고 그에 대한 개선안들이 모델에서 테스트 될 수 있었다.

경기장 형상을 설계함에 있어 적절한 공간적 위계질서를 해치지 않기 위해 (작업 중이 아니거나 완료된) 다른 관람석 층의 형상들은 고정된 파일의 형태로 파라메트릭 모델로 불러들여졌는데, 이는 마이크로스테이션 캐드파일들을 외부 참조파일 형태로 사용하였다. 본 파일들은 경기장 관중석 층의 콘크리트구조에 대한 방사형 배열이나 단면, 관람석 의자 전문가들이 제공한 의자 뒷면의 곡선 등에 대한 측량정보를 포함하고 있다. 해당 파일들은 마이크로스테이션에서 작성되었으며, 고정된 기하학적 형상정보에서 GC 파라메트릭 실체들로 변

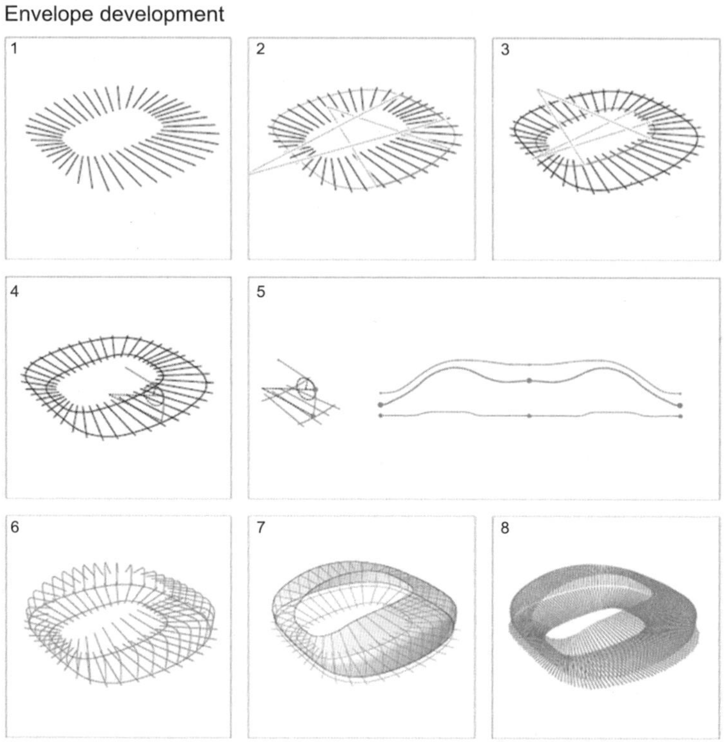

그림 9-1-4
경기장의 외피는 일련의 곡선들로 작업되었다: 1) 정적인 형상을 가진 그리드, 2) GC로 작업된 외곽선, 3) CG로 작업된 내부의 선정리, 4) GC로 작업된 단면, 5) 파라미터 숫자들로 정의된 단면의 그래프, 6) 구조적 정의, 7) 전체적 형상 정의, 8) 프레임들의 정의.

환되는 과정을 통해 최종적으로 파라메트릭 모델로 통합되었다. 엑셀 스프레드시트를 통해 갱신되는 산술 파라미터 및 그래픽 제어시스템을 사용함으로써 경기장 코어와 표피에 대한 조정 작업이 손쉽게 처리될 수 있었다.

경기장 표피와 구조에 대한 기하학 형상을 정의하는 시작점은 일련의 수직평면들이었는데, 이는 지붕구조의 3차 요소들의 위치를 제어하기 위한 것들이다. 하나하나의 평면들은 파라메트릭하게 제어된 평면상의 곡선들과 경기장의 방사형 배열구조의 교차점에 놓여있다. 이러한 평면들 각각의 간격이 구조적 구획을 형성하며, 경기장 표피의 특정 절단면에 대한 2D 단면도를 추출하고 정보를 교환하는데 공간적 참조정보로 사용되었다.

데이터교환을 위한 다른 방법은 부분적 구획모델 및 전체 형상구조를 와이어프레임처럼 단순화된 3D 모델들을 사용하는 것이었다. 다양한 표피구조물의 위치나 치수에 대한 보완적인 정보들은 엑셀 스프레드시트를 통해 정확한 숫자로 추출될 수 있었다.

구조분석 및 피드백

경기장 외피의 건축설계 모델이 디자인 전개과정에서 수많은 반복 작업을 거쳐왔기 때문에, 설계의도에 대한 효과적인 의사소통 메카니즘을 구축하는 것이 필요했다. 이런 연유로 뷰로 해폴드(Buro Happold)의 엔지니어링 팀은 그들의 파라메트릭 모델을 만들기 위해 건축설계 파라메트릭 모델을 기본자료로 사용하기로 하였다. 그러나 엔지니어링 모델은 건축설계모델에 적당한 오프셋과 함께 와이어프레임처럼 중앙선만으로 구성되어 단순화된 버전이 요구되었다. 두 종류의 모델은 엑셀 스프레드시트에 정의된 컨트롤 포인트의 값들로 유기적으로 연동되었다.

뷰로 해폴드(Buro Happold)는 구조분석 모델의 개발을 담당하였다. 본 프로젝트의 가장 도전적인 부분은 바로 엔지니어링 분석을 파라메트릭한 작업흐름에 통합하는 일이었다. 이를 위해 하나의 내부용 응용프로그램을 개발하여 파라메트릭 모델과 구조분석 소프트웨어를 통합할 수 있도록 하였다. 이는 닷넷 C# 언어로 GC의 API를 통해 기본기능을 확장시키는 방법으로 구현되었다. 해당 내부용 프로그램은 GC 파라메트릭 모델로부터 구조분석 소프트웨어인 로봇 밀레니엄(Robot Millennium)으로 직접 정보를 입력 가능토록 하였다. 로봇 밀레니엄에서 부가적인 수작업 없이 데이터처리 분석을 가능하게 하는 자동화 공정이 가능해진 것이었다. 해당 프로그램은 트러스 현이나 레이싱, 보강 브레이싱 등의 구조체 각각의 단면치수를 자동으로 산출하였다. 기본적인 평가 작업은 하중이나 스팬 구조에 대한 엔지니어링 분석을 기반으로 하였으며, 이는 추후 더 많은 일련의 분석 작업들로 개선되어갔다. 결과적으로 뷰로 해폴드는 파라메트릭 시스템을 사용함으로 인하여, 건축 설계팀의 원칙이나 초기 구조적 레이아웃 콘셉트 등이 그대로 적용되어 만들어진 경기장 지붕 구조체를 시공할 수 있었다. 본 시스템은 그림 9-1-5와 같이 수작업에 의한 조정 작업 없이도

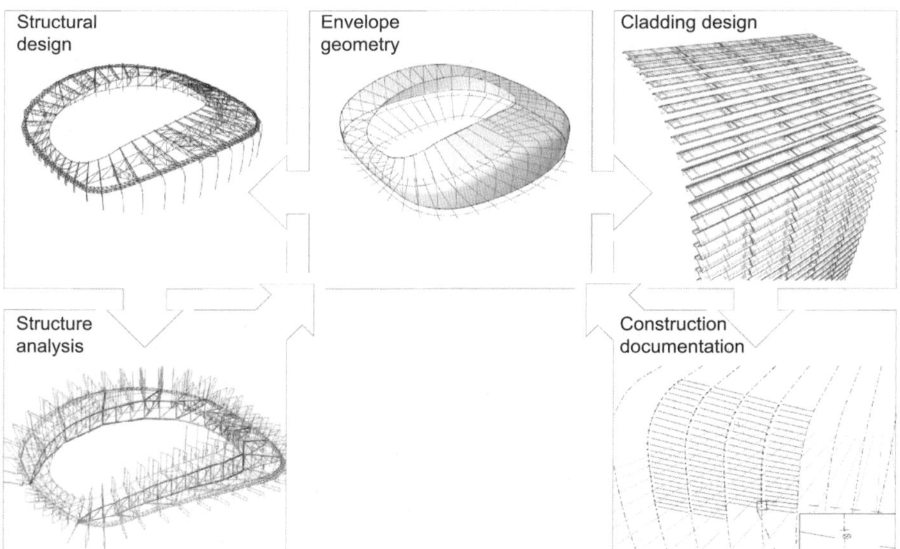

그림 9-1-5
봇 밀레니엄(Robot Millennium) 구조모델과 입력데이터

분석이 가능한 데이터들을 자동으로 산출할 수 있었다.

9.1.6 표피 디테일링 및 제작 그리고 시공

건축 표피설계나 구조관련 모두에게 파라메트릭 모델링이 가져다 준 중요한 것은 경기장을 위한 상세설계 및 제작, 그리고 시공에 이르는 프로세스를 지원했다는 데 있다. 이는 파사드 피복 및 지붕 구조를 포함한다. 두 경우 모두에게 주요한 산출물은 갱신된 와이어프레임처럼 단순화된 형상 모델 및 선형적 요소들에 대한 단면유형과 치수정보 등을 담고 있는 엑셀 스프레드시트 파일이다. 해당 모델 및 연동된 엑셀파일들은 피복 및 지붕 작업을 위한 협력업체들이 최종 작업을 마무리하기 위해서도 사용되었다.

지붕 제작 및 시공

경기장의 표피와 관련하여 하나의 중요한 목표는 지붕으로부터 입면 파사드까지 끊임없이 이어진 표피를 디자인하는 것이었다. 그러므로 표피와 지붕 제작업체 간의 밀접한 상호 협력이 요구되었다. 이는 엔지니어링 팀이 파라메트릭 모델을 이용해서 만든 동일한 중심선 기반 와이어프레임 모델을 사용함과 동시에 주의 깊은 시공 프로세스를 계획함으로써 실현될 수 있었다.

지붕제작 및 시공을 위한 협력업체는 대규모 철골구조 전문업체인 이탈리아 시몰라이였다. 시몰라이의 엔지니어들은 독일 BOCAD라는 제작 및 CAD/CAM 소프트웨어를 사용하였는데, 뷰로 해폴드로부터 넘겨받은 중심선 기반 DWG 파일을 읽어 들여 모든 제작정보를 구축하였다. BOCAD의 사용자정의 매크로기능을 이용하여 자동생성된 접합부 디테일을 이용하여, 해당 모델에서 각기 다른 단면 유형에 대한 상세규격을 생성하였다. BOCAD는 또한 자재관리나 부속목록생성, 부속내포화, 철재 레이저 절단을 위한 NC 코드생성, 그리고 최종 조립계획 같은 중요한 제작공정을 지원하였다.

시공과정은 현장과 현장밖(제작공장 등)의 다양한 공정으로 이루어져 있다. 25미터 길이의 사전제작 트러스 부속을 주 말발굽 편자형태의 트러스로 조립하는 일이 핵심적인 작업이었다. 본 트러스 부속은 현장으로 운송되어온 후 크레인으로 개별적으로 들어 올려 용접한 원통형 멤버들로 구성된다. 말발굽 편자형태의 트러스 조립공정은 경기장 북측 끝에 위치한 콘크리트 슈퍼칼럼에서 시작되어 남측으로 전개된다. 본 트러스 부속들을 지탱하도록 연결부에 임시가구조물이 설치되었으며 접합부가 조립될 수 있도록 하였다(그림 9-1-6).

지붕 말발굽 편자형태 트러스는 모든 메인 트러스의 부속들이 조립된 후 제위치로 시공되었다. 지붕구조의 크기 및 트러스의 속성상 전체 구조는 열팽창 및 흔들림에 대응해야만 한다. 따라서 하중판 및 개별 연결 트러스에 의해 지탱되는 주 말발굽 편자형태 트러스는 단방향으로 움직이는 관중석 뒤편의 베어링 위에 놓음으로써, 전체 구조가 제자리에서 수축이나 이완이 가능하도록 하였

그림 9-1-6
말발굽 편자 트러스의 시공과정. 연결부위의 임시가설타워에 의해 지탱되고 있다.

다. 이러한 변형이 피복설계 및 시공에 미치는 영향에 대해서는 다음 절에서 논의한다.

피복 설계 및 최적화

경기장 표피의 곡선들을 따라 흐르는 일련의 폴리카보네이트 루버 패널들이 피복설계의 주 요소이다. 이를 위해 초기 모델링은 제너레이티브 컴포넌트를 이용하여 표면경계선을 따라 파라메트릭하게 패널들을 자동 생성하는 작업으로 수행되었다. 패널의 너비는 동일하되 다양한 길이로 생성되었으며, 패널 제작사가 명시해둔 최대가능길이에 맞춰서 작업되었다. 이러한 방법으로 각 패널의 정렬과 치수기입은 표피의 다양한 곡면형상에 맞춰 자동으로 조절될 수 있었다.

공조시스템의 요구조건에 부합하는 충분한 공기의 유입을 위하여, 파라메트릭 모델에 지붕창 루버들의 개방 각도를 조절하는 기능을 추가하였다. 요구조건들은 엔지니어들에 의해 계산되었으며 입면 전체에 대한 퍼센트로써 입력될 수 있었다. 설계자들은 단순히 일련의 루버들을 개방하는 기능성보다 심미적으로 디자인된 개방패턴을 중시하고자 하였다. 개방되는 루버들의 개수와 레이아웃을 조절하기 위하여 사용자들에게 익숙한 소트트웨어인 엑셀을 이용하였다. 엑셀 스프레드시트의 각 셀에 지정된 색상이 개방각도에 따라 변화되는 시각적인 방법을 사용하였다. 해당 엑셀파일은 파라메트릭 모델로 불러들여져서 모든 입면패널 하나하나의 개방 각도를 조절하는데 사용될 수 있었다(그림 9-1-7).

패널화를 위한 패턴과 개방 레이아웃은 패널 간의 접합 상세를 위해 고도의 정확성과 최적화가 요구되었다. 그러나 방대한 크기의 피복 모델과 수많은 필요 요소들로 인해 전체 경기장 표피를 완전한 파라메트릭 모델로 만드는 것은 거의 불가능하였다. 이 문제를 해결하기 위해 커튼월시스템 전문가들과의 협력을 거쳐 "분할작업 후 결합"이라는 방식을 적용하였다. 이 방법은 전체 경기장 표피(마스터 모델)의 파라메트릭 모델을 작은 "자식" 모델들로 쪼개는 방법이며, 하나의 자식모델은 네 개의 패널폭만한 3차 트러스를 잇는 구조체의 하나로 구성된다. 마스터 모델로부터의 컨트롤 포인트에 대한 정보는 스크립트언어 기능을 이용하여 엑셀 스프레드시트로 추출될 수 있었다. 또 다른 스크립트언어가 있는데, 이는 해당 엑셀파일을 읽어 들여 각 개별 구조체들을 독립된 GC 파일로 생성해주는 역할을 하며, 개별 자식 모델들을 생성하였다(그림 9-1-4). 이렇게 매우 큰 파라메트릭 모델을 통제 가능한 작은 파일들로 쪼개는 방법을 사용하여 문제를 해결할 수 있었다. 나중에 중심선 기반의 각 개별 구조체 베이 파일들은 최적화 및 상세화를 위해 오토캐드 DWG 파일포맷으로 외피 입면 전문가들에게 보내졌다.

스위스에서 온 피복 엔지니어 전문가들은 커튼월 컨설턴트자격으로, 빗물막이 방수피복설계의 최적화와 기능적 요구사항에 대한 검증을 맡았다. 그들의 주 임무는 경기장 외피를 효율적이고 저비용으로 조립하여 건설할 수 있도록 하는 가치공학자의 역할이었다. 초기 빗물 배수 모델의 분석은 건축가들과의

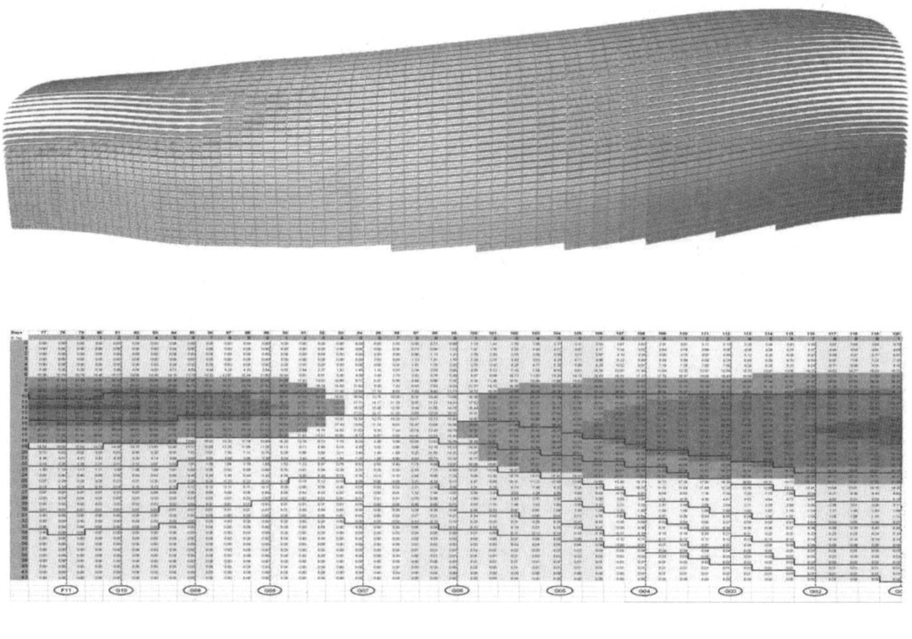

그림 9-1-7
루버 레이아웃. 그러데이션 색으로 채워진 엑셀 스프레드시트로 시각적 조절이 가능하다.

그림 9-1-8
파라메트릭 정의로부터 테스트와 최적화 작업을 수행하는 패널과 브래킷의 상세. 테스트와 계획을 위해 실물크기의 모형이 제작되었다(삽입 컬러면 참고).

협조 하에 GC모델을 이용하여 이루어졌다. 나중에 상세 모델은 우선 중심선 기반의 구조체 모델의 DWG 파일을 이용하여 솔리드 웍스에 구현되었다. 이 과정은 패널 및 브래킷 설정을 위한 대안들을 생성하는 과정을 포함한다. 솔리드 웍스의 매크로 기능을 이용하여 정확한 규모로 자동화 처리되었다(그림 9-1-8).

해당 모델들은 추후 다른 종류의 패널 및 브래킷 설정을 검증하기 위한 일련의 추가 작업에도 사용되었다. 이러한 작업과정에서 중요하게 여겨진 것은, 온도차에 의한 지붕 철골의 팽창과 수축으로 인해 발생 가능한 커튼월 시스템의 측면변형을 예측하는 것이었다(이전 절 참조). 최적화 과정을 거쳐 최종 패널 디자인이 완성되었으며, 서로 다른 패널들의 길이가 4,114개에서 53개로 줄어들었다. 또한 최종 외피 구조체에 추가적인 유동성을 부여하기 위해 특수 주문 제작된 조절가능 브래킷이 적용되었다(그림 9-1-8 참조).

외피 제작과 시공

경기장의 외피는 알루미늄 프레임으로 지탱되는 투명한 폴리카보네이트 수지의 레인스크린으로 구성된다. 이러한 피복구조는 기본적으로 방수의 목적이지만 폐쇄되어 있지는 않다. 특별 관람실이나 프리미엄 관중석과 같은 실내공간은 해당 레인스크린 뒤에 이중창 구조로 되어 있다.

그림 9-1-9 주문자제작 방식의 외피부품에 대한 설계 및 제작.

윌리엄 콕스(William Cox)는 외피담당 협력업체로서 초기부터 설계-시공 프로세스를 추진하기 위하여 건축가 및 Clad Engineering사와 협업을 진행하였다. 이러한 협업체계 하에 네 가지 주요요소로 구성된 주문제작 외피 시스템으로 디자인되었다. 이는 폴리카보네이트 루버 패널, 패널들을 위한 알루미늄 프레임, 알루미늄 회전 브래킷, 곡선 알루미늄 프레임 등이다(그림 9-1-9).

알루미늄 패널 및 브래킷의 제작에는 전통적인 알루미늄 주조법(die-casting)이 사용되었다. 모든 알루미늄 주조 구성품들을 조달할 목적으로 윌리엄 콕스는 지역에 위치한 두 곳의 하청업체와 함께 일하였는데, 이때 솔리드 웍스(Solid Works) 모델을 사용하였다.

폴리카보네이트 패널 제작을 위해 필요한 정보는 파라메트릭을 통해 직접 추출된 엑셀 스프레드시트를 주로 이용하였다. 해당 엑셀은 하나의 구조체 베이의 각 패널, 정확한 길이 치수, 방향, 열림 각도 등의 정보를 정의하고 있다.

그림 9-1-10
클래드 엔지니어링이 제안한 특수 조작선반의 도면 (좌측). 윌리엄 콕스에 의해 제작된 선반에서 알루미늄 프레임에 구멍을 내는 작업 장면 (우측).

그림 9-1-11
외피의 최종 설치장면. 다양한 패널의 방향에 따라 조절 가능한 브래킷과 접합이 사용되었다 (삽입 컬러면 참고).

패널들의 단면정보는 일정하였고 폴리카보네이트 시트로 만들어졌다.

그러나 가장 어렵고 복잡한 과정은 곡선적인 프레임 요소들을 제작하는 것이었고, 이는 다른 프레임 요소들 및 회전 브래킷들과 접합을 위해 전부 미리 타공되어야만 했다. 해법은 클래드 엔지니어링(Clad Engineering)이 디자인하고 윌리엄 콕스가 제작한 특수 조작선반이었다. 알루미늄 프레임을 롤링머신을 이용하여 특정한 반경 값만큼 곡선으로 휘었으며, 특수 조작 선반을 이용하여 드릴링 작업을 하였다. 드릴링을 위한 각 타공 구멍의 위치와 지름 값은 솔리드웍스 3차원 모델을 통하여 자동으로 생성한 제작도면으로 구할 수 있었다. 모든 타공 작업은 수작업으로 진행되었는데, 레이저 장비를 이용한 측정과 특수 조작 선반의 정확한 위치로 유도하는 장치(Jig)를 사용하였다(그림 9-1-10). 최종적으로 각 프레임에 개별 구조체 베이 및 베이 내의 정확한 위치정보를 담은 바코드가 부착되는 것으로 마무리되었다.

현장에서의 최종 조립은 사전 제작된 전체 프레임 부품 및 타공 브래킷들을 적극 활용하였다. 폴리카보네이트 루버 패널과 프레임들도 역시 사전 제작되어 바코드가 부착된 운반대에 실려 순서에 맞춰서 현장으로 운송되었다. 4000여 개의 회전 브래킷의 패널들을 부착하는 작업만이 운송비용절감을 위해 현장에서 진행되었다(그림 9-1-11 참조).

9.1.7 평가 및 교훈

프로젝트의 설계 및 엔지니어링 두 단계에서 모두, 파라메트릭 모델의 디자인과 시공성에 대해 다각도의 평가를 수행하였다. 뷰로 해폴드(Buro Happold)는 지붕의 구조설계를 평가하는데 집중하였으며 파퓰러스(Populous)는 외피디자인에 대한 심미성과 기능성 및 실용성을 평가하는데 초점을 두었다. 명시적인 3차원 형상으로 위치정보와 조합을 정의하는 개체들을 구획하였다.

구조설계 측면에서 두 가지 중요한 교훈을 얻었는데, 파라메트릭 모델링을 통해 건축가들과 긴밀한 협력이 가능하다는 사실, 그리고 컴퓨터 소프트웨어의 커스터마이징을 통해 광범한 이익을 얻을 수 있다는 사실이다. 이중 곡면으로 이루어진 표피의 형상과 그를 위한 트러스 시스템은 복잡할 수밖에 없는 특성이 있고, 이는 설계 모델이 바뀔 때마다 방대한 양의 구조계산이 수반되는 것을 의미한다. 이러한 작업을 위해서는 수작업에 의한 데이터 입력 작업이 일반적이었으므로 엄두를 내기 힘든 장시간의 고되고 실수가 생기기 쉬운 일이었다. 그러나 본 프로젝트에서는 파라메트릭 모델링과 구조분석 소프트웨어간의 통합으로 그러한 문제를 피해갈 수 있었다. 이 방법은 건축설계 모델로부터 자동으로 직접 형상정보 및 하중에 대한 정보를 얻어낼 수 있을 뿐만 아니라, 풍동실험을 통해 얻어진 풍력계수 또한 구할 수 있었다. 뷰로 해폴드(Buro Happold)의 엔지니어들은 최종적으로 51가지의 하중 시나리오를 얻어낼 수 있었으며 이는 수작업이 필요 없이 바로 분석이 가능하였다. 디자인 및 분석 피드백에 걸리는 사이클이 엄청나게 줄어들었다는 사실은 이러한 커스터마이즈된 소프트웨어를 개발하고 사용한 노력이 효력을 발휘했음을 입증하고 있다. 이러한 접근방식은 매우 비용 효율적이었으며, 미래의 유사한 프로젝트들에도 채택될 것으로 생각된다.

파라메트릭 모델링을 사용함으로써 건축설계측면에서도 광범한 이익을 누릴 수 있었는데, 가장 중요한 것은 경기장 외피디자인의 목적을 달성하기 위해 여러 설계안들을 만들고 철저히 테스트를 할 수 있었다는 사실이다. 초기에는 고정되거나 가변의 패널 치수에 따른 여러 패널화 계획안을 계획하였다. 추가적으로, 시공측면과 심미적인 측면을 동시에 고려하여 평면적이거나 휘어진 패널들에 대한 연구 및 개발이 진행되었다. 파라메트릭 모델링 환경 하에서, 소프트웨어를 커스터마이징하여 배수방향 등을 측정하고 제조업체들의 스펙을 넘어서는 패널들을 찾아내는 등의 작업에 사용될 수 있었다. 외피관련 컨설턴트나 협력업체와의 강도 높은 협력을 통해 서로 다른 길이 값을 가진 패널의 숫자를 총 4,144개에서 53개로 획기적으로 줄일 수 있었다. 이러한 파라메트릭 모델링 환경 하에서의 건축가와 협력업체 간의 협업은 저비용으로 제조 및 시공을 할 수 있도록 하는 상당한 수준의 가치 공학적 외피시스템 최적화를 가능하게 하였다.

현장에서는 미세한 조절작업이 필요한 외피를 지탱하는 브래킷과 건물 프레임에 대한 고정 작업만이 이루어졌다. 이러한 조절작업은 콘크리트 프레임의 횡방향 수축과 팽창에 의한 변형과 움직임을 흡수할 목적으로 충분히 예측 가능하였다. 또한 이는 주 철강자재들이 최종 위치로 놓일 수 있도록 순차적인 이동과 시공을 지원하여 종방향의 이동을 가능하도록 하였다. 최종 위치에 놓인 외피시스템은 실시간으로 횡방향 및 종방향의 진동이 발생하는데, 이는 콘크리트와 철강 프레임의 열에 의한 수축과 팽창 그리고 경기장 중앙 관중시설 바닥의 변형에서 기인한다. 여기서의 교훈은 제작을 위한 최종 모델은 기온과 중력, 그리고 기타 하중에 대해 완전한 예측을 바탕으로 한 제작공정을 기반으로 한 준공모델이어야 한다는 것이다.

본 프로젝트 경험에서 얻은 근본적인 교훈은 설계자, 컨설턴트, 협력업체 간의 전문지식을 포착하여 파라메트릭 규칙의 형태로 저장할 수 있는 하나의 가능성을 열었다는 사실이다. 해당 규칙들은 전문가들이 설정해놓은 적정범위 내의 값을 가지는 여러 대안들을 신속히 생성하고 평가하는데 사용되었다.

9.1.8 결론

파라메트릭 모델링은 BIM의 기본적인 바탕기술이다. 아비바 경기장을 위한 건축가와 엔지니어간의 동반관계는 이 기술이 어떻게 혁신적인 결과물을 만들기 위한 고도의 협력적인 설계프로세스에 사용될 수 있는지를 보여주는 탁월한 예제이다. 이 협력의 근간에는 연관 건물 객체들 사이의 통제 가능한 기하학적 형상 및 파라메트릭한 연동에 대한 공통의 규칙이 자리하고 있다. 해당 규칙들은 팀원들의 설계와 엔지니어링에 대한 전문지식과 독창성을 반영한다. 이렇게 다양한 종류의 장점들을 통합할 수 있도록 해준 파라메트릭 모델링이 비용 효율적인 해법을 찾게 해준 핵심이었다.

본 프로젝트의 설계와 엔지니어링 과정에 걸쳐, 디자인을 위한 파라메트릭 모델링을 사용함으로써 많은 이익과 교훈을 얻을 수 있었다. 이 가운데 가장 눈에 띄는 것은 파퓰러스와 뷰로 해폴드, 그리고 지붕 및 외피 컨설턴트와 하청업체 간의 효율적인 협업을 지원할 수 있었던 파라메트릭 모델링의 유연성이다. 이는 신속하고 상대적으로 쉽게 모델을 수정할 수 있도록 함으로써 평가와 피드백 주기를 단축시켰다. 설계사와 엔지니어간의 원만한 관계도 이러한 접근을 성공으로 이끄는데 도움이 되었다.

동시에 몇 가지 난점들도 발견되었다. 파라메트릭 모델링은 개발 및 수정작업을 위해 상당히 고급 모델링 테크닉을 요하는데, 그로 인해 일부 숙련된 사람들만이 모델을 이해할 수 있었는데 이러한 고급기술을 가진 사람이 산업 전반에 걸쳐 별로 많지 않다. 그러나 건축대학 등에서 이루어지고 있는 꾸준한 교육을 기반으로 건축-엔지니어링-시공 산업 전반의 사무실에서 점차 확산되고 있다. 이러한 최근의 추세는 분명 작업흐름의 병목현상을 완화시켜줄 것이며, 풍부하고 복잡한 형태의 모델과 실제 건물들을 건설하는데 큰 도움이 될 것이다.

일반적으로 이러한 프로젝트에서는 전문가 집단과 컨설턴트들이 설계초기부터 통합적으로 움직일 때 이익을 극대화할 수 있다. 모든 협력업체가 파라메트릭 모델링에 능수능란할 필요는 없더라도, 그들만의 전문지식은 반드시 파라메트릭 규칙에 포함되어 새로운 커스터마이즈된 기능을 구현할 수 있어야 한다. 그러한 결론을 통해 조기에 시공성과 제작과 관련한 문제들을 다루는 협력이 가능할 것이며, 이전의 파라메트릭 모델링 솔루션에 포함된 전문지식을 재사용할 수 있을 것이다. 이것이 현재의 수주 및 시공, 납품 과정에서 분명하게 관찰할 수 있는 현상이다.

아비바 경기장 사례 연구에 대한 감사의 글

본 사례연구의 원저자는 조지아텍 건축대학 Ph.D 프로그램의 척 이스트만(Chuck Eastman) 교수가 2008년 봄학기에 담당한 BIM 사례연구 수업을 수강한 안드레스 카비어스(Andres Cavieres)이며, 에반겔로스 얀나스(Evangelos Yannas)의 도움을 받았다. 아비바 경기장의 시공이 완료된 뒤, 이는 본 도서를 위해 채택되었고 수정되었다.

저자들은 본 사례연구를 할 수 있도록 그들의 식견과 자료를 제공해 준 폴 셰퍼드(Paul Shepherd)와 배쓰(Bath) 대학의 롤리 허드슨(Roly Hudson), 파퓰러스(Populous)의 데이빗 하인스(David Hines)에게 감사를 표하는 바이다. 본 도서에 사용된 이미지들은 파퓰러스, 폴 셰퍼드, 롤리 허드슨에게서 제공받았다.

9.2 매리어트 코트야드 호텔(Courtyard by Marriott)

리모델링과 LEED 인증을 위한 BIM의 사용

9.2.1 프로젝트 개요

1982년 포틀랜드의 업무지구 중심가에 건설된 토론토 국립건물(Toronto National Building)은 20여 년 동안 거의 사용되지 않았다. 2009년 SERA 건축가들이 현대식 호텔인 매리어트 코트야드 호텔(그림 9-2-1 과 9-2-2)로 변경하면서 마침내 사용되기 시작하였다. 주요 참여회사는 표 9-2-1에 나타나 있다. 기존 13층 건물에 3개 층을 증축하였고, 모든 입면을 새롭게 설계하였으며, 호텔의 요구에 맞추어 새로운 시스템을 추가하였다. 또한 기존의 구조를 새로운 구조하중과 현재의 건축법규에 따라 개선하였다. 인접한 3층 건물들을 철거하고 주차장과 공공기능, 카지노의 영업지원을 위한 4개 층의 구조물로 대체하였다.

이 프로젝트는 에너지 효율 증대, 물소비 감소, 저탄소방출, 고품질의 실내환경, 자원의 효율적 사용으로 미국 그린협회(U.S. Green Building Council)로부터 LEED(Leadership in Energy and Environmental Design) 골드인증을 받았다.

그림 9-2-1
주출입구의 시각화

그림 9-2-2
다목적 호텔의 레빗 모델

표 9-2-1 프로젝트 개요

프로젝트 유형: 오피스 건물에서 호텔로의 리노베이션
대지: 300 SW 6th Avenue, Portland, OR
주요 참여업체
건축주: Sage Hospitality
설계: SERA Architects
주요시공: Hoffman Construction Company
구조/토목 자문(컨설턴트): KPFF
설비/전기(MEP) 자문(컨설턴트): TGA
협력업체(Subcontractors)
기계, 설비, 전기(MEP) 설계: Portland Mechanical Contractors Inc.
전기 설계: Portland Electric Group
저전력 설계: Network Technologies, Inc.
소방 살수장치(스프링클러): Basic Fire Protection Inc.
입면 프리캐스트 패널: Niradia Enterprises Inc.
완공: 2009년
규모: 256 객실
시공비용: $39,000,000 (약 430억 원)

아마도 가장 파격적인 설계결정은 건축의 철거가 아닌 복구를 선택한 것이었다. 최소한의 자원 사용을 위한 이 결정은 기존의 구조와 새로운 시스템과의 통합 측면에서 여러 어려움을 발생시켰다. 해결책으로 건물 전체를 3D 스캔하여 정확하고 신뢰할 만한 기하학적 형상을 만들었고, 이것은 구조계산과 에너지 분석, 협력업체 간의 조율, 공정계획을 위한 일관성 있는 BIM 모델들을 위한 기본 정보로 활용되었다. 이 프로젝트는 LEED 인증과 상업 건축물의 리모델링에서의 BIM 사용의 좋은 예이다.

9.2.2 프로젝트 목적

도심영향

상업지구의 중심에 위치한 이 호텔은 대중교통 몰에 인접하고, 여행객을 공항과 대다수의 도시로 연결한다. 또한 건물로 둘러싸인 지역을 재활성화시키고 기존의 낙후된 길모퉁이에 활력을 불어넣는다.

구조의 재활용

설계팀은 기존 구조물의 잠재적 가치를 인식하고, 철거와 리노베이션과 관련된 비용을 비교 후, 완전히 새로운 구조를 만드는 대신 리노베이션을 선택하였다.

이 건물은 생산적으로 활용되기 위해서는 새로운 투자가 필요한 "얼어붙은 자산(frozen capital)"으로 인식되고 있었다. 본 프로젝트의 "건물 재활용" 결정은 공사로 인한 인접한 업무시설의 업무방해를 최소화하였고, 공기를 단축하였으며, 지역의 교통 혼잡을 줄여 주었다.

지속 가능한 설계

건축주와 설계 팀은 호텔 산업에서 고성능의 녹색건축이 가능하다는 것을 보여주고 싶었다. 이러한 목표와 더불어 호텔 브랜드의 수준도 만족시키고 투숙객에게도 안락함을 제공해야 했다.

자원의 효율성

호텔은 24시간 내내 물과 에너지가 많이 소비되는 건물이다. 따라서 에너지와 물이 효율적으로 소비되도록 설계하였다. 자재는 실내공기의 질에 따라 선택하였다. 투숙객의 밀도가 높은 지역은 오염물질을 방출하는 것을 방지하고, 객실 공간은 신선한 공기를 제공하기 위한 냉난방 환기장치(HVAC) 시스템을 조절할 수 있도록 하였다. 또, 다른 목표는 에너지의 소비를 줄이기 위해 자연채광을 최대화하는 것이었다. 이 목표는 입면과 인테리어 배치 사이에 세심한 조율로 이루어졌다. 건축주와 건축가들은 위에서 제시된 목표를 달성함으로써 높은 수준의 LEED 인증을 받고 싶어 했다.

9.2.3 설계 방법

도전

가장 어려운 점은 모든 입면을 바꾸고, 기존 13층에 3개 층을 증축하고, 건물의 외피(그림 9-2-3)를 새롭게 설계하며, 내부구조를 완전히 수선하고, 일체의 새로운 기계시스템을 설치하는 것이었다. 또한 주변의 3층 규모의 건축물을 철거하고 호텔을 위한 4개 층의 새로운 지지 구조와 대체했고, 양쪽의 구조물을 연결하여 하나의 건물로 기능하도록 하는 것이었다.

입면 설계

입면 설계는 실내의 일조요구에 부합하면서도 낮은 창 면적비(window-to-wall ratio)를 갖도록 하였다. 이를 위해, 천장 가까이에 창을 배치하여 표준크기의 창에서 얻을 수 있는 일조를 최대한 유입하였다. 또한 유리는 고성능 유리를 사용하고 유리가 아닌 부분은 단열성능을 높였다.

시스템

256개의 호텔 객실에 냉난방 환기장치와 온수시스템, 그리고 추가적인 폐열회수시스템(heat recovery system)이 적용되었다. 이 시스템의 조합으로 ASHRAE

그림 9-2-3 시공 순서(삽입 컬러면 참고)

그림 9-2-4
일반적인 설계흐름도

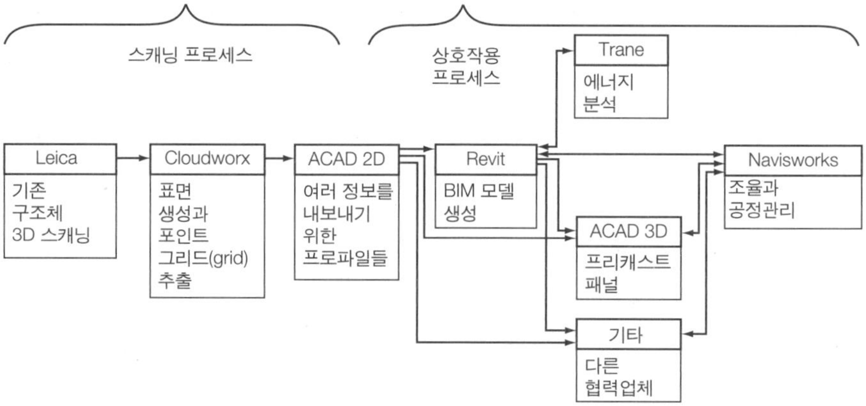

(American Society of Heating Refrigerating and Air Conditioning Engineers, 미국 냉난방 공조학회)의 기준보다 30%의 에너지사용을 감소시킬 수 있었다.

설계 업무흐름

전반적인 설계 업무흐름(그림 9-2-4)은 두 단계로 이루어졌다. 정확하게 신뢰할 수 있는 기존 구조물 정보를 얻기 위한 스캐닝 프로세스와 이러한 기본정보로부터 도출된 여러 BIM 모델들 사이에서의 상호작용 프로세스였다. 이러한 단계들에 대해 아래 두 절에서 설명하였다. 프로젝트 관리는 설계 프로세스에 따라 프로젝트 문서와 파일을 저장할 수 있는 프로젝트 문서 관리 도구인 뉴포마(Newforma)를 사용하였다.

9.2.4 기존 구조물의 스캐닝

원래 건물은 시공품질이 매우 낮아 한 번도 점유허가를 받지 못하였으며, 따라서 준공 이후 거의 20년 동안 비어있었다. 기존의 상태를 이해하기 위해서 전체 구조체를 레이저 스캔했다. 주 건설사였던 호프만(Hoffman) 건설사는 스캐닝 프로세스를 담당하였다. 이 프로세스는 초기 입찰에는 없던 것이었지만, 기존 구조체의 복잡성을 고려하여 프로젝트에 레이저 스캐닝 서비스를 할 수 있도록 발주처와 협상하였다. 호프만이 레이저 스캐닝 경험을 가지고 있었기 때문에, 호프만이 스캐닝 서비스를 제공하였다. 호프만은 이 작업을 위해 라이카의 타임 온 플라이(Time-on-Fly) 스캐너를 사용하였다(Jacobs 2010). 스캔된 포인트 클라우드(point cloud) 데이터는 클라우드웍스(Cloudworx) 소프트웨어를 이용하여 기존 건물의 형상을 표현하는 면의 형태로 전환되었다. 높은 밀도의 포인트 클라우드는 기존 상태와 새로운 설계의 통합을 가능하게 하였다.

스캐닝 프로세스(The Scanning Process)

각 층의 평탄도 측정을 위해서 한 층당(총 14층) 네 번의 스캔이 이루어졌으며, 입면의 상태를 측정하기 위해서는 모두 4개의 입면을 각각 두 번의 스캔이 이루어졌다. 이렇게 스캔한 각 부분의 데이터들은 거대한 포인트 클라우드로 통합되었다(그림 9-2-5). 불규칙한 슬래브의 모서리와 기둥 그리드, 심벽(core walls)의 기존 형상을 이해하기 위해 이 정보들을 클라우드웍스로 불러들였다. 클라우드웍스는 오토캐드(ADC 2010)와 데이터 호환이 잘 된다. 호프만 건설사는 처리된 수많은 데이터를 단순화하기 위해 건물 본래의 포인트 클라우드를 층별로 나누고, 각 층별로 슬래브와 벽, 기둥의 형상을 생성했다. 이 작업은 핵심이 되는 형상의 특징을 구별하고 본래의 포인트 클라우드 데이터를 정리하고 보여주기 위한 것이었다.

그림 9-2-5
통합된 3D 스캔.

이미지 제공: 호프만 건설사

표면생성(Surface Generation)

포인트 클라우드 데이터를 잘라서 2D 도면을 빠르게 만들 수 있었고, 이러한 과정을 통해 어떤 횡단면에 대해서도 고해상도의 기하학 정보를 얻을 수 있었다. 이러한 단면으로부터 평면과 단면 초안을 플로팅(plotting)할 수 있었다.

라이카 클라우드웍스(Cloudworx)는 사용자가 건물형상을 2D로 보여주기 위해 필요한 기준면을 정의할 수 있도록, 점을 찍어서 포인트 클라우드가 지나가는 면을 정의할 수 있다. 이러한 2차원 절단면(slice)은 기존 위치에서 조감이미지의 표현을 위해 이동시킬 수 있다. 클라우드웍스가 한 번에 한 단면 밖에 생성할 수 없다는 한계가 있지만, 가동성(movability)을 통해 이러한 한계를 극복할 수 있다.

모델은 수작업으로 포인트 클라우드의 동적 2D 단면으로부터 추출하였다. 줌(zoom)과 스냅(snap) 기능을 이용하여 단면상의 라인과 폴리라인을 뽑아냈다(Cloudworx, 2002). 이러한 과정은 정확한 산출물을 제공하고 수작업의 리모델링 프로세스의 수고를 줄여 주었다.

면 모델링(Surface modeling)은 스캔된 포인트 클라우드가 객체를 표현하기 위한 데이터 구조를 가지고 있지 않았기 때문에 층별로 이루어졌다. 스캔된 정보로부터 수많은 세부정보들이 생성되었고, 생성된 정보를 수작업으로 검토하였다. 그림 9-2-6의 아래에서 볼 수 있는 것처럼 주변 나무들도 스캔되었다. 이러한 구조화와 정리과정이 완료되면, 새 버전의 층 표면 모델(floor surfaces)의 상대적인 위치정보를 알 수 있도록 기존 파일과 함께 하나의 파일로 저장하였다.

사람은 포인트 클라우드에서 어느 부분이 건물구성 요소인지 식별할 수 있지만, 현재 기술로는 기계가 자동으로 건물구성 요소들을 정확하게 인식하는 것이 불가능하다. 그러한 이유로 이러한 스캐닝 과정은 지극히 노동집약적이고

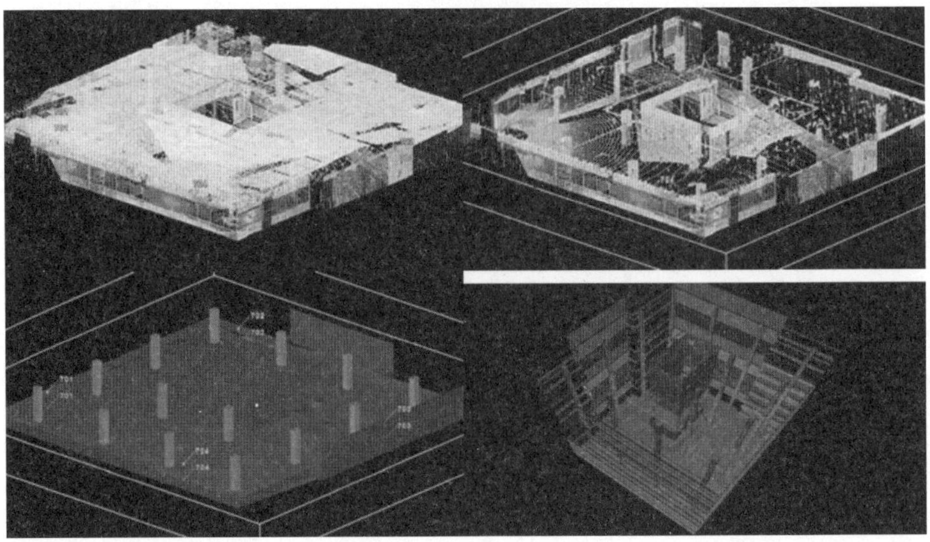

그림 9-2-6
층별 모델링 프로세스
상좌: 전 층 포인트 클라우드
상우: 시각화를 위해 천장제거
하좌: 면 모델링
하우: 층 데이터베이스
(삽입 컬러면 참고)

이미지 제공: 호프만 건설사

인적과오(human error), 착오 또는 스캔된 데이터의 잘못된 해석의 여지가 있다. 그렇지만 여전히 이러한 도구들과 이와 관련된 방법을 사용하는 것은 복잡한 구조체에 대한 정확한 정보를 얻는데 유용하다.

포인트 그리드(Point Grid)의 교정

슬래브, 벽, 천장, 기둥, 기타 중요한 건축 요소들을 표현하는 면들을 모델링한 후, 스캔한 모든 층들을 하나로 묶어 서로 일관성에 문제가 없는지, 오류나 층마다 치수에 차이가 없는지를 검토하였다(그림 9-2-7).

수정된 면의 기하학 정보를 바탕으로, 일정 간격으로 새로운 포인트 그리드를 생성하였다. 이러한 상세한 분석을 통하여 몇몇 장소에서 층별 기둥 그리드가 최대 3인치까지 차이가 나고, 슬래브의 모서리는 4인치까지 처져있는 곳도 있다는 것을 알게 되었다. 호프만의 매니저인 대일 스테닝(Dale Stenning)은 2009년 라이카 지오시스템즈 HDS 월드와이드 사용자 컨퍼런스(Leica Geosystems HDS Worldwide User Conference)에서 "우리가 층별 기둥 위치가 조금씩 차이가 난다는 것을 미리 알아내지 못했다면, 후에 현장에서 그것을 발견되었을 때는 큰 문제

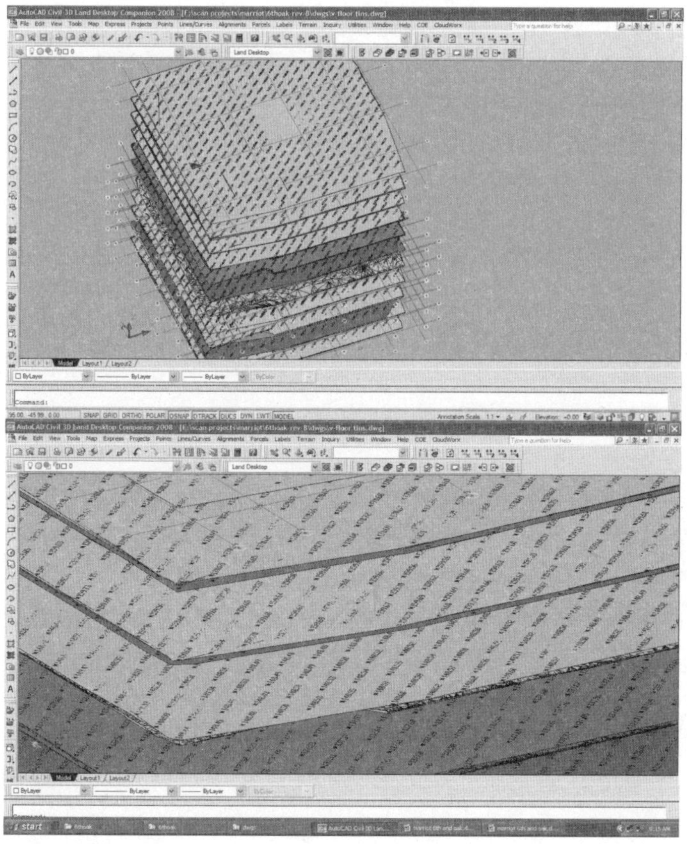

그림 9-2-7
슬래브의 정규점 격자계 (regular point grid) 생성

이미지 제공: 호프만 건설사

가 됐을 것이다"라고 지적하였다. 이렇게 불규칙한 슬래브의 기하학 정보는 프리캐스트 패널의 입면 모서리 위치를 정의하는데 매우 중요하였다. 만약 패널을 설치하는 동안 이 정도의 오차를 발견하지 못했다면 이음새 씰(seal)의 성능이나 단열에 큰 영향을 미쳤을 것이다.

9.2.5 입면 프리캐스트 패널

두 번째 단계에서는, 스캐닝 프로세스에 의해 생성된 건물 구조체 정보에 근거하여, 각 목적에 맞는 다양한 모델들이 각 협력업체에 의해 만들어진다. 레빗(Revit) BIM 모델은 설계를 위해 만들어졌다. 이 모델은 견적과 자재명세서, 에너지, 물 소비를 고려한 의사결정을 위한 주요 정보가 되었다. 모든 기계/설비/전기(MEP) 시스템이 레빗에서 정의되었다. 마침내, 프로젝트의 조정과 계획을 위해 모든 모델이 내비스웍스(Navisworks 2010)로 통합되었다. 이 시점 이후 내비스웍스 모델을 이용하여 모델들 간의 반복적인 상호작용 과정이 이루어졌다. 이러한 과정을 통해 주된 레빗 3D 모델을 검토하고 계속적으로 정제하는 게 가능하였다.

2D 프로파일에서 3D 솔리드 모델생성

정확한 입면 선을 뽑아내기 위해 수정된 그리드 포인트에서 수작업으로 선과 폴리라인을 따라 그렸다. 이 새로운 오토캐드 2D 도면 세트를 입면패널 제작업체인 니라디아 엔터프라이즈(Niradia Enterprises Inc.)에게 전달하여 업체에 맞는 기존 구조체의 솔리드 모델제작을 할 수 있도록 하였다. 그들은 철제 스터드 배치를 관리하고 물량표를 작성하기 위해 프로스틸(Pro-Steel) 애드온(add-on) 프로그램과 오토캐드 2008을 사용하였다.

각 층을 스캐닝하여 설계팀에게 의미 있는 구조체 데이터를 제공할 수 있었다. 우선 기존 구조체의 결함 때문에 건물외피에 기존 구조체 이상의 하중을 추가할 수 없었다. 게다가 기존 구조체가 포스트텐션 슬래브를 이용하여 기존 층의 모서리를 제거할 수 없었다. 설계팀은 이러한 기존 건물의 구조적 제약 내에서 해결책을 찾아야만 했다.

초기 패널 설계는 슬래브 높이를 모두 균일하게 설계했지만, 고해상도의 측량을 통하여 슬래브의 높이가 매우 불규칙한 것을 알아냈다. 다행히 실제 제작 프로세스 전에 포인트 클라우드에서 이러한 오류를 찾아낼 수 있었다. 그림 9-2-8처럼 슬래브의 높이차를 없애기 위해 슬래브 끝선을 따라 콘크리트를 한 번 더 쳤다.

호프만은 이러한 효과에 대해, 일반적으로 현실은 가상모델과 큰 차이가 나는데, 레이저 스캐닝을 사용함으로써 BIM 모델에 "현실 레이어(reality layer)"를 추가한 것과 같다고 표현하였다. 이러한 과정이 정확한 결과를 가져옴에도 불구하고 2D 프로파일과 3D 솔리드 모델은 기본적으로 수작업으로 제작되기 때

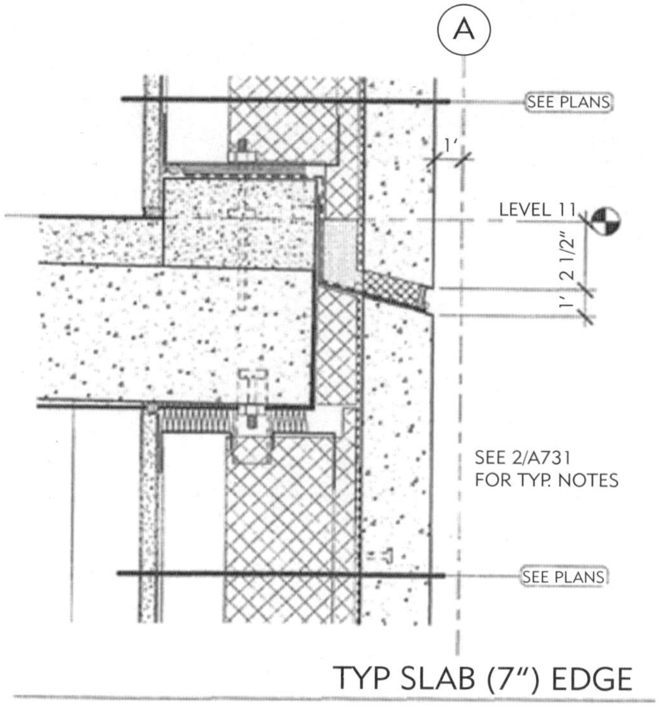

그림 9-2-8
슬래브의 모서리 디테일, 슬래브의 높이를 맞추기 위한 콘크리트 치기와 벽 패널을 붙이기 위한 연석형태의 받침

문에 지극히 노동집약적이다.

프리캐스트 입면패널 설치

프리캐스트 패널은 니라디아 엔터프라이즈(Niradia Enterprises, www.niradia.com)에 의해 캐나다에서 제작되었다. 니라디아(Niradia)는 호프만 건설사에서 하청을 받은 퍼포먼스 콘트랙팅(Performance Contracting, Inc.)의 협력 업체였다. 프리캐스트 패널 시스템은 상대적으로 가벼워 기존구조체가 감당할 수 있는 하중이 한계가 있었기 때문에 선택되었다. 패널 공사에서 가장 어려웠던 점은 슬래브가 평평하지 않은 상태에서 슬래브 외곽은 모든 높이가 같도록 해야 한다는 점이었다. 프리캐스트가 층과 층 사이에서 일정하게 설치될 수 있도록 슬래브 끝선을 따라 연석(curb)형태로 콘크리트를 치기하였다(그림 9-2-9). 실내쪽 거푸집에 하자가 있어 콘크리트가 내부로 밀려들어오는 경우에는 이를 깎아냈다.

실내쪽 방향에 금속 스터드가 매립된 대략 300여개의 외벽 패널이 만들어졌다. 패널은 세 개의 기본적인 패턴으로 구성되었다. 양쪽 면에 창문 개구부가 있는 패널과 오른쪽에만 창문 개구부가 있고 왼쪽에는 움푹 들어간 면이 있는 패널, 반대로 왼쪽에만 창문 개구부가 있고 오른쪽에는 움푹 들어간 면이 있는 패널로 구성되었다. 이 패널들은 입면을 따라 교차로 설치되었고, 몇몇 예외를 제외하고는 크기가 같았다. 패널은 2층에서부터 시작되었고, 바닥쪽과 기존 조

그림9-2-9
프리캐스트 패널 설치 프로세스

건을 충족하는 곳에는 특별한 디테일이 있었다. 12층의 패널은 층간 높이가 다른 층보다 높았기 때문에 크게 제작되었다. 패러핏(parapet) 패널도 큰 패널이 사용되었다. 모서리의 상태가 서로 달라서, 모서리 조건에 따라 특별한 패널과 그와 관련된 세부 장식을 추가 적용했다. 층간의 강한 수평선들이 기존의 구조체를 표현해주었고, 교차하는 창문의 수직적 패턴이 호텔 객실이 갖는 단위 공간의 느낌을 표현해 주었다. 반복적인 패널 시스템의 마감은 샌드블래스팅과 색상을 이용하였다. 결과적으로 빠르고 순조로운 공사가 되었다.

9.2.6 레빗에서 LEED 인증까지

LEED 인증

LEED(The Leadership in Energy and Environmental Design program)는 에너지, 물 소비, 탄소 배출, 실내 환경 성능, 환경영향과 관련이 있는 미국 그린 빌딩 카운슬(U.S. Green Building Council)에 의해 만들어졌다. LEED 프로그램은 건물의 생애주기 동안에 보다 지속 가능한 설계솔루션과 시공 프로세스, 유지관리를 구현하기 위한 프레임워크를 정의한다. 기존구조물의 재사용을 고려한 초기 설계결정은 환경적인 영향과 공사 프로세스에 사용되는 자원의 사용을 최소화하기 위한 것이었다. SERA 건축설계사무소의 도전과제는 어떻게 그린 LEED의 표준과 호텔 산업의 전통적으로 높은 소비 수준을 조율하는 가였다. 스캔을 통하여 생성된 레빗 모델은 물절약, 실내공기의 질과 같은 바람직한 LEED 인증에 필요한 정보를 제공해주는 주요 정보원으로 쓰였다. 에너지 절약의 경우, 레빗모델(그림 9-2-2)을 트레인 트레이스(Trane Trace/Trane 2008)에서 개발한 에너지 모델의 기본모델로서 사용되었다.

물 소비 절약

호텔은 모든 객실에서 저수량 설비장치(low-flow back-of-house fixtures), 대소변 구분형 양변기(dual-flush toilets), 저수량 수도꼭지 에어레이터(low-flow faucet aerators)의 사용을 통해서 물소비의 26퍼센트를 절약하였다. 이는 호텔이 일반적으로 물소비가 많은 건물이라는 측면에서 큰 절약 값이었다.

공기의 질

자재의 선택은 재활용 자재, 지역에서 생산되는 재료, 거주자의 건강에 초점을 맞추었다. 투숙객에게 건강한 환경을 제공하기 위해서 객실 벽의 마감은 PVC를 사용하지 않고, 벽장 등의 맞춤가구에는 요소포름알데히드를 첨가하지 않았다.

Energy Model

- 고성능 유리
- 단열증가
- 고효율 조명
- 고효율 냉난방 환기장치
- 고효율 온수기
- 폐열 회수시스템

에너지 모델링 작업은 CAD 모델로부터 건물설계 정보를 입력받아 트레인 트레이스(Trane Trace)를 이용하였다. 레빗으로부터 트레이스에 실질적이고 정확한 값을 넘길 수가 없었다. 그래서 컨설턴트들은 수작업으로 에너지 데이터를 입력하였다. 에너지 분석에 추가된 금액이 $20,850에 소요되었지만, 호텔이 향후 10년 동안 유틸리티 비용으로만 $600,000를 절약할 수 있을 것으로 예상되었기 때문에 절약되는 금액과 환산 비교했을 때는 매력적인 투자가치로 여겨졌다. 에너지 모델링으로부터 얻는 또 다른 이득은 에너지 모델이 모든 협력업체들이 정보를 요구하기 때문에, 모든 설계와 시공조율팀이 하나의 팀으로 일해야만 한다는 점이었다. 이들은 에너지 모델링 프로세스를 통해 후반에 현장에서 나타날 수 있는 간섭문제를 파악하고, 설계 프로세스 초기에 그러한 문제들을 해결할 수 있었다.

에너지 모델링 노력을 통하여 일반적인 건물에너지 소비량에 비해 30%를 절약할 수 있었다(그림 9-2-10). 이런 일련의 행위가 가치가 있는 결과(즉, LEED 인증)를 가져왔지만, 이 프로세스를 통해 에너지 분석결과가 설계에 피드백 되는 과정을 거치지 못하는 현실적인 장애요인이어서 매 설계변경 때마다 새로 에너지 분석데이터를 수작업으로 입력해야만 하는 불편한 과정이기도 했다.

9-2-10
에너지 모델분석 결과

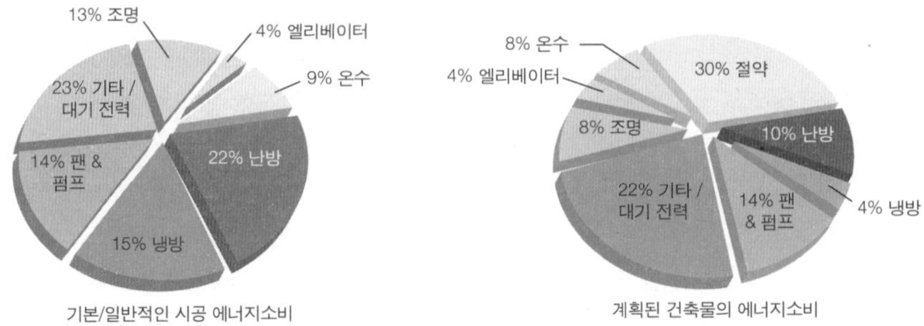

Energy model cost = $20,850
Annual savings = $60,000

LEED 분석 결과

코트 야드 호텔은 LEED 골드를 받은 첫 매리어트 호텔 건물이었다. 본 사례는 중급 규모의 호텔이 산업계의 운영관례와 기준을 무시하지 않고 높은 수준의 건물성능을 달성할 수 있는가를 보여주는 첫 사례가 되었다.

지속가능한 개발을 하려면 추가적인 투자(그림 9-2-11)가 필요함에도 불구하고, 오래곤 주의 인센티브 제도로 그런 초기 투자비용을 보상받을 수 있으며, 10년 후에는 건물의 관리비에서 $675,000 이상의 비용을 줄일 수 있을 것으로 예상된다. 연간 에너지 사용량과 물 소비량은 운영 첫 해부터 각각 30%와 26%를 줄일 수 있을 것으로 예상되었다. LEED 골드를 인증 받기 위해 소요된 추가 비용은 전체 공사비용에서 단지 1.2%에 불과했지만 레빗 모델에 근거한 인테리어 자재의 오염물질 배출량 예측을 통해 투숙객과 종업원을 위한 건강한 실내 환경을 보장할 수 있었다.

그림 9-2-11
LEED 표준을 달성(achieve)하기 위한 추가투자

Courtyard by Marriott Portland City Center, Portland, OR - LEED Gold Target Opening Spring 2009
Values specific to the Pacific NW

간접비	
인센티브 등록	$ 1,822
LEED 등록비용	S 6,820
수수료	$ 90,000
에너지모델	$ 23,850
LEED credit calculation	$ 43,000
LEED 프로세스 관리	$ 50,400
총 간접비용	$ 215,892

경성비용 할증 지속가능한 목표를 달성허기 위한 전형적인 것 이상	
지속가능한 대지	$ 2,400
용수(물) 효율(Water Efficiency)	S 16,240
에너지와 공기	$ 188,800
자재와 자원	$ 0
실내환경 질	$ 46,610
혁신과 설계	$ 0
총 할증(Premiums)	$ 254,050

간접비 & 직접비 비용할증(공사비의 1.2%) $ 469,942

인센티브	
주 보조 인센티브	$ 280,000
주 세액 환급 인센티브 (pass through)	$ 153,942
도시발전 부담금 감면	$ 124,176
총 인센티브비용	$ 558,118

직접비용 할증(Premiums) $ 88,185

유틸리티 비용회수 & 운영	
연간 에너지비용 절감	$ 58,035
연간 상하수비용 절감	$ 5,880
추가 운영비용(1회)	$ 2,000
연간 그린 파워(Green Power) & 비용(2년)	$ 8,360
연간 저연비 자동차(2년)	$ 2,400
운영비용 절감(1년)	$ 52,355
운영비용 절감(2년)	$ 63,115
운영비용 절감(10년)	$ 676,331

(연간 2% 유틸리티비용증가)

수입과 지출		개발과 시공			운영									
		1년	2년	3년	1년	2년	3년	4년	5년	6년	7년	8년	9년	10년
<u>현금수입</u>														
유틸리티절감					$ 63,915	$ 65,193	$ 66,497	$ 67,827	$ 69,184	$ 70,567	$ 71,979	$ 73,418	$ 74,887	$ 76,384
인센티브			$ 124,176			$ 433,942								
<u>현금지출</u>														
그린 파워				$ (16,720)										
그린 하우스킵핑					$ (2,000)									
집카(Zip Car)					$ (2,400)	$ (2,400)								
간접비														
시공프리미움		$ (215,892)												
시설프리미움			$(143,114)											
			$(110,927)											
건물	감가상각 세금 절감				1,503	1,503	1,503	1,503	1,503	1,503	1,503	1,503	1,503	1,503
시설	감가상각 세금절감				3,328	6,656	6,656	6,656	6,656	6,656	6,656	3,328		
		$ (215,892)	$(129,865)	$(16,720)	$ 64,346	$ 504,894	$ 74,655	$ 75,985	$ 77,342	$ 78,726	$ 80,137	$ 78,249	$ 76,389	$ 77,887

그림 9-2-13 내비스웍스(Navisworks)의 협업과 스케줄링

또한 설계팀은 호텔산업기준(SERA 2010)에 맞추어 LEED 비용편익 분석을 하였다(그림 9-2-12). 세금절감 효과는 정액법(straight line depreciation)을 사용하여, 세금 비율은 42 %, 건물 수명은 40년, 설비 수명 7년을 예상하여 계산하였다. 프로젝트팀은 녹색건물을 만들기 위한 노력으로 프로젝트에 투입된 투자비용 대비 수익이 26%가 될 것이라고 주장하였다(관리비용은 2%씩 증가한다고 가정). 이 연구는 호텔 산업에서 더 높은 LEED 등급의 추구를 위한 기본 자료가 되어 제공된 정보는 산업 내부에서 잘 받아들여지고 있다.

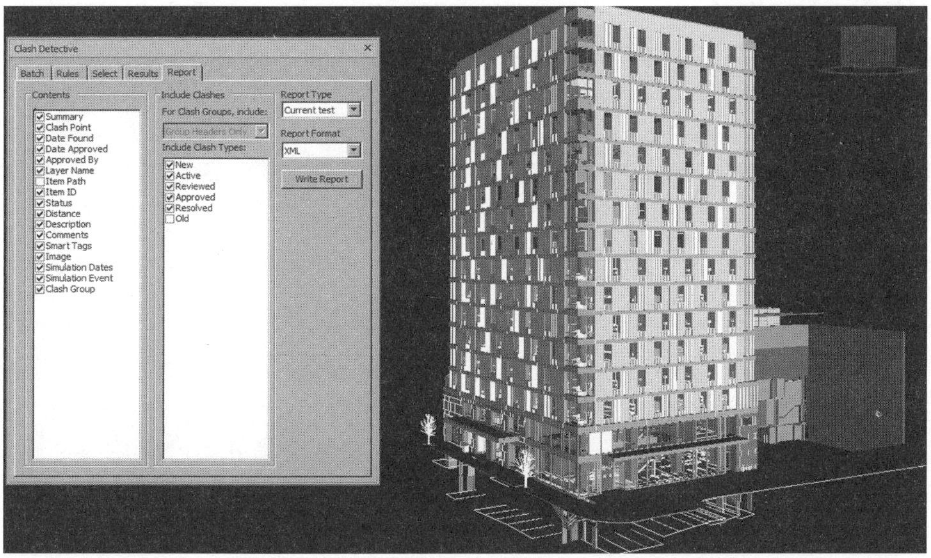

그림 9-2-13
내비스웍스의 협업과 스케줄링

9.2.7 협력업체 간의 조율

팀조율

이 프로젝트는 한정된 기간 내에서 수행되었다. 설계는 대략 7개월, 시공은 대략 19개월이 소요되었다. 조율(coordination) 프로세스를 간소화하고 많은 수고를 줄이기 위해 팀 프로젝트는 하나로 통합된 문서관리시스템을 사용하기로 결정하였다. 팀은 여러 선택 가능성을 조사한 후에 뉴포마(Newforma 2010)를 사용하기로 결정하였다. 이 프로그램을 통해 팀원들은 생성된 모든 파일(문서, 모델, 프레젠테이션, 기타 유사 파일)을 하나의 장소에 보관하고 접속할 수 있었다. 이렇게 하나의 중앙 애플리케이션으로부터 전송물, 공문서, FTP 형식의 대용량 파일 등을 생성하고 수신함으로써 관리를 단순화하였다.

협력업체간의 교류는 내비스웍스 모델을 사용하였다. 이 때 처음으로 SERA와 프로젝트 컨설턴트들이 공동으로 내비스웍스를 사용하였다. 내비스웍스 모델(그림 9-2-13)은 초기 스캔한 구조체의 기하학정보에서 도출된 여러 측면의 레빗 모델들의 통합을 가능하게 하여, 조기에 각 모델간 충돌과 간섭을 파악할 수 있었다. 팀은 시공단계에서 발견되면 해결에 매우 큰 비용이 들어가야 하는 대연회장의 기계시스템과 기존 구조체간의 잠재적인 간섭을 발견하였다. 이러한 내비스웍스의 기능은 팀이 시공단계에서 문제에 대해 대응(reactive)하기보다 설계단계에서 사전대응(proactive)할 수 있도록 찾아 주었다. SERA 팀은 이에 대해 "나중에 발생되지 않기를 바라는 것을 그냥 두고 보기보다는 설계단계에서부터 당신이 원하는 것을 얻을 수 있다"고 하였다. 결과적으로 설계팀에서 사용된 레빗 모델은 프로세스 과정을 거치면서 지속적으로 수정 보완되었다. 통합된 내비스웍스 모델은 부재의 선 제작에도 쓰였으며, 시공 프로세스를 용이하기 위해서 4D 스케줄링에도 사용되었다. 내비스웍스 모델은 설계팀이 기계시스템, 에너지, 저전압, 배관작업, 냉난방환기장치 등과 관련된 다양한 방면의 컨설턴트와 보다 유연하게 작업이 가능하도록 하였다. 공사프로세스의 시뮬레이션은 프로젝트의 복잡도를 더 깊게 이해하고 시공 중에 잠재적인 간섭을 예상하게 해주어, 공기지연과 공정계획 문제를 줄이는 것을 도와주었다. 내비스웍스와 뉴포마 간에 자동화된 링크는 존재하지 않았다.

9.2.8 교훈

스캐닝

3D 스캔에서 포인트 클라우드가 처리될 때 객체를 인식할 수 있을까? 현재의 스캔된 데이터가 매우 정밀하고 기존도구와 관련 방법들을 쓰면 복잡한 구조체의 정보도 추출할 수 있는 것이 사실이지만, 여전히 이러한 과정이 지극히 노동집약적이고 인적과오(human error), 착오 또는 정보해석 오류의 여지를 갖고 있다. 사용자는 시각적으로 어느 부분이 어떤 건물요소인지 인식할 수 있지만, 현재 기술로는 아직 자동으로 그런 작업을 수행할 수 없다.

설계와 평가의 상호작용

어떻게 설계와 분석 과정의 정보교류를 향상시킬 수 있을까? 현재의 프로세스는 이러한 프로세스들 간의 상호작용을 방해한다. 설계는 레빗 환경에서 생성되는 반면, 에너지소비 분석의 경우에는 트레인에서, 간섭검토분석은 내비스웍스에서 수행된다.

이렇게 서로 평행선상에서 각자 작업이 이루어지고 정보의 중복입력이 필요하게 됨으로써 조율에서의 위험요인이 증가되어, 프로세스를 느리게 만들며, 설계과정 동안 프로젝트의 다른 여러 면에서의 피드백을 감소시킨다.

공종별 모델의 동기화

다른 분야의 BIM 모델들을 모두 동기화시킬 수 있을까? 동일한 3D 스캔 데이터로부터 일관성 있는 모델들이 각기 다른 목적으로 제작되었다. 이렇게 여러 모델들은 하나의 정보원에서 만들었지만, 뒤로 가면서 서로 점점 달라진다. 뉴포마 문서 관리 시스템을 통해 다른 설계 팀들이 각기 어떻게 동시다발적으로 설계를 발전시키고 있는지 보여주는 필터링 기능은 의사소통과 건물모델의 동기화를 향상시켰고, 실시간 설계피드백을 지원하는데 도움을 주었다.

감사의 글

이 사례 연구는 본래 척 이스트만(Chuck Eastman)이 지도하는 조지아텍 건축대학의 설계 컴퓨팅 수업에서 박사과정인 마르셀로 베르날(Marcelo Bernal)이 작성하였다. 빔 전문가인 크로우포드 스미스(Crawford Smith)와 SERA 건축설계사무소의 프로젝트 건축가인 발렌스키(Ballensky), 호프만(Hoffman) 건설사의 회사운영 매니저인 데일 스테닝(Dale Stenning), 니라디아 그룹(Niradia Group)의 기술개발 매니저인 애시 보트로스(Ash Botros)의 협력으로 발전되었다. 이미지는 특별히 언급하지 않는 것을 제외하고는 SERA 건축설계 사무소에 있다.

9.3 셔터의료센터 카스트로 밸리(Sutter Medical Center Castro Valley)

프로젝트의 목적과 린 방식, 그리고 팀구성원 간 보장된 목표를 정합하는 것을 명시한 혁신적인 통합사업관리(IPD) 계약방식 내 BIM

9.3.0 소개

본 사례연구에서 다루게 될 병원 프로젝트는 캘리포니아 카스트로 밸리(Castro Valley)의 셔터헬스(Sutter Health)가 발주한 것으로, 캘리포니아 주 정부로부터 내진

보강의무를 요구받고 있는 기존의 낡은 에덴 메디컬 센터(Eden Medical Center)를 대체하는 것이다. 프로젝트팀은 설계와 시공 초기단계부터 지속적인 협업을 가능하게 하는 것으로 인기를 얻고 있는 통합사업관리(IPD) 체계로 구성되었다. 또한 본 프로젝트에서 채택된 IFOA(Integrated Form of Agreement, 통합형태의 합의문)는 11개의 주요 팀 내 참여조직들이 우발위험 준비금(Contingency Fund)을 공유함에 따라, 수익 또는 손실발생의 기회요인을 연대적으로 관리할 수 있게 명시하였다. 셔터의료센터 프로젝트는 BIM과 린(lean) 건설 프로젝트 관리기법을 함께 적용한 관리접근방식이 과연 미래지향적인 프로젝트 관리기법이 될 것인지, 그리고 만약 그렇다면 어떠한 조건 하에서 더욱 효과적인지에 관해 면밀히 살펴볼 만한 선도적인 프로젝트이다. 본 사례연구는 시공초기(말뚝 박기, 기초시공, 철골세우기 30% 공정률) 시점에 작성되었으며, 당시 상세설계는 완성되지 않았다. OSHPD (Office of Statewide Health Planning and Development, 가주 보건계획 개발부)의 단계적인 요건에 근거하여 설계 작업 일정이 계획되었으며, 이에 관한 마일스톤(milestones)을 준수하는 것은 건축주의 최우선 목표였다. 이로 인해 착공승인에 소요되는 기간을 단축시키고, 보다 광범위한 설계와 시공단계의 중첩이 가능했는데, 여기에는 OSHPD와의 긴밀한 협업이 필요했다. 또 하나의 중요한 프로젝트 목표는 건축주의 예산초과 부담위험을 줄이는 것이다. 이를 위해서 프로젝트팀은 본 사례연구에서 소개되는 다양한 계획, 협업, 조달 전략들을 채택하였으나 본 프로젝트의 고유한 특성들이 이례적인 결과로 이어질 지를 파악하기에는 다소 이른 시점이다. 하지만 모든 프로젝트 팀 대표들을 대상으로 한 설문조사 결과와 성공적인 목표 원가분석, 개선된 설계기능, 그리고 OSHPD로부터의 빠른 착공승인을 획득한 본 프로젝트가 유사규모의 일반적인 설계시공 분리발주(Design-Bid-Build) 프로젝트와 비교하여 약 6개월 빨리 착공한 것에 비추어 보았을 때, 현재까지는 매우 유망한 조짐을 보이고 있다.

9.3.1 프로젝트 개요 및 건축주의 목표

프로젝트 개요

셔터의료센터, 카스트로 밸리(Sutter Medical Center, Castro Valley, 가칭 SMCCV)는 카스트로 밸리에서 지난 55년 동안 173개 병상을 갖추고 앨러미다 카운티(Alameda County)와 인근 지역사회 거주자들에게 비영리 의료센터로서의 역할을 수행해오던 에덴 메디컬 센터(Eden Medical Center)를 대체하게 될 것이다. SMCCV 프로젝트는 기존의 급성질환 전문병원(acute care facilities)에 대해 2013년 1월 1일까지 교체/개축(replacement) 또는 내진보강(seismic retrofit)을 요구하는 알퀴스트 병원 시설물 내진안전 법령(Alquist Hospital Facilities' Seismic Safety Act of 1983)과 캘리포니아주 상원 법안 1953(California State Senate Bill 1953)에 따라 착수되었다. 2013년 1월 1일까지 신규 병원이 준비되기 위해서, 셔터헬스는 병원의 계획, 견적, 설계, 허가, 시공, 승인, 그리고 개원이 5년 3개월 내 완료될 수 있는 방법을 찾아야

그림 9-3-1
신규 개축 병원 건물 및 교정배치에 관한 컴퓨터 생성 이미지

이미지 제공: 셔터헬스 및 드베니 설계 그룹

만 했다. 이와 동시에, 자치 주로부터의 착공허가도 득해야만 했다. 이러한 시간적 압박으로 인해 본 사례연구에서 소개되는 계약과 설계, 시공절차에는 급진적인 접근방식이 요구되고 있었다.

SMCCV 프로젝트의 대지규모는 76,770㎡(개략적으로 기존 에덴 메디컬 센터의 교정규모)이며, 시공기간과 그 이후에도 중단 없이 기존 에덴 메디컬 센터 교정에서 급성질환 전문병원으로서의 의료 서비스를 제공할 수 있어야 한다. 지금부터 소개되는 연속적인 사건들은 2009년 중반부터 계획 준공시점인 2013년 말까지 약 5년 동안 발생된 것이다.

표 9-3-1 OSHPD에 대한 설계도서 및 문서제출과 준공기한을 포함한 주요 프로젝트 마일스톤

약 1,852m² 규모의 기존 진료부 건물철거
기존 42세대 주거단지 철거(Pine Cone Apartments)
에덴 메디컬 센터(Eden Medical Center) 내에서 기존 헬리콥터 착륙장(45.7m) 이전
약 21,370m², 7층, 1인실 130병상 규모의 최신 급성질환 전문병원 건설
약 2,695m², 27병상 규모의 기존 로렌 그로브 재활 병원(Lauren Grove Rehabilitation Hospital) 철거
기존 에덴 메디컬 센터(Eden Medical Center) 철거
신규 지상 주차공간의 개발/재개발, 교정 내 보행체계(campus circulation) 및 기타 단지 개량(조경, 우수배수 시설 개선, 친환경 방음벽("green" sound walls), 벽면 녹화("living walls") 등)

건축주의 목표

본 프로젝트에 대한 셔터 헬스의 구체적인 목표는 표 9-3-2에 제시되어 있으며, 프로젝트 계약문서 청구서 1에 기술되어 있다.

빠른 사업진행과 엄격하게 제한된 예산, 그리고 린 건설 프로젝트 수행을 위해 BIM 활용을 극대화하는 설계와 시공 간 협력적인 접근법의 광범위한 적용은 건축주의 매우 야심찬 목표이다. 본 사례연구는 이 중 얼마나 많은 목표들이 달성되고, 이 과정에서 어떤 사안들이 해결되어야 하는지를 분석해 볼 것이다. 모든 프로젝트 참여자들을 대신해 건축주의 든든한 지원으로 본 프로젝트는 생생한 학습경험을 제공하였다.

표 9-3-2 SMCCV 프로젝트에 대한 건축주의 구체적 목표

개요
건축주의 목표를 충족시키지 못하고서는 프로젝트가 성공적이라고 말할 수 없다. 종종 이러한 목표들은 말로 표현되지 않거나 불분명하고, 때로는 시점과 당사자별로 달리 해석된다. 하지만 이를 방지하기 위해 본 프로젝트에서는 아래와 같이 명백하게 목표들이 규정되었다.
목표 1: **구조설계 완성:** 2008년 12월 31일까지 OSHPD의 검토를 위한 최초 추가패키지 제출
목표 2: **프로젝트 비용:** 프로젝트 총 비용 $320,000,000(기존 병원 철거비용 포함) 내에서 관리
목표 3: **프로젝트 완료:** 2013년 1월 1일까지 신규 개축 병원의 개원 및 영업을 위한 완전한 준비완료
목표 4: 의료공급 체계 혁신 셀룰러 개념(cellular concept) 의료시설 계획 활용 관제센터 개념(control center concept) 활용 전자 건강기록(electronic health record) 시스템 수행
목표 5: **환경적 책무** 다음중 하나의 조건 만족: • LEED 의료시설(LEED for Healthcare) 실버(SILVER) 등급 기준(초안) • 신축건물 LEED 버전 2.2(LEED NC v2.2) 실버(SILVER) 등급 기준 • LEED 의료시설(LEED for Healthcare) 인증(CERTIFIED) 등급 획득(최종) • 신축건물 LEED 버전 3.0(LEED NC v3.0) 인증(CERTIFIED) 등급 획득
목표 6: **설계와 시공 수행방식의 전환: 본 건축물은 의료복합시설의 설계와 시공 수행모델의 상당 부분을 전환시키게 될 것이다.** • IFOA 하에서 총 예산의 높은 비율(higher percentage of total budget under IFOA) • 새로운 인센티브(incentive) 구조(수익분배/고통분담) • 프로젝트 목표들을 정의하는 새로운 방법 • 설계 절차에 관한 새로운 방법론 • 약속을 체계적으로 계획하고 관리하는 새로운 방법론 • 주 규제기관(state regulatory agency)과의 적극적 참여(engagement) 방법론 • BIM 및 가상설계/시공의 광범위한 활용 • 목표가치 설계(target value design) 활용 • 정교한 커미셔닝(commissioning)과 운영 및 유지보수의 이양(handover) • 에너지 모델링

9.3.2 계약 방식에 관한 프로젝트 관리기법 개요: 셔터헬스의 IFOA

본 프로젝트는 최초로 11개 참여자(11-party)를 포함하는 IFOA 10(Integrated Form of Agreement, 통합형태의 합의문) [1]을 이용하였는데, 여기에는 건축주, 설계사, 종합건설회사, 핵심설계 컨설턴트(key design consultant), 핵심 하도급업체(key trade partner) 그리고 린(Lean)/VDC 건설 컨설턴트 모두가 계약의 당사자(cosignatories of the agreement) 및 통합사업관리(IPD) 팀구성원으로 조직되었다. 이전 버전의 IFOA는 건축주, 설계사, 종합건설회사만 핵심팀을 구성하도록 하는 3자(3-party)간 계약이었다. 본 프로젝트의 IFOA는 중요한 모든 프로젝트 참여자들을 포함시켜, 그들이 공동으로 협업하고 BIM 기술을 사용하며 프로젝트 수행시스템에서 낭비요소를 제거하는 린 실무(lean practice)를 수행하도록 요구하였다. IFOA 서명자들은 만약 프로젝트가 목표예산을 초과 또는 절감한다면, 이에 대한 리스크 또는 절감액을 공유한다.

셔터헬스는 통합 프로젝트 팀들과 이러한 린 설계 및 시공 실무에 관해 지난 5년 동안 실험해오고 있다. 그들은 최근의 프로젝트들에서 이러한 기술들을 활용해 상당한 성공을 거두고 있으며, 이 중 하나의 프로젝트는 BIM 핸드북 1판에 소개되었다[9.3.3장 카미노 메디컬 그룹 마운틴 뷰 복합 진료소 건물 참조]. 본 프로젝트는 과거 프로젝트들로부터의 교훈들을 확장하고 형식화하는 대표적인 프로젝트로서, 훌륭한 통합사업관리(IPD) 계약이 무엇인지, 또 이것이 어떻게 본 프로젝트의 목표(48th Meeting of Invited Attorneys에서 소개됨)를 달성할 수 있도록 지원하는지에 대한 좋은 본보기이다.[2]

아래는 린 건설 연구소의 통합사업관리에 관한 좋은 잠정적 정의이다.[3]

> IPD(Integrated Project Delivery, 통합사업관리)는 프로젝트 팀들의 이해관계와 목적, 그리고 작업방식을 하나로 일치시키도록 노력하는 프로젝트 수행방식이다. 주된 팀구성원들은 건축사, 핵심기술 컨설턴트뿐만 아니라 종합건설회사와 핵심 하도급자들을 포함한다. IPD는 린 건설 프로젝트 수행시스템(Lean Project Delivery System)의 원칙과 실무를 적용할 수 있는 하나의 조직을 만들어준다(보다 자세한 정보는 www.leanconstruction.org/lcj/V2_N1/LCJ_05_003.pdf 참고).

1 본 프로젝트의 계약은 로펌 맥도너 홀랜드 & 알렌 PC(McDonough, Holland &Allen PC)의 건설 실무 그룹(Construction Practice Group) 맴버인 Will Lichtig의해 작성되었다(www.mhalaw.com/mha/attorneys/lichtig.htm).

2 통합사업관리(Integrated Project Delivery): Robert Mauck, AIA, P.E.,William A. Lichtig, Esquire, Digby R. Christian, and Joel Darrington, Esquire의 차별화된 결과들과 규칙들(Different Outcomes, Different Rules) (www.mhalaw.com/mha/newsroom/articles/Proceedings09(Lichtig).pdf)

3 http://leanconstruction.org/.

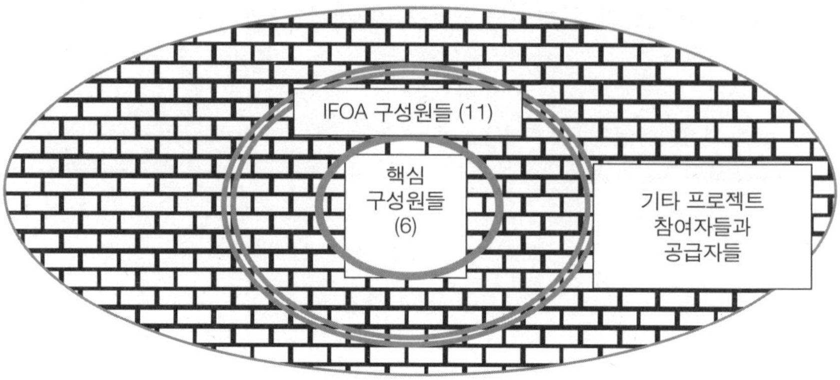

그림 9-3-2 통합 프로젝트팀은 모든 IPD 참여자들이 설계와 시공단계에서 동등하게 참여할 수 있도록 구성되었다. 이것은 팀의 협업을 강화하고 허가에 필요한 문서제출과 승인에 소요되는 시간을 단축시키며, 설계와 시공의 중첩을 가능하게 하고 본 사례연구에서 설명된 린(lean) 절차를 강화시켰다.

IPD 원칙은 다양한 계약내용에 적용될 수 있으며, IPD 팀들은 종종 건축주, 설계사, 종합건설회사로 구성되는 기본적인 3 주체 이상의 구성원들을 포함한다. 통합 프로젝트는 설계 초기단계부터 프로젝트 완료까지 최소한 건축주, 설계자/엔지니어, 그리고 시공을 궁극적으로 책임지는 시공사(builders)가 참여하는 긴밀한 협업을 통해 이루어진다.

표 9-3-3 IPD 팀을 구성하는 11개 구성조직들

기능	회사
건축주	셔터 헬스*
종합건설회사(콘크리트, 골조, 건식벽 직접 수행	DPR Inc.*
설계사	Devenney Group*
기계 & 배관설계사	Capital Engineering*
전기설계사	The Engineering Enterprise
구조설계사	TMAD/Taylor and Gaines
소방-디자인 빌드	Transbay Fire Protection
기계설계 지원 및 도급자	Superior Air Handling
공정 및 기술 관리자	Ghafari & Associates
배관 설계지원 및 도급자	J.W. McClenahan*
전기 설계지원 및 도급자	Morrow-Meadows

* 에덴 메디컬 센터(Eden Medical Center) 프로젝트의 대표 참여주체(representative)로도 활동했던 핵심그룹(Core Group) 구성조직들

전형적인 설계시공 분리발주(design-bid-build) 방식에서는 프로젝트 입찰 후 전문건설업체들의 상세설계가 가능하도록 제한되는 반면, 그림 9-3-2와 표 9-3-3에서 보이는 통합 프로젝트 조직에서는 종합건설회사와 전문건설업체가 설계에 대한 원가와 시공성(construct ability)에 관한 지식을 제공하며 설계단계에 참여할 수 있었다. 이러한 강력한 협업은 회의실, 화이트보드, 컴퓨터, 프로젝터를 구비한 프로젝트 현장의 "빅 룸(Big Room)"이라 불리는 장소에서 일/주간단위 회의를 진행함으로써 더욱 더 향상되었다. IPD 팀구성원들과 함께 작업하는 설계팀과 전문건설업체의 상세설계자(detailer)들은 빅 룸에서 문제점 들을 조기에 파악하고 빠르게 해결하며 상호 신뢰관계를 구축해나갔다. 이러한 협력적 업무 절차는 아래에서 더욱 상세히 기술하기로 한다.

건축주의 일차적 목표는 전체적인 프로젝트 수행기간을 단축시켜 새로운 병원이 2013년 1월까지 운영될 수 있도록 하는 것이었다. 이를 위해 일반적으로 소요되는 기간보다 착공허가를 빨리 받아야만 했으며 기초와 철골조 설계에는 모든 MEP 시스템의 요구사항이 반영되어야 했다. 또한 앞으로 활용될 다양한 업무절차들을 개발하기 위한 철저한 계획적 시각에서의 노력이 기울여 졌다.

표 9-3-4 본 프로젝트를 위해 셔터헬스가 구축한 린(lean) 건설 설계와 시공 접근방식

셔터헬스의 린(lean) 프로젝트 수행목표	린(lean) 건설 접근방식
시공성(construct ability) 향상, 현장 오류 발생 감소, 공기단축과 비용절감, 그리고 문제해결 속도향상을 위한 보다 나은 협업 수행	설계 초기단계부터 전문건설업체들을 참여시킴. 모든 주요 설계, 상세, 그리고 선 제작에 BIM 활용
이익분배를 통해 개별팀과 건축주의 목표를 일치시키고, 프로젝트 전체 관점에서의 최적화 추구. 비용절감을 위한 향상된 협업. 목표가(target cost)에 일치하는 설계수행과 시공 전 그리고 시공단계에서 목표가를 초과하지 않도록 하는 꾸준한 모니터링 수행	목표 가치설계(target value design)
프로젝트 참여자 상호간 관련성 향상과 신뢰구축	설계도서가 정시에 제출될 수 있도록 꾸준한 설계 작업 일정검토. 격주 단위의 작업계획 수립과 매일 단위의 작업정보갱신. 마일스톤을 준수하기 위한 작업 간 연결고리 구축과 지속적인 갱신. 관리일 준수를 위해 요구되는 필수적인 업무만 각각의 작업에 포함되어 있는지 확인. 향상된 시각적 업무보고, 투명성, 그리고 협업을 위한 단위작업과 작업 간 관계의 가시성(visibility)을 제공할 수 있는 컴퓨터 시스템 활용.
팀구성원들이 사용하는 많은 모델들을 통합한 정확하고 완성도 높은 3D 모델을 이용한 협업. 공사기간을 연장시키고 비용을 상승시킬 수 있는 각종 변경과 문제점 감소	시공 전 3D 가상건설 수행

표 9-3-5 SMCCV 프로젝트에 사용된 소프트웨어

회사	프로젝트 내 역할	범위	모델작성 시스템	소프트웨어의 주요 기능	파일 내보내기	파일 가져오기
SAHCO	설계지원 기계 하도급자	HVAC 모델 기송관(pneumatic tube) 모델	AutoCAD CAD Duct	HVAC과 기송관 시스템의 선제작 가능수준 모델생성	Autodesk Navis-works Manage	CAD Duct Design Line AutoCAD
JW McClena-han	설계지원 배관 하도급자	배관 모델	AutoCAD CAD MEP	배관 시스템의 선제작 가능수준 모델	Autodesk Navis-works Manage	CAD Duct Design Line AutoCAD
Transbay Fire Protection	디자인 빌드 소방 하도급자	소방 모델	AutoSPRINK	소방 시스템의 선제작 가능수준 모델	Autodesk Navis-works Manage	AutoCAD
Morrow Meadows	설계지원 전기 하도급자	전기 모델	AutoCAD CAD MEP	전기 및 케이블 트레이의 선제작 가능수준 모델	Autodesk Navis-works Manage	AutoCAD
Capital Engi-neering Con-sultants See problem #1	기계 및 배관기술자	기계 및 배관설계 모델	CAD Duct Design Line AutoCAD	기계 및 배관 시스템 모델 설계	Autodesk Navis-works Manage CAD Duct	AutoCAD
The Engineer-ing Enterprise	전기기술자	전기모델 설계	AutoCAD	전기모델 설계	Autodesk Navis-works Manage	AutoCAD
DPR Construction, Inc. See problem #2	종합건설회사	건식벽 및 기타 구조물 모델; 물량 및 견적수행	Revit, AutoCAD Architecture, Timberline Estimating, Innovaya Visual Estimating, StrucSoft Metal Wood Framer, Autodesk Design Review	건식벽과 기타 구조물 및 철골조 모델; 모델에서의 물량산출과 견적수행	Autodesk Navis-works Manage, Metal Wood Framer, Autodesk Design Review, Innovaya Visual Estimating	AutoCAD Revit
TTG See problem #3	구조기술자	구조설계 모델	ETABS Revit	구조모델 설계와 분석	Autodesk Navis-works Manage	ETABS
ISAT	내진지원 도급자	내진(seismic restraint)	AutoCAD	내진지원 모델	Autodesk Navis-works Manage	
Sparling		저전압 전기	AutoCAD		Autodesk Navis-works Manage	

회사	프로젝트 내 역할	범위	모델작성 시스템	소프트웨어의 주요 기능	파일 내보내기	파일 가져오기
ISEC	주방가구 업체	주방가구 업체	Revit	주방가구 모델	Autodesk Navisworks Manage	AutoCAD
Devenney Group See problem #4	설계사	건축설계 모델	Revit	건축설계 모델	Autodesk Navisworks Manage, Metal Wood Framer, Innovaya Visual Estimating	AutoCAD
Multiple Parties	N/A	간섭확인과 설계 변경사항 비교를 위한 다양한 모델 조율	Autodesk Design Review, Autodesk Navisworks Manage	간섭확인과 조율	Autodesk Navisworks Manage	다양한 회사들이 사용하는 모든 모델링 소프트웨어
Harris Salinas/ Greg Luth and Associates	철근 하도급자 및 철근 상세설계자	철근모델	Tekla Structures 14	철근 선제작 가능수준 모델	Autodesk Navisworks Manage	Revit
Herrick Steel See problem #5	철골구조 하도급자	철골구조 선제작 모델	Tekla Structures	철골구조 선제작 가능수준 모델	Autodesk Navisworks Manage	Revit
Strategic Project Solutions	공정과 공급망 관리를 위한 소프트웨어 공급자	시스템 자원계획 관리시스템	전략적 프로젝트 솔루션 Production Manager (모델 생성 시스템 아님)	라스트 플래너 (Last Planner) 시스템 및 프로세스 맵핑 절차시스템	타 시스템과 연결 안 됨	타 시스템과 연결 안 됨
Ghafari	프로세스 컨설턴트	BIM 조율과 프로세스 맵핑, 컨설턴트	Bentley ProjectWise Collaboration System (모델생성 시스템 아님)	분산 연합아키텍처 내의 모델 협업시스템		회사들이 사용하는 모든 모델링 소프트웨어

BIM 측면에서, IFOA의 각 구성원들은 그들의 설계결과물을 3D 포맷으로 제출하도록 요구받았다(표 9-3-5 모델링에 사용된 시스템 목록 참조). 가파리 어소시에이트는 벤틀리 프로젝트 와이즈를 운영하는 협업 서버상에서 여러 가지 모델들, 그리고 관련된 문서를 유지하기 위해 요구되는 계획과 작업흐름, 기술들을 관리하였다. IFOA팀의 IT인력은 근거리 통신망(LAN: Local Area Network) 환경에서 필요한 모든 작업이 수행될 수 있도록 프로젝트 와이즈 시스템을 구현, 조정, 배치하는 것을 지원하였다. 본 시스템은 분산된 팀이 모든 프로젝트 정보에 실시간, 즉각적 접근이 가능하도록 하여, 모든 구성원들은 가장 최신의 정보를 가지고 작업할 수 있었으며, 이는 오래된 버전의 파일들을 이용하면서

발생될 수 있는 오류와 재작업을 감소시켰다. 모든 IFOA 구성원들과 기타 설계 컨설턴트, 그리고 전문건설업체의 3D 모델들은 매주 단위로 통합되었으며, 빅 룸에서 오토데스크 내비스웍스 또는 고투미팅(GoTo Meeting)과 웹엑스(Webex)와 같은 온라인 협업시스템을 통해 전체 구성원들로부터 협력적으로 검토되었다. 설계 팀구성원들은 표 9-3-5에 소개된 다양한 소프트웨어를 이용해 전체 병원건물 중 각자 맡은 부분을 설계하였다. 이들은 설계 착수단계에서 4개 혹은 5개의 다분야(multi-discipline) 3D 모델들로 시작해 장차 12개 이상의 레빗 모델들과 300개 이상의 3D 오토캐드 기반의 3D 모델들, 그리고 수천 개의 허가와 시공, 시공상세도로 발전시켰다. 본 장을 기술한 시점에서 팀은 40기가바이트 이상의 3D 모델들과 문서를 생성하였으며, 이는 프로젝트에 참여하고 있는 회사들의 다양한 본사지역에 위치한 8개 서버들에 의해 호스트되었다. 모든 정보는 프로젝트 와이즈 서버 네트워크상으로 어디서나 실시간으로 팀구성원들에게 제공되었다.

극대화된 협업과 린 기법 덕분에 본 프로젝트는 참여자들의 이전배경에 관계없이 모두에게 연속적인 학습경험을 제공하였다. 이러한 전반적인 설계절차는 아래에 더욱 상세하게 기술하기로 한다.

시설물의 가상모델(그림 9-3-3)의 이용은 프로젝트팀 간 긴밀한 협업을 요구함과 동시에 협업을 가능하게 하였으며, 이로 인한 예상효과의 기대했던 결과 중 일부를 기술하였다.

건축주 관점: 병원 시설물이 어떻게 환자, 의사, 간호사들에게 서비스할 것인지에 대한 높은 이해도, 그리고 팀구성원들에 대한 낮은 위험도와 이에 따른 예비비, 오류, 변경감소로 시공에 투입되는 잠재적인 비용절감과 공기단축

- 설계사 관점: 설계 의사결정이 시설물 자체와 시공성 및 비용에 어떻게 영향을 주는지, 그리고 현장 시공시의 간섭사항의 큰 감소

그림 9-3-3
현장에서 시공되기 전 컴퓨터상에서 통합 구현된 시설물은 전체 프로젝트팀에게 다음과 같은 장점을 제공하였다. 오류감소, 원활한 협업, 풍부한 이해도와 높은 선 제작 조립률

이미지 제공: 셔터 헬스

• 종합건설회사 및 협력업체 관점: 시설물이 어떻게 효율적으로 시공되고 단계적으로 진행되는지, 재료와 공장 선 제작조립체는 어떻게 설치되는지, 그리고 모델에서 목표가치 분석(target value analysis)에 필요한 대부분의 물량을 산출하는 역량

고통분담(painshare)/수익분배(gainshare) 계획

프로젝트 구성원 누군가로부터 비롯된 비용절감액을 어떻게 건축주를 포함한 프로젝트팀 내 모든 구성원들과 공유될 수 있는지를 구체화하는 특정계약조항의 작성을 통해 목표예산을 준수하는 설계와 시공의 목적이 지지될 수 있다. 이러한 계약상의 합의는 팀구성원 간의 협업 증진을 위해 중요하기 때문에, 본 절에서는 이 부분에 대해 자세히 기술하고자 한다. 아래 내용은 본 프로젝트를 위해 건축주가 개발한 인센티브 비용(incentive fee) 계획의 일부에서 발췌하였다.

지급방법의 요약

지급방법은 아주 단순하다. IPD 구성원의 수익은 발주처의 가용예산으로부터 프로젝트 비용을 뺀 것이다. 최종 수익이 구성원들이 일반적으로 기대하는 금액보다 큰 것을 "소득분배" 또는 인센티브라 하고, 반대로 최종 수익이 구성원들이 기대하는 것보다 낮으면, "고통분담" 또는 리스크 라고 한다. 고통분담의 최대치는 이익이 0인 경우다. 다시 말해, 만약 프로젝트 비용이 가용예산을 초과한 경우, 그 손실은 건축주가 부담한다. 즉, 발주자가 아닌 IPD 참여자들은 기대수익을 상실하는 위험부담만 떠안으면 된다. 반면에 실제 프로젝트 비용이 목표 값보다 적게 들면, 해당 수익은 발주자와 IPD 구성원에게 동등하게 배분된다. 공사비 절감액이 어느 선을 넘으면, IPD 구성원들에게 돌아가는 비율이 75%까지 증가되며, 절감액이 정해 놓은 최대치에 이르면 그 이상의 이윤은 모두 발주처에게 돌아간다. 현시점까지의 이윤에 대한 지급은 프로젝트의 주요 마일스톤에 지급한다. 또한, 각 회사가 가져가는 이윤은 각 사들이 총 IFOA에 출자한 비율(IFOA 계약 주체가 책임지는 예산상의 비율)에 기초하게 된다. 이밖에도 계약상 부가적인 복잡한 사항들이 있지만, 본 절에서 논의하고자 하는 내용과는 연관성이 적어 생략한다.

근본적 원칙

건축주 관점의 가치창출은 극대화하는 반면, 낭비는 최소화해야 한다.

설계와 시공단계에서 설계 및 시공 팀구성원 간 유대관계를 향상시켜야 한다.

각각의 문제에 대해 탐구하는 태도로 접근하되, 우선 "누구에게 특정문제 해결을 위해 도와달라고 요청할 수 있는지" 자문해 보고, 이후 곧바로 해결책을 찾기 위한 노력을 기울이는 것 보다 우선 함께 문제점을 분석하는데 집중해야 한다.

설계와 시공 팀구성원 간 유대관계를 향상시켜야 한다. 낯선 참여자는 긴밀한 협업할 수 없고 높은 성과를 낼 수도 없다.

프로젝트는 약속의 네트워크이며, 요청과 약속, 그리고 풀(pull) 스케줄링을 위한 작업의 조직화라는 것을 인식하는 프로젝트 상에서 협력을 추구해야 한다. 프로젝트 관리와 계획의 목적은 약속의 네트워크를 명확하게 하여 이를 활성화하는 것이다.

개인 또는 팀구성원들의 목적과 프로젝트를 전체적으로 바라보는 시각에서의 목적 사이에서 어떻게 일관성을 확보할 수 있는지에 대한 질문을 통해, 지속적으로 개인 혹은 기업 수준이 아닌 프로젝트 수준에서의 가치극대화를 추구해야 한다. 회사가 아닌 프로젝트 단위의 이익/손실에 대해 생각해볼 수 있도록 모든 팀구성원들을 교육해야 한다. 또한 전체 팀이 어떻게 보다 나은 해결책을 위해 기여할 수 있는지에 대해 항상 열린 마음을 유지해야 한다.

각각의 행위가 지속적인 개선을 향한 노력이 될 수 있도록 접근해야 한다. 만약 프로젝트가 진행되는 동안 팀이 새로운 것을 학습해 나가지 못한다면, 해당 프로젝트는 비용을 지불하며 얻은 교육의 기회를 놓쳐버리게 된다.

9.3.3 설계(기본설계와 상세설계)

본 프로젝트는 OSHPD 단계적 계획 검토 절차(OSHPD phased plan review process)를 처음 적용한 프로젝트 중 하나이다. OSHPD의 이러한 검토절차는 캘리포니아 노스리지 지진으로 인해 1994년 통과된 캘리포니아 지진안전법률(California' s Seimic-safety legislation SB 1953)을 충족시키기 위한 노력의 일환으로 시작된 산업계와 OSHPD와의 오랜 협력적 관계 속에서 구축되었다. 본 법률은 캘리포니아의 모든 급성질환 전문병원을 대상으로 두 가지의 주요한 설계 및 시공기한을 부과하였다. 첫째로 2012년 말까지 모든 급성질환 전문병원은 주의 내진기준을 충족시키고 운영준비를 마무리해야 한다. 둘째로, 기준을 충족시키지 못한 급성질환 입원환자 시설이 이미 2008년 말 전에 구조와 기초 설계도면을 OSHPD에 제출하여 검토를 받았다면, 공기마감을 2013년 말까지 2년간 연기할 수 있는 자격이 주어진다. 셔터 헬스는 전적으로 두 가지 기한을 모두 만족시키기 위한 전략을 수립했다.

본 법률은 대부분의 병원 시설 소유자에게 다양한 프로젝트에서 설계와 시공에 관한 많은 노력을 기울이도록 요구하였다. 이 프로젝트 완성을 위한 소유자/발주자들과 그들의 공급망들에게 상당한 도전과 자원에 대한 부담으로 작용하였다. 이를 테면, 2006년 셔터 헬스 단독으로 향후 7년 동안 $60억이 소요되는 자본투자 프로그램을 염두에 두었기 때문이기도 했다.

IFOA 상 11명의 서명자로 구성된 카스트로 밸리 프로젝트팀은, 설계검증단계 끝 무렵부터 셔터 헬스에게 계획된 예산과 공기 내에서 건축주의 목표를 충족시키는 시설물을 설계하고 시공할 수 있다고 공약하고 거기에 부딪히는 도전

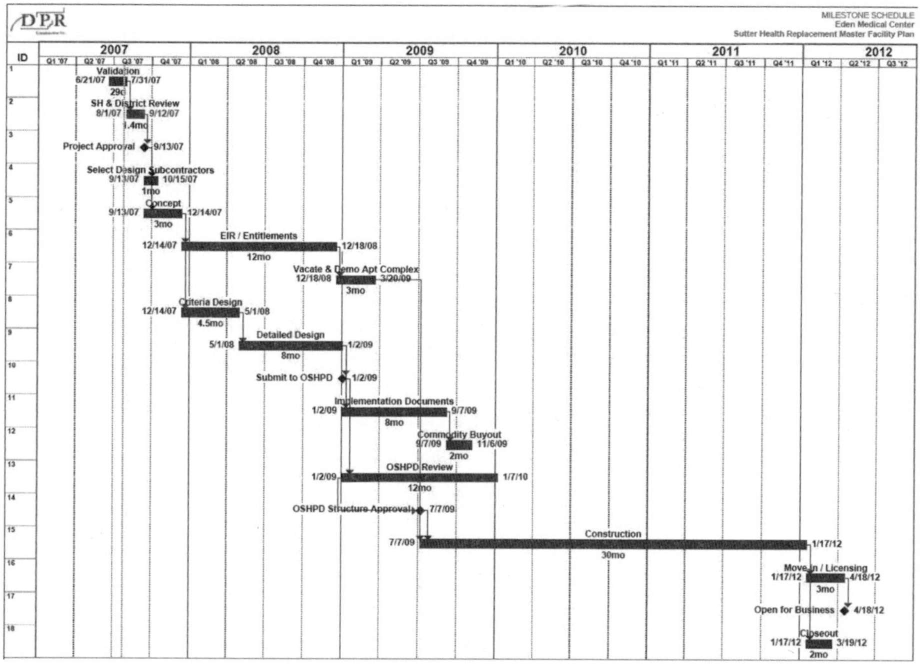

그림 9-3-4
2개월의 예산검증단계 말 시점(2007/7/3)의 관리기준 공정표(baseline schedule). 2007/9/1 개념 설계착수와 2009/1/2로부터 16개월이 소요되는 OSHPD 구조패키지 제출 작업일정을 보여주고 있다.

이미지 제공: 셔터 헬스

과제들에 맞서기 시작했다.

원래 공정은 4개월 반의 요구조건 설계 이후 8개월의 상세설계 단계로 구획하였으며, 2008년 말까지 상세설계가 완료되어야 했다. 이후 2009년 8개월 동안 도서작성과 OSHPD의 도면검토 절차가 동시에 이루어져야 했다.

과거 경험에 비추어 봤을 때 이 규모의 프로젝트가 24개월 내에 설계된 적은 없었다. 이렇게 짧은 설계일정으로 팀은 프로젝트의 단계별 설계결과물 작성마감 기한을 맞추고자 2007년 9월말 개념 설계단계가 시작됨과 동시에 도면을 산출해야 하는 급박한 계획으로 인해, 엄청난 중압감에 휩싸였다(그림 9-3-5 수정된 주요 관리일 공정표 참조).

이와 동시에, 셔터 헬스의 프로젝트 관리자와 DPR의 린 조율자로 구성된 소그룹은 두 명의 가파리 어소시에이트 팀구성원의 도움을 받아 설계절차를 계획하고 최적화하는 최고의 방안에 대한 브레인스토밍을 시작했다. 다양한 방안들이 검토되었으며, 최종적으로 팀은 설계절차와 내부 의존적 관계들, 그리고 제약조건들에 대한 깊은 이해가 설계 과정을 가능한 가장 효율적으로 만드는 근본적 결론에 도달했다. 그들은 기존의 마일스톤 공정표에 의해 어떻게 프로젝트 진행을 계획하고 수행할 수 있는지에 대하여, 팀이 현재 생각하고 있는 것들을 보다 구체적이고 시각적으로 표현하기 위하여 프로세스 맵핑(다자간의 협력적 작업흐름을 매핑하는 방식의 접근방법)을 수행하기로 결정했다. 이를 통해 팀들은 반드시 필요한 것들만 생산하는데 집중하여 정진할 뿐만 아니라 불

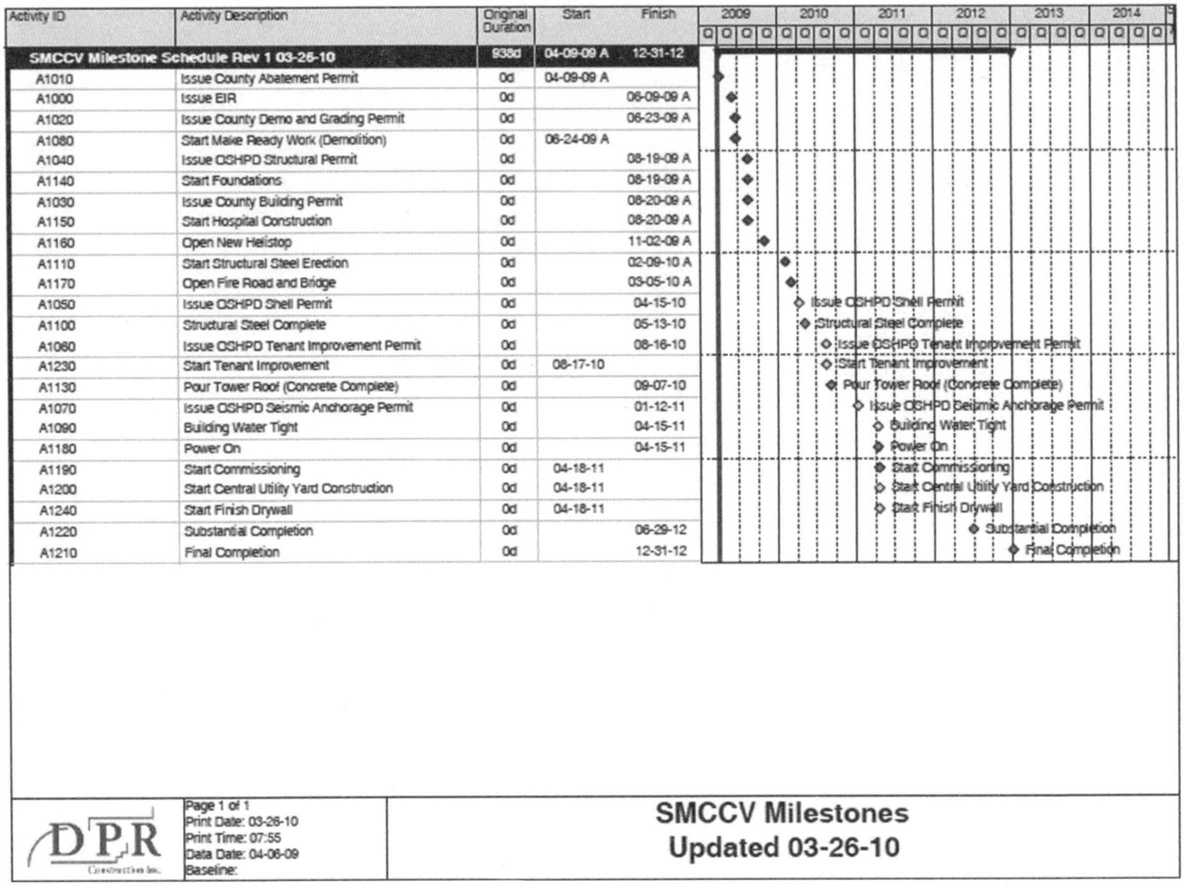

Activity ID	Activity Description	Original Duration	Start	Finish
SMCCV Milestone Schedule Rev 1 03-26-10		938d	04-09-09 A	12-31-12
A1010	Issue County Abatement Permit	0d	04-09-09 A	
A1000	Issue EIR	0d		06-09-09 A
A1020	Issue County Demo and Grading Permit	0d		06-23-09 A
A1080	Start Make Ready Work (Demolition)	0d	06-24-09 A	
A1040	Issue OSHPD Structural Permit	0d		08-19-09 A
A1140	Start Foundations	0d		08-19-09 A
A1030	Issue County Building Permit	0d		08-20-09 A
A1150	Start Hospital Construction	0d		08-20-09 A
A1160	Open New Helistop	0d		11-02-09 A
A1110	Start Structural Steel Erection	0d		02-09-10 A
A1170	Open Fire Road and Bridge	0d		03-05-10 A
A1050	Issue OSHPD Shell Permit	0d		04-15-10
A1100	Structural Steel Complete	0d		05-13-10
A1060	Issue OSHPD Tenant Improvement Permit	0d		08-16-10
A1230	Start Tenant Improvement	0d	08-17-10	
A1130	Pour Tower Roof (Concrete Complete)	0d		09-07-10
A1070	Issue OSHPD Seismic Anchorage Permit	0d		01-12-11
A1090	Building Water Tight	0d		04-15-11
A1180	Power On	0d		04-15-11
A1190	Start Commissioning	0d	04-18-11	
A1200	Start Central Utility Yard Construction	0d	04-18-11	
A1240	Start Finish Drywall	0d	04-18-11	
A1220	Substantial Completion	0d		06-29-12
A1210	Final Completion	0d		12-31-12

그림 9-3-5 2009/3/26 시점의 관리일 공정표(milestone schedule). 단계적 OSHPD 검토와 2012/12/31까지 프로젝트 완료계획을 보여주고 있다.

이미지 제공: 셔터 헬스

필요한 설계 작업에 투입되는 수고를 줄일 수 있었다.

프로세스 맵핑은 2007년 11월부터 시작해서 설계와 시공기간 중 거의 격주 단위로 계속해서 진행되었다. 모든 회사의 주요 팀참여자들이 만나서 다양한 작업 흐름들에 관해 토론하는 것으로 시작되었으며(그림 9-3-6 참조), 이후 포스트 잇을 화이트보드에 붙여나가다가, 나중에는 비지오 다이어그램으로 포맷화시켜 출력하여 보다 구체적인 검토를 위하여 다음 회의시작 전에 벽에 붙여놓는 방식으로 진화되었다(그림 9-3-7 참조). 이러한 과정을 통해 설계절차상 재작업위험을 제거하기 위해서는 즉흥적인 주요영역의 대안들에 있어서 충분한 이해와 능력이 필요하다는 것을 발견할 수 있었으며, 이 중 주목할 만한 예시는 다음과 같다.

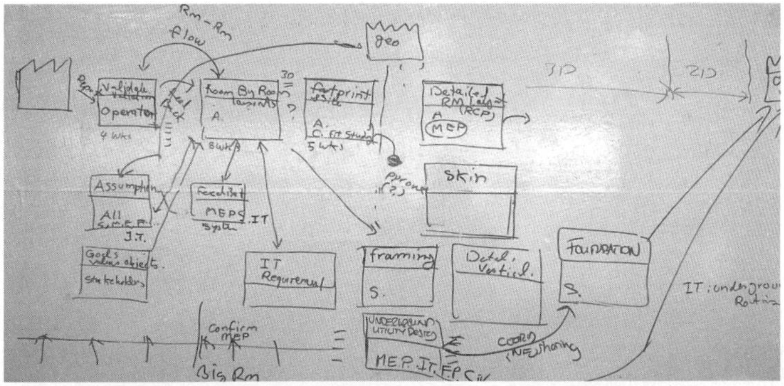

그림 9-3-6
관리기준 공정표 (baseline schedule)에 따른 설계일정에 관한 최초 매핑시도 결과물

이미지 제공: 셔터 헬스

그림 9-3-7
설계단계에 관한 상세매핑 결과물

이미지 제공: 셔터 헬스

- 전반적 프로젝트 목적들에 대한 명확성 부족
- 누가 이해관계자들인가?
- 각각의 이해관계자들에 대한 상대적 중요성은 어떠한가?
- 가장 중요한 프로젝트 목적들은 무엇인가?
- 프로젝트 목적들의 상대적 중요성은 어떠한가?
- 만약 팀이 설계를 계속 진행하는 동안, 병원 기능계획이 확정되지 않고 변경된다면, 이는 프로젝트에 대한 중대한 재작업위험을 내포하게 된다.
- 일반적인 마일스톤 종료시점에 팀이 무엇을 제공해야 하는지에 대한 명확성 결여. 예를 들어, 각 분야에서 그들의 동료와 함께 각각의 주요 중간관문 검토시점(계획설계, 상세설계, 그리고 도서작성 단계)에서 무엇을 제공해야할 지에 관해 토론했다면, 기대했던 것과 중대한 차이가 있다는 것이 명확해질 수 있다.
- 설계절차들과 환경영향평가(EIR, Environmental Impact Report) 사이의 의존관계에 대한 심도 있는 이해부족

본 프로젝트에서 건축주는 아직 병원 시공을 위한 환경영향평가(EIR) 승인에 따른 주 정부의 재정지원(entitlement)을 획득하지 못한 상태로, 설계진행과 더불어 환경영향평가(EIR) 승인을 획득하기 위한 절차를 동시에 진행해야만 했다. 시작 당시에는 이러한 과정의 기간이 얼마나 소요될지, 또 OSHPD의 승인관리일과 진행 중인 설계와의 정확한 상호작용이 불분명했다.

설계팀은 만약 상세설계 문서를 OSHPD에 제출하고 OSHPD에서 검토하는 동안 계속해서 도면작성 작업을 진행할 경우 발생할 수 있는 다양한 위험요인을 규정했다. 만약 이러한 방식으로 진행될 경우, 팀은 최종문서로서 제출한 문서들에 대한 변경과 이력관리를 해야 한다. 동시에 팀은 OSHPD로부터의 검토결과를 받게 될 것이며, 이 부분은 더 이상 현시점까지 조율된 설계와 달라진, 즉 관련성 적은 내용이 될 수 있다.

건축가와 MEP 팀들은 기초와 철골구조설계에 관한 첫 번째 OSHPD의 검토를 위한 날짜를 맞추기 위해 그들에게 얼마나 많은 작업들이 요구될 지를 판단하기 어려웠다.

- 목표 예산 범위 내 에서 시설물이 요구하는 조건들을 충족시키기 위해 어떻게 설계해야 하는지에 관한 명확성 부족

시공팀은(설계가 완료된 후) 계획된 관리일 검토시점에서 공사비를 산출하고, 이를 예산에 관한 정보로써 설계팀에게 제공할 것을 기대했다. 하지만 견적이 가능한 시점까지 설계는 계속적으로 변경되고 이전의 견적가는 무효가 되기 때문에, 설계가 완성된 후 시공팀이 공사비를 산출하는 접근방식은 매우 오랜 시간이 소요된다.

위와 같은 위험을 최소화 또는 피하기 위해 결정된 사항들은 아래와 같다.

- 정확한 목적 설정

  팀은 "건축주의 목표(Owner' s Goals)"라는 문서를 작성하고 이를 계약문서의 일부에 포함시켰다. 건축주의 목표를 달성할 수 있는 팀의 능력이 프로젝트의 성공여부를 결정짓는 합의를 확실하게 하고자 한 의도였다. 이것은 팀이 개시했던 가장 중요하면서도 평가 절하된 활동들 중 하나였다. 만약 합의되기 어려운 예산상의 제약사항이 존재하더라도, 본 프로젝트의 핵심 목표는 병원 기능/진료/서비스 흐름(clinical flow)의 전환과 개선이라는 것을 명확히 했다. 이러한 명확한 목표의 공유를 통해 설계과정 내 의사결정은 빨라졌으며, 원가 절감을 위한 기능/진료/서비스 흐름의 절충은 허용되지 않았다. 또한 건축주의 의료시설 계획 컨설턴트(Navigant)가 존재하고, 이들이 대부분의 설계 작업에 참여하여 병원 운영에 관한 건축주의 목적달성을 지원하는 많은 의사결정에서 중요한 요소가 되었다.

- 2008년 말까지 완벽하게 이해된 100% 완성수준의 기초와 구조설계도면들을 제공하기 위한 설계계획 전략 도출(그림 9-3-5)

  만약 설계팀이 미완성된 의료공간 활용 프로그램에 근거해 설계를 진행할 경우, 불완전한 내용의 변경에 따른 기존 설계안의 부분 혹은 전체 재작업이라는 위험에 노출될 수 있다. 이 때문에 설계팀은 그들이 제시하는 특정 시점까지 건축주가 의료공간 활용 프로그램을 최종 확정시키고, 이후에는 프로그램에 대한 변경이 발생되지 않도록 노력을 기울여 줄 것을 당부하였다. 이러한 요구에 대해 건축주 측면에서도 예산과 일정상의 위험을 감소시킬 수 있다고 판단되어, 기꺼이 의료공간 활용 프로그램을 설계팀의 일정에 맞춰 확정지었다.
- 환경영향평가(EIR) 절차와 설계 절차 간 상호 의존관계들에 대한 활발한 이해

팀이 정기적으로 프로세스 맵을 재계획하며 공유된 프로젝트 계획에 관하여 그들 공동의 이해를 높이는 것에 집중해야 한다.

이러한 정황은 병원기능 계획이 운영계획 컨설턴트(Navigant)와 설계사(Devenney), 그리고 셔터 헬스에 의해서 심도 있게 개발된 반면, 다른 설계팀들은 효율적인 시스템 선정과 진화하는 의료요구사항들을 가장 잘 지원할 수 있는 배치계획안들을 검토하는데 집중한 것을 의미한다. 이와 동시에 특정분야 하도급자들의 비용, 품질 그리고 시공성 측면의 쟁점을 검토 사항에 포함시켰다. 이러한 노력들은 상세설계 3D 모델들이나 기타 문서들을 사용하지 않고 이루어진 일종의 탐색적인 노력이었다.

집중적인 설계계획 노력을 통해 2008년 4월까지 병원기능 계획과 2008월 6월까지 부문별 실 배치를 마무리해야 하는 이른바 명시적으로 설계에 대한 투자를 끝내야만 하는 순간(last responsible moment, LRM)의 두 시점을 도출할 수 있었다. 두 시점 모두 평면 배치계획을 확정할 수 있고, 팀의 나머지 인력들이 그들의 상세설계 결과물작성을 시작할 수 있는 시점 전까지로 요구되었다. 다행히도 서털 헬스는 그들의 의사결정이 프로젝트 전반에 미치는 영향을 파악해나가며, 내부 의사결정 과정을 빠르게 진행시킨 결과 위 두 가지 목표 기한을 모두 만족시킬 수 있었다.

이러한 구체적인 설계 계획 노력은 팀에게 평가의 기준을 제공하고 프로젝트 전반의 일정과 목표들을 지원하기 위해 총괄적으로 그들이 무엇을 해야 하는지에 대한 공동이해를 제공했다. 더욱이 건축주는 미완성된 병원기능 계획을 어줍게 제공하여 2007년 11월부터 팀에게 길고 지루한 설계노력을 강요하는 대신, 가장 효율적인 공간이용과 잠재적인 상세 설계변경을 최소화하는 방향으로 4~5개월의 추가적인 시간을 활용해 부문별 배치계획을 확정짓는 기회를 제공하였다.

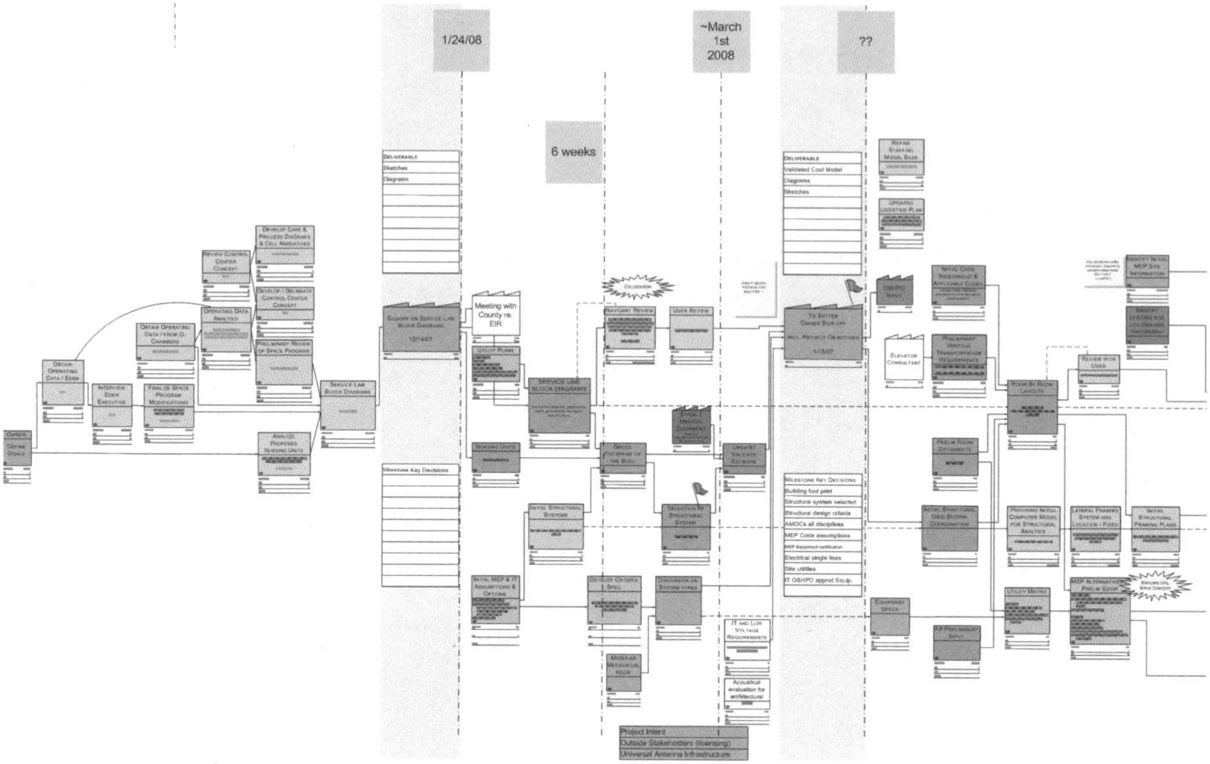

그림 9-3-8 의료 프로그램을 확정하기 위한 작업 흐름(프로세스 맵)

이미지 제공: 셔터 헬스

그림 9-3-9
시스템 단위에서 핵심설계 관리일을 정의하기 위한 설계초기 프로세스 맵핑

이미지 제공: 셔터 헬스

전반적 설계 계획 내 BIM의 적절한 활용

팀은 프로젝트 초기부터 3D 기술을 최대한으로 이용해 프로젝트가 설계되어야 한다는 점에 합의하였다. 특히 설계단계에서 시공으로 이관되는 영역에서 3D 모델들을 이용해 가능한 모든 방법들로 위험요인을 파악하고 제거하는 것이 주목표였다. 이는 3D 기술을 이용해 설계부터 상세, 그리고 선 제작까지(동일한 3D 모델정보를 이용해) 디지털 정보의 흐름을 합리화하는 노력으로 발전하였다. 게다가 이러한 정보는 물량산출과 견적을 쉽고 빠르게 수행하는 범위까지도 활용될 수 있어, 팀은 목표원가에 대비해 설계가 진행되고 있는지에 대한 보다 빠른 피드백을 받을 수 있다.

다양한 소프트웨어의 기능들과 팀구성원들의 내부 활용 역량을 고려해 2008년 4월 레빗을 건축과 구조분야의 플랫폼으로 선정하고 오토캐드는 기계, 전기, 배관, 소방, 저전압 시스템 등 나머지 모든 분야에 대한 플랫폼으로 결정했다(9.3.5절 참조).

BIM 플랫폼들을 선정하는 것과 함께, 전국적으로 다양한 지역들에서 실시간으로 3D 모델 파일들에 접근하고 관리할 수 있는 강력한 시스템이 필요했다. 이러한 필요성으로 모든 문서 관리와 실시간 파일 공유를 위해 프로젝트 와이즈를 채택하고 배치하기로 결정했다.

설계 절차에 관한 프로세스 맵이 발전함에 따라, 팀은 다양한 분야의 3D 모델링과 함께 3D 모델에 기반을 둔 분야 간 조율작업 착수를 위한 주요 일정을 파악해 나갔다. 2008년 6월 이전부터 3D 모델 정보를 구축해온 건축과 구조분야를 제외하고 대다수의 MEP/FP 팀들은 당해 년 내에서는 3D 모델 기반의 설계 작업을 착수할 필요가 없었으며, 2008년 말에 제출된 OSHPD 패키지의 요구사항들을 충족시키는 작업들에만 집중했다. 주된 초점은 가능한 3차원으로 설계를 조율하고, 2D 문서의 생산은 최대한 지연시키는 것이었다. 예를 들

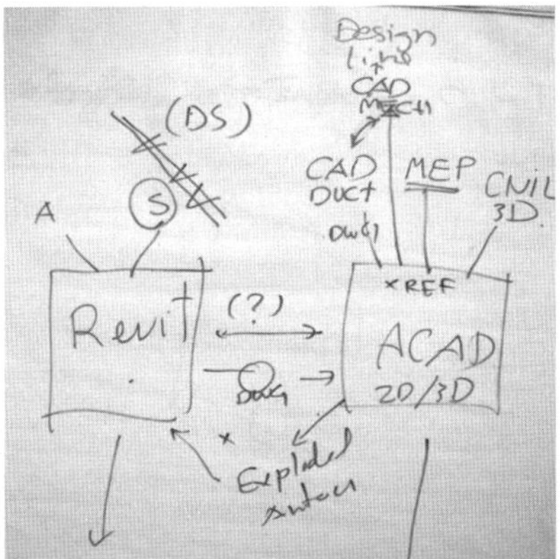

그림 9-3-10
설계 초기단계 BIM 계획의 범위

이미지 제공: 셔터 헬스

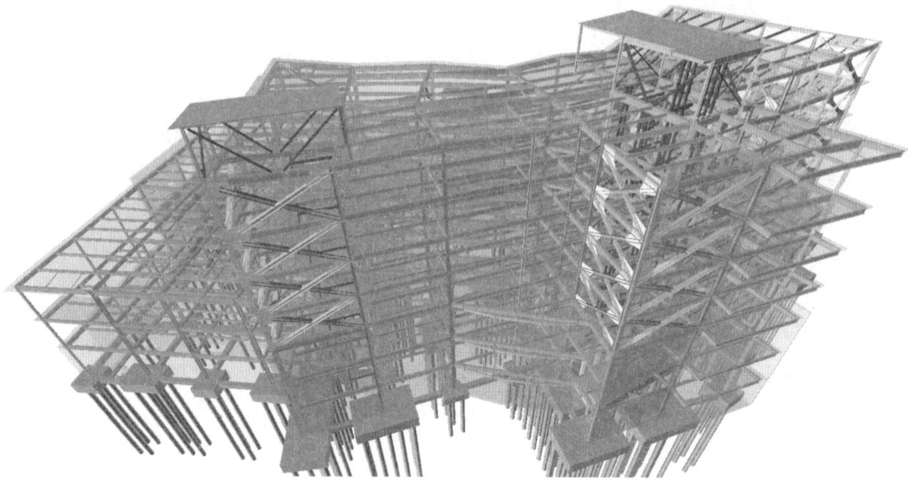

그림 9-3-11
최종 구조설계 모델

이미지 제공: 셔터 헬스

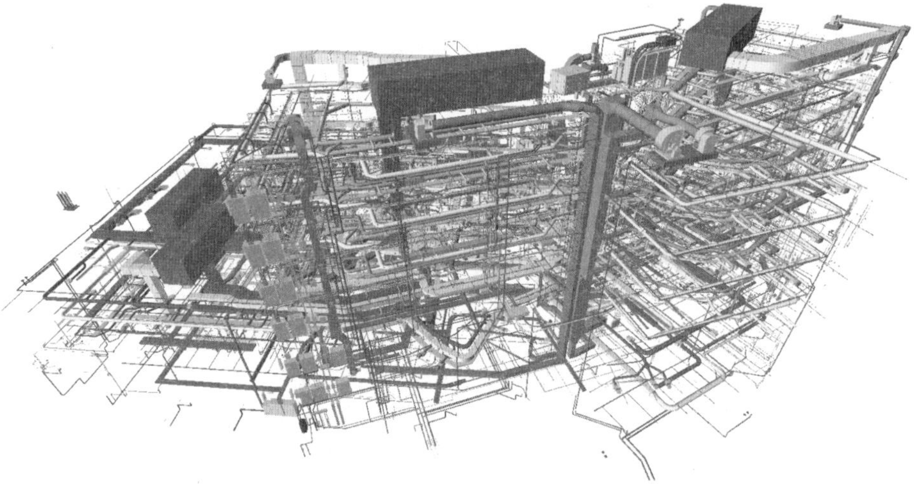

그림 9-3-12
구조모델을 지원하는 MEP/FP 시스템 모델 (삽입 컬러면 참고)

이미지 제공: 셔터 헬스

어, 그림 9-3-11은 팀이 OSHPD에게 최초 검토패키지를 제출하기 직전의 최종 구조모델이다. 그림 9-3-12는 기계, 전기, 배관, 그리고 소방영역을 지원하는 3D 모델인데, 후에 발생될 설계변경을 최소화하기 위한 완전한 정보체로서의 설계노력을 보여주고 있다. 이러한 노력들은 전적으로 3D 모델에서 수행되었으며, 이 시점에서는 그 어떤 2D 도면도 생산되지 않았다.

팀의 협업을 위한 의사결정 사항들

2008년 4월경 팀은 프로젝트의 작업흐름에 순응하기 위한 조직구성과 운영전략에 대해 연구하기 시작했다. 이 중 가장 시급한 사안들은 팀의 배치(colocation) 전략을 수립하고 이에 상응하는 적합한 작업 공간 확보방안과 만약 팀이 특정 공간에 함께 배치 또는 배치되지 못했을 경우 어떻게 이들 간 조화를 이끌어낼 것인지를 결정하는 것이었다.

전체 설계팀을 하나의 공간(Big Room)에 배치시키는 것은 여러 이유들을 들어 선호하는 방향은 아니었다. 우선 모든 IPD 팀을 위한 하나의 큰 공간을 확보하기 위해서는 고비용이 들것이다. 게다가 각 회사들의 생산(작업) 인력들이 빅 룸의 핵심인원으로 포진한다는 것은 반대로 이들을 이러한 요구사항에 따른 두 위치(빅 룸과 각 인력이 속한 회사) 간 연속적인 인력순환의 일부로 본래 회사의 인력지원 팀과 분리시키는 결과가 된다.

결국 팀은 필요한 만큼 격주 단위로 2~3일 동안 빅 룸에서 가상의 대면회의를 진행하는 것으로 합의했으며, 개략적인 격주회의의 형태는 다음과 같다.

- 핵심 프로젝트 관리일이 항시 준수되고 있는지를 확인하기 위한 프로젝트 전반의 계획과 프로세스 맵핑에 약 4~8시간을 할당한다.
- 3D 모델을 주로 하나의 도구로써 활용해 다분야의 설계 사항을 검토하는데 2~4시간 정도를 할애한다. 중요한 점은 본 검토는 단순한 간섭 검토가 아니라, 보다 전체적 관점의 설계 쟁점들과 다분야간(cross-discipline) 영향에 관한 하향식(top-down)의 포괄적인 검토이다.
- 회의 전반부는 업무진행 상태(완료업무와 미완료업무)를 파악하는데 집중한다.
- 회의 후반부는 다음번 계획이 이루어지는 주기(cycle) 전까지 완료해야 하는 작업들에 관한 업무분담을 하는데 집중한다.

격주단위로 3D 모델 기반설계 검토를 수행하는 과정에서 수백 개의 설계, 시공성, 공정, 그리고 작업흐름의 효율성에 관한 고려사항이 파악 및 해결되었다. 다양한 설계 모델들이 통합되고 전체적으로 검토되는 매순간 새로운 쟁점들이 파악되고 해결되었다. 이러한 모델 기반의 설계검토 절차는 다양한 분야로부터의 설계도면과 표준상세의 단편적인 표현들을 해석하는데 매달리기보다, 전체 팀이 하나의 장소에서 모든 설계 분야의 정보에 쉽고 즉각적으로 접근할 수 있게 하였다. 게다가 다분야의 팀들이 빅 룸에 함께 모이는 것은 문제점들을 표면화시켜 일반적인 도면검토 절차 때보다 빠르게 해결하는 데 필수적이다.

빅 룸에 팀 전체가 모이지 않는 격주의 중간 주에는 고투미팅(GoToMeeting)과 웹엑스(Webex)와의 같은 온라인 협업 시스템을 생산적으로 활용해 모델 기반의 설계검토를 웹상에서 가상으로 진행했다. 이를 통해 작업이 진행 중인 3D 모델의 설계부분에 관하여 그들은 다자간 논의에 참여할 수 있었다.

팀은 모델 기반의 설계검토 절차들을 통해 불완전한 정보에 의존하는 초기 설계단계에서 다양한 설계분야로부터 완벽한 검토세트가 구성될 때까지 기다리지 않고도 수백 개의 설계 문제점들을 파악하고 이를 해결할 수 있었다. 그림 9-3-13은 다양한 설계 팀들이 승강기 설계를 검토하는 모습으로, 어떻게 검토

그림 9-3-13
설계 초기단계 승강기 설계검토

이미지 제공: 셔터 헬스

절차가 진행되는지를 보여주고 있다.

상세설계와 승강기 조율

승강기 설비에 따른 건축물의 구조적인 변경이 중대한 위험요인으로 확인되었다. 팀은 승강기 하도급자를 초기에 선정하는 전략을 짜 승강기 설비에서부터 비롯되는 위험을 해결하고자 그 설비가 신뢰할 수 있는 수준까지 올라가면 승강기 설비에 대한 정확하고 상세한 정보를 받을 수 있도록 하였다. 2008년 6월에 대략적인 승강기 설비정보들이 이용 가능해졌으며, 승강기 2D 도면들로부터 3D 모델이 작성되고 진행 중인 건축과 구조 설계와 함께 검토되었다. 이를 통해 실제 승강기 설비크기와 미리 확보된 공간과의 차이가 즉각 파악됐다. 만약 필요한 승강기 공간 확보를 위한 설계변경을 진행했다면, 인접한 주 건축물의 기둥과 전단 벽들, 그리고 가새 골조(brace frames)를 양방향으로 약 30.5cm 정도 이동시켜야 했다. 이러한 사항은 다시 접근이 가능한 복도(accessible corridor)의 폭에도 영향을 주고, 최종적으로 바닥판 모서리와 건축물의 외장을 약 90cm정도 밀어 넣어야 했을 것이다. 건축과 구조 설계팀은 이러한 변경사항들을 진행 중인 초기설계 착상단계에서 수용할 수 있었으며, OSHPD의 검토를 위한 시공도면을 제출하기 전까지 보다 확신을 갖고 설계 작업을 완료할 수 있었다.

계단의 설계 및 조율

계단은 건축물의 엄격한 시공 허용치로 인해 계획단계에서 팀이 발견한 또 다른 위험 부위였다. 계단 선 제작 하도급자를 초기에 선정해 이들의 2D 시공상세도를 철골 선 제작자가 모델링하게 하고, 이를 진행 중인 설계모델과 검토하여 바로 계단참(landings) 부위의 순간격(architectural clearance)과 현관(vestibules) 부위의 간섭, 진행 중인 철골구조 전단벽들과 계단을 둘러싼 대각 가새(diagonal bracing)와의 간섭을 발견할 수 있었다. 만약 전통적인 설계절차로 진행되었다면 이러한 문제점들은 아마도 늦게까지도 발견되지 못했을 것이다.

설계가 점점 더 상세해짐에 따라, 추가적인 3D 기반설계와 주단위의 MEP/FP 간섭확인 회의를 포함한 시공성 검토 일정은 격주 단위로 전용된 회의일정과 별도로 시작됐다. 게다가 팀구성원들 중 일부는 그들의 설계와 상세인력을 빅 룸으로 배치하기로 결정하고, 대면 상호작용(face-to-face interaction) 활성화와 문제해결을 촉진시키고자 하였다. 작업흐름 계획은 진행 중인 작업들의 현황에 관한 30분 일일점검과 함께 격주단위로 계속 진행되었다.

상기 절차는 각 팀이 당시 직면하고 있던 문제들을 해결하기 위한 노력과 함께 서서히 발전되어나갔다. 각 설계 결과물의 현황검토를 위한 매일 전화 확인은 설계를 올바른 방향으로 계속해서 빠르게 진행시키는데 필수적이었다. 프로젝트팀의 이익/손실을 공유하는 것과 함께 하는 이러한 절차상의 진화는 능률적이고 비용효율이 높은 설계진행을 위한 최대수준의 적극적 수용을 달성하는데 도움을 주었다.

9.3.4 프로젝트 팀을 지원하기 위해 사용된 기술들

기 언급된 바와 같이, 통합된 팀은 프로젝트 시작부터 리스크 관리전략으로써

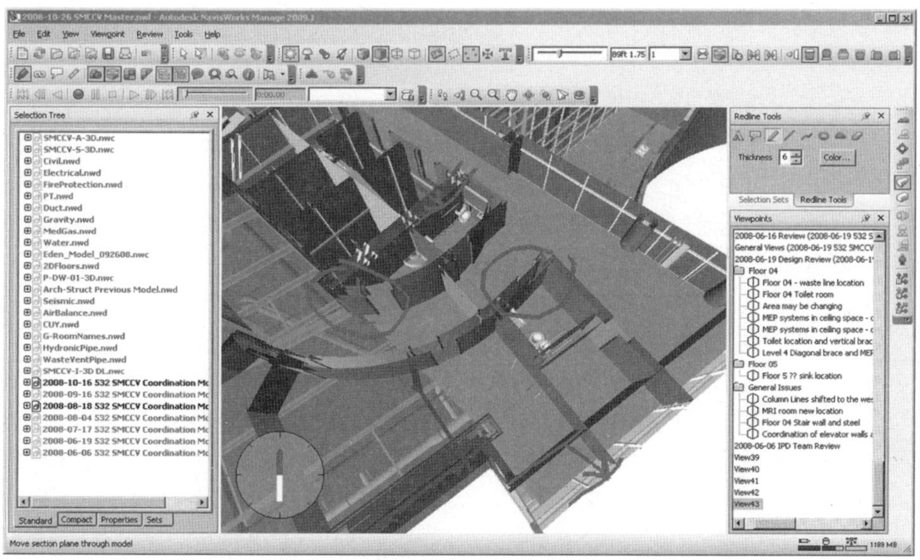

그림 9-3-14
벽의 이동을 제안되는 간섭부위를 표시한 계단 부위 모델검토(삽입 컬러면 참고)

이미지 제공: 셔터 헬스

3D 모델링을 사용했다. 많은 팀구성원들이 3D 사용에 대한 약간의 경험이 있지만, DPR 건설과 가파리(Ghafari)를 제외하고는 누구도 이러한 대형규모 또는 모델을 이용해 수많은 기능들이 조율되는 프로젝트에서 3D 작업을 해본 경험이 없었다.

첫 번째 난제는 그들이 사용할 소프트웨어를 선정하는 것이었다. 모든 팀이 하나의 플랫폼을 사용해야 하는가? 단일 플랫폼이 모든 사람들의 필요를 충족시켜줄 것인가? 그 대신에, 모두가 각자의 플랫폼을 선택한다면, 내비스웍스를 통해 이러한 소프트웨어가 어떻게 해서든 통합될 수 있을 것인가?

많은 촉진된 토론 이후에, 팀은 언제든지 3D 모델데이터를 이용하여 설계부터 선 제작까지의 잠재적 가능성을 최대화할 수 있는 전략적 의사결정을 내렸다. 이에 따른 결과로써 다음의 선택들이 이뤄졌다.

- 건축과 구조팀은 서로 매우 밀접하게 작업해야 할 필요가 있기 때문에, 이들은 단일 플랫폼 이용
- 기계, 전기, 배관, 소방을 포함한 건물 전반의 경로배정(routing)을 요구하는 모든 시스템들은 설계단계뿐만 아니라 이후 간섭확인과 상세 조율시에도 서로 긴밀하게 작업해야 하기 때문에 단일 플랫폼 이용
- 기술적으로 실현 가능하다면, 설계와 상세팀들은 설계모델들의 설계정보가 상세모델들, 그리고 선 제작 장비까지 별도의 변환 또는 재생성없이 전달될 수 있는 소프트웨어들이 선정될 수 있음
- 나머지 설계와 상세 시스템은 다른 하도급자들이 선정하고 전체 프로젝트의 작업흐름상에서 통합되는 시스템들이 도입될 수 있음

디지털 호환성은 다음과 같이 해결되었다.

- 각 분야의 팀구성원은 필요시 그들의 고유한 모델링 소프트웨어와 호환인증된 포맷으로 가장 최신의 모델정보를 이끌어내는 기능을 반드시 가지고 있어야 한다.
- 매주 건축팀은 그들의 고유설계 모델뿐만 아니라 모델의 특정 뷰들을 2D와 3D 오토캐드 포맷으로 프로젝트와이즈에 게시해야 한다.
- 매주 구조팀은 그들의 고유설계 모델뿐만 아니라 모델의 특정 뷰들을 2D와 3D 오토캐드 포맷으로 프로젝트와이즈에 게시해야 한다.
- 모든 기계, 전기, 배관, 소방 및 기타 부위의 오토캐드 3D 모델들은 실시간으로 프로젝트와이즈에 게시될 것이다. 본 파일들은 실시간으로 다른 파일들을 참조하고, 파일이 작업에 이용될 경우 반드시 체크아웃되고 시스템으로 반환된다.
- 어떤 하나의 팀이 그들이 사용하는 소프트웨어의 버전을 업그레이드하기

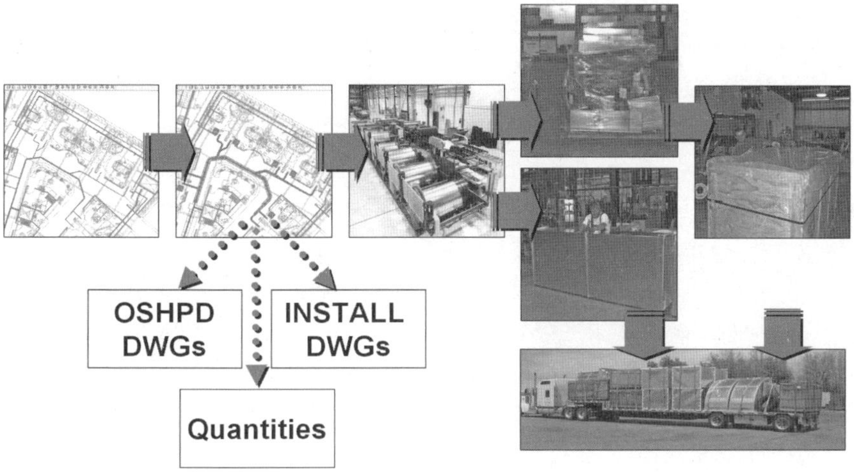

그림 9-3-15
OSHPD 승인 문서작성 지원, 견적용 물량산출, 그리고 선제작과 현장배치 및 상태보고를 위한 BIM 활용

Superior Air Handling 숍(shop) 제작 사진 제공

이미지 제공: 셔터 헬스

전 반드시 전체 팀으로부터 승인을 받아야 한다.

- 모든 소프트웨어에 관한 Object enablers는 모든 회사들 간에 공유된다. Object enablers는 객체 모델을 생성하는데 이용된 저작 프로그램을 가지고 있지 않는 사용자들에게도 내비스웍스와 같이 BIM 프로그램의 객체 정보를 수정은 못하지만 읽을 수 있게 해준다. 예를 들어, 캐드덕트의 object enabler는 사용자의 컴퓨터에 캐드 덕트 프로그램이 설치되어 있지 않더라도 내비스웍스와 같은 프로그램에서 덕트에 관한 정보를 이해할 수 있게 해준다.
- 만약 다른 3D 저작 소프트웨어를 사용하는 새로운 팀구성원들이 추가될 경우, 그들은 2개의 주요 캐드(또는 BIM 플랫폼)로 가져오거나 링크될 수 있는 포맷으로 그들의 모델을 제공해야 하고, 대신 IFOA 팀들은 다른 시스템에서 읽을 수 있는 3D 포맷형태로 변환하여 그들에게 정보를 제공해야 한다.
- 모델기반의 설계검토 회의들은 다분야간의 검토를 위한 모든 3D와 2D 형태의 최신 설계 정보를 취합하는데 활용되는 내비스웍스를 가지고 진행될 것이다. 이는 매주 통합된 전체 건물 모델을 생성하여 저작 소프트웨어를 가지고 있지 않는 모든 팀구성원 누구나 언제든지 접근해서 검토할 수 있다.

이와 함께, 팀은 다양한 기능 중, 모델 기반의 물량산출(model-based quantity takeoffs), 견적(cost estimating), LOB 공정관리(line of balance scheduling), 자동 법규검토(automated code checking), 에너지 시뮬레이션(energy simulation), 그리고 4D 공정관리(4D sequencing) 등의 목적을 위해 진행 중인 3D 설계모델 내 정보를 어떻게 최

대한 활용할 수 있는지에 대한 연구를 시작했다. 이러한 시도 중 견적 등의 일부 기능은 성공적으로 판명되었으며, 자동 법규검토를 포함한 나머지는 대규모 적용시에는 비실무적인 것으로 판단되었다. 또한 LOB 공정관리와 4D 시공 시뮬레이션 등은 계속해서 잠재적인 사용성이 평가되고 있다.

문제점들과 해결 방법 (표 9-3-5 참조)

1. **MEP 설계자와 하도급자 간 협업:** 기계와 배관시스템을 표현하는 단일선다이어그램(line diagrams)은 캐드 덕트로 쉽게 통합될 수 없었다. 설계자들은 캐드 덕트 디자인 라인(CAD Duct Design Line)으로 소프트웨어를 전환했고, 때때로 설계를 위한 라이브러리들은 전문업체로부터 제공받았다. 비표준화 이음(fittings)의 사용은 표준 이음을 사용해 재설계 할 경우 비용이 절감될 수 있는 상황을 희석시켰다.
2. **건식벽 상세 모델의 설계변경들에 대한 계속적인 추적:** 팀은 레빗 모델에 대한 변경들을 수작업으로 추적했는데, 이는 건식벽의 철재 스터드들의 배치를 생성하는데 이용된 스트럭소프트 메탈 우드 프레이머(Strucsoft Metal Wood Framer) 모델에서 이러한 변경사항이 자동으로 반영되지 못하기 때문이다. 이 때문에 메탈 우드 프레이머(Metal Wood Framer) 모델은 빈번하게 업데이트 되어야 했다. 현재 철재 프레임에서 레빗의 수정과 연속적으로 통합되는 좋은 소프트웨어는 없는 실정이다. DPR 팀은 이 부분에 대한 설계변경 관리를 수작업으로 진행하고 있다.
3. **구조분석과 설계 프로그램들 간 정보전달:** ETABS 설계분석과 레빗 간 데이터전달은 수작업으로 진행되었다(기둥 선들만 자동으로 전달됨). 이 때문에 팀은 레빗 모델을 수작업으로 계속 업데이트해야 했다.
4. **설계를 넘어 견적을 위한 모델 활용:** 모델링의 목적은 단지 설계 이상으로 모델을 다양하게 활용하는 것이다. 본 프로젝트에서 기울였던 성공적인 노력들 중 하나는 견적을 위해 모델을 이용했던 것이다. 견적 작업이 시작되었을 때, DPR과 DGL팀은 DPR의 견적사들이 견적을 자동화 하는데 필요한 정보와 파라미터들을 모델링 프로그램(레빗)이 내재화할 수 있다는 것을 파악했다. 하향식의 물량산출(downstream quantity takeoff)과 견적절차를 용이하게 하기 위해 DGL과 DPR은 함께 DPR이 만든 공유 파라미터 .txt 파일을 레빗 아키텍처(Revit Architecture) 프로그램에 추가하는데 협력했다. 본 절차는 이후 "9.3.5 모델기반 견적"에서 더욱 상세하게 설명될 것이다.
5. **레빗과 테클라 모델들 사이의 호환성 부족:** 레빗 모델들은 테클라에서 바로 가져올 수 없다. 레빗은 테클라에서 가져올 수 있는 IFC 파일로 내보내질 수 있지만, 형태 정보만 가져올 수 있으며 치수 데이터는 유실된다. 차선책으로 보다 잔손이 많이 가는 참조 모델들이 생성되었다.

6. **모델 용량(size) 문제:** 건축 모델의 크기/용량이 커져감에 따라, 설계팀은 레빗 모델을 우선 외장과 내장모델들로 쪼개고, 이후 내장모델들은 다시 3개의 각기 다른 모델들로 분리해야 했다. 팀이 모델생성과 유지를 위한 전략구상에 많은 노력을 기울인 결과, 정확한 조율을 위해 다른 분야에서 요구되는 상세를 계속해서 추가해나갈 수 있었다. 하지만 상세한 설계조율을 위해 요구되는 사항들이 소프트웨어의 허용성능(acceptable performance)을 크게 초과하는 것은 계속되는 문제점이다. 팀이 고려했던 다른 소프트웨어들도 중대한 성능 한계를 겪었으며 특정경우에는 아예 모델 파일을 열지 못하는 경우도 있었다. 상세한 객체들을 포함하는 대형 프로젝트들에서 BIM을 이용할 경우 이러한 현상은 여전히 해결해야 할 중대한 문제로 남아있다.
7. **레빗과 CAD MEP 모델들 간 호환성 부족:** 프로젝트 팀은 가장 최신의 하드웨어를 사용하여 설계와 상세단계에서 사용된 두 개의 주요 모델생성 플랫폼들을 최대한 활용하려고 하였으나, 이러한 과정에서 여러 중대한 호환성 문제가 발생하였었다. 그러나 곧 해결점을 찾았으며, 필요한 것을 만들어내는데 방해가 되지 않았다. 다양한 수단들이 이용되었다. 하나의 예는 레빗 모델에서 내보내진 천장 평면도인데, MEP 조율을 완료하기 위해 반드시 필요한 부분이었다. 그런데 천장도가 3D 오토캐드 모델들로 내보내졌을 때, 모든 천장 그리드 정보가 유실되었다. 이 때문에 2D 제출도면에 필요한 3차원 높이 정보가 손실되었다.

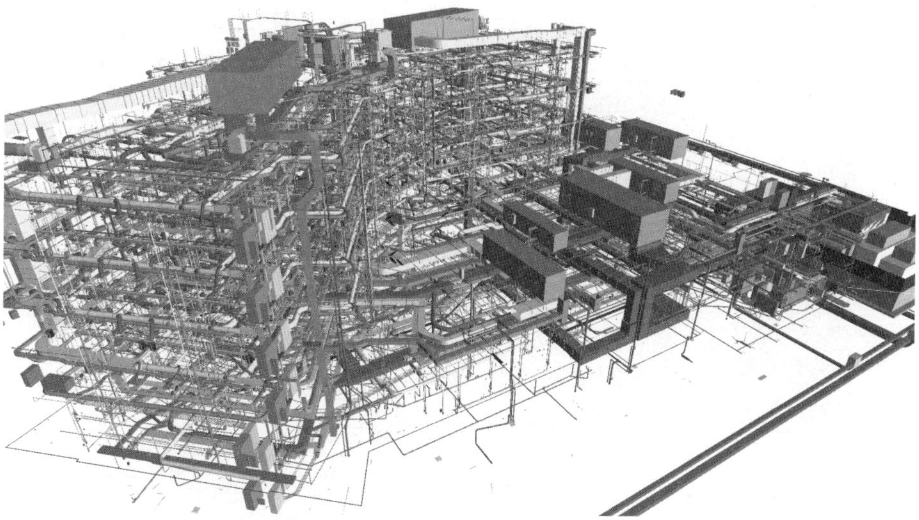

그림 9-3-16
모든 기계와 소방 시스템을 통합한 내비스웍스 모델. 각 시스템은 고유한 색으로 표현되어 있다(삽입 컬러면 참고).

이미지 제공: 셔터 헬스

그림 9-3-17
내비스웍스 모델과 2010년 2월 20일의 실제 현장사진. 프로젝트가 가상으로 한번, 그리고 실제로 한번, 즉 두 번 어떻게 시공되는지를 보여준다(선제작/선조립을 위한 설계과정). 당시 철골세우기 30% 공정률 진행(삽입 컬러면 참고)

이미지 제공: 가파리 어소시에이츠 (Ghafari Associates)

연합(Federated) 문서 협업 시스템 사용

IPD 팀은 모델관리를 위해 벤틀리 프로젝트와이즈(Bentley ProjectWise)의 온라인 모델/도서관리 및 협업시스템을 이용했다. 다양한 지역에 위치한 수많은 프로젝트 참여자로 인해 이러한 시스템은 반드시 필요했다. 분산된 하나의 팀은 본 시스템을 통해 모델들을 작성하고 준비가 되었을 때 제출할 수 있었으며, 팀의 나머지 구성원들은 그 즉시 그것들을 볼 수 있었다. 벤틀리 프로젝트와이즈 시스템은 다양한 지역들에서 8개의 서버들을 배치할 수 있어 팀구성원들은 인터넷 접속 없이 모델들을 작성하고 저장할 수 있었다. 팀에서 가장 가까운 서버에

그림 9-3-18
본사와 현장의 팀구성원들 간 고투미팅을 이용한 웹기반의 가상참여. The Engineering Enterprise 모습.

이미지 제공: 셔터 헬스

서 가장 최근의 모델에 대한 지역 접근(local access)을 통해 팀 구성원들은 훨씬 효과적/효율적으로 조율할 수 있었다(그림 9-3-19와 9-3-20 참조).

벤틀리 프로젝트와이즈 시스템은 프로젝트팀에게 다음과 같은 것들을 가능하게 해주었다.

- 팀의 회사 데스크탑 또는 랩탑에서 가장 최근의 문서들에 대한 즉각적인 접근
- 프로젝트상 역할에 따른 다양한 접근권한(levels of access) 생성. 이러한 접근권한은 사용자들이 다양한 그룹들의 접근가능 여부를 관리하고, 이는 폴더와 문서세트, 심지어 단일 문서 하나에 대해서도 적용이 가능하다.
- 윈도우 익스플로러와 같은 단순한 뷰에서 동일한 드래그 앤 드롭(drag and drop) 방식으로 문서세트 보기
- 문서들의 버전생성
- 문서들에 대한 감사 기록(audit trail) 추적
- 문서들에 대한 체크인과 체크아웃 기능
- 문서 뷰어(viewer)에서의 보기(view)와 문서 마크업(markup) 기능
- 문서 또는 폴더의 변경사항에 대한 자동 알림 생성

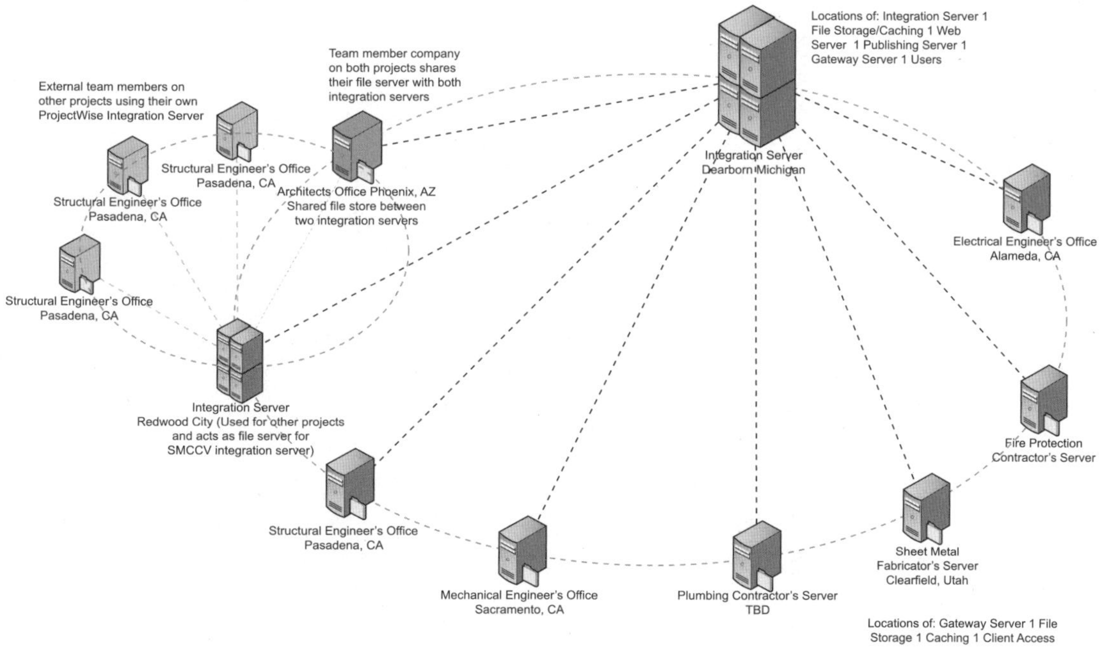

그림 9-3-19 문서와 모델협업을 위한 "연합 정보모델 관리(Federated Model Management)" 아키텍처(architecture)

이미지 제공: 셔터 헬스

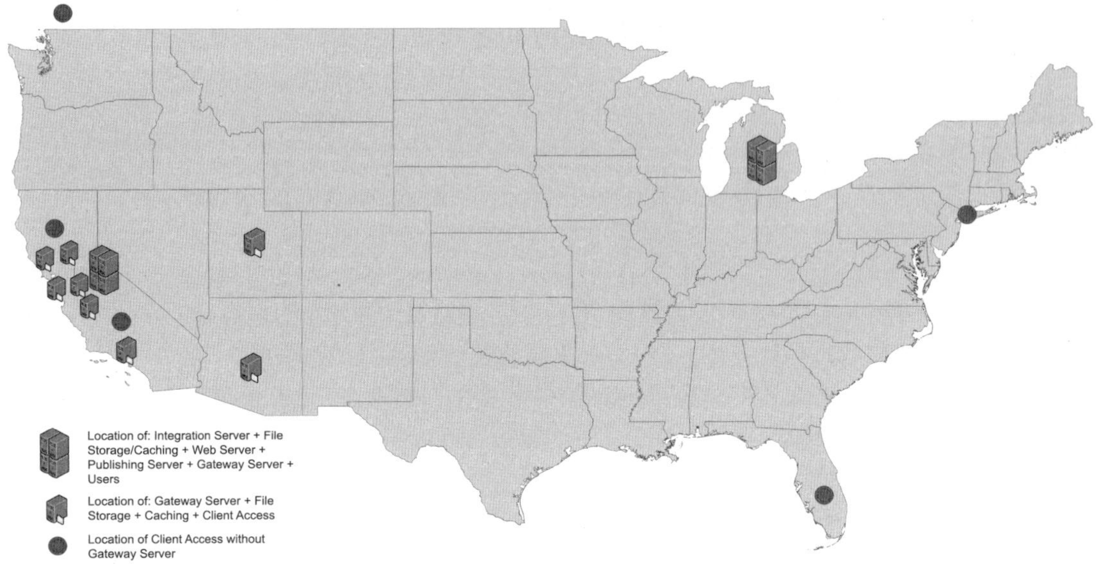

그림 9-3-20 모델 서버들의 위치를 나타낸 지도

이미지 제공: 셔터 헬스

프로세스 맵핑과 전략적인 프로젝트 솔루션 관리를 통한 책무관리

프로젝트 팀은 프로세스 맵핑과 책무관리를 위해 SPS(Solutions Production Manager)를 이용했다. 초기 프로세스 맵핑은 붙였다 떼었다 할 수 있는 메모지(sticky-note)를 빅 룸의 벽에 붙여놓는 전통적인 방식으로 진행되었다. 이후 이러한 방식은 마이크로 소프트 비지오를 이용해 선후행 관계 다이어그램으로 표현되었다. 하지만 맵이 복잡해지고 업데이트가 시작되면서, 이러한 절차는 일정 데이터를 관리하고 일정 날짜들을 계산할 수 있는 SPS 프로젝트 매니저(Production Manager)를 이용하는 것으로 변경되었다.

설계단계 중 잠재적 위험 및 기회 요인의 추적

설계가 진행될수록 설계 비용관리를 통해 목표예산을 초과하지 않았다는 것을 계속적으로 주지해야 할 필요가 존재했다. 이에 관한 절차는 다음 절에서 설명하기로 한다. 게다가 만약 신중하게 평가되어 적절한 조치가 취해지지 않는다면 프로젝트 비용 상승으로 이어질 수 있는 잠재위험 및 기회요인들이 발생하기 시작했다. 표 9-3-6은 2010년 늦은 2월 시점에서 이러한 사안들을 정리한 스프레드시트이다. 이 표는 모든 팀구성원들이 볼 수 있도록 빅 룸에 눈에 띄게 게시되었으며, 적절한 후속조치가 이루어졌는지를 확인하기 위해서 핵심그룹(Core Group)에 의해 격주단위로 논의되었다.

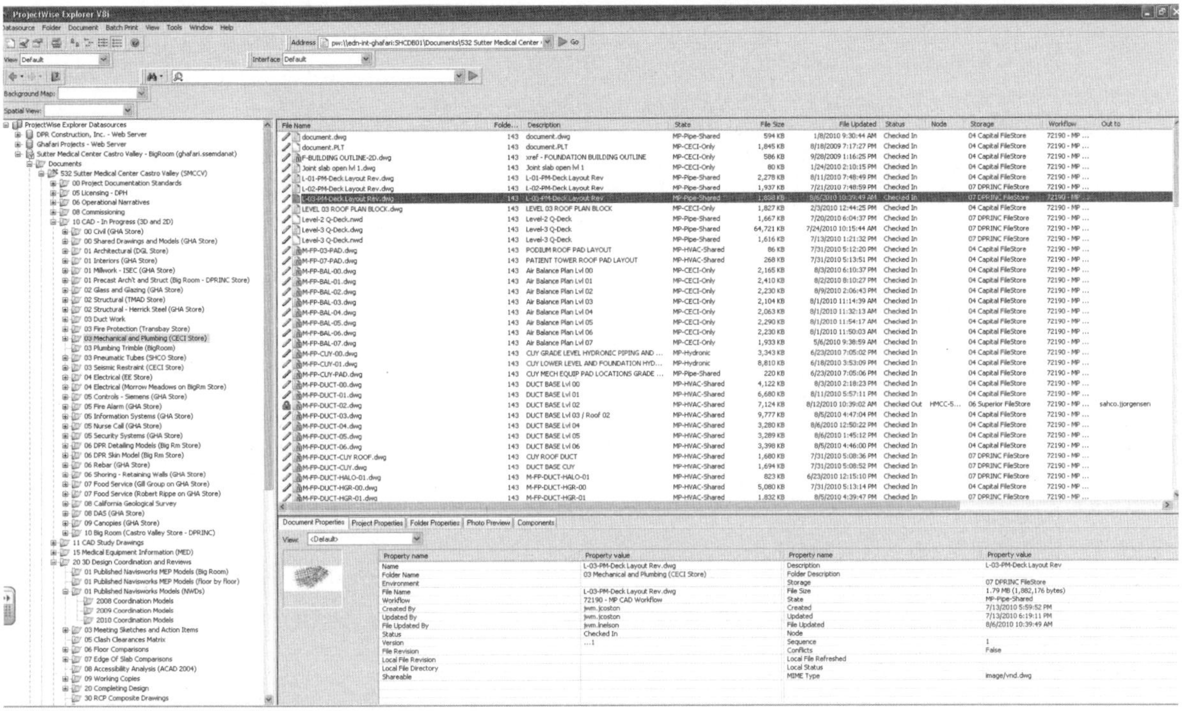

그림 9-3-21 벤틀리 프로젝트와이즈(Bentley ProjectWise) 협업 시스템상 화면
이미지 제공: 셔터 헬스

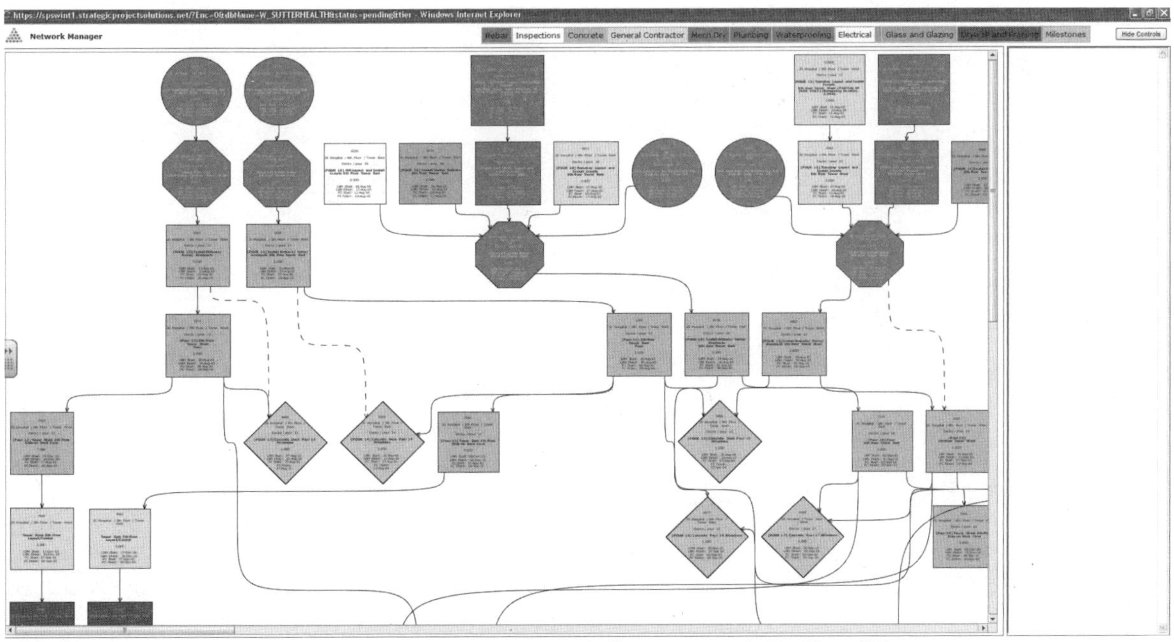

그림 9-3-22 프로젝트팀을 위한 프로세스 맵핑 네트워크와 예견(look-ahead) 네트워크 계획
이미지 제공: 셔터 헬스

표 9-3-6 발생확률과 추정된 손실 또는 수익으로 표현된 잠재적 설계 및 시공상 문제점 목록(2010년 2월 말 시점)

위험 또는 기회요인	위험 발생 확률	막연한 추정치	합리적 추정치	확인된 비용	평가된 재정적 리스크
시공단계에서 해결되기 위해 추가비용이 발생될 수 있는 3D 수정기록(log)에 남겨진 358개 항목들	50%		300,000		150,000
병원 개원 직전 OSHPD의 승인획득 후 라이센싱(licensing)이 건축물에 초래할 수 있는 중대한 변경 사항들	80%		50,000		40,000
보다 유리한 조건에서 계약상의 LEED 목표달성을 위해 건축물의 에너지 효율성 개선에 필요한 기계설비의 업그레이드	90%		250,000		225,000
외벽 창호의 구조적 실리콘 맞댄 접합(butt joints)을 위한 AMOC	90%		100,000		90,000
프로젝트의 LEED 목표 달성을 위해 필요한 기타 사항	90%	250,000			225,000
OSHPD가 미닫이문(sliding door) AMOC을 허락하지 않아, 싱크대와 배관을 재배치하며 ICU(중환자실)에 자동문(swinging door)을 설치해야만 하는 경우	100%		150,000		150,000
OSHPD로부터 요구되는 지진센서	99%	100,000			99,000
본 대지의 발전기(generators)에 관한 4단계 요구사항(tier 4 requirement)을 완벽하게 준수하기로 결정. 발전기를 위한 요소 저장탱크(urea tanks) 연결용 배관필요	25%			371,000	92,750
기존 예산을 초과하는 추가적인 내진시험(seismic testing)이 요구될 수 있음. 조달 전 특정 장비의 OSP 획득여부에 따라 장비선택이 제한될 수 있음.	75%		100,000		75,000
프로젝트가 방화댐퍼(fire damper)에 관한 규정해설에 따라야 하는 필요성	15%		400,000		60,000
할펜 앵커(halfen anchor)	100%		0		0
승강기통 내 화재 스프링클러 설치 필요성	80%	50,000			40,000
모든 방화장치(firestop)와 흡음코킹(acoustical caulking) 작업에 단일 판매자	99%	(50,000)			(49,500)
승강기통 내 연기 및 열감지기 추가	50%			18,850	9,425
GMP 내 Herrick의 원가절감	90%		0		0
OSHPD 설계변경 #9	50%		250,000		125,000
철골조(structural steel support) 상세	50%		150,000		75,000

(이어짐)

표 9-3-6 이어서

위험 또는 기회요인	위험 발생 확률	막연한 추정치	합리적 추정치	확인된 비용	평가된 재정적 리스크
모델링하지 않을 항목들에 대한 목록이 아직 미정이기 때문에, 시공단계에서 원가상승의 요인이 될 수 있는 사안들에 대하여 반드시 모델링을 해야 하는 항목들이 존재. - 모델링되지 않는 2D로 존재하는 낮은 수준의 시공상세도 - 보다 많은 모델링을 통해 해결될 수 있는 사안들 중 시공시 문제가 되는 것들은 무엇이 또 존재하는가?	75%	500,000			375,000
아직 모든 구조에 대한 모델링을 진행하지 않았기 때문에, 시공시 수정을 위한 원가가 발생될 수 있는 설계상 내재된 복잡성 존재	50%	100,000			50,000
외피를 시공상세도 수준에서 3D로 적절히 모델링하지 못한 것은 모델링 비용보다 훨씬 많은 공사비용을 상승시킬 수 있음.	50%		200,000		100,000
주방기구는 아직 모델링되지 않았음, 이는 물리적 차원과의 중대한 간섭사항을 야기할 수 있음 (절단 단위의 연결점과 시트는 모델링되었음)	50%	50,000			25,000
총 발생가능한 위험 & 기회비용					1,956,675
총 최대 위험손실(모든 위험요인들이 발생하고 어떤 기회요인도 발생하지 않음)					3,389,850
총 최대 기회이익(모든 기회요인들이 발생되고, 어떤 위험요인도 발생하지 않음)					(50,000)

9.3.5 모델 기반 견적

개요

프로젝트의 매우 초기단계부터 목표값 설계(TVD, Target Value Design) 또는 목표원가계산 방식이 채택되었다. 린 건설 연구소(Lean Construction Institute)는 목표 원가계산을 낭비를 최소화하고 가치를 창조하기 위한 설계 내 하나의 요인으로써 비용을 포함하는 실무로 정의했다. 대부분의 전통적인 프로젝트 수행방식에서의 비용은 설계를 따르는 반면, TVD 방식에서는 목표비용을 초과하지 않기 위해서 어떻게 설계되어야(여전히 건축주의 요구조건에는 종속적) 하는지를 비용이 좌우하게 된다. 이를 위해서는 설계팀에게 빠른 원가피드백이 주어져야 함으로, 설계팀에게는 가상모델로부터의 물량을 산출하고 이를 모델기반의 견적에 활용해야 하는 필요성이 존재했다. 중요하게 언급해야 할 사항은 셔터 헬스로부터 전적으로 지원받았기 때문에 이러한 절차가 공식적으로 계약 성사 전부터 시작되었으며, 설계가 목표예산을 만족시키고 그것을 보장해야 한다. 본 장에서는 어떻게 이러한 절차가 수행되었고, 얻어진 교훈은 무엇인지 대해 살펴볼 것이다.

SMCCV의 모델기반 견적을 위한 요구사항

IFOA 팀구성원들은 BIM을 설계의 모든 측면에서 사용하기로 약속했다. 설계가 발전함에 따라 비용에 미치는 영향을 파악해야 할 필요성이 발생했다. SMCCV 팀은 한 달에 두 번씩 빅 룸에서 만나 이러한 영향들을 정의했다. 2D 도면으로부터 물량을 산출하는 전통적인 방식은 너무 느려서 2주단위로 비용 피드백을 받을 수 없다는 사실은 분명했다. 2000년 초 스탠포드 대학의 CIFE(Stanford University' s Center for Integrated Facility Engineering) 연구센터는 제품모델(product model)에 기초한 견적개념의 선구자였다(Staub-French 2002). BIM 모델들을 정확하고 신뢰할 수 있는 물량정보의 공급원으로 사용해 비용피드백을 받는 주기를 8주에서 2~3주로 단축시키는 것이 과업이었다.

축적을 갖는 2D 도면에서 수작업으로 물량을 산출하던 것에서 디지타이저로, 그리고 다시 온스크린 테이크오프(On ScreenTakeoff)나 아큐비드(Accubid)같은 컴퓨터 기반의 2D 물량산출 소프트웨어를 사용하는 것으로 발전해온 견적기술들의 진화상 모델기반 견적은 가장 최신 단계이다. 견적을 위해 BIM을 사용하는 것은 설계자의 3D 모델에서 객체 속성(object attributes)과 견적 프로그램(estimator) 데이터베이스로부터 원가정보를 통합하는 것이 필요하다. 2D 도면들보다

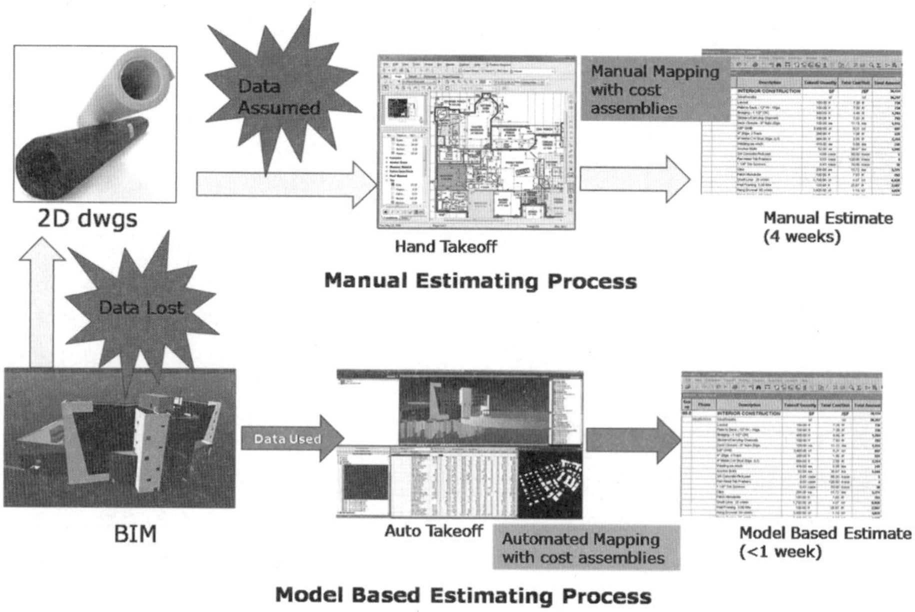

그림 9-3-23
수작업 견적작업의 흐름

이미지 제공: 셔터 헬스

3D 모델을 견적에 이용하는 것은 빠를 뿐만 아니라 오류와 누락의 여지를 제거할 수 있기 때문이다(그림 9-3-23과 9-3-24 참조).

모델기반 견적 솔루션들

SMCCV 프로젝트에서 모든 하도급자는 그들의 설계 또는 선 제작 요구에 가장 잘 부합하는 모델링 소프트웨어를 사용했다. 간섭확인을 위해 내비스웍스

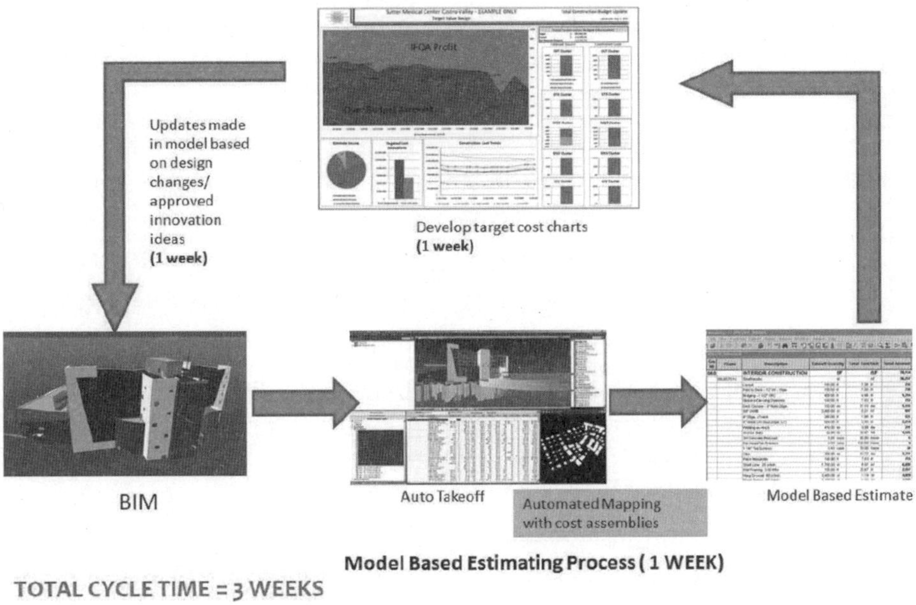

그림 9-3-24
모델 기반의 견적 작업 흐름

이미지 제공: 셔터 헬스

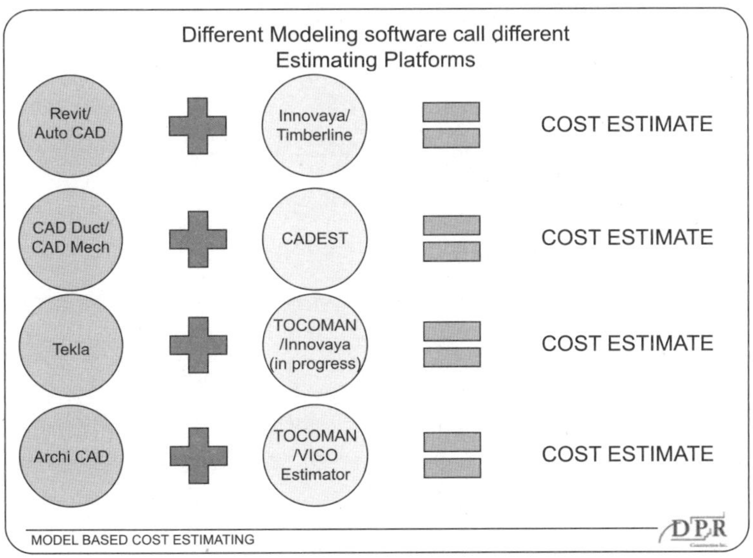

그림 9-3-25
프로젝트 초기 DPR이 분석한3D BIM 시스템과 견적 시스템 간의 호환성

이미지 제공: 셔터 헬스

같은 프로그램에서 모델들의 3D 형상이 통합될 수 있지만, 모델링 소프트웨어를 견적기능과 통합하는 것은 전적으로 다른 요구사항이다. 팀은 BIM 모델에서 물량데이터를 산출해 견적 프로그램으로 넘기는 과정에 몇 가지의 호환성 문제점들이 있다는 것을 발견하였다. 또한 각기 다른 회사들이 엑셀(Excel), 팀버라인(Timberline), 퀵비드(Quickbid), 아큐비드(Accubid) 등 다양한 원가 데이터베이스를 사용하고 있는 것도 문제이다. 프로젝트를 위한 하나의 모델링 소프트웨어와 견적 소프트웨어를 정의하는 것은 이러한 다양성을 고려했을 때 비현실적이다. DRP 건설은 이러한 문제들의 해결방안을 찾는데 솔선수범하였으며, 그들은 어떤 모델링 소프트웨어가 특정견적 프로그램과 호환성이 좋은지를 분석하였다(그림 9-3-25).

모델기반의 견적을 위해 DPR이 정의한 두 가지 방안은 다음과 같다.

1. 첫 번째 시나리오는 특정 하도급자가 사용하는 특정 3D 모델링 소프트웨어와 전용으로 작동되는 견적 프로그램을 이용하는 것이다. 예를 들어, 캐디스트(CADEst)는 캐드 덕트 및 캐드 파이프와 호환되는 견적 프로그램으로, 이들은 모두 맵솔리드(MAPSolid)의 제품군들로 MEP 전문업체들이 사용하고 있다.

   이러한 방식은 모든 회사들이 그들의 설계를 위해 상기의 모델링 소프트웨어 중 하나를 사용할 때만 통하는 방식으로, 본 프로젝트에서는 해당되지 않았다.
2. 조사된 두 번째 방법은 각기 다른 프로그램들(Innovaya Visual Estimating, Tocoman 등)에서의 모델들이 중립적인 플랫폼을 이용해 다양한 외부 데이터베이스들로부터 불러질 수 있는 원가 데이터베이스 조합과 연결되는 것이다. 이 경우, 견적 소프트웨어 개발자는 반드시 각 3D 모델링 소프트웨어로 내보낼 수 있는 플러그 인을 개발하거나 또는 데이터를 불러오는데 IFC와 같은 중립적인 정보호환 표준(neutral exchange standard)을 사용해야 한다. 이러한 방식은 설계자들을 특정 3D 모델링 소프트웨어에 종속시키지 않는다.

본 프로젝트에서는 각 설계자들을 위해 두 가지의 방법이 모두 모색되었다. 몇 번의 실험 끝에, 설계 모델들과 견적 시스템을 연결하기 위한 방안이 아래와 같이 다양한 성공 수준에서 파악되었다.

- 건축 및 구조: 건축과 구조영역은 레빗에서 모델링되고 이노바야 비주얼 에스티메이팅(Innovaya Visual Estimating) 및 팀버라인 에스티메이팅(Timberline Estimating)을 이용해 성공적으로 연결되었다.
- 소방: 소방 모델링 소프트웨어인 오토스프링크와 호환되는 모델 기반 견

적 프로그램은 현재 없기 때문에, 수작업 견적이 요구된다. 스프링클러 하도급자는 파이프, 이음 등의 수량대신 스프링클러 헤드의 수에 기초한 견적을 진행했으며, 더욱이 파이프, 이음과 같은 세부수량에 대해서는 역사적 단가정보조차도 없었다.

- 전기: 모델기반 견적은 적용되지 못하였다. 오토캐드 MEP에서 모델이 생성되더라도, 관련된 원가 데이터베이스가 팀버라인(Timberline) 또는 MC2에 없기 때문에 견적을 위해 이노바야(Innovaya)가 사용될 수 없다. 또 다른 문제는 모델에서 정확한 수량산출이 이루어지지 못한다는 것이다. 따라서 결과적 접근법으로써 모델에서 산출된 수량에 현저한 오차가 없다는 것을 분명히 하기 위해 수작업으로 수량을 산출하고 이를 모델에서 산출된 수량과 비교하였다.
- 기계 및 배관: 캐디스트(CADEst)는 캐드 덕트 및 캐드 파이프에서 선호되는 모델기반 견적 프로그램인데, 모두 같은 회사에서 개발된 제품이기 때문이다. 하지만 기계/배관 협력업체들이 본 프로젝트를 위해 기존에 이용하던 견적 소프트웨어(QuickPen, Accubid)를 캐디스트(CADEst)로 변경해야 하며, 이는 상당한 비용이 수반될 뿐만 아니라 단시간 내 전환을 위한 혼란이 야기될 수 있다. 따라서 모델로부터의 수량은 수작업으로 계산되어 견적을 산출하기 위해 퀵펜(QuickPen) 또는 아큐비드(Accubid)에 다시 입력되었다.

DPR의 직접 수행 작업(self-perform work)에 관한 모델기반 견적 솔루션들

DPR은 직접 수행 작업(건식벽, 콘크리트, 문/문틀/부속철물) 영역에서 잘 작동하는 것으로 입증된 이노바야 비쥬얼 에스티메이팅(Innovaya Visual Estimating)[4]을 적용 및 시험해오고 있다. 이러한 직접 수행 작업 영역은 총 프로젝트 비용의 약 15%에 해당한다. 이노바야는 현재 모델링 소프트웨어로서 오토캐드와 레빗과 함께 작업되며, 견적 소프트웨어를 위해 팀버라인 또는 MC2와 연결된다. DPR은 레빗과 팀버라인 둘 다를 사용하기 때문에, 이노바야는 본 프로젝트의 요구사항에 부합된다. 견적을 위해 요구되는 물량 중 약 86%가 레빗 모델로부터 산출되었다(그림 9-3-26 참조).

전통적인 물량 산출(DPR 직접 수행 작업 비용 중 대략 14%) 또한 다음의 이유 중 하나 때문에 필요했다.

- 3D 모델에 존재하지 않는 요소(예: 가설 흙막이, 비계)
- 모델 상 객체지만 필요한 수량을 계산하는데 사용될 수 없는 경우. 예를 들어 시공 줄눈의 수는 지면 위 바닥판을 어떻게 끊어치기할 것인가에 따

4 www.aecbytes.com/buildingthefuture/2006/VisualEstimating.html

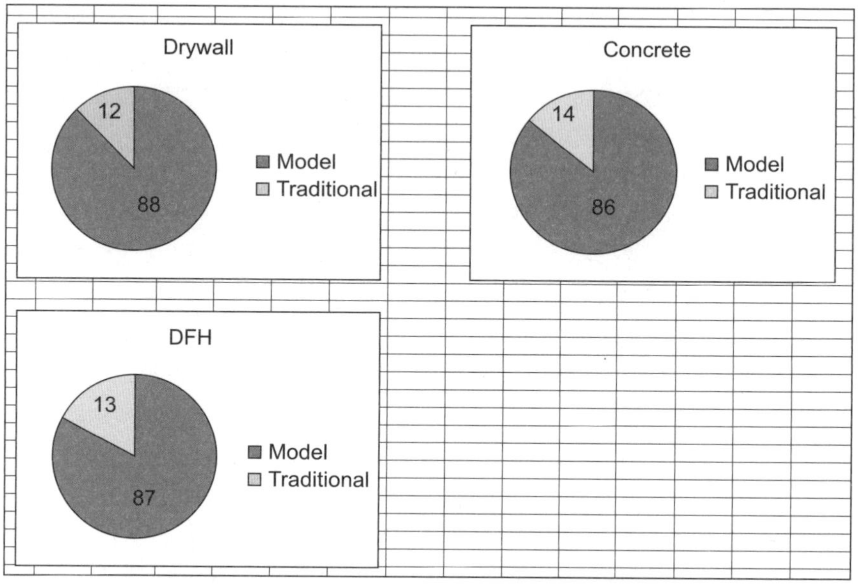

그림 9-3-26
DPR 직접 수행 작업. 각 원그래프는 모델로부터 산출되는 물량과 수작업 산출이 필요한 물량에 대한 개략적인 비율을 나타낸다.

이미지 제공: 셔터 헬스

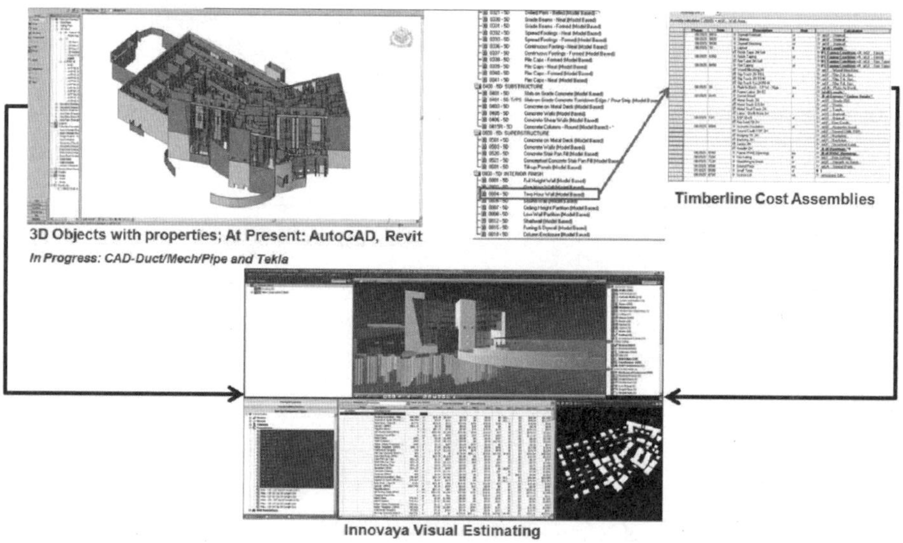

그림 9-3-27
이노바야를 이용해 오토캐드 또는 레빗 모델과 팀버라인 견적시스템을 통합하는 모델기반 견적절차

이미지 제공: 셔터 헬스

라 구분되는 것으로 바닥판의 그 어떤 속성(예: 둘레길이 또는 면적)으로부터도 계산될 수 없다.

- 모델이 요구수준의 물량을 제시할 만큼 충분히 지능적이지 못한 경우. 예를 들어, 바닥슬래브와 콘크리트 벽체가 만나는 선이 신축줄눈의 길이가 되지만, 현재는 모델이 바닥슬래브에 벽체가 붙어있는지 자동으로 판별할 수 없기 때문에 모델로부터 줄눈 길이를 자동으로 산출할 수 없다.
- 비용이 3D 요소가 아닌 시간의 함수인 경우. 예를 들어, 시공 트레일러

(trailers), 가설 동력, 장비 등, 작업자들이 다양한 시공 작업들과 프로젝트 전반에 대한 기간에 의존하는 것.

모델기반의 견적을 현실화하기 위한 설계팀과 시공사 간 협업

SMCCV에서 모델기반 견적절차는 초기단계부터 아래의 참여자 간 활발한 협업을 포함했다.

- 모델을 개발하는 건축설계자와 구조 기술자
- 견적지식과 DPR의 직접 수행 작업에 대한 원가 데이터베이스를 가지고 있는 DPR의 직접 수행 작업 견적가
- 설계와 시공 두 영역 모두에 대한 경험이 있고 이 둘을 어떻게 접목할 지에 대한 지식이 있는 DPR 가상빌딩그룹(virtual building group)의 BIM 기술자

손실/이익에 대한 공동의 기금을 공유하는 것은 모델기반의 견적을 위한 협업 절차에 참여를 유도하는 공유된 인센티브를 제공했다. 목표예산을 달성해 모든 IFOA 구성원들을 위해 이익기금을 보전하는 것이 목적이기 때문에, 그림 9-3-28은 어떻게 팀이 설계단계에서 프로젝트 원가를 절감시킬 수 있었는지를 보여주고 있다. 2008년 말 초기비용 추정치는 예산을 상당히 초과했으나 2009년 중반까지 차차 목표예산 이하로 감소했다. 추가적인 원가절감을 위한 노력은 계속되어, 2010년 2월 4일에는 내부(IFOA 구성원) 예비비를 위한 충당금없이 거의 모든 예상이익을 확보했다. 음영 화살표는 IFOA 구성원들의 목표이익을 보전하기 위해 얼마나 많은 원가가산 예비비가 절감되어야 하는지를 보여준다.

이러한 결과를 도출한 IPD 절차는 분명히 성공적이었다. 이것은 마치 프로젝트에 대한 폭 넓은 이해와 효율적인 시공에 도움을 준 간섭사항이 없는 깔끔한 설계를 기초로 한 활발한 협업이 각 회사들로부터 초기비용 추정치에 포함되었던 예비비들을 고려하지 않도록 해주었다.

그림 9-3-29는 2010년 2월 4일 시점에서 어떤 원가들이 발생(지출예정 또는 이미 지출된 비용) 되었는지를 보여주고 있다. 원가에 대한 구분은 아래와 같다.

CIV—토목
ENV—외피
MEP—기계, 전기, 배관
STR—구조
CA—시공감리(construction administration) 및 현장관련

그림 9-3-28 목표추정치를 만족시키고 온전히 투자된 IFOA 이익을 보전하기 위한 시간 흐름에 따른 비용 추정치 그래프. 음영 화살표는 IFOA 구성원들의 목표이익을 온전히 보전하기 위해 얼마나 많은 원가가산 예비비가 절감되어야 하는지를 보여준다.

이미지 제공: 셔터 헬스

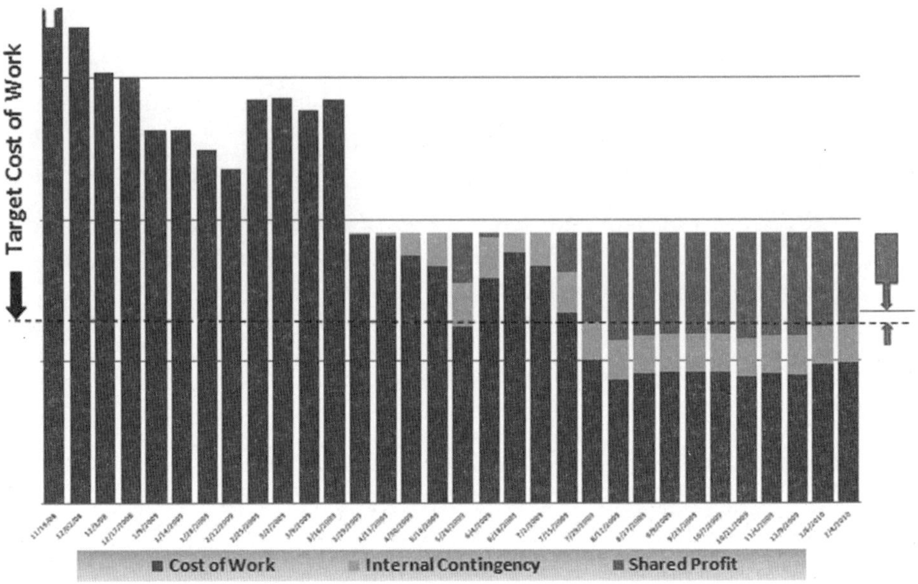

INT—내장

SR—대지 요구사항: 토지개간, 트레일러(trailer) 임대, 트럭 등

PRE—설계와 조달을 포함한 시공 전(preconstruction) 활동에 관한 모든 작업

그림 9-3-29의 도표에 따르면 당시 작업 중 총 비용의 57%가 집행되었다. 다음의 오른쪽 파이그래프는 목표예산을 보여주는데, 53%는 수작업 물량산출, 25%는 모델에서, 그리고 22%는 개념설계로부터 얻어진 초기견적(conceptual estimate)을 통해 산출했다. 최대한 모델을 이용하고자 노력했음에도 불구하고,

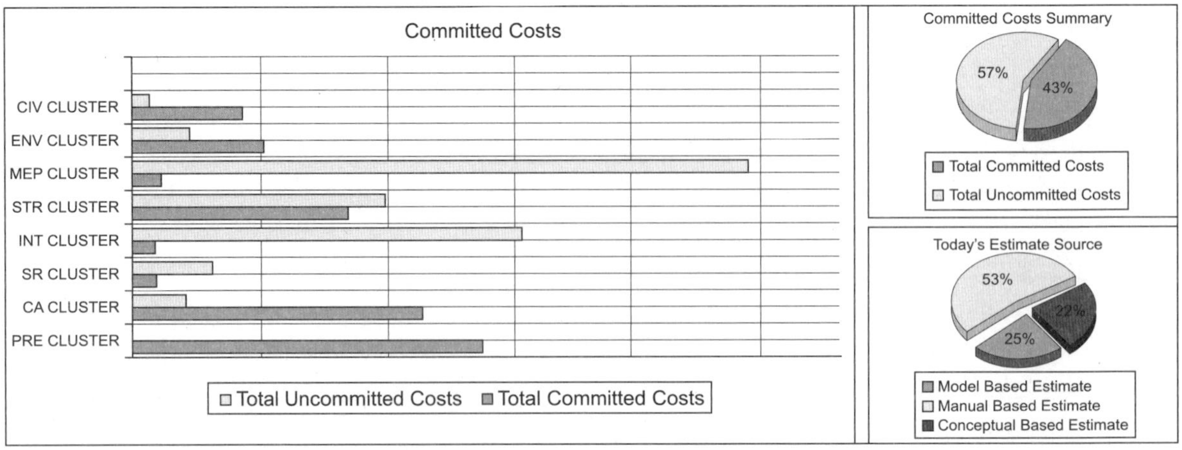

그림 9-3-29 항목별 비용지출과 목표예산의 출처 그래프 / 이미지 제공: 셔터 헬스

목표예산의 추정은 수작업을 통해 이루어졌다.

설계자, 엔지니어, 자체 공사의 견적담당자, 그리고 BIM 기술자로 구성된 다분야 팀을 구성해 견적과정을 자동화하고, 설계가 변경되면 격주단위로 비용을 재추정할 수 있도록 준비하는데 약 3개월가량 소요되었다(그림 9-3-30). 2주에 한 번씩 모델기반 견적을 갱신하는데, 단지 자체 공사 견적담당자 한 명이 이틀이면 가능했다.

모델기반의 견적준비를 위한 DPR의 첫 단계는 견적목적상 오차 모델링된 설계 객체(수량이 부정확하게 모델링되었거나 시공방법에 맞지 않게 모델링요소가 구분된 경우)들을 찾아내는 것이다. 발견된 사항들의 목록은 설계사와 구조 전문가들에게 제공되었고, 이들은 2개월 동안 모델을 수정할 수 있었다. 또한 DPR이 제공한 목록에는 모델링 소프트웨어(레빗)의 한계로 비용조합(cost assemblies)과의 맵핑 절차(mapping process)를 자동화하기 위해 객체에 추가되어야 할 일부 파라미터들도 포함되어 있다. 예를 들어, 마감 시트록 테이핑에 필요한 정확한 벽표면적 산출을 위해, 실내 천장고가 레빗의 벽 객체에 대한 공유 파라미터로써 추가되었다. 또한 팀버라인의 기존 비용조합을 수정해 레빗의 3D 모델 객체들과 맵핑할 수 있었다. 그림 9-3-31은 3D 모델 객체를 보여주는데, 왼쪽 편은 DPR 객체 파라미터들이고 오른쪽은 팀버라인에서 생성된 비용조합이다.

일단 비용조합)과 3D 모델 객체들이 일치될 수 있으면, 맵핑 절차를 통해 비용산출될 수 있다. 다음 단계는 전통적인 견적가와의 비교를 통해 상호 유사한 지를 살펴보는 것이다. 하지만 전통적인 과정으로 산출된 수량이 제대로 기록되지 않는다면, 모델기반의 수량과 견적가와의 차이를 파악하고 해결하는데 때때로 어려움을 겪기 때문에, 전통적인 견적에서 모델기반 견적으로의 전환은 다소 번거로운 절차이다.

상기의 두 단계가 완료되면, 견적담당자를 모델기반의 견적 소프트웨어에 대해 훈련시키는 것이 필요하다. 견적담당자가 모델기반의 견적 소프트웨어 사용에 편하게 적응되는 데는 1~2개월 정도의 시간이 소요되었다. 일단 이러한 훈련이 끝나면, 2주단위로 견적가가 산출될 수 있었다.

모델기반의 견적을 수행하는 과정상의 문제점

모델기반의 견적상 문제점은 단순히 적합한 소프트웨어를 찾는 것 이상으로 복잡하다. 수작업 견적에서 모델기반의 견적절차로 전환되기 위해서는 상당한 노력과 시간, 그리고 비용이 수반된다. 본 프로젝트에서의 경험으로는 새로운 프로그램들을 구매하고 견적 데이터베이스를 이관하는 것은 상대적으로 쉬운 편이다. 오히려 어려운 점은 문화적 전환과 필요한 교육 부분이다. 견적담당자는 반드시 새로운 소프트웨어에 대해 전체적인 교육을 받아야 하며, 모델에서 산출되는 정보가 정확한 지를 확신하기 전까지 시험 사례들을 수행해봐야 한다.

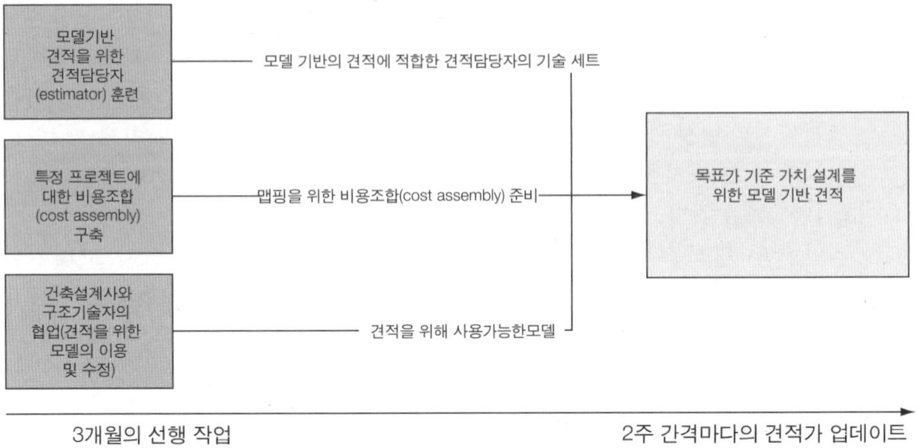

그림 9-3-30
견적절차를 자동화하기 위한 선행 작업

이미지 제공: 셔터 헬스

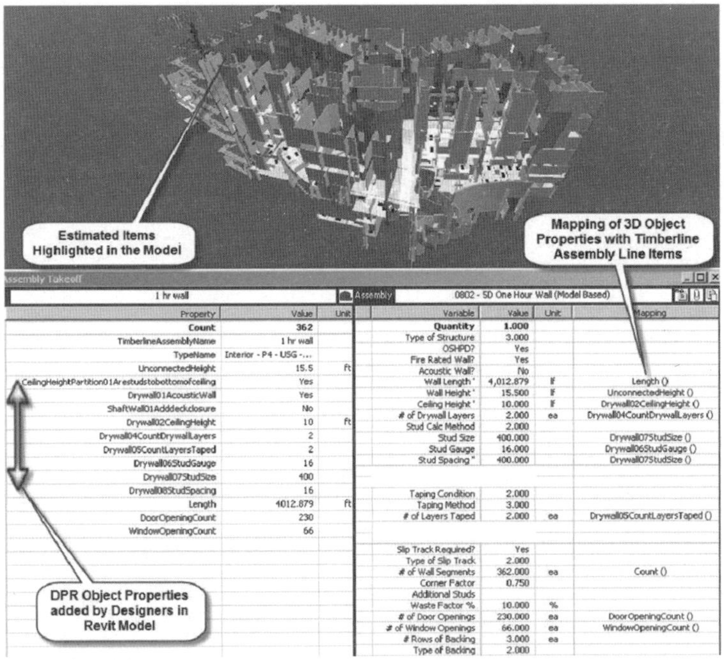

그림 9-3-31
팀버라인의 비용조합과 레빗의 객체 파라미터 매칭(이노바야 이용)

이미지 제공: 셔터 헬스

처음에는 모델기반의 견적 절차가 오히려 전통적인 방식보다 더 많은 시간이 소요될 수 있다. 하지만 시간이 지나며 소프트웨어를 사용하는 것에 능숙해지면, 모델기반의 접근방식은 견적에 소요되는 시간을 단축시키고 뛰어난 정확성을 보여줄 것이다. 이것이 본 프로젝트에서 얻은 경험이다.

또 하나의 쟁점은 누가 이러한 소프트웨어 시스템 전환에 소요되는 비용을 지불할 책임이 있는지에 관한 것이다. 모델기반의 견적을 도입하는데 관심이 있던 프로젝트 발주자 또는 구축된 모델기반의 견적절차를 통해 앞으로의 프로젝트들에서 혜택을 누리게 될 전문 업체들일까?

모델기반 견적의 효과

본 프로젝트에서 모델기반의 견적을 통해 팀은 설계 의사결정이 미치는 비용효과에 대해 빠르게 이해할 수 있었다. DPR과 DGL 팀이 모델기반 견적을 지원하기 위한 모델들의 파라미터들을 어떻게 파악할 지를 고민하는 동안, 팀은 모델에서 산출된 수량을 예측비용의 추정치(proxy)로 사용하기로 결정함에 따라, 설계가 비용측면에서 어떻게 진화하는지를 살펴보기 위해 모델로부터 수량 추세(quantity trend)가 매주 산출 및 추적되었다. 수량 추세를 분석하는 절차는 그림 9-3-32에 나타나 있다. 이 과정은 특정모델의 객체들에 대한 설계와 시공 대안들의 비용을 수량 추세관점에서 평가하는데 도움을 주었다. 그림 9-3-32는 각 설계와 시공대안의 빠른 비교비용의 예를 보여주고 있다.

모델기반 견적으로부터의 교훈

본 프로젝트에서 DPR 건설은 실무적으로 가능한 최대범위까지 모델기반의 견적을 활용해온 결과로 많은 교훈을 얻었는데, 이중 일부는 절차와 조직에 관한 내용이며 나머지는 소프트웨어에 관한 부분으로, 다음은 그 예시이다.

• 상위 회사 관리자(senior company management)의 모델기반 견적에 대한 적극적 지원(buy-in)

　만약 상위 회사 관리자가 모델기반 견적의 가치를 알아보고 지지한다면, 회사 내에서 이를 수행하는 것이 훨씬 더 수월하지만 일부 협력업체들

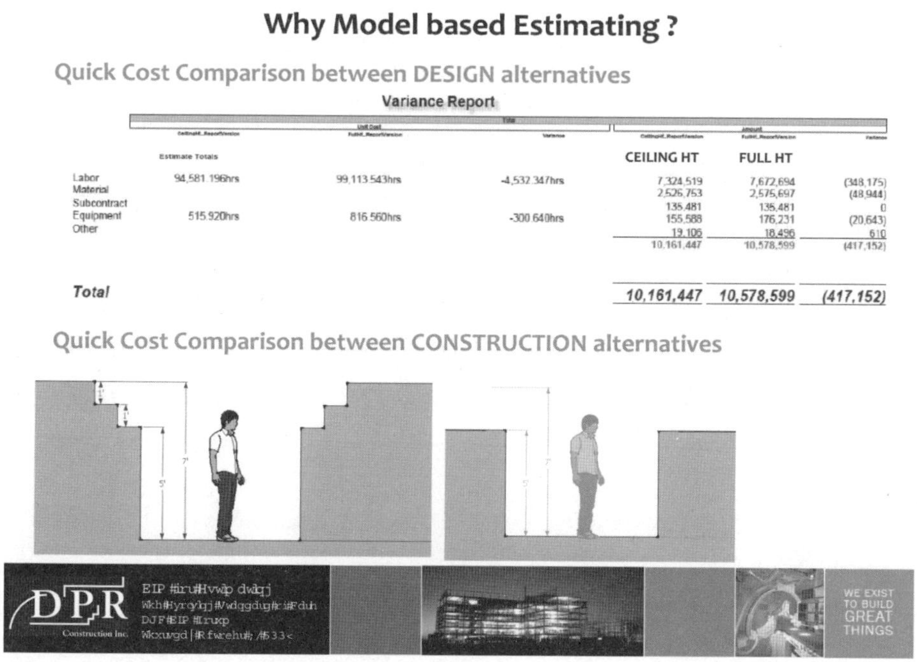

그림 9-3-32
설계/시공 대안들의 비용 비교

이미지 제공: 셔터 헬스

은 전통적인 견적실무에서의 변화를 거부하였으며, 제약된 시간 내에서 기존의 수작업 견적을 계속해서 추구했다.

- 협력적 작업환경 구축을 위한 프로젝트의 계약 언어(contractual language)

  IPD 프로젝트의 특성상 IFOA 계약은 공동이익기금(common pool of profit)과 같은 인센티브를 제공하며 협력적인 작업환경을 권장하기 때문에, 모델 수정요청에도 능동적으로 대응하는 설계자와 함께 작업하는 것은 훨씬 즐겁고 수월했다.

- 모든 견적이 모델에 기반을 두어 이루어질 수는 없다.

  견적에서 일부 항목들은 기존의 3D 모델 내 요소들로부터 수량화 또는 공식화될 수 없었다. 바닥판의 시공 이음과 같은 항목들은 수단과 공법에 관한 사항으로 수작업으로 산출되어야 했다. 또한 맨 리프트, 가설 전기, 트레일러 등 시간에만 의존해야 하는 원가요소들이 존재하는데, 이 비용은 얼마나 오랫동안 현장에 존재하는지와 관련이 있어 3D 모델로부터 수량화 될 수 없다.

- 전통적인 견적에서 모델기반 견적으로의 전환

  마크업 도면형태로 수작업 수량산출 부위를 표시하고 시각적으로 기록하는 것은 이후 모델에서 산출된 수량과 손쉽게 비교해 보기 위해서 중요하다. 특히 수작업 견적에서 모델기반 견적으로 전환되는 과도기 동안에 이러한 작업은 상당한 의미가 있다.

- 새로운 소프트웨어가 기대만큼 항상 역할을 하지는 않는다.

  새로운 기술을 활용하는 것이 항상 첫 시도에서 성공하는 것은 아니며, 바람직한 결과를 얻기 위해서는 소프트웨어 개발자들과의 수많은 협업이 요구될 것이다.

- 모델기반 견적은 자동적인 절차가 아니다.

  모델기반 견적을 위한 모델과 비용조합을 준비하고 견적담당자를 훈련시키는 등 수많은 필요충분조건이 존재한다. 이러한 모든 과정이 모델기반 견적을 성공적으로 수행하기 위해 필요하다.

- 적어도 개념 설계 단계가 끝나기 전에는 시작해야 한다.

  시공전 단계에서 팀이 모델기반 견적을 일찍 시작할수록, 견적을 위한 더 유용한 모델이 생성될 것이다. 이는 설계팀이 목표원가를 만족시키기 위해서는 어떠한 설계 대안들이 가장 합리적인지를 검토하고 결정하는데 보다 많은 시간을 할애할 수 있다.

- 처음부터 협력해서 작업하라.

  설계모델을 구축하는 설계자들과 구조기술자들은 어떻게 그들의 모델들이 견적을 위해서 이용될 것인지를 이해하고, 이에 따라 더 적절한 정보를 3D 모델에 포함시키기 위해서 시공자와 함께 협력해서 작업해야 한다.

9.3.6 지속가능성에 관한 목표 달성

환경적 책무(environmental stewardship)에 관한 건축주의 목표는(하나의 선택사항으로써) LEED v2.2의 실버(SILVER) 요구사항들을 충족시키는 것이다(표 9-3-2의 목표 5b 참조). 이는 LEED Checklist 5 위에서(최대 69점 중) 총 33~38점을 획득하는 것으로, 표 9-3-7에 소개된 설계와 시공상의 보완사항들이 요구된다. 또한 설계와 시공단계에서 지속가능성 사안들에 대한 지속적인 인지가 필요하고, LEED 관련 목적달성을 확실하게 하기 위해 DPR과 드베니(Devenney)는 LEED AP(Accredited Professionals)들을 현장팀에 배치했다.

9.3.7 본 프로젝트의 교훈

- IPD는 건축주의 목표수행을 위해 서로의 책임이 무엇인지에 대한 공유가 필요하다.

  본 프로젝트에는 IFOA(Integrated Form of Agreement, 통합형태의 합의문)에 서명한 11개 구성원들이 존재하며, 그들은 이익/손실을 동등하게 분담하는

표 9-3-7 지속가능성에 관한 목표들을 충족시키키기 위한 설계와 시공상의 보완사항 예시

대지관련 제안사항

현재 계획은 셔터의료센터 카스트로 밸리(Shutter Medical Center Castro Valley)가 준공승인(commissioned)을 받은 후 2013년에 기존의 에덴 메디컬 센터(Eden Medical Center)를 철거하는 것이다. 이때 에덴 메디컬 센터(Eden Medical Center)의 철거 잔해물을 모아서 땅에 매립하는 방안대신, 지하층의 하부(footprint of basement)까지 바로 해체시켜 잔해물을 계획된 지상 표면 주차공간을 위한 매립물로 활용하는 것이다. 여기에는 철거 잔해물을 재수거(off-hauling)할 필요가 없기 때문에 경제적인 이득이 있으며, 트럭 운송으로 발생되는 탄소배출을 낮추고 매립지 공간을 감소시킬 수 있다.

설계 보완사항

물 사용량을 줄이기 위해 고효율 화장실(water closet) 적용

일사열 취득과 냉방부하를 감소시키기 위한 고효율 외벽 유리 적용

지붕에 내리쬐는 일사의 반사량(solar reflectivity)을 낮추는 것만이 아니라 궁극적으로 도심지 열섬현상을 완화시키는 옥상녹화 적용

시공 보완사항

DPR은 각 협력업체들이 독립된 별도의 장비를 사용해야 하는 필요성을 감소시키기 위해 모든 장비를 관리/조율할 것이다. 이는 재료운반의 효율성을 높이고 현장에서 필요로 하는 장비의 수를 감소시켜 궁극적으로 장비이용에 따른 탄소 발자국(carbon footprint)을 감소시킬 것이다. 이를 위해서 관련된 IFOA 팀 구성원들은 "장비(equipment)" 항목들을 프로젝트 계획, 인력, 장비예산에 자금을 투입한 DPR이 담당하도록 하였다. 최종적으로 절감액은 공유된 이익기금(shared profit pool)을 통해 IFOA 구성원들에게 배분될 것이다. 추가적으로, 모로우-메도우(Morrow-Meadows), JW 맥클레나한(JW McClenahan), 그리고 DPR은 현장에서 중복될 수 있는 장비 동원이 제한될 수 있도록 하나의 지하 매설물 업체와 계약하는데 모두 합의하였다. 동일한 논리가 폐기물관리 및 기타 공동작업분(관통 부위의 내화피복재, 철거물 잔해 정리 등)에 적용되었다. 이러한 유형의 작업은 최적화된 단일화 과정을 통해 시공단계에서 필연적인 환경파괴를 최소화하고 비용도 감소시켰다. 탄소 발자국 감소 계획은 카풀제도(carpooling), 대중교통의 사용성, 대지에 접근하는 자전거 도로를 강조하는 행정적, 노동력 관점에서도 수립되었다.

파트너들이다. 이러한 사실은 그들의 목표를 하나로 합치시키고 전체 프로젝트의 결과를 최적화 하는데 도움을 주었다. 또한 IPD 팀구성원들 간 신뢰를 구축하는 근간을 제공하였다.

- 발주처의 리더십

  발주처의 리더십은 그들의 목표 자체와 목표를 달성하기 위한 방법들을 명확하게 기술하는 IPD 계약과 함께 시작된다. IPD 팀이 정상궤도에서 건축주의 이익을 대변하기 위한 의사결정들을 내릴 수 있도록 하기 위해서는 건축주와 프로젝트 관리자의 지속적인 리더십이 필요하다. 프로젝트 관리자는 팀구성원들이 프로젝트를 수행하는 과정에서 발생하는 수많은 문제들에 대한 혁신적인 해결책들을 제시할 수 있도록 자유로운 환경을 제공해야 한다.

- 프로젝트 팀의 동일한 장소배치

  팀구성원들 간 협업과 신뢰향상을 위해서 주요 팀구성원들을 현장의 "빅 룸"에 함께 배치시키는 것이 필수적이다. 이들은 빅 룸에서 프로젝트의 현황(3D 모델, 견적, 문제점 등)을 공유하고 효과적인 팀 빌딩을 위해 직접 만나게 된다. 이는 선임관리자들과 주요 설계자들, 그리고 건축업자들에게만 해당되며, 모든 팀의 구성원들이 한 장소에 모여야 될 필요는 없지만 프로젝트 정보에 대한 계속적인 갱신을 위해 지역에 관계없이 모든 팀구성원에게 어디서나 온라인 접속은 요구된다.

- 기타 필요한 사항들이 무엇인지를 파악하기 위한 팀 구성원들의 계속적인 협업

  OSHPD 제출 요구사항들을 충족시키기 위해 무엇이 필요로 되는지에 관한 실질적인 이해를 위해서 프로세스 맵핑(모든 설계 기능들의 시각적 맵핑)을 사용하는 경우 팀구성원들 간의 지속적인 논의가 요구된다. 이는 팀들이 독립적인 사일로식(independent silos) 작업을 하고 이후 완성된 문서들을 검토하던 전통적인 실무방식에서 벗어나는 중요한 출발점이다.

- 계획과 재계획수립

  둘 다 어떤 IPD 프로젝트 팀에게나 요구되는 기본적인 기술이며 이를 위한 시간과 자원의 투자가 필요하다. 이러한 기술은 작업의 기대사항들을 적절하게 정렬하기 위해 필수적이다. 설계 작업에서 신중한 계획수립과 생산을 위한 작업에 노력을 기울일 수 있는 라스트 정보책임 모멘트(last responsible moment)를 파악할 수 있는 역량은 설계 재작업을 최소화시켜, 가능한 한 적은 시간과 최소비용으로 조율된 최고의 설계결과물을 도출할 수 있다.

- 설계 협업을 위한 토대로써의 3D 모델 공유

  모든 IPD 팀 구성원들은 프로젝트와이즈(ProjectWise) 파일 서버에 의해 지원되는 BIM 생성 소프트웨어를 이용해 그들의 설계를 진행했다. 이를

통해 팀은 오래된(out-of-date) 도면을 참고하면서 발생되는 문제를 제거하고 현재 설계 진행 현황에 대해 지속적으로 접근할 수 있었다. 설계사와 시공사는 진행 중인 설계결과들을 공유할 수 있으며, 설계가 완성되기 전에도 진행 중인 설계결과물에 대한 시공상의 문제점들을 해결할 수 있었다. 따라서 물리적(hard) 간섭과 여유 공간 간섭(clearance clashes) 사항들을 찾아내기 위한 간섭 확인이 이루어지기 전에도 계속적으로 공유되는 3D 모델은 모든 설계상 의사결정에 대한 기초로써 활용될 수 있었다.

- 사소한(minor) 설계 변경은 없다

 어떤 하나의 팀이 사소하게 생각할 수 있는 작은 설계변경들이 다른 분야에게는 막대한 문제(공간간섭 또는 시공상 쟁점)를 일으킬 수 있다. 다른 팀구성원들과 확인 전에 설계가 완료되기를 기다리기 보다는, 구체적인 개선을 위해 타 분야에 대한 영향을 최소화하는 방향으로 초기에 해결방안들을 모색해야 한다.

- 비 IFOA(non-IFOA) 업체도 가능한 설계과정에 일찍 참여시켜라.

 프로젝트에 상품과 서비스를 제공하는 업체가 많지만, 이들은 상위 11개 IFOA 구성원은 아니다. 업체들은 전통적인 총액 방식(lump-sum)으로 계약하고, 보통 3D 모델링에는 참여하지 않는데, 철근과 철골 하도급자들이 좋은 예시이다. 간섭 사항들을 제거하고 설계에 관한 업체의 실무경험이 반영될 수 있도록, 이들이 모델링 과정에 가능하면 일찍 참여할 수 있도록 유도해야 한다. 더 좋은 대안으로는 철골, 철근과 같은 중요한 업체의 경우 IFOA 구성원으로서 참여시킬 수도 있다.

- 목표 원가추정(target costing)

 진행 중인 설계에 대한 반복견적은 프로젝트팀에게 그들의 가정 사항들(assumptions)을 점검하고 설계에 따라 추정된 비용 내에서 시공될 수 있다는 확신을 갖기 위한 피드백을 제공했다. 이는 각 팀구성원들에 대한 위험, 나아가 추정된 비용 중에서 이에 상응하는 예비비(contingencies)를 감소시켜 결론적으로 상당한 추정비용을 낮추어 갈 수 있었다. 모든 팀 구성원들이 일찍 통합되어 정확한 견적절차를 수행하는 것이 쉽지 않지만, 최고의 기술적 지원과 함께 팀 전체가 함께 노력한다면 충분히 가능하다.

- 설계과정에 건축업자(builder)의 조기참여 유도

 건축업자의 조기참여는 설계컨셉이 확정되기 전에 개념 설계부터 시공상의 사안들을 고려될 수 있게 한다. 여기서 말하는 건축업자는 프로젝트 관리뿐만 아니라 실제로 시설물을 짓는 현장감독과 작업반장을 포함한다. 이들의 참여를 통해 보다 더 깔끔하고 비용효율이 높은 설계결과물이 생산될 수 있다.

- 선 조립식 공법 활용 극대화

 설계과정 전반에 걸쳐 공장 사전제작 방식을 현장의 노동력과 재료를

이용하는 현장생산 방식의 대안으로 고려해 볼 수 있다. 이는 시공절차를 단순화시켜 빠른 진행을 가능하게 할 뿐만 아니라, 현장에서의 자재보관 및 관리의 필요성을 줄이고 현장의 작업생산성을 향상시키는데 도움을 줬다. 사전제작 대안들을 빨리 분석할수록 더 많은 부분에서 조립식 공법의 적용이 가능하다.

본 프로젝트에 참여한 팀에서 배운 가장 중요한 교훈은 IPD를 모든 팀구성원들에게 큰 투자수익률(Return On Investment, ROI)을 가져다주는 하나의 기회로 바라보고 있으며, 또한 프로젝트들이 설계되고 진행되는 방식을 근본적으로 변화시키려는 의지가 있는 발주처로부터 지원을 받았다는 것이다. 이것은 단순히 계약서에 날인하고, 모든 것이 기대하는 결과를 가져다주도록 원활히 해결될 것이라고 생각하는 것으로는 부족하다. 사실 설계부터 상세, 선 제작, 그리고 시공까지 이어지는 정보의 흐름에는 몸에 밴 수많은 실무들이 있는데, 이들은 성공적인 IPD 수행을 위해 요구되는 강력한 협업과는 근본적으로 불일치하는 수년간 산업계에 팽배해 온 사일로식 사고에 기초하고 있다. IPD 계약(본 사례에서는 IFOA)이 변화가 일어날 수 있는 환경은 만들었지만, 이것을 기회로써 활용하는 것은 각 팀에게 달려있다. 따라서 각 팀은 그들이 과거에는 어떻게 프로젝트를 운영해 왔는지, 또 당시의 한계점과 낭비 요인들은 무엇이었는지를 충분이 이해하고 있어야 한다. 그리고 다음 단계는 향상된 협업과 기술을 활용하는 다른 방법, 그리고 설계와 시공 계획을 위한 새로운 공법들을 통해 낭비를 제거하고 가치를 창출할 수 있는 새로운 방안들을 모색하고 실천해나가는 것이다. 이러한 것들을 팀이 얼마나 잘 실현해 나갈 수 있는지는 시작부터 그들의 목표들을 얼마나 잘 설정할 수 있는지에 달려있다.

9.3.8 결론

본 프로젝트는 IPD가 단순히 이상적인 비전이 아닌 실질적인 현실로써 복잡한 프로젝트에서도 실현될 수 있다는 것을 처음으로 보여준 획기적인 프로젝트 중 하나이다. 본 사례연구가 작성되던 시점에 프로젝트는 발주처의 명확한 비전, 그리고 프로젝트 팀에 대한 활발한 지원과 함께 매우 성공적으로 착수되었다. 또한 3D 모델들과 린(lean) 생산 계획에 대한 적용 경험이 부족했던 것을 극복할 수 있었던 진정한 협업의 노력이 있었다. 하지만 모든 참여자들이 프로젝트의 목표들을 달성하는데 필요한 기술과 자원, 그리고 경험을 갖추었던 건 아니다. 대부분의 프로젝트들에서 프로젝트 팀이 어떻게 새로운 도구들을 사용하고 효과적으로 협업할 수 있는지를 배우는데는 일정 시간이 필요하다. 특히 설계를 진행하는데 있어 중요한 차이점(지속적인 협업, 독립적으로 진행된 긴 업무들에 비해 상대적으로 짧은 간격의 계획 수립)들은 쉽게 학습될 수 없었다. 하지만 IPD 팀은 프로젝트 현장의 빅 룸에서 함께 작업하는데 익숙해져 감에 따라,

서로의 요구사항들에 대해 잘 이해하고 효과적 협업과 계획수립에 있어서 보다 능숙해졌다. 많은 팀 구성원들에게 본 프로젝트는 그들이 참여해 온 그 어떤 것보다도 가장 협력적이었으며, 팀 대표들과의 면담에 따르면 향후 프로젝트들에서도 이러한 것들을 다시 경험해보고 싶어 했다. 현재까지의 그 어떤 주요 마일스톤(milestone)도 놓치지 않았으며, 프로젝트는 전통적인 설계시공 분리발주(design-bid-build) 방식에 비해 6개월 일찍 착수되었을 뿐만 아니라 추정된 비용(estimated cost)은 목표 예산(target budget)보다 작았다.

감사의 글

프로젝트 팀과 교류할 수 있게 도와주고 본 사례연구를 작성하는데 참여해준 셔터(Sutter) 측의 프로젝트 관리자인 Digby Christian에게 감사드린다. 프로젝트 팀과의 교류는 온라인과 대면 면담을 통해 이루어졌으며, 모든 프로젝트 참여자들과 발표자료들에 대한 접근이다. 또한 저자는 본 사례연구 작성에 참여해준 Ghafari Associates의 Samir Emdanat와 DPR, Inc.의 AtulKhanzode에게도 감사드린다. 저자들 중 한명과 함께 고견을 들려주고 본 프로젝트에 대한 경험을 묻는 많은 설문에 응답해주신 IPD 팀의 모든 선임 관리자들께 감사드립니다.

9.4 메릴랜드 종합병원

시공과 그 이후 효과적인 시설물 관리(FM)를 위한 BIM

9.4.0 서론

본 사례연구는 병원 프로젝트의 완료단계에서 BIM과 모바일 기술의 연동에 대해 설명한다. 또한 효과적인 시설물 관리(FM) 프로세스를 수립하기 위해 어떻게 BIM이 이용될 수 있는지 보여준다.

이 프로젝트의 목표는 약 9,600m²의 공간을 기존의 메릴랜드 종합병원(1881년에 볼티모어에 지어진 메릴랜드 의과대학 병원, MGH)에 증축하는 것이다. 1950년대에 지어진 구조에 그대로 연결하여 8개의 수술실, 4개의 특별실, 18개의 중환자실, 약국, 그리고 실험실을 2010년 3월에 증축하였다. 증축공사가 진행되는 동안에도 병원이 제기능을 다 할 수 있도록 돌파해야할 여러 과제에 직면하였다. 증축영역은 기존 6층의 중정공간과 2층의 기존 병원건물 일부에 연결되어 총 6층에 달한다(그림 9-4-1 참조).

효과적인 구조보강과 촉박한 일정을 맞추기 위해서 증축공사는 탑다운 방식의 두 단계로 분류하였다. 첫 단계는 철골구조로 기존 건물의 상층부인 3층의 외부를 치고, 4층부터 6층까지 올리는 것이고, 두 번째는 지하층부터 3층까

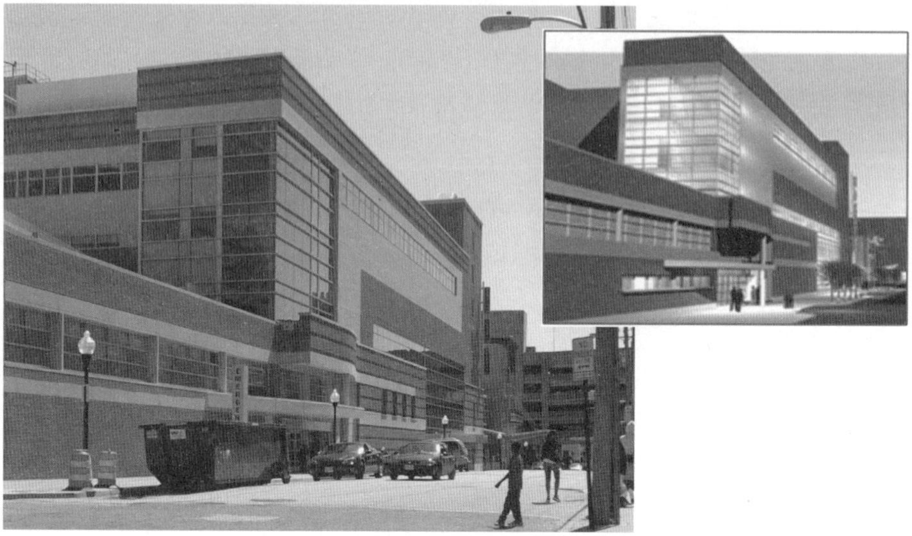

그림 9-4-1
메릴랜드 종합병원의 렌더링 이미지와 실제사진. 왼쪽하단의 예전 이미지와 현재 빌딩.

이미지 제공: 캐린 앰블러(Carinne Ambler)와 바튼 멜로우(Barton Malow)사

지 중정영역내의 공간을 채우는 것이다.

클라이언트는 디자인과정에서부터 BIM을 사용하지 않았으며 건축가는 협력업체에게 BIM 모델을 제공하지도 않았다. 각 협력업체의 전문가들에게 이 건물의 부분적인 모델을 각각 만들어 통합시키는 방향으로 결정되어 모델은 BIM의 가능성을 엿본 프로젝트 관리업체인 바튼 멜로우(Barton Malow)에서 최초로 생성되었다. 이 모델은 초기에 충돌감지나 완공 과정을 추적하는데 필요한 건물설비들의 정보를 수집하기 위해서 만들어졌으나 최종적으로는 시설관리를 위해 클라이언트에게 넘겨졌다.

바튼 멜로우는 미시건주 사우스필드에 본사가 있는 건설관리(CM)회사로 다른 지사들은 볼티모어뿐만 아니라 미국 및 멕시코 전역에 퍼져있었다. 바튼 멜로우는 경쟁력 있는 입찰가로 건설관리를 낙찰받게 되었지만 계약이 성사된 후 "위험부담 최고공사비 보장 건설관리(GMP-CM at Risk)"로 전환되어 모든 공사는 일괄적으로 총액이 협상된 계약을 통하여 협력업체에 맡겨졌다.

9.4.1 왜 완공단계부터 시설관리까지 BIM이 적용되었나?

종합건설업체 바튼 멜로우는 기초적 BIM뿐만 아니라 시각화와 객체의 충돌을 감지하는 등의 BIM 응용을 초월하여, 전략적으로 BIM을 꾸준히 활용해오던 업체이다. 또한 이 프로젝트를 통해서 완공단계와 시설관리(FM) 분야 역시 BIM을 활용할 수 있다는 비전을 보여주었다.

새로운 수술병동과 중환자병동은 더 많은 MEP 시스템과 거대한 공조시스템을 필요로 한다. 이 프로젝트는 실내의 대규모 환기시설과 두 개의 650톤짜리 터보냉동기, 650톤의 냉각 탑, 온습도시스템 및 관련 배관시설, 기류조절기, 통풍조절판, 그리고 환기구를 포함한다. 따라서 MEP 시스템의 위치와 기

능을 확실히 하고 동시에 오래된 시설을 구조적으로 강화하기 위한 상태파악을 위해 높은 수준의 협력이 필요했다. 프로젝트가 진행됨에 따라 많은 데이터들이 현장에서 수집되었다. 그러나 이를 저장할 중앙 데이터베이스가 따로 없었기 때문에 설비들의 재고목록을 만들어 품질보증정보를 기록함으로써 설비들의 수명주기를 최적화하였다.

보통 프로젝트가 끝날 때에는 모든 준공정보들을 박스에 정리되어 클라이언트에게 전달되지만 보통 종이에 기록된 정보들이기 때문에 클라이언트의 시설관리 소프트웨어 시스템과 동기화되거나 재사용되기란 매우 어렵다. 건물점검, 보수할 때 관리과정을 시각화하여 좀 더 재빠르게 대응할 수 있도록 해주는 개발된 BIM을 사용함으로써 이는 건물모델과 시설관리시스템을 연동시킬 수 있는 기회가 발생한다. 메릴랜드 종합병원은 현재 이러한 관점에서 아래와 같은 결점을 가지고 있다.

- 설비들의 수명주기를 최적화하지 못했다.
- 설비의 품질보증서나 다른 설비관련 정보에 쉽게 접근하지 못했다.
- 즉각 사용가능한 설비목록이 없다.

몇 년에 걸쳐 설비운영에 대해 구두로 전달되던 노하우와 특정 직원에 의존적이었으며, 비공식적 문서들로 시설이 관리되어오던 형편이었다. 결과적으로, 이 병원은 시설관리에 많은 자원을 썼지만, 필요한 결과는 얻지 못하였다. BIM을 이용함으로써 건물의 정확한 준공정보를 기록하여 누구나 열람하여 알 수 있도록 하고, 전달하여 어떤 방식으로든 시설들을 효과적으로 유지, 관리할 수 있음으로서 결국 건물의 수명을 연장시킬 수 있게 되었다.

완공단계 및 시설관리를 위한 BIM 구현에서 시공팀의 주 목적은 중앙 데이터베이스 구축을 결정한 과정을 좀 더 효과적이고 생산적이며, 위험요소 감소와 병원에서 발생될 유지보수 업무를 도울 수 있도록 하는 것이 주목적이다. 이러한 차원에서, 시공팀은 건물주를 만나서 이 프로젝트의 현안에 대해 논의했으며, 병원 측과 시공팀, 그리고 협력업체 간의 논의를 통하여 조율했다는 것이 가장 중요한 역할일 것이다. "중앙 집중 형태의 데이터베이스를 구축함으로써 인도 및 납품문서 그리고 시설관리에 관한 정보를 현장에서 쉽게 접근할 수 있고, 한 눈에 구분될 수 있는 시각화를 위해 쉽게 3D모델과 연동되도록 하는 것"에 있다고 바튼 멜로우는 말한다.

9.4.2. 건물 정보 시스템

원래의 프로젝트 문서에서는 어떠한 BIM에 대한 요구사항도 명시되어있지 않았다. 디자인 팀은 정확한 치수의 설계를 위해 기존건물의 종이 청사진으로 된 2D 도면을 바탕으로 진행하였으며, 설계기간 동안 BIM을 사용하지 않았다.

공사가 진행되면서 실제 벽체와 공간이 열리면 실측을 통해 조정해 나갔다. 시공팀은 실제공간과 한층 간의 치수를 맞추어가야만 했다. 층들은 병원 외부 벽체를 부수고 새로운 공간을 만들 때마다 정렬이 필요했다. 더구나 새로운 공간들은 기존의 공간들에 비해 확실히 많은 MEP 시스템들을 필요로 했다. 새로운 MEP 시스템의 설치를 위해, 시공팀은 MEP 시스템의 정확한 위치와 기능을 확인하기 위해 시설관리 부서와의 많은 협력의 노력이 요구되었다. 이러한 협력을 증대시키고 좀 더 효율적인 진행을 위해서, 기계설비 협력업체에서 건물정보모델(BIM)을 생성할 것을 제안했다.

MEP 시스템 모델링

건물모델은 MAP 소프트웨어사의 캐드 덕트(CAD Duct)와 캐드 일렉트리컬(CAD Electrical) 소프트웨어를 사용하여 생성한 기계 및 전기설비 정보를 포함한다. 캐드 덕트에서 생성한 도면은 캐드 덕트 제작모듈에서 열리게 되어있으며, 이는 협력업체에서 정보를 로드하고 HVAC(Heating, Ventilation, and Air Conditioning: 냉난방공조) 시스템과 연동될 수 있다. 모델이 3D화됨에 따라서 설비 간 충돌감지, 구매관련 보고서작성, 치수기입, 입면, 자재번호를 쉽고 편리하게 확인할 수 있다. 모델에 있는 모든 요소들은 병원에서 만든 바코드가 부여되어 중앙 데이터베이스를 통해 일체의 MEP 관련 설비정보와의 연동도 가능하게 되었다. 캐드 일렉트리컬은 협력업체에서 전기설비를 디자인하고 수정할 수 있고, 도면에 전선번호와 컴포넌트에 태그를 표시하여 자재구매서나 케이블 목록, 배선의 시작점과 끝점 목록까지도 보고서로 만들었다.

그 밖에도, 모델은 금속판의 선 제작을 위해 해당 협력업체에서 사용될 수도 있다. 그러나, 모델은 MEP 데이터만 있어서 프로젝트를 진행되면서 건물에 필요한 많은 양의 정보가 추가되었지만 컴퓨터를 위한 전자포맷이 아니어서 아쉽게도 연동되지 않았다.

완공단계와 시설관리를 위한 BIM

바튼 멜로우의 주도 하에 MEP 모델과 현장에서 수집된 구조관련 데이터, 그리고 설비와 그 상태의 기술정보를 통합하기 위해서 건물의 완공단계 및 이에 따른 시설관리를 지원할 수 있는 종합적인 BIM 시스템 구축결정이 내려졌다. 이는 중앙집중형 건물정보모델링 환경 및 전산유지 관리시스템(CMMS) 도입이 필요했고, BIM 플랫폼은 시공관리를 위해 테클라 스트럭쳐 CM(Tekla Structures for Construction Management)이 채택되었다. 선택된 전산유지 관리시스템 티스코(Tiscor)는 다행히 클라이언트가 사용하고 있었다.

테클라 스트럭쳐 CM(보통 Tekla 또는 Tekla Structures로 부름)은 데이터베이스를 이용한 구조, 건축, HVAC, 그리고 MEP 시스템을 포함한 프로젝트 전반의 정보를 관리한다. 데이터베이스는 3차원 객체들을 저장하고 비용이

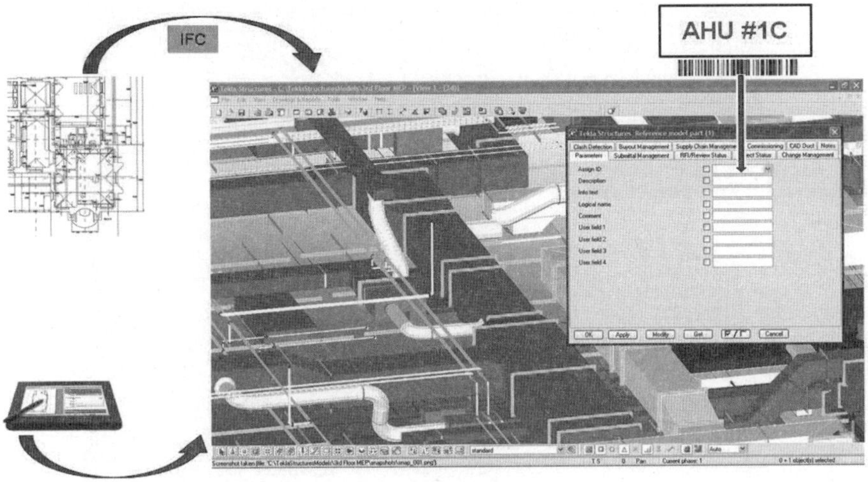

그림 9-4-2
테클라 모델에 모델과 현장데이터를 입력.

이미지 제공: 캐린 앰블러와 바튼 멜로우

나 자재 조달, 공기 관리, 그리고 프로젝트 관리에 필요한 모든 정보들이 거기에 포함된다. 테클라의 이러한 과정들은 각각의 분야별 전문정보 모델들을 통합하여 하나의 프로젝트 모델로 만든다. 테클라 스트럭쳐 CM은 모델제작 솔루션이라기 보다는 모델통합 솔루션이고 테클라의 해당 버전으로는 어떠한 객체도 생성할 없지만, 풀버전 테클라 스트럭쳐에서는 가능하다. BIM 소프트웨어를 통해 생성된 어떠한 모델이라도 테클라를 통해 불러들여질 수 있고, 이들은 모든 객체의 영역과 하나의 좌표값이 주어져 있어서 충돌감지를 수행한 다음에 실행한다면 문제 해결된 새로운 모델을 다시 저장할 수 있게 된다.

이 프로젝트의 초기단계에서 BIM 모델이 생성되지는 않았지만, 철강 협력업체는 그들이 사용할 모델을 캐드테크(Cadtech, www.cadtechonline.com)라는 회사에 하청을 주었다. 이 모델은 자체적으로 테클라에 건물의 기하학적 형태를 제공함으로써 구조모델의 중추적인 역할을 하게 되었다. 캐드 덕트와 캐드 일렉트리컬에서 만들어진 모델들은 IFC(Industry Foundation Classes) 포맷을 사용하여 테클라로 불러들여졌다(그림 9-4-2 참조). 이 파일 형식은 CAD 모델과 테클라 간의 상호정보교환을 가능하게 하였으며, 기계 협력업체에서 만든 모든 MEP 시스템의 정보를 불러들일 수 있었다. 게다가, 의료용 가스 등과 같은 특수 설비도 모델링할 수 있었으며 데이터베이스에 저장할 수 있었다.

시설 관리 데이터베이스

전산유지 관리시스템인 티스코의 소프트웨어 패키지는 건물을 유지하는 운용방식 및 유지보수 활동에 관한 일정을 관리한다. 전산유지 관리시스템은 가동시간을 향상시키고, 예방적인 유지보수업무를 수립하고, 작업순서를 정리하며, 이미 결정된 사안에 대한 관리를 도울 뿐 아니라 서드파티 애플리케이션에 데이터를 제공한다.

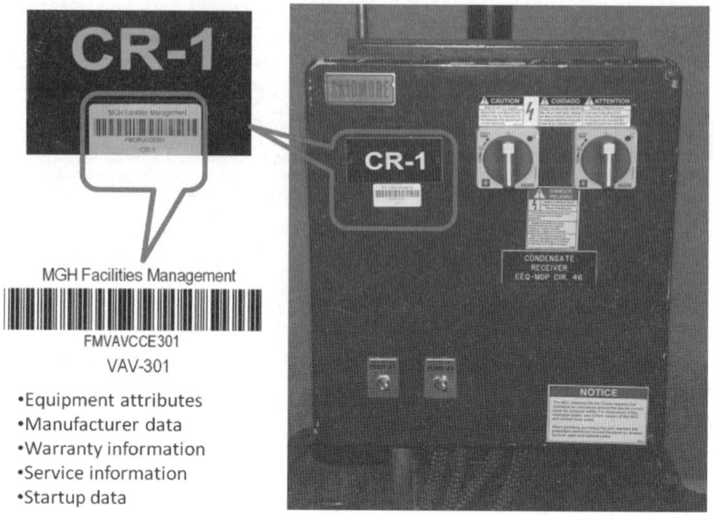

그림 9-4-3
IM 기반시설 관리통합이 적용된 메릴랜드 종합병원의 바코드 형식.(2010년 3월 Central Core expansion 발표 슬라이드)

티스코 소프트웨어는 안전, 성능, 예방적 유지보수, 점검, 그리고 부품교환 일정 등을 모니터링한다. 또한 협력업체의 작업순서를 생성하고, 작업일정을 정하고, 모든 개별 장비의 작업순서를 만들고, 안전위원회를 구성하고 준수하도록 하며, 다양한 포맷의 보고서를 생성하는 기능을 한다. 효율적인 시설관리는 자산에 대한 정확하고 완전한 데이터를 필요로 하기 때문에 모든 프로젝트의 관련 데이터는 티스코 시스템을 통해 조직화되었다. 이 데이터는 프로젝트의 건설단계에서부터 병원건물의 전 생애주기에 이르는 정보를 모두 포함하고 있다.

현장 데이터베이스 접근

정보시스템의 목적은 프로젝트를 완료할 수 있도록 인도단계 및 시설관리단계를 더 효율적으로 만드는 것이다. 이는 모든 엔지니어, 감독관, 건물유지를 하는 사람들이 현장에서 모든 정보에 즉각적으로 접근해야 함을 의미한다. 실제적인 설비와 가상의 3D BIM 모델, 그리고 중앙 데이터베이스 간의 연동은 바코드와 태블릿 PC용 특정 소프트웨어를 통해 이루어진다. 각각의 설비는 접근할 수 있는 위치에 고유한 바코드가 부착되었다.

코드39 표준바코드 심볼을 생성하기 위해 바텐더(Bartender)라는 소프트웨어를 사용하였다. 모든 바코드는 11자리의 문자로 되어있고 메릴랜드 종합병원의 내부의 통제번호와 동일하게 바코드의 알고리즘은 종류, 장비, 위치 그리고 순차 번호 등과 같은 다양한 속성을 식별하도록 하였다(그림 9-4-3 참조).

예를 들어서, 바코드 FM-CRU-ENT-001은 시설관리(FM) 관련 설비를 의미하는데, 일종의 조절장치(CRU: Control Rate Unit)로 출입구(ENT: Entrance)에 위치하며, 식별번호는 001임을 의미한다.

바텐더 소프트웨어는 설비의 이름과 ID(Tekla에서 생성되어 불러들여진

그림 9-4-4
BIM과 시설관리의 통합. 바코드의 식별정보를 이용하여 테클라 모델과 전산유지 관리시스템에 모델과 현장데이터를 입력하였다.

ID임), 그리고 바코드 그 자체를 기록한다. 바코드가 생성되고 기록되면 바코드의 데이터베이스는 엑셀 스프레드시트로 내보내기가 가능해지고, 이는 현장에서 사용하는 벨라 시스템즈(Vela Systems)의 소프트웨어 및 동시에 테클라 모델과도 동기화되어 공유된다.

현장의 정보들은 벨라 시스템즈 소프트웨어에서 취합되고 갱신된다. 현장에서 생성된 데이터(점검결과, 검증데이터 등)는 현장실무자가 벨라 시스템즈에서 만든 태블릿 PC용 소프트웨어를 사용함으로써 입력되고 갱신된다. 이와 비슷한 방식으로 중앙 데이터베이스의 정보들을 현장에서 쉽게 접근할 수 있다. 그림 9-4-4는 초기셋업단계를 보여준다. 벨라 소프트웨어는 오프라인 모드를 지원하므로 현장을 돌면서 프로젝트 관련정보를 수집하고, 사무실로 돌아온 다음에 중앙 데이터베이스와 동기화시킬 수 있다.

바코드 정보는 모든 정보통합의 정점이라고 볼 수 있다. 벨라를 사용해서 현장에서 수집된 정보는 온라인을 통해 테클라 모델로 통합될 수 있다. 폴더의 위계정보는 벨라 싱크(Sync) 폴더에서 설정할 수 있으며, 한 폴더는 한 개의 설비를 다루게 되고 어떤 설비든 바코드를 통해서 인식되면 관련 파일들은 해당 설비폴더에 저장된 다음 벨라와 테클라간의 정보가 xml파일로 만들어져서 통합되며 이는 최종적으로 테클라로 불러들여진다. 이로써 병원의 모든 준공관련 정보들은 컴퓨터 파일형태로 생성될 수 있다.

테클라 모델을 통해 갱신된 정보가 바코드 ID를 통해 시설관리정보에 연동되어, 티스코의 자산관리 시스템에 사용되었다.

태블릿 PC들은 아웃도어장비 전문업체 모션 컴퓨팅(Motion Computing)에서 공급되었다. 이것들은 방수기능이 있고 약 1.5kg(3.3파운드) 정도 무게이다. 또한 통합 RFID와 앞쪽 양모서리에 바코드 스캐너가 있고, 카메라와 녹음기도 내장되어 있다. 이들은 마이크로소프트사의 윈도우 비스타 운영체제로 돌아가며, 터치스크린과 스타일러스 펜을 지원한다.

9.4.3. 시공, 완공, 그리고 인도

태블릿 PC가 소개되기 전부터 건설과정이 이미 시작되었다 해도, 과언이 아니다. 태블릿 PC는 현장작업자가 데이터를 한번 기록하면 전체 팀과도 정보를 공유할 수 있게 하였고, 도면, 모델, 제품 정보, 그리고 현장에서의 스펙정보에 쉽게 접근할 수 있도록 하여 과정을 촉진시키고 큰 이익을 안겨줄 수 있었다. 게다가 서류의 보안, 정보의 업데이트, 미결사항에 대한 정보를 만들어 현장에서 발생하는 로그데이터, 추적, 서류작업 및 의사소통을 즉각적으로 대처가 가능하도록 해준다.

태블릿 PC는 시공팀에서 작업일정을 계획하고 벨라 소프트웨어를 통해 공정진행상황과 상태를 시각화하여 시공팀에게 언제 어디서나 열람할 수 있는 실시간의 정보를 제공함으로써 현장에서 BIM 모델이 실용적으로 활용될 수 있도록 하였다. 이 소프트웨어를 사용하여 시공품질관리를 용이하게 하였으며, BIM과 연결됨으로써 인도 및 납품 서류작업 마무리를 간편하게 사용함으로써 현장에서의 생산성을 향상시켜서 프로젝트의 공정을 단축시켰다.

태블릿 PC에서 사용된 BIM 솔루션은 모델에 존재하는 모든 설비객체에 대한 점검 및 테스트 데이터를 생성하는 일에 사용되고, 모든 부서에서 해당 검수나 테스트에 대한 정보에 접근할 수 있다. 태블릿 PC를 통해 수집된 모든 현장의 정보들은 건물의 인도를 위한 BIM 모델로 통합된다. 아래는 준공검사 및 인도시에 검증하는 설비의 설치와 관련한 4가지 주요 과정이다.

1. 납품준비: 현장으로 설비가 도착된 상태
2. 성능 검사: 설비가 적절히 작동하는 지에 대한 검수
3. 시스템 시운전: 전 시스템에서 설비가 적절히 작동하는지 확인
4. 설비의 수용: 클라이언트가 설비의 설치를 수용하고 동의서에 사인

그림 9-4-5
현장에 있는 작업자가 태블릿 PC를 이용하여 설비의 태그를 스캐닝하는 장면(삽입 컬러면 참고)

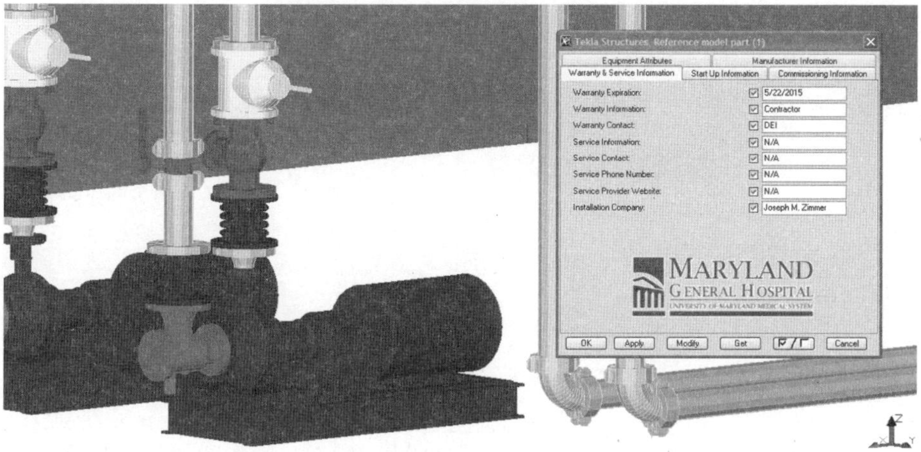

그림 9-4-6
설비의 데이터입력을 위한 테클라 소프트웨어상의 사용자정의 윈도우

현장점검 동안에 모든 설비에 관련된 데이터(이름, 위치, 바코드, 모델과 시리얼번호, 제조사 정보 등)는 태블릿 PC의 도움으로 저장된다. 태블릿 PC의 끝에 달린 바코드 스캐너로 설비의 태그를 읽어 들일 수 있다. 그리고 이는 설비의 속성 값을 입력할 수 있는 벨라 시스템을 통해 그림 9-4-5에서 볼 수 있듯이 모든 세부적인 정보들을 불러온다.

현장작업자가 사무실로 돌아와서 태블릿 PC를 도킹시키면 벨라를 사용해 수집된 정보들이 테클라 모델로 동기화되고 빌딩 모델의 객체 엔터티 뷰어와 연동된다. 이는 프로젝트를 시각적으로 추적하여 볼 수 있게 하며, "히트맵(Heat Map)"(프로젝트의 상태에 따라 그러데이션 색상으로 표현된 2D 이미지)으로 그림 9-4-6처럼 언제든 만들어질 수 있다.

9.4.4 시설유지에 대한 작업흐름

원래의 MGH에서의 시설관리는 비효율적인 3가지 작업과정으로 되어있다. 첫 번째 과정은 장비추가와 교체, 두 번째는 유지보수 작업의 순서결정, 세 번째 과정은 서비스요청 관련이다.

앞서 설명했듯이, 시공팀은 이러한 3가지 작업과정을 간소화하고 몇 가지 단계를 줄이기 위해서 BIM 솔루션을 제안했다. BIM 솔루션은 시공기간 동안 만들어진 모든 정보를 시설관리에도 재사용 및 향상시킬 수 있도록 하는 목적으로 개발되었다. 해당 프로세스는 정보를 수집하고 병원의 데이터를 시설관리 소프트웨어에서 사용할 수 있게 하는 일련의 과정이다. 해당과정은 설비의 제조사로부터 현장 운송, 설치, 가동까지 모든 정보를 추적하며 결국 MGH에 전달된다.

완성 후, 3가지 주요 시설관리 작업과정은 BIM 모델, 중앙 데이터베이스 시스템, 그리고 태블릿 PC를 사용하여 이루어진다.

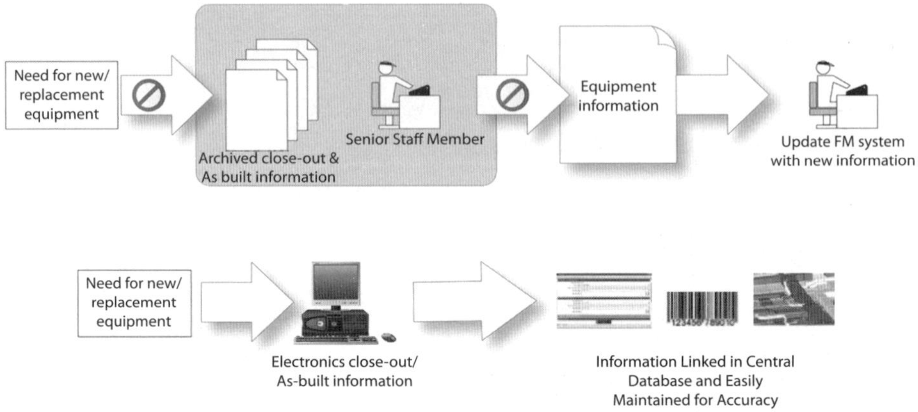

그림 9-4-7 설비추가 또는 교환에 대한 기존의 과정(상단)과 새로운 과정(하단).

설비의 추가 또는 교환

이 과정은 설비정보를 얻기 위해 준공문서를 사용하고 장비가 계속적으로 작동되도록 필요한 지침을 마련한다. 기존의 과정은 반복적 데이터입력으로 인한 인력낭비와 오류가 많아 실수가 잦았다. 기존방식으로는 설비정보에 대한 장비의 재고목록이 불완전하거나 제위치에 놓여있지 않아 쉽게 정보를 찾지 못해서 바인더를 뒤적이게 된다. 준공문서들이 대체적으로 오래된 내용이다 보니 시설관리자만이 알고 있는 정보들로 대체되어 검색이 쉽지 않았기에 재고목록 정보는 많은 시간과 노력을 들여 갱신되어야만 했다.

새로운 시스템에서는 현장작업자가 현장에서 설비를 점검과 동시에 정보에 접근하고, 새로운/교체된 설비에 대한 정보를 갱신할 수 있다. 그림 9-4-7의 기존 및 새로운 과정을 보여준 것처럼 정보들은 작업자가 네트워크로 연결할 때 중앙 데이터베이스로 동기화된다.

작업지시 관리

매달 할당되어야 하지만 설비에 실제로 필요한 작업에 대해서는 제대로 행해지지 않았다. 게다가 전반적으로 수리 원인과 내역을 정확히 모른 채 작업자는 대충 수리작업의 요식행위로 급한 불만 끄게 된다. 기존의 작업과정에서 일정을 놓칠 경우에 필요한 유지보수작업이 자동으로 재배치되지 않는다. 유지보수작업은 그림 9-4-8에서 알 수 있듯이 작업지시서는 메일함을 통해 하달되고, 완료정보에 대한 문서가 참조되지 않으므로 작업에 대한 문제해결이 어렵다. 정보부족으로 인해, 서비스 기술자가 설비나 부속의 수명에 영향을 미치는 것에 대해서 결정을 내리게 되는 사례가 종종 발견된다. 또한, 수리가 완료된 후 종이로 된 서비스양식을 수기로 기입해야 하고, 그 데이터들은 다시 시설관리 소프트웨어로 입력되어야만 했다.

기존의 과정은 더 많은 작업이 필요할 뿐만 아니라 더 많은 시간이 요구된다. 그림 9-4-8에서 볼 수 있듯이 새로운 과정은 작업 지시서를 서비스 기술

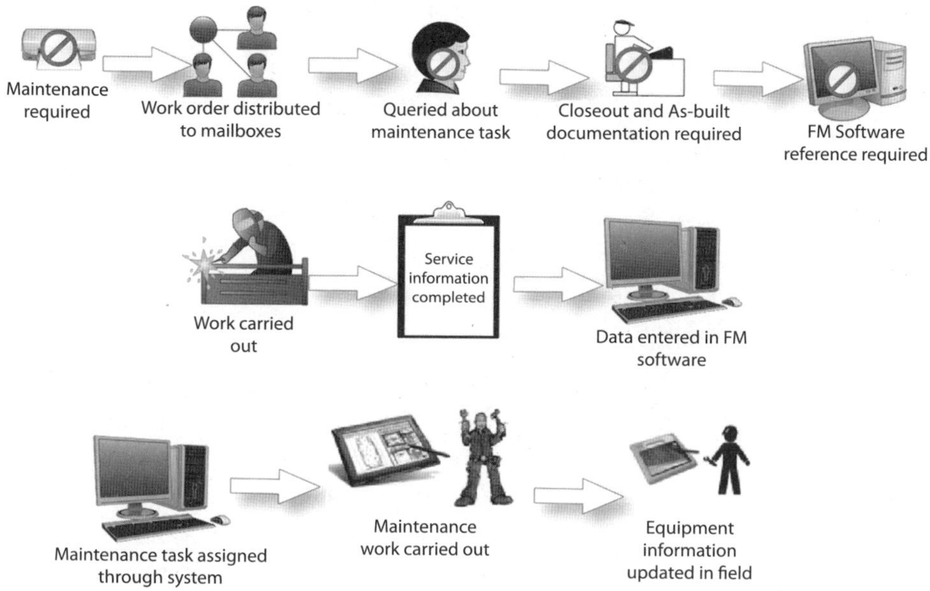

그림 9-4-8
유지보수작업의 기존의 방식(상단 두 줄)과 새로운 방식(하단).

자에게 컴퓨터를 통해 전자로 할당한다. 작업 지시서에는 해당 작업을 완료하기 위한 모든 정보가 미리 준비되어 있어야 하고 서비스 조사/체크리스트는 컴퓨터를 통해 완성됨으로써 불필요한 데이터 재입력을 없앨 수 있다.

서비스 요청

서비스 요청시에 가장 중요한 정보는 제조자 또는 공급자의 제품보증서와 장비의 서비스 계약서, 그리고 기타 관련된 설치와 인도 및 납품 정보를 필요로 한다. 기존의 과정에서는 항상 필요한 정보가 준비되어 있는 것은 아니기 때문에 관련 문서를 잃어버렸나 찾기 힘들었다. 대부분 서비스계약과 관련된 정보가 가용하지 않아 상주 기술자가 작업을 수행하게 되면 병원이 부가적인 비용을 지불함을 의미한다. 새로운 시스템에서는 설비와 관련된 정보들이 서비스 계약서 및 제조자의 상세한 연락처 정보를 포함하며 설치 및 인도 당시의 정보를 즉시 갱신되어 공유시스템을 최적화하여 빠르게 구동될 뿐만 아니라 중복체크의 노력을 감소시킨다.

9.4.5 요약 및 결과 그리고 교훈

MGH의 사례는 정보들이 어떻게 시스템적으로 통합되고 관리될 수 있는지 혁신적인 방법으로 보여주고 있다. BIM은 광범위한 병원증축 프로젝트의 시설관리 소프트웨어와 연동되어 중앙 데이터베이스에 정보들을 취합하고 재구성하는데 사용되었다. 중앙 데이터베이스는 현장에서 즉시 수집된 정보까지도 기록되어 있으며, 시스템은 데이터를 어디서든 이용이 가능하도록 했으며, 시설관리에서의 낭비요소를 제거할 수 있고, 설비수명을 최적화 및 연장시켰고, 예방적인 유지보수 업무에 대한 효율을 증가시켰으며, 신뢰할 수 있는 정확한 전자 준공문서를 생성하였다. 여러 종류의 데이터와 소프트웨어 시스템은 성공적으로 통합되어 정보의 기록들은 실제적인 설비와 바코드를 통해 연결되었다.

본 장에서 다양한 사례연구의 BIM은 주로 디자인과 건설관리에서 사용되었지만 그보다 더 나아가, 건물의 전체 수명주기를 연장하는데 사용될 수 있다. 본 사례연구에서 알 수 있듯이, BIM 모델과 전산유지 관리시스템과 같은 다른 중요한 시스템을 동기화 할 수 있는 여러 기능들이 존재한다. 이것은 새로운 프로세스와 BIM을 둘러싼 새로운 기술을 활용하느냐 마느냐의 문제이다. 프로젝트 진행 동안 사용된 태블릿 PC 및 다른 이동성 있는 컴퓨터 장치들은 이미 10년 전부터 존재했었고 Vela에서 제공하는 소프트웨어 같은 시스템 또한 이미 존재했었고 도구와 시스템의 통합은 아직 건설 산업에서 그리 흔한 일은 아니지만 미결 항목생성이나 현장에서의 관리업무 등의 다양한 일을 해왔다. 건물의 지속가능성의 관점에서 나날이 건물성능의 중요도가 증폭되고 있고, 특히 저탄소정책에 따라, 이러한 시스템은 시설관리 프로세스에서 발생 가능한 폐기물과 쓰레기를 줄일 수 있는 획기적인 관리시스템을 구축할 수 있게 되었다. 본 사례연구는 BIM을 통해 효과적이고 능률적이며 응답속도가 빠른 시설관리 프로세스를 구축할 수 있다는 것을 증명한다.

프로젝트 종료시 예비비로 구매한 두 대의 태블릿 PC와 두 개의 테클라 라이센스와 시설관리를 위해 사용될 최종의 모든 정보로 담긴 모델파일을 메릴랜드 종합병원 측에 인도하였다. 이는 FM팀에게 시각적으로 설비상태에 대한 평가정보를 제공하였고, 설치된 설비에 대한 품질보증서, 서비스계약서, 제조정보 등의 필요한 정보에 접근할 수 있게 하였다.

중앙집중형 데이터베이스와 시설관리를 위한 BIM 솔루션의 성공적인 구축은 BIM 시설관리 통합에 투자한 MGH의 회계적 측면에서 좋은 평가를 받았다. 전체적인 시스템의 비용은 10,000불의 소프트웨어 커스터마이징, 그리고 6,600불의 교육비용을 포함하여, 대략 25,000불의 다양한 소프트웨어의 라이센스(티스코, 테클라 그리고 벨라) 비용이다. 고용된 12명의 직원이 유지보수를 위한 생산성 향상, 믿을 만한 유지보수 프로그램으로 인한 폐기물의 감소, 잘 관리된 품질보증서나 외부의 서비스계약서 덕분에 설비의 수리나 교체시에 발생하는 불필요한 낭비요소의 감소 등을 포함하여 결과적으로는 병원의 핵심인 의료서비스의 질을 높여주는 효과를 얻어낸 것이 장점으로 연결되었다. 시설관리 직원들의 향상된 생산성을 계산해본 결과, 병원 측은 2~3개월 만에 설치비용을 전액 환원할 수 있었다고 평가하였다. 이 시스템은 또한 의료시설 납품연합승인위원회(JCAHO: Joint Commission for the Accreditation of Healthcare Organizations)에서 요구하는 엄격한 요구사항을 충족시킬 수 있도록 하였다.

시공과정 그 자체의 가치만이 아니라 시설관리의 서비스까지 고려하고 실무자들이 건물의 모든 프로세스를 재고하고 배려하여 재구성한다면 BIM을 구현하는 성과를 지대할 수 있다. 이러한 개방적인 아이디어로 참여하여 새로운 기술을 받아들이는 사람들이 혁신적인 과정에서 프로젝트에 관여해 있다는 것이 대단히 중요하다. 강제적으로 업무환경을 바꾸고 기존에 해오던 일 자체를 혁신적으로 개혁한다는 것은 상당히 어려운 일이 아닐 수 없다. 병원 측과 모든 팀의 구성원들은 최대의 효율성을 위해 새로운 도구를 받아들여 신속하게 사용하려 했다(싸울 필요가 없는 전투와도 같지만)는 것은 결과적으로 다행한 일이 아닐 수 없다.

마지막으로, 이번 프로젝트를 통해 배울 수 있었던 중요한 교훈은, BIM이 프로젝트가 어느 단계에 있든, 마지막 시공단계에서 시작한다 하더라도 끼어들어가 구축되어 사용할 수 있다는 편리한 사실이다. 당연하지만, 모든 단계에서 최대한의 이익을 보장하려면 처음 시작단계에서부터 BIM을 실행하는 것이 가장 최상의 선택이다. 바튼 맬로우의 프로젝트 매니저는 "일찍 시작하는 것이 항상 최고의 선택이다. 우리는 이 일을 지난 10개월 동안 해왔다. 만일 우리가 좀 더 일찍 시작했더라면, 우리는 더 나은 계획을 수립했을 것이다"라고 말했다. 이러한 새로운 도구는 바튼 맬로우로 하여금 공사완료 및 인도를 위한 데이터작업과 문서작업을 미리 마무리하여 클라이언트에게 해당 정보를 더 일찍 전달할 수 있다는 중대한 족적을 남겼다.

메릴랜드 종합병원 사례 연구에 대한 감사의 글

본 사례 연구의 원저자는 샐포드대학교(University of Salford)의 박사과정생 바가프 데이브(Bhargav Dave)와 조지아텍의 박사과정생 로라 플로레즈(Laura Flórez)이다. 저자들은 본 사례연구를 할 수 있도록 자료를 제공해준 바튼 맬로우(Barton Malow)의 코린 앰블러(Corinne Ambler), 그리고 테클라의 앤디 디키(Andy Dickey), 벨라 시스템즈(Vela Systems)의 조쉬 캐너(Josh Kanner)에게 감사를 표하는 바이다.

9.5 크루셀 다리(Crusell Bridge)

건물모델이 광범위한 정보를 지원, 시공단계에서 BIM의 사용

9.5.0 소개

크루셀 다리는 헬싱키시의 공공사업 부에서 운영되는 사장교로 잣카사아리(Jatkasaari)의 서쪽과 루오홀라티(Ruoholahti)를 연결해준다. 헬싱키의 중심부에서 가까운 예전의 서부 항구지역이었던 잣카사아리는 새로운 해양도심지역으로 변모했다. 이 지역에 약 9,000세대의 새로운 거주 지역으로 개발되면서 화물선착장은 다른 지역으로 이전되었는데, 이로 인해 새로운 다리의 건설이 필요했다. 그림 9-5-1은 헬싱키 항구에 세워진 사장교의 이미지를 보여준다.

크루셀 다리 프로젝트의 건설은 2008년 가을에 시작되었고, 2010년 후반에 완공예정이었다. 이 다리는 WSP 핀란드에 의해 설계되었고, 스칸스카 토목부문(Skanska Civil)이 시공하였다. 이 다리는 각각 92m와 51.5m인 두 비대칭형 케이블로 연결되어 있고(총길이 143.5m), 교통 허가폭은 24.8m이다. 이 다리의 상부구조는 수직적으로 프리스트레스 콘크리트 보로 구성되어 있고, 수평구조는 그림 9-5-2와 9-5-3에 보이는 것처럼 철골, 콘크리트 복합구조이다.

설계와 시공기간 동안에 프로젝트팀은 BIM 기술과 린 건설, 두 가지 원칙과 도구들을 도입하였다. 이 사례연구는 프로젝트의 건설단계에 초점을 맞추고, 두 가지 측면을 부각하였다.

- 건물 정보모델을 만들어 다음과 같은 분야에 광범위하게 사용: 철골거더와 콘크리트 철근 생산, 제작된 요소들의 공급망 관리 및 모니터링, 거푸집 및 가설지지 구조설계, 레이저 스캔을 이용한 품질관리, 4D 애니메이션을 이용한 건설공정 관리
- BIM을 활용한 린 건설 실행방법, 예를 들면 라스트 플래너(Last Planner System)을 이용한 현장제작 관리지원

그림 9-5-1
헬싱키 항구에 새로 지은 크루셀 다리의 사진

이미지 제공: WSP

그림 9-5-2
다리 바닥의 야간 이미지

이미지 제공: WSP

그림 9-5-3
다리구조의 건물모델
(삽입 컬러면 참고)

이미지 제공: 스칸스카 핀란드

크루셀 다리의 설계는 2001년 겨울 헬싱키 시에서 공표하고 주최한 설계경기로 시작되었다. 그 설계경기는 주변 조경 요구사항을 반영한 지역적 특성을 표현하는 고품질의 다리를 설계할 수 있는 업체를 찾는데 목표로 시작되었다. 비록 영국 설계회사가 설계경기에서 당선되었지만, 프로젝트는 2등을 차지한 WSP 핀란드에게 돌아갔다. 설계의 두 번째 단계(기본 설계)에서 2004년 말

표 9-5-1 크루셀 다리 프로젝트팀과 기본정보

발주처:	헬싱키시 공공사업부	**폭:**	24,8m
설계자:	WSP 핀란드	**스팬:**	92,0m +51,5m
건설사:	스칸스카 토목	**총길이:**	173,5m
위치:	헬싱키, 핀란드	**공사기간:**	2008년 가을 ~ 2010년 가을
종류:	사장교	**공사비:**	약 15백만 유로

그림 9-5-4
프로젝트 진행흐름

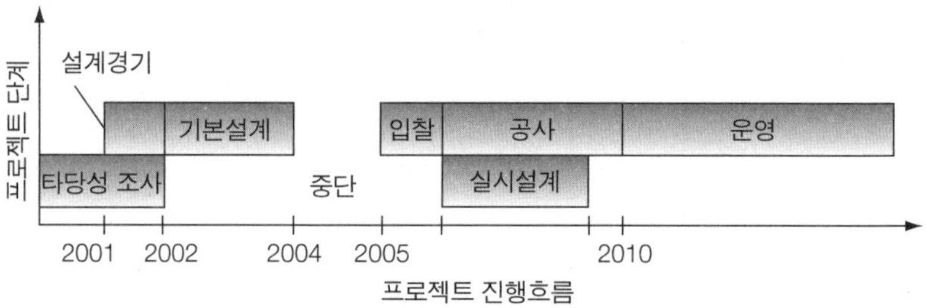

재정적인 문제로 중단되었는데, 이때 기본설계의 60% 수준이 진행되고 있었다. 4년간의 중단 후에, 2008년 발주처는 공공사업부 산하 건설관리 부서를 임명하여 공사를 끝낼 수 있는 건설사를 찾기 위해 입찰공고를 냈고, 스칸스카 토목(Skanska Civil)이 선정되었다. 그 당시 기본설계는 60% 수준이었고, 시공은 2008년 가을에 시작되어 실시설계와 병행하는 프로젝트로 2010년 9월에 완공 예정이었다. 그림 9-5-4는 전반적인 프로젝트 흐름을 보여주고 있다.

계약 당시 기본설계문서가 단지 60% 수준이었다는 점을 감안한다면, 계약방식을 설계시공 분리발주방식(design-bid-build, DBB)으로 했다는 점은 다소 놀라운 사실이었지만 그렇게 한 이유는 조기에 제작업체를 선정하여, 계획 설계 단계에서 도움을 받으려는 의도로 보인다. 예를 들어 철골상세에 대한 경험과 해박한 지식으로 설계를 완성하는 철골 전문제작업체인 루우키(Ruukki Corporation)를 참여시켜서 돕도록 하는 등 이러한 접근방법으로 시공 중에 철골부재, 구조의 치수와 품질문제가 발생하지 않도록 하는 것으로 가치를 증명하였다.

9.5.1 학습경험으로서의 크루셀 다리 프로젝트

크루셀 다리 프로젝트는 이전에 BIM을 사용한 경험이 있는 이들을 포함한 참여자 모두에게 학습의 좋은 기회가 되었다. 여기에 새로운 솔루션과 많은 기술들이 시도되었기 때문이다. 설계자는 설계경기에 사용할 시각적 정보를 만들기 위해 다리를 부분적으로 모델링하였다. 그들의 개념설계에는 철골작업을 포함하여 정확도를 요구하였고 그들은 좀 더 나은 결과물을 위해 발주처에 모델링 사용을 추천하였다. 이에 발주처는 모델링을 사용하기로 결정하고, 철골부분의 모델링뿐만 아니라 철근 콘크리트 구조를 포함한 모든 시공부분에 적용할 것을 요구하였다. 발주처에게는 공정과 관리를 포함하는 종합적인 BIM을 사용한 첫 번째 교량 프로젝트가 되고, 반면, 설계자는 간단한 철근 콘크리트 교량 프로젝트를 모델링한 이전의 프로젝트보다 훨씬 더 복잡한 곡선형태, 케이블 지지, 철골, 철근 콘크리트의 복합구조를 설계하는 이 프로젝트는 발주처와 설계자 모두에게 파일럿 프로젝트가 되었다.

교량 프로젝트는 구조가 복잡해서 일반 산업시설이나 주거 프로젝트와 매우 다른 양상이었다. 이 프로젝트 진행 당시, 교량의 구조해석을 위해 컴퓨터 모델링을 하는 것은 필수적이고 흔한 일이었지만, 건축 프로젝트와 비교해서 교량 프로젝트에서 BIM을 제작에 활용하는 것은 흔한 일이 아니었다. 현대적 교량의 복잡한 구조와 형태를 정확하게 모델링할 수 있는 BIM 소프트웨어는 거의 없었기 때문이다. 교량 모델링 소프트웨어 시장은 일부 3D 모델링을 포함하는 여러 층의 제품군으로 이루어진 특화된 시장이지만 BIM 소프트웨어를 사용하여 설계를 통합하는 것은 새로운 시도였다.

시공단계 초기, 건설사도 설계모델이 있다는 걸 알았지만 받을 수는 없었다. 설계자는 입찰에 참여한 건설사들이 입찰단계에서 교량의 기본구조를 이해하고 경쟁 입찰 준비를 위해 웹버전 모델(다리의 각 부분들의 형태를 보여주는 단순한 모델)을 준비하였다. 스칸스카가 건설사로 선정된 다음 테클라 스트럭쳐를 이용하여 설계자가 모델링한 전체 모델을 제공받았다. 스칸스카는 시공단계에서 4D 공정계획과 가설구조 모델링을 포함하여 가능한 BIM 모델을 사용하기로 전략을 짰다. 스칸스카도 주거나 산업시설공사 프로젝트의 모델링은 했었지만, 교량 프로젝트에서 사용하기는 역시 처음이었다. 산업시설공사 프로젝트의 모델링은 또한 현장에서 협력업체, 측량기사, 자재업체 등 프로젝트에 참여하는 모든 현장인력을 대상으로 모델을 사용하는 것 역시 새로운 경험이었다. 스칸스카의 경험을 바탕으로 자문 받아 결정한 것들이 성공결과를 도출함으로서 그의 안목과 정확한 판단을 입증하였고 그의 가치를 높이 평가하게 되었다.

이렇게 복잡한 교량에서 BIM을 아직까지 사용해본 적이 없었기 때문에, 이 프로젝트에 주요 BIM 소프트웨어 개발사인 테클라사(Tekla Corporation)를 참여시켰다. 프로젝트 팀에 집중적인 지원을 해준 테클라사 역시 값진 경험을 얻을 수 있었다. 당시 적용한 새로운 기능으로는 웹을 통해 모델을 공유하고 동기화하는 기능, 4D 공정관리, 자재생산업체의 공장관리 소프트웨어와 모델의 동기화, 제작정보를 BIM에서 자동화생산기기로 직접 내보내는 것들이 포함된다. 설계와 시공단계를 통해서 프로젝트 팀을 지원하였고, 테클라 스트럭쳐의 모델링 소프트웨어의 새로운 기능을 적용하였다.

결과적으로 프로젝트는 참여한 모든 이들에게 특별한 배움의 장이 되어 성공하게 되었다. 새로운 작업방법을 배우려는 의지는 최고의 경험을 축적하는 기회를 제공해 주었다.

9.5.2 호환성

표 9-5-2는 설계경기, 일반 기본설계, 최종 구조설계, 시공 이렇게 네 단계를 통해 사용된 다양한 엔지니어링 소프트웨어들을 보여준다. 이 글을 쓰는 시점에서 발주처가 어떻게 진행할지 결정을 내리지 않았기 때문에 시설물 유지관리 단계는 제외되었다.

BIM 도구는 2008년 시작된 두 번째 기본설계 단계에서야 투입되어 사용되기 시작했다. 2004년 기본설계가 중단되기 전까지, 각 소프트웨어는 각각 별개의 작업도구로 사용되었다. 4년 동안 중단되었던 프로젝트가 다시 시작되면서, 설계팀이 이 복잡한 교량 프로젝트에는 BIM 도구가 적합하다고 생각하게 되면서 테클라 스트럭쳐스(Tekla Structures)가 도입되었다. 본 프로젝트가 처음 시작될 당시에는 테클라 스트럭쳐스가 아직 초기 버전이어서 주로 상세 모델링 도구로 적합하였고, 초기설계 도구로는 적합하지 않았었다. 사용된 소프트웨어는 시각화 도구인 3D 스튜디오 맥스(Studio Max)로 파라메트릭 객체기반의 BIM 도구는 아니었다. 흥미로운 사실은 2004년 이전에도 3D 모델링 소프트웨어가 사용되었다는 점인데, 2004년까지 호환성은 중요한 문제가 아니었지만, 2008년 추가로 협력업체들이 들어오면서 중요한 이슈가 되었다. 호환성 문제가 중요해진 또 다른 원인은 2008년까지 모델링 소프트웨어의 기능이 크게 발전하면서, 많은 협력업체들이 BIM 소프트웨어를 더 많은 작업에 도입되어 급부상된 점도 있다. 호환성 문제를 해결하는 가장 먼저, 그리고 가장 쉽게 해결할 수 있는 방법으로 모든 주요 참여자들(발주처, 설계자, 건설사, 주요 협력업체들)이 모두가 동일한 BIM 도구(테클라 스트럭쳐)를 사용하는 것이었다. 하나의 모델링 소프트웨어를 사용함으로써 정보교환의 문제는 줄어들고, 본 사례연구의 뒷부분에서 소개될 정보동기화의 문제까지 고려할 수 있게 되었다. 그렇지만, 트림블 리얼웍스(Trimble RealWorks), 비코 컨트롤(Vico Control), 페리캐드(PERICad), 리인포스먼트 리스트 3.1(Reinforcement List v3.1), 그리고 제작업체의

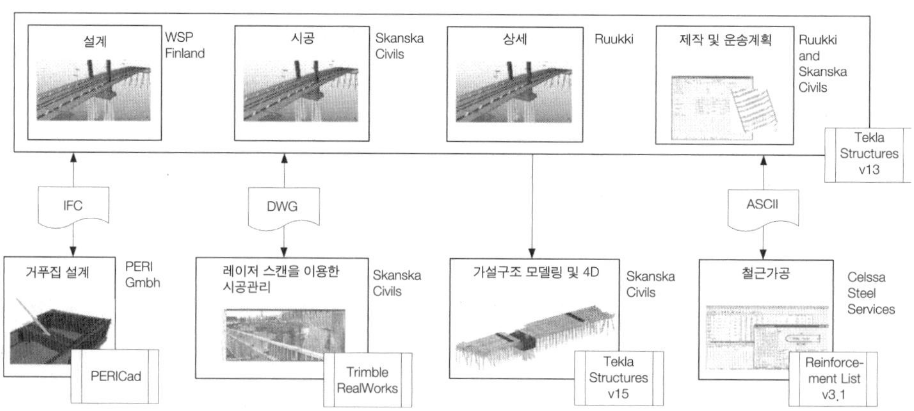

그림 9-5-5 파일전송을 통한 정보교환

표9-5-2 프로젝트 단계별로 사용된 BIM 및 다른 소프트웨어

소프트웨	개발사	목적
설계경기 단계		
Integer SuperSTRESS	Graitec	주요 구조해석 - 3D 프레임 해석
TASSU	T.Palosaari	프리스트레스 콘크리트 보 해석
KATA	WSP	상세 구조해석 (콘크리트 단면의 2D 휨)
AutoCAD	Autodesk	도면
3DS MAX	Autodesk	모델링, 시각화
기본 설계단계		
Integer SuperSTRESS	Graitec	주요 구조해석 - 3D 프레임 해석
Lusas Bridge Professional (FEM)	Lusas	주요 구조해석
TASSU	T.Palosaari	프리스트레스 콘크리트 보해석, 응력과 균열
KATA	WSP	상세 구조해석
PILG	WSP	말뚝 구조분석
Tekla Structures v13	Tekla	주탑과 교대의 구조설계, 도면
AutoCAD	Autodesk	도면
최종 구조설계 단계		
Tekla Structures v13	Tekla	교량의 일반개념, 구조도면
Lusas Bridge FEM	Lusas	구조해석
AutoCAD	Autodesk	일부도면
MathCad	PTC	수학적 해석, 예) 프리스트레스와 콘크리트 크리프
시공단계		
Tekla Structures v13	Tekla	현장에서 기본사용 - 모델보기, 물량측정
Tekla Structures v15	Tekla	4D 시뮬레이션 및 가설 구조 버전15는 공정과 모델사이의 내부연결을 제공하기 때문에 사용가능 즉시 도입되었음
PERICad	PERI	거푸집 모델링
Reinforcement List v3.1	CELCA	철근 관련
Trimble RealWorks	Trimble	측량결과를 설계에 반영
Vico Control	Vico Software	마스터 공정관리

ERP 시스템 같은 다른 소프트웨어들과도 정보가 교환되어야만 했다. 예를 들면 트림블 리얼웍스(Trimble RealWorks)와 테클라 모델사이에 오직 형상정보 교환만이 필요할 경우는, DWG 파일 형식을 사용하였다. 예를 들어 테클라 모델과 페리캐드(PERICad)사이와 같이 더 많은 정보 교환이 필요할 때는 IFC 파일을 사용하였다. 철근가공 정보와 같이 파라메트릭하게 묘사될 수 있는 정보만 필요한 경우는 문자나 숫자로 된 정보면 충분하거나 교환내용은 그림 9-5-5와 같이 테클라 모델로부터 단순한 아스키(ASCII) 파일 형태로 정보를 생성하였다.

9.5.3 모델 동기화

서로 다른 참여자들이 건설프로젝트에 참여하고, 그들 각각은 특정영역의 BIM 모델들을 발전시켰다. 참여자 사이의 정보교환과 의사소통을 향상시키기 위해서, 테클라도 다른 BIM 소프트웨어 개발사들처럼 참여자들에 의해 운영되는 모델들을 동기화하는 기능을 개발하였다. 테클라의 제품들은 중앙식 동기화 서버를 사용한다. 크루셀 다리 프로젝트는 이 기능이 적용된 첫 교량 프로젝트이다. 그림 9-5-4처럼, 시공과 상세설계가 동시에 이루어졌기 때문에 동기화는 이 프로젝트에서 매우 중요했다. 이는 패스트트랙(fast-track) 프로젝트에서는 일반적이며, 전통적인 설계시공 분리발주에서는 거의 없는 사례다. 스칸스카의 모델과 루우키의 제작모델 사이의 동기화가 필수적인 것으로 증명되었고, 이 관계는 발주처인 제조업체가 제조 디테일링을 맡는 모든 프로젝트에서 공통적으로 동기화 서버를 사용하기 시작했다(2009년 가을).

매주 동기화했기 때문에 크게 어렵지는 않았다. 설계자가 모델에 중요한 수정사항을 만들 때마다 현장에 알려주면 현장책임자는 모델을 동기화해서 최신의 객체정보를 설계자 "소유로 되어있는" 시공모델에 업데이트할 수 있었다.

그림 9-5-6
동기화를 통한 정보교환

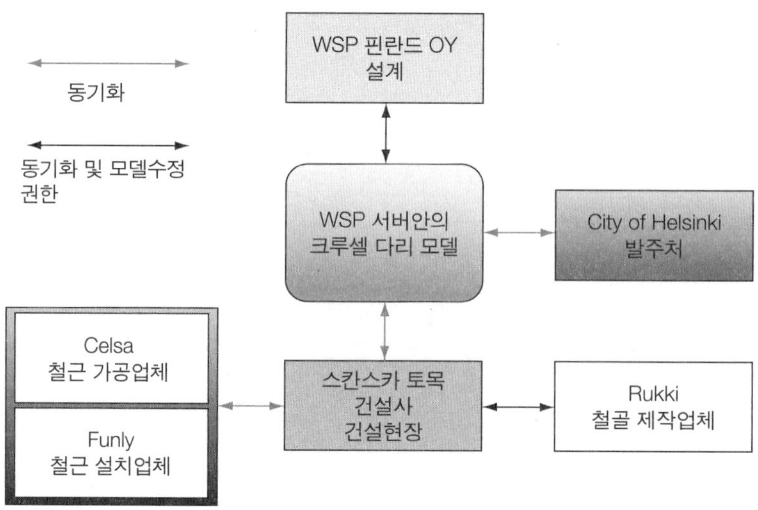

크루셀 다리 현장에서 스칸스카의 프로젝트 정보관리자인 Enni Laine: "동기화 기능은 훌륭했다. 정보교환이 투명했고 모든 것이 순조롭게 진행됐다. 호환성과 동기화의 성공은 많은 사람들의 덕분이다. 팀원들 사이의 열린 마음이 아마도 우리가 BIM에 대해 배우고 좋은 예들을 찾는데 도움을 주었을 것이다. 서로 다른 프로젝트 참여자들 사이의 협업은 BIM을 성공적으로 활용하는 데 결정적인 요인이다"라고 하였다.

건설사가 가설구조, 거푸집, 다른 객체들을 모델링했는데, 설계자가 갱신한 객체만 갱신하였다. 건설사의 프로젝트 정보 관리자(project information officer)는 갱신된 부분을 검토하고 확인할 수 있었고 그 변화가 시공모델의 어디에 어떻게 영향을 주는지 알 수 있었다. 이러한 방법으로, 건설사는 발주처가 도면을 승인하기 전에 모델에서 변경된 정보를 얻을 수 있고, 앞으로 벌어질 일들에 대해 예측대응(더 빠른 정보의 교환)할 수 있었다. 현장과 협력업체의 모델 사이의 동기화도 정기적이지는 않았지만 주로 변경이 발생했을 때만 이루어졌다. 동기화를 이용한 정보의 흐름은 그림 9-5-6에 상세히 나와 있다.

동기화를 위해서 기술적 해결책뿐만 아니라, 모든 참여자들이 동의한 관리 규약도 필요하다. 그 규약은 누가, 언제, 무엇을, 수정하는지 명시하고 있으며, 아래와 같은 절차를 따른다.

1. WSP(설계자)는 설계변경 사항을 모델 동기화 서버에 업로드 한다.
2. 스칸스카는 정기적으로 변경된 모델을 동기화 서버에 업로드 한다.
3. 루우키는 제작변경 사항과 수정된 일정(주문 날짜, 제작, 운송 등등)을 동기화 서버에 업로드 한다.
4. 모든 참여자들은 "수정" 파일들을 다운로드 받아서 자신들의 모델과 동기화한다.

프로젝트가 진행되는 동안 동기화로 인해 예기치 않은 문제가 발생되었다. 스칸스카가 테클라 스트럭쳐를 버전15로 업그레이드했을 때, 그동안 버전13으로 생성하고 관리한 WSP의 모델과의 철근정보의 동기화에 변칙이 발생한다는 것을 알게 된 이후의 동기화는 한 방향으로만 가능했다.

9.5.4 시공단계에서의 BIM 사용

본 절은 BIM이 정보원(information resource)으로서 그리고 린 건설을 위한 지원기술로서, 어떻게 직접적으로 시공단계를 관리하고 구성하는데 사용되었는가에 대해 서술하고 논의한다.

크루셀 다리는 큰 프로젝트는 아니지만, 훌륭한 디자인도 흥미로우며 시공목적으로 BIM을 방법에 적용하였다는 것이 모든 측면에서 시공을 선도했다고 해도 과언이 아니다. 모든 가설지지 구조물, 콘크리트 거푸집에서부터 마지막 철근 한 가닥까지 교량의 모든 구조가 모델링되었다. 스칸스카는 건설현장 사무실에 있는 서버를 활용하여 모델을 관리하였고, 토목 엔지니어 한 명에게는 "건설사 정보 관리자(contractor information officer)"라는 역할을 부여하여 모든 프로젝트 참여자들에게 정보를 제공하고 시공모델을 유지관리 및 갱신하도록 책임을 맡겼다.

왜 스칸스카가 현장에서 모델을 관리하게 되었을까? 작업이 시작될 당시에 설계가 완성되지 않아 프로젝트의 확실한 일정을 잡지 못했다. BIM 모델이 이득을 어떻게 가져올지, 무엇을 위해 BIM을 이용하는지에 대하여 이해가 부족하여 처음에는 현장팀조차도 의구심을 드러냈지만 건설사의 모델도 지속적으로 동기화시켜 모든 것을 모델링하면서 설계자의 모델이 하나씩 발전되어감에 따라 적극적으로 현장팀에 필요한 모든 정보의 정보원이 되어주었다. 각종 치수, 어떻게 부재들을 시공할 지에 대한 시각화, 자재운반 보고서 등등이 그 정보들의 예이다. 정보 관리자는 요구받은 모든 정보를 모델로부터 실시간 빠르게 제공되었다.

최종 교량설계의 초기모델은 설계자들에 의해서 만들어졌지만, 스칸스카는 건설 프로세스를 반영하기 위해 설계모델에 정보를 추가하고 수정하였다. 그 모델은 작업마다의 순서, 그리고 작업을 시각화하여 검토하는 데에 중요한 역할을 하였다. 지지타워, 가설말뚝, 거푸집, 그리고 장비 등 가설구조물 모두를 포함하여 모델링되었다. 목수들은 콘크리트 거푸집을 작업하기 전과 작업하는 동안 주탑의 줄기모양처럼 복잡한 이중 곡선 형상을 이해하기 위해 모델을 보러 왔다. 흥미롭게도, 그때 사용된 테클라 스트럭쳐 소프트웨어 버전의 한계 때문에, 복잡한 이중 곡선 형태는 원래 소프트웨어에서는 생성할 수 없었다. 이런 어려움을 극복하기 위해, 이런 면들의 형상을 3DS 맥스(Max)로 생성하고 DWG 파일을 이용하여 테클라에 참조형태로 불러들였다. 이 문제는 새로운 버전의 테클라 스트럭쳐에 반영된 프로젝트 팀과 테클라의 협력적 관계가 가져온 직접적인 결과물이고, 테클라 스트럭쳐의 건설관리기능을 검토해볼 수 있는 파일럿 연구의 계기가 되었다.

다음은 현장을 중심으로 모델이 매일 건설관리에 어떻게 사용되었는지를 보여주는 상세설명이다.

시각화

BIM을 시각화 도구로 사용하는 것은 큰 장점의 하나이다. 프로젝트의 3D 모델은 참여자들이 설계개념과 상세부분을 이해하여 특히 머릿속에서 같은 그림을 그릴 수 있게 도와주며, 기존 도면보다 설계를 훨씬 더 빠르고 효과적으로 이해할 수 있도록 도와준다. 작업자들은 거푸집, 케이블 앵커, 철근 등의 상세한 모습을 보기 위해서 가끔씩 사무실에 와서 모델을 확인하고 모델은 현장에서 일하는 모든 직원들이 이용 가능하도록 공개하여 공유했고, 그들 스스로 사

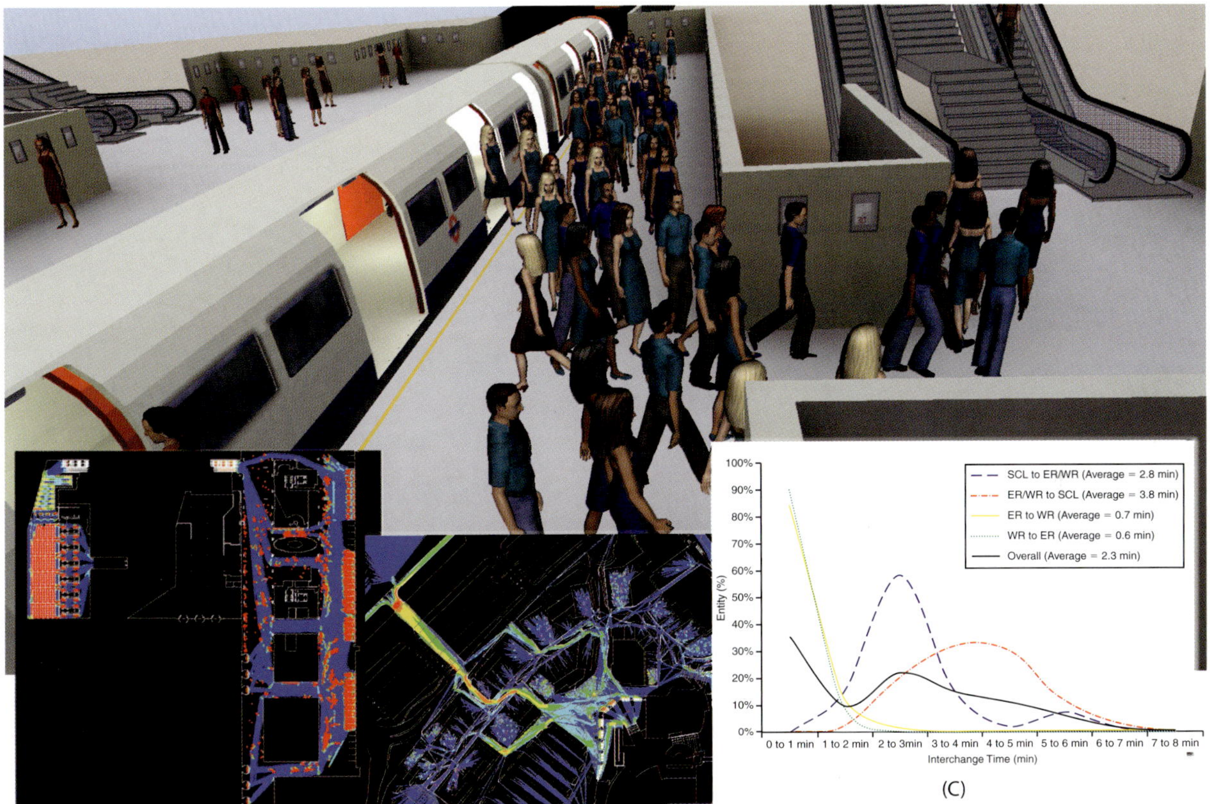

(A) (B)

그림 4-8

Legion Limited사의 동의를 얻어 실린 이미지

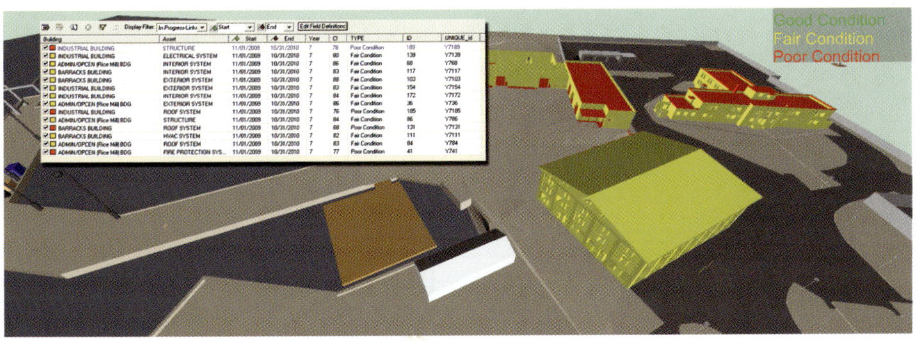

그림 4-10

PBS & J, Common Point, Inc., AEC Info systems, Inc., and MACTEC, Inc.사들의 동의를 얻어 실은 이미지

그림 5-2

Left image copyright JE Dunn Construction Company. Right image courtesy of Lord Aeck & Sargent Architecture.

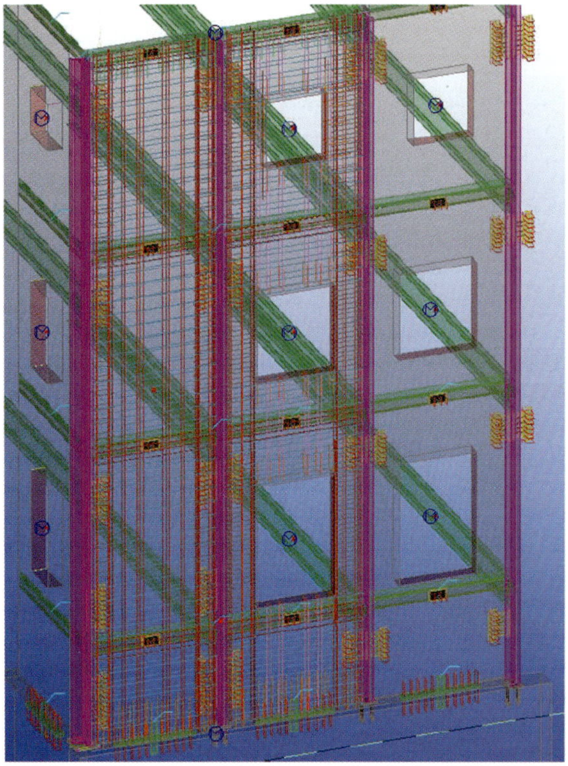

그림 5-16

이미지 제공 Gregory P. Luth & Associates, Inc.

그림 6-10

사진 제공: Pacific Project systems Inc., MTC Design/3D(4D 모델링); Musson Cattell Mackey Partnership, Downs/Archambault & Partners, LMN Architects(설계); Glotman Simpson Consulting Engineers (구조 엔지니어); PCL Constructors Westcoast Inc(CM)

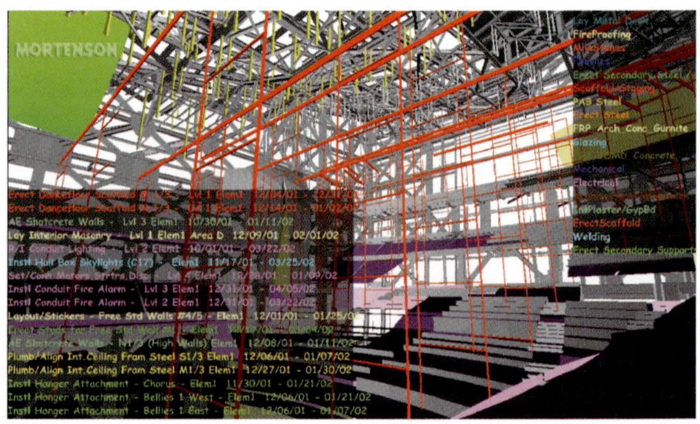

그림 6-15

이미지 제공: M.A. Mortenson, Inc.

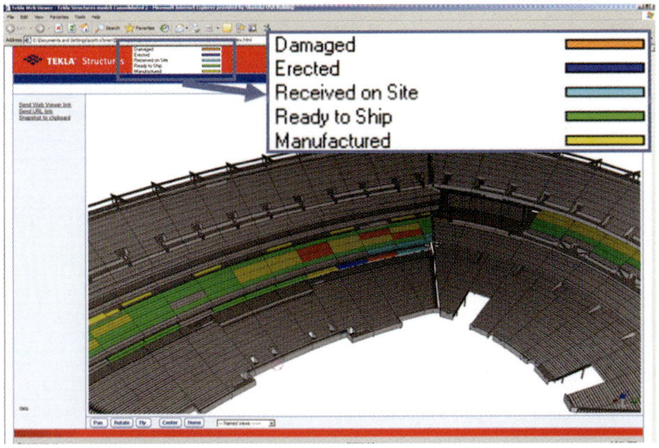

그림 7-7 (아래)

사진은 Vela Systems, Inc로부터 허가 승인을 받음.

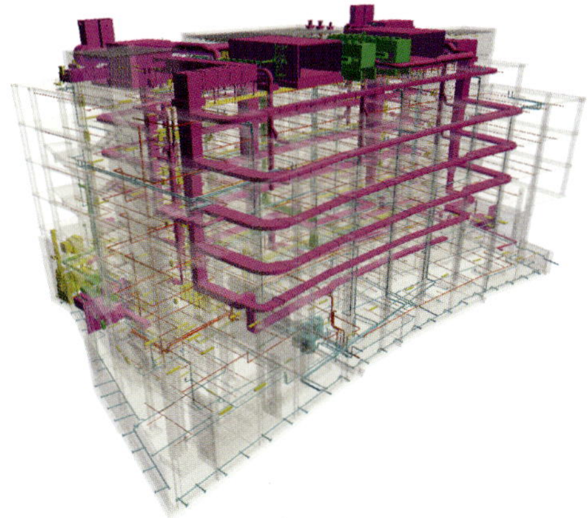

그림 7-8

건설업체인 모텐슨 (Mortenson)사에서 작성.

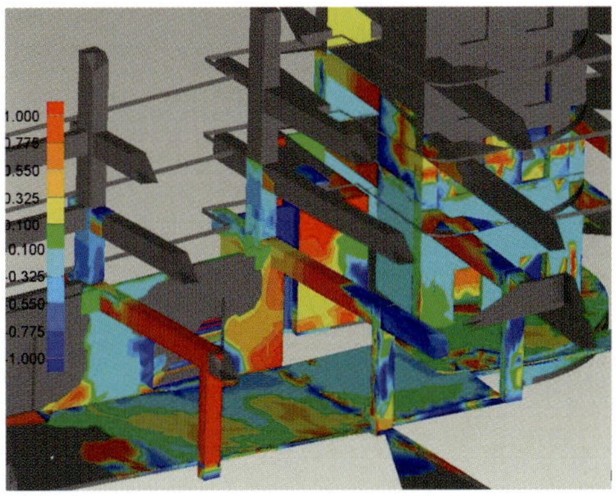

그림 8-2

이미지 제공(Elsevier 출판사, Akinci et al. 2006)

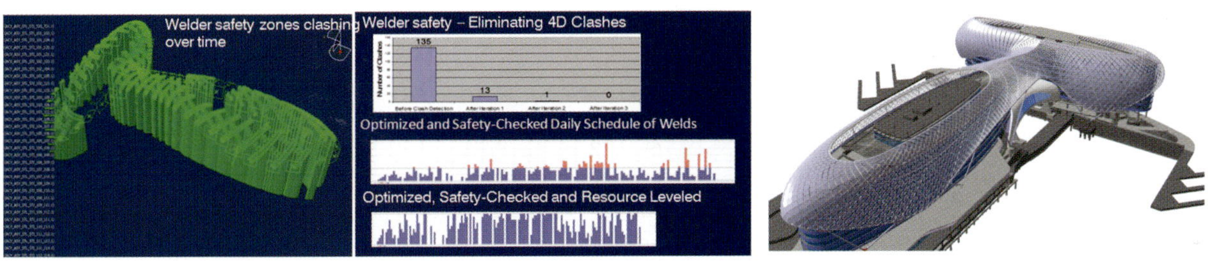

그림 8-5

건축가: Asymptote 이미지: Gehry Technologies 제공

그림 9-1-2 사진 제공: 크리스 개스코인(Chris Gascoigne).

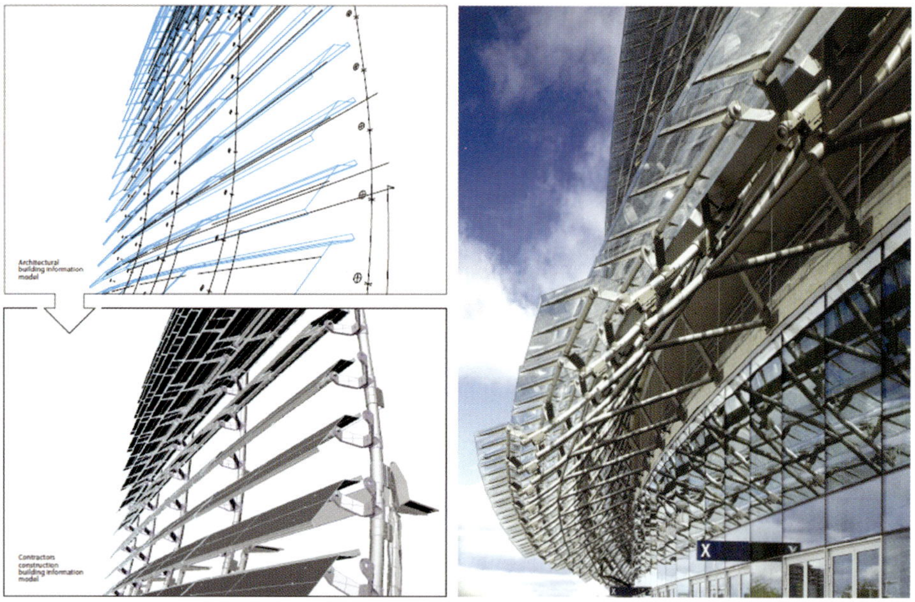

그림 9-1-8

그림 9-1-11

그림 9-2-3

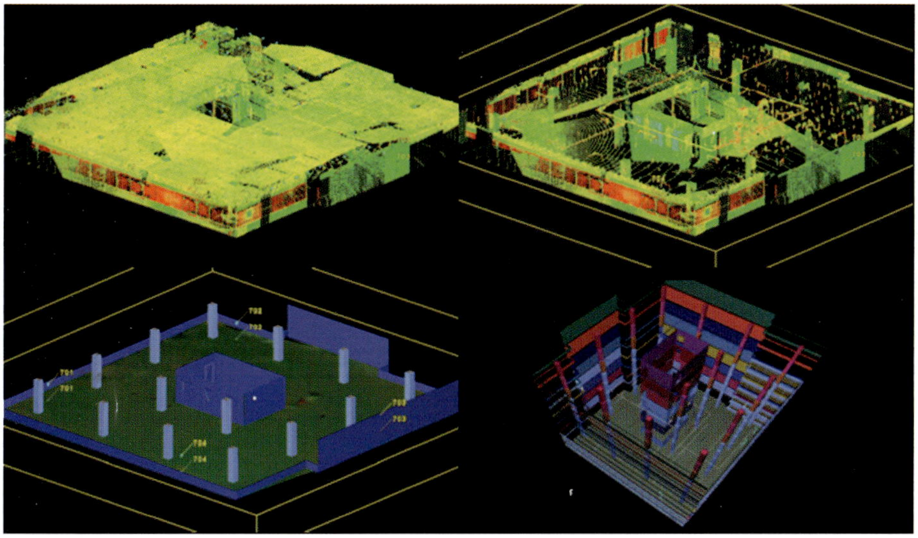

그림 9-2-6

이미지 제공: 호프만 건설사

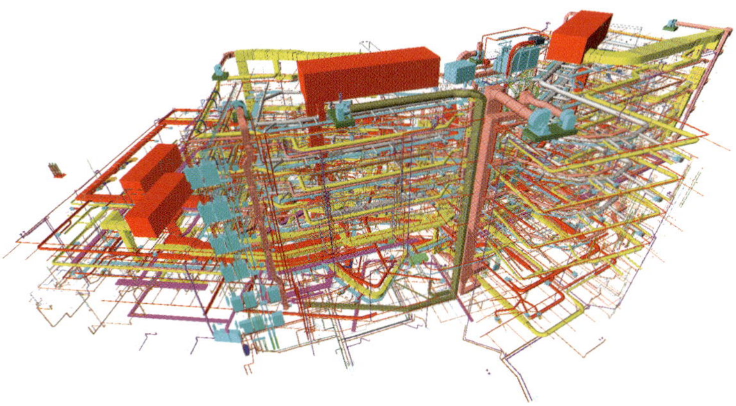

그림 9-3-12

이미지 제공: 셔터 헬스

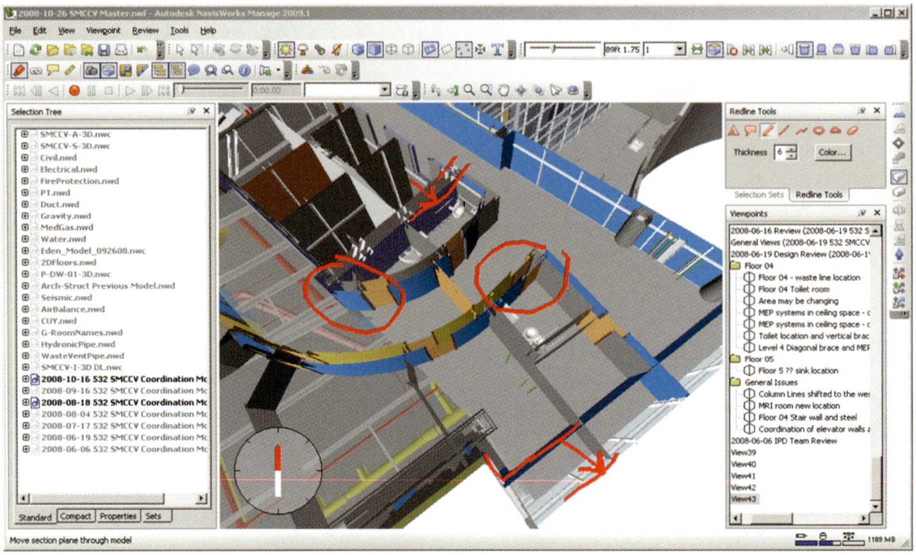

그림 9-3-14

이미지 제공: 셔터 헬스

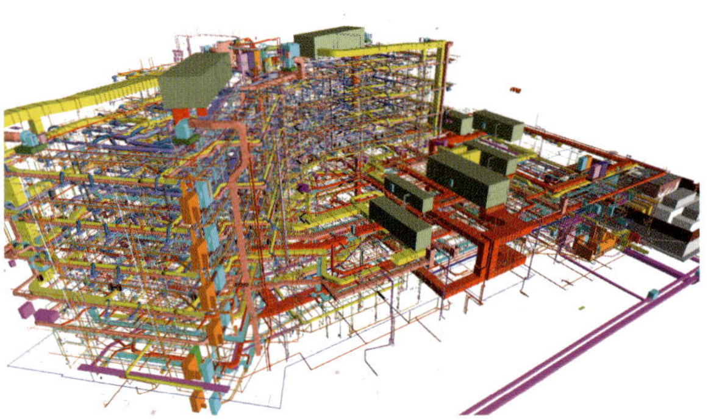

그림 9-3-16

이미지 제공: 셔터 헬스

그림 9-3-17

이미지 제공: 가파리 어소시에이츠(Ghafari Associates)

그림 9-4-5

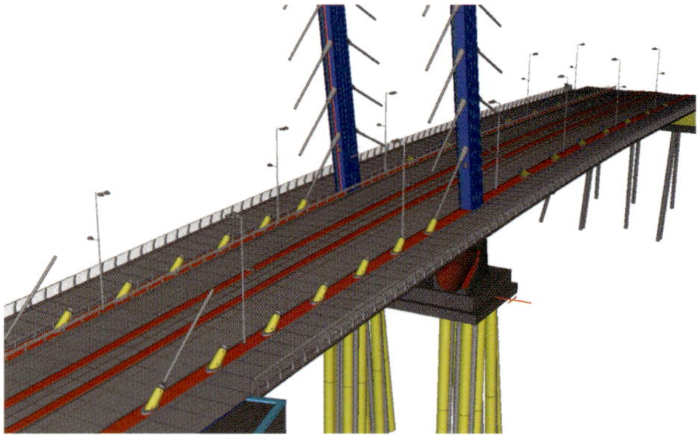

그림 9-5-3

이미지 제공: 스칸스카 핀란드

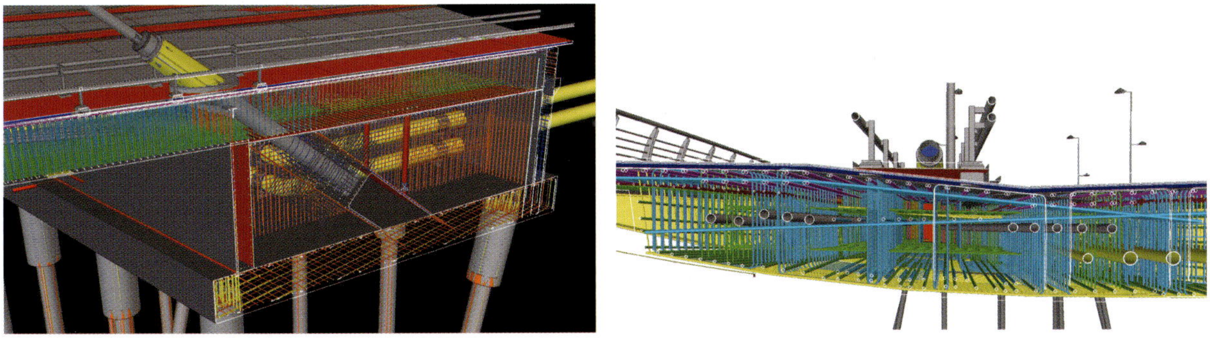

그림 9-5-7

이미지 제공: 스칸스카 핀란드

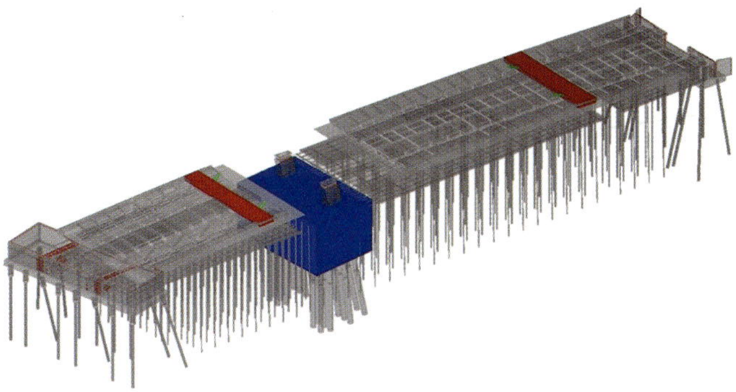

그림 9-5-9

이미지 제공: 스칸스카 핀란드

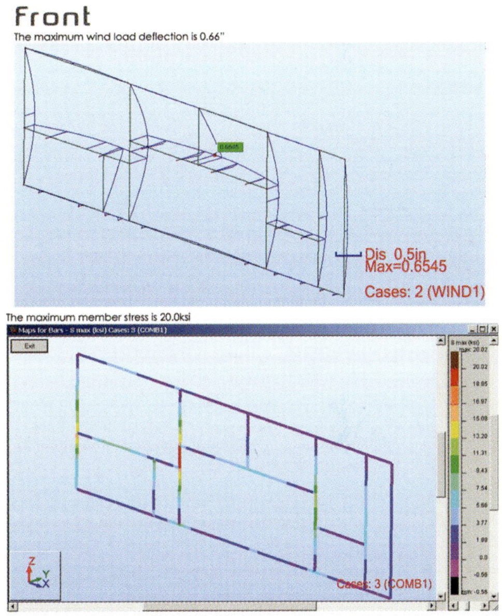

그림 9-6-8

이미지 제공: 장누벨 아뜰리에 및 프론트사

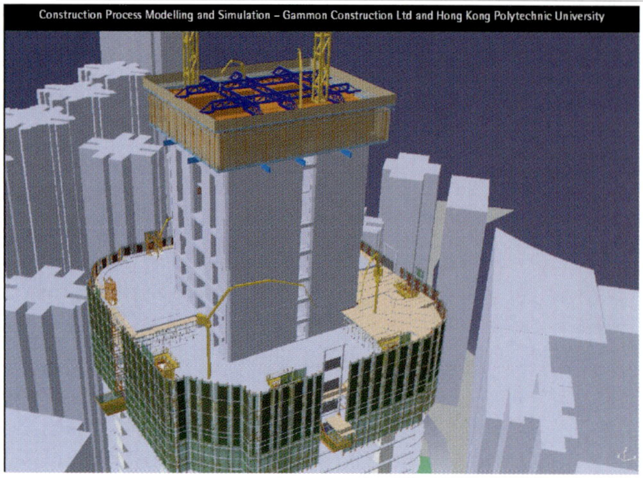

그림 9-7-10

이미지 제공: 개먼 건설사와 홍콩 폴리테크닉 대학의 헹 리 교수

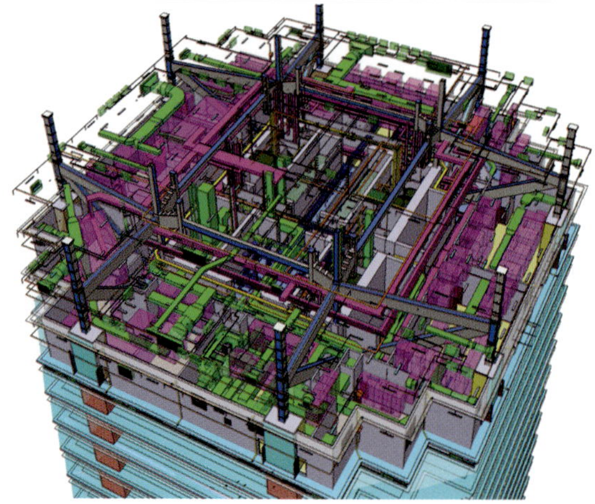

그림 9-7-12

이미지 제공: 개먼 건설사와 홍콩 폴리테크닉 대학의 헹 리 교수

c

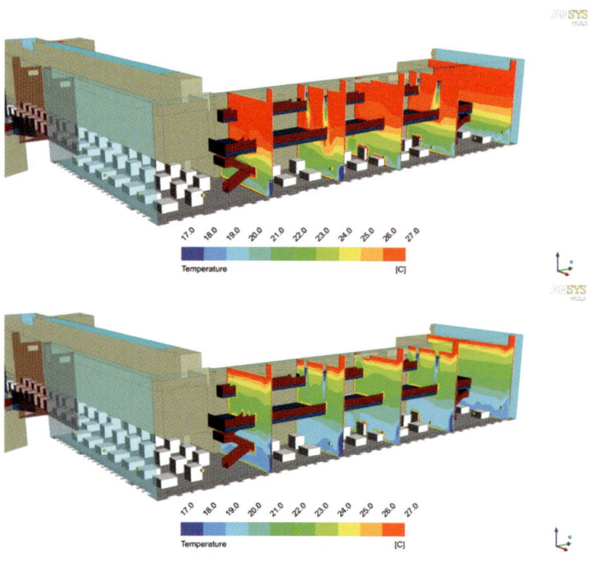

그림 9-8-10

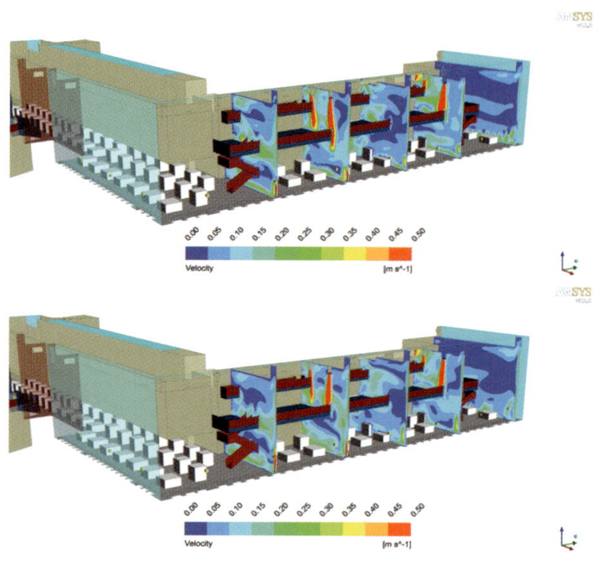

그림 9-8-11

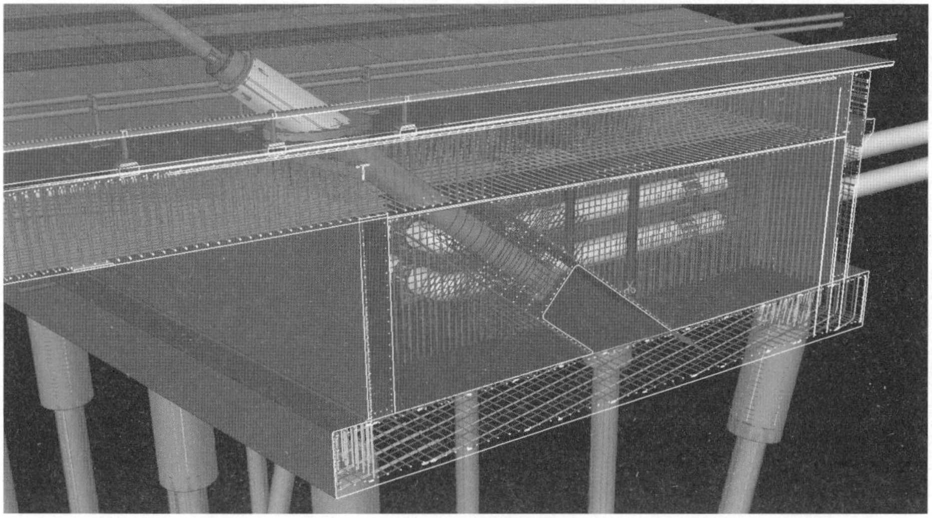

그림 9-5-7
근과 큰 케이블 앵커 같은 철물 상세를 보여주는 단면도(삽입 컬러면 참고)

이미지 제공: 스칸스카 핀란드

용범위를 확대하여 갔다. 예를 들어, 그림 9-5-7에서 볼 수 있는 것처럼, 케이블 앵커가 무거워서 타설 전에는 지지를 해주거나 많은 양의 철근이 케이블 앵커 주변에 설치되어야 한다. 따라서 어떻게 거푸집 안쪽에서 지지할 지를 검토하는 것은 콘크리트를 타설 전에 케이블 앵커를 다양한 각도로 돌려 볼 수 있고 단면을 끊어낼 수 있는 3D 뷰에서 하는 것이 훨씬 수월하다.

설계와 가설 구조물 계획, 그리고 간섭 검토

현장직원들은 초기에 거푸집 도면을 받았지만, 전체 거푸집 지지타워나 비계 같은 다른 가설구조물은 포함하지 않았다. 결과적으로, 현장에서 관리하는 거푸집 지지타워, 타워크레인과 같은 모든 가설구조물까지도 직접 모델링하기로 결정했지만 현장팀은 설계모델에서 고려되지 않았던 사항을 추가하여 수행한 셈이다. 이로써 구조물을 이해할 수 있었고, 많은 간섭들을 확인할 수 있었으며, 정확하게 물량을 산출하고, 이런 작업들을 공정계획에 추가하여 4D 계획에서 공정 시퀀스를 시각화하여 보여줄 수 있었다.

간섭검토는 설계단계의 완료시점에서 철골과 콘크리트 부재사이 간섭만 확인한 것이 아니라, 시공단계에서도 가설구조물, 거푸집을 추가적인 시스템 대상으로 수행하였다. 따라서 시공단계에서 주로 발생하는 교량구조에서의 간섭들을 막을 수 있었다. 이러한 BIM 기능은 비용을 절감할 수 있었고 문제점들을 미연에 방지하였다. 교량 형상은 먼저 IFC 파일 포맷을 이용하여 테클라에서 페리캐드로 전송되었으며, 이렇게 전달 받은 교량형상을 이용하여 거푸집과 지지타워를 설계하였다. 최종적으로 거푸집 모델은 다시 IFC를 이용하여 시공모델에 반영되었다. 예를 들어 거푸집 공급자인 페리(PERI)는 그들 자체의 CAD 시스템을 이용하여 교각의 복잡한 거푸집을 설계하였다(PERI CAD: www.peri.de/ww/en/products/service/software_e/peri_cad_e.cfm). 놀랍게도, 교량의 케이블 앵커와 앵커의 반대편 형틀 사이의 연결재 사이에서 간섭이 확인되었다. 이 문제를 해결하기 위해 거푸집 설계를 변경하였다(그림 9-5-8 참고).

공정계획과 4D

BIM 모델은 전체 마스터 공정계획 회의에서 처음 사용되었고, 이후 라스트 플래너(Last Planner System) 기법의 하나인 역방향 공정계획(reverse-phase scheduling; [譯註] 공종별 시작일이 아닌 마감일로부터 공사일정을 계획하는 방식) 회의에서 사용되었다. 위치기반 건설 공정계획(location-based construction scheduling) 방식을 도입한 비코 컨트롤(Vico Control) 소프트웨어는 오직 시각화를 위한 모델로 마스터공정을 위해 사용되었다. 그리고 상세공정 추가를 위해 마스터공정을 테클라 스트럭쳐 v.15 모델의 "작업관리자(task manager)" 뷰로 불러들였다. 데크 공사는 여러 작업자들이 공사를 독립적으로 병행할 수 있는 작업공간을 확보할 수 있도록 적어도 2~3의 작업공간으로 나누었다. 그 모델은 공간, 작업순서, 물량, 그리고 다른 공간정보를 고려하여 작성한 상세한 수준의 작업공간계획에 활용되었다. 모델의 객체들은 각 공종에 할당되었으며 그 공종마다 다른 색상코드를 부여하였다. 그림 9-5-9는 특정 날짜의 바닥단면도 보여주는데, 빨간색과 파란색으로

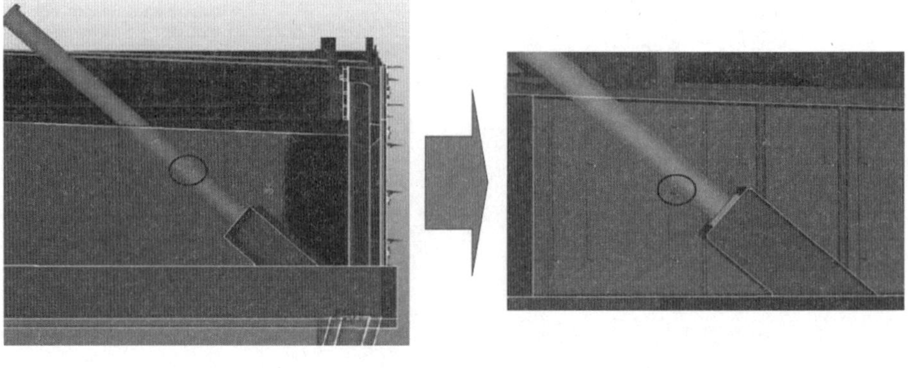

그림 9-5-8
케이블 앵커와 거푸집 타이 사이에서 발견된 간섭과 그 해결책의 예시

이미지 제공: 스칸스카 핀란드

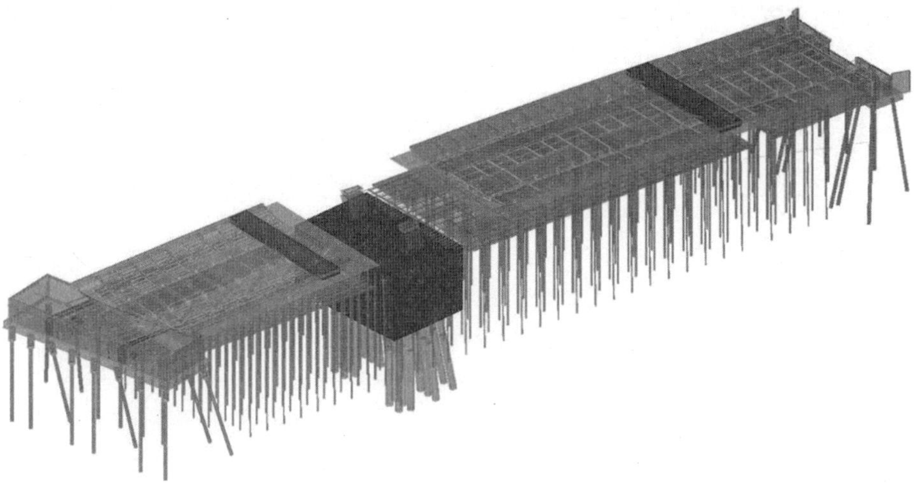

그림 9-5-9
상코드 빨간색과 파란색을 이용하여 나타낸 작업면들(어두운 음영으로 표시된 부분은 기존 부분)(삽입 컬러면 참고)

이미지 제공: 스칸스카 핀란드

두 가지 작업공간을 보여준다(컬러 삽입면 참고).

공정에 대한 4D 비디오 동영상은 일일 업무량을 기준으로 작성되었다. 팀은 매일 프로젝트를 시각화하여, 라스트 플래너(LPS: Last Planner System) 회의의 역방향 공정계획단계에서 내린 결정이 공간적으로 현실적인지를 판단할 수 있었고, 동영상을 보면서 작업자들이 일을 어떻게 진행할 것인지 이해하고 가닥을 잡는데 큰 도움이 되었다.

모델을 통해 더 정확한 공간정보와 필요자재의 물량을 얻음으로써, 이전보다 더 상세하고 정확한 작업계획을 세부적으로 세울 수 있었다. 테클라 스트럭쳐 모델에서 자재물량을 산출하는 것이 얼마나 빠르고 정확한지 입증되었고, 자재의 예비초과 여유분을 줄이고 공급자에게 정확히 필요한 물량만 주문하는데 도움이 되었다.

그러나 테클라 스트럭쳐 모델에서 객체와 작업연계는 수동으로 하기 때문에, 초기설정에 상당한 시간이 소요되었다. 중앙 교각말뚝에서 심각한 엔지니어링 오류문제가 발견되어서, 결과적으로 프로젝트 팀은 재시공되는 중앙교각기둥에서 처리될 상황의 시간을 대체하기 위하여 전체 교량바닥 시공 순서를 뒤바꾸기로 결정하였다. 원래 한 쪽 끝에서 시작하여 중앙교각을 지나 다른 끝까지 가는 공정을 변경하여 양 끝에서 공사를 시작하여 중앙 교각에서 끝내는 순서로 공정을 바꾸었다. 하자있는 말뚝을 대체하기 위해 해저에 새로운 말뚝을 타설하는 동안 시공 작업이 공정보다 약 두 달 정도 지연되었다. 그러나 세부작업들 사이의 논리관계를 재정의하거나 새로 정의된 작업과 모델의 물리적 객체 사이의 관계를 재정의하기 위한 시간이 필요했다고 할 수 있다. 이로 인해 시각화 과정에서 얻는 이익보다 더 많은 비용이 들어갈 것으로 예단되어 4D CAD 모델을 갱신하지 않았고, 향후 공정의 불확실성도 4D 모델의 업데이트에 시간을 투자하지 못한 추가적인 이유였다.

이를 통해 얻은 교훈은, 4D 소프트웨어가 상세 작업간의 논리관계를 끊고 다시 연결하여 모델을 갱신하기 보다는 최소한의 노력으로 모델을 갱신할 수 있는 정도에서 작업유형(task type)간 논리적 관계만을 수정하면 건설공정의 변경 사항이 반영될 수 있는 기능이 필요하다. 이 기능이 있다면, 상세작업과 모델 객체의 관계를 재정의되거나 재연결할 필요가 없어진다. 그 당시 테클라 스트럭쳐는 이 정도 수준의 공정계획 기능을 지원하지 않았다.

구조적 철골부재의 제작과 설치

교량모델을 철골자재와 조립체를 납품하는 철골제작업체인 루우키(Ruukki)와 공유하였다. 루우키는 제작시 제약조건들에 맞추어 모델에서 부재를 검토하고 수정하였고 업데이트된 모델의 승인을 위하여 구조설계자인 WSP와 스칸스카에게 돌려보냈다. 그러면 WSP는 루우키의 검토의견을 반영하여 자신들의 모델에서 철골 구조부재를 수정하고, 모든 참여자들이 공유하여 볼 수 있도록 서버에 업데이트하였다.

모델을 사용하여 설계정보를 교환하는 것 외에도, 제작순서 정보를 교환하기 위해 모델을 사용하였다. 다행히 루우키는 스칸스카와 같은 모델을 사용하였으며 이를 정기적으로 동기화했기 때문에, 루우키의 제작과 운반일정을 결정하는데 시공모델에 포함된 일정정보를 공유했고 제작, 검수, 운반 날짜가 포함된 자신들의 모델을 다시 업데이트하여 올렸다. 본 프로젝트에서는 루우키의 모델과 회사 내 ERP 소프트웨어 사이의 내부적인 정보교환이 수동적으로 이루어졌지만 앞으로 이 과정까지도 자동으로 이루어질 것이라 확신한다. 시공일정이 공정회의 후에 매번 업데이트되어 모델에 포함되었기 때문에 정확한 자재발주, 배송계획, 현장에서의 자재운반 또한 설치가 상세모델 정보로 잘 정리되어 결과적으로 "당기는(pulled) 방식[譯註]: 린 건설 용어로 마감일을 기준으로 작업이 이루어지는 방식)"으로 이루어졌다.

철골부재의 현장설치는 루우키의 하도업체인 실테라(Siltera)는 정기적으로 모델을 사용하지는 않았지만, 도면이 확실하지 않거나 기타 질문이 있는 경우, 관련 제품 상세와 절차정보를 얻기 위해서 가끔씩 모델을 활용하였다.

철근상세, 제작, 그리고 설치

교량 철근을 모델링하는 것은 예상보다 어려움이 많았다. 이런 방식(사장교)의 교량은 철근비가 크고 바닥과 교대(橋臺, abutment)의 형태가 복잡해서, 단순한 구조물보다 모델링이 어렵고 시간이 많이 걸렸다. 일반적인 대부분의 철근 콘크리트 구조물의 경우, 보, 기둥, 기초와 같은 건물요소들이 충분히 표준화되어 있어서 파라메트릭 객체와 철근배근 기능의 활용하여 모델링을 할 수 있지만, 교량요소는 곡률 때문에 독특한 형상을 가지고 있어서 종종 부재와 부재의 철근 배치를 "사용자화"하여 모델링 해야만 했다.

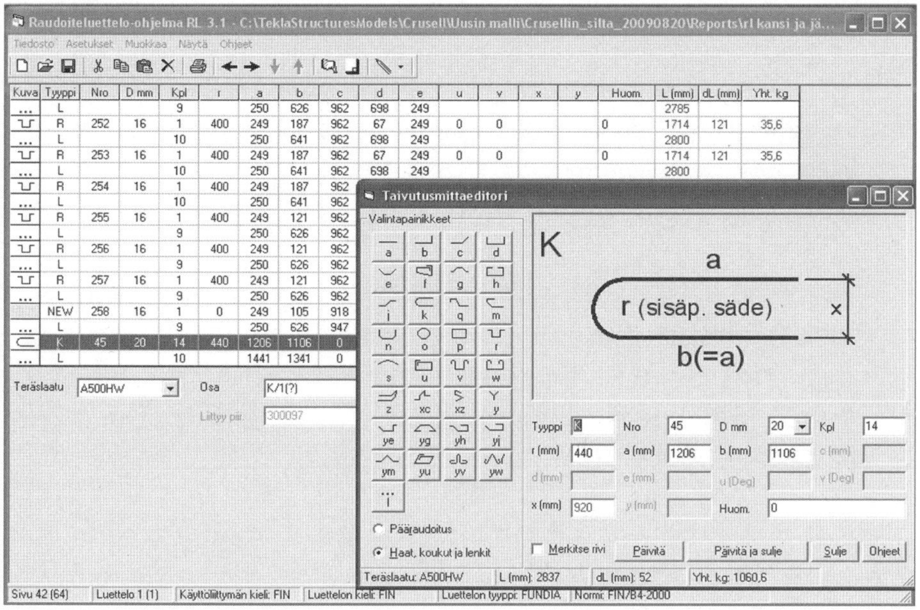

그림 9-5-10
교량모델에서 내보내진 테클라 보고서로 직접 불러들인 철근정보를 보여주는 철근가공 업체의 내부 소프트웨어의 스크린 샷

이미지 제공: 스칸스카 핀란드

모델링은 WSP가 했지만, 모든 프로젝트 참여자들이 그로부터 혜택을 받았다. 준공기록의 목적과 현장에서 철근 설치작업 목적으로 발주처와 맺은 계약적 의무이기 때문에 WSP는 어떠한 경우든 철근상세도면을 생성할 의무가 있었다. 도면들은 모델에서 직접 뽑아냈다. 철근과 다른 구조체 사이의 공간적 간섭은 조기에 간섭 검토하여 많은 부분을 해소하였고, 모델 정보는 철근 절단, 절곡기계로 보내져 철근의 자동가공에 사용되었다.

테클라 스트럭쳐는 철근 자재물량을 아스키(ASCII), 엑셀, 그리고 다른 파일형태로 제공하였다. 본 프로젝트에서 아스키(ASCII) 보고서 파일을 직접, 그리고 자동적으로 철근업체의 가공 소프트웨어에 불러들여 철근의 절단과 절곡을 자동으로 할 수 있도록 양식을 만들었다(그림 9-5-10 참고). 이 소프트웨어가 가공공장에서 자동화설비 기계를 조작했다. 그 양식은 테클라의 기술적 지원으로 쎌사 스틸 서비스(CELSA Steel Services, 철근업체)와 스칸스카가 협력하여 만들었기에 많은 시간과 노력, 잠재적 오류를 줄였다.

그러나 스칸스카와 쎌사의 통합수준은 자체적으로 BIM 능력을 가진 철골업체와 스칸스카가 이루었던 통합수준에는 못 미쳤다. 아스키 파일교환은 철근모양과 물량만을 교환하기 위해 특별히 만들어졌지만, 모델의 동기화를 통해 지원할 수 있는 수준의 정보는 지원하지 못하였다. 정보 중 일부는 수동적으로 교환되었다. 결과적으로, 철근을 운반하고 설치하기 위해 철근을 묶는 작업의 공정계획은 모델 외부에서 진행한 이유이다. 철근 작업 흐름은 아래와 같다.

- WSP가 스칸스카의 모델에 대해 설계 변경된 사항을 업로드 한다(철근상세작업은 병목현상이 일어나는 작업으로 WSP가 모든 철근상세를 생성하였다. 결과적으로 오랫동안 철근 상세정보가 생성되었다).
- 스칸스카는 시공일정에 따라 모델에서 객체와 철근을 선택한다(시공일정은 모델에서 만들어지고 관리된 것이다).
- 스칸스카는 수정된 철근보고서(아스키 보고서에 기반을 둔)를 쎌사로 내보낸다.
- 쎌사는 그 정보를 그들의 "리인포스먼트 리스트(Reinforcement List) 3.1" 패키지로 불러와서, 철근을 가공하고 운송한다.
- 스칸스카의 프로젝트 정보관리자는 테클라에서 철근모델 "스냅샵(snap-shop)"을 출력한다. 작업반장은 스냅샵을 작업자들에게 보여주고, 설치에 도면과 그 이미지를 사용한다.

철근은 현장에서 철근설치에 특화된 업체 푸늘리(Funnly)에 의해 설치되었다. 대부분의 공사기간 동안 매우 춥고 습도가 높아 작업현장에서 모델 뷰를 보여주기 위해 노트북이나 다른 전자장치 사용 또한 불가능했지만, WSP에 의해 모델로부터 생성된 2D 도면은 가끔은 철근 작업자들에게 적합하기도 하다. 테클라 스트럭쳐 v13의 방법으로 생성한 일반적인 도면은 불필요하게 상세하거나 정보가 터무니없이 부족했다. 푸늘리에는 모델링 소프트웨어를 작동시킬 수 있는 직원이 없어서 작업자들은 현장에서 2D 종이도면만을 이용해야만 했다. 위에서 설명한 것처럼, 교량 철근은 밀도가 높고 복잡하며, 이로 인해 프로젝트 참여자들 사이에 마찰이 빚어졌다. 많은 기술적 교훈을 얻었고, 이러한 내용은 향후 테클라사의 자동 철근도면 생성기능이 향상될 수 있도록 테클라사에 전달되었다.

그들의 어려움은 철근 설치업체는 모든 철근과 볼트를 보여주고 예상완성된 그림과 어떻게 철근이 연결되는지를 보여주는 모델사용에 대한 설명을 부분적 결과를 강요받았다. 건설사의 정보 관리자는 푸늘리를 위해 초기에 BIM 교육을 실시했지만 여전히 그에게 의존하고 모델을 돌려보고 필요할 때만 그들은 스크린 샷을 출력했다.

레이저 스캐닝

건설사인 스칸스카는 작업품질을 관리하고 작업위치를 알려주어 공종별 업체를 지원하는 현장 측량사를 고용하였다. 처음에는 스칸스카가 배급사로부터 장비를 대여했지만, BIM과 병행하여 사용한 첫 경험에서 자신감을 얻자 트림블 VX 스패셜 스테이션(Trimble VX Spatial Station)을 현장용으로 구입하였다. 이 장비는 좌표를 얻고, 이미지를 촬영하여 둘을 합치는 것이 가능하다(그림 9-5-11 참고). 이것은 태키미터(tachymeter:[譯註] 측량기구, 트랜싯이라 함)와 카메라가 합쳐진

그림 9-5-11
교대 T3의 거푸집과 말뚝을 보여주는 사진과 함께 보이는 스캔된 점집합

이미지 제공: 스칸스카 핀란드

투인원(2in1) 솔루션으로 이전의 전통적인 태키미터와 두 사람이 필요했지만 혼자서 작업이 가능하다보니 측량사의 작업을 훨씬 쉽게 만들었다.

점집합과 사진은 트림블 리얼웍스(Trimble RealWork) 소프트웨어에 업로드되어, 모델링 소프트웨어인 테클라 스트럭쳐로 변환하여 설계위치 좌표와 비교하였다. 이것은 구조부재, 거푸집, 콘크리트에 묻힌 철물의 위치에 대해 실시간 품질관리가 가능했다. 예를 들어, 거대한 교량 케이블 앵커를 설치할 때, 모델과 실제 위치 사이에 1cm 오차를 확인할 수 있고 앵커위치를 수정하여 치기 전에 다시 재검토할 수 있었다.

정보관리자는 측량사가 교량모델을 그의 목적에 맞추어 사용할 수 있도록 교육했다. 그 측량사는 다음과 같이 말하였다.

"비록 모델로부터 좌표를 추출하는 것은 꽤 복잡했지만, 모델은 매우 유용했다. 모델로부터 정확한 치수를 얻을 수 있었고, 혹은 공사 중에 불확실한 오류가 생기면 어떤 것을 어떻게 해야 할 지 이해하는데 도움이 되었다"

그 측량사는 라스트 플래너 주간작업회의를 포함한 모든 계획회의에 참석하여 그는 작업을 끝내기 위한 모든 필요한 기술적 정보가 있는지, 작업시작 전에 해결해야 할 제약사항이 있는지를 판단하는데 도움을 주었다.

라스트 플래너(Last Planner System)을 위한 BIM 지원

핀란드의 스칸스카 토목은 크루셀 다리 프로젝트에 앞서 3년간 그들의 프로젝트에 라스트 플래너(LPS: Last Planner System)을 사용하였고, 현장직원을 교육시키는 전문가를 보유하고 있었다. LPS는 작업의 제약을 해소시켜줌으로써 해야만 하는 피동적인 것에서 할 수 있는 것으로 바꾸어주는 능동적 장치로 이해될 수 있다. 이 과정을 통하여 당장 시작할 수 있는 작업들의 목록을 생성하고, 작업

목록으로부터 주간작업계획(Weekly Work Plan)을 작성할 수 있게 된다. LPS는 두 가지에 집중한다. 하나는 신뢰할 만한 단기계획이고 다른 하나는 현장에서의 사회적 시스템의 생성과 발전(팀만들기, 책임네트워크(network of commitments), 약속, 상호간의 신뢰와 존경)이다.

크루셀 다리 프로젝트는 LPS의 전통적인 계획단계를 따랐다. 역방향 공정계획 회의에 참석했던 모든 주요 공급자와 전문공종 업체는 3~5개월 앞선 작업계획을 세웠다. 이런 회의를 통해 반드시 수행되어야 할 작업의 네트워크를 만들었고, 그러므로 이것을 책임 네트워크(network of commitments)라고 할 수 있다. 역방향 공정계획 회의 동안에, 그들은 무슨 일이 이루어졌고 어떻게 해야 할지를 시각화하기 위해 모델을 사용하였다. 결과적으로 현장 관리자는 역방향 공정계획의 결과를 아르테미스 플래닛(Artemis PlaNet) 소프트웨어(MS 프로젝트와 유사한 핀란드 공정계획 도구)에 전송하여 모두 할 일을 이해하고 명확하게 알고 있는지 재확인했다.

그 다음 계획단계는 선 공정계획(look-ahead scheduling)이다. 여기에 앞으로 3주 동안 각 작업의 제약요소를 가능하다면 해결하고, 아니면 걸러냄으로써 3주 동안의 작업을 계획했다. 선공정표는 스칸스카의 현장직원들이 협력업체와 협업하여 준비하였고, 후에 그 작업들은 주간작업계획으로 전환되었다. LPS의 사용에도 불구하고 마무리될 수 없는 작업들의 근본적인 원인을 파악하기 위해 "5번의 왜(five why)"라는 기술이 사용되었다. 이 분석은 생산시스템으로부터 지연되는 근본원인을 쉽게 제거하도록 하였다. 팀은 한 동안 완료된 작업비율(PPC: Percent Plan Complete)만을 측정하였다. 평균값은 84%였지만, 표준편차는 11%로 컸다. 건설사가 현장에서 시행하는 LPS 회의에 설계자들이 참석하지 않았으며, 철근상세작업에서 병목현상이 발생하였다. 프로젝트 관리자는 예를 들어 작업자들 간의 충돌이나 간섭을 미리 확인하는 등의 작업 단계별 공간사용문제에 4D 계획이 좀 더 집중적으로 사용될 것이라고 생각했다. 프로젝트 관리자는 공정회의에 설계자가 참여했다면 엄청나게 큰 도움이 됐을 것이라고 회고했다. 만약 설계자들이 참여했다면 병목현상이 일어났던 상세도면의 작업순서가 LPS에 의해 당겨질 수도 있었기 때문이었다.

현장직원들은 여전히 그들이 LPS에 대해 배울 것이 많다는 것을 인정했다. 이 방법의 사용은 그들에게 시간, 유연성, 후행작업의 문제를 잘 이해할 수 있도록 해주었다. 협력업체가 회의에 참석하지 않을 때마다 매번 공사문제가 발생했다. 또 다른 문제는 협력업체들이 신뢰할 수 없는 작업마감일을 가져오고, 약속한 날까지 끝낼 수 없음에도 불구하고 일을 무리하게 약속하는 것이었다. 이러한 문제는 LPS를 통해 줄일 수 있었을 것이다.

9.5.5 요약, 결론, 그리고 얻은 교훈

모델링은 현실의 가상표현으로서 크루셀 다리 프로젝트에 참여한 이들에게 다양한 이익을 제공하였다. 모든 프로젝트 참여자들에 따르면, 시공관리를 위해 BIM을 집중적으로 사용하여 관리와 조직을 향상시켰고, 시간과 돈을 절약하였다.

이 사례는 어떻게 BIM이 교량 프로젝트에 사용될 수 있는지 분명하게 보여주었다. BIM과 새로운 관리방법(LPS)을 사용하는 것에 대한 팀의 적극적인 의지와 열린 마음은 모든 참여자들이 실패뿐만 아니라 성공을 경험하고 배울 기회를 주었다. 많은 지식과 경험을 얻었으며, 이미 몇몇 소프트웨어의 점진적인 향상과 향후 프로젝트의 작업방식에 대한 향상 및 보완방법들에 대한 의사표현이 이루어졌다. 이런 방법들이 이번처럼 복잡한 프로젝트에 적용되는 것이 일반화되겠지만, 항상 문제점들이 존재할 것이다. 크루셀 다리도 예외는 아니었다. 모든 팀에게 이런 방식이 새로웠다는 점을 고려하면, 장애요인이 있었고 문제점이 발생했던 것은 이해할 만하다. 문제들과 씨름했던 방식들, 문제들을 제거하고 완화시키기 위해 취했던 과정들은 긍정적인 변화를 일으키는 견인차였다. WSP 핀란드의 Antti karjalainen은 말했다. "프로젝트의 긍정적이고 부정적인 결과들 모두 교량 BIM 발전과 소프트웨어 향상에 사용되고 있다."

최종적으로 이 프로젝트를 통해 얻은 핵심 교훈들을 요약하면 다음과 같다.

- 프로젝트의 아주 초기부터 BIM과 LPS를 사용한 계획: 목표 설정, 초기 교육 실시, 그리고 배우고 향상될 수 있는 환경과 적극적 의지와 열린 마음 만들기
- 시공관리 기술을 보완하기 위한 모델 사용 (공정, 제어, 정보 교환, 회의, 품질 관리 등)
- 빠른 정보 교환을 이루기 위한 모델 동기화 기능사용
- 역방향 공정계획 단계에서 만들어진 책임 네트워크가 현실적인지 여부를 평가하고 이해하는데 도움을 주는 4D 공정계획 사용
- 가설구조물이 공사의 중요한 부분을 차지하고(정확한 물량을 제공해준다), 4D 공정계획이 되어있다면 가설구조물을 모델링하라. 가설구조물을 설치하는데 필요한 기간을 이해하는데 도움이 된다.
- 레이저 스캔한 점들과 모델의 정확한 위치를 비교하면 작업품질이 훨씬 좋아진다. 잘 사용하면 엄청난 양의 재작업을 막을 수 있다.
- LPS 계획회의 동안에 제품과 프로세스에 대한 이해를 높이기 위해 모델을 설계의 시각화에 활용하라.
- 제작된 부재뿐만 아니라 상세설계/제조 정보를 당겨오는 작업을 동기화하기 위해서는, 현장 인원뿐만 아니라 외부 인원도 주기적으로 LPS 계획회의에 참여시켜라.
- 모든 참여자들이 그들의 소프트웨어 도구를 지속적으로 업그레이드하도록 시켜라. 그래야 같은 소프트웨어의 서로 다른 버전 사이의 호환성 문제들을 피할 수 있다.

감사의 글
이 사례연구는 라파엘 삭스(Rafael Sacks)와, 최근에 Tallinn University of Applied Sciences를 졸업하고 린 건설의 에스토니안(Estonian) 그룹의 창립한 에르고 피카스(Ergo Pikas)에 의해 조사되고 작성되었다. 저자들은 인터뷰 시간을 할애하고 많은 정보를 제공해준 크루셀 다리 프로젝트의 핵심 역할을 담당한 Ville Alajoki (헬싱키 시 공공 사업부), Antti Karjalainen (WSP 핀란드), Teemu Nivell (테클라), Jan Elfving (스칸스카), 그리고 무엇보다 프로젝트 정보 관리자인 Enni Laine (스칸스카 토목)에게 감사드린다.

9.6 뉴욕 11번가 콘도미니엄

복잡한 커튼월 시스템의 설계, 분석 및 선 제작에 적용된 BIM 사례

9.6.0 서론

본 사례 연구는 BIM을 구현하기 위한 새로운 접근방법에 대해 논의하며, BIM을 통해 어떻게 설계를 용이하게 할 수 있는지, 어떠한 소통 방법을 사용하는지, 커튼월 시스템 설계분석에 어떻게 적용될 수 있는지 등에 대해서 기술한다. 뉴욕 맨해튼의 웨스트사이드 고속도로와 19번가 근처에 있는 본 건물은 21층의 주거용 콘도미니엄으로 가로 45m, 세로 23m에 높이는 72m 이다. 그림 9-6-1은 해당 건물의 외관 렌더링 이미지와 외부 커튼월 시스템을 나타내며 표 9-6-1은 프로젝트 팀 목록이다.

건물 부지는 첼시지역에 위치하며, 이 지역은 주변지역인 그리니치빌리지가 페리 스트리트 콘도미니엄(설계: 리차드 마이어)이나 전철역, 쇼핑몰 등이 있는데 반해 이러한 시설들이 그다지 활성화 되어있지는 않은 지역이다. 그러나 유명 건축가들이 설계한 여러 프로젝트가 순차적으로 시행되고 있는 '하이라인 프로젝트'를 매개로 이 지역은 현격한 변화를 겪는 중이다.

본 건물에서는 맨해튼 다운타운 금융가의 허드슨 강변 경관과 건너편 뉴저지 기슭의 조망을 바라볼 수 있다. 커튼월 입면은 건물설계에 있어서 일종의 아이콘적인 요소와 같다. 하중을 지탱하지 않고 건물의 구조에 얽혀있는 입면이라는 것이 커튼월의 핵심적 요소이다. 또한 방수성이나 단열성과 같은 기술적이고 환경적인 요소들이 있으며 이는 커튼월 표면의 형태를 결정짓기도 한다. 본 사례의 경우, 주거관련 법령에 의거하여 웨스트사이드 고속도로 인근 건물

그림 9-6-1
장 누벨 아틀리에의 뉴욕 맨해튼 11번가 100번지 콘도미니엄 건물외관.

표 9-6-1 프로젝트 팀 목록

Ownership Group:	Cape Advisors + Alf Naman Real Estate
Design Architect:	Ateliers Jean Nouvel
Architect of Record:	Beyer Blinder Belle
Construction Manager & General Contractor:	Gotham Construction
Facade Consultant:	Front Inc.
Structural Engineer:	DeSimone Consulting Engineers
Acoustic Consultant:	Cerami & Associates
Curtain Wall Fabrication Team:	CCAFT, SGT, KGE

의 경우 소음허용 수치(STC)가 42로 규정되어 있었다. 또한 본 프로젝트에서는 조망이 건물외관의 곡면과 표면의 배열을 규정짓는 중요 요소였다. 또 하나의 핵심요소는 건물의 익살스런 외면으로, 다중각도와 다중좌표로 이루어진 연속된 평면들로 구성되어있다.

프론트(Front)사는 개념설계단계의 초기부터 프로젝트에 참여하였는데, 건축설계 팀이 준비한 두 개의 안에 대해 건물주들이 타당성 분석을 용이하게 할 수 있도록 하였다. 전체 외벽이 두 종류의 시스템으로 구성된 안이 채택되었는데, 이는 건물 외부유리가 50%를 넘지 않아야 한다는 뉴욕 주의 에너지 법안조항을 고려하여 총 40%의 외관표면이 유리로 계획되었으며, 남은 60%의 표면은 주문 생산된 흑벽돌과 각 창들이 일정 각도씩 무작위로 열린 창문으로 설계되었다. 커튼월 시스템은 1층 레벨에서는 다른 모습을 하고 있는데, 이는 짐 운송 공간을 가리는 커다란 수목공간을 앞에 두고 있는 연속된 공동(空洞)들이 있는 하이브리드 형태를 띠고 있다(건물 하단부 1층의 매스가 더 큰 형태의 건물이라, 몇 개의 열린 공간들을 만들어 짐 운송용 크레인시설을 두고 그 앞에 나무를 심어 보이지 않게 하였다).

전체 외부표면을 위한 평균적인 비용은 각 유형별 표면의 비율대로 가중치를 두어 계산하는 방식으로 얻어질 수 있다. 전체의 40%를 차지하는 유리와 철제 입면시스템은 표준적인 균일한 형태의 커튼월에 비해 약 2.5배의 비용이 소요되며, 벽돌과 창문으로 구성된 입면시스템은 표준비용과 동일하게 소요된다. 따라서 평균비용은 다음과 같다.

2.5×40%+1.0×60%=표준적인 균일한 형태의 커튼월보다 1.6배의 비용.

입면을 위한 본 시스템은 일반적인 콘도미니엄 개발자들에게 있어 비싼 것이다. 또한 해당 입면시스템 시공비용은 전체 건물 공사비용 대비 25%를 차지하는데, 보통 12% ~ 15%가 일반적인 경우이다. 25%는 분명 높은 비율이지만, 게리 파트너스(Gehry Partners)나 애심토트(Asymptote), 세지마(Sejima), 니시자와(Nishizawa & Associates) 등이 설계한 시스템이 25%에서 40%에 육박하는 것과 비교한다면 상대적으로 낮은 비율이다. 특정한 프로젝트를 위해 특별한 입면 시스템을 사용함으로써 건물에 문화적, 환경적, 마케팅적으로 어떠한 가치를 부여할 수 있다는 것만은 분명한 사실이다.

9.6.1 BIM 프로세스: 혁신과 도전

건물정보모델링(BIM) 시스템은 건축, 엔지니어링, 시공(AEC) 산업에 있어 강력한 도구로서 자리 잡고 있다. BIM은 파라메트릭 모델링, 분석도구, 스프레드시트 기능, API(Application Protocol Interface), 그리고 파일 내보내기 기능 등에서 많은 특징을 나타내고 있다. 본 건물을 위한 프론트사의 디지털 프로젝트(Digital Project: DP)의 사용을 통해, 두드러진 기술혁신은 설계 초기단계에서부터 모델링 도구로써의 구현했다는 점에서 찾을 수 있다. 그들은 커튼월 디자인을 위한 모든 제품정보를 갱신하고 저장할 수 있었으며 해당 데이터를 다른 프로젝트 팀원들과 공유할 수 있었다.

파라메트릭 모델링

프론트사의 마크 시몬스(Marc Simmons)와 그의 팀은 콘도미니엄의 소유권을 가진 사람들에게 프로젝트의 개념설계 단계인 약 6개월 동안 컨설턴트로서의 역할을 수행하였다. 설계자인 장 누벨 아틀리에와 프론트사는 외부 입면시스템의 개념화를 위해 공동 작업을 하였다. 이 단계에서의 도전적인 과제는 디자인을 조직화하되 디자인개념의 미적인 가치가 손상되지 않는 범위에서 논리적인 방법을 찾아내는 일이었다.

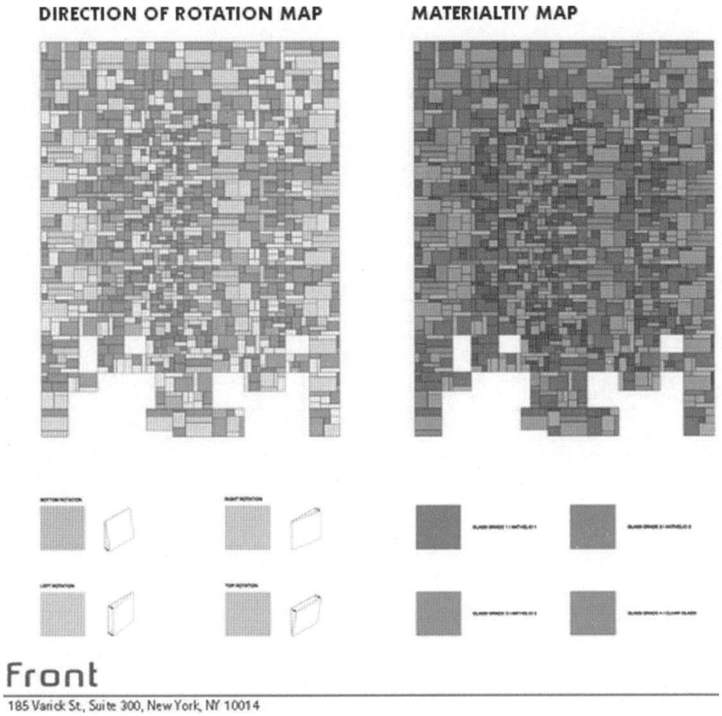

그림 9-6-2
폼지(FormZ)로 생성된 디자인.

색상별로 각기 다른 방향의 회전과 유리자재 종류를 나타낸다.

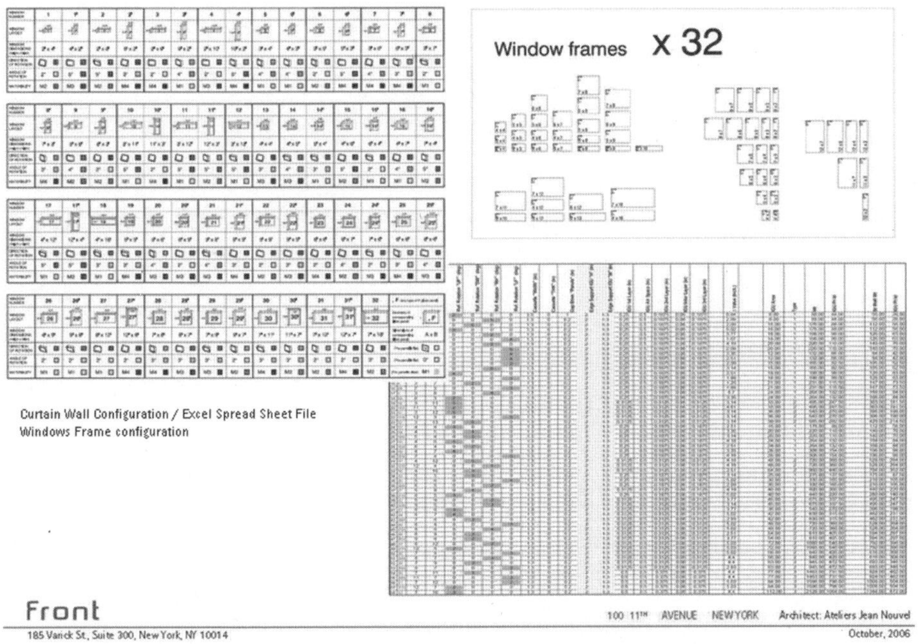

그림 9-6-3
유리 패널의 변수들에 대한 정의를 담고 있는 엑셀 스프레드시트. 왼쪽 상단 표는 모든 종류의 서로 다른 유리 패널의 크기, 각도, 색상 등에 대한 조합을 나타낸다. 오른쪽 위는 서로 다른 프레임들에 요구되는 크기에 대한 것이며, 우측 하단의 표는 조합 가능한 목록과 이미지들이다.

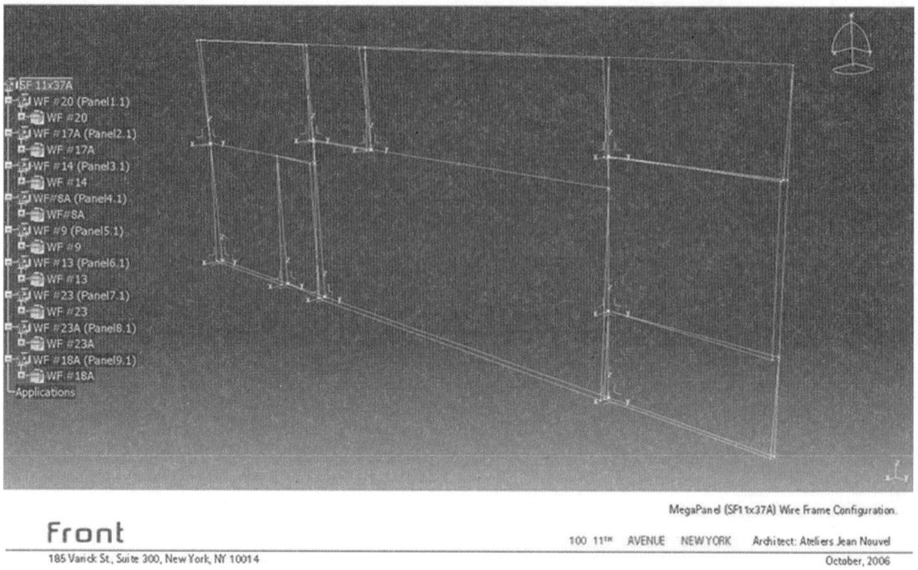

그림 9-6-4
디지털 프로젝트의 파워 카피 기능을 이용하여 메가패널을 정의하는 모습.

자재선택. 프레임을 위해서 알루미늄 위에 철제자재를 사용하는 것을 선택하였는데, 이는 커다란 결속장치와 볼트들로 하중을 견딜 수 있는 접합이 필요했기 때문이다. 또한 장 누벨에 의해 제안된 복잡한 패턴으로 하중에 대한 부담없이 선형적인 연속성을 유지하기는 어려운 과제이다(譯註: 세로 프레임들이 직선적으로 연결되지 않았기 때문에 수직하중에 대한 해결이 어려움) 그러나 용접 철제프레임은 이러한 몬드리안 형태의 불규칙패턴을 가능하게 하면서도 마치 하나의 철제구조물처럼 하중에 견딜 수 있도록 한다.

파라메트릭 패널. 그림 9-6-2에 나타난 바와 같이, 장 누벨 아틀리에는 상하좌우 네 방향의 회전을 통한 유리 패널의 조합으로 생성되는 외부 입면시스템에 대한 분류 다이어그램을 제공하였다. 네 가지 유리회전의 변형은 각도가 수직으로 0, 2, 3, 4, 5도로 다양하게 변화한다. 프론트사의 첫 작업은 엑셀 스프레드시트를 이용하여(그림 9-6-3) 해당 파라미터들을 유리패널 치수와 함께 기입하고 조직화하는 일이었다. 엑셀파일은 추후 디지털 프로젝트의 관련된 모든 파라미터 변수들과 연동되었다.

메가패널조립. 프론트사는 철제프레임 멤버를 91cm로 제한함으로써 입면패턴이 드러나지 않는 기본적인 그리드 시스템을 제안하였다. 이는 구조적 효율과 패널 메카니즘의 통합을 할 수 있는 적절한 치수에 대해 장 누벨 아틀리에의 동의를 얻은 것이다. 또한 유리 패널들을 메가패널 속에 여러 분할시스템으로 만들 때 다양한 치수, 틸팅각도, 물성 등의 다양함을 준다. 그림 9-6-4와 같이 디지털 프로젝트에서 메가 패널은 기본적인 파라미터로 정의된 와이어프레임 형태의 part-body이다.

메가패널 디자인 테이블과 연동되었으며, 스프레드시트의 값들로 초기화될 수 있도록 파워카피(Powercopy)로 생성되었다. 파워카피는 디지털 프로젝트에 있는 하나의 특징적 기능인데, 요소들을 편집이 가능한 상태로 재사용할 수 있도록 한다. 각 메가패널에 있어 전체 치수는 건물의 각 실에 따르도록 하였으며, 사진틀 형상이 되도록 하였다. 메가패널의 치수는 33.5cm×54.8cm부터 60.9cm×112.7cm까지 다양하며 이는 서브 패널들의 치수와 개수에 영향을 끼친다.

커튼월 조립. 전체 외부 입면시스템은 규칙적인 철제그리드의 조합으로 이루어진 메가패널들과 그 안에 불규칙적으로 분할된 유리 패널들이 알루미늄 프레임으로 짜여있는 구조를 하고 있다. 디지털 프로젝트에서 디자인 테이블을 통해 1,351개의 개별 유리패널조합을 만들었으며 이를 통해 치수, 배열, 위치 등을 보완하여 외부 파사드를 구성한다. 메가패널 프레임은 양측면과 위에 폭 45cm 길이 180cm의 멤버들을 가지고 있다. 메가 패널을 구획하는 프레임의 단면은 하중의 변화를 고려하여 7.6×7.6cm, 7.6×10.1cm, 7.6×12.7cm, 7.6×15.2cm의 다양한 치수를 가지고 있다. 프레임 접합부의 강철부분 측면 돌출부는 길이에 따라 다양한데, 이를 통해 각 서브 패널들이 특정한 각도로 조금씩 열려있도록 한다. 이때 발생하는 유리 패널과 프레임 사이의 삼각형 모양의 틈은 금속판으로 상단부터 하단 창틀까지 덮어 막는다. 접합 부분은 용접되고 부드럽게 샌딩되어 프레임과 서브패널 사이의 시각적인 연속성을 느낄 수 있게 하며 단열과 방음을 위한 여지를 제공한다.

메가패널 하중은 강철지지대를 통해 바닥판이 직접 받도록 되어있다. 7.6×25.4cm의 빔은 휘어지는 정도를 3.8mm이내로 최소화하도록 제작되었다. 빔은 콘크리트 바닥판으로 연결된 두 자중(自重) 접합과 하나의 풍하중(風荷重) 접합점을 가지고 있으며, 메가패널 균등하게 하중을 분산시키는 많은 수의 지지대로 하중을 전달한다. 그러므로 빔은 두 가지 시스템에 대한 휨의 정도를 통제하도록 되어있는 구조이다. 각 메가패널이 사전 조립되어 운송되며 빔은 패널들과 현장에서 설치된다.

커튼월 제작

제작팀. 입찰단계에서 프론트사는 철구조를 위한 기본적인 엔지니어링 분석을 하였고 견적을 내기 위한 일련의 도면을 제작하였다. 모든 입찰자들은 건물소유권을 가진 사람들이 조건을 제시한 금액보다 높은 견적을 제시하였다. 프론트사는 BIM 기술을 이용한 그들의 노하우로 외부 입면시스템을 합리적인 비용으로 시공할 수 있다는 사실을 확신하고, 소유권 그룹에게 프로젝트를 수행하기 위한 자원을 적극 활용할 수 있는 팀을 구성할 수 있도록 권한을 요청하였다. 이러한 사실에는 물론 상당한 이득에 대한 기회가 있는 반면 경제적인 위험도 크다. 프론트사의 사장 마크 시몬스는 입면 시공업체의 설계 컨설턴트로서

그림 9-6-5
중국 쉔찌엔의 SGT에서 생산한 15피트 X 42피트의 실물 목업(mock-up) 사진.

이미지 제공: 장누벨 아뜰리에 및 프론트사

의 일을 수행하였으며, 디지털 프로젝트모델로 모든 설계 작업을 할 수 있는 통합작업을 하였다. 중국 최대 건설회사 차이나 스테이트 컨스트럭션(China State Construction)의 자회사이며 사설 투자업체인 차이나 컨스트럭션 아메리카(China Construction America: CCA)도 참여를 하였는데, 이들은 새로운 입면 시공회사인 CCAFT를 설립하였다. 이 새로운 업체는 프로젝트를 위해 지원가능한 자금력이 있었으며 중국 기반의 패브리케이터인 SGT나 KGE와 같은 업체들에 하청을 줄 수 있었다. 이들은 프론트사를 위한 하청계약을 맺었으며 뉴욕의 아일랜드 인더스트리즈(Island Industries)를 위한 설치시공 프로젝트도 수행하였다.

전시용 실물모형. 4.5m×13.1m 크기의 실물모형이 SGT에 의해 제작되었고 2007년 1월 중국 쉔찌엔에서 소유권 그룹과 건축가들에 의해 검토되었다. 그림 9-6-5에서 보는 바와 같이 실물모형은 두 개의 라운드코너 메가패널과 두 개의 편평한 메가패널로 구성되어있다. 본 전시용 실물모형을 위해 강철, 알루미늄, 유리 등이 디지털 프로젝트에서 3D 솔리드 모델링 방식으로 생성되었으며, 디자인 테이블 정보에는 관련된 파라메트릭 서브 패널들의 정보가 와이어프레임 모델로 담겨 있다. 해당 3D 모델을 기반으로 SGT는 제작용 형상정보를 추출하였으며 그들에게 필요한 포맷에 적합하고 디지털 프로젝트의 스크립트 언어에 호환되는 도면들을 작성하였다. 또한 모든 것을 고려하여 정확하고 종합적으로 설계된 모델에 대해 확인하고 검증하였다. 실물모형이 제작되었을 때 압출성형 알루미늄의 단면들은 준비되지 않았었다. 하지만 SGT는 동일한 방법으로 파라메트릭하게 생성된 형상정보를 바탕으로, 실제 알루미늄 캡을

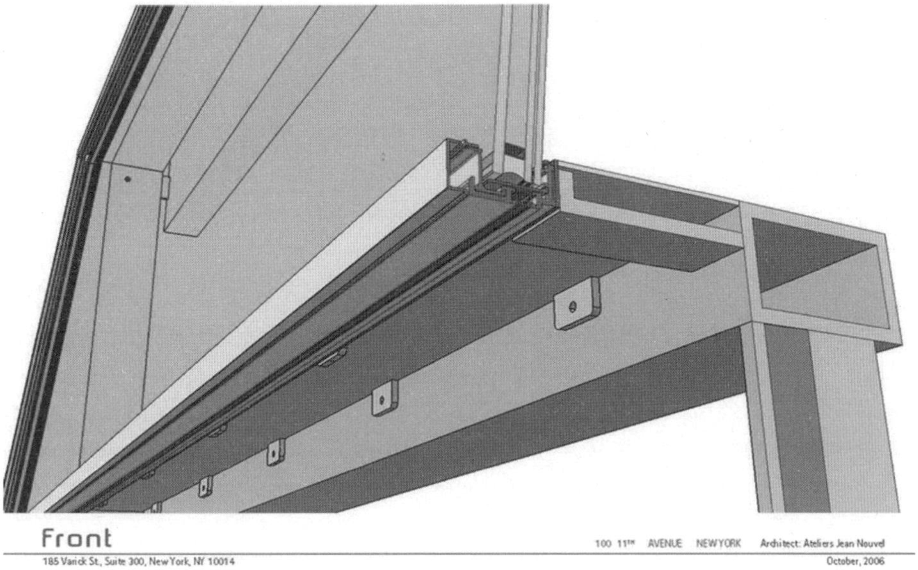

그림 9-6-6
커튼월 구조의 창틀, 유리패널, 돌출부 등에 대한 단면.

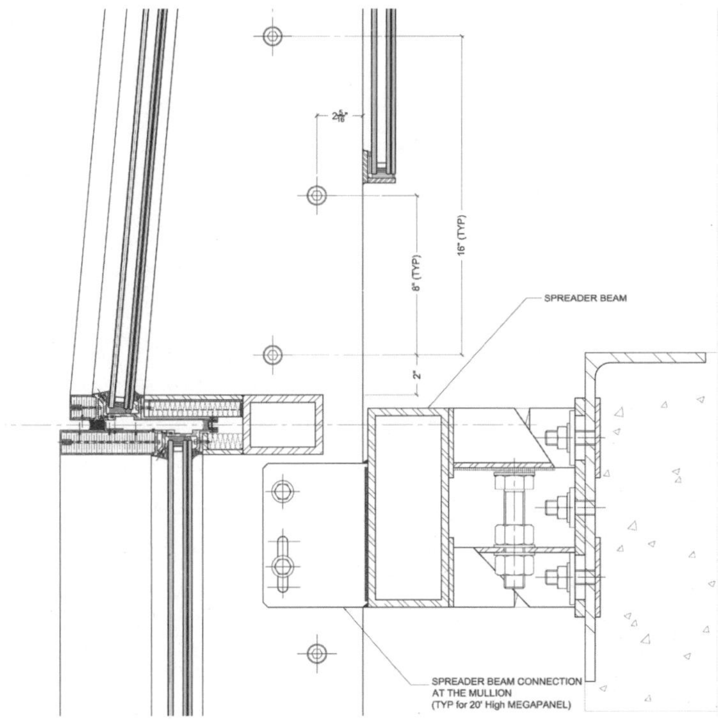

그림 9-6-7
바닥판 모서리 상세

모사하기 위해 CNC기계를 이용하여 알루미늄 판의 절삭패턴을 가공하였다. 성능 실물모형에서도 해당 형상정보는 압출성형 알루미늄과 같은 방식의 평상(milling)과 절삭(cutting)을 위해 사용된다. 이 단계에서 그러한 전문적인 정보를 지닌 디지털 모델을 사용한다는 것은 매우 중요하며, 정상적인 제작순서와는 조금 다르더라도 정확한 실물모형을 제작할 수 있도록 한다.

성능모형. 9.7m×16.7m 크기의 성능모형이 제작 및 운송되어 2007년 7월 펜실베이니아 ATI에서 성능시험을 가졌다. 해당 모형은 그림 9-6-6에서 보는 바와 같이 두 개의 라운드 코너 메가패널 두 개의 편평한 메가패널로 구성되어 있다. 본 모형은 완전한 디테일을 가지고 있는데, 사전 조립된 패널들을 크레인이 걸어 올릴 수 있도록 하고, 높이를 유지하며 매달려 있도록 하며, 또한 유리가 깨질 우려를 최소화할 수 있는, 설치위치에 대한 정보를 담고 있다. 성능모형은 또한 SGT와의 모델 데이터교환 프로세스에 대한 값진 정보를 제공하는 목적도 있는데, 설계와 엔지니어링 명세서에 의거한 기준을 맞추는 것과 운송과 설치에는 시간의 제약이 있었다. 이는 또한 중요한 교훈이었으며, 성능모형의 평가 후 메가패널을 시공일정에 맞게 설치하는 것은 담당 설치업자에게 주어진 일이었다. 최초의 현장설치 일정은 2008년 1월에 계획되었다.

9.6.2 정보교환과 상호호환성

가장 중요한 BIM의 특징 중 하나는 설계와 시공과정에서 소통과 협업을 강화시켜줄 수 있는 정보저장과 정보교환의 촉진이다. 계약상 프론트사는 철강구조의 설계와 전반적인 기하학적 시스템에 대한 엔지니어링을 책임지는 것이었다. 유리 개스킷, 알루미늄, 실리콘 등에 대한 부분은 프론트사의 책임이 아니었음에도 그들은 모든 이러한 부재들에 대한 모델링까지도 담당하였다. 해당 모델은 공기 충진공간이나 빗물 개스킷의 접점들과 같은 상세정보까지 포함하여 타모델과 밀접한 연속성을 유지할 수 있도록 하였다. 또한 유리의 서로 다른 두께치수, 모서리경사, 그리고 유리 패널들 사이에서 완충역할을 하는 PVB(Polyvinylbutyal)의 두께와 같은 정보 역시 포함함으로써, 프론트사의 모델은 결국 전체 커튼월 시스템의 정보저장소와 같은 역할을 수행하게 되었다.

프론트사는 라이노(Rhinoceros)나 오토캐드(AutoCAD), 솔리드웍스(SolidWorks), 캐티아(CATIA)와 같은 여러 프로그램을 사용하였다. 그들은 캐티아나 디지털 프로젝트(DP)가 다른 BIM 프로그램들에 비해 더 많은 파라메트릭 디자인 성능을 가진 것을 알고 있었다(주: DP는 기계, 항공 등 엔지니어링 분야에서 널리 쓰이는 캐티아를 기반으로 건축설계와 시공관련 요소들을 추가하여 프랭크 게리의 게리 테크놀로지(Gehry Technology)에서 만든 BIM 소프트웨어이다. 프랭크 게리(Frank Gehry)는 이전에는 캐티아를 이용하여 그의 디즈니콘서트홀 같은 독특한 건물의 외관곡면을 설계 및 시공 가능토록 하였다. DP는 기계 및 항공기 설계용 프로그램의 특성을 기반으로 하므로, 다른 BIM기반 건축 설계프로그램인 오토데스크 레빗(Autodesk Revit), 그래피소프트 아키캐드(Graphisoft ArchiCAD), 벤틀리 아키텍처(Bentley Architecture) 등에 비해서 정교하며, 파라메트릭 디자인 요소가 상당히 강하다). 예를 들어 메가 패널의 와이어프레임 모델은 DP에서 생성된 뒤 구조의 휨에 대한 분석을 위해 로봇(Robot)으로 IGES 포맷을 이용하여 내보내기 되었다. 그림 9-6-8에서 로봇을 이용한 메가패널의 강도와 휨에 대한 분석예제를 볼 수 있다.

프레임 시스템의 단면도는 오토캐드에서 2D로 생성되었으며 DP로 불러들여졌다. 이는 2D 모델로 작업되었는데, 책임 건축사가 DP에 능숙한 사람들이 많지 않았기 때문에 2D 도면파일들을 필요로 했을 것이다. 입면은 플라밍고(Flamingo)와 오토데스크 비즈(Autodesk Viz)를 이용하여 렌더링하였다[주: 플라밍고는 라이노의 번들 플러그인으로써, 라이노에 광선추적(Raytracing)과 래디오지티(Radiosity) 기능을 부가하여 정밀한 렌더링을 가능케 한다].

프로젝트 초기에 프론트사는 장 누벨 아틀리에로부터 라이노로 작업된 하나의 폴리곤으로 이뤄진 틸팅된 유리패널 3D 모델을 넘겨받았다. 커뮤니케이션은 설계 안(案)의 시각화를 위하여, 그리고 DP로 모델링 한 새로운 모델을 구현하기 위해 렌더링 이미지와 기타 비슷한 정보들을 기반으로 주로 이루어졌다. 건축가의 의도는 라이노(Rhinoceros)를 이용하여 표현되었고, 실제 제작과 시

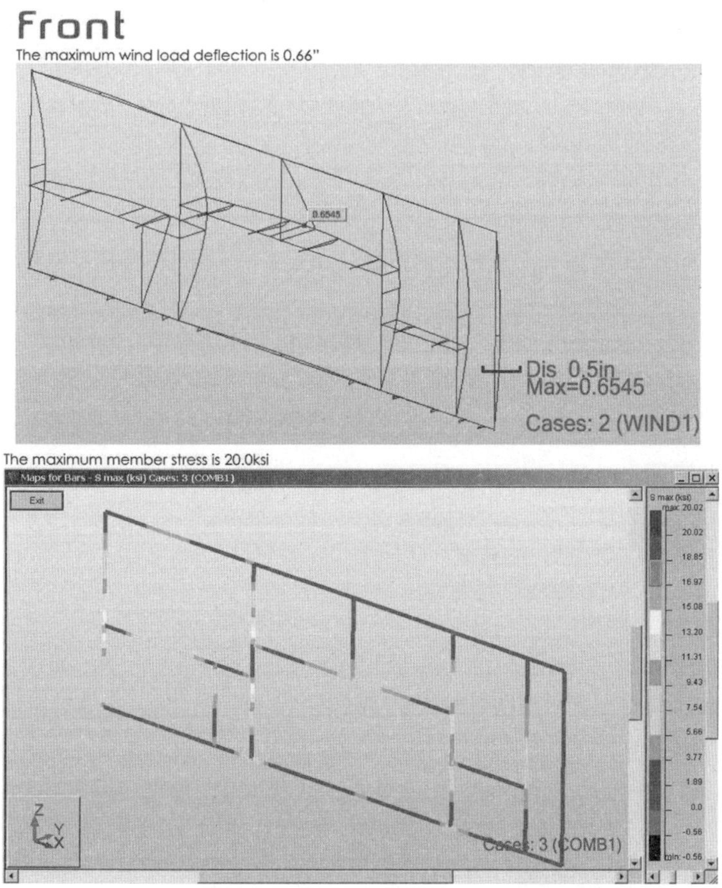

그림 9-6-8
로봇을 이용한 메가 패널의 구조분석(삽입 컬러면 참고)

이미지 제공: 장누벨 아뜰리에 및 프론트사

공을 위해서는 입면 담당업체인 프론트사가 DP를 이용하여 모델링하였다.

외부 입면은 건물 모델과 통합되어야 하는데, 이는 입면 담당업체와 전체 건물을 위한 시공도면을 작업한 책임 건축가인 베이어, 블라인더, 벨(Beyer, Blinder, Belle: BBB)간에 이루어진 일이다. 철제 프레임, 유리패널 등 커튼월 입면을 위한 시공도면은 작업되지 않았는데, 이는 DP모델과 담당업체 도면들로 해결할 수 있었기 때문이다. 본 프로젝트는 디자인 빌드(DB) 프로젝트이므로 프론트사와 BBB는 외부 입면을 위한 제작도면정보를 공유하였다. 이는 방대한 조정 작업과 반복적 순환작업이 필요로 하였다. 프론트사는 도면들을 PDF파일로 BBB에 넘겨주었으며, BBB는 그들의 도면과 조정 작업을 거친 후 오토캐드로 작업한 바닥판 모서리 단면 등과 같은 정보를 다시 프론트사에 넘겨주었다.

프론트사는 최종 형상정보가 담긴 3D 모델과 CATIA의 파일포맷에 담긴 모든 기타 정보 모델링 데이터를 중국에 있는 제작업체에 제공하였다. 해당 모델을 통해 제작업체가 필요한 모든 종류의 도면이 추출될 수 있었다.

9.6.3 교훈

파라메트릭하게 정의된 커튼월 목록

건물모델을 사용한 가장 값진 결과는 연관된 스프레드시트와 커튼월 시스템에 대한 규칙들을 재사용이 가능한 제품특징 템플릿과 함께 파라미터의 형태로 사용할 수 있었다는 것이다. 파라메트릭 한 조립은 다양한 상황에 대한 많은 해결방법을 제공하였다. 이러한 모델을 사용하여 프론트사는 장 누벨 아틀리에에서 넘겨받은 설계 안과는 상당히 다르지만 동일한 파라메트릭한 조립방법을 사용하여 커튼월 시스템을 생산할 수 있었다. 프론트사는 이러한 파라메트릭한 조립을 이용하는 통합된 목록은 그들의 미래의 프로젝트를 신속하게 진행할 수 있게 만들 것이라고 예견했다. 마크 시몬스는 이러한 프로세스를 다음과 같이 설명한다. “커스터마이즈된 입면 시스템 조립부품들 중 필수적인 DNA들에 대한 효과적인 매핑과, 그것들의 배치전개를 통해 상당히 독창적인 건물외관들을 생성할 수 있다. 이는 준비작업과 실제 제작이 어떻게 통합되었느냐에 따라 전적으로 좌우되는 미래의 모습을 의미하기도 한다.”

비즈니스모델의 변화

다쏠트 시스템(Dassault System)의 캐티아(CATIA)는 항공엔지니어링 분야의 회사들이 사용하는 통합 설계 프로그램으로, 해당 분야는 설계를 담당하는 사람이 엔지니어링과 판매, 마케팅까지도 일정부분 책임지는 구조이다. 캐티아와 게리테크놀로지의 합작으로 만들어진 디지털 프로젝트는 건축, 엔지니어링, 시공분야가 디자인 빌드방식으로 일을 진행할 수 있게 하는 비슷한 맥락의 프로그램이다.

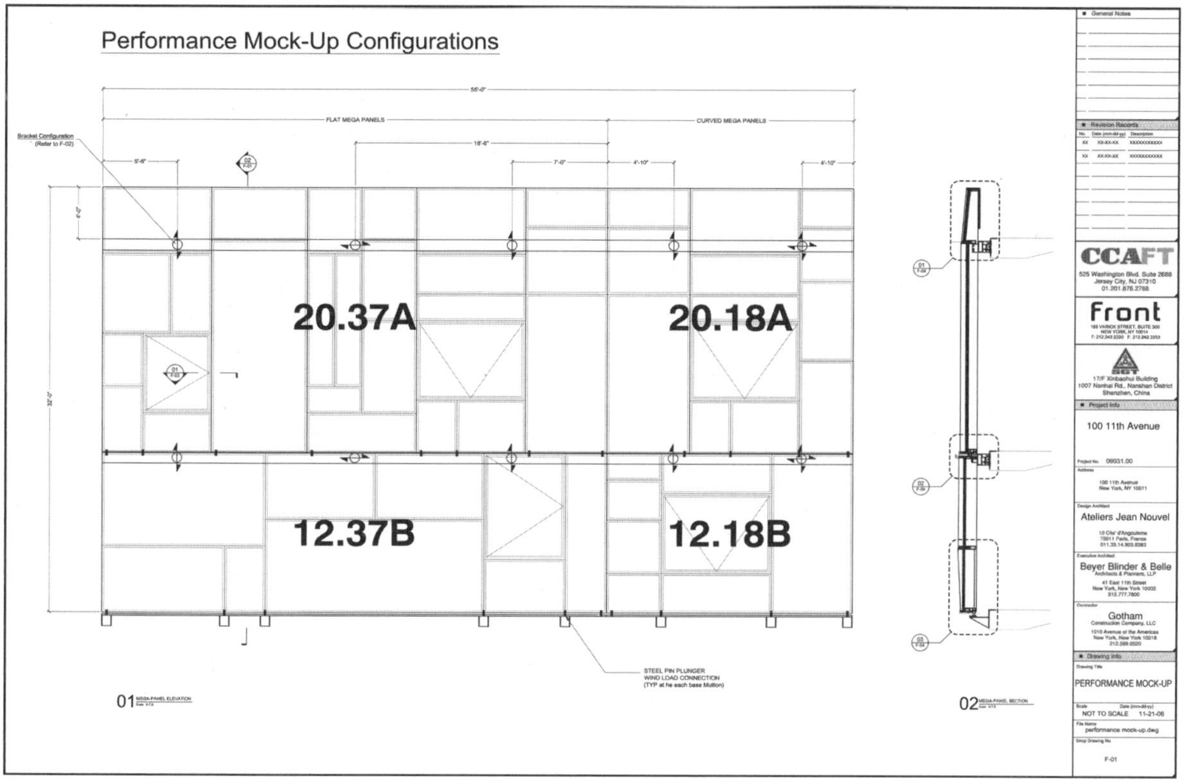

그림 9-6-9 메가 패널의 제작도면.

본 프로젝트의 경험으로, 프론트사는 그들의 서비스 영역을 건물주, 건축가, 건설회사 그 이상으로 넓힐 수 있었다. 프론트는 포인트B 디자인(Architect Point B Design)이 설계와 엔지니어링 그리고 외부 입면시스템의 제작과 시공을 담당하는 필라델피아 갤러리 프로젝트에 참여하고 있다. 외부 입면시스템은 뉴욕의 네일 드나리(Neil Denari Architects)와 토드 윌리엄스 앤 빌 첸(Tod Williams and Bille Tsien)이 설계하였으며, 본 사례 프로젝트와 비슷한 방식으로 입면시스템을 전개하고 있다.

노련한 BIM 기술의 필요성

프론트사에는 다양한 전공을 가진 건축가와 엔지니어 팀들이 있다. 대다수 팀원들이 내부에서 Digital Project에 대한 교육을 받았음에도, 사장 마크 시몬스는 특정한 한사람만이 해당 소프트웨어의 기능들을 완전히 사용할 수 있었다고 말한다. 항공엔지니어로서 그의 교육 덕분에, 디자이너들이 상세설계와 성능에 책임이 있듯, 그 사람은 새로운 종류의 역할에 대한 좋은 본보기가 되었다.

프론트사는 회사에 입사하고자 하는 수많은 지원자들 가운데 특히 BIM 기술을 활용할 줄 아는 노련하고 다양한 분야의 사람들을 선호한다. 최근에 렌슬러 폴리텍(Rensselaer Polytechnic Institute)이나 캘리포니아 폴리텍(California Polytechnic State University), 또는 조지아 공대(Georgia Institute of Technology)를 졸업한 사람이라면 요구되는 수준의 BIM에 대한 숙련된 기술을 갖추고 있을 것이다.

9.6.4 결론

본 프로젝트에서는 BIM을 활용하여 커튼월 시스템에 대한 복잡하고 미학적인 개념을 전개시킬 수 있었으며, 이는 설계 테이블에 의거한 파라미터들의 위계적 종속관계를 조직할 수 있도록 한 일련의 디자인 통제방침에 따라 수행되었다. 커튼월 시스템에 대한 복잡한 분할로 인해, 그리드를 통제한 효과는 시각적으로 중화되고 말았다. 그러므로 수직, 수평의 선들에 대한 가시성은 떨어졌으나 외부 입면의 다채로운 구성은 강조되었다.

이러한 혁신적인 커튼월 시스템은 비용소모 면에서의 위험을 수반하기 때문에, 건물소유권을 가진 사람들은 초기에 프론트사와 계약을 맺고 해당 설계안을 가용비용 범위 안에서 실현 가능하도록 하는 방법을 찾아내도록 권유하였다.

BIM은 건축가들이 설계를 어떻게 하고 건물들이 어떻게 건설될 지에 대한 강한 궁금증을 갖고 있다. 건물 모델이 정보에 대한 일종의 중앙 데이터베이스가 되고 있기 때문에, 설계 안과 건물 성능에 대한 분석, 비용견적, 시공일정계획 등에 상당한 정확성을 제공한다. 동일한 모델을 사용함으로써 건축가 및 엔지니어, 시공회사, 제작사 등은 설계 수정과 변경에 대한 신속한 커뮤니케이션과 대응이 가능하다. 그러나 커뮤니케이션의 경우 BIM 프로세스에 영향을 미치는 두 가지 핵심요소로 인해 제한적일 수밖에 없다. 기초적인 단계에서부터 모든 AEC 팀원들이 동일하거나 상호호환적인 소프트웨어를 사용하지 않는 관계로, 어떤 정보들은 모델 파일의 교환도중에 유실될 수 있다. 부가적으로, BIM 도구들이 최대의 성능을 발휘할 수 있도록 더 많은 전문성이나 테크닉이 건축가나 디자이너들에게 요구되는데, 이는 일반적으로 알려진 숙련도 이상의 그 무엇이 필요함을 의미한다. 본 사례 연구를 통해 프론트사 만의 독특한 일련의 테크닉을 통해 그러한 문제들이 어떻게 해결되는지 살펴보았으며, 커튼월 설계에 포함된 정보들이 어떻게 취급될 수 있는지 알 수 있었다. 더 복합적인 단계에서, AEC팀 간에 전문적인 역할과 책임감이 설정되어 수행되었어야 하는 다른 구조적 요소로 인해 설계와 시공 프로세스 사이의 커뮤니케이션이 와해되기도 하였다. 해당 예를 통해 서로 다른 서비스에 대한 모델이 개발되었다.

감사의 글

본 사례연구의 원저자는 조지아텍 건축대학 박사 프로그램의 척 이스트만(Chuck Eastman) 교수가 2006년 겨울 담당한 BIM 사례연구수업을 수강한 파올라 상귀네티(Paola Sanguinetti)이며, 본 도서를 위해 채택되었다. 저자들은 본 사례연구를 할 수 있도록 많은 자료를 제공해 준 프론트사(Front Inc.)의 마크 시몬스(Marc Simmons)와 다리오 카라바티(Dario Caravati)에게 감사를 표시하는 바이다. 본 도서에 사용된 이미지들은 프론트사(마크 시몬스, 다리오 카라바티, 필립 카릴)와 장 누벨 아틀리에서 제공받았다.

9.7 원 아일랜드 이스트 프로젝트(One Island East Project), 홍콩

건축주/개발자의 설계관리, 입찰, 조율, 그리고 시공계획을 지원하기 위한 BIM 도입

9.7.0 서론

이 프로젝트는 건축주이기도 한 개발자가 대형, 복합 프로젝트에 설계, 시공, 시설물 관리 기능과 재무를 관리하기 위해 BIM을 도입한 사례이다. 건축주는 정보를 보다 효율적으로 관리함으로써 프로젝트의 생애주기 동안 시간과 비용을 절감할 수 있는 BIM의 잠재성을 파악하였다. 본 사례연구는 건축주가 기존 2D도구로 설계를 시작한 원 아일랜드 이스트(One Island East, OIE) 프로젝트에 설계/시공 팀과 긴밀하게 협업하게 하여 BIM을 프로젝트의 설계와 시공에 어떻게 통합할 수 있었는가를 논의한다. 본 사례는 어떻게 프로젝트 팀에게 BIM 소프트웨어인 디지털 프로젝트를 교육시켜 설계, 간섭확인, 수정, 물량산출, 입찰, 팀의 조율, 4D 계획에 지원할 수 있었는지에 대하여도 논한다.

스와이어 프로퍼티즈(Swire Properties)는 홍콩의 건설 산업 변화에 참여한 최고의 선도업체이며 개발회사이다. 스와이어 프로퍼티즈의 프로젝트중 대형 상업용 사무용건물인 70층의 OIE는 현재 홍콩에서 시공 중이다. 표 9-7-1은 기본적인 프로젝트 정보의 개요를 보여준다. 그림 9-7-1은 계획된 건물의 렌더링 모습을 보여준다. 스와이어의 조직은 건축주로서 설계와 건설, 시설물의 임대와 운영관리에 책임이 있다. 스와이어는 이 시설물외에도 수백 개의 시설물과 프로젝트를 관리하기 때문에 설계와 건설프로세스를 감독하고 조율할 수 있고 궁극적으로 건물정보를 시설물 관리시스템에 연결할 수 있는 더 나은 도구를 찾고 있었다. 특히 스와이어는 초대형 프로젝트 또는 그러한 규모의 여러 개 프로젝트의 설계정보, 비용, 공정 데이터, 건설프로세스 관리, 품질보증, 시설물 관리를 할 수 있는 성능을 가진 건물관리 도구를 찾고 있었다. 더욱이 건물성능

표 9-7-1
원 아일랜드 이스트 프로젝트 정보요약

Location:	Hong Kong, China
Project Name:	One Island East (OIE)
Contract Type:	Competitive tendering
Construction Cost:	$300 million (approximately)
Project Scale:	70 Floors with 2 basement levels
Total floor area: 141,000 m ^{2} (1,517,711 sf)	
Typical floor area: 2,270 m ^{2} (24,434 sf)	
Schedule:	Period of construction: 24 months
Expected completion: March 2008	
Current Stage:	Under construction as of January 2007
Owner:	Swire Properties Limited
Architect:	Wong & Ouyang (HK) Limited
Quantity Surveyor:	Levett & Bailey Quantity Surveyor Limited
Contractor:	Gammon Construction Limited
BIM Consultant:	Gehry Technologies
Functions:	Office and Commercial Facilities
Structure:	Reinforced Concrete
Exterior:	Aluminum Curtain Wall

을 향상 시키겠다고 한 공약의 일환으로, 스와이어는 BIM을 도입하면 전체 시설물 생애주기 동안 건물의 품질과 효율성을 증진시킬 수 있음을 인지하게 되었다.

9.7.1 입찰 전 단계 BIM 구현과정

스와이어가 BIM 시스템들에 대하여 연구할 때, OIE 프로젝트는 개념설계단계였다. 스와이어는 2004년 초 홍콩 폴리테크닉대학(HongKong Polytechnic University)에서 GT사(Gehry Technologies)가 홍콩 폴리테크닉대학과 함께 준비한 Digital Project(DP) 데모에 참석하였다. 2005년 2월 스와이어 프로퍼티스는 심각한 고민 끝에 DP를 전사적으로 도입하였다. DP 시스템은 대형 복합프로젝트와 이와 관련한 공사비, 건설 및 시설물관리와 같은 다양한 정보를 지원하도록 설계되었다.

DP를 도입했을 당시, OIE 프로젝트는 전통적인 2D 도면을 사용하여 개념설계를 하고 있었다. 그리고 네 개의 핵심 프로젝트 조직이 이미 프로젝트에 참여하고 있었다:

- 건축가, 구조엔지니어, 기계 및 전기엔지니어, 그리고 원가관리 담당자로

그림 9-7-1
제안된 건물의 컴퓨터 렌더링

구성된 설계 컨설팅팀. Wong & Ouyang 홍콩지사가 설계를 이끌었다.

- Ove Arup 홍콩 지사가 담당한 구조 설계
- Meinhardt사가 기계/전기를 책임지고 있었다.
- Levett & Bailey Quantity Surveyor Limited가 모든 원가관리 측면에서 책임을 지고 있었다.

초기에는 설계 컨설턴트팀으로 이루어진 이 네 개의 회사들이 2D 도면을 이용하여 의사소통을 하였지만, 그림 9-7-2와 같이 DP BIM 소프트웨어를

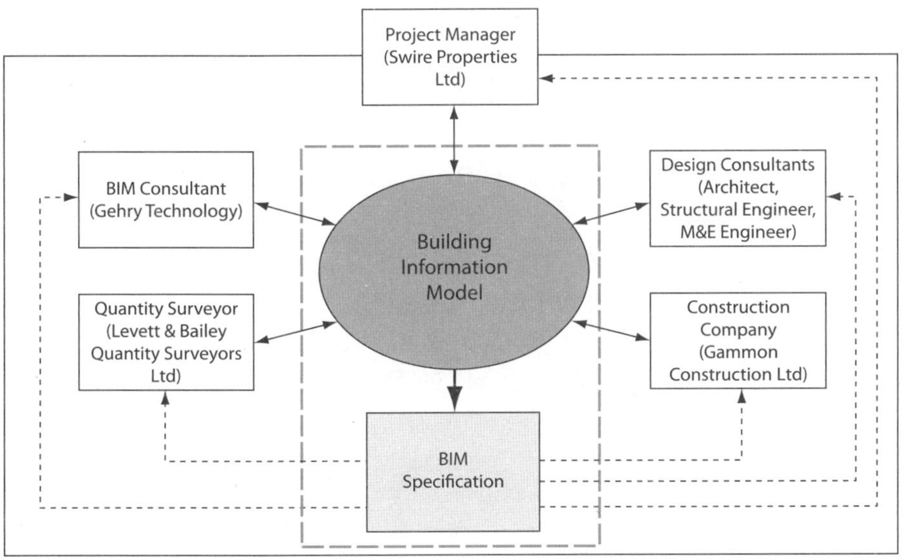

그림 9-7-2
프로젝트팀 내의 BIM 통합

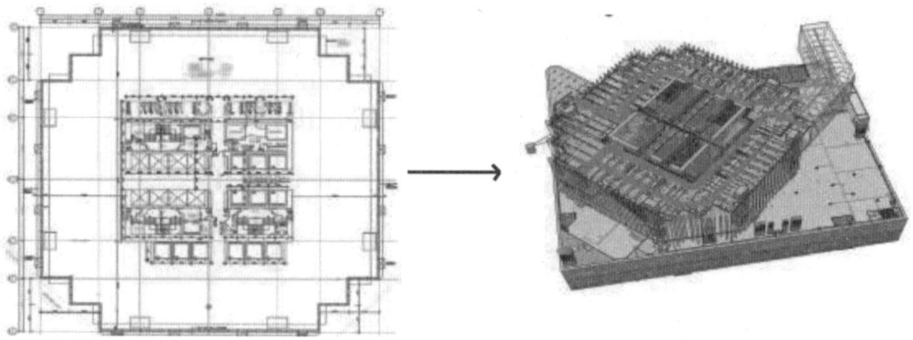

그림 9-7-3
2D에서 3D로의 전환

이용하여 완전한 3차원 작업프로세스를 만들었다. 이 과정을 촉진시키기 위하여 GT는 BIM 컨설팅서비스를 제공하고 BIM 구현 및 교육을 이끌었다.

초기 건물정보 모델은 GT에서 만들었지만 3주 동안 설계 컨설턴트팀을 교육하였다. 실제 모델링팀은 건축가, 구조엔지니어, MEP 엔지니어, 원가관리자로 구성되어 있었다. DP의 사용에 익숙해진 후, 설계 컨설턴트팀이 BIM 프로세스를 이어 받아서 건물모델을 완성하였다. 이 과정에서 GT와 설계 컨설턴트팀이 서로 긴밀하게 협조하였다.

건물 정보모델의 생성 및 조율

거의 모든 조율 문제는 BIM을 사용하여 관리되었다. 첫 일 년 동안 BIM 컨설턴트팀, OIE 설계팀, 그리고 프로젝트 관리자는 빅 룸(big room)에서 작업했다. 설계팀은 네 명의 건축가, 네 명의 구조엔지니어, 여섯 명의 MEP 엔지니어, 두 명의 원가관리담당, 한 명의 프로젝트관리자, 한 명의 MEP 프로젝트관리자, 그리고 네 명의 GT BIM 컨설턴트로 구성되어 있었다. 참여했던 모든 사람이 직간접적으로 건물모델에서의 정보입력에 참여하였다. 또한 프로젝트 팀원들은 스와이어 프로퍼티스가 관리하는 포털사이트를 통하여 의사소통하였는데, 이 사이트는 나중에 BIM 프로세스를 위한 주요 의사소통 플랫폼이 되었다. BIM에 포함되지 않은 프로젝트 정보는 이 포털을 통하여 전달되고 공유되었다. BIM 구현팀은 일 년 동안 BIM을 이용하여 오류, 간섭, 그리고 다른 설계문제를 찾아내고 해결하기 위하여 매주 만났다.

실질적으로는 팀이 같은 작업공간에 있었기 때문에 비공식적인 조율회의가 더 많이 이루어졌다. 입찰과 시공 전에 많은 간섭확인과 오류가 발견되었고 처리되었다. 그림 9-7-4는 3D 모델에서 어떻게 다른 영역간 간섭확인이 파악될 수 있는가를 보여준다. 간섭확인은 주로 DP 소프트웨어에 포함된 기하학적인 간섭확인을 파악하고 자동으로 목록을 만들어주는 기능을 이용하였다. 간섭목록에서 한 항목을 선택하여 더블클릭하면 해당되는 간섭확인이 일어난 가상공간으로 이동한다. 그러면 팀원이 문제가 있는 구조체를 수정하고 재설계한다.

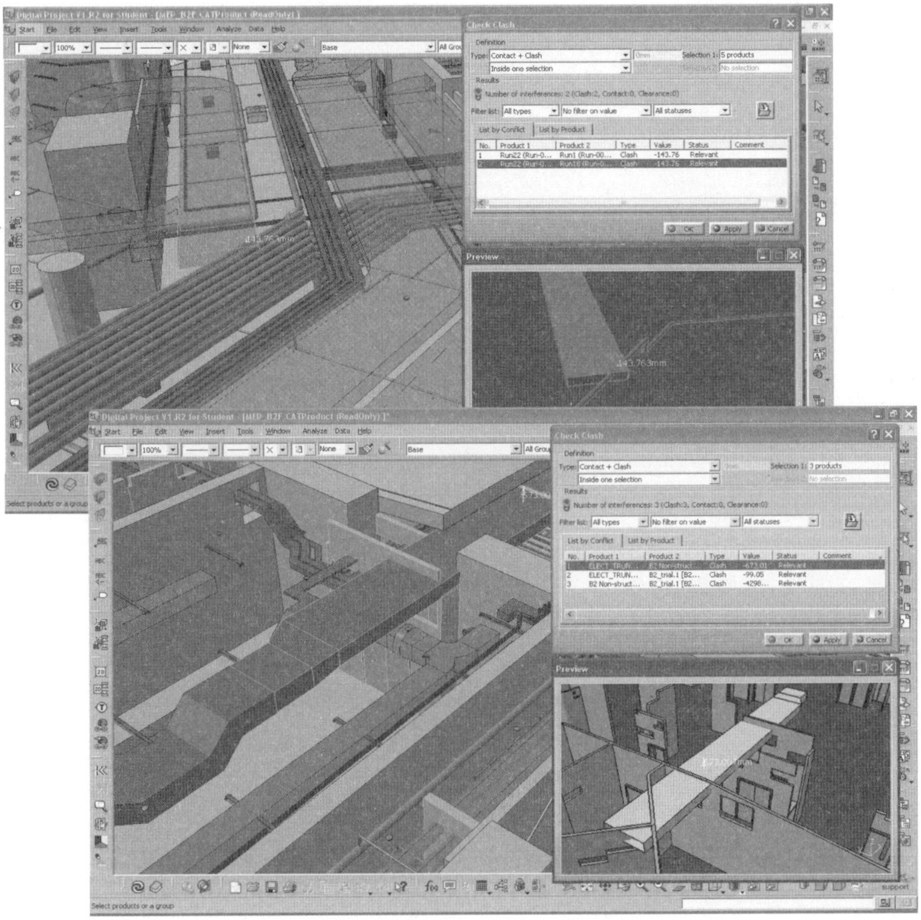

그림 9-7-4
자동화된 간섭확인

사용자가 간섭확인의 허용치를 정의할 수 있으며, 간섭허용치를 표준으로 설정할 수 있다.

간섭확인은 전통적으로 설계컨설턴트가 라이트테이블 위에 도면을 겹쳐서 수작업으로 확인하였다. 이에 따라 간섭확인 및 관리 작업의 많은 부분이 시공자에게 넘겨질 수밖에 없었다. BIM을 사용하여 2천개 이상의 간섭과 오류를 입찰과 시공 전에 찾을 수 있다. 이는 전통 2D 프로세스에서 본질적으로 나타날 수밖에 없는 불완전한 설계정보와 비교했을 때에 비하면 비용절감이 실질적으로 이루어졌음을 의미한다.

건물정보모델의 구성과 구조

이 절은 Digital Project를 이용하여 정보를 구성했던 방법에 대하여 설명한다. 일반적인 건물정보모델은 수백 또는 수천 개의(2장에서 객체 또는 건물구성요소라고 얘기했던) 부품(parts)으로 구성되어 있다. 부품은 벽, 층의 기둥, 에스컬레이터, 또는 HVAC 시설이 될 수 있다. 제품구조(product structure)라고 불리는 다른 종류의 파일은 이러한 부품들을 위상구조(hierarchical structure) 또는 트리구조(tree structure)로 정리하는 데 사용이 된다. 이러한 접근방식은 몇 가지 강력한 의미를 지니고 있다:

- 사용자가 건물모델 전체를 열거나 그중 일부만 열 수 있다. 즉, 건물의 바닥, 또는 HVAC나 배수관과 같은 건물서비스 시스템만 따로 열 수 있다.
- 각각의 파일이 자체적으로 별개의 객체이기 때문에 팀이 같은 DP 마스터 모델에서 동시에 작업할 수 있다. 모델러들은 CVS(Concurrent Versioning System)라는 도구를 사용하여 모델러의 파일사용 허가권을 관리할 수 있다.
- 다른 제품구조에서 하나의 부품을 여는 것도 가능하다. 예를 들어, 한 사람이 건물을 층별로 구성하면서 동시에 다른 구조로 만들 수도 있다(그림 9-7-5).
- 부품 파일들은 서로 연결될 수 있으며, 따라서 서로의 기하학적 형태에 파라미터들을 연결하여 영향을 줄 수 있다.

그림 9-7-6에 전형적인 프로젝트 트리구조의 상세한 예가 있다. 전형적인 BIM 모델은 PODIUM(POD), TOWERS(T01) 등과 같은 주요 건물부품을 최상위 레벨에 위치시킨다. 그런 다음 각 주요 건물부품을 층별로 정리하고, 층에 속하지 않은 부품들을 정리할 가지(branches)를 만든다. 층별로 정리가 안 되는 부품의 예로는 주요 드라이버파일이라던가, 리프트카(lift cars), 단면도 파일 등을 들 수 있다. 드라이버파일은 기둥 중심점이나, 예를 들어 마감층높이(FFL, Finish

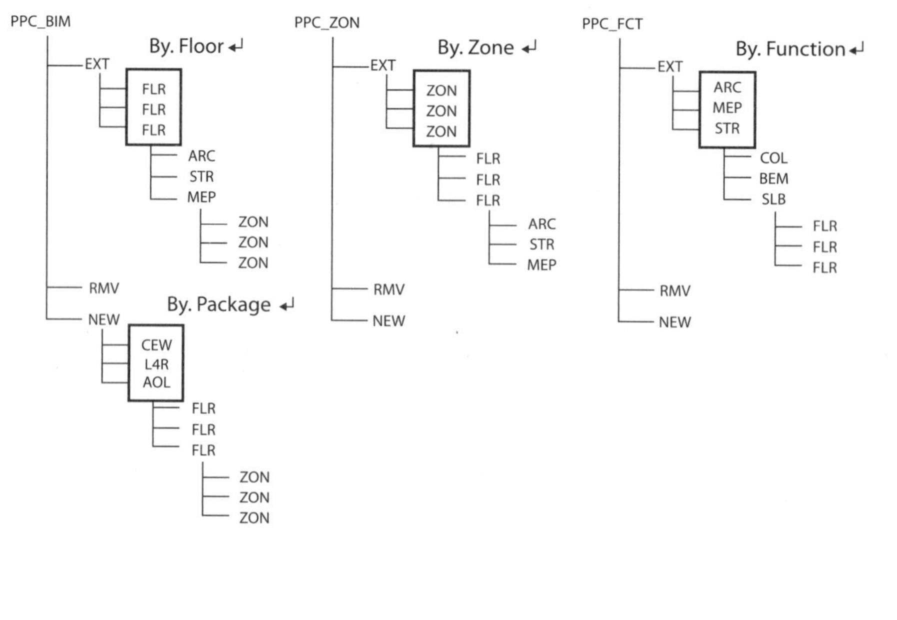

그림 9-7-5
BIM 데이터베이스구조

이 그림은 파일이 층별로, HVAC 구역별로, 기능별로, 시공패키지별 등 여러 가지 방법으로 구성될 수 있음을 보여준다. 같은 부품 파일을 여러 제품 구조에서 참조할 수 있다.

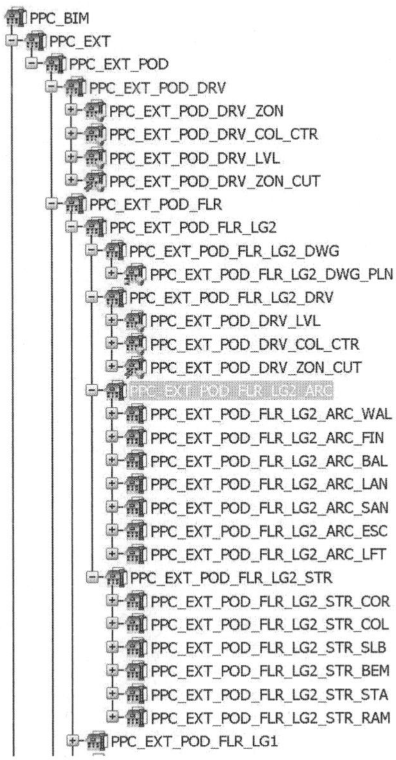

그림 9-7-6
건물의 한 부분인 포디움의 트리구조를 보여주는 BIM 데이터구조

Floor Level), 구조층높이(SFL, Structural Floor Level) 등과 같은 층의 높이를 설정하는 기준이 되는 평면, 그리고 하나의 구역을 넘어서는 기둥이나 보의 끝나는 지점을 정의하기 위한 구역구분선(zoning cuts) 등과 같은 상세정보를 담고 있다. DP는 파라메트릭하기 때문에 층높이를 변경하면 자동으로 이와 관련된 다른 기하학 정보들도 갱신된다. 드라이버 요소는 공개되어 다른 객체들과 연결 가능한 객체로 정의될 수 있다. 각 층은 다섯 개의 하부 가지(sub-branches)들로 나뉘어있다. (1) 평면 등의 층별 도면을 가지고 있는 가지, (2) DRV라고 불리는 드라이버파일을 담고 있는 가지, 그리고 (3-5) 실제 건물의 기하학형태 정보를 담고 있는 3개의 하부가지들로 구성되어 있다. 이 세 가지는 기둥, 마감, 난간, 조경요소, 위생시설, 에스컬레이터, 엘리베이터와 같은 건축요소를 담고 있는 가지와 코어벽체, 기둥, 바닥, 보, 계단과 램프 등의 구조요소를 담고 있는 가지, 그리고 HVAC 시스템과 배수관 등의 MEP 요소를 담고 있는 가지로 되어 있다.

현재 OIE BIM 모델 크기는 약 5기가바이트이다. 이 모델은 노트북에서도 쉽게 열려서, 데이터관리 문제가 전혀 없다. 정보는 적절히 정리되어 있고, 작업 중인 부분만 열려서 전체 상세를 보여주고 갱신될 수 있도록 한다. 작업 중인 항목의 주변 항목들은 회색으로 보여지고, CGR(Computer Graphic Repre- sentation) 기법을 이용하여 덜 상세하게 보여준다. 이렇게 함으로써 데이터 크기를 줄이면서도 간섭확인 및 치수정보 제공 등을 할 수 있다.

입찰

DP의 BIM 도구는 물량을 자동으로 산출한다. 그러나 철근 물량은 철근 대 콘크리트의 비율로 수동으로 계산된다. 철근이 정확하게 모델링된다면 철근물량도 자동으로 산출할 수 있다. BIM 프로세스에서 모델화된 모든 요소들은 크기, 무게, 면적, 부피 등과 같은 모든 속성을 담고 있다. 그런 물량정보는 표로 만들어져 그림 9-7-7과 같이 엑셀 스프레드시트로 내보내질 수 있다. 이러한 접근방식은 정확하고 일반적으로 수동물량 산출에서 나타날 수 있는 오류와 시간을 줄여준다.

더욱이 물량 정보는 BIM과 연결되어 설계변경이 일어나면 자동으로 갱신된다. 입찰에 참여한 모든 입찰자는 모델을 사용하여 물량을 직접 확인할 수 있다. 이것은 입찰과정을 향상시키고, 낮은 리스크에 저가견적을 가능하게 한다.

OIE 프로젝트의 입찰은 BIM으로부터 물량을 정확하게 추출해냄으로써 크게 향상이 되었다. OIE 프로젝트 입찰에 참여했던 건설회사는 물량산출을 수작업으로 하지 않아도 되기 때문에 많은 돈과 시간을 절약할 수 있었다. 또한 물량산출의 정확성이 향상됨으로써 시공의 질이 높아지고 건설사의 리스크도 감소되었다. BIM은 현장에서 고려되는 설계변경이 비용에 미치는 영향을 추적하는데 사용되었다. 설계자와 엔지니어들은 이전 2D 도면을 가지고 어려웠던 조율작업을, 3D BIM을 사용함으로써 모든 요소를 확인해가며 조율할 수 있었다(그림 9-7-12).

9.7.2 입찰 후 BIM 구현과정

본 책을 집필할 당시, 24개월 공사기간 중 반 정도가 지났고 골조가 공정에 맞추어 진행중이었다(그림 9-7-8). 입찰 후 건설사의 시공 BIM 모델은 개먼(Gammon) 건설사에 의하여 갱신되었다. 거푸집과 기타 가설구조 등의 시공 객체와 관련한 많은 추가정보가 더해졌다. 물론, 추가정보가 더해진 모델도 입찰 전 설계의도와 일치하였다. 개먼은 BIM을 사용함으로써 생기는 부가가치를 인지하였다.

설계 컨설턴트와 건설프로젝트 팀이 개발한 BIM 요소를 사용함으로써 시공법 검토를 위한 첨단 시공프로세스 모델링기법이 가능했다. 개먼 건설사는 상세한 시공순서 모델링을 위하여 행 리(Heng Li) 교수의 홍콩 폴리테크닉대학의 가상건설프로토타이핑(Construction Virtual Prototyping) 연구실의 도움을 요청했다. DP의 BIM 요소와 개먼사의 상세한 프리마베리(Primavera) 시공공정표를 연결하였다. 이것은 4D CAD라는 공정을 시각화하는 건설사에게 유용한 도구를 사용하여 가능하였다(그림 9-7-9). 건물요소의 시공순서를 프리마베라의 조기, 만

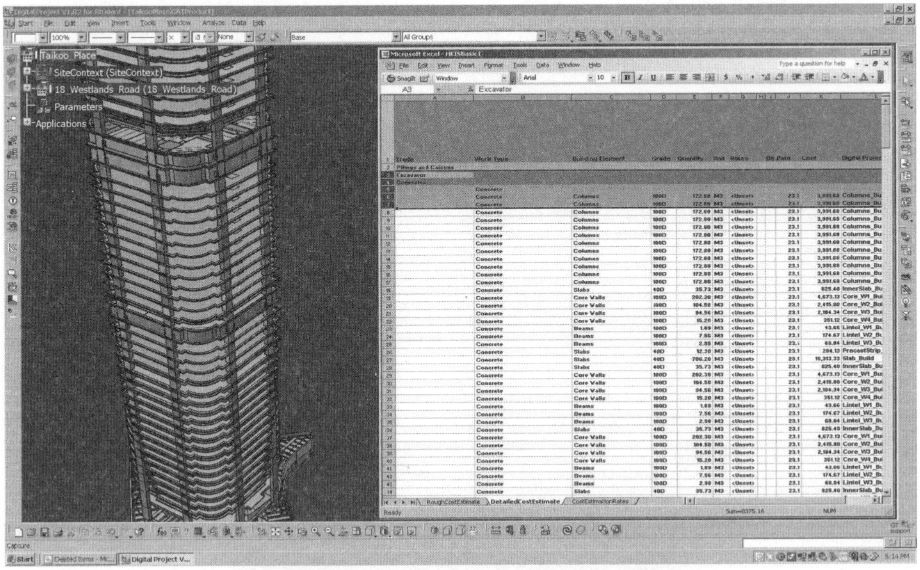

그림 9-7-7
엑셀포맷의 물량표를 생성하는 자동화된 물량산출

그림 9-7-8
2007년 현재 현장진행상황

기착수공정에 따라 쉽게 만들어질 수 있었다. 이렇게 함으로써 개먼은 다양한 시나리오를 시각화하고(그림 9-7-10), 공간 및 안전문제를 시공 전에 예측하여 미리 파악할 수 있었다(그림 9-7-11). 예를 들어, 기준층의 거푸집설치 순서를 확인하고 재확인함으로써 하루 동안 4개 층 시공 사이클을 유지하는 것을 보장할 수 있었다. 공사가 어려운 아웃리거 층의 시공법을 면밀히 검토하여 안전과 실용성을 보장하였다. 이렇게 하여 현장에서 돈과 시간을 절약할 수 있었다.

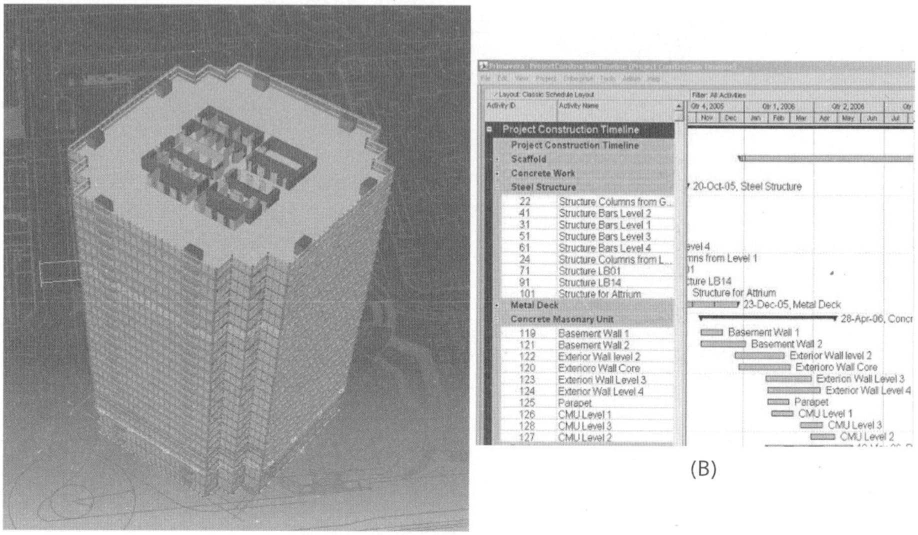

(A) (B)

그림 9-7-9
공정통합과 시각화

이미지 제공: 개먼 건설사와 홍콩 폴리테크닉 대학의 헹 리 교수

그림 9-7-10
시공과정(삽입 컬러면 참고)

이미지 제공: 개먼 건설사와 홍콩 폴리테크닉 대학의 헹 리 교수

9-7-3 결론 및 교훈

프로젝트 팀의 주요 도전과제중 하나는 2D에서 3D로 넘어가는 것이었다. 스와이어 프로퍼티스는 프로젝트에 3D와 DP 시스템을 사용할 것을 요구함으로써 잠재된 문화적 이슈를 완화시켰다. 더욱이 스와이어는 BIM 도입초기 1년간

그림 9-7-11
간섭탐지

이미지 제공: 그림제공: 개먼 건설사와 홍콩 폴리테크닉 대학의 헹 리 교수

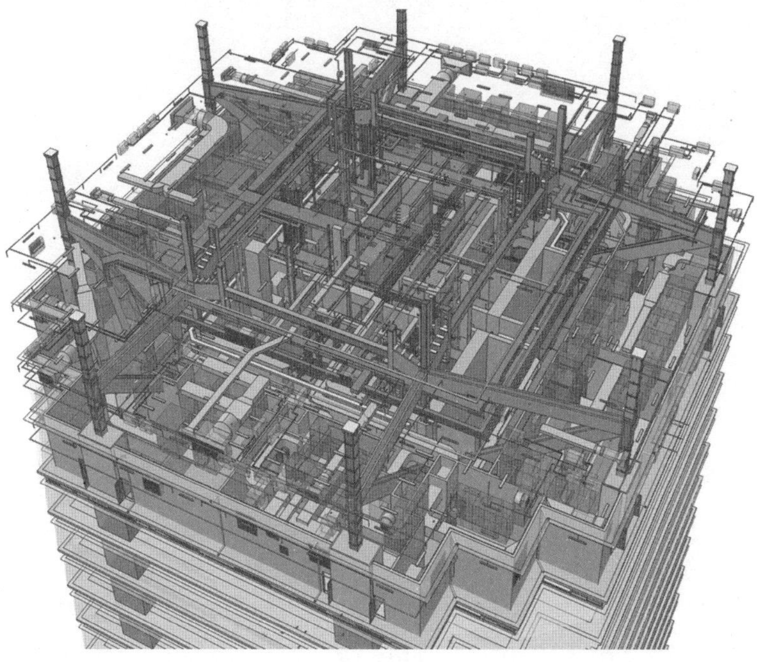

그림 9-7-12
모든 프로젝트 요소의 3차원조율(삽입 컬러면 참고)
A) 기준층의 구조와 MEP 요소, B) 지하층의 파이프 배관, C) 건물지하층의 MEP 요소, (그림에서) (A) 지상층, (B) 지하층, (C)간섭확인

이미지 제공: 개먼 건설사와 홍콩 폴리테크닉 대학의 헹 리 교수

그림 9-7-12
이어서

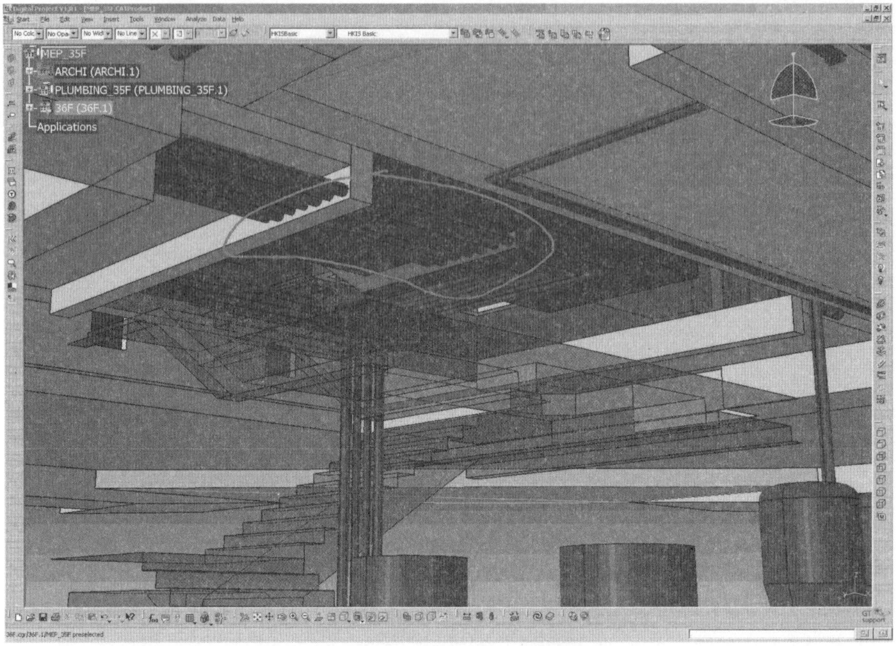

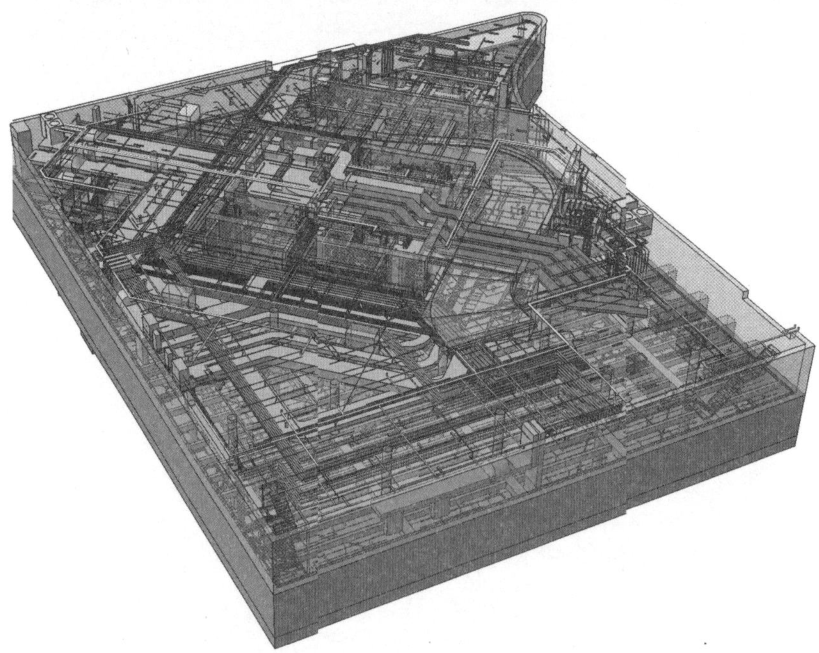

의 적절한 교육과 지원을 위하여 GT를 컨설턴트로 고용하였다. 앞으로 스와이어 프로퍼티스는 BIM 기술과 작업방식이 프로세스 초기부터 사용이 되면 더 큰 가치를 얻을 수 있을 것으로 기대하고 있다.

두 번째 교훈은 조직의 사업목표와 프로젝트 종류와 맞는 BIM 소프트웨어 및 시스템을 선정하여야 한다는 것이다. 스와이어는 그들 조직의 장기요구사항에 기반하여 기술을 조심스럽게 검토하고 평가하였다. 스와이어가 대형 복합시설물을 짓고 있기 때문에, 그들에게 DP의 선택은 장기 투자면이나 프로젝트팀이 매일 모델크기나 복잡성에 따른 문제에 당면하지 않아야 한다는 점에서 주요했다.

이 글을 쓰는 시점에 입찰 후 단계가 끝나지 않았기 때문에 아직 이 단계에서 BIM이 주는 모든 혜택과 문제점을 정량화하는 것은 불가능하다. 현시점에서는 간섭확인기능을 통해 발견한 설계오류의 감소에서 오는 비용과 시간의 큰 절감에 대해서 얘기할 수 있다. 헹 리 교수 그룹이 행한 신중한 4D 분석을 통하여 빠르고 안전한 공정을 보장받을 수 있었다. 향후 설계변경건수, 안전기록, 예산수행성과, 공정수행성과 등과 같은 정량적 정보를 통하여 보다 정확한 BIM 사용의 부가가치를 알 수 있을 것이다.

감사의글

이 사례연구는 원래 석성준과 마틴 리스(Martin Reise)가, 그리고 2006년 겨울 척 이스트만(Chuck Eastman) 교수가 조지아텍에서 가르친 수업을 위해 작성한 것을 이 책에 재편집하여 사용한 것이다. 저자들은 이 연구를 위하여 스와이어 프로퍼티스와 게리 테크놀로지스가 준 도움에 감사드린다.

9.8 헬싱키 음악센터

진보적인 환경평가와 지속 가능한 디자인

9.8.1 프로젝트 설명

헬싱키 음악센터(Helsinki Music Center)는 다른 시설들과 아울러 모든 연령대의 사람들에게 음악적인 경험을 보다 풍부하게 만들어 주며, 핀란드의 수도인 헬싱키의 랜드 마크로서 음향적으로도 뛰어난 콘서트홀을 제공하는 것을 건립목표로 한다. 헬싱키 음악센터는 국회의사당 바로 앞 도시의 중심부에 위치해 있다. 키아즈마 현대미술관(Kiasma Museum of Contemporary Art)과 헬싱키의 주요 신문사인 Helsingin Sanomat의 주 건물이 바로 옆에 위치해 있으며, 시벨리우스 아카데미, 헬싱키 필하모니, 핀란드 라디오 심포니 오케스트라의 공연이 주로 열린다. 또한 헬싱키 음악센터는 음악 공부를 위한 장소로도 제공 될 예정이다.

그림 9-8-1
헬싱키 음악센터의 렌더링

홀의 바깥쪽에는 로비가 위치하며, 유리벽을 통해 들어온 빛으로 가득 찬다(사진 9-8-1). 음악센터는 1,700명을 수용 가능한 규모의 메인 콘서트홀과 실내악부터 재즈, 일렉트로닉 공연을 위한 140석-400석 규모의 작은 5개의 홀 및 시벨리우스 아카데미, 커피숍, 레스토랑으로 구성되었다. 건물의 연면적은 36,000m²(387,500ft²)이며, 2011년에 개장하였다. 본 사례연구가 진행될 당시 헬싱키 음악센터는 건설 중이었다.

핀란디아 콘서트홀은 핀란드에서 가장 유명한 건축가인 알바 알토에 의해 1971년에 설계되어 지어졌다. 그러나 건물의 외관은 뛰어난 반면 음향효과는 그렇지 못하였다. 이 후 이러한 음향적 문제들을 보완해 나가기 시작했다. 이러한 문제점들을 극복하기 위하여 헬싱키 음악센터는 설계시 음향설계부분 역시 고려하였다. LPR 건축가의 작품이 2000년에 디자인 공모에서 당선되었을 때, 그들의 계약내용에는 일본의 컨설턴트 나가타 음향과 협력하여 그 공간을 디자인하는 데 동의해야 하는 내용이 포함되어 있었다.

기차역과 가장 가까운 건설현장의 구석에는 1:10의 콘서트홀 모형이 전시되어 있다(사진 9-8-2). 미니어처 피규어는 실제 청중들의 모습을 흉내 낸 옷과 머리를 하고, 벤치에 앉아있다. 이 모형은 음향 컨설턴트가 콘서트홀에서 음향이 작용하는 방법에 대한 정확한 연구를 하는 것과 기본평면, 다양한 좌석 테라스, 인상적인 천정의 모양을 만드는 데에 도움을 주었다. 나가타 음향 대표 야수히사 도요타의 보고에 따르면 질소로 충전된 1:10 모형을 이용하고 음향 센서들을 통하여 모니터링이 가능하며 반사 벽이 없는 테라스 형식의 콘서트홀의

그림 9-8-2
나가타 어쿠스틱의 10분의 1 콘서트 홀 모형

배치는 뛰어난 음향을 제공하도록 최적화되어 있다고 한다. 나가타 음향은 LA 디즈니 홀과 코펜하겐 심포니 홀을 포함한 많은 선도적인 음악 홀의 음향 관련 컨설턴트이다.

핀란드 주, 헬싱키와 핀란드 방송국은 공동으로 프로젝트의 두 단계의 국제 디자인 공모전을 주최했다. 234개의 출품작 중에서, 2000년에는 건축가 올라 라이호, 미코 펄키넨, 마르코 키비스토의 "a mezza voce(중간음성으로)" 출품작이 수상을 하였다. 음악센터는 깨끗하고 기능적인 공간들과 함께 스칸디나비아 식으로 디자인되었다. 외부마감은 녹청을 입힌 구리를 사용하여 주변의 핀란디아 홀의 녹색 구리지붕과 콘서트홀을 둘러싸는 유리로비를 시각적으로 연결시켰다. 강당의 주요 층은 이중단열유리를 사용하였고 이를 통해 홀 안의 사람들이 로비와 앞뜰을 볼 수 있는 특징을 지니고 있다. 유리패널 사이의 커튼은 공연 중에 닫을 수 있다.

건축가는 2000년 이 프로젝트의 건축공모전에 당선되었다. 공모 작품은 전통적 방식으로 도면기술을 이용하거나 렌더링과 모형을 이용함으로써 완성되었다. 주요 디자인은 검토를 위해 제출되었으나 프로젝트의 사전견적 결과는 막대한 예산초과로 나타나 프로젝트는 중지되었다. 이 후 프로젝트는 상당부분 수정되었지만, 여전히 본래 수상작의 정신을 유지하였다. 2004년 8월 BIM을 사용하여 프로젝트를 다시 시작하게 되었다. 계획단계(2004년 8월부터 2005년 4월)에서, 우선 공모전 당시 2D 도면은 아키텍츄럴 데스크탑(Architectural Desktop)을 이용하여 3D 모형으로 변환되었고, 후에 개정판에서 오토캐드 아키

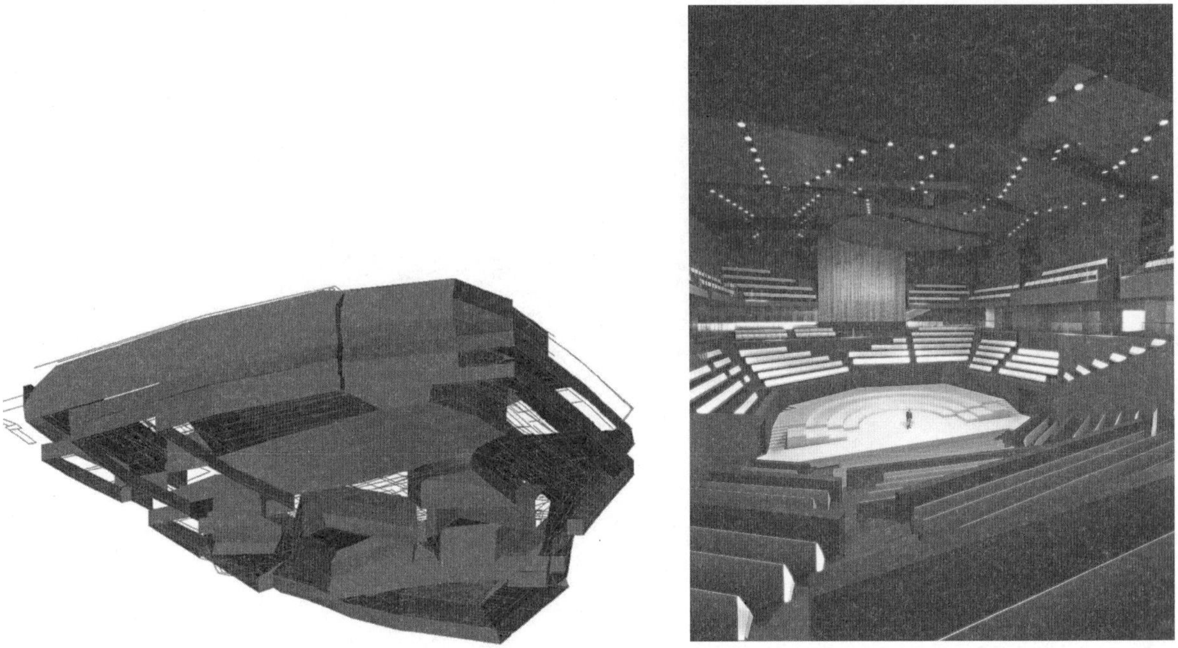

그림 9-8-3 Giencke and Company의 콘서트홀 표면의 컴퓨터모형. 이 모형은 나가타에 의해 다듬어졌고, 그 후 LPR 건축가들에 의해 AutoCAD Architecture 모형에 맞게 되었다. 통합은 오른쪽 그림에서 보인다.

텍처(AutoCAD Architecture)로 발전되었다. 상세 설계단계에서 설계자는 직접 지속적인 3D 모델링 작업을 통하여 모델을 보완하고 수정하였다. 이러한 모델은 이후 시설관리를 위해 이용되었다.

많은 콘서트홀처럼, 헬싱키 음악센터의 콘서트홀은 건물 외부가 내부를 감싸고 있으며 이와는 별도로 "매우 잘 조정된 악기"로써 내부가 설계되었다. 이 사례연구에서 우리는 특히 콘서트 홀로써의 디자인을 세련되고 정제되게 하기 위해 일반적으로 건물의 예외적인 요소였던 환경적 분석에 좀 더 집중하여 조사하였다.

9.8.2 핀란드에서 BIM의 발전과 적용

핀란드에서는 BIM을 이용하여 지속가능한 전략을 수립하기 위해 많은 노력들이 빠르게 진행되고 있다. 이 프로젝트의 책임자인 세니트 프라퍼티스(Senate Properties)는 핀란드의 가장 큰 자산관리회사이다(미국의 GSA와 동격). 세니트 프라퍼티스는 건설 산업의 지속적인 발전을 장려하기 위해 BIM 표준 가이드라인을 수립하였다. 환경적인 효과에서, 세니트 프라퍼티스는 현재의 건물들이 에너지 소비를 최소화 할 수 있도록 하며 새로운 건물들이 건설될 때 환경적 영향을 최소화할 수 있도록 하는 것에 초점으로 두고 있다. 2001년부터, 세니트 프라퍼티스는 그들의 지식과 BIM 사용의 범위를 넓히기 위해 많은 시범 사업을 하였다. 이러한 시범사업으로 얻게 된 경험을 바탕으로 일반 프로젝트에 사용하기 적합한 BIM 기술을 선정하였다. 또한 BIM을 사용하는 모든 프로젝트가 IFC 기준에 부합하도록 하였다. 모델링의 주목표는 범위, 견적, 그리고 목적에 부합하는 프로젝트의 실용성을 보장하는 것이다. 다양한 모델을 다각도로 적용하여 높은 수준의 쾌적함과 에너지 효율의 향상을 이루고자 노력하였다.

9.8.3 헬싱키 음악센터의 프로젝트 팀

이 프로젝트 조직은 다소 특별하게 구성되었다. 음향 컨설턴트가 가장 먼저 선정되었고, 건축가가 공모전을 통해 선정되었다. 건축가 LPR과 음향 컨설턴트, 나가타 어쿠스틱은 PM컨설턴트인 ISS와 함께 개발자(Senate Properties)에게 직접 지시를 받았다. 그리고 여러 다른 설계자들은 LPR의 감독 아래에 있었다. 건설계약은 프로젝트가 설계 작업이 거의 완료되었을 때 SRV에게 양도되었다. 협력업체는 유럽권역의 회사들 간의 공개경쟁입찰(open-bid) 방식으로 선정되었다. 미국식 용어로는 설계시공 분리방식(design-bid-build)으로 표현한다.

발주자, 세니트 프라퍼티스는 현 프로젝트를 포함한 모든 프로젝트에서 BIM의 사용을 장려해왔다. BIM 사용의 주목적은 프로젝트의 모든 단계에 걸친 과정들의 통합과 모든 팀 멤버들의 작업흐름을 관리하는 것이다.

건축가는 업무과정의 효능과 역량을 향상시키는 것에 집중했다. 음악센터는 주로 시벨리우스 아카데미, 헬싱키 필하모니, 핀란드 라디오 심포니 오케스트라가 이용할 것으로 예상된다. 계획단계에서, 건축디자인은 사용자의 요구와 건축주의 예산목표로 인하여 자주 변경되었다.

표 9-8-1 프로젝트팀

Role in the Team	업체
건축주	State of Finland, Senate Properties, City of Helsinki, YLE national public broadcasting company
개발자	Senate Properties
건설사업관리자	ISS
건축가:	LPR-arkkitehdit Oy
음향전문가:	Nagata Acoustics Inc./Yasuhisa Toyota
구조전문가	Mikko Vahanen Oy
공조전문가	Olof Granlund Oy
전기전문가	Lausamo Oy
건설회사	SRV
철골	Peikko Group
커튼월 패널	Normek Oy

설계자는 층의 사용면적을 산출하기 위해 BIM을 사용하였고 주요 거주자 그룹을 위한 영역 분할 보고서를 작성해내었으며 어떤 때에는 15분마다 보고서를 만들어냈다. 층면적 분할보고서는 거주자들 간의 공간할당과 주요 개산 견적결정을 위한 설계가이드 관련 의사결정을 도왔다. 이 과정에서 정확한 면적 분할 보고서를 생산해내는 것이 필요했다.

두 번째로는 건축가의 모형과 도면에 품질이 표현된다는 점이 주목받고 있다. 이것은 고객과 다른 팀 참가자에게 참고가 되기 때문에, 모든 참여자들의 업무처리는 효율적이어야 하며 다른 팀 구성원들과의 모델링과 데이터 요구사항에 관련된 기본적인 지식을 공유하는 것이 중요하다. 이러한 업무를 효율적으로 수행하기 위해서 건축가들은 MEP 설계 및 현장시공과 같은 분야의 심층적 지식을 축척하기 위한 노력이 필요하다.

Nagata Acoustics의 음향 엔지니어에 의해 분석된 모델기반의 분석결과는 실내설계에 상당한 영향을 주었다. 콘서트홀은 음향학적 고려사항에 의해서 별도로 설계되었다. 음향 엔지니어들은 건축가들의 설계단계를 확인하고 승인하였다. 그들은 처음에 콘서트홀의 컴퓨터 모형과 내부요소에 의존하였다. 그러나, 현재의 컴퓨터 시뮬레이션의 성능은 불완전했으며 다양한 진동수에 따른 음파의 분산을 잡아내지 못했다. 이러한 과정 후에, Nagata는 잔향 음과 다양한 진동수에서 소리의 반사율을 평가하기 위해 1:10 스케일의 모형을 만들었다(사진 9-8-2). 모형을 통하여 가청 진동수역에서의 향상된 음향반사와 선명도를 가능하게 하였다. 또한 음향설계자는 천정모양, 자리배치, 재질 등이 음향학적 설계에 부합되고, 음악 공연에 영향을 주지 않도록 하기 위해 실내설계자와 협업을 하였다. 또한 물리적 모델은 미조정된 부분의 결정에 많은 도움을 주었다. 예를 들어, 음향 엔지니어는 공간의 음향적 질을 높이기 위해 처음에 건축가가 디자인했던 평편한 칸막이 벽 대신에 타일이 붙은 작은 면으로 구성된 벽을 추천하였다.

Granlund(MEP 회사)는 핀란드의 선두적인 건물서비스 컨설팅회사이다. 이 회사는 BIM을 기반으로 한 에너지와 건물서비스 도구를 상업적으로 활용하고 있다. 이에 관한 내용은 다음 장에서 다루고 있다.

9.8.4 이 프로젝트에 사용된 BIM 도구

그림 9-8-4는 이 프로젝트와 모델을 만들어가는 과정에 사용된 에너지와 유지관리 도구를 보여준다. 이러한 BIM의 적용은 다음과 같다.

- 첫 번째 ADT(후에 Autodesk Architecture로 변경됨)-3D 배치를 정의, 프로젝트 공간적 조정 및 도면작업을 지원
- MagiCAD-3D 배치 작업과 파이프와 덕트의 경로선정 작업, 간섭확인 체크작업을 수행

- Riuska－에너지 분석 및 MagiCAD에 대한 프로세스 처리를 위한 요구사항을 생성
- Vico－견적작업
- ANSYS－유동흐름의 유한요소분석을 수행
- ROOMEX－공간 프로그램을 평가하고 공간의 환경, 에너지, 빛에 대한 요구조건을 정의
- Tekla－구조디자인을 수행
- BSLCA－건물의 생애주기에 대한 견적을 수행
- Solibri－공간검토와 척도검사에 제공

9.8.5 BIM을 통한 상위 단계의 시뮬레이션

에너지와 생애주기에 관련한 시뮬레이션의 경우 준비단계에서 필요로 하는 데이터 량이 많기 때문에 사전에 결정된 것들을 입증하고, 법적 권한을 충족시키기 위하여 최종 설계단계에서 전문 엔지니어나 연구기관에 의뢰한다. 설계과정에서 고급에너지 시뮬레이션은 에너지, 실내 공기 품질, 열 쾌적성, 시각 환경과 음향 성능에 관한 문제를 이해하기 쉽게 만들어준다. 현재 실무에서 사용되는 복잡한 데이터세트와 다양한 시뮬레이션 프로그램들은 설계 피드백을 가능하게 할 정도의 분석이 불가능하다. 이 연구 사례에서는 상위단계의 에너지 시뮬레이션이 설계 과정에 통합되는 과정을 보여주고 있으며 분석한 내용을 바탕으로 참여 팀들이 설계에 영향을 미치는 영향 인자와 설계를 변화시키기 위하여 분석결과들을 어떻게 활용하는지를 보여주고 있다.

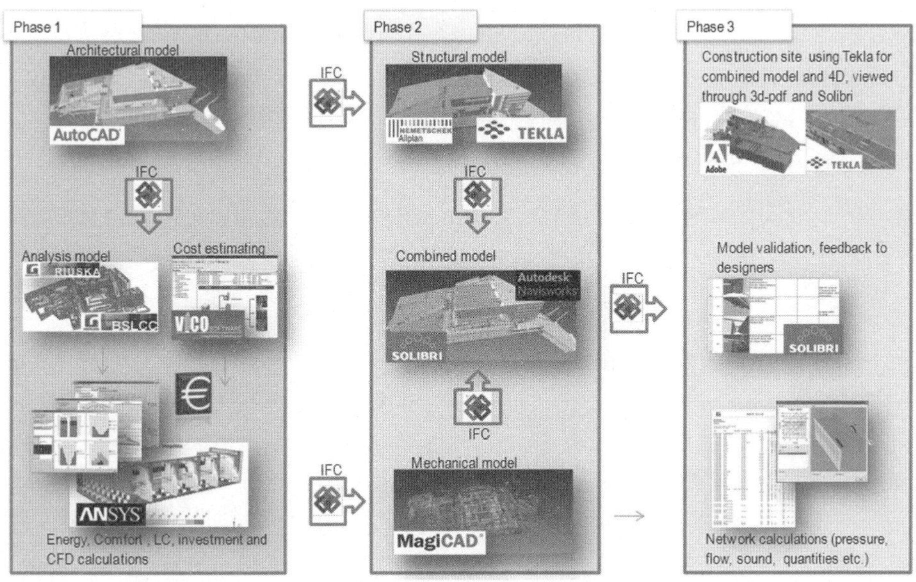

그림 9-8-4
프로젝트에 이용된 적용과 모형들

9.8.6 계획 설계에서의 에너지 시뮬레이션

발주자가 에너지 효율성에 대해 강력하게 요구했기 때문에, 프로젝트팀이 설계 초기단계와 이후 그 다음 진행단계에서 설계와 음향적 측면을 검토할 수밖에 없었다. 초기의 분석을 통하여 에너지 분석결과를 이용할 수 있는 명확한 목표를 찾아가는 것이 가장 중요하다. 에너지 소비가 제한되어 있지 않은 프로젝트의 경우(콘서트홀), 에너지 시뮬레이션을 사용하여 발주자의 실질적인 각 단위면적 대비에너지 사용에 관한 목표를 정할 수 있게 해주며 또한 운영비 산출을 가능하게 해준다. 그림 9-8-5는 초기 에너지소비 시뮬레이션의 결과와 설계목표로 정해진 연간 단위면적 대비 에너지사용량을 나타낸다. 초기단계의 시뮬레이션은 이전의 유사사례들과 경험을 바탕으로 실행된다. 그리고 계획단계에서 시뮬레이션을 통해 세분화된 결과들은 건물 각각의 구성요소에 따른 에너지 소비를 나타낸다. 에너지 시뮬레이션은 설계 대안들을 평가하는데 사용되었다. 에너지와 비용절감과 동시에 음향시설의 최고의 질을 유지하도록 하였다.

9.8.7 에너지 시뮬레이션을 통한 설계대안의 비교

에너지 시뮬레이션을 통해 서로 다른 설계 방식들을 비교할 수 있고 에너지 소비에 대한 의사 결정의 방향을 제시할 수 있다. 또한 이를 통해 냉난방 에너지 소비, 전기소비, 물소비 등의 다양한 소비량에 대한 분석이 가능하다. 헬싱키 음악센터의 경우, Granlun가 설계초기단계에서 에너지 시뮬레이션을 통해 여러 설계 대안을 평가하고 설계자에게 피드백을 주었다. 그림 9-8-6은 서로 다른 종류의 유리로 된 커튼월을 비교해 놓은 것이다.

커튼월은 개방적이고 직접적으로 햇빛을 받을 수 있는 장점을 지니고 있어 많은 상업건물 설계에 이용되고 있다. 그러나 주재료가 유리인 커튼월의 경우 일사획득에 관한 매개변수 선택이 어렵다. 에너지소비 측면에서 일사획득의 장, 단점은 외부 공기상태, 내부 열획득과 같이 여러 다른 요인들과 연관되어있고 경우에 따라 다르다. 따라서 에너지 시뮬레이션은 정확한 지식을 바탕으로 의사결정을 해야 할 필요가 있다.

유리 종류 1:

- G-value = 28 %(전체 태양에너지 투과율)
- ST = 16.5%(직접 태양에너지 투과율)
- U-value = 0.8W/m2K

유리 종류 2:

- G-value = 35 %(전체 태양에너지 투과율)
- ST = .5%(직접 태양에너지 투과율)

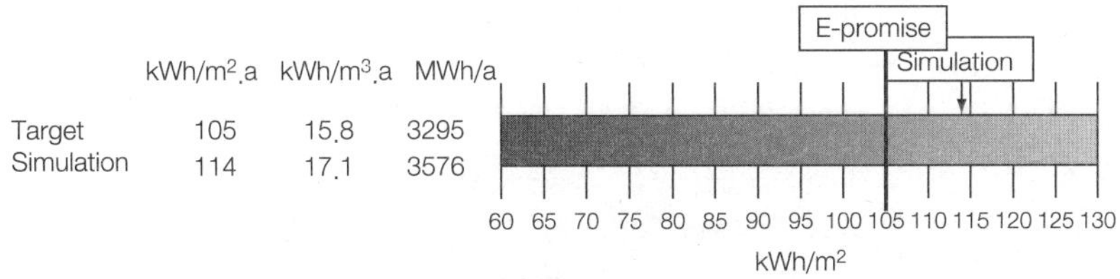

그림 9-8-5
계획 설계 단계 에너지 소비 시뮬레이션 결과와 디자인 발전단계에서의 목표 에너지량

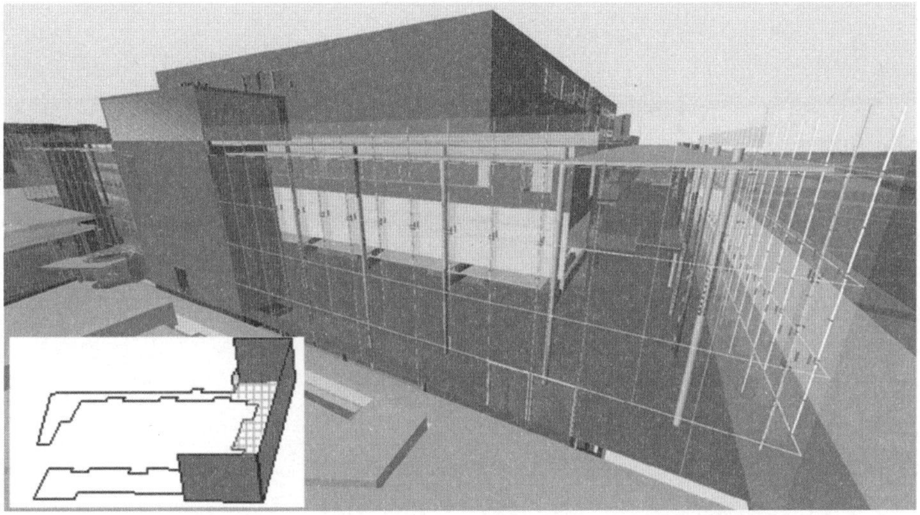

그림 9-8-6
헬싱키 음악센터 커튼월. 커튼월 외관은 색으로 구분된다(여기에 음영처리).

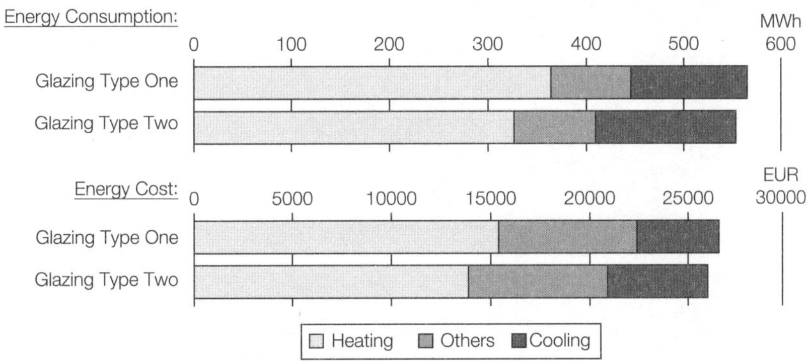

그림 9-8-7
너지소비와 비용비교. "그 외"는 조명과 다른 내부에너지 수요를 의미한다.(모두 동일한 유리형태)

• U-value = 0.8W/m2K

Riuska는 에너지 시뮬레이션에 사용된 소프트웨어이다. Granlund에 의해 개발되었고, DOE 2.1E 시뮬레이션 에너지 프로그램 소프트웨어의 핵심이다. DOE2는 Energy plus가 출시되기 전까지 미국 최고의 에너지 분석 소프트웨어였다. Riuska는 IFC-호환 가능한 건축 소프트웨어(Autodesk's Revit, AutoCAD, Architecture, ArchiCAD, Nemetschek's Vectorworks)에서 직접적으로 기하학 정보

를 전송할 수 있다. 이 프로젝트에서는 AutoCad Architecture를 사용하였다. 연중 시간별 시뮬레이션을 제공하여 그 결과를 통하여:

- 대체 가능한 실내 공기 질 정도를 분석할 수 있다.
- 대체 가능한 창문과 차양을 비교 할 수 있다.
- 공기조화 장비의 치수결정에 사용된다.
- 현 시설의 온도문제의 분석에 사용된다.

그림 9-8-7은 유리대안들의 시뮬레이션 결과를 나타낸다. 2번 유리는 U-Value값은 1번 유리보다 높지만 태양열 흡수율이 높기 때문에 열에너지 소비량이 10% 더 낮다. 그러나 냉방의 경우 2번 유리가 태양열 흡수율이 높기 때문에 에너지 소비량이 20% 더 높다. 헬싱키의 경우 냉방보다 난방을 필요로 하는 시간이 많기 때문에 연간 에너지소비를 고려하였을 때 2번째 유리가 더 좋은 성능을 발휘할 수 있다. 그림 9-8-7은 에너지 비용과 관련된 비교를 나타내고 있고, 최종 의사결정에서도 중요한 역할을 하는 것을 볼 수 있다.

9.8.8 생애주기 평가 분석

생애주기 평가(LCA)는 설계 대안들을 광범위한 생태학적 관점으로 비교, 분석, 평가하는데 있어 매우 유용한 방법이다. 그러기 위해서는 시공, 운영 및 유

그림 9-8-8
CA 소프트웨어와 통합된 BSLCA 구조

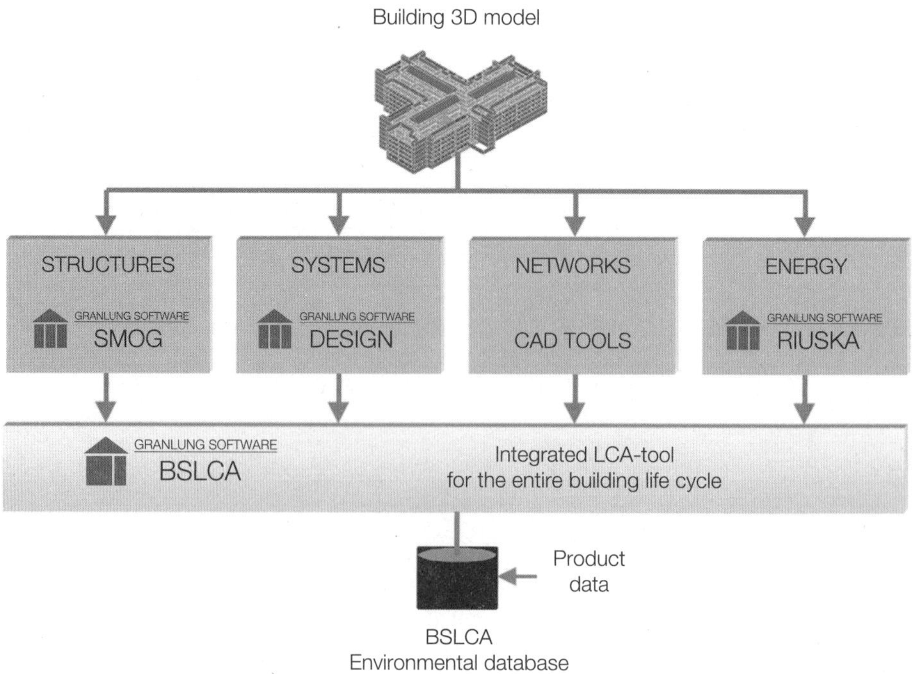

지관리 비용, 에너지 사용, 물 소비, 건물 구조, 기술적 시스템, 장비 등과 같은 생애주기 시설에 대한 다양한 측정이 필요하다. 적절하게 고안, 실행할 수 있는 도구를 통하여 결정된 내용이 개념설계부터 시공단계, 시설의 운영 및 관리하는 단계까지 전 생애단계에 걸쳐 적용 가능하도록 해야 한다. 측정된 결과들은 견적결과처럼 시간이 지남에 따라 수정된다. 현재 대부분의 LCA는 2D를 사용하여 설계되고 재료, 건물 정보를 수동 입력하는 방식으로 이루어진다. 이러한 방식은 시간이 오래 걸리고 설계시공단계 후반부나 완공된 후에 행해진다. BIM은 설계시 LCA소프트웨어와 데이터를 손쉽게 통합하여 설계자와 엔지니어에게 제공한다. BSLCA(건물 서비스 생애주기 분석)은 이러한 고도의 통합된 소프트웨어 패키지이다(그림 9-8-8참조). BSLCA는 3차원 모델을 통한 재료의 정보와 건물서비스 설계 데이터베이스를 통한 시스템 정보, 상업시설 HVAC-CAD 소프트웨어를 통한 덕트와 파이프의 정보를 건물에너지 시뮬레이션을 통한 에너지소비 정보와 서로 연계시켜 준다(Laine et al. 2001). BSLCA는 건물모델의 여러 상세수준을 구현할 수 있는 소프트웨어를 필요로 한다. SMOG가 그 예이며 이것은 공간과 건물사용성 등을 측정하는 공간모델링 패키지 소프트웨어이자, 건물서비스 전체를 다룰 수 있는 BSLCA의 데이터베이스 구조와 연계시켜 주는 시스템 설계 소프트웨어이며 그 영역은: HVAC, 전기, 건물자동화, 주방, 병원 장비 등의 건물서비스를 포함한다. 또한 시스템 설계 소프트웨어는 프로젝트 엔지니어가 설계 업무시 매일 매일의 기술적 정보를 건물서비스 데이터베이스에 저장하는데 사용하고 있다. 기술적 정보에는 전기, 파이프, 덕트 배치에 대한 자료 등이 있다. 이러한 건물정보 데이터베이스는 건물운영단계에서 시설물관리 시스템에 필요한 기본데이터를 형성한다. Riuska는 난방, 냉방, 내부 장비와 조명비용을 생성하는데 사용된다. BSLCA에서 요구되는 필요 값들은 글로벌 평가에 의해 만들어진 LCA 패키지와 다른 패키지로 구조화된 다양한 외부 소프트웨어로 생성될 수 있다. 헬싱키 음악센터 설계팀은 프로젝트를 위해 세워놓은 기준과 비교하는데 BSCLA를 사용하였다:

1. 기준설계는 일반적이지만 모범적인 유형의 프로젝트에 대한 가정을 하고 유사한 공법을 사용하였다. 종합 에너지소비량 114kWh/m2a; 음악센터는 그림 9-8-5와 같이 에너지소비량 105kWh/m2a를 목표로 설계하였다.
2. 두 번째 시나리오는 정해놓은 목표를 달성하기 위하여 더 많은 비용이 들지만 시공단계에서 열효율이 더 뛰어난 재료를 사용하여 건물운영에 있어 에너지소비량을 줄이는 것이다. 생애주기분석은 에너지소비가 건물 시공과 운영단계 사이에서 조화를 이룰 수 있는 효율적인 방법이다.

그림 9-8-9의 50년 주기 생애주기 결과를 통해서 볼 수 있듯이 두 설계구성은 유사한 주기 에너지소비를 갖고 있으며, 두 번째 시나리오가 보다 친환경적이다.

9.8.9 고품질의 실내 환경 설계를 위한 CFD 시뮬레이션

전산유체 역학(CFD)은 가장 적합한 공기흐름 모델링 방법으로 동시에 건물과 주변 공기, 열전달, 그리고 오염물질 유입을 예측할 수 있다. 이러한 측면은 건물 HVAC 설계자, 건축 컨설턴트 및 연구원들이 중요하게 생각하는 열쾌적, 실내공기질(IAQ), 빌딩시스템의 에너지효율 수준평가를 가능하게 한다. CFD의 이상적인 사용방법은 설계주기를 세분화하여 최종 설계를 이르기까지 공동작업을 지원하는 것이다. CFD는 증명이나 확인도구로서 뿐만 아니라 디자인의 형성과정에 영향을 미칠 수 있다. 또한 현장계획, 자연환기설계, 대형 공간 HVAC 시스템 설계에 매우 유용하다. 그러나 전통적인 CFD 시뮬레이션 소프트웨어는 이용자가 사용하기 어렵고 복잡하며 비용이 많이 들어 전문가의 도움을 필요로 한다. 그러나 BIM은 광범위한 작업을 분할하여 일반 디자이너들도 CFD 시뮬레이션에 대한 접근이 가능하다.

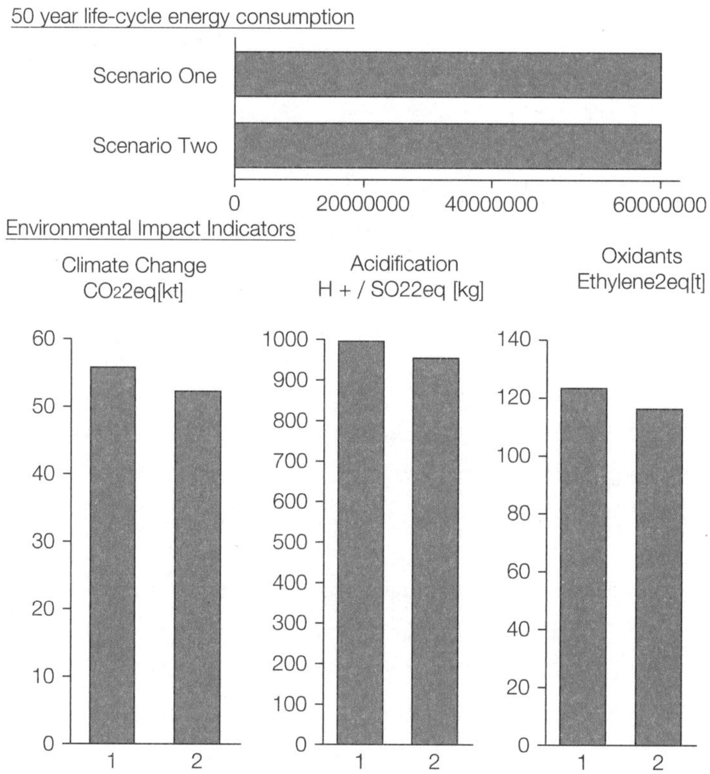

그림 9-8-9
두 설계대안의 비교를 위한 LCA분석

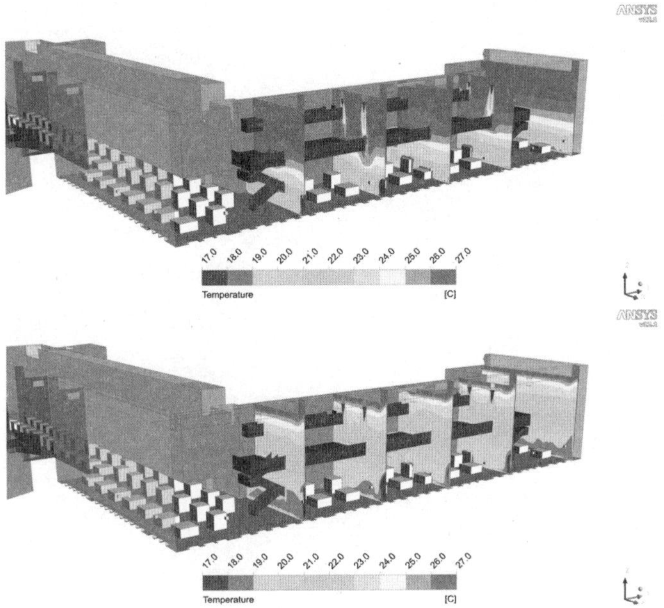

그림 9-8-10
로비지역의 공기온도 분포. 23도 미만의 쾌적지역은 모든 생활공간을 포함하도록 확장되었다(삽입 컬러면 참고).

ANSYS CFX는 프로젝트의 CFD 분석을 위해 사용된다. 보기: 이 소프트웨어는 다음 세 가지 모듈로 구성되어 있다(www.ansys.com/products/fluid-dynamics/cfx/).

- 전처리 프로세서 (형상, 컴퓨팅 모델)
- 해석 (컴퓨팅)
- 후처리 프로세서 (시각화)

소프트웨어는 Granlund의 BSPro 미들웨어(Karola et al. 2002)와 통합되어 IFC 형식으로 건물의 3D 모델의 기하학 정보를 읽을 수 있다. 이 후 소프트웨어는 컴퓨팅 모델, 경계조건 및 네트워크를 결정하게 된다. 이를 위한 계산이 수행되며 그 결과는 후처리 프로세서에 의해서 구현되고 시각화된다.

본 프로젝트에서는 CFD는 HVAC 시스템 디자인을 평가하기 위해 사용되었다. DOE2.1 같은 냉난방 부하계산 소프트웨어는 균일한 형태로 공간의 온도분포를 가정하는 결정 네트워크의 문제를 해결해준다. 그러나, 이 건물의 로비와 같은 대형 오픈공간에 있어서 이러한 가정은 이렇게 큰 HVAC 시스템을 필요로 하는 결과를 발생하게 된다. 그것은 과도한 에너지를 소비할 뿐만 아니라 사용자에게 불편함도 제공한다. 그림 9-8-10 및 9-8-11은 로비에서의 공기온도와 속도분포의 “전” “후”를 보여준다.(수직섹션은 공기흐름 변화와 분할되지 않은 열린 공간을 보여준다) 그림 9-8-10에서, 초기설정은 상위레벨에서

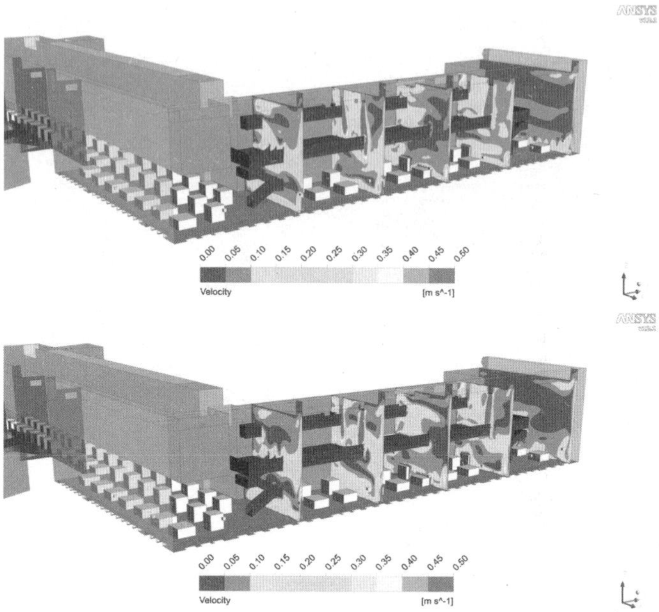

그림 9-8-11
로비 부분의 공기속도분포. 두 번째 분석결과는 부정적이지 않은 속도감소효과를 보여준다(삽입 컬러면 참고).

너무 열에 대해서 성층화되어 있음을 볼 수 있다. 변경된 설계에서 인간이 차지하는 영역은 비교적 균일하고 23℃(73.4℉) 이하이다. 그림 9-8-11에서 인간의 활동수준 내의 공기흐름은 일반적으로 0.25m/s 이하이며, 불쾌감의 요인이 되지 않는다. CFD 시뮬레이션은 HVAC 시스템을 최적화하기 위해 사용되었다. 그림 9-8-11에서는 로비에서의 HVAC 시스템이 공기흐름 분포에 영향을 미치며 동시에 해석된 정보를 이용하여 20% 이상의 감소가 가능함을 보여준다.

9.8.10 설계품질 및 생산성 향상을 위한 BIM

HVAC 및 스프링클러 네트워크 모델링

MEP 시스템 설계의 사용을 위한 LCC 분석 및 CFD의 결과는 MagiCAD 모델에 입력되었다; 에너지와 쾌적 시뮬레이션은 IFC를 통해 전송되었다(그림 9-8-12 참조). MagiCAD는 HVAC, 배관, 수도, 스프링클러, 전기 시스템(Progman 2010)을 포함하는 서비스 설계 구축을 위한 AutoCAD 기반응용프로그램을 사용한다. 그것은 크기조정, 조정, 관로 경로 시험, 음향 및 재료일람표 작성에 대한 계산 기능을 가진 완전한 2D 및 3D 응용 프로그램이다. MagiCAD는 IFC로부터 데이터를 읽고 쓰기 때문에 기계엔지니어는 설계모델의 IFC 파일을 가져오고 내보낼 수 있으며 기하학적, 기술적 데이터를 완성할 수 있다.

그림 9-8-12 MagiCAD에서 HVAC 및 스프링클러 네트워크 모델.

MagiCAD는 다음과 같은 목적을 위해 헬싱키음악센터 프로젝트에서 사용되었다:

- 네트워크 조정
- 압력계산
- 사운드계산
- 실제제품 데이터
- 재료일람표
- IFC 외부로 보내기
- 통과경로를 위한 공간정의

간섭확인을 위한 통합 모델

MEP 디자이너는 MEP 시스템의 간섭을 확인한다. 그 후, 오류를 감지하는 테

그림 9-8-13
배치와 간섭방지를 위한 결합모델

클라 스트럭쳐(Tekla Structures) 모델에 대해 검사하게 된다. 매직캐드(MagiCAD)로 작업하는 전기공학자 및 HVAC 엔지니어들은 환기, 배관, 전기설치시 언제든지 발생할 수 있는 간섭을 대조검토 할 수 있다. 매직캐드(MagiCAD)는 무형의 개체와 그것을 전달하는 구조 모델을 구현할 수 있고, 테클라의 경우에는 구조 모델에 개구부를 만들 수 있다. 또한, 내비스웍스(Navisworks)는 시각적 확인을 위해 사용되고, 솔리브리(Solibri)는 모델점검/확인(평면도 구역, 모든 시스템 사이의 간섭)을 위해 사용된다. 다른 검사도구와 마찬가지로, 솔리브리(Solibri)는 오류를 보고하고 오류이미지를 보여준다. 이미지는 추후 검토를 위한 PDF파일로 전송할 수 있다(그림 9-8-13 참조).

9.8.11 BIM 흐름과 정보처리 상호운용관련 이슈들

시뮬레이션 도구와 고급분석을 한 결과, 건물 설계과정의 여러 단계에서 가장 큰 제약은 건축 기하학데이터와 같은 수동데이터 입력에서 시간이 많이 소요된다는 것이다. 그러나 계속되는 IFC 표준의 발전은 설계 소프트웨어의 정보처리 상호 운용성을 확보하기 위한 새로운 가능성들을 만들어내고 있다. 이 프로젝트에서 IFC는 개방 데이터전송을 위한 자료저장소로 사용되었다. Olof Granlund Oy는 기계시스템 설계 및 분석을 위한 IFC의 뷰를 관리하기 위해 로렌스 버클리 랩(Laurance Berkeley Labs), MIT, 홀튼그룹(Halton Group)이 공동으로 BSPro Com-Sever와 미들웨어도구를 개발하였다. 이 도구를 사용함으로써,

소프트웨어 개발자들은 적절한 노력으로 IFC와 호환이 가능해졌다(9-8-14 그림 참고). 이 도구는 BSLCA, Riuska, HagiCAD등에 정보입력을 제공하였다.

9.8.12 결론 그리고 교훈

헬싱키음악센터 프로젝트는 BIM 기술의 응용프로그램들에 몇 가지 교훈을 준다.

Riuska는 에너지 분석이 설계를 어떻게 지원하는지 보여준다. 그것은 기하학 데이터를 건축 소프트웨어로부터 열 시뮬레이션 기하학모델에 전송하고, 두 모델들 사이에 일관성을 제공한다. 이것은 커튼월 시스템에서 두 종류의 유리에 대한 에너지 성능평가를 시뮬레이션으로 보여줬다. 생애주기분석은 설계 대안들의 환경적인 영향을 비교를 위해 쓰였다. 생애주기분석은 설계적 측면의 의사결정에 더 중요한 역할을 할 것이다. BIM은 건축모델로부터 축출된 생애주기분석에서 중요한 재료와 에너지의 사용에 관한 정보를 제공한다.

전산유체역학(CFD) 시뮬레이션은 복잡하며 시간소비, 고비용으로 전문가들의 개입이 필요한 것으로 잘 알려져 있다. BIM은 많은 양의 작업을 분할하고 CFD 시뮬레이션에 일반설계자들이 접근할 수 있게 한다. CFD 시뮬레이션을 사용함으로써, 로비의 HVAC 시스템 부하를 20%까지 줄여 준다.

분석 및 시뮬레이션 도구와 일반적인 IFC 모델 뷰와 전처리기(BSPro)를 통합함으로써, Olaf Ganlund는 업무범위의 통합을 통하여 빌딩평가를 적절한 노력으로 효율적인 훌륭한 결과를 도출할 수 있었다. BIM을 사용함으로써, 에너지 시뮬레이션의 결과, 생애주기비용 분석, CFD를 MEP 시스템설계에 사용하는 것이 가능하였다. 전기기술자와 HVAC 기술자는 통풍, 배관, 전기설치 사이에 언제든지 발생할 수 있는 간섭을 대조검토하기 위하여 MagiCAD로 작업을 하였고, 실제 많은 도움이 되었다.

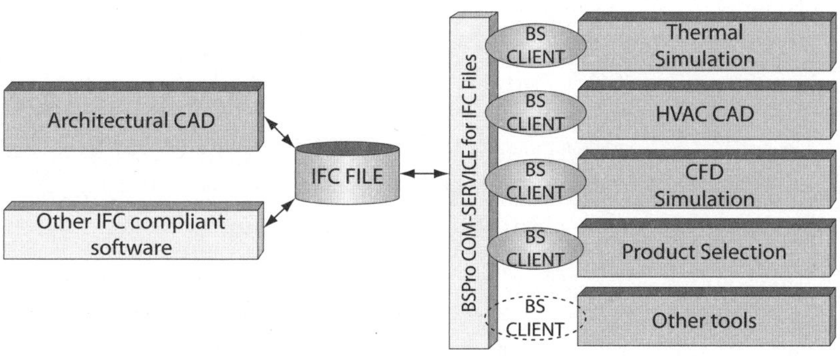

그림 9-8-13
IFC파일들을 위한 BSPro COM-Server

감사의 글

이 사례연구는 원래 Yuming Sun과 Ameeta Dalvi가 2010년 봄 Chuck Eastman 교수가 조지아공대에서 가르친 수업을 위해 작성한 것으로, 이 책에 재편집하여 사용한 것이다. 저자들은 이 연구를 위하여 Granlund Oy(Tero Jarvinen), Tuomas Laine(Reijo Hanninen), Sami Lestinen, 그리고 핀란드 헬싱키 Gravicon Ltd의 Tomi Henttinen이 준 도움에 감사 드린다. 저자들은 또한 이 작업의 출판을 지원한 핀란드 헬싱키의 세니트 프로퍼티스(Senate Properties)에게 감사드린다.

9.9 힐우드 상업시설 프로젝트

개산견적을 위한 BIM

9.9.0 개요

본 사례연구는 BIM이 프로젝트 초기 진행과정 및 개념설계와 기본설계단계에서 개산견적을 지원할 수 있음을 보여준다. 디자인 빌드회사인 벡그룹(Beck Group)은 파라메트릭 모델을 이용하여 프로세스 초기에 건축주에게 다양한 설계 대안들과 그에 따른 공사비 변화를 보여주었다. 본 사례는 이러한 초기계산견적에서의 BIM 활용이 어떻게 건축주와 디자인빌드 팀이 많은 대안을 검토할 수 있도록 하고, 궁극적으로 건축프로그램과 공사비 측면에서 전반적으로 어떻게 설계의 품질을 향상시키는 데 기여했는지 소개한다.

본 프로젝트는 현재 사무실, 소매시설과 다른 몇몇 건물들로 이루어진 빅토리아 공원개발프로젝트(www.victorypark.com)를 위해 준비 중인 텍사스 주에 위치한 댈러스 시내의 빅토리아지역 내의 오래된 철도 부지에 위치하고 있다(그림 9-9-1 참조). 건축주이자 시행사인 힐우드개발(Hillwood Development)은 소매시설과 사무실공간을 임대할 계획이다. 프로젝트는 2006년 8월초에 벡그룹과 설계용역을 일괄총액(lump-sum) 방식으로 계약하면서 시작되었다. 2007년 3월에는, 프로젝트가 계획 설계 단계였고, 임대에 대한 논의가 진행 중이었다. 본 사례연구는 개산견적이 진행되었던 2달간의 계획 설계 단계에 초점을 맞추고 있다.

본 프로젝트는 6층 건물로, 약 6500m²(1.6 에이커)의 대지에 놓인 연면적 12,830m²(135,000sf)의 업무 및 소매시설이다. 이 대지는 대지 형태 때문에 자동차와 보행자의 통행에 제약이 있었으며, 접근성을 개선할 필요가 있었다

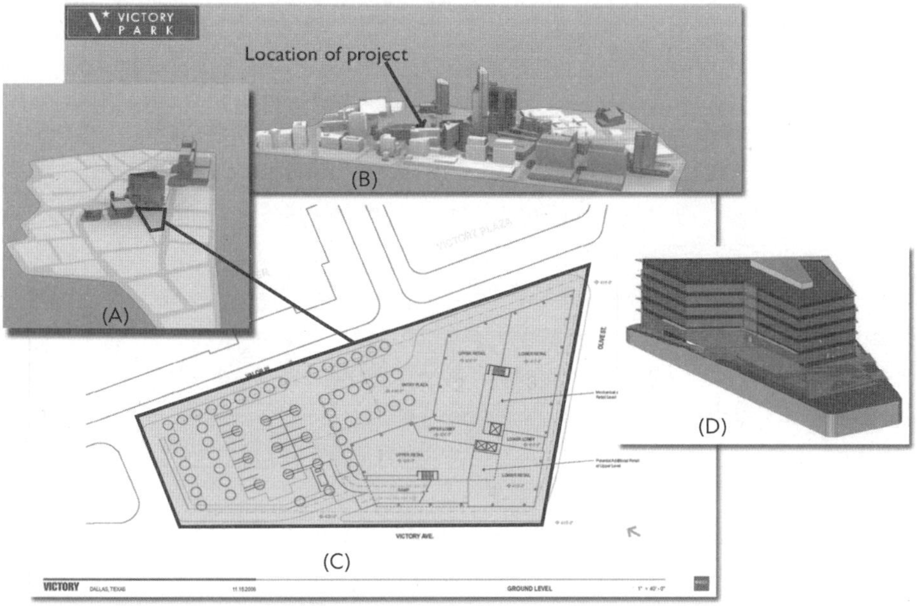

그림 9-9-1
프로젝트대지
A) 3D 대지렌더링, B) 빅토리 프로젝트의 3D 렌더링, C) 오토캐드 2D 평면도, D) 건물의 3D 개념 렌더링

(그림 9-9-1 참조). 벡그룹은 주로 반복고객을 대상으로 상업시설을 건설하는 회사이며, 자체적인 소프트웨어를 활용한 개산견적 서비스 등을 제공한다.

9.9.1 개산견적절차

벡그룹은 회사의 기본적인 설계용역 중 하나로 개산견적을 제공한다. 텍사스주 댈러스에 기반을 둔 이 회사는 설계와 시공프로세스에 파라메트릭 기반 CAD를 활용하는데 있어서 앞서 있는 첨단디자인빌드회사이다. 벡그룹은 맞춤설계서비스를 제공하기 위해 PTC(Parametric Technology Corporation)로부터 2000년에 지적재산권을 획득하였다. 이러한 기술을 강화하고 맞춤화에 전념하는 소규모의 전담팀을 구성하여, 디자인빌드에 대한 자신들의 전문기술과 PTC의 기술

표 9-9-1 프로젝트 개요

시행:	Hillwood
설계:	Beck Group
대지면적:	6500㎡(1.6 에이커)
사무공간 ce Space:	10,725㎡ (115,439sf)
소매시설:	2110㎡ (22,712sf)
주차공간:	81
층수	6

을 통합할 수 있었다. 이러한 노력의 초기, 다양한 설계 대안들을 신속히 검토하는 기술에 초점을 맞추었다.

본 프로젝트에서 벡그룹은 개념설계(conceptual design)에 대한 발주처의 승인을 얻은 즉시 계획 설계(schematic design) 단계 전부터 디지털모델링을 시작하였다. 벡그룹의 건축설계팀은 개산견적 모델을 개발하여, 여러 번 설계가 수정되는 동안 각 대안의 특징에 따라 변화하는 공사비 견적을 내고 검토하였다. 반복적인 프로세스는 설계대안의 탐색, 견적계산, 그리고 건축주에게 발표하는 것 등을 포함한다. 참여자들은 대부분 벡그룹의 건축가들과 시공성문제, 견적과 시공전 서비스(preconstruction service)에 대한 조언을 해줄 수 있는 시공프로젝트 관리자들이었다. 벡그룹은 디자인빌드회사이기 때문에 회사 내부 인력의 지식을 활용할 수 있었다. 양팀의 구성원들은 다양한 분야의 협력을 통하여 이익을 얻었다.

9.9.2 개산견적을 지원하기 위한 BIM 기술의 개요

디지털설계 모델로부터 정확한 견적을 산출하기 위해 사용한 핵심적인 도구는 디프로파일러(DProfiler)라는 BIM 기반 솔루션이다. 디프로파일러는 구체적인 속성, 파라메트릭 변수, 그리고 파라메트릭 구성요소를 활용한 맞춤설계를 기반으로 팀이 설계를 신속하게 생성할 수 있도록 해주는 3차원 파라메트릭 BIM 도구이다. 다른 BIM 도구와 비교했을 때, 디프로파일러의 강점은 비용정보가 연결되어 있다는 점이다.

설계자는 건물라이브러리를 이용하여 디지털모델을 만들면서 실시간으로 견적정보를 검토하는 것이 가능하다. 각각의 라이브러리 항목들은 데이터베이스의 견적항목별 비용과 연결되어 있다. 디프로파일러 소프트웨어 패키지는 RSMeans(알에스민즈) 견적데이터와 통합되어 여기에는 18,000개의 조립과 180,000개 이상의 개별품목을 포함한다. RSMeans는 리드 건설데이터(Reed Construction Data)(자세한 정보는 www.rsmeans.com 참조)에서 제공하는 시공비용 데이터베이스이다. 이러한 기능은 팀이 특정형태와 설계 대안을 빠르게 검토할 수 있도록 해주고, 건축주와 설계자들이 실시간으로 작업할 수 있도록 해준다. 벡그룹의 경험에 따르면, 디프로파일러를 이용한 디지털 견적프로세스의 경우 전통적인 수작업기반의 기존의 견적과 비교하여 볼 때, 92%의 시간이 절약가능하면서도, 유사 프로젝트의 수작업 견적값과 1% 차이밖에 보이지 않았다. 결론적으로 설계팀은 잠재적으로 훨씬 더 적은 시간에 보다 정확하게 더 많은 시나리오를 탐색할 수 있는 기능을 얻었다. 이러한 혜택은 건축주에게 큰 의미가 있었다.

9.9.3 BIM 견적프로세스의 개요

설계팀이 최초의 개념모델을 개발하면 전담 모델러는 디프로파일러를 이용하

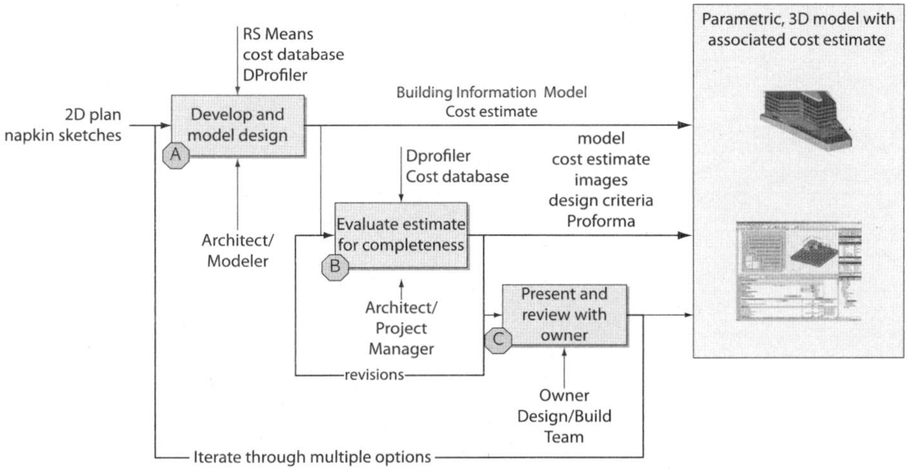

그림 9-9-2 DProfiler를 이용한 개산견적 작업흐름도
A) 파라메트릭 건물구성요소 그리고/혹은 프로젝트 템플릿을 이용한 설계 시나리오의 개발과 모델링, B) 숙련된 설계자와 프로젝트 매니저의 통찰력과 함께 RSMeans와 같은 견적 데이터베이스로부터 건물구성요소와 관련된 견적정보를 사용한 평가기반견적, C) 건축주와 디자인빌드 팀이 참여하는 견적이 포함된 설계대안의 발표와 검토. 이러한 전체 프로세스는 복수의 설계 시나리오에서도 수행될 수 있다.

여 각 구성요소별로 공사비가 연결된 파라메트릭 건물모델을 만든다(그림 9-9-2 참조). 첫 번째 중요한 단계는 프로젝트의 우편번호를 포함하여 프로젝트 정보를 입력하는 것이다. 이 단계는 지리적으로 비용차이를 고려할 수 있도록 한다(그림 9-9-3 참조). 그리고 모델러는 프로젝트와 가장 유사한 건물유형을 선택한다. 디프로파일러는 건물 유형에 따라 데이터베이스에 미리 정의된 파라미터를 바탕으로 프로젝트의 기본 값을 가정한다. 건물유형은 기본적으로 추가적인 건물구성요소를 연결하는 기본적인 로드맵이라고 할 수 있다. 예를 들어, 본 프로젝트는 본 프로젝트와 유사한 건물형태에서 많이 사용되는 현장치기 콘크리트와 슬래브 조립품으로 구성된 4~6층의 사무실건물을 위한 템플릿을 사용하였다. 반면에, 철골프레임으로 된 8~24층의 아파트타워는 철강부재를 포함할 것이다.

이러한 템플릿은 벡그룹의 데이터와 건설경험을 기초로 만들어졌으며, 추가적으로 23개의프로젝트 템플릿을 더 보유하고 있다. 각 팀이 설계하고 건설하려는 시설물의 종류에 따라 기존 템플릿을 수정하거나 개발할 수 있다.

그리고 나서 모델러는 초기계획안에 따라 선택한 템플릿의 건물요소들을 사용하여 프로젝트 대지와 건물을 배치할 수 있다. 모델러는 2D 평면을 불러들여, 바탕에 깔아 사용할 수 있다. 모델러가 대지 혹은 건물매스를 만드는 동안, 그림 9-9-3과 같이 요약정보가 실시간으로 업데이트된다.

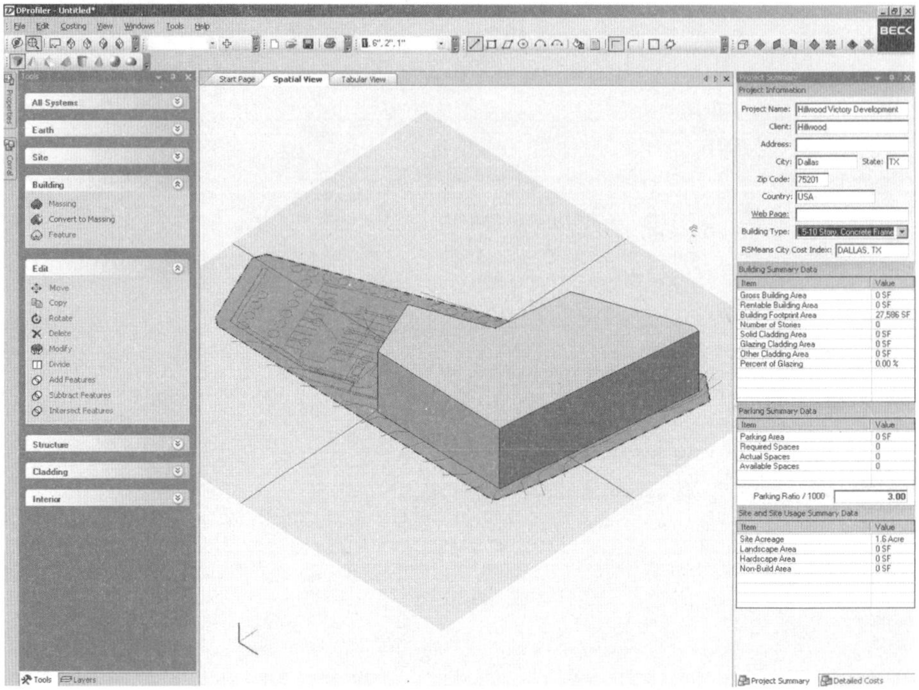

그림 9-9-3
프로젝트 정보, 건물요약 데이터, 주차요약 데이터, 대지와 대지이용 요약데이터, 모델설계에 대한 실시간 견적가격을 보여주는 디프로파일러의 스냅샷 견적은 전체비용 및 면적당 비용과 더불어 UniFormat Level I 과 Level II 의 세부비용으로 나누어서 볼 수 있다. 또한, 16 CSI(Con struction Specifica tion Institute)를 사용하여 비용을 구성할 수도 있다.

각각의 구성요소 또는 조립품은 데이터베이스의 품목비용과 연결되어 있다. 모델러가 모델에 상세를 추가함으로써 그림 9-3-3과 같이 견적가격이 실시간으로 업데이트 되고, 모델러는 견적정보를 검토할 수 있다. 이 경우, 각 품목은 RSMeans 견적데이터정보와 연결되고, 개별품목이나 조립품목을 만드는 것도 역시 가능하다.

이러한 비용에는 그래픽하게 표시되지 않는 건물구성요소들 뿐만 아니라 모델의 구성요소로부터 파라미터를 추출하는 규칙을 포함하는 개별품목들도 포함한다. 예를 들어 슬래브 조립품을 산정할 때는 바닥면적 230㎡(2,500sf)마다 소화기와 소화전의 개수도 포함하여 계산하는 규칙을 포함된다.

추가적으로, 개별품목들은 프로젝트면적과 같은 모델 파라미터들과 결합될 수 있다. 이러한 종류의 변수는 일시적인 서비스 또는 구체적이지 않은 건축품목과 연계된 비용을 계산하는데 사용된다. 모델링 과정동안, 모델러는 그림 9-9-4에서 보는 바와 같이, 3D 모델보기와 상세비용 보기를 할 수 있다.

설계 및 시공팀은 이러한 품목을 찾아내고 이들을 어떻게 견적템플릿, 구성요소 또는 조립품 내로 통합할 지 판단하기 위해 반드시 함께 공동작업해야 한다.

모델링 프로세스는 일반적이지 않거나 특별한 구성요소를 표현하기 위하여 새로운 구성요소와 조립품을 만드는 것을 포함한다. 예를 들어, 이 프로젝트에

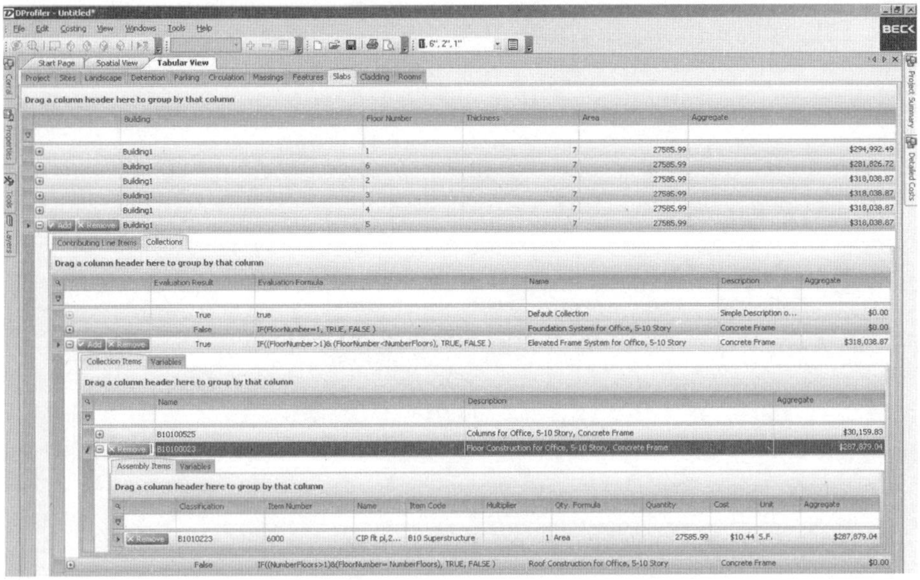

그림 9-9-4 구조체계와 정보를 보여주는 디프로파일러의 상세견적 스냅샷

표의 상단은 11개 모델구성요소의 탭이다. 이 탭들에서, Collections과 Assemblies는 각각 견적데이터베이스에서의 개별항목을 포함하고 있다. 위의 예에서 보면, 슬래브 탭이 선택되어 있으며, 5층의 Collections을 포함시키기 위해 5층 창이 열려 있다. Elevated Frame Assembly에 포함된 특별 항목을 보여주기 위해 Elevated Frame Assembly 탭도 선택되어 열려 있다.

서 차양구성요소는 새로 만들어졌다. 이 과정은 형태를 만드는 것 외에도 견적데이터베이스에 구성요소와 조립품을 추가하는 것을 포함한다.

모델이 만들어짐과 동시에 견적데이터베이스에 연결된 실시간 견적정보가 생성된다. 이러한 정보의 종류는 설계자에게 현재 설계 대안에 대한 견적비용을 제공하고, 설계의 특정부분의 비용적인 영향을 검토할 수 있도록 해준다.

9.9.4 평가된 설계 대안들

벡 디자인빌드팀은 초기설계 개념모델과 이에 대한 견적이 예산을 초과하여 건축주의 추정견적을 벗어나면, 여러 가지 시나리오수행을 위해서 디프로파일러를 사용하였다(그림 9-9-5). 팀은 층간높이변경, 바닥면적증감을 위한 층의 추가 또는 제거, 주차장 위치를 지하에서 지상으로 변경, 대지제약으로 인해 비효율적으로 설계된 현재의 평면과 비교하여 네모에 가까운, 잠재적으로 보다 효율적인 평면 형태로 변경했을 때의 비용상승분을 검토하는 등 다양한 견적대안을 평가하였다. 발생하는 비용상승분을 설계대안 중의 하나로 남향과 서향에서의 직접적인 일사를 차단하기 위해 시공시 비싼 메탈-패널차양을 설치하는 것 대신에 외부 창호시스템에 프린트 필름을 사용하였다. 그림 9-9-6의 A와 B는 이 두 가지 대안을 보여준다. 팀은 다양한 대안을 결합시키고, 건축주와

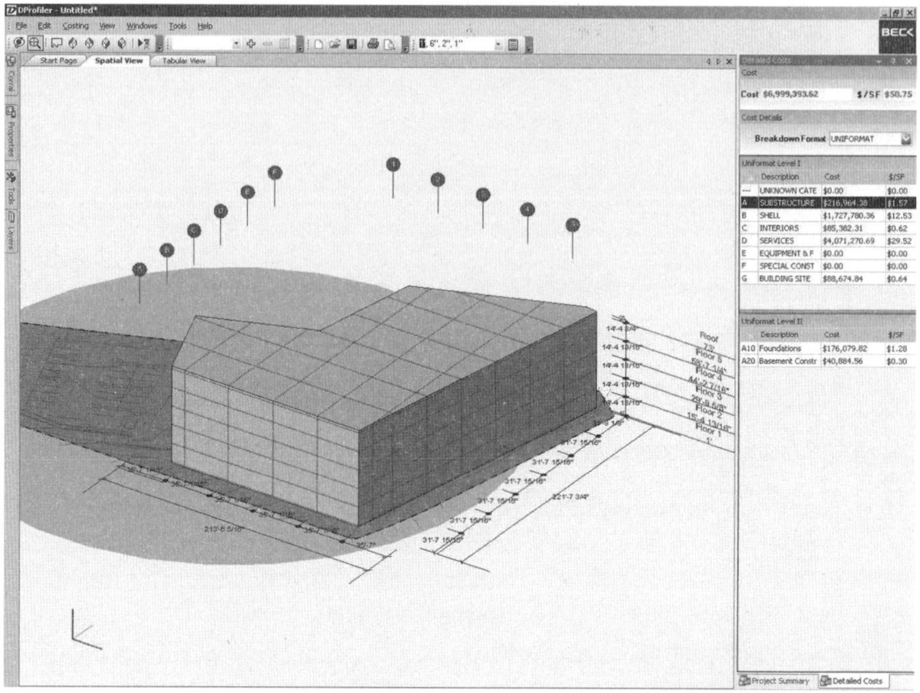

그림 9-9-5 프로젝트의 2D 공간뷰, 3D뷰, 관련견적 (왼쪽 위)과 비용상세 (오른쪽)을 보여주는 디프로파일러 시스템의 스크린샷

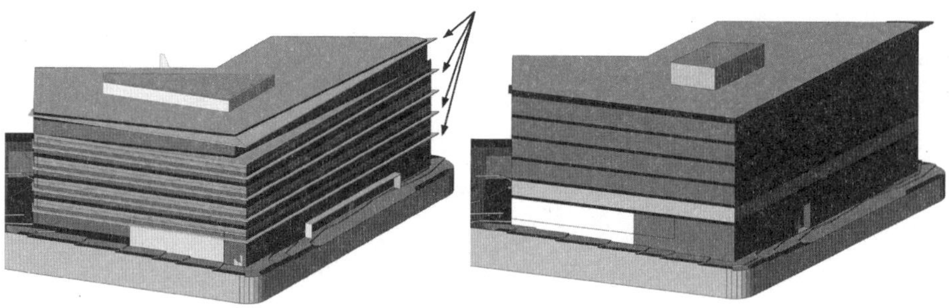

(A) (B)

그림 9-9-6 (A) 직사광선 차단을 위한 차양설계 대안모델, (B) 설계옵션으로 차양을 제거하고 프린트 필름을 사용한 모델

프린트 필름은 유리의 안쪽 면에 적용하여, 모델에서는 보이지 않는다.

이러한 정보를 검토하였다.

팀은 임대면적과 같은 설계변수를 건축주의 재정적인 추정재무제표(그림 9-9-5)에 직접 입력할 수 있었지만, 이 프로젝트에서는 그렇게 하지 않았다. 모델을 건축주의 추정재무제표에 직접 연결하는 것의 장점은 설계에 따라 시공비용과 운영수익 및 지출비용을 실시간으로 검토가능하다는 것이다. 건축주는 이러한 정보를 독점적 정보로 생각하지만, 실제 건물 파라미터를 바탕으로 설계 대안을 신속하게 평가할 수 있는 능력의 가치는 따질 수 없다. 디프로파일러 시스템은 모델변수들을 마이크로소프트 엑셀의 스프레드시트 변수와 식으로 연결할 수 있는 기능을 제공한다. 건축주의 추정재무제표에 직접연결 하는 대신에, 벡그룹 팀은 설계 대안을 평가하고 면적증가 및 감소가 어떻게 전체적인 결과에 영향을 미치는가를 알아보기 위하여 건축주의 입력 값에 기반을 둔 수정된 추정재무제표를 사용하였다. 이러한 기능에 대하여, 건축주는 "우리는 설계대안과 그 비용적 영향을 함께 모델링함으로써 시장에서 맞는 제품을 찾아낼 수 있었다. 잠재적인 거주자의 요구조건이 높다. 그들을 만족시키기 위해서는 최적의 건축물과 함께 그에 맞는 임대료를 제시해야 한다."

9.9.5 혜택들

개념설계 단계에서의 견적은 건축주와 설계팀에게 혜택을 가져다준다. 이러한 혜택들은 다음과 같다.

시공 전과 견적 중의 견적산출을 위한 노동시간 절감: 먼저 전형적인 평가 프로세스에서는 견적전문가와 경험 있는 시공프로젝트 관리자를 포함한 프리컨스트럭션팀 구성원의 참여를 요구한다. 디프로파일러를 이용하면, 설계팀의 경험으로 구성원들은 시공프로젝트 관리자의 지도와 정보에 따라 견적가를 산출할 수 있어, 견적팀의 협업을 위한 시간투입과 전체적인 노동시간이 감소된다. 전통적인 방법에서는 같은 물량에 대해 동일시간 내에 동일견적을 수행하기 위하여 적어도 한 명 이상의 인력이 더 필요하다. 두 번째로 디프로파일러는 단조로운 물량산정과정을 수행하여, 전통적인 방법에서 소요되는 시간을 상당히 줄일 수 있다.

실시간 정확한 견적: 파라메트릭 모델은 모든 품목을 포함하여 계산하므로 물량산정의 정확성을 보장하고, 잠재적인 견적오류를 줄일 수 있다. 공사비에 대한 신속한 피드백은 설계팀이 견적의 정확성을 평가하는 것보다 설계변경으로 인한 경제적 영향을 분석하는데 보다 중점을 둘 수 있도록 한다.

견적의 시각적 표현: 공사비 견적이 3D 모델에서 시각적으로 표현된다. 이러한 기능은 견적담당자의 부주의로 인한 잠재적인 오류나 누락을 줄여준다. 예를 들어, 전통적인 견적에서는 벽체외피의 견적은 표면적을 계산함으로써 산출한다. 만일 견적하는 사람이 전체 벽의 면적을 제대로 계산하지 못 했다면, 즉 벽의 일부분을 계산에서 누락했다면, 그 부분은 계산에서 포함되지 않을 것이다. 디프로파일러에서는 만일 모델러가 외피면적을 빠뜨렸다면, 3D 그래픽에서 그 부분이 시각적으로 표현된다. 다시 말하면, 슬래브 면적은 파라메트릭 값이어서, 모델의 형상에 기초하여 면적이 계산된다는 것을 의미한다. 즉, 슬래브가 그래픽하게 표현되기 때문에, 슬래브 형상을 시각적으로 보는 것이 가능하다. 견적 값이 모델의 물리적인 구성요소와

직접적으로 연결되어 있기 때문에, 비용과 연계되지 않은 구성요소를 모델에 포함하거나, 또는 그 반대로 모델에서 물리적 구성요소로 표현되지 않는 것을 견적 값에 포함하는 것은 불가능하다. 그 예로, 모델러가 2D 평면과 건물단면에서는 시각적으로 보이지 않았던 추가적인 면적을 발견하였다. 이와 관련하여 건축주는 다음과 같이 말하였다.

“이러한 소프트웨어를 사용함으로써 우리는 전체 프로젝트 비용에 대하여 우리가 필요했던 정보를 얻을 수 있으며, 동시에 그 비용이 의미하는 바를 시각적으로 볼 수 있었다.”

9.9.6 결론

초기 설계프로세스에서의 견적은 건축주와 디자인빌드 팀에 상당한 혜택을 제공한다. 본 사례연구는 하나의 조직이 건축주의 요구에 부합하고 보다 비용효과적인 설계를 제공하기 위하여 몇 년에 걸쳐 BIM 기술을 설계프로세스에 어떻게 적용해갔는지를 보여준다. 이러한 혜택을 얻기 위해서는 다음의 노력들이 요구된다.

- 디지털견적 프로세스 과정에 뛰어난 통찰력을 제공할 수 있는 경험이 풍부한 프로젝트 관리자와 설계자. 이러한 종류의 새로운 기술이 인공지능적인 면이 있고, 강력한 도구여서 젊고 경험이 적은 작업자도 생산적으로 일할 수 있게 할 것이라는 것은 오해이다. 본 사례연구는 이러한 도구를 현장경험이 풍부하고 기술과 지식이 있으며, 건축시공의 조립과정과 복잡성에 대한 이해가 있는 사람이 사용하는 것이 매우 중요하다는 것을 보여준다. 결과물의 효율과 품질을 얻기 위해서는 지적인 작업을 필요로 하는 경우가 많다.
- 초기프로세스 단계에서 소프트웨어에 대하여 작업인원을 적절히 교육시키기 위한 시간과 노력의 투자.
- 조직의 표준견적 절차에 맞는 데이터베이스 구축, 조직이 이러한 종류의 개산견적도구를 도입하려면, 모델변수, 파라미터, 그리고 모델구성요소의 속성을 모델링하기 위해 필요한 견적과 관련된 규정과 방법을 시스템 안에 집어넣기 위한 막대한 선투자가 필요하다. 이러한 선투자비용은 시간 경과되면 유사종류의 프로젝트 발전과 개발로 감소될 것이라 믿는다. 이러한 비용은 유니포맷(UniFormat)과 같은 산업계 포맷을 활용하여 모델구성요소와 견적항목을 연결하는 표준적인 절차의 개발이나, 견적데이터베이스 내의 항목을 쉽게 연계해줄 수 있는 맞춤형 속성의 개발을 포함한다.
- 견적정보의 평가와 분석을 위한 추정재무제표(Proforma) 템플릿 혹은 스프레드시트를 제공하기 위한 건축주나 발주자의 협조. 이러한 템플릿을 스

프레드시트와 연결하면 작업과정에서 하나의 절차가 줄고, 건축주에게 공사비만이 아닌 운영단계에서의 지출 및 수입에 대한 영향까지 포함하는 견적을 볼 수 있는 도구를 제공하게 된다.

감사의 글
저자는 본 사례연구를 위한 정보를 제공해주신 벡그룹의 브렌트 필그림(Brent Pilgrim), 스튜워트 캐롤(Stewart Carroll), 그리고 벳지 델 몬테(Betsy del Monte)에게 진심으로 감사드린다. 또한 사례연구에 조언과 지원을 해주신 힐우드의 부사장이신 켄 라이스(Ken Reese)에게 감사드린다. 본 사례연구에 사용된 모든 그림은 벡그룹과 힐우드 개발사에서 제공하였다.

9.10 미국 해안경비대의 BIM 활용

시나리오 계획과 시설물평가를 위한 BIM 적용사례

본 사례연구는 기획단계에서 BIM의 활용을 프로젝트 차원과 전사적인 차원으로 나누어 다루고, 시설물 관리에서의 BIM의 활용, 이렇게 총 세 가지 다룬다. 본 프로젝트들은 미국 해안경비대(the United States Coast Guard, 이하 USCG)가 웹기반의 서비스와 공개표준을 이용하여 전략적이고 전술적인 사업목표를 달성하기 위하여 BIM을 활용하려는 노력을 소개한다.

9.10.0 서론

USCG는 전미에 걸쳐 8,000여 개나 되는 건물과 대지를 소유 또는 임차의 형태로 계획, 설계, 건설, 그리고 운영하고 있다. USCG는 어느 프로젝트건 소유주, 임차인, 또는 설계팀으로 참여할 수 있다. 이렇게 USCG가 다양한 역할을 함으로써 BIM을 적용하고 토목본부(the Civil Engineering Division)의 프로세스를 리엔지니어링할 많은 기회가 생겼다.

2001년에 USCG는 SFCAM(Shore Facility Capital Asset Management) 로드맵의 기반기술로 BIM을 결정하였다. 이러한 결정은 LoGIC(물류지리정보센터: Logistic Geospatial Information Center)의 센터장인 Paul Harold에 의해 가능했다. David Hammond는 USCG SFCAM 로드맵수립을 이끌었으며, 팀원은 AECinfo systems, Inc., Onuma Inc., MACTEC, Standing Stone Consulting, 그리고 설계변경관리 전문그룹인 Tradewinds로 구성되어 있었다.

그림 9-10-1에 나와 있는 로드맵은 다양한 분야에 걸쳐 데이터와 지식을 수렴시키기 위한 하나의 큰 기획안으로써, 전략적 자산관리계획과 임무수행을

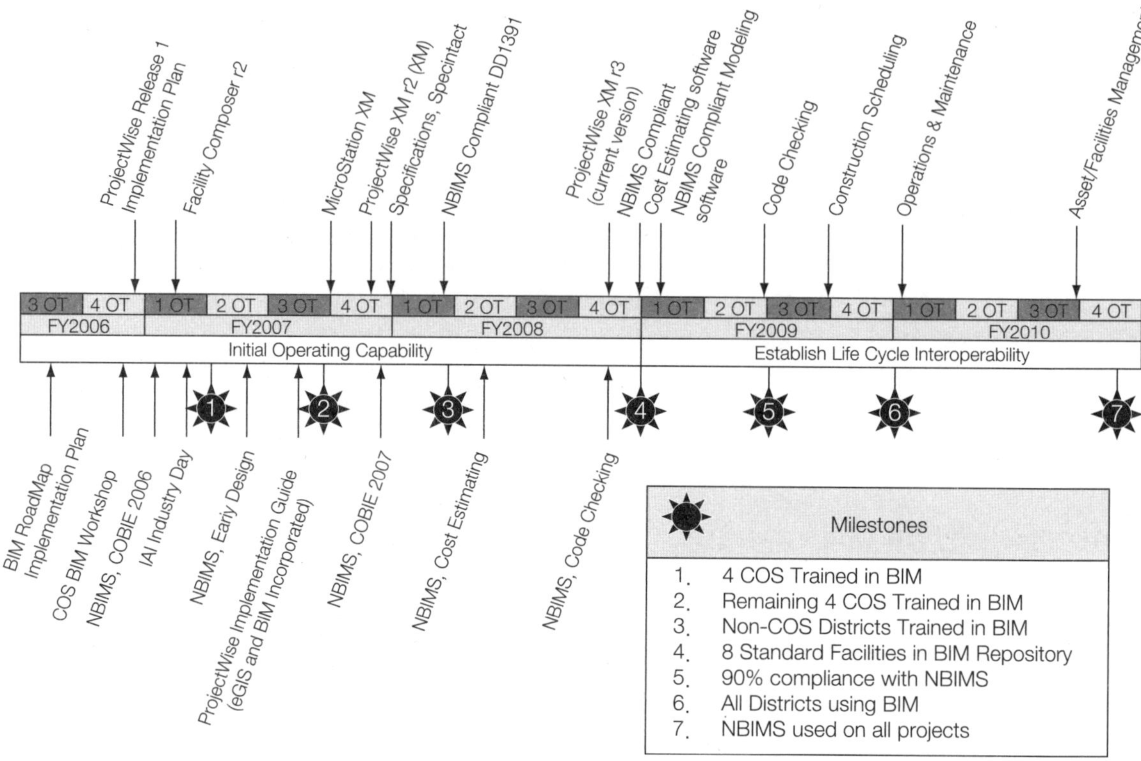

그림 9-10-1 국 해안경비대의 BIM 구현 로드맵과 상호정보호환성 목표

가능하도록 하는 의사결정을 위하여 USCG의 여러 기능적인 역할을 수행한다. 이 비전에 없어서는 안 될 중요한 개념은 '프로젝트의 생애주기 동안 생성되는 데이터와 지식을 획득하고 저장하는 프로세스가 효율적이고 지속가능한 설비 발주와 관리절차를 생성한다' 는 사실을 인지하고 있어야 하는 것이다. USCG에게 있어 업무와 관련한 의사결정은 초기계획, 설계, 시공, 시설관리, 그리고 철거에 이르기까지 매우 광범위하게 요구된다. 또한 해당 로드맵은 때로는 물리적인 설비보다 가치가 높은 기능운영에 관한 사항을 포함한 하위기관에 대한 정보를 관리하기 위한 요구사항을 정의한다. 동시에, BIM이나 관련기술을 구현하기 위한 어떠한 노력도 초기계획 단계에서부터의 방대한 자료와 의사결정 과정의 통합을 지향해야 하며, 이러한 결정이 핵심 업무 담당자와 그 궤를 같이 하도록 해야 한다.

그림 9-10-1은 앞서 언급한 USCG 로드맵과, BIM 구현과 관련하여 그들이 기획한 다양한 이정표들을 예제로써 나타내고 있다. 다음의 절에서는 본 로드맵의 범주 안에서 초기설계와 설비운영, 관리를 위해 BIM을 사용한 세 가지의 프로젝트에 대해 설명한다. 해당 프로젝트들에서 핵심이 되는 기술은 BIM

이다. 웹기술이나 GIS, 데이터베이스 등과 같은 여타 기술들은, 구체적인 프로젝트 요구사항을 이행하거나 USCG가 수립한 목표에 도달할 수 있도록 BIM을 중심으로 통합되었다. 프로젝트들은 BIM을 성공적으로 구현하고, 통합된 프로세스와 데이터 모델을 이루기 위한 변화과정에 중점을 두고 설명한다.

표 9-10-1은 세 가지 프로젝트의 참여사와 각각의 기본정보를 나타낸다.

9.10.1 설비 평가와 계획을 위한 BIM

USCG는 기존시설물과 임무(작전) 부속시설 그리고 사용 중인 공간 등의 현 상태를 끊임없이 평가하며, 평가표에 의해 현존시설물에 대한 현상을 유지하거나 리노베이션 또는 새로 건설할지에 대한 여부를 결정하는 등의 전사적 계획 및 분석을 수행한다. 전통적인 방식은 평가팀이 현존시설들의 평면도를 작성하여 2~3년마다 이 작업을 반복하는 것이었으며, 이러한 분석을 위한 노력은 중복되어 수행되었는데, 이는 일반적으로 평면도 또는 시설문서에 직접적으로 연관되지 않고 연결되지 않은 개별서류들을 이용하여 작업되었기 때문이다. USCG

표 9-10-1 미국 해안경비대의 협력사들과 협력업체

Project Name	Integrated Support Command (ISC) Alameda project	Sector Command Centers	Off-Cycle Crew Support Units (OCCSU)
Location:	Alameda site	35 sites	9 sites
Project Description:	Consolidate and integrate facility assessment information into a single data repository	Perform conceptual design of 35 sector command facilities and define requirements for those facilities	Perform multiple what-if scenarios for future projects related to installations of new boats, including operational, staffi ng, cost, and security analysis
Project Duration:	3 months Model of Alameda Island was created earlier by AEC info systems, Inc., Onuma, Inc.	6 months	5 months
BIM Application:	Facility assessment and asset management	Conceptual planning and requirement definition	Rapid conceptual planning and analysis
Key Participants:		USCG Headquarters - SFCAM Logistics Geospatial Integration Center USCG Headquarters, Civil Engineering CEU Oakland FD & CC Pacifi c Onuma, Inc. AECinfosystems, Inc. NexDSS, MACTEC Standing Stone Consulting, Inc.	

에게 있어서 이러한 종류의 업무는 그림 9-10-2의 시설평가 로드맵에 나타난 바와 같이 자료입력, 지식습득, 자료보고 등을 최적화하기 위해 BIM을 활용하여 보다 숙련된 방식으로 가능하게 되었다. 해당 로드맵은 평가정보를 획득하고 저장하기 위하여 BIM을 활용하는 이상적인 평가작업방식을 보여주고 있다.

시설물 평가시스템을 위한 요구사항

BIM을 기반으로 하나의 평가 프로세스를 구현하기 위한 핵심적인 사항은 시설물을 설계과정이든, 시공과정이든 또는 건설 후이든 한 번 모델링하여, 평가팀이 다음의 평가정보를 모델과 연동시킬 수 있어야 한다는 것이다:

- **시설물상태 지표**(facility condition index)는 건물의 지붕, 벽, 창문, 그리고 기타 시설물의 여러 부분에 대한 상태를 나타내는 목록표이다. 이러한 각 건물의 어떠한 요소나 특정 요소들의 집합(가령 특정한 빌딩시스템)은 0부터 100까지의 숫자로 그 값이 매겨지며, 0은 내구연한이 종료됐음을 뜻하고 100은 내구연한이 갓 시작된 새것으로 간주된다.
- **임무관련성 지표**(mission dependency index)는 USCG의 업무나 임무수행에 미치는 중요도의 정도에 따라 매겨진 값으로, 100의 값을 가진 시설물은 업무나 임무수행에 가장 높은 우선순위이며, 0의 경우는 업무관련한 가장 낮은 우선순위 시설로 분류된다.
- **공간활용도 지표**(space utilization index)는 실제공간의 USCG의 공간과 관련한 표준의 충족여부를 나타낸다. 값이 1.0이면 실제공간이 USCDG의 표준과 정확히 일치함을 뜻하며, 좀 작은 0.95와 좀 높은 1.15 사이의 오차값도 인정된다.

시간이 경유됨에 따라 시설물의 물리적인 형태나 용도 등이 변경될 수 있으나, 시스템은 자료의 지속적으로 수동갱신과 자동갱신을 지원하여야 한다. 일부평가 데이터는 인공지능 규칙이나 전사적 데이터 시스템과의 연동으로 보다 쉽게 갱신되거나 계산될 수도 있다. 하지만 이러한 데이터를 관리하는 사람들은 일반적으로 2D나 3D 캐드를 배운 사람들은 아니므로, 이러한 사람들이 많은 추가적인 교육 없이 데이터를 입력할 수 있도록 시스템 차원에서 지원해야 한다. 결론적으로, 시스템은 정보소통과 분석을 위하여 설계전문가에서 비전문가까지의 다양한 건축주를 아우를 수 있는 정보기록 기능을 필요로 한다.

시설물평가 시스템

USCG는 BIM기반 평가시스템을 개발하기 위해 오누마(Onuma) 그리고 AEC 인포시스템즈(AECinfosystems)와 계약하였다. 오누마와 AEC 인포시스템즈는 다양한 BIM 도구와 데이터베이스, 웹기반 프로그램 등에 숙련된 전문업체이며, 더

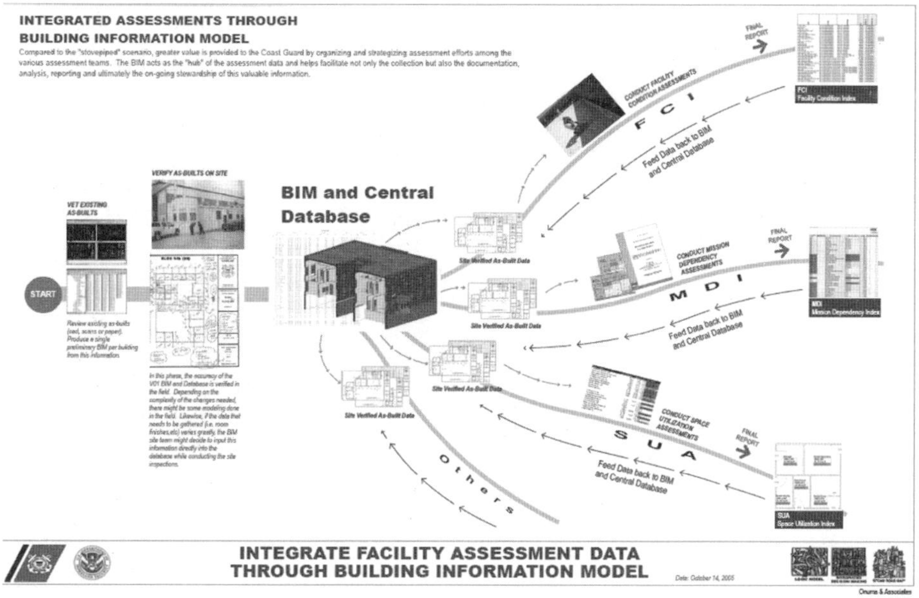

그림 9-10-2A
시설물평가를 위한 로드맵: BIM 데이터베이스를 기반으로 시설물평가를 지원하는 이상적인 프로세스 작업방식.

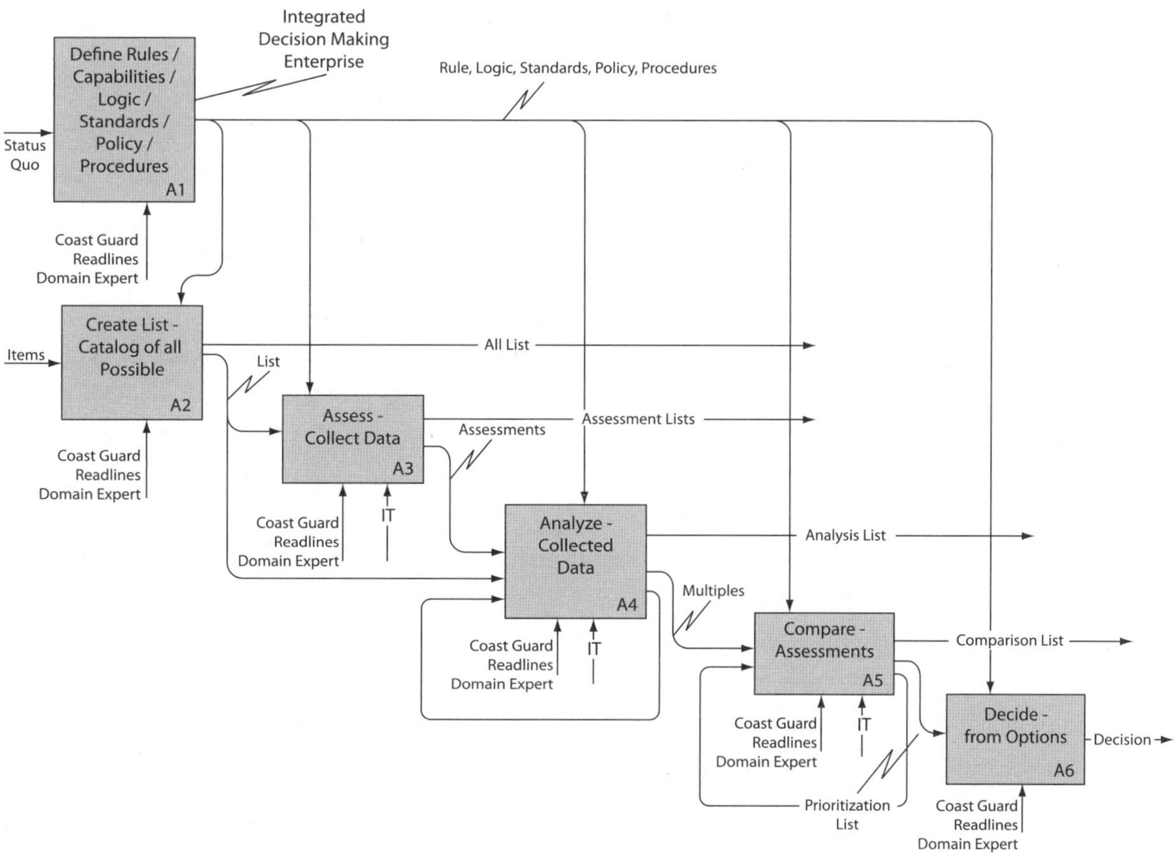

그림 9-10-2B
로드맵에 개략적으로 나타나 있는 평가 프로세스

구나 이들은 시설들을 모델링하고 함께 일하면서 교육도 시킬 수 있는 전문성을 가지고 있다. 두 회사 모두 USCG 조직에 익숙하며, 로드맵 개발에도 협력해왔다. 이 서비스 제공자들에게 하나의 도전과제는 USCG 계약에서 요구하는 업무 또는 프로젝트 중심의 작업이 가능하도록 해야 했다.

따라서 다양한 평가도구의 개발과 새로운 평가 프로세스의 구현과 교육이 여러 프로젝트에 걸쳐 이루어졌다. 그들은 이렇게 서로 이질적인 프로세스들을 통합하는 것이야말로, 프로젝트 성공핵심이라는 이해하고, 여러 프로젝트와 계약에 걸쳐 성공적으로 평가시스템을 개발하고 사용자요구에 맞추어 수정하였다.

현재의 BIM 도구들은 사용자정의 객체와 속성들을 정의할 수 있는 기능을 가지고 있다(2장 참조). 그러나 이러한 시스템들은 중앙 데이터베이스와 같이 기업시스템들 간 객체정보를 통합하고 웹을 통해 정보에 접근하는 것이 불가능하다. 이러한 결점을 보완하기 위해 오누마는 그들의 오누마 계획 시스템(ONUMA Planning System, 이하 OPS)을 보완하고 MySQL이나 아파치(Apache)같은 오픈소스 환경을 활용하여, BIM 기반설계 프로그램과 중앙 데이터베이스 간의 자료공유를 가능케 하는 웹기반 인터페이스를 구축하였다.

OPS가 시설물평가를 지원하기 위해서는 BIM 기반설계 프로그램(본 사례의 경우, 아키캐드(ArchiCAD)), 중앙모델저장소, 그리고 평가데이터를 입력하고 확인하기 위한 웹포털 이 세 요소를 연결하는 것이 핵심 사안이다. 시스템은 상호운용성과 통합을 지원하는 IFC와 XML과 같은 공개표준에 바탕을 두고 있다. 또한 마이크로소프트 엑셀(정보 입력과 보기)이나 구글 어스(지구상에서의 시각화)와 같이 해당 정보나 프로세스 작업방식에 없어서는 안 될 시스템들로의 인터페이스를 포함한다.

다양한 작업팀으로부터 얻어진 ISC 프로젝트의 시설정보데이터는 다음과 같다. 1) 기존 2D 도면, 2) 기존 아키캐드 건물모델, 3) 다양한 평가 팀에 의해 작성된 평가데이터, 4) 평가원들에 의한 현장데이터, 그리고 5) 아키캐드에서 생성된 새로운 데이터, 이들 중에서 가장 중요한 자료는 준공데이터이다. 준공공간(아키캐드의 구역(zone) 객체, 그리고 OPS의 공간(space) 객체)과 건물객체는 프로젝트 작업분할체계와 표준의 기준이 된다. 모든 객체에 ID(identifier, 식별자)가 할당되며, 이 객체 ID는 건물 ID와 결합될 때 고유한 ID가 된다. 프로젝트와 연관된 모든 데이터는 ID를 통해 반드시 핵심 건물객체와 연결이 되도록 하였다.

팀이 2층이나 3층을 모델링한 후, 중앙저장소와 모델서버의 역할을 하는 중앙 데이터베이스로 해당 데이터를 내보낸다. 데이터베이스는 각각 고유한 ID와 파라미터(예를 들면, 가변 치수)와 속성(그림 9-10-4에 나와 있는 평가목록과 같은)을 가진 다양한 건축객체를 생성한다. 건물 데이터가 데이터베이스에 저장되면, 작업팀은 그림 9-10-4에 나타난 바와 같이 웹 인터페이스를 이용하여 모델 데이터에 접근할 수 있으며 객체 파라미터들과 속성을 갱신할 수

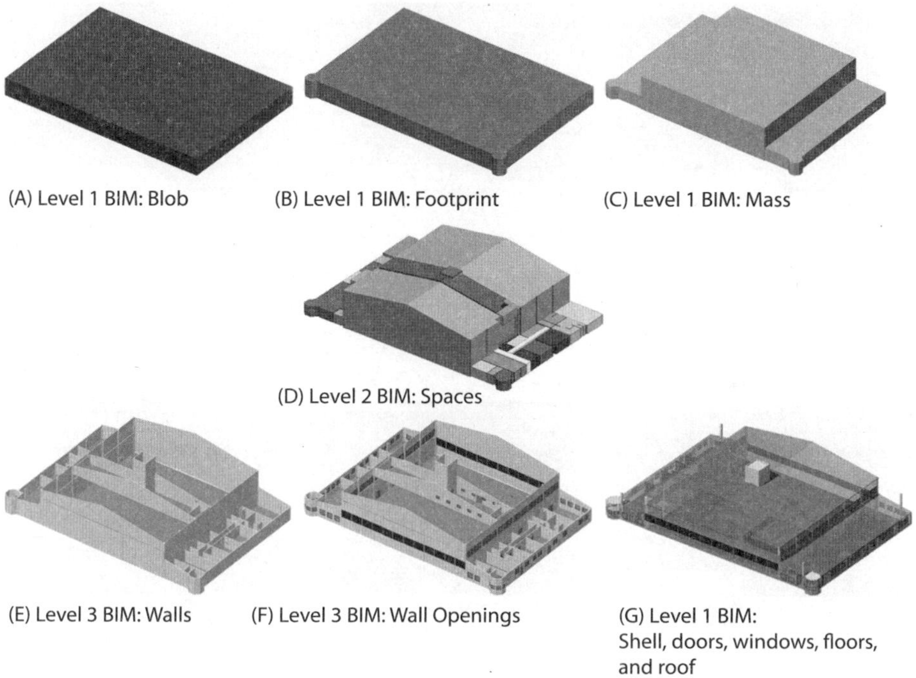

그림 9-10-3
건물정보모델에서 디테일 수준의 변화 단계

있다. 많은 속성의 경우 입력의 유효성을 보장하고, 오류를 줄이기 위하여 미리 정의된 값들에서 사용자가 선택하는 방식이 되도록 하였다. 소규모 프로젝트의 경우 수동정보입력이 가능하다. 예를 들면, 사용자가 공간 객체의 환경설정 창을 열고, 풀다운 메뉴(pull down menu)를 사용하여 어떻게 해당 공간이 사용되는지 확인한 후, 수작업으로 공간의 임무준비지수(mission readiness index)를 선택할 수 있다. 이 과정은 공간 객체뿐만 아니라 문, 창, 벽, 그리고 평가 객체에도 적용 가능하다. 많은 경우, 사용자가 각 객체의 여러 속성들을 조정해야만 한다.

대규모 프로젝트의 경우, 마이크로소프트 엑셀을 이용하면 데이터의 입력과 수정을 빨리 할 수 있다. 건물객체가 유효한 공간 ID와 속성 값을 가지고 있는 경우에만 엑셀데이터를 OPS 데이터베이스로 불러올 수 있다. OPS 작업방식은 작업팀이 표준 절차에 따를 수 있도록 하며, 데이터의 무결성을 유지할 수 있도록 해준다. 건물평가 데이터의 어떠한 뷰라도 해당 데이터베이스와 연동된다. 따라서 만일 작업팀이 추가적인 평가데이터 수정 후 아키캐드 건물모델을 불러왔다면, 해당 수정사항은 아키캐드 환경에 실시간으로 반영된다.

OPS 시스템의 다른 데이터 입력방법들은 큰 데이터의 입출력이나 편집도 지원한다. 평균적인 건물의 경우, 10,000여 개의 데이터나 객체 속성 값을 입력하거나 편집해야 하며, 각 데이터들은 지속적인 관리가 필요하다. 가령 하나의 현장이 10개의 시설물로 이루어진 경우, 평가프로세스 및 데이터를 관리는

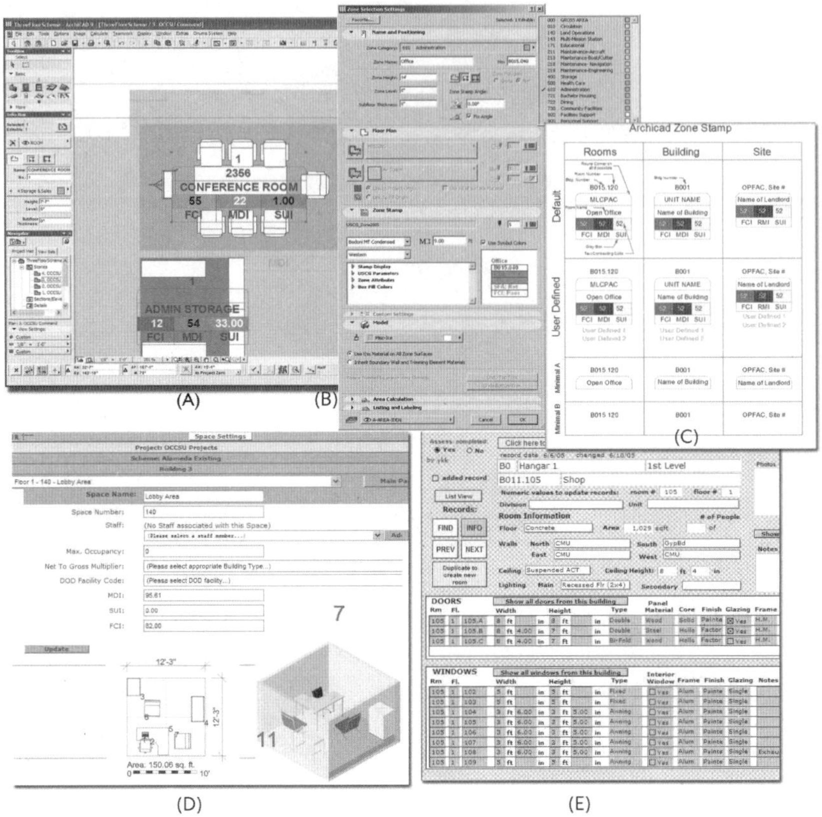

그림 9-10-4
OPS의 공간정보입력 인터페이스.
A) OPS에서 온 공간(구역) 데이터를 BIM 설계 프로그램에서 보여준 모습; B) ArchiCAD의 사용자 정의구역(zone) 객체를 지원하는 인터페이스; C) OPS의 데이터를 보여주기 위한 ArchiCAD의 사용자 정의 “룸 스탬프(room stamp)” 모습; D) OPS의 웹기반 공간 시각화 인터페이스; E) OPS에서의 각 실의 정보

매우 복잡해진다. 이처럼 OPS는 웹, 엑셀파일, 또는 BIM 기반환경을 경유하여 데이터를 수동이나 자동으로 입력하는 다양한 방법을 제공하며, BIM기반의 중앙모델서버를 관리한다.

ISC 프로젝트에서의 플래닝 시스템의 사용

USCG는 3천 3백만 평방피트(3,065,829m^2)가 넘는 시설물에 대한 문서작업과 평가 작업을 해야 했다. 작업팀(표 9-10-1의 프로젝트 팀 리스트 참조)은 로드맵의 목표를 테스트하기 위해 캘리포니아 알라메다(Alameda)의 코스트 가드섬(Coast Guard Island)에 있는 통합지원사령부(ISC Alameda: Integrated Support Command)를 위한 평가시스템을 개발하였다. OPS가 참여한 중규모의 개발작업은 다음과 같다.

- 35개 시설물의 공간, 벽, 문, 그리고 창에 대한 상세정보를 3단계 BIM 수준으로 문서화
- 시설물 객체에 평가데이터와 평가기준을 추가하는 작업
- 평가데이터의 갱신정보관리

기존 시설물들의 준공 문서들은 대부분 2D 캐드 도면으로 이루어져 있으며, 이를 기반으로 기존 시설물 데이터는 사용자정의 공간과 건물 객체, 사용자정의 USCG 객체, 그리고 ArchiCAD의 기본 객체들로 생성된다. 객체들은 다음과 같다:

- 배치계획
- 건물
- 실내벽
- 문과 창문
- 가구와 설비
- 각 객체의 평가데이터

그림 9-10-5는 건물모델의 사례와 해당 모델의 상세정도, 그리고 웹상에서 공간객체와 그에 속한 문, 창문, 파라미터, 그리고 속성들에 대한 데이터 뷰를 해당 공간의 평가 상태를 보여주고 있다.

여러 작업팀들이 평가정보를 입력했는데, 그 중 많은 사람들이 아키캐드 교육을 받은 것은 아니었다. 따라서 OPS의 웹 인터페이스를 통하여 사무실 또는 현장에서 간단하고 손쉽게 평가 데이터를 입력할 수 있도록 하였다. 예를 들면, 독성자재에 대한 지식은 각 평가에 있어 매우 중요한데, 현장에 있는 작업팀이 독성물질(납 성분 페인트, 석면 등)의 수치와 양, 위치, 바닥마감으로부터의 높이 그리고 여타 데이터들을 모델에 직접적으로 기록한다. 새로운 독성이라는

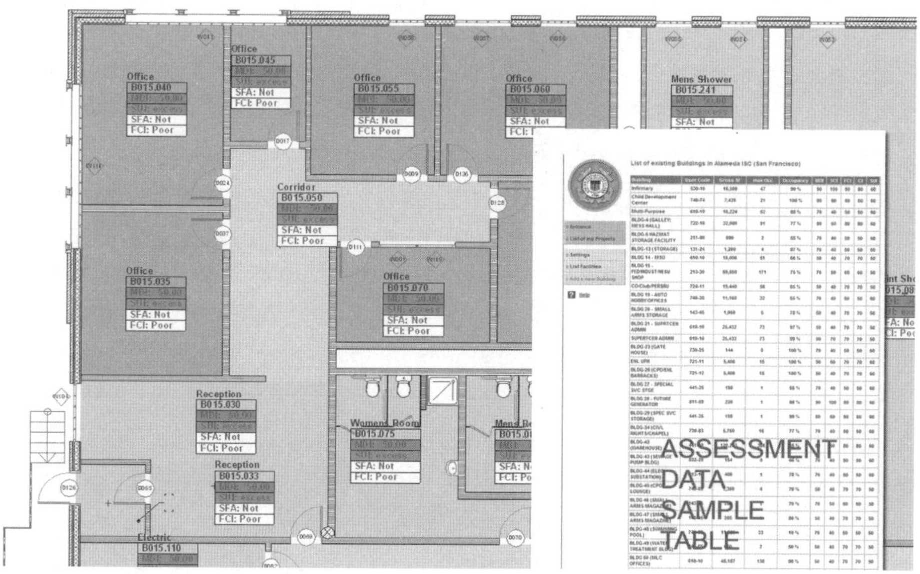

그림 9-10-5
공간에 할당된 평가값과 다양한 시설물데이터와 합쳐진 통합평가표를 나타내는 평면모습

HAZMAT SCHEDULE										
ID	2D Symbol	Condition Status	Degree of Condition	Quantity	Zone	Zone #	Height AFF	Length (A)	Width (B)	Area
10	10	Lead Paint	Minimal	1			4'	6'-8"	6'-8"	44.61
11	11	Asbestos	Medium	1			4'	5'-1"	4'-1"	20.74
11	11	Asbestos	Medium	1			4'	7'-1 1/2"	4'-5"	31.56
12	12	Item-3	Entirety	1			6'-10"	2'-5 1/2"	2'-1"	5 11
13	13	Lead Paint	Minimal	1	Room	127	3'			
14	14	Item-4	Minimal	1	Room	127	3'			
15	15	Lead Paint	Low	1	Room	127	7'			
16	16	Item-5	Low	1	Room	127	7'			
17	17	Asbestos	Low	1	Room	127	3'			
18	18	Asbestos	Low	1			3'			
19	19	Asbestos	Low	1			3'			

(A)

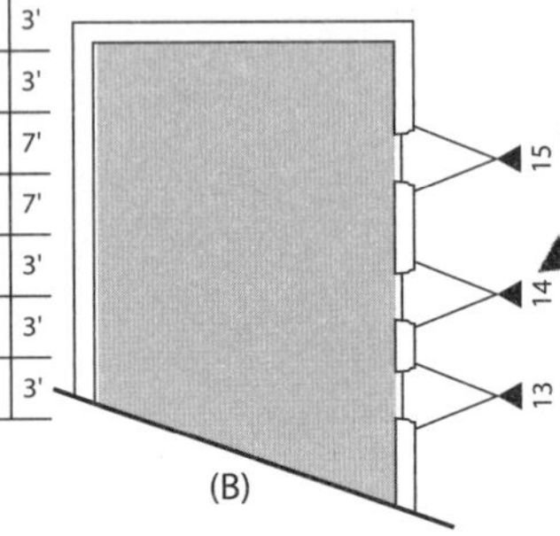

(B)

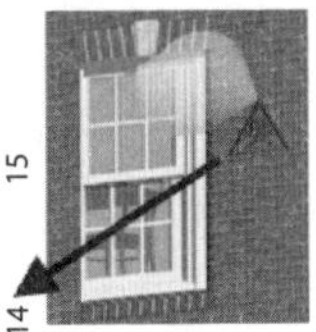

(C)

그림 9-10-6 A) 건물에서 독성물질이 사용된 자재데이터 일람표, B) 독성물질 심벌을 나타내는 평면모습, C) 독성자재의 3D 모습

객체를 생성하여 모델에 추가하고, 풀다운 메뉴를 통해 신속하게 객체 파라미터를 추가함으로써, 작업팀 전체가 일관된 데이터를 공유할 수 있다.

사무실로 돌아온 작업팀은 현장이나 관련 특정 공간에서 수집된 정보를 요약하여 일람표를 작성한다(그림 9-10-5B).

여러 팀 중 한 팀은 발견된 하자의 심각성과 밀도에 따라 상태지수(condition index)를 계산해주는 버텍스(Vertex)라는 전문 소프트웨어(엔지니어링 관리시스템)를 사용하였다(Mactec 2007). 그 팀은 버텍스에서 계산된 상태지수 값을 마이크로소프트 엑셀로 불러들여 각 건물객체에 상태지수 값을 자동으로 입력할 수 있었다.

이렇게 자산데이터를 입력하여 통합모델과 합함으로써 기존의 정보를 수동입력하여 갱신방법에 비해 98%의 노력을 줄일 수 있었다. 표 9-10-2는 자산정보의 생성시점, 준공 후, 또는 정규적인 평가정보갱신 때의 수동정보입력 방식과 BIM 기반 입력방식을 비교한 것이다. 총 합산값은 Vertex와 엑셀을 이용하여 자동 갱신하는 것 등을 포함하여 여러 방법을 통해 절약된 총 시간과 오류가 감소되는 것뿐만 아니라 정확성을 보여주고 있다. 전체 절약된 시간은 네 종류의 프로젝트에 걸쳐 확실하게 나타난다.

소규모 BIM 기반 평가시스템 구현에서 얻은 교훈

BIM 소프트웨어 단독으로는 기업에서 요구하는 수준의 지식습득과 공유가 쉽게 이루어지기 어렵지만, BIM 프로세스에 있어서는 없어서는 안 될 요소이다. OPS는 USCG가 건축정보모델과 기업정보, 그리고 버텍스와 같은 분석도구를

표 9-10-2 USCG의 알라메다(Alameda) 프로젝트 데이터를 기반으로 한 메뉴얼 작업과 BIM 기반의 작업 프로세스의 비교

	Manual BIM	Database and BIM-Based
Typical Building Size (SF):	20,000	20,000
Data Points per Bldg:	10,000	10,000
Data Points per SF:	.5	.5
USCG Total SF:	33,000,000	33,000,000
USCG Data Points:	16,500,000	16,500,000
Time to Edit One Data Point (sec):	2	.04 (2% of manual time)
Total Time in Hours:	9,166	183
4 Iterations per Project:	36,666	733

통합할 수 있는 환경을 제공하여, 주요업무프로세스가 통합된 방식으로 진행되고, 결과적으로 정보를 갱신하고 업무의 질과 정확성을 향상시키는데 필요한 노력을 줄여주었다.

9.10.2 시나리오 계획을 위한 BIM

USCG는 계속적으로 변경되는 업무내용에 빠르게 대처하고 응답해야 한다. 9/11테러로 인해, 예산안이 제한되고 업무에 따른 다른 요소들로 변경하였다. 그로 인해 부함장(Group Commander)과 항구운영을 하나의 구역사령부(Sector Command Center)로 통합하였다. 이로 인해 이전에 나타나지 않았던 사례가 문제로 발생하였다. 새로운 유형의 시설물을 가능하면 빠른 시간 내에 정의하여 이와 관련한 공식표준을 개발해야 했을 뿐만 아니라, 전략적 요충지에 이 35개의 시설물을 신속히 계획해야만 했다.

BIM 기반 시나리오 계획 시스템의 요구사항

USCG는 구역사령부의 작업팀들이 구체적인 공간표준을 만족시키면서도 신속하게 설계를 할 수 있는 체계와 템플릿을 제공해줄 수 있는 시스템이 필요하였다. 프로젝트 초기의 상황은 표준이 정의되지 않아 불완전하였고, 템플릿 또한 존재하지 않았다. 따라서 새로 개발되는 시스템은 일관성 있게 공간표준을 정의하여 활용할 수 있는 기능과 그것을 새로운 시설물의 설계에 적용할 수 있는 기능이 필요하였다.

시나리오 계획 시스템의 개요

USCG는 오누마와 AEC 인포시스템즈에게 OPS를 이용한 시나리오 기반 계획

시스템의 개발을 위탁하였다. 목표는 BIM에 대한 어떠한 교육이나 이해 없이도 시나리오를 계획하는데 지장이 없으면서도 반드시 BIM과 통합되는 시스템을 개발하는 것이었다. 이 목표는 OPS와 BIM을 연결해주는 웹기반 인터페이스를 이용하여 달성할 수 있었다.

그림 9-10-7과, 9-10-8, 9-10-9는 다양한 구역사령부 계획도구들을 보여주고 있다:

1. **프로젝트 관리도구**(그림 9-10-8A)는 현재 프로젝트와 시나리오(계획안)를 보여주고 새로운 프로젝트를 생성할 수 있는 웹 포털을 보여준다. 예를 들면, 하나의 구역사령부에 대하여 3~4개의 계획안과 설계 대안이 있을 수 있다. 그러면 사용자들은 기능적 요구사항(functional requirements)을 불러온다. 기능적 요구사항들은 빠른 의사결정과 데이터 추출을 지원하는 많은 양의 부가적인 정보를 담고 있는 공간모델이다. 부가적인 정보에는 임무 관련성 지수, 공간사용 요구사항, 설비, 보안수준, 비용, 인접성 등과 같은 계량 데이터가 포함되어 있다.
2. **건물 계획도구**(그림 9-10-8A와 B)는 사용자가 방(room) 템플릿(그림 9-10-8A)을 이용하여 여러 개의 방 객체로 구성된 구역사령부 한 층의 레이아웃을 개략적으로 설계할 수 있도록 하여준다. 구역사령부는 단독시설 또는, 기존시설이나 새로운 시설의 일부가 될 수 있다.
3. **2D 레이아웃**(그림 9-10-7A)은 사용자가 레이아웃을 변경하거나 편집할 수 있는 방 탬플릿과 방의 상세한 뷰이다. 그 방의 뷰는 또한 관련 가구들의 리스트와 방의 파라메터 값과 정보들을 포함한다.
4. **3D 공간 레이아웃 도구**(그림 9-10-7C)은 공간을 시각화하여 보여주기 위한 3D 공간보기를 지원한다.
5. **내보내기 도구**는 아키캐드, 오토캐드 또는 IFC 포맷으로의 파일 내보내기를 지원한다.
6. **보고서 작성도구**는 사용자로 하여금 시나리오나 관련 분석내용을 그림 9-10-4 A, B, C와 비슷한 여러 보고서형식으로 볼 수 있도록 한다.

시나리오 계획시스템의 구현

OPS는 USCG에 구역사령부 설계를 생성하여 비교할 수 있는 도구를 제공하였다. 작업팀은 설계검토회의를 통해서 여러 곳에 있는 구역사령부의 설계와 평가를 위해 도구를 사용하였다. 작업팀은 프로젝트 초기에 기존프로젝트를 기반으로 초기 공간템플릿과 계획요구사항들을 만들었다. 프로세스가 진행되면서 템플릿은 진화하였고, 요구사항들은 계속해서 변경되었다. 작업팀은 OPS의 관리기능을 이용하여 방 템플릿을 만들고 새로운 요구사항들을 기록하였다. 작업자들은 새로운 구역사령부를 설계해가면서, 누락된 방 템플릿과 기타 변경

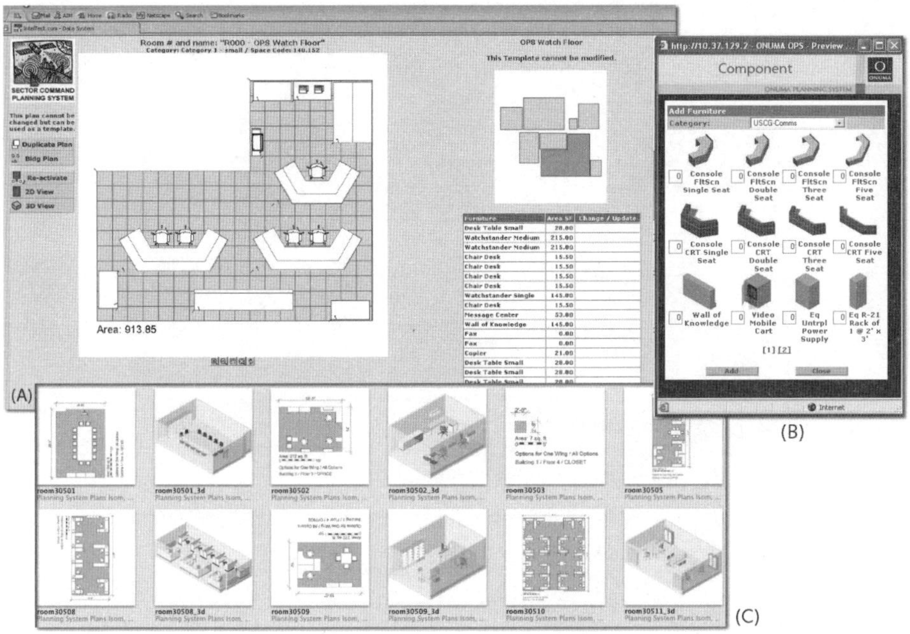

그림 9-10-7
A) 템플릿 레이아웃과 실의 가구목록을 보여주는 예제공간, B) USCG 가구 라이브러리, C) 2D와 3D 공간템플릿 예제

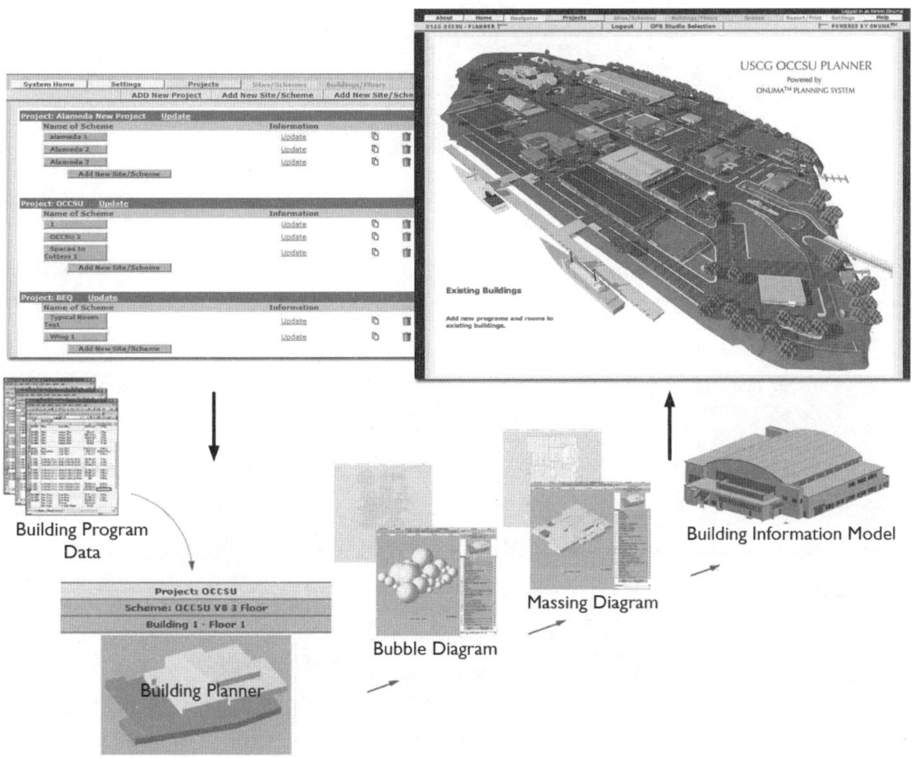

그림 9-10-8
OCCSU 계획시스템의 작업방식.
A) 계획안을 생성하기 위한 프로젝트관리 포털, B) 건물계획 데이터를 이용하여 계획안을 설계하는 건물계획 도구, C) 건물덩어리나 버블다이어그램에 표현된 공간 간의 관계를 더 구체화된 형태로 만들고, 이를 건축정보모델로 발전시켜 나가는 과정, D) 최종적으로 프로젝트 대지에 건물모델들을 올린 모습.

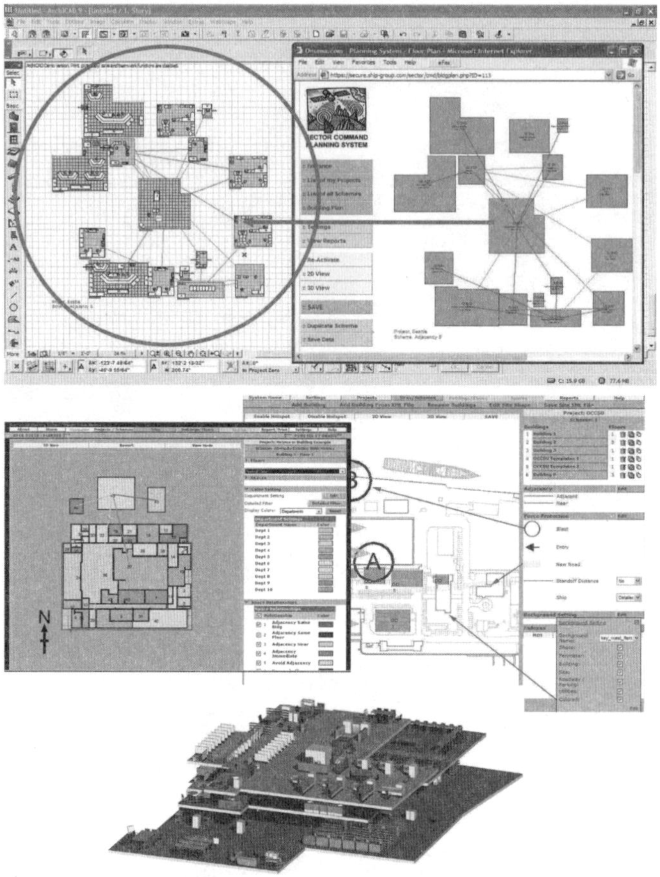

그림 9-10-9
OCCSU 플래너 시스템으로 생성되고 개발된 건물모델 뷰.
A) 아키캐드 모습, B) 웹기반 OPS시스템. 아래와 같은 공간과 다른 객체와의 관계를 보여줌, C) 공간간의 인접성이나 연결 관계, D) 보안 분석 목적의 2D 폭탄폭발 객체, E) 시나리오 계획시스템으로부터 생성된 바닥과 가구가 포함된 상세 건물모델 모습.

된 필요충분의 요구사항을 발견할 수 있었다. 이렇게 문제점을 스스로 알아가는 과정은 풍부한 데이터와 시각적 상호작용 환경을 사용하는데 따른 결과물이었다.

작업팀은 6개월 동안 성공적으로 35개의 구역사령부를 위한 기본설계와 관련 요구사항 목록을 만들 수 있었다. 각 프로젝트를 기존방식으로 진행했다면 표 9-10-3에 나와 있는 바와 같이 10개월이 소요되었을 일이다. OPS를 통해 기본설계과정을 1개월로 단축하였다. 작업팀은 OPS를 통해 기능적 요구사항, 비용, 그리고 USCG 표준과의 적합성의 관점에서 각각의 설계를 분석할 수 있었다. ICS 프로젝트와 같이, 템플릿을 사용함으로써 일관성을 얻을 수 있었다. 시스템은 기존 방 템플릿에서 수정해야 할 사항이 발생하면 작업팀에게 수정된 또는 새로운 방 템플릿을 만들어야 한다는 것을 알려 주었다.

각 시설물의 기본설계단계 마지막 과정으로, 작업팀은 구역사령부를 위한 설계계획 요구사항과 2D/3D 기본레이아웃을 생성하였으며, 설비와 가구리스

표 9-10-3 구역사령부의 설계를 위한 BIM 기반 시나리오 계획기준

	Traditional Design	BIM-Based Design with OPS
Number of Projects:	35	35
Average Size of Each:	5,000 sf	5,000 sf
Average Time to Complete Design for One Project Using Traditional Processes	10 Months	1 Month
Total Time to Complete 35 Projects Using Traditional Processes	350 Months	6 Months, 1.7% of traditional design
Estimated Time Savings for Design Only		344 Months

트를 작성하였다. 이렇게 기본설계단계에서 상세정보가 제공되어 USCG는 보다 짧은 시간 안에 시설물의 입찰공고를 낼 수 있었다.

BIM 기반 시나리오 계획시스템의 구현으로부터 얻은 교훈

시나리오 계획시스템에 적용한 템플릿 기반의 파라메트릭한 방식은 각 구역사령부의 설계 소요시간을 단축시킨 것은 획기적인 일이다. 이는 USCG가 설계중이나 새로운 요구사항이 생겼을 때에도 지속적으로 새로운 프로토타입 요구사항과 표준을 개발할 수 있도록 하였다. OPS의 초기기본설계를 위해 개발된 사용하기 편리한 인터페이스를 통하여 BIM의 장점을 얻을 수 있었으며, 또한 작업팀에게 개념설계에 관한 신속한 피드백과 실시간 분석정보를 시각적이고 상호작용이 가능한 형태로 제공할 수 있었다. 신속한 분석 능력은 건축주의 요구에 부응하지 않는 선택사항들을 의사결정사항에서 제외시키는데 도움을 주었다.

SCCP의 장점에 대한 인터뷰 중

"이러한 시스템을 사용하여 얻을 수 있는 실제 설계 프로세스 자체로부터 얻는 이익보다 다양한 분야의 이해관계자들 간의 동의를 얻어서 공유하는 것이 핵심적인 정점 중 하나는 이와 같은 통합시스템을 사용하여 작업하려면, 그 프로세스 자체가 스스로 해답을 제공하고 지식을 공유하는 엔진이 되어, 당장 프로젝트의 요구사항의 표준을 정의해야 하는 경우 외에도 다른 여러 방법으로 사용될 수 있다."

"구역사령부 계획 프로그램은 웹기반의 신속한 계획을 위한 3D 시스템의 신기원이다. 해안경비대의 계획담당관들은 직관적인 SCC 도구에 대한 기초지식 없이도 6개월간 35개의 상세보고서를 생성하였다. 우리는 초기계획 단계에서 기술자, 건축가, 그리고 고객 사이의 의사소통이 절대적으로 향상되어 일이 쉽게 진척되었음을 깨닫게 되었다."

미 해안경비대 대장 VK 홀츠만-벨(VK Holtzman-Bell)

9.10.3 OCCSU 시스템

이전의 두 프로젝트는 자산의 관리와 기본 설계에 초점을 두고 있었다. OCCSU 프로젝트는 프로젝트의 사업성 평가 단계에 대해 다룬다. 이 단계에서 USCG와 같은 건축주는 프로젝트를 정의하기 위하여 중요하고 큰 비용과 관련된 결정을 내려야만 하고, 사업의 추진체(필요성)와 사업을 추진하기 위해 필요한 시설들이 얼마나 있는가를 맞추어 본다. OCCSU 프로젝트의 사업 추진체는 향후 10~12년에 걸쳐 완성될 새로운 소형 함선들이었다. 이 함선들은 USCG의 새로운 비즈니스 모델 및 새로운 프로젝트 유형을 나타낸다. 납품 데이터나 위치는 알려지지 않았으나, USCG는 그것들의 배치를 계획해야 하며, 그리고 납품 시기와 위치가 정해지는 것에 따라 설계와 시공을 수행할 준비를 해야만 한다.

OCCSU 시스템을 위한 요구사항

시점, 기능, 조직, 위치 등과 같은 OCCSU 프로젝트의 모든 변수들은 유동적이다. 각 신규 함선은 100여명의 대기지원 인원과 승무원의 순환이 필요하다. 어떻게 승조원을 순환하여 함선을 지원할 것인가와 같은 시나리오가 어떤 시설물들이 필요한지를 결정하는데 직접적인 영향을 미친다. 이 문제는 곧 대기 중인 지원인원과 승조원을 위한 주거시설과 해안접경지역의 시설 및 사령부에 대한 유지보수문제를 포함하게 된다. 그러므로 시나리오 계획은 전체 부지의 시각화, 여러 시설물, 여러 층에 걸친 개별건축물들을 모두 포함시킨다고 할 수 있다.

구역사령부를 설계하기 위한 템플릿 기반의 접근은 OCCSU 프로젝트의 시작점이 되었다. 그리고 ICS 프로젝트를 위해 개발된 평가모델은 어느 정도의 준공정보를 제공하였다. 시나리오 가정을 위해서 다음 두 가지의 중요한 요소가 요구되었다. 1) 대부분의 기존정보가 포함된 지리공간 데이터베이스나 GIS 시스템과의 연결, 그리고 2) 풍부한 시나리오 분석이 가능한 분석도구, 가장 중요한 분석유형들은 보안관련 사항이었다.

OCCSU 시스템의 구현

USCG가 OCCSU 프로젝트를 평가하기 위하여 10개의 현장을 선택하였다. 몇몇 해당 시설들은 OPS와 아키캐드에 이미 생성되어 있어 현장은 ICS 프로젝트와 같이 그들의 시설에 대한 준공모델을 만들기 위한 미리 한 노력의 일부분으로 진행되었다. 다른 현장들은 2D 건물 도면만이 존재하거나 어떤 건물들은 아예 아무런 정보조차도 존재하질 않았다. 예를 들면, 그림 9-10-9는 다양한 상세수준의 시설물들로 구성된 하나의 프로젝트 현장을 3D로 보여주고 있다. 이러한 모델은 프로젝트와 그에 해당하는 다양한 시나리오로의 인터페이스 역할을 한다.

각각의 프로젝트는 다양한 계획안을 가지고 있으며, 각 계획안들은 특정한 위치정보와 연관된 요구사항들을 담고 있다. 그 작업방식은 앞서 설명한 구역사령부 계획시스템과 유사하다. 작업은 기존템플릿을 사용하거나 새로운 템플릿을 생성함으로써 시작된다. 템플릿은 2D나 3D로 공간을 표시하며, 1개 층 이상을 정의하고 생성한다. 새로운 가구나 설비를 추가하려면 반드시 USCG가 승인한 가구 데이터베이스로부터 구현해야 한다.

각각의 공간은 다른 공간들과 인접(adjacency) 또는 회피(avoid) 관계가 있으며, 작업팀은 이러한 공간관계를 그림 9-10-9처럼 2D 레이아웃으로 볼 수 있다. 시나리오가 생성되면 작업팀은 바닥면적당 실적공사비를 기반으로 한 공사비 견적이나 건물의 수용능력에 대한 보고서를 볼 수 있다(LEED 분석 체크리스트는 OCCSU 프로젝트 이후에 OPS에 추가되었다). 언제든 그들은 시나리오를 IFC나 아키캐드(XML을 통해)로 내보내 시설을 3D로 볼 수 있으며 벽체나 문, 창문을 추가할 수 있다. 보안성 분석을 위하여 데이터베이스로부터 다양한 유형과 강도의 과부하 객체를 추가할 수도 있다.

교훈

OCCSU 계획시스템은 건축주들이 재정적인 지원을 받기 전에 어떻게 BIM을 이용하여 전사적인 시나리오 계획을 통해 프로젝트를 미리 평가할 수 있는지를 보여준다. 이전보다 설계 전 단계에서 미리 논의, 통합하여 의사결정하고 USCG 계획팀이 다양한 시나리오에 대한 잠재적 성과를 예측할 수 있도록 하는 OPS는 USCG 계획팀이 실시간 의사결정을 내릴 수 있도록 다양한 시나리오를 통합하고 공유하는 운영상의 모습을 보여준다. 이러한 시나리오 기반의 계획방법은 응답을 기다렸다가 답이 오면 진행이 되고, 현재의 선(線)적이며, 시간이 많이 소요되는 시설물 설계와 시공방법과 차이가 있다. 이러한 프로세스의 변화는 확실한 장점이지만, 그러기 위해서는 커다란 관습상, 계약상의 변화를 혁신할 필요가 있다.

일반적인 계약방식은 주로 단일 프로젝트를 위해 고안되었다. OCCSU 계획시스템의 성공을 범 해안경비대 차원으로 넓히기 위해서는, 계약과 컨설턴트들과의 관계를 여러 프로젝트와 비선형적 프로세스, 통합적 접근방법 등을 지원할 수 있도록 변화를 모색하고 발전시킬 필요가 있다. 오늘날 BIM은 일반적으로 건축가들에게 프로젝트를 잘 설계하고 시공도면을 그리는 정의된 결과물 중심의 프로세스에 사용되고 있다면 BIM은 측정기준 자료와 통합되고 전사적으로 지원될 때, BIM은 전략적인 계획을 수립하는데 사용되는 시각적 의사결정 수단과 공유의 통합수단이 될 것이다. 또한 건축주로부터의 설계에 필요한 유용하고 보다 확실하고 완전한 정보를 제공받을 수 있을 것이다. 그러나 아직도 여러 프로젝트에 걸친 다양한 서비스에서 나오는 측정기준자료를 계약에 포함시키려면 해결해야할 문제들이 산재해 있다.

OCCSU 이득에 대한 인터뷰 중

오누마 계획시스템은 진정한 시나리오 기반계획기법을 사업에 적용가능한 차원으로 끌어올렸으며, 임무수행과 해안경비대 전체에 걸친 결과물로 해안접경 시설물과 기반시설들을 연동할 수 있도록 하였다. 이는 우리가 가장 중요한 임무에 먼저 기반시설과 자원을 잘 배치할 수 있도록 도와주었다.
BIM, 지리공간데이터, 부동산데이터, 그리고 임무에 따른 요구사항의 통합으로 USCG가 필요한 공통운영방법에 대한 밑그림을 보여줄 수 있었다. 이것은 오누마 계획시스템에서 지원이 되는 실시간 전술적 정보에 관한 것뿐만 아니라 보다 장기적인 전략적 정보에 관한 것이 될 수 있다.

미국 해안경비대 SFCAM 분함대 사령관 데이비드 해먼드(David Hammond), (CG-434)

만일 데이터가 일관성 있게 통합되고 쉽게 접근가능하다면, USCG와 다른 건축주가 대지와 건물데이터에 투자한 금액은 상당부분 되돌려 이익을 극대화할 수 있다. 다시 말해, 이러한 혜택을 만들기 위해서는 USCG가 어떤 서비스 제공자도 템플릿 같은 데이터에 접근이 가능해야 하고, 사업정보사용이 가능하도록 보장해야 하는데 이러한 것들이 OCCSU 시스템은 강제적으로 보장되기 때문에, OCCSU를 사용하는 모든 서비스 공급자들은 준공데이터로의 접근성과 대지와 다른 작업 데이터로의 통합에서 오는 혜택을 누릴 수 없는 한계가 있다.

9.10.4 결론 및 교훈

본 사례를 통해 BIM 기반의 계획과 시설물 자산관리를 통한 프로젝트들의 획기적인 비용감소와 시간절약에 대하여 설명하였다. 이익창출을 이루기 위해서는 노동집약적이고 수동적 프로세스에 의해서가 아니라 표준화된 작업공정과 디지털화된 지식을 축적함으로써 얻어질 수 있다. 이러한 BIM 기반 시스템의 구현에 있어, 핵심적 교훈들은 다음과 같다:

BIM 기반작업 프로세스는 획기적인 관습의 변화를 요구한다. 이 변화의 범위는 디지털화된 데이터입력과 같은 단순한 작업프로세스로부터, 자유로운 형태의 설계대신 템플릿 기반의 작업에 이르기까지 다양하다. 이러한 변화의 충격에 대비하고 계획하기 위해서 USCG는 실현가능한 로드맵을 제시해야 한다는 것을 알아야 한다. 그래서 그들은 OCCSU 프로젝트와 같은 대규모 구현을 하기에 앞서 ISC 프로젝트처럼 소규모 구현부터 선택하여 수행하였다.

- 광범위한 사용자들이 BIM 정보에 접근 가능하도록 하는 것이 시급하다. 사용자들이 OPS를 통해 모델보기, 편집, 그리고 시나리오생성 등이 가능한 것이 본 프로젝트에서 OPS가 성공한 가장 큰 이유이다.
- 프로젝트 요구사항을 놓치지 않기 위해서는 프로젝트 내내 관습적으로 내

려오는 지식을 과감하게 버리고 변화시켜 파라메트릭 객체 기반 프로그램에서 빌딩블록을 제공해야 한다.
- BIM은 BIM 기반의 OPS에 설계된 표준과 작업프로세스를 촉진시켜 정보를 정규화시키며, 오류를 감소시켜야 준공정보의 가치와 질을 높인다.

ISC 프로젝트, 구역사령부 계획시스템, 그리고 OCCSU 계획시스템과 같은 다양한 프로젝트에서 정보의 가치는 통합이 더 많이 이루어질수록 기하급수적인 변화와 발전을 도모한다. 애초에 의도하지 않았던 이미 건설된 ISC에 대한 평가정보가 OCCSU 프로젝트에서는 시나리오계획에 사용된 것처럼 이러한 프로젝트간의 데이터교류는 일관성 있게 통합되고, 표준적인 건물모델링으로 통해서 투자이익을 입증하고 있다.

미국 해안경비대 BIM 사례연구에 대한 감사의 글

저자들은 본 사례연구에 대한 정보를 얻기 위해 오누마(Onuma) 주식회사의 키몬 오누마(Kimon Onuma) 그리고 AEC 인포시스템즈(AECinfosystems) 주식회사의 다이앤 데이비스(Dianne Davis)에게 많은 도움을 받았다. 추가적으로 도움을 주신 분들을 다음과 같이 열거한다: USCG 사령관 제이 매닉(Jay Manik)과 데이빗 해먼드(David Hammond), 부사령관 로버트 베빈스(Robert Bevins), SFCAM 부사령관 스캇 게젤(Scott Gesele), 윌리엄 로간(William Logan), 그리고 하산 자이디(Hassan Zaidi) 토목공학, CEU Oakland의 사령관 제임스 뎀프시(James Dempsey); 그리고 FC & CC 태평양 사령관 버지니아 홀츠만벨(Virginia Holtzmanbell), 윌리엄 쉬어러(William Scherer), 그리고 제프리 브로커스(Jeffrey Brockus); 지리정보통합센터의 폴 해롤드(Paul Herold)와 그의 작업팀; NexDSS (Mactec)의 짐 왓슨(Jim Watson)과 그의 작업팀; 스탠딩 스톤 컨설팅(Standing Stone Consulting) 주식회사의 이안 톰슨(Ian Thompson)과 그의 작업팀.
본 사례연구의 모든 그림들은 오누마 주식회사와 AEC 인포시스템즈 주식회사의 도움으로 제공되었다.

용어해설

BIM(Building Information Modeling)
우리는 BIM이라는 용어를, 건물과 건물의 성능, 계획, 시공, 그리고 이후의 운용에 관한 내용을 기계가 읽어 들일 수 있는 디지털 형태로 기록함으로써 촉진되는 도구, 절차, 기술을 의미하는 동사 또는 형용사구로 사용한다. 따라서 BIM은 객체가 아니라 행위를 의미한다. 이러한 모델링 행위의 결과물을, 우리는 "빌딩 인포메이션 모델(building information model)" 또는 "빌딩 모델(building model)"이라고 부른다.

BIM 도구(BIM tool)
특정 작업을 위한 소프트웨어 애플리케이션. 각 목적에 따라 BIM 모델을 활용하여, 그에 맞는 결과물을 생성한다. 예로는 도면생성, 시방서 작성, 비용견적, 간섭 또는 오류 파악, 에너지 분석, 렌더링 및 시각화에 쓰이는 도구들을 들 수 있다.

BIM 서버(BIM server)
BIM 서버는 객체기반 형식의 스키마를 활용하여 만들어진 데이터베이스 시스템이다. BIM 서버는 캐드 파일이나 해석 패키지의 프로젝트 파일들을 관리하는 기존의 프로젝트 데이터 관리(project data management, PDM) 시스템이나 PDM 시스템 내의 웹기반 프로젝트 관리시스템들과 같은 파일기반 시스템과는 다르다. BIM 서버는 객체기반이어서, 서로 이질적일 수 있는 애플리케이션들의 객체를 질의, 전달, 갱신 및 관리할 수 있다. BIM 서버는 BIM 환경을 지원하는 것을 목표로 한다.

BIM 시스템(BIM system)
BIM 설계 애플리케이션과 기타 BIM 데이터를 사용하는 다른 애플리케이션들을 포함하는 소프트웨어 시스템을 말한다. BIM 시스템은 근거리통신망(LAN: Local Area Network)이나 인터넷을 통해 연결될 수 있다.

BIM 애플리케이션(BIM application)
BIM 애플리케이션은 BIM 플랫폼, BIM 환경과 함께, BIM(Building Information

Modeling)을 지원하기 위해 사용되는 다양한 영역의 모든 소프트웨어들을 말한다. 따라서, 기존의 제도, 렌더링, 시방서 작성, 엔지니어링 분석 도구 등에 사용되던 소프트웨어들도, BIM 업무흐름이나 데이터 교환과정에 포함되어 있으면 이를 모두 BIM 애플리케이션이라고 할 수 있다. 이 용어에 형용구를 추가하여 특정 적용분야를 나타낼 수 있다. 예를 들어, "BIM 건축설계 애플리케이션"이라고 하면 종종 레빗 아키텍처, 벤틀리 아키텍처, 디지털 프로젝트, 아키캐드와 같은 주로 건축설계에 사용되는 애플리케이션을 나타내고, "BIM 4D 애플리케이션"이라고 하면 BIM 모델과 연계된 건설공정의 애니메이션을 지원하는 BIM 애플리케이션을 의미한다.

BIM 프로세스(BIM process)

분석, 제작에 필요한 상세 생성, 비용견적, 공정생성 및 기타 용도를 위해 BIM 설계 도구에서 생성한 정보에 의존하는 작업과정을 말한다.

BIM 플랫폼(BIM platform)

다양한 용도의 데이터를 생성하고, 여러 도구를 직접 또는 인터페이스를 통해 다양한 수준으로 연동할 수 있는 BIM 설계 애플리케이션을 말한다. 대부분의 BIM 설계 애플리케이션은 3차원 파라메트릭 객체 모델링과 같은 기능만 제공하는 것이 아니라, 도면 생성이나 애플리케이션간 인터페이스와 같은 다른 기능들도 지원하기 때문에 플랫폼이라고 한다.

BIM 환경(BIM environment)

BIM 환경은 BIM 서버에 내재된 기능이다. BIM 환경은 데이터 관리에 필요한 정보와, 조직 내 애플리케이션(도구 또는 플랫폼)을 통합하기 위해 설정한 정책(policy)이나 업무방식을 강제화하는 기능 등을 포함한다. BIM 환경은 초기에 구체적으로 개념이 정의되지 않는 경우가 많으며, 회사의 필요에 의해 그때그때 기능이 추가된다. BIM 환경의 가장 큰 존재이유는 여러 BIM 플랫폼을 통합하고 지원하며, 외부 시스템과의 의사소통을 관리하는 데 있다. 정책 및 작업방식을 정의하여, BIM 프로젝트 데이터 관리를 보다 원활하게 할 수 있다.

B-rep(비렙, Boundary representation)

둘러싼 면에 의해 정의되는 3차원 기하학 입체 형태. 3차원 캐드 도구에서3차원 표현, 간섭확인, 표면 위의 점 사이를 재는데 대부분 B-rep을 사용한다.

CIS/2(CIM steel Integration Standard/version 2)

철골건물이나 강구조물을 표현하는 데이터 교환을 위한 스키마. 이 표준은 미국 강구조협회(the American Institute of Steel Construction)가 지지하고 지원한다.

CIS/2는 ISO-STEP 소프트웨어 기술을 따른다.

CSG(Constructive Solid Geometry)

간단한 형태들을 불 연산으로 결합시켜, 복잡한 형태를 만드는 3차원 입체 모델링(solid modeling) 방법. CSG는 연산들을 트리(tree) 형태로 저장한다. 이러한 방식은 파라메트릭 모델링의 핵심기능이다.

IFC(Industry Foundation Classes)

건물정보를 표현하는 국제표준 스키마. ISO-STEP 기술과 라이브러리를 사용한다.

ISO-STEP

International Standards Organization - Standard for the Technical Exchange of Product Model Data. 공식적으로는 기술위원회(Technical Committee) TC 184와 산업자동화와 관련된 표준 10303을 말한다. ISO-STEP은 제조산업, 항공산업, 조선산업, 공정산업의 표준과 상호운용성을 도와주는 소프트웨어 개발을 위한 기초가 되는 기술, 도구, 그리고 방법을 제공한다. ISO-STEP은 IFC와 CIS/2 그 밖에 많은 기타 교환 방법이나 포맷의 바탕이 되는 기술이다.

객체 기반 파라메트릭 모델링(Object-based Parametric Modeling)

대부분의 BIM 설계 애플리케이션이 기반하고 있는 기술이다. 파라메트릭하게 조정될 수 있는 형태와 속성을 가진 각 객체를 정의하는 기능을 포함한다. 이 기능은 객체의 조합들에도 적용이 가능한데, 건물 스케일까지도 조합체들을 파라메트릭하게 조정하는 것이 가능하다.

객체 클래스(Object Class)

파라메트릭 모델링에서 객체 클래스란, 객체의 인스턴스를 정의하는 정보구조를 말한다. 건축 BIM 설계 도구는 벽, 문, 슬래브, 창과 같은 객체 클래스를 갖는 반면, 구조 BIM도구는 접합부, 철근, 프리스트레스 철근등과 같은 객체 클래스를 갖는다. 객체 클래스는 객체의 인스턴스들이 어떻게 구성되어 있고, 어떻게 편집되며, 맥락이 바뀌면 어떻게 행동해야 하는지를 정의한다. 객체 클래스는 객체 패밀리라고도 부른다.

건물 데이터모델(Building Data Model)

건물과 건물의 구성요소, 사용자, 에너지 부하, 절차와 같은, 건물과 관련된 데이터를 표현하기에 적합한 객체 스키마(object schema)를 말한다. 건물 데이터 모델은 데이터 저장소를 만들기 위한 데이터베이스 스키마로 활용할 수 있으며, 파일 교환 또는 XML 기반의 웹 정보교환을 위한 스키마로도 사용될 수 있다. 건물 데이터 모델의 주요 예로는 IFC나 CIS/2가 있다.

건물객체(Building objects)
건물객체는 건물을 구성하는 것 또는 부품을 말한다. 객체가 모여서 상위수준의 객체, 즉 "조립체(Assembly)"를 형성할 수 있다. 조립체 또한 하나의 건물객체이다. 더 일반적으로는, 객체는 속성을 가진 건물의 구성단위라고 할 수 있다. 따라서 건물 내 공간도 객체다. 건물객체는 건물모델을 구성하는 부분집합들이다. 본문에서는 요소(element)나 구성요소(component)를 객체의 동의어로 사용하였다.

건물객체모델(Building Model or Building Object Model)
객체 정보를 가진 특정 건물의 디지털 데이터베이스를 말한다. 여기에는 (일반적으로 파라메트릭한 규칙에 따라 정의되는) 기하학, 성능, 계획, 시공, 운용 정보가 포함된다. 건물객체모델의 예로는 레빗 모델이나 디지털 프로젝트 모델을 들 수 있다. "건물객체모델"은"시공도면"이나 "건축도면"의 차세대 대체물로 볼 수 있다. 이미 건설프로세스 하단에서는 "시공상세도(shop drawing)"이라는 말 대신 "제조모델(fabrication model)"이라는 용어를 많이 쓰고 있다.

건물모델저장소(Building model repository) (BIM 서버 참조)
건물모델저장소는 건물객체 기반의 스키마를 사용하는 데이터베이스 시스템을 말한다. 기존의 프로젝트 데이터 관리(PDM) 시스템이나 웹기반 프로젝트 관리시스템과 다른 점은, PDM 시스템이 파일 기반으로 캐드나 해석패키지 파일을 보관하는 반면, 건물모델 저장소는 객체 기반으로, 서로 상이한 소프트웨어들에서 가져온 각 프로젝트 객체의 질의, 전달, 갱신, 관리가 가능하다는 점이다.

교환 스키마(Exchange schema)
XML과 같은 텍스트 파일이나 데이터베이스와 같은 다양한 포맷에 매핑이 가능하도록, 교환에 필요한 데이터 구조를 추상적으로 정의하는 방법. IFC, CIS/2, ISO 15926이 교환 스키마의 예이다.

교환 포맷(Exchange format)
정보를 교환하는데 사용하는 데이터를 정의하는 포맷. 교환 포맷의 예로는 아이지스(IGES)와 디엑스에프(DXF)가 있다.

규모확장성(Scalability)
데이터의 크기가 커짐에 따라 얼마나 시스템이 잘 작동하는가를 말한다. 어떤 애플리케이션들은 데이터 크기가 작을 때만 잘 작동한다. 파일기반 시스템들의 경우, 최대 파일 크기에 제한이 있는 경우가 많은 반면, 데이터베이스를 쓰는 시스템들은 파일 크기의 제약을 덜 받는다.

모델 동기화(Model Synchronization)
BIM환경에서 어떻게 모든 정보의 버전 간 일관성을 유지할 수 있는가에 대한 문제를 다룬다. 여러 도구와 플랫폼 간의 설계변경관리 문제도 포함한다.

모델 서버(Model Serve) BIM 서버 참조

불 연산(Boolean operations)
두 형태를 합하거나, 또는 한 형태로부터 다른 형태를 빼거나, 또는 둘 또는 여러 형태 간의 교집합을 정의하여 기하학적 형상을 편집하는 연산자들을 말한다. 불 연산이라는 이름은 합집합, 교집합, 차집합을 발명한 조지 불(George Boole)의 이름에서 따왔다.

상호운용성(Interoperability)
다양한 개발회사의 BIM 도구가 BIM 모델 데이터를 교환하거나 그 데이터를 활용할 수 있는 능력. 상호운용성은 팀 협업이나 다른 BIM 플랫폼 간 데이터 교환에 매우 중요한 필수사항이다([譯註] 본문에서는 상호운용성이라는 표현에 익숙하지 않은 독자의 이해를 돕기 위하여 문맥에 따라 정보호환성이라고도 번역하였다).

솔리드 모델링(Solid Modeling)
3차원 기하학 모델링 방법들을 통칭하는 말로, 모델링 되고 활용되는 요소들이 닫혀 있고 경계가 있는 형태로 되어 있어서 부피를 만들어낸다. 솔리드 모델링은 솔리드(속이 찬 3차원형상)를 표현할 수 있어서 솔리드 모델링이라고 하지만, 이름이 잘 못 부쳐진 것이, 방과 같이 빈 공간(void)의 표현도 가능하다. 솔리드 모델링은 B-rep, CSG, 특징형상 기반 모델링(Feature-based modeling) 등 여러 유형의 모델링 기법을 포함한다.

스키마(Schema)
데이터베이스에서 쓰는 것처럼, 특정한 활용목적을 위한 데이터 모델 또는 추상적인 표현을 말한다. SQL은 데이터베이스 스키마를 생성하고 작동하는데 흔히 사용하는 데이터베이스 언어이다.

작업흐름(Work flow)

일련의 작업을 달성하기 위해 사람들(일반적으로 프로젝트 팀)간 이루어지는 일련의 의사소통과 그 작업들을 지원하는데 필요한 데이터 흐름

트랜잭션(Transaction)

파일시스템의 "저장"과 같이, 한 번의 연산으로 데이터를 갱신하는 데이터베이스의 연산. 트랜잭션은 사용자가 조정할 수도 있고, 시스템이 생성할 수도 있으며, 저장된 데이터가 일관성을 유지하는데 중요한 기능을 한다.

특징형상(Feature)

설계에서, 기능을 가진 형상의 일부분을 말한다. 캐드 시스템에서 특징형상은 기능적인 목적이 있기 때문에 중요하다. 예를 들면, 접합부는 철골보의 특징형상이며, 창문 개구부는 벽의 특징형상이다. 특징형상은 접근이 가능할 수도 있고, 그렇지 않을 수도 있는데, 속성이 있을 수도 있고, 없을 수도 있으며, 편집이 가능할 수도, 그렇지 않을 수도 있다. 특징형상 기반 설계(feature-based design)가 이러한 기능을 지원하다.

파라메트릭 객체(Parametric Objects)

하나의 객체가 파라미터를 통해서 생성되거나 편집될 수 있는 파라메트릭 모델링의 한 형태로, 그 기능이 제약적이다. 즉, 사용자는 파라메트릭 객체의 조합체를 생성할 수 없으며, 국부적으로 또는 전체적으로 파라미터를 변경하여도 조합체는 업데이트 되지 않는다.

참고문헌

ACM (1969–1982). Annual Design Automation Conferences, ACM, NY.

ADC (2010). "Cloudworx for AutoCAD," Autodesk Developer Center Web page http://usa.autodesk.com/adsk/servlet/item?siteID=123112&id=7141394&linkID=7138127.

AEX (2010). Automating Information Equipment Exchange (AEX), Roadmap Element 3, February, 2010, http://fiatech.org/aex.html, last accessed July, 2010.

AGC (2006). *The Contractors' Guide to Building Information Modeling,* Associated General Contractors of America. Arlington, VA.

AIA (1994). *The Architect's Handbook of Professional Practice,* Washington, D.C., AIA Document B162, American Institute of Architects.

AISC (2007). *AISC Design Guide,* 20 vols. 2007 Edition, AISC Chicago, IL.

Akintoye, A., and E. Fitzgerald (2000). "A Survey of Current Cost Estimating Practices in the UK," *Construction Management & Economics 18*(2): 161–172.

Alberti, L. B. (1987). *The Ten Books of Architecture*: The 1755 Leoni Edition. New York, (Paperback) Dover Press.

Anderl, R., and R. Mendgen (1996). "Modeling with Constraints: Theoretical foundation and application," *Computer-Aided Design* 28(*3*): 155–168.

ANSI (1996). ANSI/BOMA Standard Method for Measuring Floor Area in Office Buildings; ANSI. Z65.1.

Akinci, B., F. Boukamp, C. Gordon, D. Huber, C. Lyons, and K. Park (2006). "A Formalism for Utilization of Sensor Systems and Integrated Project Models for Active Construction Quality Control." *Automation in Construction 15*(2): 124–138.

American Institute of Architects (2006). "Business of Architecture: 2006 AIA Firm Survey." Washington, D.C., AIA.

Aram V., R. Sacks, I. Panushev, and M. Venugopal (2010). Introducing a New Methodology to Develop the Information Delivery Manual for AEC Projects, CIB W78 Conference Proc., Cairo.

Arnold, J. A. (2007). "Tectonic Vision and Products." Tectonic Networks Web site. www.tectonicbim.com/.

Ashcraft, H.W.J. (2006). "Building Information Modeling: A Great Idea in Conflict with Traditional Concepts of Insurance, Liability, and Professional Responsibility." Schinnerer's 45th Annual Meeting of Invited Attorneys.

Autodesk (2004). "Return on Investment with Autodesk Revit." June 25, 2007. Autodesk Web site. Autodesk, Inc. http://images.autodesk.com/adsk/files/ 4301694_Revit_ROI_Calculator.zip

Autodesk (2007). "DWF: The Best File Format for Published Design." June 25, 2007. Autodesk DWF Community Web site. 2007. Autodesk, Inc. http://usa.autodesk.com/adsk/servlet/item?siteID=123112&id=8675679.

Autodesk (2009). "Autodesk® Seek Metadata Style Guide," Draft Version 0.51 Release Date: 01/08/2009.

BACnet (2010). BACnet—A Data Communication Protocol for Building Automation and Control Networks, SSPC 135, www.bacnet.org/.

Baer, A., C. Eastman, and M. Henrion (1979). "Geometrical Modeling: A survey." *Computer-Aided Design 11*(5): 253–272.

Ballard, G. (1999). "Improving Work Flow Reliability," Proceedings IGLC-7, UC Berkeley, CA.

Ballard, G. (2000). *The Last Planner™ System of Production Control,* Ph.D. Dissertation, University of Birmingham, Birmingham, U.K.

Ballard, G., and P. Reiser (2004). "The St. Olaf College Field house Project: A case study in designing to Target Cost." 12th Annual Conference of the International Group for Lean Construction, Elsinor, Denmark, 2004, pp. 234–249.

Ballard G., (2006). "Innovation in Design," PowerPoint Presentation at Lean Construction Web site. (www.leanconstruction.org).

Barak, R., Y.S. Jeong, R. Sacks, and C.M. Eastman (2009). "Unique Requirements of Building Information Modeling for Cast-in-Place Reinforced Concrete." *Journal of Computing in Civil Engineering,* 23(2), 64–74.

Barton Malow (2006). General Motors Corporation, Global V6 Engine Facility. Barton Malow Web site. June 27, 2007. www.bartonmalow.com/specialties/corporate/gmengine.htm.

Beard, J., M. Loulakis, and E. Wundram (2005). *Design-Build: Planning Through Development,* McGraw-Hill Professional.

Bedrick (2008). "Organizing the Development of a Building Information Model," *AECbytes Feature,* Sept. 18, 2008. www.aecbytes.com/feature/2008/MPSforBIM.html.

Bijl, A., and G. Shawcross (1975). "Housing Site Layout System," *Computer-Aided Design* 7(1): 2–10.

Birx, G. W. (2005). "BIM Evokes Revolutionary Changes to Architecture Practice at Ayers/Saint/Gross," *AIArchitect* 12/2005. June 29, 2007. www.aia.org/aiarchitect/thisweek05/tw1209/tw1209changeisnow.cfm.

Bjork, B.C. (1995). *Requirements and Information Structures for Building Product Models.* Helsinki, VTT Technical Research Center of Finland.

BLIS (2002). "Building Lifecycle Interoperable Software." BLIS project Web site. June 25, 2007. www.blis-project.org/index2.html.

Booch, G. (1993). *Object-Oriented Analysis and Design with Applications* (2d Edition), Addison-Wesley.

Boryslawski, M. (2006). "Building Owners Driving BIM: The Letterman Digital Arts Center Story." AECBytes. Sept. 30 2006. 27 June 07. www.aecbytes.com/buildingthefuture/2006/LDAC_story.html.

Bozdoc, M. (2004). *"The History of CAD."* MB Solutions Web site. June 27, 2007. http://mbinfo.mbdesign.net/CAD-History.htm.

Braid, I. C. (1973). *Designing with Volumes.* Cambridge UK, Cantab Press, Cambridge University.

Brilakis, I., M. Lourakis, R. Sacks, S. Savarese, S. Christodoulou, J. Teizer, and A. Makhmalbaf (2009). "Automated Generation of Parametric BIMs Based on Hybrid Video and Laser Scanning," *Advanced Engineering Informatics*, Vol. 24 pp. 456–465.

Brucker, B. A., M. P. Case, E. W. East, B. K. Huston, S. D. Nachtigail, J. C. Shockley, S. C. Spangler, and J. T. Wilson (2006). "Building Information Modeling (BIM): A Road Map for Implementation to Support MILCON Transformation and Civil Works Projects within the U.S. Army Corps of Engineers," U.S. Army Corps of Engineers, Engineer Research and Development Center.

Busby, P., and R. Nutbrown (2008). "Autodesk® Seek Metadata Style Guide," Autodesk Inc., 73 pages. http://seek.autodesk.com/AutodeskSeekMetadataStyleGuide.pdf.

Buswell, R. A., R.C. Soar, A.G.F. Gibb, and A. Thorpe (2007). "Freeform Construction: Mega-scale rapid manufacturing for construction," *Automation in Construction*, Vol. 16, No. 2, 2007, pp. 224–231.

CAD (1976, 1978, 1980). Proceedings of CAD76, CAD78, CAD80, IPC Press, London.

Caltech (1997). "Boeing 777: 100% Digitally Designed Using 3D Solids Technology." June 29, 2007. www.cds.caltech.edu/conferences/1997/vecs/tutorial/Examples/Cases/777.htm.

Campbell, D. A. (2006). "Modeling Rules," *Architecture Week,* www.architectureweek.com/2006/1011/tools_1–1.html.

Cavieres, A., R. Gentry, and T. Al-Haddad (2009). Rich Knowledge Parametric Tools for Concrete Masonry Design: Automation of Preliminary Structural Analysis, Detailing and Specification; Proceedings of the 2009 26th International Symposium on Automation and Robotics in Construction (ISARC), Austin, TX, June 24–27, 2009, pp. 544–552.

Chan, A., D. Scott, and E. Lam (2002). "Framework of Success Criteria for Design/Build Projects," *Journal of Management in Engineering 18*(3): 120–128.

CIFE (2006). Unpublished PDF Report: 2006_CIFE_Case Report Helsinki Music_CenterCIS/2 (2007).

"CIMSTEEL Integration Standards." Steel Construction Institute. June 5, 2007. www.cis2.org/CityGML(2010) "Virtual 3D City Models", www.citygml.org/.

Cloudworx (2002). "Cloudworx", *CAD User AEC* Magazine, Vol. 15, No. 05, May 2002, www.caduser.com/reviews/reviews.asp?a_id=139.

Cohen, J. (2010). "Integrated Project Delivery: Case Studies," AIA California Council IPD Steering Committee.

Construction Clients Forum (1997). "60% of Clients Dissatisfied." *Building,* 8.

CORENET (2007). "Integrated Plan Checking Systems." CORENET. Nov. 14, 2006. June 5, 2007. www.corenet.gov.sg/.

Court, P., C. Pasquire, A. Gibb, and D. Bower (2006). "Design of a Lean and Agile Construction System for a Large and Complex Mechanical and Electrical Project," *Understanding and Managing the Construction Process: Theory and Practice, Proceedings of the 14th Conference of the International Group for Lean Construction,* R. Sacks and S. Bertelsen, eds., Catholic University of Chile, School of Engineering, Santiago, Chile, 243–254.

Crowley, A. (2003). "CIS/2 Interactive at NASCC," *New Steel Construction 11*:10.

CSIRO (2007). "Building & Construction." CSIRO. June 27, 2007. www.csiro.au/science/ps2oz.html.

Dakan, M. (2006). "GSA's BIM Pilot Program Shows Success." *Cadalyst.* July 19, 2006. June 27, 2007. http://aec.cadalyst.com/aec/article/articleDetail.jsp?id=359335.

Day, M. (2002). "Intelligent Architectural Modeling." *AEC Magazine,* September 2002. June 27, 2007. www.caddigest.com/subjects/aec/select/Intelligent_modeling_day.htm.

Debella, D. and R. Ries (2006). "Construction Delivery Systems: A Comparative Analysis of Their Performance within School Districts." *Journal of Construction Engineering and Management, 132*(11): 1131–1138.

Demkin, J. (2001). *Architect's Handbook of Professional Practice.* New York, John Wiley and Sons.

Department of Defense (2000). *Guidebook for Performance-Based Services Acquisition (PBSA).* Defense Acquisition University Press, Washington, D.C.

Ding, L., R. Drogemuller, M. Rosenman, D. Marchant, and J. Gero (2006). "Automating Code Checking for Building Designs – DesignCheck. Clients Driving Innovation: Moving Ideas into Practice". K. Brown, K. Hampson, and P. Brandon. Sydney, Australia, CRC for Construction Innovation for Icon.Net Pty Ltd.

Dolan, T. G. (2006). "First Cost vs. Life-Cycle Costs: Don't get caught in the trap of saving now to pay later." *School Planning and Management.* January 2006.

Douglas Steel (2007). "General Motors V-6 Engine Plant." Douglas Steel Fabricating Corporation. June 27, 2007. http://douglassteel.com/gmv6.htm.

East, W. (2007). Construction Operations Building Information Exchange (COBie); Requirements Definition and Pilot Implementation Standard, ERDC/CERL TR-07-30, August 2007

Eastman, C. M. (1975). "The Use of Computers Instead of Drawings in Building Design." *Journal of the American Institute of Architects,* March: 46–50.

Eastman, C. M. (1980). "Prototype Integrated Building Model," Proceedings of CAD80, IPC Press, London, (1980).

Eastman, C. M. (1992). "Modeling of Buildings: Evolution and concepts." *Automation in Construction 1*: 99–109.

Eastman, C. M., I. His, and C. Potts (1998). Coordination in Multi-Organization Creative Design Projects. Design Computing Research Report. Atlanta, GA, College of Architecture, Georgia Institute of Technology.

Eastman, C. M. (1999). *Building Product Models: Computer environments supporting design and construction.* Boca Raton, FL, CRC Press.

Eastman, C. M., R. Sacks, and G. Lee (2001). Software Specification for a Precast Concrete Design and Engineering Software Platform. Atlanta, GA, Georgia Institute of Technology.

Eastman, C. M., R. Sacks, and G. Lee (2002). "Strategies for Realizing the Benefits of 3D Integrated Modeling of Buildings for the AEC Industry" ISARC—19th International Symposium on Automation and Robotics in Construction, Washington, D.C., NIST.

Eastman, C.M., R. Sacks, and G. Lee (2003). "Development and Implementation of Advanced IT in the North American Precast Concrete Industry," *ITCON—Electronic Journal of Information Technology in Construction,* Vol. 8, pp. 247–262.

Eastman, C. M., P. Teicholz, R. Sacks, and K. Liston (2008). *BIM Handbook: A Guide to Building Information Modeling for Owners, Managers, Architects, Engineers, Contractors and Fabricators*, John Wiley and Sons, Hoboken, NJ, 495 pages.

Eastman, C. M., J. Lee, Y. Jeong, and J. Lee (2009). "Automatic Rule-Based Checking of Building Designs." *Automation in Construction,* Vol. 18, pp. 219–238.

Eastman, C., R. Sacks, I. Panushev, V. Aram, and E. Yagmur (2009a). *Information Delivery Manual for Precast Concrete*. PCI-Charles Pankow Foundation. http://dcom.arch.gatech.edu/pcibim/documents/IDM_for_Precast.pdf (last accessed on 6/20/2010).

Eastman, C., Y.-S. Jeong, R. Sacks, and I. Kaner (2010a). "Exchange Model and Exchange Object Concepts for Implementation of National BIM Standards," *Journal of Computing in Civil Engineering,* 24:1 (25).

Eastman, C., R. Sacks, I. Panushev, M. Venugopal, and V. Aram (2010b). "Precast Concrete BIM Standard Documents: Model View Definitions for Precast Concrete." PCI-Charles Pankow Foundation. http://dcom.arch.gatech.edu/pcibim/documents/Precast_MVDs_v2.1_Volume_I.pdf (last accessed on 6/20/2010).

Emkin, L. (1988). Computers in Structural Engineering Practice: The issue of quality Computers and Structures, 30:3, 439–446.

Ergen, E., B. Akinci, and R. Sacks (2007). "Tracking and Locating Components in a Precast Storage Yard Utilizing Radio Frequency Identification Technology and GPS." *Automation in Construction 16*: 354–367.

Evey, L. (2006). Conversation between P. Teicholz and Lee Evey, President, Design-Build Institute of America.

FIATECH (2007). *aecXML.* FIATECH. June 27, 2007. www.fiatech.org/projects/idim/aecxml.htm.

FIATECH (2010). *Capital Projects Technology Roadmap*. http://fiatech.org/capital-projects-technology-roadmap.html.

FMI/CMAA (2005, 2006). "FMI/CMAA Annual Survey of Owners." FMI/CMAA Web sites.

Folkestad, J. E. and D. Sandlin (2003). "Digital Construction: Utilizing three dimensional (3D) computer models to improve constructability." Colorado State University. June 27, 2007; www.cm.cahs.colostate.edu/Faculty_and_Staff/folkestad/PDF/Folkestad%20&%20Sandlin%20IEMS%202005.pdf.

Frampton, K. and J. Cava (1996). *Studies in Tectonic Culture: The Poetics of Construction in Nineteenth and Twentieth Century Architecture.* Cambridge, MA, The MIT Press.

Francis R. (1992). *Facility Layout and Location: An Analytical Approach*, Englewood Cliffs, NJ, Prentice-Hall.

Gaddie, S. (2003). "Enterprise Programme Management: Connecting strategic planning to project delivery." *Journal of Facilities Management* 2(2): 177–191.

Gallaher, M. P., A. C. O'Connor, J. John, L. Dettbarn, and L. T. Gilday (2004). Cost Analysis of Inadequate Interoperability in the U.S. Capital Facilities Industry. Gaithersburg, MD, National Institute of Standards and Technology, U.S. Department of Commerce Technology Administration.

GBXML n.d. gbXML Web site home: www.gbxml.org/.

Geertsema, C., G. E. Gibson, Jr., and D. Ryan-Rose (2003). Emerging Trends of the Owner-Contractor Relationship for Capital Facility Projects from the Contractor's Perspective. Center for Construction Industry Studies Report. University of Texas at Austin. Report No. 8. www.ce.utexas.edu/org/ccis/a_ccis_report_32.pdf

Gerber, D., B. Becerik, and A. Kunz (2010). "Building Information Modeling and Lean Construction: Technology, Methodology and Advances from Practice," Proceedings of the 18th Annual Conference of the International Group for Lean Construction, Haifa, Israel, July 2010, Walsh, K., and T. Alves (eds)., pp. 683–693.

Gielingh, W. (1988). "General AEC Reference Model (GARM)," *Conceptual Modeling of Buildings*, CIB W74–W78 Seminar, Lund, Sweden, CIB Publication 126.

Goldstein, H. (2001). "4D: Science Fiction or Virtual Reality," *Engineering News Record.* April 16, 2001.

Gonchar, J. (2007). "To Architects, Building Information Modeling Is Still Primarily a Visualization Tool." *Architectural Record.* July 27, 2007. http://archrecord.construction.com/features/digital/archives/0607dignews-2.asp.

Gray J. and A. Reuter, *Transaction Processing: Concepts and Techniques*, Morgan Kaufmann; (September 15, 1992).

Green Building Studio (2004). "AEC Design Practice Survey Identifies Opportunities to Accelerate 3D-CAD/BIM Adoption and Green Building Design." June 25, 2007. www.greenbuildingstudio.com/gbsinc/pressrelease.aspx?id=24.

Green Building Studio (2007). "Green Building XML Schema" from www.gbxml.org/index.htm.

Grohoski, C. (2006). "Virtual Reality Isn't Just for Gamers Anymore." *Webwire.* June 27, 2006. June 29, 2007. www.webwire.com/ViewPressRel.asp?aId=15849.

GSA (2006). 02—GSA BIM Guide For Spatial Program Validation Version 0.90. Washington, D.C., United States General Services Administration: 61.

GSA (2006a). "3D-4D Building Information Modeling." GSA. June 27, 2007. www.gsa.gov/bim.

GSA (2007). "GSA Performance-Based Acquisition." GSA. June 27, 2007. www.gsa.gov/Portal/gsa/ep/channelView.do?pageTypeId=8203&channelPage=%252Fep%252Fchannel%252FgsaOverview.jsp&channelId=13077.

GT-COA (2007). "GSA Project—BIM Enabled Design Guide Automation." *GT Design Computing*. June 27, 2007 http://dcom.arch.gatech.edu/gsa/.

ĤAnninen, R. (2007). "Performance Metrics for Demand and Supply in the Building Lifecycle Process." Presentation available online at: www.uni-weimar.de/icccbe/late/icccbe-x_050.pdf.

Haymaker, J., and M. Fischer (2001). "Challenges and Benefits of 4D Modeling on the Walt Disney Concert Hall Project." Working Paper Nr. 64, CIFE, 17 pages.

Hendrickson, C. (2003). *Project Management for Construction: Fundamental Concepts for Owners, Engineers, Architects and Builders* Version 2.1. June 27, 2007, www.ce.cmu.edu/pmbook.

Hodges, C., and W. W. Elvey (2005). "Making the Business Case for Sustainability: It's Not Just About Getting Points." *Facilities Manager 21*(4): 50–53.

Hopp, W. J., and M. L. Spearman (1996). *Factory Physics.* Chicago, Irwin.

Hospitals, V. (2007). "Dept. of Veterans Affairs." from www.va.gov/facmgt/cost-estimating/.

Houbaux, P. (2005). The SABLE Project: Towards Unification of IFC-based Product Model Servers, IAI-Iberia Industry Day, Madrid.

Howell, G. A. (1999). "What Is Lean Construction—1999?" Seventh Annual Conference of the International Group for Lean Construction, IGLC-7, Berkeley, CA.

Huang, T., H. Li, H. Guo, N. Chan, S. Kong, and M. Skitmore (2009). "Construction Virtual Prototyping: A survey of use." *Construction Innovation: Information, Process, Management,* 9(4).

IAI (2010). "BuildingSMART and Interoperability." Industry Alliance for Interoperability. June 18, 2007, www.buildingsmart.com/.

IAI (2010a). "IFC/ifcXML Specifications." www.iai-tech.org/products/ifc_specification/ifcxml-releases/summary>.

Ibbs, C. W., Y. H. Kwak, T. Ng, and A. M. Odabasi (2003). "Project Delivery Systems and Project Change: Quantitative analysis." *Journal of Construction Engineering and Management 129*(4): 382–387.

ICC (2007). "SMARTcodes™." International Code Council. June 30, 2007, www2.iccsafe.org/io/smartcodes/.

Jackson, E., (2000). Prototype Practice for the Building Industry: Operation and Maintenance Support Information. Linking the Construction Industry: Electronic Operation and Maintenance Manuals: Workshop Summary (2000), Federal Facilities Council.

Jackson, S. (2002). "Project cost overruns and risk management." Proceedings of the 18th Annual ARCOM Conference, Glasgow.

Jacobs, G. (2010). "3D Laser Scanning Reduces Risks," *Reporter—The Global Magazine of Leica Geosystems*, No 62, April 2010. www.leica-geosystems.com/en/Customer-Magazine_81593.htm.

J.E. Dunn (2007). "Building Information Modeling Specialist" from www.kcrevit.com/Job_Postings_Main.htm.

Johnston, G. B. (2006). "Drafting Culture: A social history of architectural graphic standards." Ph.D. Thesis, Emory University, Atlanta.

Jørgensen, K., J. Skauge, P. Christiansson, K. Svidt, K-B. Sørensen, and J. Mitchell (2008). Use of IFC Model Servers: *Modelling Collaboration Possibilities in Practice,* Aalborg University, www.re-ad.dk/files/74831/ReportIfcModelServer-Final.pdf, last accessed Oct. 16, 2010.

Kalay, Y. (1989). *Modeling Objects and Environments.* New York, John Wiley & Sons.

Karola, A., H. Lahtela, R. Hänninen, R. Hitchcock, Q. Chen, S. Dajka, and K. Hagström (2002). BSPRo COM-Server–Interoperability Between Software Tools Using Industry Foundation Classes, *Energy and Building*, 34, pp. 901–907.

Khanzode, A., M. Fischer, and D. Reed (2007). "Challenges and benefits of implementing virtual design and construction (VDC) technologies for coordination of mechanical, electrical and plumbing (MEP) systems on a large healthcare project." Proceedings of the 24th CIB–W78 Conference titled "Bringing ITC to Work" held in Maribor, Ed: Danijel Rebolj, Slovenia, June 26–29, 2007. pp. 205–212.

Khemlani, L. (2004). "The IFC Building Model: A Look Under the Hood." March 30, 2004. *AECbytes.* June 15, 2007, www.aecbytes.com/feature/2004/IFCmodel.html.

Khemlani, L. (2005). "CORENET e-PlanCheck: Singapore's Automated Code Checking System." October 26, 2005. *AECbytes.* June 30, 2007, www.aecbytes.com/buildingthefuture/2005/CORENETePlanCheck.html

Khemlani, L. (2006). "AIA CBSP Symposium on BIM for Building Envelope Design and Performance." Nov. 15, 2006. *AECbytes.* June 28, 2007, www.aecbytes.com/buildingthefuture/2006/AIA-CBSP_BIM.html.

Khemlani, L. (2006). "Use of BIM by Facility Owners: An 'Expositions' Meeting." May 16, 2006. *AECbytes.* June 27, 2007, www.aecbytes.com/buildingthefuture/2006/Expotitions_meeting.html.

Khemlani, L. (2005). "Multi-Disciplinary BIM at Work at GHAFARI Associates." Nov. 21, 2005. *AECbytes.* June 27, 2007, www.aecbytes.com/buildingthefuture/2006/BIM_Awards.html.

Khemlani, L. (2006). "2006 2nd Annual BIM Awards Part 1." July 12, 2006. *AECbytes.* June 28, 2007, www.aecbytes.com/buildingthefuture/2006/BIM_Awards.html

Kieran, S., and J. Timberlake (2003). *Refabricating Architecture: How Manufacturing Methodologies are Poised to Transform Building Construction.* New York, McGraw-Hill Professional.

Koerckel, A. and G. Ballard (2005). "Return on Investment in Construction Innovation—A Lean Construction Case Study." Proceedings of the 14th Conference of the International Group for Lean Construction, Sydney, Australia.

Konchar, M., and V. Sanvido (1998). "Comparison of U.S. Project Delivery Systems." *Journal of Construction Engineering and Management 124*(6): 435–444.

Koo, B., and M. Fischer (2000). "Feasibility Study of 4D CAD in Commercial Construction." *Journal of Construction Engineering and Management, 126* (5): 251–260.

Koskela, L. (1992). *Application of the New Production Philosophy to Construction,* Technical Report #72, Center for Integrated Facility Engineering, Department of Civil Engineering, Stanford University.

Krause, B. (2010). Personal communication 6/29/2010 from Brian Krause, VDC, Turner Construction Company Regional Manager.

Kunz, J., and M. Fischer (2007). Virtual Design and Construction: Themes, Case Studies and Implementation Suggestions, Center for Integrated Facility Engineering, Stanford University.

Laine, T., E. Reinikainen, K. Liljeström, and A. Karola (2001). Integrated LCA-Tool for Ecological Design, *Seventh International IBPSA Conference,* Rio de Janeiro, Brazil, August 13–15, 2001, pp. 739–746.

Laiserin, J. (2009). "Next-Gen BIM: Graphisoft Teamwork 2.0 Will Revolutionize BIM/IPD Workflow and Collaboration," Laiserin Letter, Special Edition, July 25, 2009.

Laurenzo, R. (2005). "Leaning on Lean Solutions," *Aerospace America,* June 2005: 32–36.

Lee, J-K, J. Lee, Y-S Jeong, H. Sheward, P. Sanguinetti, S. Abdelmohsen, and C. Eastman (2010). "Development of Space Object Semantics for

Automated Building Design Review Systems," Design Computation working paper, Digital Building Lab, July, 2010.

Lipman, R. R. (2004). "Mobile 3D Visualization for Steel Structures." *Automation in Construction 13*(1): 119–125.

Liston, K., J. Kunz, and M. Fischer (2000). "Requirements and Benefits of Interactive Information Workspaces in Construction," Proceedings of the Eighth International Conference on: Computing in Civil and Building Engineering (ICCCBE-VIII), Renate Fruchter, Feniosky Pena-Mora, and W.M. Kim Roddis (eds.), Stanford, CA, 2:1277–1284.

Liston, K., M. Fischer, and T. Winograd (2001). "Focused Sharing of Information for Multidisciplinary Decision Making by Project Teams." *ITCon (Electronic Journal of Information Technology in Construction)* 6: 69–81.

Ma, Z., Q. Shen, and J. Zhang (2005). "Application of 4D for Dynamic Site Layout and Management of Construction Projects." *Automation in Construction 14*(3): 369–381.

Majumdar, T., M. Fischer, and B. R. Schwegler (2006). "Conceptual Design Review with a Virtual Reality Mock-Up Model," Joint International Conference on Computing and Decision Making in Civil and Building Engineering. Montreal.

McDuffie, T. (2007). "BIM: Transforming a Traditional Practice Model into a Technology-Enabled Integrated Practice Model." *AIA Cornerstone.* www.aia.org/nwsltr_pa.cfm?pagename=pa_a_200610_bim.

McGraw-Hill (2009). McGraw-Hill Construction SmartMarket Report: The Business Value of BIM, McGraw-Hill Construction Research and Analytics.

McKinney, K., J. Kim, M. Fischer, and C. Howard (1996). "Interactive 4D-CAD." Proceedings of the Third Congress on Computing in Civil Engineering, Jorge Vanegas and Paul Chinowsky (Eds.), ASCE, Anaheim, CA, 383–389.

McKinney, K., and M. Fischer (1998). "Generating, Evaluating and Visualizing Construction Schedules with 4D-CAD Tools." *Automation in Construction* 7(6): 433–447.

McNair, S., and M. Flynn (2006). "Managing an Ageing Workforce in Construction." Leicester, Department for Work and Pensions Centre for Research into the Older Workforce.

Mitchell, J., and H. Schevers (2005). "Building Information Modelling for FM at Sydney Opera House." CRC Construction Innovation, CRC-CI Project 2005–001-C Report No: 2005–001-C-4.

Moore, G. A. (1991). *Crossing the Chasm,* New York, Harper Business.

Morgan, M. H. (1960). *Vitruvius—The Ten Books of Architecture,* New York, Dover Press. See esp. Book 1, Chapter 2, Section 2.

Munroe, C. (2007). "Construction Cost Estimating." American Society of Professional Estimators, June 27, 2007, www.aspenational.com/CONSTRUCTION%20Cost%20ESTIMATING.pdf

NASA (1978–1980). Conference on Engineering and Scientific Data Management, Hampton, VA, NASA.

National Research Council (1998). *Stewardship of Federal Facilities: A Proactive Strategy for Managing the Nation's Public Assets.* National Academy Press, Washington, D.C.

NIBS (2008). *United States National Building Information Modeling Standard, version 1—Part 1: Overview, principles, and methodologies.* http://nbimsdoc.opengeospatial.org/ Oct. 30, 2009.

NIST and Fiatech (2006). "Capital Facilities Information Handover Guide, Part 1."

NISTIR 7259. Department of Commerce. June 27, 2007, www.fire.nist.gov/bfrlpubs/build06/PDF/b06016.pdf.

Oberlender, G., and S. Trost (2001). "Predicting Accuracy of Early Cost Estimates Based on Estimate Quality." *Journal of Construction Engineering and Management 127*(3): 173–182.

O'Connor, J. T., and S. C. Dodd (1999). "Capital Facility Delivery with Enterprise Resource Planning Systems." Center for Construction Industry Studies Report. University of Texas at Austin. Report No. 16.

OmniClass (2007). "OmniClass: A Strategy for Classifying the Built Environment," OmniClass. June 30, 2007, www.omniclass.org/.

Onuma, K. G. and D. Davis (2006). "Integrated Facility Planning Using BIM Web Portals." Oct. 9, 2006, from Federal Facilities Council, June 30, 2007, www.onuma.com/services/FederalFacilitiesCouncil.php.

P100, (2005). The Facilities Standards for the Public Buildings Service, downloadable from www.gsa.gov/portal/category/21568.

Pasquire, C., R. Soar, and A. Gibb (2006). "Beyond Pre-Fabrication—The Potential of Next Generation Technologies to Make a Step Change in Construction Manufacturing," *Understanding and Managing the Construction Process: Theory and Practice, Proceedings of the 14th Conference of the International Group for Lean Construction* R. Sacks and S. Bertelsen, eds., Catholic University of Chile, School of Engineering, Santiago, Chile, 243–254.

Pixley, D., J. Holm, K. Howard, and G. Zettel (2006). "A Look at Sutter's Lean Program." LCI Congress, Lean Construction Institute.

PCI (2004). *Design Handbook of Precast and Prestressed Concrete.* Skokie, IL, Precast/Prestressed Concrete Institute.

Post, N. M. (2002). "Movie of Job That Defies Description Is Worth More Than a Million Words." *Engineering News Record,* April 8, 2002.

Ramsey, G. and H. Sleeper (2000). *Architectural Graphic Standards.* New York, John Wiley & Sons.

Requicha, A. (1980). "Representations of Rigid Solids: Theory, methods and systems." *ACM Computer Surv 12*(4): 437–466.

Robbins, E. (1994). Why Architects Draw. Cambridge, MA, MIT Press.

Roe, A. (2002). "Building Digitally Provides Schedule, Cost Efficiencies: 4D CAD is expensive but becomes more widely available." *Engineering News Record,* February 25, 2002.

Roe, A. (2006). "The Fourth Dimension is Time" *Steel,* Australia, 15.

Romm, J. R. (1994). *Lean and Clean Management: How to Boost Profits and Productivity by Reducing Pollution,* Kodansha International.

Roodman, D. M., and N. Lenssen (1995). *A Building Revolution: How Ecology and Health Concerns Are Transforming Construction,* Worldwatch Institute.

Rozenfeld, O., R. Sacks, and Y. Rosenfeld (2009). "CHASTE—Construction Hazard Analysis with Spatial and Temporal Exposure," *Construction Management & Economics,* Vol. 27 No. 7, pp. 625–638.

Rundell, R. (2006). "1–2–3 Revit: BIM and Cost Estimating, Part 1: How BIM can support cost estimating." *Cadalyst* , August 7, 2006.

Sacks, R., C. M. Eastman, and G. Lee (2003). "Process Improvements in Precast Concrete Construction Using Top-Down Parametric 3-D Computer-Modeling." *Journal of the Precast/Prestressed Concrete Institute 48*(3): 46–55.

Sacks, R. (2004). "Evaluation of the Economic Impact of Computer-Integration in Precast Concrete Construction." *Journal of Computing in Civil Engineering 18*(4): 301–312.

Sacks, R., and R. Barak (2007). "Impact of Three-Dimensional Parametric Modeling of Buildings on Productivity in Structural Engineering Practice." *Automation in Construction* (2007), doi:10.1016/j.autcon.2007.08.003.

Sacks, R., and R. Barak (2010). "Teaching Building Information Modeling as an Integral Part of Freshman Year Civil Engineering Education," *Journal of Professional Issues in Engineering Education and Practice,* Vol. 136, No. 1 pp. 30–38.

Sacks, R., L. Koskela, B. Dave, and R. L. Owen (2010). "The Interaction of Lean and Building Information Modeling in Construction," *Journal of Construction Engineering and Management,* Vol. 136, No. 9 pp. 968–980.

Sacks, R., M. Radosavljevic, and R. Barak (2010). "Principles for Building Information Modeling Based Lean Production Management Systems for Construction," *Automation in Construction,* Vol. 19, No. 5, pp. 641–655.

Sanvido, V., and M. Konchar (1999). *Selecting Project Delivery Systems, Comparing Design-Build, Design-Bid-Build, and Construction Management at Risk,* Project Delivery Institute, State College, PA.

Sawyer, T. (2006). "Early Adopters Find the Best Models Are Digital Virtuosos." *Engineering News Record,* October 2, 2006.

Sawyer, T. (2008). "$1-Billion Jigsaw Puzzle Has Builder Modeling Supply Chains," *Engineering News Record,* April 2008.

Sawyer, T., and T. Grogan (2002). "Finding the Bottom Line Gets a Gradual Lift from Technology." *Engineering News Record*, August 12, 2002.

Schenck, D. A., and P. R. Wilson (1994). *Information Modeling the EXPRESS Way.* New York, Oxford University Press.

Schodek, D., M. Bechthold, K. Griggs, K. M. Kao, and M. Steinberg (2005). *Digital Design and Manufacturing, CAD/CAM Applications in Architecture and Design.* New York, John Wiley & Sons.

Schwegler, B., M. Fischer, and K. Liston (2000). "New Information Technology Tools Enable Productivity Improvements." North American Steel Construction Conference, Las Vegas, AISC.

SERA (2010). Courtyard LEED Certification Case Study elaborated by SERA Architects; http://ideateinc.com/ideas/case_studies/aec/SERA_Marriott_Green.pdf.

Shah, J. J., and M. Mantyla. (1995). *Parametric and Feature-Based CAD/CAM: Concepts, Techniques, and Applications*. New York: John Wiley & Sons.

Shepherd, Paul, and Roly Hudson. Parametric Definition of Lansdowne Road Stadium. Internal report, University of Bath. Bath, UK, 2008. 1–10.

Sheppard, L. M. (2004). "Virtual Building for Construction Projects," *IEEE Computer Graphics and Applications,* January 6–12.

Smoot, B. (2007). Building Acquisition and Ownership Costs. CIB Workshop, CIB.

Stephens, S. (2007). "Crowding the Marquee." *Architectural Record,* January 2007, June 30, 2007. http://archrecord.construction.com/practice/firmCulture/0701crowding-1.asp.

Still, K. (2000). *Crowd Dynamics.* Ph.D. Thesis. University of Warwick, Department of Mathematics.

Sullivan, C. C. (2007). "Integrated BIM and Design Review for Safer, Better Buildings: How project teams using collaborative design reduce risk, creating better health and safety in projects." *McGraw-Hill Construction Continuing Education.* June 27, 2007. http://construction.com/CE/articles/0706navis-1.asp.

Teicholz, E. (2004). "Bridging the AEC/FM Technology Gap." *IFMA Facility Management Journal,* Apr/Mar 2004.

Thomas, H. R., C. Korte, V. E. Sanvido, and M. K. Parfitt (1999). "Conceptual Model for Measuring Productivity of Design and Engineering." *Journal of Architectural Engineering* 5(1): 1–7.

Thomson, D., and R. Miner (2006). "Building Information Modeling—BIM: Contractual Risks Are Changing with Technology." *The Construction Law Briefing Paper.* June 27, 2007, www.aepronet.org/ge/no35.html.

TNO (2007). "Knowledge for Business." from www.ifcbrowser.com/.

Touran, A. (2003). "Calculation of Contingency in Construction Projects." *IEEE Transactions on Engineering Management 50*(2): 135–140.

Tulacz, G. J. (2006). "The Top Owners." *Engineering News Record,* Nov. 27, 2006.

U.S. Courts Design Guide (2007). Administrative Office of the U.S. Courts, Space and Facilities Division, www.gsa.gov/Portal/gsa/ep/contentView.do?P=PME&contentId=15102&contentType=GSA_DOCUMENT, 2007.

U.S. (2004, May 26, 2005). "2002 Economic Census Industry Series Reports Construction." 2002 Economic Census from. www.census.gov/econ/census02/guide/INDRPT23.HTM.

U.S. Department of Energy (DOE) (1997). "Cost Estimating Guide." DOE G 430.1-1, Washington, D.C.: Chapter 11.United States. Department of Energy (1997). "Cost Estimating Guide." DOE G 430.1-1, Washington, D.C.: Chapter 11.

U.S. Department of Energy (DOE) and I. P. Public Technology (1996). "*The Sustainable Building Technical Manual: Green Building Design, Construction, and Operations.*" Washington, D.C., U.S. Department of Energy: 34.

USDOT—Federal Highway Administration (2006). "Design-Build Effectiveness Study." USDOT Final Report. June 27, 2007, www.fhwa.dot.gov/reports/designbuild/designbuild.htm.

Warne, T., and J. Beard (2005). *Project Delivery Systems: Owner's Manual,* American Council of Engineering Companies, Washington, D.C.

Weaire, D., and R. Phelan (1994). "A Counterexample to Kelvin's Conjecture on Minimal Surfaces." *Phil. Mag. Lett.* 69:107–110.

Womack, J. P., and D. T. Jones (2003). *Lean Thinking: Banish Waste and Create Wealth in Your Corporation.* New York, Simon & Schuster.

Yaski, Y. (1981). *A Consistent Database for an Integrated CAAD System*. PhD Thesis, Carnegie Mellon University, Pittsburgh, PA.

Yeh, I.-C. (2006). Architectural Layout Optimization Using Annealed Neural Network, *Automation in Construction,* 15:4, July 2006, pp. 531–539.

Young, N., S. Jones, and H.M. Bernstein (2008). *Building Information Modeling: Transforming Design and Construction to Achieve Greater Industry Productivity*, McGraw-Hill Construction, New York.

Young, N., S. Jones, H.M. Bernstein, and J.E. Gudgel (2009). *The Business Value of BIM: Getting BIM to the Bottom Line*, McGraw-Hill Construction, New York.

ORGANIZATION WEB SITES

AGC (2010). Associated General Contractors, www.agc.org/.

AIA (2010). American Institute of Architects, www.aia.org/index.htm.

AISC (2007). American Institute of Steel Construction, www.aisc.org/.

BCA (2010). Building Commissioning Association, www.bcxa.org/.

CIFE (2007). Center for Integrated Facility Engineering, www.stanford.edu/group/CIFE/.

CSI (2007). Construction Specification Institute, www.csinet.org/.

CURT (2007). The Construction User's Roundtable, www.curt.org/.

DBIA (2007). Design Build Institute of America, www.dbia.org/index.html.

Eurostep (2007). Information Solutions for a Global Age, www.eurostep.com/.FIATECH (2010).

The FIATECH Consortium, http://fiatech.org.

GSA (2010). General Services Association, www.gsa.gov.

IAI (2010). buildingSMART: International Alliance for Interoperability, www.iai-international.org/index.html.

IFMA (2010). International Facility Management Association, www.ifma.org/.

LCI (2004). Lean Construction Institute, www.leanconstruction.org/.

NIBS (2007). National Institute of Building Sciences, www.nibs.org/.

OGC (2007). Geography Markup Language, www.opengeospatial.org/standards/gml.

OSCRE (2010). Open Standards Consortium for Real Estate, www.oscre.org/.

USGBC (2010). U.S. Green Building Council, www.usgbc.org/.

역자 소개

이 강 Ph.D. 연세대학교 건축공학과 교수
BIM과 건설 IT 관련, 국내외 활발한 연구 및 교육 활동을 하고 있다.
glee@yonsei.ac.kr

문현준 Ph.D., LEED AP 단국대학교 건축공학과 교수
건축환경과학(Building Science) 및 건축정보(Building Information) 관련 연구 및 교육 활동을 하고 있다.
hmoon@dankook.ac.kr

권순욱 Ph.D. 성균관대학교 건축토목학부/u-City공학과 교수
건설자동화 및 정보화 관련, 국내외 활발한 연구 및 교육 활동을 하고 있다.
swkwon@skku.edu

이재민 Ph.D. Gehry Technologies, Senior Software Engineer
GTEAM, Digital Project 등 BIM 관련 소프트웨어 개발을 하고 있다.
designcomputing@gmail.com

김준하 Ph.D.FMP, KCFM 경희대학교 주거환경학과 교수
Facility Management(FM) 관련 활발한 연구 및 교육 활동을 하고 있다.
junhakim@khu.ac.kr

이진국 Ph.D. 한양대학교 실내건축디자인학과 교수
BIM 기반 설계품질 검토 자동화, 실내건축 및 디자인 IT 관련 국내외 다양한 연구 및 교육 활동을 하고 있다.
designit@hanyang.ac.kr

함성일 Ph.D.
Georgia Institute of Technology, School of Architecture, Digital Building Laboratory, Visiting Scholar
BIM과 융복합 관련 소프트웨어 개발과 공간분석 연구를 진행하고 있다.
siham@gatech.edu

강훈식 현대건설 기획본부 대리
BIM과 IT 기술을 건설회사에 도입하기 위해 노력하고 있다.
bimbim@hdec.co.kr

최명석
건설 IT 전공 후, 건설사에서 BIM 관련 연구개발을 하다가, 현재는 제 2의 도약을 위하여 KAIST의 Techno-MBA 과정을 밟고 있다.
smart.choi@daum.net

정지용 삼성물산 건설부문 대리
BIM을 활용한 초고층 프로젝트 업무를 담당하고 있다.
jiyong.jeong@samsung.com

정호중 게리 테크놀러지스(Gehry Technologies,Inc.) 컨설턴트
카타르 국립박물관 시공을 현장에서 지원하였고, 여러 다른 BIM 관련 프로젝트를 경험 중이다.
hchung@gehrytech.com

건축주, 건축가, 엔지니어 그리고 건설인을 위한 BIM 가이드
BIM 핸드북 (2판)

2014년 2월 19일 1쇄 발행
2018년 3월 20일 2쇄 발행

Chuck Eastman · Paul Teicholz · Rafael Sacks · Kathleen Liston 공저
이 강 · 문현준 · 권순욱 · 이재민 · 김준하 · 이진국 · 함성일 · 강훈식 · 최명석 · 정지용 · 정호중 공역

발행인 김기현
발행처 시공문화사 *Spacetime*
등 록 1993년 3월 12일
주 소 서울시 서대문구 독립문공원길 13 극동프라자 5층
전 화 02) 3147-1212, 2323
전 송 02) 3147-2626
ISBN 978-89-5592-286-8

http://www.spacetime.co.kr
spacetime@korea.com

정가 30,000원